Treibstoff der Macht

Alexander Smith

Treibstoff der Macht

Eine Geschichte des Erdöls und der
europäischen Einfuhrabhängigkeit

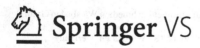

Springer VS

Alexander Smith
Innsbruck, Österreich

Dissertation Universität Innsbruck, 2016

ISBN 978-3-658-34695-9   ISBN 978-3-658-34696-6   (eBook)
https://doi.org/10.1007/978-3-658-34696-6

Die Deutsche Nationalbibliothek verzeichnet diese Publikation in der Deutschen Nationalbibliografie; detaillierte bibliografische Daten sind im Internet über http://dnb.d-nb.de abrufbar.

Planung/Lektorat: Stefanie Eggert
Springer VS ist ein Imprint der eingetragenen Gesellschaft Springer Fachmedien Wiesbaden GmbH und ist ein Teil von Springer Nature.
Die Anschrift der Gesellschaft ist: Abraham-Lincoln-Str. 46, 65189 Wiesbaden, Germany

Für meinen Vater

Christopher Blaise Smith

(1957–2015)

Vorwort

Die vorliegende Schrift ist das Ergebnis einer langjährigen Auseinandersetzung mit der Geschichte des Erdöls und dem europäischen Ölverbrauch. Den Großteil der Forschungsarbeit habe ich während meines Aufenthalts von 2009 bis 2011 an der University of New Orleans im Rahmen eines Doktoratsforschungsstipendiums des österreichischen Bundesministeriums für Bildung, Wissenschaft und Forschung (BMBWF) geleistet, welchem ich an dieser Stelle für die finanzielle Förderung danken möchte.

Ich bin weiters Günter Bischof, Direktor des Austrian Marshall Plan Center for European Studies und Professor für Geschichte an der University of New Orleans, für seine großartige Unterstützung während meiner Zeit in den USA (und danach) zu Dank verpflichtet. Er war am Zustandekommen einer Lehrveranstaltung zur *Political History of World Oil*, die ich im Sommersemester 2011 am Department of History der University of New Orleans abhalten durfte, wesentlich beteiligt. Die Vorbereitung des Seminars und die scharfsinnigen Fragen und Beiträge von dessen Teilnehmern haben mein Verständnis der internationalen Erdölpolitik und deren Geschichte vertieft und damit zu einer Verbesserung der vorliegenden Abhandlung geführt.

Die Durchführung einer historischen Studie, die einen Zeitraum von rund 200 Jahren abdeckt, erfordert ein umfangreiches Literaturstudium. Vor allem die Bibliotheken der University of New Orleans, der Tulane University in New Orleans und der Louisiana State University in Baton Rouge mit ihren hervorragenden Publikationsbeständen zur Erdölgeschichte dienten mir als nahezu unerschöpfliche Informationsquellen.

Die vorliegende Arbeit enthält Forschungsergebnisse, die ich in den vergangenen Jahren auf Konferenzen in Innsbruck, New Orleans, Louisville und

Budapest vorgestellt habe und die anschließend in diversen Artikeln veröffentlicht wurden. Ich bedanke mich beim Center Austria, Austrian Cultural Forum New York und BMBWF für deren finanzielle Unterstützung, ohne die mir einige Konferenzteilnahmen nicht möglich gewesen wären.

Ich möchte mich zudem bei meinen „Doktorvätern", Professor Josef Nussbaumer vom Institut für Wirtschaftstheorie, Wirtschaftspolitik und Wirtschaftsgeschichte und Professor Gerhard Mangott vom Institut für Politikwissenschaft der Universität Innsbruck, für ihre professionelle Begleitung meines Dissertationsprojektes, wertvollen Anregungen und hilfreichen Kommentare zu früheren Versionen des Manuskripts bedanken. Jegliche Mängel und Fehler verbleiben selbstverständlich in meiner alleinigen Verantwortung.

Elke Fink, Thomas Prugger, Verena Rainer, Julia Römer-Tarneller, Fabio Tarneller und Florian Zulehner danke ich herzlich für ihre große Unterstützung zur Publikation des Buches.

Zuletzt gilt ein besonderer Dank meiner Frau, Anja Smith, für ihr unermessliches Verständnis, das sie in den Jahren der Abfassung des Textes für mein Vorhaben aufgebracht hat. Anja war eine unersetzliche Motivatorin. Ohne sie wäre die vorliegende Arbeit in dieser Form nicht zustande gekommen.

Innsbruck   Alexander Smith
im Frühjahr 2021

Inhaltsverzeichnis

Abkürzungsverzeichnis

AAPG	American Association of Petroleum Geologists
ABM	Anti-Ballistic Missile Treaty
AEG	Allgemeine Elektricitäts-Gesellschaft
AGIP	Azienda Generale Italiana Petroli
AIOC	Anglo-Iranian Oil Company
AMINOIL	American Independent Oil Company
AOC	Arabian Oil Company
APEC	Asia-Pacific Economic Cooperation
API	American Petroleum Institute
APOC	Anglo-Persian Oil Company
ARAMCO	Arabian-American Oil Company
ARCO	Atlantic Richfield Company
ASPO	Association for the Study of Peak Oil
atm	physikalische Atmosphäre
BAPCO	Bahrain Petroleum Company
BIP	Bruttoinlandsprodukt
BNITO	Société Commerciale et Industrielle de Naphte Caspienne et de la Mer Noire
BNOC	British National Oil Corporation
BP	British Petroleum
BPC	Basrah Petroleum Company
BRANOBEL	Gebrüder Nobel Petroleumproduktionsgesellschaft
BRD	Bundesrepublik Deutschland
BRP	Bureau de Recherche de Pétrole
CAFE	Corporate Average Fuel Economy
CALTEX	California Texas Oil Company

CASOC	California-Arabian Standard Oil Company
CENTO	Central Treaty Organization
CFP	Compagnie Française des Pétroles
CIA	Central Intelligence Agency
c. i. f.	Cost, insurance, freight
COPE	Compagnie Orientale des Pétroles d'Egypte
CREPS	Compagnie de Recherches et d'Exploitation de Pétrole au Sahara
DDR	Deutsche Demokratische Republik
DEROP	Deutsch-Russische Öl-Produkten AG
ders.	derselbe
dies.	dieselbe(n)
DWT	Deadweight Tonnage
EAD	Europäisch-Arabischer Dialog
ECITO	Europäische Zentralorganisation für Inlandstransporte
ECO	Europäische Kohleorganisation
EECE	Europäischer Ausschuss für wirtschaftlichen Notstand
EG	Europäische Gemeinschaften
EGKS	Europäische Gemeinschaft für Kohle und Stahl
EIA	US Energy Information Administration
ENI	Ente Nazionale Idrocarburi
EPU	Europäische Petroleum Union
ERAP	Entreprise de Recherches et d'Activités Pétrolières
ERP	Europäisches Wiederaufbauprogramm
EU	Europäische Union
EWG	Europäische Wirtschaftsgemeinschaft
EWR	Europäischer Wirtschaftsraum
FLN	Front de Libération Nationale
f. o. b.	Free on board
GAP	Gemeinsame Agrarpolitik
GATT	General Agreement on Tariffs and Trade
GSP	Government selling price
HHI	Herfindahl-Hirschman-Index
ICE	Intercontinental Exchange
IEA	Internationale Energieagentur
IEP	Internationales Energieprogramm
IGO	International Governmental Organization
INF	Intermediate-Range Nuclear Forces Treaty
INOC	Iraq National Oil Company
insbes.	insbesondere

IOP	Iranian Oil Participants
IPC	Iraq Petroleum Company
IPE	International Petroleum Exchange
IPÖ	Internationale Politische Ökonomie
IWF	Internationaler Währungsfonds
KOC	Kuwait Oil Company
KPdSU	Kommunistische Partei der Sowjetunion
KSZE	Konferenz über Sicherheit und Zusammenarbeit in Europa
LKW	Lastkraftwagen
LNG	Liquefied Natural Gas
MBOE	Millionen Barrel Erdöleinheiten
MEEC	Middle East Emergency Committee
METO	Middle East Treaty Organization
MPC	Mosul Petroleum Company
MTOE	Millionen Tonnen Erdöleinheiten
NACLA	North American Congress on Latin America
NAFTA	North American Free Trade Agreement
NATO	North Atlantic Treaty Organization
NEDC	Near East Development Corporation
NGL	Natural Gas Liquids
NIOC	National Iranian Oil Company
NPT	Non-Proliferation Treaty
NYMEX	New York Mercantile Exchange
o. A.	ohne Autor
OAPEC	Organisation der arabischen erdölexportierenden Länder
OECD	Organisation für wirtschaftliche Zusammenarbeit und Entwicklung
OEEC	Organisation für europäische wirtschaftliche Zusammenarbeit
OICA	Organisation Internationale des Constructeurs d'Automobiles
OKW	Oberkommando der Wehrmacht
ÖMV	Österreichische Mineralölverwaltung
OPEC	Organisation der erdölexportierenden Länder
OSP	Official selling price
OTC	Over the counter (außerbörslich)
PDVSA	Petróleos de Venezuela SA
PEMEX	Petróleos Mexicanos
PKW	Personenkraftwagen
PLO	Palästinensische Befreiungsorganisation
RAP	Régie Autonome des Pétroles

RGW	Rat für gegenseitige Wirtschaftshilfe
ROP	Russian Oil Products
SALT	Strategic Arms Limitation Talks
SIPRI	Stockholm International Peace Research Institute
SIRIP	Société Italo-Iranienne des Pétroles
SIS	Secret Intelligence Service
SITC	Standard International Trade Classification
SKE	Steinkohleeinheiten
SMIBG	Società Minere Italo-Belge di Georgia
SNAM	Società Nazionale Metanodotti
SNPA	Société Nationale des Pétroles d'Aquitaine
SN REPAL	Société Nationale de Recherche et d'Exploitation de Pétrole en Algérie
SOCAL	Standard Oil Company of California
SOCONY	Standard Oil Company of New York
SOFIRAN	Société Française des Pétroles d'Iran
SORT	Strategic Offensive Reductions Treaty
SPR	Strategic Petroleum Reserve
START	Strategic Arms Reduction Treaty
TAPLINE	Transarabische Pipeline
TEXACO	Texas Oil Company
TPC	Turkish Petroleum Company
UdSSR	Union der Sozialistischen Sowjetrepubliken
ULCC	Ultra Large Crude Carrier
UN	United Nations
UNECE	Wirtschaftskommission für Europa der Vereinten Nationen
UNEF	United Nations Emergency Force
VLCC	Very Large Crude Carrier
WTI	West Texas Intermediate

Abbildungsverzeichnis

Tabellenverzeichnis

Einleitung

1

> The Kingdom of Heaven runs on righteous-
> ness, but the Kingdom of Earth runs on oil.
>
> Ernest Bevin

Energie ist die Grundlage jeder menschlichen Tätigkeit, mehr noch: „Es ist die Quelle allen Lebens."[1] Die Beschaffung von ausreichendem Kraftaufkommen ist seit jeher eine der wichtigsten Aufgaben in der Menschheitsgeschichte.[2] „Jedes Wirtschaften erfordert Energiezufuhr", weshalb der fehlende Zugang zu Energie „einer der gefährlichsten Engpässe [ist], den eine Gesellschaft erleben kann."[3] Ohne Energie wäre die zivilisatorische Entwicklung der Menschheit nicht denkbar. Die modernen Wirtschaftssysteme und Gesellschaften von heute gründen auf einer bestimmten Kraftquelle in besonderem Maße: dem Erdöl. Keine Volkswirtschaft kann ohne eine beständige Versorgung mit dem „schwarzen Gold" prosperieren. Erdöl ist gleichsam der Lebenssaft der industriellen Gesellschaften. Daraus folgt, dass die globalen Transportwege des Erdöls als die Lebensadern,

---

[1] Adnan Shihab-Eldin, ehemaliger Interim-Generalsekretär und Chefökonom der OPEC, in seinem Vorwort in Karin Kneissl, Der Energiepoker: Wie Erdöl und Erdgas die Weltwirtschaft beeinflussen, 2. Auflage, München: FinanzBuch Verlag 2008, S. 7.

[2] Vgl. Martin Kugler, „Schon die Physik sagt uns: Ohne Energie-Input kein Leben", in: Die Presse, 1. Februar 2014, S. 2

[3] Jürgen Osterhammel, Die Verwandlung der Welt: Eine Geschichte des 19. Jahrhunderts, München: C. H. Beck 2009, S. 930.

© Der/die Autor(en), exklusiv lizenziert durch Springer Fachmedien Wiesbaden GmbH, ein Teil von Springer Nature 2021
A. Smith, *Treibstoff der Macht*,
https://doi.org/10.1007/978-3-658-34696-6_1

die Arterien, der modernen Welt gedacht werden können.[4] Rohöl gilt als das
weltweit am meisten gehandelte Wirtschaftsgut. Es ist wahrscheinlich die einzige
Handelsware, deren Preisbewegungen globale makroökonomische Auswirkungen
entfalten können.[5] Die internationale Erdölwirtschaft hat sich in den vergangenen 150 Jahren zum profitabelsten und laut breiter Überzeugung wichtigsten
Industriezweig der Welt entwickelt.[6]

Erdöl ist der am vielseitigsten einsetzbare Energieträger. Der flüssige Rohstoff und dessen Derivate eignen sich zur Wärmeerzeugung genauso wie zur
Stromgewinnung und als Industriebrennstoff. Im Transportsektor bzw. bei der
motorisierten Fortbewegung auf der Straße, dem Wasser und in der Luft ist das
Mineralöl nach wie vor weitgehend konkurrenzlos. Eine Unterversorgung mit der
endlichen und geografisch ungleich verteilten fossilen Energieressource vermag
einen Staat und dessen Gesellschaft in den Abgrund zu stürzen. Der Erdölzugang
ist von entscheidender Bedeutung für die wirtschaftliche und militärische Sicherheit von Nationen.[7] Ein weiteres wesentliches Charakteristikum des Erdöls ist
dessen enge Verknüpfung mit der Politik. Kein anderer Rohstoff ist derart „poli-
tisiert" wie das Erdöl.[8] „[T]hroughout its history", schreibt Michael Tanzer, „oil
has been a political resource *par excellence*".[9] Die Weltwirtschaft des Erdöls steht
in ihrer gesamten Ausprägung auf die eine oder andere Weise unter dem Einfluss
politischer Faktoren.

Die europäischen Staaten sind für ihre ökonomische Entwicklung, ihren gesell-
schaftlichen Wohlstand und ihre militärische Sicherheit auf eine beständige
Zufuhr von Erdöl angewiesen. Mangels ausreichender eigener Vorkommen zur
Deckung der Nachfrage sind die europäischen Länder in ihrer überwiegenden
Mehrheit seit Jahrzehnten vom Ölimport abhängig. Der Nettoeinfuhrbedarf der

---

[4] Vgl. Howard Bucknell III, Energy and the National Defense, Lexington: University Press
of Kentucky 1981, S. 125.

[5] Vgl. Øystein Noreng, Crude Power: Politics and the Oil Market, London und New York:
I.B. Tauris 2002, S. 33.

[6] Vgl. Toyin Falola und Ann Genova, The Politics of the Global Oil Industry: An Introduction,
Westport: Praeger 2005, S. xi.

[7] Vgl. Stockholm International Peace Research Institute (SIPRI), Oil and Security: A
SIPRI Monograph, New York und Stockholm: Humanities Press und Almqvist & Wiksell
International 1974, S. 11.

[8] Vgl. Hanns Maull, Ölmacht: Ursachen, Perspektiven, Grenzen, Frankfurt am Main: Europäische Verlagsanstalt 1975, S. 10; und Falola und Genova, The Politics of the Global Oil
Industry, S. 15.

[9] Michael Tanzer, The Political Economy of International Oil and the Underdeveloped
Countries, Boston: Beacon Press 1969, S. 20 (Hervorhebung im Original).

Europäischen Union bei Rohöl und Mineralölerzeugnissen erreicht heute beinahe 90 Prozent. Angesichts des politischen Charakters des Erdöls und dessen existenzieller Bedeutung für die Wirtschaft und Gesellschaft ist eine derart hohe Importabhängigkeit nicht frei von Risiken.

Laut Lehrmeinung der Internationalen Politischen Ökonomie (IPÖ), deren Erkenntnisinteresse vorwiegend den politischen Einflussfaktoren auf die transnationalen Wirtschaftsrelationen gilt, liegen den zwischenstaatlichen wirtschaftlichen Transaktionen Machtbeziehungen zugrunde, wobei Staaten der Versuchung unterliegen, Asymmetrien in den Handelsverbindungen zum eigenen Machtzugewinn auszunutzen. Dergestalt sieht sich Europa der Gefahr ausgesetzt, dass seine Einfuhrabhängigkeit von den Öllieferländern als politisches oder wirtschaftliches Druckmittel eingesetzt wird. Eine Reihe erdölexportierender Staaten hat in den vergangenen Dekaden ihre Handelsbeziehungen mit europäischen Verbraucherländern mehrfach als Machtinstrument zur Erreichung politischer Ziele missbraucht. In der jüngeren Vergangenheit wurden Drohungen mit einer Unterbrechung der Erdöllieferungen bisweilen von politischen Scharfmachern wie Hugo Chávez, Mahmoud Ahmadinejad und Muammar al-Gaddafi ausgesprochen.

Die vorliegende Arbeit geht zwei zentralen Fragen nach. Erstens, wie es historisch zur europäischen Erdölabhängigkeit gekommen ist und zweitens, wie sich die (wechselseitigen) Abhängigkeitsverhältnisse zwischen den europäischen Importstaaten und den Ausfuhrländern im Zeitverlauf entwickelt haben. Es sollen dabei die Rahmenbedingungen beleuchtet werden, unter welchen sich das Erdöl vonseiten von Exportstaaten als machtvolles außenpolitisches Instrument gegen einzelne Konsumländer einsetzen ließ und warum die „Ölwaffe" zu anderen Zeitpunkten scheiterte. Auf Grundlage dieser Untersuchung soll eine Erörterung stattfinden, inwieweit die EU-Staaten heute gegenüber politisch oder wirtschaftlich motivierten Störungen der Erdölversorgung im Vergleich zur Vergangenheit gefährdet sind. Eine Analyse des historischen Entwicklungsprozesses des europäischen Erdölverbrauchs und der Einfuhrabhängigkeit erscheint insofern relevant, als uns die „Beschäftigung mit dem Vergangenen" in den Worten von Bertram Brökelmann dabei helfen kann, „den für die Zukunft richtigen Pfad zu wählen."[10]

„Da es sich bei der Weltwirtschaft des Erdöls *per definitionem* um ein polit-ökonomisches Phänomen handelt, das von wirtschaftlichen und politischen Interessen bestimmt, von Unternehmen und Staaten bewegt wird",[11] bedient

---

[10] Bertram Brökelmann, Die Spur des Öls: Sein Aufstieg zur Weltmacht, Berlin: Osburg Verlag 2010, S. 14.

[11] Lutz Zündorf, Das Weltsystem des Erdöls: Entstehungszusammenhang, Funktionsweise, Wandlungstendenzen, Wiesbaden: VS Verlag für Sozialwissenschaften 2008, S. 45 (Hervorhebung im Original).

sich die Arbeit eines historisch angelegten polit-ökonomischen Analyseansatzes, anhand welchem die Globalgeschichte des Erdöls und des europäischen Ölverbrauchs seit der ersten Hälfte des 19. Jahrhunderts bis in die Gegenwart nachgezeichnet werden soll. Der gewählte Untersuchungsansatz geht von zwei wesentlichen Prämissen aus. Einerseits, dass die Erklärungsmodelle der Wirtschaftswissenschaften für ein Verständnis der weltweiten Erdölwirtschaft aufgrund deren politischen Dimensionen nicht genügen und andererseits, dass – frei nach Joseph A. Schumpeter – niemand die ökonomischen Phänomene irgendeiner Epoche zu begreifen hoffen könne, der nicht ausreichend mit den historischen Tatsachen vertraut ist.[12]

Der historische Entwicklungsverlauf der internationalen Erdölindustrie und des europäischen Ölkonsums ist von pfadabhängigen Prozessmechanismen gekennzeichnet. Die Pfadabhängigkeit wie auch der Historische Institutionalismus dienen daher als übergeordnete theoretische Konzepte für die Beschreibung der Genese der globalen Erdölwirtschaft von den Anfängen bis zur Gegenwart. In der umfangreichen wissenschaftlichen Literatur zur Erdölgeschichte wird die Erklärungskraft pfadabhängiger Modellansätze fast vollständig ignoriert. Eine bemerkenswerte Ausnahme stellt Terry Lynn Karls polit-ökonomische Studie *The Paradox of Plenty* dar. Karl bedient sich in ihrer Analyse unterschiedlicher Erdölexportnationen eines Pfadabhängigkeitsmodells, mit welchem sie eine schlüssige Erklärung liefert, warum von der Ölausfuhr hochgradig abhängige Staaten in praktisch allen Fällen darin versagen, ihre Volkswirtschaften zu diversifizieren.[13] Wie Karl mit ihrer innovativen Untersuchung demonstriert, kann die Anwendung pfadabhängiger Analyseansätze in der Erforschung erdölgeschichtlicher Fragestellungen neue Perspektiven eröffnen.

Die IPÖ, welche die unterschiedlichen Forschungskonzepte der Ökonomie und der Internationalen Politik miteinander zu vereinen versucht, stellt nützliche theoretische Ansätze für die vorliegende Untersuchung zur Verfügung. Die Regimetheorie ist für die Festlegung des Handlungsrahmens und ein Verständnis der Verhaltensmuster der staatlichen und nicht-staatlichen Akteure in

---

[12] Für das Originalzitat siehe Joseph A. Schumpeter, History of Economic Analysis, Neuauflage, Abingdon: Routledge 1997, S. 12 f.

[13] Siehe Terry Lynn Karl, The Paradox of Plenty: Oil Booms and Petro-States, Berkeley: University of California Press 1997. Trotz der Kenntnis über die Gefahren des „Ressourcenfluchs" war es für die Rentenstaaten zu jedem Zeitpunkt profitabler, den eingeschlagenen Pfad des vorrangigen Erdölexports fortzusetzen, als ihre Ökonomien zu diversifizieren und damit das langfristig effizienteste Ergebnis anzustreben. Karl widmet sich in ihrer Untersuchung vornehmlich Venezuela, aber auch die Entwicklungen anderer OPEC-Staaten werden beleuchtet. Als bemerkenswerte Ausnahme wird Norwegen angeführt.

der Erdölgeschichte von Bedeutung. Die Auseinandersetzungen zwischen den internationalen Ölkonzernen, den Förderländern und den Importstaaten um eine Machtausweitung vollzogen sich innerhalb bestimmter Regelsysteme, die das Entscheidungsverhalten der handelnden Akteure wesentlich prägten. Die Bestimmung der historischen und gegenwärtigen Abhängigkeit der erdöleinführenden europäischen Konsumnationen von den wesentlichen Exportländern erfolgt mithilfe der Interdependenzanalyse. Der Schwerpunkt der Untersuchung gilt dabei den wechselseitigen Vulnerabilitäten im Güteraustausch und bei den politischen Transaktionen im historischen Zeitverlauf.

Die vorliegende Arbeit ist wie folgt aufgebaut: Das zweite Kapitel befasst sich nach einem kurzen dogmengeschichtlichen Abriss des ökonomischen Denkens mit Überlegungen zur Unzulänglichkeit der (neo)klassischen Ökonomie, die maßgeblich von politischen Aspekten beeinflusste Erfahrungswirklichkeit in der Erdölwirtschaft ausreichend zu ergründen. Den wirtschaftswissenschaftlichen Theorien werden die analytischen Ansätze der IPÖ als geeignetere Konzepte zur Untersuchung zwischenstaatlicher Energiebeziehungen gegenübergestellt. In einem weiteren Schritt werden die der vorliegenden Studie zugrunde liegenden theoretischen Grundannahmen diskutiert und der zur Anwendung gelangende polit-ökonomische Analyserahmen dargestellt.

Das dritte Kapitel setzt sich mit dem Beginn des modernen Erdölzeitalters in der ersten Hälfte des 19. Jahrhunderts in Europa und Amerika auseinander und zeichnet die erstaunliche Expansion der internationalen Erdölindustrie im Anschluss an die erste kommerziell erfolgreiche Ölbohrung im Jahre 1859 in Pennsylvania nach. Darüber hinaus wird die Bedeutung der Durchsetzung des Verbrennungsmotors gegenüber anderen Motortypen zu Beginn des neuen Jahrhunderts für die Erdölnachfrage sowie die Entstehung des globalen Systems der integrierten Ölkonzerne einschließlich deren nachhaltigen Einfluss auf die weitere Entwicklung der weltweiten Erdölwirtschaft erörtert. Der letzte Teil des Kapitels beschäftigt sich mit der Erschließung der reichen Fördergebiete im Nahen Osten und der bedeutenden Rolle des Erdöls während der beiden Weltkriege.

Das vierte Kapitel beschreibt den Aufstieg des Erdöls zum wichtigsten Energieträger im Nachkriegseuropa und den steigenden Einfuhrbedarf der westeuropäischen Wachstumsökonomien in den Wirtschaftswunderjahren. Die Überschwemmung Europas mit Erdöl in den 1950er und 1960er Jahren bewirkte eine grundlegende Transformation der europäischen Lebenswelten. Die wachsende Abhängigkeit der westeuropäischen Importnationen vom Nahostöl ging mit einer zunehmenden Emanzipation der Förderländer von den internationalen Ölkonzernen und dem schleichenden Niedergang des Regimes der Majors einher.

Das fünfte Kapitel widmet sich der Rebellion der Produzentenländer und dem Einsatz von Öl als außenpolitisches Instrument durch eine Gruppe erdölexportierender Staaten. Es werden die Bedingungen erörtert, welche den Regimewechsel von den etablierten Erdölgesellschaften zur OPEC und den Erfolg der „Ölwaffe" 1973/74 ermöglichten. Das Kapitel setzt sich weiters mit den Interdependenzstrukturen zwischen den Erdölländern und dem Westen zur Zeit der ersten Ölkrise, dem zweiten Ölpreisschock 1979/80 und dem Gegenschock Mitte der 1980er Jahre, als das „Jahrzehnt der OPEC" mit einem historischen Ölpreiskollaps und massiven Marktanteilsverlusten für das Förderkartell jäh zu Ende ging, auseinander.

Das sechste Kapitel behandelt den globalen Erdölmarkt in den vergangenen drei Jahrzehnten und zeichnet das wechselvolle Marktgeschehen vom Käufermarkt der 1990er zum Nachfrageschock im neuen Millennium nach. Weiters werden die Auswirkungen der amerikanischen Schieferölrevolution, des wachsenden Erdgaskonsums und der desperaten ökonomischen Konstitution der Petrostaaten auf das Abhängigkeitsverhältnis der europäischen Verbraucherländer von den erdölexportierenden Staaten diskutiert. Das letzte Kapitel schließt mit einigen Überlegungen zur Macht des Erdöls und der Förderländer in der heutigen Zeit.

Zum Schluss bedarf es noch ein paar Anmerkungen zur verwendeten Terminologie. Petroleum ist der historische Ausdruck für Erdöl oder Rohöl. In der vorliegenden Arbeit wird die historische Begriffsverwendung von Petroleum benutzt, auch wenn unter der Bezeichnung in ihrem heutigen Gebrauch gemeinhin ein destilliertes Erdölprodukt für Brenn- und Leuchtzwecke verstanden wird. Analog zur englischsprachigen Bedeutung des Wortes wird also Petroleum als Synonym für Erdöl oder Mineralöl verwendet. Die Begriffe Verbraucher-, Konsum-, Import- oder Einfuhrländer beschreiben Staaten, die auf den Import von Erdöl zur Bedarfsdeckung angewiesen sind und beziehen sich in erster Linie auf die westeuropäischen Staaten (Kapitel 3 bis 5) bzw. die EU-Länder (Kapitel 6). Im Gegensatz dazu werden die Bezeichnungen Produzenten-, Überschuss-, Export-, Ausfuhr-, Liefer- oder Ölländer für die Nettoölexportstaaten, allen voran jene der OPEC, verwendet. Als integrierte bzw. etablierte Konzerne, Majors oder Sieben Schwestern werden die mächtigen internationalen Mineralölgesellschaften verstanden, welche die globale Erdölwirtschaft ungefähr ein Jahrhundert lang dominierten. Der exklusive Klub der Ölkonzerne wird an späteren Stellen ausführlich behandelt.

Da die englischen Bezeichnungen bzw. Akronyme für internationale Erdölgesellschaften, Organisationen oder Maßeinheiten auch im deutschen Sprachgebrauch gerne verwendet werden und in vielen Fällen größere Verbreitung aufweisen als deren deutsche Übersetzungen, bedient sich die vorliegende Arbeit vorwiegend der englischsprachigen Ausdrücke. Preisangaben in Dollar beziehen sich auf die US-Währung. Dollar sind (sofern nicht gesondert ausgewiesen) ausnahmslos US-Dollar und Cent sind US-Cent. In gleicher Weise sind Pfund als britische Pfund zu verstehen. Die Länderbezeichnungen Vereinigtes Königreich und Großbritannien werden analog zum allgemeinen Sprachgebrauch synonym verwendet, ohne dabei Nordirland seine Bedeutung absprechen zu wollen. Das mit Ablauf des 31. Jänner 2020 aus der Europäischen Union ausgetretene Vereinigte Königreich wird in der vorliegenden Schrift durchgängig als Teil der EU behandelt. Gleichfalls wird Katar, das am 1. Jänner 2019 seine OPEC-Mitgliedschaft aufgekündigt hatte, als Mitglied der Erdölorganisation betrachtet. Als Naher Osten gelten die Staaten auf der Arabischen Halbinsel, die bedeutenden Förderländer Irak und Iran sowie Syrien, Jordanien, der Libanon und Israel.

Der theoretische Untersuchungsrahmen

2

2.1 Ökonomischer Mainstream und die Sphäre der Internationalen Politik

2.1.1 Dogmengeschichtlicher Abriss des theoriegeleiteten ökonomischen Denkens

Bis ungefähr Mitte des 18. Jahrhunderts dominierten merkantilistische Lehren das wirtschaftliche Denken im frühmodernen Europa.[1] Der Merkantilismus stellt keine geschlossene ökonomische Theorie dar, sondern umfasst vielmehr eine Reihe praktischer wirtschaftspolitischer Ansätze, wie sie zu jener Zeit allgemein verbreitet und von unterschiedlichen Denkern und Machthabern vertreten wurden. Die merkantilistische Doktrin gründet in der Zeit der absolutistischen Herrschaftssysteme in Europa. Auch wenn das Merkantilsystem unterschiedliche Ausprägungen entwickelte, war ihnen das Streben nach rücksichtsloser Ausweitung der eigenen politischen und militärischen Macht durch Stärkung der eigenen

---

[1] Die ökonomische Dogmengeschichte führt auch die Physiokratie, die in der zweiten Hälfte des 18. Jahrhunderts von François Quesnay in Frankreich begründet wurde, als neuzeitliche ökonomische Schule an. Dem physiokratischen wirtschaftstheoretischen Ansatz liegt der Leitgedanke zugrunde, wonach die Landwirtschaft der einzige wertschöpfende Wirtschaftszweig sei. Er grenzt sich dadurch bewusst vom Merkantilismus ab, der auf eine Förderung der gewerblichen Wirtschaft setzt. Die physiokratische Schule wurde im angehenden Zeitalter der Industrialisierung angesichts ihrer illusorischen Wertschöpfungsannahmen von der klassischen Ökonomie praktisch vollständig verdrängt und entfaltete keinen nachhaltigen Einfluss auf die weitere ökonomische Theoriebildung.

Finanz- und Wirtschaftskraft auf Kosten der ökonomischen Entwicklung anderer Länder gemein.[2] Die merkantilistische Wirtschaftspolitik ist von massiven Eingriffen des Staates in die Wirtschaft geprägt und mithin von staatlichem Interventionismus und Dirigismus gekennzeichnet. Ökonomie und Politik werden als untrennbar miteinander verbundene Materien betrachtet. Ziel der Wirtschaftspolitik im Merkantilsystem ist nicht die Erhöhung des gesamtgesellschaftlichen Wohlstands, sondern die Machtausweitung des Staates.[3]

Die merkantilistische Wirtschaftskonzeption geht von einer Begrenztheit der Reichtümer und des Wohlstands auf der Welt aus, deren Absolutmenge für konstant gehalten wird. Da Wohlstand und folglich Machtressourcen einer Begrenzung unterliegen, bedeutet die Wohlstandsmehrung bzw. der Machtgewinn des einen Staates zwangsläufig Einbußen für den anderen. Die Außenhandelsbeziehungen werden als Nullsummenspiel konzipiert, in welchem der Gewinn eines Handelspartners (oder besser: Kontrahenten) immer einen Verlust für den anderen bewirkt. Im Rahmen des auf ökonomischem Nationalismus beruhenden merkantilistischen Wirtschaftsmodells gelten Einfuhrverbote und Schutzzölle als legitime Instrumente der Handelspolitik. Als Ziel wird eine „aktive Handelsbilanz" definiert, die durch hohe Warenausfuhren bei niedrigem Importvolumen erreicht werden soll. Die Einfuhr von Fertigwaren führt gemäß merkantilistischen Theoretikern zu einer problematischen Verringerung der Geldmenge und schädigt dadurch die heimische Wirtschaft. Die merkantilistische Außenwirtschaftspolitik empfiehlt daher den Import von Rohstoffen, wobei die Gesamteinfuhren möglichst gering zu halten seien, während die Ausfuhr von Endprodukten nach Kräften gefördert werden soll.

---

[2] Im 15. und 16. Jahrhundert entstand in England eine frühe Form merkantilistischen Denkens, in dessen Zentrum die Untersuchung der Geldmenge und des Geldwerts stand. Da ihre Vertreter insbesondere die Bedeutung staatlicher Gold- und Silberreserven hervorhoben, wird diese frühmerkantilistische Schule vielfach als „Bullionismus" bezeichnet. In der zweiten Hälfte des 17. Jahrhunderts, als Jean-Baptiste Colbert den Wirtschaftskurs Frankreichs bestimmte, entwickelte sich eine französische Spielart des Merkantilismus. Der „Colbertismus" setzte auf eine Ausweitung der Exporte durch Förderung der heimischen Wirtschaft und eine Begrenzung der Importe durch die Einführung umfassender protektionistischer Maßnahmen. Im Heiligen Römischen Reich deutscher Nationen hingegen entstand mit dem „Kameralismus" eine deutsche Variante des Merkantilismus, welcher neben der Wirtschaftspolitik auch die Finanzwirtschaft, Gesetzgebung und Verwaltung umschließt. Siehe dazu Fritz Blaich, „Merkantilismus", in: Gustav Fischer (Hrsg.), Handwörterbuch der Wirtschaftswissenschaften (HdWW), Band 5, Tübingen und Göttingen: J. C. B. Mohr und Vandenhoeck & Ruprecht 1980, S. 240–250.

[3] Vgl. Edward Hallett Carr, Nationalism and After, London: Macmillan 1967, S. 5.

Im späten 18. Jahrhundert wurden die wirtschaftspolitischen Annahmen und Rezepte der vorklassischen, merkantilistischen Denker von den Theorien des wirtschaftlichen Liberalismus grundlegend revidiert. Die frühen Hauptvertreter der liberalen Schule, allen voran Adam Smith, David Ricardo, Jean-Baptiste Say, Thomas Malthus und John Stuart Mill, schufen ein umfangreiches theoretisches Gedankengebäude, das als klassische Nationalökonomie bezeichnet wird, und begründeten damit die Ökonomie als eigenständige Wissenschaftsdisziplin. Die klassische Ökonomie etablierte sich nach Erscheinung von Smiths Hauptwerk im Jahre 1776, *Der Wohlstand der Nationen*, zur vorherrschenden Wirtschaftslehre, deren Theoreme paradigmatische Geltung erlangten. In grundlegendem Widerspruch zur merkantilistischen Lehrmeinung postuliert die klassische Ökonomie die Trennbarkeit von ökonomischen und politischen Variablen. Wohlstand und politische Macht sind im liberalen Wirtschaftsdenken nicht nur voneinander abzugrenzen, der Gesamtwohlstand lasse sich entgegen dem vorklassischen Axiom auch mehren.[4] Mit der Metapher der „unsichtbaren Hand", mit welcher Smith die sich selbst regulierenden Kräfte des Marktes beschrieb, hat die klassische Nationalökonomie eine klare Trennung zwischen der wirtschaftlichen und der politischen Sphäre gezogen und in weiterer Folge die Politik aus den ökonomischen Wissenschaften weitgehend ausgeschlossen. In wundersamer Weise würden die Selbstregulierungsmechanismen des Marktes dafür sorgen, dass die ihre Eigeninteressen verfolgenden individuellen Marktteilnehmer mit ihren eigennützigen Handlungen unwissentlich das Allgemeinwohl fördern.[5] Wenn sich der Markt selbst steuert und dabei obendrein den gesellschaftlichen Gesamtnutzen maximiert, bedürfe es keiner Eingriffe der Politik in die Wirtschaft.

Es war vor allem Ricardo, der mit seinem Außenhandelsmodell den wirtschaftlichen Nutzen von Handelsbeziehungen betonte. Alle Handelsteilnehmer würden nach Ricardo von freiem Handel profitieren, selbst wenn ein Land im Vergleich zu seinen Handelspartnern bei der Gütererzeugung Kostennachteile aufweist. Mit seiner Theorie des komparativen Kostenvorteils gelang es ihm, diesen zentralen Lehrsatz der klassischen Ökonomie zu belegen. Eine Wirtschaftsnation, die

---

[4] Vgl. Edward L. Morse, „Crisis Diplomacy, Interdependence, and the Politics of International Economic Relations", in: World Politics, Vol. 24, Supplement S1, Spring 1972, S. 123–150 (hier 129).

[5] Jedes Individuum, so Smith, „intends only his own gain; and he is in this, as in many other cases, led by an invisible hand to promote an end which was no part of his intentions. [...] By pursuing his own interest, he frequently promotes that of the society more effactually than when he really intends to promote it." Siehe Adam Smith, An Inquiry Into the Nature and Causes of the Wealth of Nations, Edinburgh: Thomas Nelson and Peter Brown 1827, S. 184 (Buch IV).

bei der Herstellung aller Produkte über einen absoluten Kostenvorteil gegenüber anderen Staaten verfügt, müsse ein Interesse daran haben, sich auf die Erzeugung und die Ausfuhr jener Güter zu spezialisieren, in denen sie einen komparativen Kostenvorteil hat und sollte jene Produkte importieren, in denen sie einen relativen Kostennachteil aufweist. Dergestalt wird der größtmögliche Nutzen für alle Handelsteilnehmer dann erzielt, wenn im Rahmen internationaler Arbeitsteilung und unter Nutzung von Spezialisierungseffekten jedes Land jene Produkte mit den komparativ geringsten Arbeitskosten selbst herstellt und die anderen Güter einführt.[6] Politik ist kein Element der klassischen Außenhandelstheorie. Etwaige polit-strategische Interessenskalküle und sicherheitspolitische Überlegungen in den Handelsbeziehungen werden vollständig ausgeklammert.

In der zweiten Hälfte des 19. Jahrhunderts trat die neoklassische Theorie anstelle der klassischen Ökonomie als vorherrschende Lehre in den Wirtschaftswissenschaften. Der dogmengeschichtliche Übergang vollzog sich mit den in den frühen 1870er Jahren erschienenen Arbeiten von Carl Menger, William Stanley Jevons und Léon Walras zur Grenznutzen- und Gleichgewichtstheorie. Die Neoklassik richtet ihren erkenntnistheoretischen Fokus im Gegensatz zur klassischen Nationalökonomie nicht auf die Güterproduktion und das volkswirtschaftliche Wachstum, sondern auf Fragen der Allokation und Verteilung von knappen Ressourcen mit dem Ziel einer maximalen Bedürfnisbefriedigung. In der Klassik standen die Produktionsfaktoren Boden (als gegebener Faktor) und Arbeit (als vermehrbarer Faktor) sowie Kapital als Zusatzprodukt im Zentrum der ökonomischen Betrachtung. Menge und Qualität der Input-Faktoren galten als bestimmend für die gesamtwirtschaftliche Güterproduktion. Während die klassische Ökonomie im Rahmen einer objektiven Wertlehre den Preis eines Erzeugnisses allein aus den Produktionskosten und damit der eingesetzten Arbeitsmenge ableitete, versuchen die Vertreter der neoklassischen Theorie die Preisbildung über das

---

[6] Das Ricardo-Modell des Außenhandels geht von nur einem Produktionsfaktor, nämlich Arbeit, aus. Das Heckscher-Ohlin-Theorem kennt neben der Arbeitsproduktivität einen zweiten Produktionsfaktor, Kapital, und stellt eine Erweiterung der Theorie Ricardos dar. Nach Heckscher und Ohlin unterscheiden sich Länder in ihrer Faktorausstattung und spezialisieren sich auf den Export von Gütern, deren Herstellung vornehmlich auf der Nutzung des im jeweiligen Land dominierenden Produktionsfaktors beruht. Volkswirtschaften, die über reichlich Arbeitskräfte, jedoch – relativ betrachtet – wenig Kapital verfügen, spezialisieren sich auf die Erzeugung von arbeitsintensiven Produkten, während Volkswirtschaften mit relativ hoher Kapitalausstattung kapitalintensive Güter herstellen und ausführen.

Nachfrage- und Tauschverhalten der individuellen Marktteilnehmer zu erklären, wodurch den subjektiven Nutzenvorstellungen der Konsumenten zentrale Bedeutung zukommt.[7]

Mit der Entwicklung des Marginalkalküls bzw. dem Konzept des Grenznutzens haben Menger, Jevons und Walras einen substanziellen Beitrag für das Verständnis von individuellen Nutzenfunktionen und Nachfrageverhalten geleistet. Ihre Erkenntnisse gingen als „marginalistische Revolution", die eine epochale Umwälzung des ökonomischen Denkens induzierte, in die Wissenschaftsgeschichte ein.[8] Es sind die Grenzproduktivitäts- und Grenznutzenüberlegungen, die gemäß ihren Lehrsätzen das Angebots- und Nachfrageverhalten bestimmen. Die individuellen Optimierungsentscheidungen der nach Gewinnmaximierung strebenden Unternehmen und der nutzenmaximierenden Konsumenten führen über ihre jeweiligen Angebots- und Nachfragefunktionen zu einem Marktgleichgewicht. Walras ist es mit seinem allgemeinen Gleichgewichtsmodell erstmals gelungen, eine formale Gesamtdarstellung des ökonomischen Marktgeschehens zu liefern. Er vermochte damit das Wirken der „unsichtbaren Hand", deren Existenz die Denker der Klassik stets behaupteten, ohne den Beweis dafür erbringen zu können, in einem umfassenden mathematischen Modell abzubilden. Walras' bahnbrechende Überlegungen, wonach sich auf Konkurrenzmärkten Angebot und Nachfrage von selbst im Optimum einpendeln, bilden gleichsam „den Kern der neoklassischen Ökonomie und Wirtschaftspolitik. Der Staat soll offene Märkte schaffen, Konkurrenz sichern und sich ansonsten aus der Wirtschaft heraushalten."[9]

Gemäß dem neoklassischen Gleichgewichtstheorem befinden sich infolge der individuellen Optimierung alle effizienten Märkte im Gleichgewicht von Angebot und Nachfrage. Sofern staatliche oder andere Eingriffe in das Marktgeschehen keine Verzerrungen hervorrufen, gelten nachhaltige gesamtwirtschaftliche Ungleichgewichte wie Überproduktion oder Arbeitslosigkeit als ausgeschlossen.[10]

---

[7] Vgl. Michael Heine und Hansjörg Herr, Volkswirtschaftslehre: Paradigmenorientierte Einführung in die Mikro- und Makroökonomie, 4. Auflage, München: Oldenbourg 2013, S. 11.

[8] Siehe dazu Fritz Söllner, Die Geschichte des ökonomischen Denkens, 3. Auflage, Berlin: Springer Gabler 2012, S. 41 ff.

[9] Torsten Oltmanns, „Die Weisheit des Auktionators", in: Die Zeit, Nr. 2, 8. Januar 1993, abrufbar unter: http://www.zeit.de/1993/02/die-weisheit-des-auktionators (22. März 2014).

[10] Das Say'sche Theorem, das auf Jean-Baptiste Say zurückgeht und von den Neoklassikern in ihr Theoriegebilde übernommen wurde, wird demnach immer als erfüllt betrachtet. In Anlehnung an Keynes besagt das Gesetz kurzum, dass sich über die Preisfunktion jedes Angebot seine Nachfrage selbst schaffe. Entsprechend könne es keine längerfristigen Ungleichgewichte geben. Dies gelte auch für den Kapitalmarkt, wo sich der Preis von Kapital aus dem

Als die Große Depression in den 1930er Jahren die industrialisierten Volkswirtschaften in den Abgrund stürzte und die Paradigmen der Neoklassik zu
widerlegen schien, sahen sich deren Vertreter mit einem veritablen Glaubwür-
digkeitsproblem konfrontiert. Mit der Weltwirtschaftskrise schlug die Stunde von
John Maynard Keynes, dessen Modelle gemeinverständliche Erklärungen für das
Marktversagen anboten und aussichtsreiche Lösungsansätze für eine Bewältigung
der Krise versprachen. Die neoklassische Theorie griff daraufhin die kritischen
makroökonomischen Einsichten des Keynesianismus auf und bezog diese in die
Gleichgewichtsmodellierung ein, womit sie im Rahmen der sogenannten „Neoklassischen Synthese" ihren Fortbestand sicherte. Der neoklassische Mainstream
sah sich während des letzten Jahrhunderts sowohl von marxistischer als auch libe-
raler Seite umfangreicher Kritik ausgesetzt, wodurch seine Modelle im Laufe der
Zeit entsprechende Adaptionen und Erweiterungen erfuhren. Die einflussreichen
Einwände der Österreichischen Schule gegen den gleichgewichtstheoretischen
Modellansatz vermochten zwar keinen Paradigmenwechsel herbeizuführen, zahlreiche Erkenntnisse der „Österreicher" wurden allerdings in die Modelle der
neoklassischen Lehre integriert.[11]

Die Neoklassik erwies sich im vergangenen Jahrhundert als überaus anpas-
sungsfähig und verstand es gleichzeitig, ihren grundlegenden Kern zu erhalten.
Das Gleichgewichtsdenken in der ökonomischen Wissenschaft konnte im 20. Jahrhundert seine Stellung behaupten und gilt bis heute als weitgehend unbestrittener
Grundbestandteil jener volkswirtschaftlichen Doktrin, wie sie an der überwiegenden Mehrzahl der Universitäten auf der Welt gelehrt wird. Kenneth J. Arrow
und Gérard Debreu präsentierten in den 1950er Jahren eine Weiterentwicklung
des Walrasianischen Modells und bekräftigten damit die Existenz eines Paretooptimalen Gleichgewichtes auf Güter- und Kapitalmärkten, wenn diese bestimmte
Struktureigenschaften erfüllen. Das Arrow-Debreu-Modell „bildet noch heute
die maßgebliche Grundlage aller Überlegungen zur Funktionsweise und Funktionsfähigkeit der Gesamtheit des Systems von Märkten in einer wettbewerblich
organisierten Volkswirtschaft."[12]

Zinssatz ergibt und über diesen ein Gleichgewicht zwischen Sparen und Investition hergestellt
werde.

[11] Siehe dazu Hansjoerg Klausinger, „The Austrian School of Economics and its Global
Impact", in: Günter Bischof et al. (Hrsg.), Global Austria: Austria's Place in Europe and the
World, Contemporary Austrian Studies: Vol. 20, New Orleans und Innsbruck: UNO Press und
Innsbruck University Press 2011, S. 99–116.

[12] Martin Hellweg, „Kenneth Joseph Arrow", in: Heinz D. Kurz (Hrsg.), Klassiker des ökonomischen Denkens, Band 2: Von Vilfredo Pareto bis Amartya Sen, München: C. H. Beck
2009, S. 320–353 (hier 336).

Mit dem Paradigmenwechsel zur Neoklassik erlebte die ökonomische Wissenschaft spätestens in der Nachkriegszeit im Zuge der Popularisierung des Allgemeinen Gleichgewichtsmodells von Arrow und Debreu eine beispiellose Mathematisierung, die etwa von Vertretern der Österreichischen Schule kritisch betrachtet wurde. Während sich die philosophischen Ursprünge des ökonomischen Denkens in der klassischen Nationalökonomie bisweilen noch erkennen ließen – zwei der Hauptvertreter der Klassik, Adam Smith und John Stuart Mill, waren Ökonomen und *Philosophen* zugleich –,[13] wandten sich die neoklassischen Theoriemodelle der konsequenten formalen Darstellung ökonomischer Phänomene zu und verhalfen den quantitativen mathematischen und statistischen Methoden zu ihrer weiten Verbreitung in den Sozialwissenschaften.[14] Die neoklassischen Denker strebten nach der Begründung einer „reinen Ökonomie", die sie als exakte Wissenschaft verstanden. Auch in begrifflicher Abgrenzung zur Klassik, in welcher die Bezeichnung „Politische Ökonomie" für die Volkswirtschaftslehre gebräuchlich war, erhoben die Väter der fortan mathematisch-empirisch ausgerichteten *Economics* die Verwendung naturwissenschaftlicher Methoden zum Ideal. Die Ökonometrie etablierte sich als ein lebendiges Teilgebiet der Wirtschaftswissenschaften und bestimmte die Methodik ökonomischer Forschung.

Diese Entwicklung der ökonomischen Wissenschaft ist – innerhalb wie außerhalb der Disziplin – keineswegs unumstritten. Mark Blaug, der mehrere autoritative Werke über die Wissenschaftsgeschichte der Ökonomie verfasst hat, kommentiert die mathematische Formalisierung der Wirtschaftswissenschaften mit herben Worten: „Modern economics is sick. Economics has increasingly become an intellectual game played for its own sake and not for its practical consequences for understanding the economic world. Economists have converted the subject into a sort of social mathematics in which analytical rigour is

---

[13] Es soll an dieser Stelle nicht verschwiegen werden, dass auch Jevons ursprünglich einen Lehrstuhl für Logik und Moralphilosophie in Manchester innehatte, bevor er als Ökonom an das University College London wechselte. Für die formale Darstellung seiner Logik bediente sich Jevons, der als Vordenker des Logischen Empirismus gilt, freilich der Mathematik.

[14] An der methodischen Ausrichtung der Aufsätze im *American Economic Review*, einer der renommiertesten wirtschaftswissenschaftlichen Fachzeitschriften der Welt, lässt sich diese Entwicklung ablesen. Laut Debreu, einem der wichtigsten Wegbereiter des Formalismus in der Ökonomie, war 1940 auf weniger als drei Prozent der Seiten der Publikation rudimentäre Mathematik zu finden. Fünf Jahrzehnte später befand sich auf beinahe 40 Prozent der Seiten höhere Mathematik. Zitiert in Philip Plickert, „Der Volkswirt: Gefangen in der Formelwelt", in: Frankfurter Allgemeine Zeitung, 20. Januar 2009, abrufbar unter: http://www.faz.net/aktuell/wirtschaft/wirtschaftswissen/der-volkswirt-gefangen-in-der-formelwelt-1760069.html (29. März 2014).

everything and practical relevance is nothing."[15] Die Eignung naturwissenschaftlicher Methoden für die Erforschung komplexer sozialer Phänomene erscheint in
der Tat diskussionswürdig. Möchte die Ökonomie eine positive Wissenschaft sein
und die Welt beschreiben, wie sie real *ist*, wird sie mit einem streng formalisti-
schen methodischen Forschungsansatz rasch an ihre Grenzen stoßen und letztlich
an ihrem Anspruch scheitern. Da sich wesentliche Variablen der sozialen Welt
nicht modellieren lassen, beschränkt sich die Geltung von Aussagen über ökonomische Vorgänge, die auf eng umfassten ökonometrischen Modellannahmen
beruhen, auf ein konstruiertes, unweigerlich simplifiziertes Abbild einer vielschichtigen Wirklichkeit und erstreckt sich nicht zwangsläufig auf letztere selbst.
„[A]ll economic analysis is more or less unrealistic", konstatiert Wirtschaftsno-
belpreisträger Paul Krugman und identifiziert insbesondere „in the exclusion [...]
of important sources of evidence" ein wesentliches Defizit der Wirtschaftswissenschaften.[16] Die komplexe Wirklichkeit ist in ihrer Gesamtheit nicht modellierbar.
Formalisierung bedeutet Reduzierung und impliziert den Ausschluss relevanter
Informationen und die Nichtberücksichtigung wesentlicher Zusammenhänge.

Eine steigende Zahl von Sozialwissenschaftlern, die – wenig überraschend
– großteils außerhalb des neoklassischen Elfenbeinturms ausgebildet und soziali-
siert wurden, begann in den vergangenen Jahrzehnten zunehmend Kritik an den
ihrer Auffassung nach die soziale Wirklichkeit nur in unzureichendem Maße
abbildenden und daher als inadäquat eingestuften Modellannahmen des ökonomischen Mainstreams zu üben. Ihre Kritik richtete sich insbesondere gegen die
konsequente Ausklammerung der als bedeutsam erachteten politischen Dimensionen in der ökonomischen Erforschung der sozialen Welt. Die empirische
Beobachtung der sich in der Realität vollziehenden wirtschaftlichen Prozesse
lasse die strikte Trennung von Ökonomie und Politik, wie sie die neoklassische
ökonomische Theorie postuliert, als unzulässig erscheinen.

Konflikte zwischen Handelspartnern, um ein Beispiel zu nennen, führen
regelmäßig zu Störungen der Wirtschaftsbeziehungen. In der Tat erfuhr der internationale Güteraustausch seit 1945 eine merkliche Politisierung.[17] „Trade policy
is foreign policy", bekräftigt Richard N. Cooper und hält zudem fest, dass der
Güteraustausch zunehmend in die Sphäre der *high foreign policy* eindringt.[18] Dies
gilt für den Erdölhandel erst recht. Robert O. Keohane bezeichnet Energie als „a

---

[15] Mark Blaug, „Ugly Currents in Modern Economics", in: Policy Options, September 1997,
S. 3–8 (hier 3).

[16] Paul Krugman, Geography and Trade, Cambridge, MA: The MIT Press 1991, S. 2 f.

[17] Vgl. Morse, „Crisis Diplomacy", S. 131.

[18] Siehe Richard N. Cooper, „Trade Policy Is Foreign Policy", in: Foreign Policy, No. 9,
Winter 1972–1973, S. 18–36. Cooper trifft in seinem Beitrag eine Unterscheidung zwischen

crucial area of ‚high politics,‘ with fundamental issues of economic growth and national security at stake."[19] Der Einfluss der Politik ist im Bereich der globalen Energiemärkte kaum zu übersehen. „Throughout the twentieth century", schreibt Øystein Noreng, „governments intervened in energy markets, regulating electricity and natural gas industries and sponsoring access to foreign oil. […] At any given moment the actual supply of oil is politically determined, dependent on leading OPEC governments."[20] Dessen ungeachtet würden die (neo)klassischen außenhandelstheoretischen Modelle die maßgeblich von politischen Aspekten beeinflusste Erfahrungswirklichkeit schlichtweg ignorieren. Gleichzeitig wurde auch ein mangelndes Wirtschaftsverständnis in der politikwissenschaftlichen Forschung identifiziert. Mit der Begründung des interdisziplinären Forschungsgebiets der Internationalen Politischen Ökonomie (IPÖ) soll auf dieses Defizit in den Sozialwissenschaften reagiert und die Kenntnis über die wesentlichen politischen und ökonomischen Zusammenhänge bzw. die politischen Einflussfaktoren auf die wirtschaftlichen Vorgänge vor allem auf inter- und transnationaler Ebene vertieft werden.

2.1.2 Die IPÖ und deren Kritik an der neoklassischen Theorie

Die Ursprünge der Internationalen Politischen Ökonomie als interdisziplinäres Forschungsfeld reichen in das Jahr 1971 zurück, als Susan Strange, die zu jener Zeit am renommierten britischen Royal Institute of International Affairs at Chatham House forschte, eine Arbeitsgruppe namens *International Political Economy Group* initiierte und damit ein Forum für die Erörterung zeitgenössischer politökonomischer Themenstellungen schuf. Infolge des Jom-Kippur-Krieges 1973 im Nahen Osten und des anschließenden Ölembargos der arabischen Exportländer, das eine lange Rezession in den westlichen Industriestaaten einleitete, erfuhr die IPÖ enormes Interesse – allen voran innerhalb der anglo-amerikanischen

---

„high foreign policy" und „low foreign policy" (in der politikwissenschaftlichen Forschung wird in analoger Weise für gewöhnlich zwischen *high politics* und *low politics* differiert), wobei der erste Begriff den politisch-militärischen Bereich zwischenstaatlicher Beziehungen und Angelegenheiten der nationalen Sicherheit meint und der zweite Begriff typischerweise wirtschaftspolitische Materien wie die Handelspolitik sowie die geld- und finanzpolitischen Beziehungen zwischen Staaten umfasst.

[19] Robert O. Keohane, „The International Energy Agency: State Influence and Transgovernmental Politics", in: International Organization, Vol. 32, No. 4, Autumn 1978, S. 929–951 (hier 932).

[20] Noreng, Crude Power, S. 12 und 103.

akademischen Welt – und begann sich rasch als dynamisches Teilgebiet der Internationalen Beziehungen zu etablieren.[21] Die IPÖ hat sich seit ihrem Entstehen zu einer lebendigen Disziplin mit einem breiten Spektrum an Forschungsthemen und einer Vielzahl von Theorieansätzen entwickelt.[22] Zudem haben sich zwei dominante Schulen herausgebildet, die entweder nach der Herkunft ihrer Hauptvertreter sowie der jeweiligen akademischen Tradition als „amerikanische" bzw. „britische Schule"[23] oder nach den ontologischen Grundannahmen, methodischen Ansätzen und primären thematischen Fokussen als „orthodoxe" bzw. „heterodoxe Schule"[24] bezeichnet werden. Die orthodoxe IPÖ legt den Schwerpunkt auf die Wechselbeziehung zwischen Staaten und Märkten und interessiert sich sohin in erster Linie für die politischen Einflussfaktoren auf die internationalen

---

[21] Vgl. Craig N. Murphy und Douglas R. Nelson, „International Political Economy: A Tale of Two Heterodoxies", in: British Journal of Politics and International Relations, Vol. 3, No. 3, October 2001, S. 393–412 (hier 393 f.).

[22] Einen guten Überblick über die Fundamente, das umfangreiche Forschungsfeld und die unterschiedlichen theoretischen Ansätze in der IPÖ liefern Joscha Wullweber, Antonia Graf und Maria Behrens, „Theorien der Internationalen Politischen Ökonomie", in: dies. (Hrsg.), Theorien der Internationalen Politischen Ökonomie, Wiesbaden: Springer 2014, S. 7–30.

[23] Vgl. Murphy und Nelson, „International Political Economy", S. 394 ff. Die „US-amerikanische Schule" ist auch als „International Organization (IO) School" der IPÖ, benannt nach ihrem einflussreichsten Organ, der renommierten wissenschaftlichen Zeitschrift, bekannt. Die „britische Schule", als deren bedeutendste Vertreter Susan Strange und der aus Kanada stammende Robert W. Cox gelten, versteht sich auch als „kritische IPÖ". Aufgrund ihres pluralistischeren epistemologischen Zugangs wird der „britischen Schule" vonseiten der Amerikaner gerne Heterodoxie und mitunter mangelnde Wissenschaftlichkeit unterstellt, wobei laut Murphy und Nelson keine der beiden Schulen den strengen Normen von „Wissenschaft" entspricht. Während die „amerikanische Schule" dazu tendiert, die IPÖ als Teildisziplin der Internationalen Beziehungen zu definieren und damit der Politikwissenschaft zuzuordnen, begreift die „britische Schule" die IPÖ als eigenständige sozialwissenschaftliche Interdisziplin, deren „inklusive" Ansätze sich auf eine Vielzahl von Anwendungsbereichen auch in anderen Disziplinen wie der Soziologie, Geografie, Anthropologie und den Rechtswissenschaften anwenden lassen. Der „traditionelle" amerikanische Ansatz hingegen sieht keine Notwendigkeit, den Untersuchungsgegenstand über die vielfältigen Formen der Interaktion zwischen Staaten und anderen Akteuren und Märkten auszudehnen. Er ist positivistisch und erachtet die Entwicklung luzider theoretischer Analysemodelle auf dem Gebiet der Internationalen Beziehungen als zentrale Aufgabe der IPÖ. Siehe dazu Benjamin J. Cohen, International Political Economy: An Intellectual History, Princeton: Princeton University Press 2008, S. 138. Die politikwissenschaftliche Tendenz der „amerikanischen Schule" hängt maßgeblich mit dem akademischen Hintergrund ihrer wichtigsten Repräsentanten zusammen. Robert O. Keohane, Joseph S. Nye, Stephen D. Krasner, Robert Gilpin und andere forschen allesamt auf dem Gebiet der Internationalen Politik.

[24] Vgl. Hans-Jürgen Bieling, Internationale Politische Ökonomie: Eine Einführung, Wiesbaden: VS Verlag für Sozialwissenschaften 2007, S. 44 ff.

Wirtschaftsbeziehungen.[25] Der britische Ansatz hingegen nimmt eine holistische Analyseperspektive ein. Dessen breites und konzeptionell sehr offen angelegtes Theoriedesign unter Berücksichtigung mannigfaltiger Macht- und Strukturebenen bzw. „*issue areas*" lässt eine stringente empirische Beweisführung nur schwer zu, weshalb sich der heterodoxe Zugang allenfalls für heuristische Aussagen eignet.[26] Die nachfolgende Erörterung geht von dem klassischen Paradigma in der IPÖ aus, wie es die „amerikanische Schule" repräsentiert. Deren Analyseinstrumente erscheinen für die in der vorliegenden Arbeit durchgeführte Untersuchung besonders zweckmäßig.

Robert Gilpin, einer der Hauptvertreter der IPÖ, moniert in seinem im Jahre 1987 erschienenen Werk *The Political Economy of International Relations* die seiner Ansicht nach allzu oft konsequent vorgenommene Trennung von politischen und ökonomischen Fragestellungen in der sozialwissenschaftlichen Analyse, als ob Politik und Wirtschaft nichts miteinander zu tun hätten. „In every area of international economic affairs", betont Gilpin, „economic and political issues are deeply entwined." Er identifiziert einen dringenden Bedarf, die Forschungsansätze in der internationalen Ökonomie und der Internationalen Politik zu vereinen, um ein besseres Verständnis für die im globalen System wirkenden Kräfte zu erlangen. Aus der parallelen Existenz und der wechselseitigen Interaktion zwischen dem „Staat" und dem „Markt" ergebe sich die Notwendigkeit eines integrierten theoretischen Analyseansatzes, welcher sowohl die politischen als auch ökonomischen Dimensionen der sozialen Realität in ihrer Gesamtheit zu erfassen imstande ist.[27] Auch in seiner späteren Publikation *Global Political Economy*, in welcher er seine polit-ökonomische Theorie der Internationalen Beziehungen weiterentwickelt und die im Vergleich zu früheren Arbeiten nicht minder gehaltvoll ist, betont Gilpin den Nexus zwischen ökonomischen und sicherheitspolitischen Angelegenheiten: „[T]he two spheres are intimately joined, always have been, and undoubtedly always will be. Although the two policy areas can be distinguished analytically, it is extremely difficult to isolate them in the real world." Die Politik sei weitaus stärker von wirtschaftlichen Entwicklungen beeinflusst, als von vielen Politikwissenschaftlern eingestanden. Gleichfalls sei die Wirtschaft viel

---

[25] Vgl. ebd., S. 52.

[26] Siehe dazu Hans-Jürgen Bieling, „Internationale Politische Ökonomie", in: Siegfried Schieder und Manuela Spindler (Hrsg.), Theorien der Internationalen Beziehungen, Opladen: Leske + Budrich 2003, S. 363–389.

[27] Robert Gilpin, The Political Economy of International Relations, Princeton: Princeton University Press 1987, S. 3 ff. und 24 (Zitat).

abhängiger von sozialen und politischen Prozessen, als von Ökonomen gemeinhin anerkannt.[28] Edward L. Morse, ein politisch hoch versierter Energieökonom, teilt diesen Befund und hält fest, „[t]he purely political and the purely economic cannot be seen as empirically separable."[29]

Aufgrund ihrer simplifizierten Erklärungsmodelle sei die neoklassische ökonomische Analyse in Anlehnung an Robert O. Keohane und Joseph S. Nye für eine getreue Beschreibung der Realität ungeeignet. Ökonomen hätten laut Keohane und Nye ganz bewusst „abstracted away from politics in order to achieve more precise and elegant economic explanations." Die beiden einflussreichen politischen Theoretiker konstatieren einen merkwürdigen Mangel an machtpolitischen Erwägungen in der ökonomischen Mainstream-Theorie der vergangenen hundert Jahre.[30] Gilpin schließt sich dieser Kritik an, indem er festhält, die Wirtschaftswissenschaften hätten über Jahrzehnte den Schwerpunkt auf die Bildung abstrakter Modelle und mathematischer Theorien gelegt, dabei zentrale Funktionsmechanismen der internationalen Ökonomie aus dem Blick verloren und sich zunehmend von der realen Welt entfernt. Gilpin unterstellt der Ökonomie zahlreiche intellektuelle Mängel, wobei die Nichtbeachtung der Rolle des Staates in wirtschaftlichen Angelegenheiten am schwersten wiege. Dies sei insofern in höchstem Maße als problematisch einzustufen, als Staaten die Rahmenbedingungen und Regeln sowohl der nationalen Ökonomien als auch der Weltwirtschaft festlegen würden, innerhalb welcher wirtschaftliche Prozesse stattfinden. Die mangelnde Anerkennung der Bedeutung des Staates sowie historischer Kontextabhängigkeiten schränke den Nutzen der ökonomischen Disziplin und ihrer analytischen Modelle deutlich ein.[31]

Fernerhin kritisiert Gilpin die Akteursannahmen der neoklassischen ökonomischen Analyse, die Individuen, seien es Konsumenten, Produzenten oder Haushalte, als einzige soziale Realität anerkenne. Unternehmen, Staaten und andere wirtschaftliche Akteure ließen sich folglich bloß als Akkumulation rationaler Individuen begreifen.[32] Gleichfalls sei die Wirtschaft in der neoklassischen Interpretation ein von unpersönlichen ökonomischen Kräften dominierter Markt,

---

[28] Robert Gilpin, Global Political Economy: Understanding the International Economic Order, Princeton: Princeton University Press 2001, S. 22 und 25.

[29] Edward L. Morse, „The Transformation of Foreign Policies: Modernization, Interdependence, and Externalization", in: World Politics, Vol. 22, No. 3, April 1970, S. 371–392 (hier 378).

[30] Robert O. Keohane und Joseph S. Nye, Power and Interdependence: World Politics in Transition, Boston: Little, Brown 1977, S. 38 f.

[31] Vgl. Gilpin, Global Political Economy, S. 12 ff.

[32] Vgl. ebd., S. 34 und 51.

über welchen einzelne Akteure, einschließlich Staaten und Unternehmen, kaum Einfluss ausüben würden. Im Gegensatz dazu betrachtet die polit-ökonomische Perspektive gemäß Gilpin die Wirtschaft als soziopolitisches System, in welchem mächtige Akteure und Institutionen wie nationale Regierungen bzw. Staaten, Konzerne, Gewerkschaften und andere Verbände miteinander in einem nach Verwirklichung der jeweiligen Eigeninteressen strebenden Wettstreit stehen. Der polit-ökonomischen Interpretation zufolge bestehen also zahlreiche gesellschaftliche, politische und wirtschaftliche Handlungsteilnehmer, die elementaren Einfluss auf die Funktionsweise der Märkte auszuüben imstande seien und dies mit ihrem Verhalten auch tatsächlich tun würden. Entgegen der neoklassischen Konzeption des Marktes als ein sich selbst regulierendes und von seinen eigenen Gesetzmäßigkeiten beherrschtes autonomes Gebilde betont die IPÖ dessen Einbettung in, und Abhängigkeit von, den übergeordneten sozialen und politischen Strukturen.[33]

Gilpin leugnet nicht per se die Bedeutung ökonomischer Theorien und Methoden. Diese würden zweifellos substanzielle Erkenntnisse zutage fördern und mitunter eine wesentliche Grundlage für polit-ökonomische Untersuchungen bilden. Um ein Verständnis dafür zu gewinnen, wie die Wirtschaft tatsächlich funktioniert, bedürfe es auch der neoklassischen Konzeption der Ökonomie. Da die Akteure unterschiedlicher Ebenen in der sozialen Wirklichkeit mit unpersönlichen Marktkräften interagieren, besitzen diese gestalterischen Einfluss auf die ökonomische Realität. Aus diesem Grund erfordere die polit-ökonomische Analyse eine Kenntnis über die Funktionsweise von Märkten, das Wirken von Marktkräften und auf welche Weise einflussreiche Akteure, allen voran die Nationalstaaten, sich der Marktkräfte zu bedienen trachten, um ihre eigenen Interessen zu befördern. Der Zugang der ökonomischen Theorien sei allerdings zu abstrakt und deren Ansätze zu eng abgesteckt, um das Wesen und die Prozesse der realen Wirtschaft ganzheitlich zu erfassen. Die Wirtschaftswissenschaften allein würden demnach nicht genügen, um vitale Themenstellungen wie die globale Verteilung von Reichtum, den internationalen Handel mit strategischen Ressourcen und die Auswirkungen der zunehmenden weltwirtschaftlichen Verflechtung auf die nationalen Interessen von Staaten hinreichend zu erklären.[34]

Neue theoretische Ansätze innerhalb der ökonomischen Wissenschaft, allen voran die Neue (endogene) Wachstumstheorie, die Neue Ökonomische Geografie und die Neue Außenhandelstheorie, haben gegenüber den traditionellen wirtschaftswissenschaftlichen Theorien wesentliche Verbesserungen in den Modellannahmen gebracht und zu einem tieferen Verständnis über die Funktionsweise

---

[33] Vgl. ebd., S. 38 und 72 ff.
[34] Vgl. ebd., S. 40 und 102.

der globalen Wirtschaft beigetragen. Die in den späten 1970er Jahren entstandene Neue bzw. Strategische Handelstheorie, deren Entwicklung insbesondere auf die Arbeiten von Krugman zurückgeht, hat einige als nicht der Realität entsprechend befundene Hypothesen der klassischen Theorie des internationalen Güteraustauschs[35] aufgegeben, worunter in erster Linie die Annahme vollkommener Konkurrenz auf allen Märkten und jene der abnehmenden Skalenerträge zu nennen sind.[36] Die neuen Theorien gehen von der Neoklassik ab, indem sie die Existenz imperfekter oligopolistischer Märkte und die Bedeutung technologischer Innovationen einräumen sowie historische Entwicklungen als relevante Erklärungsvariable anerkennen. Während in der neoklassischen Konzeption der selbstregulierende Markt, in welchem vollkommener Wettbewerb herrscht, immer die *einzige* optimale Gleichgewichtslösung findet, ist in oligopolistischen Märkten der wirtschaftliche Erfolg bzw. das Ergebnis von der Marktmacht und den strategischen Handlungen der Teilnehmer beeinflusst, weshalb *mehrere* Modelllösungen bestehen. Den neueren ökonomischen Konzepten gelingt es insofern teilweise, die grundlegenden Einschränkungen der neoklassischen Theorien zu überwinden.

Die neuen Ansätze, konzediert Gilpin, integrieren geografische und temporale Komponenten in die ökonomische Analyse und anerkennen die Gestaltungskraft nationaler Regierungen und einflussreicher Konzerne. Steigende Skalenerträge, kumulative Prozesse oder Marktverzerrungen würden gemäß den neuen Theorien zu oligopolistischen Wettbewerbsstrukturen in einem von wenigen Unternehmen dominierten Markt führen.[37] Die Existenz einflussreicher Akteure, die eine

---

[35] Die auf Ricardo sowie Heckscher und Ohlin zurückgehenden klassischen Modelle des komparativen Vorteils waren nicht imstande, die empirisch beobachtbaren Handelsphänomene der Nachkriegszeit zu erklären. Während die klassische Außenhandelstheorie lediglich die Existenz von interindustriellem Handel zu erklären vermag (Länder mit unterschiedlicher Faktorausstattung tauschen verschiedenartige Güter aus unterschiedlichen Industriezweigen), ist in der Realität das Güteraustauschvolumen zwischen Industrieländern mit vergleichbarer Faktorausstattung, die ähnliche oder dieselben Produkte handeln (intraindustrieller Handel), am größten. Die klassische Außenhandelstheorie weiß keine Erklärung dafür.

[36] Die Neue Außenhandelstheorie verweist im Gegensatz dazu auf positive Skaleneffekte, sprich sinkende Durchschnitts- bzw. Stückkosten bei steigender Ausbringungsmenge, im internationalen Handel. Beispielsweise können hohe anfängliche Entwicklungskosten oder produktionstechnische Lerneffekte dazu führen, dass bei steigendem Faktoreinsatz das Produktionsvolumen überproportional zunimmt. Steigende Skalenerträge können zur Monopolbildung führen, da sie neuen Anbietern den Marktzutritt erschweren. Zudem begünstigen sie tendenziell die Einführung von Handelsbarrieren, da diese einheimischen Unternehmen gegenüber der vom Markt ferngehaltenen ausländischen Konkurrenz den Aufbau von Skalenvorteilen ermöglichen und damit mitunter wohlfahrtssteigernd wirken können. Siehe Gerhard Rübel, Grundlagen der Realen Außenwirtschaft, München: Oldenbourg 2004, S. 123 ff.

[37] Vgl. Gilpin, Global Political Economy, S. 104 ff.

gewisse Kontrolle auf den Markt ausüben, wird damit eingeräumt. Die Abkehr von dem neoklassischen Dogma des perfekten Wettbewerbs auf allen Märkten gilt als bedeutender Fortschritt in der ökonomischen Forschung. Sie bedingt zwangsläufig die Anerkennung politischer Einflussfaktoren in der wirtschaftswissenschaftlichen Untersuchung, denn ein „departure from perfect competition *always* introduces political factors into the analysis."[38] Die neuen ökonomischen Konzepte würden laut Gilpin zwar die Erkenntnisse und analytischen Methoden der IPÖ ergänzen und bereichern, dennoch hätten sie die grundlegenden Theorien und zentralen Annahmen des wirtschaftswissenschaftlichen Mainstreams und damit das neoklassische Paradigma keineswegs abgelöst.[39]

Die ökonomische Forschung und die IPÖ vertreten gemeinhin differierende Betrachtungsweisen und stellen unterschiedliche Fragen. Während sich die Wirtschaftswissenschaft vorrangig mit der effizienten Allokation knapper Ressourcen beschäftigt und den beidseitigen Vorteil ökonomischer Austauschbeziehungen in das Zentrum ihrer Betrachtung stellt, interessiert sich die IPÖ gemäß Gilpin besonders für die Verteilung der Gewinne zwischen den einzelnen Akteuren aus deren Marktaktivitäten. Die Ökonomie betont den absoluten Gewinn (*absolute gains*) aller beteiligten Marktteilnehmer infolge ihrer wirtschaftlichen Interaktion. Die polit-ökonomische Analyse hingegen verweist darauf, dass der Gesamtgewinn nur in den seltensten Fällen gleichmäßig auf alle Akteure verteilt ist und Staaten häufig über relative ökonomische Wertzuwächse bzw. Gewinne (*relative gains*) besorgt sind. Eine wirtschaftliche Kooperation werde demnach von Regierungen nicht nur unter dem Gesichtspunkt des absoluten eigenen Vorteils beleuchtet, sondern auch der Gewinn des Interaktionspartners in Relation zum eigenen Nutzen fließt oftmals in das Kalkül ein.[40] Dies gilt insbesondere dann, wenn die Tauschbeziehung eine Verschiebung der bestehenden Machtverteilung zu Lasten der relativen Machtposition eines Akteurs bewirken kann. Im Gegensatz zur IPÖ ist der Volkswirtschaftslehre das politische Konzept der Macht praktisch völlig fremd.

---

[38] Keohane und Nye, Power and Interdependence, S. 39 (Hervorhebung im Original).

[39] Vgl. Gilpin, Global Political Economy, S. 104.

[40] Vgl. ebd., S. 77 ff. Die IPÖ behauptet nicht, dass Akteure nur unter der Voraussetzung relativer eigener Nutzengewinne in eine wirtschaftliche Tauschbeziehung treten. Die Berücksichtigung des relativen Gewinns ist in hohem Maße von den spezifischen Umständen und der politischen Materie abhängig. Vor allem im Bereich der militärischen Sicherheit würden solche Überlegungen jedoch dominieren, während sie in anderen gänzlich unberücksichtigt bleiben.

Gilpin begreift die Politische Ökonomie als das reziproke und dynamische Zusammenspiel des Strebens nach Wohlstand („*pursuit of wealth*") und des Strebens nach Macht („*pursuit of power*").[41] Keohane präzisiert den Begriff des Wohlstandsstrebens und versteht darunter das Verlangen nach handelbaren Gütern zur Bedürfnisbefriedigung, seien es Investitions- oder Konsumgüter. Macht und Wohlstand gelten als komplementäre Konzepte. Keohane verdeutlicht dies anhand der Abkommen von Bretton Woods. Zur Etablierung einer mit dem ameri- kanischen Kapitalismus konsistenten ökonomischen Ordnung bedurfte es des Einsatzes der politischen Macht Washingtons. Umgekehrt war die militärische Größe der Vereinigten Staaten langfristig von der wirtschaftlichen Prosperität des Landes abhängig. Ein weiteres von Keohane genanntes Beispiel stellt die Gründung der Internationalen Energieagentur (IEA) 1974 auf Anregung der Vereinigten Staaten dar. Eine bessere Bewältigung der ökonomischen Folgewirkungen des erhöhten Ölpreises und eine Stärkung des politischen Einflusses Washingtons waren gleichermaßen das Ziel von Henry Kissingers Initiative. Materieller Wohlstand und politische Macht seien demgemäß untrennbar miteinander verbunden. Keohane beschreibt die IPÖ „as the intersection of the substantive area studied by economics – production and exchange of marketable means of want satisfaction – with the process by which power is exercised that is central to politics. Wherever, in the economy, actors exert power over another, the economy is political." Eine Konstellation, die gänzlich von der externen Umwelt bestimmt ist und in welcher kein Akteur Kontrolle über einen anderen ausüben kann, stellt laut Keohane einen ökonomischen „Idealtypus" dar. Gleichfalls gilt eine Welt reiner Machtpolitik als idealtypische politische Konfiguration. Beide Zustände seien allerdings Abstraktionen, denn in „the real world of international relations, most significant issues are simultaneously political and economic."[42]

Auch die einflussreiche Kritik von Susan Strange hält die strikte Trennung von Politik und Ökonomie und damit die vorherrschenden Forschungsansätze in beiden Disziplinen für fehlgeleitet. Als Folge davon fehle es an der ganzheitlichen Perspektive in den Sozialwissenschaften. Zurückzuführen sei dies laut Strange zuvorderst auf den Ausschluss machtpolitischer Erwägungen in der ökonomischen Analyse. Dies ermöglichte die Entwicklung von schlanken und eleganten Modellen, worauf die „myopische" zeitgenössische Ökonomie großen Wert lege. Alles, was dazu angetan ist, der ökonomischen Theorie zu widersprechen und

---

[41] Robert Gilpin, U.S. Power and the Multinational Corporation: The Political Economy of Foreign Direct Investment, New York: Basic Books 1975, S. 43.
[42] Robert O. Keohane, After Hegemony: Cooperation and Discord in the World Political Economy, Princeton: Princeton University Press 1984, S. 20 ff.

deren Geltung in Zweifel zu ziehen, werde schlichtweg als „exogener Faktor" oder „exogener Schock" bezeichnet. Besonders „schockiert" würden sich Ökonomen über die Einwirkung von Machtfaktoren auf das Marktgeschehen zeigen. Die Möglichkeit von politischen Einflussfaktoren wie zivile oder militärische, inner- oder zwischenstaatliche Konflikte und Kriege, welche die Funktionsfähigkeit von Märkten massiv beeinträchtigen können, finden in wirtschaftswissenschaftlichen Modellen praktisch keine Berücksichtigung. Aufgrund ihrer überholten Annahmen würden die grundlegenden ökonomischen Lehrsätze besonders schlechte Vorhersagen über das Weltwirtschaftsgeschehen treffen.[43]

Die ökonomischen Theorien im Allgemeinen und die Außenhandelstheorien im Speziellen verfolgen laut Strange einen zu engen Ansatz und lassen daher nur eine isolierte Betrachtung der internationalen Handelsbeziehungen zu. Die wesentlichen politischen Einflussfaktoren auf den zwischenstaatlichen Güteraustausch würden weitgehend außer Acht gelassen. Dies gelte ganz besonders für die Energiemärkte, die in hohem Maße von elementaren politischen Gestaltungskräften und Konflikten beeinflusst seien. Innerstaatliche, zwischenstaatliche oder regionale politische oder kriegerische Auseinandersetzungen stellen Marktfaktoren dar, die sich mit den konventionellen ökonomischen Theorien kaum erfassen ließen. Nicht nur die von der Wirtschaftswissenschaft hervorgebrachten analytischen Modelle haben sich laut Strange als ungeeignet erwiesen, das Verständnis über die Realität in den politisch determinierten energiewirtschaftlichen Beziehungen und die turbulenten Marktvorgänge in den vergangenen Jahrzehnten zu fördern. Auch die politikwissenschaftlichen Theorien seien nicht in der Lage, die gesamte Komplexität der globalen Energiewirtschaft in adäquater Weise abzubilden und würden mangels tauglichem Instrumentarium insbesondere darin versagen, die einflussreichen globalen Marktkräfte entsprechend zu berücksichtigen. Strange schließt aus ihrer kritischen Analyse der wirtschafts- und politikwissenschaftlichen Theorien und deren Anwendbarkeit auf die globale Energieversorgung, dass dieses polit-ökonomische Forschungsfeld nach wie vor großteils unterentwickelt sei:

> [I]t seems to be a classic case of the no man's land lying between the social sciences, an area unexplored and unoccupied by any of the major theoretical disciplines. [...] What is needed – since the politics and economics of energy in an industrialized world economy are obviously so important nowadays – is some analytical framework for relating the impact of states' actions on the markets for various sources of energy,

---

[43] Vgl. Susan Strange, States and Markets, 2. Auflage, London: Pinter 1994, S. 11 und 35.

with the impact of these markets on the policies and actions, and indeed the economic development and national security of states.[44]

Wie die Geschichte an vielen Stellen belegt, ist Erdöl ein hochgradig politischer Energieträger von herausragender volkswirtschaftlicher Bedeutung. Die historische Entwicklung des Gesamtbedarfs der europäischen Gesellschaften an diesem fossilen Brennstoff und der Abhängigkeitsgrad europäischer Nationen von der Öleinfuhr lassen sich gemäß der Kritik von Strange und anderen eminenten Vertretern der IPÖ nur anhand eines polit-ökonomischen Analyseansatzes unter Berücksichtigung aller relevanten wirtschaftlichen und politischen Einflussfaktoren entsprechend ergründen.

2.2   Der polit-ökonomische Analyseansatz

2.2.1 Theoretische Grundlagen der Untersuchung

Laut Gilpin steht die Politische Ökonomie für eine Reihe von Fragestellungen, deren Untersuchung einen eklektischen Ansatz erfordere, welcher unterschiedliche analytische Modelle und theoretische Konzepte vereint.[45] Nicht umsonst sind die zentralen theoretischen Ansätze der IPÖ oftmals „Mischtheorien", die mehrere Analyseperspektiven miteinander verbinden.[46] Ökonomische Theorien allein würden schlicht nicht genügen, um die von der schöpferischen Wechselbeziehung zwischen Staaten, Unternehmen, Organisationen und Marktkräften geprägten historischen Entwicklungsstufen der globalen Erdölwirtschaft adäquat nachzeichnen und verstehen zu können. Für eine derartige Untersuchung bedarf es in Anlehnung an Gilpin auch der Erkenntnisse der historischen und politischen Wissenschaften, welche die ökonomischen Erklärungsmodelle nicht zu offerieren imstande seien.[47]
In diesem Sinne bedient sich die vorliegende Arbeit für die Untersuchung der zentralen Fragestellungen, wie sie in der Einleitung formuliert wurden, eines idiosynkratischen analytischen *frameworks*, welcher dem genuin polit-ökonomischen Charakter der internationalen Erdölwirtschaft gerecht zu werden trachtet.

---

[44] Ebd., S. 183 und 194 f. (Zitat).

[45] Vgl. Gilpin, The Political Economy of International Relations, S. 9.

[46] Vgl. Theodore H. Cohn, Global Political Economy: Theory and Practice, 4. Auflage, New York: Pearson 2008, S. 12.

[47] Vgl. Gilpin, Global Political Economy, S. 12 und 60.

Das gewählte Analysedesign besteht aus einem kohärenten Theoriemix, der sich aus dem Konzept der Pfadabhängigkeit, Elementen des Historischen Institutionalismus, der Regimetheorie und dem interdependenztheoretischen Ansatz zusammensetzt. In einer Längsschnittanalyse der historischen Entwicklung der weltweiten Erdölindustrie, die sich auf mehrere Untersuchungsebenen, politische und ökonomische Epochen und geografische Regionen erstreckt, vermag kein einzelnes theoretisches Modell nützliche Erklärungen für jedwede zu ergründende Fragestellung liefern. Nicht zuletzt aufgrund der tiefgreifenden Veränderungsprozesse auf der Welt in den vergangenen 200 Jahren gibt es kein Universalmodell, das sich auf alle zu untersuchenden Sachverhalte der vorliegenden Studie gleichermaßen anwenden lässt und in jedem Fall zweckmäßige Erkenntnisse hervorbringt. Es bedarf daher unterschiedlicher theoretischer Ansätze, um die komplexe Realität des Untersuchungsgegenstandes in ihrer Ganzheit abbilden und erfassen zu können. Die Kunst der Anwendung verschiedener Erklärungskonzepte besteht darin, die einzelnen Analyseinstrumente in geeigneter Weise einzusetzen und zu wissen, welches Modell für welche Fragestellung plausible Erklärungen und den größten Erkenntnisgewinn erlaubt.

Die historische Evolution der globalen Erdölindustrie sowie des Energiebedarfs der europäischen Verbraucherländer ist von pfadabhängigen Prozessmechanismen gekennzeichnet. Das Konzept der Pfadabhängigkeit dient daher als übergeordnetes theoretisches Erklärungsmodell. Pfadabhängigkeit gilt laut Douglass C. North als „the key to an analytical understanding of long-run economic change."[48] Institutionen und Regime haben zu unterschiedlichen Zeitpunkten in der Erdölgeschichte das Entscheidungsverhalten der in der vorliegenden Studie relevanten Handlungsteilnehmer maßgeblich geprägt. Die theoretischen Überlegungen der Regimetheorie sind für die Festlegung des Handlungsrahmens und ein Verständnis der Verhaltensmuster der staatlichen und nicht-staatlichen Akteure von zentraler Bedeutung. Die Bestimmung der historischen und gegenwärtigen Abhängigkeit der erdöleinführenden europäischen Konsumnationen von den wesentlichen Exportländern erfolgt schließlich mithilfe der Interdependenzanalyse. Die einzelnen theoretischen Ansätze sowie deren Relevanz für die gegenständliche Untersuchung werden in den nachfolgenden Abschnitten näher erörtert.

Das hybride Analyseinstrumentarium basiert auf folgenden konzeptionellen Grundannahmen: Die vorliegende Untersuchung geht von einem

---

[48] Douglass C. North, Institutions, Institutional Change and Economic Performance, Cambridge: Cambridge University Press 1990, S. 112.

akteursorientierten-institutionalistischen ontologischen Theorierahmen aus, innerhalb welchem Nationalstaaten, multinationale Konzerne und IGOs[49] als rationale,
nutzenmaximierende Akteure[50] konzeptualisiert werden. Im Einklang mit dem
Postulat subjektiver Formalrationalität kann staatliches Handeln von interessen-
und ideologiegeleiteten Machtbestrebungen genauso wie von ökonomischen, politischen, gesellschaftlichen und institutionellen Umständen bestimmt sein. In der
globalen Erdölgeschichte nehmen Persönlichkeiten aus Wirtschaft und Politik an
vielen Stellen eine tragende und zukunftsprägende Rolle ein, weshalb Einzelpersonen, seien es prominente Ölmanager, politische Entscheidungsträger oder
waghalsige Wildcatter, eine weitere Ebene der gegenständlichen Analyse bilden.
Eine umfassende Untersuchung der historischen Entwicklung der internationalen
Erdölwirtschaft sowie der Abhängigkeitsstrukturen der europäischen Verbrauchermärkte von externen Ölquellen muss unweigerlich der speziellen Konfiguration
der globalen und regionalen Rohstoffmärkte und der von ihnen ausgehenden
Kräfte Rechnung tragen, die mithin die dritte Untersuchungsebene darstellen.
Das sich über mehrere Ebenen erstreckende Gesamtgefüge des Untersuchungs-
gegenstandes, oder wie es Werner J. Patzelt zu formulieren pflegt, der komplexe
„Schichtenbau sozialer und politischer Wirklichkeit", erfordert eine dreistufige
Struktur der Analyseebenen, wobei Einzelpersonen die „Mikro-Ebene", Staaten,
Mineralölkonzerne und IGOs die intermediäre Schicht bzw. „Meso-Ebene" sowie
Marktkräfte die oberste Schicht und damit die „Makro-Ebene" der vorliegenden
Untersuchung bilden.[51]

Die Akteure der einzelnen Analyseebenen stehen sowohl in einem horizontalen
als auch vertikalen Interaktionsverhältnis zueinander. Handlungsteilnehmer aller
drei Stufen haben in der Geschichte die politische und ökonomische Realität der

---

[49] Die gewählte Untersuchungsebene entspricht einer klassischen, orthodoxen Konzeption
der IPÖ. Strange, als Kritikerin dieser Schule, würde dies wahrscheinlich als analytische
Blickverengung klassifizieren und den Einfluss transnationaler gesellschaftlicher Akteure
betonen. Eine Ausweitung der Hauptanalyseebene ginge jedoch auf Kosten der analytischen
Luzidität und erscheint für den betreffenden Untersuchungsgegenstand der Erdölgeschichte
im weiteren Sinne nicht zweckmäßig.

[50] Als rational und nutzenmaximierend gelten in der vorliegenden Untersuchung Entscheidungen, die dem Postulat subjektiver Formalrationalität entsprechen. Dieses besagt, dass ein
Akteur oder Entscheidungsträger über ein auf seinen subjektiven Wertprämissen basierendes
widerspruchsfreies Zielsystem verfügt und sich entsprechend diesem verhält. Den Zielin-
halten kommt dabei keine Relevanz zu. Siehe Günter Bamberg und Adolf G. Coenenberg,
Betriebswirtschaftliche Entscheidungslehre, 13. Auflage, München: Vahlen 2006, S. 3 f.

[51] Siehe Werner J. Patzelt, Einführung in die Politikwissenschaft: Grundriß des Faches und
studiumbegleitende Orientierung, 5. Auflage, Passau: Wissenschaftsverlag Richard Rothe
2003, S. 46 ff. und 435 ff.

globalen Erdölwirtschaft aktiv oder passiv, intentional oder ungewollt mitgestaltet. Die historische Entwicklung der Ölindustrie und die sich vollziehenden Veränderungsprozesse im internationalen System sind letztlich Resultat des dynamischen Zusammenspiels und der komplexen Interaktionsmuster der Akteure innerhalb und zwischen den unterschiedlichen Untersuchungsebenen. Ein forschungsleitender Ansatz, der auf einer einzigen analytischen Ebene des mehrstufigen „Schichtenbaus" verharrt und dadurch wesentliche Akteure ausgrenzt, wäre demgemäß außerstande, die vielschichtige Wirklichkeit des Untersuchungsgegenstandes in ihrer Gesamtheit zu erfassen und die den zentralen Wandlungstendenzen in der Erdölgeschichte zugrunde liegenden Mechanismen offenzulegen.

Neben dem Akteursverständnis, das den Handlungsteilnehmern der Meso-Ebene zweckrationales, eigennützige Interessen und Ziele verfolgendes Verhalten zuschreibt, stimmt das für die vorliegende Untersuchung verwendete analytische Konzept sowohl mit Gilpins neorealistisch geprägter polit-ökonomischer Theorie der Internationalen Beziehungen als auch mit dem Neoinstitutionalismus bzw. der Regimetheorie, wie sie vor allem von Keohane vertreten wird, gleichfalls darin überein, dass Nationalstaaten die wichtigsten Akteure im internationalen System sind.[52] Dies gilt für die Erdölwirtschaft in besonderer Weise. Nicht umsonst bezeichnet Robert W. Rycroft den Staat als „the principal actor in the energy system."[53] Dabei wird nicht dem Staatsbegriff in der neorealistischen Theorie von Kenneth Waltz gefolgt, der Staaten als unterschiedslose, uniforme Einheiten („*like units*") des Systems versteht, sondern die differenziertere Perspektive von Gilpin geteilt, gemäß welcher das internationale System aus unterschiedlichen Akteuren bzw. Staaten („*diverse entities*") besteht, die in laufender Interaktion miteinander stehen und diversen Beschränkungen im Verhalten unterliegen, wobei der Grad der Beschränkung von der bestehenden Machtverteilung abhängt.[54] Den Akteuren wird zudem die Bereitschaft zur internationalen Kooperation unterstellt,

---

[52] Im Gegensatz zu Strange, die eine schwindende Bedeutung des Nationalstaates angesichts des zunehmenden Einflusses nicht-staatlicher Akteure in der Weltwirtschaft konstatiert und daher von einem „Rückzug des Staates" spricht, ist Gilpin der Überzeugung, dass der Nationalstaat der bestimmende Akteur in der Wirtschaft sowohl auf nationaler wie auf internationaler Ebene bleibt. Siehe Susan Strange, The Retreat of the State: The Diffusion of Power in the World Economy, Cambridge Studies in International Relations: Vol. 49, Cambridge: Cambridge University Press 1996; und Gilpin, Global Political Economy, S. 4.

[53] Robert W. Rycroft, „Energy Actors", in: Barry B. Hughes et al. (Hrsg.), Energy in the Global Arena: Actors, Values, Policies, and Futures, Durham: Duke University Press 1985, S. 31–55 (hier 36).

[54] Siehe Niklas Schörnig, „Neorealismus", in: Siegfried Schieder und Manuela Spindler (Hrsg.), Theorien der Internationalen Beziehungen, Opladen: Leske + Budrich 2003, S. 61–87.

sofern diese den Interessen der beteiligten Handlungsteilnehmern dient. Den regi-
metheoretischen Prämissen folgend würden die komplexen zwischenstaatlichen
Interdependenzbeziehungen im internationalen System sogar ein Erfordernis zur
Kooperation begründen.[55]

Aus der intergouvernementalen Zusammenarbeit von Nationalstaaten sind
bedeutende Player in der Geschichte und Gegenwart der globalen Mineralölwirtschaft hervorgegangen. Die Organisation der erdölexportierenden Länder (OPEC)
und die Internationale Energieagentur (IEA), denen Akteursqualität zukommt,
sind Resultat zwischenstaatlicher Kooperation. Gilpin zufolge begründen Staaten
derartige Kooperationsformen, um angesichts der wachsenden ökonomischen Verflechtung ihre Autonomie zu sichern und ihre Verhandlungsposition zu stärken.[56]
Dergestalt dienen sie der Verwirklichung nationaler politischer und ökonomischer
Zielsetzungen. Der Nationalstaat wird zwar zum dominanten Akteur im internationalen Wirtschaftssystem erklärt, neben ihm würden laut Gilpin allerdings
auch andere mächtige Akteure wie multinationale Unternehmen und internationale Organisationen existieren und mit dem Markt in einer Interaktionsbeziehung
stehen. Die nach Verwirklichung ihrer Eigeninteressen strebenden Handlungsteilnehmer befinden sich in einem Konkurrenzverhältnis bezüglich *favorable
outcomes* zueinander und unterliegen durch diesen Umstand der permanenten Versuchung, ihren Einfluss geltend zu machen und auf die Marktmechanismen zu
ihren Gunsten einzuwirken. Die Staaten würden dabei die größte Macht ausüben,
wie von Gilpin in folgendem Zitat dargelegt:

> Although every actor within the modern economy – whether a corporation, an interest
> group, or whatever – attempts to influence that economy, national governments and
> their policies are by far the most important determinants of the rules and institutions
> governing the market. [...] Each state establishes limits that determine the movement
> of goods and other factors into and out of its economy, and through their laws, policies,
> and numerous interventions in the economy, governments attempt to manipulate and
> influence the market to benefit their own citizens [...] and to promote the national
> interest of that country. Every state, some more than others, attempts to use its power
> to influence market outcomes.[57]

---

[55] Dementgegen geht der neorealistische Denkansatz von einem „*self-help system*" aus
und sieht, abgesehen von einer sicherheitspolitischen Allianzbildung als eingeschränkte
Form freiwilliger zwischenstaatlicher Zusammenarbeit, lediglich eine hegemonial induzierte
Kooperation, im Rahmen welcher eine Hegemonialmacht andere Staaten zur funktionalen Dif-
ferenzierung nötigt, als einzig mögliche Variante dauerhafter internationaler Zusammenarbeit.
Siehe ebd., S. 73.

[56] Vgl. Gilpin, Global Political Economy, S. 11.

[57] Ebd., S. 129.

Insofern, als im Rahmen des akteursbezogenen Ansatzes Kollektive wie Staaten, Unternehmen und gouvernementale Organisationen als individuelle Handlungsagenten und Entscheidungsträger begriffen werden, die als Ganzheit handeln, beruht die vorliegende Analyse auf dem methodischen Prinzip des methodologischen Individualismus.[58] Laut diesem lässt sich die soziale Wirklichkeit auf das Handeln einzelner Akteure zurückführen und über deren Verhalten erklären. Soziale Ordnungen, Institutionen und Normen werden demnach als beabsichtigtes oder unbeabsichtigtes Resultat der Handlungen und des Zusammenwirkens von individuellen Entscheidungsträgern gedacht.[59]

Die historisch gewachsenen normativen, institutionellen Strukturen, die also als Produkt individueller Handlungen erklärt werden können, beeinflussen zugleich das Entscheidungsverhalten der innerhalb der bestehenden Regelsysteme agierenden Akteure und wirken damit in die Zukunft. Institutionen, schreibt North in seiner bahnbrechenden Analyse ökonomischer Strukturveränderungen, „connect the past with the present and the future so that history is a largely incremental story of institutional evolution".[60] Die beobachtbaren politischen und ökonomischen empirischen Realitäten gelten sohin nicht als Ergebnis isolierter Ereignisse, sondern sind maßgeblich von spezifischen historischen Entwicklungen geprägt. „History matters", lautet der erste Satz von North im Vorwort seines Hauptwerks *Institutions, Institutional Change and Economic Performance*, dem er die Feststellung, „[t]oday's and tomorrow's choices are shaped by the past", beifügt.[61] Diese Überlegungen entsprechen einem historisch-institutionalistischen

---

[58] Zweifellos bildet der methodologische Individualismus auch die Basis der neoklassischen Ökonomie. Die Neoklassik geht jedoch von nach eigennütziger Nutzenmaximierung strebenden Menschen (*homo oeconomicus*) als individuelle Handlungsteilnehmer aus und führt die beobachtbaren sozialen Phänomene auf deren Verhalten und Interaktionen zurück. In der vorliegenden Arbeit wird eine breiter gefasste Variante des methodologischen Individualismus gewählt, die auch soziale Kollektive der Meso-Ebene, also Staaten, Organisationen und Unternehmen, als Handlungsagenten anerkennt und deren Handlungen eine wichtige Rolle in der Gestaltung der sozialen Realität beimisst.

[59] Siehe dazu Marco Buzzoni, „Poppers methodologischer Individualismus und die Sozialwissenschaften", in: Journal for General Philosophy of Science / Zeitschrift für allgemeine Wissenschaftstheorie, Vol. 35, No. 1, 2004, S. 157–173 (insbes. 161 f.).

[60] North, Institutions, Institutional Change and Economic Performance, S. 118.

[61] Ebd., S. vii.

Ansatz, der politische oder wirtschaftliche Ereignisse in ihren jeweiligen historischen Kontext einordnet und diesem unmittelbaren Einfluss auf die getroffenen Entscheidungen und Geschehnisse zuschreibt.[62]

Die vorliegende Arbeit geht des Weiteren von einer besonderen volkswirtschaftlichen und politischen Bedeutung von Erdöl im Vergleich zu anderen Wirtschaftsgütern, die sich im internationalen Handelsverkehr befinden, aus und begreift den fossilen Brennstoff als strategisches Gut. Welche Eigenschaften einem Handelsgut strategischen Charakter verleihen ist in der diesbezüglichen Forschung nicht genau geklärt. Die Literatur konnte sich bisher auf keine weithin akzeptierte, einheitliche Definition des Begriffs einigen, wobei Mineralien und Erdöl zumeist als strategisch eingestuft werden.[63] Klaus Knorr bezeichnet jedes gehandelte Gut als strategisch, dem unmittelbare militärische Bedeutung zukommt.[64] Diese Definition ist insofern zu eng gefasst, als sie ausschließlich auf den militärischen Bereich abzielt und zivile Wirtschaftszweige von eminenter nationaler Bedeutung vollständig ignoriert. Zudem sind in polit-ökonomischer Perspektive die Militärpolitik (Macht) und Ökonomie (Wohlstand) als komplementäre Materien zu begreifen, die sich, wie von Keohane dargelegt, nicht ohne Weiteres voneinander trennen lassen. Materielle Güter, die zwar nicht unmittelbar für die militärische Schlagkraft, sehr wohl aber für das volkswirtschaftliche Wohlergehen einer Nation Relevanz besitzen, sind zwangsläufig – wenn auch langfristig – militärisch bedeutsam.[65]

---

[62] Siehe Sven Steinmo, „Historical Institutionalism", in: Donatella Della Porta und Michael Keating (Hrsg.), Approaches and Methodologies in the Social Sciences: A Pluralist Perspective, Cambridge: Cambridge University Press 2008, S. 118–138. Als Beispiel nennt Steinmo in diesem Zusammenhang die wegweisende Arbeit von Alexander Gerschenkron über den Prozess der Industrialisierung in einzelnen Ländern, in welcher er einen Zusammenhang zwischen dem Zeitpunkt der Industrialisierung und dem Verlauf des Prozesses darlegt. „[W]hen a country industrializes", so Steinmo, „necessarily affects how it industrializes" (Hervorhebung im Original).

[63] Vgl. Rafael Reuveny und Heejoon Kang, „Bilateral Trade and Political Conflict/Cooperation: Do Goods Matter?", in: Journal of Peace Research, Vol. 35, No. 5, September 1998, S. 581–602 (hier 587 und 596).

[64] Vgl. Klaus Knorr, The Power of Nations: The Political Economy of International Relations, New York: Basic Books 1975, S. 143.

[65] Studien über die internationale Wettbewerbsfähigkeit scheinen diesen Befund zu teilen, indem sie argumentieren, der Handel mit Hightech-Gütern würde positive externe Effekte für ökonomisches Wachstum und die Waffenproduktion erzeugen. Siehe Quan Li und Rafael Reuveny, Democracy and Economic Openness in an Interconnected System: Complex Transformations, Cambridge: Cambridge University Press 2009, S. 162.

Die militärische Relevanz erscheint keine hinreichende Begründung, um ein Gut als strategisch zu bezeichnen. Für die Produktion von Kriegsgerät ist Stahl ein zentrales Erzeugnis, das mithilfe von Koks aus Eisenerz gewonnen wird. Insofern können Eisenerz und Koks als unmittelbar militärisch bedeutsam eingestuft werden. Sie aus diesem Grund als strategische Rohstoffe zu klassifizieren, wäre jedoch der Erklärungskraft dieses Konzepts nicht dienlich. Es fehlt ein wesentliches Element, auf welches Dwight D. Eisenhower bereits 1953 hingewiesen hat. Eisenhower bekundete, „we should concentrate on the question of need. If our opponent needs something badly, then that something is strategic and that is something we should keep him from getting."[66] Demgemäß können die für die Stahlerzeugung benötigten Primärstoffe sehr wohl strategischen Stellenwert erlangen, wenn eine Diskrepanz zwischen verfügbaren und erforderlichen Ressourcen besteht. Als wesentliches Attribut von strategischen Gütern erscheint folglich deren begrenzte bzw. nicht uneingeschränkt gewährleistete Verfügbarkeit.

Das Zitat von Eisenhower impliziert einen weiteren wesentlichen Aspekt, den es bei der Bestimmung der strategischen Bedeutsamkeit eines Guts für *eine Nation* zu berücksichtigen gilt: nämlich die Individualität von nationalen materiellen Erfordernissen und Bedürfnissen. David A. Baldwin beschreibt diesen Gesichtspunkt folgendermaßen: „*The ‚strategic' quality of a good is a function of the situation; it is not intrinsic to the good itself.* Thus, the question of how strategic an item is cannot be determined by examining the item itself; nor can it be determined by analyzing all the possible uses to which the item may be put. What is highly ‚strategic' with respect to one target country may not be very ‚strategic' at all with respect to another."[67] Für die arabischen Golfstaaten, die aufgrund immenser Ölvorkommen keinerlei Bezugsschwierigkeiten verspüren, ist Erdöl mithin kein strategisches Importgut. Für einfuhrabhängige Industriestaaten hingegen sehr wohl. Die Ressourcenausstattung und die Bezugsquellen eines Staates sind für die Beurteilung strategischer Bedeutsamkeit von Gütern zu berücksichtigen. Koks und Eisenerz können als Handelsgüter unter jenen Umständen strategischen Charakter besitzen, wenn deren Vorkommen im Inland zur Deckung des Grundbedarfs nicht ausreicht und keine krisenresistente Bezugsmöglichkeit aus externen Quellen besteht.

Strategische Güter können demgemäß als Güter von maßgeblicher volkswirtschaftlicher Bedeutung für eine Nation begriffen werden, deren Bezug nicht ohne

---

[66] Zitiert nach Tor Egil Førland, „‚Economic Warfare' and ‚Strategic Goods': A Conceptual Framework for Analyzing COCOM", in: Journal of Peace Research, Vol. 28, No. 2, May 1991, S. 191–204 (hier 197).

[67] David A. Baldwin, Economic Statecraft, Princeton: Princeton University Press 1985, S. 215 (Hervorhebung im Original).

Weiteres substituierbar ist und vom Wohlwollen eines oder mehrerer Handelspartner abhängt bzw. aus anderen Gründen in Krisensituationen gestört sein kann sowie deren Herstellung im Inland entweder gänzlich unmöglich oder mit hohen Kosten verbunden ist. Erdöl erfüllt aus der Perspektive europäischer Verbraucherstaaten diese Kriterien. Die Öleinfuhr ist von der Exportbereitschaft der Lieferländer und ungestörten Versorgungswegen abhängig. Im Falle einer Versorgungsunterbrechung besteht unter Umständen für die importabhängige Nation die Möglichkeit, unter gewissen Voraussetzungen auf synthetischem Wege Erdöl zu produzieren, wobei dadurch für gewöhnlich nur ein Bruchteil des Gesamtbedarfs abgedeckt werden kann und die künstliche Herstellung des fossilen Brennstoffes hohe volkswirtschaftliche Kosten verursacht.

2.2.2   Das Konzept der Pfadabhängigkeit

Die Sozialwissenschaften haben in den vergangenen Jahrzehnten unterschiedliche Konzepte der Pfadabhängigkeit hervorgebracht.[68] Diese lassen sich grundsätzlich in eine breite und eine enger gefasste Begriffsbestimmung einteilen, wobei keine allgemeine und weithin anerkannte Definition existiert. In der Historischen Soziologie dominiert ein weitläufiges Verständnis von pfadabhängigen Prozessen. Gemäß der verbreiteten Definition von William Sewell bezeichnet Pfadabhängigkeit, „that what has happened at an earlier point in time will affect the possible outcomes of a sequence of events occurring at a later point in time."[69] Ein solches Begriffsverständnis lässt sich auf die vage Feststellung reduzieren, wonach historische Ereignisse eine unbestimmte Auswirkung auf spätere Zeitabschnitte haben. Anders formuliert setzt die präzise Deutung einer Begebenheit die Kenntnis der Vorgeschichte voraus. Um in Erfahrung zu bringen und ein Verständnis dafür zu erlangen, wie es zu bestimmten Ergebnissen gekommen ist, bedarf es der Untersuchung der in der Vergangenheit eingeschlagenen Entwicklungspfade.

Margaret Levi schlägt eine engere Definition des Konzeptes vor. Pfadabhängigkeit bedeute,

> that once a country or region has started down a track, the costs of reversal are very high. There will be other choice points, but the entrenchments of certain institutional

---

[68] Siehe dazu ausführlich Rolf Ackermann, Pfadabhängigkeit, Institutionen und Regelreform, Die Einheit der Gesellschaftswissenschaften: Band 120, Tübingen: Mohr Siebeck 2001.

[69] William H. Sewell, Jr., „Three Temporalities: Toward an Eventful Sociology", in: Terrence J. McDonald (Hrsg.), The Historic Turn in the Human Sciences, Ann Arbor: University of Michigan Press 1996, S. 245–280 (hier 262 f.).

arrangements obstruct an easy reversal of the initial choice. Perhaps the better metaphor is a tree, rather than a path. From the same trunk, there are many different branches and smaller branches. Although it is possible to turn around or to clamber from one to the other – and essential if the chosen branch dies – the branch on which a climber begins is the one she tends to follow.[70]

Levi fügt mit ihrer Begriffsbestimmung dem Konzept der Pfadabhängigkeit eine wesentliche Komponente hinzu, die in der Literatur als die selbstverstärkende Wirkung positiver Feedback-Effekte (*increasing returns*) bezeichnet wird.[71] Frühe Schritte in eine bestimmte Richtung verleiten zur weiteren Bewegung in die gleiche Richtung. Sobald ein Entwicklungspfad auf einen Kurs festgelegt wurde, führen Netzwerkexternalitäten und Lernprozesse zu einer Verfestigung des beschrittenen Pfades.[72] Ressourcen werden zunehmend auf die gewählte Option verlagert und Alternativwege vernachlässigt. Je weiter der Prozess aufeinanderfolgender Entscheidungen auf einem eingeschlagenen Pfad fortgeschritten ist, desto höher sind die Kosten einer Umkehr oder eines Wechsels auf ein anderes Ergebnis. Ein ineffizientes, suboptimales Resultat kann dadurch ein stabiles Gleichgewicht bilden. In selbstverstärkenden pfadabhängigen Prozessen sind nicht nur die stattfindenden Ereignisse an sich von maßgeblicher Bedeutung für das Ergebnis, sondern auch der Zeitpunkt (*timing*) und die Abfolge (*sequence*)

---

[70] Margaret Levi, „A Model, a Method, and a Map: Rational Choice in Comparative and Historical Analysis", in: Mark I. Lichbach und Alan S. Zuckerman (Hrsg.), Comparative Politics: Rationality, Culture, and Structure, Cambridge: Cambridge University Press 1997, S. 19–41 (hier 28).

[71] Das aus der Ökonomie stammende Konzept der *increasing returns* beschreibt einen Effekt der Selbstverstärkung getroffener Entscheidungen, welcher in der Pfadabhängigkeitsanalyse auch als positiver Feedback-Effekt oder positive Rückkoppelung bekannt ist. Positive Feedback-Effekte können etwa in Form von Netzwerkeffekten bzw. Netzwerkexternalitäten entstehen. Diese sind dann gegeben, wenn der Nutzen eines Produktes mit wachsender Benutzerzahl oder Akteuren steigt und dadurch neue Nutzer und Anbieter anzieht. Dies führt in weiterer Folge zu Lock-in-Effekten, gemäß welchen ein Abgehen von einer verbreiteten Lösung oder einem Standard mit hohen Wechselkosten verbunden ist.

[72] Vgl. North, Institutions, Institutional Change and Economic Performance, S. 99.

ihres Eintretens.[73] Gemäß des Historizitätsprinzips begrenzen vergangene Entscheidungen die gegebenen Handlungsalternativen und prägen darüber hinaus die perzipierten Möglichkeiten.[74]

Während die neoklassische Theorie von der Annahme ausgeht, zu jeder Faktorausstattung und Präferenzordnung der Handlungsteilnehmer gebe es ein einziges effizientes Allokationsgleichgewicht, in welches sich der Markt unweigerlich begibt, beschreibt das Pfadabhängigkeitsmodell wirtschaftliche Prozesse, in denen mehr als eine Allokationsmöglichkeit bzw. Lösung besteht und die daher als ergebnisoffen gelten.[75] Das Konzept der Pfadabhängigkeit folgt demnach einem nicht-deterministischen Verständnis von historischen Entwicklungen. Das Ergebnis eines pfadabhängigen Prozesses ist also nicht bereits in den Ausgangsbedingungen festgelegt, sondern wird maßgeblich von Zwischenereignissen entlang des Pfades und den dabei getroffenen Entscheidungen beeinflusst.[76] Dies bedingt die Möglichkeit einer Vielzahl an Ergebnissen. Die Pfadabhängigkeit steht damit im Widerspruch zum neoklassischen ökonomischen Paradigma.

Brian Arthur, der wesentliche Beiträge zur Pfadabhängigkeit geleistet hat, unterscheidet zwischen der „konventionellen ökonomischen Theorie", die auf der Annahme abnehmender Grenzerträge und der Existenz eines einzigen Paretooptimalen Gleichgewichts beruht, und den neuen *positive feedback economics*, die im Gegensatz zur Neoklassik positiven Rückkoppelungseffekten bzw. dem Konzept der *increasing returns* zentralen Stellenwert einräumen. Kleinere ökonomische Veränderungen können durch positive Feedback-Mechanismen selbstverstärkende Effekte entfalten und zu unterschiedlichen wirtschaftlichen Ergebnissen

---

[73] Vgl. Paul Pierson, „Increasing Returns, Path Dependence, and the Study of Politics", in: American Political Science Review, Vol. 94, No. 2, June 2000, S. 251–267 (hier 251).

[74] Vgl. Georg Schreyögg, Jörg Sydow und Jochen Koch, „Organisatorische Pfade – Von der Pfadabhängigkeit zur Pfadkreation?", in: Georg Schreyögg und Jörg Sydow (Hrsg.), Strategische Prozesse und Pfade, Managementforschung: Band 13, Wiesbaden: Gabler 2003, S. 257–294 (hier 261).

[75] Vgl. Krystina Robertson, Ereignisse in der Pfadabhängigkeit: Theorie und Empirie, Marburg: Metropolis 2007, S. 13.

[76] Vgl. Jack A. Goldstone, „Initial Conditions, General Laws, Path Dependence, and Explanation in Historical Sociology", in: American Journal of Sociology, Vol. 104, No. 3, November 1998, S. 829–845 (hier 834). Goldstone verweist diesbezüglich auf Paul A. David, gemäß welchem in der Literatur über pfadabhängige Prozesse häufig von der fehlerhaften Annahme einer deterministischen, sensitiven Abhängigkeit von Anfangsbedingungen ausgegangen wird. Es handle sich dabei jedoch um einen „common error".

führen, die weder vorhersehbar sind, noch das bestmögliche Resultat darstellen müssen.[77] Scheinbar unbedeutende historische Ereignisse vermögen unter Umständen bestimmten ökonomischen oder technischen Standards und Lösungen einen Startvorteil zu verschaffen und auf einen Pfad festzusetzen, der trotz möglicher Suboptimalität nur mehr schwer umkehrbar ist.[78]

Arthur fasst das Konzept der Pfadabhängigkeit anhand vier zentraler Merkmale zusammen: 1) *Unvorhersehbarkeit*: Der Verlauf eines pfadabhängigen Prozesses ist nicht voraussagbar und dessen Ergebnis unbestimmt. Unterschiedliche „Lösungen" sind möglich. 2) *Inflexibilität*: Je weiter die pfadabhängige Entwicklung fortgeschritten ist, desto schwieriger bzw. kostspieliger wird das Verlassen des eingeschlagenen Pfades. Arthur spricht in diesem Zusammenhang von einem „*lock-in*" getroffener Entscheidungen. 3) *Nonergodizität*: Ereignisse, die sich an einer frühen Stelle des Pfades ereignen, geraten im weiteren Verlauf nicht in Vergessenheit. Auch zufällige, scheinbar unbedeutende Vorkommnisse können mittels positiver Rückkoppelung in die Zukunft wirken. Welches Ergebnis sich letztlich einstellt, ist von der Prozessgeschichte abhängig. 4) *Potenzielle Ineffizienz*: Der eingeschlagene Pfad führt nicht notwendigerweise zum bestmöglichen Ergebnis. Die Verkettung von Ereignissen und Entscheidungen im Zeitablauf kann

---

[77] Vgl. W. Brian Arthur, Increasing Returns and Path Dependence in the Economy, Ann Arbor: University of Michigan Press 1994, S. 1 f. Als Beispiel für dieses Phänomen erwähnt Arthur den Wettbewerb zwischen den beiden Videokassettensystemen VHS von Matsushita und Betamax von Sony Anfang der 1980er Jahre. Zu Beginn war es unmöglich vorauszusagen, welches der beiden inkompatiblen Formate sich durchsetzen würde. Trotz der überwiegenden Überzeugung, wonach Betamax das bessere System sei, war es letztlich VHS, das zum weltweiten Standardformat aufgestiegen ist. Um mehr eigene Videogeräte zu verkaufen, verweigerte Sony die Lizenzfreigabe für Betamax. Matsushita präsentierte sein VHS-System ein Jahr später und stellte es unter freie Lizenz, woraufhin einige Hersteller von Videokassettenspielern innerhalb weniger Monate neue Geräte für VHS-Kassetten auf den Markt brachten und Betamax letztlich verdrängten.

[78] Ein viel zitiertes Beispiel hierfür ist die weltweit verwendete QWERTY-Tastaturbelegung, benannt nach den ersten sechs Buchstabentasten auf der englischen Schreibmaschinen- bzw. Computertastatur. David legt in einem einflussreichen Artikel die pfadabhängigen Mechanismen dar, welche dem QWERTY-Standard zum weltweiten Durchbruch verhalfen, obwohl das Dvorak Simplified Keyboard vermeintlich ein effizienteres und schnelleres Tippen auf der Tastatur erlaubt. Nachdem QWERTY einen frühen Vorsprung erlangte, wurden immer mehr Schreibkräfte auf dieser Tastaturbelegung ausgebildet und verstärkten angesichts hoher Umschulungskosten auf alternative Standards den eingeschlagenen Pfad. Siehe Paul A. David, „Clio and the Economics of QWERTY", in: American Economic Review, Vol. 75, No. 2, May 1985, S. 332–337.

in ineffiziente Resultate münden.[79] Die Analyse von wirtschaftlichen Zuständen, die Produkt pfadabhängiger Prozesse sind, bedarf einer schrittweisen Untersuchung jener mitunter als belanglos eingestuften historischen Ereignisse, die sich entlang eines bestimmten Pfades kumulieren und am Ende der Entwicklung ein spezifisches Ergebnis hervorbringen.[80]

Wie im Phasenmodell der Pfadentscheidung (Abbildung 2.1) grafisch dargestellt, ist das Frühstadium von Pfadprozessen (Vorphase) von Unbestimmtheit über den bevorstehenden Entwicklungsverlauf gekennzeichnet. Das Ergebnis des Prozesses ist keineswegs bereits in den Anfangsbedingungen festgelegt; alles erscheint möglich. Der Übergang zur zweiten Prozessphase, jener der Pfadausbildung, wird von *critical junctures* bestimmt. Erstmals auftretende, kritische Ereignisse – es handelt sich dabei vielfach um kontingente „*small events*" – üben selbstverstärkende Effekte aus, die den Pfadprozess unter Umständen auf einen pfadgeleiteten Kurs lenken. Ein pfadförmiger Verlauf muss sich zu diesem Zeitpunkt jedoch noch nicht einstellen – auch andere Entwicklungen sind noch möglich.[81]

North beschreibt die Indeterminiertheit des Pfadprozesses im Anfangsstadium und der Ausbildungsphase folgendermaßen: „At every step along the way there were choices – political and economic – that provided real alternatives. Path dependence is a way to narrow conceptually the choice set and link decision making through time. It is not a story of inevitability in which the past neatly predicts the future."[82] Durch ein sogenanntes *lock-in* verfestigt sich der letztlich eingeschlagene Kurs und geht über zur Pfadabhängigkeit. Während es in der Phase der Pfadausbildung noch Kontingenz gibt, wirkt der Pfadprozess von nun an deterministisch.[83] Eine „Lösung" hat sich gegenüber Alternativpfaden durchgesetzt. Eine Umkehr ist zu diesem Zeitpunkt kaum mehr möglich bzw. mit hohen Kosten verbunden.

Neben dem maßgeblich von Arthur beeinflussten Ansatz, der in positiven Feedback-Effekten den Kern von pfadabhängigen Prozessen identifiziert, haben sich weitere Konzepte herausgebildet. Laut Kenneth J. Arrow sind *increasing returns* keine Voraussetzung für Pfadabhängigkeit, sondern vielmehr die Endgültigkeit des eingesetzten Kapitals („*irreversibility of investment*"). Auch bei

---

[79] Vgl. Arthur, Increasing Returns and Path Dependence in the Economy, S. 14 f. und 112 f. Siehe auch Pierson, „Increasing Returns, Path Dependence, and the Study of Politics", S. 253.

[80] Vgl. Arthur, Increasing Returns and Path Dependence in the Economy, S. 28.

[81] Vgl. Schreyögg, Sydow und Koch, „Organisatorische Pfade", S. 263.

[82] North, Institutions, Institutional Change and Economic Performance, S. 98 f.

[83] Vgl. Schreyögg, Sydow und Koch, „Organisatorische Pfade", S. 263.

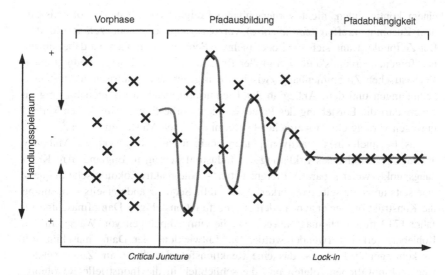

Abb. 2.1 Phasen der Pfadentstehung. (Quelle: Georg Schreyögg, Jörg Sydow und Jochen Koch, „Organisatorische Pfade – Von der Pfadabhängigkeit zur Pfadkreation?", in: Georg Schreyögg und Jörg Sydow (Hrsg.), Strategische Prozesse und Pfade, Managementforschung: Band 13, Wiesbaden: Gabler 2003, S. 257–294 (hier 264))

konstanten Skalenerträgen und einem Wettbewerbsgleichgewicht könne aufgrund unumkehrbarer Investitionen Pfadabhängigkeit gegeben sein.[84] James Mahoney wiederum stellt dem *increasing returns*-Ansatz, der von einem auf selbstverstärkenden Mechanismen bzw. positiver Rückkoppelung beruhenden pfadabhängigen Prozess ausgeht, das Konzept reaktiver Sequenzen gegenüber: „Reactive sequences are chains of temporally ordered and causally connected events. In a reactive sequence, each event in the sequence is both a reaction to antecedent events and a cause of subsequent events. [...] Whereas self-reinforcing sequences are characterized by processes of reproduction that *reinforce* early events, reactive sequences are marked by backlash processes that *transform* and perhaps *reverse* early events."[85] Pfadabhängige reaktive Sequenzen werden gemäß Mahoney von

---

[84] Siehe Kenneth J. Arrow, „Path Dependence and Competitive Equilibrium", in: Timothy W. Guinnane, William A. Sundstrom und Warren Whatley (Hrsg.), History Matters: Essays on Economic Growth, Technology, and Demographic Change, Stanford: Stanford University Press 2004, S. 23–35.

[85] James Mahoney, „Path Dependence in Historical Sociology", in: Theory and Society, Vol. 29, No. 4, August 2000, S. 507–548 (hier 526) (Hervorhebung im Original).

einem kontingenten, nicht vorhersehbaren Ereignis ausgelöst, das oftmals aus dem Zusammentreffen (*conjuncture*) vorausgegangener Sequenzen resultiert.[86] Der Zeitpunkt, wann sich zwei oder mehrere Sequenzen kreuzen, ist dabei für die nachfolgende Ereigniskette von großer Bedeutung.[87] Das Konzept bedingt einen stochastischen Zusammenhang zwischen den gegebenen historischen Ausgangsbedingungen und dem Anbeginn der Ereignisabfolge. Um als pfadabhängig zu gelten, darf die Entstehung des Prozesses nicht vorbestimmt sein, dessen Verlauf hingegen vermag einem weitgehend deterministischen Muster zu folgen.[88]

Als Beispiel eines reaktiven pfadabhängigen Prozesses verweist Mahoney auf Jack A. Goldstones Erklärung der Industrialisierung in England. Am Kreuzungspunkt zweier separater Ereignisketten – eine reaktive ökologische Sequenz einerseits und eine selbstverstärkende kulturelle Sequenz andererseits – entsprang die Konstruktion der ersten modernen und funktionsfähigen Dampfmaschine im Jahre 1712 durch Thomas Newcomen, die zum Abpumpen von Wasser in den Kohlebergwerken verwendet wurde. Die Entwicklung der Dampfmaschine gilt als kontingentes Ereignis, das eine Reaktionsfolge auslöste, im Zuge welcher weitere Innovationen folgten und die schließlich in die Industrielle Revolution mündete. Laut Goldstone waren die Ereignisse, die zur Konstruktion der Dampfmaschine durch Newcomen führten, eine „perhaps one-in-a-million conjuncture" (zitiert nach Mahoney). Es sei Zufall gewesen, dass England über Jahrhunderte Kohle benutzte und zu Beginn des 18. Jahrhunderts einen Weg finden musste, um das in die Bergwerke einsickernde Wasser loszuwerden.[89]

Pfadabhängige Prozesse entspringen demnach historischen Vorgängen, die eine Ereigniskette in Gang setzen, deren Resultat nicht voraussagbar ist.[90] Die ausgelöste Sequenz beruht entweder auf positiver Rückkoppelung (*self-reinforcing*

---

[86] Vgl. ebd., S. 513 f. und 527 f. Der Begriff der Kontingenz bezieht sich in diesem Zusammenhang auf die Unmöglichkeit, mittels bestehender Theorien ein bestimmtes Ergebnis vorherzusagen oder zu erklären. Wie Mahoney erläutert, sei dies nicht mit reinem Zufall und der Absenz vorausgehender Ursachen gleichzusetzen. Beispiele für kontingente Ereignisse sind die Übernahme suboptimaler technischer Standards wie VHS und QWERTY, die den Vorhersagen der neoklassischen Theorie widerspricht, sowie kleine spezifische Ereignisse wie die Ermordung politischer Führer oder spezielle Entscheidungen bestimmter Individuen oder Gruppen als auch große Geschehnisse wie Naturkatastrophen oder plötzliche Marktfluktuationen.

[87] „*[W]hen* things happen within a sequence affects *how* they happen." Siehe ebd., S. 511 (Hervorhebung im Original).

[88] Vgl. ebd., S. 537.

[89] Vgl. ebd., S. 533 ff.

[90] Als allgemeine Definitionsmerkmale von Pfadabhängigkeit schlägt Ackermann vor, dass 1) mehrere Ergebnisse möglich sein müssen und 2) das Ergebnis, das sich letztlich einstellt,

sequence) oder ergibt sich aus einer Serie von Reaktionsmechanismen, die logisch aufeinander folgen (*reactive sequence*). Beide Modelle pfadabhängiger Entwicklungsverläufe liefern nützliche konzeptionelle Überlegungen für die gegenständliche Untersuchung. In der polit-ökonomischen Analyse kommt der historischen Dimension sozialer Phänomene große Bedeutung zu. Die in die Zukunft wirkenden Mechanismen pfadabhängiger Prozesse werden von politischen Ökonomen ausdrücklich anerkannt.[91]

Auch die vorliegende Arbeit bedient sich des Pfadabhängigkeitskonzepts als wichtiges Erklärungsmodell für die Analyse der Entwicklung der globalen Erdölindustrie. Krystina Robertson bezeichnet Pfadabhängigkeit als „die Eigenschaft solcher wirtschaftlicher Prozesse, deren Ergebnisse nur mit der jeweiligen speziellen Prozessgeschichte erklärbar sind."[92] Für eine Erklärung, wie es zu der spezifischen Konfiguration des internationalen Erdölmarktes von heute sowie den Abhängigkeitsstrukturen zwischen den Produzenten- und Importnationen gekommen ist, bedarf es also einer präzisen Beschreibung der relevanten historischen Geschehnisse bzw. Sequenzen, die infolge der Wirkkräfte pfadabhängiger Prozessmechanismen letztlich zu den in der heutigen Welt vorzufindenden „Ergebnissen" geführt haben.

2.2.3 Historischer Institutionalismus und Regimetheorie

Der Historische Institutionalismus ist eng mit dem Konzept der Pfadabhängigkeit verwandt, welches dessen theoretischen Kern bildet.[93] Entsprechend seinem Namen beschreibt der Historische Institutionalismus einen Untersuchungsansatz, der empirische Begebenheiten in der realen Welt in ihren jeweiligen historischen Kontext einordnet und dessen Erkenntnisinteresse vor allem der Frage gilt, auf welche Weise Institutionen das Verhalten von Akteuren strukturieren und bestimmen. North definiert den Begriff der Institution ganz allgemein als „any form of constraint that human beings devise to shape human interaction." Institutionen bestimmen und begrenzen die Handlungsalternativen von Akteuren. Sie können

---

muss sich aus der zeitlichen Entwicklung des Prozesses ergeben (andernfalls wäre ein pfadabhängiger Verlauf von einem vollkommen erratischen Prozess nicht unterscheidbar). Siehe Ackermann, Pfadabhängigkeit, Institutionen und Regelreform, S. 11.

[91] Vgl. Gilpin, Global Political Economy, S. 39.

[92] Robertson, Ereignisse in der Pfadabhängigkeit, S. 17.

[93] Vgl. Shu-Yun Ma, „Political Science at the Edge of Chaos? The Paradigmatic Implications of Historical Institutionalism", in: International Political Science Review, Vol. 28, No. 1, 2007, S. 57–78 (hier 64).

formaler Natur (Regeln) oder informal (Konventionen, Verhaltenskodizes) sein.[94] Auch in den häufig zitierten Definitionen von Arthur L. Stinchcombe, der Institutionen als „a structure in which powerful people are committed to some value or interest"[95] begreift, und Sidney Verba, welcher Institutionen als „generally accepted regular procedures for handling a problem and to normatively sanctioned behavior patterns"[96] definiert, wird ein relativ weites Begriffsverständnis vertreten.

Gemäß Historischen Institutionalisten sind die Einstellungen, Erwartungen und das Verhalten von Handlungsakteuren maßgeblich von der Geschichte, von vergangenen Erfahrungen geprägt und finden keineswegs in einem historischen Vakuum statt. Es sei demnach unmöglich, strategische Entscheidungen unabhängig von Zeit, Ort und den spezifischen Begleitumständen zu deuten. Im Gegensatz dazu schreiben Historische Institutionalisten den individuellen sozialen, politischen, ökonomischen und kulturellen Rahmenbedingungen, innerhalb welcher Akteurshandlungen stattfinden, große Bedeutung zu und versuchen ein Verständnis dafür zu erlangen, inwiefern zu einem bestimmten Zeitpunkt getroffene Entscheidungen das Verhalten in späteren Entscheidungssituationen beeinflussen.[97] „[H]istory is not a chain of independent events", hält Sven Steinmo fest und bringt damit die Grundthese des historisch-institutionalistischen Ansatzes auf den Punkt.[98] Der Historische Institutionalismus betrachtet Institutionen als Produkt konkreter temporaler Prozesse. Es gilt dabei die kausalen Mechanismen transparent zu machen, welche den beobachtbaren empirischen Verhaltensmustern zugrunde liegen und eine Erklärung für die historischen Entwicklungsschritte zu liefern.[99]

In der polit-ökonomischen Betrachtungsweise wird Institutionen eine wichtige Rolle zugeschrieben. Sie prägen maßgeblich das Verhalten der Handlungsteilnehmer im Gesamtgefüge von Politik und Wirtschaft, weshalb deren Berücksichtigung bei der Untersuchung von sozialen Prozessen unabdingbar erscheint. Gesellschaftliche, politische und wirtschaftliche Institutionen würden laut Gilpin

[94] North, Institutions, Institutional Change and Economic Performance, S. 4.

[95] Arthur L. Stinchcombe, Constructing Social Theories, New York: Harcourt, Brace & World 1968, S. 107.

[96] Sidney Verba, „Sequences and Development", in: Leonard Binder et al. (Hrsg.), Crises and Sequences in Political Development, Studies in Political Development: Vol. 7, Princeton: Princeton University Press 1971, S. 283–316 (hier 300).

[97] Vgl. Steinmo, „Historical Institutionalism", S. 127 f.

[98] Ebd., S. 128 (Hervorhebung im Original).

[99] Vgl. Kathleen Thelen, „Historical Institutionalism in Comparative Politics", in: Annual Review of Political Science, Vol. 2, 1999, S. 369–404 (hier 382 ff.)

die Interaktionen von Individuen oder Gruppen als politische und ökonomische Akteure bestimmen oder zumindest beeinflussen.[100] Im Gegensatz zur neoklassischen institutionalistischen Interpretation, gemäß welcher der Bildung von Institutionen rationale Überlegungen zugrunde liegen und die zum Zweck ökonomischer Effizienzsteigerung geschaffen werden, vertreten Theoretiker der Politischen Ökonomie in der Tradition von North die Auffassung, Institutionen würden unterschiedlichsten rationalen und irrationalen Motiven entspringen und deren Entstehung könne sowohl in bewusster Absicht erfolgen als auch aus zufälligen historischen Konstellationen resultieren und sohin als Ergebnis sich selbst verstärkender, kumulativer Prozesse gedeutet werden.

Es war insbesondere North, der in seinem Hauptwerk den historischen Charakter von Institutionen überzeugend darlegte und auf deren pfadabhängige Entwicklungsverläufe verwies. Institutionen sind nicht notwendigerweise effizient und fördern nicht immer die wirtschaftlichen Interessen jener, die sie – bewusst oder unbeabsichtigt – geschaffen haben. Sobald sie sich allerdings etabliert haben, besitzen Institutionen oftmals ein beträchtliches Beharrungsvermögen und lassen sich nur schwer durch effizientere Regelungen ablösen.[101] In diesem Sinne können Institutionen als Pfade gedacht werden, welche die zur Verfügung stehenden Wahlmöglichkeiten eingrenzen und das Entscheidungsverhalten mit dem Zeitverlauf verknüpfen.

Der Begriff der Institution ist eng mit dem Regimebegriff verwandt. In der weithin anerkannten Definition von Stephen D. Krasner sind Regime „sets of implicit or explicit principles, norms, rules, and decision-making procedures around which actors' expectations converge in a given area of international relations. Principles are beliefs of fact, causation, and rectitude. Norms are standards of behavior defined in terms of rights and obligations. Rules are specific prescriptions or proscriptions for action. Decision-making procedures are prevailing practices for making and implementing collective choice."[102]

Prinzipien, Normen, Regeln und Entscheidungsverfahren, erläutert Keohane in seinem bedeutenden Beitrag zur Regimetheorie, *After Hegemony*, enthalten

---

[100] Gilpin, Global Political Economy, S. 39.

[101] Gilpin nennt in diesem Zusammenhang die seit über zwei Jahrhunderten bestehende verfassungsmäßige Regelung in den Vereinigten Staaten, die es im Ausland geborenen Amerikanern untersagt, Präsident zu werden. Die Bestimmung wurde einzig zu dem Zweck erlassen, den auf Nevis in der Karibik geborenen Alexander Hamilton an der Präsidentschaft zu hindern. Siehe Gilpin, Global Political Economy, S. 39.

[102] Stephen D. Krasner, „Structural Causes and Regime Consequences: Regimes as Intervening Variables", in: ders. (Hrsg.), International Regimes, Ithaca: Cornell University Press 1983, S. 1–22 (hier 2).

Anleitungen zum Verhalten (*„injunctions"*): Sie schreiben bestimmte Handlungen vor und verbieten andere. Sie beinhalten Pflichten, auch wenn diese nicht notwendigerweise auf dem Rechtsweg durchsetzbar sein müssen. Regime können weitreichende und ganz wesentliche Verhaltensvorschriften, die sich im Zeitablauf kaum ändern, genauso umfassen wie wenig spezifische und verbindliche Übereinkünfte, die unversehens und ohne nennenswerte politische oder ökonomische Auswirkungen abgeändert werden können. Keohane bezeichnet die intermediären, zwischen den beiden Extremen liegenden Arrangements, die ausreichend konkret sind, sodass deren Missachtung feststellbar ist, und deren Änderung ein unterschiedliches Verhalten der Akteure bewirkt, als den Kern von Regimen.[103]

Regime existieren laut Donald J. Puchala und Raymond F. Hopkins in allen wesentlichen Bereichen der internationalen Beziehungen und sozialen Welt, wo sich strukturierte Verhaltensmuster feststellen lassen: „Wherever there is regularity in behavior some kinds of principles, norms or rules must exist to account for it."[104] Die beiden Autoren unterscheiden in ihrem Beitrag zwischen „formalen" und „informalen" Regimen. Unter dem ersten Begriff verstehen sie Regelsysteme, die üblicherweise von internationalen Organisationen errichtet wurden und von institutionalisierten, multinationalen Verwaltungsapparaten überwacht werden. Informale Regime hingegen beruhen einzig auf konsensuellen Motiven und übereinstimmenden Zielen der teilnehmenden Akteure oder auf der Durchsetzungsstärke eines oder mehrerer mächtiger Teilnehmer. Die Durchsetzung der nicht-institutionalisierten Regeln erfolgt durch konvergente Interessen sowie Gentlemen's Agreements und deren Einhaltung wird durch gegenseitige Überwachung kontrolliert.[105]

Laut Gilpin, der internationale Regime als allgemeine Regeln und Übereinkünfte (*„rules and understandings"*) definiert, sind es die informellen Prinzipien und nicht die formalen Organisationen, von denen das Funktionieren der Weltwirtschaft abhängt.[106] In der vorliegenden Arbeit werden die Begriffe „Regime" und „Institution" synonym verwendet und beziehen sich auf informelle Regelsysteme, welche bestimmte Verhaltensweisen einfordern bzw. erzwingen und mithin den Handlungsspielraum der involvierten Akteure einschränken.

---

[103] Keohane, After Hegemony, S. 59. In den Worten von Keohane sind es diese „intermediate injunctions – politically consequential but specific enough that violations and changes can be identified – that I take as the essence of international regimes."

[104] Donald J. Puchala und Raymond F. Hopkins, „International Regimes: Lessons from Inductive Analysis", in: Stephen D. Krasner (Hrsg.), International Regimes, Ithaca: Cornell University Press 1983, S. 61–91 (hier 63).

[105] Vgl. ebd., S. 65.

[106] Vgl. Gilpin, Global Political Economy, S. 83.

Die Regimetheorie ist für die gegenständliche Untersuchung von Bedeutung, haben sich doch auch im globalen System des Erdöls institutionelle Strukturen und Arrangements gebildet, deren Kenntnis das Verständnis über die Funktionsweise der Energiemärkte und die Handlungsmuster der beteiligten Akteure in unterschiedlichen Epochen wesentlich fördern. Nach Beginn des modernen Erdölzeitalters 1859, als Edwin Drake die erste kommerziell erfolgreiche Ölbohrung in Titusville, Pennsylvania durchführte und damit einen veritablen Erdölboom auslöste, haben beginnend mit John D. Rockefeller und seiner mächtigen Standard Oil Company für mehr als ein Jahrhundert lang im Wesentlichen ein paar wenige ausgewählte multinationale Konzerne die Weltwirtschaft des Erdöls dominiert und die Bedingungen festgelegt, unter welchen der fossile Brennstoff gefördert und vermarktet wurde. Die ersten hundert Jahre der Geschichte des Erdöls waren „durch die absolute Herrschaft der sieben Großen, der ‚Majors‘, charakterisiert, denen es gelungen ist, sowohl den Förderländern als auch den Verbraucherländern ihr Diktat aufzuzwingen."[107] In der nicht-kommunistischen Welt haben die politischen Entscheidungsträger der Verbraucherländer in dieser ersten Phase der Ölgeschichte die Gestaltung und Kontrolle der Erdölwirtschaft weitgehend den internationalen Mineralölfirmen überlassen. Solange die überwiegend privaten Konzerne eine stabile und ausreichende Erdölversorgung der Industriestaaten zu gewährleisten vermochten, sah die Politik keine Notwendigkeit für tiefgreifende staatliche Eingriffe.

In den 1950er und 1960er Jahren begannen Ölgesellschaften, die außerhalb des Klubs der integrierten Majors standen, vermehrt auf die internationalen Märkte zu drängen und das von den etablierten Konzernen geschaffene Regime infrage zu stellen. Sie unterstützten damit, bewusst wie unbewusst, die Emanzipationsbestrebungen der Produzentenländer des Nahen Ostens und Lateinamerikas, die das bestehende Regime der ausländischen Majors als nachteilig und diskriminierend erachteten und vor allem nach ihrem Zusammenschluss zu einem Verkäuferkartell im Jahre 1960 mit der Gründung der Organisation der erdölexportierenden Länder (OPEC) verstärkte Anstrengungen für dessen Ablösung unternahmen. In den 1970er Jahren war dies den Exportländern dank ihres zunehmenden Machtgewinns und vorteilhafter Marktrealitäten tatsächlich gelungen, woraufhin sie ein von ihnen dominiertes internationales Erdölregime schufen. Die institutionalisierten Arrangements der Überschussländer bestimmten für rund ein Jahrzehnt während der sogenannten „OPEC-Dekade" jenen Ordnungsrahmen, innerhalb

---

[107] Jean-Marie Chevalier, Energie – die geplante Krise: Ursachen und Konsequenzen der Ölknappheit in Europa, Frankfurt am Main: Fischer 1976, S. 21 f.

welchem die Interaktionen der Marktteilnehmer stattfanden. In den 1980er Jahren begannen die freien Marktkräfte die Machtstellung der erdölexportierenden Länder zusehends zu unterminieren und sich in weiterer Folge neue Regelwerke und Entscheidungsverfahren in der globalen Erdölwirtschaft durchzusetzen. Das Regime der globalen Marktkräfte besteht bis heute fort.

Ausgehend von der Definition von Krasner hat Lutz Zündorf die drei genannten Erdölregime in einem typologischen Vergleich gegenübergestellt. Tabelle 2.1 beruht auf dessen Zusammenstellung.

Tab. 2.1 Die drei Erdölregime im typologischen Vergleich

	Regime der integrierten Konzerne	Revolutionäres Regime der OPEC	Regime der globalen Marktkräfte
Dauer	1859/70 bis 1973	1973 bis frühe 1980er	seit Mitte 1980er
Machtinhaber	Unternehmen (Majors)	Staaten (Exportländer)	freie Marktkräfte
Prinzipien	Industriekapitalismus	Staatswirtschaft	kapitalistische Marktwirtschaft
Kontrolle	Koordination durch integrierte Konzerne	Koordination durch Produktionskartell	Koordination durch globale Güter- und Finanzmärkte
Normen	internationales Privatrecht	nationale Gesetzgebung souveräner Förderstaaten	freie Preisbildung auf den Märkten
Regeln	Konzessionsverträge	Kartellregeln	Markt- und Börsen-regeln
Entscheidungsverfahren	bilaterale Verhandlungen zwischen Konzernen und Regierungen	einseitige Beschlüsse der Produzenten	Einzelentscheidungen der Marktteilnehmer auf Basis von Marktkräften

Quelle: Lutz Zündorf, Das Weltsystem des Erdöls: Entstehungszusammenhang, Funktionsweise, Wandlungstendenzen, Wiesbaden: VS Verlag für Sozialwissenschaften 2008, S. 270.

Der Übergang von einem Regime zu einem anderen geht mit grundlegenden strukturellen Veränderungen innerhalb des institutionellen Gefüges einher. Keohane und Nye legen in ihrer richtungweisenden Analyse *Power and Interdependence* vier Erklärungsansätze für Regimewechsel dar, nämlich das 1) *economic process*-, das 2) *overall power structure*-, das 3) *power structure within issue areas-* sowie das 4) *international organization-*Modell.[108] Wie Keohane und Nye einschränkend hinzufügen, lässt sich freilich keines der Konzepte universell auf alle Regimewechsel anwenden, da die Bedingungen der einzelnen Veränderungsprozesse aufgrund ihrer Zeit- und Kontextabhängigkeit zu unterschiedlich seien.[109]

Das *issue structure-*Modell liefert nützliche theoretische Überlegungen für eine Erklärung des Übergangs vom Regime der integrierten Ölkonzerne zum Regime der erdölexportierenden Länder. Im Gegensatz zum *overall power structure-*Konzept unterstellt das Erklärungsmodell der *issue areas* eine machtpolitische Trennbarkeit und nur bedingte Verknüpfbarkeit einzelner Politikfelder. Militärische Macht, um ein Beispiel zu nennen, ist auf Basis dieser Annahme nicht fungibel und lässt sich somit nicht auf den Bereich der Erdölpolitik, in welchem andere Machtstrukturen vorherrschen mögen, übertragen. Sobald die Normen, Regeln und Entscheidungsverfahren in einer bestimmten *issue area* nicht mehr mit der der entsprechenden Materie zugrunde liegenden Verteilung der Machtressourcen korrespondieren, sind die Bedingungen für einen Regimewechsel gegeben. „Issue structuralism allows us to predict", erläutern Keohane und Nye, „that when there is great incongruity in an issue area between the distribution of power in the underlying structure, and its distribution in current use, there will be pressures for regime change."[110] Zu Beginn der 1970er Jahre entsprach das von den internationalen Mineralölgesellschaften bestimmte und diese in hohem Maße bevorteilende Regelsystem in der globalen Erdölwirtschaft nicht länger den realen Machtverhältnissen und Gestaltungsmöglichkeiten der Förderländer, woraufhin es zu einem Wechsel zum Erdölregime der OPEC kam.

Das *economic process-*Erklärungsmodell basiert auf der Prämisse, dass technologische Wandlungsprozesse und zunehmende ökonomische Verflechtungsmuster sowie wachsende wirtschaftliche Abhängigkeitsbeziehungen bestehende Regime obsolet machen, da deren Ausgestaltung dem gestiegenen Transaktionsaufkommen und den neuen Organisationsformen nicht mehr gerecht zu werden vermag.[111] Die veränderten wirtschaftlichen Rahmenbedingungen infolge gestiegener Interdependenzstrukturen zwischen den Förder- und Verbraucherländern und der sukzessiven Verlagerung des globalen Ölhandels auf die Spot- und Terminmärkte sollten nur wenige Jahre nach seiner Begründung das Erdölregime der OPEC untergraben. Die veränderten Marktbedingungen zu Beginn der 1980er

---

[108] Siehe dazu Keohane und Nye, Power and Interdependence, S. 38 ff.

[109] Vgl. ebd., S. 21 f.

[110] Ebd., S. 52.

[111] Vgl. ebd., S. 40.

Jahre entzogen den erdölexportierenden Staaten ihre entscheidende Machtgrundlage, was unweigerlich zu einer Ablöse des von ihnen installierten Regimes durch ein neues, nunmehr von den weithin unsichtbaren Kräften der internationalen Güter- und Finanzmärkte bestimmtes Regelwerk führte.

Die Erdölregime in der vorliegenden Arbeit sind nicht als kooperative internationale Institutionen zu verstehen, die von souveränen Akteuren formal installiert werden und der Lösung bestimmter inter- oder transnationaler Problemfelder dienen sollen.[112] Es handelt sich dabei vielmehr um informelle Ordnungsnormen in Form allgemeiner Verhaltensstandards. Auch diese können von den einflussreichen Akteuren im internationalen Wirtschaftssystem mit dem Ziel der Verwirklichung eigennütziger Interessen bewusst geschaffen werden. Immerhin beeinflussen Regime die wechselseitigen Abhängigkeitsbeziehungen zwischen Akteuren.[113] Internationale Regime sind gemäß Keohane und Nye

> intermediate factors between the power structures of an international system and the political and economic bargaining that takes place within it. The structure of the system (the distribution of power resources among states) profoundly affects the nature of the regime (the more or less loose set of formal and informal norms, rules, and procedures relevant to the system). The regime, in turn, affects and to some extent governs the political bargaining and daily decision-making that occurs within the system.[114]

Da Regime oftmals erhebliche Auswirkungen auf die Gewinnverteilung aus wirtschaftlichen Aktivitäten haben und das autonome Entscheidungsvermögen individueller Akteure einschränken, sind Staaten, multinationale Konzerne und andere einflussreiche Handlungsteilnehmer permanent der Versuchung ausgesetzt, bestehende Institutionen nach ihrem Gutdünken zu verändern.[115] Dies gilt für die wesentlichen Akteure in der Geschichte des Erdöls in besonderem Maße. Nicht umsonst sind die unterschiedlichen Regime im historischen Verlauf durch die Struktur des globalen Systems des Erdöls bestimmt, die der Machtverteilung der Akteure innerhalb des Gefüges entspricht.[116]

---

[112] Als Beispiel für formal institutionalisierte, vertraglich begründete Formen internationaler Regime seien an dieser Stelle Handelsregime (GATT, NAFTA, APEC), Finanzregime (Basel I bis III), Umweltregime (Kyoto), Sicherheitsregime (KSZE) und Rüstungskontrollregime (NPT, SALT, ABM, INF, START, SORT) erwähnt.

[113] Vgl. Keohane und Nye, Power and Interdependence, S. 20.

[114] Ebd., S. 21.

[115] Vgl. Gilpin, Global Political Economy, S. 77 f.

[116] Vgl. Keohane und Nye, Power and Interdependence, S. 42.

2.2.4   Interdependenzanalyse

Die jahrzehntelange wissenschaftliche Debatte über das Konzept der Interdependenz hat bis heute keine verbindliche inhaltliche Begriffsbestimmung hervorgebracht.[117] Im Allgemeinen wird in der politikwissenschaftlichen Forschung zwischen folgenden drei grundlegenden Ausprägungen von Interdependenz unterschieden: 1) Interdependenz als Interessenkonnex: Die Positionsänderung eines Akteurs in einem Sachbereich hat Auswirkungen auf andere. 2) Ökonomische Definition: Interdependenz ist dann gegeben, wenn ein Akteur eine erhöhte Sensitivität gegenüber externen wirtschaftlichen Entwicklungen aufweist. 3) Kostenorientierte Begriffsbestimmung: Im Rahmen eines positiven Austausches zwischen zwei Akteuren bedingt eine Störung der Beziehung für beide Interaktionsteilnehmer negative Folgekosten.[118] Im Gegensatz zur Politikwissenschaft wird der Interdependenz als wissenschaftliches Konzept in der Ökonomie nur wenig Aufmerksamkeit beigemessen.[119]

Die vorliegende Arbeit bedient sich des analytischen Konzepts der Interdependenz, wie es von Keohane und Nye in ihrer einflussreichen Studie *Power and Interdependence* dargelegt wird. Dependenz oder Abhängigkeit in seiner einfachsten Form beschreibt laut Keohane und Nye einen Zustand der Beeinflussung oder Beeinträchtigung durch externe Kräfte. Interdependenz bedeute wechselseitige Abhängigkeit zwischen Staaten oder Akteuren verschiedener Länder. Keohane und Nye führen internationale Transaktionen wie grenzüberschreitende Kapitalflüsse, zwischenstaatlichen Güteraustausch und Personenverkehr als Hauptursache wechselseitiger Abhängigkeitsbeziehungen an. Reziproke Dependenz bedingt,

---

[117] Für eine Beleuchtung der unterschiedlichen Phasen der frühen Diskussion ab 1945 siehe Richard Rosecrance und Arthur Stein, „Interdependence: Myth or Reality?", in: World Politics, Vol. 26, No. 1, October 1973, S. 1–27 (hier 1 f.).

[118] Zu den drei allgemeinen Ausprägungen von Interdependenz siehe ebd., S. 2; Ursula Lehmkuhl, Theorien Internationaler Politik: Einführung und Texte, München: Oldenbourg 1996, S. 197 ff.; und Robert D. Tollison und Thomas D. Willett, „International Integration and the Interdependence of Economic Variables", in: International Organization, Vol. 27, No. 2, Spring 1973, S. 255–271. Die ökonomische Definition wird in der Literatur zumeist auf Richard N. Cooper zurückgeführt und die kostenorientierte Interpretation auf Kenneth N. Waltz. Siehe dazu die bedeutenden Beiträge der beiden Theoretiker: Richard N. Cooper, The Economics of Interdependence: Economic Policy in the Atlantic Community, New York: McGraw-Hill 1968; und Kenneth N. Waltz, „The Myth of National Interdependence", in: Charles P. Kindleberger (Hrsg.), The International Corporation: A Symposium, Cambridge, MA: The MIT Press 1970, S. 205–223.

[119] Vgl. David A. Baldwin, „Interdependence and Power: A Conceptual Analysis", in: International Organization, Vol. 34, No. 4, Autumn 1980, S. 471–506 (hier 478 ff.).

dass die Beziehung diversen Beschränkungen unterliegt. Ein Zustand der Interdependenz schränkt die Handlungsautonomie der betreffenden Akteure ein und
ist demnach immer mit potenziellen oder effektiven Kosten verbunden.[120] Die
Vorteile enger Wirtschaftsbeziehungen gehen Richard N. Cooper zufolge stets
zulasten der nationalen Unabhängigkeit, weshalb sie einen Verzicht auf einen
gewissen Grad an Autonomie implizieren.[121]

Das Konzept der Interdependenz basiert auf der Prämisse, dass von außen
herbeigeführte Veränderungen wirtschaftlicher, politischer, militärischer oder
gesellschaftlicher Natur für einen Staat nicht nur Vorteile, sondern gegebenenfalls auch gravierende Nachteile erbringen können.[122] Interdependenz verstanden
als *wechselseitige* Abhängigkeit ist nur dann gegeben, wenn die Wechselbeziehung Kosten für alle beteiligten Interaktionsteilnehmer zu verursachen vermag.[123]
Ist der Beziehungszusammenhang für einen der Akteure nicht mit potenziellen
Belastungen verbunden, dann liegt einseitige Dependenz vor. Keohane und Nye
zufolge sei klar zwischen Interdependenz und wechselseitiger Verflechtung bzw.
Vernetzung (*interconnectedness*) zu unterscheiden. Wenn aus der Wechselbeziehung zwischen Handelspartnern wesentliche Kosten entstehen können, wird von
Interdependenz gesprochen. Eine Interaktion hingegen, die unter keinen Umstän-
den nachteilige Effekte bedingt, wird einfach als Verflechtung bezeichnet. Die
Kosten verursachende äußere Einwirkung kann aus direkten, intendierten Handlungen von Akteuren resultieren oder auch Ergebnis zufälliger, schicksalhafter
Konstellationen sein.[124]

---

[120] Siehe Keohane und Nye, Power and Interdependence, S. 8 f.

[121] Siehe Cooper, The Economics of Interdependence, S. 4 f.; und Richard N. Cooper, „Eco-
nomic Interdependence and Foreign Policy in the Seventies", in: World Politics, Vol. 24, No. 2,
January 1972, S. 159–181 (hier 164). Wie Keohane in einem späteren Beitrag ausführt, habe
die zunehmende wirtschaftliche Interdependenz die traditionelle Vorstellung von staatlicher
Souveränität grundlegend verändert. Siehe Robert O. Keohane, „International Institutions:
Can Interdependence Work?", in: Foreign Policy, No. 110, Spring 1998, S. 82–96 (hier 92).

[122] Vgl. Henning Behrens und Paul Noack, Theorien der Internationalen Politik, München:
Deutscher Taschenbuch Verlag 1984, S. 148.

[123] Vgl. Manuela Spindler, „Interdependenz", in: Siegfried Schieder und Manuela Spindler
(Hrsg.), Theorien der Internationalen Beziehungen, Opladen: Leske + Budrich 2003, S. 89–
116 (hier 96).

[124] Vgl. Keohane und Nye, Power and Interdependence, S. 9. Als konkretes Beispiel für
die Unterscheidung zwischen Interdependenz und Vernetzung führen Keohane und Nye den
Import von Erdöl einerseits und die Einfuhr von Luxusgütern wie Pelze, Schmucksachen
und Parfüm andererseits an. Selbst wenn der monetäre Wert des Luxusgüterimports jenem
der Öleinfuhr entsprechen sollte, wäre eine Unterbrechung der Handelsbeziehung mit keinen
nennenswerten negativen volkswirtschaftlichen Auswirkungen verbunden.

Die wechselseitige Dependenz zwischen zwei Akteuren ist nicht notwendigerweise ausgewogen, sprich symmetrisch strukturiert. Unter symmetrischer Interdependenz wird demnach ein Interaktionsverhältnis analoger gegenseitiger Abhängigkeit verstanden. Asymmetrische Interdependenz ist dann gegeben, wenn die potenziellen oder effektiven Kosten aus der Wechselbeziehung ungleich verteilt sind und der Abhängigkeitsgrad eines Akteurs jenen des anderen übersteigt. Ein asymmetrisches Abhängigkeitsverhältnis birgt die Gefahr der Ausnützung der einseitigen Machtkonstellation durch den weniger abhängigen Akteur zur Durchsetzung bestimmter Ziele. Eine Situation vollständiger einseitiger Abhängigkeit wird von Keohane und Nye als „*pure dependence*" bezeichnet und entspricht perfekter asymmetrischer Interdependenz.[125]

Wie uns James A. Caporaso erklärt, sei das Gegenteil von Abhängigkeit, verstanden als Ungleichgewicht in den Beziehungen zweier Akteure, Interdependenz und nicht Autonomie. Während Autonomie gemäß Caporaso auf dem Prinzip der Eigenkontrolle beruhe, gehe Interdependenz von gegenseitiger Kontrolle aus. Es gelte daher zwischen den englischen Begriffen *dependence* und *dependency* zu unterscheiden. Das Gegenteil von *dependency*, das einen Zustand fehlender Eigenständigkeit beschreibt, ist gänzliche Unabhängigkeit von externen Kontrolleinflüssen und kann als Independenz oder Autonomie bezeichnet werden. Den Gegenpol zu *dependence* bildet hingegen symmetrische Interdependenz.[126] Sowohl lückenlose einseitige Dependenz als auch vollständig ausgewogene Interdependenz seien laut Keohane und Nye als Extreme zu verstehen, die in der realen Welt nur selten vorkommen würden. Die meisten Fälle würden zwischen den beiden Polen liegen und von asymmetrischer Interdependenz geprägt sein.[127]

Bezogen auf den Güteraustausch lässt sich das Dependenz-Interdependenz-Kontinuum schematisch wie in Abbildung 2.2 darstellen. Keohane und Nye definieren eine vollständige einseitige Dependenz des Staates *a* von Staat *b* (oberer linker Randbereich des Feldes I) bzw. des Staates *b* von Staat *a* (unterer rechter Randbereich des Feldes IV) sowie eine symmetrische Interdependenz beider Staaten (entlang der Diagonale von links unten nach rechts oben im Feld II) als Idealtypen, die in der polit-ökonomischen Realität eine Rarität darstellen. Zumeist würden asymmetrische Interdependenzbeziehungen vorherrschen,

---

[125] Vgl. ebd., S. 11.

[126] Siehe James A. Caporaso, „Dependence, Dependency, and Power in the Global System: A Structural and Behavioral Analysis", in: International Organization, Vol. 32, No. 1, Winter 1978, S. 13–43 (hier 18).

[127] Vgl. Keohane und Nye, Power and Interdependence, S. 11.

die sich an den Schnittpunkten zwischen den mit Dependenz und Interdependenz gekennzeichneten Flächen bewegen.

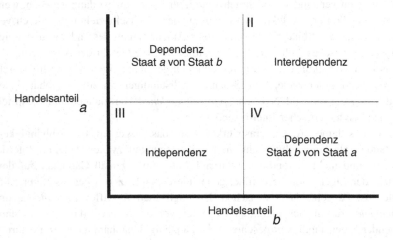

Abb. 2.2　Das Dependenz-Interdependenz-Kontinuum. (Quelle: Katherine Barbieri, „Economic Interdependence: A Path to Peace or a Source of Interstate Conflict?", in: Journal of Peace Research, Vol. 33, No. 1, February 1996, S. 29–49 (hier 34))

Ein zentraler Bestandteil des Interdependenzansatzes nach Keohane und Nye ist die Unterscheidung zwischen den beiden Konzepten *sensitivity* und *vulnerability interdependence*. Die Sensitivität (Empfindlichkeit) beschreibt das Ausmaß der Reagibilität eines Staates auf Veränderungen, die innerhalb einer politökonomischen Interdependenzbeziehung durch einen anderen Staat verursacht werden. Im Zentrum des Interesses steht die Frage, wie schnell sich die Änderung auf den anderen Akteur durchschlägt und mit welchen sozialen, politischen oder ökonomischen Kosten die Auswirkungen verbunden sind. Das Konzept der *sensitivity interdependence* geht dabei von einem unveränderten politischen Interaktionsverhalten aus und berücksichtigt keine Anpassungen des politischen Kurses sowie Gegenmaßnahmen durch den betroffenen Handlungsteilnehmer. Als Beispiel für sensitive Abhängigkeit führen Keohane und Nye die Auswirkungen des Ölpreisschocks 1973/74 auf die Industrienationen an. Angesichts der angespannten Versorgungssituation auf dem Welterdölmarkt und des großen Zeithorizonts, bis politische Gegenstrategien wirksam werden, ergab sich die Sensitivität der westlichen Volkswirtschaften aus den gestiegenen Kosten für importiertes Erdöl und dem individuellen Anteil der Öleinfuhren am Gesamtverbrauch. Die westeuropäischen Staaten und Japan reagierten weitaus sensitiver auf die Erhöhungen des Ölpreises als die Vereinigten Staaten, die einen deutlich geringeren Importanteil aufwiesen.[128]

Vor allem im Rohstoffbereich erscheint eine Interdependenzanalyse, die ausschließlich von sensitiven Abhängigkeitsstrukturen ausgeht, als ungenügend. Die effektive Dependenz eines Akteurs von einem anderen lässt sich erst nach Berücksichtigung der Reaktionsmöglichkeiten und Handlungsalternativen des betroffenen Interaktionsteilnehmers ermitteln. Ein hoher Importanteil bei Erdöl zeugt zwar von erheblicher Sensitivität gegenüber Preissteigerungen und Lieferstörungen. Vermag ein Staat in einer Krisensituation die Öleinfuhren allerdings zu vertretbaren Kosten durch alternative Bezugsquellen oder inländische Energieressourcen zu ersetzen, weist dieser nur geringe oder keine Vulnerabilität auf. Die Einflussmöglichkeiten eines Akteurs auf einen anderen können demgemäß trotz vorteilhafter Asymmetrien auf Ebene der *sensitivity interdependence* äußerst begrenzt sein, wenn auf Ebene der Vulnerabilität kein vergleichbares Ungleichgewicht in der Interdependenzbeziehung vorherrscht.

„The vulnerability dimension of interdependence", erklären Keohane und Nye, „rests on the relative *availability* and *costliness* of the alternatives that various actors face."[129] Während Sensitivität die Einwirkung kostenverursachender äußerer Effekte misst, noch bevor eine Anpassung der eigenen Strategie auf die neue Situation vorgenommen wurde, beschreibt die Vulnerabilität die Belastungen, die sich infolge externer Ereignisse trotz entsprechender Gegenreaktion ergeben. Neben den ökonomischen Kosten müssen auch die negativen politischen Folgewirkungen einbezogen werden, da Transaktionen insbesondere zwischen staatlichen Akteuren nicht nur Belastungen im wirtschaftlichen Bereich verursachen können, sondern auch auf Ebene der Gesellschaft und der politischen Führung mitunter beträchtliche Kosten bedingen.[130] Da eine Änderung der Politik oftmals erst mit einer gewissen Zeitverzögerung wirksam wird, entsprechen die sofort spürbaren Auswirkungen extern induzierter Veränderungen zumeist der sensitiven Abhängigkeit.[131]

Die *vulnerability interdependence* ist für eine Analyse der Erdölimportabhängigkeit europäischer Staaten indes das bedeutsamere Konzept. Die Verwundbarkeit eines von der Einfuhr fossiler Brennstoffe abhängigen Staates wird nicht

---

[128] Vgl. ebd., S. 12.

[129] Ebd., S. 13 (Hervorhebung A.S.).

[130] Vgl. Lehmkuhl, Theorien Internationaler Politik, S. 196.

[131] Vgl. Keohane und Nye, Power and Interdependence, S. 13.

ausschließlich von den zur Verfügung stehenden Alternativressourcen bestimmt. Auch das Geschick der politischen Entscheidungsträger und die politische und gesellschaftliche Bereitschaft sowie das wirtschaftliche Vermögen, die negativen Kosten zu tragen, gilt es bei der Bewertung der Vulnerabilität eines Staates im Rahmen einer polit-ökonomischen Interdependenzbeziehung zu berücksichtigen. Die zentrale Frage für die Bestimmung der Verwundbarkeit bleibt allerdings jene der Substitutionsmöglichkeit des Erdöls in den benötigten Mengen und zu vertretbaren Kosten.[132] Neben dem Sensitivität/Vulnerabilität-Ansatz wird gemeinhin auch die Unterscheidung zwischen direkter und indirekter sowie zwischen horizontaler und vertikaler Interdependenz als Kernbestand der analytischen Abgrenzung gewertet.[133] Für die vorliegende Arbeit, die von direkter, horizontaler Interdependenz zwischen staatlichen Akteuren ausgeht, sind diese analytischen Begriffstypen allerdings von untergeordneter Bedeutung.

Eine interdependente Wechselbeziehung zweier Staaten spielt sich zumeist auf mehreren Ebenen ab und betrifft nur in den wenigsten Fällen einen einzigen Sachbereich. Im internationalen Erdölhandel ist eine Abhängigkeitsbeziehung beispielsweise zwischen westlichen Import- und nahöstlichen Fördernationen festzustellen. Für eine eingehende Analyse der Interdependenzstrukturen zwischen Staaten bedarf es jedoch einer ganzheitlichen Betrachtung unter Berücksichtigung aller relevanten Austauschrelationen. Neben dem Primärgüterverkehr zählen dazu etwa auch die zwischenstaatlichen (inklusive der transnationalen) Kapitalflüsse, der Technologietransfer und sicherheitspolitische Verbindungen. Nurul Islam bezeichnet vor allem die internationalen Kapitalströme und den Technologieexport, die einer Einbahnstraße gleichend bloß in eine Richtung laufen würden, als wichtige Messgröße für die Abhängigkeit von Entwicklungsländern gegenüber den westlichen Industrienationen.[134]

Der Erdölhandel zwischen den wichtigsten Exportstaaten und den größten Verbraucherländern erfüllt laut Richard Rosecrance in der Tat wesentliche Merkmale

---

[132] Vgl. ebd., S. 15.

[133] Siehe dazu Behrens und Noack, Theorien der Internationalen Politik, S. 150 f. Abhängigkeiten von Ereignissen, gegenüber welchen keine unmittelbare Betroffenheit besteht (wie beispielsweise eine regionale Konfliktsituation, ohne direkte Konfliktpartei zu sein), werden als indirekte Interdependenz bezeichnet. Dementgegen beschreibt direkte Interdependenz eine Konstellation unmittelbarer Beteiligung. Horizontale Interdependenz ist dann gegeben, wenn die beteiligten Akteure derselben Analyseebene zuzuordnen sind (z. B. zwei Staaten bzw. Staatengruppen, zwei Konzerne etc.). Betrifft die untersuchte Wechselbeziehung Akteure unterschiedlicher Untersuchungsebenen (z. B. ein Staat und ein Konzern), dann wird von vertikaler Interdependenz gesprochen.

[134] Vgl. Nurul Islam, „Economic Interdependence between Rich and Poor Nations", in: Third World Quarterly, Vol. 3, No. 2, April 1981, S. 230–250 (hier 240).

einer interdependenten Wirtschaftsbeziehung. Immerhin hätten die Ausfuhrländer größtes Interesse an politischer Stabilität und einem ökonomischen Wohlergehen der bedeutendsten Abnehmerländer ihres einzigen relevanten Exportguts. Eine veritable Rezession in den Industriestaaten würde laut ihm die erdölexportierenden Länder beinahe gleich schwer treffen wie den Westen selber.[135] Diese Einschätzung von Rosecrance stammt aus den frühen 1980er Jahren und verweist auf eine relativ symmetrische Interdependenz zwischen den wesentlichen Überschussländern und Importnationen. Die Richtigkeit dieses Befundes und dessen allfällige Gültigkeit für die Gegenwart soll in der vorliegenden Studie näher untersucht werden.

2.2.5   Macht im internationalen Güterverkehr

Ausgehend von einem staatszentrierten, realistischen Ansatz vertritt Gilpin die Ansicht, „economic interdependence establishes a power relationship among groups and societies. A market is not politically neutral; its existence creates economic power which one actor can use against another. Economic interdependence creates vulnerabilities that can be exploited and manipulated."[136] Gilpin begreift eine asymmetrische wirtschaftliche Interdependenzbeziehung als eine potenzielle Machtressource in Händen des weniger abhängigen Interaktionsteilnehmers. Macht bedeutet gemäß der berühmten Weber'schen Definition „jede Chance, innerhalb einer sozialen Beziehung den eigenen Willen auch gegen Widerstreben durchzusetzen, gleichviel worauf diese Chance beruht."[137] Richard M. Emerson vertritt die Auffassung, wonach Macht implizit in der Abhängigkeit eines anderen begründet liege. Die Macht eines Akteurs ergebe sich aus dessen Kontrolle über Güter oder Ergebnisse, welchen der andere hohen Wert beimisst. Emerson definiert Macht folglich als potenzielle Einflussnahme. Er setzt die Macht von *a* über *b* mit der Dependenz des Akteurs *b* von *a* gleich.[138]

Keohane und Nye beschreiben Macht mit der Fähigkeit eines Akteurs, einen anderen Akteur zu vertretbaren eigenen Kosten zu einer Handlung zu bewegen,

---

[135] Vgl. Richard Rosecrance, „Reward, Punishment, and Interdependence", in: Journal of Conflict Resolution, Vol. 25, No. 1, March 1981, S. 31–46 (hier 43). Rosecrance bezieht sich in seiner Beurteilung auf die großen arabischen Ölnationen.

[136] Gilpin, The Political Economy of International Relations, S. 23.

[137] Max Weber, Wirtschaft und Gesellschaft: Grundriss der verstehenden Soziologie, 5. Auflage, Tübingen: Mohr Siebeck 1980, S. 28.

[138] Vgl. Richard M. Emerson, „Power-Dependence Relations", in: American Sociological Review, Vol. 27, No. 1, February 1962, S. 31–41 (hier 32 f.).

die dieser sonst nicht setzen würde. Sie differenzieren dabei zwischen Macht in Bezug auf Ressourcen („*resources or potential*") und Macht im Sinne einer effektiven Einflussnahme zur Erreichung gewünschter Ergebnisse („*influence over outcomes*"). Asymmetrische Interdependenz gilt dabei als potenzielle Macht, die allein kein bestimmtes Resultat prädeterminiert. Sie stellt vielmehr eine Ressource dar, die sich im Rahmen eines politischen Verhandlungsprozesses in effektive Machtausübung übersetzen lasse.[139] Macht beschreibt in diesem Sinne das Vermögen eines Akteurs, das vorhandene Machtpotenzial dergestalt einzusetzen, um in einer polit-ökonomischen Interaktionsbeziehung seinen Willen durchzusetzen. Es besteht in der Tat ein mitunter großer Unterschied zwischen potenzieller und effektiv wirksamer Macht. Eine Realisierbarkeit bestehender Machtressourcen ist nicht immer gegeben. Zum Beispiel lässt sich militärische Macht unter jenen Umständen nicht in reale Einflussnahme übersetzen, wenn die Androhung der Ausübung von Gewalt nicht glaubwürdig erscheint.[140]

Der in der vorliegenden Arbeit verwendete Machtbegriff bezieht sich auf polit-ökonomische Abhängigkeitsstrukturen, wobei die „Chance" nach Weber bzw. die „Ressource" nach Keohane und Nye auf einer asymmetrischen Interdependenzbeziehung beruht und der „eigene Wille" für gewöhnlich von politischen oder wirtschaftlichen Zielsetzungen bestimmt ist. Demgemäß bezeichnet Macht in dieser Studie das Vermögen eines Akteurs, einen anderen Akteur aufgrund eines bestehenden Abhängigkeitsverhältnisses und den damit verbundenen hohen volkswirtschaftlichen oder politischen Kosten, die zweiterer im Falle des Widerstrebens zu tragen hätte, im Sinne der Erreichung eigener politischer oder ökonomischer

---

[139] Vgl. Keohane und Nye, Power and Interdependence, S. 11 und 18 f. Siehe dazu auch Robert O. Keohane and Joseph S. Nye, „World Politics and the International Economic System", in: C. Fred Bergsten (Hrsg.), The Future of the International Economic Order: An Agenda for Research, Lexington: D.C. Heath 1973, S. 115–179 (hier 122).

[140] Die Atomwaffe kann in diesem Kontext als potenzielles Machtmittel angesehen werden, das sich unter Umständen aufgrund der völligen Unverhältnismäßigkeit seines Einsatzes nicht als Instrument für eine proaktive Machtausübung eignet. Abgesehen von den hohen finanziellen Kosten kann der Einsatz militärischer Gewalt einen erheblichen Reputationsverlust für den Aggressor bedeuten und mitunter in eine größere Eskalation münden, wodurch eine Kriegsdrohung an Glaubwürdigkeit verlieren kann. Als konkretes Beispiel sei hierfür das Verhalten der US-Regierung während des arabischen Ölembargos genannt, als Außenminister Henry Kissinger im November 1973 sowie Verteidigungsminister James Schlesinger im Jänner 1974 als Reaktion auf den Boykott mit einem militärischen Eingriff drohten. Ein solcher Schritt hätte die für die USA sowohl politisch als auch wirtschaftlich vitale Beziehung zu den arabischen Exportnationen, allen voran Saudi-Arabien, nachhaltig gestört, den globalen Erdölmarkt und damit die Weltwirtschaft weiter destabilisiert und darüber hinaus möglicherweise einen militärischen Flächenbrand in der Region ausgelöst. Eine Verwirklichung der Drohung erschien insofern wenig wahrscheinlich.

Ziele zu einem Verhalten zu drängen, das dieser andernfalls nicht einnehmen würde. Es kann sich dabei sowohl um die effektive Ausführung (aktive Subordination) als auch die Unterlassung von bestimmten Handlungen (passive Subordination) durch den abhängigen Akteur handeln. Macht befähigt gemäß dieser Definition einen Interaktionsteilnehmer, ohne gravierende eigene Kosten in Kauf nehmen zu müssen, den freien Handlungsspielraum eines anderen Akteurs dergestalt einzuschränken, dass dieser aus ökonomischer oder politischer Ratio genötigt ist, sich dem Willen des Mächtigen zu fügen.

Albert O. Hirschman verwendet in seinem richtungweisenden Werk *National Power and the Structure of Foreign Trade* einen ähnlichen Machtbegriff, indem er die Macht einer Nation als die „power of coercion which one nation may bring upon other nations" begreift. Die Fähigkeit, Zwang auf einen anderen Akteur auszuüben, könne sowohl auf militärischen als auch gewaltfreien („*peaceful*") Grundlagen beruhen. Hirschmans Erkenntnisinteresse gilt dabei der Nutzung des Außenhandels als Instrument zur Erreichung machtpolitischer Ziele. Entgegen der Prämisse der gleichgewichtsorientierten neoklassischen Ökonomie, wonach wirtschaftliche Tauschbeziehungen immer den Nutzen aller beteiligten Parteien erhöhen, würden laut Hirschman dem Gütertausch Machtbeziehungen zugrunde liegen, weshalb das Konzept der *absolute gains* fehlgeleitet sei.[141] Bereits Ralph G. Hawtrey hat darauf hingewiesen, „[s]o long as welfare is the end, different communities may cooperate happily together. Jealousy there may be and disputes as to how the material means of welfare should be shared. But there is no inherent divergence of aim in the pursuit of welfare. Power, on the other hand, is relative. The gain of one country is necessarily loss to others, its loss is gain to them."[142]

Da die Vorteile einer Tauschbeziehung oftmals ungleich verteilt sind und ein Handelspartner von dem Gütertausch mehr profitiert als der andere, könne freier Handel zwischen Staaten laut Hirschman Abhängigkeiten schaffen und eine Machtverschiebung bewirken, die in weiterer Folge mitunter die nationale Sicherheit gefährde. Hirschman verweist in diesem Zusammenhang auf einen Umstand, den er als „*influence effect* of foreign trade" [Hervorhebung im Original] bezeichnet. Er versteht darunter die Fähigkeit eines Staates, zur Erreichung politischer Ziele mit dem Abbruch der Handelsbeziehungen mit einem anderen Staat zu drohen oder diese tatsächlich abzubrechen und dadurch dem anderen

---

[141] Vgl. Albert O. Hirschman, National Power and the Structure of Foreign Trade, Berkeley: University of California Press 1945, S. 13 ff.

[142] R. G. Hawtrey, The Economic Aspects of Sovereignty, London: Longmans, Green 1930, S. 27.

einen Schaden zuzufügen. Freier Handel ermögliche die Ausbildung dieser direkten Machtquelle durch die Entstehung von einseitigen Abhängigkeiten, welche die Kosten einer Störung des Tauschverhältnisses erheblich steigern. Es sei die Macht der Unterbrechung der Handelsströme auf Grundlage asymmetrischer Abhängigkeitsstrukturen, die dem Vermögen einer Nation, über ihren Außenhandel Einfluss auf einen anderen Staat zu nehmen, zugrunde liege. Angesichts der „negativen Macht des Nationalstaates", die bilateralen Transaktionen zu stören, bestehe laut Hirschman die Gefahr der „Politisierung des Güteraustauschs": „Where a possibility of using foreign trade as an instrument of national power policy exists, of course, a strong incentive is given to use this instrument in its most effective way."[143]

Aus der Verflechtung von nationalen Märkten entstehen unweigerlich zwischenstaatliche Machtstrukturen, die es in der ökonomischen Analyse von Handelsbeziehungen zu berücksichtigten gilt. Hanns W. Maull fügt in seiner Definition von struktureller Marktmacht ein wesentliches Element bei der Begründung von Macht und Einfluss im Außenhandel hinzu – jenes der Verfügbarkeit der gehandelten Güter. „Strukturelle Marktmacht im Rohstoffbereich", schreibt Maull, „beruht [...] auf Ressourcen, die im Sinne einer Kontrolle und Beeinflussung von Ereignissen und anderen Akteuren eingesetzt werden können; dabei ist nicht so sehr das relative Gewicht der mobilisierbaren Ressourcen im Vergleich zum Machtpotential anderer Akteure bedeutsam als vielmehr das Verhältnis von verfügbaren zu notwendigen Ressourcen im Sinne einer wirksamen Beeinflussung von Handlungsabläufen im System."[144] Ein Handelspartner, der imstande ist, die Verfügbarkeit eines bestimmten Handelsguts zu kontrollieren, zum Beispiel indem er über ein Monopol bei der Ausfuhr dieses Guts besitzt, verfügt über bedeutende Marktmacht. Im Falle von begrenzten Gütern, deren Bezugsquellen nicht beliebig substituierbar sind, kann dem Exporteur auch ohne Vorliegen einer Monopolstellung mitunter erhebliche Handelsmacht zukommen. Dabei gilt, je höher die Kosten einer Umleitung des bestehenden Gütertauschs auf alternative Märkte, desto größer ist der Einfluss des mächtigeren Handelspartners. Weiters ist die Bedeutung des Handelsguts für den Bezieher ein entscheidender Faktor. Hirschmans *influence effect* zwischenstaatlicher Tauschbeziehungen ist insofern vor allem im Bereich des Handels mit strategischen Gütern wie Erdöl potenziell gegeben.

---

[143] Hirschman, National Power and the Structure of Foreign Trade, S. 15 f. und 77.

[144] Hanns W. Maull, Strategische Rohstoffe: Risiken für die wirtschaftliche Sicherheit des Westens, München: Oldenbourg 1987, S. 24.

Den relationalen Machtbegriffen stellt Strange das Konzept der strukturellen Macht gegenüber. Strange versteht darunter „the power to shape and determine the structures of the global political economy within which other states, their political institutions, their economic enterprises [...] have to operate."[145] Strukturelle Macht bezeichnet demnach die Fähigkeit, gestalterischen Einfluss auf die politischen und ökonomischen Ordnungsstrukturen zu nehmen, innerhalb welcher die Interaktionen der staatlichen und nicht-staatlichen Akteure im globalen System des Erdöls stattfinden und welche die Handlungen der Teilnehmer maßgeblich prägen. Der Begriff beschreibt die Macht eines Akteurs, bestehende Regelsysteme als institutionalisierte Formen der Interaktion zwischen Staaten, Organisationen und multinationalen Konzernen zu ändern oder neue Regime zu schaffen. In der Globalgeschichte des Erdöls wurde von strukturellen Machtpotenzialen sowohl von staatlichen, intergouvernementalen als auch nicht-staatlichen Akteuren in verschiedenen Zeitabschnitten aktiv Gebrauch gemacht, um ein speziell ausgestaltetes Regime zu etablieren, zu festigen oder die bestehende Ordnungsstruktur abzulösen. In dieser Hinsicht bietet das Machtkonzept von Strange für die vorliegende Arbeit nützliche theoretische Überlegungen, auf welche nicht verzichtet werden soll.

2.2.6 Die Messung von Interdependenz im Erdölhandel

Die Abhängigkeitsbeziehungen zwischen einem auf die Einfuhr von Erdöl angewiesenen Staat und seinen Lieferländern lässt sich im Detail nur anhand einer individuellen Konstellationsanalyse messen. Es existiert keine Schablone, die unabhängig von Zeit und Ort auf jede Untersuchungssituation übertragen werden kann und eine präzise Ermittlung der Interdependenzverhältnisse und Vulnerabilitäten erlaubt. Die ökonomische Verwundbarkeit eines Einfuhrlandes ist nicht allein von dem Ausmaß und der Dauer der Lieferunterbrechung abhängig, sondern wesentlich von der Flexibilität und dem Vermögen der betroffen Volkswirtschaft, mit der Notsituation aus Unterversorgung und erhöhten Preisen umzugehen. Auch die politische und gesellschaftliche Bereitschaft, die nachteiligen Effekte einer gestörten Energiezufuhr zu tragen, ist ein wichtiger Aspekt

---

[145] Strange, States and Markets, S. 24 f.

in der Bestimmung der Vulnerabilität einer Verbrauchernation. Die Widerstandsfähigkeit einer Ökonomie, Gesellschaft und politischen Führung ist naturgemäß
höchst unterschiedlich und nur im konkreten Einzelfall zu bewerten.[146]
   Die IEA führt in ihrem *World Energy Outlook* aus dem Jahre 2007 einige
Faktoren an, die für die Bestimmung der *sensitivity* und *vulnerability interdependence* aus Sicht von einfuhrabhängigen Verbraucherstaaten von Bedeutung sind:
1) der Diversifikationsgrad des Primärenergieverbrauchs, 2) die Importabhängigkeit und Substituierbarkeit der Einfuhr, 3) die Marktkonzentration (Beherrschung
des Exportmarktes im Handel eines Energieträgers durch eine kleine Gruppe von
Produzentenländern).[147] Für das Konsumland ist dabei nicht nur seine eigene
Energiesituation in Hinblick auf die angeführten Faktoren von Relevanz, sondern
auch jene aller anderen Importstaaten. Der Einfuhrbedarf anderer Abnehmerländer
und damit zusammenhängend die gegebene Marktsituation in einem Konflikt-
fall kann unter Umständen – vor allem wenn die globalen Reservekapazitäten
ausgeschöpft sind – die Substituierbarkeit der gestörten Bezugsquelle empfindlich beeinträchtigen. Die Existenz eines funktionierenden, kompetitiven Marktes,
der in einer Zwangslage einen Erwerb benötigter Energierohstoffe ermöglicht,
kann die Verwundbarkeit eines importabhängigen Verbraucherlandes erheblich
mindern.[148]
   Die vorhandene Transportinfrastruktur kann Auswirkungen auf die Interdependenzbeziehung zwischen einem Importland (oder auch einem Exportland) und
einem Transitstaat haben. Die Fähigkeit, die Lieferroute von einer Förderregion
in das Verbraucherland zu stören, kann dem Transitland bei Vorliegen asymmetrischer Interdependenzstrukturen zu seinen Gunsten gegebenenfalls politisches
Erpressungspotenzial verleihen. Bestehen allerdings alternative Transportrouten,
die eine Umgehung der unsicheren Transitregion erlauben, reduziert sich eine

---

[146] Es sei an dieser Stelle auf die in Kapitel 5 untersuchten Reaktionen der westlichen
Importstaaten auf die Ölkrise 1973/74 verwiesen, welche die unterschiedliche wirtschaft-
liche, gesellschaftliche und vor allem politische Widerstandskraft und -bereitschaft einzelner
Länder empirisch darlegen.

[147] Vgl. International Energy Agency (IEA), World Energy Outlook 2007: China and India
Insights, Paris: OECD/IEA 2007, S. 165.

[148] Unabhängig von dem Diversifikationsgrad der Bezugsquellen und deren Ursprung ist im
Falle eines politisch motivierten Lieferboykotts eines Importlandes trotz eines funktionierenden Marktes typischerweise jedes Verbraucherland von erhöhten Preisen betroffen. Ein
Preisschock auf dem globalen Ölmarkt hat Auswirkungen auf alle Einfuhrstaaten und kann
unter Umständen deren Volkswirtschaften in Mitleidenschaft ziehen.

etwaige Vulnerabilität gegen null.[149] Demgemäß vermag eine Flexibilität der Einfuhrwege etwaige Abhängigkeiten mitunter beträchtlich zu senken.

Die Kommission der Europäischen Union definiert die Lagerhaltung von Mindestvorräten an Erdöl für Notfallsituationen (*emergency stockholding*) als das effizienteste Mittel, um den wirtschaftlichen Schaden, der durch eine Unterbrechung der Erdöleinfuhr verursacht wird, möglichst gering zu halten. Darüber hinaus erachtet Brüssel die Substitution von Öl durch andere Energieträger (*fuel switching*), die Steigerung der inländischen Energieerzeugung (*production surge*) und eine behördlich verordnete Verringerung des Erdölbedarfs (*demand restraint*) als geeignete Maßnahmen zur Minderung der Vulnerabilität der europäischen Importnationen gegenüber Versorgungsstörungen.[150] Während die Verfügbarkeit von Erdölnotvorräten und von den öffentlichen Behörden verfügte Kraftstofffrationierungen im Falle einer Lieferunterbrechung sofort wirksam sind, gelten die Umstellung auf andere Energieträger und die Erhöhung des innereuropäischen Energieoutputs als langfristig angelegte Maßnahmen. Die Kommission weist in ihrem Arbeitspapier darauf hin, dass eine Wirksamkeit der angeführten Instrumente freilich nicht in jedem Fall gegeben ist. So sind rohstoffarme Länder mangels Reserven oder freier Kapazitäten naturgemäß nicht in der Lage, die Eigenproduktion im Krisenfall zu steigern. Ferner ist es im Verkehrsbereich und der petrochemischen Industrie mittelfristig nahezu unmöglich, Erdöl durch andere Energieträger zu ersetzen. Eine Substitution von Erdöl beschränkt sich somit auf ausgewählte Sektoren, in welchen eine Umstellung auf alternative Energiequellen technisch überhaupt machbar ist.[151]

Das zentrale Grundprinzip der Versorgungssicherheit stellt laut Daniel Yergin die Diversifikation der Bezugsquellen dar.[152] Dies gilt für alle Zeitabschnitte in

---

[149] Vgl. Jan H. Kalicki und Jonathan Elkind, „Eurasian Transportation Futures", in: Jan H. Kalicki und David L. Goldwyn (Hrsg.), Energy and Security: Toward a New Foreign Policy Strategy, Washington, DC und Baltimore: Woodrow Wilson Center Press und Johns Hopkins University Press 2005, S. 149–174 (hier 161).

[150] Vgl. European Commission, Commission Staff Working Document: In-depth study of European Energy Security, accompanying the document Communication from the Commission to the Council and the European Parliament: European energy security strategy, COM(2014) 330 final, Brussels, 02.07.2014, abrufbar unter: https://ec.europa.eu/energy/sites/ener/files/documents/20140528_energy_security_study.pdf (27. November 2015), S. 109 ff.

[151] Vgl. ebd., S. 7 f.

[152] Vgl. Daniel Yergin, „Energy Security and Markets", in: Jan H. Kalicki und David L. Goldwyn (Hrsg.), Energy and Security: Toward a New Foreign Policy Strategy, Washington, DC und Baltimore: Woodrow Wilson Center Press und Johns Hopkins University Press 2005, S. 51–64 (hier 52).

Europas Energiegeschichte. Winston Churchill hatte bereits im Jahre 1913 feststellt, wonach „[s]afety and certainty in oil lie in variety and variety alone."[153] Insofern kommt dem Diversifikationsgrad der Erdölimporte in der Bestimmung der sensitiven Abhängigkeit eines Einfuhrlandes große Bedeutung zu. Dies gilt umgekehrt für die Exportnationen gleichermaßen. Ein Exportland kann seine Abhängigkeit in der Güterausfuhr gegenüber mächtigen Abnehmerstaaten deutlich reduzieren, wenn es alternative Absatzmärkte zu erschließen vermag. Eine asymmetrische Interdependenz zugunsten des Importlandes kann beispielsweise dann bestehen, wenn die Ölausfuhren des Produzentenlandes einen hohen Anteil seiner Wirtschaftsleistung ausmachen, jedoch nur einen geringen Grad an Diversifizierung aufweisen und alternative Absatzmöglichkeiten nicht jederzeit zur Verfügung stehen. Die Diversifikation betrifft sowohl die Vielfalt des Exportgüterangebots als auch die Anzahl der Zielländer und die Streuung des abgesetzten Volumens. Eine vom Güterexport abhängige Nation, die ein einziges Produkt in ein einziges Abnehmerland ausführt, ist – sofern keine anderen Absatzmärkte bestehen, die eine sofortige Umleitung des gesamten Exportvolumens erlauben – in hohem Maße von der Importbereitschaft ihres Handelspartners abhängig.

Die Abhängigkeitsstrukturen in einer Handelsbeziehung lassen sich in ihrer gesamten Komplexität nicht anhand aggregierter Wirtschaftsdaten darstellen. Immerhin sind Vulnerabilitäten zu einem erheblichen Teil kontextabhängig und insbesondere gesellschaftliche und politische Faktoren kaum quantifizierbar. Eine erste Einschätzung über die Interdependenz und mithin die Sensitivitäten und Vulnerabilitäten im Güteraustausch zweier Nationen kann allerdings durch Ermittlung diverser Kennzahlen getroffen werden. Der Anteil des Gesamthandels einer Nation am Bruttoinlandsprodukt (*propensity to trade*) ist ein verbreiteter Indikator zur Bestimmung der Exponiertheit eines Akteurs gegenüber externen Störungen des Außenhandels und lässt somit Schlüsse über sensitive Abhängigkeiten zu.[154] Staaten mit einem hohen Handelsvolumen im Vergleich zur Größe ihrer Volkswirtschaft gelten als tendenziell abhängiger von ihren Außenhandelsaktivitäten als Länder mit niedrigerem Handelsanteil am Bruttoinlandsprodukt.[155] Der Anteil des

---

[153] Zitiert nach Yergin. Siehe ebd., S. 52.

[154] Vgl. R.J. Barry Jones, Globalisation and Interdependence in the International Political Economy: Rhetoric and Reality, London: Pinter 1995, S. 118.

[155] Vgl. Mark J. Gasiorowski, „The Structure of Third World Economic Interdependence", in: International Organization, Vol. 39, No. 2, Spring 1985, S. 331–342 (hier 332).

Güterverkehrs am BIP eignet sich allerdings höchstens zur Bestimmung von sensitiven Interdependenzen. Da potenzielle Kosten keine Berücksichtigung finden, vermag die Maßzahl keine Hinweise über etwaige Vulnerabilitäten zu geben.[156]

Eine zweite Kategorie von Indizes bezieht sich auf die Handelskonzentration. Die Messung der Konzentration kann einerseits auf die Handelspartner (*geographical concentration*) und andererseits auf die Handelsgüter (*commodity concentration*) abzielen. Hirschmans Index der Handelspartnerkonzentration, der sowohl für Importe als auch Exporte berechnet werden kann, gilt als wichtige Maßzahl für die Außenhandelsvulnerabilität.[157] Ein Land, das mit nur wenigen Partnern Güter austauscht, kann im Falle einer Handelsstörung mit größeren Anpassungsschwierigkeiten konfrontiert sein. Eine hohe Konzentration der Handelspartner im Export oder Import ist der Widerstandsfähigkeit gegenüber gezielten Embargos grundsätzlich nicht zuträglich. Dasselbe gilt für die Güterkonzentration in der Außenwirtschaft. Einer Nation, die auf die Einfuhr oder Ausfuhr eines Handelsguts angewiesen ist und folglich eine hohe *commodity concentration* im Außenhandel aufweist, droht bei Störungen im Güteraustausch eine erhöhte Verwundbarkeit.[158] Ein hoher Grad an Konzentration, so Michael Michaely übereinstimmend, „increases susceptibility and vulnerability [and] contributes to a stronger measure of dependence".[159]

Getreu dem Motto „Lege nie alle Eier in einen Korb" ist eine ausgeprägte Konzentration in den Außenhandelsbeziehungen, insbesondere im Falle einer kombinierten Güter- und Handelspartnerkonzentration, mit erheblichen Risiken verbunden. „If a country imports goods from a relatively small number of countries," resümiert Mark J. Gasiorowski, „it has a high import-partner concentration; it can easily be embargoed and thus is highly vulnerable. Similarly, a country with a high export-partner concentration can easily be boycotted or blockaded and is vulnerable in this sense. A country that exports a small number of goods

---

[156] Vgl. Edward D. Mansfield und Brian M. Pollins, „The Study of Interdependence and Conflict: Recent Advances, Open Questions, and Directions for Future Research", in: Journal of Conflict Resolution, Vol. 45, No. 6, December 2001, S. 834–859 (hier 849).

[157] Vgl. Mark J. Gasiorowski, „Economic Interdependence and International Conflict: Some Cross-National Evidence", in: International Studies Quarterly, Vol. 30, No. 1, March 1986, S. 23–38 (hier 33). Die Kennzahl zur Konzentrationsmessung geht auf Albert O. Hirschman zurück, ist aber auch als Herfindahl-Index oder Herfindahl-Hirschman-Index (HHI) bekannt. Siehe Hirschman, National Power and the Structure of Foreign Trade, Kapitel VI.

[158] Vgl. Gasiorowski, „Economic Interdependence and International Conflict", S. 33; und Rosecrance und Stein, „Interdependence: Myth or Reality?", S. 11.

[159] Michael Michaely, Trade, Income, and Dependence, Amsterdam: North-Holland 1984, S. 52 f.

has a high export-commodity concentration. It can also be boycotted or blockaded easily and therefore is also highly vulnerable."[160] Daraus folgt *e contrario*, dass eine breite Streuung der Handelsströme ein größeres Maß an Stabilität im zwischenstaatlichen Güterverkehr bewirkt. Eine möglichst gleichmäßige Verteilung der Gütereinfuhren und -ausfuhren auf viele Handelspartner fördert laut Hirschman maßgeblich die ökonomische Unabhängigkeit eines Landes.[161]

Die Indizes über die Konzentration des Güteraustauschs lassen demnach nicht nur Schlüsse über die Importabhängigkeit zu, sondern auch über die potenzielle Vulnerabilität des Ausfuhrlandes. Im Falle einer hohen güterbezogenen und geografischen Konzentration im Erdölhandel zwischen zwei Staaten beruht deren Interdependenz zuvorderst auf dem dringenden Bedarf nach strategischen Rohstoffen einerseits und nach Deviseneinnahmen andererseits. Die Hartwährungseinkünfte aus dem Verkauf des fossilen Energieträgers versorgt die Regierungen rohstoffreicher Exportnationen mit jenen Finanzmitteln, die für die Einfuhr einer breiten Palette von Industrie- und Konsumgütern und Dienstleistungen sowie für aller Art staatlicher Ausgaben wie soziale Transferleistungen und Investitionen in Bildung, Gesundheit, Infrastruktur, öffentliche Sicherheit und das Militär benötigt werden. Die Stabilität der Staatsfinanzen beruht demnach auf der Sicherheit der Handelsströme im Rohstoffexport, aus welchem die staatlichen Einnahmen zu einem großen Teil resultieren. Die Handelskonzentration hat dieserart eine potenzielle Verwundbarkeit gegenüber externen Störungen in den Austauschbeziehungen zur Folge.[162] Eine hohe geografische Konzentration, erklärt Benton F. Massell, „is likely to imply greater dependence on economic conditions in one or a few countries. Fluctuations in demand in any recipient country will then have a more pronounced effect on receipts of the exporting country than if exports were more diversified among recipients."[163]

Der Gini-Hirschman-Konzentrationsindex ist ein einfacher Ungleichverteilungskoeffizient, der Werte zwischen 0 und 1 annehmen kann und sowohl für die Messung der Güterkonzentration als auch der geografischen Konzentration Anwendung findet. Ein Konzentrationskoeffizient von knapp über 0 bedeutet eine maximale Güterdiversifikation (oder geografische Diversifikation) im Außenhandel und ist dann gegeben, wenn sich der Wert der Exporte bzw. Importe eines

---

[160] Gasiorowski, „The Structure of Third World Economic Interdependence", S. 333.

[161] Vgl. Hirschman, National Power and the Structure of Foreign Trade, S. xi.

[162] Vgl. Jones, Globalisation and Interdependence in the International Political Economy, S. 135.

[163] Benton F. Massell, „Export Instability and Economic Structure", in: American Economic Review, Vol. 60, No. 4, September 1970, S. 618–630 (hier 622).

Landes gleichmäßig auf eine größere Anzahl gehandelter Güter (oder Handelspartner) verteilt. Wenn alle Handelsgüter (bzw. -partner) denselben Anteil am Gesamtvolumen des Güteraustauschs eines Landes verzeichnen, nimmt der Index einen Wert von $1 / \sqrt{N}$ an, wobei N die Anzahl der Güter (Handelspartner) bezeichnet. Je mehr Güter gehandelt werden (bzw. je größer die Anzahl der Handelspartner) und je gleichmäßiger die wertmäßige Verteilung der einzelnen Anteile am Gesamthandel, desto niedriger ist der Konzentrationsindex. Ein Wert von 1 besagt hingegen, dass die gesamten Ausfuhren oder Einfuhren eines Landes aus einem einzigen Gut bestehen (bzw. der gesamte Güteraustausch mit nur einem Handelspartner erfolgt). Das Maß der Güterkonzentration (oder der geografischen Konzentration) für die Exporte des Landes j lautet K_{jx} und wird wie folgt berechnet:

$$K_{jx} = \sqrt{\sum_{i}^{n} (X_{ij}/X_{tj})^2}$$

wobei gilt:
X_{ij} = Wert der Exporte des Gutes i durch Land j (bzw. nach Land i durch Land j),
X_{tj} = Gesamtwert der Exporte aller Güter des Landes j.

Der Gini-Hirschman-Konzentrationskoeffizient für die Importe des Landes j wird mit K_{jy} gekennzeichnet und entspricht der Gleichung:

$$K_{jy} = \sqrt{\sum_{i}^{n} (Y_{ij}/Y_{tj})^2}$$

wobei gilt:
Y_{ij} = Wert der Importe des Gutes i durch Land j (bzw. aus dem Land i in das Land j),
Y_{tj} = Gesamtwert der Importe aller Güter des Landes j.[164]

---

[164] Die formale Darstellung der Maßzahl der Güterkonzentration nach Gini-Hirschman basiert auf Michaely, Trade, Income, and Dependence, S. 53; und James Love, „Trade Concentration and Export Instability", in: Sheila Smith und John Toye (Hrsg.), Trade and Poor Economies, London: Frank Cass 1979, S. 57–66. Hirschman hat den Index ursprünglich zur Messung

Die Messung der geografischen Konzentration der Handelsbeziehungen eines
Landes muss nicht den gesamten Güteraustausch umfassen, sondern kann auch
auf nur ein Handelsgut oder mehrere relevante Erzeugnisse beschränkt werden.
Die vorliegende Arbeit interessiert sich vornehmlich für das Ausmaß der geografischen Güterkonzentration bezogen auf den Erdölhandel der europäischen
Verbraucherländer. Der Gini-Hirschman-Index kann sowohl zur Messung der
Konzentration der Einfuhren von Erdöl nach Handelspartnern verwendet als auch
für die Ermittlung der Exportmarktkonzentration aus der Perspektive der erdölproduzierenden Staaten herangezogen werden. Auch die Güterkonzentration der
Ausfuhrländer, sprich der Wert der Erdölexporte im Verhältnis zur Gesamtwirt-
schaft, vermag Hinweise über erhöhte potenzielle Vulnerabilitäten zu geben. Die
Interdependenz zwischen zwei Handelspartnern lässt sich allerdings nicht auf ein
Gut oder eine Gütergruppe beschränken, sondern muss die gesamten Austauschbeziehungen bzw. bilateralen Transaktionen umfassen. Aus diesem Grund sind
etwa auch die Konzentration der Einfuhr benötigter Agrar- und Technologiegüter
und von westlichem Know-how durch die rohstoffexportierenden Länder sowie
etwaige sicherheitspolitische Überlegungen von Bedeutung. Die Konzentrationskoeffizienten spiegeln Interdependenzstrukturen im Güteraustausch wider, weshalb sie eine geeignete Grundlage für eine tiefergehende Vulnerabilitätsanalyse
bilden.

---

der geografischen Konzentration im Güterhandel vorgestellt. Michaely hat ihn später für die
Berechnung der Güterkonzentration angewandt. Die Einfuhren und Ausfuhren eines Gutes
oder Landes lassen sich alternativ auch in Prozentzahlen ausdrücken. Angenommen, die
Gesamtausfuhren eines Landes verteilen sich gleichmäßig auf insgesamt 20 Handelspartner. In
diesem Fall hätte jeder Exportmarkt einen Anteil von fünf Prozent am Gesamtexportvolumen
und der Konzentrationskoeffizient würde sich mit $\sqrt{20 \times 0{,}05^2} = 0{,}2236$ errechnen.

Die Genese der globalen Erdölwirtschaft von den Anfängen bis 1945

3

3.1 Die frühe Erdölgeschichte auf dem europäischen und amerikanischen Kontinent

3.1.1 Europas frühe Erdölindustrien

Bis weit in das 19. Jahrhundert reichte der Verbrauch von Rohstoffen mit niedrigem kalorischen Wert und die Nutzbarmachung primitiver kinetischer Kraftquellen zur Deckung des gesamten Energiebedarfs in den europäischen Agrargesellschaften der vorindustriellen Zeit. Neben Brennholz war der Mensch selbst der wichtigste Energiespender. Nach Bedarf machte er sich auch die Antriebskraft domestizierter Tiere und mancherorts die Bewegungsenergie von Wind- und Wasserrädern zunutze. Durch den Einsatz von Segeln konnte die Windkraft weiters zur Fortbewegung auf Wasser nutzbar gemacht werden. Als infolge des Bevölkerungswachstums im 18. Jahrhundert eine Steigerung der agrarwirtschaftlichen Produktivität unabdingbar erschien, wurde zur Bewirtschaftung der landwirtschaftlichen Flächen in Europa die menschliche Muskelkraft weitgehend durch Pferde ersetzt und dadurch eine Erhöhung des Gesamtenergieoutputs erzielt.

Bei den im vorindustriellen Europa dominierenden Energieträgern handelte es sich im Grunde um antike Energiequellen, welche die Menschheit in unterschiedlichen Weltgegenden bereits seit Jahrtausenden zu nutzen wusste. Nennenswerte Steigerungen der Energiegewinnung waren bei exklusiver Verwendung der bewährten brennwertarmen Rohstoffe ausgeschlossen. Die sozioökonomischen Veränderungsprozesse im angehenden modernen, industriellen Zeitalter und die markante demographische Entwicklung im „langen 19. Jahrhundert"[1] erforderten aber genau ebendies. Während die Bevölkerung Europas bis Mitte des 18. Jahrhunderts nur langsam gewachsen war, hat sie sich ab 1750 innerhalb von hundert Jahren verdoppelt und zwischen 1850 und 1913 noch einmal um 80 Prozent zugenommen.[2] Mit der rasanten Bevölkerungsentwicklung erfuhr auch der Energiebedarf auf dem europäischen Kontinent einen außerordentlichen Anstieg.

Europas Gesamtenergieverbrauch ist von 9,5 Millionen Tonnen Öläquivalent (MTOE) im Jahre 1800 auf gut 25 MTOE 1830 und 50 MTOE 1850 gestiegen. Biomasse, in erster Linie Holz und Holzkohle, war in dieser frühen Wachstumsphase noch der mit Abstand wichtigste Energierohstoff.[3] Erst in der zweiten Hälfte des 19. Jahrhunderts wurde im Zuge des fortschreitenden Industrialisierungsprozesses der europäischen Ökonomien Biomasse von der Kohle als meistverbrauchter Energieträger in Europa abgelöst.[4] Der bedeutend höhere Brennwert des fossilen Rohstoffes unterstützte bzw. ermöglichte erst die beachtliche Expansion des europäischen Energiekonsums in der zweiten Hälfte des

---

[1] Der von Eric Hobsbawm geprägte Begriff beschreibt den Zeitraum von der Französischen Revolution 1789 bis zum Beginn des Ersten Weltkrieges 1914.

[2] Vgl. Reinhard Rürup, Deutschland im 19. Jahrhundert: 1815–1871, 2. Auflage, Deutsche Geschichte: Band 8, Göttingen: Vandenhoeck & Ruprecht 1992, S. 22.

[3] Noch Mitte des 19. Jahrhunderts deckte Holz 70 bis 80 Prozent des globalen Energiebedarfs (Nahrungs- und Futtermittel für Mensch und Tier ausgenommen). In den darauffolgenden Jahrzehnten wurde Holz durch Kohle als wichtigster Energieträger ersetzt. Die höhere Dichte der fossilen Kohle bedeutete nicht nur mehr Energie, sondern auch einfachere Lager- und Transportfähigkeit – zentrale Eigenschaften für die Industrialisierung Europas. Siehe dazu Wolf Häfele, „A Global and Long-Range Picture of Energy Developments", in: Science, Vol. 209, No. 4452, 4 July 1980, S. 174–182.

[4] Diese Aussage bezieht sich auf Gesamteuropa. In Großbritannien, dem Mutterland der Industriellen Revolution, setzte die Verdrängung von Biomasse durch Kohle früher ein als in anderen Regionen auf dem Kontinent. Der Prozess verlief in den einzelnen europäischen Ländern naturgemäß höchst unterschiedlich. Während in Schweden, das über immense Ressourcen an Biomasse verfügt, der traditionelle Energieträger Brennholz im Wesentlichen bis in die Zwischenkriegszeit einen größeren Anteil am Gesamtenergieverbrauch als Kohle einnahm, stieg die Kohle beispielsweise in den Niederlanden bereits Mitte des 19. Jahrhunderts zum wichtigsten Energierohstoff auf. In agrarisch dominierten Ländern wie Italien und Spanien waren Futtermittel als Primärenergie für die Nutzung der Arbeitskraft von Zugtieren bis in die 1940er Jahre von großer Bedeutung. In den beiden südeuropäischen Ländern sank der Anteil der Muskelkraft am nationalen Gesamtenergieverbrauch ab 1850 langsam von circa 50 auf immer noch beachtliche 30 Prozent hundert Jahre später, um in der Nachkriegszeit rasch von den fossilen Energieträgern verdrängt zu werden. Siehe dazu die Langzeitstudie über die vier letztgenannten europäischen Länder von Ben Gales et al., „North versus South: Energy Transition and Energy Intensity in Europe over 200 Years", in: European Review of Economic History, Vol. 11, No. 2, August 2007, S. 219–253.

Jahrhunderts auf 122 MTOE 1870 und 383 Millionen Tonnen Öleinheiten im Jahre 1910.[5]

Die Kohle war der Energierohstoff der Industriellen Revolution. Der nachhaltige Übergang von der Agrar- zur Industriegesellschaft in Europa wäre ohne die Nutzung der Kraft der fossilen Energieressource nicht denkbar gewesen. England war das erste Land, in dem die sukzessive Ersetzung von Holz durch Kohle einsetzte. Dies geschah während des 18. Jahrhunderts im Wesentlichen aus Alternativlosigkeit. Als in den dicht besiedelten Gebieten des Landes die vorhandenen Holzvorkommen infolge extensiver Abholzung aufgebraucht waren, stand kein anderer Rohstoff als Kohle zur Deckung des Energiebedarfs zur Verfügung.[6] Infolge der ungebremsten Nachfrage nach Kohle durch die privaten Haushalte und bestehenden Industriebetriebe entstand im ausgehenden 18. Jahrhundert in England jene Transportinfrastruktur für die effiziente Kohlebeförderung innerhalb des Landes, die sich für den Erfolg der Industriellen Revolution als zentral erweisen sollte.[7] Nachdem England den Pfad der Industrialisierung vorgegeben hatte, folgten bald andere Regionen in Europa nach und begannen systematisch Holz durch Kohle zu ersetzen. Jene europäischen Länder, die nicht mit reichen Kohlevorkommen gesegnet waren und deren inländische Förderung die Nachfrage nicht zu decken vermochte, bezogen den Fehlbedarf aus anderen Teilen des Kontinents.[8]

Dem Erdöl kam als Energieträger zu jener Zeit keine Bedeutung zu – weder in Europa noch anderswo auf der Erde. Auch wenn der flüssige bzw. klebrige Brennstoff in seinen unterschiedlichen bituminösen Formen in vielen Weltgegenden seit der Antike für medizinische Zwecke, als Schmierstoff und selbst als einfaches Leuchtmittel Verwendung gefunden hatte, machte das menschliche Wissen über dessen chemische Eigenschaften und reiche Nutzungsmöglichkeiten bis in die Neuzeit keine bedeutsamen Fortschritte. Im vorindustriellen Zeitalter war Petroleum höchstens von lokaler Bedeutung und wurde weitgehend

---

[5] Die Angaben über Europas Gesamtenergieverbrauch im gesamten Absatz stammen aus Edward B. Barbier, Scarcity and Frontiers: How Economies Have Developed Through Natural Resource Exploitation, Cambridge: Cambridge University Press 2011, S. 373 f.

[6] Vgl. Phyllis Deane, The First Industrial Revolution, 2. Auflage, Cambridge: Cambridge University Press 1979, S. 79.

[7] Vgl. Bruce G. Miller, Coal Energy Systems, Burlington: Elsevier 2005, S. 32.

[8] Frankreich und die Schweiz waren jene sich bereits früh industrialisierenden europäischen Länder, die aufgrund mangelnder heimischer Ressourcen Kohle importieren mussten. Der Importanteil am Gesamtverbrauch belief sich in Frankreich im Jahre 1820 auf 20 Prozent und 1860 bereits auf 43 Prozent. Die Schweiz verfügte über gar keine Kohlevorkommen. Siehe François Crouzet, „France", in: Mikuláš Teich und Roy Porter (Hrsg.), The Industrial Revolution in National Context: Europe and the USA, Cambridge: Cambridge University Press 1996, S. 36–63 (hier 40).

nur dort in beschränktem Maße genutzt, wo es an die Erdoberfläche trat und sich in Pfützen ansammelte. Das Erdölzeitalter brach nur langsam und von den politischen und wirtschaftlichen Zentren größtenteils unbemerkt an, als im Laufe des 18. Jahrhunderts und danach in verschiedenen Regionen Europas die systematische Gewinnung flüssiger Kohlenwasserstoffe begann.[9]

Bereits 1737 gab es in Balachany bei Baku 52 Ölbrunnen, aus denen Naphtha (Rohbenzin) gewonnen wurde. In den frühen 1830er Jahren bestanden mindestens 82 Ölquellen, deren Output rund 3.500 Tonnen pro Jahr erreichte.[10] Das Naphtha wurde primär für Leuchtzwecke in Lampen aus Tonerde und als universales Arzneimittel eingesetzt. In Baku entwickelte sich schon früh eine Erdölindustrie.[11] Auch über die organisierte Gewinnung von flüssigem Bitumen in per Hand gegrabenen und mit Holz verstärkten Schächten in Rumänien liegen frühe Berichte vor. Zu Beginn des 19. Jahrhunderts lieferten Tausende Wägen Teer von den rumänischen Ölregionen bis nach Bulgarien, Serbien und in die Türkei.[12]

Galizien, das von 1772 bis 1918 Teil des österreichisch-ungarischen Reiches war, spielte in der frühen Erdölgeschichte eine besondere Rolle. Auch in dieser Region wurde seit vielen Jahrhunderten mittels primitiver Produktionsmethoden Erdöl gefördert. Der Gesamtoutput belief sich gegen Ende des 18. Jahrhunderts auf nicht mehr als circa sieben Tonnen pro Jahr.[13] Aufgrund der geringen Nachfrage nach dem Produkt, das hauptsächlich als Schmiermittel für Wagenräder und Medizin für die Nutztiere diente, war für die galizischen Kleinbauern

---

[9] Die folgenden Ausführungen über die Entstehung der frühen Erdölindustrien in Europa orientieren sich an Alexander Smith, „Setting History Right: The Early European Petroleum Industries and the Rise of American Oil", in: Marija Wakounig und Karlo Ruzicic-Kessler (Hrsg.), From the Industrial Revolution to World War II in East Central Europe, Europa Orientalis: Band 12, Wien: Lit 2011, S. 55–78. In diesem Artikel wird die Entwicklung der europäischen Erdölwirtschaft und der spätere Aufstieg der US-amerikanischen Ölindustrie in detailreicherer Form als im Rahmen der vorliegenden Studie nachgezeichnet.

[10] Vgl. Hans Höfer, Das Erdöl (Petroleum) und seine Verwandten: Geschichte, physikalische und chemische Beschaffenheit, Vorkommen, Ursprung, Auffindung und Gewinnung des Erdöles, Braunschweig: Friedrich Bieweg und Sohn 1888, S. 13.

[11] Vgl. R. J. Forbes, Studies in Early Petroleum History, Leiden: E. J. Brill 1958, S. 162. Gemäß der Einschätzung von Forbes nahm die Ölproduktion in Baku in diesen frühen Jahren bereits eine Form und Dimension an, welche die Bezeichnung „Industrie" verdiene.

[12] Vgl. Julius Swoboda, Die Entwicklung der Petroleum-Industrie in volkswirtschaftlicher Beleuchtung, Tübingen: Verlag der H. Laupp'schen Buchhandlung 1895, S. 37 f.

[13] Vgl. A. Beeby Thompson, Oil-Field Development and Petroleum Mining: A Practical Guide to the Exploration of Petroleum Lands, and a Study of the Engineering Problems connected with the Winning of Petroleum, New York: D. Van Nostrand Co. 1916, S. 29.

keinerlei Anreiz gegeben, die gesammelte Menge mittels verbesserter Fördertechniken zu erhöhen. Dem Erdöl wurde zu jener Zeit kein besonderer kommerzieller Wert zugeschrieben. Es ist dem Erfindungsreichtum und Weitblick einiger früher Pioniere zu verdanken, dass die Kostbarkeit des flüssigen Rohstoffes erkannt und dieser in weiterer Folge als kommerzielles Leuchtmittel eingesetzt werden konnte. Joseph Hecker aus Prag, der gemeinsam mit Johann Mitis in der Gegend von Boryslaw und Drohobytsch in der heutigen Ukraine mit galizischem Rohöl experimentierte, gelang es 1810 erstmals mittels Destillation ein taugliches Leuchtöl, das vereinzelt zur Straßenbeleuchtung verwendet wurde, herzustellen. Die Kenntnis über das von Hecker und Mitis entwickelte Destillationsverfahren ging jedoch bald verloren und die Erdölgewinnung in Galizien musste einige weitere Jahrzehnte auf bedeutende technologische Fortschritte warten.

In den 1840er Jahren experimentierte Abraham Schreiner, ein Händler aus Boryslaw, mit der Destillation von Petroleum. Es gelang ihm, ein marktfähiges Produkt zu erzeugen. Schreiner brachte sein Destillat zu Ignacy Łukasiewicz und Johann Zeh, zwei Pharmazeuten aus Lemberg, die den hohen Wert des Produktes sofort erkannten. Łukasiewicz begann daraufhin selbst an verschiedenen Destillationsverfahren zu forschen und anschließend ein Lampenöl hoher Qualität herzustellen. In den 1850er Jahren errichtete er mehrere Raffinerien in Kleczany und anderen Dörfern und verhalf der galizischen Petroleumwirtschaft dank der erfolgreichen Vermarktung seines Leuchtöls zu ihrem bedeutenden Aufstieg ab Mitte des 19. Jahrhunderts. Łukasiewicz gilt als der Gründer der galizischen Erdölindustrie.[14] Die Nachfrage nach raffiniertem Rohöl, das als moderne Innenbeleuchtung von Gebäuden in der Region bald weite Verbreitung fand, stieg in den nachfolgenden Jahren in beträchtlichem Umfang und kurbelte die lokale Produktion an. Das Allgemeine Krankenhaus in Lemberg war Mitte 1853 das weltweit erste öffentliche Gebäude, das ausschließlich mit Petroleum beleuchtet wurde.[15] Um 1860 wurde in 151 galizischen Dörfern Erdöl gefördert. Zur selben Zeit sind auch in den ölreichen Provinzen Rumäniens und in Baku Raffinerien entstanden.[16] Bukarest war 1859 die erste vollständig mit Kerosinlampen beleuchtete Stadt.[17]

---

[14] Vgl. Höfer, Das Erdöl (Petroleum) und seine Verwandten, S. 16; und Swoboda, Die Entwicklung der Petroleum-Industrie in volkswirtschaftlicher Beleuchtung, S. 58.

[15] Vgl. R. J. Forbes, More Studies in Early Petroleum History, 1860–1880, Leiden: E. J. Brill 1959, S. 96.

[16] Die erste rumänische Raffinerie wurde 1840 in Lucăceşti aufgebaut. In der Baku-Region entstand die erste Raffinerie 1863 in Sourachany. Zehn Jahre später gab es insgesamt 23 Anlagen in Baku.

[17] Vgl. R. J. Forbes, „Oil in Eastern Europe 1840–1859", in: Harvard Graduate School of Business Administration (Hrsg.), Oil's First Century, Papers Given at the Centennial Seminar

3.1.2   Die Geburt der amerikanischen Petroleumwirtschaft

Als Łukasiewicz sein ausgereiftes Öldestillat in Galizien und darüber hinaus popularisierte und auch anderswo in Europa frühe Erdölindustrien im Entstehen begriffen waren, war die Verwendung von Petroleum in der Neuen Welt bedeutend weniger weit fortgeschritten. Bis in die späten 1840er Jahre galt das Erdöl in Amerika als nahezu wertlos.[18] Gleichfalls auf der Suche nach einem praktikablen Leuchtmittel etablierte sich allerdings in den 1850er Jahren eine auf Kohleverflüssigung basierende Industrie, die in New York ihren Ausgang genommen hatte. Abraham Gesner, ein kanadischer Geologe aus Nova Scotia, entwickelte einen Prozess, mittels welchem sich aus bituminösem Gestein ein Lampenöl hervorragender Qualität herstellen ließ. Er nannte sein Produkt Kerosin, das in kurzer Zeit die bis dahin dominierenden Leuchtmittel, allen voran das exklusive Walöl sowie das hochentzündliche Camphen, vom Markt verdrängte. Das rasche Wachstum der US-amerikanischen Kohleölindustrie spiegelte den steigenden Bedarf an fossilen Leuchtstoffen wider.[19] Mit zunehmender Bevölkerungszahl und fortschreitender Industrialisierung verstärkte sich das Bedürfnis nach künstlichem Licht. Immerhin stand im beginnenden Maschinenzeitalter auch in der Nacht die Produktion nicht still.

Die Herstellung bituminöser Leuchtmittel mittels Kohleverflüssigung hat gegenüber dem Erdöl den entscheidenden Nachteil, dass die Verarbeitung des festen Brennstoffes in einem ersten Schritt eine aufwendige und teure trockene Destillation erfordert, wohingegen bei dem bereits fluiden fossilen Rohmaterial sofort mit der Veredelung begonnen werden kann. Das Petroleum setzte sich Mitte des 19. Jahrhunderts als hochwertiger und preisgünstiger Lichtspender sowohl in Europa als auch in Amerika und anderen Teilen der Welt durch und sicherte sich damit einen zukunftsfähigen Markt. Während auf dem Gebiet der Petroleumdestillation beachtliche Fortschritte erzielt wurden, erfolgte die Ölgewinnung nach wie vor nach primitivsten Methoden. Als Folge davon vermochte der geringe Output

---

on the History of the Petroleum Industry, Harvard Business School, 13–14 November 1959, Cambridge, MA: Harvard College 1960, S. 1–6 (hier 5).

[18] Vgl. Paul H. Giddens, The Birth of the Oil Industry, New York: Macmillan 1938, S. 16.

[19] In den späten 1850er Jahren erlebte die Kohleverflüssigung in den Vereinigten Staaten einen regelrechten Boom. 1859 wurden in mindestens 33 Raffinerien über 500 Barrel Leuchtöl pro Tag hergestellt. Siehe Harold F. Williamson und Arnold R. Daum, The American Petroleum Industry: The Age of Illumination 1859–1899, Evanston: Northwestern University Press 1959, S. 55 f.

die Erdölnachfrage bald kaum noch zu decken. Es bedurfte dringend neuer Produktionstechniken, die es erlauben, große Mengen der schwarzen Substanz nach Belieben zutage zu fördern.

Unter dem Eindruck der seit dem frühen 19. Jahrhundert in weiten Teilen Amerikas betriebenen Bohrungen nach Salz und in Kenntnis der hochwertigen Brenneigenschaften von Petroleum entwickelte der US-amerikanische Erdölpionier George H. Bissell in den 1850er Jahren die Idee, nach dem flüssigen Rohstoff zu bohren.[20] Viele Salzbohrer in der zentralen Appalachen-Region stießen damals auf Rohöl, das als unerwünschtes Abfallprodukt galt und in den meisten Fällen einfach in den nächstgelegenen Fluss abgeleitet wurde und oftmals die Stilllegung des Bohrlochs zur Folge hatte.[21] Angesichts dieser Tatsache erscheint Bissels Einfall, durch Anwendung moderner Salzbohrtechniken Erdöl zu produzieren, aus heutiger Sicht als wenig revolutionär. Es herrschte zu jener Zeit jedoch weitgehende Unkenntnis über die zahlreichen Bohrer, die auf der Suche nach Salz bzw. Salzwasser Rohöl und Erdgas fanden. 1854 gründete Bissell die Pennsylvania Rock Oil Company, die später Seneca Oil Company heißen sollte, und heuerte gemeinsam mit seinen Geschäftspartnern Jonathan G. Eveleth und James M. Townsend einen Mann namens Edwin L. Drake an, der im Frühjahr 1858 in den Nordwesten Pennsylvanias entsandt wurde, um dort eine Erdölbohrung durchzuführen.[22]

---

[20] Bissell und seine Partner hatten den renommierten Chemiker und Yale-Professor Benjamin Silliman, Jr. beauftragt, die chemischen Eigenschaften und potenzielle Nutzung als Leuchtmittel des im westlichen Pennsylvania an vielen Stellen an die Oberfläche strömenden Steinöls zu untersuchen. Silliman bestätigte in seinem Bericht, datiert vom 16. April 1855, die ausgezeichneten Brenneigenschaften und das hohe wirtschaftliche Potenzial der bituminösen Flüssigkeit. Die Studie des angesehenen Chemikers war für die Entstehung der Erdölindustrie von erheblicher Bedeutung, denn sie belegte endgültig den hohen Wert des Petroleums und war Grundlage für die berühmte Bohrung der Drake-Ölquelle Ende August 1859. Siehe dazu J. T. Henry, The Early and Later History of Petroleum, with Authentic Facts in Regard to Its Development in Western Pennsylvania, Philadelphia: Jas. B. Rodgers Co. 1873, S. 37 f. (Sillimans vollständiger Bericht ist auf den Seiten 38–54 abgedruckt).

[21] Vgl. Raymond F. Bacon und William A. Hamor, The American Petroleum Industry, Volume 1, New York: McGraw-Hill 1916, S. 200 ff. Beginnend im Jahre 1806 mit den Gebrüdern Ruffner aus dem heutigen West Virginia sind zahlreiche historische Berichte über Salzbohrungen bekannt, die teils beträchtliche Mengen an Erdöl zutage förderten. Siehe dazu Smith, „Setting History Right", S. 72 f.

[22] Es war Townsend, ein junger Bankier aus Connecticut, der während einer kritischen Phase eine aktive Rolle in der Pennsylvania Rock Oil Company einnahm und in einem Hotel in New Haven den im Jahre 1819 geborenen und aus Greenville, New York stammenden Zugbegleiter Edwin Drake den Auftrag zur Reise nach Pennsylvania erteilte. Der Legende nach schickte

Drake engagierte einen mit der Herstellung von Bohrgeräten erfahrenen Schmied, Billy Smith, der mit seinen beiden Söhnen auf der Hibbard Farm in der Ortschaft Titusville einen Bohrturm errichtete und die notwendigen Werkzeuge für die erste Ölbohrung anfertigte. Die lokale Bevölkerung betrachtete Drake und seine Mitstreiter ob ihres Vorhabens, Erdöl mittels Bohrung gezielt zu fördern, als verrückt. Der Spott wich unversehens kollektiver Furore als der erste Ölfund Ende August 1859 publik wurde. In 21 Metern Tiefe stießen Smith und seine Söhne auf eine Ölquelle, die nach Drake benannt wurde und unter diesem Namen in die Geschichtsbücher einging.[23] Die historische Bedeutung von Drakes erfolgreicher Ölbohrung ist aufgrund ihrer enormen Nachwirkungen kaum zu überschätzen. Sie gilt als Auslöser jenes Prozesses, aus welchem in den nachfolgenden Jahrzehnten die weltweite Erdölindustrie hervorging. Paul H. Giddens schließt daraus folgerichtig: „[I]n a sense everything the petroleum industry is today is a result of the drilling of the Drake well."[24] Die Bohrung der Drake-Ölquelle markiert den Beginn des modernen Erdölzeitalters in Amerika und gilt als Geburtsstunde der internationalen Erdölwirtschaft.

Drake löste einen veritablen Ölboom in Pennsylvania aus, der bald auf andere Staaten übergriff. In den frühen 1860er Jahren wurden auch in New York, Ohio, West Virginia, Kentucky und Tennessee nennenswerte Mengen Mineralöl gefunden. Den Traum vom schnellen Reichtum vor Augen, zog es Tausende Glückssuchende aus allen Teilen des Landes in jene Region, in welcher Drake aller Welt eindrücklich die erfolgreiche Erdölgewinnung mittels Bohrung vorgeführt und damit den Grundstein für die globale Expansion des flüssigen Brennstoffes gelegt hatte. Rund um den Oil Creek und entlang des Allegheny River nördlich von Pittsburgh wurden vormals nahezu wertlose Liegenschaften zu unvorstellbaren Preisen gehandelt. Das US-amerikanische Bodenrecht,

---

Townsend ein Schreiben, adressiert an Herrn „Colonel Edwin L. Drake", voraus nach Titusville. Der militärische Titel sollte Drake die für seine Unternehmung erforderliche Autorität sichern, auch wenn er in Wahrheit kein Oberst war. Den Titel „Colonel" behielt Drake in den Geschichtsbüchern.

[23] Die Bohrung der Drake-Ölquelle erfolgte nach einfachster Methode. Ein dampfbetriebenes Rad, um das ein Seil gewickelt war, an dessen Ende sich eine Meißel befand, zog über einen auf dem Bohrturm befestigten Flaschenzug den Bohreinsatz immerwährend in die Höhe, um ihn anschließend auf den Boden fallen zu lassen und dadurch ein Loch zu graben. Drake produzierte anfänglich zwischen 20 und 35 Barrel pro Tag, die für je 18 Dollar verkauft wurden. 1863 wurde die Quelle aufgrund einer zu geringen Fördermenge stillgelegt.

[24] Paul H. Giddens, „The Significance of the Drake Well", in: Harvard Graduate School of Business Administration (Hrsg.), Oil's First Century, Papers Given at the Centennial Seminar on the History of the Petroleum Industry, Harvard Business School, 13–14 November 1959, Cambridge, MA: Harvard College 1960, S. 23–30 (hier 23 ff.).

gemäß welchem dem Eigentümer eines Grundstücks auch die Ressourcen im Erdreich darunter zukamen, begünstigte die kleinteilige Parzellierung und folglich gewinnmaximierende Veräußerung oder Verpachtung von Landflächen.

Innerhalb weniger Monate sprossen in den abgeschiedenen Wäldern der malerischen Hügellandschaft im westlichen Pennsylvania Städte mit mitunter Tausenden Einwohnern aus dem Boden. Die Neuankömmlinge versuchten ein kleines Stück Land zu ergattern und darauf schnellstmöglich mit einfachster Gerätschaft nach Erdöl zu bohren. Bis Ende 1860 wurden in Pennsylvania 240 Ölbohrungen verzeichnet, woraus 201 erdölproduzierende Quellen entstanden.[25] Parallel zum ungezügelten Zustrom von „Wildcattern"[26] stieg auch die Gesamterdölproduktion rasant an, wodurch bald ein Überangebot auf dem Markt herrschte und der daraus resultierende dramatische Einbruch des Preises die erste Erdölkrise auslöste. Die Ölflut in den frühen 1860er Jahren schwemmte den Großteil der pennsylvanischen Ölproduzenten, einschließlich der Seneca Oil Company, vom Markt.

In der Frühphase der Erdölindustrie erlebte der Preis eine regelrechte Achterbahnfahrt. Während ein Barrel Rohöl exklusive Transportkosten im Jänner 1860 noch für über 19 Dollar gehandelt wurde, stürzte der Preis bis Ende 1861 auf lediglich zehn Cent ab, um Mitte 1864 wieder mehr als zwölf Dollar zu erreichen.[27] Das Eigentumsrecht US-amerikanischer Landbesitzer an den Bodenschätzen unterhalb ihrer Liegenschaft war ein wesentlicher Grund für die chaotischen Zustände, die für die Entstehungsphase der Erdölindustrie charakteristisch waren. Es hatte angesichts der spezifischen Geologie eines Ölfeldes darüber hinaus schädliche Folgen für die nachhaltige Nutzung der Mineralölvorkommen. Eine Öllagerstätte erstreckte sich typischerweise über viele Grundstücke. Durch die Absetzung unzähliger Bohrungen ging der Gasdruck innerhalb der Ölfelder frühzeitig verloren, wodurch weniger Rohöl an die Oberfläche strömte und die Reserven nur zu einem kleinen Teil ausgebeutet werden konnten. Der individuelle rationale Nutzen gebot den Landeignern oder Pächtern jedoch, auf schnellstem

---

[25] Vgl. Dudley J. Hughes, Oil in the Deep South: A History of the Oil Business in Mississippi, Alabama, and Florida, Jackson: University Press of Mississippi 1993, S. 4.

[26] Der bis heute in der Erdölindustrie gebräuchliche Begriff „Wildcatter" für einen Erdölsuchenden, der eine Ölbohrung abseits von bekannten Reservoiren durchführt (eine solche Bohrung wird „Wildcat" genannt), stammt aus dieser frühen Zeit. Gemäß einer weit verbreiteten Interpretation geht die Bezeichnung auf die Erdölsuche in den abgelegenen und unbesiedelten Gegenden Pennsylvanias, wo Wildkatzen lebten und die nächtliche Stille nur durch deren Schreie durchbrochen wurde, zurück. Indes war der Ausdruck *wildcat* in Amerika bereits in der Zeit vor Ausbruch des ersten Ölbooms 1859 für jegliches riskante Geschäftsvorhaben in Verwendung gewesen.

[27] Vgl. J. Stanley Clark, The Oil Century: From the Drake Well to the Conservation Era, Norman: University of Oklahoma Press 1958, S. 70.

Wege so viel Erdöl wie nur möglich aus dem großflächigen Reservoir zu fördern, bevor sich die Nachbarn des „schwarzen Goldes" bemächtigen konnten.[28] Diese fatale Produktionslogik führte zu einem Zyklus von marktzerstörerischer Ölschwemme und anschließender Knappheit, wenn aufgrund der ungezügelten Ausbeutung die Lagerstätten nach kurzer Zeit kein Rohöl mehr freigaben.[29]

Technologische Innovationen erlaubten einen effizienten und schnellen Transport großer Mengen Rohöl von den Produktionsstätten zu den Raffinerien und Verbrauchern. Auch weit entfernte Regionen ließen sich bald mühelos mit Erdölprodukten versorgen. Bereits 1862 wurde Rohöl in Gusseisenrohren zur Raffinerie, die zumeist nur wenige Hundert Meter von der Ölquelle entfernt lag, befördert. Im selben Jahr wurden ferner erstmals Kreiselpumpen für einen beschleunigten Durchfluss innerhalb der Rohrleitungen eingesetzt. Das aus den Quellen von Pithole strömende Rohöl wurde ab August 1865 mittels einer Pipeline mit einem Durchmesser von circa fünf Zentimeter auf einer Länge von über sechs Kilometer zum nächstgelegenen Eisenbahnterminal transportiert.[30] Von dort aus fand das Öl in Holztanks auf Güterwägen, welche die erste Form des heutigen Kesselwagens darstellten, per Eisenbahn seinen Weg in die großen Verbrauchszentren im Mittleren Westen und an der Ostküste.

---

[28] Auch die spezielle Ausgestaltung der Pachtverträge leistete der Überproduktion Vorschub. Der Pächter war verpflichtet, eine bestimmte Anzahl von Bohrungen innerhalb einer festgesetzten Frist durchzuführen, andernfalls drohte der Verlust der Liegenschaft. Der Eigentümer erhielt für die Überlassung seines Landbesitzes üblicherweise eine Sofortzahlung und produktionsabhängige Tantiemen, weshalb diesem an einem größtmöglichen Output gelegen war. Die verpachteten Grundflächen waren oftmals nicht größer als rund 4.000 Quadratmeter (dies entspricht einem *acre*). Vgl. ebd., S. 96 f.

[29] Pithole in Venango County, Pennsylvania symbolisiert wie kein anderer Ort die chaotischen Verhältnisse in den frühen Jahren der Ölindustrie. Pithole war eine unbesiedelte Waldfläche rund 15 Kilometer südlich von der Drake-Quelle in Titusville gewesen, die nach einem Ölfund im Jahre 1865 innerhalb kürzester Zeit einen rasanten Aufstieg zu einer boomenden Stadt mit über 50 Hotels und mehr als 15.000 Einwohnern erlebte. Als einige Monate später die Ölquellen aufgrund deren exzessiver Ausbeutung zu versiegen begannen, verließen Tausende Bewohner den Ort. Bald war dieser menschenleer und wieder der Natur überlassen. Pitholes Niedergang 1866 verlief nicht minder schnell als dessen fulminanter Aufstieg. Siehe dazu Brian Black, Petrolia: The Landscape of America's First Oil Boom, Baltimore: Johns Hopkins University Press 2000, S. 140 ff. Pithole ist in „Petrolia" ein eigenes Kapitel gewidmet. Siehe auch Daniel Yergin, The Prize: The Epic Quest for Oil, Money, and Power, New York: Free Press 1991, S. 31.

[30] Vgl. Clark, The Oil Century, S. 79. Die mit zwei Pumpen ausgestattete Rohrleitung hatte eine Kapazität von rund 800 Barrel pro Tag. Ende 1865 wurde eine zweite Pipeline in Pithole errichtet, die eine Länge von über elf Kilometer, einen Durchmesser von gut 15 Zentimeter und eine Förderleistung von 7.000 Barrel pro Tag aufwies.

Infolge des dramatischen Überangebots auf dem gesättigten Binnenmarkt Anfang der 1860er Jahre versuchten amerikanische Erdölexporteure den europäischen Markt zu erobern. Die Expansion der US-Erdölwirtschaft erstreckte sich bereits in frühen Jahren über den Atlantik. Ende November 1861 verließ das erste Segelschiff, dessen Frachtgut vornehmlich aus Erdöl bestand, den Hafen von Philadelphia und machte sich auf den Weg nach London. Im Jahre 1861 wurden insgesamt 20.000 Barrel Rohöl von Amerika nach Großbritannien verschifft. Auch beträchtliche Mengen Kerosin befanden sich auf den Transportschiffen. Dies war der Beginn eines regen Exporthandels von amerikanischem Öl nach Europa, der mit der steigenden Nachfrage auf dem alten Kontinent in den darauffolgenden Jahrzehnten beträchtlich zunehmen sollte. Die zügig voranschreitende Industrialisierung in Europa führte zu einer enormen Erhöhung des Bedarfs an Mineralölerzeugnissen, den die unterentwickelten europäischen Erdölindustrien nicht zu stillen vermochten. Aufgrund der primitiven Transportmethoden auf den Segelschiffen in den frühen 1860er Jahren bestand jedoch eine erhebliche Gefahr von Katastrophen auf hoher See durch Feuer. Trotz des Gefahrenpotenzials erreichte der amerikanische Petroleumexport nach Europa 1864 bereits rund 32 Millionen Gallonen (dies entspricht etwa 760.000 Barrel). Antwerpen etablierte sich in den frühen Jahren als großer Umschlaghafen für den europäischen Erdölhandel.[31]

In den späten 1860er Jahren wurden sowohl Rohöl als auch destillierte Mineralölprodukte in steigendem Ausmaß nach Europa verschifft. Anfänglich erfolgte der Öltransport in Fässern aus Holz, die ursprünglich als „Barrel" für die Abfüllung und Lagerung von Whiskey verwendet wurden und sich dazumal in den amerikanischen Erdölregionen weiter Verbreitung erfreuten. Einen wesentlichen Fortschritt brachte die Beförderung von Petroleum als Massengut auf Schiffen, die mit fix installierten Eisenbehältnissen mit separaten Ladezonen ausgestattet waren. Diese Innovation reduzierte die Feuergefahr auf See und erlaubte den Transport größerer Mengen des fossilen Frachtguts. Auch wenn das ursprünglich verwendete Holzfass, das Barrel, mit einem Volumen von 42 Gallonen (159 Liter) bald durch größere und praktischere Behältnisse abgelöst wurde, behielt es als zentrales Mengenmaß in der Erdölindustrie bis heute seine Bedeutung.

Die technischen Entwicklungen in den 1870er und 1880er Jahren brachten deutliche Verbesserungen beim Seetransport von Erdöl und destillierten Produkten. 1885 waren bereits mehr als 1.000 Schiffe mit einer Ladekapazität von 2.500 bis 14.000 Barrel pro Fahrt im Dienste des amerikanischen Petroleumexports auf

---

[31] Die Angaben über das Volumen des frühen Erdölhandels von Amerika nach Europa beruhen auf Clark. Siehe ebd., S. 107 ff.

den Weltmeeren unterwegs. Bis Ende des 19. Jahrhunderts waren Schiffe der Narragansett-Klasse, die eine Aufteilung der Ladung in 27 öldichten Frachtzonen ermöglichten und eine Gesamtkapazität von bis zu 75.000 Barrel aufwiesen, im Einsatz. Dank der fortschrittlichen Frachtmethoden benötigte die Löschung der modernen Tankschiffe nicht mehr als 48 Stunden, während die Entladung Hunderter Holzfässer von den frühen Segelschiffen mitunter eine Woche in Anspruch genommen und unzählige kräftige Helfer erfordert hatte. Ein Dampfschiff mit einer Ladung von 14.000 Barrel ließ sich sogar innerhalb von zehn Stunden be- oder entladen.[32]

Für die Versorgung des für die US-Erdölexporteure zentralen europäischen Marktes waren die im Seetransport erzielten technischen Fortschritte und – damit einhergehend – die sinkenden Frachtraten von größter Bedeutung. In den 1870er und 1880er Jahren wurde mehr als die Hälfte der amerikanischen Gesamterdölförderung als Kerosin exportiert, wobei Europa der mit Abstand wichtigste Absatzmarkt war.[33] Von 1873 bis 1875, um ein konkretes Beispiel zu erwähnen, gingen drei Viertel der US-amerikanischen Leuchtölproduktion in den Export. 90 Prozent davon wurden nach Europa geliefert.[34] Noch 1880 kauften die europäischen Abnehmer rund 70 Prozent des gesamten in den Vereinigten Staaten hergestellten Leuchtöls.[35]

In den ersten zwei Dekaden des modernen Erdölzeitalters, dessen Zeitrechnung mit der berühmten Ölbohrung von Drake 1859 beginnt, konzentrierte sich die amerikanische Petroleumerzeugung auf ein Gebiet, das sich ellipsenförmig von dem westlichen Teil New Yorks über Pennsylvania und Ohio bis nach West Virginia erstreckt. Pennsylvania war jedoch die mit Abstand bedeutendste Förderregion in den Vereinigten Staaten und der Welt. Mit Jahresbeginn 1881 waren die pennsylvanischen Ölfelder mit einem geschätzten kumulierten Gesamtoutput von knapp 157 Millionen Barrel für mehr als 95 Prozent des bis zu diesem Zeitpunkt in den USA produzierten Rohöls verantwortlich.[36] Pennsylvania beherrschte damit die globale Rohölförderung. 1885 entfielen mehr als

---

[32] Die Angaben im gesamten Absatz beruhen auf Clark. Siehe ebd., S. 110.

[33] Vgl. Yergin, The Prize, S. 56.

[34] Vgl. Williamson und Daum, The American Petroleum Industry, S. 489 und 633.

[35] Vgl. Ronald E. Seavoy, An Economic History of the United States: From 1607 to the Present, New York: Routledge 2006, S. 251.

[36] Zwischen 1872 und 1882 stieg der Jahresoutput in Pennsylvania und New York von 5,3 Millionen auf 30 Millionen Barrel (dies entspricht ungefähr 82.000 Barrel pro Tag). In Ohio und West Virginia erreichte die Gesamtförderung zu dieser Zeit noch weniger als 225.000 Barrel pro Jahr. Siehe Clark, The Oil Century, S. 90 und 95.

98 Prozent des weltweiten Erdöloutputs auf die amerikanischen Ölfelder.[37] Als die Ölquellen in Pennsylvania genau zu jener Zeit erste Anzeichen von Erschöpfung signalisierten, machte sich die Befürchtung breit, das kurze amerikanische und folglich – aufgrund der dominanten Stellung der US-Produzenten – globale Ölzeitalter würde sich einem abrupten Ende zubewegen. Die Sorge sollte sich bald als unbegründet erweisen.

Bedeutende Funde in Findlay lösten einen neuen Ölboom im Nordwesten Ohios aus. Auch in Lima und anderen Orten in der Region wurde erfolgreich nach Rohöl gebohrt. Die Lagerstätte war von beachtlicher Dimension und erstreckte sich in Richtung Westen nach Indiana, weshalb sie unter der Bezeichnung Lima-Indiana-Ölfeld, auf welchem bis zur Jahrhundertwende rund 42.000 Bohrungen durchgeführt wurden, Bekanntheit erlangte. 1890 war das Gebiet bereits für ungefähr ein Drittel des US-amerikanischen Gesamtoutputs verantwortlich. Wie in Pennsylvania war auch in Ohio der Ölboom von vergleichsweise kurzer Dauer und endete schließlich im Jahre 1915. Insgesamt wurden im Nordwesten Ohios geschätzte 375 Millionen Barrel Erdöl gefördert.[38] Bis 1900 konzentrierte sich die US-Produktion exklusiv auf die Appalachen-Ölfelder und das Lima-Indiana-Reservoir, wobei die erstgenannte Region erst Mitte der 1880er Jahre ihre Monopolstellung verloren hatte und bis Ende des Jahrhunderts immer noch einen Anteil von rund 60 Prozent an der gesamten amerikanischen Rohölförderung einnahm.[39]

Die europäischen Erdölindustrien, von welchen bis Mitte des 19. Jahrhunderts bedeutende Innovationen ausgegangen waren, konnten mit dem amerikanischen Produktionswachstum nicht mithalten. Europa war auf dem Gebiet der Petroleumförderung bald technologisch hoffnungslos rückständig. In Baku fand erst 1869 die erste Ölbohrung statt. In den 1870er Jahren, als in Pennsylvania moderne Techniken wie die Perkussions- bzw. Schlagbohrung veraltete Methoden weitflächig zu ersetzen begannen, wurden in Galizien noch immer beinahe alle Ölschächte gegraben und Dampfmaschinen waren praktisch nicht vorhanden.[40] In

---

[37] Vgl. Marshall Haney, „Petroleum", in: The Scientific Monthly, Vol. 17, No. 6, December 1923, S. 548–561 (hier 552).

[38] Vgl. Jeff A. Spencer und Mark J. Camp, Ohio Oil and Gas, Charleston, SC: Arcadia 2008, S. 25.

[39] Vgl. Ralph Arnold und William J. Kemnitzer, Petroleum in the United States and Possessions, New York: Harper & Brothers 1931, S. 33.

[40] Vgl. Alison Fleig Frank, Oil Empire: Visions of Prosperity in Austrian Galicia, Cambridge, MA: Harvard University Press 2005, S. 80. Galizien war geologisch gegenüber Pennsylvania im Nachteil. Keine der anerkannten Bohrtechniken eignete sich für die galizischen Ölfelder, die tiefe und teure Bohrungen erforderten. Darüber hinaus litt die galizische Erdölindustrie

Rumänien kamen moderne Bohrmethoden überhaupt erst ab 1882 zum Einsatz. Die umfangreichen europäischen Rohöl- und Kerosinimporte aus Amerika sind Sinnbild für die Rückständigkeit der Mineralölwirtschaft in Galizien, Rumänien, Baku und anderswo in Europa im ausgehenden 19. Jahrhundert. Die Vereinigten Staaten waren in der ersten Phase des modernen Erdölzeitalters die unangefochten führende Fördernation. Es gab kaum ein Land auf der Welt, das kein amerikanisches Kerosin importierte.[41]

3.1.3   Vom Leuchtmittel zum Kraftstoff der neuen Mobilität

Trotz des rasanten Produktionswachstums in der Neuen Welt und den bedeutenden Innovationen in der Frachtschifffahrt, wodurch die Bedingungen für eine exponentielle Ausdehnung des transatlantischen Erdölhandels gegeben waren, war um die Jahrhundertwende der Anteil von Erdöl am gesamten Primärenergiebedarf in Europa verschwindend gering. In Großbritannien, jenes europäische Land, das zu jener Zeit wohl den höchsten Industrialisierungsgrad auf dem Kontinent aufgewiesen hatte, entfiel 1900 lediglich ein Prozent des Primärenergieverbrauchs auf Erdöl.[42] Der fossile Brennstoff wurde damals nach wie vor überwiegend in Form von Kerosin für Leuchtzwecke genutzt. Die eingeschränkte Nutzung setzte der Nachfrage nach Öl enge Grenzen.

1879 präsentierte der brillante Erfinder Thomas Alva Edison die Glühbirne und leitete im Zuge der Elektrifizierung der industrialisierten Welt das Ende der Öllampe ein.[43] Mit der Entwicklung elektrischer Lichtquellen vollzog sich ein grundlegender Wandel in der Beleuchtung des öffentlichen und privaten

---

unter der schlechten Transportinfrastruktur und fehlendem Kapital, was ihre Entwicklung zusätzlich hemmte. In der gesamten Region gab es 1885 eine einzige Dampfmaschine mit einer Leistung von 16 PS.

[41] Vgl. Paul H. Giddens, „One Hundred Years of Petroleum History", in: Arizona and the West, Vol. 4, No. 2, Summer 1962, S. 127–144 (hier 132).

[42] Vgl. Paul Stevens, „History of the International Oil Industry", in: Roland Dannreuther und Wojciech Ostrowski (Hrsg.), Global Resources: Conflict and Cooperation, Basingstoke: Palgrave Macmillan 2013, S. 13–32 (hier 14 f.).

[43] Edison gilt allgemein als Erfinder der Glühbirne. Er war jedoch nicht der Erste, der das Prinzip des Glühlichts entdeckte. Neben ihm forschten zu jener Zeit viele weitere Wissenschaftler an der Einsatzfähigkeit und Verbesserung von elektrischen Leuchtmitteln. Edison verstand es aber besser als jeder andere, eine wirtschaftliche Glühbirne zu fertigen und auf den Markt zu bringen. Dem englischen Erfinder Joseph Wilson Swan, der sich später infolge von Patentrechtsstreitigkeiten mit Edison darauf einigte, gemeinsam ein Unternehmen zu führen, war bereits 1878 die Herstellung einer elektrischen Glühlampe gelungen. Siehe Karl Gunnar

Raums. In den 1870er und 1880er Jahren wurde in den Hauptstraßen zahlreicher europäischer Hauptstädte elektrisches Bogenlicht installiert. Nach dem Wiener Eislaufverein wurde in der österreichischen Metropole ab 1880 elektrisches Licht zur Beleuchtung des Südbahnhofs, Praters, Volksgartens und eines Teils der Hofburg benutzt.[44] 1882 folgten der Stephansplatz und der Graben in der Wiener Innenstadt.[45] Edisons Glühlampen beleuchteten ab September 1882 die Geschäftsräumlichkeiten des einflussreichen Bankhauses von J. P. Morgan in der Wall Street sowie die Büros der New York Times. Die Stromversorgung erfolgte über Amerikas erstes zentrales Elektrizitätswerk, das von Edison in der New Yorker Pearl Street errichtet wurde.[46] Mehr als 3.000 Gemeinden und Städte wurden zu Beginn des neuen Jahrhunderts in den Vereinigten Staaten elektrisch beleuchtet.[47]

Chicago nahm dank des innovativen Geschäftsmodells eines früheren Mitarbeiters von Edison namens Samuel Insull, der auf die zentrale Großproduktion von Strom setzte und dadurch breiten Bevölkerungsschichten den Zugang zu elektrischer Energie ermöglichte, bald eine Führungsrolle in der kostengünstigen, weitflächigen Bereitstellung von Elektrizität ein. Berlin avancierte unter federführender Beteiligung von Werner von Siemens und Emil Rathenau, dem Gründer der Allgemeinen Elektricitäts-Gesellschaft (AEG), um die Jahrhundertwende zur Elektrizitätshochburg in Europa und wurde weltweit als „Elektropolis" bekannt.[48] Das moderne Glühlicht drang auch zunehmend in die privaten Sphären vor, wo bis dahin die Petroleumlampe die dominierende Lichtquelle darstellte. Die Glühbirne produzierte ein weitaus klareres und helleres Licht als die Kerosinlampe. Darüber hinaus war das elektrische Leuchtmittel bequemer in der Handhabung und sicherer, da von ihm im Gegensatz zu den Ölbrennstoffen praktisch keine Feuergefahr ausging.

Persson, An Economic History of Europe: Knowledge, Institutions and Growth, 600 to the Present, Cambridge: Cambridge University Press 2010, S. 104.

[44] Vgl. Günther Haller, „Als die Straßenbahn die Kohlensäcke brachte", in: Die Presse, 1. Februar 2014, S. 28.

[45] Vgl. Wolfgang Schivelbusch, Disenchanted Night: The Industrialization of Light in the Nineteenth Century, Berkeley: University of California Press 1995, S. 114 ff. Die Bogenlichtsysteme lösten in den urbanen Räumen in erster Linie Gas als Leuchtmittel ab.

[46] Vgl. Daniel Yergin, The Quest: Energy, Security, and the Remaking of the Modern World, New York: Penguin 2011, S. 348.

[47] Vgl. Joseph R. Conlin, The American Past: A Survey of American History, 10. Auflage, Boston: Wadsworth 2013, S. 445.

[48] Vgl. Yergin, The Quest, S. 354 ff.

Ende 1882 vertrauten bereits rund 80 New Yorker Kunden auf Edisons Glühlampe, die in den nachfolgenden Jahren ihren weltweiten Siegeszug antrat. Zwischen 1885 und 1902 stieg die Nachfrage nach Glühbirnen von 250.000 auf über 18 Millionen Stück pro Jahr.[49] Abgesehen von entlegenen Gehöften und als Ersatzlicht im Falle von Stromausfällen verschwand die Kerosinlampe innerhalb kurzer Zeit nahezu völlig von der Bildfläche. Das elektrische Licht verdrängte in Windeseile alle anderen Leuchtmittel vom Markt und stellte dadurch eine ernste Bedrohung für die Ölindustrie dar, deren wichtigster Absatzmarkt verloren ging. Der Bedarf an Kerosin, das Mitte der 1880er Jahre mit einem Anteil von 80 Prozent das mit Abstand absatzstärkste raffinierte Mineralölprodukt war, begann zu schrumpfen.[50] Das „Zeitalter der Beleuchtung" in der modernen Erdölgeschichte, das sich analog zu dem Buchtitel von Harold F. Williamson und Arnold R. Daum von 1859 bis 1899 erstreckte, neigte sich unweigerlich seinem Ende zu.[51] Die Ölindustrie stand vor der Herausforderung, neue Nutzungs- und Absatzmöglichkeiten für ihre Erzeugnisse zu finden, wollte sie ihren Fortbestand sichern.[52]

Ungefähr zur selben Zeit, als Edison und andere den neuen Standard der Beleuchtung öffentlichkeitswirksam präsentierten, experimentierten einige erfinderische Köpfe, vornehmlich in Europa, an einer anderen Innovation, welche die Welt gleichermaßen verändern sollte. Deren Anstrengungen entfachten keine Revolution im Bereich des künstlichen Lichts, aber in der menschlichen Fortbewegung. Die Erfindung des Verbrennungsmotors und des Automobils leitete eine neue Epoche in der persönlichen wie öffentlichen Mobilität und im Gütertransport ein. 1885 konstruierte der deutsche Ingenieur Carl Benz seinen *Benz Patent-Motorwagen Nummer 1*, der über einen Verbrennungsmotor mit elektrischer Zündung verfügte und als weltweit erstes modernes Automobil gilt. Benz' dreirädriges Fahrzeug wurde von einem Viertaktmotor angetrieben, wie ihn ein

---

[49] Vgl. Charles A. S. Hall und Kent A. Klitgaard, Energy and the Wealth of Nations: Understanding the Biophysical Economy, New York: Springer 2012, S. 153.

[50] Vgl. Lynn G. Gref, The Rise and Fall of American Technology, New York: Algora 2010, S. 82.

[51] Siehe Williamson und Daum, The American Petroleum Industry.

[52] Kerosin für Leuchtzwecke war freilich nicht das einzige Produkt, das die Erdölindustrie um die Jahrhundertwende anzubieten hatte. Es gab Dutzende Petroleumderivate auf dem Markt, die für die unterschiedlichsten Anwendungsbereiche eingesetzt wurden, darunter als Schmierstoff für Industriemaschinen, im pharmazeutischen Sektor, für die Herstellung von Kerzen und Lösemitteln und als Heizmaterial für Öfen. Der Großteil des geförderten Rohöls wurde allerdings zu Kerosin veredelt und als Leuchtstoff verkauft.

anderer begnadeter deutscher Erfinder, Nicolaus Otto, einige Jahre zuvor entwickelt hatte. Die beiden aus dem Stuttgarter Raum stammenden ursprünglichen Mitarbeiter Ottos, Gottlieb Daimler und Wilhelm Maybach, die als Erfinder des Motorrads gelten und erstmals einen Ottomotor in ein Boot eingebaut haben, präsentierten im Jahre 1886 den ersten Motorwagen mit vier Rädern. 1894 brachte Carl Benz den vierrädrigen Kraftwagen *Velo* auf den Markt. Es handelte sich dabei um das erste serienmäßig produzierte motorisierte Fahrzeug. Wiewohl Deutschland die „Geburtsstätte des Automobils" war, fanden dessen bedeutsamsten frühen Weiterentwicklungen in Frankreich statt. Allen voran die französischen Hersteller Peugeot und Panhard setzten mit der Entwicklung des Frontmotors und des Rückradantriebs mittels einer Antriebswelle unterhalb des Autobodens zukunftsweisende technische Maßstäbe.[53]

Der rasante Aufstieg des benzin- oder dieselbetriebenen Kraftfahrzeugs löste mit Beginn des neuen Jahrhunderts eine enorme Nachfragesteigerung nach Petroleum aus und war der wichtigste Impuls für die außerordentliche Expansion der Erdölindustrie in den darauffolgenden Jahrzehnten.[54] Das Automobil schuf einen Markt für Benzin, das vormals als Abfallprodukt galt, da die Industrie keine Verwendung dafür hatte. Der Bedarf an Benzin überstieg rasch jenen an Kerosin und der Ottokraftstoff – benannt nach Nicolaus Otto – wurde zum vertriebsstärksten Erdölprodukt. Nachdem der für die Erdölproduzenten und die Raffinerien zentrale Beleuchtungsmittelmarkt durch die Erfindung des elektrischen Lichts gegen Ende des 19. Jahrhunderts nahezu völlig weggebrochen war, öffnete sich mit der Entwicklung des Verbrennungsmotors für die Erdölindustrie eine neue, hoffnungsvolle Tür, die ihr eine rosige Zukunft verhieß.

Auch wenn das neue Zeitalter der Mobilität vordergründig in Europa seinen Ausgang genommen hatte, verstanden es amerikanische Automobilpioniere besser, die breite Bevölkerung am technologischen Fortschritt in dem jungen Wirtschaftszweig teilhaben zu lassen. Innovative Produktionsmethoden erlaubten die massenweise Fertigung von Automobilen in Amerika. Die Anzahl zugelassener Personenkraftwägen in den Vereinigten Staaten erhöhte sich von 8.000 im Jahre 1900 und 458.000 zehn Jahre später auf 1,2 Millionen 1913 und 3,4 Millionen 1916.[55] Der Vorreiter der Serienfertigung, Henry Ford, war mit seinem

---

[53] Vgl. Rudi Volti, Cars and Culture: The Life Story of a Technology, Baltimore: Johns Hopkins University Press 2006, S. 3 ff. (insbes. 4).

[54] Vgl. Clark, The Oil Century, S. 124 f.

[55] Vgl. Tom McCarthy, „The Coming Wonder? Foresight and Early Concerns about the Automobile", in: Environmental History, Vol. 6, No. 1, January 2001, S. 46–74 (hier 61).

Modell T, das die Verkaufsstatistiken anführte, wesentlich für die beeindruckenden Absatzzahlen der US-amerikanischen Automobilindustrie verantwortlich. Die effiziente Produktion senkte die Herstellungskosten, wodurch das Produkt für breitere Gesellschaftskreise zugänglich wurde. 1914 kostete Fords Fließbandauto mit 440 Dollar nur mehr halb so viel wie nach dessen Einführung im Jahre 1908, womit es um rund 500 Dollar preisgünstiger war als dessen nächster Mitbewerber.[56] Das Automobil wandelte sich bald von einem für die breite Masse unerschwinglichen Luxusprodukt zu einem große Akzeptanz genießenden Gebrauchsgut der Mittelklasse. Nach einer Reihe von Preissenkungen konnten sich selbst die Fließbandarbeiter in Fords Fabriken das *Modell T* leisten. Im Jahre 1927, als alle zehn Sekunden ein *Modell T* das Werk verließ und das Produkt für nur noch 290 Dollar angeboten wurde, besaß bereits jeder fünfte Amerikaner einen PKW.[57] Ab den 1920er Jahren brachte ein weiterer großer US-amerikanischer Automobilhersteller, General Motors, Modelle auf den Markt, die sich hoher Absatzzahlen erfreuten.

Die Vereinigten Staaten waren zweifelsohne die führende Automobilnation. Von weltweit 15,5 Millionen registrierten motorisierten Fahrzeugen im Jahre 1922 verkehrten 12,5 Millionen auf US-amerikanischen Straßen.[58] In Europa blieb zu jener Zeit aufgrund mangelnder Kaufkraft und höherer Materialkosten ein mit Amerika vergleichbarer Automobilboom aus. Selbst im reichsten europäischen Land, Großbritannien, hätte sich kaum jemand das *Modell T* von Ford leisten können. Aus diesem Grund fanden die weitaus preiswerteren Motorräder in Europa größere Verbreitung als in den USA. Die Überlegenheit der amerikanischen Autoindustrie spiegelt sich auch anhand der erzeugten Stückzahlen wider. Während zu Beginn des Jahrhunderts in Europa und Amerika noch ungefähr gleich viele Kraftfahrzeuge gefertigt wurden, übertraf die US-Produktion in den 1920er Jahren die europäische Autoherstellung um das Acht- bis Zehnfache.[59] Noch Ende

---

[56] Vgl. o. A., „The Automobile Age", in: The Wilson Quarterly, Vol. 10, No. 5, Winter 1986, S. 64–79 (hier 67).

[57] Vgl. ebd., S. 68.

[58] Vgl. T. C. Barker, „The International History of Motor Transport", in: Journal of Contemporary History, Vol. 20, No. 1, January 1985, S. 3–19 (hier 3 f.).

[59] Vgl. James Foreman-Peck, „The American Challenge of the Twenties: Multinationals and the European Motor Industry", in: Journal of Economic History, Vol. 42, No. 4, December 1982, S. 865–881 (hier 871). Die US-amerikanische Autoherstellung erhöhte sich von 45.000 Stück 1907 auf knapp 4,4 Millionen 1928. Im selben Zeitraum stieg die britische Automobilproduktion von 12.000 auf 212.000 Stück, die französische von 25.000 auf 210.000 Stück und die deutsche von 4.000 auf 90.000 Stück. Auch in Italien, der Tschechoslowakei, Österreich, Belgien, Schweden und der Schweiz wurden Autos gefertigt.

der 1930er Jahre war die Anzahl registrierter Personenwägen in Europa vergleichsweise gering. In Großbritannien waren es zwei Millionen, in Frankreich
1,6 Millionen und in Deutschland bloß 1,1 Millionen, während die US-Bürger
mehr als 30 Millionen Autos besaßen.[60] Die Motorisierung der modernen Welt revolutionierte nicht nur die Fortbewegung und den Transport auf Land, sondern auch auf See und in der Luft.
Rudolf Diesel begann Anfang der 1890er Jahre mit der Konstruktion eines hoch-
effizienten Verbrennungsmotors, der sich neben dem Antrieb von Personen- und
Nutzfahrzeugen insbesondere für den Einsatz in Schiffen und Lokomotiven aber
auch für den Betrieb von Stromgeneratoren eignete.[61] Nach langer Entwicklungs-
phase setzten sich Diesels Großmotoren in den 1920er Jahren in Schiffen durch
und fanden in weiterer Folge auch in Lastkraftwägen und Lokomotiven breite
Verwendung.[62] 1914 wurden lediglich vier Prozent der weltweiten Handelsschiff-
tonnage und Seestreitmächte mit Ölprodukten angetrieben. Dieser Anteil stieg
in den nachfolgenden Jahren mit der Umstellung ganzer Flotten auf Verbrennungsmotoren rasant und erreichte bis 1920 circa 19 Prozent und 1944 bereits
75 Prozent. Bis Ende der 1950er Jahre verkehrten fast ausschließlich dieselbetrie-
bene Schiffe auf den Weltmeeren.[63] Für die Erdölindustrie etablierte sich dadurch
ein weiterer bedeutender Markt – jener für Heiz- bzw. Dieselöl.

Der Durchbruch der mit Mineralölderivaten angetriebenen Fortbewegungsmit-
tel und deren sukzessiver Einsatz im Massenindividualverkehr führten zu einem
exponentiellen und nachhaltigen Anstieg des Ölbedarfs in den industrialisierten
Gesellschaften auf dem europäischen und amerikanischen Kontinent. Als sich
ab 1859 bis zu Beginn des neuen Jahrhunderts die primäre Verwendung von
Öl in Form von Kerosin auf Beleuchtungszwecke beschränkt hatte, waren der
Expansion des Erdölverbrauchs und der Mineralölindustrie Grenzen gesetzt. Im
anbrechenden Zeitalter der Mobilität erfuhr der Erdölabsatz einen enormen Aufschwung. Aufgrund der ungleich höheren Anzahl von mit Verbrennungsmotoren

---

[60] Vgl. Barker, „The International History of Motor Transport", S. 6. Darüber hinaus waren zu
jener Zeit in Großbritannien 460.000 und in Deutschland 1,3 Millionen Motorräder registriert.

[61] Während die effizientesten Dampfmaschinen Ende der 1920er Jahre einen thermischen
Wirkungsgrad von gerade einmal 17 Prozent erreichten und Benzinmotoren nicht viel wirtschaftlicher waren, wiesen moderne Dieselmotoren einen Wirkungsgrad von 33 Prozent auf.
Siehe Douglas W. Clephane, „Oil to Rival Gasoline in Engines", in: The Science News-Letter,
2 March 1929, S. 129–132 (hier 129).

[62] Für einen detaillierten Überblick über die Entwicklung des Dieselmotors siehe Lynwood
Bryant, „The Development of the Diesel Engine", in: Technology and Culture, Vol. 17, No. 3,
July 1976, S. 432–446.

[63] Vgl. Clark, The Oil Century, S. 125.

ausgestatteten Motorwägen im Straßenverkehr traf dies auf Amerika in größerem Maße zu als auf Europa. Während bis 1899 knapp über 57 Millionen Barrel Öl in den Vereinigten Staaten vermarktet wurden, steigerte sich der Absatz auf mehr als 443 Millionen Fass allein im Jahre 1920.[64] Mit der weltweiten Verbreitung benzinbetriebener Kraftwägen erlebte insbesondere der Treibstoffbedarf einen gewaltigen Anstieg. Die globale Nachfrage nach Ottokraftstoffen stieg von neun Millionen Gallonen 1903 auf 34 Millionen 1909, 119 Millionen 1914 und 199 Millionen im Jahre 1919. Bis 1948 erreichte der Benzinbedarf 4,2 Milliarden Gallonen.[65]

3.1.4 Der Triumph des Verbrennungsmotors

Der Triumphzug des erdölbetriebenen Automobils im 20. Jahrhundert und die damit einhergehende exorbitante Steigerung der Erdölnachfrage war um die Jahrhundertwende keineswegs absehbar und kann als kontingente historische Ereignisverkettung bzw. pfadabhängiger Prozess begriffen werden. Neben Benzinmotoren waren in den Anfangsjahren des modernen Kraftfahrzeugs auch Dampfmaschinen und Elektromotoren für den Antrieb von Automobilen weit verbreitet. W. Brian Arthur führt den Wettstreit zwischen den drei technischen Lösungen in den 1890er und 1900er Jahren als empirisches Fallbeispiel für einen pfadabhängigen Prozess an, in welchem infolge kontingenter Ereignisse eine Technik, nämlich der Verbrennungsmotor, zu einem kritischen Zeitpunkt die Oberhand gewann und sich der eingeschlagene Pfad im weiteren Verlauf verfestigte (*lock-in*).[66]

Der Wettbewerb zwischen dem Erdöl-, Dampf- und Elektroantrieb in der Automobilindustrie lässt sich in drei wesentliche Phasen einteilen: 1) In der Frühphase, die sich von 1885, als Carl Benz das erste moderne Motorfahrzeug vorstellte, bis circa 1905 erstreckte, vermochte kein Antriebstyp eine dominante Stellung einzunehmen. 2) Zwischen 1905 und 1920, als die Massenfertigung von mit Verbrennungsmotoren ausgestatteten Kraftwägen einsetzte, vollzog sich die Etablierung des Benzinmotors als dominante Antriebsmaschine für Straßenfahrzeuge. 3) Ab den 1920er Jahren, nachdem dem Benzinauto der Durchbruch

---

[64] Vgl. Haney, „Petroleum", S. 550.

[65] Vgl. Barker, „The International History of Motor Transport", S. 10. 4,2 Milliarden Gallonen entsprechen circa 15,9 Milliarden Liter oder hundert Millionen Barrel.

[66] Siehe W. Brian Arthur, „Competing Technologies, Increasing Returns, and Lock-In by Historical Events", in: The Economic Journal, Vol. 99, No. 394, March 1989, S. 116–131 (hier 126 f.).

gelungen war und sich die industriellen Forschungs- und Entwicklungsanstrengungen nahezu gänzlich auf den Verbrennungsmotor konzentrierten, konnte das petroleumbetriebene Automobil seine dominante Stellung festigen.[67]

In den 1890er Jahren verzeichnete die Automobilwirtschaft eine rasante Entwicklung. Die Anfangsjahre der Industrie waren von einem Wettstreit zwischen Benzin-, Dampf- und Elektrowägen um Marktanteile geprägt. In Zeitschriften wurde darüber diskutiert, welcher Motortyp sich am besten für den Einsatz in Automobilen eignen würde. Noch um die Jahrhundertwende wiesen Dampf- und Elektromotoren gegenüber dem Benzinantrieb einen technischen Vorsprung auf. Es verwundert daher nicht, dass der US-amerikanische Automobilmarkt zu jener Zeit von den beiden erstgenannten Antriebsarten dominiert war. Im Jahre 1900 wurden in den Vereinigten Staaten 1.681 Dampfautos, 1.575 Elektrowägen und nur 936 Fahrzeuge mit Verbrennungsmotor hergestellt.[68] Den erdölbetriebenen Kraftwägen wurden aufgrund der Explosionsgefahr und dem hohen Geräuschpegel der ersten Benzinmotoren, anfänglichen Bezugsschwierigkeiten von Treibstoffen bestimmter Qualität in ausreichender Menge und der Notwendigkeit der Entwicklung komplexer neuer Bauteile zunächst die geringsten Zukunftschancen eingeräumt.

William Fletcher verfasste ein im Jahre 1904 erschienenes Standardwerk über das Dampfauto, in welchem er die Überlegenheit dieses Fahrzeugtyps gegenüber Benzinwägen gekonnt und durchaus schlüssig darzulegen verstand. Er schrieb: „Every steam carriage which passes along the street justifies the confidence placed in it; and unless the objectionable features of the petrol carriage can be removed, it is bound to be driven from the road, to give place to its less objectionable rival, the steam-driven vehicle of the day."[69] Fletcher beschreibt in seinem Buch mehrere Dutzend Dampfautos von unterschiedlichen Herstellern aus Europa und den Vereinigten Staaten. Folgende Eigenschaften der Dampfmaschine begründeten gemäß Fletchers Ausführungen deren Überlegenheit gegenüber Kraftfahrzeugen mit Verbrennungsmotor: Während der Benzinmotor eine große Geräuschentwicklung und starke Vibrationen erzeuge sowie einen giftigen Rauch ausstoße, sei der Dampfmotor nahezu geräuschlos und weise keinerlei Vibrationen auf. Das manuelle Starten des Verbrennungsmotors erfolgt über die Entzündung von Gas, was

---

[67] Die vorgenommene Einteilung orientiert sich an Robin Cowan und Staffan Hultén, „Escaping Lock-In: The Case of the Electric Vehicle", in: Technological Forecasting and Social Change, Vol. 53, No. 1, September 1996, S. 61–79.

[68] Vgl. Volti, Cars and Culture, S. 7.

[69] William Fletcher, English and American Steam Carriages and Traction Engines, London: Longmans, Green 1904, S. ix.

gewisse technische Kenntnisse und Erfahrung voraussetze und oftmals zu Verletzungen führe. Die Dampfmaschine bedarf hingegen keiner Entzündung; es müsse lediglich Dampf erzeugt werden und Unfälle seien praktisch ausgeschlossen. Die Antriebskraft wird im Benzinmotor durch die Verbrennung eines hochentzündlichen und -explosiven Petroleumgemisches erzeugt, das mancherorten nur schwer erhältlich sei. Für die Dampferzeugung im Dampfmotor werde Paraffin herangezogen. Paraffin sei ein ungefährlicher Stoff, der nicht nur überall erhältlich, sondern auch um ein Vielfaches günstiger als Benzin sei.[70]

Auch die Elektrofahrzeugherstellung erzielte um die Jahrhundertwende bedeutende Fortschritte und wies zu einem bestimmten Zeitpunkt einen technologischen Vorsprung gegenüber erdölbetriebenen Kraftwägen auf. Dank Verbesserungen in der Batterietechnik konnte die Stromspeicherkapazität erheblich vergrößert werden. Während die Akkuleistung in den 1890er Jahren höchstens zehn Kilowattstunden betragen hatte, erreichte sie 1901 bereits 18 Kilowattstunden und 1911 ungefähr 25 Kilowattstunden. Zwar war dies für einen Durchbruch des Elektroautos noch zu wenig, niemand Geringerer als Thomas Edison zeigte sich jedoch von der baldigen Lösung des Problems der begrenzten Stromspeicherkapazität überzeugt.[71] Ein spektakulärer Geschwindigkeitsrekord, den der belgische Konstrukteur und Rennfahrer Camille Jenatzy mit seinem Elektroauto *La Jamais Contente* (Die nie Zufriedene) im April 1899 unweit von Paris aufstellte und damit als erster Mensch überhaupt mit einem Straßenfahrzeug über hundert Kilometer pro Stunde fuhr, galt als eindrucksvolle Bestätigung des hohen technischen Entwicklungsgrades und Zukunftspotenzials des Elektromotors.

Jenatzys Geschwindigkeitsrekord wurde drei Jahre später von einem anderen Autopionier, dem Franzosen Léon Serpollet, gebrochen. Serpollet entwickelte ab 1881 ein fortschrittliches Dampfdreirad und trug mit seinen Erfindungen zu wesentlichen Verbesserungen des Dampfmotors bei. Mit seinem eiförmigen vierrädrigen Dampfwagen *Œuf de Pâques* (Osterei) stellte er im April 1902 in Nizza mit einer Geschwindigkeit von mehr als 120 Kilometer pro Stunde einen neuen Rekord auf. 1898 hatte sich der Amerikaner Frank L. Gardner an Serpollets Unternehmen beteiligt, woraufhin deren für die damalige Zeit äußerst fortschrittlichen Dampfautos unter dem Markennamen Gardner-Serpollet vertrieben wurden. Fletcher lobt auf Basis seiner reichen technischen Expertise den französischen Dampfwagen in höchsten Tönen:

---

[70] Siehe ebd., S. 92 f.

[71] Für die Angaben über die Akkuleistung und Edisons Einschätzung siehe Cowan und Hultén, „Escaping Lock-In", S. 62 ff.

The Gardner-Serpollet steam carriage is a very efficient machine. It is much nearer perfection than some other automobiles. The makers have repeatedly convinced the most prejudiced supporters of the petrol system that by their noiselessness in running, simplicity in structure, and freedom from vibration and smell they are immeasurably superior to even the best of the petrol cars. In fact, these superb carriages have all the good points of vehicles driven by electricity, without the disadvantage of a short-running radius, the inconvenience of perpetual recharging, and the expense of battery maintenance.[72]

Als weiteren bedeutenden Vorteil des Dampfautos aus dem Hause Gardner-Serpollet führt Fletcher dessen niedrige Betriebskosten an. Das preisgünstige Paraffin könne darüber hinaus problemlos allerorts bezogen werden. Fletcher zeigte sich zu Beginn des neuen Jahrhunderts von der technischen Überlegenheit des Dampfmotors gegenüber seinen Konkurrenten überzeugt. Der Dampfwagen „can be driven with the greatest comfort in the slowest London traffic, without the attendant noise, vibration, and odour invariably associated with petrol cars."[73] Nachdem Serpollets Geschwindigkeitsrekord aus dem Jahre 1902 von mehreren benzinbetriebenen Kraftwägen gebrochen wurde, stellte 1906 ein Dampfrennauto namens *Stanley Rocket Racer* des US-amerikanischen Herstellers Stanley Steamer bei Daytona Beach, Florida mit über 200 Kilometer pro Stunde einen neuen Rekord auf.[74]

Wie zahlreiche historische Fakten belegen und aus den Ausführungen von sachkundigen Zeitzeugen hervorgeht, handelte es sich bei den Elektro- und Dampfwägen des frühen 20. Jahrhunderts um überaus fortschrittliche und kompetitive technische Produkte, die offenkundig zu gewissen Zeitpunkten dem Benzinkraftwagen in ihrer Entwicklung überlegen waren. Dies wirft die Frage auf, warum der Wettstreit zwischen den drei Motorarten ausgerechnet zugunsten des mit Erdölderivaten betriebenen Verbrennungsmotors ausgegangen ist. Warum konnten sich Elektromotoren und Dampfmaschinen in der Automobilindustrie nicht durchsetzen? Das Konzept der Pfadabhängigkeit lehrt uns, dass sich verfestigende Pfade oftmals in kleinen, scheinbar unbedeutenden oder zufälligen Ereignissen ihren Ausgang nehmen. Im Anfangsstadium von technischen Neuentwicklungen herrscht ein Informationsdefizit über den möglichen weiteren Entwicklungsverlauf und das Zukunftspotenzial der Innovation vor. Aufgrund dieser

---

[72] Fletcher, English and American Steam Carriages and Traction Engines, S. 115.

[73] Ebd., S. 119.

[74] Der Rekord von Fred Marriott hielt nur ein paar Jahre. Rennwägen mit Verbrennungsmotoren erreichten bald noch höhere Geschwindigkeiten, die von keinem Dampf- oder Elektroauto mehr übertrumpft wurden.

Ungewissheit sind es kontingente Vorstellungen, Erwartungen und Verhaltensmuster, die wesentlich mitbestimmen, welcher Pfad eingeschlagen wird.[75] Laut Arthur war es eine Reihe „trivialer Umstände", die einige wichtige Kraftwagen- und Motorenentwickler dazu bewogen, auf Benzin als Automobiltreibstoff zu setzen und die dadurch den Pfad in der Fahrzeugindustrie vorgaben.[76]

Frühe Unfälle, verursacht durch die Explosion von Dampfkesseln, hatten den Gesetzgeber in Großbritannien zur Verbannung von Dampfautos von den Straßen veranlasst, was die Weiterentwicklung des Dampfkraftwagens in der zweiten Hälfte des 19. Jahrhunderts maßgeblich behinderte.[77] „Kurzsichtige Gesetze" hätten laut Fletcher die Dampffahrzeugindustrie in ihrer Anfangsphase schwer belastet. Nicht näher benannte einflussreiche Personen „did their utmost to put a stop to steam locomotion on the highway, and in many cases succeeded in their design. The passenger carriages were driven off the roads by the Road Commissioners, who obtained Acts of Parliament allowing them to levy prohibitive tolls upon steam vehicles passing through the toll-gates."[78]

Für die Elektrowagenindustrie erwies sich die Stromspeicherkapazität der eingebauten Batterien und damit die Leistungsfähigkeit und Reichweite elektrischer Automobile als Existenzfrage. Unter der Voraussetzung bedeutender weiterer Fortschritte in der Batterieentwicklung, wie seinerzeit etwa von Edison prophezeit, schien einem Durchbruch des Elektrofahrzeugs nichts mehr im Weg zu stehen. Es sollte jedoch anders kommen. Die Markteinführung der Anlasser-, Licht- und Zündungsbatterie, die im allgemeinen Sprachgebrauch heute schlicht als Autobatterie bezeichnet wird, und deren Einsatz im Benzinwagen, dessen Absatzzahlen zur selben Zeit rasant zu steigen begannen, bewirkten eine grundlegende Veränderung in der Batterienachfrage. Dem schnellen Geld nicht abgeneigt,

---

[75] Vgl. Douglas J. Puffert, „Path Dependence, Network Form, and Technological Change", in: Timothy W. Guinnane, William A. Sundstrom und Warren Whatley (Hrsg.), History Matters: Essays on Economic Growth, Technology, and Demographic Change, Stanford: Stanford University Press 2004, S. 63–95 (hier 72).

[76] Vgl. Arthur, „Competing Technologies, Increasing Returns, and Lock-In by Historical Events", S. 127.

[77] Als infolge einer Kesselexplosion 1840 fünf Insassen eines Dampfbusses getötet und 20 weitere verletzt wurden, erließ die britische Regierung Rechtsvorschriften, welche die Benutzung von Dampffahrzeugen deutlich einschränkten. Siehe Cowan und Hultén, „Escaping Lock-In", S. 63.

[78] Fletcher, English and American Steam Carriages and Traction Engines, S. viii. Als konkretes Beispiel nennt Fletcher einen britischen Hersteller aus Birmingham, der 1881 ein voll funktionsfähiges und sicheres Dampfauto konstruiert hatte, die Weiterentwicklung seines Wagens aufgrund der prohibitiven Gesetzesbestimmungen jedoch einstellen musste. Siehe ebd., S. 54 f.

reagierten die profitorientierten Akkuerzeuger sofort auf die veränderte Marktsituation und räumten der Herstellung des neuen, ertragreichen Batterietyps Priorität ein. Die Verbesserung der Speicherleistung rückte zugunsten der Massenproduktion der vergleichsweise kapazitätsschwachen Starterbatterie zusehends in den Hintergrund. Auch die Forschungs- und Entwicklungsanstrengungen wurden zunehmend der umsatzstärksten Produktgruppe gewidmet. Der technische Fortschritt in der Erhöhung der Batteriekapazität kam in weiterer Folge für viele Jahrzehnte zum Stillstand, wodurch das Elektroauto seine Konkurrenzfähigkeit verlor.[79]

Die Etablierung des Verbrennungsmotors in der Automobilindustrie erfolgte mit der Massenproduktion von erdölbetriebenen Kraftwägen zu Beginn des neuen Jahrhunderts. Namhafte Benzinautohersteller setzten gezielt auf Serienfertigung, um preisgünstige Fahrzeuge für die breite Masse auf den Markt bringen zu können. Die führenden Erzeuger von Dampf- und Elektrowägen verfolgten hingegen eine andere Strategie. Die Gebrüder Stanley, die zu jener Zeit nach verbreiteter Überzeugung die besten Dampffahrzeuge konstruierten, zeigten wenig Interesse an der Massenfertigung ihrer Gefährte. Sie bevorzugten den Verkauf von exklusiven Stückzahlen ihrer hochwertigen und innovativen Motorwägen an finanzkräftige Liebhaber, welche die technische Überlegenheit des Stanley-Dampfmobils gegenüber den anderen Automodellen auf dem Markt zu schätzen wussten.[80]

Ford erhob im Gegensatz dazu den Anspruch, einen Kraftwagen herzustellen, der für praktisch jeden erschwinglich ist. Während die Gebrüder Stanley bedingt durch ihre Vermarktungsstrategie nicht mehr als 600 bis 700 Fahrzeuge pro Jahr verkauften, produzierte Ford dank einer perfektionierten Fließbandfertigung bis 1927 rund 15 Millionen Stück seines mit einem Benzinmotor ausgestatteten *Modells T*.[81] E. Wayne Nafziger ist der Überzeugung, das Dampfauto aus dem Hause Stanley „failed not because of inferiority to the internal combustion engine

---

[79] Vgl. Cowan und Hultén, „Escaping Lock-In", S. 62.

[80] Vgl. Robert Pool, „How Society Shapes Technology", in: Montserrat Ginés Gibert (Hrsg.), The Meaning of Technology, Barcelona: Edicions UPC 2003, S. 209–214 (hier 210).

[81] Vgl. Conlin, The American Past, S. 637. Im Mai 1927 hatte das *Modell T* das Ende seines Lebenszyklus erreicht, woraufhin die Produktion eingestellt wurde. Die Gebrüder Stanley setzten keine Marketingaktivitäten und lehnten es ab, entsprechende Vertriebsstrukturen für den Verkauf ihrer Fahrzeuge aufzubauen. Ford trat mit seinem benzinbetriebenen *Modell T* hingegen aggressiv auf dem Markt auf. Durch regelmäßige Preissenkungen konnte der Absatz kontinuierlich gesteigert werden. Für den Vertrieb seiner Fabrikate eröffnete Ford Autohäuser im ganzen Land. 1926 bestanden bereits 9.800 Verkaufsniederlassungen in den Vereinigten Staaten. Siehe James J. Flink, The Automobile Age, Cambridge, MA: The MIT Press 1988, S. 230.

but because the Stanley brothers did not mass produce."[82] Es seien also nicht technische Faktoren gewesen, die dem Verbrennungsmotor zu seinem Triumph verhalfen, sondern vielmehr die gewählten Produktions- und Vermarktungsstrategien namhafter Hersteller von Benzin- und Dampffahrzeugen. Andrew Jamison vertritt sonach die Auffassung, dass das dem benzinbetriebenen Motorwagen keineswegs unterlege Dampfauto bei genauer Betrachtung Opfer eines historischen Zufalls wurde.[83]

Bis 1920 hat sich der erdölbetriebene Verbrennungsmotor gegenüber der Dampfmaschine endgültig durchgesetzt. Ob letztere bei gleichem Ressourceneinsatz und Entwicklungsaufwand die bessere Lösung gewesen wäre, ist Gegenstand anhaltender Diskussionen unter Technikern.[84] Der Wettstreit zwischen den drei Antriebstypen wurde durch eine Reihe kontingenter Ereignisse in kritischen Zeitphasen zugunsten des Benzinmotors entschieden. In der dritten Phase des Pfadprozesses ab den 1920er Jahren fand infolge positiver Rückkoppelungsmechanismen eine Verankerung des eingeschlagenen Pfades statt. Die Automobilindustrie begann nach der Festlegung auf den Verbrennungsmotor ihre Forschungs- und Entwicklungsgelder mehr oder minder exklusiv diesem Motortyp zu widmen und begründete damit einen globalen Standard. Die steigenden Verkaufszahlen von Benzinautos schufen Anreize für den Ausbau der verbundenen Infrastruktur, was wiederum noch mehr Nutzer anlockte und der Prozess dadurch eine selbstverstärkende Wirkung erzeugte.[85] Mit den Millionen Benzin- und Dieselfahrzeugen auf den Straßen kam es zu einer gewaltigen Expansion der Erdölraffinationswirtschaft und es entstand ein nahezu weltumspannendes Tankstellennetz zur Wiederbefüllung leerer Kraftstofftanks mit veredelten Mineralölprodukten.

Auch die fachliche Ausbildung in der Kraftfahrzeugtechnik sowohl in den Werkstätten als auch an den Hochschulen konnte sich der Vormachtstellung der Benzin- und Dieselmotoren nicht verschließen und half durch entsprechende Ausrichtung der Praxisschulung bzw. des Curriculums, den gewählten Pfad zu festigen. Das Gros der Autowerkstätten eignete sich einschlägige Expertise in der Reparatur und Wartung von treibstoffbetriebenen Kraftwägen an, wodurch

---

[82] E. Wayne Nafziger, Economic Development, 5. Auflage, Cambridge: Cambridge University Press 2012, S. 384.

[83] Vgl. Andrew Jamison, The Steam-Powered Automobile: An Answer to Air Pollution, Bloomington: Indiana University Press 1970, S. 41 ff.

[84] Vgl. Arthur, „Competing Technologies, Increasing Returns, and Lock-In by Historical Events", S. 127.

[85] Siehe dazu Pierson, „Increasing Returns, Path Dependence, and the Study of Politics", S. 254.

die Käufer solcher Fahrzeuge von einer großen Auswahl kompetenter Serviceeinrichtungen profitierten. Während die Nutzer von Benzinautos bald eine flächendeckende, funktionierende Komplementärinfrastruktur vorfanden, die einen mühelosen Betrieb ihres Automobils gewährleistete, gestaltete sich das Fahren von Dampf- oder Elektrowägen infolge insuffizienter Begleitstrukturen zusehends schwieriger.

Positive Netzwerkexternalitäten erhöhten die Attraktivität von Automobilen mit Verbrennungsmotor beträchtlich und trugen damit wesentlich zur Selbstverstärkung des Pfades bei. Es entwickelte sich eine regelrechte Automobilkultur und das erdölbetriebene Privatkraftfahrzeug wurde zum Symbol des westlichen Lebensstils. Die beschriebenen selbstverstärkenden Prozesse führten zu einer Konsolidierung des eingeschlagenen Pfades, der sich im weiteren Zeitverlauf kaum noch umkehren ließ. Wie die Ausführungen nahelegen, weist die historische Durchsetzung des Verbrennungsmotors gegen die alternativen Antriebstechniken Dampf- und Elektrokraft deutliche Charakteristika eines pfadabhängigen Prozessverlaufs auf. Die von Arthur als grundlegend definierten Merkmale von Pfadabhängigkeit können als gegeben betrachtet werden:

Unvorhersehbarkeit: Das Ergebnis des Prozesses war nicht bereits in den Ausgangsbedingungen festgelegt. Der Dampfwagen und das Elektroauto galten zu unterschiedlichen Zeitpunkten als die besseren und zukunftsträchtigeren technischen Lösungen. Die Phase der Pfadausbildung war von Ergebnisoffenheit gekennzeichnet.

Inflexibilität: Nachdem sich die Autoindustrie auf einen Motortyp festgelegt hatte, wirkten die Konzentration der Ressourcen auf den Verbrennungsmotor und positive Netzwerkexternalitäten selbstverstärkend. Im weiteren Pfadverlauf hat sich die getroffene Entscheidung aufgrund der Wirkkraft des *lock-in* so weit verfestigt, dass ein Verlassen des Pfades immer schwieriger und unwahrscheinlicher wurde.

Nonergodizität: Kontingente Ereignis- bzw. Entscheidungskonstellationen zu kritischen Zeitpunkten – eine Kesselexplosion führte zur Erlassung von Rechtsvorschriften, die über Jahrzehnte die Weiterentwicklung der Dampfmaschine bremsten; die gewinngetriebene Priorisierung der Starterbatterie konterkarierte den erwarteten Durchbruch des Elektroautos; die gewählten Produktions- und Vermarktungsstrategien unterschiedlicher Autoerzeuger legten ohne deren Wissen die Industrie auf einen bestimmten Pfad fest – determinierten die Ausbildung des Pfadprozesses und wirkten damit weit in die Zukunft.

Potenzielle Ineffizienz: Die Festlegung auf die Verbrennungskraftmaschine war unter Umständen nicht die beste „Lösung". Benzin- und Dieselmotoren belasten durch ihre CO_2- und Stickoxid-Emissionen das Weltklima und tragen substanziell zur Abhängigkeit von Erdöl(einfuhren) bei. Die Optimalität der Pfadentscheidung darf in Zweifel gezogen werden.

Der Triumph des Verbrennungsmotors in der rasant wachsenden Automobilindustrie bedeutete gleichzeitig eine gewaltige Nachfragesteigerung nach Erdölkraftstoffen aufgrund deren Eigenschaft als Komplementärgüter zu den Motorwägen. Insofern sollte der Pfad des aufstrebenden Automobilsektors maßgeblich die weitere Entwicklung der Mineralölindustrie prägen. Der flächendeckende Einsatz der Verbrennungskraftmaschine in der motorisierten Fortbewegung auf Land (sowie auf Wasser und in der Luft) sicherte der Erdölwirtschaft einen nachhaltigen und zukunftsträchtigen Absatzmarkt und ebnete gleichzeitig den Weg für die künftigen Abhängigkeitsstrukturen der Ölimportnationen.

3.2 Die Expansion der Ölförderung und die Konstituierung der multinationalen Erdölkonzerne

3.2.1 Kalifornien, Oklahoma, Texas: Beginn des US-amerikanischen Förderbooms

Der im neuen Jahrhundert einsetzende Prozess der modernen Motorisierung wurde von einer persistenten Sorge um die zukünftige Treibstoffversorgung begleitet, die angesichts der atemberaubenden Nachfragesteigerung in jenen Jahren nicht gesichert schien. 1914 konnte aufgrund der in der damaligen Zeit technisch noch wenig ausgereiften Veredelungsprozesse von einem Barrel Rohöl lediglich ein Sechstel in Benzin umgewandelt werden. Mit der Entwicklung neuer Methoden in der Erdölraffination wurde der Wirkungsgrad bis Mitte der 1930er Jahre auf rund 35 Prozent und in den 1950er Jahren auf 45 Prozent erhöht.[86] Die beiden Chemiker William M. Burton und Robert E. Humphrey des US-Ölkonzerns Standard Oil of Indiana waren frühe Pioniere bei der Erfindung von thermischen Crackverfahren, die ab 1913 wesentlich zur Befriedigung des wachsenden Treibstoffbedarfs beigetragen haben.[87] Neben dieser chemischen Innovation bedurfte es allerdings auch der Aufspürung neuer Ölfelder.

---

[86] Vgl. Clark, The Oil Century, S. 126.

[87] Vgl. Harold H. Schobert, Chemistry of Fossil Fuels and Biofuels, Cambridge: Cambridge University Press 2013, S. 281 ff. Beim thermischen Cracken werden durch Erhitzung die Kohlenwasserstoffmoleküle gespalten, wodurch kleinere Kohlenwasserstoffketten entstehen. Die meisten thermischen Crackverfahren wurden beginnend in den 1940er Jahren durch das katalytische Cracken, das mit niedrigeren Temperaturen und geringerem Druck auskommt, jedoch den Einsatz eines Katalysators erfordert, abgelöst. Durch das katalytische Cracken ließen sich leistungsfähigere Kraftstoffe mit einer höheren Oktanzahl, die sich insbesondere für den Einsatz in Flugzeugmotoren eigneten, herstellen.

Die Erdölindustrie stand zu Beginn des Jahrhunderts vor der Herausforderung, den durch die zunehmende Motorisierung der Welt rapide steigenden Bedarf an Mineralölprodukten durch die Erschließung neuer Förderquellen zu stillen. Dies traf insbesondere auf den amerikanischen Kontinent zu, dessen größte Öllagerstätte in der zentralen Appalachen-Region gegen Ende des Jahrhunderts deutliche Ermüdungserscheinungen zeigte.

Nach weit verbreiteter Einschätzung war es gegen Ende des 19. Jahrhunderts um die zukünftige Erdölversorgung nicht gut bestellt. Laut dem staatlichen Geologen Pennsylvanias handelte es sich bei dem gerade erst begonnenen Erdölzeitalter um ein vorübergehendes Phänomen mit absehbarem Ende.[88] Kaum jemand konnte sich damals vorstellen, dass außerhalb der bereits bekannten Fördergebiete in den Appalachen und im Grenzland von Ohio und Indiana üppige Erdölreservoire auf ihre Entdeckung warten würden. Obschon kleinere Mengen Rohöl auch in Kentucky und Kalifornien gefördert wurden, bezifferte ein Experte die Wahrscheinlichkeit eines weiteren Öljackpots auf eins zu hundert.[89] In fester Überzeugung, dass keine großen Vorkommen mehr gefunden werden könnten, verkündete der einflussreiche Direktor und spätere Präsident der mächtigen amerikanischen Standard Oil Company, John D. Archbold, im Jahre 1885 selbstgewiss: „I'll drink every gallon produced west of the Mississippi!"[90]

Ein paar Jahre nachdem Archbold diese Worte gesprochen hatte, wurde eine Reihe von spektakulären Ölfunden in den unterschiedlichsten Gegenden des amerikanischen Kontinents bekannt. 1889 wurde in Illinois das erste kommerzielle Ölfeld entwickelt. Der Gliedstaat konnte im Anschluss daran seinen Output auf respektable 33 Millionen Barrel im Jahre 1910 steigern.[91] Das „Land of Lincoln" liegt östlich des Mississippi River. Es kann davon ausgegangen werden, dass Archbold diese Tatsache damals wohlwollend zur Kenntnis nahm. Die Genugtuung darüber konnte jedoch nur kurz währen.

Spätestens Anfang der 1890er Jahre ließ sich infolge beträchtlicher Funde im äußersten Südwesten der Staaten die These des Endes des Erdölzeitalters nicht länger aufrechterhalten. In Kalifornien brach ein regelrechter Ölrausch aus. In der Dekade zwischen 1890 und 1900 erhöhte sich der jährliche kalifornische

---

[88] Vgl. Yergin, The Prize, S. 52.

[89] Vgl. Ron Chernow, Titan: The Life of John D. Rockefeller, Sr., 2. Auflage, New York: Vintage Books 2004, S. 283.

[90] Dieses Zitat ist in zahlreichen Erzählungen über die Erdölgeschichte und die Entstehung von Standard Oil abgedruckt. Siehe unter anderem ebd., S. 283; und Yergin, The Prize, S. 52.

[91] Vgl. Keith L. Miller, „Petroleum and Profits in the Prairie State, 1889–1980: Straws in the Cider Barrel", in: Illinois Historical Journal, Vol. 77, No. 3, Autumn 1984, S. 162–176 (hier 163 f.).

Erdöloutput von 307.000 auf circa 4,3 Millionen Barrel. Enorme Produktionssteigerungen am Kern River und in Coalinga im San Joaquin Valley sowie in
Santa Maria unweit der Küste katapultierten den Output anschließend innerhalb
von lediglich drei Jahren auf über 24 Millionen Barrel, womit Kalifornien 1903
zur führenden Förderregion in den Vereinigten Staaten aufstieg. Zwei Jahrzehnte
später betrug die kalifornische Jahresproduktion nach der Erschließung einiger
großer Lagerstätten im Los Angeles-Becken bereits knapp 263 Millionen Barrel. Trotz der außergewöhnlichen Steigerung der Fördermenge musste Kalifornien
seine Stellung als größter Ölproduzent des Landes im Jahre 1927 an Oklahoma
abgeben.[92]

Die erste kommerziell erfolgreiche Ölbohrung in Oklahoma wurde 1896 in der
Nähe von Bartlesville rund 75 Kilometer nördlich von Tulsa durchgeführt. 1905
lösten die beiden Wildcatter Robert Galbreath und Frank Chesley mit der Entdeckung eines riesigen Ölfeldes 20 Kilometer südlich von Tulsa, das als „Glenn
Pool" Eingang in die Geschichtsschreibung fand, einen veritablen Ölboom in der
Region aus. Nachdem die Meldung des Gushers[93] bekannt wurde, strömten wie
zu den Zeiten von Drake Menschenhorden aus den unterschiedlichsten Gegenden
Amerikas in das imaginierte Eldorado. Sie alle waren von der Hoffnung begleitet, an dem großen Aufschwung teilzuhaben. Als Oklahoma im November 1907
als 46. Staat in die amerikanische Föderation aufgenommen wurde, stieg es dank
seiner ergiebigen Quellen kurzzeitig zu Amerikas größtem Produktionsgebiet auf.
Die bedeutenden Ölfunde erzeugten einen wesentlichen Impuls zur Erlangung des

---

[92] Die Angaben im gesamten Absatz stammen aus Gerald T. White, „California's Other
Mineral", in: Pacific Historical Review, Vol. 39, No. 2, May 1970, S. 135–154 (hier 138).
Kalifornien hatte 1923 Oklahoma als größten Förderstaat abgelöst und dadurch seine Stellung
als Amerikas outputstärkstes Land, die es anschließend für vier Jahre innehatte, rückerobert.

[93] Als Gusher wird in der Ölindustrie der unkontrollierte Ausbruch von Rohöl (bzw. Erdgas)
aus einem Bohrloch bezeichnet. Dieses Phänomen war in der frühen Phase der modernen
Erdölgeschichte bei Durchbrechung der Gesteinsschicht oberhalb einer unter hohem Druck
stehenden Öllagerstätte zu beobachten. Das an die Oberfläche dringende Erdöl schießt dabei
in die Luft und bildet ähnlich einem Geysir eine mitunter einige Dutzend Meter
überragende Fontäne. Der Austritt von vielen Tausend Barrel, bis das Bohrloch unter Kontrolle
gebracht werden konnte, war nicht unüblich. Seit den 1920er Jahren helfen Druckregelungs-
systeme bei der Unterbindung von unkontrollierten Ausbrüchen von Erdöl und Erdgas. Die
Begriffe „blowout" oder „wild well" werden als synonyme Bezeichnungen für einen Gusher
verwendet.

Status als eigenständiger US-Gliedstaat.[94] Im Jahre 1927 erreichte Oklahomas Erdöloutput mit 278 Millionen Barrel einen historischen Höchststand.[95]
Der erste ökonomisch relevante Ölfund in Texas begab sich zufällig und ohne diesem Ereignis große Aufmerksamkeit zu schenken. Als im Juni 1894 aus einem Bohrloch in Corsicana südlich von Dallas Rohöl strömte, wurde das Auftreten der schwarzen Flüssigkeit – wie so oft in den Jahrzehnten zuvor – mit Argwohn beobachtet, verunreinigte sie doch die Wasserquelle, deren Erschließung die Bohrung eigentlich gegolten hatte. Die für die Bohrung verantwortliche örtliche Wassergesellschaft wusste mit dem Öl nichts anzufangen. Lokale Geschäftsleute entschlossen sich jedoch dazu, die Qualität der bituminösen Substanz in Pennsylvania untersuchen zu lassen. Die Laboranalyse war vielversprechend, woraufhin die Gründung der Corsicana Oil Development Company erfolgte und unter Zuhilfenahme von pennsylvanischem Know-how weitere Ölbohrungen in der Region durchgeführt wurden. Auch wenn der erhoffte Megafund inklusive landesweitem Ölrausch ausblieb, erreichte der Jahresoutput 1897 aus 43 Bohrlöchern immerhin annähernd 66.000 Barrel.[96]
Einige Jahre sollten noch vergehen bis zum großen Durchbruch in Texas. Letzterer ereignete sich auf einem kleinen Hügel zwischen Beaumont und Port Arthur im Osten des Landes, der sich nicht mehr als drei bis vier Meter über die flache Küstenlandschaft erhebt und den Namen Spindletop trägt. Ein aus der Region stammender selbsterlernter Geologe namens Patillo Higgins glaubte konsequent an die Existenz eines Ölfeldes unterhalb des Spindletop-Salzdoms. Trotz einiger Jahre erfolgloser Probebohrungen in den 1890er Jahren hielt Higgins an seiner Überzeugung fest und konnte einen professionellen Partner für sein Vorhaben gewinnen: Anthony Γ. Lucas, geboren als Antun Lučić in Split, war ein an der Technischen Hochschule Graz ausgebildeter Bergbauingenieur, der vor seiner Emigration in die Vereinigten Staaten 1879 im Dienste der österreichisch-ungarischen Marine gestanden war und sich später in Louisiana mit der Erkundung von Salzstöcken beschäftigt hatte.
Lucas begann im Juni 1899 auf Spindletop Hill nach Öl zu bohren.[97] Das Unterfangen entpuppte sich als überaus beschwerlich. Insbesondere der Treibsand

---

[94] Vgl. Dan T. Boyd, „Oklahoma Oil: Past, Present, and Future", in: Oklahoma Geology Notes, Vol. 62, No. 3, Fall 2002, S. 97–106 (hier 98).

[95] Vgl. ebd., S. 98 und 100.

[96] Vgl. Diana Davids Olien und Roger M. Olien, Oil in Texas: The Gusher Age, 1895–1945, Austin: University of Texas Press 2002, S. 4 f.

[97] Lucas brachte das notwendige Kapital ein und pachtete gemeinsam mit Higgins 270 Hektar Land. Higgins erhielt in Anerkennung seiner Idee und den von ihm geleisteten Vorarbeiten ein Zehntel der Anteile an dem Projekt. Siehe ebd., S. 28 f.

auf dem flachen Hügel und die tiefe Lage der das vermutete Reservoir schützenden Gesteinsschicht machten der Bohrmannschaft zu schaffen. Nach einigen Monaten bewogen technische Schwierigkeiten und Kapitalmangel Lucas dazu, die versierten Ölunternehmer James M. Guffey und John H. Galey aus Pittsburgh an Bord zu holen und mit deren finanzieller Unterstützung und wertvollem Knowhow die Bohrungen fortzuführen.[98] Guffey und Galey, die bereits an den großen Funden im kalifornischen Coalinga beteiligt gewesen waren, übernahmen den Löwenanteil an dem Venture. Für Lucas blieb lediglich ein Achtel der Anteile und für Higgins, auf dessen prophetischen Spürsinn und visionäre Beharrlichkeit die Erschließung von Spindletop zurückging, war gar kein Platz in dem neuen Arrangement.

Die neue Crew setzte unter Einsatz moderner Bohrtechniken die Arbeit unverzüglich fort. Am 10. Jänner 1901 erreichte das Bohrteam eine Tiefe von gut 300 Meter, als ein gewaltiger Gusher ausbrach. Der enorme Druck schleuderte selbst das bis an den Grund reichende und mehrere Tonnen schwere Bohrgestänge aus dem Bohrloch. Wie historische Bildaufnahmen des berühmten Lucas-Gushers belegen, ragte der Ölgeysir mindestens 30 Meter über den Bohrturm, der eine Höhe von 25 Meter aufwies. Bis zu 100.000 Barrel Rohöl pro Tag sind laut Schätzungen aus dem Bohrloch ausgetreten und haben rund um die Bohrstelle einen großen Ölsee gebildet. Erst nach neun Tagen konnte der Gusher unter Kontrolle gebracht werden.[99] Lucas' Sensationsfund löste einen landesweiten Ölrausch aus, der an Pithole und andere Orte in den frühen Zeiten in Pennsylvania erinnerte.[100] Die folgenden Ausführungen von Ruth S. Knowles vermitteln einen Eindruck von der groteske Blüten treibenden Goldgräberstimmung jener Tage in der Region um Spindletop:

> In the oil-boom lunacy no real work was needed to make incredible profits. A St. Louis *Post-Dispatch* reporter, stepping off the train into the Beaumont madhouse, was offered a lease for $1,000. He laughingly refused, but a St. Louis man in back of him bought it. Two hours later he sold it to someone else for $5,000, only to see it sold

---

[98] Die finanziellen Mittel kamen in erster Linie von dem wohlhabenden Pittsburgher Bankier und späteren US-Finanzminister Andrew W. Mellon, der 300.000 Dollar zur Verfügung stellte. Siehe Joe B. Frantz, Texas: A History, New York: W. W. Norton 1984, S. xv.

[99] Vgl. Boyce House, „Spindletop", in: Southwestern Historical Quarterly, Vol. 50, No. 1, July 1946, S. 36–43 (hier 40). Die Schätzungen über die täglich emporgekommene Rohölmenge gehen weit auseinander. Die angegebene Bandbreite in der Literatur reicht von rund 30.000 bis 100.000 Fass, wobei die Obergrenze am häufigsten genannt wird.

[100] Die fieberhafte Suche nach weiteren Ölquellen beschränkte sich nicht ausschließlich auf Texas. Rund neun Monate nach Spindletop wurde der erste Gusher in Louisiana gebohrt. Das Jennings-Ölfeld war der erste große Fund in dem südlichen Teilstaat.

almost immediately for $20,000. [...] When the Beaumont boom was at its peak an acre of land [4.047 Quadratmeter, A.S.] was sold for $1 million and none for less than $200,000. Within a year the land at Spindletop was assessed at $100 million and the capitalization of the oil companies in the field had reached $200 million.[101]

Die Bevölkerung von Beaumont wuchs innerhalb von nur zwei Jahren von 9.000 auf über 50.000 Einwohner. Binnen eines Jahres wurden mehr als 400 Bohrungen durchgeführt und zwischen 500 und 600 Ölgesellschaften nahmen ihre Tätigkeit auf.[102] Bald war der Hügel von einer Unzahl an Bohrtürmen übersät und ein Gusher nach dem anderen schoss an die Oberfläche. Im Zeitraum von nur zweieinhalb Jahren, als die Förderung auf Spindletop Hill 1903 ihren Höhepunkt erreichte, übertraf der texanische Öloutput die Marke von 20 Millionen Barrel und der Ölpreis stürzte auf ein historisches Tief von nur fünf Cent pro Fass ab.[103] Durch die vielen Bohrungen auf kleinstem Raum wurde der Gasdruck der Lagerstätte innerhalb kurzer Zeit vollständig freigelassen, woraufhin dieser bald zu schwach war, um noch große Mengen Rohöl an die Oberfläche zu befördern. Millionen von Barrel verblieben dadurch im Erdreich und konnten nicht gewonnen werden. Aufgrund der exzessiven Förderung kam der Spuk von Spindletop, der infolge der mit dem Boom einhergehenden Betrügereien und der vielen unerfüllten Träume auch „Swindletop" genannt wurde, nach wenigen Jahren zu einem Ende.

Trotz seiner Kurzlebigkeit und großer Enttäuschungen war Spindletop zweifelsohne einer der wichtigsten Funde in der Geschichte der Erdölindustrie. Von ihm gingen maßgebliche Stimuli für die weitere Entwicklung der internationalen Mineralölwirtschaft aus. James Guffey hat im Mai 1901 seine Partner Galey und Lucas aus der gemeinsamen Unternehmung ausbezahlt und die Guffey Petroleum Company gebildet, an der sich Andrew Mellon, dessen Bruder Richard und deren Pittsburgher Partner mit rund der Hälfte der Anteile beteiligten. Die neue Gesellschaft baute eine Pipeline nach Port Arthur, wo sie außerdem Lagerkapazitäten und eine Raffinerie errichtete. Als die Fördermenge der Ölquellen von Spindletop nachzulassen begann, übernahmen die Mellons im Jahre 1906 Guffeys Anteile und übertrugen die operative Leitung des Unternehmens an ihren Neffen William L. Mellon, dem das Erdölbusiness vertraut gewesen war. Im Jänner 1907 ging daraus die mächtige Gulf Oil Corporation hervor.

---

[101] Ruth Sheldon Knowles, The Greatest Gamblers: The Epic of American Oil Exploration, 2. Auflage, Norman: University of Oklahoma Press 1978, S. 35 f.

[102] Vgl. Frantz, Texas, S. xv.

[103] Vgl. George B. Barbour, „Texas Oil", in: Geographical Journal, Vol. 100, No. 4, October 1942, S. 145–155 (hier 146).

Auch die Geschichte eines zweiten Ölmajors, der wie Gulf Oil die globale Mineralölindustrie nachhaltig prägen sollte, nahm in Spindletop ihren Ausgang: die 1901 gegründete Texas Company, die später unter dem Namen TEXACO zu einem der weltweit größten Ölmultis aufstieg. Der von Spindletop ausgelöste Impetus verwandelte Port Arthur von einem Dorf im texanischen Sumpfgebiet in eines der weltgrößten Raffineriezentren und hat beträchtlich zur Entwicklung von Houston zu einer Metropole im Süden der USA und zu einem der größten Häfen der Welt beigetragen.[104] Der Lucas-Gusher 1901 bildete den Grundstein für den Aufstieg von Texas zum größten Fördergebiet der Vereinigten Staaten und zum Zentrum der amerikanischen Erdölindustrie.

Nach einer Reihe großer Entdeckungen in nahezu allen Teilen des Landes ist die texanische Ölfördermenge bis Ende der 1920er auf annähernd 300 Millionen Barrel pro Jahr gewachsen und Texas damit zum größten Produzenten in den Vereinigten Staaten aufgestiegen.[105] Im Oktober 1930 hat der selbsterlernte Ölbohrer Columbus M. „Dad" Joiner in Rusk County im Osten von Texas das gigantische East Texas-Ölfeld gefunden.[106] Es handelte sich dabei um die bis dahin größte jemals entdeckte Erdöllagerstätte. Der Output des Feldes erreichte im August 1931 mit über einer Million Barrel pro Tag marktzerstörerische Dimensionen, woraufhin sich der texanische Gouverneur Ross S. Sterling dazu veranlasst sah, unter Ausrufung des Kriegsrechts Truppen nach Rusk County zu entsenden und alle Bohrlöcher vorübergehend schließen zu lassen.[107]

Nicht zuletzt aufgrund dieses und zahlreicher weiterer bedeutender Funde eroberte Texas bis Ende der 1930er Jahre eine zentrale Stellung in der US-Erdölindustrie und auf der Welt. Im Jahre des Kriegsausbruchs 1939 betrug der Anteil der texanischen Ölförderung am gesamten US-amerikanischen Output

---

[104] Vgl. House, „Spindletop", S. 42.

[105] Für einen kompakten Überblick über die Entstehung und dynamische Entwicklung der texanischen Ölindustrie bis Mitte der 1940er Jahre siehe C. A. Warner, „Texas and the Oil Industry", in: Southwestern Historical Quarterly, Vol. 50, No. 1, July 1946, S. 1–24.

[106] Joiner wurde der Beiname „Dad" verliehen, weil er als „Vater" des East Texas-Ölfeldes gilt. Trotz gegenteiliger Überzeugung von Geologen hat er mit seinem Bohrloch „Daisy Bradford No. 3" am 3. Oktober 1930 den Nachweis über die Existenz des kolossalen Reservoirs erbracht.

[107] Vgl. C. A. Warner, Texas Oil and Gas Since 1543, Neuauflage, Houston: Copano Bay Press 2007, S. 77. Um die Unmengen an Rohöl aus den Bohrlöchern des East Texas-Feldes verarbeiten zu können, wurden in weniger als einem Jahr ungefähr 2.400 Kilometer Pipelines mit einer Gesamtkapazität von 750.000 Barrel pro Tag verlegt. 1932 produzierte das Ölfeld mehr Rohöl als Spindletop in 31 Jahren.

39 Prozent, womit der Gliedstaat für fast ein Viertel der globalen Gesamtölproduktion verantwortlich war.[108] In den Kriegsjahren konnte der Output nochmals erheblich gesteigert werden. Texas hat zwischen 1939 und 1945 die jährliche Förderung von knapp 480 auf über 750 Millionen Barrel erhöht.[109] Die enorme Ausweitung der Rohölgewinnung in Texas trug entscheidend zu einer Befriedigung der während der Kriegsjahre gewaltig gestiegenen Erdölnachfrage durch die US-amerikanische Regierung bei, was die kriegswichtige Umleitung der venezolanischen Produktion zu den alliierten Mächten in Europa, allen voran Großbritannien, wesentlich erleichterte.[110]

Auf das Zeitalter der Beleuchtung war mit Beginn des 20. Jahrhunderts das Zeitalter der Motorisierung bzw. der Mobilität gefolgt. Solange die primäre Nutzung von Erdöl bis zur Jahrhundertwende auf Beleuchtungszwecke beschränkt war, hielt sich der Bedarf nach dem flüssigen Rohstoff in vergleichsweise überschaubare Grenzen. Die Entwicklung der US-Rohölproduktion in den ersten 40 Jahren nach Bohrung der Drake-Ölquelle veranschaulicht dies deutlich. Von den 1860er bis zu den 1890er Jahren ist die durchschnittliche tägliche Fördermenge innerhalb des jeweiligen Jahrzehnts um lediglich 11.000 bis 41.000 Barrel gestiegen. Die geringe Nachfrage erforderte keine größere Ausweitung des Outputs. Ab 1900 hingegen erfuhr der Erdölbedarf mit der zunehmenden Motorisierung der sich industrialisierenden Welt einen signifikanten Anstieg. Damit einhergehend wurde die Mineralölerzeugung in den Vereinigten Staaten beträchtlich gesteigert: Am Ende der Dekade ab 1900 war die Ausbringungsmenge um durchschnittlich 328.000 Barrel pro Tag höher als zu Beginn des Jahrzehnts. Von 1910 bis 1919 wurde die Ölförderung um 463.000 Fass pro Tag und zwischen 1920 und 1929 sogar um knapp 1,6 Millionen Fass pro Tag erhöht. In den 1930er und 1940er Jahren weiteten die US-Produzenten ihre tägliche Fördermenge nochmals um jeweils rund eine Millionen Barrel aus. Während sich die US-amerikanische Gesamtölproduktion 1899 auf nicht mehr als rund 156.000 Fass pro Tag belaufen hatte, erreichte sie Ende der 1940er Jahre bereits über fünf Millionen Barrel pro Tag.[111]

---

[108] Vgl. Barbour, „Texas Oil", S. 145.

[109] Siehe Warner, „Texas and the Oil Industry", S. 24. Dies entspricht einer Steigerung von (im Jahresdurchschnitt) circa 1,3 Millionen auf rund 2,1 Millionen Barrel pro Tag.

[110] Die Rolle des Erdöls und der amerikanischen Förderung während des Zweiten Weltkrieges wird an späterer Stelle im Detail behandelt.

[111] Die Angaben im gesamten Absatz beruhen auf den Daten der US Energy Information Administration (EIA), U.S. Field Production of Crude Oil, abrufbar unter: http://www.eia.gov/dnav/pet/hist/LeafHandler.ashx?n=PET&s=MCRFPUS2&f=A (29. Dezember 2013).

3.2.2 Die Erschaffung des monopolistischen Systems der Standard Oil Company

Über vier Jahrzehnte nach der Bohrung der Drake-Ölquelle und dem ersten Ölboom in Pennsylvania blickte Ida M. Tarbell, eine renommierte Journalistin aus Titusville, in ihrem einflussreichen Buch über die Geschichte der Standard Oil Company zurück in die unbeschwerten und idyllischen Tage ihrer Kindheit in den pennsylvanischen Oil Regions, welchen gemäß ihrer Schilderung eine schier aus dem Nichts auftretende, destruktive Macht ein abruptes Ende setzte:

> Life ran swift and ruddy and joyous in these men. They were still young, most of them under forty, and they looked forward with all the eagerness of the young who have just learned their powers, to years of struggle and development. They would solve all these perplexing problems of overproduction, of railroad discrimination, of speculation. They would meet their own needs. They would bring the oil refining to the region where it belonged. They would make their towns the most beautiful in the world. There was nothing too good for them, nothing they did not hope and dare. But suddenly, at the very heyday of this confidence, a big hand reached out from nobody knew where, to steal their conquest and throttle their future. The suddenness and the blackness of the assault on their business stirred to the bottom their manhood and their sense of fair play, and the whole region arose in a revolt which is scarcely paralleled in the commercial history of the United States.[112]

Für Ida Tarbell sowie viele Wildcatter und kleine Raffineriebesitzer in den frühen Jahren der Ölindustrie wurde die ominöse *„big hand"* von einer Person und deren zum mächtigsten Erdölkonzern der Welt aufsteigenden Unternehmen repräsentiert: John D. Rockefeller und seine Standard Oil Company. Ein paar Jahre nach Drakes epochaler Ölbohrung war Rockefeller in das Erdölbusiness eingestiegen und errichtete mit seinem Geschäftspartner Maurice Clark eine eigene Raffinerie in Cleveland. Ab 1865 führte Rockefeller die gemeinsame Unternehmung, die zur größten Raffinerie der Stadt avanciert und deren Produkt das neue Lampenöl war, allein weiter. Rockefeller erkannte bald, dass er über die Kontrolle des Raffineriegeschäfts und des Öltransports eine beherrschende Stellung über die gesamte Ölindustrie ausüben könnte.

Mit großer Verachtung beobachtete er das Chaos in den Oil Regions im Westen Pennsylvanias, das die Hunderten Wildcatter – wie Rockefeller befand – aufgrund ihrer gedankenlosen Begierde nach Öl und der möglichst schnellen

---

[112] Ida M. Tarbell, The History of the Standard Oil Company, Volume 1, New York: McClure, Phillips 1904, S. 36 f.

Ausbeutung der Quellen verursachten. Das irrationale Verhalten der Marktteilnehmer und die desaströsen Konsequenzen des uneingeschränkten Wettbewerbs verstärkten Rockefellers ausgeprägtes Misstrauen gegenüber den angeblich sich selbst regulierenden Kräften des freien Marktes.[113] Adam Smiths „unsichtbare Hand", welche die eigennützigen Handlungen der freien Marktteilnehmer zum Wohle der gesamten Gesellschaft zusammenführen sollte, konnte er bei der Beobachtung der ungeordneten Vorgänge in den kurzlebigen Boomstädten wie Pithole bei bestem Willen nicht erkennen. Der freie Markt war seiner Ansicht nach nicht in der Lage, in den pennsylvanischen Ölgebieten für Ordnung zu sorgen. Die erratischen Preissprünge für ein Barrel Rohöl in den ersten Jahrzehnten des modernen Ölzeitalters (Abbildung 3.1) schienen Rockefellers Einschätzung zu bestätigen. Dasselbe gilt für die aufgrund der zügellosen Spekulation völlig überdimensionierten Raffineriekapazitäten, die 1870 drei Mal so groß waren wie die Rohölfördermenge, weshalb schätzungsweise 90 Prozent der Raffinerien Verluste einfuhren.[114]

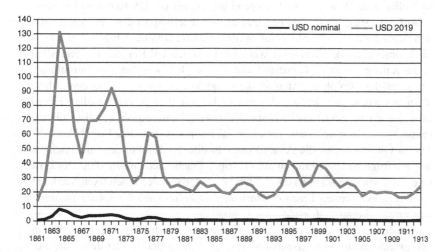

Abb. 3.1 Rohölpreise 1861–1913 (je Barrel US-Durchschnitt). (Quelle: BP, Statistical Review of World Energy June 2020 (Data Workbook))

---

[113] Vgl. Leonardo Maugeri, The Age of Oil: The Mythology, History, and Future of the World's Most Controversial Resource, Westport: Praeger 2006, S. 6.

[114] Vgl. Chernow, Titan, S. 130.

Dort wo Chaos herrschte, wollte Rockefeller Ordnung schaffen. Um dieses Ziel zu erreichen, galt es den freien Wettbewerb, den er als zentrales Übel und wesentlichen Grund für die chaotischen Zustände in der Frühphase der modernen Erdölindustrie identifizierte, einzuschränken bzw. gänzlich auszuschalten. Unter einer Konsolidierung des Marktes verstand er freilich eine vollständige Monopolisierung durch seine 1870 gegründete Standard Oil Company. Den Fokus richtete Rockefeller anfänglich auf eine Kontrolle der Downstream-Prozesse in der Ölindustrie zwischen den Produzenten und Konsumenten, sprich die Raffination und den Transport von Erdöl inklusive der Pipelinerouten. Später stieg Standard Oil auch in die Erdölproduktion und -vermarktung ein. Der Ölförderung war Rockefeller anfänglich ferngeblieben, da er diese als zu riskant erachtete. 1870 begann Standard Oil eine regelrechte Übernahmekampagne, im Rahmen welcher das Unternehmen in Cleveland eine Raffinerie nach der anderen schluckte und dadurch seinen Anteil an der gesamten Raffineriekapazität der Vereinigten Staaten innerhalb kürzester Zeit von nur vier Prozent auf rund ein Viertel Ende 1871 ausbauen konnte. Nach Ausweitung der Expansionsstrategie auf andere Teilstaaten kontrollierte der Konzern bis 1879 rund 90 Prozent der US-Raffinerieleistung.[115]

Auf dem Weg zur Erlangung einer Monopolstellung in der Ölindustrie stützte sich Rockefeller maßgeblich auf wettbewerbsschädliche Absprachen mit den Eisenbahnen, die den Transport von Rohöl aus den Oil Regions in Pennsylvania in die Raffineriezentren Cleveland und Pittsburgh sowie den Anschlusstransport von veredelten Erdölprodukten an die Ostküste beherrschten. Von den Atlantikhäfen aus wurde der Großteil des damals hergestellten amerikanischen Kerosins nach Europa verschifft. 1870 bestanden nur drei große Bahngesellschaften: die Pennsylvania, Erie und New York Central Railroads. Die drei Eisenbahnen standen im Öltransport an die Atlantikküste in direkter Konkurrenz zueinander und hatten infolge von Preiskriegen mit niedrigen Frachtraten zu kämpfen. Der Errichtung eines Transportkartells durch Standard Oil, das ihnen einen fixen Marktanteil mit einem gesicherten Frachtvolumen und kalkulierbaren Umsätzen garantierte, standen sie überaus aufgeschlossen gegenüber.

Gemeinsam mit den größten Raffineriegesellschaften, vorwiegend Standard Oil, gründeten die drei Eisenbahnbetreiber Anfang der 1870er Jahre die South Improvement Company, wodurch sie den Markt für Erdöltransporte untereinander aufzuteilen beabsichtigten. Jede Bahngesellschaft sollte einen fixen Anteil am

---

[115] Vgl. Elizabeth Granitz und Benjamin Klein, „Monopolization by ‚Raising Rivals' Costs‘: The Standard Oil Case", in: Journal of Law and Economics, Vol. 39, No. 1, April 1996, S. 1–47 (hier 1 f.).

Gesamtfrachtvolumen erhalten und Standard Oil von beträchtlichen Preisnachlässen profitieren. Alle Ölgesellschaften außerhalb des Kartells hatten die hohen offiziellen Frachtraten zu zahlen, wobei ein Teil der dadurch lukrierten Einnahmen als Rückvergütung (*drawback*) an die Mitglieder der South Improvement Company fließen sollte. Dies bedeutete, dass die unabhängigen Raffineriebetreiber und Ölhändler durch das von ihnen per Eisenbahn beförderte Erdöl ihren mächtigsten Konkurrenten, Standard Oil, subventionieren würden. Als die neuen, empfindlich höheren Transportpreise im Februar 1872 vorzeitig publik wurden, formierten sich 3.000 unabhängige Rohölproduzenten in Titusville zur Petroleum Producers' Union, die einen Boykott der South Improvement Company ausrief. Die Bahngesellschaften waren daraufhin gezwungen, ihre Vereinbarungen mit dem Kartell zu annullieren. Die im Rahmen der South Improvement Company getroffenen Arrangements traten schlussendlich nie in Kraft und die Ölproduzenten in den Oil Regions konnten sich für einen Augenblick als Sieger der damals als „Ölkrieg" bezeichneten Episode fühlen.[116]

Trotz des Scheiterns der South Improvement Company konnte sich Rockefellers Konzern allein aufgrund seiner Marktmacht im Gegenzug für ein garantiertes Transportvolumen vergünstigte Frachtraten von den Bahngesellschaften sichern. Die geheimen Preisnachlässe bedeuteten einen erheblichen Wettbewerbsvorteil für Standard Oil. Sie ermöglichten es dem Unternehmen, seine Mitbewerber preislich zu unterbieten. Von der Öffentlichkeit unbemerkt fusionierten 1874 die größten Raffineriegesellschaften in Pittsburgh und Philadelphia, die gleichzeitig Rockefellers vormalige Partner in der South Improvement Company gewesen waren, mit Standard Oil.[117] Durch die Ausweitung seiner Marktmacht erlangte der Konzern erhebliches Druckausübungspotenzial gegenüber den Eisenbahnen und war dadurch in der Lage, das kollusive System der Frachtratendiskriminierung auch ohne South Improvement zu verwirklichen. Als 1878 der offizielle Transportpreis von Rohöl nach New York bei 1,70 Dollar pro Barrel lag, zahlte Standard Oil lediglich 1,06 Dollar.[118]

---

[116] Siehe dazu ebd., S. 3 ff. Die South Improvement Company schwebte nach ihrer Gründung jedoch wie ein Damoklesschwert über den unabhängigen Raffineriebesitzern. Standard Oil wusste die existenzielle Unsicherheit unter den außerhalb des Kartells stehenden Marktteilnehmern für sich zu nutzen. In einer kompromisslosen Aktion, die später als „Massaker von Cleveland" bezeichnet wurde, übernahm Rockefeller im Frühjahr 1872 insgesamt 22 von 26 Raffinerien in der Stadt.

[117] Vgl. Allan Nevins, Study in Power: John D. Rockefeller, Industrialist and Philanthropist, Volume 1, New York: Charles Scribner's Sons 1953, S. 209 f.

[118] Vgl. Williamson und Daum, The American Petroleum Industry, S. 428.

Die unabhängigen Raffineriebetreiber waren unter dem von Rockefellers Unternehmen konzipierten und durchgesetzten wettbewerbsfeindlichen Preisregime nicht überlebensfähig und erwirtschafteten operative Verluste. Die Übernahme der verbliebenen Raffinerien in Pittsburgh, Philadelphia, New York und in den pennsylvanischen Oil Regions bereitete Standard Oil unter diesen manipulierten Rahmenbedingungen wenig Mühe.[119] Rockefeller einverleibte sich nicht bloß konkurrierende Unternehmen, sondern auch deren fähigsten Manager. Er verstand es hervorragend, die besten Köpfe seiner Mitbewerber für zentrale Positionen in seiner Standard Oil Company zu gewinnen. Unter den unabhängigen Ölmännern, die sich zur Petroleum Producers' Union zusammengeschlossen hatten, heuerte er unter anderem John D. Archbold, Jacob J. Vandergrift und Samuel C. T. Dodd an.[120] Archbold, der einer der schärfsten und lautesten Kritiker der South Improvement Company gewesen war, stieg später sogar zum Präsidenten von Standard Oil auf.

Bis Mitte 1878 kontrollierte Rockefeller, der zu diesem Zeitpunkt noch keine 40 Jahre alt war, 97 Prozent aller Raffinerien und Pipelines.[121] Einige engagierte, unabhängige Ölproduzenten aus den Oil Regions, die sich mit Rockefellers Monopol nicht abfinden wollten, schlossen sich zu einem aufsehenerregenden Pipeline-Projekt zusammen und errichteten beginnend im November 1878 die weltweit erste Fernleitung für den Transport von Erdöl. Trotz zahlreicher Versuche durch Standard Oil, den Bau der Tidewater-Pipeline zu verhindern, floss bereits im Mai 1879 das erste Öl über eine Strecke von 175 Kilometer von Coryville im Nordwesten Pennsylvanias nach Williamsport, das im Zentralraum des Teilstaates gelegen ist. Von Williamsport aus wurde der Rohstoff mit der Reading Railroad, die über keine Vereinbarungen mit Standard Oil verfügte, in

---

[119] Vgl. Granitz und Klein, „Monopolization by ‚Raising Rivals' Costs'", S. 20 f. In ihrer wirtschaftlichen Notlage waren die Raffineriebesitzer in vielen Fällen gezwungen, ihren Betrieb unterhalb des Marktwerts zu veräußern. Aus der weitgehend ahnungslosen Perspektive der wirtschaftlich an die Wand gedrängten Raffinerien waren die Bahngesellschaften aufgrund der Erhöhung der Frachtraten ursächlich für die Misere verantwortlich. Die wahren Hintergründe der kollusiven Preispolitik der Eisenbahnen und die destruktiven Aktivitäten von Rockefellers Standard Oil Company blieben zu jener Zeit im Dunkel. Als Käufer der unabhängigen Raffinerien traten nämlich Rockefellers lokale Partner auf, die nach außen hin den Anschein eigenständiger Unternehmungen erweckten, in Wahrheit jedoch längst Standard Oil angehörten.

[120] Vgl. Ernest C. Miller, „Pennsylvania's Petroleum Industry", in: Pennsylvania History, Vol. 49, No. 3, July 1982, S. 201–217 (hier 210). Vandergrift war in späteren Jahren in hoher Stellung für Standard Oils Pipeline-Netzwerk zuständig und der ausgebildete Anwalt Dodd arbeitete den Vertrag zur Bildung des Standard Oil Trusts aus.

[121] Vgl. ebd., S. 210.

Tankwaggons nach Philadelphia und New York transportiert. Die Anteilseigner der Tidewater-Pipeline verkauften das beförderte Rohöl anfänglich an die wenigen noch bestehenden unabhängigen Raffinerien in Pennsylvania und New Jersey. Nachdem Rockefeller auch diese Anlagen übernommen hatte, errichteten sie ihre eigenen Raffinerien in Philadelphia und Bayonne, New Jersey.[122] Mit einem Durchmesser von 15 Zentimeter galt die Tidewater-Rohrleitung in der damaligen Zeit als technisches Meisterwerk. Die Erdölbeförderung per Pipeline erwies sich auch für weite Entfernungen als weitaus effizienter als per Eisenbahn, weshalb die Ölleitung den Kesselwagen bald fast vollständig ablöste und den Öltransport nachhaltig revolutionierte.

Die Tidewater Company stellte eine reale Bedrohung für Standard Oils Quasi-Monopol dar. Der mächtige Konzern reagierte sofort und errichtete innerhalb kurzer Zeit vier Erdölfernleitungen von den pennsylvanischen Oil Regions nach Cleveland, Philadelphia, New York und Buffalo.[123] Da Rockefeller kein Mittel fand, Tidewater aus dem Markt zu verdrängen, stieg er zu einem Drittel bei dem Unternehmen ein. Im Oktober 1883 einigten sich die Tidewater Company und Standard Oil auf eine Kooperationsvereinbarung, die ersterer einen gewissen Grad an Unabhängigkeit sicherte und Rockefeller dennoch eine nahezu absolute Dominanz des Pipelinetransports zugestand. Die Kontrolle von fast jedem Transportweg von den Ölfeldern zu den Konsumenten und die Monopolisierung des Raffinerieangebots erlaubte es Standard Oil, einen starken Einfluss auf die Mineralölpreise zu nehmen. Freilich wusste der Konzern diese Macht für sich zu nutzen. Rockefellers ausgeklügelte Preispolitik, die auf systematische Preisdifferenzierung in den einzelnen geografisch eng definierten Absatzmärkten beruhte, war eine „tremendously powerful weapon in the hands of the Standard Oil Company."[124] Das Unternehmen verstand es perfekt, mittels Preisdiskriminierung und unter Berücksichtigung der gegebenen Nachfrageelastizitäten in unterschiedlichen Märkten seine Gewinne zu maximieren.

---

[122] Vgl. ebd., S. 211.

[123] Vgl. Yergin, The Prize, S. 43.

[124] E. Dana Durand, „The Trust Problem", in: Quarterly Journal of Economics, Vol. 28, No. 3, May 1914, S. 381–416 (hier 393 f.). Durand liefert ein reales Beispiel aus Kalifornien über die Funktionsweise von Rockefellers Preisdiskriminierung: In der Zeit um 1910 verkaufte die Standard Oil Company ihr Leuchtöl in unmittelbarer Umgebung ihrer großen Raffinerie in San Francisco, wo sie mehr oder weniger alleiniger Anbieter war, um 12,5 Cent pro Gallone. Dasselbe Produkt wurde mehrere Hundert Kilometer nach Los Angeles transportiert und dort aufgrund der Konkurrenz durch kleine lokale Raffinerien um 40 Prozent billiger für lediglich 7,5 Cent abgesetzt.

Eine besonders umstrittene und wettbewerbsfeindliche Praxis von Standard Oil war jene des vorsätzlichen Preisdumpings (*predatory dumping*) in ausgewählten Absatzmärkten.[125] Es handelt sich dabei um eine aggressive Preisstrategie, die das Ziel verfolgt, Mitbewerber aus dem Markt zu drängen sowie den Markteintritt potenzieller Konkurrenten zu verhindern. Rockefeller wurde beschuldigt, den Verkaufspreis gezielt unter die Selbstkosten seiner Mitbewerber zu drücken, damit diese Verluste erleiden und früher oder später in dem ruinösen Wettbewerb untergehen.[126] Die selbst erlittenen finanziellen Einbußen konnte Standard Oil durch eine monopolistische Preisgestaltung in anderen Vertriebsmärkten, oder nach erfolgreicher Verdrängung seiner Rivalen im umkämpften Absatzgebiet selbst, kompensieren.

Henry M. Flagler, der seit 1867 an Rockefellers Seite den Erfolg der Standard Oil Company maßgeblich mitgestalte, galt als Mastermind der skrupellosen Geschäftsstrategien des Konzerns. Getreu seinem Lebensmotto „Do unto others as they would to you – and do it first"[127] war es Flagler, der die wettbewerbsverzerrenden Transportvereinbarungen, die sich letztlich für den Aufstieg von Standard Oil als zentral erwiesen, ausarbeitete und organisierte. Daniel Yergin vertritt die Einschätzung, dass ohne Flaglers „expertise and aggressiveness in this realm, there might well have been no Standard Oil as the world came to know it."[128] 1882 bündelte der von Rockefeller und Flagler[129] geführte Konzern alle Geschäftsbereiche in dem Standard Oil Trust, der die unzähligen verbundenen

---

[125] Es gilt in der Literatur weithin als unbestritten, dass Standard Oil in zahlreichen Fällen gezielt Preisdumping gegen Konkurrenten eingesetzt hat. Rockefellers Korrespondenz liefert diesbezüglich eindeutige Hinweise, auch wenn über das Ausmaß der Strategie in den historischen Wissenschaften Uneinigkeit herrschen mag. Siehe Chernow, Titan, S. 258 f. Dementgegen ist beispielsweise John S. McGee der Überzeugung, Standard Oil habe in Wahrheit nie *predatory dumping*, sondern ausschließlich marktbezogene Preisdifferenzierung betrieben. Siehe John S. McGee, „Predatory Price Cutting: The Standard Oil (N.J.) Case", in: Journal of Law and Economics, Vol. 1, October 1958, S. 137–169.

[126] Vgl. Curtis M. Grimm, Hun Lee und Ken G. Smith, Strategy as Action: Competitive Dynamics and Competitive Advantage, New York: Oxford University Press 2006, S. 163.

[127] Zitiert nach Maugeri, The Age of Oil, S. 8.

[128] Yergin, The Prize, S. 39.

[129] Nach seiner Karriere in der Standard Oil Company widmete sich Flagler ab circa 1885 der Entwicklung Floridas. Mit der Errichtung der Florida East Coast Railway von Jacksonville entlang des östlichen Küstenstreifens bis Key West, dem Bau zahlreicher Hotels an der Küste und der Gründung von Miami und Palm Beach legte er den Grundstein für den beachtlichen Aufschwung des US-Teilstaates im Verlauf des neuen Jahrhunderts. Noch heute ist der Name Flagler im amerikanischen „Sunshine State" allgegenwärtig.

Gesellschaften steuerte. Die ausgeklügelte Organisationsstruktur des Firmengeflechts trug zu einem nicht unwesentlichen Teil zum Erfolg von Standard Oil bei. Sie ermöglichte die Umgehung eines zu jener Zeit bestehenden Gesetzes, das es einem Unternehmen in einem bestimmten US-Gliedstaat untersagte, Anteile an einer Gesellschaft in einem anderen Teilstaat zu besitzen.[130] Über seinen Trust kontrollierte Rockefeller zwar seine über das ganze Land verstreuten Konzernteile, nach außen hin erschienen diese jedoch als eigenständige, unabhängige Firmen.

Der rechtlichen Konsolidierung war bereits Standard Oils frühe Geschäftsstrategie der horizontalen Expansion im Erdöltransport und Raffineriegeschäft durch die gezielte Übernahme strategischer Mitbewerber vorausgegangen. Beide Strategien erwiesen sich als überaus erfolgreich. In den späten 1870er Jahren verfügte Standard Oil im Bereich des inneramerikanischen Rohöltransports praktisch über eine Monopolstellung. 1882 kontrollierte der Konzern 90 Prozent der Verschiffung, Raffination und Vermarktung von Rohöl und Erdölerzeugnissen.[131] Bis in die 1890er Jahre, als sich Standard Oil zu einem vollständig integrierten Ölkonzern entwickelte, vollzog das Unternehmen im Bereich des Managements eine administrative Zentralisierung und ging auf eine Strategie der vertikalen Integration über.[132]

Als in den späten 1880er Jahren der Rohöloutput in Pennsylvania zurückging und der sensationelle Fund des Lima-Indiana-Ölfeldes erstmals den Erdölproduzenten eine Perspektive bot, Einfluss auf die Fördermenge und den Preis zu nehmen, entschloss sich Standard Oil, seine Aktivitäten auszuweiten und in das Upstream-Business einzusteigen.[133] Die neu entdeckten Ölfelder in Ohio und Indiana eröffneten – im Gegensatz zu der von Tausenden Wildcattern und kleinen Bohrgesellschaften dominierten Rohölgewinnung in Pennsylvania – die Chance, die Kontrolle auf wenige Produzenten zu beschränken und folglich der

---

[130] Vgl. Falola und Genova, The Politics of the Global Oil Industry, S. 26 f.

[131] Vgl. Clark, The Oil Century, S. 111.

[132] Alfred Chandler liefert eine präzise Beschreibung von Standard Oils frühen Businessstrategien der *horizontal combination, legal consolidation, administrative centralization* und *vertical integration*. Siehe dazu Alfred D. Chandler, Jr., The Visible Hand: The Managerial Revolution in American Business, Cambridge, MA: The Belknap Press 1977, S. 315 ff. (insbes. 325).

[133] Das Unternehmen verfolgte dabei dieselbe Strategie, die sich im Raffineriegeschäft bereits bestens bewährt hatte. Rockefeller beauftragte John Archbold möglichst viele Ölproduzenten zu übernehmen und dadurch Stabilität in den Markt zu bringen. Für die Veredelung des in Lima geförderten Rohöls errichtete Standard Oil die damals weltgrößte Raffinerie in Whiting, Indiana unweit von Chicago.

marktzerstörerischen Überproduktion Einhalt zu gebieten. Auch im Bereich der Exploration und Produktion von Erdöl stieg Standard Oil in kürzester Zeit zu einem der bedeutendsten Akteure auf und war innerhalb von nur drei Jahren für ein Viertel der gesamten US-amerikanischen Rohölförderung verantwortlich.[134]

In den darauffolgenden Jahren expandierte der Konzern seine Förderaktivitäten in andere Regionen des Landes, wodurch er seine Stellung weiter ausbaute. Bis in die 1890er Jahre erlangte Standard Oil in den Worten von Ron Chernow „complete control of the oil industry".[135] Zwischen 1880 und 1911 konnte Rockefellers Unternehmen seine prädominante Position in den Appalachen und den Lagerstätten von Lima-Indiana und Illinois gegenüber unabhängigen Ölfirmen weitgehend verteidigen. Das Erdölgeschäft in den neuen Produktionsregionen in Kalifornien, Oklahoma und an der Golfküste ließ sich jedoch nicht mehr monopolisieren. Den Großteil der dortigen Bohrrechte erwarben von Rockefellers Downstream-Imperium weitgehend unabhängige Ölgesellschaften, wodurch sich Standard Oils Kontrolle der US-Gesamtrohölproduktion von über 90 Prozent im Jahre 1880, als Pennsylvania noch das einzig relevante Fördergebiet gewesen war, bis 1911 auf 60 bis 65 Prozent verringerte. Die von Standard Oil kontrollierte Raffineriekapazität reduzierte sich in demselben Zeitraum im gleichen Ausmaß.[136]

Gerade in Texas, das infolge des durch Spindletop ausgelösten Ölbooms mit Beginn des neuen Jahrhunderts zu einem der größten Fördergebiete des Landes aufstieg, fiel es Standard Oil äußerst schwer, Fuß zu fassen. Die unter den hohen Kerosinpreisen stöhnenden texanischen Konsumenten waren Rockefeller und seinem undurchsichtigen Kartell naturgemäß alles andere als wohlwollend gesinnt. Dasselbe galt auch für die texanische Justiz und Politik, die vor keiner Auseinandersetzung zurückschreckten und die ihnen zur Verfügung stehenden

---

[134] Vgl. Chandler, The Visible Hand, S. 325.

[135] 1891 entfielen 25 Prozent des US-Rohöloutputs auf Standard Oil. 1898 erreichte der Anteil von Rockefellers Unternehmen mit 33 Prozent seinen Höchststand. Die vollständige Kontrolle über die amerikanische Ölindustrie war auf die Beherrschung des Erdöltransports und der Raffinerien zurückzuführen. Siehe Chernow, Titan, S. 287 f.

[136] Vgl. Harold F. Williamson und Ralph L. Andreano, „Competitive Structure of the American Petroleum Industry 1880–1911: A Reappraisal", in: Harvard Graduate School of Business Administration (Hrsg.), Oil's First Century, Papers Given at the Centennial Seminar on the History of the Petroleum Industry, Harvard Business School, 13–14 November 1959, Cambridge, MA: Harvard College 1960, S. 71–84 (hier 73 f.). Im Jahre 1911 kontrollierte Standard Oil lediglich zehn Prozent der Gesamtförderung an der Golfküste, in Oklahoma immerhin 44 Prozent und in Kalifornien 29 Prozent.

Instrumente wie das texanische Kartellgesetz von 1889 gegen Standard Oil extensiv einzusetzen bereit waren.[137]

Im November 1894 erhob ein Geschworenengericht in Waco Anklage gegen Rockefeller und zahlreiche weitere hochrangige Vertreter seines mächtigen Konzerns. Die Angeklagten wurden der kriminellen Verschwörung mit der Absicht, den texanischen Ölhandel einzuschränken und zu ihrem Vorteil zu monopolisieren, beschuldigt. Der streitbare und dem Populismus keineswegs abgeneigte Gouverneur von Texas, James S. Hogg, intervenierte umgehend bei seinem Amtskollegen in New York, um die Auslieferung von Rockefeller höchstpersönlich zu fordern.[138] Auch den zweiten starken Mann von Standard Oil, Henry Flagler, wollte Hogg in Texas vor Gericht bringen, weshalb er sich in dieser Angelegenheit an den Gouverneur von Florida wandte. Nachdem keiner der beiden Politiker Hoggs Forderung nachzukommen gedachte, stand dieser letztlich ziemlich blamiert da.[139] Das überaus feindlich gesinnte politische Umfeld in Texas und die gegen Kartelle gerichteten rechtlichen Hürden im Teilstaat ließen

---

[137] Konkret ging die texanische Justiz rigoros gegen die Waters-Pierce Oil Company vor, eine in Texas und dem Südwesten der Vereinigten Staaten tätige Vertriebstochter von Standard Oil.

[138] James Hogg, der aufgrund seiner imposanten Leibesfülle und einem Körpergewicht von angeblich 300 Pfund „Big Jim" genannt wurde, war neben seiner prägenden Rolle in der frühen Entwicklung der texanischen und US-amerikanischen Ölindustrie für seinen unkonventionellen Habitus bekannt. Er stellte sich einst mit den Worten „Hogg's my name, and hog's my nature" vor und ließ in Ermöglichung eines bizarren Wortspiels seine Tochter Ima Hogg taufen. Als texanischer Attorney General von 1887 bis 1891 war Hogg wesentlich für die monopolfeindliche Gesetzgebung verantwortlich. Er ging entschlossen gegen Kartelle im Teilstaat vor. Unter seiner Regierung als Gouverneur von Texas wurde 1891 die Texas Railroad Commission gegründet, die ursprünglich der Regulierung der Eisenbahnen diente, später jedoch, vor allem nach Entdeckung des gigantischen East Texas-Ölfeldes 1930, auch den texanischen Erdöloutput regulierte und dadurch starken Einfluss auf das Ölangebot und die -preise in den Vereinigten Staaten im 20. Jahrhundert hatte. Ein paar Jahre nach Ablauf seiner Amtszeit als Gouverneur stieg Hogg während des Ölbooms von Spindletop in das Erdölgeschäft ein und gründete mit einem Partner das Hogg-Swayne Syndicate. Hoggs Ölgesellschaft fusionierte bald in die von Joseph S. Cullinan 1901 gegründete Texas Fuel Company, die im Jahr darauf in die Texas Company umgewandelt wurde und aus welcher der mächtige Ölmajor TEXACO hervorging. Für Hoggs politische Tätigkeit und die Entstehung der Texas Railroad Commission siehe William R. Childs, The Texas Railroad Commission: Understanding Regulation in America to the Mid-Twentieth Century, College Station: Texas A&M University Press 2005, S. 56 ff. Siehe auch Yergin, The Prize, S. 93.

[139] Siehe dazu Jonathan W. Singer, Broken Trusts: The Texas Attorney General Versus the Oil Industry, 1889–1909, College Station: Texas A&M University Press 2002, S. 22 ff.

einen offenen Markteintritt von Standard Oil nicht zu.[140] Die neuen texanischen Produktionsgebiete waren dem Konzern somit weitgehend verwehrt.

Die kartellfeindliche texanische Erdölgesetzgebung förderte die grundlegende Transformation der Mineralölindustrie im frühen 20. Jahrhundert von einem Quasi-Monopol durch Standard Oil zu einer oligopolistisch dominierten Struktur.[141] Vor allem die Erschließung von Spindletop 1901 hatte einen immensen Einfluss auf die weitere Entwicklung der Ölindustrie und die Evolution der zentralen Marktstrukturen. Spindletop brachte mit Gulf Oil und TEXACO global tätige und vollständig integrierte Mineralölgesellschaften hervor, die wesentlich dazu beitrugen, das von Rockefeller geschaffene Monopol nachhaltig zu zerrütten.[142]

Der Unmut der Konsumenten gegenüber Standard Oil beschränkte sich nicht ausschließlich auf Texas. Auch in anderen Teilen der Vereinigten Staaten reagierten die vornehmlich auf Kerosin angewiesenen amerikanischen Verbraucher zunehmend frustriert auf die monopolistische Preisgestaltung des Konzerns, woraufhin der politische und juristische Widerstand gegen dessen Marktmarkt auch auf nationaler Ebene immer stärker wurde.[143] Die Medien schürten die allgemein vorherrschenden Ressentiments zusätzlich, indem sie Standard Oil vorzugsweise als unersättliche und alles an sich reißende Krake karikierten. Nach jahrelangen Untersuchungen erwirkte der Supreme Court von Ohio im Jahre 1892 auf Basis

---

[140] Vgl. Joseph A. Pratt, „The Petroleum Industry in Transition: Antitrust and the Decline of Monopoly Control in Oil", in: Journal of Economic History, Vol. 40, No. 4, December 1980, S. 815–837 (hier 819). Unter dem 1889 beschlossenen und sehr strikt ausgelegten texanischen Antikartellgesetz und dem allgemeinen Gesellschaftsrecht in Texas konnte Standard Oil als vertikal integrierte Ölgesellschaft in dem Gliedstaat streng genommen keiner legalen Geschäftstätigkeit nachgehen. 1907 wurde das strikte Kartellrecht sogar noch verschärft.

[141] Dies ist das zentrale Argument von Pratt in seinem oben angeführten Artikel. Siehe ebd., S. 815 und 818. Dieser Transformationsprozess innerhalb der Erdölindustrie vollzog sich im Wesentlichen zwischen 1900, vor der Entdeckung von Spindletop, das einen veritablen Ölboom in Texas auslöste, und 1911, als Standard Oil gerichtlich zerschlagen wurde.

[142] Vgl. ebd., S. 817. Laut Pratt hat kein Ölfeld in Amerika die Erdölindustrie mehr geprägt als Spindletop.

[143] Als Reaktion auf den Druck der Öffentlichkeit leiteten einige US-Bundesstaaten, allen voran New York und Ohio, Untersuchungen gegen die Trusts ein. Darüber hinaus begannen zahlreiche Staaten gegen Kartelle gerichtete Gesetze zu beschließen. Auf Kansas im März 1889 folgten innerhalb von zwei Jahren 15 weitere Gliedstaaten, darunter North Carolina, Tennessee und Michigan. Das Blatt begann sich gegen Standard Oil zu wenden. Siehe Sean Dennis Cashman, America in the Gilded Age: From the Death of Lincoln to the Rise of Theodore Roosevelt, 3. Auflage, New York: New York University Press 1993, S. 53.

des Sherman Antitrust Acts eine Abspaltung der in dem Teilstaat operativ tätigen Standard Oil of Ohio vom Trust.[144]

In anderen Gliedstaaten drohten dem Syndikat ähnliche Gerichtsentscheide. Rockefeller gelang es jedoch, das Urteil von Ohio durch Auflösung des Trusts und Umwandlung des Konzerns in eine Holding zu umgehen. Dabei kam ihm ein im Jahre 1889 in New Jersey erlassenes Gesetz gelegen, das es Unternehmen mit Hauptsitz in dem US-Teilstaat erlaubte, Anteile an Firmen außerhalb der Landesgrenzen zu halten. Der vormalige Trust firmierte nunmehr als eine Beteiligungsgesellschaft unter dem Namen Standard Oil Company of New Jersey. An der beherrschenden Stellung von Standard Oil änderte sich dadurch nichts. Das Firmenimperium wurde ab 1892 von einer Holding mit neuem Türschild kontrolliert.[145]

Unter diesen Umständen mochte der öffentliche Druck nicht schwinden, weshalb die Regierung in Washington während der Administration von Präsident Theodore Roosevelt verstärkte Anstrengungen in Hinblick auf die Zerschlagung von Monopolen unternahm. In einer vom Kongress in Auftrag gegebenen Untersuchung über die Stellung von Standard Oil in der Erdölindustrie kam der im US-Handelsministerium angesiedelte Bundesbeauftragte für Konzerne (*Commissioner of Corporations*) im Mai 1907 zu dem Ergebnis, dass der Erfolg des Unternehmens auf unlauteren Geschäftspraktiken beruhte. Im Anschluss daran strengte das Justizministerium 1909 ein umfassendes Gerichtsverfahren gegen den Konzern an. Dieses führte im Jahre 1911 zur nachhaltigen Entflechtung von Standard Oil, als der US-amerikanische Supreme Court dessen erstinstanzlich angeordnete Zerteilung in 38 eigenständige Gesellschaften bestätigte. Das drastische Urteil löste die vielen, in den unterschiedlichen Teilen der Vereinigten Staaten und der Welt tätigen Tochtergesellschaften von der übermächtigen Standard Oil Holding und verordnete ihnen, forthin eigene Wege zu gehen.

Die gut drei Dutzend nunmehr eigenständigen Ölgesellschaften waren in ihrer Größe und strategischen Ausrichtung durchaus unterschiedlich. Einige von ihnen

---

[144] Ziel des maßgeblich von Senator John Sherman aus Ohio ausgearbeiteten Kartellgesetzes war der Schutz unabhängigen Unternehmertums durch die Einschränkung der Marktmacht von Trusts und die Unterbindung der Entstehung von Monopolen. Das Gesetz wurde im Juli 1890 von Präsident Benjamin Harrison in Kraft gesetzt.

[145] 1897 zog sich John D. Rockefeller aus dem operativen Geschäft seines Konzerns zurück und widmete sich verstärkt seinen vielfältigen philanthropischen Unternehmungen. Die Gründung der renommierten University of Chicago im Jahre 1890 erfolgte beispielsweise durch eine großzügige Spende von Rockefeller. Auch den Baptisten ließ er Millionen von Dollar zukommen. Rockefellers Spendenfreudigkeit verfolgte neben altruistischen Motiven auch die Absicht, sein verhasstes Bild eines skrupellosen Ölmagnaten in der Öffentlichkeit in das eines wohlwollenden, mildtätigen alten Herrn zu verwandeln.

erwirtschafteten bald höhere Profite als das alte Monopol. Dessen mächtigster Nachfolger war die Standard Oil of New Jersey, die das Erbe des einstigen Trusts und der späteren Holding antrat und deren Namen fortführte.[146] Jersey Standard war von Anbeginn ein global tätiges Unternehmen, das an Einfluss und Größe seinesgleichen suchte und im Wesentlichen über ein ganzes Jahrhundert seine Stellung als weltgrößter Ölkonzern bewahrte. Als die nächstgrößten aus Rockefellers Nachlass hervorgegangenen Gesellschaften erwiesen sich Standard Oil of New York (SOCONY) und die Standard Oil Company of California (SOCAL) aus San Francisco, die sich ebenfalls zu mächtigen, internationalen Ölkonzernen entwickelten.[147] Die Geschäftstätigkeit der restlichen Abkömmlinge von Rockefellers Trust war primär auf die Vereinigten Staaten fokussiert, wobei manche von ihnen, wie Standard Oil of Indiana, Standard Oil of Ohio oder Continental Oil, eine beträchtliche Größe erreichten und in späteren Jahren ebenso globale Aktivitäten verfolgten.

Der Gerichtsentscheid von 1911 forcierte den von den texanischen Behörden und Spindletop angestoßenen und beeinflussten Transformationsprozess in der Erdölindustrie von Rockefellers nahezu unumschränktem Monopol zu einer oligopolistischen Marktstruktur. Allerdings wäre laut Paul Giddens auch ohne den Spruch des Supreme Courts die marktbeherrschende Stellung von Standard Oil infolge der großen Neufunde im Südwesten, in Oklahoma und in Kalifornien notgedrungen früher oder später einem Oligopol gewichen: „There was too much oil being produced and in too many places for one company to control. There was too much oil for one company to transport and to refine; and the market was too vast and expanding too rapidly for one company to dominate. [...] [T]he

---

[146] Die neue Standard Oil Company of New Jersey wurde von der Firmenzentrale der alten Holding am Broadway in New York City aus gesteuert. An der Spitze des Unternehmens stand John Archbold, der Standard Oil vor dessen Entflechtung bereits seit 15 Jahren geleitet hatte und für Kontinuität sorgte. Jersey Standard übernahm ein umfangreiches amerikanisches und weltweites Vertriebsnetz, verfügte jedoch über kaum eigene Ölquellen. Aus diesem Grund bezog es den Großteil des benötigten Erdöls von den anderen Standard-Gesellschaften. Dies erweckte den Eindruck, die gerichtliche Auflösung von Rockefellers Imperium habe im Grunde wenig geändert. Der Mangel an eigener Produktion zwang Jersey Standard, sein Upstream-Business massiv auszubauen und sich um Bohrrechte im Ausland zu bemühen.

[147] SOCONY war nach der Abtrennung vom einstigen Trust in einer ähnlichen Situation wie Jersey Standard. Der Konzern unterhielt eine beträchtliche Absatzorganisation in Europa und im Fernen Osten, galt jedoch als „crude short". Im Gegensatz dazu war SOCAL in erster Linie eine Upstream-Gesellschaft, die mehr Erdöl förderte, als sie innerhalb ihres eigenen Vertriebsnetzes abzusetzen vermochte. Wie Standard Oil of New Jersey entwickelten sich auch SOCONY und SOCAL zu global tätigen und vertikal integrierten Ölkonzernen.

Supreme Court in 1911 merely reaffirmed a decision Mother Nature already had decreed."[148]

3.2.3   Die Ölquellen von Baku und der frühe russische Erdölexport nach Europa

Die Vereinigten Staaten waren in den ersten Jahrzehnten des modernen Erdölzeitalters nicht das einzige bedeutende Produzentenland. Auch wenn die Ölindustrien in Galizien und Rumänien zusehends ihre Wettbewerbsfähigkeit verloren und verglichen mit der beeindruckenden Expansion der amerikanischen Fördergebiete mehr oder minder in die Bedeutungslosigkeit versanken, erwuchs den auf dem Weltmarkt dominierenden US-Erzeugern im letzten Quartal des 19. Jahrhunderts eine ernstzunehmende Konkurrenz durch aufstrebende Mineralölunternehmen im zaristischen Russland, welche die reichen Quellen von Baku zu neuem Leben erweckten.

Auf der Suche nach neuen Absatzmöglichkeiten überschwemmten die russischen Produzenten bald den wichtigen europäischen und in weiterer Folge asiatischen Ölmarkt mit preisgünstigen Erdölprodukten und unterminierten damit die überragende Stellung der annähernd über ein globales Monopol verfügenden Standard Oil Company. Die US-amerikanischen Ausfuhren von Mineralölerzeugnissen haben sich zwischen 1871 und der Jahrhundertwende versiebenfacht. 90 Prozent des gesamten Exportvolumens im Jahre 1902 entfiel auf Standard Oil.[149] Der rasche Aufstieg von europäischen Ölunternehmen am *fin de siècle* führte Rockefeller allerdings die Unmöglichkeit vor Augen, den Weltölmarkt allein zu kontrollieren und unterstützte die Genese einer globalen Mineralölindustrie, die von einem ausgewählten Kreis westlicher Konzerne dominiert war.

Die schwedischen Industriellen Robert und Ludvig Nobel spielten in der frühen Entwicklung der russischen Erdölwirtschaft eine zentrale Rolle. Als Robert Nobel im Jahre 1873 Baku besuchte, erkannte er das kommerzielle Potenzial der örtlichen Ölquellen. In Zusammenarbeit mit seinem Bruder Ludvig begann er ein Ölbusiness aufzubauen.[150] Der Transport des erzeugten Erdöls von den Ölfeldern

---

[148] Giddens, „One Hundred Years of Petroleum History", S. 138.

[149] Vgl. Gilbert Holland Montague, „The Later History of the Standard Oil Company", in: Quarterly Journal of Economics, Vol. 17, No. 2, February 1903, S. 293–325 (hier 324).

[150] Aus einer kleinen Raffinerie entstand innerhalb kurzer Zeit ein ansehnliches Ölimperium mit einem in Russland weit verzweigten Vertriebsnetzwerk. Das angestrebte Wachstum erforderte ausreichend finanzielle Mittel, weshalb die Unternehmung im Mai 1879 auf Betreiben

rund um Baku in die weit entfernten Verbrauchszentren des Landes, Moskau und St. Petersburg, stellte eine der größten Herausforderungen dar. Ludvig konstruierte 1878 eine Pipeline, die einen effizienten Transport des geförderten Rohöls zur unternehmenseigenen Raffinerie und anschließend der veredelten Produkte weiter an das Ufer des Kaspischen Meeres erlaubte.

Für die Beförderung der Erdölerzeugnisse an die nördliche Küste des Sees zur Mündung der Wolga, die sich für den Weitertransport flussaufwärts in Richtung Norden anbot, entwickelte Ludvig das erste Tankschiff moderner Bauart – die *Zoroaster*.[151] 1879 nahm der fortschrittliche Öltanker, der für eine schnelle Beladung und Löschung des Frachtguts über Tankcontainer im Rumpf verfügte, seinen Betrieb auf. In Astrakhan wurde das Erdöl bzw. Kerosin für den Weitertransport flussaufwärts bis Zarizyn, das heutige Wolgograd, auf Lastkähne umgeladen, um anschließend in Güterwaggons per Eisenbahn in die nördlich gelegenen russischen Großstädte verfrachtet zu werden. Die Versorgung der westrussischen Verbrauchszentren über diese Transportroute führte in Kombination mit der Verhängung von Einfuhrzöllen auf amerikanisches Kerosin zu einer vollständigen Verdrängung von US-Erdölprodukten vom russischen Markt. Die Importe von Kerosin amerikanischen Ursprungs sind von 4.400 Tonnen 1884 auf 1.130 Tonnen im Jahr darauf und lediglich 22 Tonnen 1896 gesunken.[152]

Die Fertigstellung der Eisenbahntrasse von Baku an das Schwarze Meer nach Batumi, das 1878 in das russische Zarenreich eingegliedert worden war, eröffnete der russischen Mineralölindustrie ab Mitte der 1880er Jahre eine Tür für ihre Expansion in die westlichen Absatzmärkte. Die im Erdölgeschäft tätige französische Bankiersfamilie Rothschild hat die Bahnstrecke maßgeblich mitfinanziert, um sich von ihrer Abhängigkeit von der mächtigen US-amerikanischen Standard Oil Company zu befreien. In den nachfolgenden Jahren dehnten die Rothschilds

---

von Ludvig in eine Aktiengesellschaft, die Gebrüder Nobel Petroleumproduktionsgesellschaft (BRANOBEL), umgewandelt wurde. Ludvig, der den mit Abstand größten Anteil an dem Unternehmen hielt, übernahm die Führung von BRANOBEL, während sich Robert im Herbst 1879 gänzlich aus dem russischen Ölgeschäft zurückzog und nach Schweden zurückkehrte. Nach Ludvigs Tod 1888 leitete dessen Sohn Emanuel den Konzern und führte das Werk seines Vaters und Onkels überaus erfolgreich fort. Siehe Robert W. Tolf, The Russian Rockefellers: The Saga of the Nobel Family and the Russian Oil Industry, Stanford: Hoover Institution Press 1976, S. 74 ff.

[151] Neben der *Zoroaster* ließen die Gebrüder Nobel in Schweden zwei weitere Tankschiffe gleicher Bauart, die *Buddha* und die *Nordenskjöld*, fertigen. Die Tanker wiesen eine Länge von 56 Meter und eine Breite von 8,2 Meter auf und verfügten über eine Ladekapazität von 242 Tonnen Kerosin, das in fest installierten Eisentanks transportiert wurde. Siehe ebd., S. 55.

[152] Vgl. Marshall I. Goldman, Petrostate: Putin, Power, and the New Russia, Oxford: Oxford University Press 2008, S. 19.

ihr Engagement in der russischen Ölwirtschaft massiv aus und gründeten für diesen Zweck die Société Commerciale et Industrielle de Naphte Caspienne et de la Mer Noire, die unter ihrem russischsprachigen Akronym BNITO bekannt war und nach den Nobels rasch zur zweitgrößten Ölgesellschaft Russlands aufstieg. Die russischen Exporte von Batumi haben sich dank der neuen kaukasischen Transportroute innerhalb von zwei Jahren von 3.300 Tonnen 1882 auf 65.000 Tonnen 1884 vervielfacht. Nach Errichtung einer knapp 70 Kilometer langen Pipeline im Jahre 1889, welche das gebirgigste Teilstück der Bahntrasse ersetzte, stieg das exportierte Erdölvolumen noch weiter.[153]

Das russische Zarenreich ist gegen Ende des Jahrhunderts zum weltgrößten Erdölproduzenten aufgestiegen. Der Output in den südrussischen Fördergebieten, der 1901 seinen Höhepunkt erreichte, überragte um die Jahrhundertwende für ein paar Jahre sogar jenen der Vereinigten Staaten, die bis dahin die globale Ölproduktion unumschränkt dominiert hatten. Neben den reichlich sprudelnden Quellen rund um Baku, die noch 1897 etwa 96 Prozent der gesamtrussischen Förderung auf sich vereinten, wurden neue Ölfelder in Grozny und in der Maikop-Region im nördlichen Kaukasus erschlossen. Parallel zu dem beachtlichen Produktionswachstum war der russische Inlandskonsum von Erdöl aufgrund des bedeutend niedrigeren Wohlstandsniveaus zu jener Zeit deutlich geringer als im westlichen Europa und in den Vereinigten Staaten, weshalb ein überproportional großer Teil des Gesamtoutputs auf die europäischen und asiatischen Exportmärkte drängte.

Russland exportierte in den 1890er Jahren und zu Beginn des neuen Jahrhunderts regelmäßig mehr Erdöl als die USA. Die Ölgesellschaften der Gebrüder Nobel und der Familie Rothschild konnten ihre Marktanteile in Europa rasch ausbauen.[154] Dem amerikanischen Öl erwuchs dadurch auf dem ertragreichen europäischen Markt zunehmende Konkurrenz durch die preisgünstigeren russischen Anbieter. Für die in Europa dominierende Standard Oil Company stellte sich diese Entwicklung als höchst bedrohlich dar, wurden 1897 doch drei Viertel der gesamten US-Erdölexporte nach Europa geliefert und vergleichsweise geringe

---

[153] Vgl. ebd., S. 20.

[154] Im Juni 1906 hat die mächtige, im Erdölgeschäft tätige Deutsche Bank unter Federführung ihres Aufsichtsratschefs Arthur von Gwinner gemeinsam mit den Nobels und Rothschilds die Europäische Petroleum Union (EPU) ins Leben gerufen, die als westeuropäische Vertriebsgesellschaft der beiden russischen Ölproduzenten fungierte. Die EPU gründete eine Niederlassung in Großbritannien, die wiederum eine eigene Tankschifffahrtsgesellschaft, die Petroleum Steamship Company of London, aufbaute. Die EPU avancierte zu einer soliden Vertriebsorganisation für die westeuropäischen Absatzmärkte. Siehe Alfred D. Chandler, Jr., Scale and Scope: The Dynamics of Industrial Capitalism, Cambridge, MA: Harvard University Press 1994, S. 437 f.

16 Prozent nach Asien.[155] Der mächtige amerikanische Major reagierte mit einer Reihe von Preisreduktionen auf die russische Offensive. Eine weitere Konsequenz daraus war, dass der US-Ölkonzern ein Interesse an der Erdölförderung außerhalb der Vereinigten Staaten entwickelte und sich um Bohrrechte in fremden Ländern zu bemühen begann. 1900 erreichte der globale Output etwa 430.000 Barrel Rohöl pro Tag. Ungefähr 85 Prozent davon entfielen auf das russische Zarenreich und die USA, wobei deren Anteil in den Jahren davor noch höher gewesen war. Die russischen Produzenten waren für eine Fördermenge von rund 200.000 Fass täglich verantwortlich, während in den Vereinigten Staaten 165.000 Barrel pro Tag gewonnen wurden. In den darauffolgenden Jahren verzeichneten die USA jedoch ein deutliches Produktionswachstum, woraufhin sie ihre Stellung als weltgrößter Erdölproduzent rasch zurückerobern konnten. 1905 förderten die US-Erzeuger mit circa 370.000 Fass pro Tag ungefähr doppelt so viel Rohöl wie Russland.[156]

Der russische Output schlitterte angesichts regelmäßiger Streiks durch die Erdölarbeiter und eskalierender Unruhen in Baku und Batumi, an denen ein gewisser Iossif Wissarionowitsch Dschugaschwili alias Josef Stalin wesentlich beteiligt war, bestenfalls in eine Stagnation. Die Aufstände erreichten während der Revolution im Jahre 1905 ihren vorläufigen Höhepunkt, als etwa zwei Drittel der Ölquellen zerstört wurden und die russische Erdölproduktion und der Export daraufhin einbrachen. 1904 war das russische Zarenreich noch für 31 Prozent der globalen Ölförderung verantwortlich gewesen. Bis 1913 sank dieser Wert infolge der für die Industrie verheerenden Streiks auf rund neun Prozent. Im Zuge der Oktoberrevolution 1917 und der Enteignung der privaten Mineralölgesellschaften im Jahr darauf verringerte sich der russische Output auf bescheidene 82.000 Barrel pro Tag.[157]

Das vormals zweitgrößte Ölunternehmen Russlands, die dem Hause Rothschild gehörende BNITO, wurde bereits 1911 an Royal Dutch Shell verkauft. Die Veräußerung ihrer Ölinteressen in Russland erwies sich im Nachhinein betrachtet als goldrichtige Entscheidung, blieb den Rothschilds dadurch die Konfiszierung ihres Vermögens durch die Bolschewisten erspart. Den Nobels, die mit dem Aufbau ihres BRANOBEL-Konzerns den Grundstein für die beeindruckende Entwicklung der russischen Erdölindustrie gelegt und diese über Jahrzehnte dominiert

---

[155] Vgl. Goldman, Petrostate, S. 20 ff.

[156] Vgl. Maugeri, The Age of Oil, S. 13.

[157] Vgl. Goldman, Petrostate, S. 23 f.

hatten, erging es weniger gut. Das russische Vermögen der Nobels wurde verstaatlicht und zwei Mitglieder der Familie wurden ins Gefängnis gesteckt.[158] Emanuel
Nobel, der sich und seine Familie als Bauern verkleidet und mit falschen Reise-
pässen ausgestattet außer Landes in Sicherheit bringen konnte, versuchte nach der
Flucht von dem neuen, provisorischen Firmensitz im Hotel Meurice in Paris aus
sein russisches Eigentum wiederzuerlangen.

Die politische Instabilität und Wirren in den Jahren nach der Revolution,
als zuerst das mit den Aseris verbündete Osmanische Reich im September
1918 Baku besetzte und nach Unterzeichnung des Waffenstillstands von Mou-
dros im November desselben Jahres britische Truppen die Kontrolle über die
Stadt übernahmen,[159] gaben den enteigneten, in ausländischem Besitz stehenden
Ölgesellschaften berechtigten Anlass zur Hoffnung, die bolschewistische Revolution würde scheitern und die vormaligen Eigentumsverhältnisse wiederhergestellt
werden. Die Hoffnung blieb jedoch unerfüllt. Durch das subtile Schüren von
nationalistischen und anti-kolonialistischen Empfindungen und die Aktivierung
kommunistischer Organisationsstrukturen in der Region bereiteten die Sowjets
geschickt ihre Rückkehr vor. Nachdem sich die Briten Ende 1919 aus dem Kaukasus zurückzogen und die Bolschewisten ausreichend Unterstützung für eine
Machtübernahme in Aserbaidschan mobilisieren konnten, gelang den Sowjets
mit dem Einmarsch der Roten Armee im April 1920 eine Restauration ihrer
Herrschaft über das Land und dessen Ölquellen. Lokale Kommunisten stürzten die Regierung der aserischen Gleichheitspartei (Müsavat) und gründeten die
Aserbaidschanische Sozialistische Sowjetrepublik.[160]

Das russische Eigentum der Nobels schien unwiderruflich verloren, als die
Verhandlungen zwischen BRANOBEL und der Standard Oil Company of New
Jersey über den Verkauf der konfiszierten Öleinrichtungen der Nobels im Juli
1920 trotz der erfolgreichen bolschewistischen Machtübernahme nur wenige
Monate zuvor zu einem Abschluss kamen. In der Überzeugung, die Sowjets
würden sich nicht lange an der Macht halten, kauften die Amerikaner für eine
Sofortzahlung in Höhe von über 6,5 Millionen Dollar und der Zusage weiterer
Zahlungen in Millionenhöhe, sobald die Kommunisten außer Landes waren, die

---

[158] Vgl. Kenne Fant, Alfred Nobel: A Biography, New York: Arcade 2006, S. 225.

[159] Siehe dazu Richard Pipes, The Formation of the Soviet Union: Communism and Nationalism, 1917–1923, Neuauflage, Russian Research Center Studies: Vol. 13, Cambridge, MA:
Harvard University Press 1997, S. 199 ff.

[160] Siehe dazu ausführlich Richard K. Debo, Survival and Consolidation: The Foreign Policy
of Soviet Russia, 1918–1921, Montreal: McGill-Queen's University Press 1992, S. 168 ff.

Hälfte an BRANOBEL.[161] Die Einschätzung von Standard Oil, wonach die bolschewistische Revolution letztlich scheitern würde, sollte sich bewahrheiten. Der Zusammenbruch des Sowjet-Regimes erfolgte jedoch mehr als sieben Jahrzehnte nach Vertragsabschluss mit den Nobels, weshalb sich die Akquisition als wertlos erwies. Die durch die bolschewistische Verstaatlichung geschädigten westlichen Ölkonzerne, in erster Linie das Unternehmen der Nobels, Standard Oil of New Jersey und Royal Dutch Shell, bildeten eine „Front Uni" und verhängten einen Boykott gegen sowjetische Erdölexporte. Auch wenn das Embargo lückenhaft war, ließ eine Erholung der russischen Ölproduktion einige Zeit auf sich warten.

Die durch die Folgen des Großen Krieges darniederliegende Wirtschaft der nach der Oktoberrevolution ausgerufenen russischen Sowjetrepublik war dringend auf Investitionen und technologische Hilfe aus dem kapitalistischen Ausland angewiesen, weshalb der neue starke Mann in Russland, Wladimir Iljitsch Lenin, 1921 gegen den Widerstand weiter Teile seiner Kommunistischen Partei im Rahmen der „Neuen Ökonomischen Politik" eine gewisse Liberalisierung in der sowjetischen Wirtschaft durchsetzte. Lenin eröffnete westlichen Ölfirmen gezielt Zugang zu den sowjetischen Erdölressourcen, deren Ausbeutung maßgeblich von dem wertvollen ausländischen Know-how abhing. Interessiert zeigten sich anfänglich freilich nur jene Gesellschaften, die von der Verstaatlichung 1918 bzw. 1920 nicht betroffen waren.

Bald nahmen die ersten Konzessionsnehmer ihre Tätigkeit im Sowjetreich auf, womit sie den von den enteigneten westlichen Ölkonzernen verhängten Boykott russischen Erdöls durchbrachen und darüber hinaus der sowjetischen Rohölproduktion zu deutlichen Steigerungsraten Ende der 1920er Jahre verhalfen. Nachdem die ausländischen Firmen, darunter die amerikanische Barnsdall Corporation, SOCONY, die Anglo-Persian Oil Company, die Società Minere Italo-Belge di Georgia (SMIBG) und eine auf Sachalin tätige japanische Gesellschaft, ihre Pflicht erfüllt hatten und ihre Unterstützung nicht länger erforderlich erschien, annullierte die kommunistische Führung sukzessive die vergebenen Konzessionen

---

[161] Die Zeiten, als billiges Erdöl aus Baku auf den europäischen Markt strömte und die Preisgestaltung des etablierten US-Konzerns auf dessen wichtigstem ausländischen Absatzmarkt zunichte machte, waren den Amerikanern bei Abschluss der höchst spekulativen Transaktion noch in lebhafter Erinnerung. Standard Oil übernahm von den Nobels mehr als ein Drittel der gesamten russischen Rohölförderung, 40 Prozent der Raffineriekapazität sowie 60 Prozent am russischen Vertriebsmarkt und wollte sich damit eine optimale Ausgangsposition für die ihrer Einschätzung nach bereits in naher Zukunft anbrechende post-sowjetische Ära verschaffen. Vgl. Yergin, The Prize, S. 238.

und übernahm mit Beginn der neuen Dekade weitgehend die alleinige Kontrolle über die Mineralölindustrie.[162]

Als gegen Ende der 1920er Jahre vielverheißende Ölfunde im Nahen Osten den westlichen Ölgesellschaften attraktive Expansionsmöglichkeiten zu versprechen schienen, wandten sie sich für einige Jahrzehnte von den russischen bzw. aserischen Quellen ab und überließen deren Entwicklung den Sowjets.[163] Diese unternahmen in den 1920er Jahren einige Anstrengungen, um den Erdöloutput und -export zu forcieren. Für den Erwerb dringend benötigter Importgüter war Moskau auf die Deviseneinkünfte aus dem Mineralölverkauf angewiesen. Die rückläufige Industrieproduktion und die wirtschaftliche Notlage aufgrund des Großen Krieges und der Revolution führten zu einer drastischen Reduktion der sowjetischen Inlandsnachfrage, wodurch größere Mengen an Erdöl für die Ausfuhr frei wurden. Die Regierung etablierte für diesen Zweck eine monopolistische Vertriebsgesellschaft namens Neftesyndikat, die spätere Soiuzneft, die ab 1924 eine Exportoffensive startete und mit Kampfpreisen auf die internationalen Ölmärkte drängte.

Das sowjetische Unternehmen begann alsbald mit dem Aufbau unabhängiger Absatzstrukturen in den einzelnen, vornehmlich europäischen, Zielmärkten. 1924 wurde mit der Russian Oil Products (ROP) eine Vertriebstochter in England gegründet, welche trotz des heftigen Widerstandes durch Shell und einer anti-sowjetischen Medienkampagne aufgrund ihrer hochkompetitiven Preispolitik ihren Marktanteil rasch ausbauen konnte. Bereits 1925 verfügte die englische Neftesyndikat-Tochter über ein ausgedehntes Tankstellennetz. Auch in Deutschland bauten die Sowjets über ihre 1927 gegründete Tochtergesellschaft, die Deutsch-Russische Naphtha-AG, ihr eigenes Tankstellengeschäft unter dem Markennamen DEROP (Deutsch-Russische Öl-Produkten AG) auf. In Schweden, Spanien, Portugal und Persien wurden weitere Vertriebsorganisationen errichtet sowie schloss Neftesyndikat eine Vereinbarung mit SOCONY über die Vermarktung von sowjetischem Erdöl im Nahen und Fernen Osten.[164]

Infolge des Aufbaus eigener Verkaufseinrichtungen erreichten die sowjetischen Ölausfuhren 1932 mit einem Volumen von mehr als sechs Millionen Tonnen

---

[162] Vgl. Goldman, Petrostate, S. 26. Bis Dezember 1930 wurde der Großteil der Öllizenzen für ungültig erklärt. Standard Oil of New York behielt seine Konzession für die neu errichtete Kerosinraffinerie in Batumi bis 1935 und die Japaner blieben bis 1944 auf Sachalin. Letztlich wurden jedoch alle Lizenzen im Besitz ausländischer Unternehmen aufgekündigt.

[163] Vgl. Brian Black, Crude Reality: Petroleum in World History, Lanham: Rowman & Littlefield 2012, S. 79.

[164] Für die Angaben im gesamten Absatz siehe Goldman, Petrostate, S. 28.

und einem Anteil von 9,1 Prozent an den weltweiten Gesamtexporten ihren vorläufigen Höhepunkt.[165] In den fünf Jahren zwischen 1929 und 1933 betrugen die kumulierten sowjetischen Erdölausfuhren 24,8 Millionen Tonnen. 17 Prozent der gesamten westeuropäischen Ölimporte in dieser Periode stammten aus der Sowjetunion. Den größten Marktanteil erlangte Moskau in Italien, das trotz der ideologischen Feindschaft nach der faschistischen Machtübernahme Mussolinis 48 Prozent seiner Gesamteinfuhren zwischen 1925 und 1935 aus russischen Quellen bezog.[166] 1931 betrug der Anteil des sowjetischen Erdöls an den italienischen Importen 68 Prozent. In Belgien waren es 35 Prozent und in Deutschland und Frankreich jeweils 22 Prozent.[167] Europa blieb der wichtigste Absatzmarkt für das sowjetische Öl, das seinen Weg in die entlegensten Gebiete der Erde fand.

Die westlichen Majors betrachteten die Überflutung ihrer Märkte durch die Sowjets als elementare Bedrohung. In einem Versuch, die russische Konkurrenz auszuschalten, unterbreitete Standard Oil of New Jersey 1932 Moskau das Angebot, seine gesamten Exporte in Höhe des 1931 ausgeführten Volumens für zehn Jahre exklusiv abzunehmen und anteilsmäßig an die anderen integrierten Konzerne abzugeben. Das Offert machte jedoch eine Auflösung der sowjetischen Vertriebsorganisationen im Ausland zur Bedingung, was Moskau nicht akzeptieren konnte. Eine Einigung kam nicht zustande. Letztlich bedurfte es keiner wettbewerbsschädlichen Vereinbarung mit den Majors, um die Sowjetunion zu einer Aufgabe ihrer aggressiven Erdölexportstrategie zu bewegen. Aufgrund des unerwartet hohen Anstiegs der sowjetischen Inlandsnachfrage sowie der ökonomischen Depression in den kapitalistischen Konsummärkten infolge der Weltwirtschaftskrise begannen die russischen Ölausfuhren trotz des steigenden Outputs ab 1933 bis zum Ausbruch des Zweiten Weltkrieges zu sinken bzw. sich gänzlich einzustellen.[168] Der Rückzug des sowjetischen Exportöls von den europäischen Verbrauchermärkten nahm einigen Druck aus dem Markt und leistete einen wichtigen Beitrag zu einer moderaten Stabilisierung des Ölpreises ab Mitte der 1930er Jahre.

---

[165] Vgl. Hans Heymann, Jr., „Oil in Soviet-Western Relations in the Interwar Years", in: American Slavic and East European Review, Vol. 7, No. 4, December 1948, S. 303–316 (hier 313). 1929 beliefen sich die Exporte auf knapp 3,9 Millionen Tonnen, was einem Anteil von 4,7 Prozent am globalen Gesamtexportvolumen entsprach.

[166] Vgl. Goldman, Petrostate, S. 28.

[167] Vgl. Volker Henke, „Die Bedeutung des sowjetischen Erdöls auf den Weltmärkten", in: Hartmut Elsenhans (Hrsg.), Erdöl für Europa, Hamburg: Hoffmann und Campe 1974, S. 260–276 (hier 262).

[168] Vgl. Heymann, „Oil in Soviet-Western Relations in the Interwar Years", S. 314 f.

3.2.4 Royal Dutch Shell: Die Entstehung eines europäischen Majors

Nicht nur die russischen Ölproduzenten machten der nach einem globalen Erdöl-monopol strebenden Standard Oil Company Konkurrenz, auch ein europäisches Unternehmen begann die Amerikaner zunehmend unter Druck zu setzen. Marcus Samuel, der als zehntes von elf Kindern in einer jüdischen Familie im Londoner East End aufgewachsen war, stieg in der zweiten Hälfte des 19. Jahrhunderts mit seinem Bruder Samuel in das väterliche Handelsunternehmen ein, das sich auf den Import von Meeresmuscheln spezialisiert hatte, die sich im viktorianischen England für die exquisite Innenraumgestaltung großer Beliebtheit erfreuten. Die beiden Brüder gründeten später die M. Samuel and Company in London und die Samuel Samuel and Company in Japan und weiteten den Fernosthandel des Vaters rasch aus. Sie exportierten britische Maschinen, Werkzeuge und Textilien nach Japan und in andere Länder in der Region und beluden ihre Schiffe für den Rückweg nach Europa und in den Nahen Osten mit Porzellanwaren, Seide und Reis.

Während seiner zahlreichen Reisen in den Osten begann sich Marcus Samuel für den Erdölexporthandel in Baku zu interessieren. Mit ihrer Eisenbahnstrecke an das Schwarze Meer öffneten die Rothschilds den reichen Ölquellen von Baku die Tür zum Weltmarkt. Die Verschiffung des flüssigen Rohstoffes von Batumi zu den großen Absatzmärkten in Europa und im Fernen Osten gestaltete sich jedoch nach wie vor schwierig. Die erfahrenen Londoner Händler und Transporteure erkannten die Notwendigkeit einer neuen Generation von größeren und effizienteren Tank-schiffen, um gegen Rockefellers Standard Oil Company und deren aggressive Preisstrategien bestehen zu können.

Durch die Benützung des bereits 1869 eröffneten Suez-Kanals ließe sich die Transportroute von Batumi in die Fernostländer um rund 6.500 Kilometer verkürzen und die Frachtrate deutlich senken. Dies wäre ein beträchtlicher Wett-bewerbsvorteil gegenüber den Amerikanern, die ihre Mineralölerzeugnisse mit Segelschiffen auf dem Seeweg um das Kap der Guten Hoffnung nach Fernost exportierten.[169] Die Fahrt durch den zu jener Zeit circa 165 Kilometer langen Suez-Kanal war jedoch Öltankern aus Sicherheitsgründen verwehrt. Die Gebrü-der Samuel beauftragten eine Werft in Hartlepool im Norden Englands mit der Konstruktion von Dampfschiffen mit eingebauten Öltanks, die aufgrund ihrer modernen Bauart und hohen Sicherheitsstandards erstmals eine Zulassung für den

---

[169] Vgl. Yergin, The Prize, S. 66.

Kanal erhielten. 1892 lieferte die *Murex* als erstes Tankschiff Kerosin von Batumi über die Suez-Route nach Singapur und Bangkok.[170] Samuels Unternehmen, das ursprünglich Tank Syndicate hieß und 1897 in Shell Transport and Trading Company umbenannt wurde, hatte mit dem Ölkonzern der Rothschilds einen Vertrag geschlossen, mit welchem es sich für neun Jahre den exklusiven Vertrieb von BNITOs Kerosin östlich des Suez-Kanals sicherte. Die Londoner Händler verfügten damit über einen Zugang zu ausreichend Ölressourcen für die Beladung ihrer Tankerflotte und die Versorgung der fernöstlichen Verbrauchermärkte. Shell errichtete in den einzelnen Vertriebsdestinationen Erdölspeichertanks, die eine bedarfsorientierte Versorgung des jeweiligen Marktes erlaubten. Marcus Samuels durchaus risikoreiches Unterfangen erwies sich als höchst erfolgreich. Von den 69 bis Ende 1893 registrierten Durchfahrten von Öltankschiffen durch den Suez-Kanal gingen 65 auf Shell zurück. 90 Prozent der gesamten bis 1902 durch den Kanal transportierten Ölmenge entfielen auf das britische Handelsunternehmen.[171]

Um die einseitige Abhängigkeit von russischem Erdöl zu verringern und den Transportweg zu den asiatischen Absatzmärkten zu verkürzen, erwarb Shell 1895 Bohrrechte auf Borneo. Im Juni 1901 schloss Samuel einen Liefervertrag mit der auf Spindletop Hill in Texas tätigen Ölgesellschaft von James Guffey, aus welcher wenige Jahre später unter der Führung der Mellons Gulf Oil hervorging. Die Vereinbarung regelte die Abnahme von mindestens der Hälfte von Guffeys Jahresproduktion zu einem festen Preis über einen Zeitraum von zwei Jahrzehnten. Mit dem Zugang zum texanischen Erdöl erreichte Shell eine wichtige Diversifikation seiner Rohölquellen. Das Unternehmen konnte dadurch erstmals den europäischen Markt direkt beliefern.

Samuel landete einen bedeutenden Coup gegen seinen amerikanischen Konkurrenten Standard Oil. Diese begriff Shell als gefährlichen Eindringling, gegen den es auf seinen internationalen Märkten dieselben wettbewerbshemmenden Strategien einsetzte wie auf dem Heimatmarkt. Bereits Mitte der 1890er Jahre hatte Rockefeller mit einer aggressiven, weltweiten Preissenkungskampagne den Versuch unternommen, Samuel in die Knie zu zwingen. Später wurde dem erfolgreichen Londoner Händler von Standard Oil ein äußerst attraktives Übernahmeangebot unterbreitet, das die Eingliederung seiner Gesellschaft in die

---

[170] *Murex* ist der Name einer Meeresschnecke. Deren Schwesterschiff *Conch* wurde ebenfalls nach einer Meeresschnecke bzw. deren Muschel benannt. 1893 folgten die *Bullmouth, Trocas*, die mit 5.840 Tonnen das größte Schiff seiner Klasse war, *Elax, Clam, Volute, Nerite* und *Euplactala*. Siehe dazu R. J. Forbes und D. R. O'Beirne, The Technical Development of the Royal Dutch/Shell 1890–1940, Leiden: E. J. Brill 1957, S. 528 ff.

[171] Vgl. ebd., S. 530; und Yergin, The Prize, S. 70.

Firmenstruktur der Amerikaner vorsah und ihm persönlich nicht nur Unmengen an Geld versprach, sondern auch einen hohen Führungsposten innerhalb des mächtigen Konzerns. Marcus Samuel, der von 1902 bis 1903 Bürgermeister von London war, später in den Adelsstand erhoben wurde und in den 1920er Jahren den höchst ehrwürdigen Ehrentitel des ersten Viscount Bearsted verliehen bekam, lehnte jedoch ab, da er die Unabhängigkeit und den britischen Charakter seines Unternehmens unter allen Umständen erhalten wollte. Die Gebrüder Samuel strebten ihrerseits nach einer weiteren Expansion ihrer Gesellschaft durch Übernahme einer aufstrebenden holländischen Ölfirma namens Royal Dutch, die von Niederländisch-Ostindien aus auf die ostasiatischen Absatzmärkte drängte.

Die 1890 gegründete Royal Dutch Company hat ihren Ursprung im nordöstlichen Dschungelgebiet Sumatras und geht auf eine von dem Holländer Aeilko Jans Zijlker in den frühen 1880er Jahren erworbene Konzession zurück. Jean Baptiste August Kessler, der kurz nach der Gründung von Royal Dutch das Kommando übernahm, hatte wesentlichen Anteil an der überaus erfolgreichen Entwicklung des niederländischen Unternehmens, das ein rasantes Wachstum verzeichnete und bald die ostasiatischen Märkte mit Erdöl aus Sumatra belieferte. Neben Shell bekundete auch die Standard Oil Company, die sich von dem phänomenalen Aufstieg der Holländer beeindruckt zeigte, Interesse an Royal Dutch. Die Amerikaner versuchten Kessler eine Beteiligung schmackhaft zu machen. Die junge niederländische Ölgesellschaft misstraute jedoch dem machtbewussten und berüchtigten amerikanischen Monopolisten und wehrte alle Annäherungsversuche ab.

Nach dem frühen Ableben Kesslers übernahm Henri Deterding im Dezember 1900 die Führung von Royal Dutch. Deterding wollte aus dem damals noch relativ kleinen Erdölunternehmen einen bedeutenden Player machen, der gegen die mächtige Standard Oil Company und Shell bestehen kann. Er vertrat die Auffassung, dies am besten durch Kooperation mit einem seiner Mitbewerber zu erreichen. Shell stand mit Royal Dutch in den ostasiatischen Märkten in direkter Konkurrenz. Darüber hinaus waren beide der aggressiven Marktstrategie von Standard Oil gleichermaßen ausgesetzt. Ab 1892, als Samuels Öltanker *Murex* erstmals russisches Kerosin auf kürzester Seestrecke in den Fernen Osten lieferte und Royal Dutch damit begann, die asiatischen Vertriebsmärkte mit seinem auf Sumatra geförderten Öl zu versorgen, wurden die Auseinandersetzungen zwischen den großen amerikanischen, europäischen und russischen Ölproduzenten und -händlern zunehmend erbittert geführt.[172]

---

[172] Vgl. Bertrand Gille, „Finance internationale et Trusts", in: Revue Historique, Vol. 227, No. 2, 1962, S. 291–326 (hier 320).

Deterding hatte sich mehrfach an Marcus Samuel mit dem Vorschlag gewandt, eine Allianz zu bilden und dadurch ihre Position gegenüber den Amerikanern zu stärken. 1903 entschlossen sich die beiden europäischen Ölgesellschaften schließlich zur Kooperation. Gemeinsam mit BNITO der französischen Rothschilds schufen sie die Asiatic Petroleum Company für den Vertrieb von russischem Erdöl in der östlichen Hemisphäre. Jeder der beteiligten Partner übernahm ein Drittel der Anteile und verpflichtete sich innerhalb der Vertragszone, der sogenannten *Red Line Area*, den Transport und die Vermarktung von Kerosin, Heizöl und Benzin exklusiv auf die neu gegründete Asiatic zu übertragen. Die *Red Line Area* erstreckte sich über ein riesiges trapezförmiges Gebiet vom Suez-Kanal bis Kamtschatka, Neuseeland und Kapstadt. Deterding ging als Geschäftsleiter der gemeinsamen Vertriebsgesellschaft nach London und hatte wesentlichen Anteil an den beachtlich steigenden Absatzzahlen. Asiatic kontrollierte rund 40 Prozent des asiatischen Marktes, der mehrheitlich von Standard Oil beherrscht wurde.

Neben wirtschaftlichem Erfolg suchte der nicht in die britische Upperclass geborene Sir Marcus Samuel, der als Jude aus dem Londoner East End zuweilen Diskriminierungen erfahren musste, auch nach sozialer Anerkennung. Die Wahl zum Lord Mayor of London Ende September 1902 stellte für Samuel ein Ereignis von großem persönlichem Stellenwert dar. Just zu diesem Zeitpunkt des fortgesetzten gesellschaftlichen Aufstiegs geriet die Shell Transport and Trading Company in wirtschaftliche Schwierigkeiten.

Das groß angelegte Engagement in Spindletop scheiterte, nachdem lediglich eineinhalb Jahre nach Anthony Lucas' berühmter Bohrung der Druck im Reservoir aufgrund der exzessiven Überproduktion deutlich nachzulassen begann. Unter diesen Umständen konnte Guffey den langjährigen Vertrag, in welchen Shell große Erwartungen und Investitionen gesteckt hatte, nicht einhalten. Für die zusätzlichen Öltanker, die im Zuge des Spindletop-Deals für den Transport von texanischem Erdöl nach Europa bestellt wurden, hatte das Unternehmen mittelfristig keine Verwendung. Shell war gerade dabei, ein umfangreiches europäisches Vertriebsnetz aufzubauen. Durch den Entfall der Lieferungen aus Texas war der britische Konzern mit einer kritischen Unterversorgung mit Erdöl konfrontiert. Als hätte dies noch nicht gereicht, zettelte Standard Oil einen neuen zerstörerischen Preiskrieg an, der Samuels Gesellschaft zusehends in Bedrängnis brachte. Shell stand unter gewaltigem Druck und erwirtschaftete 1904 einen großen Verlust.

Das britische Unternehmen litt unter mangelnden Managementstrukturen und dem Fehlen einer versierten Geschäftsführung. Sir Marcus hatte nicht die Zeit, sich ganztägig der Leitung seiner Firma anzunehmen. Zu wichtig war ihm seine soziale und politische Karriere. Auch sein Bruder Samuel mochte nicht auf seine ausgedehnten Reisen zugunsten einer effektiven Unternehmenssteuerung verzichten. Im Gegensatz zu Standard Oil und Royal Dutch wurde die Shell Transport and Trading Company nicht von strategisch denkenden Vollblut-Ölmanagern geleitet, sondern vielfach in improvisatorischer Manier gelenkt. Die Gebrüder Samuel ließen Organisationstalent schmerzlich vermissen.[173] Shell war primär eine Handelsgesellschaft mit einer ansehnlichen Transportflotte und einem großen Vertriebsnetz. Dem Unternehmen mangelte es jedoch an Rohölproduktion.

Royal Dutch hingegen verfolgte unter dem brillanten Manager Deterding ein integriertes Geschäftsmodell von der Erdölexploration und -gewinnung über die Raffination bis zum Vertrieb an die Endverbraucher. Noch zu Beginn des neuen Jahrhunderts war Shell das weitaus größere Unternehmen als Royal Dutch, auch wenn die Niederländer rasch aufholten. Royal Dutch glänzte jedoch durch eine viel höhere Profitabilität. Wiewohl 1902 die Aktiva von Shell die Vermögenswerte der Niederländer um mehr als 80 Prozent überstiegen, erwirtschafteten letztere einen annähernd doppelt so hohen Rohertrag und einen um zwei Drittel höheren Nettogewinn.[174] Die beachtliche Ertragskraft von Royal Dutch war maßgeblich dem finanztechnischen Vermögen von Deterding geschuldet.

Deterding wusste um die prekäre wirtschaftliche Lage von Shell. 1905 führte er erstmals Verhandlungen mit Marcus Samuel über eine Fusion der beiden Gesellschaften. Auch wenn Shell praktisch bankrott war, strebte Deterding nicht nach einer Übernahme, sondern hatte vielmehr eine Verschmelzung im Sinn. Für den Aufstieg zu einem globalen Konzern auf Augenhöhe mit Standard Oil benötigte er die Unterstützung der einflussreichen britischen Regierung, weshalb es die englische Verwurzelung und den Firmensitz in der Londoner City zu erhalten galt. Wenn schon ein Zusammenschluss mit Royal Dutch unabwendbar schien, versuchte Marcus Samuel diesen wenigstens im Sinne seines Unternehmens mitzugestalten und eine Fusion unter Gleichen zu erreichen. Aus einer Position der Stärke heraus pochte Deterding allerdings auf ein Verhältnis von 60 zu 40 zugunsten der niederländischen Interessen. Mit dem Rücken zur Wand stehend hatte Samuel letztlich keine andere Wahl, als diese Bedingung zu akzeptieren.

1907 erfolgte die Fusion beider Unternehmen zur Royal Dutch Shell-Gruppe. Der Konzern bestand aus den zwei Dachgesellschaften Royal Dutch und Shell Transport, die zu 60 bzw. 40 Prozent drei operative Töchter kontrollierten. Die Betreibergesellschaften waren die De N.V. Bataafsche Petroleum Maatschappij, welche das Upstream- und Raffineriegeschäft des Gesamtkonzerns verantwortete,

---

[173] Vgl. Nathan Aaseng, Business Builders in Oil, Minneapolis: The Oliver Press 2000, S. 52 f.

[174] Vgl. Joost Jonker und Jan Luiten van Zanden, A History of Royal Dutch Shell, Volume 1: From Challenger to Joint Industry Leader, 1890–1939, Oxford: Oxford University Press 2007, S. 61.

die für den Transport und die Lagerung zuständige Anglo-Saxon Petroleum Company sowie die bereits bestehende Asiatic Petroleum Company, die weiterhin unter Beteiligung von BNITO die Mineralölerzeugnisse in den Absatzmärkten an die Endverbraucher verkaufte. Unter der professionellen Führung von Deterding schlug die Gruppe einen weltweiten Expansionskurs ein. Bald suchte Royal Dutch Shell in beinahe allen Teilen der Welt nach Rohöl und verfügte in den europäischen Märkten über bedeutende Vertriebsgesellschaften.

Bis zum Vorabend des Ersten Weltkrieges erwuchs dem globalen Marktführer Standard Oil of New Jersey in allen relevanten Fördergebieten Konkurrenz durch Royal Dutch Shell, das seinen Anteil an der weltweiten Rohölproduktion von rund einem Prozent 1901 auf über neun Prozent 1914 steigern konnte.[175] Bei Kriegsende kontrollierte der niederländisch-britische Konzern drei Viertel der globalen Erdölförderung außerhalb der Vereinigten Staaten und befand sich damit am vorläufigen Gipfel seiner Macht.[176] Zusätzlich begannen die neuen texanischen Gesellschaften TEXACO und Gulf sich nach ausländischen Absatzmöglichkeiten umzusehen und drängten insbesondere auf den umkämpften europäischen Markt.

Mit der Zerschlagung der über viele Jahre quasi über ein Monopol verfügenden Standard Oil Company im Mai 1911, aus welcher drei global tätige, integrierte US-amerikanische Konzerne hervorgingen, und dem Aufstieg von jeweils zwei texanischen und europäischen Gesellschaften nahm die internationale Erdölindustrie im ersten Quartal des 20. Jahrhunderts eine oligopolistisch geprägte Struktur an. Diese sieben Konzerne – Standard Oil of New Jersey, Standard Oil of New York, Standard Oil of California, TEXACO, Gulf Oil, Royal Dutch Shell und Anglo-Persian Oil Company – dominierten für mehr als ein halbes Jahrhundert die weltweite Rohölproduktion und -veredelung außerhalb der Vereinigten Staaten sowie den globalen Handel und Vertrieb von Erdölerzeugnissen.

---

[175] Vgl. ebd., S. 127.
[176] Vgl. André Giraud und Xavier Boy de la Tour, Géopolitique du pétrole et du gaz, Paris: Editions Technip 1987, S. 191.

3.3 Die Erschließung des Nahen Ostens und die Bedeutung des Erdöls während der Weltkriege

3.3.1 Die Entwicklung der persischen und mesopotamischen Ölfelder

In Persien begann das Erdölzeitalter im frühen 20. Jahrhundert als William Knox D'Arcy seine berühmte Konzession aus dem Jahre 1901 erwarb. Der persische Regent Mozaffar ad-Din Schah gewährte dem in England geborenen und nach Australien emigrierten Rechtsanwalt und Bergbauunternehmer über 60 Jahre das alleinige Explorations-, Förder- und Raffinerierecht für ganz Persien mit Ausnahme der fünf nördlichen Provinzen Aserbaidschan, Gilan, Mazandaran, Astrabad und Khorasan, die zur russischen Einflusssphäre zählten. Das Konzessionsgebiet umfasste eine Fläche von circa 1,25 Millionen Quadratkilometer. Die Lizenznehmer mussten für die Einfuhr jeglicher Gerätschaften und Betriebsmittel sowie die Ausfuhr von Erdöl und Mineralölprodukten keinerlei Steuern zahlen. Laut Konzessionsvereinbarung hatte D'Arcy 16 Prozent des jährlichen Reingewinns an die persische Regierung zu entrichten. Zudem erhielten die Perser 20.000 Pfund in bar sowie Anteile im Wert von 20.000 Pfund an der zu gründenden Ölgesellschaft.[177]

Es handelte sich dabei um ein wegweisendes Abkommen, das über einen Zeitraum von fünf Jahrzehnten allen nachfolgenden Erdölkonzessionen im Nahen Osten als Modell dienen sollte.[178] Sieben Jahre nach Gewährung der Öllizenz im Mai 1901 wurde in Masjid-e-Soleiman in der westlichen Provinz Chuzestan Öl entdeckt. Nach weiteren Bohrerfolgen in der Region begann ab 1912 die kommerzielle Rohölproduktion in Persien und in Abadan wurde eine Raffinerie errichtet.[179] Kurz darauf folgte der Bau einer Pipeline von den Ölfeldern nach Abadan.

Der Iran war hernach über zwei Jahrzehnte das einzige erdölproduzierende Land in der gesamten Nahostregion. Die persischen Ölfelder erwiesen sich als äußerst ergiebig. Die Gesamtproduktion stieg von weniger als zwei Millionen Barrel im Jahr vor Ausbruch des Ersten Weltkrieges auf 8,6 Millionen Fass 1918 und 31,8 Millionen Barrel 1924. Drei Viertel des zu Beginn der 1920er Jahre

---

[177] Vgl. Mostafa Elm, Oil, Power, and Principle: Iran's Oil Nationalization and Its Aftermath, Syracuse: Syracuse University Press 1992, S. 7.

[178] Vgl. Maugeri, The Age of Oil, S. 23.

[179] Vgl. Alexander Melamid, „The Geographical Pattern of Iranian Oil Development", in: Economic Geography, Vol. 35, No. 3, July 1959, S. 199–218 (hier 200).

geförderten Rohöls wurde in Abadan zu Benzin, Kerosin oder Heizöl verarbeitet und anschließend fast ausschließlich ins Ausland exportiert. Mit der beachtlichen Produktionssteigerung gewann das Öl aus persischen Quellen zunehmend an Bedeutung auf den europäischen Verbrauchermärkten, allen voran in Großbritannien. Zwischen 1921 und 1924 verloren das US-amerikanische und mexikanische Erdöl 27 Prozent ihres gemeinsamen Marktanteils auf der britischen Insel, während Persien 25 Prozent dazugewann. Auch in Frankreich, den Niederlanden und in Italien wurden persische Ölerzeugnisse in größeren Mengen abgesetzt.[180]

Bereits 1906 hatte die britische Burmah Oil Company 38 Prozent an der D'Arcy-Konzession erworben, die dem neu gebildeten Concession Syndicate übertragen wurde. 1909 übernahm Burmah Oil gemeinsam mit Lord Strathcona, dem Hochkommissar Kanadas in London, D'Arcys persische Bohrrechte zur Gänze und änderte ihren Namen in Anglo-Persian Oil Company (APOC). Mit der Beteiligung der britischen Regierung an Anglo-Persian im Jahre 1914 übernahm London die Kontrolle an dem Unternehmen und vertrat aktiv seine politischen Interessen.[181] Großbritannien verfolgte mit diesem Schritt primär die Absicht, angesichts einer drohenden Erdölknappheit im heraufziehenden Ersten Weltkrieg die Ölversorgung seiner Seestreitkräfte sicherzustellen. Die iranische Öllizenz bildete die Grundlage für die bemerkenswerte Entwicklung von Anglo-Persian, die 1935 ihren Namen in Anglo-Iranian Oil Company (AIOC) änderte und ab 1954 unter British Petroleum (BP) firmierte, zu einem der weltweit größten und erfolgreichsten integrierten Mineralölkonzerne, der schon bald einem exklusiven Kreis der sieben mächtigsten Ölmajors angehören sollte.

Die reichen Erdölvorkommen Mesopotamiens wurden erstmals im Oktober 1927 angezapft. Ein Konsortium namens Turkish Petroleum Company (TPC) wurde in Baba Gurgur bei Kirkuk im Nordirak fündig. Das „ewige Feuer" Baba Gurgurs, entfacht durch an die Oberfläche strömendes Erdgas, hatte seit der Antike Eingang in zahlreiche Erzählungen gefunden. Auch das an vielen Stellen aus dem Boden tretende Bitumen deutete auf unterirdische Erdöllagerstätten. Dennoch mussten diese bis in die späten 1920er Jahre auf ihre Entdeckung warten.

Die Turkish Petroleum Company wurde 1912 von Calouste Gulbenkian, einem bedeutenden Ölpionier und gewieften Geschäftsmann armenischer Herkunft, gegründet und 1929 in Iraq Petroleum Company (IPC) umbenannt. Die

---

[180] Für die Angaben über die Entwicklung der persischen Fördermenge und dem Anteil des iranischen Erdöls am britischen Markt siehe Sultan M. Amerie, „Addenda: The Three Major Commodities of Persia", in: Annals of the American Academy of Political and Social Science, Vol. 122, November 1925, S. 247–264 (hier 250 f.).
[181] Vgl. Leo Ulrich, „Die Anglo Persian Oil Company, Limited", in: Weltwirtschaftliches Archiv, 15. Band, 1919/1920, S. 73–85.

ursprünglichen Eigentümer der TPC waren mit 50 Prozent die Türkische Nationalbank (ein britisches Institut), die wiederum zu 30 Prozent Gulbenkian gehörte, sowie die Deutsche Bank und Royal Dutch Shell mit jeweils 25 Prozent. 1914 hatte die türkische Regierung dem Konsortium eine Konzession für das gesamte Gebiet der osmanischen Provinzen Mosul und Bagdad erteilt. Im selben Jahr übernahm nach einer Intervention der britischen Regierung die Anglo-Persian Oil Company den 50-prozentigen Anteil der Türkischen Nationalbank an der TPC. London verfolgte die Absicht, über einen beherrschenden Einfluss auf das Konsortium die mesopotamischen Ölfelder unter seine Kontrolle zu bringen. Dies war konsistent mit der britischen Ölversorgungsstrategie, die der damalige Marineminister Winston Churchill in einer Rede im Juli 1913 wie folgt skizzierte: „We must [...] draw our oil supply, so far as possible, from sources under British control or British influence, and along those sea and ocean routes which the Navy can most easily and most surely protect."[182]

Während des Ersten Weltkrieges wurde der deutsche Anteil an der TPC konfisziert und später durch den Vertrag von San Remo 1920 dem Kriegsgewinner Frankreich übertragen. Auch die Amerikaner pochten auf eine Beteiligung an dem mesopotamischen Konsortium. Das State Department drängte bereits seit den frühen 1920er Jahren auf eine *open door policy*, welche für die US-Ölkonzerne einen gleichberechtigten Zugang zu den Lagerstätten Vorderasiens einforderte.[183] Nach dem Zusammenbruch des Osmanischen Reiches und der Entstehung des modernen Irak schlossen die Konsortiumsmitglieder der TPC im März 1925 mit der irakischen Regierung einen Konzessionsvertrag, dessen Geltungsbereich sich über das gesamte Staatsgebiet erstreckte.[184] Ab Juli 1928 waren auch die US-amerikanischen Interessen in der TPC vertreten. Die neuen Anteilseigner waren die sich aus fünf amerikanischen Ölgesellschaften zusammensetzende Near East Development Corporation (NEDC),[185] die Compagnie Française des Pétroles

---

[182] Zitiert nach Alfred Bonné, „The Concessions for the Mosul-Haifa Pipe Line", in: Annals of the American Academy of Political and Social Science, Vol. 164, November 1932, S. 116–126 (hier 117).

[183] Vgl. Gerald D. Nash, United States Oil Policy, 1890–1964: Business and Government in Twentieth Century America, Pittsburgh: University of Pittsburgh Press 1968, S. 55 ff.

[184] Die Konzession von 1925 wurde als Ergebnis von Nachverhandlungen im Jahre 1931 modifiziert. Im April 1932 vergab die Regierung in Bagdad eine weitere Konzession an die Mosul Petroleum Company (MPC) und im September 1938 eine weitere an die Basrah Petroleum Company (BPC). Beide Gesellschaften waren der IPC zuzuordnen. Sie wiesen dieselben Eigentümer und die gleiche Geschäftsführung wie der irakische Erdölmonopolist auf.

[185] Der NEDC gehörten Standard Oil of New Jersey, SOCONY, Gulf Oil, Pan-American Petroleum and Trading Company und Atlantic Refining an. Aus letzterem Unternehmen

(CFP),[186] Anglo-Persian sowie Royal Dutch Shell mit jeweils 23,75 Prozent – und Gulbenkian, dem es gegen den Widerstand der mächtigen Konzerne gelungen war, einen höchst lukrativen fünfprozentigen Anteil an der TPC zu behalten, was ihm den Namen „Mr. 5 Prozent" einbrachte. Durch die Beteiligung der amerikanischen NEDC an der Iraq Petroleum Company hatten die US-Konzerne, welche die Erdölgeschichte in der Region bedeutend prägen sollten, erstmals einen Fuß im Nahen Osten.

Die irakische Förderung verzeichnete nach dem ersten Fund eine beachtliche Steigerung von weniger als 700.000 Barrel Rohöl 1928 auf rund 30 Millionen Barrel Mitte der 1930er Jahre, womit das Land bereits nach wenigen Jahren für ungefähr ein Drittel der nahöstlichen Gesamtproduktion von über 91 Millionen Barrel 1936 verantwortlich war.[187] Mit der Fertigstellung zweier Pipelines 1934 nach Haifa und Tripoli an das Mittelmeer war die Infrastruktur für den Erdölexport nach Europa gegeben. Zwischen 70 und 80 Prozent des irakischen Outputs wurden von Tripoli aus nach Frankreich verschifft, der Rest ging großteils über

---

entstand nach dessen Fusion mit Richfield im Jahre 1966 die Atlantic Richfield Company (ARCO). Zwischen 2000 und 2013 gehörte ARCO zu BP. 2013 wurde die Firma von der im Downstream-Geschäft tätigen texanischen Tesoro Corporation übernommen. Die NEDC bestand ab 1934 nur noch aus Jersey Standard und SOCONY, welche die anderen Anteile aufkauften.

[186] Die CFP wurde im März 1924 auf Betreiben des französischen Premierministers Raymond Poincaré als privatwirtschaftliches Unternehmen, das ab 1929 an der Pariser Börse notierte, gegründet. Mit der Übernahme der deutschen Anteile an der TPC durch die französische Regierung sicherte sich der Staat, der diese wertvolle Akquisition später an die CFP übertrug, eine Beteiligung an dem Ölkonzern. 1954 hat die französische Mineralölgesellschaft eine Vertriebstochter namens Total aufgebaut und Mitte der 1980er Jahre diese Bezeichnung in den Firmenwortlaut des Gesamtkonzerns, der fortan Total CFP hieß, übernommen. Ab Anfang der 1990er, als die französische Regierung ihren Anteil von circa 30 Prozent aufgab und das Unternehmen an die New Yorker Börse ging, änderte sich der Firmenname in Total. Nach der Übernahme der belgischen Petrofina 1999 hieß der Konzern kurzzeitig Total Fina und nach der Fusion mit Elf Aquitaine ein Jahr später lautete der offizielle Name des Unternehmens TotalFinaElf. Seit 2003 heißt der französische Ölmulti, der, gemessen an der Ölfördermenge, dem Umsatz und der Marktkapitalisierung zu den weltgrößten Erdölkonzernen zählt, wieder Total.

[187] Vgl. Hans H. Boesch, „El-'Iraq", in: Economic Geography, Vol. 15, No. 4, October 1939, S. 325–361 (hier 354 und 357). Die iranischen Ölfelder produzierten mit 57,4 Millionen Barrel 1936 das meiste Erdöl im Nahen Osten.

Haifa an Marinestützpunkte in Palästina, Zypern und Malta.[188] Infolge der Schließung der Erdölleitung nach Haifa im Zuge der Staatsgründung Israels 1948 wurde mit der Errichtung einer neuen Pipeline nach Baniyas in Syrien begonnen. Nach deren Fertigstellung im Jahre 1952 wurden mehr als zwei Drittel der irakischen Fördermenge über die Mittelmeer-Routen exportiert – zwei Drittel davon flossen durch die neue Leitung nach Baniyas und ein Drittel ging nach Tripoli.[189]

3.3.2 Die Rolle des Erdöls im Ersten Weltkrieg

Das Erdöl wurde bereits in den Jahren vor Ausbruch des Ersten Weltkrieges zu einem wichtigen Faktor militärischer Macht, als die Kriegsflotten der Großmächte, allen voran von Großbritannien und den Vereinigten Staaten, sukzessive von Kohle- auf Ölfeuerung umgestellt wurden. Schon früh wurde mit Erdöl als Kraftstoff in Schiffen experimentiert. Um 1900 war das Besprühen von Kohle mit Petroleum für einen erhöhten Wirkungsgrad der Verbrennung in der Seefahrt weit verbreitet. Dies stellte einen ersten Schritt in Richtung eines vollständigen Umstiegs von Kohle auf Ölfeuerung dar. Zu Beginn des neuen Jahrhunderts war bereits der Großteil der Torpedoboote der italienischen Marine mit Ölbrennern ausgestattet. Russland verfügte zu jener Zeit über ein erdölbetriebenes Kriegsschiff. Der erste US-amerikanische ölbefeuerte Zerstörer, die *USS Paulding*, wurde 1910 in Betrieb genommen. Obgleich das an Kohlevorkommen reiche Deutschland fast kein Erdöl besaß, gab es den Bau von Schlachtschiffen in Auftrag, deren Motoren sowohl mit Kohle als auch mit Öl betrieben werden konnten. Das erste Schiff der Kaiser-Klasse, das mit 16 Dampfkessel für die Kohleverbrennung mit zusätzlicher Ölfeuerung ausgestattet war, wurde im August 1912 fertiggestellt.

In Großbritannien war es Admiral John Fisher, der den Einsatz von erdölbetriebenen Maschinen in den Kriegsschiffen der Royal Navy propagierte, dabei jedoch auf vehementen Widerstand stieß. Immerhin verfügte das Land über beträchtliche Reserven an walisischer Kohle, die von anerkannt hoher Qualität war, während auf der Insel keinerlei Öl gefördert wurde und vor allem in Kriegszeiten eine sichere

---

[188] Vgl. H. Boesch, „Erdöl im Mittleren Osten", in: Erdkunde, Band 3, Heft 2/3, August 1949, S. 68–82 (hier 75). Die Leitung nach Tripoli hatte eine Länge von 869 Kilometer und jene nach Haifa war 1.012 Kilometer lang. Der Durchmesser der Rohre wurde in den späten 1940er Jahren von circa 30,5 auf 40,6 Zentimeter vergrößert.

[189] Vgl. Samir Saul, „Masterly Inactivity as Brinkmanship: The Iraq Petroleum Company's Route to Nationalization, 1958–1972", in: International History Review, Vol. 29, No. 4, December 2007, S. 746–792 (hier 747).

Zufuhr auf den weiten Seewegen nicht garantiert schien. Fisher vermochte während seiner aktiven Dienstzeit als First Sea Lord von 1904 bis 1910 die Regierung nicht von einem Umstieg der britischen Kriegsflotte von Kohle- auf Ölfeuerung zu überzeugen. Es gelang ihm indes Winston Churchill, der ab 1911 als First Lord of the Admiralty das für die Royal Navy verantwortliche Ministeramt ausübte, für seine Idee zu gewinnen. 1912 entschied sich die britische Regierung schließlich für die Verwendung von Erdöl als Kraftstoff ihrer Seestreitkräfte. London begann daraufhin mit dem Bau von Schlachtschiffen mit erdölbefeuerten Dampfturbinen. Das erste Schiff, die *Queen Elizabeth*, nahm im Jänner 1915 ihren Kampfeinsatz auf. Auch bestehende Schiffe wurden auf Ölbetrieb umgerüstet. Die britische Regierung ging damit ein nicht unerhebliches Risiko ein. Sie verzichtete zugunsten einer erhöhten Leistungs- und Kampffähigkeit ihres Flottenverbandes auf Versorgungssicherheit.[190]

Während der Kriegshandlungen im Ersten Weltkrieg wurde die entscheidende Rolle einer ungehinderten Erdölzufuhr offenkundig. 1917 drohte eine akute Unterversorgung mit Erdöl die britische Kriegsflotte und die französische Armee zu unterschiedlichen Zeitpunkten außer Gefecht zu setzen. In beiden Fällen konnte nur ein dringendes Ersuchen um Lieferung der benötigten Öltreibstoffe an die US-amerikanischen Verbündeten den in einem mobilitätsabhängigen Krieg fatalen Stillstand abwenden.[191] Deutschland hingegen konnte mangels externer Unterstützung der groben Beeinträchtigung seiner militärischen Manöver in kritischen Gefechtsphasen aufgrund von Ölknappheit nicht entgegenwirken. Die Eroberung Rumäniens 1916 vermochte die prekäre Versorgungslage mit dem „schwarzen Gold" nicht zu verbessern, da die Ölquellen und Raffinerieanlagen in den Kriegshandlungen zerstört wurden und die rumänische Fördermenge zur Deckung des hohen Bedarfs der deutschen Streitmacht ohnedies nicht ausreichte.

Der Ölmangel machte die mechanische Überlegenheit der deutschen Kriegsmaschinerie, die sie zu Beginn des Krieges über ihre Gegner aufwies, weitgehend zunichte. Alle wesentlichen militärischen Innovationen des Ersten Weltkrieges – Panzer, Transportfahrzeuge, moderne Schlachtschiffe, Unterseeboote und Flugzeuge – waren erdölbetrieben. Rund 80 Prozent des gesamten von den Alliierten während des Krieges verbrauchten Mineralöls stammten aus den USA.[192] Eine

---

[190] Die Angaben in beiden Absatz beruhen auf Manfred Weissenbacher, Sources of Power: How Energy Forges Human History, Volumes 1 and 2, Santa Barbara: Praeger 2009, S. 373.

[191] Vgl. David S. Painter, „International Oil and National Security", in: Daedalus, Vol. 120, No. 4, Fall 1991, S. 183–206 (hier 183 f.).

[192] Ein großer Teil davon kam von den beiden Ölfeldern Cushing und Healdton in Oklahoma, die in den Jahren 1915 und 1916 circa 310.000 bzw. 95.000 Barrel Rohöl pro Tag produzierten. Siehe Giddens, „One Hundred Years of Petroleum History", S. 140.

Ölflut aus Amerika sorgte für einen unerschöpflichen Nachschub an Erdöl für die Entente und ihre Verbündeten. Der Zugang zu dem für die moderne Kriegsführung essenziellen Flüssigrohstoff gab ihnen den entscheidenden Vorteil.[193] Der spätere britische Außenminister Lord Curzon verkündete nach Kriegsende im November 1918 in einem berühmt gewordenen Befund: „The Allies floated to victory on a sea of oil."

Auch wenn das Erdöl für die Schlagkraft der sich im Ersten Weltkrieg gegenüberstehenden modernen Streitkräfte von kriegsentscheidender Bedeutung war und während der Kampfhandlungen die Importabhängigkeit der europäischen Alliierten von den US-amerikanischen Lagerstätten offenbar wurde, erschien die Dependenz Europas von externen Erdölquellen in Friedenszeiten angesichts der herausragenden Stellung, die der Kohle damals am europäischen Gesamtenergieaufkommen zukam, als unbedenklich.

Mitte der 1920er Jahre, als Kohle einen Anteil von ungefähr vier Fünftel am globalen Primärenergieverbrauch (und über 95 Prozent in Westeuropa) einnahm, wurden weltweit lediglich zwölf Prozent des Gesamtbedarfs importiert. Auf flüssige Brennstoffe entfielen zu jener Zeit 13 Prozent des gesamten Primärenergiekonsums auf der Welt (und weniger als vier Prozent in Westeuropa), wovon etwas mehr als ein Drittel außerhalb der Grenzen des jeweiligen Förderlandes verbraucht wurde. Zusammengenommen bedeutet dies, dass im Jahre 1925 nur circa 14 Prozent der weltweit erzeugten Primärenergie dem länderübergreifenden Handel zugeführt wurden. Jack Barkenbus schließt daraus folgerichtig, „that those nations industrializing in the early twentieth century did so essentially on the basis of their own resource endowments. [...] What trade existed in the 1920s was primarily intraregional rather than interregional. Over 70 percent of the 1929 energy imports into Western European countries originated within Western Europe itself."[194]

In der Zwischenkriegszeit betrug der Anteil der Kohle am westeuropäischen Primärenergieaufkommen zwischen 90 und 95 Prozent. Die Erdölimporte aus Übersee oder Russland machten insgesamt nur einen geringen Teil des Gesamtenergiekonsums in Europa aus. In der Zeit vor dem Zweiten Weltkrieg wurde also der europäische Energiebedarf beinahe zur Gänze aus eigener Erzeugung, allen voran Kohle, gedeckt. Der Abhängigkeitskoeffizient der westeuropäischen Staaten – das ist der Anteil der Nettoenergieimporte am Gesamtenergieverbrauch – belief

---

[193] Vgl. W. G. Jensen, „The Importance of Energy in the First and Second World Wars", in: Historical Journal, Vol. 11, No. 3, 1968, S. 538–554 (hier 542 ff.).

[194] Jack N. Barkenbus, „Energy Interdependence: Today and Tomorrow", in: Robert M. Lawrence und Martin O. Heisler (Hrsg.), International Energy Policy, Lexington: Lexington Books 1980, S. 3–21 (hier 5).

sich im Jahre 1930 auf lediglich ein Prozent und ist bis zu Beginn des Zweiten Weltkrieges auf nicht mehr als rund sieben Prozent gestiegen.[195]

3.3.3 Red Line Agreement und Achnacarry: Die Kartellvereinbarungen von 1928

Bereits die frühe Geschichte der internationalen Erdölindustrie war von der Rivalität zwischen der mächtigen amerikanischen Standard Oil Company und ihren europäischen Mitbewerbern sowie den Bemühungen, dieses Konkurrenzverhältnis im gemeinsamen Interesse zu entschärfen, geprägt.[196] Dieses Verhaltensmuster der großen globalen Ölgesellschaften setzte sich nach der höchstgerichtlichen Zerschlagung von Rockefellers Konzern 1911 und dem Aufstieg staatlicher europäischer Mineralölunternehmen wie die britische Anglo-Persian und die französische CFP unvermindert fort. Die Erschließung der reichen persischen und mesopotamischen Quellen sowie die sowjetischen Erdölexporte haben den Wettbewerb auf den internationalen Absatzmärkten verstärkt und den Ölpreis massiv unter Druck gesetzt.

Ein Streit zwischen SOCONY und Royal Dutch Shell im Jahre 1927 in Indien weitete sich in Windeseile auf andere Vertriebsmärkte aus und endete in einem verheerenden globalen Preiskrieg. Die Geschäftsführer der großen internationalen Ölkonzerne zeigten sich alarmiert, mit welcher Geschwindigkeit der lokale Preiskampf im indischen Vertriebsgebiet auf Amerika und Europa übergriff und die Marktposition aller Majors gefährdete.[197] 1920 hatte ein Barrel Rohöl noch

---

[195] Vgl. Willem Molle, The Economics of European Integration: Theory, Practice, Policy, 5. Auflage, Aldershot: Ashgate 2006, S. 195.

[196] Vgl. Edith T. Penrose, The Large International Firm in Developing Countries: The International Petroleum Industry, Cambridge, MA: The MIT Press 1968, S. 53.

[197] Vgl. John M. Blair, The Control of Oil, New York: Pantheon Books 1976, S. 54 f. Gegen jeden Protest von Shell bestand die Standard Oil Company of New York auf den Kauf von Rohöl von der sowjetischen Regierung, die einige Jahre zuvor das russische Eigentum von Shell beschlagnahmt hatte. Im September 1927 drohte Shell mit einer Senkung des Kerosinpreises in Indien, sollte SOCONY weiterhin den indischen Markt mit sowjetischem Öl bedienen. Die Amerikaner widersetzten sich der Drohung, was einen Preiskrieg zwischen Shell und SOCONY in Indien zur Folge hatte. Die Konfliktparteien dehnten sodann ihren Preiskampf auf den wichtigen US-amerikanischen und europäischen Absatzmarkt aus. Die anderen Majors wurden dadurch in die Auseinandersetzung hineingezogen und sahen sich zur Verteidigung ihrer Marktanteile gezwungen, die Preissenkungen mitzutragen. Dies führte schließlich zu einem von den internationalen Mineralölfirmen als bedrohlich empfundenen Preissturz beim Erdöl.

mehr als drei Dollar gekostet. Bis Anfang der 1930er Jahre ist der Ölpreis auf lediglich 65 Cent pro Fass abgerutscht. Dies entsprach einem realen Preisverfall von über 70 Prozent.[198] Die Majors setzten einiges daran, der ruinösen Preisentwicklung durch wettbewerbsbeschränkende Absprachen entgegenzuwirken. In den späten 1920er und frühen 1930er Jahren wurden mehrere bedeutende Vereinbarungen getroffen, die im Wesentlichen auf eine Begrenzung des Angebots und Stabilisierung der Preise abzielten.

Am 31. Juli 1928 unterzeichneten die Anteilseigner der TPC im belgischen Ostende ein Abkommen, das Red Line Agreement,[199] in welchem sie ihre individuellen Erdölaktivitäten in weiten Teilen des Nahen Ostens der Zustimmung aller Teilhaber des Konsortiums unterwarfen. Die Ölkonzerne der amerikanischen Near East Development Corporation, Anglo-Persian, Royal Dutch Shell und die französische CFP verständigten sich darauf, innerhalb der Grenzen des Osmanischen Reiches von 1914, ein Gebiet von Istanbul bis Aden und von Sinai bis Basra, nur gemeinsame Unternehmungen zu verfolgen. Dies bedeutete ein Verbot der alleinigen Erdölproduktion, -raffination und -vermarktung abseits des TPC-Konsortiums innerhalb der „roten Linie". Ziel der wettbewerbsfeindlichen Bestimmungen war letztlich die Etablierung eines Produktionskartells.[200] Die beteiligten Gesellschaften strebten nach einer Kontrolle des globalen Erdölangebots, wodurch eine Einschränkung des Wettbewerbs und Aufrechterhaltung der Preise auf hohem Niveau erreicht werden sollte. Das Red Line Agreement hat die Rahmenbedingungen für die weitere Erdölentwicklung des Nahen Ostens, insbesondere der Arabischen Halbinsel, festgelegt.[201]

---

[198] Siehe BP, Statistical Review of World Energy June 2020 (Data Workbook), abrufbar unter: http://www.bp.com/statisticalreview (21. Mai 2021).

[199] In einer der berühmtesten Anekdoten der Erdölgeschichte zeichnete Calouste Gulbenkian bei einem Treffen der TPC-Partner auf einer Landkarte des Nahen Ostens mit einem roten Stift die Grenzen des früheren Osmanischen Reiches, wie er es gekannt hatte, nach, woraufhin sich die Bezeichnung „Red Line Agreement" (mitunter auch „Group Agreement" genannt) für das getroffene Abkommen durchsetzte. Die rote Linie umfasste die gesamte Arabische Halbinsel (mit Ausnahme von Kuwait), den Irak, Transjordanien, Syrien, den Sinai, Palästina, Libanon und die Türkei.

[200] Vgl. John A. Loftus, „Middle East Oil: The Pattern of Control", in: Middle East Journal, Vol. 2, No. 1, January 1948, S. 17–32 (hier 22); sowie Edward Peter Fitzgerald, „Business Diplomacy: Walter Teagle, Jersey Standard, and the Anglo-French Pipeline Conflict in the Middle East, 1930–1931", in: Business History Review, Vol. 67, No. 2, Summer 1993, S. 207–245 (hier 208).

[201] Vgl. Yergin, The Prize, S. 205.

Im selben Jahr einigten sich die größten globalen Mineralölkonzerne auf ein weiteres wettbewerbsfeindliches Abkommen. Die Kartellvereinbarung von Achnacarry ist nach dem gleichnamigen Schloss im schottischen Hochland benannt, in das Henri Deterding, der langjährige und mächtige Vorsitzende von Royal Dutch Shell, die Firmenchefs der anderen Majors einlud, um das Problem der Überproduktion und -kapazität auf dem Weltölmarkt zu besprechen. An dem geheimen, zweiwöchigen Treffen im August und September 1928 nahmen neben Deterding Walter Teagle und Heinrich Riedemann von Standard Oil of New Jersey, John Cadman von Anglo-Persian, William Mellon von Gulf Oil sowie Vertreter von TEXACO, SOCONY und Standard Oil of Indiana teil.

In dem Achnacarry-Abkommen wurde für die einzelnen Majors eine bestimmte Quote – ein Prozentsatz des gesamten Absatzes – für den Erdölvertrieb in den Märkten außerhalb der Vereinigten Staaten festgesetzt. Die Quote richtete sich nach den Marktanteilen der damaligen Zeit, wodurch die Situation von 1928 einzementiert wurde. Die Vereinbarung, der sich neben den großen Dreien Jersey Standard, Shell und Anglo-Persian 15 weitere amerikanische Ölgesellschaften, darunter SOCONY, SOCAL, TEXACO und Gulf, anschlossen, wird aus diesem Grund auch „As Is"-Agreement genannt.[202] Die Konzerne verpflichteten sich, ihre Marktanteile nicht auf Kosten der anderen Gesellschaften auszuweiten. Der Absatz konnte dadurch nur bei steigender Gesamtnachfrage aliquot erhöht werden. Die Majors bildeten in Achnacarry ein internationales Erdölkartell, das eine Aufteilung des globalen Ölmarktes untereinander beabsichtigte und eine Stabilisierung der Preise auf hohem Niveau anstrebte. Der Anwendungsbereich des Abkommens umfasste die gesamte Welt – mit der bedeutenden Ausnahme des US-amerikanischen Marktes.

Nachdem in Achnacarry eine Übereinkunft über die allgemeinen Grundsätze des globalen Ölkartells erzielt werden konnte, schlossen die Majors in den Folgejahren drei weitere Abkommen, in welchen in detailreicher Form die konkreten Leitlinien für die Errichtung regionaler Kartellstrukturen in den unterschiedlichen Absatzmärkten festgelegt wurden. Es handelte sich dabei um das Memorandum for European Markets von Jänner 1930, das Heads of Agreement for Distribution von Dezember 1932 und das im Jahre 1934 beschlossene Draft Memorandum of Principles. In diesen wettbewerbsbeschränkenden Vereinbarungen wurden in

---

[202] Vgl. Anthony Sampson, The Seven Sisters: The Great Oil Companies and the World They Shaped, New York: Viking Press 1975, S. 74.

erster Linie die Förder- und Verkaufsquoten, die Preise und andere Verkaufsbedingungen für den Ölvertrieb sowie der Umgang mit nicht dem Kartell angehörenden Anbietern abgestimmt.[203]

Die geheimen Abmachungen, die erst in den frühen 1950er Jahren der Öffentlichkeit bekannt wurden, verfehlten weitgehend ihren Zweck der Ölpreisstabilisierung. Es gestaltete sich als unmöglich, alle kleineren Erdölgesellschaften auf eine Linie zu bringen. Unmittelbar nach der Übereinkunft von Achnacarry trafen zudem die beteiligten Majors Nebenabsprachen, welche die effektive Umsetzung der Kartellvereinbarung unterminierten. Der durch die 1929 einsetzende Weltwirtschaftskrise verursachte Nachfragerückgang setzte den Ölpreis zusätzlich unter Druck. Obendrein trat russisches Erdöl an den seltsamsten Orten in Erscheinung und untergrub dort die Preisstrukturen.[204] Das „As Is"-Abkommen konnte unter diesen Umständen nie vollständig verwirklicht werden. Die getroffenen Vereinbarungen entpuppten sich bis in die späten 1930er Jahre als weitgehend gegenstandslos. Das Ende des Agreements kann ungefähr auf das Jahr 1939 datiert werden.[205] Es gelang den Kartellmitgliedern letztlich nicht, den Ölpreis konstant auf hohem Niveau zu halten. Als die geheimen Abreden von Achnacarry zu einem Ende kamen, kostete ein Fass Rohöl sowohl nominell als auch real weniger als zehn Jahre zuvor.[206]

Dies soll allerdings nicht darüber hinwegtäuschen, dass die mächtigen Majors durch ihre praktisch vollständige Kontrolle der für den globalen Handel relevanten Erdölproduktion und -veredelung sowie des weltweiten Transports und Vertriebs von Mineralöl die internationale Ölindustrie nahezu unumschränkt beherrschten. Gemäß Fuad Rouhani, dem ersten Generalsekretär der OPEC, agierten die westlichen Ölmultis „with an almost unparalleled power and authority in all matters relating to the petroleum industry."[207] In Achnacarry vereinbarten die beteiligten Gesellschaften „a set of principles, policy decisions, and modes of procedure",[208] die ihre Handlungsstrategien und Verhaltensweisen in den darauffolgenden Jahrzehnten leiten sollten und eine Bekräftigung des Regimes der integrierten Konzerne bewirkten.

---

[203] Vgl. Blair, The Control of Oil, S. 56 ff.

[204] Vgl. Sampson, The Seven Sisters, S. 76.

[205] Vgl. Falola und Genova, The Politics of the Global Oil Industry, S. 40.

[206] Siehe BP, Statistical Review of World Energy June 2020 (Data Workbook).

[207] Fuad Rouhani, A History of O.P.E.C., New York: Praeger 1971, S. 39.

[208] Ebd., S. 38.

3.3.4 Die Entdeckung des Erdölreichtums auf der Arabischen Halbinsel

In der Zwischenkriegszeit konzentrierte sich die globale Erdölproduktion im Wesentlichen auf nicht mehr als sieben Länder. Neben den Vereinigten Staaten, die seit Beginn des Jahrhunderts bis nach dem Zweiten Weltkrieg über Jahrzehnte einen Anteil von weit über 50 Prozent an der gesamten Weltproduktion einnahmen, waren dies Russland (bzw. ab 1922 die Sowjetunion), Venezuela, Mexiko, Rumänien, Niederländisch-Ostindien (das heutige Indonesien) und der Iran (Abbildung 3.2).

Auf der Arabischen Halbinsel und in Nordafrika wurde bis in die späten 1930er Jahre überhaupt kein Erdöl kommerziell gefördert.[209] Vermutungen über Ölvorkommen unter dem arabischen Wüstensand wurden zwar bereits seit den frühen 1920er Jahren geäußert – allen voran von Frank Holmes, einem britisch-neuseeländischen Geologen, der im arabischen Raum als *Abu Naft*, der „Vater des Öls", Bekanntheit erlangte und dessen Bedeutung für die Erdölgeschichte unter anderem in einem Buch der Journalistin Aileen Keating umfassend gewürdigt wird.[210] Diverse Studien renommierter Geologen kamen jedoch zu gegenteiliger Einschätzung und untermauerten das zu jener Zeit vorherrschende Paradigma einer erdölfreien Arabischen Halbinsel.

In diesem Zusammenhang wird in der Literatur gerne auf eine bekannte geologische Untersuchung von Arnold Heim, Geologe und Privatdozent an der Universität Zürich und damals einer der bedeutendsten Forscher seiner Zunft, verwiesen.[211] Auch er kam in seiner im April 1924 in der im nordöstlichen Arabien gelegenen Al-Hasa-Provinz und Bahrain durchgeführten Studie zu dem Ergebnis, wonach alle Bohrungen nach Erdöl auf der arabischen Seite des Persischen Golfs keine Aussicht auf Erfolg hätten.[212] Und sollte entgegen jeder Erwartung doch Erdöl gefunden werden, so die weit verbreitete Meinung, dann in solch geringen Mengen, die eine Ausbeutung ökonomisch nicht rechtfertigen würden.[213]

---

[209] Vgl. George P. Stevens, Jr., „Saudi Arabia's Petroleum Resources", in: Economic Geography, Vol. 25, No. 3, July 1949, S. 216–225 (hier 221).

[210] Siehe Aileen Keating, Power, Politics and the Hidden History of Arabian Oil, London: Saqi 2006.

[211] Siehe unter anderem ebd., S. 40; und Yergin, The Prize, S. 281.

[212] Siehe dazu Hans-Jürgen Philipp, „Arnold Heims erfolglose Erdölsuche und erfolgreiche Wassersuche im nordöstlichen Arabien", in: Vierteljahrsschrift der Naturforschenden Gesellschaft in Zürich, Jahrgang 128, Heft 1, 1983, S. 43–73.

[213] Vgl. Keating, Power, Politics and the Hidden History of Arabian Oil, S. 41.

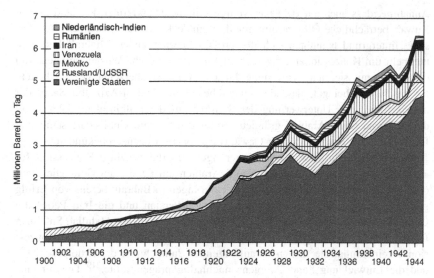

Abb. 3.2 Die größten Erdölförderländer 1900–1945. (Quelle: Bouda Etemad und Jean Luciani, World Energy Production 1800–1985, Genf: Droz 1991; siehe The Shift Project Data Portal)

Die allgemeine Überzeugung von der erdöllosen Arabischen Halbinsel veranlasste George Lees, Chef-Geologe der Anglo-Persian Oil Company, zur geschichtsträchtigen Aussage, er würde jeden Tropfen kommerziell geförderten Öls in Bahrain trinken.[214] Ende Mai 1932, nur wenige Monate nach dieser Ankündigung, wurde in Bahrain in einer Tiefe von 600 Metern ein Ölfeld gefunden, aus dem anfänglich 2.400 Barrel pro Tag strömten.[215] Diese Entdeckung markiert den Beginn der Erschließung des gigantischen Ölreichtums auf der Arabischen Halbinsel.[216]

Die erste erfolgreiche Erdölbohrung auf der arabischen Seite des Persischen Golfs durch die Bahrain Petroleum Company (BAPCO)[217] berechtigte zur

---

[214] Zitiert nach Archibald H. T. Chisholm, The First Kuwait Oil Concession Agreement: A Record of the Negotiations 1911–1934, London: Frank Cass 1975, S. 162.

[215] Vgl. E. Willard Miller, „The Role of Petroleum in the Middle East", in: Scientific Monthly, Vol. 57, No. 3, September 1943, S. 240–248 (hier 244).

[216] Vgl. Mahdi A. Al-Tajir, Bahrain 1920–1945: Britain, the Shaikh, and the Administration, London: Croom Helm 1987, S. 171.

[217] Die Bahrain Petroleum Company wurde 1929 von der Standard Oil Company of California (SOCAL), die ab 1984 Chevron hieß, gegründet. 1930 erwarb SOCAL von Gulf Oil, dessen

Annahme, dass auch auf dem nur wenige Kilometer entfernten Festland und in Kuwait beträchtliche Ölreservoire auf ihre Entdeckung warten würden. Vor diesem Hintergrund bemühten sich die großen internationalen Mineralölkonzerne nunmehr um Konzessionen ausgerechnet für jene arabische Wüstenregionen, von deren Ölarmut sie sich nur wenige Jahre zuvor fest überzeugt gezeigt hatten. Es traf sich dabei gut, dass der saudische König Abd al-Aziz Ibn Saud, der nach erfolgreicher Unterwerfung der Stämme auf der Halbinsel im Jahre 1932 das moderne Saudi-Arabien gründete, unter dringendem Geldbedarf stand und folglich größtes Interesse an der Gewährung von Bohrlizenzen bekundete.

Drei Erdölmultis bzw. Konsortien rangen um die begehrte Konzession für die Region Al-Hasa im östlichen Saudi-Arabien am Persischen Golf. Die Standard Oil Company of California, deren Bohrungen in Bahrain bereits von Erfolg gekrönt waren, hat sich letztlich gegen Anglo-Persian und die Iraq Petroleum Company durchgesetzt.[218] Am 29. Mai 1933 unterzeichneten Abdullah Suleiman für die Saudis und Lloyd N. Hamilton als Vertreter von SOCAL eine Konzessionsvereinbarung, die in den darauffolgenden Jahrzehnten die Erdölgeschichte und die Entwicklung Saudi-Arabiens nachhaltig prägen sollte.[219] Die für eine Laufzeit von 60 Jahren erworbenen und eine Fläche von einer Million Quadratkilometer umfassenden Bohrrechte wurden der neu gegründeten California-Arabian Standard Oil Company (CASOC) übertragen, die 1944 in Arabian-American Oil Company (ARAMCO) umbenannt wurde.

Die höchst ertragreiche Förderlizenz in Bahrain und die vielversprechende saudische Al-Hasa-Konzession strapazierten die Finanzkraft von SOCAL und brachten das Unternehmen aufgrund fehlender Absatzmärkte rasch an die Grenzen seines Vermarktungspotenzials. Unter diesen Umständen war es nur folgerichtig, dass sich die Kalifornier 1936 TEXACO an Bord holten und die Konzessionen in

---

Explorationsaktivitäten auf der Arabischen Halbinsel durch das im Juli 1928 beschlossene Red Line Agreement beschnitten wurden, die einzige Konzession, die zur Erdölexploration in Bahrain berechtigte. Die gekauften Bohrrechte gingen auf Frank Holmes zurück, der die ursprüngliche Konzession 1925 erworben hatte und diese zwei Jahre später um 50.000 Dollar an Gulf Oil verkaufte. Vor der Übergabe an Gulf hatte Holmes seine Konzession zum selben Preis bereits Walter C. Teagle, dem mächtigen Vorsitzenden der Standard Oil Company of New Jersey, angeboten, der jedoch kein Interesse zeigte. Diese historische Fehlentscheidung ging als Teagles „billion-dollar error" in die Geschichtsbücher ein. Siehe dazu Sampson, The Seven Sisters, S. 88.

[218] Siehe dazu ausführlich Edward Peter Fitzgerald, „The Iraq Petroleum Company, Standard Oil of California, and the Contest for Eastern Arabia, 1930–1933", in: International History Review, Vol. 13, No. 3, August 1991, S. 441–465.

[219] Vgl. Leonard Mosley, Power Play: The Tumultuous World of Middle East Oil 1890–1973, London: Weidenfeld & Nicolson 1973, S. 53.

Bahrain und Saudi-Arabien jeweils zur Hälfte mit dieser teilten. Ende Dezember 1936 strömte nach einer erfolgreich durchgeführten Bohrung nahe Dammam Erdgas in großen Mengen aus dem Boden. Der gasförmige Brennstoff galt zu jener Zeit jedoch als unnützes und aufgrund seiner Entzündlichkeit gefährliches Abfallprodukt. Die amerikanischen Konzessionsnehmer mussten noch bis März 1938 warten, ehe das erste Rohöl an die Oberfläche trat. Der Wüstenboden in Dhahran in der östlichen Provinz stellte sich als äußerst ergiebig heraus. Bis Ende April wurden 100.000 Barrel aus dem Bohrloch gefördert.[220] Es folgte die Errichtung einer Raffinerie in Ras Tanura, das in den darauffolgenden Jahrzehnten zum weltgrößten Ölterminal avancierte. Sowohl SOCAL als auch TEXACO profitierten von der gemeinsamen Entwicklung der arabischen Lagerstätten. Im Gegensatz zu SOCAL verfügten die Texaner zwar über ausreichend Märkte, ihnen mangelte es allerdings an Öl zur Speisung ihrer Absatzkanäle.[221] Vermarktet wurde das produzierte Erdöl von der neu gegründeten California Texas Oil Company (CALTEX).

Bis Ende der 1930er Jahre gewann die Erschließung des arabischen Erdöls zunehmend an Dynamik. Der Irak, Saudi-Arabien und Bahrain stiegen neben dem Iran zu bedeutenden Erdölproduzenten auf.[222] Dasselbe galt für Kuwait, das nach Vergabe einer Konzession im Dezember 1934 an die Kuwait Oil Company (KOC), ein Joint Venture von Gulf Oil und Anglo-Persian, rasch die ersten vielversprechenden Funde vermeldete.[223] Es schien schwierig, eine Bohrung in dem kleinen Scheichtum am Persischen Golf abzusetzen, ohne auf eine Ölquelle zu stoßen.[224] Im Februar 1938 machte das britisch-amerikanische Konsortium im südöstlichen Kuwait eine der bedeutungsvollsten Entdeckungen in der Erdölgeschichte, als es das zweitgrößte je erschlossene Ölfeld, Burgan, anbohrte. Kurz nach diesem historischen Fund mussten jedoch aufgrund des Zweiten Weltkrieges die Erschließungsaktivitäten in Burgan eingestellt werden, um die knappen

[220] Vgl. ebd., S. 78.

[221] Vgl. Francisco Parra, Oil Politics: A Modern History of Petroleum, New York: I.B. Tauris 2004, S. 36.

[222] Vgl. Michael A. Palmer, Guardians of the Gulf: A History of America's Expanding Role in the Persian Gulf, 1833–1992, New York: Simon & Schuster 1999, S. 19.

[223] Auch bei der erstmaligen Erschließung der kuwaitischen Ölvorkommen hatte Frank Holmes eine wichtige Rolle eingenommen. Als Berater des kuwaitischen Machthabers Scheich Ahmad war er in die Verhandlungen mit dem britisch-amerikanischen Konsortium KOC maßgeblich eingebunden. Nachdem Gulf Oil aufgrund des Red Line Agreements gezwungen war, seine bahrainische Konzession aufzugeben, zielten die US-Amerikaner umso mehr auf die Bohrrechte in Kuwait, das außerhalb des Abkommens lag.

[224] Vgl. Mosley, Power Play, S. 85.

Ressourcen auf bereits entwickelte, in voller Produktion stehende Ölfelder zu konzentrieren.[225] 1940 wurden mehr als 90 Prozent des im Nahen Osten geförderten Erdöls exportiert. Europa war der mit Abstand größte Abnehmer, auf welchen üblicherweise über 75 Prozent der Gesamtausfuhren entfielen.[226] Aufgrund des damals sehr geringen Outputs der Region waren vor dem Zweiten Weltkrieg und bis 1945, soweit es die Nachschubwege zu Kriegszeiten zuließen, die Vereinigten Staaten die führende Exportnation von Erdölprodukten nach Europa und in andere Teile der Welt.[227] Noch in den 1930er Jahren und bis Mitte der 1940er war Nordamerika, allen voran die USA, für zwei Drittel der Welterdölproduktion verantwortlich. 1938 belief sich der Anteil des Nahen Ostens an der globalen Fördermenge auf lediglich 5,5 Prozent und jener der arabischen Länder auf nicht mehr als zwei Prozent.[228] Dieser geringe Anteil ist angesichts der erst in den 1930er Jahren einsetzenden Erschließung der Arabischen Halbinsel wenig überraschend.[229] Erdöl aus nahöstlicher Produktion vermochte nach dem Krieg den europäischen Jahresbedarf nur zu einem Viertel abzudecken; „der Hauptteil der europäischen Einfuhr kam aus dem karibischen und dem Golf-Gebiet über den Atlantik."[230] Mit den beträchtlichen Produktionssteigerungen in den darauffolgenden Jahren änderte sich das Bild allerdings grundlegend und der Nahe Osten stieg zur zentralen Exportregion für die europäischen Erdöleinfuhren auf.

---

[225] Vgl. Elizabeth Monroe, „The Shaikhdom of Kuwait", in: International Affairs, Vol. 30, No. 3, July 1954, S. 271–284 (hier 274).

[226] Vgl. Miller, „The Role of Petroleum in the Middle East", S. 245.

[227] Peter R. Odell, Oil and Gas: Crises and Controversies 1961–2000, Volume 1: Global Issues, Brentwood: Multi-Science 2001, S. 206.

[228] Vgl. Hartmut Elsenhans, „Entwicklungstendenzen der Welterdölindustrie", in: ders. (Hrsg.), Erdöl für Europa, Hamburg: Hoffmann und Campe 1974, S. 7–47 (hier 35).

[229] Von der Entdeckung eines Ölfeldes bis zur kommerziellen Förderung wird in der Erdölindustrie ein Entwicklungszeitraum von zehn Jahren als durchaus üblich angenommen. Vgl. Falola und Genova, The Politics of the Global Oil Industry, S. 17 f.; sowie Curt Gasteyger, „Introduction", in: ders. (Hrsg.), The Future for European Energy Security, London: Frances Pinter 1985, S. 1–8 (hier 3).

[230] Boesch, „Erdöl im Mittleren Osten", S. 75.

3.3.5   Erdöl im Zweiten Weltkrieg

Die Kampfhandlungen während des zweiten weltumspannenden Krieges zwischen 1939 und 1945 offenbarten ein weiteres Mal die herausragende Stellung des Erdöls und die Abhängigkeit der industrialisierten Gesellschaften von dem fossilen Brennstoff. Bei Kriegsbeginn war der Verbrennungsmotor oder die ölbefeuerte Dampfturbine in nahezu allen kriegswichtigen Maschinen im Einsatz. Der Zweite Weltkrieg war noch viel mehr ein Krieg der Mobilität als der Erste. Eine durchschnittliche amerikanische Division im Ersten Weltkrieg brachte es auf 4.000 PS; im Zweiten Weltkrieg waren es 187.000 PS.[231] Der Ölbedarf der Streitmächte war gegenüber dem Großen Krieg noch deutlich gestiegen. Die alliierten Kampftruppen verbrauchten während der Kriegshandlungen täglich rund 800.000 Barrel Benzin; im Ersten Weltkrieg waren es nur 39.000 Barrel pro Tag gewesen.[232]

Das moderne Kriegsgerät sowohl auf Land, in der Luft als auch auf See war ohne Erdölkraftstoffe, Motoröle und Schmiermittel nicht funktionsfähig. Ohne Öl, so Harold L. Ickes, der langjährige US-Innenminister und während des Zweiten Weltkrieges in seiner Funktion als Petroleum Administrator for War maßgeblich für die amerikanische Erdölpolitik verantwortlich, wären die Hunderttausenden Kampfflugzeuge, Panzer, Transportfahrzeuge und Kriegsschiffe nichts weiter als „Schrott". Folgerichtig vertrat Ickes die Einschätzung, „the side that can throw the most oil into the fray over the longest sustained period of time will win."[233] In einem konventionell geführten Krieg, der laut W. G. Jensen zu hundert Prozent vom Verbrennungsmotor und Erdöl abhängig war, wurde das Öl zum zentralen strategischen Rohstoff der beteiligten Kriegsparteien.[234]

Die führenden Achsenmächte, das Deutsche Reich, das Königreich Italien und das Kaiserreich Japan, waren in ihrer Versorgungslage gegenüber den alliierten Kampfverbänden deutlich im Nachteil. Da die Staaten des Dreimächtepakts kaum eigene konventionelle Erdölvorkommen besaßen, waren sie in hohem Maße von Importen abhängig. Japan musste 1939 beinahe 94 Prozent seines Ölbedarfs importieren, wobei über 80 Prozent der Einfuhren aus den Vereinigten Staaten und der Rest großteils aus Niederländisch-Indien und Borneo stammten.[235]

---

[231] Vgl. Yergin, The Prize, S. 382.

[232] Vgl. Clark, The Oil Century, S. 127.

[233] Harold L. Ickes, Fightin' Oil, New York: Alfred A. Knopf 1943, S. 7 f.

[234] Vgl. Jensen, „The Importance of Energy in the First and Second World Wars", S. 545.

[235] Vgl. Irvine H. Anderson, Jr., „The 1941 *De Facto* Embargo on Oil to Japan: A Bureaucratic Reflex", in: Pacific Historical Review, Vol. 44, No. 2, May 1975, S. 201–231 (hier 201).

Der hohe Abhängigkeitsgrad zeugt von einer verheerenden Ressourcensitua-
tion Japans, das sich nach dessen Invasion Chinas im Juli 1937 zu jener Zeit
bereits im Krieg befand. Die Versorgung mit dem strategischen Rohstoff hing zu
vier Fünftel von der Gewogenheit der USA, des späteren Hauptkriegsgegners, ab.
Als Japan bis 1941 große Gebiete im Norden und Osten Chinas, darunter Peking,
Nanking und Schanghai, besetzte und in den Süden des Landes vorrückte, hatte
die militärische Aggression keinen Stopp der vitalen US-Öllieferungen zur Folge.
Das Kaiserreich profitierte von den vor allem im amerikanischen Kongress vor-
herrschenden isolationistischen Tendenzen und der Befürchtung Washingtons und
Londons, ein Ölembargo würde die japanische Expansion nach Südostasien nur
beschleunigen und Tokio einen willkommenen Vorwand liefern, Niederländisch-
Indien anzugreifen, wodurch sich ein Krieg im Pazifik und ein Kriegseintritt der
USA nicht mehr verhindern lassen würden.[236]

Trotz der aggressiven japanischen Expansionspolitik und schwerster Men-
schenrechtsverletzungen wie dem Massaker von Nanking 1937/38[237] zögerte die
US-Regierung aufgrund der erwähnten strategischen Überlegungen bis August
1941, ehe sie ein Embargo gegen die Ausfuhr von Erdöl nach Japan verhängte.
Anlassfall für den Boykott war die japanische Invasion Indochinas nur wenige
Tage zuvor. Auch Großbritannien, das den nördlichen Teil Borneos (Sarawak,
Nord-Borneo und Brunei) kontrollierte, und Niederländisch-Indien verweigerten
daraufhin die Belieferung Japans mit Erdöl.

Nachdem Tokio von seinen wichtigsten Bezugsquellen abgeschnitten war,
verzeichneten die japanischen Ölimporte 1941 einen drastischen Einbruch. Das
Kaiserreich unter Kriegsminister Tōjō Hideki, der ab Oktober 1941 bis Juli 1944
zugleich Premierminister war, manövrierte sich in eine prekäre Versorgungssituation mit vorrätigen Ölreserven für höchstens 18 Monate.[238] Japan entschloss
sich zu einem groß angelegten Überraschungsangriff an mehreren Fronten. In den
frühen Morgenstunden des 7. Dezember 1941 attackierten die japanischen Mari-
neluftstreitkräfte die in Pearl Harbor, Hawaii vor Anker liegende US-Pazifikflotte
und fügte dieser schmerzliche Verluste zu. Zur gleichen Zeit flogen japanische

---

[236] Vgl. Yergin, The Prize, S. 311 ff.

[237] Während der durch japanische Truppen begangenen Kriegsverbrechen in der damaligen
chinesischen Hauptstadt wurden laut offiziellen chinesischen Angaben 300.000 Menschen,
großteils Zivilisten, ermordet und 80.000 Frauen vergewaltigt. Gemäß den Protokollen des
Internationalen Militärtribunals für Ostasien in Tokio ist von 200.000 toten Zivilisten und
Kriegsgefangenen und 20.000 Vergewaltigungen während des sechswöchigen Massakers auszugehen. Das Urteil des Tokioter Militärtribunals vom 4. November 1948 ist unter folgender
Quelle abrufbar: http://werle.rewi.hu-berlin.de/tokio.pdf (1. März 2014).

[238] Vgl. Anderson, „The 1941 *De Facto* Embargo on Oil to Japan", S. 202.

Fliegerverbände schwere Angriffe auf Hongkong, Singapur, Guam und die Philippinen, während Truppen in Thailand und Malaysia einmarschierten und nach Niederländisch-Indien und Borneo drängten, deren Ölfelder für die Versorgung des Kaiserreiches und dessen Kriegsmaschinerie mit Erdöl nach dem Lieferstopp im Sommer von elementarer Bedeutung waren. Der Angriff auf Pearl Harbor verfolgte den Zweck, die südostasiatische Invasion vor einer Intervention der USA zu schützen und die US-Flotte in Hinblick auf die angestrebten Öltransporte von Sumatra und Borneo nach Japan unschädlich zu machen.[239]

Wie bereits im Ersten Weltkrieg litt auch das Deutsche Reich 20 Jahre später unter einem Mangel an konventionellen Erdölressourcen auf seinem Staatsgebiet. Aufgrund der Erfahrungen der Ölknappheit, welche die mechanisch überlegenen deutschen Kampfverbände während des Großen Krieges zum Stillstand brachte, trachtete die Militärführung in Berlin danach, nie wieder von externen Erdölquellen abhängig zu sein. In der Verfolgung dieses Ziels begannen deutsche Wissenschaftler an Methoden der Kohleverflüssigung zur Herstellung von Benzin und anderen Kraftstoffen zu forschen. Immerhin besaß das Land reiche Kohlevorkommen, insbesondere Braun-, Glanz- und Steinkohle. Die unmittelbar nach Kriegsende begonnenen Experimente zeigten bald Erfolge. Friedrich Bergius, der 1931 mit dem Nobelpreis für Chemie ausgezeichnet wurde, entwickelte ein Verfahren zur künstlichen Flüssigkraftstoffgewinnung durch Hydrierung von Kohle. Bergius' Kohleverflüssigung erlaubte die Erzeugung hochwertigen Benzins für Motorwägen. Die Methode ermöglichte auch die Herstellung von Flugbenzin, wofür es lediglich zusätzlicher Veredelungsschritte bedurfte. Mit der Fischer-Tropsch-Synthese wurde Mitte der 1920er Jahre ein weiteres auf der Verflüssigung von Kohle beruhendes Verfahren zur Gewinnung synthetischer Mineralöle präsentiert. Die von den beiden deutschen Chemikern Franz Fischer und Hans Tropsch entwickelte Methode war vor allem für die Erzeugung von Benzin mit niedriger Oktanzahl, hochwertigem Dieselöl und Wachs geeignet.[240]

Der deutsche Chemieriese I.G. Farben kaufte 1925 die Patente von Bergius und begann mit der kommerziellen Produktion von synthetischem Öl. Aufgrund der hohen Kosten – das chemisch hergestellte Ölprodukt war sechsmal so teuer wie konventionelles Erdöl – fand das Unternehmen kaum Abnehmer für sein

---

[239] Vgl. Yergin, The Prize, S. 326. Laut Yergin waren die Ölfelder Niederländisch-Indiens das primäre Ziel des groß angelegten japanischen Militäreinsatzes, im Zuge dessen der Angriff auf Pearl Harbor erfolgte.

[240] Siehe dazu Arnold Krammer, „Fueling the Third Reich", in: Technology and Culture, Vol. 19, No. 3, July 1978, S. 394–422. Die Möglichkeit der Herstellung von Flugbenzin war ein wesentlicher Vorteil des Bergius-Prozesses gegenüber dem Fischer-Tropsch-Verfahren.

Erzeugnis.[241] Als die Nationalsozialisten 1933 an die Macht kamen, erklärten sie die volkswirtschaftliche Autarkie und Unabhängigkeit vom Außenhandel zu einem zentralen Ziel ihrer rüstungsorientierten Wirtschaftspolitik.[242] Deutschlands Abhängigkeit von Erdölimporten war ihnen ein Dorn im Auge, weshalb sie die synthetische Herstellung von Öl durch die Hydrierung deutscher Kohle bereitwillig subventionierten.

Das neue Regime in Berlin ging daran, die als kriegswichtig eingestuften Industriebetriebe wie I.G. Farben für die Ziele seiner in Planung befindlichen expansionistischen Militärpolitik einzuspannen. Die nationalsozialistische Aufrüstung versprach zahlreichen gewinnorientierten Konzernen volle Auftragsbücher und hohe Profite, weshalb sie die Einflussnahme und Gleichschaltung der Wirtschaft durch die Nazis in vielen Fällen duldeten, wohlwollend zur Kenntnis nahmen oder sogar aktiv förderten.[243] Im Jahre 1936 erhielt Hermann Göring von Hitler eine „Generalvollmacht in allen wirtschaftlichen Fragen der Kriegsvorbereitung" und wurde mit der Umsetzung eines Vierjahresplans betraut, welcher die deutsche Wirtschaft autark und kriegsfähig sowie das Land vollständig unabhängig von ausländischen Erdölressourcen machen sollte.[244] Der auf dem Reichsparteitag im September 1936 verkündete Plan, der einen beträchtlichen Ausbau der inländischen Kohleverflüssigung vorsah, zeigte schon bald Wirkung. Zwischen 1936 und 1939 hat sich der Output an synthetischen Kraftstoffen nahezu verdoppelt. Bei Kriegsbeginn im September 1939 waren in Deutschland insgesamt

---

[241] Vgl. Richard Overy, Why the Allies Won, 2. Auflage, London: Pimlico 2006, S. 282.

[242] Vgl. Maximiliane Rieder, Deutsch-italienische Wirtschaftsbeziehungen: Kontinuitäten und Brüche 1936–1957, Frankfurt am Main: Campus 2003, S. 38.

[243] Für ein differenziertes Bild über die Kollaboration deutscher Unternehmen und Industriebetriebe mit dem Hitler-Regime und einen Überblick über die dazugehörige Geschichtsschreibung siehe Francis R. Nicosia und Jonathan Huener, „Introduction: Business and Industry in Nazi Germany in Historiographical Context", in: dies. (Hrsg.), Business and Industry in Nazi Germany, New York: Berghahn 2004, S. 1–14. Als besonders unrühmliches Beispiel für die Kooperation eines deutschen Industriebetriebes mit der nationalsozialistischen Führung gelten die von I.G. Farben direkt neben dem Vernichtungslager von Auschwitz errichteten Buna-Werke zur Herstellung von synthetischen Treibstoffen und Kunstkautschuk. Auf dem Buna-Gelände entstand das in Zusammenarbeit von I.G. Farben und der SS geführte Konzentrationslager Auschwitz III – Monowitz, in welchem Hunderttausende Häftlinge unter unmenschlichen Bedingungen und brutaler Aufsicht der SS Zwangsarbeit für den privaten deutschen Industriebetrieb leisten mussten. 20.000 bis 25.000 Menschen ließen im Lager Monowitz ihr Leben. Siehe dazu Bernd C. Wagner, IG Auschwitz: Zwangsarbeit und Vernichtung von Häftlingen des Lagers Monowitz 1941–1945, Darstellungen und Quellen zur Geschichte von Auschwitz: Band 3, München: Saur 2000, S. 187.

[244] Vgl. Wolfgang Benz, Geschichte des Dritten Reiches, München: C. H. Beck 2000, S. 106.

14 Anlagen zur Kohlehydrierung in Vollbetrieb und sechs neue Fabriken befanden sich in Bau.[245] Durch den Anschluss Österreichs an das „Dritte Reich" im März 1938 sicherte sich das NS-Regime eine zusätzliche Rohölversorgung von circa 900.000 Tonnen pro Jahr. Hitler-Deutschland verfügte dadurch bei Ausbruch des Zweiten Weltkrieges über eine jährliche Produktion von rund 1.467.000 Tonnen an synthetischem Öl und ungefähr 2.354.000 Tonnen an konventionellem Erdöl aus eigenen Quellen und Importen. Darüber hinaus besaß Berlin noch einen Lagerbestand von circa vier Millionen Tonnen an großteils importierten Treibstoffen, den es in Friedenszeiten aufgebaut hatte.[246] Mit einer Gesamtmenge von knapp 7,8 Millionen Tonnen an raffinierten Erdölprodukten war die deutsche Ölversorgung bei Kriegsbeginn für die Führung eines mechanisierten Mehrfrontenkrieges völlig unzureichend. Großbritannien importierte im selben Jahr rund zwölf Millionen Tonnen Erdöl und die Vereinigten Staaten und die Sowjetunion pumpten jährlich 164 bzw. 29 Millionen Tonnen aus ihren eigenen Ölfeldern.[247] Das Deutsche Reich vermochte 1939 seinen gesamten Erdölbedarf lediglich zu einem Drittel durch die eigene Produktionsmenge abzudecken.[248]

Mit der Eroberung Polens verschaffte sich das Hitler-Regime Zugang zu den Ölquellen Galiziens und nachdem sich Rumänien im November 1940 mit den Achsenmächten verbündete, stiegen die Exporte von der kolossalen Ploiești-Lagerstätte in das Deutsche Reich auf anfänglich ungefähr drei Millionen Tonnen

---

[245] Vgl. Krammer, „Fueling the Third Reich", S. 403; und Jensen, „The Importance of Energy in the First and Second World Wars", S. 549. 1939 wurde synthetisches Öl unter anderem in Leuna (400.000 Tonnen), Bohlen (195.000 Tonnen), Magdeburg (160.000 Tonnen), Scholven (180.000 Tonnen), Welheim (30.000 Tonnen), Zeitz (85.000 Tonnen) und Gelsenberg (150.000 Tonnen) hergestellt. Zwei weitere Produktionsstätten in Lutzendorf (50.000 Tonnen) und Politz (200.000 Tonnen) waren in Entstehung. In Brux (660.000 Tonnen) und Blechhammer (240.000 Tonnen) wurden weitere Anlagen zur Kohleverflüssigung geplant. Siehe ebd. (Jensen), S. 551.

[246] Für die Angaben über die Erdölversorgung des NS-Regimes siehe Krammer, „Fueling the Third Reich", S. 403 f. Von den gut 3,8 Millionen Tonnen Rohöl, die 1939 der NS-Diktatur zur Verfügung standen, wurden 1.769.000 Tonnen Benzin, 781.000 Tonnen Dieselöl, 728.000 Tonnen Heizöl und 462.000 Tonnen Schmierstoffe hergestellt.

[247] Vgl. United States Strategic Bombing Survey (USSBS), The Effects of Strategic Bombing on the German War Economy, [Washington, DC]: Overall Economic Effects Division, 31 October 1945, S. 73.

[248] Vgl. Overy, Why the Allies Won, S. 282.

Mineralölerzeugnisse pro Jahr.[249] Der Nichtangriffspakt mit Stalin bescherte Hitler im ersten Jahr sowjetische Öllieferungen im Umfang von 900.000 Tonnen für den deutschen Angriffskrieg im Westen. Darüber hinaus fielen den deutschen Streitkräften die französischen Lagerbestände von 785.000 Tonnen an flüssigen Brennstoffen in die Hände.[250]

Die begrenzte Versorgung mit Treibstoffen war der deutschen Militärführung bewusst und beeinflusste ihre Kriegsstrategie: der Blitzkrieg. Diese Form der Kriegsführung zielt auf rasche, heftige Vorstöße von Teilstreitkräften, die in kurzen, konzentrierten Kampfhandlungen mit dem Momentum der Überraschung auf ihrer Seite einen schnellen Sieg herbeizuführen suchen. Der kritischen Versorgungslage mit kriegswichtigen Mineralölprodukten kam diese Gefechtstaktik sehr entgegen, begünstigte sie einen schonenden Verbrauch der limitierten Ölvorräte. Hitlers Überfall auf Polen im September 1939, der Angriff auf Norwegen und Dänemark im April 1940 („*Unternehmen Weserübung*") und die im Mai 1940 begonnene militärische Offensive im Westen, welche die deutsche Besatzung der Benelux-Staaten und Frankreichs nach sich zog, waren allesamt innerhalb weniger Wochen abgeschlossen. Die während des militärischen Vorstoßes in den Westen in den eroberten Gebieten beschlagnahmten Öllager überstiegen sogar die Treibstoffmenge, welche die deutschen Verbände in den Blitzkriegshandlungen verbraucht hatten.[251]

Im Verlauf der Kampfhandlungen gegen die Sowjetunion, die mit dem Überfall der Wehrmacht auf die UdSSR am 22. Juni 1941 begannen, sollte sich die deutsche Versorgungssituation allerdings dramatisch verschlechtern. Der Angriffskrieg im Osten nahm eine gänzlich neue Dimension an – sowohl was das eingesetzte Kriegsmaterial als auch die zu überwindenden räumlichen Distanzen betraf. Während die im Westfeldzug überrollten Benelux-Länder und Frankreich direkt an das deutsche Staatsgebiet angrenzen, musste die Wehrmacht auf ihrem Vormarsch

---

[249] 1941 belief sich die gesamte Erdölproduktion der Achsenmächte auf rund zwölf Millionen Tonnen. Das Deutsche Reich inklusive der annektierten Gebiete erzeugte 4,1 Millionen Tonnen synthetische Ölprodukte und 1,6 Millionen Tonnen Rohöl. Rumänien lieferte 5,5 Millionen und Polen, Ungarn, Estland und Albanien zusammen zusätzlich 0,9 Millionen Tonnen Rohöl. Siehe USSBS, The Effects of Strategic Bombing on the German War Economy, S. 74.
[250] Vgl. Jensen, „The Importance of Energy in the First and Second World Wars", S. 548.
[251] Vgl. Yergin, The Prize, S. 334.

in den nördlichen Kaukasus rund 3.000 Kilometer überwinden.[252] Nicht weniger als 800.000 benzin- oder dieselschluckende deutsche Militärfahrzeuge waren beim Auftakt des „Unternehmens Barbarossa" im Einsatz. Im ersten Monat des Einmarsches verbrauchten die deutschen Truppen allein 268.000 Tonnen Benzin und 86.000 Tonnen Diesel. Der Bedarf der Luftwaffe an Flugbenzin erreichte im Frühjahr 1943 an die 250.000 Tonnen pro Monat.[253] Die ressourcenintensive Militäraktion im Osten, die in eine beispiellose Materialschlacht mündete, und die motorunterstützten Kampfhandlungen auf den anderen europäischen Kriegsschauplätzen, im Norden Afrikas und auf den Weltmeeren stellten eine große Belastung für die prekäre Versorgungssituation des Deutschen Reiches mit Erdölprodukten dar. Die Treibstoffknappheit drohte die deutsche Gefechtsfähigkeit empfindlich zu stören bzw. gänzlich lahmzulegen.

Die gepanzerten Verbände des Afrikakorps unter Erwin Rommel, die zwischen 1941 und 1943 über viele Hundert Kilometer entlang des Küstenstreifens durch Libyen bis Ägypten vordrangen, begannen ab Sommer 1942 unter dem Benzinmangel zu leiden. Die operative Einsatzfähigkeit und Kampfkraft von Rommels Panzerarmee waren in dem auf Mobilität beruhenden Afrikafeldzug beinahe zur Gänze von einer ausreichenden Treibstoffversorgung abhängig. Der anfängliche Siegeszug der deutschen Panzereinheiten durch die nordafrikanische Wüste, der zu einer von der NS-Propaganda unterstützten Mythenbildung um den „Wüstenfuchs" Rommel führte, wurde durch die zunehmenden Nachschubschwierigkeiten und die eklatante Benzinknappheit jäh gestoppt. Angesichts der katastrophalen Kraftstoffsituation wurde Rommels Afrikakorps im Herbst 1942 von der britischen Achten Armee unter General Bernard Montgomery in El-Alamein in Ägypten entscheidend geschlagen und anschließend, nach der Landung britisch-amerikanischer Truppen in Algerien und Marokko, in einem Zweifrontenkrieg aufgerieben. Ohne Öl war Rommels mobile Kriegsführung zum Scheitern verurteilt.

---

[252] Darüber hinaus erlaubte die vergleichsweise hervorragende Straßeninfrastruktur der dicht besiedelten westeuropäischen Regionen ein schnelles Vorankommen und einen geringen Treibstoffverbrauch der motorisierten Truppen. Auf den unbefestigten und im Sommer großteils verschlammten Feldwegen der weit ausgedehnten Großlandschaft der osteuropäischen Ebene hingegen gestaltete sich ein Fortkommen äußerst schwierig. Der Treibstoffbedarf erreichte unter diesen Bedingungen ein Vielfaches des gewöhnlichen Verbrauchs. Allein die Versorgung der Frontkompanien mit Nachschubgütern über solch große Distanzen belastete die Erdölvorräte in beträchtlichem Ausmaß.

[253] Vgl. Krammer, „Fueling the Third Reich", S. 410.

Auch wenn sich Hitlers Entscheidung, gegen die Sowjetunion in den Krieg zu ziehen, nicht auf einen einzigen Beweggrund reduzieren lässt,[254] so gelten die riesigen Erdöllagerstätten im Kaukasus als das Hauptmotiv des deutschen Überfalls auf das stalinistische Russland.[255] Allein die Ölfelder von Baku deckten zwei Drittel des sowjetischen Gesamtverbrauchs und produzierten zweieinhalb Mal so viel Rohöl, wie alle europäischen Länder der Achsenmächte zusammen.[256] Die riesigen russischen Erdölvorkommen weckten angesichts des bedrohlichen Treibstoffmangels, mit dem das Deutsche Reich konfrontiert war und der sich spätestens 1942 deutlich abzuzeichnen begann, die Begehrlichkeiten der nationalsozialistischen Führung: „Waren im ersten Weltkrieg die westlichen Alliierten – nach dem geflügelten Wort Lord Curzons, das seinerzeit in eingeweihten Kreisen umging – auf einer Woge von Öl zum Sieg getragen worden, so wollte diesmal der deutsche Imperialismus auf sowjetischem Öl gleichsam zum ,Endsieg' schwimmen."[257]

Aus kriegsökonomischer Sicht war ein Zugang zu den kaukasischen Erdölressourcen für die NS-Diktatur von existenzieller Bedeutung. Das Oberkommando der Wehrmacht (OKW) war sich dessen völlig bewusst, wie die Ausführungen von dessen Leiter, Generalfeldmarschall Wilhelm Keitel, der im Nürnberger Prozess 1946 als einer der Hauptkriegsverbrecher zum Tode verurteilt wurde, nahelegen: „Klar ist, daß die Operationen des Jahres 1942 uns an das Öl bringen müssen. Wenn dies nicht gelingt, können wir im nächsten Jahr keine Operationen führen."

---

[254] Die Schaffung von „Lebensraum" für das angestrebte „Tausendjährige Reich", Hitlers Hass auf den Bolschewismus, seine persönliche Feindschaft gegenüber Stalin, seine Verachtung der Slawen, seine abstrusen Fantasien der Herrschaft über die eurasische Landmasse und Hitlers misstrauische Mutmaßung, Stalin würde sich heimlich mit den Briten gegen das „Dritte Reich" verbünden, waren neben dem Erdöl wesentliche Triebfedern, die zur Planung und Durchführung des *Unternehmens Barbarossa* führten. Siehe Yergin, The Prize, S. 334.

[255] Vgl. Krammer, „Fueling the Third Reich", S. 409; und Jensen, „The Importance of Energy in the First and Second World Wars", S. 547. Jensen bezeichnet die deutsche Offensive in Russland als einen „verzweifelten Versuch", die Kontrolle über das Erdöl von Baku zu erlangen. Eichholtz verweist auf größere deutsche strategische Pläne, welche die Bildung einer „Kaukasus-Zange" vorsahen. Über Transkaukasien sollten Verbände durch den Iran und Irak bis zum Suez-Kanal vordringen und dort auf die in Nordafrika kämpfenden Truppen der Achse treffen, um die Kontrolle über die für die britische Ölversorgung bedeutsame Wasserstraße zu übernehmen und dadurch Großbritannien empfindlich zu schwächen. Die reichen Erdölressourcen von Baku und Kirkuk sollten freilich den treibstoffarmen Achsenmächten zugutekommen. Siehe Dietrich Eichholtz, Krieg um Öl: Ein Erdölimperium als deutsches Kriegsziel (1938–1943), Leipzig: Leipziger Universitätsverlag 2006, S. 82 ff.

[256] Vgl. USSBS, The Effects of Strategic Bombing on the German War Economy, S. 74.

[257] Dietrich Eichholtz, Geschichte der deutschen Kriegswirtschaft 1939–1945, Band 2: 1941–1943, Berlin: Akademie-Verlag 1985, S. 477.

Auch Hitler wusste um die zentrale Rolle des sowjetischen Erdöls für die deutsche Kampffähigkeit. Im Frühjahr 1942 sagte er während eines Frontbesuchs: „Wenn ich das Öl von Maikop und Grosny nicht bekomme, dann muß ich diesen Krieg liquidieren."[258]

Die deutschen Truppen sollten weder Baku noch Grozny je erreichen. Der zunehmende Treibstoffmangel beeinträchtigte die Operationsfreiheit der deutschen Kampfverbände zusehends und brachte die Panzerdivisionen mehrfach zum Stehen. Die Sommeroffensive der Wehrmacht wurde im Herbst 1942 von der Roten Armee westlich von Grozny gestoppt. Lediglich die Ölfelder von Maikop in der Kuban-Region konnten Hitlers Soldaten in Besitz nehmen, allerdings haben die Sowjets die Förderanlagen vor ihrem Eintreffen vollständig zerstört. Die Ausbeutung der wertvollen Lagerstätten von Maikop bereitete den Deutschen große Schwierigkeiten. Geeignete Gerätschaft und fähige Ölarbeiter waren kaum verfügbar. Die wenigen vorhandenen Bohrgeräte wurden ebenso dringend in den Förderregionen auf dem Gebiet des Deutschen Reiches benötigt. Noch bevor adäquate Bohranlagen und Ausrüstungsgegenstände in Maikop eintrafen und die kommerzielle Ölproduktion wieder aufgenommen werden konnte, haben die sowjetischen Truppen die Stadt zurückerobert. In den wenigen Monaten der deutschen Besatzung erreichte der Output nicht mehr als 70 Fass Erdöl pro Tag.[259]

Nach der Niederlage in Stalingrad Anfang 1943 war Hitler-Deutschland weitgehend auf seine eigene Mineralölerzeugung, in erster Linie durch die synthetische Ölindustrie, und Lieferungen aus Rumänien angewiesen. 1943 erreichten der Erdöloutput aus der Kohleverflüssigung, die Importe aus Rumänien und die Produktion in den besetzten Gebieten ihren Höhepunkt.[260] Im darauffolgenden Jahr brach das deutsche Gesamtaufkommen an Mineralöl um rund 40 Prozent

---

[258] Für die Zitate von Keitel und Hitler siehe ebd., S. 484. In der Weisung Nr. 41 vom 5. April 1942 mit dem Decknamen „Blau" (später „Braunschweig") wird die Sicherung der Ölgebiete im Kaukasus als oberstes Ziel definiert, weshalb im Sommer 1942 eine Konzentration der deutschen Heereskräfte auf den südlichen russischen Abschnitt erfolgte.

[259] Vgl. Overy, Why the Allies Won, S. 284.

[260] Die deutsche Fördermenge (ohne die besetzten Gebiete und Importe) betrug 1943 rund 6,2 Millionen Tonnen. Die Hälfte davon wurde in den Hydrierwerken nach dem Bergius-Verfahren, auf welches praktisch die gesamte deutsche Flugbenzinproduktion entfiel, hergestellt. Der Rohöloutput belief sich auf circa 1,4 Millionen Tonnen, die Fischer-Tropsch-Synthese lieferte 368.000 Tonnen (vornehmlich Motorbenzin), in den Anlagen zur Destillation von Steinkohlenteer wurden 948.000 Tonnen erzeugt (überwiegend Heizöl) und die kleineren Benzol- und Alkoholfabriken produzierten 355.000 bzw. 18.000 Tonnen Erdölprodukte. Siehe United States Strategic Bombing Survey (USSBS), Over-all Report (European War), [Washington, DC]: US Government Printing Office, 30 September 1945, S. 40.

ein.[261] Grund dafür waren die im Mai 1944 einsetzenden systematischen Angriffe alliierter Bomberverbände auf die synthetische Treibstoffindustrie, wodurch sich der deutsche Output bereits im Juni um 60 Prozent verringerte und im September nur noch ein Zehntel der Produktionsmenge vor Beginn der Bombardements erreichte.[262]

Generalfeldmarschall Erhard Milch, Generalinspekteur der Luftwaffe, hatte bereits im April 1943 in einer Lagebesprechung vor den dramatischen Folgen von Bombenschlägen gegen die Treibstofffabriken gewarnt: „Die Hydrierwerke sind das Schlimmste, was uns treffen kann; damit steht und fällt die Möglichkeit der ganzen Kriegführung. Es stehen ja nicht nur die Flugzeuge, sondern auch die Panzer und U-Boote still, wenn die Werke wirklich getroffen werden sollten."[263] Auch die bedeutenden rumänischen Ölanlagen in Ploiești waren ab April 1944 bis zu deren Eroberung durch die Rote Armee am 20. August 1944 massiven Bombenangriffen durch die alliierten Streitkräfte ausgesetzt. Darüber hinaus wurden sowohl der Transportweg per Frachtkahn auf der Donau als auch die Bahnstrecken von Ploiești in das Deutsche Reich gezielt unter Beschuss genommen, um das NS-Regime von der vitalen Versorgung mit rumänischem Erdöl abzuschneiden.[264]

Trotz strengster Rationierungen des zivilen Benzinverbrauchs und der Umrüstung von Fahrzeugen und Panzern auf Holzvergasung waren die verbliebenen Ölvorräte bald aufgebraucht.[265] Die deutsche Luftwaffe musste aufgrund des

---

[261] Vgl. Eichholtz, Geschichte der deutschen Kriegswirtschaft, S. 354.

[262] Vgl. Overy, Why the Allies Won, S. 285. Die amerikanische Luftwaffe flog insgesamt 127 schwere Angriffe auf die deutschen Öleinrichtungen und die britische Royal Air Force 53. Allein im November 1944 wurden über 32.000 Tonnen (35.000 amerikanische Tonnen) Bomben auf die deutsche synthetische Ölindustrie abgeworfen. Die Bombardements trafen insbesondere die Transportwege und verursachten einen völligen Zusammenbruch der deutschen Öllieferungen. Aufgrund der Zerstörungen bestand keine Möglichkeit mehr, Erdölerzeugnisse von den Raffinerien und Lagern in die Kampfzonen zu befördern. Siehe Krammer, „Fueling the Third Reich", S. 417 f. Die Achte und 15. US Air Force und die Royal Air Force haben zwischen Mai 1944 und April 1945 insgesamt über 195.000 Tonnen (215.000 amerikanische Tonnen) Bomben auf die Erdölinstallationen der Achsenmächte abgeworfen. Siehe USSBS, Over-all Report, S. 41.

[263] Zitiert nach o. A., „Schlacht um Sprit", in: Der Spiegel, 1. April 1964, S. 60–62 (hier 60).

[264] Vgl. Overy, Why the Allies Won, S. 284.

[265] Der Benzinkonsum der deutschen Zivilbevölkerung verringerte sich nach einer Reihe verordneter Kraftstoffrationierungen von 200.000 Tonnen pro Monat vor Kriegsbeginn auf monatlich 71.000 Tonnen im Frühjahr 1940 und 23.750 Tonnen pro Monat 1944. Bis Frühsommer 1944 wurden schätzungsweise 86.000 Fahrzeuge auf Generatorantrieb, 70 Prozent davon durch Holzverbrennung, umgerüstet. Vgl. Krammer, „Fueling the Third Reich", S. 413 f.

dramatischen Flugbenzinmangels auf dem Boden bleiben und den deutschen Luftraum den alliierten Jagdflugzeugen und Bombern überlassen. Als die deutschen Truppen im Dezember 1944 und Jänner 1945 eine letzte verzweifelte Gegenoffensive gegen die westlichen Alliierten in den Ardennen unternahmen, neigten sich die Treibstoffreserven endgültig ihrem Ende zu. Angesichts stillstehender Panzerdivisionen mündete der Angriff in eine Niederlage. Ohne Erdöl waren die deutschen Heeresverbände sowohl auf Land, See und in der Luft bewegungslos und damit kampfunfähig.

Die Kriegshandlungen während des Zweiten Weltkrieges bestätigten die außerordentliche strategische Bedeutung von Erdöl. Die Panzer und Transportfahrzeuge waren mit Benzin- oder Dieselmotoren ausgestattet, die Kriegsschiffe und U-Boote waren dieselbetrieben und die Jagd- und Bombenflugzeuge hielten sich dank raffinierter Erdölkraftstoffe in der Luft. Letztendlich war der unbeschränkte Zugang zu Ölressourcen bzw. deren Nichtverfügbarkeit in einem weltumspannenden, mobilitätsabhängigen Krieg entscheidend. Beinahe zwei Drittel des von den Vereinigten Staaten während des Zweiten Weltkrieges verschifften Frachtguts bestand aus Rohöl und Mineralölprodukten.[266] Im Rahmen des im Februar 1941 vom US-Kongress verabschiedeten Lend-Lease Acts wurden die alliierten Verbündeten Washingtons, allen voran Großbritannien, mit kriegswichtigen Gütern beliefert und dadurch in ihrem Kampf gegen das nationalsozialistische Deutschland unterstützt.[267] Öl war neben Waffenlieferungen, Munition und Lebensmitteln ein zentrales Kriegsgut des amerikanischen Hilfsprogramms.

Wie im Ersten Weltkrieg beruhte der militärische Erfolg der siegreichen alliierten Streitkräfte maßgeblich auf Unmengen an Erdöllieferungen aus den Vereinigten Staaten, die rund 90 Prozent des Gesamtbedarfs der Alliierten bereitstellten.[268] Großbritanniens Ölimporte haben sich aufgrund des immensen Bedarfs der gegen die Hitler-Diktatur kämpfenden Streitkräfte während des Krieges verdoppelt. Bei Kriegsende importierte London über 20 Millionen Tonnen an

---

[266] Vgl. Per K. Frolich, „Petroleum, Past, Present and Future", in: Science, Vol. 98, No. 2552, 26 November 1943, S. 457–463 (hier 462); und Clark, The Oil Century, S. 127.

[267] Von den 43,6 Milliarden Dollar, die insgesamt an Lend-Lease-Hilfen von den Vereinigten Staaten vergeben wurden, kamen 69 Prozent Großbritannien zugute, 24 Prozent der Sowjetunion und die restlichen sieben Prozent Frankreich, China, den Niederlanden und anderen. Siehe Mark Harrison, Accounting for War: Soviet Production, Employment, and the Defence Burden, 1940–1945, Cambridge Russian, Soviet, and Post-Soviet Studies: Vol. 99, Cambridge: Cambridge University Press 1996, S 132.

[268] Vgl. Giddens, „One Hundred Years of Petroleum History", S. 140.

Treibstoffen, die beinahe zur Gänze aus US-amerikanischer Produktion stammten.[269] Zwei neu errichtete Pipelines, Big Inch und Little Big Inch, transportierten große Mengen Rohöl und Mineralölerzeugnisse von Texas an die amerikanische Ostküste, um anschließend mit Tankschiffen nach England geliefert zu werden.[270] Die Einfuhren in das Vereinigte Königreich liefern allerdings kein vollständiges Bild über den gesamten britischen Ölverbrauch. Der Treibstoffbedarf der im Ausland bzw. in den Herrschaftsgebieten des britischen Weltreiches stationierten Truppen, die direkt mit Erdölprodukten versorgt wurden, war ungefähr gleich hoch wie das jährliche Importvolumen des Mutterlandes.[271]

Während die US-Produzenten ihren täglichen Rohöloutput durch Nutzung der verfügbaren Kapazitätsreserve von durchschnittlich 3,8 Millionen Barrel 1942

---

[269] Vgl. David Edgerton, Britain's War Machine: Weapons, Resources, and Experts in the Second World War, Oxford: Oxford University Press 2011, S 181 ff. Die Öleinfuhren überstiegen die Lebensmittelimporte damit bei weitem. Vor dem Krieg kam rund die Hälfte der britischen Erdölimporte aus Venezuela, den Niederländischen Antillen und Trinidad. Weiters waren der Iran und Irak, die unter direktem britischem Einfluss standen, und Niederländisch-Indien bedeutende Lieferanten. Großbritannien importierte hauptsächlich Ölprodukte und nur geringe Mengen Rohöl. Allein die Royal Navy verbrauchte rund vier Millionen Tonnen Erdöl pro Jahr, was dem Zehnfachen des Bedarfs in Friedenszeiten entsprach.

[270] Nach dem Kriegseintritt der USA operierten deutsche U-Boote vermehrt in den Küstengewässern der amerikanischen Atlantikküste und nahmen dabei bevorzugt Öltanker ins Visier, die zwischen dem Golf von Mexiko und den großen Bevölkerungszentren im Nordosten der Staaten verkehrten. Der deutsche Unterseebootkrieg war zum Schrecken der Alliierten äußerst effektiv. Das mit Tankschiffen von der US-Golfküste nach New York beförderte Erdölvolumen verringerte sich 1942 von durchschnittlich 1,5 Millionen auf lediglich 75.000 Barrel pro Tag. Infolge der schweren Verluste drängte Harold Ickes, der einflussreiche US-Erdölkoordinator während des Krieges, auf die Errichtung zweier Rohrleitungen für einen sicheren Öltransport von Texas an die Ostküste. Die erste Pipeline namens Big Inch wurde innerhalb eines Jahres zwischen August 1942 und 1943 errichtet und lieferte über eine Länge von mehr als 2.000 Kilometer Rohöl von dem gigantischen East Texas-Ölfeld in Longview bis New York City und Philadelphia. Eine knapp 2.400 Kilometer lange zweite Leitung, Little Big Inch, transportierte ab März 1944 Erdölerzeugnisse von den großen Raffinerien bei Houston und Port Arthur nach New Jersey. Die beiden Pipelines beförderten während des Krieges insgesamt über 350 Millionen Barrel Rohöl und Treibstoffe. Siehe Christopher James Castaneda, Regulated Enterprise: Natural Gas Pipelines and Northeastern Markets, 1938–1954, Columbus: Ohio State University Press 1993, S. 66 f.

[271] Vgl. Edgerton, Britain's War Machine, S. 184.

auf 4,8 Millionen Fass im Frühjahr 1945 steigerten,[272] erreichte die Treibstoffproduktion des Deutschen Reiches inklusive der besetzten Gebiete selbst im förderstärksten Jahr 1943 nicht einmal 240.000 Barrel täglich und fiel bis Ende 1944 auf unter 80.000 Barrel pro Tag.[273] Die schweren Bombardements auf die deutsche synthetische Ölindustrie und der dadurch verursachte eklatante Treibstoffmangel, der die Mobilität und Kampffähigkeit der Wehrmacht letztlich zum Erliegen brachte, besiegelten die militärische Niederlage Deutschlands. Die reichen US-amerikanischen Erdölreserven hingegen erlaubten es den motorisierten alliierten Streitmächten, bis zur letzten Minute des Krieges und Kapitulation des NS-Regimes ihre volle Gefechtskraft zu entfalten.

Von den fast sieben Milliarden Fass Erdöl, die zwischen Dezember 1941 und August 1945 von den Vereinigten Staaten und ihren Verbündeten verbraucht wurden, stammten sechs Milliarden aus den USA.[274] Selbst Stalin würdigte die kriegsentscheidende Bedeutung des amerikanischen Öls. Während eines Abendessens anlässlich des 69. Geburtstages von Winston Churchill im Rahmen der Konferenz von Teheran Ende November 1943 sagte er, dies sei „ein Krieg der Motoren und der Oktanzahl. Ich erhebe mein Glas auf die amerikanische Autoindustrie und die amerikanische Ölindustrie."[275]

Die unbegrenzte Versorgung mit dringend benötigten Erdölkraftstoffen war ein entscheidender Trumpf in den Händen der alliierten Streitkräfte in ihrem Kampf gegen die treibstoffarmen Achsenmächte. Der fossile Energieträger hatte zweifelsohne wesentlichen Anteil am Ausgang des Zweiten Weltkrieges. Admiral Chester W. Nimitz, Oberbefehlshaber der US-Pazifikflotte, hatte bei Kriegseintritt der Vereinigten Staaten gemeint, der Sieg würde von „beans, bullets, and oil"

---

[272] Siehe EIA, U.S. Field Production of Crude Oil. Dank der staatlichen Regulierung der Rohölförderung in den 1930er Jahren verfügten die Vereinigten Staaten über eine Reservekapazität von rund einer Million Barrel pro Tag, die für die Versorgung der alliierten Streitkräfte während des Krieges von enormer Bedeutung war.

[273] Vgl. USSBS, The Effects of Strategic Bombing on the German War Economy, S. 75 und 79. Die Öllieferungen aus Rumänien sind in den angegebenen Zahlen nicht enthalten. Die deutschen Gesamtimporte von Erdölprodukten, die in jenem Jahr fast ausschließlich aus Rumänien und Ungarn stammten, beliefen sich 1943 auf gut 60.000 Barrel pro Tag. Die Besetzung Ploieştis durch die Rote Armee im August 1944 führte zu einer weitgehenden Versiegung der deutschen Erdölimporte.

[274] Vgl. Yergin, The Prize, S. 379.

[275] Zitiert nach Frolich, „Petroleum, Past, Present and Future", S. 462; Overy, Why the Allies Won, S. 287; und Yergin, The Prize, S. 382.

abhängen. Am Ende der maschinell dominierten Kampfhandlungen änderte er die Reihenfolge vielsagend in „oil, bullets, and beans". Nach dem Großen Krieg von 1914 bis 1918 verdeutlichte der Zweite Weltkrieg ein weiteres Mal die immense strategische Bedeutung des Erdöls. „World War II ended, like World War I", hält Daniel Yergin fest, „with a profound recognition of the strategic significance of oil.‟[276]

---

[276] Yergin, The Quest, S. 233.

Der Aufstieg des Erdöls zum zentralen Energieträger im Nachkriegseuropa

4

4.1 Die Entthronung der Kohle durch das Öl im globalen System der Majors

4.1.1 Kohle als Europas primärer Energiespender in den ersten Nachkriegsjahren

Der Zweite Weltkrieg bestätigte zwar erneut die strategische und kriegsentscheidende Bedeutung von Erdöl, dennoch war Kohle nach Kriegsende nach wie vor der mit Abstand meistverbrauchte Energieträger in Europa. Noch in den frühen 1950er Jahren betrug der Anteil der Kohle am gesamten Primärenergieaufkommen in Westeuropa deutlich über 80 Prozent und in den Ländern, die sich östlich des Eisernen Vorhangs befanden, der nunmehr die Nationen auf dem europäischen Kontinent für Jahrzehnte trennen sollte, sogar über 90 Prozent. In der Bundesrepublik Deutschland und im Vereinigten Königreich erreichte Kohle mit 93 bzw. 91 Prozent einen besonders hohen Anteil am Energiemix des jeweiligen Landes. In Frankreich wurden zu jener Zeit 75 Prozent des Primärenergiebedarfs durch Kohle gedeckt, in Österreich 70 Prozent und in Italien vergleichsweise bescheidene 40 Prozent.[1]

Die Geschichte des europäischen Einigungsprozesses zeugt von der elementaren Bedeutung, die der Kohle einst zugeschrieben wurde. Zentraler Inhalt der berühmten Erklärung des damaligen französischen Außenministers Robert Schuman vom 9. Mai 1950 sowie der daraufhin erfolgten Schaffung der Europäischen Gemeinschaft für Kohle und Stahl (EGKS), auch „Montanunion" genannt, war die Kontrolle der Kohle- und Stahlproduktion. Dass die Gründungsorganisation der

---

[1] Die Werte entstammen den United Nations Statistics, siehe Tabelle A.2 und A.6.

© Der/die Autor(en), exklusiv lizenziert durch Springer Fachmedien
Wiesbaden GmbH, ein Teil von Springer Nature 2021
A. Smith, *Treibstoff der Macht*,
https://doi.org/10.1007/978-3-658-34696-6_4

Europäischen Union den fossilen Energieträger im Namen trägt, würdigt dessen dazumal überragende Rolle für die wirtschaftliche und industrielle Entwicklung Europas.

Die europäischen Nachkriegsökonomien waren weitgehend kohlebasiert und auf eine stete Zufuhr des festen Brennstoffes angewiesen. Ohne die Deckung des Energiebedarfs war der nach den Zerstörungen des Krieges notwendige Wiederaufbau nicht zu bewerkstelligen und an ein entsprechendes Wirtschaftswachstum nicht zu denken. Dies gestaltete sich in den ersten Nachkriegsjahren, die vielerorts von Energieknappheit geprägt waren, überaus schwierig. Trotz aller Anstrengungen, die Versorgung mit Energierohstoffen aufrechtzuerhalten, konnte der Bedarf nicht flächendeckend befriedigt werden. Die unzureichende Eigenproduktion von Kohle auf dem europäischen Kontinent – durch die schweren Beschädigungen und Zerstörung zahlloser Kohlebergwerke während des Krieges noch verschlimmert – sowie intraeuropäische Verteilungsschwierigkeiten machten Lieferbeschränkungen für Haushalte und nachrangige Industriezweige notwendig. Um dem drohenden wirtschaftlichen Zusammenbruch in Europa entgegenzuwirken und eine bestmögliche Allokation der knappen Energieressourcen sicherzustellen, wurden 1945 im Rahmen der Vereinten Nationen Institutionen wie der Europäische Ausschuss für wirtschaftlichen Notstand (EECE), die Europäische Kohleorganisation (ECO) sowie die Europäische Zentralorganisation für Inlandstransporte (ECITO) geschaffen.[2]

Nach dem Krieg brach der Kohleverbrauch in zahlreichen europäischen Ländern auf weniger als die Hälfte des Vorkriegsniveaus ein.[3] Im Jahre 1938 hatte

---

[2] Siehe Johannes Frerich und Gernot Müller, Europäische Verkehrspolitik: Von den Anfängen bis zur Osterweiterung der Europäischen Union, Band 1, München: Oldenbourg 2004, S. 5 f.; und Gunther Mai, Der Alliierte Kontrollrat in Deutschland 1945–1948: Alliierte Einheit – deutsche Teilung?, Quellen und Darstellungen zur Zeitgeschichte: Band 37, München: R. Oldenbourg 1995, S. 174 ff. Die Europäische Kohleorganisation (ECO) wurde im Mai 1945 in London mittels eines intergouvernementalen Abkommens ins Leben gerufen und hatte die Verteilung von Kohle und knappen Ausrüstungsgegenständen für den Kohleabbau zum Ziel. Gegründet wurde die Organisation von Belgien, Dänemark, Frankreich, Griechenland, Großbritannien, Luxemburg, den Niederlanden, Norwegen, Türkei und den Vereinigten Staaten. Ein Jahr später folgten Polen und die Tschechoslowakei. Die ECO existierte bis 1. Jänner 1948, als sie in den Kohleausschuss der Wirtschaftskommission für Europa der Vereinten Nationen (UNECE) in Genf integriert wurde. Siehe dazu Nathaniel Samuels, „The European Coal Organization", in: Foreign Affairs, Vol. 26, No. 4, July 1948, S. 728–736.

[3] In der Schweiz und Griechenland erreichte der Kohlekonsum 1946 gerade einmal 38 bzw. 40 Prozent des Niveaus von 1938, in Schweden 41 Prozent, Westdeutschland 50 Prozent, Italien 55 Prozent, Norwegen 65 Prozent, Österreich 67 Prozent, Niederlande 72 Prozent und Frankreich 84 Prozent. Auch der Rohölverbrauch verzeichnete einen signifikanten Rückgang. 1946 belief sich der Konsum in Westdeutschland auf lediglich 32,4 Prozent von 1938, in

sich der Kohlebedarf pro Kopf in den westeuropäischen Ländern auf 2,2 Tonnen und in den Vereinigten Staaten auf 3,1 Tonnen belaufen. Bis 1946 verringerte sich der Pro-Kopf-Verbrauch in Europa auf 1,6 Tonnen, während er in den Vereinigten Staaten auf fast vier Tonnen anstieg.[4] Der Energiemangel bedrohte den wirtschaftlichen Genesungsprozess Nachkriegseuropas. In den bitterkalten Wintermonaten 1946/47 wurde die Brennstoffknappheit auch für breite Bevölkerungsteile deutlich spürbar. Die eisigen Wetterbedingungen behinderten den Güterverkehr und die Verteilung der ohnehin spärlichen Kohlevorräte. Der industrielle Output drohte einzubrechen und den europäischen Ökonomien stand ein massiver Abschwung bevor. Die Stahlerzeugung, „die sich eben erholt hatte, ging prompt um 40 Prozent zurück."[5] Frankreich und Dänemark waren aufgrund des akuten Energieengpasses gezwungen, ihre Industrieproduktion für zwei bis drei Wochen vollständig einzustellen.[6]

Die westeuropäischen Staaten unternahmen große Anstrengungen, um den Energiehunger zu stillen und den Kohlebedarf mittels erhöhter Eigenproduktion zu decken. So wurden in Großbritannien zwischen Mai 1945 und Jänner 1947 alle am Arbeitsamt registrierten erwachsenen Männer zur Arbeit in den Kohlegruben zwangsverpflichtet, was nicht zuletzt aufgrund der erbärmlichen Arbeitsbedingungen großen Unmut unter den Zwangsrekrutierten hervorrief.[7] Um die Produktionsmengen auf das Vorkriegsniveau zu heben bedurfte es allerdings mehr, als den Einsatz von ausreichend Arbeitskräften. Die europäische Kohleindustrie litt unter einem eklatanten Kapitalmangel. Nur dank massiver Investitionen in die veralteten Produktionsstätten und Maschinen im Rahmen der US-amerikanischen Wiederaufbauinitiative für Europa, European Recovery Program (ERP), wodurch in den Jahren 1949 und 1950 insgesamt 450 Millionen Deutsche Mark bereitgestellt wurden, sowie weiterer Milliardeninvestitionen in den Folgejahren konnte im Ruhrgebiet ein Output wie zu Kriegszeiten erreicht werden.[8]

Frankreich knapp 41 Prozent, in den Niederlanden immerhin 64 Prozent und in Italien gar nur 3,3 Prozent. Siehe W. G. Jensen, Energy in Europe 1945–1980, London: G. T. Foulis 1967, S. 11 und 19.

[4] Vgl. ebd., S. 11.

[5] Tony Judt, Die Geschichte Europas seit dem Zweiten Weltkrieg, Bonn: Bundeszentrale für politische Bildung 2006, S. 109.

[6] Vgl. Jensen, Energy in Europe, S. 11.

[7] Vgl. John Gillingham, Coal, Steel, and the Rebirth of Europe, 1945–1955: The Germans and French from Ruhr Conflict to Economic Community, Cambridge: Cambridge University Press 1991, S. 180.

[8] Vgl. ebd., S. 186.

Obgleich der immense Kapitaleinsatz zu beträchtlichen Produktionssteigerungen führte, konnte in den Nachkriegsjahren der Kohlebedarf der westeuropäischen Staaten allein durch die Eigenproduktion nicht gedeckt werden. Eine Abhängigkeit von umfangreichen Importen des festen Energieträgers war die Folge. Der westeuropäische Einfuhrbedarf belief sich Ende der 1940er Jahre auf 50 bis 60 Millionen Tonnen pro Jahr und wurde vornehmlich durch Lieferungen aus Polen und den Vereinigten Staaten bedient.[9] Aufgrund des langen Transportweges und den damit einhergehenden hohen Frachtkosten war der Import von amerikanischer Kohle äußerst teuer und stellte eine große Belastung für die knappen Dollarreserven der europäischen Regierungen dar. Mit dem stetig zunehmenden Energiehunger der europäischen Industrie und Gesellschaft waren die politischen Entscheidungsträger gezwungen, eine Alternative zu den kostspieligen Kohleimporten zu finden: Erdöl versprach die Lösung.

Unter Berücksichtigung des jeweiligen Brennwertes war zu jener Zeit die Einfuhr von Heizöl, unabhängig seiner Herkunft, kostengünstiger als amerikanische Kohle.[10] In Anbetracht dieses Umstandes und angesichts der latenten Unterversorgung mit europäischer Kohle wurden in den Nachkriegsjahren umfangreiche Umrüstungen von Industriebetrieben von Kohle- auf Ölnutzung vorgenommen. Die dadurch freigewordenen Festbrennstoffe konnten anderweitig eingesetzt werden, was eine Entlastung der Kohlebestände bewirkte und einen bedeutsamen Beitrag zum europäischen Wirtschaftsaufschwung leistete. Der Erdölbedarf in Westeuropa stieg unterdessen rapide von 33 Millionen Tonnen im ersten Nachkriegsjahr auf beinahe 70 Millionen Tonnen im Jahre 1950.[11]

So zerstörerisch der Zweite Weltkrieg für die europäischen Volkswirtschaften auch war, so spektakulär war die Geschwindigkeit der ökonomischen Genesung des Kontinents. Diese wurde durch die amerikanischen Milliardentransfers im Rahmen des Marshall-Plans zweifellos beschleunigt.[12] Dem Erdöl wurde für

---

[9] Vgl. Jensen, Energy in Europe, S. 16 f.

[10] Vgl. ebd., S. 20.

[11] Vgl. ebd., S. 20; sowie Tabelle A.3. In Fässern ausgedrückt erhöhte sich das Verbrauchswachstum von ungefähr 663.000 auf rund 1,4 Millionen Barrel pro Tag.

[12] Allein Österreich erhielt fast eine Milliarde Dollar im Rahmen des Europäischen Wiederaufbauprogramms (Marshall-Plan) und profitierte damit überproportional. Siehe Günter Bischof, „Introduction", in: ders., Anton Pelinka und Dieter Stiefel (Hrsg.), The Marshall Plan in Austria, Contemporary Austrian Studies: Vol. 8, New Brunswick: Transaction 2000, S. 1–10 (hier 1). Insgesamt wurden zwischen April 1948 und Ende 1952 knapp 14 Milliarden Dollar an die 16 europäischen Teilnehmerländer ausgeschüttet. Siehe Manfred Knapp, „Deutschland und der Marshallplan: Zum Verhältnis zwischen politischer und ökonomischer Stabilisierung in der amerikanischen Deutschlandpolitik nach 1945", in: Hans-Jürgen Schröder (Hrsg.),

den europäischen Wiederaufbau zentrale Bedeutung zuerkannt. Für kein anderes Einzelgut wurde ein größerer Teil der ERP-Gesamthilfen aufgewendet.[13] Die Industrieproduktion der am wirtschaftlichen Hilfsprogramm teilnehmenden Staaten konnte zwischen 1947 und 1951 um 64 Prozent und die Nahrungsmittelerzeugung um 25 Prozent gesteigert werden.[14] Europa benötigte trotz der massiven Kriegsschäden nicht mehr als fünf Jahre zur Wiedererlangung eines Wohlstandsniveaus wie vor Kriegsausbruch.

Das Jahr 1950 markiert somit „das Ende der ersten Phase des Wiederaufbaus und den Beginn einer neuen Ära in der Geschichte des europäischen Wirtschaftswachstums."[15] Der anschließende phänomenale ökonomische Aufschwung in den Ländern Westeuropas ging mit einer grundlegenden Transformation der europäischen Energieversorgungsstruktur – und in weiterer Folge der Wirtschaftssysteme insgesamt – einher. Innerhalb weniger Jahre wurde Kohle, vorwiegend aus eigener Produktion, durch importiertes Erdöl, vornehmlich aus dem Nahen Osten, als meistverbrauchter Energieträger in Westeuropa abgelöst. Dieser historische Übergang von der Kohle zum Erdöl als maßgebende Energiequelle der kapitalistischen Wachstumsökonomien in Europa bildete eine wesentliche Grundlage für das „Wirtschaftswunder" der 1950er und 1960er Jahre.

4.1.2 Die Begründung des Erdölexports aus dem arabischen Raum nach Europa

In den Jahrzehnten nach Ende des Zweiten Weltkrieges sollte der Erdölbedarf der Industriegesellschaften bis dahin ungeahnte Ausmaße erreichen. In der Literatur wird daher häufig das Jahr 1945 zum eigentlichen Beginn des Erdölzeitalters erklärt.[16] Die vier mit Abstand größten Förderländer zu jener Zeit waren die

---

Marshallplan und westdeutscher Wiederaufstieg: Positionen – Kontroversen, Stuttgart: Franz Steiner Verlag 1990, S. 35–59 (hier 45).

[13] Vgl. David S. Painter, „Oil and the Marshall Plan", in: Business History Review, Vol. 58, No. 3, Autumn 1984, S. 359–383 (hier 362).

[14] Vgl. Serge Berstein und Pierre Milza, Histoire de l'Europe contemporaine: De l'héritage du XIXe siècle à l'Europe d'aujourd'hui, Paris: Hatier 2002, S. 258.

[15] Nicholas Crafts und Gianni Toniolo, „Postwar Growth: An Overview", in: dies. (Hrsg.), Economic Growth in Europe since 1945, Cambridge: Cambridge University Press 1996, S. 1–37 (hier 3).

[16] Vgl. Roy L. Nersesian, Energy for the 21st Century: A Comprehensive Guide to Conventional and Alternative Sources, 2. Auflage, Abingdon: Routledge 2015, S. 162. Um die Jahrhundertwende entfielen 90 Prozent des weltweiten Gesamtenergieverbrauchs auf Kohle.

Vereinigten Staaten, die Sowjetunion, Venezuela und der Iran. Lediglich neun Prozent der globalen Rohölproduktion stammten 1946 aus dem Nahen Osten.[17] Auch wenn die Ölförderung Saudi-Arabiens während des Zweiten Weltkrieges noch vergleichsweise gering war (immerhin strömte erst im Frühjahr 1938 erstmals Erdöl aus dem saudischen Wüstenboden), erlangte sie in den Kriegsjahren für die amerikanische Streitmacht bereits Relevanz. Die US-Regierung erkannte die strategische Bedeutung des saudischen Öls für den Wiederaufbau Europas nach dem Krieg.[18] Die Amerikaner vertraten die Auffassung, dass ohne dem Nahostöl der Marshall-Plan scheitern würde.[19] Dergestalt war der Erfolg der europäischen Wiederaufbauinitiative maßgeblich von Mineralölimporten aus der Golfregion abhängig.

Um die Versorgung Europas mit Erdöl aus nahöstlicher Produktion sicherzustellen, verfolgte Washington zwei strategische Zielsetzungen: Einerseits eine direkte oder indirekte Kontrolle der saudischen Rohölförderung und andererseits die Schaffung der erforderlichen Infrastruktur für den Export des fossilen Energieträgers von der Arabischen Halbinsel nach Europa. Letzteres Ziel sollte nicht zuletzt durch eine neu zu errichtende Rohrleitung von den saudischen Erdölfeldern in der östlichen Provinz an das Mittelmeer erreicht werden. Die als Nachkriegsprojekt konzipierte Transarabische Pipeline (TAPLINE) sollte nach der wirtschaftlichen Genesung des Kontinents dazu beitragen, den europäischen Energiehunger zu stillen und gleichzeitig die schwindenden US-amerikanischen Erdölreserven zu schonen.[20]

Vor allem Harold L. Ickes, langjähriger Innenminister unter Franklin D. Roosevelt und Harry S. Truman sowie in mächtiger Position für die US-Erdölpolitik während des Zweiten Weltkrieges verantwortlich, setzte sich vehement für den Schutz amerikanischer Ölinteressen auf der Arabischen Halbinsel

---

Erdöl spielte dazumal eine untergeordnete Rolle. Noch 1950 war Kohle mit einem Anteil von 56 Prozent deutlich vor Öl mit 29 Prozent.

[17] Vgl. Boesch, „Erdöl im Mittleren Osten", S. 81. Verteilung der Welterdölproduktion 1946: Nordamerika 64 Prozent, Südamerika 17,4 Prozent, Sowjetunion sechs Prozent, Europa 1,8 Prozent und Ferner Osten 1,7 Prozent.

[18] Vgl. Douglas Little, „Pipeline Politics: America, TAPLINE, and the Arabs", in: Business History Review, Vol. 64, No. 2, Summer 1990, S. 255–285 (hier 258).

[19] Vgl. Ram Narayan Kumar, Martyred But Not Tamed: The Politics of Resistance in the Middle East, New Delhi: Sage 2012, S. 112.

[20] Vgl. Helmut Mejcher, „Saudi Arabia's ,Vital Link to the West': Some Political, Strategic and Tribal Aspects of the Transarabian Pipeline (TAP) in the Stage of Planning 1942–1950", in: Middle Eastern Studies, Vol. 18, No. 4, October 1982, S. 359–377 (hier 362 und 372); sowie Pierre Mélandri, „L'œil de la tempête: Les Etats-Unis et le Golfe Persique de 1945 à 1990", in: Vingtième Siècle, No. 33, Janvier-Mars 1992, S. 3–25 (hier 6).

ein. Über die Art der Einflussnahme waren sich die politischen Entscheidungsträger und Vertreter der Ölindustrie uneinig. Selbst eine mehrheitliche direkte Regierungsbeteiligung an der in Saudi-Arabien tätigen arabisch-amerikanischen Mineralölgesellschaft (ARAMCO), wofür Ickes und insbesondere Staatssekretär William Bullitt eintraten, stand zur Debatte.[21] Da ein solches Engagement unweigerlich die diplomatischen und wirtschaftlichen Beziehungen mit den Produzentenländern schwer belastet hätte, lehnte das US-Außenministerium diesen Plan ab und bevorzugte stattdessen die Wahrung amerikanischer Interessen im arabischen Raum über die privaten Ölkonzerne.[22] Letztlich wäre eine direkte Machtausübung mittels Regierungsbeteiligung mit der von Roosevelt vertretenen anti-kolonialistischen Außenpolitik und seiner entschiedenen Ablehnung der imperialistischen Einflussnahme in der Region durch Frankreich und Großbritannien nicht vereinbar gewesen.[23] Das US-Außenamt arbeitete somit Hand in Hand mit den Majors, um über diese die Erdölaktivitäten im Nahen Osten zu seinen Gunsten mitgestalten zu können. In diesem Sinne spielten die amerikanischen Ölkonzerne „a vital role in the achievement of U.S. foreign policy objectives."[24]

Nachdem sich Ickes' Plan der direkten Regierungskontrolle von ARAMCO nicht durchsetzen ließ, versuchte er auf anderem Wege einen staatlichen Zugriff auf das arabische Erdöl sicherzustellen. Er sprach sich für die Errichtung einer Pipeline von den Lagerstätten in Al-Hasa an das Mittelmeer durch die US-Regierung aus. ARAMCO sollte sich im Gegenzug dazu verpflichten, einen Teil ihrer Förderung zu vergünstigten Konditionen den US-Streitkräften zur Verfügung zu stellen. Nach heftigem Protest vonseiten der amerikanischen Ölindustrie und Vorbehalten der britischen Regierung, die ihre Vorherrschaft in der Region in Gefahr wähnte, scheiterte auch diese Idee.[25] Auch wenn Washington nicht das

---

[21] Für einen ausführlichen Überblick über Bullitts umstrittene Vorschläge siehe Ed Shaffer, The United States and the Control of World Oil, New York: St. Martin's Press 1983, S. 84 ff. Ickes Bestrebungen und Pläne werden unter anderem in Sampson, The Seven Sisters, S. 94 ff. beschrieben.

[22] Vgl. Stephen J. Randall, „Harold Ickes and United States Foreign Petroleum Policy Planning, 1939–1945", in: Business History Review, Vol. 57, No. 3, Autumn 1983, S. 367–387 (hier 376 f.).

[23] Siehe dazu Foster Rhea Dulles und Gerald E. Ridinger, „The Anti-Colonial Policies of Franklin D. Roosevelt", in: Political Science Quarterly, Vol. 70, No. 1, March 1955, S. 1–18.

[24] Benjamin Shwadran, Middle East Oil Crises Since 1973, Boulder: Westview Press 1986, S. 8. In einem Positionspapier des Subcommittee on Multinational Corporations des US-Senats aus dem Jahre 1953 werden die Erdölaktivitäten der amerikanischen Mineralölfirmen explizit als „Instrument der Außenpolitik" gegenüber den jeweiligen Gastländern bezeichnet. Siehe ebd., S. 12 f.

[25] Vgl. Sampson, The Seven Sisters, S. 98.

Ziel verfolgte, dem britischen Einfluss am Persischen Golf ein Ende zu setzen, strebten die Amerikaner in Saudi-Arabien nach einer Umkehr der traditionellen Machtverhältnisse und erhoben Anspruch auf wirtschaftliche Vormachtstellung und politische Parität.[26]

Die saudische Regierung wusste um das immense Produktionspotenzial der Ölfelder in Dhahran und drängte auf größtmöglichen Output, was die amerikanischen Konzerne vor beträchtliche absatztechnische Herausforderungen stellte.[27] Eine Steigerung der Ölförderung erschien den ARAMCO-Partnern allerdings notwendig, denn zusätzliche Konzessionserträge würden den saudischen König gewiss besänftigen und den Erhalt der Bohrrechte bis auf Weiteres sichern.[28] Die Unzufriedenheit der Saudis angesichts rückläufiger Konzessionseinnahmen während des Zweiten Weltkrieges, welche König Ibn Saud in Form von unrealistischen monetären Forderungen regelmäßig zum Ausdruck brachte, hatte SOCAL und TEXACO zur Befürchtung veranlasst, Riad könnte ihnen ihre wertvolle Lizenz entziehen.[29] Darüber hinaus sahen sich die beiden US-amerikanischen Majors außerstande, die immensen Kosten und das nicht unerhebliche politische Risiko der Transarabischen Pipeline, die infolge ihres Verlaufs durch mehrere arabische Länder den Zwängen regionaler Konflikte schicksalhaft zu unterliegen drohte, allein zu tragen. Nicht zuletzt die Errichtung des neuen riesigen Raffineriekomplexes in Ras Tanura an der Golfküste erforderte einen Kapitaleinsatz, den die beiden ARAMCO-Teilhaber nur schwer aufzubringen imstande waren.

Aus diesen Gründen musste die arabisch-amerikanische Ölgesellschaft auf breitere Beine gestellt werden. Eine Öffnung der ARAMCO für kapitalstarke Partner, die zudem über ausreichend Absatzmärkte für das reichlich sprudelnde saudische Erdöl verfügen, schien unausweichlich. Ibn Saud und die US-Regierung beharrten auf ein weiteres Kriterium: Die neuen Teilhaber hatten amerikanisch zu sein.[30] Im Rahmen einer Politik der „relativen Autonomie" sah der saudische

---

[26] Diese These stammt von Aaron Daniel Miller, zitiert in Geir Lundestad, „Empire by Invitation? The United States and Western Europe, 1945–1952", in: Journal of Peace Research, Vol. 23, No. 3, September 1986, S. 263–277 (hier 266).

[27] Der saudische König verstand es hervorragend, die britischen und US-amerikanischen Interessen in seinem Land gegeneinander auszuspielen, um dadurch zusätzliche Entwicklungshilfegelder zu lukrieren und den Ertrag aus der vergebenen Konzession zu steigern. Siehe dazu Barry Rubin, „Anglo-American Relations in Saudi Arabia, 1941–45", in: Journal of Contemporary History, Vol. 14, No. 2, April 1979, S. 253–267.

[28] Vgl. Little, „Pipeline Politics", S. 259.

[29] Vgl. Shaffer, The United States and the Control of World Oil, S. 90 f.; und Sampson, The Seven Sisters, S. 94.

[30] Vgl. Yergin, The Prize, S. 412 und 415; und Kumar, Martyred But Not Tamed, S. 112.

Herrscher die Interessen seines Königreiches in enger Kooperation mit den zur neuen Weltmacht aufsteigenden Vereinigten Staaten besser vertreten, als durch das zunehmend erschöpfte und im Niedergang befindliche britische Empire, das nach jahrzehntelanger Vorherrschaft im Nahen Osten politisch diskreditiert war.[31] Nur zwei Konzerne entsprachen den genannten Anforderungen: Standard Oil of New Jersey und Standard Oil of New York.[32]

Einem Einstieg bei ARAMCO stand jedoch das bereits seit zwei Jahrzehnten bestehende Red Line Agreement, das die beiden in New York beheimateten Majors mitunterzeichnet hatten, im Weg. Als Anteilseigner der Iraq Petroleum Company war ihnen aufgrund der Bestimmungen des Abkommens die Verfolgung eigenständiger Erdölaktivitäten auf der Arabischen Halbinsel untersagt. Eine Beteiligung an ARAMCO wäre demnach nur unter Einbeziehung der anderen IPC-Partner, Anglo-Iranian, Royal Dutch Shell, CFP und Calouste Gulbenkian, möglich gewesen. Dergestalt stand das Red Line Agreement den vitalen Interessen der amerikanischen Vertragspartner entgegen, weshalb diese das Abkommen auf Basis einer voluntaristischen Rechtsauffassung gegen den Widerstand der restlichen IPC-Teilhaber für nichtig erklärten.[33]

Das Ende des Agreements erlaubte Jersey Standard und SOCONY-Vacuum die ersehnte Anteilsübernahme an ARAMCO. Anfang 1947 öffneten SOCAL und TEXACO ihr wertvolles saudisches Engagement für ihre zwei amerikanischen „Schwestern". Die bisherigen Eigentümer aus Kalifornien und Texas sowie die Standard Oil Company of New Jersey hielten nunmehr jeweils 30 Prozent an

---

[31] Vgl. Gerd Nonneman, „Saudi-European Relations 1902–2001: A Pragmatic Quest for Relative Autonomy", in: International Affairs, Vol. 77, No. 3, July 2001, S. 631–661 (insbes. 643 f.).

[32] SOCONY entstand – so wie Standard Oil of New Jersey und SOCAL – im Jahre 1911 nach der gerichtlichen Zerschlagung von John D. Rockefellers Standard Oil Trust. In den frühen 1930er Jahren übernahm Standard Oil of New York die Vacuum Oil Company und änderte ihren Namen in SOCONY-Vacuum. Ab 1966 hieß das Unternehmen Mobil Oil, das schließlich Ende 1999 mit Exxon, der Nachfolgerin von Jersey Standard, fusionierte und damit in die heutige ExxonMobil Corporation aufging. Standard Oil of New Jersey hat den offiziellen Firmennamen im Jahre 1972 in Exxon Corporation geändert.

[33] Nach der Okkupation Frankreichs durch Nazi-Deutschland während des Zweiten Weltkrieges wurden die französische CFP und Calouste Gulbenkian, der anstatt aus Frankreich zu fliehen dem mit den Nazis kollaborierenden Pétain-Regime nach Vichy folgte, von der britischen Regierung als „feindliche Ausländer" klassifiziert. London konfiszierte daraufhin die unter „deutschem Einfluss" stehenden Anteile an der IPC. Dies nahmen die amerikanischen IPC-Anteilseigner später zum Anlass, um sich an das Red Line Agreement nicht mehr gebunden zu fühlen und es gemäß ihrer Rechtsauslegung als ungültig zu betrachten. Auch Royal Dutch Shell und Anglo-Iranian vertraten die Auffassung, dass der Krieg das Abkommen von 1928 beendet habe. Siehe Mosley, Power Play, S. 129 ff.

dem arabisch-amerikanischen Konsortium. SOCONY-Vacuum begnügte sich mit einer zehnprozentigen Beteiligung, was sich ob der gigantischen saudischen Erdölvorkommen als fatale ökonomische Fehlentscheidung herausstellen sollte. Die amerikanische Aufkündigung des Red Line Agreements zog langwierige Rechtsstreitigkeiten mit den IPC-Partnern nach sich. Allen voran Gulbenkian beharrte auf den Fortbestand des Abkommens. Im November 1948 konnte schließlich ein Übereinkommen erzielt werden, im Rahmen dessen die Iraq Petroleum Company neu aufgestellt wurde und Gulbenkian dank höherer Zuwendungen seinen Widerstand aufgab.[34]

Neben der erfolgreichen Neustrukturierung von ARAMCO wurden in den Nachkriegsjahren zwei weitere grundlegende Vereinbarungen getroffen, welche die Versorgung des europäischen Marktes mit kostengünstigem Nahostöl sicherstellen sollten. Dazu zählt der Abschluss eines langjährigen Vertrages zwischen Gulf Oil und Royal Dutch Shell, der die Einspeisung des von Gulf geförderten kuwaitischen Erdöls in die weit verzweigten europäischen Vertriebsstrukturen von Shell zum Inhalt hatte.[35] Beide Seiten profitierten von diesem Übereinkommen, denn Gulf Oil mangelte es an Absatzmöglichkeiten für seine ergiebigen Erdölquellen in Kuwait, während Shell zu jener Zeit über kein ausreichendes Produktionsvolumen für die Bedienung seiner Märkte verfügte.

Die Anglo-Iranian Oil Company und die beiden neuen ARAMCO-Gesellschafter Jersey Standard und SOCONY trafen ein ähnliches Abkommen. Auch die AIOC hatte mangels eines etablierten Vertriebsnetzwerkes und einer zu geringen Raffineriekapazität in Europa Schwierigkeiten, ihr iranisches Erdöl abzusetzen. Die in Europa gut aufgestellten Amerikaner verpflichteten sich, über einen Zeitraum von 20 Jahren nahezu 40 Prozent des von Anglo-Iranian im Iran geförderten Erdöls ihren Märkten, vornehmlich dem europäischen, zuzuführen.[36] Mit diesen historischen Nachkriegsabkommen, „the mechanisms, capital, and marketing systems were in place to move vast quantities of Middle Eastern oil into

---

[34] Der von amerikanischer Seite angebotene und in erster Linie von Standard of New Jersey getragene Kompromiss, dem letztlich die CFP und Gulbenkian zustimmten, sah eine sechsfache Steigerung der Rohölproduktion durch die IPC sowie die Errichtung zweier Pipelines an das Mittelmeer vor. Gulbenkian wurden darüber hinaus zusätzliche Mengen an kostenfreiem Erdöl zugesprochen. Siehe dazu Sampson, The Seven Sisters, S. 103. Ihre ursprüngliche Forderung, nämlich einen Anteil an ARAMCO zu erhalten, konnten die CFP und Gulbenkian nicht durchsetzen.

[35] Vgl. Y. S. F. Al-Sabah, The Oil Economy of Kuwait, London: Kegan Paul 1980, S. 28.

[36] Vgl. Chris Paine und Erica Schoenberger, „Iranian Nationalism and The Great Powers: 1872–1954", in: MERIP Reports, No. 37, May 1975, S. 3–28 (hier 21).

the European market.“[37] Bereits in den ersten Nachkriegsjahren wurden also jene Strukturen geschaffen, welche die für die wirtschaftliche Genesung Europas so bedeutsamen Erdöleinfuhren aus dem Nahen Osten ermöglichten.

Unter Federführung des US-amerikanischen ARAMCO-Konsortiums wurde die saudische Erdölindustrie zügig ausgebaut, wodurch beträchtliche Produktionssteigerungen erzielt werden konnten. Während der saudische Output in den Kriegsjahren nicht mehr als vier bis fünf Millionen Fass pro Jahr betrug, erreichte er 1945 bereits 21 Millionen Barrel, 1946 knapp 60 Millionen Barrel und 1950 beinahe 200 Millionen Barrel.[38] Im Dezember 1950 wurde nach zweijähriger Bauzeit die von ARAMCO errichtete TAPLINE in Betrieb genommen. Mit einer Kapazität von 300.000 Barrel pro Tag war sie die weltgrößte Pipeline ihrer Zeit. Die 1.200 Kilometer lange Rohrleitung verlief von Qaisumah, das rund 500 Kilometer nordwestlich von Dammam in der saudischen Wüste liegt, nach Sidon an das Mittelmeer. Die TAPLINE ermöglichte den kostengünstigen Erdölexport von den riesigen Ölfeldern in Dhahran nach Westeuropa. Vor ihrer Inbetriebnahme musste das saudische Öl von Ras Tanura auf dem Seeweg 5.500 Kilometer um die Arabische Halbinsel nach Suez verschifft werden, was mit beträchtlichen Transportkosten und Kanalgebühren verbunden war. Die US-Regierung forcierte die Errichtung der TAPLINE und gewährte den amerikanischen Mineralölkonzernen politische Unterstützung angesichts der steigenden strategischen Bedeutung der saudischen Lagerstätten. 1955 entfielen bereits rund 80 Prozent der westeuropäischen Gesamtenergieimporte auf Erdöl, wodurch der flüssige Energierohstoff weit vor der Kohle lag, die den Rest ausmachte.[39]

4.1.3 Das weltumspannende Erdölsystem der Majors

Bis in die späten 1950er Jahre und darüber hinaus war die globale Erdölindustrie außerhalb der Vereinigten Staaten, Kanadas, der Sowjetunion und Chinas von der dominanten Stellung der mächtigen multinationalen Ölfirmen gekennzeichnet.[40] Die erdölreichen Gastländer hatten keinerlei Einfluss auf die Fördermenge und Preisgestaltung des Öls und agierten bloß als konkurrierende Anbieter von

---

[37] Yergin, The Prize, S. 422.

[38] Siehe The Shift Project (Data Portal), abgerufen: 7. Juli 2014.

[39] Vgl. Jensen, Energy in Europe, S. 55.

[40] 1950 kontrollierten die Majors 85 Prozent der weltweiten Rohölförderung außerhalb der genannten Staaten. Siehe Bassam Fattouh, „An Anatomy of the Crude Oil Pricing System",

Bohrrechten.[41] Die weltweite Rohölproduktion und deren Vermarktung war unter der vollständigen Kontrolle einiger weniger integrierter westlicher Ölkonzerne.[42] Vor dem Krieg hatten die Mitglieder eines exklusiven, informellen Kreises der sieben größten international tätigen Erdölunternehmen, die sogenannten „Sieben Schwestern",[43] unter teilweiser Beteiligung der französischen CFP kartellähnliche Arrangements getroffen und damit deren traditionelle Marktanteile verteidigt.[44] Nach dem Krieg ließen insbesondere die verschärften US-amerikanischen kartellrechtlichen Bestimmungen das Treffen formaler Vereinbarungen nicht länger zu. Trotz dessen verfügten die Sieben Schwestern aufgrund ihrer globalen Organisationsstrukturen und starken Stellung sowie der Kontrolle des internationalen Angebots und der Rohölreserven zumindest bis Ende der 1950er Jahre über die

---

Oxford Institute for Energy Studies, University of Oxford, WPM 40, January 2011, abrufbar unter: http://www.oxfordenergy.org/wpcms/wp-content/uploads/2011/03/WPM40-AnA natomyoftheCrudeOilPricingSystem-BassamFattouh-2011.pdf (3. September 2015), S. 14 (Fußnote 8). Die Vorherrschaft des von ihnen etablierten Erdölregimes dauerte bis 1973.

[41] Vgl. ebd., S. 14.

[42] Vgl. Paul Leo Eckbo, The Future of World Oil, Cambridge, MA: Ballinger 1976, S. 10 und 20.

[43] Zu den Sieben Schwestern zählten Standard Oil of New Jersey, SOCONY, SOCAL, Royal Dutch Shell, BP, Gulf Oil und TEXACO. Als Urheber der Bezeichnung gilt Enrico Mattei, der bis 1962 der staatlichen italienischen Erdölgesellschaft vorgestanden war. Die sieben mächtigen Konzerne verhielten sich laut Mattei wie Schwestern, die sich einerseits zankten, in Konkurrenz zueinander standen und aufeinander eifersüchtig waren, andererseits jedoch, in Situationen kollektiver Bedrängnis, sich verbündeten und vereint auftraten.

[44] Das wettbewerbsbeschränkende Verhalten der Ölmajors ging über die Mechanismen der passiven Preisbildung auf oligopolistischen Märkten, wo wenige Anbieter einer großen Anzahl von Käufern gegenüberstehen, weit hinaus. Das Red Line Agreement von 1928 und das Abkommen von Achnacarry aus demselben Jahr sind als klassische Kartellvereinbarungen, deren zentrales Ziel die Stabilisierung hoher Preise mittels der Kontrolle bzw. Begrenzung des Erdölangebots war, einzustufen. In der vorliegenden Arbeit werden unter dem Kartellbegriff, entgegen der in der Literatur weit verbreiteten engen Begriffsbestimmung, nicht ausschließlich formell-vertragliche Vereinbarungen verstanden, sondern in der weiter gefassten Definition von Andreas Resch „sämtliche Formen der Kooperation von Firmen […], die dem Zweck dienen, den Wettbewerb zu beschränken und gemeinsam die Ertragslage zu verbessern." Dies umfasst somit auch „stillschweigende Abstimmungen des Verhaltens", weshalb Resch in diesem Zusammenhang auch von „Kollusion" spricht. Siehe Andreas Resch, Industriekartelle in Österreich vor dem Ersten Weltkrieg: Marktstrukturen, Organisationstendenzen und Wirtschaftsentwicklung von 1900 bis 1913, Schriften zur Wirtschafts- und Sozialgeschichte: Band 74, Berlin: Duncker & Humblot 2002, S. 20.

Fähigkeit, die Ölindustrie nahezu unumschränkt nach ihrem Willen zu gestalten.[45] Ihr gegenseitiges Einvernehmen über das Erdölangebot und die Preispolitik sicherte den Majors hohe Erträge zu dieser Zeit. Das System der integrierten Konzerne sorgte für stabile und vergleichsweise hohe, kartellgestützte Ölpreise. Vor Ausbruch des Zweiten Weltkrieges war Texas die größte Erdölförder- und Exportregion der Welt. Der Preis für Rohöl im Golf von Mexiko diente infolgedessen als Referenzpreis für alle anderen Produktionsgebiete. Die Majors etablierten ein globales Ölpreismodell, in welchem der Golf von Mexiko den Referenzpunkt für die Berechnung des Preises von Erdöl aus anderen Quellen darstellte.[46] Dieses sogenannte *„single basing point system"*, primär unter der Bezeichnung „Golf-Plus-System" bekannt, war im Kartellabkommen von Achnacarry 1928 vereinbart worden. In der Praxis bedeutete diese einheitliche Preisformel, dass die internationalen Ölkonzerne die Preisbildung für ihr Rohöl aus allen weltweiten Förderregionen außerhalb der Vereinigten Staaten und die Transportkosten so gestalteten, als käme der Rohstoff von der US-Golfküste. Unabhängig von den tatsächlichen Produktionskosten, die in praktisch allen Gegenden weit unter dem Verkaufspreis lagen,[47] wurde der Preis für Rohöl derselben Qualität in allen Fördergebieten der Welt dem vergleichsweise hohen texanischen Preis angeglichen. Gleichzeitig berechnete das Ölkartell die Transportkosten, als wäre das Erdöl von der texanischen Küste weg verschifft worden, auch wenn die tatsächliche Entfernung eine viel geringere war.[48]

Der c.i.f.-Preis – um ein beliebiges Beispiel zu nennen – für preisgünstiges malaysisches Rohöl, das nach Japan verschifft wurde, berechnete sich nach dem f.o.b.-Preis für texanisches *marker crude* inklusive der Transportkosten vom Golf von Mexiko nach Japan. Selbstverständlich trachteten die Ölmultis danach, die realen Verschiffungskosten möglichst gering zu halten, weshalb die diversen Märkte von den jeweils nächstgelegenen Fördergebieten beliefert wurden. Der mitunter beträchtliche Unterschied zwischen dem verrechneten Öl-

---

[45] Vgl. Peter R. Odell, Oil and World Power, 8. Auflage, Harmondsworth: Penguin 1986, S. 16.

[46] Siehe dazu Alberto Clô, Oil Economics and Policy, Norwell: Kluwer 2000, S. 76 ff.

[47] In den zehn Jahren zwischen 1950 und 1960 überstieg der Ölpreis die Grenzkosten der Erdölförderung in Saudi-Arabien, Kuwait, dem Irak und Iran ungefähr um das 20-Fache. Siehe Theodore H. Moran, „Managing an Oligopoly of Would-Be Sovereigns: The Dynamics of Joint Control and Self-Control in the International Oil Industry Past, Present, and Future", in: International Organization, Vol. 41, No. 4, Autumn 1987, S. 575–607 (hier 595).

[48] Durch diese Praxis wurden Frachtkosten für eine fiktive Transportroute verrechnet. Der Aufschlag zwischen den in Rechnung gestellten und den realen Transportkosten wird als *„phantom freight"* bezeichnet.

und Transportpreis und den tatsächlichen Kosten bedeutete zusätzliche Gewinne für die Mitglieder des Erdölkartells. Gleichzeitig kamen die hohen Kartellpreise der in Achnacarry vereinbarten einheitlichen Preisformel auch den vielen nicht-integrierten, ausschließlich auf dem Heimmarkt operierenden kleinen und mittleren US-amerikanischen Ölgesellschaften zugute. Diese mit hohen Grenzkosten produzierenden Unternehmen wurden von der Regierung durch regulierte Preise auf dem US-Markt geschützt. Der hohe kartellgestützte Preis auf dem Weltmarkt sicherte auch diesen Mineralölfirmen eine akzeptable Ertragslage.[49]

Das Golf-Plus-System war bis 1947 vorherrschend. Während des Zweiten Weltkrieges hatten die Majors den angelsächsischen alliierten Kriegsflotten für in Abadan geladenes Erdöl die f.o.b.-Preise vom Golf von Mexiko inklusive der fiktiven Frachtkosten von dort zum Persischen Golf verrechnet, woraufhin die Sieben Schwestern auf Druck von amerikanischen und britischen Behörden nach Kriegsende ihr lukratives Modell der Ölpreisfestsetzung aufgeben mussten.[50] Die sieben mächtigen Konzerne akzeptierten in weiterer Folge den Nahen Osten neben dem Golf von Mexiko als zweiten Referenzpunkt für die Berechnung des Rohölpreises. Gemäß diesem *„two base system"* wurden die Seefrachtraten entweder vom Persischen Golf oder vom Golf von Mexiko ausgehend berechnet, wobei der Ölpreis weiterhin einheitlich auf Basis des Preises in letzterer Region festgesetzt wurde. Während durch die Umstellung auf die neue Regelung praktisch kein Gewinn mehr aus der *„phantom freight"* erzielt werden konnte, profitierten die Majors nach wie vor von den äußerst niedrigen Produktionskosten im Nahen Osten bei gleichzeitiger Verrechnung des hohen US-amerikanischen Ölpreises.

Innerhalb des Systems der zwei Referenzpunkte war es für alle Importeure östlich von Malta bzw. Italien preisgünstiger, Erdöl aus dem Nahen Osten zu beziehen, wohingegen sich die westlich von Italien gelegenen Verbraucher dem Golf von Mexiko oder dem Großproduzenten Venezuela zuwandten. Dem arabischen und iranischen Erdöl waren dadurch die westlich der fiktiven Linie gelegenen Märkte praktisch versperrt. Mit den beträchtlichen Produktionssteigerungen im Nahen Osten und angesichts der äußerst niedrigen Förderkosten für Rohöl aus dem Persischen Golf war jedoch auch diese Regelung bald nicht mehr ökonomisch vertretbar. Als der Preis für venezolanisches Öl 1948 angehoben wurde, entschieden die Majors, den Grundpreis für das Nahostöl vom Golf von Mexiko zu entkoppeln. Nach zwei anschließenden Preissenkungen kostete der Rohstoff aus dem Nahen Osten exklusive Transportkosten um rund ein

---

[49] Vgl. Energy Charter Secretariat, Putting a Price on Energy: International Pricing Mechanisms for Oil and Gas, Brüssel: Energy Charter Secretariat 2007, S. 54.

[50] Vgl. ebd., S. 54. Siehe auch Clô, Oil Economics and Policy, S. 77.

Viertel weniger als Erdöl amerikanischer Herkunft. Daraufhin verschob sich die „Indifferenzlinie", auf welcher der c.i.f.-Preis der beiden Referenzpunkte exakt übereinstimmte, sukzessive nach Westen – zuerst nach London und im Juni 1949 nach New York.[51]

1949 vermochte die amerikanische Inlandsförderung kaum noch den steigenden Bedarf zu decken und die Vereinigten Staaten wurden ein Nettoimporteur von Erdöl. Trotzdem hatten die US-Behörden im Sinne der Stützung des Inlandspreises in den späten 1940er Jahren eine Produktionskapazität von rund einer Million Barrel pro Tag zurückgehalten und nicht dem Markt zugeführt.[52] Diese Maßnahme förderte natürlich die Attraktivität von preisgünstigem Rohöl aus dem Nahen Osten. Mit dessen Verschiffung über den Atlantik und anschließender Veredelung in den Raffinerien der amerikanischen Ostküste ließen sich hohe Profite erzielen. Die Majors griffen aus diesem Grund zunehmend auf ihre Nahostförderung für die Versorgung auch weiter westlich gelegener Märkte zurück. Das Nahostöl hat innerhalb kurzer Zeit das texanische Rohöl von dem europäischen Markt und zu einem Gutteil selbst aus dem Nordosten der Vereinigten Staaten verdrängt.

Im Jahre 1950 fand eine bedeutende Ergänzung zu dem vom internationalen Ölkartell entworfenen System der Bepreisung des Erdöls statt. Auf Druck der Regierungen der Förderländer begannen die Majors, ihre Preise offiziell zu verlautbaren und das Preisgefüge auf dem sogenannten „*posted price*"[53] aufzubauen. Der Listenpreis war jener Preis, zu welchem die Konzerne ihr Erdöl auf dem Weltmarkt anboten. SOCONY übernahm die Vorreiterrolle und verkündete erstmals einen Richtpreis für Rohöl f.o.b. in Ras Tanura, Saudi-Arabien.[54] Die anderen „Schwestern" folgten rasch und machten ihre Preise ebenfalls öffentlich kund.

---

[51] Während venezolanisches Rohöl (mit einem Dichtegrad von 34 bis 34,9° API) im Jahre 1948 knapp 2,70 Dollar pro Barrel kostete, wurde der Preis für Öl aus der Region des Persischen Golfs von den Majors im März 1948 auf 2,22 Dollar und wenige Monate später 2,03 Dollar festgesetzt. Dadurch konnte das Nahostöl sein Marktgebiet nach London ausweiten, woraufhin sich die fiktive Indifferenzlinie in die britische Hauptstadt verschob und der sogenannte *London equalization point* entstand. Dieser währte bloß für ein Jahr, denn im April 1949 wurde der f.o.b.-Preis im Persischen Golf auf 1,88 Dollar und im Juni 1949 auf 1,75 Dollar gesenkt. Als Folge davon drängte Rohöl nahöstlichen Ursprungs zunehmend auf den US-amerikanischen Markt. Siehe Rouhani, A History of O.P.E.C., S. 184 ff.

[52] Vgl. Parra, Oil Politics, S. 59.

[53] In der deutschsprachigen Fachliteratur wird der Begriff *posted price* zumeist mit „Listenpreis" oder „Richtpreis" übersetzt. Diese deutschen Bezeichnungen werden in weiterer Folge synonym für *posted price* verwendet.

[54] Vgl. Clô, Oil Economics and Policy, S. 77.

Auch wenn der offizielle Richtpreis für die großen Abnehmer von Erdöl und die Profitabilität der Ölgesellschaften von untergeordneter Bedeutung war, da zu jener Zeit auf dem freien Markt nur geringe Mengen an Rohöl gehandelt wurden,[55] galt er über zwei Jahrzehnte als die prominenteste Preisgröße in der Erdölindustrie.[56] In der Realität wurde der weitaus größte Teil des globalen Ölhandelsvolumens auf Basis langjähriger Verträge und zu speziellen Konditionen abgewickelt, wobei den konzerninternen Transferpreisen eine wichtige Rolle zukam.[57] Der *posted price* etablierte sich jedoch in der zweiten Phase der Konzessionsregime als zentrale Größe für die Berechnung der Abgaben an die Produzentenländer, weshalb er für letztere große Bedeutung erlangte. Die Kalkulation der Gewinnanteile der Konzessionsgeber auf Grundlage der im Vergleich zu den auf Spotmärkten gehandelten Marktpreisen trägen Listenpreise gewährleistete relativ konstante und berechenbare Staatseinnahmen, was im Sinne der Förderländer war.

Im Rahmen ihres weltumspannenden Erdölsystems kontrollierten die Sieben Schwestern den gesamten Prozess der Ölsuche, -gewinnung, -veredelung und -vermarktung auf internationaler Ebene. Ein überragender Teil des im Welthandel befindlichen Erdöls durchlief von seiner Produktion bis zum Verkauf an den Endverbraucher die Strukturen der integrierten Ölmultis. Ihre beherrschende Stellung in der Erdölwirtschaft erlaubte den mächtigen westlichen Mineralölfirmen eine Steuerung der globalen exportrelevanten Fördermenge und der Handelsströme von den wesentlichen Produzentenländern zu den großen Verbrauchszentren. Die Majors waren gewinnorientierte Unternehmen, die industriekapitalistischen Prinzipien folgten. Insofern handelte es sich bei dem von ihnen etablierten Erdölregime um ein stabiles, berechenbares System, das eine zuverlässige Versorgung der Konsummärkte gewährleistete. Das Kartell der Konzerne sorgte für sichere Erdöllieferungen nach Europa.

---

[55] Noch 1976 wurden mehr als 85 Prozent des international gehandelten Rohöls nicht auf dem freien Markt verkauft. Siehe Yoon S. Park, Oil Money and the World Economy, Boulder: Westview Press 1976, S. 26. Siehe auch o. A., „Auf Kosten der Konsumenten", in: Der Spiegel, 28. Oktober 1974, S. 116.

[56] Vgl. Clô, Oil Economics and Policy, S. 81.

[57] Der Transferpreis oder Verrechnungspreis ist eine interne Preisgröße global tätiger, integrierter Ölkonzerne und beschreibt einen Preis, zu welchem das produzierte Erdöl innerhalb der Unternehmensorganisation transferiert bzw. „verkauft" wird. Seine Berechnung dient steuerlichen und buchhalterischen Zwecken. Der Transferpreis ist also ein rein firmeninterner Preis, der von der Erdölgesellschaft einseitig festgelegt wird und keine Rückschlüsse auf den Marktpreis zulässt. Siehe David Johnston und Daniel Johnston, Introduction to Oil Company Financial Analysis, Tulsa: PennWell 2006, S. 426.

4.2   Die Emanzipation der Förderländer und der schleichende Niedergang des Regimes der integrierten Ölkonzerne

4.2.1   50/50: Das Ende des traditionellen Konzessionsregimes und der Aufstieg der Independents

Noch vor dem Zweiten Weltkrieg war in manchen erdölexportierenden Staaten der Unmut über die für die sieben großen internationalen Mineralölgesellschaften äußerst günstigen Konzessionsvereinbarungen gestiegen, die sich seit Beginn des 20. Jahrhunderts mit der Lizenz an William Knox D'Arcy etabliert hatten. Das frühe Konzessionsregime, das bis zur Jahrhundertmitte vorherrschend war, wies nach Paul Leo Eckbo sechs wesentliche Merkmale auf:

1. die Konzessionsvereinbarungen umfassten riesige Gebiete und waren von langer Geltungsdauer,
2. eine geringe Anzahl an Konzessionsnehmern,
3. eine große Einheitlichkeit und Einfachheit der Konzessionsbestimmungen,
4. die Royalty[58] als die wesentliche finanzielle Abfindung für das Gastland,

---

[58] Die Royalty beschreibt eine vom Konzessionsnehmer für die Nutzung von Landeigentum bzw. die Förderung von Erdöl zu entrichtende Lizenzgebühr. Der Begriff stammt aus England, wo an die britische Krone als Eigentümerin aller Rohstoffressourcen für deren Ausbeutung eine Pacht zu leisten war. In den frühen Konzessionsvereinbarungen war die Royalty die primäre finanzielle Entschädigungsleistung an die Gastländer für die Überlassung von Konzessionsflächen an die ausländischen Ölkonzerne. Die Royalty konnte je nach vertraglicher Vereinbarung unterschiedliche Formen annehmen. In den frühen Konzessionen bestand sie üblicherweise aus einem fixen Geldbetrag pro geförderte Öleinheit. Ab den 1950er Jahren war die Abfindung an die Konzessionsgeber vielfach ein prozentueller Anteil am Gewinn des Konzessionsnehmers, ein festgelegter Fixbetrag inklusive einem prozentuellen Anteil an der Dividendenausschüttung an die Aktionäre des Konzessionsnehmers oder ein Anteil an der Ölförderung oder dessen äquivalenter Geldbetrag. Neben der Royalty unterlagen die Konzessionsnehmer in den meisten Fällen noch weiteren finanziellen Verpflichtungen: eine (zumeist einmalige) Barvergütung an den Konzessionsgeber, einen jährlich zu entrichtenden Pachtzins für die Benutzung der Konzessionsfläche sowie – beginnend mit der Einführung von zusätzlichen Ertragsabgaben im Dezember 1950 durch Saudi-Arabien – die Zahlung von Einkommensteuer gemäß den Bestimmungen des jeweiligen Steuersystems. Siehe Rouhani, A History of O.P.E.C., S. 217 ff. Trotz mehrfacher Form der Abfindung erreichte die finanzielle Vergütung für die Gastländer nur einen Bruchteil der von den ausländischen Ölfirmen aus der Konzession erzielten Profite. Die äußerst ungleiche Gewinnverteilung zugunsten der Majors war ein wesentliches Charakteristikum des traditionellen Konzessionsregimes.

5. ein geringer finanzieller Ertrag für die Produzentenländer aufgrund des niedrigen Preises des Rohöls und des begrenzten Bedarfs sowie der schwachen Verhandlungsmacht der Gastgeberstaaten,

6. die langsame und träge Entwicklung der Konzessionsbestimmungen.[59]

Dank der niedrigen Produktionskosten, allen voran in den nahöstlichen Produzentenländern, und den von den Sieben Schwestern geschaffenen preisstabilisierenden bzw. -maximierenden Kartellstrukturen ließen sich im globalen Ölhandel überaus üppige Gewinnmargen erzielen, die freilich zu einem Gutteil den Konzernen zuflossen. Von allen bedeutenden Wirtschaftsgütern, die sich im internationalen Handel befanden, wies Rohöl die weitaus größte Diskrepanz zwischen den durchschnittlichen Förderkosten und dem Verkaufspreis auf.[60] Das einseitig die ausländischen Unternehmen bevorzugende Konzessionsregime führte zu einer äußerst ungleichen Gewinnaufteilung. 1948 streiften die Ölgesellschaften im Schnitt 82 Prozent des aus dem Rohölverkauf erzielten Bruttogewinns ein; den Förderländern blieben lediglich 18 Prozent.[61]

Diese vonseiten der Exportnationen aus gutem Grunde als ungerecht empfundene Erlösaufteilung schürte die Missgunst gegenüber den mächtigen westlichen Mineralölfirmen. Nationalistische Strömungen in einigen Produzentenländern betrachteten die traditionelle Konzessionsform als Verletzung des Nationalstolzes. Die ausländischen Konzerne würden, so der Vorwurf, auf Grundlage der Konzessionsvereinbarungen als extraterritoriale Subjekte agieren, sich auf eine Stufe mit den Staatsregierungen stellen und in die internen Angelegenheiten des Gastlandes einmischen. Das Konzessionsregime wurde zunehmend als koloniale Praktik gedeutet, wodurch der Begriff eine denkbar negative Konnotation entwickelte.[62]

In Mexiko führte in den späten 1930er Jahren der von nationalistischem Eifer getriebene Hass auf die im Land tätigen internationalen Mineralölgesellschaften zu deren Enteignung. Als General Lázaro Cárdenas, der von 1934 bis 1940 Präsident Mexikos war, am 18. März 1938 die Verstaatlichung der Ölindustrie ankündigte, brach im Land Jubelstimmung aus und Millionen von Mexikanern feierten diesen als Akt der ökonomischen Selbstbestimmung betrachteten

---

[59] Eckbo, The Future of World Oil, S. 10.

[60] Vgl. Tanzer, The Political Economy of International Oil, S. 6.

[61] Vgl. Elsenhans, „Entwicklungstendenzen der Welterdölindustrie", S. 41.

[62] Vgl. Rouhani, A History of O.P.E.C., S. 39 f.

radikalen Schritt mit einer sechsstündigen Parade durch die Hauptstadt.[63] Der überzeugte Nationalist Cárdenas vollzog die erste umfangreiche Enteignung westlicher Ölinteressen in der nicht-kommunistischen Welt.[64] Für die Majors stellte die Konfiszierung ihrer Ölanlagen und deren Übertragung auf die staatlichen Behörden eine nicht zu unterschätzende Bedrohung dar, konnten doch andere Produzentenländer dem „Präzedenzfall" Mexiko folgen. Aufgrund der zu jener Zeit vorherrschenden, von den Sieben Schwestern geschaffenen Strukturen des globalen Erdölmarktes verfügten die großen Ölkonzerne jedoch über ausreichend Macht, um die Verstaatlichung letztlich erfolgreich zu torpedieren.[65] Nach Verhängung eines Embargos und Klagsdrohungen gegen alle potenziellen Käufer des „gestohlenen" mexikanischen Erdöls fand das Land kaum noch Abnehmer für seinen wichtigsten Exportartikel.

Der mexikanische Output war bereits in den Jahren davor deutlich eingebrochen. Nicht zuletzt aufgrund der instabilen politischen Lage beschränkten sich die in Mexiko dominierenden Ölgesellschaften Royal Dutch Shell und Jersey Standard auf Erhalt ihrer bestehenden Einrichtungen entlang der „Golden Lane" südlich von Tampico an der mexikanischen Ostküste und verzichteten auf weitere

---

[63] Vgl. Clayton R. Koppes, „The Good Neighbor Policy and the Nationalization of Mexican Oil: A Reinterpretation", in: Journal of American History, Vol. 69, No. 1, June 1982, S. 62–81 (hier 65).

[64] Nach der bolschewistischen Revolution in Russland wurden im Jahre 1918 die ausländischen Ölinstallationen in Baku und anderen Teilen des Landes verstaatlicht. Des Weiteren wurde im März 1937 der in Bolivien angesiedelte Ölbesitz westlicher Konzerne konfisziert, der jedoch im Vergleich zur sowjetischen oder mexikanischen Erdölindustrie aufgrund der geringen Fördermenge von untergeordneter Bedeutung war. Bereits zehn Jahre zuvor hatte Spanien seine Erdölwirtschaft verstaatlicht, die von Standard Oil of New Jersey, der Shell-Tochter Sociedad Petrolífera Española und der Sociedad de Petróleos Porto Pi dominiert war. Jersey Standard allein kontrollierte 1927 fast 60 Prozent des Benzin- und Kerosingeschäfts im Land. Der Marktanteil von Shell betrug circa 35 Prozent. Die Verstaatlichung, mit welcher Madrid Unabhängigkeit von den einflussreichen Ölgesellschaften erlangen wollte, umfasste nur die Transport- und Vertriebsstrukturen im Land, da Spanien über keine eigene Erdölproduktion verfügte. Die betroffenen Unternehmen erhielten nach politischem Druck durch ihre Heimatländer eine Entschädigung. Da es sich bei Spanien um kein Ölförderland handelte und der Absatzmarkt für die internationale Erdölindustrie nicht den größten Stellenwert hatte, wird diesem Ereignis in der Geschichtsschreibung über Erdöl nur wenig Aufmerksamkeit geschenkt. Siehe Adrian Shubert, „Oil Companies and Governments: International Reaction to the Nationalization of the Petroleum Industry in Spain: 1927–1930", in: Journal of Contemporary History, Vol. 15, No. 4, October 1980, S. 701–720.

[65] Vgl. Stephen J. Kobrin, „Diffusion as an Explanation of Oil Nationalization: Or the Domino Effect Rides Again", in: Journal of Conflict Resolution, Vol. 29, No. 1, March 1985, S. 3–32 (hier 5).

Investitionen.[66] Während Mexiko zu Beginn der 1920er Jahre mit einer täglichen Fördermenge von über 500.000 Barrel zum zweitgrößten Erdölproduzenten der Welt aufgestiegen war, sank der Output bis Ende des darauffolgenden Jahrzehnts auf nur noch gut 100.000 Barrel pro Tag.[67] Die mächtigen westlichen Konzerne brachten es zuwege, an dem als unfügsam eingestuften Cárdenas-Regime ein Exempel zu statuieren. Mexiko sollte den anderen Förderländern als warnendes Beispiel dienen, die bestehende Ordnung nicht infrage zu stellen.

Zur selben Zeit als Mexiko als bedeutender Ölexporteur vorerst von der Bildfläche verschwand, nahm Venezuela dessen Stellung ein und stieg zu einer Erdölgroßmacht auf. Das venezolanische Ölzeitalter begann im Dezember 1922 mit einem Sensationsfund im Maracaibobecken durch den englischen Techniker George Reynolds, der bereits im Jahre 1908 das erste Ölfeld im Iran erschlossen hatte.[68] Bei der Entdeckung der riesigen Barroso-Lagerstätte brach ein gewaltiger Gusher aus, der 100.000 Fass Rohöl pro Tag unkontrolliert an die Oberfläche spülte.[69] Der tägliche Output Venezuelas konnte im Anschluss daran zwischen 1922 und 1938 von gerade einmal 6.100 auf über 515.000 Barrel gesteigert werden.[70]

Unter dem diktatorischen Machthaber Juan Vicente Gómez hatte die Regierung in Caracas bereits seit dem frühen 20. Jahrhundert die westlichen Ölgesellschaften mit attraktiven und unternehmensfreundlichen Bedingungen ins Land zu locken versucht.[71] Einen wichtigen Impuls für die Entwicklung der venezolanischen Erdölindustrie gab das im Juni 1922 verabschiedete und von den Majors allgemein begrüßte neue Ölgesetz, das letzteren die im revolutionären Mexiko zunehmend vermisste Rechtssicherheit verschaffte.[72] Dies war insofern von großer Bedeutung, als der Aufbau der für die Erdölgewinnung notwendigen Explorations-,

---

[66] Vgl. Jonathan C. Brown, „Acting for Themselves: Workers and the Mexican Oil Nationalization", in: ders. (Hrsg.), Workers' Control in Latin America, 1930–1979, Chapel Hill: University of North Carolina Press 1997, S. 45–71.

[67] Vgl. Yergin, The Prize, S. 231 und 272 f.

[68] Siehe dazu Rasoul Sorkhabi, „George Bernard Reynolds: A Forgotten Pioneer of Oil Discoveries in Persia and Venezuela", in: Oil-Industry History, Vol. 11, No. 1, December 2010, S. 157–172.

[69] Vgl. Yergin, The Quest, S. 109.

[70] Vgl. George W. Grayson, The Politics of Mexican Oil, Pittsburgh: University of Pittsburgh Press 1980, S. 12.

[71] Vgl. B. S. McBeth, Juan Vicente Gómez and the Oil Companies in Venezuela, 1908–1935, Cambridge: Cambridge University Press 1983, S. 13 ff.

[72] Vgl. Jorge Salazar-Carrillo und Bernadette West, Oil and Development in Venezuela during the 20th Century, Westport: Praeger 2004, S. 37.

Produktions- und Transportinfrastruktur enorme Investitionssummen erforderte, die kein Unternehmen ohne ausreichendem Rechtsschutz leichtfertig aufs Spiel zu setzen bereit war. Abgesehen von dem stabileren politischen Umfeld und dem für die internationalen Konzerne weitaus günstigeren Investitionsklima in Venezuela waren auch handfeste ökonomische Motive für die beinahe vollständige Verlagerung der Produktion von Mexiko an den Maracaibosee im nordwestlichen Venezuela verantwortlich.[73]

Shell und Standard Oil of New Jersey, die in Mexiko ihre Förderanlagen aufgeben mussten, fanden in Venezuela eine hervorragende Ausweichmöglichkeit und wurden neben Gulf Oil zu den größten Produzenten im Land. Nachdem Gómez 1935 verstorben war und sein kleptokratisches Regime die Macht verlor, häuften sich auch in Venezuela nationalistische Forderungen nach einer Revision der einseitigen Ölverträge. Bereits unter Diktator Gómez' unmittelbarem Nachfolger, Eleazar López Contreras, wurden 1936 und 1938 neue Erdölgesetze verabschiedet, die eine stärkere Kontrolle der westlichen Gesellschaften durch die Behörden und eine staatliche Gewinnbeteiligung an den Profiten der Mineralölindustrie zum Ziel hatten.[74] Abgesehen von der Erhöhung diverser Steuern und Lizenzgebühren vermochten die Gesetzesänderungen indes die privilegierte Stellung der mächtigen Ölkonzerne nicht zu revidieren.

In den darauffolgenden Jahren hat sich der öffentliche und politische Druck auf die im Land tätigen Majors, also auf die venezolanische Tochter von Jersey Standard, Creole Petroleum, Royal Dutch Shell und die Mene Grande Oil Company, der operative Ableger von Gulf Oil,[75] weiter erhöht. Das populistische Regime von Isaías Medina Angarita, der 1941 die Präsidentschaft übernommen

---

[73] Siehe dazu Jonathan C. Brown, „Why Foreign Oil Companies Shifted Their Production from Mexico to Venezuela during the 1920 s", in: American Historical Review, Vol. 90, No. 2, April 1985, S. 362–385 (insbes. 384 f.). So versprachen die neu erschlossenen und äußerst ergiebigen Ölfelder im Maracaibobecken gerade zu jener Zeit, als Erdöl zu Tiefstpreisen gehandelt wurde, höhere Erträge für die internationalen Mineralölfirmen als die bereits erschöpften mexikanischen Lagerstätten.

[74] Vgl. Enrique A. Baloyra, „Oil Policies and Budgets in Venezuela, 1938–1968", in: Latin American Research Review, Vol. 9, No. 2, Summer 1974, S. 28–72 (hier 42).

[75] Noch 1939 entfielen 99 Prozent des gesamten venezolanischen Outputs auf diese drei Gesellschaften. Nachdem Gulf Oil im Dezember 1937 die Hälfte von Mene Grande an Standard Oil of New Jersey verkaufte, die wiederum die Hälfte ihres Anteils an Shell weitergab, waren letztere zwei Majors die mit Abstand größten Produzenten des Landes. Siehe Edwin Lieuwen, Petroleum in Venezuela: A History, Berkeley: University of California Press 1954, S. 84 f.

hatte, drängte vehement auf eine Revision der alten Konzessionsvereinbarungen und schreckte dabei selbst vor der Drohung, im Ernstfall die ausländischen Unternehmen zu enteignen, nicht zurück.

Im März 1943 war schließlich, nicht zuletzt auf Druck US-amerikanischer und britischer Regierungsvertreter, der Weg frei für eine Neugestaltung der Ölverträge. Der Zweite Weltkrieg erinnerte eindringlich an die strategische Bedeutung des venezolanischen Erdöls für die Versorgung der alliierten Kriegsparteien. 1942 stammten 75 Prozent der gesamten Ölimporte Großbritanniens aus Venezuela.[76] Diese Zahl bestätigt die Einschätzung von Anthony Sampson, wonach der Krieg in Europa vom venezolanischen Öl abhängig war.[77] Unter diesen Umständen verpflichteten sich die Majors dazu, der venezolanischen Regierung im Gegenzug für eine Verlängerung bestehender Abkommen unter den neuen Regeln sowie der Gewährung zusätzlicher Bohrrechte mehr von ihren exorbitanten Profiten abzugeben.[78]

Auch die neuen Vereinbarungen sollten nicht lange halten. Im Oktober 1945 wurde Medina Angarita von einer Gruppe Offizieren unter Beteiligung der Partei Acción Democrática gestürzt. Es folgte eine neue, demokratisch gesinnte Regierung unter Präsident Rómulo Betancourt. In ihren drei Jahren an der Macht, bevor die kurze demokratische Öffnung Venezuelas erneut von einer zehnjährigen Phase der Diktatur abgelöst wurde, gelang es der Acción Democrática, die traditionellen Strukturen in der Welterdölindustrie, insbesondere hinsichtlich des Verhältnisses zwischen den Gastgeberländern und den internationalen Konzernen, grundlegend zu ändern.[79] Ihre Ölpolitik während des demokratischen Trienniums sollte auch nach ihrem Machtverlust fortwirken.

Die bisherige Politik gegenüber den Majors war dem Regime Betancourts zu wenig progressiv. Eine Verstaatlichung der Erdölindustrie wurde indessen nicht als zielführend angesehen. Die Erinnerung an die letztlich alles andere als geglückte Enteignung der marktbeherrschenden ausländischen Mineralölfirmen in Mexiko war noch frisch. Außerdem waren der Regierung ihre technologische

---

[76] Vgl. John Knape, „British Foreign Policy in the Caribbean Basin 1938–1945: Oil, Nationalism and Relations with the United States", in: Journal of Latin American Studies, Vol. 19, No. 2, November 1987, S. 279–294 (hier 279).

[77] Sampson, The Seven Sisters, S. 108.

[78] Vgl. Franklin Tugwell, The Politics of Oil in Venezuela, Stanford: Stanford University Press 1975, S. 43 f. Die Mehreinnahmen der Regierung resultierten aus einer neu eingeführten Einkommensteuer, der Erhöhung der Grundsteuer sowie einer Anhebung der Royalty auf 16 $\frac{2}{3}$ Prozent. Die Ölgesellschaften erhielten als Gegenleistung Rechtssicherheit. Zudem wurden die Konzessionen für 40 Jahre verlängert.

[79] Vgl. Giraud und Boy de la Tour, Géopolitique du Pétrole et du Gaz, S. 228.

Abhängigkeit von den großen Ölgesellschaften sowie die mangelnden Raffineriekapazitäten, unzureichende Tankerflotte und fehlenden Distributionskanäle des Landes bewusst.[80] Aus diesen Gründen wählte die neue venezolanische Regierung einen pragmatischen, moderaten Weg. Sie agierte dabei insofern aus einer Position der Stärke, als Venezuela nach dem Zweiten Weltkrieg zum zweitgrößten Erdölförderland und größten Exporteur der Welt aufgestiegen war. Standard Oil of New Jersey und Royal Dutch Shell waren an einer Einigung interessiert. Einerseits hätte ein konfrontativer Kurs in Washington und London keine Unterstützung gefunden und andererseits war der Zugang zu den ergiebigen venezolanischen Ölquellen zu wichtig, um diesen aufs Spiel zu setzen. Unter diesen Umständen waren die beiden „Schwestern" bereit, einen höheren Preis als bisher zu zahlen.[81] Im Gegensatz zu Mexiko ein Jahrzehnt zuvor war damit der Weg für eine einvernehmliche Lösung frei.

Juan Pablo Pérez Alfonzo, der im ersten Kabinett Betancourts Entwicklungsminister war und in den darauffolgenden Jahren die Erdölgeschichte prägte wie kaum ein anderer, strebte nach einer Abschaffung des traditionellen Konzessionsregimes und der Gründung einer nationalen venezolanischen Erdölgesellschaft. Zudem bestand er auf die Durchsetzung eines damals revolutionären Konzepts der Gewinnaufteilung zwischen dem Staat und den Konzernen: 50/50.[82] Die Reform hatte nichts weniger als eine Überwindung der bestehenden asymmetrischen, kolonialistischen Ordnung in der Erdölindustrie zugunsten einer Gleichstellung zwischen der Regierung des Gastlandes und den ausländischen Gesellschaften im Sinn. Das Monopol des Konzessionsnehmers sollte gebrochen werden. Anstelle der bis dahin über viele Jahrzehnte laufenden Bohrlizenzen, die dem Inhaber unumschränkte Rechte einräumten, trat ein zeitlich enger befristetes Explorationsrecht für ein begrenztes Gebiet, das unter Umständen zu einem Förderrecht ausgeweitet werden konnte.

Nur zwölf Tage bevor der erste demokratisch gewählte Präsident Venezuelas, der populäre Schriftsteller Rómulo Gallegos, durch einen Staatsstreich gestürzt

---

[80] Vgl. Miguel Tinker Salas, „Staying the Course: United States Oil Companies in Venezuela, 1945–1958", in: Latin American Perspectives, Vol. 32, No. 2, March 2005, S. 147–170 (hier 152).

[81] Vgl. ebd., S. 151.

[82] Siehe dazu ausführlich Robert Jackson Alexander, Rómulo Betancourt and the Transformation of Venezuela, New Brunswick: Transaction 1982, S. 257 ff. Das 50/50-Prinzip der Gewinnaufteilung war an und für sich bereits im Ölgesetz von März 1943 festgeschrieben, in der Praxis musste sich die Regierung jedoch mit maximal 40 Prozent begnügen. Alfonzo war daran gelegen, staatliche Kontrolle über die Ölindustrie auszuüben und einen Gewinnanteil von 50 Prozent auch tatsächlich zu erzielen.

wurde, verabschiedete das Parlament in Caracas am 12. November 1948 ein neues Ölgesetz, das einen „Meilenstein in der Geschichte der Erdölindustrie"[83] markiert. Nach Vergabe der ersten bedeutenden Konzession eines ölreichen Entwicklungslandes an William Knox D'Arcy sollte ein halbes Jahrhundert vergehen, bis erstmals das Gastgeberland zu einem gleichberechtigten Partner neben den dominanten internationalen Ölkonzernen wurde. Die neuen Machthaber in Caracas unter Marcos Pérez Jiménez, der einem gleichermaßen korrupten wie autoritären Militärregime vorstand, ließen das „Fifty-Fifty Agreement" fortgelten. Der neue Vertrag gereichte den großen Mineralölgesellschaften nicht nur zu deren Nachteil. Er versprach Stabilität, einen langfristig gesicherten Zugang zu den begehrten Ölfeldern des Maracaibobeckens und wirkte gewissermaßen als Schutzschild vor nationalistischen Angriffen.

Die Nachricht von Alfonzos revolutionärem Deal mit den mächtigen Majors verbreitete sich in Windeseile über den Erdball und mochte insbesondere den Staatenlenkern der erdölreichen Förderländer rund um den Persischen Golf nicht aus dem Kopf gehen. Das venezolanische Konzept der gleichberechtigten Partnerschaft strahlte auf die Ölmonarchien des Nahen Ostens, die der als Ausbeutung empfundenen Aktivitäten der westlichen Konzerne überdrüssig waren, wenig überraschend höchste Attraktivität aus. Überdies bewarb Venezuela sein 50/50-Abkommen aktiv im Nahen Osten als beispielgebendes Modell für die Golfregion und bemühte sich um Bildung einer geeinten Front der erdölproduzierenden Länder.[84]

Es dauerte nicht lange, bis der saudische König Ibn Saud einen größeren Anteil an den steigenden Gewinnen von ARAMCO einforderte. Wenn Venezuela von Jersey Standard eine 50-prozentige Gewinnbeteiligung eingeräumt wird, dann konnte sich der alte König nicht damit zufriedengeben, von demselben Unternehmen auf Basis der Konzessionsvereinbarung von 1933 eine Royalty in Höhe von lediglich 16 Prozent zu erhalten. Darüber hinaus führte ARAMCO 1949 mehr an Einkommensteuern an den amerikanischen Fiskus ab, nämlich 43 Millionen Dollar, als es an die unter Geldproblemen leidenden Saudis entrichtete, die im selben Jahr Einnahmen von in Summe 38 Millionen Dollar aus den Bohrrechten verbuchten.[85] Die US-Regierung unterstützte die Forderungen Riads, galt es doch das den Vereinigten Staaten wohlgesinnte saudische Herrscherhaus auf diese Weise

---

[83] Yergin, The Prize, S. 435.

[84] Vgl. Falola und Genova, The Politics of the Global Oil Industry, S. 54. Diese Maßnahme hatte auch zum Ziel, die internationalen Mineralölfirmen daran zu hindern, ihre Aktivitäten von Venezuela abzuziehen und in den Nahen Osten zu verlagern.

[85] Vgl. Mosley, Power Play, S. 155.

zu stabilisieren und die wertvolle Konzession zu erhalten. Präsident Roosevelt hat während des Krieges offiziell das „vitale Interesse" der USA an Saudi-Arabien bekräftigt und ist mit dem Königreich eine strategische Partnerschaft eingegangen. Die Errichtung eines US-Luftwaffenstützpunktes 1946 in Dhahran unterstreicht die Bedeutung, welche Washington dem Land beigemessen hat.[86]

Ein 50-prozentiger Anteil an den Gewinnen von ARAMCO sollte gemäß den Plänen der saudischen Regierung in Form einer Ertragsteuer gewährleistet werden. Dies stand in völligem Gegensatz zu dem in der von den Majors geschaffenen Welt der internationalen Erdölindustrie tief verwurzelten Grundsatz, wonach die ausländischen Konzerne in den Gastländern einer Befreiung von jeglicher Besteuerung unterliegen.[87] Die ARAMCO-Partner lehnten das Vorhaben, das klar gegen die Klauseln der bestehenden Konzession verstieß, vehement ab und sträubten sich, die Hälfte ihrer Einkünfte an Riad abzuführen. Das State Department schaltete sich ein und nahm im November 1950 mit den vier Unternehmen des amerikanisch-arabischen Konsortiums Verhandlungen auf. Washington konnte ein Einlenken der ARAMCO-Eigentümergesellschaften erwirken.

Ende Dezember 1950 führte Saudi-Arabien per königlichem Erlass eine von Erdölunternehmen zu entrichtende Einkommensteuer in Höhe von 50 Prozent ein. Die amerikanischen Ölmultis stimmten schließlich der saudischen Steuerregelung zu, wobei die Summe aller Abgaben vonseiten des Konsortiums an Riad, seien es Steuern, Royalties oder Gebühren, 50 Prozent des operativen Gewinns nicht überschreiten durfte. In rein finanzieller Hinsicht handelte es sich bei der getroffenen Vereinbarung um eine schlichte Gewinnteilung. Politisch kam dem Deal jedoch große Bedeutung zu, denn „it provided a new basis for exacting payments from the company, while introducing the element of national sovereignty in the form of tax legislation."[88]

Washington erreichte die Zustimmung der in Saudi-Arabien tätigen Majors zum saudischen Steuerbeschluss dank einer ausgefallenen und für die Ölkonzerne höchst attraktiven Lösung. Der saudische König erhielt seine 50-prozentige Gewinnbeteiligung, ohne dass die ARAMCO-Eigentümer Abstriche bei ihren exorbitanten Profiten hinnehmen mussten. Möglich wurde dies durch eine neu geschaffene Regelung, gemäß welcher das amerikanische Konsortium die an Saudi-Arabien abgeführte Einkommensteuer von seiner Steuerverpflichtung in

---

[86] Vgl. Peter L. Hahn, Crisis and Crossfire: The United States and the Middle East Since 1945, Washington, DC: Potomac Books 2005, S. 9 f.

[87] Vgl. George Lenczowski, Oil and State in the Middle East, Ithaca: Cornell University Press 1960, S. 70 f. Dieser Grundsatz war durch das venezolanische Ölgesetz von 1943 bereits untergraben worden.

[88] Ebd., S. 71.

den Vereinigten Staaten absetzen konnte. Die zusätzlichen Millionen an das saudische Königshaus gingen somit zulasten der amerikanischen Steuerzahler. Im ersten Jahr nach Einführung des Einkommensteuergesetzes per königlichem Erlass im Dezember 1950 haben sich die Einnahmen Riads aus der Konzession an ARAMCO annähernd verdoppelt.[89] Bald wurde auch in den anderen Ländern des Nahen Ostens dieses System der erhöhten Gewinnbeteiligung der Produzentenländer auf Kosten der amerikanischen Steuerzahler angewendet. Dem US-Fiskus entgingen dadurch Steuereinnahmen von rund hundert Millionen Dollar pro Jahr.[90] Nur wenige Monate nach Saudi-Arabien wurden auch in Kuwait und im Irak neue Vereinbarungen auf Basis des 50/50-Regimes geschlossen.

Nicht nur das richtungweisende venezolanische Modell der paritätischen Gewinnaufteilung rüttelte an der absoluten Machtstellung der Majors und deren historischen Kartellstrukturen in der globalen Ölwirtschaft außerhalb der Vereinigten Staaten, Kanadas, der Sowjetunion und Chinas. Auch die Konzessionsvergaben in der Neutralen Zone im saudisch-kuwaitischen Grenzgebiet stellten die bestehende Ordnung nachdrücklich infrage. In den späten 1940er Jahren drangen nach und nach neue Akteure in die internationale Erdölindustrie ein. Sie trugen durch ihr Wirken kräftig dazu bei, das Monopol der Majors sukzessive auszuhöhlen. Es handelte sich dabei um westliche Mineralölkonzerne kleineren Formats, die keine vollständige Integrierung aufwiesen und nicht dem ausgewählten Kreis der Sieben Schwestern angehörten. Einige dieser neuen Player waren private Gesellschaften aus den Vereinigten Staaten, deren amerikanisches Förderpotenzial einer weiteren Expansion enge Grenzen setzte, weshalb sie sich gezwungen sahen, in die lukrativen ausländischen Produktionsmärkte, allen voran den Nahen Osten, vorzustoßen.[91] Andere Newcomer stammten aus Europa und standen unter staatlicher Protektion oder waren tatsächliche Staatskonzerne. Den Regierungen ihrer Herkunftsländer war die als ungerecht empfundene anglo-amerikanische Dominanz der Welterdölindustrie ein Dorn im Auge. Mit der Gründung von nationalen Ölgesellschaften strebten die vielfach stark importabhängigen Staaten nach einer von den Sieben Schwestern unabhängigen Rohölzufuhr. Während die Majors mit

---

[89] Die Einkommensteuerzahlungen von ARAMCO an den amerikanischen Fiskus verringerten sich von 50 Millionen Dollar 1950 auf sechs Millionen im Jahr darauf und weniger als eine Million 1952. Die Einkünfte Saudi-Arabiens haben sich hingegen von 66 Millionen Dollar 1950 auf rund 110 Millionen im Jahre 1951 gesteigert. Siehe Shwadran, Middle East Oil Crises Since 1973, S. 9.

[90] Vgl. Mosley, Power Play, S. 156.

[91] Vgl. Nick Antill und Robert Arnott, Valuing Oil and Gas Companies: A Guide to the Assessment and Evaluation of Assets, Performance and Prospects, Cambridge: Woodhead 2000, S. 13.

ihrer vollständigen Kontrolle der nahöstlichen Konzessionsgebiete über ausreichende Rohölreserven verfügten, suchten die „have nots" Zugang zu ebendiesen Ressourcen.

Auch wenn diese neuen Mineralölfirmen, die in den Nachkriegsjahren plötzlich in Erscheinung traten, in der Detailbetrachtung sehr unterschiedlich waren, hat sich in der Ölindustrie für sie alle der Überbegriff „Independents" durchgesetzt. Im Gegensatz zu den Sieben Schwestern verfügten die Independents über keine weltumspannenden Produktions-, Transport- und Vertriebsorganisationen. Einige unter ihnen erreichten indessen im Laufe der Zeit eine beachtliche Größe und entwickelten sich zu global tätigen, integrierten Unternehmen, die sich kaum noch von den Majors unterschieden. Die strikte begriffliche Abgrenzung zu den Majors und die Denotation der Bezeichnung „Independents" hat jedoch insofern ihre Berechtigung, als sie „unabhängig" von den Zwängen des Kartells der Sieben Schwestern agierten und konsequent außerhalb dieses exklusiven Klubs standen. Die fehlende Zugehörigkeit zu den „Schwestern" begründet letztlich das zentrale verbindende Merkmal.[92]

In den 1950er Jahren war die globale Erdölwirtschaft von großen Veränderungen geprägt. Die neu auftretenden Akteure waren maßgeblich an jenem fundamentalen Wandel beteiligt, der in den darauffolgenden zwei Jahrzehnten die bis dahin bestehenden Gesetzmäßigkeiten in der Industrie und vor allem die Beziehung zwischen den Produzentenländern und den ausländischen Konzernen von Grund auf reformieren sollte. Mit den Independents setzte ein erhöhter Wettbewerb nach Bohrrechten und Produktionslizenzen ein, was in den Bestimmungen der neu abgeschlossenen Konzessionsvereinbarungen Ausdruck fand.[93] Zum Missfallen der Majors musste den Förderländern für die Zuteilung einer Konzession nun deutlich mehr geboten werden als in der Vergangenheit.

Das Missfallen mutierte zu regelrechtem Entsetzen, als die Inhalte der in den Jahren 1948 und 1949 abgeschlossenen Lizenzverträge in der Neutralen Zone publik wurden. Die Konzession für die Neutrale Zone, ein Gebiet an der Grenze zwischen Kuwait und Saudi-Arabien, dessen Fläche ungefähr jener des Bundeslandes Salzburg entsprach und das bis zu dessen Teilung im Juli 1966 von beiden Staaten gleichberechtigt verwaltet wurde, konnte neu ausgeschrieben werden, da ARAMCO ihre Explorations- und Produktionsrechte im Tausch für eine Offshore-Konzession vor der Küste bei Dhahran aufgegeben hatte. Sowohl König Ibn Saud als auch der Emir von Kuwait, Scheich Ahmad, trachteten nach höchstmöglichen Einkünften aus der Neuvergabe von Bohrrechten in dem Grenzgebiet.

---

[92] Vgl. Sampson, The Seven Sisters, S. 143.
[93] Vgl. Penrose, The Large International Firm in Developing Countries, S. 73.

Ein amerikanisches Erdölsyndikat namens American Independent Oil Company (AMINOIL), das aus mehreren kleineren US-Ölgesellschaften bestand, legte ein großzügiges Angebot für den kuwaitischen Teil der Neutralen Zone. Aufgrund der hohen Summe, die das Konsortium bereit war für eine Konzession aufzubringen, für die es keine Garantie gab, dass auch tatsächlich Rohöl gefunden wird, verzichteten die Majors ihrerseits darauf mitzubieten. Das Angebot für eine 60-jährige Bohrlizenz umfasste eine Sofortzahlung in Höhe von 7,5 Millionen Dollar an Scheich Ahmad sowie eine garantierte Royalty von 625.000 Dollar pro Jahr, was dem Doppelten der jährlichen Zahlungen der Kuwait Oil Company für ihre Konzession entsprach. Neben der fixen jährlichen Lizenzgebühr zahlte das amerikanische Syndikat 35 Cent für jedes geförderte Barrel Rohöl. Zudem verpflichtete sich AMINOIL, eine Royalty von 12,5 Prozent für alle Erdgasverkäufe und eine Steuer von 7,5 Cent pro Tonne Rohöl zu entrichten, eine neue Raffinerie zu bauen, an der das Scheichtum zu 15 Prozent beteiligt wurde, ein Programm für die Ausbildung kuwaitischer Mitarbeiter des Konzerns zu betreiben sowie ein Krankenhaus in der Hauptstadt zu errichten. Der Emir von Kuwait erhielt ferner eine Jacht im Wert von rund einer Million Dollar.[94]

Der im Juni 1948 abgeschlossene Vertrag stellte alle bisherigen Erdölvereinbarungen in den Schatten. Die bestehenden Förderlizenzen in der Region muteten im Vergleich dazu lächerlich billig und unverhältnismäßig an. So hatte ARAMCO für die Bohrrechte in Al-Hasa lediglich 200.000 Dollar gezahlt.[95] Entsprechend erschüttert fiel die Reaktion der Majors angesichts der generösen Vertragsleistungen und insbesondere der aus ihrer Sicht horrenden Zahlungen aus. Laut ihnen würde AMINOIL damit der gesamten Industrie erheblichen Schaden zufügen.

Nicht nur AMINOIL, wie sich bald herausstellen sollte. Der aus Oklahoma stammende Erdölmillionär Jean Paul Getty erwarb die Konzession im saudischen Teil der Neutralen Zone, die vormals ARAMCO innehatte. Die Anfang 1949 unterzeichnete Vereinbarung zwischen seiner Pacific Western Oil Company (später Getty Oil Company) und dem saudischen Königshaus stellte, zum Entsetzen der Sieben Schwestern, in ihrer für Riad günstigen Ausgestaltung noch eine deutliche Steigerung im Vergleich zu dem Deal zwischen Kuwait und AMINOIL dar. Die Vorauszahlung in bar betrug 9,5 Millionen Dollar und die jährlich garantierte Royalty, die unabhängig des Fundes von Erdöl zu entrichten war, belief

---

[94] Die Angaben über die Konzessionsbestimmungen stammen von Mosley, Power Play, S. 145; und von Andrew Inkpen und Michael H. Moffett, The Global Oil and Gas Industry: Management, Strategy and Finance, Tulsa: PennWell 2011, S. 91.

[95] Vgl. Mosley, Power Play, S. 145.

sich auf eine Million Dollar. Weiters wurde die kostenfreie Belieferung der saudischen Regierung mit 100.000 Gallonen Flugbenzin, die Umsetzung eines Schul- und Bildungsprogramms sowie die Entsendung eines Vertreters des Königs in den Aufsichtsrat von Pacific Western vereinbart. Getty entrichtete an die Saudis neben dem jährlichen Fixbetrag eine zusätzliche produktionsabhängige Royalty in Höhe von 55 Cent pro Barrel, während ARAMCO nur 21 Cent zahlte.[96]

Die zwei Konzessionsgebiete der Neutralen Zone wurden von AMINOIL und Getty gemeinsam erschlossen. Die vergleichsweise hohen Lizenzgebühren an das saudische und kuwaitische Herrscherhaus haben sich für die beiden Independents mehr als bezahlt gemacht, auch wenn es einige Jahre dauerte und Investitionen in Höhe von 40 Millionen Dollar allein von J. Paul Getty getätigt werden mussten, bis sie fündig wurden.[97] Nach Beginn der Explorationsaktivitäten 1948 durch AMINOIL wurde fünf Jahre später das Wafra-Ölfeld und 1956 das südliche Umm-Gudair-Feld, beides gigantische Funde von historischer Dimension, entdeckt.[98] Die akkumulierte Produktionsmenge allein aus dem Wafra-Reservoir erreichte bis Mitte 1967 über 584 Millionen Barrel.[99] Getty nutzte seine wertvolle Konzession in der Neutralen Zone, um in den darauffolgenden Jahren mit beachtlichem Erfolg ein integriertes Ölimperium in den Vereinigten Staaten, Westeuropa und Japan aufzubauen und zur reichsten Privatperson der Welt aufzusteigen.[100]

Die dominante Stellung der Sieben Schwestern als die bestimmenden und mächtigsten Akteure in der globalen Ölwirtschaft begann angesichts des einsetzenden Bewusstseinswandels der Produzentenländer und der wachsenden Aktivitäten der „unabhängigen" Mineralölgesellschaften in den 1950er Jahren langsam zu erodieren. Die Majors betrachteten die neuen Akteure als Invasoren, deren internationales Engagement sie – gleichfalls wie die Emanzipation der Förderstaaten – als eine Gefahr für die von ihnen etablierten Strukturen in der Erdölindustrie begriffen.

---

[96] Für die Konzessionsbestimmungen siehe ebd., S. 146.

[97] Vgl. ebd., S. 149.

[98] Vgl. Tahir Husain, Kuwaiti Oil Fires: Regional Environmental Perspectives, Oxford: Pergamon 1995, S. 3 ff.

[99] Vgl. Paul H. Nelson, „Wafra Field Kuwait-Saudi Arabia Neutral Zone", Conference Paper, Society of Petroleum Engineers, Regional Technical Symposium, 27–29 March 1968, Dhahran, Saudi Arabia, S. 101–120 (hier 101).

[100] Vgl. Yergin, The Prize, S. 443 f.

4.2.2   Mossadegh und die Enteignung der britischen Erdölinteressen im Iran

Neben der zunehmenden Konkurrenz durch die Independents wurde die bestehende Ordnung des oligopolistischen Erdölregimes der Sieben Schwestern auch von den sich verstärkenden nationalistischen Tendenzen in den Überschussländern bedroht. Nach der Verstaatlichung der Ölindustrie in Mexiko 1938, die letztlich in eine ruinöse wirtschaftliche Entwicklung des Landes mündete, kam es Anfang der 1950er Jahre zur nächsten schwerwiegenden Konfrontation zwischen einem Produzentenland und einem ausländischen Mineralölkonzern. Die Erregung, die diesmal insbesondere von vorderasiatischen Ausfuhrländern ausging, richtete sich nicht allein gegen die wirtschaftliche Ausbeutung durch die westlichen Gesellschaften. Dem wirkte vorerst die ausgewogenere Gewinnaufteilung zwischen den erdölproduzierenden Staaten und Konzernen entgegen, die sich nicht zuletzt durch die in den Nahen Osten drängenden „unabhängigen" Erdölfirmen zu etablieren begann.

Als Kern des Anstoßes entpuppte sich das Eigentumsrecht an den Erdölvorkommen und der Ölindustrie in dem jeweiligen Förderland, das auf Basis der einseitigen Konzessionsregime den ausländischen Mineralölgesellschaften zukam. Diese „Enteignung durch die Hintertür" und das zuweilen selbstherrliche Auftreten der mächtigen westlichen Ölmultis wurde in den Produzentenländern nicht selten als Ausdruck kolonialer Fremdherrschaft gedeutet und nationale Demütigung empfunden.[101] Die sich wandelnden geopolitischen Rahmenbedingungen unterstützten die Ölländer der Dritten Welt in ihrem Bestreben nach ökonomischer Selbstbestimmung und Souveränität über ihre Rohstoffe. Die nahezu unumschränkte Machtstellung der Ölmajors in den Förderländern stand im Widerspruch zu dem nach Ende des Zweiten Weltkrieges einsetzenden weltweiten Prozess der Dekolonisierung, der auch vor dem Nahen Osten nicht halt machte und den britischen Einfluss in dieser Region kontinuierlich schwinden ließ.[102]

Seit der Konzession an D'Arcy im Jahre 1901 hatten die iranischen Erdölfelder beständig an Bedeutung für die britische Regierung gewonnen. Nachdem das alte Empire und die Fähigkeit globaler Machtprojektion verschwunden waren,

---

[101] Vgl. James Bamberg, British Petroleum and Global Oil, 1950–1975: The Challenge of Nationalism, Cambridge: Cambridge University Press 2000, S. 224.

[102] Siehe Valérie Marcel, Oil Titans: National Oil Companies in the Middle East, London und Baltimore: Chatham House und Brookings Institution Press 2006, S. 23; sowie Deepak Lal, „The Development and Spread of Economic Norms and Incentives", in: Richard Rosecrance (Hrsg.), The New Great Power Coalition: Toward a World Concert of Nations, Lanham: Rowman & Littlefield 2001, S. 237–259 (hier 247).

erschien das Monopol auf das iranische Öl umso wichtiger für London, um seinen Einfluss in der Region zu erhalten und nach dem Krieg zu wirtschaftlicher Stärke zurückzufinden. Die iranische Erdölproduktion hat sich zwischen 1940 und 1950 von 181.000 auf 718.000 täglich geförderter Barrel vervierfacht.[103] Abadan wurde zur selben Zeit zur weltgrößten Raffinerie ausgebaut. Mit der beachtlichen Steigerung des Outputs wuchsen auch die Einnahmen der britischen Regierung, die nicht nur Steuereinkünfte aus dem Erdölimport lukrierte, sondern durch die 50-prozentige Staatsbeteiligung an der Anglo-Iranian Oil Company zu jener Zeit auch an deren Gewinnen kräftig mitschnitt.[104] London verdiente mehr an den persischen Ölfeldern als der Iran selbst, dessen Haushalt zur Hälfte aus dem Erdölexport gespeist wurde. Die Einnahmen von Anglo-Iranian überstiegen jene Teherans gar um das Fünffache.[105]

Das anglo-iranische Verhältnis war von einer fundamental unterschiedlichen Wahrnehmung über das britische Engagement im Land geprägt. Während die Vertreter von Anglo-Iranian ihre seit einem halben Jahrhundert bestehende Präsenz in

---

[103] Vgl. Melamid, „The Geographical Pattern of Iranian Oil Development", S. 201.

[104] Bereits kurz vor Ausbruch des Ersten Weltkrieges im Jahre 1914, nachdem die britische Royal Navy ihre Kriegsschiffe von Kohle- auf Erdölbetrieb umgestellt hatte und die künftige Bedeutung des flüssigen Energieträgers offenkundig wurde, übernahm die britische Regierung bzw. die Admiralität auf Betreiben Winston Churchills, seinerzeit First Lord of the Admiralty, eine Mehrheitsbeteiligung von 50,0025 Prozent an der damaligen Anglo-Persian Oil Company. Ab Oktober 1979 wurde der Staatsanteil an dem Unternehmen, das ab 1954 British Petroleum hieß, unter Premierministerin Margaret Thatcher in mehreren Privatisierungsschritten reduziert. Bis Ende der 1980er Jahre hat sich die britische Regierung vollständig aus dem Konzern zurückgezogen. Siehe David Parker, The Official History of Privatisation, Volume II: Popular Capitalism, 1987–1997, Abingdon: Routledge 2012, S. 4 ff. Aus der mehrheitlichen Staatsbeteiligung resultierte laut Peter Odell jedoch in der Zeit nach dem Zweiten Weltkrieg keine aktive Einflussnahme durch die britische Regierung auf das Unternehmen. Die Regierung nominierte zwei Direktoren für das siebenköpfige Vorstandsgremium, wobei diese der Politik über Jahre nicht einmal Bericht erstatteten. Der Staat verhielt sich wie ein stiller Gesellschafter und begnügte sich mit den ansehnlichen Dividendenausschüttungen, die ihm zukamen. BP konnte folglich ähnlich wie die privaten internationalen Ölgesellschaften geführt werden. Siehe Odell, Oil and World Power, S. 15 f.

[105] Vgl. Mosley, Power Play, S. 161. Den Angaben von George Lenczowski zufolge verzeichnete der Iran in den 40 Jahren der Konzession zwischen 1911 und 1951 in Summe 113 Millionen Pfund an Einnahmen. Die britische Regierung hat im selben Zeitraum rund 250 Millionen Pfund an Steuern von Anglo-Iranian und deren Tochtergesellschaften kassiert. Im Jahre 1950 summierte sich die Royalty an den Iran auf 16 Millionen Pfund. Die britische Regierung streifte hingegen über 50 Millionen Pfund von der AIOC an Steuern ein. Die beträchtlichen Dividendenzahlungen, die London als Mehrheitseigentümerin an dem Unternehmen zusätzlich erhielt, sind darin nicht enthalten. Siehe Lenczowski, Oil and State in the Middle East, S. 76.

Persien durch die Entrichtung von Royalties und den Bau von Straßeninfrastruktur, Schulen, Krankenhäusern und anderen Einrichtungen als großzügige ökonomische Förderung des iranischen Volkes verstanden, empfand sie die persische Seite weitgehend als brutale Ausbeutung.[106] Das iranische Empfinden asymmetrischer wirtschaftlicher Beziehungen zugunsten Londons war keineswegs abwegig. Allein die äußerst ungleiche Verteilung der Erträge aus den persischen Ölfeldern schien den Eindruck der Exploitation zu bestätigen und verstärkte die historisch gewachsenen und tief verwurzelten anti-britischen Ressentiments im Iran. Edward Ashley Bayne machte die „politische Rücksichtslosigkeit des viktorianischen Expansionismus in ‚rückständigen' Weltgegenden", welche Großbritannien „ein unglückliches Erbe der Abgunst hinterlassen" habe, für die „langjährige Feindschaft" der iranischen Nation gegenüber London verantwortlich. Verstärkt wurde die tiefsitzende Animosität gegen die britische Imperialmacht durch eine Handelspolitik, die starke Züge des Kolonialismus getragen habe.[107] Peter Maass zieht in Bezug darauf einen drastischen Vergleich: „In the annals of developed nations stealing from undeveloped nations, Britain's conduct in Iran during the first half of the twentieth century might be second only to the infamous rape of the Congo by King Leopold's Belgium."[108]

Die Anglo-Iranian Oil Company war ein omnipräsentes Symbol für den verhassten britischen Imperialismus, der für alles Übel im Land verantwortlich gemacht wurde. Seit dem Vertrag von St. Petersburg von 1907, in dem Großbritannien gemeinsam mit dem russischen Zarenreich Persien in drei Interessenzonen aufgeteilt und die Fremdbestimmung der iranischen Nation vertraglich festgeschrieben hatte, mussten die Briten als Sündenböcke für alle Fehlentwicklungen im Land herhalten.[109] Nach dem Zweiten Weltkrieg verstärkten sich die nationalistischen Strömungen innerhalb des Landes. Der schier unbegrenzte britische Einfluss und die Ausbeutung des iranischen Erdölreichtums sollten ein Ende finden. Unter diesen Voraussetzungen hatte im Herbst 1947 das iranische Parlament, der Majlis, den damaligen Premierminister Ahmad Qavam beauftragt, mit den

---

[106] Vgl. Stephen Hemsley Longrigg, Oil in the Middle East: Its Discovery and Development, 3. Auflage, London: Oxford University Press 1968, S. 157.

[107] Edward Ashley Bayne, „Crisis of Confidence in Iran", in: Foreign Affairs, Vol. 29, No. 4, July 1951, S. 578–590 (hier 580).

[108] Peter Maass, Crude World: The Violent Twilight of Oil, New York: Alfred A. Knopf 2009, S. 142.

[109] Vgl. Reader Bullard, „Behind the Oil Dispute in Iran: A British View", in: Foreign Affairs, Vol. 31, No. 3, April 1953, S. 461–471 (hier 465); und Sampson, The Seven Sisters, S. 117.

Briten über eine Revision der Konzession von 1933 zu verhandeln.[110] Nach einem Jahr unfruchtbarer Gespräche überreichte die iranische Regierung im September 1948 den Vertretern von Anglo-Iranian ein Memorandum, das 25 Forderungen umfasste.[111] Der britischen Seite wurde an mehreren Stellen eine Missachtung der Vereinbarungen aus dem Jahre 1933 vorgeworfen, wodurch das Land einen erheblichen finanziellen Schaden erlitten haben will. Teheran verlangte eine grundlegende Reform des aus seiner Sicht nachteiligen Abkommens.

Die britische Regierung war um Kontinuität bemüht, was soviel bedeutete, dass sie unter allen Umständen ihren politischen Einfluss in Teheran und vor allem ihren privilegierten Zugang zum iranischen Erdöl behalten wollte. Wie in Venezuela und den arabischen Nachbarstaaten schien eine größere Gewinnbeteiligung unumgänglich. Venezuela erhielt für sein Öl ungefähr doppelt so viel wie der Iran und der Irak. Während Getty an die Saudis eine Royalty von 55 Cent pro Barrel und AMINOIL an Kuwait immerhin 35 Cent für jedes geförderte Fass Rohöl abführte, zahlte Anglo-Iranian lediglich 16,5 Cent an die Regierung in Teheran.[112] Dennoch sprach sich William Fraser, der Vorsitzende der Anglo-Iranian Oil Company, beharrlich gegen das auf der Arabischen Halbinsel bereits etablierte Prinzip der Gewinnteilung zwischen den Ölgesellschaften und Produzentenländern aus und wollte unter allen Umständen am Monopol seines Konzerns am iranischen Erdöl festhalten. Er bezeichnete die 50/50-Deals als „desaströs" für den Nahen Osten und vertrat die Ansicht, dass sich Anglo-Iranian das nicht leisten könne.[113]

Mit seinem äußerst kompromisslosen Auftreten personifizierte Fraser das rigide Vorgehen der AIOC, deren Positionen selbst im britischen Foreign Office umstritten waren.[114] Er war entschlossen, auf die umfangreichen iranischen Forderungen nicht einzugehen, da er die Befürchtung hegte, großzügige Konzessionen gegenüber Teheran würden in den anderen Ländern, in denen sein

---

[110] Die ursprüngliche Konzession aus dem Jahre 1901 an William Knox D'Arcy wurde 1933 von Reza Schah Pahlavi, dem Vater von Schah Mohammed Reza Pahlavi, einseitig gekündigt und neu verhandelt. Die neue Vereinbarung sah unter anderem ein deutlich verkleinertes Konzessionsgebiet von circa 260.000 Quadratkilometer im Südwesten des Landes und garantierte jährliche Mindestzahlungen an die iranische Regierung vor. Im Gegenzug wurden aber durch die Revision die Bohrrechte im Vergleich zur D'Arcy-Konzession um 32 Jahre verlängert.

[111] Siehe dazu ausführlich Jürgen Martschukat, Antiimperialismus, Öl und die Special Relationship: Die Nationalisierung der Anglo-Iranian Oil Company im Iran 1951–1954, Nordamerika-Studien: Band 6, Münster: Lit 1995, S. 66 ff.

[112] Vgl. Yergin, The Prize, S. 444.

[113] Vgl. William Roger Louis, The British Empire in the Middle East, 1945–1951: Arab Nationalism, The United States, and Postwar Imperialism, Oxford: Oxford University Press 1984, S. 648.

[114] Vgl. Martschukat, Antiimperialismus, Öl und die Special Relationship, S. 72.

Unternehmen tätig war, ähnliche Erwartungen wecken.[115] Mit seiner starrsinnigen Haltung zeugte er weder von Weitsichtigkeit noch von einem Verständnis für die sich im Zuge der Unabhängigkeit Indiens 1947 und der Dekolonisierung der unterentwickelten Länder vollziehenden politischen Veränderungen auf dem Globus, die eindeutig auf die Dringlichkeit eines Einlenkens hinwiesen. Fraser war der Überzeugung, dass die iranische Regierung früher oder später ohnehin klein beigeben würde. „Wenn sie Geld brauchen", erklärte er hochmütig, „kommen sie auf allen Vieren wieder angekrochen."[116]

Seit 1947 wurden Gespräche über ein neues Ölabkommen geführt, die jedoch ergebnislos verliefen, was die iranische Frustration nur verstärkte. Es sollten knapp zwei Jahre vergehen, bis sich die britische und iranische Delegation im Juli 1949 auf ein Supplemental Agreement zur Konzession von 1933 verständigen konnten. Die Vereinbarung sah einerseits eine deutliche Erhöhung der Royalty vor, die den Iranern allerdings nicht weit genug gegangen war, andererseits wurden im Gegenzug die britischen Eigentumsansprüche am iranischen Erdöl bekräftigt.[117] Ferner ging das Übereinkommen auf wesentliche iranische Beschwerden nicht ein. Darunter fielen die lange Laufzeit der Konzession (bis 1992), die Abgabe deutlich vergünstigter Erdölprodukte an die Royal Navy, die Weigerung von Anglo-Iranian, ihre Bücher offenzulegen, um dadurch ihre Geschäftstätigkeit im Iran transparent zu machen, das Abfackeln des bei der Ölförderung freigesetzten Erdgases, anstatt es dem lokalen Bedarf zuzuführen, und die Verwaltung Abadans als eine britische Stadt, in der die ortsansässige Bevölkerung laut iranischer Überzeugung Diskriminierungen ausgesetzt war.[118]

Nachdem die Verhandlungslösung von der iranischen Öffentlichkeit nicht gerade positiv bewertet wurde und politischer Widerstand im Majlis zu erwarten war, scheute sich die Regierung davor, das Agreement dem Parlament vorzulegen. Aus gutem Grund, wie sich im Juni 1950 herausstellte, als das neue Abkommen in

---

[115] Vgl. James Bamberg, The History of the British Petroleum Company, Volume 2: The Anglo-Iranian Years, 1928–1954, Cambridge: Cambridge University Press 1994, S. 459.

[116] William Fraser zitiert nach Norbert F. Pötzl, „Treibstoff der Feindschaft", in: Spiegel Geschichte, Nr. 2, 2010, S. 102–109 (hier 107).

[117] Vgl. Alan W. Ford, The Anglo-Iranian Oil Dispute of 1951–1952: A Study of the Role of Law in the Relations of States, Berkeley: University of California Press 1954, S. 49. Laut dem Abkommen sollte die Royalty von vier auf sechs Schilling pro Tonne und der iranische Gewinnanteil von 17 auf 24 Prozent erhöht werden. In Anbetracht der 50-prozentigen Gewinnbeteiligung Venezuelas war dies für Teheran nicht akzeptabel. Siehe Ervand Abrahamian, „The 1953 Coup in Iran", in: Science & Society, Vol. 65, No. 2, Summer 2001, S. 182–215 (hier 185).

[118] Vgl. Abrahamian, „The 1953 Coup in Iran", S. 186.

den Majlis eingebracht wurde und auf heftige Ablehnung stieß. In der aufgeheizten Stimmung fanden Forderungen nach einer Annullierung der Konzession und Verstaatlichung der Anglo-Iranian breite Unterstützung. In großen Demonstrationskundgebungen in den Straßen Teherans machten nationalistische Aktivisten ihrem Hass auf die Briten Luft.

Als Sprachrohr der Befürworter einer Verstaatlichung der iranischen Erdölwirtschaft fungierte der charismatische Vorsitzende des parlamentarischen Ölausschusses, Mohammed Mossadegh. Der promovierte Jurist hegte eine ausgeprägte Antipathie gegenüber den Briten.[119] Mit seiner Partei Nationale Front, die im 16. Majlis mit acht Abgeordneten vertreten war, machte er in der Volksvertretung Stimmung für ein hartes Vorgehen gegen die britische Anglo-Iranian Oil Company. Die Nationale Front wurde 1949 aus Protest gegen Manipulationen bei den Wahlen zum iranischen Parlament gegründet und war eine breite, heterogene Bewegung aus Nationalisten, Arbeitervertretern und Religiösen, die sich um ihr gemeinsames Ziel der Verstaatlichung der iranischen Erdölwirtschaft versammelt hatte.[120] Die Partei organisierte regelmäßige Massendemonstrationen gegen die Briten und Schah Mohammed Reza Pahlavi.

Mossadegh hat sich mit politisch ambitionierten Mullahs zusammengeschlossen, welche die nationalistischen Botschaften seiner Bewegung in den Moscheen unter das Volk brachten, wodurch der Nationalismus die gewünschte religiöse Affirmation verliehen bekam.[121] Mit zunehmender Neigung des politischen Klimas im Iran zugunsten einer Enteignung der verhassten Anglo-Iranian rückte eine Einigung im Öldisput in weite Ferne, da jede Lösung, welche die Kontrolle über die iranische Erdölindustrie an Teheran übertragen hätte, für die britische Regierung nicht akzeptabel war.[122]

---

[119] Vgl. Martschukat, Antiimperialismus, Öl und die Special Relationship, S. 80 ff. Nach seinem Studium an der Sciences Po in Paris promovierte Mossadegh 1914 als erster Iraner in Rechtswissenschaften an der Universität von Neuchâtel in der Schweiz.

[120] Vgl. Firouzeh Nahavandi, „L'évolution des partis politiques iraniens – 1941–1978", in: Civilisations, Vol. 34, No. 1/2, 1984, S. 323–366 (hier 348 f.). Zu den Gruppierungen, aus denen sich die Nationale Front zusammensetzte, zählten die progressive, nationalistische Iran-Partei unter Karim Sanjabi und Allahyar Saleh, die Arbeiterpartei von Mozaffar Baghai, Vertreter der nicht-kommunistischen Linken sowie Exponenten der schiitischen Geistlichkeit, darunter der radikale Kleriker und spätere Parlamentspräsident Ajatollah Abol-Ghasem Kashani.

[121] Vgl. Bayne, „Crisis of Confidence in Iran", S. 582.

[122] Vgl. Mary Ann Heiss, „National Interests and International Concerns: Anglo-American Relations and the Iranian Oil Crisis", in: Journal of Iranian Research and Analysis, Vol. 16, No. 2, November 2000, S. 30–38 (hier 32).

Auch wenn sich die Positionen verhärteten, wurden nicht wenige Versuche unternommen, den Konflikt in gegenseitigem Einvernehmen zu lösen. Kurz nach dem Scheitern des Supplemental Agreements erreichte die Nachricht der neuen 50/50-Vereinbarung Saudi-Arabiens mit ARAMCO Teheran. Dies brachte Anglo-Iranian unter Zugzwang, woraufhin sich die Briten dazu bereit erklärten, mit der iranischen Regierung über ein neues Abkommen auf Basis einer paritätischen Gewinnaufteilung zu verhandeln. Dieses Angebot war allerdings nicht weitgehend genug und kam zu spät.[123]

Ministerpräsident Haj Ali Razmara ist im Frühjahr 1951 vor die auf eine Verstaatlichung der Erdölindustrie drängende Ölkommission unter Mossadegh getreten, um das Gremium vor den Gefahren eines solchen Schritts zu warnen. Er argumentierte, das Land wäre nicht in der Lage, ohne das Know-how der Briten das Ölbusiness selbst zu führen. In der aufgeheizten und sich radikalisierenden Atmosphäre jener Zeit war eine auf Basis rationaler Argumente geführte Debatte über die Zukunft der iranischen Erdölwirtschaft jedoch nicht gefragt.[124] Am 7. März 1951, nur einen Tag nach seinem Erscheinen vor der Ölkommission, wurde Razmara von einem fanatischen Aktivisten der Fedajin-e Islam, einer fundamentalistischen Mohammedaner-Sekte unter Ajatollah Kashani, erschossen. In zahlreichen Leitartikeln wurde seine Ermordung gefeiert und Razmara als „Landesverräter" und „britischer Agent" denunziert.[125]

Der Einspruch gegen die Enteignung der britischen Ölinstallationen im Land wurde mit dem Tod bestraft. Unter diesen Bedingungen führte kein Weg an der Verstaatlichung der Erdölindustrie, die nur eine Woche nach der Ermordung Razmaras per Gesetz beschlossen wurde, vorbei. Der parlamentarische Beschluss ist „unter äußerstem Druck" und Drohungen durch die extremistische Fedajin-e Islam zustande gekommen.[126] Die einschüchternden und bedrohlichen Umstände bewogen alle 106 Mitglieder des Majlis, für die Verstaatlichung zu stimmen. Ende April 1951 wurde Mossadegh nicht zuletzt aufgrund des öffentlichen Drucks von Reza Pahlavi zum Premierminister ernannt. Es folgte die Gründung der National Iranian Oil Company (NIOC), welche die Einrichtungen der Anglo-Iranian übertragen bekam, um die Förderung und den Vertrieb des fossilen Rohstoffes fortzuführen.

---

[123] Vgl. Paine und Schoenberger, „Iranian Nationalism and the Great Powers", S. 22.

[124] Vgl. Ali M. Ansari, The Politics of Nationalism in Modern Iran, Cambridge: Cambridge University Press 2012, S. 130.

[125] Henry F. Grady, The Memoirs of Ambassador Henry F. Grady: From the Great War to the Cold War, hrsg. von John T. McNay, Columbia: University of Missouri Press 2009, S. 176.

[126] o. A., „Schneidet sich die Nase ab", in: Der Spiegel, 27. März 1951, S. 12.

Es handelte sich nach Mexiko im Jahre 1938 um die zweite bedeutende Verstaatlichung einer westlichen Mineralölgesellschaft durch die Regierung eines erdölproduzierenden Entwicklungslandes. Zwischen beiden Nationalisierungen bestehen Parallelen: Wie in dem lateinamerikanischen Land über ein Jahrzehnt zuvor, drohte auch im Falle des Iran der ausländische Ölkonzern bzw. dessen Regierung jedem Käufer „gestohlenen" Erdöls mit einer Klage vor internationalen Gerichten.[127] Wie bereits in Mexiko war es den Sieben Schwestern gelungen, einen effektiven Boykott über das iranische Öl zu verhängen und diesem den Marktzutritt zu verwehren.[128] Das State Department hatte die US-amerikanischen Ölfirmen angewiesen, im Falle unilateraler Maßnahmen Teherans gegen die britischen Interessen kein iranisches „hot oil" zu kaufen und jegliche Aktivitäten im Land zu vermeiden.[129] Zudem weigerten sich die Kapitäne der Erdöltanker, persisches Öl zu laden und verließen die iranischen Häfen mit leeren Schiffen.

Im Juli 1951 wurde die Raffinerie in Abadan geschlossen und im Oktober verließen die letzten britischen Mitarbeiter der AIOC sowie deren Angehörige den Iran. Keiner der rund 3.000 britischen Techniker hat das Angebot der neuen iranischen Erdölgesellschaft angenommen, für sie weiterzuarbeiten.[130] Die 70.000 iranischen Ölarbeiter auf der Gehaltsliste der Anglo-Iranian wurden entlassen, weshalb für deren pekuniäres Wohlergehen nun die Regierung in Teheran zu sorgen hatte.[131] Bald wurde auf einem Ölfeld nach dem anderen der Betrieb eingestellt. Die iranische Erdölproduktion sackte daraufhin von durchschnittlich 650.000 Barrel auf lediglich 21.000 Barrel pro Tag ab.[132] Die Erlöse aus dem Mineralölexport verringerten sich von über 400 Millionen Dollar 1950 auf weniger als zwei Millionen Dollar in dem zweijährigen Zeitraum von Juli 1951 bis

---

[127] Im Mai 1951 wandte sich Großbritannien erstmals an den Internationalen Gerichtshof in Den Haag und legte im Monat darauf eine Unterlassungsklage gegen die Verstaatlichung des britischen Erdöleigentums im Iran ein. Nachdem der Internationale Gerichtshof eine einstweilige Verfügung gegen das Vorgehen der iranischen Regierung erließ, weigerte sich Teheran im Juli, die Rechtsprechung des Gerichts anzuerkennen. Siehe Harold Lubell, Middle East Oil Crises and Western Europe's Energy Supplies, Baltimore: Johns Hopkins University Press 1963, S. 5.

[128] Lediglich ein japanisches Mineralölunternehmen und zwei italienische Gesellschaften hatten sich dem Boykott nicht angeschlossen.

[129] Vgl. Sampson, The Seven Sisters, S. 121.

[130] Vgl. Mosley, Power Play, S. 164.

[131] Die Löhne dieser Mitarbeiter summierten sich auf beachtliche 1,6 Millionen Pfund pro Monat. Mossadeghs Regierung fehlten die Mittel, um dafür aufzukommen. Siehe ebd., S. 166.

[132] Vgl. Melamid, „The Geographical Pattern of Iranian Oil Development", S. 201.

August 1953.[133] Zwei Drittel der Deviseneinkünfte und 40 Prozent der Staatseinnahmen gingen verloren, was eine veritable Wirtschaftskrise und eine tiefe Rezession zur Folge hatte.[134] Darüber hinaus verhängte London ein Handelsembargo über den Iran, wodurch das Land von der Zufuhr wichtiger Rohstoffe und Industriegüter abgeschnitten wurde. Großbritannien war entschlossen, das vertragliche Eigentumsrecht der Anglo-Iranian an den iranischen Ölvorkommen zu schützen. Eine Anerkennung der Verstaatlichung wurde vonseiten Londons kategorisch verweigert.

Mossadegh hat den globalen Erdölmarkt völlig falsch eingeschätzt. Ihm fehlte es an einem grundlegenden Verständnis für dessen wesentliche Gesetzlichkeiten und insbesondere für die ökonomische Dimension der Ölindustrie.[135] Er vermochte die folgenschweren Konsequenzen der Enteignung der Anglo-Iranian nicht korrekt zu antizipieren. Obwohl der effektive Boykott des mexikanischen Erdöls nach der Verstaatlichung von 1938 aus der Perspektive der Produzentenländer einen abschreckenden Präzedenzfall darstellte, kam es Mossadegh nicht in den Sinn, dass seine Nation das gleiche Schicksal ereilen könnte. Er war der Überzeugung, die Welt sei von iranischem Öl abhängig, weshalb sich Käufer finden würden.

Ein wesentlicher Grund für den Erfolg des Boykotts war die Lage auf dem Welterdölmarkt. Wie im Falle von Mexiko herrschte ausreichend Angebot, weshalb die internationalen Ölkonzerne mühelos auf das politisch heikle iranische Erdöl verzichten konnten. Der Iran lieferte zum Zeitpunkt der Krise 20 Prozent der Rohölversorgung Westeuropas.[136] Trotz dessen Ausfall erlitten die westeuropäischen Konsummärkte keinen Ölmangel. Saudi-Arabien, Kuwait und Katar hatten keinerlei Schwierigkeiten, für den Rückgang der iranischen Rohölförderung einzuspringen und ihre Produktion zu erhöhen. Die im Iran frei werdenden

---

[133] Vgl. Blair, The Control of Oil, S. 79.

[134] Vgl. M. G. Majd, „The 1951–53 Oil Nationalization Dispute and the Iranian Economy: A Rejoinder", in: Middle Eastern Studies, Vol. 31, No. 3, July 1995, S. 449–459 (hier 457).

[135] Assistant Secretary of State George McGhee, ein ausgewiesener Erdölexperte, der vor seiner Karriere im US-Außenamt ein erfolgreicher Ölmann aus Texas gewesen war und später an den Verhandlungen zum bedeutenden 50/50-Abkommen zwischen den Saudis und ARAMCO wesentlich mitgewirkt hatte, beschreibt in seinen Erinnerungen seine diesbezüglichen Erfahrungen mit Mossadegh in stundenlangen Gesprächen wie folgt: „No matter how hard I tried, I could not make him understand the few basic facts of life I tried to teach him about the international oil business. At the end of my lessons on economic or technical matters, he would invariably say with a smile, ‚I don't care about that. You don't understand. It's a political problem.'" Zitiert nach George C. McGhee, On the Frontline in the Cold War: An Ambassador Reports, Westport: Praeger 1997, S. 114.

[136] Vgl. Chevalier, Energie – die geplante Krise, S. 39.

Investitionen von Anglo-Iranian wurden überwiegend nach Kuwait umgeleitet, wodurch der Output des Golfstaates rasch gesteigert werden konnte und für Entspannung auf dem Ölmarkt sorgte. Von der gesamten iranischen Rohölproduktion von ungefähr 650.000 Barrel pro Tag wurden lediglich 150.000 Barrel direkt dem Weltmarkt zugeführt; der Rest wurde in Abadan veredelt. Für die vergleichsweise geringe Menge Rohöl konnte problemlos Ersatz gefunden werden, weshalb deren Ausfall keine negativen Auswirkungen auf den globalen Ölmarkt nach sich zog.

Weitaus kritischer war der Verlust des iranischen Outputs an raffinierten Erdölprodukten von rund 500.000 Barrel pro Tag, die nahezu zur Gänze exportiert wurden. Etwa die Hälfte davon konnte durch Produktionssteigerungen im Golf von Mexiko und der Karibik kompensiert werden.[137] Die Amerikaner unternahmen alle Anstrengungen, um die Auswirkungen des britisch-iranischen Konflikts auf den globalen Ölmarkt abzumildern, musste doch der bereits durch den Krieg in Korea angespannten Versorgungssituation mit raffinierten Erdölprodukten, allen voran Flugbenzin, im Raum des Indischen Ozeans und im Fernen Osten entgegengewirkt werden. Die Schließung der Raffinerie in Abadan erforderte eine groß angelegte Umleitung von Raffinerieerzeugnissen anderer Quellen an die Kunden iranischer Mineralölprodukte in aller Welt, wobei 65 Prozent der iranischen Gesamtölexporte in Regionen östlich des Suez-Kanals verschifft wurden.[138] Letztlich brachten die unilateralen Maßnahmen Mossadeghs gegen das britische Öleigentum dem iranischen Volk eine verzweifelte Wirtschaftslage, Rationierungen, hohe Inflationsraten und eine jahrelange ökonomische Depression.[139]

Auch die britische Regierung unterlag folgenschweren Fehleinschätzungen. London mangelte es insbesondere an einer präzisen, realitätsgetreuen Bewertung der politischen wie gesellschaftlichen Entwicklungen innerhalb des Iran. Die britische Politik war laut Richard Cottam von der „antiquierten Überzeugung" geprägt, dass sich der Iran seit dem Jahre 1901 nicht wesentlich verändert habe.[140] Entsprechend schien London in einer ersten Reaktion auf die Verstaatlichung auf eine

---

[137] Vgl. Lubell, Middle East Oil Crises and Western Europe's Energy Supplies, S. 7 f. Die Rohölförderung im Nahen Osten exklusive dem Iran wurde 1951 um 43 Prozent gesteigert und bis 1953 mehr als verdoppelt.

[138] Vgl. ebd., S. 7.

[139] Eine äußerst kritische Analyse der iranischen Wirtschaftspolitik unter Mossadegh liefert Kamran M. Dadkhah, „Iran's Economic Policy During the Mosaddeq Era", in: Journal of Iranian Research and Analysis, Vol. 16, No. 2, November 2000, S. 39–54.

[140] Richard W. Cottam, Nationalism in Iran, Pittsburgh: University of Pittsburgh Press 1964, S. 273.

„*gunboat diplomacy*" zu setzen. Die britische Regierung zog selbst eine militäri-
sche Intervention mit der Besetzung des südlichen Teils des Landes in Erwägung.
Vorsorglich wurde die militärische Präsenz im Persischen Golf verstärkt sowie
Eingreiftruppen nach Zypern verlegt und in Bereitschaft versetzt.[141] Alle militä-
rischen Pläne scheiterten jedoch am Widerstand Washingtons, das sich dezidiert
gegen einen Waffengang aussprach. Die US-Regierung war über die negativen
Auswirkungen des Konflikts auf den globalen Erdölmarkt und die bestehenden
Ölkonzessionen der Amerikaner in den Nachbarländern des Iran besorgt.

Die Administration von Präsident Harry S. Truman schaltete sich ein und ver-
suchte die Rolle eines „ehrlichen Maklers" zu übernehmen, um zwischen den
Streitparteien zu vermitteln.[142] Truman entsandte den profilierten Politiker und
Diplomaten W. Averell Harriman nach Teheran, der eine Lösung finden sollte.[143]
Harriman, der Mitte Juli 1951 im Iran eingetroffen war, erreichte gemeinsam
mit dem Erdölexperten Walter J. Levy zumindest eine Fortsetzung der Verhandlungen zwischen den Briten und Iranern. Eine Lösung blieb jedoch in weiter
Ferne. Die Briten weigerten sich, ihre Kontrolle der iranischen Ölindustrie aufzugeben. Sie strebten nach einem Modell, welches der Anglo-Iranian den Erhalt
ihrer dominanten Position auf Vertragsbasis gesichert hätte. Dies war für Mossadegh keinesfalls akzeptabel, würde die iranische Mineralölwirtschaft dadurch
faktisch in ausländischen Händen verbleiben und es den Briten weiterhin erlauben,
die innenpolitischen Angelegenheiten des Landes mitzubestimmen. Der iranische Premierminister beharrte darauf, dass die künftige Rolle der AIOC auf die
Durchführung der Erdölexporte nach Großbritannien beschränkt sein müsse.[144]
Aufgrund der festgefahrenen Positionen der beiden Streitparteien war Harrimans
Mission zum Scheitern verurteilt. Mossadegh ließ keinen Versuch aus, London
und Washington zu seinem eigenen Vorteil gegeneinander auszuspielen, wobei

---

[141] Der vom britischen Verteidigungsministerium ausgearbeitete „Plan Y" sah die Besetzung
des südlichen Iran vor und verfolgte das Ziel, die Raffinerie in Abadan sowie die bedeutenden
Erdölfelder im Dreieck Abadan, Dezful und Behbehan unter britische Kontrolle zu bringen
und den Erdölexport fortzusetzen. Ein militärisches Eingreifen fand prominente Unterstützer in London, darunter Winston Churchill, der im Oktober 1951 seine zweite Periode als
britischer Premierminister angetreten hatte. Siehe Elm, Oil, Power, and Principle, S. 155 ff.

[142] Siehe dazu unter anderem Stephen E. Ambrose, Ike's Spies: Eisenhower and the Espionage
Establishment, Jackson: University Press of Mississippi 1999, S. 195; Stephen P. Cohen,
Beyond America's Grasp: A Century of Failed Diplomacy in the Middle East, New York:
Farrar, Straus & Giroux 2009, S. 9; sowie Elm, Oil, Power, and Principle, S. 114.

[143] Siehe dazu ausführlich Martschukat, Antiimperialismus, Öl und die Special Relationship,
S. 141 ff.

[144] Vgl. David S. Painter, Oil and the American Century: The Political Economy of U.S.
Foreign Oil Policy, 1941–1954, Baltimore: Johns Hopkins University Press 1986, S. 178.

es ihm zu seinem Leidwesen nicht gelang, die kongruente Strategie der beiden angelsächsischen Staaten zu brechen.[145]

Bis Februar 1953 wurden der Regierung Mossadegh vier weitere große Entwürfe für eine Beilegung der britisch-iranischen Ölkrise unterbreitet. Mossadegh hat alle Vorschläge der Briten und Amerikaner aus unterschiedlichen Gründen abgelehnt, wobei die Frage der Kontrolle der iranischen Erdölwirtschaft sowie die Entschädigung der Anglo-Iranian für die Enteignung ihres Besitzes im Iran wesentliche Hindernisse darstellten.[146] Die iranische Regierung argumentierte, aufgrund der beträchtlichen Einnahmeverluste aus der sie benachteiligenden Konzession von 1933 sei eine Kompensation für die Konfiszierung der britischen Ölinteressen im Land abzulehnen. Gemäß George Lenczowski war nach verbreiteter Auffassung letzten Endes Mossadeghs Unnachgiebigkeit für das Scheitern der Vermittlungsbemühungen hauptverantwortlich.[147] George McGhee, der als amerikanischer Assistant Secretary of State in zentralen Verhandlungen eingebunden war, führte Mossadeghs fehlende Kompromissbereitschaft auf dessen Starrköpfigkeit zurück, die seiner Ansicht nach jede Einigung mit den Briten verhinderte.[148]

Die eigenwillige, um skurrile Auftritte keineswegs verlegene Person Mossadegh übte auf die westlichen Medien eine große Faszination aus. Das US-Nachrichtenmagazin *Time* kürte ihn 1951 sogar zum „Man of the Year" und platzierte sein Gesicht auf die Titelseite. Mossadegh pflegte einen unorthodoxen Stil und empfing ausländische Staatsgäste gelegentlich in seinem Bett liegend im Pyjama. Seine emphatischen öffentlichen Reden garnierte er, wenn es ihm für seine politischen Zwecke nützlich erschien, gerne mit emotionalen Tränenausbrüchen und – in kaum zu überbietender pathetischer Theatralik – mitunter sogar mit einem Ohnmachtsanfall.[149] Aufgrund seiner bizarren öffentlichen Auftritte wurde

---

[145] Vgl. Moyara de Moraes Ruehsen, „Operation ‚Ajax' Revisited: Iran, 1953", in: Middle Eastern Studies, Vol. 29, No. 3, July 1993, S. 467–486 (hier 472).

[146] Siehe dazu Walter J. Levy, „Economic Problems Facing a Settlement of the Iranian Oil Controversy", in: Middle East Journal, Vol. 8, No. 1, Winter 1954, S. 91–95 (insbes. S. 94 f.). Neben der Mission von W. Averell Harriman umfassten die vier weiteren Lösungsvorschläge jeweils einen Plan der AIOC und der Weltbank sowie zwei gemeinsame Initiativen von Churchill und Truman.

[147] Vgl. George Lenczowski, „United States' Support for Iran's Independence and Integrity, 1945–1959", in: Annals of the American Academy of Political and Social Science, Vol. 401, May 1972, S. 45–55 (hier 52).

[148] Vgl. McGhee, On the Frontline in the Cold War, S. 114.

[149] Die exzentrischen Verhaltenszüge von Mossadegh finden in zahlreichen Publikationen lebhafte Erwähnung. Siehe zum Beispiel Christopher de Bellaigue, Patriot of Persia: Muhammad

er in London und Washington in den höchsten politischen Kreisen als „irrational" oder „verrückt" betrachtet.[150] In den Jahren nach der Verstaatlichung hat sich die ökonomische und politische Lage im Iran dramatisch verschlechtert. Mossadegh wusste kein Rezept gegen die Krise. Er stand zunehmend isoliert da und wurde reihenweise von seinen Unterstützern verlassen.[151] Anstatt die politischen Konsequenzen daraus zu ziehen und den Weg zur Regierungsspitze freizumachen, klammerte er sich an sein Amt und offenbarte verfassungswidrige und autokratische Züge.[152] Nachdem die Erdölproduktion und -ausfuhren völlig eingebrochen waren, bedurfte es massiver Wirtschaftshilfe vonseiten der Vereinigten Staaten, um einen Kollaps der iranischen Wirtschaft zu verhindern.[153] Mossadegh warb nachdrücklich

Mossadegh and a Tragic Anglo-American Coup, New York: Harper Perennial 2012, S. 1 ff.; Martschukat, Antiimperialismus, Öl und die Special Relationship, S. 81; und Ambrose, Ike's Spies, S. 194.

[150] Sowohl Winston Churchill als auch der damalige britische Botschafter in Teheran, Francis Shepherd, bezeichneten Mossadegh wiederholt als einen „Irren". Siehe James F. Goode, The United States and Iran: In the Shadow of Musaddiq, New York: St. Martin's Press 1997, S. 34 f.; und Scot Macdonald, Rolling the Iron Dice: Historical Analogies and Decisions to Use Military Force in Regional Contingencies, Westport: Greenwood Press 2000, S. 96. Von US-Außenminister John Foster Dulles ist die Aussage „That madman Mossadegh!" überliefert. Siehe William Roger Louis, „Britain and the Overthrow of the Mosaddeq Government", in: Mark J. Gasiorowski und Malcolm Byrne (Hrsg.), Mohammad Mosaddeq and the 1953 Coup in Iran, Syracuse: Syracuse University Press 2004, S. 126–177 (hier 135). Mary Ann Heiss befasst sich in einem Essay ausführlich mit den (kulturell bedingten) Perzeptionen und Fehldeutungen, welche die Politik des Westens gegenüber den als „senil" wahrgenommenen Mossadegh wesentlich beeinflusst haben. Siehe Mary Ann Heiss, „Real Men Don't Wear Pajamas: Anglo-American Cultural Perceptions of Mohammed Mossadeq and the Iranian Oil Nationalization Dispute", in: Peter L. Hahn und Mary Ann Heiss (Hrsg.), Empire and Revolution: The United States and the Third World since 1945, Columbus: Ohio State University Press 2001, S. 178–194.

[151] Im März 1952 hat es sich Mossadegh mit Ajatollah Kashani verscherzt, nachdem er ihm öffentlich Manipulationen anlässlich der Wahlen zum 17. Majlis vorgeworfen hatte. Auch mit Hossein Makki und Mozaffar Baghai, zwei weitere führende Unterstützer der Nationalen Front, hat er gebrochen. Im Sommer desselben Jahres begann zudem eine Gruppe von Offizieren unter der Führung von Fazlollah Zahedi sich gegen ihn zu verschwören. Mossadegh schaffte es innerhalb eines Jahres an der Macht, eine einflussreiche inneriranische Opposition gegen sich aufzubringen.

[152] Vgl. Majd, „The 1951–53 Oil Nationalization Dispute and the Iranian Economy", S. 457.

[153] Vgl. Jane Perry Clark Carey und Andrew Galbraith Carey, „Oil and Economic Development in Iran", in: Political Science Quarterly, Vol. 75, No. 1, March 1960, S. 66–86 (hier 69).

um amerikanische Unterstützung und versuchte mit allen Mitteln, den Amerikanern die Abnahme iranischen Erdöls schmackhaft zu machen. Für eine Belebung der desolaten ökonomischen Situation wäre dies von großer Bedeutung gewesen. Washington weigerte sich allerdings, seinem britischen Verbündeten auf diese Weise in den Rücken zu fallen.

Als alle Anstrengungen des Appells an das amerikanische Mitgefühl scheiterten, schwenkte Mossadegh auf eine Strategie der subtilen Drohung: Sollte Washington nicht gewillt sein, ihn zu unterstützen, dann würden die Kommunisten bald die Macht übernehmen.[154] Die kommunistische Drohung verfehlte nicht ihre Wirkung auf Präsident Dwight D. Eisenhower, dessen republikanische Administration im Jänner 1953 die Regierungsgeschäfte übernommen hatte, und seinen Außenminister John Foster Dulles.[155] Unter Eisenhower wurde die amerikanische Krisenpolitik einer Neuausrichtung unterzogen. Während Truman und Außenminister Dean Acheson unaufhörlich auf eine friedliche Lösung der Krise drängten, betrachteten Eisenhower und Dulles die Situation strikt unter den Gesichtspunkten des Kalten Krieges und fürchteten insbesondere eine Ausbreitung des Kommunismus auf den Iran.[156] Nach Einschätzung hochrangiger britischer und amerikanischer Geheimdienstkreise bestand tatsächlich die Gefahr eines sowjetischen Einmarsches und anschließender Errichtung eines kommunistischen Satellitenstaates nach osteuropäischem Vorbild.[157] Nicht zuletzt angesichts der verstärkten öffentlichkeitswirksamen Aktivitäten der pro-sowjetischen Tudeh-Partei, welche die Regierung Mossadegh aufgrund ihres fortwährenden Dialogs mit den Vereinigten Staaten attackierte und die Schließung der amerikanischen Botschaft in Teheran forderte, erschien eine kommunistische Machtübernahme im Iran nicht abwegig.[158]

---

[154] Diese Warnung übermittelte Mossadegh in einem Brief, datiert mit 28. Mai 1953, an Präsident Eisenhower. Es war ein letzter verzweifelter Versuch, die Solidarität der Amerikaner gegenüber den verhassten Briten zu brechen und Washington auf seine Seite zu ziehen. Siehe John W. Limbert, Negotiating with Iran: Wrestling the Ghosts of History, Washington, DC: United States Institute of Peace 2009, S. 75.

[155] Vgl. Ruehsen, „Operation ‚Ajax' Revisited", S. 472 f.

[156] Vgl. ebd., S. 469. Diese Befürchtung wurde nicht zuletzt durch die Vorgänge innerhalb der Vereinigten Staaten zu jener Zeit, als Senator Joseph McCarthy mit seiner anti-kommunistischen Kampagne das politische Klima in Washington bestimmte, verstärkt.

[157] Wie Christopher Montague Woodhouse, zu jener Zeit Agent des britischen MI6 (Secret Intelligence Service) in Teheran, in seiner Autobiographie schildert, wurde eine Invasion sowjetischer Truppen in Richtung Süden keineswegs als unrealistisch eingestuft. Siehe dazu Louis, „Britain and the Overthrow of the Mosaddeq Government", S. 160.

[158] Vgl. Kristen Blake, The U.S.-Soviet Confrontation in Iran, 1945–1962: A Case in the Annals of the Cold War, Lanham: University Press of America 2009, S. 84 f.

Vor diesem Hintergrund musste Mossadegh aus der Perspektive der politischen Entscheidungsträger in Washington und London gestürzt werden. Die Beseitigung Mossadeghs war im Grunde von Beginn an das oberste Ziel der britischen Regierung gewesen.[159] Die Briten hatten seit seinem Amtsantritt als Premierminister mehrmals Druck auf Reza Pahlavi ausgeübt, damit dieser ihn seines Amtes enthebt und durch einen ihnen genehmen Kandidaten ersetzt.[160] Aufgrund Mossadeghs breiten Rückhalt in der Bevölkerung weigerte sich der Schah allerdings, einen solchen Schritt zu wagen. Anfang November 1952 verließen die letzten Mitarbeiter die britische Botschaft in Teheran, womit die lange Ära der britischen Dominanz des Iran ein Ende fand. London verfügte zu diesem Zeitpunkt nur noch über eine schwache Position im Land und war auf Unterstützung der Vereinigten Staaten angewiesen. Die Briten entsandten daraufhin ihren führenden Agenten des MI6 im Iran, Christopher Montague Woodhouse, nach Washington, um für einen Plan zum Sturz Mossadeghs zu werben.[161] Woodhouse traf sich zuerst mit Vertretern der CIA, allen voran mit Frank Wisner, Chef der Geheimdienstoperationen, und dessen Experten für den Nahen Osten, Kermit Roosevelt.

Während Truman amerikanischen Umsturzinterventionen im Iran ablehnend gegenüberstand, gab der neu gewählte Präsident Eisenhower grünes Licht für eine gemeinsame US-britische Operation unter führender Beteiligung der CIA. Kurz nach der Inauguration von Eisenhower im Jänner 1953 wurde die Entscheidung getroffen, Mossadegh zu stürzen und an seine Stelle Zahedi zu installieren. Kermit Roosevelt wurde die Leitung der Operation, die unter dem Codenamen „*Ajax*" verlief, übertragen.[162] Im Juni präsentierte der CIA-Agent

---

[159] Vgl. Mark J. Gasiorowski, „The 1953 Coup D'Etat in Iran", in: International Journal of Middle East Studies, Vol. 19, No. 3, August 1987, S. 261–286 (hier 264).

[160] Noch vor der Ernennung Mossadeghs zum Premierminister am 29. April 1951 versuchten die Briten Sayyid Zia als Regierungschef zu installieren. Nach dem Scheitern von Harrimans Bemühungen, eine für beide Seiten akzeptable Verhandlungslösung zu finden, wandte sich der britische Gesandte Richard Stokes an den Schah, um diesen zur Entlassung Mossadeghs zu bewegen. Die Briten führten auch verdeckte Aktionen im Iran durch mit dem Ziel, eine Spaltung der Nationalen Front herbeizuführen und Mossadegh seine populäre Machtbasis zu entziehen. Dies geschah in erster Linie über die Rashidian-Brüder, die Agenten des britischen Secret Intelligence Service (SIS) waren. Siehe ebd., S. 263 ff.

[161] Siehe dazu die Autobiographie von Christopher Montague Woodhouse, Something Ventured, London: Granada 1982, S. 116 ff.

[162] Der vollständige Name der Operation lautete „TPAJAX", wobei die Bedeutung der Bezeichnung bis heute nicht geklärt ist. „TP" ist möglicherweise ein Akronym für „Target Practice" oder „Tudeh Party" und „AJAX" steht laut verbreiteter Auffassung für das gleichnamige Reinigungsmittel. Die Abkürzung könnte die Eliminierung eines bestimmten Ziels wie die kommunistische Tudeh ausdrücken. Gemäß dieser Interpretation sollte der Iran durch

im US-Außenministerium die fertig ausgearbeiteten Umsturzpläne. Am 11. Juli haben die Direktoren des britischen und US-amerikanischen Auslandsgeheimdienstes sowie Churchill und Eisenhower die Durchführung von „*Operation Ajax*" offiziell abgesegnet.[163] Noch im selben Monat reiste Agent Roosevelt unter falschem Namen in den Iran. Er konnte den zögerlichen Schah davon überzeugen, Mossadegh abzusetzen und einen neuen Premierminister zu ernennen. Am 15. August unterzeichnete Reza Pahlavi entsprechende Erlässe, wodurch Mossadegh seines Amtes enthoben und Zahedi zum Ministerpräsidenten berufen wurde. Mossadegh erfuhr frühzeitig von dem geplanten Staatsstreich und drohte Zahedi mit der Verhaftung. Durch die Mobilisierung ihm getreuer Militärs sollte die Übergabe der Entlassungsurkunde verhindert werden. Reza Pahlavi wurde daraufhin nervös und floh nach Bagdad ins Exil.[164] Der erste Putschversuch war gescheitert.

Am 19. August zettelte die CIA Großkundgebungen gegen Mossadegh an, die letztlich zu seinem Sturz führen sollten. Seit dem Frühjahr 1953 mehrten sich die Unruhen innerhalb des Iran und der weit verbreitete Unmut über Mossadegh entlud sich in zahlreichen gewalttätigen Protestkundgebungen auf Teherans Straßen. Den Ausschreitungen der vorangegangenen Tage überdrüssig, schlossen sich immer mehr Zivilisten sowie Polizei und Militär dem Demonstrationszug gegen Mossadegh an. Zahedi und einstige Gefolgsleute Mossadeghs wie Kashani hatten sich bereits in den Monaten davor immer offener gegen den Premierminister gestellt und sowohl im Majlis als auch innerhalb der Militärreihen gegen ihn intrigiert.[165] Die Stimmung begann zu Ungunsten des amtierenden Premierministers zu kippen. Anhänger des Schahs und Zahedis „nahmen die Radiostation ein und verkündeten die Ablösung Mossadeghs als Premierminister."[166] Mit der anschließenden Verhaftung Mossadeghs und der Rückkehr von Schah Reza Pahlavi nach Teheran war der Machtwechsel vollzogen.

---

die Geheimoperation von ausgewählten Zielobjekten „gesäubert" werden. Siehe Ali Rahnema, Behind the 1953 Coup in Iran: Thugs, Turncoats, Soldiers, and Spooks, Cambridge: Cambridge University Press 2015, S. 61.

[163] Vgl. ebd., S. 61.

[164] Vgl. Jürgen Martschukat, „,So werden wir den Irren los'", in: Die Zeit, Nr. 34, 14. August 2003, abrufbar unter: http://www.zeit.de/2003/34/A-Mossaedgh (22. November 2014).

[165] Nachdem immer mehr vormalige Gefährten von Mossadegh abtrünnig wurden, sich offen gegen ihn stellten und seine Nationale Front auseinanderfiel, verlor der Premierminister an Rückhalt im Parlament. Kashani, Präsident des Majlis, hatte bereits im Jänner 1953 den Versuch unternommen, seinen einstigen Verbündeten des Amtes zu entheben.

[166] Martschukat, „,So werden wir den Irren los'".

Die Vereinigten Staaten nahmen anfänglich eine Vermittlerrolle ein, änderten später aber ihre Strategie und unterstützten die Briten bei der Durchführung des politischen Umsturzes im Iran. Nach Einschätzung von Mark J. Gasiorowski war die Besorgnis der Administration Eisenhower vor einer kommunistischen Machtübernahme im Iran für die amerikanische Intervention ausschlaggebend.[167] Die CIA spielte zweifellos eine gewichtige Rolle in der Organisation, Vorbereitung und Ausführung des Putsches. Der Sturz Mossadeghs wäre jedoch ohne die weit verbreitete Unzufriedenheit im Land und die Kollaboration eines breiten iranischen Oppositionsbündnisses bestehend aus royalen, militärischen, konservativen und religiösen Kräften nicht möglich gewesen.[168] Obschon Mossadegh unbestreitbar Opfer eines Komplotts westlicher Geheimdienste wurde, hat er einen nicht unerheblichen Beitrag zu seinem eigenen politischen Ende geleistet.[169] Unter Berücksichtigung seiner politischen und wirtschaftlichen Fehleinschätzungen und -entscheidungen und der massiven Unzufriedenheit breiter Bevölkerungskreise mit seiner zunehmend autoritäre Züge annehmenden Politik ist es bemerkenswert, dass er sich solange im Amt halten konnte.

Nach Mossadegh folgte ein autoritäres Regime unter Zahedi, das auf Grundlage des Kriegsrechts herrschte, die politische Opposition und mediale Meinungsfreiheit bedingungslos unterdrückte, Tausende Anhänger der Nationalen Front und der kommunistischen Tudeh-Partei in das Gefängnis steckte und eine politische Geheimpolizei gründete, aus der später die berüchtigte SAVAK entstand.[170] Mossadegh wurde der Prozess gemacht. Er erhielt eine dreijährige Haftstrafe, auf welche lebenslanger Hausarrest folgte. Gegen die Tudeh ging die nunmehr herrschende Diktatur mit aller Härte vor. Dutzende Kommunisten wurden zu Tode gefoltert oder exekutiert.[171] Mit dem britisch-amerikanischen Coup wurde

---

[167] Vgl. Gasiorowski, „The 1953 Coup D'Etat in Iran", S. 275 f.

[168] Siehe dazu Homa Katouzian, „Mosaddeq's Government in Iranian History: Arbitrary Rule, Democracy, and the 1953 Coup", in: Mark J. Gasiorowski und Malcolm Byrne (Hrsg.), Mohammad Mosaddeq and the 1953 Coup in Iran, Syracuse: Syracuse University Press 2004, S. 1–26 (hier 25); sowie Ruehsen, „Operation ‚Ajax' Revisited", S. 483. Laut Yergin stellten die westlichen Geheimdienste CIA und MI6 in erster Linie die notwendigen finanziellen Mittel zur Verfügung, leisteten wichtige logistische Unterstützung und stellten die entscheidenden Kontakte zwischen den einzelnen, Mossadegh feindlich gesinnten Oppositionsgruppen her. Siehe Yergin, The Prize, S. 470.

[169] Vgl. Ruehsen, „Operation ‚Ajax' Revisited", S. 482.

[170] SAVAK ist eine persische Kurzform, die so viel bedeutet wie „Organisation für nachrichtendienstliche Informationen und nationale Sicherheit". Die SAVAK war eine bis zur Revolution 1979 tätige, gefürchtete iranische Geheimpolizei, die mit aller Härte gegen Regimegegner vorgegangen war.

[171] Vgl. Abrahamian, „The 1953 Coup in Iran", S. 212.

schließlich die weitgehende Fremdbestimmung des Iran und die ausländische Kontrolle der iranischen Erdölressourcen wiederhergestellt.[172]

4.2.3 Der iranische Konsortialvertrag von 1954

Nach dem Sturz Mossadeghs stand der Wiederaufnahme von Verhandlungen zwischen den westlichen Ölkonzernen und der neuen iranischen Regierung über ein Erdölabkommen – und zwar eines, das mit den britisch-amerikanischen Interessen kongruiert – nichts mehr im Weg. Im Dezember 1953 nahmen Teheran und London ihre diplomatischen Beziehungen wieder auf und kurze Zeit später führten die britische und iranische Seite erste Gespräche über eine neue Ölvereinbarung. Angesichts der verbreiteten nationalistischen Grundstimmung innerhalb des Landes war eine Rücknahme der Verstaatlichung der Erdölindustrie für die neuen Machthaber in Teheran politisch nicht durchsetzbar. Die Wiederherstellung der dominanten Stellung der verhassten britischen Anglo-Iranian Oil Company und deren monopolistische Macht über die iranische Ölwirtschaft war aus denselben Gründen ebenso ausgeschlossen. Es bedurfte des politischen Drucks vonseiten der US-amerikanischen und britischen Regierung, um die Geschäftsleitung von Anglo-Iranian zum Einlenken zu bewegen und von der Notwendigkeit der Formierung eines Konsortiums mehrerer westlicher Mineralölkonzerne zu überzeugen, welches mit der iranischen Regierung in Verhandlungen über ein neues Abkommen tritt.[173] Darüber hinaus musste bei der Neugestaltung der iranischen Erdölindustrie der politischen Machtverschiebung in der Region zugunsten der Amerikaner Rechnung getragen werden, was eine Beteiligung von US-Ölgesellschaften unabdingbar machte.

Unter diesen Voraussetzungen wurde im Oktober 1954 ein neues Konsortium gebildet, welchem neben der AIOC die britisch-niederländische Royal Dutch Shell, die fünf großen US-Majors Standard Oil of New Jersey, SOCONY, SOCAL, TEXACO und Gulf Oil sowie die französische CFP angehörten und das formal den Namen Iranian Oil Participants (IOP) trug.[174] Anglo-Iranian erhielt mit 40

---

[172] Vgl. Fakhreddin Azimi, The Quest for Democracy in Iran: A Century of Struggle against Authoritarian Rule, Cambridge, MA: Harvard University Press 2008, S. 157.

[173] Vgl. Parra, Oil Politics, S. 28.

[174] Das Konsortium wurde in Form einer Dachgesellschaft mit zwei operativ tätigen Beteiligungen, beide mit Sitz in den Niederlanden, organisiert. Die operativen Unternehmen hießen Iraanse Exploratie en Producti Maatschappji (Iranische Explorations- und Produktionsgesellschaft) und Iraanse Aardolie Raffinage Maatschappji (Iranische Erdölraffinationsgesellschaft). Letztere betrieb die Raffinerie in Abadan.

Prozent den weitaus größten Einzelanteil an dem Konsortium. Den Amerikanern wurden ebenfalls 40 Prozent zugesprochen, wobei nach der gleichmäßigen Aufteilung auf die fünf US-Majors für diese nur jeweils acht Prozent übrig blieben. Einige Monate später verringerte sich dieser Anteil auf je sieben Prozent, als eine Gruppe amerikanischer Independents namens Iricon Agency in das iranische Konsortium eintrat und fortan fünf Prozent der Anteile kontrollierte.[175] Das US-Justizministerium bestand aus kartellrechtlichen Gründen auf deren Beteiligung. Shell verfügte über 14 Prozent und der Anteil der CFP belief sich auf sechs Prozent.

Für den Einstieg der US-Ölkonzerne in das iranische Konsortium bedurfte es eines gewissen politischen Drucks aus Washington, denn rein ökonomisch betrachtet hatten die amerikanischen Majors zu jener Zeit keinen Anreiz, die iranische Erdölproduktion zu forcieren. Aus ihren Quellen auf der Arabischen Halbinsel und in den anderen Teilen der Welt strömte bald mehr Rohöl, als die Märkte absorbieren konnten. Insofern entsprach es nicht ihrem Interesse, durch zusätzlichen Output den Ölpreis – und damit ihre Profite – weiter unter Druck zu setzen und gleichzeitig die Gunst der nahezu gänzlich von den Einkünften aus dem Erdölexport abhängigen arabischen Förderstaaten aufs Spiel zu setzen. Politisch erschien eine Beteiligung amerikanischen Know-hows allerdings unumgänglich, galt es doch die iranische Mineralölindustrie schnellstmöglich wieder in Gang zu bringen, um einem wirtschaftlichen Kollaps des Landes, und damit der Gefahr, dass Teheran unter sowjetischen Einfluss gerät, entgegenzuwirken.[176]

Jersey Standards renommiertester Vertreter für den Nahen Osten, Howard Page, übernahm die Verhandlungsführung auf Seiten der Iranian Oil Participants und traf im August 1954 ein Übereinkommen mit Ali Amini, der zu jener Zeit Wirtschaftsminister unter Zahedi war. Am 21. Oktober 1954 wurde das neue Erdölgesetz vom Majlis mit einer überragenden Mehrheit von 113 zu fünf Stimmen

---

[175] Iricon setzte sich ursprünglich aus den neun folgenden „unabhängigen" US-amerikanischen Ölgesellschaften zusammen: AMINOIL, die bereits die Konzession für den kuwaitischen Teil der Neutralen Zone erworben hatte, Richfield Oil Corporation, Atlantic Refining Company, die 1966 mit Richfield Oil fusionierte, Signal Oil and Gas Company, Standard Oil of Ohio, Getty Oil Company, welche die Bohrrechte im saudischen Teil der Neutralen Zone innehatte, Tidewater Oil Company, die Getty zuzuordnen war, Hancock Oil Company und San Jacinto Petroleum Corporation.

[176] Vgl. Yergin, The Prize, S. 471.

bei einer Enthaltung ratifiziert und acht Tage später von Schah Reza Pahlavi unterschrieben.[177] Mit dem Abschluss des neuen Ölagreements erfuhr die Verstaatlichung der iranischen Erdölwirtschaft offizielle internationale Anerkennung. Das westliche Konsortium agierte nicht als Konzessionär, sondern als Auftragnehmer des iranischen Staates, der alleiniger Eigentümer der Ölressourcen war. Die Erdölfelder und Raffinerien blieben also formell im Besitz der nationalen iranischen Ölgesellschaft (NIOC), auch wenn sie tatsächlich von den ausländischen Konzernen kontrolliert wurden. Das neu gegründete internationale Konsortium erwarb das Recht der Erdölexploration, -förderung und -raffination in dem festgelegten Gebiet des Abkommens im Südwesten des Iran. Weiters erhielt es die Bewilligung, die Raffinerie in Abadan zu betreiben. Die Mitglieder des Konsortiums wurden für die von ihnen erbrachten Leistungen finanziell entsprechend entschädigt. Die NIOC als Eigentümerin des von dem westlichen Unternehmensbündnis geförderten Rohöls verkaufte letzteres ausschließlich an die Vertriebsgesellschaften der Konsortiumsmitglieder, welche den Energieträger in weiterer Folge den internationalen Märkten zuführten.

Trotz der geänderten Eigentumsverhältnisse behielt die britische AIOC, die im Dezember 1954 ihren Firmennamen in British Petroleum (BP) änderte, als operativ uneingeschränkter Akteur, nunmehr im Verbund mit den Amerikanern, faktisch die Kontrolle über die iranische Ölindustrie. Dennoch bedeutete das Eigentumsrecht und die Ausbeutung der iranischen Erdölvorkommen unter dem Namen der NIOC einen großen emotionalen Sieg für Teheran.[178] Mit der Unterzeichnung der neuen Vereinbarung wurde auch der lange Streit über eine Entschädigung der AIOC für die Enteignung ihrer Erdöleinrichtungen im Iran beigelegt. Die iranische Regierung verpflichtete sich dazu, 25 Millionen Pfund, zahlbar in zehn jährlichen Raten, an Kompensation an den britischen Ölkonzern zu leisten. Darüber hinaus erhielt Anglo-Iranian 32,4 Millionen Pfund von den anderen Konsortiumsmitgliedern sowie eine außerordentliche Royalty von zusätzlich zehn Cent pro Barrel für das exportierte Erdöl, bis die Summe von 510 Millionen Pfund erreicht wurde.[179]

---

[177] Vgl. Ronald Ferrier, „The Iranian Oil Industry", in: The Cambridge History of Iran, Volume 7: From Nadir Shah to the Islamic Republic, Cambridge: Cambridge University Press 1991, S. 639–700 (hier 665).

[178] Vgl. Shwadran, Middle East Oil Crises Since 1973, S. 6.

[179] Vgl. M. S. Vassiliou, Historical Dictionary of the Petroleum Industry, Lanham: Scarecrow Press 2009, S. 270.

Das iranische Ölagreement von 1954 verdeutlichte den zunehmenden Einfluss US-amerikanischer Interessen im Nahen Osten und gleichzeitig den fortschreitenden Machtverlust Großbritanniens in der Region. Die Beteiligung der US-Ölgesellschaften am neuen iranischen Konsortium setzte der langjährigen britisch-amerikanischen Rivalität um Konzessionen in Vorderasien faktisch ein Ende. Diese Auseinandersetzung entschied sich zweifelsohne zugunsten der Amerikaner, hielten sie mit ihrer 40-prozentigen Beteiligung am iranischen Konsortium nunmehr den Löwenanteil der Erdölressourcen im Nahen Osten.[180] Das Abkommen offenbarte zudem ein wegweisendes Modell für die künftige Beziehung zwischen den Produzentenländern und den westlichen Mineralölfirmen, die auf staatlichem Eigentum an den fossilen Energieressourcen beruhte. Die iranische Vereinbarung von 1954 bedeutete eine Überwindung des bis dahin konventionellen Konzessionsregimes.

Trotz seiner historischen Dimension brachte das neue Abkommen dem Iran keine finanzielle Besserstellung im Vergleich zu den Vereinbarungen in den anderen Förderländern des Nahen Ostens. Es wurde damit lediglich das bereits allerorts bestehende System der paritätischen Gewinnaufteilung umgesetzt. Das Konsortium lieferte die Hälfte seiner Gewinne in Form von Royalties bzw. Einkommensteuer an den iranischen Fiskus ab. Dergestalt führte die Verstaatlichung durch Mossadegh letzten Endes, abgesehen von den zugunsten Teherans neu geregelten Eigentumsverhältnissen, zu nicht mehr als der Anerkennung des 50/50-Regimes im Iran.[181] Immerhin hat damit auch im letzten Produzentenland des Nahen Ostens das *profit sharing* Einzug gehalten. Die iranische Erdölförderung erholte sich nach der Einigung von 1954 rasch wieder und konnte zwischen 1953 und 1957 von 26.000 auf 716.000 Barrel pro Tag gesteigert werden.[182] Am Ende des Jahrzehnts produzierte das Land bereits knapp eine Million Fass Rohöl pro Tag.

---

[180] Vgl. Shwadran, Middle East Oil Crises Since 1973, S. 2. Die diversen US-Ölkonzerne kontrollierten hundert Prozent der Rohölproduktion in Bahrain und Saudi-Arabien, 50 Prozent in Kuwait, 40 Prozent im Iran und 25 Prozent im Irak und allen IPC-Unternehmungen außerhalb des Irak.

[181] Vgl. Rouhani, A History of O.P.E.C., S. 49. Die Übertragung der gesamten vormals im Besitz von Anglo-Iranian stehenden Erdöleinrichtungen auf den Iran sowie die Anerkennung dieses Vorgangs durch die westlichen Ölkonzerne war allerdings zweifellos ein revolutionärer Schritt. Zumal nicht nur die bestehenden Förderinstallationen und Raffinerieanlagen davon betroffen waren, sondern auch alle zukünftig von dem Konsortium im Iran geschaffenen Einrichtungen zu Staatseigentum wurden. Siehe Mosley, Power Play, S. 187.

[182] Vgl. Melamid, „The Geographical Pattern of Iranian Oil Development", S. 201.

4.2.4 Enrico Mattei und die neue Generation der Konzessionsvereinbarungen

Gemäß dem neuen Erdölabkommen der Iranian Oil Participants mit der iranischen Regierung waren die Explorations- und Förderrechte des internationalen Konsortiums auf den südwestlichen Teil des Landes begrenzt. Die nationale iranische Mineralölgesellschaft war für die Entwicklung der Ölvorkommen auf dem restlichen Staatsgebiet zuständig. Mehr als zwei Drittel der iranischen Landfläche konnten damit bei Bedarf für die Konzessionsvergabe an andere Mineralölkonzerne als die Mitglieder der IOP freigegeben werden.[183] Gleichzeitig begann sich der Fokus der internationalen Erdölindustrie in der Region des Persischen Golfs nicht mehr ausschließlich auf vermutete Reservoire auf dem Festland zu richten. Der technologische Fortschritt in der Tiefseebohrung ermöglichte zunehmend eine kommerzielle Ausbeutung auch von tief unter dem Meeresgrund gelegenen Erdöllagerstätten. Für die internationalen Mineralölkonzerne wurden dadurch die Offshore-Zonen im Persischen Golf interessant.

ARAMCO hat bereits früh zwei Offshore-Ölfelder vor der saudischen Küste gefunden. Anglo-Iranian und die CFP erwarben in den frühen 1950er Jahren Unterwasser-Bohrrechte für den Meeresabschnitt der heutigen Vereinigten Arabischen Emirate, während Royal Dutch Shell das Gebiet rund um Katar erkundete. Die vielversprechenden Offshore-Gebiete Kuwaits, der Neutralen Zone und des Iran waren Mitte der 1950er Jahre noch nicht vergeben. Nicht nur die Majors, die bereits ein ansehnliches weltweites Portfolio an Ölquellen vorweisen konnten, bekundeten ihr Interesse daran, sondern auch zahlreiche „have nots", die ebenfalls von den reichen Vorkommen in der Golfregion zu profitieren trachteten. Zur zweiten Gruppe zählten bestimmte kleinere US-Konzerne, die es noch nicht geschafft hatten, im Nahen Osten Fuß zu fassen, sowie Gesellschaften vornehmlich aus Konsumentenländern, die selbst über kaum Erdölressourcen verfügten, wie zum Beispiel Italien und Japan.[184]

Ein überaus bemerkenswerter italienischer Manager namens Enrico Mattei, der mächtige Generaldirektor der nationalen italienischen Erdölgesellschaft Ente Nazionale Idrocarburi (ENI), drängte am lautesten in die erdölreichen Nahoststaaten. Mit seiner offensiven Expansionsstrategie, mit der er die etablierten

---

[183] Vgl. Jane Perry Clark Carey, „Iran and Control of Its Oil Resources", in: Political Science Quarterly, Vol. 89, No. 1, March 1974, S. 147–174 (hier 153).

[184] Vgl. W. D. P., „New Oil Agreements in the Middle East", in: The World Today, Vol. 14, No. 4, April 1958, S. 135–143 (hier 136).

Majors gehörig herausforderte, drückte er der globalen Mineralölindustrie seinen Stempel auf. Mattei war eine äußerst entschlossene Persönlichkeit, die in den Nachkriegsjahren gegen zahlreiche Widerstände eine ansehnliche Erdgasindustrie in Italien aufgebaut hatte.[185] Aufgrund der Begrenztheit der Energierohstoffe auf der Apenninhalbinsel bei stark steigendem Energiebedarf der hohe Wachstumsraten erzielenden italienischen Volkswirtschaft war Mattei bestrebt, am nahöstlichen Öl-Jackpot zu partizipieren und für Italien dringend benötigte externe Versorgungsquellen zu erschließen.

1954, als nach dem Sturz Mossadeghs das britische Monopol auf das persische Öl im Zuge der Neugestaltung der iranischen Erdölwirtschaft einem multinationalen Konsortium unter US-amerikanischer, französischer und niederländischer Beteiligung weichen musste, sah Mattei die Zeit gekommen, auch die italienischen Interessen anzuerkennen und der von ihm geführten staatlichen Energiegesellschaft ENI einen Anteil an den Iranian Oil Participants zuzubilligen. Auf die Rückweisung dieses Ansinnens durch die Majors reagierte er mit gehöriger Verärgerung. Der Wunsch nach Vergeltung für die Nichtberücksichtigung seiner ENI bei der Bildung des neuen iranischen Konsortiums „appears to have become one of the guiding principles of his life".[186]

Mattei entwickelte eine tiefe Abneigung gegen die mächtigen anglo-amerikanischen integrierten Konzerne. Es schien ihm fast jedes Mittel recht, um das Kartell der Majors zu brechen und aus ENI einen bedeutenden Player im Nahen Osten und den anderen Erdölgegenden der Welt zu machen.[187] Matteis erklärtes Ziel war es, dem quasi monopolistischen Zugriff der Sieben Schwestern auf die globalen Rohölressourcen ein Ende zu setzen und unabhängige Erdölbezugsquellen für die stark wachsende italienische Wirtschaft zu sichern. Unentwegt geißelte er das internationale Ölkartell, das er als Relikt aus kolonialen Zeiten verspottete. Er verstand es, unter Nutzung seines propagandistischen Talents, sich als Verbündeter der Produzentenländer und unerbittlicher Kämpfer gegen die Sieben Schwestern zu präsentieren.

---

[185] Ein frühes Porträt von Mattei findet sich in Azio de Franciscis, „Enrico Mattei: Italiens Super-Manager", in: Die Zeit, Nr. 30, 26. Juli 1956, S. 2. Siehe dazu auch Jane Perry Clark Carey und Andrew Galbraith Carey, „Oil for the Lamps of Italy", in: Political Science Quarterly, Vol. 73, No. 2, June 1958, S. 234–253.

[186] Dow Votaw, The Six-Legged Dog: Mattei and ENI – A Study in Power, Berkeley: University of California Press 1964, S. 77.

[187] Vgl. Thomas Schlemmer, Industriemoderne in der Provinz: Die Region Ingolstadt zwischen Neubeginn, Boom und Krise 1945–1975, Quellen und Darstellungen zur Zeitgeschichte: Band 57, München: Oldenbourg 2009, S. 206.

Im März 1955 schlossen ENI und die belgische Mineralölfirma Petrofina eine Kooperation mit der staatlichen ägyptischen Erdölgesellschaft, im Rahmen welcher sie knapp zwei Jahre später die Compagnie Orientale des Pétroles d'Egypte (COPE) als Betreibergesellschaft für die gemeinsame Entwicklung der Ölfelder Wadi Feiran und Belayim auf der Sinai-Halbinsel formten.[188] Gemäß den getroffenen Arrangements kamen dem ägyptischen Staat letztlich rund 70 Prozent der Nettoerlöse zu. Dies war bedeutend mehr, als die anderen Förderländer des Nahen Ostens auf Basis ihrer 50/50-Deals erhielten, welche zu jener Zeit die Norm darstellten. Mattei vollzog damit den ersten Bruch des Regimes der gleichmäßigen Gewinnaufteilung, das für die Majors sakrosankten Charakter besaß, weshalb sie die Aktivitäten des Italieners mit Argwohn verfolgten.[189]

Unter Matteis Führung trat die ENI-Tochter Azienda Generale Italiana Petroli, besser unter ihrem Akronym AGIP bekannt,[190] im Sommer 1956 mit der iranischen Regierung in geheime Verhandlungen über die Vergabe einer Konzession auf Basis des neuen, in Ägypten in Ansätzen vorerprobten Modells, das Teheran gleichberechtigte Partizipation ohne finanzielles Risiko zusicherte und sich an einem Joint Venture orientierte. Die Angebote, welche Mattei den Iranern unterbreitete, fanden ein Jahr später Eingang in ein neues Erdölgesetz, das im Anschluss an die im März 1957 getroffene Vereinbarung zwischen AGIP Mincraria und der nationalen iranischen Ölgesellschaft (NIOC) verabschiedet wurde.[191] In diesem am 31. Juli 1957 im iranischen Parlament beschlossenen Ölgesetz wurde das gesamte Territorium des Landes außerhalb des südwestlichen Gebiets der Iranian Oil Participants zu einer „freien Zone" erklärt und diese in mehrere Konzessionszonen mit einer Fläche von jeweils 80.000 Quadratkilometer

---

[188] Nachdem das belgische Engagement im Land aufgrund der Kongo-Krise 1960 vonseiten der ägyptischen Behörden nicht länger erwünscht war, hat ENI die Anteile von Petrofina zur Gänze übernommen.

[189] Vgl. Joachim Joesten, „ENI: Italy's Economic Colossus", in: Challenge, Vol. 10, No. 7, April 1962, S. 24–27 (hier 26).

[190] AGIP wurde 1926 als staatseigene Erdölgesellschaft gegründet und 1953 in die neu gebildete staatliche ENI integriert. In den frühen 1970er Jahren hat ENI die Marke AGIP primär als Vertriebstochter positioniert. Die Formierung von ENI erfolgte mit dem in der Satzung verankerten politischen Motiv, ein Energieunternehmen zu schaffen, das seine Geschäftstätigkeit an dem staatlichen Interesse orientiert. Siehe dazu Charles R. Dechert, „Ente Nazionale Idrocarburi: A State Corporation in a Mixed Economy", in: Administrative Science Quarterly, Vol. 7, No. 3, December 1962, S. 322–348 (hier insbes. 327 und 330). ENI ist in den darauffolgenden Jahrzehnten zu einem der größten Energiekonzerne der Welt aufgestiegen. Nach mehreren Teilprivatisierungsschritten durch die italienische Regierung hält letztere aktuell noch rund 30 Prozent der Anteile an dem Unternehmen.

[191] Vgl. Mosley, Power Play, S. 213.

gegliedert, wobei ein Drittel der Gesamtfläche des iranischen Staatsgebiets als „nationale Reserve" unter alleiniger Obhut der Regierung zu verbleiben hatte.[192]
   Jenen Ölgesellschaften, die sich dazu bereit erklärten, nach dem Modell von Mattei mit der NIOC eine gemeinsame Unternehmung zu gründen und einen Beteiligungsvertrag abzuschließen, wurde bei der Vergabe von Bohrrechten in den neuen Fördergebieten eine bevorzugte Behandlung durch die iranischen Behörden zuteil. Die Größe der einzelnen Konzessionsflächen, für welche ausländische Mineralölkonzerne Explorations- und Förderlizenzen erwerben konnten, war abhängig von dem Ausmaß der Beteiligung der NIOC.[193] Das neue iranische Erdölgesetz begrenzte die Dauer von Förderkonzessionen auf maximal 40 Jahre.
   Die nachdrücklichste Wirkung auf die internationale Erdölindustrie hatte freilich die neu geregelte Gewinnaufteilung zwischen dem Gastland und den Konzessionsnehmern. Rein formal orientierten sich die neuen iranischen Bestimmungen an dem Regime der paritätischen Teilung der Erlöse zwischen der Regierung des Produzentenlandes und den ausländischen Ölkonzernen, das sich inzwischen als globaler Standard etablieren konnte und erst wenige Jahre zuvor mit dem Agreement von 1954 im Iran Einzug gehalten hatte. Demzufolge sah auch das neu verfasste Erdölgesetz eine Aufteilung der Gewinne im Verhältnis 50/50 vor, wodurch die iranische Regierung und die Konzessionsinhaber den gleichen Erlösanteil erhielten. Da jedoch die neue Rechtslage – abgesehen von Ausnahmefällen – eine Beteiligung der staatlichen NIOC verlangte, stieg der Gewinnanteil der Iraner faktisch auf über 50 Prozent. Ausländische Ölgesellschaften, die mit der NIOC einen Beteiligungsvertrag abschlossen, mussten sich für gewöhnlich mit einem Viertel des Gewinns begnügen, während dem iranischen Fiskus 75 Prozent der Gesamterlöse zuflossen.
   Die staatliche italienische AGIP war das erste ausländische Unternehmen, das unter den neuen Bedingungen im Iran eine Konzession erwarb. Die Italiener gründeten mit der NIOC eine gemeinsame Gesellschaft, die Société Italo-Iranienne des Pétroles (SIRIP). Gemäß der neuen Rechtslage verpflichtete sich die italienisch-iranische SIRIP, die Hälfte des Nettogewinns (nach Steuern und Abgaben) an

---

[192] Vgl. Abolfazl Adli, Außenhandel und Außenwirtschaftspolitik des Iran, Volkswirtschaftliche Schriften: Heft 51, Berlin: Duncker & Humblot 1960, S. 218.

[193] Bei einer Beteiligung von 50 Prozent oder mehr war die Fläche des Konzessionsgebiets mit 16.000 Quadratkilometer begrenzt. Lag die Beteiligung der NIOC an der gemeinsamen Gesellschaft zwischen 30 und 50 Prozent, wurden dem Lizenznehmer maximal 9.000 Quadratkilometer zugesprochen. Unabhängige Konzerne konnten auch ohne Beteiligung der NIOC Bohrrechte erwerben, allerdings nur für eine Konzessionsfläche von höchstens 6.500 Quadratkilometer. Siehe ebd., S. 218.

Teheran abzuführen. Die verbleibenden 50 Prozent teilten sich AGIP Mineraria und die NIOC. Der Gesamtgewinn wurde damit de facto im Verhältnis 75/25 zwischen der Regierung des Gastgeberlandes und dem ausländischen Konzessionsteilhaber aufgeteilt, was das paradigmatische Modell der paritätischen Gewinnteilung grundlegend infrage stellte und schwer erschütterte.

AGIP akquirierte insgesamt drei Konzessionen, wobei zwei davon offshore waren, was eine beträchtliche Steigerung der Bohr- und Förderkosten bedeutete. In dem getroffenen Abkommen versprachen die Italiener, innerhalb von zwölf Jahren mindestens 22 Millionen Dollar in die Rohölsuche zu investieren. Um den Aufbau einer eigenständigen iranischen Erdölindustrie zu fördern, hatten alle unqualifizierten Arbeitskräfte der gemeinsamen Gesellschaft und so viel technisches Fachpersonal, wie sich innerhalb des Landes rekrutieren ließ, Iraner zu sein. Im Dezember 1960 meldete die SIRIP ihren ersten Ölfund in küstennahen Gewässern und im März 1961 traf das Tankschiff *Cortemaggiore* der ENI mit der ersten Lieferung iranischen Erdöls im Umfang von 18.000 Tonnen im Hafen von Bari ein.[194]

Die großen ausländischen Erdölkonzerne, die sich nach langjährigem Widerstand in der Zwischenzeit mit dem *profit sharing* arrangiert hatten und dieses als allgemeine Norm zu akzeptieren begannen, reagierten entrüstet auf den Deal. Sie hegten die Besorgnis, er könnte einen gefährlichen Präzedenzfall darstellen und andere Produzentenländer zur Nachahmung anregen. Die Befürchtungen der Majors sollten sich bewahrheiten, immerhin traf ENI kurze Zeit später in Somalia, Libyen, Tunesien, Marokko und im Sudan ähnliche Vereinbarungen auf Basis einer 75/25-Gewinnaufteilung zugunsten der afrikanischen Länder.[195] Mattei hat mit seinem Vertragsabschluss mit der iranischen Regierung im Nahen Osten einiges in Bewegung gebracht. Das iranisch-italienische Joint Venture mit seiner großzügigen Gewinnbeteiligung des Gastlandes war unter den arabischen Scheichs allerorts im Munde.[196] Die sogenannte „ENI-Formel",[197] die den Förderländern drei Viertel der Profite und eine risikolose Beteiligung an einer binationalen operativen Unternehmung zusicherte, fand unter diesen freilich großen Gefallen.

---

[194] Vgl. Joesten, „ENI: Italy's Economic Colossus", S. 26.

[195] Vgl. Dechert, „Ente Nazionale Idrocarburi", S. 336.

[196] Vgl. Mosley, Power Play, S. 216.

[197] Vgl. Pier Angelo Toninelli, „Energy Supply and Economic Development in Italy: The Role of the State-owned Companies", in: Alain Beltran (Hrsg.), A Comparative History of National Oil Companies, Brüssel: P.I.E. Peter Lang 2010, S. 125–142 (hier 136).

Im April 1958 folgte der nächste Vertragsabschluss zwischen einer westlichen Ölfirma und der NIOC. Er sollte für das ausländische Unternehmen noch wesentlich teurer werden als die von Mattei ausverhandelte Übereinkunft. Der iranische Staatskonzern gründete mit der Pan American Petroleum Corporation, eine Tochter der anerkannten Standard Oil of Indiana, eine gemeinsame Gesellschaft, an der zwar beide den gleichen Anteil hielten, die US-Amerikaner sich dennoch mit 25 Prozent der Gewinne begnügen mussten. Darüber hinaus verpflichtete sich Pan American, 82 Millionen Dollar in die Exploration des Konzessionsgebiets und Probebohrungen zu investieren, eine Prämie in Höhe von 25 Millionen Dollar zu zahlen und für die Betriebskosten aufzukommen.[198] Die im Sommer desselben Jahres getroffene Vereinbarung mit der kanadischen Sapphire Petroleum begünstigte die iranischen Anteilseigner in ähnlicher Weise.[199] Es folgten weitere Vertragsabschlüsse der NIOC mit ausländischen Ölkonzernen, wodurch insgesamt zwei Dutzend neue Gesellschaften – zwölf amerikanische, sieben deutsche, drei französische, jeweils eine italienische und indische – ihre Explorationstätigkeit im Land aufnahmen.[200] Mit diesen Vereinbarungen waren nicht nur die Tage des traditionellen Konzessionsregimes endgültig vorbei, sondern auch die noch wenige Jahre zuvor unter den Produzentenländern hohe Legitimität genießende 50/50-Gewinnaufteilung gehörte nunmehr der Vergangenheit an.

1966 versetzte die iranische Regierung gemeinsam mit der französischen Entreprise de Recherches et d'Activités Pétrolières (ERAP)[201] der von den Sieben

---

[198] Vgl. Adli, Außenhandel und Außenwirtschaftspolitik des Iran, S. 219.

[199] Gemäß den Vertragsinhalten hatte Sapphire 18 Millionen Dollar für die Erdölsuche in dem definierten Konzessionsgebiet aufzuwenden. Alle drei Abkommen der NIOC mit AGIP Mineraria, Pan American und Sapphire umfassten strikte Bestimmungen über die Ausbildung und den Einsatz von iranischem Arbeitspersonal. Nach zehn Jahren durfte der Anteil ausländischer Beschäftigter an den gemeinsamen Unternehmungen nicht mehr als zwei Prozent betragen. Unter den Spitzenmanagern war der Anteil auf 49 Prozent begrenzt. Siehe Lenczowski, Oil and State in the Middle East, S. 82 f.

[200] Vgl. Carey, „Iran and Control of Its Oil Resources", S. 153. Eine anschauliche Darstellung der Joint Ventures der NIOC mit den ausländischen Mineralölgesellschaften von 1957 bis 1972 findet sich in Mehdi Parvizi Amineh, Die globale kapitalistische Expansion und Iran: Eine Studie der iranischen politischen Ökonomie (1500–1980), Hamburg: Lit 1999, S. 282 (Tabelle A.2).

[201] ERAP entstand Mitte der 1960er Jahre auf Betreiben von Präsident Charles de Gaulle als neues staatliches Erdölunternehmen durch die Fusion der beiden bereits über zwei Jahrzehnte davor von der französischen Regierung gegründeten Ölfirmen Régie Autonome des Pétroles (RAP) und Bureau de Recherche de Pétrole (BRP). De Gaulle misstraute der großen CFP, an welcher der Staat nur eine Minderheitsbeteiligung hielt und der er ein zu enges Verhältnis zu den mächtigen anglo-amerikanischen Majors unterstellte. 1976 hat sich ERAP, die ab 1967 im Vertrieb unter dem Markennamen Elf aufgetreten war, mit der Société Nationale des Pétroles

Schwestern kreierten Ordnung der globalen Erdölindustrie den nächsten schweren Schlag. Die zwischen der NIOC und ERAP geschlossene Vereinbarung entsprach einem Dienstleistungsvertrag, in welchem der französische Konzern bzw. dessen Tochtergesellschaft, die Société Française des Pétroles d'Iran (SOFIRAN), die nach iranischem Gesellschaftsrecht gegründet worden war, schlicht als Auftragnehmer bzw. Servicegeber auftrat. Die Franzosen verpflichteten sich, für alle Explorations- und Entwicklungskosten in dem definierten Fördergebiet, das 200.000 Quadratkilometer auf dem Festland und 20.000 Quadratkilometer offshore umfasste, aufzukommen. Die Iraner hatten sich nur unter der Voraussetzung, dass Rohöl in ökonomisch förderbarer Menge gefunden wird, im Nachhinein an den Such- und Erschließungskosten zu beteiligen. Die Hälfte des gewinnbaren Ölvolumens verblieb ferner als „nationale Reserve" bei der staatlichen iranischen Mineralölgesellschaft und wurde nicht ausgebeutet. SOFIRAN fungierte lediglich als Vertragsfirma, weshalb die gesamte Rohölproduktion sowie die Bohranlagen im alleinigen Eigentum der NIOC standen. Der Vertrag wurde für eine Dauer von 25 Jahren abgeschlossen. Die Franzosen hatten das Recht, während dieser Zeit unter bestimmten Bedingungen zwischen 35 und 45 Prozent des Outputs zu Produktionskosten plus zwei Prozent Aufschlag zu erwerben. Infolge der die iranische Seite begünstigenden Vertragsinhalte entfielen bis zu 90 Prozent der Gesamterlöse auf das Förderland.[202]

Die iranische Regierung zeigte sich mit dem ERAP-Deal höchst zufrieden, weshalb sie im März 1969 mit einem europäischen Konsortium, an welchem ERAP, ENI, die spanische Hispanoil, die belgische Petrofina und die österreichische ÖMV teilnahmen, eine ähnliche Vereinbarung einging.[203] Teheran schloss bis 1972 mit Ölgesellschaften aus Westeuropa, den Vereinigten Staaten und Japan weitere derartige Kontrakte ab, die den Iran gegenüber dem Abkommen mit ERAP nochmals besser stellten.[204] Der iranische Servicevertrag mit ERAP war eine völlig neue Art von Vereinbarung in der Erdölindustrie, die im Vergleich zu den früheren Konzessionen eine grundlegende Veränderung in der Beziehung zwischen dem Gastland und den ausländischen Konzernen mit sich brachte. Einem Rollentausch entsprechend trat erstmals die Regierung des Produzentenlandes als

---

d'Aquitaine (SNPA) zusammengeschlossen und wurde zu Elf Aquitaine, die wiederum im Jahre 2000 mit Total (vormals CFP) fusionierte. Siehe Gilles Rousselot, Le pétrole, Paris: Le Cavalier Bleu 2003, S. 56.

[202] Für die Angaben im gesamten Absatz siehe Benjamin Shwadran, Middle East Oil: Issues and Problems, Cambridge, MA: Schenkman 1977, S. 28.

[203] Vgl. Rouhani, A History of O.P.E.C., S. 67.

[204] Vgl. Carey, „Iran and Control of Its Oil Resources", S. 154 f.

Prinzipal auf, während die ausländische Ölgesellschaft als schlichte Auftragnehmerin lediglich, sofern Öl gefunden wurde, ein Anrecht auf eine Vergütung für die erbrachten Leistungen besaß.[205]

Die Öffnung der Landesteile außerhalb des südwestlichen Gebiets, das dem Konsortium der Majors vorbehalten war, für den Konzessionserwerb durch „unabhängige" Gesellschaften konnte die Regierung in Teheran in der Tat als Erfolg verbuchen. Dutzende Independents strömten ins Land und überboten sich mit noch nie da gewesenen Summen, die sie der iranischen Regierung für die Gewährung von Erkundungs- und Bohrrechten zu zahlen bereit waren. Trotz dieses Booms erreichte die Fördermenge der Independents bzw. aller Mineralölfirmen außerhalb der Iranian Oil Participants während des gesamten Jahrzehnts bis 1970 nie mehr als fünf Prozent des iranischen Gesamtoutputs.[206]

Nicht nur der Iran war bestrebt, neue Konzessionsgebiete primär für erdölhungrige Independents, die nahezu jeden Preis für Bohrlizenzen in aussichtsreichen Explorationszonen zu zahlen schienen, zu öffnen. Wenig überraschend zeigten sich auch Saudi-Arabien und Kuwait höchst interessiert an einer Lizenzvergabe zu ähnlich attraktiven Bedingungen, wie sie Mattei und andere den Iranern boten. Vor diesem Hintergrund wurden die Offshore-Gebiete der Neutralen Zone von beiden Ländern für die Erdölsuche freigegeben. Die einflussreichen Majors Standard of New Jersey, Shell, BP und Gulf bekundeten ihr Interesse. Den Zuschlag für die begehrte Konzession erhielt allerdings ein japanisches Konsortium namens Japan Petroleum Trading Company, das im Dezember 1957 mit Riad und im Juli 1958 mit Kuwait ein richtungweisendes Abkommen schloss. Die Regierung in Tokio, die ähnlich wie Italien vor dem Problem eines stark steigenden Energiebedarfs bei begrenzten inländischen Rohstoffvorkommen stand, unterstützte die Initiative. Für ihre Aktivitäten im Persischen Golf gründeten die

---

[205] Vgl. Rouhani, A History of O.P.E.C., S. 66. Die durch das Übereinkommen zwischen Teheran mit ERAP ausgelöste Innovation in den internationalen Ölverträgen resultierte aus einer spezifischen Interessenkonvergenz zwischen der französischen Erdölpolitik nach neuen, von den anglo-amerikanischen Majors unabhängigen Bezugsquellen einerseits und der iranischen Regierung nach neuartigen Vertragsformen, die eine Besserstellung des Förderlandes erlauben, andererseits. Die Hälfte der französischen Gesamtenergienachfrage entfiel Mitte der 1960er Jahre auf Erdöl. Frankreich vermochte damals jedoch lediglich vier Prozent seines Rohölverbrauchs durch die inländische Produktionsmenge abzudecken und war daher in höchstem Maße von Einfuhren abhängig.

[206] Vgl. Carey, „Iran and Control of Its Oil Resources", S. 160 (Tabelle). Während die Konsortiumsmitglieder der Iranian Oil Participants die Gesamtförderung zwischen 1962 und 1969 von 1,3 auf 3,1 Millionen Barrel pro Tag steigerten, erhöhte sich der Output aller anderen im Iran tätigen Gesellschaften im selben Zeitraum von 18.000 auf relativ bescheidene 174.000 Barrel Rohöl pro Tag.

Japaner die Arabian Oil Company (AOC), deren Arbeiterschaft gemäß den vertraglichen Bestimmungen vornehmlich aus Saudis und Kuwaitis zu bestehen hatte. Die Mehrheit der von der AOC erwirtschafteten Gewinne floss freilich nach Riad bzw. Kuwait. Darüber hinaus erhielten die Regierungen der beiden arabischen Länder nach erfolgreicher Ölsuche jeweils einen zehnprozentigen Anteil an dem japanischen Unternehmen. Es dauerte nicht lange, bis die Japaner ihren ersten Ölfund vermeldeten. Bereits die erste Bohrung war von Erfolg gekrönt. Im Jänner 1960 stießen sie auf das Khafji-Feld, das sich als eine äußerst ergiebige Erdölquelle erweisen sollte. Der den Konzessionsgebern zukommende Output wurde zwischen Saudi-Arabien und Kuwait zu gleichen Teilen aufgeteilt.

Die im Vergleich zu den früheren Konzessionen und dem 50/50-Regime attraktiveren und lukrativeren Vertragsinhalte der neuvergebenen Lizenzen weckten immer neue Begehrlichkeiten der Produzentenländer. Letztere begnügten sich allmählich nicht mehr mit einem größeren Anteil an den Gewinnen aus der Erdölförderung, sondern forderten eine direkte Beteiligung an der Ölindustrie auf ihrem Staatsgebiet in Form von Joint Ventures oder gar einer alleinigen und gänzlichen Kontrolle durch die nationalen Behörden.[207] Die Majors stemmten sich mit aller Kraft gegen jegliche Art von Beteiligung der Überschussländer an ihren Erdölaktivitäten und gaben dem wachsenden Druck der jeweiligen Regierung nur widerwillig nach. Zahlreiche Ölstaaten weigerten sich jedoch, die „alten" Konzessionsvereinbarungen unangetastet zu lassen und forderten, die bestehenden Verträge zu ihren Gunsten abzuändern. Unter anderem wurden Konzessionsnehmer gezwungen, bestimmte Zonen an die Regierung des Gastlandes zurückzuführen, sollten diese nicht innerhalb eines bestimmten Zeitraumes erschlossen werden. Die dadurch frei gewordenen Gebiete wurden anschließend zu weitaus ertragreicheren Konditionen neu vergeben.[208] Für die Förderländer stellte es zumeist keine Schwierigkeit dar, bei der Neuvergabe von Explorations- und Förderrechten ihre exzessiven Forderungen gegenüber „unabhängigen" Bewerbern durchzusetzen. Egal wie überzogen die Ansprüche der erdölproduzierenden Länder erschienen, das Ölbusiness blieb für die ausländischen Konzerne ein überaus profitables Geschäft.[209]

---

[207] Aufgrund mangelnden technischen Know-hows und fehlender Managementkompetenzen konnten die Förderländer auf die Unterstützung der westlichen Ölkonzerne bei der Erdölexploration, -produktion und -veredelung nicht verzichten. Darüber hinaus kontrollierten die Majors den internationalen Erdöltransport und die Absatzmärkte.

[208] Vgl. Mary Ann Tétreault, The Kuwait Petroleum Corporation and the Economics of the New World Order, Westport: Greenwood 1995, S. 84.

[209] Vgl. Odell, Oil and World Power, S. 20.

Die Revisionen bestehender Vereinbarungen und die Abschlüsse von Joint Ventures beginnend in den 1950er Jahren etablierten neue Standards, die verglichen mit dem traditionellen Konzessionsregime revolutionär anmuteten. Eckbo spricht in diesem Kontext von einer „zweiten Generation" der Konzessionsvereinbarungen, die sich laut ihm durch folgende Merkmale auszeichnete:

1. die Bohrrechte beschränkten sich auf ein klar definiertes, begrenztes Gebiet und waren zeitlich limitiert,
2. die Vereinbarungen beinhalteten Regelungen über die Rückgabe von Konzessionsgebieten nach Ablauf von festgelegten Zeitabschnitten,
3. die Konzessionen waren in eine Explorations- und eine Produktionsstufe unterteilt,
4. das Gastland hob eine Einkommensteuer von mindestens 50 Prozent ein,
5. höhere, vielfach gestaffelte Royalties, wobei deren Kalkulation in der Vereinbarung eindeutig geregelt war,
6. jedwede weiteren Abgaben waren ebenfalls eindeutig festgeschrieben,
7. Arbeitsprogramme für die Ausbildung inländischer Arbeitskräfte,
8. die Formalisierung detaillierter Richtlinien für die Schlichtung von Streitigkeiten.[210]

Durch die in den späten 1940er Jahren beginnende sukzessive Öffnung von Fördergebieten für „unabhängige" internationale Mineralölkonzerne und vermehrte Konzessionsvergabe an kleinere Ölfirmen, die nicht den Majors zuzurechnen waren, büßten die mächtigen Sieben Schwestern ab 1950 kontinuierlich ihre ursprünglich nahezu vollständige Kontrolle des globalen Erdölmarktes (außerhalb der USA, Kanadas und der kommunistischen Welt) ein. Als eine gewisse Liberalisierung der strikten Marktkontrolle durch die Majors eintrat und das Produktionswachstum anstieg, etablierten sich immer mehr nationale Ölgesellschaften und private Independents auf dem Weltmarkt.

1953 besaßen, außerhalb des Klubs der „Schwestern", 28 Ölkonzerne aus den Vereinigten Staaten und 15 internationale Unternehmen Explorationsrechte jenseits ihres jeweiligen Sitzlandes und sie verfügten zusammen über insgesamt 35 Prozent der Konzessionsflächen. Bis in die frühen 1960er Jahre haben sich die Independents in allen erdölreichen Gegenden der Welt etabliert. Schätzungen gingen von rund 200 „unabhängigen" Mineralölfirmen aus, die in insgesamt 70 Ländern tätig waren.[211] 1972 suchten bereits 330 Independents nach Erdöl

---

[210] Eckbo, The Future of World Oil, S. 12.
[211] Vgl. Rouhani, A History of O.P.E.C., S. 51.

in fremden Ländern und hielten 69 Prozent der gesamten Konzessionsgebiete. Annähernd 55 Prozent der zwischen 1953 und 1972 zusätzlich aufgebauten Raffineriekapazität entfielen auf andere Mineralölgesellschaften als die Sieben Schwestern.[212] Der Eintritt der neuen Erdölunternehmen ging zwangsläufig zulasten der Marktanteile der etablierten Konzerne (Tabelle 4.1).

Tab. 4.1 Anteile der Majors an der Rohölproduktion der wesentlichen Exportländer (in Prozent)*

	1950	1957	1969**
Standard Oil of NJ	30,4	22,8	16,6
BP	26,3	14,4	16,1
Royal Dutch Shell	13,8	17,5	13,3
Gulf	12,1	14,8	9,8
die größten Vier	82,6	69,5	55,8
SOCAL	6,1	7,6	7,5
TEXACO	5,7	6,9	8,0
Mobil	3,9	5,0	4,8
Sieben Schwestern	98,3	89,0	76,1
alle anderen	1,7	11,0	23,9
Gesamt	100,0	100,0	100,0

* die wesentlichen Exportländer sind die (späteren) Mitgliedsstaaten der OPEC
** auf Basis der ersten Jahreshälfte
Quelle: M. A. Adelman, The World Petroleum Market, Baltimore: Johns Hopkins University Press 1972, S. 80 f.

Während der Anteil der Sieben Schwestern an der weltweiten Rohölproduktion außerhalb der Vereinigten Staaten und der kommunistischen Länder von über 98 Prozent im Jahre 1950 auf rund 76 Prozent 1969 geschrumpft war, konnten die Independents ihren Anteil von weniger als zwei auf knapp 24 Prozent steigern.[213] Das Eindringen der neuen Akteure in den Weltmarkt sowie die Neuregelung der Eigentumsverhältnisse an den Rohölvorkommen in den Förderländern im Zuge der neuen Konzessionsvereinbarungen bewirkten unweigerlich einen schleichenden Niedergang des im Wesentlichen seit den Anfängen

---

[212] Vgl. Charles E. Brown, World Energy Resources, Berlin: Springer 2002, S. 58.

[213] Siehe Mira Wilkins, „The Oil Companies in Perspective", in: Daedalus, Vol. 104, No. 4, Fall 1975, S. 159–178 (hier 162).

der modernen Erdölindustrie vorherrschenden Regimes der integrierten Ölkonzerne, das von einer praktisch gänzlichen Kontrolle der für den globalen Markt relevanten Upstream- und Downstream-Prozesse durch eine Gruppe von sieben Gesellschaften gekennzeichnet war.

Der durch die allerorten in Erscheinung tretenden Independents verstärkte Wettbewerb unterminierte die Kartellstrukturen der Majors und entmächtigte sie ihrer Fähigkeit, die Erdölpreise zu stabilisieren. Die Angebotssteigerungen auf dem globalen Ölmarkt führten zu sinkenden Preisen und in weiterer Folge zu geringeren Einkünften der Produzentenländer aus dem Erdölexport. Auch wenn die Sieben Schwestern aufgrund der neuen Konkurrenz sukzessive ihre überragende Machtstellung im internationalen Erdölsystem einbüßten, verfügten sie zu Beginn der 1970er Jahre noch immer über außerordentlichen Einfluss und beachtliche Marktanteile. Sie kontrollierten zu diesem Zeitpunkt immerhin rund 80 Prozent der Weltrohölexporte und 90 Prozent der Produktion des Nahen Ostens.[214] Darüber hinaus entfielen drei Viertel der globalen Förderung außerhalb der Vereinigten Staaten und der kommunistischen Welt, 57 Prozent der Raffination, über 50 Prozent des Transports und 56 Prozent des weltweiten Mineralölvertriebs auf die Majors.[215]

4.2.5 Der irakische Konfrontationskurs gegenüber den Majors unter Kassem

„In diesen Tagen entscheidet sich eine kritische Frage, die nicht nur für die Stellung der internationalen Ölkonzerne in Nahost, sondern für die gesamte *Ölwirtschaft des Westens* von entscheidender Bedeutung sein mag",[216] schrieb *Die Zeit* im September 1961 in einer Analyse über die möglichen Auswirkungen des Ultimatums, das der nationalistische irakische Machthaber, General Abdel Karim Kassem, der von westlichen Ölmultis dominierten Iraq Petroleum Company gestellt und diese dadurch in eine äußerst heikle Lage manövriert hatte. Seit Kassems Machtergreifung am 14. Juli 1958 hatte sich der Druck auf den im Irak tätigen Erdölmonopolisten stetig erhöht. Die neue Militärregierung verfolgte zwei wesentliche politische Ziele: Die Abschaffung der Monarchie, was mit der

---

[214] Vgl. Chevalier, Energie – die geplante Krise, S. 39.

[215] Vgl. Rouhani, A History of O.P.E.C., S. 265; und Odell, Oil and World Power, S. 13.

[216] Joachim Joesten, „Auf Biegen oder Brechen im Irak", in: Die Zeit, Nr. 37, 8. September 1961, abrufbar unter: http://www.zeit.de/1961/37/auf-biegen-und-brechen-im-irak (2. Februar 2015), (Hervorhebung im Original).

Entmachtung und Ermordung der Königsfamilie in den ersten Tagen des Staatsstreiches erreicht wurde, und die koloniale Fremdbestimmung des Landes ein für alle Mal zu beenden.[217]

Das mächtige ausländische IPC-Konsortium galt als omnipräsentes Symbol für die Heteronomie des Staates. Aus diesem Grunde und angesichts eines für die Finanzierung wirtschaftlicher Entwicklungsprogramme rapide steigenden Geldmittelbedarfs war das neue Regime einer Auseinandersetzung mit den IPC-Mitgliedern mehr gewogen, als die Vorgängerregierung unter König Faisal II., die sich einst als pro-westliches Gegengewicht zu dem von Gamal Abdel Nasser propagierten panarabischen Nationalismus in der Nahostregion verstand.[218] Gleichwohl zeigte sich bereits die Haschimiten-Dynastie über die langwierigen Verhandlungen mit der IPC über eine Änderung des Konzessionsvertrages frustriert. Die Hartnäckigkeit, mit welcher die westlichen Konzerne über Jahre ihre Stellung verteidigten und kaum Kompromisse einzugehen bereit waren, empfand die irakische Seite stets als irritierend.

Die Konzession der IPC umfasste das gesamte irakische Staatsgebiet, wodurch das westliche Konsortium die exklusiven Rechte über das irakische Öl besaß. Der ausländische Monopolist förderte aber auf nur 0,5 Prozent der Konzessionsfläche Erdöl. Die Marktsituation ließ aus der Perspektive der Majors keine substanzielle Ausdehnung der irakischen Mineralölproduktion zu, auch wenn dies Bagdad regelmäßig forderte.[219] 99,5 Prozent des Staatsgebiets blieben dadurch unerkundet und waren aufgrund der Konzessionsbestimmungen von 1925 bzw.

---

[217] Vgl. David Commins, The Gulf States: A Modern History, New York: I.B. Tauris 2014, S. 173.

[218] Der Irak war Teil des von Großbritannien und den Vereinigten Staaten 1955 initiierten Bagdad-Pakts, einem Militärbündnis, das sich gegen eine sowjetische Einflussnahme auf die erdölreichen Staaten des Nahen Ostens richtete. Der Verteidigungsorganisation mit Hauptsitz in der irakischen Hauptstadt, die offiziell Middle East Treaty Organization (METO) und später Central Treaty Organization (CENTO) geheißen hatte, gehörten weiters die Türkei, der Iran und Pakistan an. Die USA hatten Beobachterstatus und waren kein formelles Mitglied des Bündnisses. Nach der Beseitigung der Monarchie durch Kassem kam es zu einer Neuausrichtung der irakischen Außenpolitik. Die neue Regierung verließ den Bagdad-Pakt und nahm diplomatische Beziehungen zur Sowjetunion auf. Der Hauptsitz der CENTO wurde daraufhin nach Ankara verlegt. 1979 kam dem Verteidigungsbündnis infolge der politischen Machtverschiebung im Iran ein weiteres Mitglied abhanden, woraufhin die Organisation aufgelöst wurde.

[219] Nicht nur der Irak, auch die anderen nahöstlichen Förderländer strebten nach Produktionserhöhungen, um auf diesem Wege die leeren Staatskassen zu füllen. Von allen Seiten bedrängt, versuchten die in der gesamten Region tätigen mächtigen Ölkonzerne die Erwartungen der einzelnen Länder bestmöglich auszutarieren und den Output so zu steuern, dass kein eklatantes Überangebot auf den Absatzmärkten herrschte.

1931 potenziellen anderen Lizenznehmern versperrt. Die Abtretung der ungenutzten Flächen zur Neuvergabe durch die irakische Regierung „thus became one of the most intractable issues contended between IPC and Iraq: the shareholders wished to retain as much as possible of their concessions, lest relinquishment should set a precedent for other Middle Eastern countries, while the Iraqis resented the hold a foreign monopoly had on the country's life blood."[220]

Widerwillig erklärte sich die IPC nur Tage vor Kassems Putsch schließlich dazu bereit, einen Teil des Konzessionsgebiets an Bagdad abzugeben. Das Angebot umfasste eine sofortige Abtretung von 20 Prozent der Konzession, nochmals 20 Prozent nach fünf Jahren und weitere 20 Prozent nach zehn Jahren, was einem Verzicht von insgesamt 48,8 Prozent der Vertragsfläche entsprach. Das Konsortium verfolgte damit die primäre Absicht, irakische Forderungen nach einem größeren Gewinnanteil als der zu jener Zeit üblichen und von den ausländischen Konzernen als sakrosankt erachteten 50/50-Teilung abzuwehren und darüber hinaus das in einem Zeitalter der Entkolonisierung zunehmend verrufene „Odium des Monopolisten" loszuwerden. Freilich ging der Vorschlag Bagdad zu wenig weit. Der Irak verlangte eine unverzügliche Übergabe von 50 Prozent des Lizenzgebiets, weitere 25 Prozent nach fünf Jahren und die gesamte Restfläche der nicht in Ausbeutung befindlichen Gebiete nach zehn Jahren. Dies wurde von der IPC abgelehnt, woraufhin die Verhandlungen für geraume Zeit wieder zu einem Stillstand kamen. Erst später signalisierte das Konsortium seine Bereitschaft, auf 60 Prozent der Konzession zu verzichten, allerdings nur im Rahmen einer umfassenden und endgültigen Vereinbarung. Aufgrund der Uneinigkeit darüber, wer die abzugebenden Flächen auswählen darf – die IPC oder die irakische Regierung – sowie unterschiedlicher Kompromissbereitschaften der einzelnen westlichen Konsorten scheiterte auch dieser Anlauf, eine Einigung zu erzielen.[221]

Für die IPC-Partner waren drei Streitpunkte nicht verhandelbar: Sie verweigerten jegliches Abgehen von dem Prinzip der paritätischen Gewinnteilung, eine direkte staatliche Beteiligung an der IPC und die Ernennung von Vorstands- und

---

[220] Saul, „Masterly Inactivity as Brinkmanship", S. 750.

[221] Für die Angaben im gesamten Absatz siehe ebd., S. 750 ff. Das Prinzip der Gewinnteilung bestand im Irak seit Februar 1952, als die IPC-Mitglieder nach der Verstaatlichung der Anglo-Iranian Oil Company durch Mossadegh im März 1951 die Übernahme der 50/50-Regelung akzeptierten. Zwischen 1925 und 1931 erhielt die irakische Regierung gemäß Konzessionsvertrag eine Pauschalabfindung von 400.000 Pfund pro Jahr. Ab 1931 lieferte das ausländische Konsortium vier Schilling in Gold pro geförderte Tonne Rohöl als Royalty an den irakischen Fiskus ab. Erst im August 1950 wurde die Royalty auf sechs Schilling erhöht. Durch die Gewinnteilung hat sich der Anteil der Erlöse aus dem Erdölexport an den gesamten irakischen Staatseinnahmen von 16 Prozent 1950/51 auf 60 Prozent 1958/59 gesteigert. Siehe ebd., S. 746 ff.

Aufsichtsratsmitgliedern durch die irakische Regierung.[222] In ihrem Drängen auf eine Änderung des seit Jahrzehnten bestehenden Konzessionsvertrages pochte Bagdad ausgerechnet auf die Umsetzung genau dieser Punkte. Die irakische Seite forderte eine Regierungsbeteiligung von mindestens 20 Prozent am Aktienkapital der IPC, einen Sitz und eine Stimme im Aufsichtsrat der Gesellschaft sowie einen Anteil von bis zu 75 Prozent an den Unternehmensüberschüssen.[223] Angesichts diametral entgegengesetzter Positionen befanden sich die Verhandlungen in einer Sackgasse. Das nationalistische irakische Regime strebte nicht einfach nach einer größeren Erfolgsbeteiligung an der IPC. Letztlich ging es Bagdad um eine Befreiung von fremder Bevormundung und die Wiederherstellung der souveränen Kontrolle der Energierohstoffe durch den irakischen Staat. Das westliche Erdölmonopol galt gemäß Samir Saul als „epitome of extraterritoriality in an age of decolonization and national independence."[224] In diesem Sinne wurde der Konflikt als eine Auseinandersetzung zwischen imperialistischer Vorherrschaft und nationaler Unabhängigkeit bzw. Selbstbestimmung gedeutet. Unter diesen Rahmenbedingungen schwebte die Gefahr einer Verstaatlichung der IPC durch Kassem wie ein Damoklesschwert über den westlichen Konzernen.

Die Konsortiumsmitglieder der IPC, allen voran BP, Shell, CFP, Standard Oil of New Jersey und SOCONY, befanden sich in der Bredouille. Um das bestehende Konzessionsregime nicht ins Wanken zu bringen, waren sie in Hinblick auf die gleichgelagerten Begehrlichkeiten der anderen nahöstlichen Konzessionsgeber einerseits gezwungen, die Forderungen der irakischen Regierung abzuwehren und auf die im gültigen Vertragswerk verbrieften Rechte zu beharren. Andererseits drohte den IPC-Partnern bei Verweigerung einer Abänderung der Konzessionsbestimmungen zu Gunsten Bagdads der Entzug ihrer Explorations- und Förderrechte

---

[222] Vgl. ebd., S. 751.

[223] Vgl. Joesten, „Auf Biegen oder Brechen im Irak". Die Frage der Nutzung des im Zuge der Ölgewinnung mitproduzierten Erdgases (*associated gas*) sowie die Behandlung der sogenannten „*dead rents*" stellten weitere Streitpunkte dar. Die irakische Regierung verlangte von der IPC, das Erdölbegleitgas nicht mehr abzufackeln, sondern ihr zur eigenen Nutzung oder zum Verkauf unentgeltlich zur Verfügung zu stellen. Weiters forderte Bagdad eine bis 1952 rückwirkende Einstellung der Absetzung jener Zahlungen, die gemäß den Konzessionsbedingungen an die Regierung zu leisten waren, noch bevor Öl gefunden wurde. Diese *dead rents* konnten die Ölkonzerne nach Beginn der kommerziellen Förderung als Ausgaben von den Geldleistungen an das Gastland absetzen. Die Rückerstattung dieser Aufwendungen für die anfänglichen Explorations- und Produktionstätigkeiten schmälerte den irakischen Gewinnanteil. Beide Forderungen wurden von den IPC-Mitgliedern abgelehnt. Demgegenüber verweigerte Bagdad die von der IPC geforderte Senkung der hohen Hafen- und Verladegebühren.

[224] Saul, „Masterly Inactivity as Brinkmanship", S. 749.

oder die Verstaatlichung. Die westlichen Majors mussten befürchten, dass ein Nachgeben im Zweistromland nicht nur ihre Position und Ertragslage im Irak belasten würde. Mit demselben Szenario wäre unweigerlich auch in den anderen lukrativen Fördermärkten in der Region zu rechnen gewesen. Die Eigentümer der IPC setzten schlussendlich auf eine harte Haltung gegenüber Bagdad. Sie vertrauten darauf, das von ihnen an der Regierung Mossadegh im Iran statuierte Exempel würde auch zehn Jahre danach seine Wirkung nicht verfehlen und dem irakischen Regime eine unmissverständliche Warnung vor einseitigen Schritten sein. Auch die Lage auf dem Welterdölmarkt sprach aus irakischer Perspektive eindeutig gegen eine Eskalation. Der Gesamtproduktion des Landes von rund einer Million Fass pro Tag standen Reservekapazitäten von eineinhalb Millionen Barrel pro Tag in den anderen Fördernationen der Golfregion gegenüber.[225] Die Erlöse aus der Erdölgewinnung beliefen sich auf mehr als die Hälfte der Staatseinnahmen, weshalb in einer Studie des US-amerikanischen State Departments die Einschätzung vertreten wurde, eine Störung der Rohölproduktion der IPC würde die Regierung Kassem rasch zu Fall bringen.[226] Auf Basis der Annahme, General Kassem würde die für den irakischen Staatshaushalt so dringend benötigten Einkünfte aus der Erdölförderung und den von der IPC bereitgestellten Marktzugang nicht aufs Spiel setzen, wiegten sich die Majors trotz ihrer kompromisslosen Taktik in relativer Sicherheit.[227]

Das europäisch-amerikanische Konsortium unterlag dabei einer Fehleinschätzung. Unter Berücksichtigung der innenpolitischen Zwänge, denen Kassem ausgesetzt war, stellte eine Untätigkeit gegenüber der IPC eine größere Gefahr für den Fortbestand der irakischen Regierung dar, als ein unilaterales Vorgehen gegen die ausländischen Konzerne.[228] Als die Verhandlungsführer der IPC weitere Gespräche über eine Erhöhung des irakischen Gewinnanteils und die Nutzung des Erdölbegleitgases ablehnten, brach Kassem im Oktober 1961 die Verhandlungen ab und kündigte einseitige rechtliche Maßnahmen der irakischen Regierung an. Am 12. Dezember 1961 erfolgte die Promulgation des Gesetzes Nr. 80, welches der IPC (sowie der BPC und MPC) ohne jegliche Entschädigungsleistung 385.700 Quadratkilometer bzw. 99,5 Prozent des ihr vertraglich übereigneten Konzessionsgebiets entzog. Dem Konsortium verblieben nur jene Flächen mit einer Größe

---

[225] Vgl. Brandon Wolfe-Hunnicutt, The End of the Concessionary Regime: Oil and American Power in Iraq, 1958–1972, PhD-Dissertation, Stanford University, March 2011, S. 70.
[226] Vgl. ebd., S. 70.
[227] Vgl. Saul, „Masterly Inactivity as Brinkmanship", S. 752.
[228] Vgl. Wolfe-Hunnicutt, The End of the Concessionary Regime, S. 70.

von insgesamt 1.937 Quadratkilometer, die bereits zur Ölgewinnung genutzt wurden.[229] Die unilaterale Maßnahme Bagdads zielte nicht auf eine Verstaatlichung der IPC ab. Das Gesetz sollte vielmehr die riesigen unexplorierten und nicht in Produktion stehenden Teile des Landes für erkundungswillige Erdölunternehmen verfügbar machen, um damit eine Steigerung des Öloutputs sowie der Regierungseinnahmen zu erreichen. Da das irakische Regime nach einer Erhöhung der Ausbringungsmenge strebte, blieb die bestehende Förderung der IPC von dem erlassenen Gesetz bewusst unberührt.

Dies änderte allerdings nichts an der vehementen Ablehnung der irakischen Vorgangsweise durch die Mitglieder des westlichen Konsortiums. Die Botschafter Großbritanniens und der Vereinigten Staaten im Irak billigten die Verweigerung der IPC, das Gesetz Nr. 80 anzuerkennen. Ein solcher Schritt hätte aus Sicht der Konzerne an die anderen nahöstlichen Überschussländer ein fatales Signal gesandt und womöglich diese dazu ermutigt, es dem Irak gleichzutun. Die Majors setzten alles daran, eine gänzlich andere Botschaft an die Konzessionsgeberländer auszusenden. Mit Unterstützung der britischen und US-amerikanischen Regierung versuchten sie die Konfiszierung ihrer Konzession auf juristischem Wege mit allen Mitteln zu bekämpfen. Die IPC wandte sich in dieser Angelegenheit an ein internationales Schiedsgericht und drohte jedem Unternehmen, das einen Einstieg in die irakische Erdölindustrie in Erwägung zog, mit einer Klage.

Die Drohung verfehlte nicht ihre Wirkung. Für die von der irakischen Regierung zur Konzessionsvergabe an internationale Gesellschaften geöffneten Zonen fanden sich keinerlei Interessenten.[230] Über einen Zeitraum von sieben Jahren hinderten die im Irak tätigen westlichen Ölmultis dank ihrer Drohkulisse andere Mineralölkonzerne effektiv daran, in den umstrittenen Gebieten zu investieren. Dadurch unterminierten sie erfolgreich die Intention des irakischen Gesetzes und hielten das Land fürs Erste in Schach. Die Majors blieben in ihrer gemeinsamen Front gegen die irakische Regierung standhaft und kürzten ihren Output im Land um 30 Prozent.[231] Die IPC-Eigentümer vermochten den vorsätzlich herbeigeführten Produktionsausfall im Irak durch Erhöhungen in anderen Ländern zu kompensieren. Bagdad hingegen traf die Maßnahme schwer. In einer weiteren für die Entwicklung der irakischen Ölindustrie folgenschweren Entscheidung wurden die Investitionen in die Produktionsanlagen im Irak gestoppt und stattdessen auf die Erdölfelder von Abu Dhabi umgeleitet sowie keine neuen Erkundungen im

[229] Vgl. Mosley, Power Play, S. 229.

[230] Vgl. Nazli Choucri, International Politics of Energy Interdependence: The Case of Petroleum, Lexington: Lexington Books 1976, S. 33.

[231] Vgl. ebd., S. 33.

Zweistromland mehr durchgeführt. Im Gegensatz zum Iran und Saudi-Arabien verzeichnete der irakische Output als Folge davon in den 1960er Jahren nur ein geringes Wachstum.[232] Abermals gelang es dem mächtigen internationalen Erdölkartell der Majors, einem „unfügsamen" Produzentenland in gewissem Maße eine Lektion zu erteilen.

Auch wenn sich das Vorgehen Kassems als Hemmnis für die irakische Förderleistung erwies und lediglich den Konflikt über die Abtretung eines Teils des Konzessionsgebiets löste, handelte es sich dabei laut Einschätzung von Samir Saul um „the most significant development in the Middle East since Mossadegh's nationalization of the Iranian oil industry in 1951."[233] Zum ersten Mal setzte ein arabisches Erdölförderland eine unilaterale Änderung des Konzessionsvertrages durch. In Hinblick auf dessen primäres Ziel, nämlich eine Steigerung der irakischen Produktionsmenge zu erwirken, kann das Gesetz Nr. 80 nur als Misserfolg gelten. In der längerfristigen Betrachtung stellte sich die Konfiszierung der ungenutzten Konzessionsflächen der IPC allerdings als überaus nützlich für das Land heraus, konnten Jahre später die zurückgewonnenen ölreichen Gebiete unter Federführung der entstehenden nationalen irakischen Erdölindustrie ohne Rücksichtnahme auf die ausländischen Interessen erkundet und ausgebeutet werden.[234]

Kassems mutige Politik gegenüber den einflussreichen westlichen Majors verhalf ihm nicht zu einer langen Regierungszeit.[235] Am 8. Februar 1963 wurde er bei einem Militärputsch, der die Baathisten an die Macht hievte, ermordet. Obwohl sich das Verhältnis zwischen der IPC und Bagdad nach dem Sturz Kassems kurzzeitig verbesserte, waren die neuen Machthaber Leonard Mosley zufolge noch fanatischer und traten gegenüber den ausländischen Ölinteressen

---

[232] Vgl. Yergin, The Prize, S. 535. Die durchschnittliche tägliche Produktionsmenge des Irak erhöhte sich zwischen 1960 und 1967 von 936.300 Barrel auf nicht mehr als 1,18 Millionen Fass. Der Iran hingegen steigerte seinen Output im selben Zeitraum von rund einer Million auf circa 2,6 Millionen Barrel pro Tag. Auch Saudi-Arabien konnte mit einem Förderwachstum von knapp 1,3 auf über 2,7 Millionen Fass pro Tag seine Produktionsleistung in der genannten Periode mehr als verdoppeln. Siehe dazu The Shift Project (Data Portal), abgerufen: 7. Juli 2014.

[233] Saul, „Masterly Inactivity as Brinkmanship", S. 760 f.

[234] Vgl. Oles M. Smolansky und Bettie M. Smolansky, The USSR and Iraq: The Soviet Quest for Influence, Durham: Duke University Press 1991, S. 37 f.

[235] Die verschiedenen Narrative über die Gründe und Ursachen, die zu Kassems Entmachtung führten, werden in Eric Davis, Memories of State: Politics, History, and Collective Identity in Modern Iraq, Berkeley: University of California Press 2005, S. 109 ff. detailreich erörtert.

noch kompromissloser auf als ihre Vorgänger.[236] Die der IPC entzogenen Konzessionszonen wurden durch das Gesetz Nr. 97 vom August 1967 an die neu gegründete staatliche Iraq National Oil Company (INOC) übertragen. Ein weiteres bedeutendes Gesetz aus demselben Jahr, Nr. 123, ermächtigte die nationale irakische Erdölgesellschaft, das gesamte der IPC entwendete Staatsgebiet für die Mineralölsuche und -ausbeutung zu nutzen sowie mit internationalen Ölkonzernen Verträge abzuschließen.

Bereits im November 1967 traf die INOC mit der staatlichen französischen ERAP, die im Jahr zuvor bereits im Iran ein wegweisendes Abkommen geschlossen hatte, eine Übereinkunft über Explorationstätigkeiten und die Erdölförderung in vormals von der IPC kontrollierten Gebieten. Im Februar 1968 wurde der Vertrag zwischen INOC und ERAP unterzeichnet, wobei der französische Staatskonzern laut getroffener Vereinbarung wie bereits im Iran als von den Irakern beauftragte Vertragsfirma zur Erbringung festgelegter Dienstleistungen auftrat. Gemäß der neuen Rechtsordnung galt die nationale irakische Ölgesellschaft als alleinige Eigentümerin der Erdölvorkommen. Die Gesetze von 1967 schufen eine neue Form der Beziehung zwischen der irakischen Regierung und den ausländischen Unternehmen als Auftragnehmer, die in den konfiszierten Zonen nicht länger eigenständige Erdölaktivitäten verfolgen und Mineralölressourcen besitzen konnten.

4.2.6 Die Gründung der OPEC

Die Unzufriedenheit der erdölexportierenden Staaten über die ihrer Überzeugung nach sie grob benachteiligenden Strukturen der globalen Ölwirtschaft führte nicht nur zu individuellem Protest und mitunter Maßnahmen einzelner Produzentenländer. Auch ein kollektiver Widerstand begann sich allmählich zu formieren. Insbesondere der steigende Unmut über die Aufteilung des Erlöses aus der Erdölausfuhr zugunsten der internationalen Ölkonzerne erwies sich als verbindendes Element zwischen den Überschussländern. Erste Versuche, die Preisgestaltung und den Erdöloutput zu koordinieren, wurden durch die arabischen Förderstaaten bereits Mitte der 1940er Jahre anlässlich der Gründung der Arabischen Liga unternommen. Die in Kairo beheimatete Organisation versuchte ihre Mitglieder

---

[236] Vgl. Mosley, Power Play, S. 230.

dazu zu bewegen, eine gemeinsame Erdölpolitik gegenüber den ausländischen Konzessionsinhabern zu verfolgen.[237] Für die Bildung einer wirkungsvollen Front gegen die mächtigen Majors, welche die internationale Erdölindustrie damals nahezu vollständig beherrschten, erschien allerdings eine Einbindung der großen nicht-arabischen Ölexportländer unerlässlich. Venezuela setzte sich zu jener Zeit für eine abgestimmte Vorgehensweise der Ausfuhrstaaten ein. Im September 1949 war eine venezolanische Delegation in den Nahen Osten gereist, um die Zusammenarbeit zwischen den Produzentenländern zu fördern. In den darauffolgenden Jahren fanden periodische bilaterale Konsultationen zwischen einzelnen Exportnationen über eine gemeinsame Erdölpolitik statt. Konkrete Schritte in Richtung einer formellen Koordination kollektiver Interessen ließen jedoch bis Ende der 1950er Jahre auf sich warten.[238]

Die „unabhängigen" Ölfirmen als neue Akteure in der globalen Mineralölindustrie erzeugten eine verstärkte Konkurrenz auf dem Welterdölmarkt. Der zusätzliche Output, den sie den Absatzmärkten zuführten, setzte zwangsläufig die Ölpreise unter Druck. Die am 10. März 1959 von Präsident Eisenhower erlassenen verbindlichen Einfuhrkontrollen für ausländisches Öl im Rahmen des *Mandatory Oil Import Programs* belasteten die Preise zusätzlich, da die nunmehr vom bedeutenden US-amerikanischen Exportmarkt ausgeschlossenen Erdöllieferungen auf den internationalen Markt drängten. Die Rohölimporte der USA wurden auf neun Prozent des Gesamtverbrauchs und die Einfuhr von Mineralölprodukten auf das Niveau von 1957 begrenzt, wobei Kanada und Mexiko davon ausgenommen waren.[239] Washington verfolgte damit das Ziel, die vergleichsweise teure nationale Erdölgewinnung vor dem billigen Importöl aus dem Nahen Osten und Venezuela zu schützen und die Abhängigkeit von ausländischen Ölquellen aus sicherheitspolitischen Gründen zu reduzieren.[240] Von dieser Maßnahme war Venezuela, das damit wichtige Marktanteile verlor, am schwersten betroffen. Als

---

[237] Vgl. Abdulaziz Al-Sowayegh, Arab Petropolitics, New York: St. Martin's Press 1984, S. 32.

[238] Vgl. ebd., S. 32.

[239] Die Importquote für Rohöl wurde später auf 12,2 Prozent der heimischen Produktionsmenge (anstatt neun Prozent des Verbrauchs) geändert. Die Beschränkung galt nicht für die US-Westküste und Puerto Rico. Siehe Richard H. K. Vietor, Energy Policy in America Since 1945: A Study of Business-Government Relations, Cambridge: Cambridge University Press 1984, S. 120.

[240] Bereits 1955 hatte die US-Regierung freiwillige Einfuhrbeschränkungen eingeführt, um die Einfuhr von billigem Importöl zu bremsen und damit die kostenintensiv auf dem Heimatmarkt produzierenden „unabhängigen" amerikanischen Ölgesellschaften zu schützen. Die

Folge der Importbeschränkungen durch die US-Regierung fielen die internationalen Ölpreise um ungefähr 15 Prozent, woraufhin Venezuela seine Förderung um circa 150.000 Barrel pro Tag drosselte.[241]

Aufgrund dieser Marktgegebenheiten sahen sich die integrierten Ölmultis gezwungen, die Listenpreise zu senken. Den ersten Schritt wagte Standard Oil of New Jersey. Ohne Konsultation der Regierungen der Exportländer verkündete der US-amerikanische Major im Februar 1959 eine Senkung des *posted price* für Rohöl aus der Golfregion um zehn Prozent. Auch die anderen Majors reduzierten ihre Richtpreise. Letztere waren für die Bemessung der Abgaben an die Förderländer maßgebend, weshalb für diese die einseitige Entscheidung der Konzerne finanzielle Einbußen in Millionenhöhe bedeutete.

Im frühen Konzessionsregime bestanden die Abgaben der ausländischen Ölgesellschaften an die Gastländer üblicherweise aus einem fixen Betrag pro gefördertes Fass Rohöl. Die Ausbringungsmenge bestimmte damals die Einkünfte der Produzentenländer. Mit der Umstellung von den traditionellen Royalties auf das Gewinnteilungsregime und die Einhebung von Steuern „bekamen die Regierungen der Förderländer erstmals ein unmittelbares Interesse an der Preispolitik der Konzerne und an den Prinzipien der Ölpreisbildung."[242] Das System der von den Mineralölfirmen festgesetzten, fiktiven Listenpreise, die den festen Steuerverrechnungspreis bildeten, erwies sich spätestens Ende der 1950er Jahre als problematisch. Die tatsächliche Marktlage entfernte sich immer weiter von den verlautbarten Richtpreisen, wodurch sich die Gewinnspanne der Ölkonzerne sukzessive verringerte. Letztere vermochten die hohen Listenpreise auf ihren Absatzmärkten nicht mehr zu erzielen und mussten bei unveränderter Preisgestaltung die Differenz selbst tragen. Eine Reduzierung des Richtpreises war mit unmittelbaren finanziellen Auswirkungen auf die Erträge der Ausfuhrländer verbunden, was ein Hemmnis für eine marktkonforme Festsetzung der *posted prices* durch die Majors darstellte.

Die erdölexportierenden Staaten reagierten empört auf die einseitige Senkung der Listenpreise und hielten in Reaktion darauf von 16. bis 23. April 1959 den von der Arabischen Liga ausgetragenen Ersten Arabischen Ölkongress in Kairo ab. An dessen Zustandekommen waren Scheich Abdullah al-Tariki aus Saudi-Arabien und Juan Pablo Pérez Alfonzo, der erst zwei Monate zuvor den Posten

---

Maßnahmen zeigten wenig Wirkung, was zur Verhängung von verbindlichen Einfuhrquoten im Jahre 1959 führte.

[241] Vgl. Edward L. Morse, „A New Political Economy of Oil?", in: Journal of International Affairs, Vol. 53, No. 1, Fall 1999, S. 1–29 (hier 9).

[242] Zündorf, Das Weltsystem des Erdöls, S. 208.

des venezolanischen Ministers für Bergbau und fossile Rohstoffe angetreten hatte, federführend beteiligt.[243] Alfonzo hatte sich seit vielen Jahren als anerkannter Experte für Erdölpolitik etabliert und den in den 1940er Jahren ausgehandelten revolutionären 50/50-Deal Venezuelas maßgeblich geprägt. In den 1950er Jahren während der Diktatur von Marcos Pérez Jiménez befand er sich im Exil und kehrte erst 1958 mit seinem alten Weggefährten und Freund Rómulo Betancourt nach Caracas zurück. Eine von Alfonzos ersten Entscheidungen als Mitglied der neuen venezolanischen Regierung war seine Teilnahme am Ölkongress in Kairo,[244] an dem sich rund 420 Delegierte aus acht arabischen Staaten, dem Iran und Venezuela sowie von 35 Mineralölunternehmen versammelten.[245]

Die Exportstaaten hielten auf dem Kongress fest, dass eine einseitige Senkung der Listenpreise durch die Ölkonzerne ohne vorherige Konsultation der Produzentenländer nicht toleriert werden könne. Darüber hinaus wurde die Gründung einer Organisation erdölexportierender Staaten diskutiert. Die Schaffung einer formalen Einrichtung scheiterte jedoch an der Weigerung des Iran, mit den radikalen arabischen Staaten zu kooperieren.[246] Persönliche Gespräche zwischen Alfonzo und al-Tariki, der im Dezember 1960 von König Saud zum ersten saudischen Erdölminister ernannt wurde, führten schließlich zur Unterzeichnung eines geheimen Gentlemen's Agreement durch die arabischen Förderländer sowie Venezuela und dem Iran, welches gemäß Alfonzo „the first seed of the creation of OPEC" darstellte.[247] Alfonzo und al-Tariki appellierten ein Jahr nach dem Ölkongress von Kairo an die Regierungen aller Ausfuhrländer, zur Wahrung der kollektiven Interessen eine einheitliche Linie in ihrer Erdölpolitik zu verfolgen. Sie unternahmen einen erneuten Versuch, eine gemeinsame Organisation ins Leben zu rufen.

Trotz der deutlichen Botschaft vonseiten der Exportländer, die Listenpreise für Rohöl nicht unilateral zu reduzieren, erfolgte im August 1960 eine weitere

---

[243] Es war kein Zufall, dass Venezuela bei den Kooperationsbemühungen zwischen den erdölexportierenden Staaten eine Führungsrolle übernahm. Das Land litt unter den US-amerikanischen Ölimportquoten ganz besonders. Caracas hatte sich um eine Befreiung von den Beschränkungen bemüht, wie sie Mexiko und Kanada gewährt wurde. Washington lehnte dies jedoch ab, worüber sich die venezolanische Regierung schwer verärgert zeigte. Siehe Morse, „A New Political Economy of Oil?", S. 9 f.

[244] Vgl. Ian Skeet, OPEC: Twenty-Five Years of Prices and Politics, Cambridge: Cambridge University Press 1988, S. 6.

[245] Als nicht-arabische Staaten hatten der Iran und Venezuela Beobachterstatus. Der Irak lehnte seine Teilnahme an dem Kongress aufgrund politischer Spannungen mit den Vereinigten Arabischen Emiraten ab. Siehe Lenczowski, Oil and State in the Middle East, S. 196.

[246] Vgl. Zündorf, Das Weltsystem des Erdöls, S. 212.

[247] Zitiert nach Rouhani, A History of O.P.E.C., S. 76.

eigenmächtige Preissenkung um über sieben Prozent bzw. 14 Cent pro Barrel durch die Majors. Für die nahöstlichen Überschussländer hatte diese Maßnahme einen finanziellen Schaden von 93 Millionen Dollar allein für das Jahr 1960 zur Folge.[248] Die betroffenen Erdölexportnationen betrachteten das rücksichtslose Vorgehen der ausländischen Konzerne als dreisten und feindseligen Akt, der nicht unwidersprochen bleiben konnte. Die zweite einseitige Senkung des *posted price* für Rohöl bewog den iranischen Schah dazu, seinen Widerstand gegen eine Kooperation mit den Arabern aufzugeben, wodurch der Gründung einer gemeinsamen Organisation erdölexportierender Staaten nichts mehr im Weg stand. Vor diesem Hintergrund war die Preisreduktion die denkbar schlechteste Handlung, welche die Majors setzen konnten, wollten sie den Status quo ihrer Konzessionen nicht gefährden.[249]

Von 10. bis 14. September 1960 trafen sich Vertreter aus dem Irak, Iran, Kuwait, Saudi-Arabien und Venezuela in Bagdad und gründeten die Organisation der erdölexportierenden Länder (OPEC). Neben den fünf Gründungsmitgliedern traten in den darauffolgenden Jahren und Jahrzehnten neun weitere Staaten der Organisation mit Hauptsitz in Wien bei.[250] Die Wiederherstellung der Listenpreise für Rohöl auf das Niveau vor den beiden unilateralen Preissenkungen von 1959 und 1960 war das wichtigste Motiv, das die fünf ölreichen Staaten zur Gründung der neuen Organisation veranlasste. Die Majors lehnten dies zwar dezidiert ab, gaben aber immerhin ihre Zusicherung, die Richtpreise nicht mehr weiter zu senken. Wie der iranische Diplomat Fuad Rouhani, der als erster Generalsekretär der OPEC fungierte, in seiner Geschichte der Organisation festhält, kann „[t]he problem of the price of crude oil [...] rightly be regarded as the primary cause of the creation of O.P.E.C."[251]

---

[248] Vgl. ebd., S. 77; und Park, Oil Money and the World Economy, S. 16. Durch die Ölpreissenkungen von 1959 und 1960 in einem Umfang von insgesamt circa 27 Cent pro Fass erlitten die Exportländer des Nahen Ostens innerhalb eines Jahrzehnts bis 1970 einen geschätzten Einnahmeverlust von vier Milliarden Dollar. Siehe Al-Sowayegh, Arab Petropolitics, S. 33.

[249] Vgl. Mosley, Power Play, S. 244.

[250] Folgende Staaten sind bzw. waren Mitglieder der OPEC: Katar (1961), Indonesien (1962 bis 2009 und seit Dezember 2015), Libyen (1962), die Vereinigten Arabischen Emirate bzw. Abu Dhabi (1967), Algerien (1969), Nigeria (1971), Ecuador (1973 bis 1992 und seit 2007), Gabun (1975 bis 1994) und Angola (2007). Aktuell zählt die OPEC 13 Mitgliedsstaaten. Die Organisation hatte ursprünglich ihren Hauptsitz in Genf. Da die Schweizer Behörden den OPEC-Bediensteten keine diplomatische Immunität zugestanden, übersiedelte die Organisation im September 1965 nach Wien. Der damalige Außenminister, Bruno Kreisky, bemühte sich um die Ansiedlung der OPEC und anderer internationaler Organisationen in der österreichischen Hauptstadt.

[251] Rouhani, A History of O.P.E.C., S. 177.

Die Gründungsstaaten der OPEC, die zu jener Zeit 28 Prozent der weltweiten Rohölproduktion, 67 Prozent der globalen Reserven und 90 Prozent des international gehandelten Öls auf sich vereinten,[252] erachteten die Kontrolle des Erdöloutputs als zentralen Machthebel, um ihr Ziel der Preisstabilisierung bzw. -erhöhung zu erreichen. Die latente Überproduktion wurde für den Preisverfall verantwortlich gemacht, weshalb es aus Sicht der Konferenzteilnehmer in Bagdad einer Steuerung und Begrenzung der Ölfördermenge bedurfte. In diesem Sinne verstand sich die OPEC von Anbeginn als Produktionskartell. Der Beschluss der größten Förderländer der Golfregion und Venezuelas, im Bereich der Erdölpolitik eine Kooperation einzugehen, war allerdings in erster Linie eine politische Entscheidung.[253] Die OPEC wurde als gemeinsame politische Initiative geschaffen, die auf den nationalistischen Bestrebungen ihrer Mitglieder gründete.[254] Der nationalistische Eifer jener Mitgliedervertreter, die das Bündnis der Ausfuhrstaaten als Vehikel politischer Machtausübung betrachteten, prägte die Entscheidungsfindung innerhalb der Organisation. Das Förderkartell verfolgte demgemäß nicht nur wirtschaftliche Ziele, sondern war von Beginn an auch von politischen Motiven geleitet. „The pursuit of economic *and* political goals", schreibt Nazli Choucri, „is a feature of OPEC that distinguishes it from previous cartels."[255] Demzufolge ist die politische Dimension ihrer Programmatik ein wesentliches Merkmal der intergouvernementalen Erdölorganisation.

Die internationalen Ölkonzerne verweigerten der neuen Organisation der Produzentenländer ihre Anerkennung und bestanden auf die Beibehaltung ausschließlich bilateraler Geschäftskontakte mit den einzelnen Regierungen. „We don't recognize this so-called OPEC", erklärte Bob Braun, der damalige Präsident von ARAMCO.[256] Die Majors versuchten die Organisation einfach zu ignorieren. Sie vertraten die Einschätzung, durch konsequente Nichtbeachtung würde sich die OPEC früher oder später von selbst auflösen und so wie andere Zusammenschlüsse vor ihr wieder von der Bildfläche verschwinden. Auch einige Analysten prophezeiten dem Produktionskartell aufgrund von Unstimmigkeiten

---

[252] Vgl. Zündorf, Das Weltsystem des Erdöls, S. 212.

[253] Vgl. Choucri, International Politics of Energy Interdependence, S. 37 f.

[254] Vgl. Skeet, OPEC, S. 222.

[255] Choucri, International Politics of Energy Interdependence, S. 43 (Hervorhebung im Original).

[256] Zitiert nach Mosley, Power Play, S. 234.

zwischen seinen Mitgliedern eine kurze Lebensdauer. In der westlichen Presse fand die Gründung der OPEC kaum Erwähnung.[257]

Die Überführung der im April 1948 von den am Marshall-Plan teilnehmenden europäischen Staaten[258] gegründeten Organisation für europäische wirtschaftliche Zusammenarbeit (OEEC) in die Organisation für wirtschaftliche Zusammenarbeit und Entwicklung (OECD) im September 1961, welcher die Vereinigten Staaten und Kanada formell beitraten, wurde als Antwort des Westens auf die Gründung der OPEC gedeutet. Die OECD sollte die wirtschaftliche Solidarität zwischen den Vereinigten Staaten und Westeuropa wiederbeleben und die Industriestaaten der westlichen Hemisphäre vor potenziellen Ölversorgungskrisen schützen.[259]

In den ersten zehn Jahren ihres Bestehens blieb die Organisation der Petroleumexportländer der breiten Öffentlichkeit weitgehend unbekannt und ihre praktischen Erfolge waren überaus bescheiden.[260] Als die OPEC entstand, beliefen sich die Abgaben der Erdölgesellschaften an die Ölstaaten im Nahen Osten im Durchschnitt auf 76 Cent pro Fass. Die Regierungen der Verbraucherländer verdienten aufgrund der hohen Besteuerung von Erdölerzeugnissen hingegen über sieben Dollar pro eingeführtem Barrel. Vom Endverkaufspreis eines ausgewählten Fasses an Mineralölprodukten (*composite barrel*) in Höhe von 13,60 Dollar im Jahre 1961 flossen 52 Prozent (dies entsprach rund 70 Prozent des Gewinns) den Finanzbehörden der Importländer zu, während sich die Erzeugerländer mit lediglich sechs Prozent begnügen mussten. Bis Anfang der 1970er Jahre hat sich dieses Verhältnis nicht wesentlich geändert.[261]

Die Versuche der OPEC, über eine Erhöhung der Listenpreise den Förderländern einen größeren Anteil vom Verkaufspreis ihres Erdöls und dessen Derivate in den Vertriebsmärkten zu verschaffen, waren nicht von Erfolg gekrönt. Mit

---

[257] Vgl. Dimitri Aperjis, The Oil Market in the 1980 s: OPEC Oil Policy and Economic Development, Cambridge, MA: Ballinger 1982, S. 1.

[258] Dies waren Belgien, Dänemark, Frankreich, Griechenland, Großbritannien, Irland, Island, Italien, Luxemburg, die Niederlande, Norwegen, Österreich, Portugal, Schweden, Schweiz, Türkei, Westdeutschland und das 1947 auf Initiative der Alliierten gegründete Freie Territorium Triest, dessen zwei Zonen im Oktober 1954 einerseits in den italienischen und andererseits den jugoslawischen Staat integriert wurden.

[259] Vgl. Falola und Genova, The Politics of the Global Oil Industry, S. 79 ff.

[260] Vgl. Günter Keiser, Die Energiekrise und die Strategien der Energiesicherung, München: Vahlen 1979, S. 16.

[261] Die Angaben über die Aufteilung des Endverkaufspreises von einem Barrel Erdölerzeugnisse stammen von Ali M. Jaidah, An Appraisal of OPEC Oil Policies: Energy Resources and Policies of the Middle East and North Africa, London: Longman 1983, S. 22 und 142.

Verweis auf das Überangebot an Erdöl auf dem Markt lehnten die internationalen Ölkonzerne jegliche Anhebung der Richtpreise ab. Gleichzeitig versagten die Mitglieder der OPEC darin, die Fördermenge mittels Produktionsquoten zu begrenzen. Die einzelnen Mitgliedsstaaten verfolgten abseits des kollektiven Interesses eine eigene Agenda. Um die Einkünfte aus dem Ölexport zu erhöhen, versuchten einzelne Produzentenländer ihre Konzessionsgesellschaften zu einer Steigerung des Outputs zu drängen. Eine Regulierung des Fördervolumens durch die OPEC war „von vornherein zum Scheitern verurteilt, da man sich über die Maßstäbe für die Festlegung von Produktionsquoten nicht einigen konnte, und da die Ölgesellschaften gar nicht daran dachten, ihre Entscheidungsbefugnis über die Höhe der Produktion aus der Hand zu geben."[262]

Die Einführung von verbindlichen Förderkontingenten scheiterte auch daran, dass neu in den Markt drängende Überschussländer wie Libyen, Algerien und Nigeria nicht daran dachten, sich einer Begrenzung ihres Outputs zu unterwerfen, sondern vielmehr mittels einer aggressiven Expansionsstrategie nach einer Ausweitung ihrer Marktanteile strebten und dadurch den etablierten Produzenten Märkte streitig machten, woraufhin sich diese wiederum zu reagieren genötigt sahen. Die 1962 getroffene Entscheidung der OPEC, wonach jedes Mitglied individuell Nachverhandlungen mit den ausländischen Mineralölkonzernen über die Konzessionsbestimmungen führen solle, anstatt im Kollektiv den Majors entgegenzutreten, schwächte die Verhandlungsmacht der Organisation zusätzlich.[263]

Auf der Habenseite konnte die OPEC trotz schwieriger Marktbedingungen zumindest eine Stabilisierung der nominellen verlautbarten Ölpreise verbuchen, die trotz einer fortgesetzten Erosion der Marktpreise während des gesamten Jahrzehnts auf rund 1,80 Dollar pro Barrel verharrten. Inflationsbereinigt sanken die Ölpreise zwischen 1960 und 1970 infolge der hohen Teuerungsrate jedoch kräftig, nämlich um 30 bis 40 Prozent.[264] Einen weiteren Erfolg erzielte die OPEC mit ihrer 1964 mit den internationalen Ölgesellschaften geschlossenen Vereinbarung über eine neue Berechnungsmethode zur Ermittlung der Unternehmensprofite. Die Royalty wurde nicht länger als Gewinnbestandteil des Gastlandes, sondern als Aufwand behandelt. Die Konzessionsnehmer hatten die Royalty nunmehr als Teil der Produktionskosten zu werten, die den Förderländern zusätzlich zu deren 50-prozentigen Gewinnanteilen zufloss und nicht mehr von diesen abgesetzt werden

---

[262] Keiser, Die Energiekrise und die Strategien der Energiesicherung, S. 17.

[263] Vgl. Aperjis, The Oil Market in the 1980 s, S. 2.

[264] Vgl. ebd., S. 2. Siehe auch Abbildung 4.4, aus welcher der reale Preisrückgang von Rohöl deutlich hervorgeht.

konnte.[265] Durch die neue Berechnungsmethode begannen die Regierungseinnahmen allmählich zu steigen, während die Gewinnmargen der Konzerne weiter rückläufig waren. Die Abgaben der Mineralölfirmen an die Exportländer in der Golfregion stiegen trotz der fallenden allgemeinen Preistendenz von durchschnittlich 77,9 Cent pro Barrel 1963 auf 85,8 Cent pro Barrel 1970.[266] Die Politik der OPEC verzeichnete also spätestens ab Mitte der 1960er Jahre konkrete Ergebnisse und begann sich für ihre Mitglieder bezahlt zu machen.

In ihrem ersten Jahrzehnt konnte die OPEC vielmehr in politischer als in wirtschaftlicher Hinsicht Bedeutsamkeit für sich beanspruchen. Die Organisation schuf für die erdölreichen Exportnationen erstmals die Perspektive, mit einer Sprache zu sprechen und vereint gegenüber den mächtigen westlichen Ölgesellschaften aufzutreten. Dies erschwerte den Majors das gegenseitige Ausspielen der Produzentenländer, worin sie zuweilen durchaus erfolgreich gewesen waren. Der ökonomische Erfolg der OPEC blieb in den 1960er Jahren aufgrund mitunter stark divergierender Interessen ihrer Mitgliedsstaaten hingegen sehr bescheiden. Das Kartell versagte laut Peter Odell „entirely over the critically important economic issues such as the prorationing of output to agreed levels." Vor allem die arabischen Erzeugerländer, die über schier unerschöpfliche Rohölvorkommen zu verfügen schienen, zeigten kaum Interesse an einer Drosselung ihres Outputs. „The most surprising thing about O.P.E.C. by 1970" war laut Peter R. Odell angesichts dieser Tatsache „that it continued to exist ten years after its formation and that it was, indeed, becoming increasingly aware of the realities of world oil power and recognized as potentially important by the oil companies."[267]

Die zwei Senkungen der für die Förderländer relevanten Listenpreise in den Jahren 1959 und 1960, die zur Gründung der OPEC führten, lagen in einem Überangebot an Rohöl auf dem Markt, der deutliche Züge eines Käufermarktes zeigte, begründet. Für den Preisverfall insbesondere auf dem für die nahöstlichen Ausfuhrstaaten bedeutsamen europäischen Verbrauchermarkt war ein Erzeugerland hauptverantwortlich, das sich nach einigen Jahrzehnten Abstinenz wieder als relevante Erdölexportnation zurückmeldete und mit einer Niedrigpreisstrategie in kurzer Zeit wesentliche Marktanteile erobern konnte: die Sowjetunion.

---

[265] Vgl. Shwadran, Middle East Oil Crises Since 1973, S. 18.

[266] Vgl. Keiser, Die Energiekrise und die Strategien der Energiesicherung, S. 16.

[267] Odell, Oil and World Power, S. 110.

4.3   Europas steigender Einfuhrbedarf in den Jahren des Überangebots

4.3.1   Die Rückkehr des sowjetischen Erdöls nach Europa

Die aufgrund ihrer vergleichsweise späten Entdeckung und Erschließung historisch betrachtet relativ jungen Fördergebiete des arabischen Raums entwickelten sich in der Nachkriegszeit innerhalb von zwei Jahrzehnten zur wichtigsten Quelle der westeuropäischen Erdölversorgung. Eine der ältesten und traditionsreichsten Produktionsregionen der Welt, Baku am Kaspischen Meer, hat hingegen bis 1945 ihre einstmals bedeutsame Stellung für die Deckung des Ölbedarfs des westlichen Europas verloren. Als das schwedische Brüderpaar Robert und Ludvig Nobel ab den 1870er Jahren die Erdölquellen von Baku zu entwickeln begannen, verdrängte der Rohstoff aus den reichen Ölfeldern der Region einst das amerikanische Petroleum von weiten Teilen des russischen und europäischen Marktes. Um die Jahrhundertwende war mehr als die Hälfte der globalen Rohölförderung auf Russland entfallen, womit das Zarenreich für ein paar Jahre mehr Öl als jedes andere Land der Welt produzierte.[268]

Vor dem Ersten Weltkrieg war Russland eines der größten Exportländer von Erdöl, das vornehmlich nach Europa geliefert wurde. Während der russischen Revolution sind die Produktion und Ausfuhren des fossilen Rohstoffes drastisch eingebrochen. Als sich die Erdölförderung auf dem Gebiet des vormaligen russischen Zarenreiches in der Zwischenkriegszeit erholte, stellte die kommunistische Machtübernahme für die europäischen Regierungen kein Hindernis dar, aus der Sowjetunion Erdöl einzuführen. Der sowjetisch-westeuropäische Ölhandel erlebte bis zum Zweiten Weltkrieg eine relativ ungetrübte Fortsetzung.[269] Dies änderte sich allerdings nach Kriegsende schlagartig. Den reichen sowjetischen Rohölvorkommen war im aufkeimenden Ost-West-Konflikt der Zugang zum westeuropäischen Markt praktisch verwehrt.

In der neuen Logik des Kalten Krieges galt es in den Hauptstädten Westeuropas aus strategischen Gründen als ausgeschlossen, sich durch die Rohöleinfuhr aus der Sowjetunion in ein Abhängigkeitsverhältnis zu begeben und gegenüber Stalin erpressbar zu machen. Die stalinistische Regierung wurde verdächtigt,

---

[268] Vgl. Tolf, The Russian Rockefellers, S. 120. Im Jahre 1898 produzierten die russischen Quellen erstmals mehr Rohöl als die Vereinigten Staaten. Die Brüder Nobel, deren Unternehmung 1890 für über 20 Prozent des russischen Gesamtoutputs verantwortlich war, hatten einen wesentlichen Anteil daran.

[269] Vgl. Marshall I. Goldman, „The Soviet Union", in: Daedalus, Vol. 104, No. 4, Fall 1975, S. 129–143 (hier 129).

nicht primär aus ökonomischen Erwägungen Erdöl in den Westen verkaufen zu wollen, sondern damit politische Ziele zu verfolgen. In den Nachkriegsjahren waren folglich die Versuche Moskaus, seinen traditionellen Anteil am westeuropäischen Erdölmarkt zurückzugewinnen, vergeblich. Die Sowjets hatten bis Mitte der 1950er Jahre beträchtliche Schwierigkeiten, außerhalb der Ostblock-Staaten Abnehmer für ihr Öl zu finden. Aufgrund der Weigerung westlicher Industrieländer und Ölkonzerne, sowjetisches Erdöl zu importieren, richtete Moskau seine Bemühungen auf die Entwicklungsländer. Diesen mangelte es allerdings an harten Währungen, weshalb die sowjetischen Exporteure im Gegenzug für die Ausweitung von Marktanteilen hohe Preisabschläge für ihr Erdöl in Kauf nehmen mussten. Der Großteil der sowjetischen Ölexporte ging allerdings ohnehin in die osteuropäischen Satellitenstaaten und nach China.

Nach dem Ableben von Stalin unternahm die politische Führung in Moskau verstärkte Anstrengungen, eine Öffnung der westeuropäischen Märkte für sein Erdöl zu erreichen.[270] Dahinter steckte in Wahrheit nicht, wie von Kritikern vor allem in den Vereinigten Staaten gerne behauptet, ein polit-strategisches Machtmotiv. Primäres Ziel der sowjetischen Regierung war es, durch den Export von Rohöl einen Zugang zu wichtigen Industriegütern und Rohstoffen zu erhalten, die für die Fertigstellung bestimmter Industrieprogramme benötigt wurden.[271]

Neben der Beteuerung, lediglich den historischen Marktanteil, welchen das russische Öl über Jahrzehnte in Westeuropa innehatte, zurückerobern zu wollen, versuchten die Sowjets ausgewählte westeuropäische Länder durch eine äußerst kompetitive Preisgestaltung von der Einfuhr ihres Erdöls zu überzeugen. Im Jahre 1960 bot Moskau Italien und der BRD Rohöl für acht Rubel pro Tonne (dies entsprach ungefähr 1,20 Dollar je Barrel) an, während der Exportpreis für die DDR fast 18 Rubel pro Tonne (circa 2,70 Dollar pro Barrel) betrug.[272] Im Durchschnitt verrechnete die sowjetische Regierung den westlichen Ländern zwischen 1955

---

[270] Vgl. Marshall I. Goldman, „The Soviet Union as a World Oil Power", in: M. A. Adelman et al. (Hrsg.), Oil, Divestiture and National Security, New York: Crane, Russak 1977, S. 92–105 (hier 93).

[271] Vgl. D. L. Spencer, „The Role of Oil in Soviet Foreign Economic Policy", in: American Journal of Economics and Sociology, Vol. 25, No. 1, January 1966, S. 91–107 (hier 91 und 103).

[272] Siehe Goldman, „The Soviet Union", S. 130. Der durchschnittliche Preis für sowjetisches Erdöl belief sich im Jahre 1960 auf 1,56 Dollar pro Barrel für Exporte in die westliche Welt und 3,01 Dollar pro Barrel für die Ausfuhren in Moskaus Bündnisstaaten. Während die BRD lediglich 1,38 Dollar für ein Fass sowjetisches Rohöl (f.o.b. an der sowjetischen Grenze) zahlen musste, wurden dem verbündeten Osten Deutschlands 2,69 Dollar verrechnet. Siehe National Petroleum Council, Impact of Oil Exports from the Soviet Bloc, Volume 2, Washington, DC 1962, S. 460.

und 1960 für ein Barrel Rohöl zwischen 22 und 48 Prozent weniger als ihren Satellitenstaaten, weshalb sich die Majors davon überzeugt zeigten, die Sowjets verfolgten nicht einfach die Absicht, Öl zu verkaufen, sondern strebten vielmehr danach, die Stellung der privaten Erdölindustrie zu untergraben und letztlich zu zerstören.[273]

Die hartnäckigen Versuche der sowjetischen Regierung, den Mineralölexport nach Westeuropa zu forcieren, rief also nicht nur die westliche Politik auf den Plan, sondern auch die etablierten Ölkonzerne. Sie hatten in einigen Entwicklungsländern bereits unliebsame Bekanntschaft mit den sowjetischen Erdölexporteuren gemacht. Dank ihrer Niedrigstpreise war es den Sowjets gelungen, unter anderem in den Märkten von Ceylon, Indien, Ghana, Guinea und Kuba Fuß zu fassen. Die marktbeherrschenden Majors unternahmen einige Anstrengungen, um den Markteintritt der Russen zu behindern. Beispielsweise lehnten sie es ab, Erdöl sowjetischer Herkunft in ihren Einrichtungen zu verarbeiten und abzusetzen.[274] Nicht zuletzt die aggressive Preisgestaltung Moskaus veranlasste die westlichen Ölgesellschaften dazu, die Sowjetunion des Preisdumpings zu bezichtigen und gegen die Einfuhr von sowjetischem Erdöl in die Industriestaaten zu agitieren.[275] Auf dem bereits heftig umkämpften westeuropäischen Markt war zusätzlicher Konkurrenzdruck durch preiswertes Sowjet-Öl freilich unerwünscht.

Es war Enrico Mattei, gewissermaßen das „Enfant terrible" der Erdölindustrie,[276] der es wagte, in Zeiten des Kalten Krieges mit Moskau mehrere langjährige Lieferkontrakte abzuschließen und damit den sowjetischen Ölexporten nach Westeuropa zum Durchbruch verhalf. In seiner persistenten Suche nach Erdölressourcen, die außerhalb des nahezu weltumspannenden Einflussbereiches der Sieben Schwestern standen, wurde er in der Sowjetunion fündig. Die italienische ENI hatte innerhalb weniger Jahre eigene Raffinerien errichtet und stattliche Vertriebsstrukturen aufgebaut, deren Versorgung allerdings zum Großteil von den verhassten Majors abhängig war. Der Schaffung einer von den mächtigen anglo-amerikanischen Konzernen unabhängigen Rohölzufuhr maß Mattei hohe Priorität

---

[273] Vgl. National Petroleum Council, Impact of Oil Exports from the Soviet Bloc, Volume 1, Washington, DC 1962, S. 38.

[274] Vgl. Marshall I. Goldman, „Red Black Gold", in: Foreign Policy, No. 8, Autumn 1972, S. 138–148 (hier 138).

[275] Den Vorwurf des Preisdumpings handelten sich die Sowjets unter anderem deshalb ein, da sie es, abgesehen von ein paar wenigen Ausnahmen, immer schafften, ihr Erdöl unter dem Preis der etablierten Konzerne anzubieten. Siehe Spencer, „The Role of Oil in Soviet Foreign Economic Policy", S. 99.

[276] Vgl. Bruce Raphael, King Energy: The Rise and Fall of an Industrial Empire Gone Awry, Lincoln: Writers Club Press 2000, S. 512.

bei. Die Regierung in Moskau hatte bereits seit geraumer Zeit versucht, für ihre Erdölexporte neue Absatzmärkte im Westen zu erschließen, weshalb ihr eine Kooperation mit der staatlichen italienischen Gesellschaft höchst willkommen war.

Den Majors waren dazumal die reichen Energievorkommen des kommunistischen Reiches aus politischen und ideologischen Gründen praktisch unzugänglich. Nicht nur die elementare weltanschauliche Feindschaft zwischen dem Land, das mit der Oktoberrevolution von Anbeginn eine „Diktatur des Proletariats"[277] zu verwirklichen suchte, und den mächtigen, privatwirtschaftlichen, industriekapitalistischen Konzernen aus dem Westen stand einer mitunter für beide Seiten vorteilhaften Kooperation im Weg.[278] Auch westliche Regierungen und Militärs, allen voran in Washington, wendeten sich gegen eine Zusammenarbeit, um einer Stärkung des politischen und militärischen Gegners in Moskau durch den Transfer von westlichem Know-how und harten Devisen vorzubeugen und die Entstehung von potenziellen Abhängigkeitsasymmetrien zu vermeiden.[279] Die Vereinigten Staaten übten über das nordatlantische Bündnis (NATO) Druck auf ihre europäischen Partner und speziell auf das Gründungsmitglied Italien aus und versuchten

---

[277] Der auf die Werke von Karl Marx und Friedrich Engels bzw. deren Rezeption seit Mitte des 19. Jahrhunderts zurückgehende Begriff, der die Herrschaft der Arbeiterklasse über das enteignete Kapital beschreibt, wurde nach der Revolution 1917 von Lenin systematisiert und später von Stalin, der den monokratischen Herrschaftsanspruch der Kommunistischen Partei der Sowjetunion (KPdSU) über das Proletariat festigte, in ein in alle Lebensbereiche der Menschen eindringendes und auf Gewalt beruhendes System der totalitären Diktatur weiterentwickelt. Siehe dazu Boris Meissner, Partei, Staat und Nation in der Sowjetunion: Ausgewählte Beiträge, Berlin: Duncker & Humblot 1985, S. 64 ff.

[278] Es ist hier anzumerken, dass in Anbetracht der Marktsituation in den späten 1950er Jahren, als nicht zuletzt infolge zahlreicher bedeutender Funde im Nahen Osten und der Erschließung neuer Gebiete in Afrika der Erdölmarkt regelrecht überflutet wurde und zu einem Käufermarkt mutierte, die etablierten Ölkonzerne keinerlei Interesse daran hatten, durch zusätzlichen Output den Preisdruck weiter zu erhöhen. Vor diesem Hintergrund erklären sich auch ihre vehementen Kampagnen gegen die Aktivitäten westlicher Mineralölgesellschaften in der Sowjetunion.

[279] In einem Unterausschuss des US-Kongresses unter der Leitung des republikanischen Senators Kenneth Keating aus New York wurde 1962 der Ölhandel mit der Sowjetunion als veritables sicherheitspolitisches Risiko eingestuft. In einem Hearing wurde gegen Moskau unter anderem der Vorwurf erhoben, es würde in erster Linie nicht aus ökonomischen Gründen Handel treiben, sondern damit vielmehr politisch-militärische Zielsetzungen verfolgen. Ein in demselben Jahr veröffentlichter Bericht der Europäischen Wirtschaftsgemeinschaft äußerte Bedenken hinsichtlich nicht auszuschließender politisch motivierter Lieferstopps von Erdöl durch die sowjetische Regierung. Siehe dazu Angela Stent, From Embargo to Ostpolitik: The Political Economy of West German-Soviet Relations 1955–1980, Cambridge: Cambridge University Press 1981, S. 98 ff.

diese dazu zu bewegen, die restriktiven Vorgaben der Allianz bezüglich des Güterverkehrs mit der Sowjetunion einzuhalten. Das wichtigste Entscheidungsgremium der NATO, der Nordatlantikrat, befasste sich über ein Jahr lang mit den strategischen Konsequenzen der sogenannten „sowjetischen Öloffensive" in Europa und legte schließlich einen Bericht vor, in dem die Vereinbarungen von ENI mit Moskau scharf kritisiert wurden.[280]

Trotz des Widerstandes aus westlichen Regierungsbüros und den brisanten politischen Implikationen, die einer umfassenden wirtschaftlichen Kooperation mit der kommunistischen Regierung in Moskau innewohnten, wertete Mattei den Nutzen einer weitgehenden Unabhängigkeit von den Sieben Schwestern höher als die Risiken, die mit dem Erdölimport aus der Sowjetunion verbunden waren.[281] Von dem politischen Gegenwind ließ sich Mattei nicht beirren. Er beharrte auf das Recht Italiens, Erdöl von dem preiswertesten Anbieter auf dem Markt zu beziehen und verteidigte diese Position öffentlich.[282] Ab 1959 unterzeichnete ENI mehrere Abkommen auf Basis von Bartergeschäften mit der sowjetischen Regierung, die im Gegenzug zur Rohölabnahme durch Italien den Verkauf von Industriegütern in die Sowjetunion vorsahen.

Für ihr Wagnis, zu Zeiten des Kalten Krieges gegen den Widerstand der etablierten Konzerne und hochrangiger Vertreter der westlichen Politik umfangreiche Öllieferverträge mit der Sowjetunion abzuschließen, wurde die nationale italienische Mineralölgesellschaft mit einem außergewöhnlich niedrigen Preis belohnt. ENI zahlte 1,08 Dollar pro Barrel Rohöl f.o.b. Schwarzes Meer, was unter Berücksichtigung der Frachtkosten einem Preis von lediglich 85 Cent im Persischen Golf entsprach. Kein im freien Wettbewerb stehender Anbieter wäre in der Lage gewesen, diesen Preis zu unterbieten.[283]

Neben den besonders preiswerten Rohöleinfuhren profitierte Italiens Wirtschaft auch von den parallel mit den Öldeals vereinbarten Exporten von Industriegütern in die Sowjetunion. In einem im Oktober 1960 geschlossenen Abkommen verpflichtete sich ENI, zwischen 1962 und 1965 insgesamt zwölf Millionen Tonnen Rohöl zu beziehen. Moskau kaufte im Gegenzug 50.000 Tonnen synthetischen Kautschuk und 240.000 Tonnen Rohre, Pumpen und andere Komponenten,

---

[280] Vgl. Leopoldo Nuti, „Commitment to NATO and Domestic Politics: The Italian Case and Some Comparative Remarks", in: Contemporary European History, Vol. 7, No. 3, November 1998, S. 361–377 (hier 374).

[281] Vgl. Goldman, „Red Black Gold", S. 139.

[282] Vgl. National Petroleum Council, Impact of Oil Exports from the Soviet Bloc, Volume 2, S. 468.

[283] Vgl. ebd., S. 468 f.

die für den Bau von Pipelines benötigt werden, von italienischen Unternehmen.[284] Ein weiterer Kontrakt aus dem Jahre 1963 sah sowjetische Erdöllieferungen im Ausmaß von 25 Millionen Tonnen über einen Zeitraum von fünf Jahren vor.[285] Ende der 1950er Jahre wurde Italien noch vor China und Moskaus Satellitenstaaten zum größten Abnehmer von sowjetischem Rohöl. ENI war für rund die Hälfte der italienischen Erdölimporte aus dem sowjetischen Block verantwortlich, die bald mehr als 20 Prozent des gesamten italienischen Ölbedarfs abdeckten.[286] Die Vertragsabschlüsse mit Moskau hatten keinerlei schädliche politische oder wirtschaftliche Konsequenzen für ENI. Dies ermutigte zahlreiche andere westeuropäische Staaten, dem italienischen Beispiel zu folgen und ebenfalls billiges Sowjet-Öl zu importieren.[287] Wie aus Tabelle 4.2 hervorgeht, verzeichneten die sowjetischen Erdölexporte in die Länder Westeuropas in den späten 1950er Jahren ein rasantes Wachstum. Zwischen 1955 und 1960 haben sie sich mehr als versechsfacht.

Nach der Fertigstellung der Druschba-Pipeline 1964 ließen sich größere Volumina kostengünstig von den Ölfeldern des russischen Wolga-Ural-Gebiets in den Westen transportieren.[288] Die Pipelinebeförderung durch die osteuropäischen Satellitenstaaten stellte ein sichereres Versorgungssystem dar, als jede andere

---

[284] Vgl. ebd., S. 469.

[285] Vgl. Odell, Oil and World Power, S. 61. Moskau gewährte den Italienern dabei einen Abschlag von 30 Prozent vom Listenpreis.

[286] Vgl. National Petroleum Council, Impact of Oil Exports from the Soviet Bloc, Volume 2, S. 467 f.

[287] Siehe dazu die beiden Beiträge von Goldman, „Red Black Gold", S. 139, und „The Soviet Union", S. 130. Anfang der 1960er Jahre trafen elf westeuropäische Länder Vereinbarungen über den Erdölimport aus der Sowjetunion, nämlich die BRD, Dänemark, Finnland, Frankreich, Griechenland, Norwegen, Österreich, Portugal, Schweden, Spanien und Zypern. Eine übersichtliche Auflistung dieser Abkommen findet sich in National Petroleum Council, Impact of Oil Exports from the Soviet Bloc, Volume 2, S. 451 ff.

[288] Die Erdölleitung Druschba (Freundschaft) wurde in ihrem ursprünglichen Verlauf zwischen Dezember 1960 und Oktober 1964 errichtet und ist mit einer Transportkapazität von bis zu 2,5 Millionen Barrel pro Tag (die Kapazität variiert nach den einzelnen Abschnitten der Leitung) bis heute eine der wichtigsten Erdölpipelines Europas. Sie reichte anfänglich vom westsibirischen Almetjewsk in Tatarstan, Russland, über Belarus und Polen nach Schwedt/Oder an der deutsch-polnischen Grenze. Ein südlicher Strang der Leitung zweigt in Masyr in Belarus ab und führt über die Ukraine in die Slowakei, nach Ungarn und Tschechien. Später wurde die Pipeline im Osten bis in die Oblast Tjumen verlängert, wodurch sie eine Gesamtlänge von über 5.300 Kilometer aufweist. Infolge der Errichtung weiterer Stränge und der Verbindung mit anderen Leitungen bildet Druschba heute das größte Pipeline-System der Welt.

Tab. 4.2 Die Erdölexporte der Sowjetunion nach Westeuropa 1955–1960 (in tausend Tonnen)

	1955	1956	1957	1958	1959	1960
Belgien	30,3	30,5	0,7	72,9	194,2	203,1
Dänemark	2,1	0,6	22,7	38,7	96,5	153,4
Deutschland (BRD)	5,3	142,7	797,4	561,7	1.086,7	2.007,0
Finnland	612,5	1.011,8	1.214,0	1.233,7	1.856,3	2.127,9
Frankreich	269,3	408,9	551,3	710,7	807,6	785,2
Griechenland	94,5	224,1	302,5	362,0	424,0	947,5
Island	283,3	258,9	299,8	332,2	365,4	339,2
Italien	183,3	500,4	502,3	1.082,0	3.035,9	4.702,5
Niederlande	10,3	15,1	0,2	103,0	47,9	40,1
Norwegen	35,5	26,1	146,8	158,0	263,3	249,1
Österreich	37,4	26,1	57,4	60,5	526,7	605,2
Portugal	0,0	0,0	0,0	49,4	0,0	62,7
Schweden	725,6	694,2	536,4	870,4	1.451,4	1.968,3
Schweiz	0,1	1,2	128,6	0,0	39,4	28,5
Vereinigtes Königreich	37,4	26,1	57,4	37,8	101,8	283,4
Gesamt	2.326,9	3.366,7	4.617,5	5.673,0	10.297,1	14.503,1

Quelle: National Petroleum Council, Impact of Oil Exports from the Soviet Bloc, Volume 2, Washington, DC 1962, S. 447 f.

Transportroute für die Belieferung der westeuropäischen Absatzmärkte.[289] Mit der Verschiffung von Erdöl zu den diversen europäischen Mittelmeerhäfen sowie vom lettischen Pipeline-Terminal Ventspils nach Nord- und Westeuropa bestanden weitere Transportrouten für die Versorgung der westeuropäischen Industrieländer mit sowjetischem Öl.[290]

Die politischen Ereignisse im Nahen Osten, als es im Zuge der kriegerischen Auseinandersetzung zwischen Ägypten und Israel während des Sechs-Tage-Krieges im Juni 1967 zur Schließung des Suez-Kanals gekommen war, riefen den westeuropäischen Ölkunden die Fragilität ihrer Versorgung aus dem arabischen Raum in Erinnerung und gaben gleichzeitig der Nachfrage nach den als sicher wahrgenommenen Erdölimporten aus der UdSSR zusätzlichen Auftrieb. Immer

---

[289] Vgl. Odell, Oil and World Power, S. 62.
[290] Vgl. Goldman, „The Soviet Union", S. 130.

größere Mengen des preiswerten Sowjet-Öls landeten auf dem westeuropäischen Markt. Die sowjetischen Exporte nach Westeuropa erhöhten sich von weniger als drei Millionen Tonnen 1955 auf über 40 Millionen Tonnen 1969.[291] Möglich wurde dieses Exportwachstum durch eine von Moskau forcierte Substitution von Erdöl durch Erdgas im Inland, was beträchtliche Volumina für die Ausfuhr nach Europa freimachte.[292] Während die sowjetische Ölproduktion zwischen 1956 und 1975 um knapp zehn Prozent pro Jahr gesteigert werden konnte, verzeichneten die Mineralölexporte in demselben Zeitraum durchschnittliche jährliche Wachstumsraten von etwa 14 Prozent.[293]

Infolge seiner Geschäftsaktivitäten im Nahen Osten, in Afrika und mit den Sowjets betrachteten die Majors Mattei als Bedrohung für die von ihnen über Jahrzehnte geschaffene internationale Ordnung in der Erdölindustrie und die bestehenden Vereinbarungen mit den Produzentenländern.[294] Unter Mattei entwickelte sich ENI zu einem globalen Ölunternehmen, das den etablierten angloamerikanischen Weltmarktführern ihre privilegierte Stellung streitig zu machen versuchte. Die Italiener revoltierten in den entlegensten Weltgegenden gegen das Kartell der Sieben Schwestern. Bereits in den frühen 1960er Jahren war der italienische Konzern beispielsweise in gut einem Dutzend afrikanischen Ländern tätig. ENI hat unter Mattei in Afrika zu besonders günstigen Bedingungen für die Gastländer fünf bis sechs Raffinerien errichtet und insgesamt 23 Vertriebsnetzwerke aufgebaut.[295]

Die Majors unternahmen vielfältige Anstrengungen, um ENI den Zutritt zu den von ihnen dominierten Märkten zu verweigern. Als die Italiener im Jänner 1963 den Zuschlag zur Errichtung der ersten Raffinerie im Kongo erhielten, um eine bedeutende Episode zu erwähnen, lieferten sich die etablierten Ölgesellschaften in dem afrikanischen Land – die belgische Petrocongo, Shell, Mobil und TEXACO – eine jahrelange Auseinandersetzung mit der kongolesischen Regierung und versuchten diese dazu zu drängen, den Vertrag mit ENI zu widerrufen

---

[291] Vgl. Odell, Oil and World Power, S. 61.

[292] Vgl. ebd., S. 64. Die gewaltigen Steigerungsraten des sowjetischen Erdgasverbrauchs in den 1950er und 1960er Jahren stehen in direktem Zusammenhang mit dieser Substitutionspolitik. In den Ländern Westeuropas hingegen wurde zu jener Zeit kaum Erdgas konsumiert. Siehe dazu Tabelle A.5.

[293] Vgl. Goldman, „The Soviet Union as a World Oil Power", S. 93 f.

[294] Vgl. Joesten, „ENI: Italy's Economic Colossus", S. 24.

[295] Vgl. Giuliano Garavini, After Empires: European Integration, Decolonization, and the Challenge from the Global South 1957–1986, Oxford: Oxford University Press 2012, S. 82. Die Raffinerien und Vertriebseinrichtungen waren im gemeinsamen Eigentum der Italiener und dem jeweiligen Produzentenland.

und das Unternehmen aus dem Markt auszuschließen.[296] Enrico Mattei hatte an der Kontroverse seines Konzerns mit den im Kongo tätigen Majors nicht mehr teilgenommen. Bereits im Oktober 1962 hat ein Flugzeugabsturz, dessen Umstände bis heute weitgehend im Dunkeln blieben, seinem ereignisreichen Leben ein frühes Ende gesetzt.[297]

4.3.2 Der Anstieg der globalen Ölförderung in den 1950er und 1960er Jahren

In den zwei Dekaden ab 1950 wurden zahlreiche Ölfelder gigantischer Größe entdeckt, was zu einem außergewöhnlichen Anstieg der weltweiten Rohölreserven führte. Die globale Produktionskapazität übertraf bald die Erdölnachfrage auf dem Weltmarkt in beträchtlichem Ausmaß. In den zwei Jahrzehnten nach dem Zweiten Weltkrieg wurden viele der bis heute weltgrößten Ölfelder, im Jargon der Erdölindustrie „Elefanten" genannt,[298] aufgespürt. In Summe wurden zwischen 1950 und 1970 rund 180 „Elefanten" mit einem geschätzten förderbaren Gesamtvolumen von über 700 Milliarden Barrel Rohöl gefunden.[299] Allein in den 1960er Jahren waren es 120 gigantische Lagerstätten mit einer durchschnittlichen

---

[296] Siehe dazu Kairn A. Klieman, „Oil, Politics, and Development in the Formation of a State: The Congolese Petroleum Wars, 1963–1968", in: International Journal of African Historical Studies, Vol. 41, No. 2, 2008, S. 169–202. Trotz beträchtlicher Interventionen zugunsten der Majors durch das US-amerikanische State Department konnte sich ENI durchsetzen und 1968 die unter gemeinsamem Eigentum mit der kongolesischen Regierung stehende Raffinerie fertigstellen.

[297] Mattei befand sich auf dem Weg von Sizilien nach Mailand, als seine Privatmaschine bei Bascapè in der Lombardei verunglückte. Von Mailand aus hätte er in die Vereinigten Staaten weiterfliegen sollen, um an der Stanford University die Ehrendoktorwürde entgegenzunehmen und anschließend in Washington von Präsident John F. Kennedy empfangen zu werden. Mit kontroversiellen unternehmerischen Entscheidungen schaffte sich der langjährige Vorsitzende von ENI zahlreiche Gegner, weshalb einige Beobachter nicht an einen Unfall glauben wollen und einen gezielten Anschlag hinter dem Absturz vermuten.

[298] Unter „Elefant" bzw. „*giant oil field*" werden laut einer geläufigen und verbreiteten Definition der American Association of Petroleum Geologists (AAPG) Ölfelder bezeichnet, die über eine geschätzte maximale Fördermenge (*estimated ultimate recovery*) von mindestens 500 Millionen Barrel verfügen. Siehe Vassiliou, Historical Dictionary of the Petroleum Industry, S. 216. Für Ölfelder, die förderbare Reserven von mindestens fünf Milliarden Barrel aufweisen, wird häufig der Begriff „*super giants*" verwendet.

[299] Vgl. Mikael Höök et al., „The Evolution of Giant Oil Field Production Behaviour", in: Natural Resources Research, Vol. 18, No. 1, March 2009, S. 39–56 (hier 40).

angenommenen maximalen Fördermenge von 4,4 Milliarden Barrel pro Feld.[300] Weder davor noch danach wurden in einer einzigen Dekade mehr „Elefanten" und größere Erdölreserven aufgestöbert.

In der Sowjetunion wurden ab Mitte der 1940er Jahre im Wolga-Ural-Becken bedeutende Erdölfunde gemacht. Die Reservoire der neuen Förderregion erwiesen sich bald als größer und ergiebiger als die historischen Vorkommen von Baku und in den nordkaukasischen Ölgebieten. Der größte Fund wurde 1948 mit dem Romaschkino-Ölfeld in Tatarstan, der zweitgrößten Lagerstätte der Sowjetunion, verzeichnet.[301] Im Frühjahr 1960 wurde nach einem Beschluss des sowjetischen Ministerrats der Erschließung der westsibirischen Erdölressourcen oberste Priorität eingeräumt. Bereits im Juni 1960 konnte der erste große Ölfund in der Nähe von Shaim vermeldet werden. Diesem folgten zahlreiche weitere wichtige Entdeckungen in den darauffolgenden Jahren, darunter das 1965 aufgespürte Samotlor-Feld in der Oblast Tjumen. Samotlor ist die größte Rohöllagerstätte Russlands und eines der größten Ölfelder der Welt.[302]

Zwischen 1961 und 1980 wurden 77 „Elefanten", also Erdöl- und Erdgasreservoire gigantischen Ausmaßes, in Westsibirien geortet.[303] Westsibirien stieg zur wichtigsten Förderregion der Sowjetunion auf. Der sowjetische Rohöloutput hat sich infolge dieser Funde innerhalb zweier Jahrzehnte ab 1950 verzehnfacht. 1950 hatte die Fördermenge noch weniger als 750.000 Fass pro Tag betragen. Bis 1960 vermochte Moskau den täglichen Output um über zwei Millionen Fass zu steigern. Im darauffolgenden Jahrzehnt betrug der Produktionszuwachs weitere vier Millionen Barrel auf rund sieben Millionen Barrel pro Tag 1970. Drei Jahre später strömten bereits täglich circa 8,5 Millionen Fass aus den sowjetischen Ölfeldern.[304] Die Sowjetunion hat zwischen 1948 und 1973 ihren Erdöloutput

---

[300] Vgl. Vassiliou, Historical Dictionary of the Petroleum Industry, S. 217.

[301] Vgl. Arthur A. Meyerhoff, „Soviet Petroleum: History, Technology, Geology, Reserves, Potential and Policy", in: Robert G. Jensen, Theodore Shabad und Arthur W. Wright (Hrsg.), Soviet Natural Resources in the World Economy, Chicago: University of Chicago Press 1983, S. 306–362 (hier 335).

[302] Das Samotlor-Ölfeld hat seit seinem Produktionsbeginn 1969 mehr als 20 Milliarden Fass Rohöl erzeugt. 1980 erreichte der Output mit 3,2 Millionen Barrel pro Tag, was beinahe der Hälfte der damaligen russischen Gesamtfördermenge entsprach, seinen Höhepunkt. Siehe Alan Petzet, „Russia's Samotlor to produce 90 more years", in: Oil & Gas Journal, 4 March 2009, abrufbar unter: http://www.ogj.com/articles/2009/04/russias-samotlor-to-produce-90-more-years.html (9. November 2014). 2013 lag der Output bei durchschnittlich circa 440.000 Fass pro Tag. Siehe Rosneft, Annual Report 2013, abrufbar unter: http://www.rosneft.com/attach/0/58/80/a_report_2013_eng.pdf (9. November 2014), S. 30.

[303] Vgl. Vassiliou, Historical Dictionary of the Petroleum Industry, S. 460.

[304] Siehe The Shift Project (Data Portal), abgerufen: 7. Juli 2014.

um knapp acht Millionen Barrel pro Tag gesteigert. Kein anderes Land der Welt erreichte innerhalb dieses Vierteljahrhunderts einen größeren Anstieg seiner Produktionsleistung.[305]

Der Großteil der gigantischen Ölfunde in der Nachkriegszeit entfiel auf den Nahen Osten. Das bis heute weltgrößte Erdölfeld, Ghawar, das 1948 entdeckt wurde und bereits in den frühen 1950er Jahren in Produktion ging, befindet sich in Saudi-Arabien.[306] Das riesige Safaniya-Khafji-Feld im saudischen Teil der Neutralen Zone, ein weiterer bedeutender Fund jener Zeit, wurde 1951 erstmals angebohrt. Auch in Kuwait konnten zahlreiche kolossale Erdölfelder aufgespürt werden. 1946 strömte das erste kommerzielle Öl aus dem gigantischen Burgan-Feld, das mit zwei benachbarten Lagerstätten das zweitgrößte Rohölreservoir der Welt bildet.[307] Mit den Feldern Raudhatain, Sabriyah, Khafji, Minagish und Umm Gudair, die allesamt in den frühen 1960er Jahren in Produktion gingen und über ein geschätztes Gesamtfördervolumen von jeweils vier bis acht Milliarden Barrel verfügen, wurden weitere gewichtige Ölfunde in dem erdölreichen Scheichtum gemacht.[308]

Die Aufspürung von „Elefanten" beschränkte sich jedoch nicht nur auf die Arabische Halbinsel. Auch der Irak und der seit der D'Arcy-Konzession bereits seit Beginn des 20. Jahrhunderts zu den bedeutenden Erdölexporteuren zählende Iran vermeldeten außergewöhnliche Erdölfunde. Als wesentlichste darunter gelten das Rumaila-Reservoir im südlichen Irak unweit von Basra, dessen Existenz 1953 bekannt wurde, sowie das 1958 gefundene iranische Ahwaz-Feld.[309]

---

[305] Im Falle Saudi-Arabiens betrug dieser über sieben Millionen und beim Iran rund 5,3 Millionen Fass pro Tag.

[306] Das Ghawar-Ölfeld verfügt laut einer Schätzung der EIA über noch bestehende nachgewiesene Reserven von 75 Milliarden Barrel. Der kumulierte Output seit dem Produktionsbeginn im Jahre 1951 beträgt bereits mehr als 70 Milliarden Barrel. Die tägliche Förderkapazität beläuft sich auf aktuell 5,8 Millionen Fass pro Tag. Siehe US Energy Information Administration (EIA), „Country Analysis Brief: Saudi Arabia", 10 September 2014, abrufbar unter: http://www.eia.gov/countries/analysisbriefs/Saudi_Arabia/saudi_arabia.pdf (9. November 2014).

[307] Die kumulierte Fördermenge von Greater Burgan dürfte sich mittlerweile auf rund 33 Milliarden Fass belaufen. Die Schätzungen über die noch vorhandenen Reserven divergieren beträchtlich. Ein wesentlicher Teil von Kuwaits nachgewiesenen Ölreserven, die von der EIA mit 102 Milliarden Barrel angegeben werden (Stand: Oktober 2014), lagern im Burgan-Reservoir.

[308] Vgl. International Energy Agency (IEA), World Energy Outlook 2005: Middle East and North Africa Insights, Paris: OECD/IEA 2005, S. 422.

[309] Der kumulierter Output des Rumaila-Feldes beläuft sich laut BP auf rund zwölf Milliarden Barrel, bei geschätzten verbleibenden Reserven von circa 20 Milliarden Barrel. Siehe

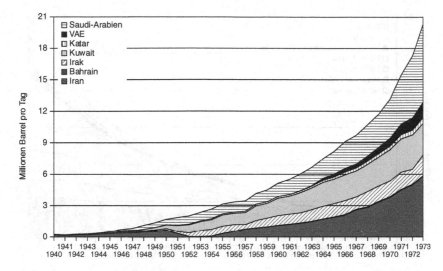

Abb. 4.1 Rohölproduktion im Nahen Osten 1940–1973. (Quelle: Bouda Etemad und Jean Luciani, World Energy Production 1800-1985, Genf: Droz 1991; siehe The Shift Project Data Portal)

Die Rohölproduktion im Nahen Osten[310] stieg von rund einer Million Barrel pro Tag Ende der 1940er Jahre auf über fünf Millionen 1960 und mehr als 20 Millionen Barrel pro Tag 1973 (Abbildung 4.1). Der Iran und Saudi-Arabien verzeichneten mit einer Erhöhung allein zwischen 1960 und 1973 um knapp fünf bzw. über sechs Millionen Fass pro Tag die größten absoluten Produktionszuwächse. Ende der 1960er Jahre erzeugten die Quellen des Nahen Ostens erstmals mehr Erdöl als jene der Vereinigten Staaten und Kanadas zusammen, wodurch die Region zur größten Fördergegend der Welt aufstieg. Mit Ausnahme einiger weniger Jahre um die Jahrhundertwende war Nordamerika seit Beginn des modernen Erdölzeitalters für einen Zeitraum von über hundert Jahren der größte Ölerzeuger der Welt gewesen. Diese Stellung musste die Weltgegend an den Nahen Osten abgeben, der seit nunmehr fast einem halben Jahrhundert mehr Erdöl fördert als jede andere Region.

---

http://www.bp.com/en/global/corporate/about-bp/bp-worldwide/bp-in-iraq.html (9. November 2014).

[310] Bahrain, Irak, Iran, Katar, Kuwait, Saudi-Arabien und Vereinigte Arabische Emirate.

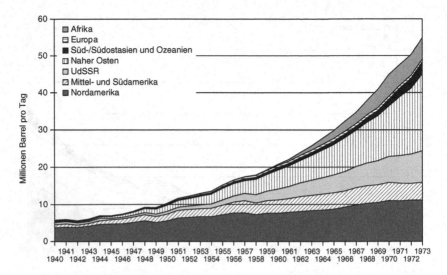

Abb. 4.2 Weltrohölproduktion nach Regionen 1940–1973. (Quelle: Bouda Etemad und Jean Luciani, World Energy Production 1800-1985, Genf: Droz 1991; siehe The Shift Project Data Portal)

Infolge immenser Produktionssteigerungen hat sich die globale Rohölförderung innerhalb von drei Jahrzehnten bis 1973 beinahe verzehnfacht (Abbildung 4.2). Im Jahre 1950 wurde mit über zehn Millionen Barrel pro Tag weltweit bereits doppelt so viel Rohöl produziert als 1945.[311] Zehn Jahre später hat sich der Output auf mehr als 20 Millionen Barrel pro Tag im Jahre 1960 erneut verdoppelt. 1965 betrug die globale Tagesproduktion bereits rund 30 Millionen Barrel, um 1968 die Marke von 40 Millionen zu überschreiten und 1973 ungefähr 55 Millionen Barrel zu erreichen.[312]

Den größten relativen Förderzuwachs verzeichnete zwischen 1950 und 1973 der afrikanische Kontinent. In Libyen wurden in den frühen 1960er Jahren mehrere große Ölvorkommen gefunden, unter anderem das von BP entdeckte Sarir-Feld und das von Standard Oil of New Jersey aufgespürte Zelten-Ölfeld. Dank dieser Funde steigerte das Land seine Erdölproduktion innerhalb eines Jahrzehnts von annähernd null auf über 3,3 Millionen Barrel pro Tag im Jahre 1970.

---

[311] Vgl. Park, Oil Money and the World Economy, S. 10; und Odell, Oil and World Power, S. 11.

[312] Vgl. The Shift Project (Data Portal), abgerufen: 7. Juli 2014.

Libyen stieg damit nach Saudi-Arabien, dem Iran und Venezuela zum viertgrößten Produzenten der OPEC auf.[313]

Es war die Politik des 1969 vom revolutionären Regime Muammar al-Gaddafis gestürzten König Idris, die das rasante libysche Produktionswachstum ermöglichte. Idris trachtete nach einer maximalen Ölförderleistung seines Landes. Um dieses Ziel zu erreichen, vergab er die beliebten Förderkonzessionen vornehmlich an „unabhängige" Ölkonzerne, die ebenso wie er an einer schnellstmöglichen Ausbeutung interessiert waren. Darüber hinaus wollte der libysche König eine zu große Abhängigkeit seines Landes von den mächtigen Sieben Schwestern vermeiden, unter welcher die meisten Produktionsländer zu leiden hatten. 1970 entstammte mehr als die Hälfte des libyschen Outputs den Bohrlöchern „unabhängiger" Ölkonzerne, während der Anteil der Independents an der gesamten Erdölförderung der OPEC lediglich 15 Prozent betrug.[314]

Neben Libyen erzielten zwei weitere afrikanische Länder beträchtliche Zuwächse ihres Erdöloutputs: Algerien und Nigeria. Die franko-algerische Mineralölgesellschaft Société Nationale de Recherche et d'Exploitation de Pétrole en Algérie (SN REPAL) begann in den frühen 1950er Jahren mit ersten Bohrungen in der algerischen Provinz Ghardaia in der nördlichen Zentralsahara. Auch die französische CFP führte 1953 in derselben Region, in El Goléa, eine Bohrung durch. Die Compagnie de Recherches et d'Exploitation de Pétrole au Sahara (CREPS) wurde im Jänner 1956 in Edjeleh an der libyschen Grenze fündig, wo sie ein Erdölreservoir beträchtlicher Größe anbohrte. Im Juli desselben Jahres folgte die SN REPAL mit der Entdeckung des größten Ölfeldes Algeriens in Hassi Messaoud im Nordosten des Landes.[315] Im Anschluss daran und weiterer Funde im darauffolgenden Jahrzehnt stieg der algerische Erdöloutput bis 1973 auf eine Million Fass pro Tag.[316]

Die Exploration Nigerias begann bereits 1937. Die Erdölsuche musste während des Zweiten Weltkrieges eingestellt werden und wurde erst 1947 wieder aufgenommen. 1956 wurde in dem westafrikanischen Land schließlich Öl gefunden. Nachdem fünf Erdölfelder im östlichen Nigerdelta in Produktion gingen, stieg die nigerianische Fördermenge von circa 300.000 Tonnen 1958 auf über

---

[313] Vgl. Blair, The Control of Oil, S. 211.

[314] Vgl. ebd., S. 212.

[315] Vgl. Samir Saul, „SN REPAL, CFP and ‚Oil-Paid-in-Francs'", in: Alain Beltran (Hrsg.), A Comparative History of National Oil Companies, Brüssel: P.I.E. Peter Lang 2010, S. 93–124 (hier 102).

[316] Vgl. The Shift Project (Data Portal), abgerufen: 8. November 2014.

2,2 Millionen Tonnen 1961.[317] Bis Mitte des Jahrzehnts konnte der Output auf rund 406.000 Fass pro Tag gesteigert werden, ehe dieser 1968 als Folge des Biafra-Krieges auf weniger als 140.000 Fass pro Tag einbrach. Am Ende des Jahrzehnts setzte in Nigeria allerdings ein eindrucksvolles Förderwachstum ein. Der Rohöloutput verdoppelte sich innerhalb eines Jahres auf mehr als eine Million Barrel pro Tag 1970, um sich bis 1973 auf über zwei Millionen Barrel pro Tag erneut zu verdoppeln.[318]

Tab. 4.3 Betriebs- und Entwicklungskosten von Erdöl 1961–1964 (in US-Dollar pro Barrel)

	Betrieb	Entwicklung	Summe
USA (1961–1962)	0,170	1,340	1,510
Venezuela (1961–1964)	0,065	0,550	0,615
Libyen (1962–1964)	0,022	0,130	0,152
Algerien (1964)	0,039	0,420	0,459
Nigeria (1962–1964)	0,027	0,280	0,307
Iran (1962–1964)	0,010	0,060	0,070
Irak (1962–1964)	0,012	0,030	0,042
Kuwait (1962–1964)	0,018	0,080	0,098
Saudi-Arabien (1962–1964)	0,015	0,080	0,095

Quelle: Hartmut Elsenhans, „Entwicklungstendenzen der Welterdölindustrie", in: ders. (Hrsg.), Erdöl für Europa, Hamburg: Hoffmann und Campe 1974, S. 7–47 (hier 35).

Die drei aufstrebenden afrikanischen Erzeugerländer Libyen, Algerien und Nigeria erreichten zwischen 1960 und 1970 eine Erhöhung ihrer gemeinsamen Ölproduktion von 0,2 auf knapp 5,5 Millionen Barrel pro Tag.[319] Auch diese zusätzlichen Fässer suchten nach Absatzmöglichkeiten auf dem internationalen Ölmarkt. Die jungen afrikanischen Erdölnationen erhoben Anspruch auf einen

---

[317] Vgl. Peter R. Odell, An Economic Geography of Oil, London: G. Bell & Sons 1963, S. 25.

[318] Vgl. The Shift Project (Data Portal), abgerufen: 8. November 2014.

[319] Vgl. Aperjis, The Oil Market in the 1980 s, S. 2.

Teil des Marktes und setzen diesen dadurch zusätzlich unter Druck. Der deutliche Preisvorteil in der Ölerzeugung im Vergleich zu etablierten Produzenten wie den Vereinigten Staaten und Venezuela erlaubte es den Erdölexportstaaten des Nahen Ostens und Afrikas, über mitunter beträchtliche Preisabschläge Marktzugewinne zu erzielen. Wie aus Tabelle 4.3 hervorgeht, lagen die Gesamtproduktionskosten (bestehend aus der Summe der Betriebs- und Entwicklungskosten ohne Investitionsaufwand) in der Golfregion und in den größten afrikanischen Überschussländern deutlich unter jenen in Nordamerika.

Von den Förderländern des Nahen Ostens und Afrikas war das algerische Erdöl am teuersten. Die höheren Produktionskosten in Algerien ergeben sich in erster Linie aus der größeren Tiefe der Erdöllagerstätten. Zudem erhöht deren weite Entfernung von der Küste die Beschaffungskosten für die Verbraucher. Das größte Erdölreservoir Algeriens, Hassi Messaoud, befindet sich in 3.300 Metern Tiefe und liegt rund 600 Kilometer im Landesinneren, von wo der flüssige Energierohstoff für den Weitertransport zu den Vertriebsmärkten zuerst zur Mittelmeerküste geliefert werden muss.[320] Im Nahen Osten hingegen liegen die Ölreservoire in zumeist geringer Tiefe und vergleichsweise nahe an der Küste. Darüber hinaus stehen sie unter einem hohen natürlichen Druck, was deren Betriebskosten reduziert. Während die Vereinigten Staaten ihre Gesamterdölerzeugung in den frühen 1970er Jahren aus circa 500.000 Bohrlöchern herauspumpen mussten, verteilte sich der saudische Gesamtoutput auf nicht mehr als 630 Bohrungen. Die Jahresfördermenge je Bohrloch belief sich in den USA im Schnitt auf weniger als 1.000 Tonnen Rohöl; in Saudi-Arabien betrug diese durchschnittlich annähernd 600.000 Tonnen.[321]

4.3.3 Die Expansion des Ölverbrauchs und die Transformation der Lebenswelt in den westeuropäischen Wachstumsjahren

Nach Überwindung der ersten Nachkriegsjahre setzte zu Beginn der zweiten Hälfte des Jahrhunderts ein eindrucksvoller wirtschaftlicher Aufschwung auf dem europäischen Kontinent ein, der letztlich bis 1973 anhielt. Das Bruttoinlandsprodukt der westeuropäischen Staaten ist zwischen 1950 und 1973

---

[320] Vgl. Saul, „SN REPAL, CFP and ‚Oil-Paid-in-Francs‘", S. 104.

[321] Vgl. Keiser, Die Energiekrise und die Strategien der Energiesicherung, S. 7.

um durchschnittlich 4,8 Prozent pro Jahr gestiegen.[322] Die Industrieproduktion verzeichnete zwischen 1945 und 1960 im Durchschnitt gar jährliche Wachstumsraten von acht Prozent.[323] Ein derart hohes Wirtschaftswachstum über einen solch langen Zeitraum war einzigartig, weshalb diese Periode des europäischen Wirtschaftswunders vielfach als das „goldene Zeitalter" bezeichnet wird.[324]

Mit den beachtlichen Wachstumsraten stieg gleichzeitig der Ressourcenverbrauch der expandierenden europäischen Wirtschaftssysteme. Zu jener Zeit bedurfte es zur Erzielung ökonomischen Wachstums eines äquivalenten Einsatzes von Energie. Tatsächlich entsprach bis zu Beginn der 1970er Jahre die durchschnittliche Steigerungsrate des Energieverbrauchs in den westlichen Industriestaaten exakt jener des Wirtschaftswachstums.[325] Auch die demographische Entwicklung in der Nachkriegszeit trug zum enormen Energiehunger und stark steigenden Ressourcenbedarf Europas bei. In den Jahren des Baby-Booms erlebte der Kontinent einen signifikanten Bevölkerungszuwachs. Zwischen 1948 und 1970 stieg die Einwohnerzahl Europas um über 73 Millionen Menschen.[326]

Der außergewöhnliche wirtschaftliche Aufschwung bewirkte eine deutliche Zunahme des allgemeinen Wohlstandsniveaus. Das Bruttoinlandsprodukt in Westeuropa hat sich von 1950 bis 1973 nahezu verdreifacht.[327] Nach den Jahren des Mangels und der Entbehrung während des Krieges und dem Wiederaufbau weckte der neugewonnene und sich rapide ausweitende Wohlstand vielfältige

---

[322] Dieser Durchschnittswert bezieht sich auf die Staaten der EU-15. Siehe Harald Badinger, Wachstumseffekte der Europäischen Integration, Schriftenreihe des Forschungsinstituts für Europafragen der Wirtschaftsuniversität Wien: Band 21, Wien: Springer 2003, S. 176; und Angus Maddison, The World Economy, Volumes 1 and 2, Paris: OECD 2006, S. 187.

[323] Vgl. Lenczowski, Oil and State in the Middle East, S. 29. Siehe auch Jensen, Energy in Europe, S. 45.

[324] Vgl. Crafts und Toniolo, „Postwar Growth", S. 3.

[325] Vgl. Richard Eden et al., Energy Economics: Growth, Resources, and Policies, Cambridge: Cambridge University Press 1981, S. 29 ff. (insbes. 37). Dies stimmt mit den von G. F. Ray angegebenen Werten überein, die auf Daten der OECD und der Vereinten Nationen beruhen. Zwischen 1963 und 1973 betrug der Energiekoeffizient, sprich der prozentuelle Anstieg des Energieeinsatzes im Verhältnis zum Wirtschaftswachstum, in Westeuropa im Jahresdurchschnitt genau eins. Siehe G. F. Ray, „Europe's Farewell to Full Employment?", in: Daniel Yergin und Martin Hillenbrand (Hrsg.), Global Insecurity: A Strategy for Energy and Economic Renewal, Boston: Houghton Mifflin 1982, S. 200–229 (hier 212).

[326] Vgl. United Nations – Department of International Economic and Social Affairs, Demographic Yearbook: Historical Supplement, Special Issue, New York 1979, S. 151–171. Gut 52 Millionen davon entfallen auf Westeuropa und knapp 21 Millionen auf die Staaten östlich des Eisernen Vorhangs (inkl. Jugoslawien und Albanien, exkl. den Sowjetrepubliken).

[327] Vgl. Maddison, The World Economy, S. 184 f. Pro Kopf ist das westeuropäische BIP im selben Zeitraum um das Zweieinhalbfache gestiegen.

Konsumbedürfnisse. Darunter fiel insbesondere das eigene Familienhaus in der Vorstadt und das private Automobil – beides äußerst energieintensive Wohlstandsgüter. Dank der wirtschaftlichen Prosperität wurde der Traum vom Eigenheim für breite Bevölkerungsschichten zur Wirklichkeit: „Nach den Wirren der Kriegsjahre und der Not, oder gar der bitteren Erfahrungen des Lagerlebens, wirkten die naturnahen Einfamilienhausgebiete wie suburbane Refugien, in denen wieder eine alltägliche Normalität im geordneten Familienleben hergestellt werden konnte."[328] Der Trend zum Eigenheim führte zu einer zunehmenden Suburbanisierung des Wohnraums, die durch staatliche Förderpraktiken wie der gezielten Förderung des Familienheims ab Mitte der 1950er Jahre sowie der Einführung der Kilometerpauschale für die Berufspendler noch verstärkt wurde.[329]

Der Großteil des Bevölkerungswachstums entfiel folglich auf die Agglomerationsgürtel der Kernstädte, die sich über die bisherigen Stadtgrenzen hinaus ausdehnten. Zum Beispiel sind in Großbritannien die dezentralisierten Siedlungsgebiete der Vorstädte in den 1950er Jahren um über zehn Prozent und in den 1960er Jahren um fast 18 Prozent gewachsen, während die Bevölkerungszahl in den urbanen Kernzonen stagnierte.[330] In anderen westeuropäischen Ländern war dasselbe Phänomen zu beobachten. Auch in Deutschland konzentrierte sich das beachtliche Bevölkerungswachstum auf die sich verdichtenden peripheren Stadtumlandgebiete, die zunehmend in die ländlichen Freiräume expandierten.[331] Die neu entstandenen großflächigen Einfamilienhaussiedlungen waren mit öffentlichen Massenverkehrsmitteln nicht bequem zu erreichen, weshalb die ständig wachsende Bevölkerungsgruppe der Vorstadtbewohner in Sachen Mobilität weitgehend auf den privaten Personenkraftwagen vertraute und damit einen massiven Individualpendelverkehr, mit entsprechender Belastung der Verkehrsinfrastruktur,

---

[328] Gerd Kuhn, „Suburbanisierung in historischer Perspektive", in: Clemens Zimmermann (Hrsg.), Zentralität und Raumgefüge der Großstädte im 20. Jahrhundert, Beiträge zur Stadtgeschichte und Urbanisierungsforschung: Band 4, Stuttgart: Franz Steiner Verlag 2006, S. 61–82 (hier 76).

[329] Vgl. ebd., S. 76.

[330] Vgl. Tony Champion, „Urbanization, Suburbanization, Counterurbanization and Reurbanization", in: Ronan Paddison (Hrsg.), Handbook of Urban Studies, London: Sage 2001, S. 143–161 (hier 149).

[331] Vgl. Rainer Mackensen, „Urban Decentralization Processes in Western Europe", in: Anita A. Summers, Paul C. Cheshire und Lanfranco Senn (Hrsg.), Urban Change in the United States and Western Europe: Comparative Analysis and Policy, 2. Auflage, Washington, DC: The Urban Institute Press 1999, S. 297–323 (hier 302).

auslöste. Durch die Zersiedelung wurde der PKW zur zwingenden Notwendigkeit für Millionen von Menschen. Suburbanisierung und Automobilisierung sind demnach eng miteinander verbunden.

Während in den 1950er Jahren der PKW in Europa noch einer kleinen wohlhabenden Personengruppe vorbehalten war, eroberte das Automobil im Laufe des darauffolgenden Jahrzehnts die Arbeiterklasse und wurde zum Massenartikel.[332] Die westeuropäische Automobilproduktion steigerte sich von 1,1 Millionen hergestellten Privatkraftwägen 1950 auf knapp zehn Millionen Stück 1970 und überholte damit die Vereinigten Staaten, die im selben Jahr 6,5 Millionen Stück produzierten. Die britische Autoindustrie verzeichnete in diesen 20 Jahren eine Steigerung ihrer jährlichen Personenkraftwagenerzeugung um das Dreifache, die französische um das Neunfache und die westdeutsche gar um das 16-Fache.[333] Die Massenmotorisierung der westeuropäischen Gesellschaft wurde auch anhand der Anzahl der Personenkraftwägen je 1.000 Einwohner offenkundig: Diese erhöhte sich zwischen 1950 und 1970 von durchschnittlich 20 auf mehr als 200 PKW.[334] Zu Beginn der 1970er Jahre waren bereits mehr als 65 Millionen Kraftfahrzeuge auf den Straßen Westeuropas unterwegs.[335]

Der unaufhaltsame Prozess der Suburbanisierung umfasste nicht nur, wie es Heinz Heineberg bezeichnet, die „intraregionale Dekonzentration" von Bevölkerung, sondern auch von Industrieproduktion, Gewerbe, Handel und Dienstleistungen und überdies von Infrastruktur.[336] Neben zusätzlichem Wohnraum entstanden in den dezentralisierten Ergänzungsgebieten auch allerorts großräumige Gewerbeflächen, was zu einer nachhaltigen Umformung des Stadtumlandes führte. Die neuen Siedlungs- und Geschäftszonen waren vollständig auf die Bedürfnisse

---

[332] Vgl. Philip M. Raup, „Constraints and Potentials in Agriculture", in: Robert H. Beck et al. (Hrsg.), The Changing Structure of Europe: Economic, Social, and Political Trends, Minneapolis: University of Minnesota Press 1970, S. 126–170 (hier 135 f.).

[333] Für die Daten über die Automobilproduktion siehe Erik Eckermann, World History of the Automobile, Warrendale: Society of Automotive Engineers 2001, S. 177.

[334] Siehe Gerold Ambrosius und William H. Hubbard, A Social and Economic History of Twentieth-Century Europe, Cambridge, MA: Harvard University Press 1989, S. 224. Die Zahlen für die einzelnen Länder variieren beträchtlich und schwanken im Jahre 1950 zwischen sieben Autos je 1.000 Einwohner in Italien, Finnland und Österreich und 37 bzw. 46 PKW in Frankreich und dem Vereinigten Königreich. 1970 reichte die Schwankungsbreite von 134 (Irland) und 162 (Österreich) bis 277 (BRD) und 285 (Schweden).

[335] Vgl. John F. L. Ross, Linking Europe: Transport Policies and Politics in the European Union, Westport: Praeger 1998, S. 97.

[336] Vgl. Heinz Heineberg, Stadtgeographie, 3. Auflage, Paderborn: Ferdinand Schöningh 2006, S. 44.

der nunmehr motorisierten Individualverkehrsteilnehmer ausgerichtet. Beispielhaft dafür sind die überall aus dem Boden gestampften, von riesigen Parkflächen umgebenen Einkaufszentren. Als direkte Folge der exzessiven Flächeninanspruchnahme blieben weitläufige Asphaltlandschaften.

Für die massive Zunahme des Individualverkehrs musste eine entsprechende Straßeninfrastruktur geschaffen werden. Während der Ausbau des westeuropäischen Schnellstraßennetzes in den 1950er Jahren noch schleppend vorangegangen war, wurden im darauffolgenden Jahrzehnt die Autobahnen erheblich ausgeweitet. Die Zahl der Autobahnkilometer erhöhte sich zwischen 1960 und 1970 von 4.000 auf 13.000.[337] Allein in der BRD wurden bis Mitte der 1970er Jahre circa 7.300 Kilometer gebaut.[338] Die neu errichtete Verkehrsinfrastruktur bot nun im europäischen Gütertransport eine bequeme und kostengünstige Alternative zur Eisenbahn und Binnenschifffahrt. Der Frachtverkehr verlagerte sich daraufhin zunehmend von der Schiene auf die Straße. 1970 wurden nur noch 13 Prozent des westdeutschen Güterverkehrsaufkommens im Binnenland per Eisenbahn befördert, während der Anteil des Straßentransports 75 Prozent betrug.[339]

Zeitgleich mit der Massenmotorisierung der europäischen Gesellschaft erlebte auch die Zivilluftfahrt einen fulminanten Aufstieg. War das Flugzeug zuvor der militärischen Nutzung und als Verkehrsmittel einiger weniger privilegierter, wohlhabender Bürger einem exklusiven Kreis vorbehalten, wurde der Lufttransport in der zweiten Hälfte des 20. Jahrhunderts für größere Bevölkerungsteile erschwinglich und etablierte sich binnen kurzer Zeit als schnelles und sicheres Reisemittel zur bequemen Überwindung weiter Wegstrecken. In Westdeutschland erhöhte sich die jährliche Passagierzahl im Zivilflugverkehr ab 1955 innerhalb von 20 Jahren von zwei auf knapp 28 Millionen. Weltweit stieg die Anzahl der im Fluglinienverkehr pro Jahr beförderten Passagiere zwischen 1945 und Mitte der 1970er von neun auf über 500 Millionen.[340]

Es gilt zu bedenken, dass die Millionen Privat- und Lastkraftfahrzeuge auf Europas Straßen und die Tausenden Flugzeuge im europäischen und internationalen Luftraum durch Erdölprodukte in Bewegung versetzt wurden. Demgemäß löste allein die enorme Zunahme des Straßen- und Flugverkehrs im Nachkriegseuropa eine gewaltige Nachfragesteigerung nach dem Flüssigbrennstoff aus. Die

---

[337] Vgl. Ross, Linking Europe, S. 97.

[338] Vgl. Helmut Nuhn und Markus Hesse, Verkehrsgeographie, Paderborn: Ferdinand Schöningh 2006, S. 46.

[339] Vgl. ebd., S. 81.

[340] Für die Beförderungszahlen im Flugverkehr siehe Wilhelm Pompl, Luftverkehr: Eine ökonomische und politische Einführung, 5. Auflage, Berlin: Springer 2007, S. 2 ff.

im Transportsektor verbrauchte Ölmenge hat sich in Westeuropa zwischen 1960 und 1972 annähernd verdreifacht.[341] Dennoch war der Anteil des Personen- und Güterverkehrs am Gesamterdölverbrauch rückläufig und machte 1972 aufgrund des überproportionalen Wachstums in anderen Konsumbereichen lediglich 23 Prozent aus.[342] So war die Verwendung von Erdöl als Heizmaterial in Privathaushalten und der Industrie stark im Steigen begriffen. In den neu entstandenen Einfamilienhaussiedlungen wurde großteils mit Öl geheizt. In der BRD entfiel 1960 bereits die Hälfte des Gesamtverbrauchs von Mineralölprodukten auf Heizöl, während es zehn Jahre zuvor lediglich sieben Prozent gewesen waren.[343]

Der Einsatz von Öl als Heizmittel ging vornehmlich auf Kosten von Kohle, deren Verbrennung die Luft in den europäischen Ballungsräumen erheblich belastete und die auch in Bezug auf ihre Transport- und Lagerfähigkeit dem flüssigen fossilen Energieträger unterlegen war. Dem festen Brennstoff erwuchs in einem weiteren Verwendungsbereich ernsthafte Konkurrenz durch das Erdöl: der chemischen Industrie. Die Kohle wurde innerhalb kürzester Zeit weitgehend durch das Öl als Grundstoff der chemischen Industrie abgelöst: „Während 1957 noch drei Viertel aller Chemikalien auf Kohle basierten, wurden bis 1963 bereits zwei Drittel aus Öl oder Erdgas hergestellt."[344] Ohne Erdöl wäre der fulminante Aufstieg von Plastik und dessen förmliche „Eroberung der Welt" kaum zu denken. Der petrochemische Werkstoff ersetzte umgehend herkömmliche Materialien in nahezu jedem denkbaren Anwendungsbereich. Die globale Kunststoffproduktion hat sich zwischen 1951 und 1967 von zwei auf 18 Millionen Tonnen verneunfacht.[345] Erdöl bildete die Grundlage dieser außergewöhnlichen Expansion der Kunststoffindustrie, die als „petrochemische Revolution" in die Geschichte einging.[346]

Lediglich bei der Stromerzeugung konnte die Kohle ihre dominante Stellung gegenüber dem Erdöl mehr oder minder halten, wobei auch hier ernsthafte Konkurrenz durch den Flüssigbrennstoff und die aufstrebende Nuklearenergie im Entstehen war. In den frühen 1960er Jahren verzeichnete der Verbrauch von

---

[341] Vgl. J. E. Hartshorn, Oil Trade: Politics and Prospects, Cambridge: Cambridge University Press 1993, S. 101.

[342] Vgl. ebd., S. 101.

[343] Vgl. Brökelmann, Die Spur des Öls, S. 423.

[344] Ebd., S. 424.

[345] Vgl. John Brydson, Plastics Materials, 7. Auflage, Oxford: Butterworth-Heinemann 1999, S. 11.

[346] Siehe dazu Louis Galambos, Takashi Hikino und Vera Zamagni (Hrsg.), The Global Chemical Industry in the Age of the Petrochemical Revolution, Cambridge: Cambridge University Press 2007.

schwerem Heizöl in der öffentlichen Elektrizitätsgewinnung die höchsten Wachstumsraten bei der Gesamtnachfrage nach Erdöl. Allein zwischen 1960 und 1964 ist der Schwer- und Heizölbedarf in den europäischen Mitgliedsländern der OECD um 76 Prozent gestiegen.[347] Das Öl wurde von den europäischen Konsumenten, seien es Privathaushalte, die Industrie oder die öffentliche Hand, als effizienter und vielseitig einsetzbarer Energierohstoff geschätzt.

Damit die vielen Millionen Automobile auf Europas Straßen in Bewegung blieben, sprießten auf dem gesamten Kontinent allerorten Tankstellen aus dem Boden. Um die gewaltigen Mengen Kraftstoff zum Endverbraucher zu bringen, bedurfte es einer geeigneten, engmaschigen Zapfsäuleninfrastruktur. Allein in der BRD wuchs die Anzahl an Tankstellen zwischen 1950 und 1970 von rund 18.000 auf circa 46.000.[348] Mit der steigenden Nachfrage nach raffinierten Erdölerzeugnissen infolge des Automobil- sowie Heizölbooms verlagerten die internationalen Ölkonzerne ihre Raffineriekapazitäten zunehmend nach Europa. Vor dem Zweiten Weltkrieg wurden Raffinerien zumeist in der Nähe der Rohölförderstätten errichtet und die veredelten Erdölprodukte je nach Bedarf mit vergleichsweise kleinen Frachtschiffen in ihre Bestimmungsmärkte exportiert. Aufgrund des geringen Verbrauchs in den einzelnen Importländern wäre es damals nicht rentabel gewesen, in den unterschiedlichen Zielmärkten Großraffinerien zu betreiben.

Mit dem stark steigenden Bedarf in den 1950er Jahren begannen die Ölkonzerne Rohöl kostengünstig in riesigen Tankschiffen in die Konsumländer zu liefern, um dort den Rohstoff in neu errichteten Raffinerien in Autotreibstoffe, Heizöl und andere Erzeugnisse umzuwandeln. Die Anzahl der auf den Weltmeeren verkehrenden Öltanker hatte sich von circa hundert zu Beginn des Jahrhunderts auf 1.955 im Jahre 1950 erhöht.[349] In den darauffolgenden Jahren wuchs die Tragfähigkeit der weltweiten Tankerflotte von 26,2 Millionen Tonnen

---

[347] Vgl. Jensen, Energy in Europe, S. 59 und 63.

[348] Vgl. Stephan Deutinger, „Eine ‚Lebensfrage für die bayerische Industrie': Energiepolitik und regionale Energieversorgung 1945 bis 1980", in: Thomas Schlemmer und Hans Woller (Hrsg.), Bayern im Bund, Band 1: Die Erschließung des Landes 1949–1973, Quellen und Darstellungen zur Zeitgeschichte: Band 52, München: Oldenbourg 2001, S. 33–118 (hier 95 f.). Ende der 1930er Jahre bestanden im Deutschen Reich ungefähr 60.000 Tankstationen, wobei es sich dabei zumeist um „kleinste Zapfstellen mit geringem Umsatz handelte". Mehr als 80 Prozent davon mussten bei Kriegsbeginn geschlossen werden, da der verfügbare Treibstoff von den Streitkräften benötigt wurde. Deutinger bezeichnet das „Wiedererstehen eines dichten Tankstellennetzes" nach dem Krieg als „eines der sichtbarsten Zeichen für den Wiederaufbau".

[349] Vgl. Clark, The Oil Century, S. 132.

1949 auf 219 Millionen Tonnen (vornehmlich Supertanker) 1972.[350] Die Raffineriekapazität in Westeuropa ist im selben Zeitraum um durchschnittlich 13 bis 14 Prozent pro Jahr gestiegen.[351] Allein zwischen 1965 und 1973 wurden die Kapazitäten auf über 20 Millionen Barrel pro Tag mehr als verdoppelt.[352]

Die statistischen Daten über den europäischen Energiekonsum zu jener Zeit zeigen den deutlichen Trend zu Erdöl: Während sich der gesamte westeuropäische Primärenergieverbrauch zwischen 1950 und 1965 auf circa 1.160 Millionen Tonnen SKE beinahe verdoppelt hat, verzeichnete der Erdölbedarf mit einer Steigerung von knapp 70 auf über 490 Millionen Tonnen SKE eine Versiebenfachung.[353] Dieser Zugewinn ging großteils auf Kosten von Steinkohle, deren Verbrauch rückläufig war. Der westdeutsche Kohleverbrauch verringerte sich zwischen 1950 und 1973 von 121 auf 115 Millionen Tonnen SKE und jener Frankreichs von 63 auf 42 Millionen Tonnen SKE. Zur gleichen Zeit steigerten diese Länder ihren Erdölkonsum von sechs auf 224 bzw. von 16 auf 189 Millionen Tonnen SKE.[354]

In der zweiten Hälfte der 1960er Jahre wurde die Kohle durch das Erdöl als meistverbrauchte Energieressource in Europa abgelöst. Damit ging eine bedeutende energiehistorische Ära zu Ende. Die Kohle war der Rohstoff der industriellen Revolution und seit Ende des 19. Jahrhunderts die dominierende Energiequelle.[355] Nun musste der feste dem flüssigen fossilen Brennstoff als meistkonsumierter Energieträger in Westeuropa weichen. Abbildung 4.3 veranschaulicht diese Entwicklung anhand ausgewählter westeuropäischer Länder in aller Deutlichkeit. In den zwei Jahrzehnten ab 1950 verwandelten sich die Ökonomien und Gesellschaften Westeuropas von weitgehend kohlebasierten zu grundlegend erdölabhängigen Systemen. Der Substitutionsprozess von Kohle zu Öl ereignete sich in den einzelnen europäischen Ländern unterschiedlich. Er vollzog sich in Staaten mit reichen eigenen Kohlevorkommen wie Großbritannien und Deutschland langsamer als in Ländern, denen nur geringe Mengen an festen Brennstoffen aus einheimischem Abbau zur Verfügung standen (z. B. Italien und die Niederlande).

---

[350] Vgl. Brown, World Energy Resources, S. 56.

[351] Vgl. Bamberg, British Petroleum and Global Oil, S. 280.

[352] Siehe BP, Statistical Review of World Energy June 2020 (Data Workbook).

[353] Siehe Tabelle A.3 und A.6.

[354] Vgl. BP, Statistical Review of the World Oil Industry 1973, London 1974, S. 8.

[355] Davor war traditionelle Biomasse, allen voran Holz, die vorherrschende Energieform, wobei die Entwicklung in den einzelnen europäischen Ländern unterschiedlich verlief. Siehe dazu Fußnote 4 in Kapitel 3.

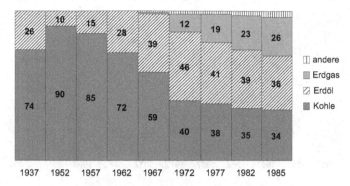

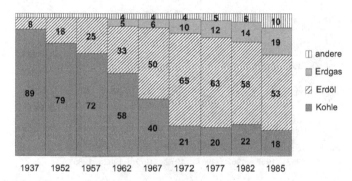

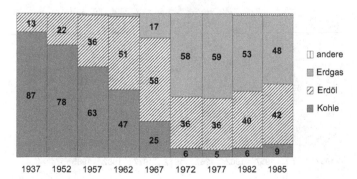

Abb. 4.3 Primärenergiemix westeuropäischer Länder 1937–1985 (Verteilung in Prozent). (Quelle: United Nations Statistics; siehe Peter R. Odell, Oil and World Power, 8. Auflage, Harmondsworth: Penguin 1986, S. 120 f.; eigene Darstellung)

Bundesrepublik Deutschland

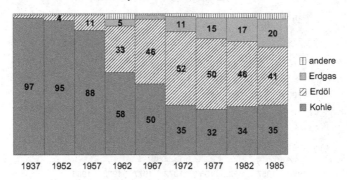

Italien

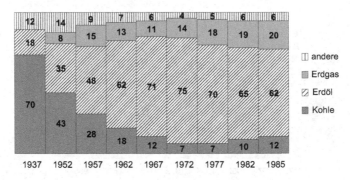

Belgien und Luxemburg

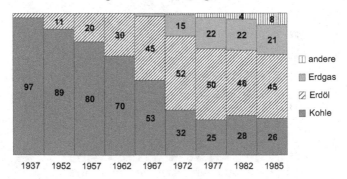

Abb. 4.3   (Fortsetzung)

Die Gründe für die erstaunliche Zunahme des westeuropäischen Erdölkonsums bei gleichzeitiger Stagnation bzw. Verringerung (je nach Land und betrachtetem Zeitraum) des Kohlebedarfs sind vielfältig. Einerseits war das Mineralöl in bestimmten rasch wachsenden Sektoren wie dem Straßen- und Luftverkehr alternativlos und monopolisierte diese Anwendungsbereiche.[356] Andererseits führte die besondere Beschaffenheit, bequemere Nutzung und Lagerfähigkeit sowie höhere energetische Effizienz des Erdöls zu einer Verdrängung in Verwendungsgebieten, die zuvor von der Kohle dominiert waren – allen voran die Wärmegewinnung und die chemische Industrie. Auch das zunehmende Umweltbewusstsein der westeuropäischen Konsumenten und Regierungen verlangte eine Beschränkung der Kohlenutzung, insbesondere der schmutzigen Braunkohle, zugunsten sauberer Brennstoffe, darunter Ölprodukte.

Beispielhaft dafür ist das bis in die 1950er Jahre smoggeplagte London, dessen Luft durch die Verbrennung von Kohle derart verpestet war, dass die Stadt regelmäßig in krankmachendem feuchten Nebel lag.[357] Der 1956 im britischen Parlament verabschiedete Clean Air Act war eine direkte Reaktion auf diese „killer fogs" und beinhaltete zahlreiche Maßnahmen zur Verbesserung der Luftqualität, unter anderem die Eindämmung der Kohleverbrennung. Mit dem vermehrten Verzicht auf die Verbrennung von Braunkohle begrenzte der verhältnismäßig rohstoffarme europäische Kontinent die Nutzung jenes Energieträgers, von dem er relativ die reichsten Vorkommen auf seinem Gebiet besaß. Die schmutzigste aller Kohlearten wurde zu jener Zeit in 19 europäischen Ländern abgebaut, wobei beinahe die gesamte Produktion in den Förderländern selbst verbraucht wurde.[358]

Zur selben Zeit als das Erdöl seinen fulminanten Aufstieg in Europa erfuhr, hatte die europäische Kohleindustrie mit zahlreichen Schwierigkeiten zu kämpfen. Die westeuropäischen Wachstumsökonomien boten der nach dem Krieg dezimierten arbeitsfähigen Bevölkerung vielseitige Beschäftigungsmöglichkeiten, wodurch der Kohlebergbau unter akutem Arbeitskräftemangel litt. Jene, die sich für die beschwerliche Arbeit in den Gruben und Bergwerken rekrutieren ließen, wechselten oftmals nach kurzer Zeit in andere Berufe. Das Durchschnittsalter der hartgesottenen Kumpel stieg dadurch stetig an. Aufgrund der Fluktuationen und

---

[356] Nach der Festlegung der weltweiten Autoindustrie auf den Verbrennungsmotor war der erdölbetriebene Motortyp infolge selbstverstärkender Wirkmechanismen im weiteren Pfadverlauf tatsächlich alternativlos.

[357] Vgl. Judt, Die Geschichte Europas seit dem Zweiten Weltkrieg, S. 262.

[358] Vgl. Jensen, Energy in Europe, S. 42 f. Mitte der 1950er Jahre entfielen zwei Drittel des gesamten Kohleverbrauchs von Bulgarien, Ostdeutschland, Rumänien und Ungarn sowie ein Drittel von Österreich, Griechenland und der Tschechoslowakei auf Braunkohle.

der nur schleppend vorangehenden Mechanisierung im Untertagebau konnten kaum Produktivitätssteigerungen erzielt werden. Mitte der 1950er Jahre lag die Produktivität in den großen Förderländern Westdeutschland, Großbritannien und Polen nach wie vor unter dem Vorkriegsniveau.[359]

Die europäische Kohleindustrie trug durch zahllose Arbeitskämpfe selbst kräftig zu ihrem eigenen Bedeutungsverlust bei. In der Montanindustrie des Ruhrgebiets betrachteten die Kumpel den wilden Streik als „normales" Verhandlungsinstrument, um die unterschiedlichsten Forderungen gegenüber der Arbeitgebervertretung durchzusetzen.[360] Die Arbeitsniederlegungen hemmten nicht nur – in Zeiten eines stark steigenden Energiebedarfs – die Produktion, sondern führten den Konsumenten auch in aller Deutlichkeit die Unzuverlässigkeit ihrer Kohlezufuhr vor Augen. Vor allem in den kalten Wintermonaten zeigte der Großteil der mit Kohle heizenden Bevölkerung wenig Verständnis für die streikenden Kohlearbeiter. Unter diesen Umständen bedeutete eine Abhängigkeit von inländischer Kohle für die europäischen Verbraucher, selbst in Friedenszeiten über keine gesicherten Energielieferungen zu verfügen. Die Gefahr von Unterbrechungen der Kohlezufuhr entpuppte sich als weitaus größer, als von internationalen Öllieferungen abgeschnitten zu werden.[361] Allein die unzähligen Streikdrohungen der Bergbaugewerkschafter verhalfen der preiswerten amerikanischen Importkohle und dem Erdöl zu zusätzlichen Nachfragesteigerungen, was in weiterer Folge einen wesentlichen Anteil an der Krise der europäischen Kohleindustrie hatte.[362]

Der wichtigste Faktor für den sukzessiven Bedeutungsverlust der Kohle zugunsten des Erdöls war jedoch pekuniärer Natur. Während die Produktions-

---

[359] Vgl. ebd., S. 41.

[360] Vgl. Peter Birke, Wilde Streiks im Wirtschaftswunder: Arbeitskämpfe, Gewerkschaften und soziale Bewegungen in der Bundesrepublik und Dänemark, Frankfurt am Main: Campus 2007, S. 52.

[361] Vgl. Richard L. Gordon, World Coal: Economics, Policies and Prospects, Cambridge: Cambridge University Press 1987, S. 73.

[362] Für einen detaillierten Überblick über die Auseinandersetzungen zwischen den Gewerkschaften, Arbeitgebern und dem Staat in der Montanindustrie des Ruhrgebiets der 1950er und 1960er Jahre siehe Christoph Nonn, Die Ruhrbergbaukrise: Entindustrialisierung und Politik 1958–1969, Kritische Studien zur Geschichtswissenschaft: Band 149, Göttingen: Vandenhoeck & Ruprecht 2001. Die durchschnittliche Tiefe von Kohleminen betrug in Westeuropa 600 bis 700 Meter, in den Vereinigten Staaten hingegen lediglich 40 bis 60 Meter. Dies erklärt einen Gutteil des Preisvorteils der amerikanischen Steinkohle. Die Einfuhr von US-Kohle erhöhte sich zwischen 1955 und 1957 von 24 auf 45 Millionen Tonnen. 1958 wurden 31 Millionen Tonnen importiert. Zusätzlich wurden sieben bis acht Millionen Tonnen Kohle aus Polen eingeführt. Siehe Lubell, Middle East Oil Crises and Western Europe's Energy Supplies, S. 148 ff.

und Transportkosten von Erdöl in den zwei Jahrzehnten ab 1950 im Sinken begriffen waren, ist der maßgeblich von den hohen Lohnkosten bestimmte Kohlepreis seit Ende des Zweiten Weltkrieges beständig gestiegen.[363] Mit dem zunehmenden Lebensstandard erhöhte sich die Energienachfrage, was in den 1950er Jahren eine Knappheit an Kohle verursachte. Den ökonomischen Gesetzmäßigkeiten folgend führte dieser Umstand zu einer Verteuerung der Kohle. Das in großen Mengen vorhandene und kostengünstig nach Europa transportierte Öl bot sich als Alternative an. Angesichts der sinkenden Transportkosten für Erdöl fielen die Heizölpreise in Westdeutschland 1958 unter die Steinkohlepreise, die von der hohen Arbeitsintensität im Kohleabbau und den steigenden Löhnen bestimmt waren.[364]

„Die relative Verbilligung des Erdöls und der Erdölprodukte" ließ sich laut Günter Keiser „durch ungewöhnliche technische Fortschritte in der Erdölgewinnung, im Raffinerieprozeß und insbesondere im Transport des Erdöls" erklären.[365] Die Gesamtlänge der Ölleitungen auf den Hauptrouten wurde zwischen 1949 und 1972 von 2.900 auf über 24.000 Kilometer gesteigert.[366] Der rasche Ausbau der Pipeline-Infrastruktur sowohl in den Produktions- als auch in den Verbrauchszentren und der Übergang zu immer größeren Öltankern führte zu einem signifikanten Rückgang der Frachtkosten und damit des Mineralölpreises für die Endverbraucher.[367] Abbildung 4.4 veranschaulicht die deutliche reale Verringerung des Richtpreises für Rohöl der wichtigsten Nahostsorte Arabian Light von 1945 bis zu Beginn der 1970er Jahre. 1970 kostete ein Barrel Rohöl in realer Betrachtungsweise um mehr als ein Drittel weniger als 20 Jahre zuvor.

Jene westeuropäischen Regierungen, die aus sozialpolitischen Überlegungen das Erfordernis sahen, die inländische Kohleindustrie vor preiswerter Importkohle und vor allem Erdöl in Schutz zu nehmen, versuchten die einheimische Energieproduktion durch wirtschaftspolitische Steuerungsmaßnahmen wettbewerbsfähig zu halten. Allen voran Bonn und London verfolgten im Rahmen dieses Ansinnens eine protektionistische Politik, indem sie eine hohe Besteuerung von Mineralöl, umfangreiche Subventionen für die nationale Kohleförderung sowie eine Beschränkung der Einfuhr ausländischer Kohle durchsetzten.[368] Die Erhaltung

---

[363] Vgl. Keiser, Die Energiekrise und die Strategien der Energiesicherung, S. 4.

[364] Vgl. Nicoline Kokxhoorn, „Das Fehlen einer konkurrenzfähigen westdeutschen Erdölindustrie", in: Hartmut Elsenhans (Hrsg.), Erdöl für Europa, Hamburg: Hoffmann und Campe 1974, S. 180–201 (hier 183).

[365] Keiser, Die Energiekrise und die Strategien der Energiesicherung, S. 5 f.

[366] Vgl. Brown, World Energy Resources, S. 56.

[367] Vgl. Keiser, Die Energiekrise und die Strategien der Energiesicherung, S. 5 f.

[368] Im Frühjahr 1961 galten laut Schätzungen nur circa 30 Prozent der britischen Jahreskohleproduktion gegenüber dem Raffineriepreis von Erdöl als wettbewerbsfähig. Nur durch

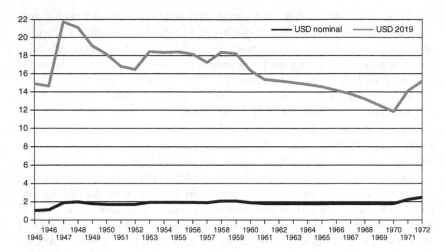

Abb. 4.4 Listenpreis für Rohöl 1945–1972 (je Barrel Arabian Light in Ras Tanura). (Quelle: BP, Statistical Review of World Energy June 2020 (Data Workbook))

von Arbeitsplätzen und Kaufkraft in strukturschwachen Regionen sollte als Rechtfertigung für die gravierenden Markteingriffe dienen. Letztlich waren allerdings alle politischen Interventionen vergebens und Europas enorme Nachfrage nach Mineralölprodukten nicht aufzuhalten. Die schier unbegrenzte Verfügbarkeit von preiswertem Importöl beschleunigte den fundamentalen energiehistorischen Wandel der europäischen Gesellschaften und Ökonomien von der Kohle hin zum Mineralöl. Die westeuropäische Kohleproduktion, die mit nahezu unüberwindbaren sozialen, ökologischen und ökonomischen Problemen zu kämpfen hatte, erreichte 1957 mit einem Output von 592 Millionen Tonnen ihren Höhepunkt und ist bis 1965 auf 428 Millionen Tonnen gefallen.[369]

Die von billigem Erdöl getriebenen niedrigen Energiekosten verleiteten die Endverbraucher in den Industrieländern zu einem wenig nachhaltigen Konsum

---

eine von der Regierung eingeführte Brennölsteuer wurden 95 Prozent der britischen Kohleerzeugung gegenüber dem Importöl vorübergehend konkurrenzfähig. In Deutschland verfehlte die im Jahre 1960 eingeführte Heizölsteuer zum Schutz der nationalen Kohleindustrie ihre intendierte Wirkung. Siehe Peter R. Odell, Oil and Gas: Crises and Controversies 1961–2000, Volume 2: Europe's Entanglement, Brentwood: Multi-Science 2002, S. 5 f.

[369] Vgl. Jensen, Energy in Europe, S. 64. Der osteuropäische Output hingegen ist im selben Zeitraum von 327 auf 587 Millionen Tonnen gestiegen.

und entfachten auf diese Weise ein exponentielles Nachfragewachstum. Energieintensive Technologien wurden bereitwillig angenommen und eroberten rasch breite Bevölkerungskreise. Die Kosten für Energie waren im Vergleich zu den Produktionsfaktoren Arbeit und Kapital im Sinken begriffen, wodurch der sparsame Verbrauch des offenkundig in Übermaß vorhandenen Flüssigenergieträgers unwirtschaftlich anmutete. In Anbetracht des fehlenden Preisanreizes erschien die Energieverschwendung als rationale ökonomische Verhaltensweise.[370] Die Ölschwemme hatte noch einen weiteren schwerwiegenden Effekt: Da kostengünstiges Öl im Überfluss zur Verfügung stand und nach Märkten suchte, wurde die Erschließung von Erdölressourcen außerhalb der Überschussländer auf die lange Bank geschoben, die Entwicklung alternativer Energiequellen vielfach eingestellt und zahlreiche bestehende Kohlegruben aufgrund deren Unwirtschaftlichkeit aufgegeben.[371]

Die noch in den Nachkriegsjahren den Energiebedarf Europas fast vollständig beherrschende Kohle war mithin nicht imstande, den rasant steigenden Energiehunger der westeuropäischen Wachstumsökonomien zu stillen. Die sich von Jahr zu Jahr vergrößernde Lücke zwischen der Energienachfrage und der geförderten Kohle wurde überwiegend durch importiertes Erdöl gefüllt. Immer mehr Anbieter drängten auf den europäischen Markt und überschwemmten diesen mit preisgünstigem Importöl. Europa war in den 1950er und 1960er Jahren der weltweit am meisten umkämpfte Absatzmarkt für Öl.[372] Der heftige Wettbewerb unter den Erdölproduzenten um Marktanteile drückte die Preise nach unten und machte in weiterer Folge den flüssigen Brennstoff für die europäischen Verbraucher immer attraktiver. Der niedrige Preis für das Importöl trieb die europäischen Verbraucherländer förmlich in die Abhängigkeit. „Sobald Westeuropa bereit war", erklärt dazu Hartmut Elsenhans, „den Anteil des preisgünstigen Nahostöls am westeuropäischen Primärenergieverbrauch zu steigern, konnte es die eigenen Energiekosten senken."[373]

Die auf Europa hereinbrechende Ölflut begann den Kontinent von Grund auf zu verändern. Das Erdöl drang in die entlegensten Regionen der europäischen Länder vor und trug allerorten zu einer tiefgreifenden Umgestaltung der alten Lebenswelten und Verwandlung ganzer Landstriche bei. Europas Mobilität basierte auf einmal nahezu vollständig auf dem Öl. Es waren Erdölderivate, welche die Millionen Automobile und Lastkraftfahrzeuge auf den Straßen, die Tausenden Zivil- und

---

[370] Vgl. Mason Willrich, Energy and World Politics, New York: Free Press 1975, S. 30.
[371] Vgl. ebd., S. 31.
[372] Vgl. Yergin, The Prize, S. 546.
[373] Elsenhans, „Entwicklungstendenzen der Welterdölindustrie", S. 19.

Militärflugzeuge in der Luft sowie die Passagier-, Fracht- und Freizeitschiffe auf dem Wasser fortbewegten. Der flüssige Energierohstoff sorgte darüber hinaus für wohlige Temperaturen in den Innenräumen von Gebäuden und hielt zunehmend die Produktionsmaschinen der Industriebetriebe am Laufen. Das Öl erweckte zudem die chemische Industrie zu neuem Leben, wodurch es in Gestalt von Plastik in allen erdenklichen Formen und Anwendungsbereichen als Werkstoff bald nicht mehr wegzudenken war. Es war Erdöl, das die ab 1950 voll einsetzende Mechanisierung der Agrarwirtschaft erlaubte und als Basis synthetisch hergestellter Düngemittel die enorme Steigerung der weltweiten Nahrungsmittelerzeugung ermöglichte.

Das Erdöl wurde innerhalb einer relativ kurzen Zeitspanne nach dem Zweiten Weltkrieg zur Lebensgrundlage der zivilisierten Menschheit und begründete aufgrund der immensen Bedeutung, die es für die Funktionsfähigkeit der modernen Wirtschafts- und Gesellschaftssysteme der industrialisierten Welt erlangte, gemäß Daniel Yergin einen neuen Menschentypus: den *„Hydrocarbon Man"*.[374]

4.3.4 Europas Erdölimportbedarf zwischen 1950 und 1973

Durch den massenweisen Einsatz energieintensiver Technologien verbrauchte die aufkeimende westeuropäische Wohlstandsgesellschaft viel mehr Energie als alle Generationen vor ihr. Nicht allein der beispiellos steigende Bedarf deutete auf einen bedeutsamen Wendepunkt in der Geschichte der europäischen Energienutzung, sondern auch die sich grundlegend verändernde Nachfragestruktur nach bestimmten Kraftquellen. Die Metamorphose des Westeuropäers zum *„Hydrocarbon Man"* ging mit einem nachhaltigen Wandel des Konsumverhaltens der Endverbraucher zugunsten fossiler Flüssigbrennstoffderivate einher. Mit dem außerordentlichen Anstieg des Energiebedarfs in den Wachstumsjahren und der historischen Transformation des westeuropäischen Primärenergieaufkommens von der Kohle zum Erdöl veränderte sich die Energiesituation Europas von Grund auf.

Nach Ende des Zweiten Weltkrieges war der europäische Kontinent in seiner Primärenergieversorgung noch weitgehend autark. Im Jahre 1950 konnte Westeuropa rund 90 Prozent seines Energiebedarfs durch Eigenproduktion abdecken.[375] Ungefähr 80 Prozent des westeuropäischen Primärenergieverbrauchs entfielen zu

---

[374] Siehe dazu Yergin, The Prize, S. 541 ff.
[375] Vgl. Hanns W. Maull, Europe and World Energy, London: Butterworth 1980, S. 26.

jener Zeit auf Steinkohle (und Braunkohle) aus einheimischem Abbau.[376] Während die Gesamtenergienachfrage der kapitalistischen Länder Europas in den Jahren des Wirtschaftswunders bis 1973 eine beträchtliche Erhöhung erfuhr, konnte die Primärenergieerzeugung auf dem Kontinent mit einer durchschnittlichen jährlichen Wachstumsrate von 0,5 Prozent nicht wesentlich ausgeweitet werden.[377]

Tab. 4.4   Eigenerzeugung und Verbrauch von Primärenergie in Westeuropa 1950–1973 (in MTOE)

	1950	1960	1970	1973
Eigenerzeugung				
Gesamt	324,4	365,9	365,6	400,3
Kohle	309,9	319,5	245,3	217,6
Erdöl	3,9	15,6	19,9	20,2
Erdgas	1,2	11,2	68,0	125,7
Sonstige	9,3	19,6	32,4	036,7
Verbrauch				
Gesamt	367,7	538,6	890,6	1.013,7
Kohle	312,8	346,3	285,6	251,4
Erdöl	44,4	161,6	503,2	593,1
Erdgas	1,2	11,0	69,6	132,3
Sonstige	9,4	19,7	32,5	36,8
Nettoimporte	61,1	211,9	648,4	757,7
Lagerung	13,4	22,6	32,8	53,2

Quelle: UN Yearbook of World Energy Statistics 1980; nach George F. Ray, „European Energy Alternatives and Future Developments", in: Natural Resources Journal, Vol. 24, No. 2, April 1984, S. 325–349 (hier 328).

Der Primärenergieverbrauch in den Staaten Westeuropas ist zwischen 1950 und 1973 von knapp 368 auf fast 1.014 MTOE gestiegen (Tabelle 4.4). Dies entspricht einer Zunahme von mehr als 175 Prozent bzw. von durchschnittlich 4,5 Prozent pro Jahr. Die nur mäßige Steigerung der westeuropäischen Primärenergiegewinnung bei gleichzeitig signifikanten Bedarfszuwächsen führte innerhalb von

---

[376] Vgl. Thomas G. Weyman-Jones, Energy in Europe: Issues and Policies, London: Methuen 1986, S. 15.

[377] Vgl. ebd., S. 16.

zwei Jahrzehnten zu einer gewaltigen Lücke zwischen der Eigenerzeugung und Gesamtnachfrage, die sich nur durch stetig steigende Energieimporte schließen ließ. Das Einfuhrerfordernis betraf in erster Linie Öl. Immerhin waren Europas Konsumländer außerstande, ihren immensen Mineralölbedarf mittels eigener Förderung zu decken. Nachdem die europäische Erdölnachfrage bis Mitte der 1960er Jahre bereits enorm angestiegen war, erreichte der Verbrauch in den Folgejahren ungeahnte Ausmaße und hat sich von 1965 bis 1973 nochmals verdoppelt.[378] Der westeuropäische Mineralölverbrauch wies zwischen 1950 und 1973 eine durchschnittliche jährliche Wachstumsrate von zwölf Prozent auf. Europa konsumierte im Jahre 1973 mehr Erdöl, als es 1960 insgesamt an primärer Energie verbrauchte.[379]

Der Anteil von Erdöl am westeuropäischen Energiemix erhöhte sich innerhalb von 25 Jahren von rund zehn Prozent auf beinahe 60 Prozent 1973 (Tabelle 4.5). Gleichzeitig verringerte sich der Kohleanteil an der Primärenergieversorgung im selben Zeitraum von knapp 90 Prozent auf 25 Prozent. Der Nettoimportbedarf Westeuropas an Primärenergie, das ist der Anteil der Nettoprimärenergieeinfuhren am Gesamtverbrauch, hat sich als Folge dieser Entwicklung zwischen 1950 und 1973 von 16 auf 75 Prozent erhöht. In der Zwischenkriegszeit war der Importbedarfskoeffizient der westeuropäischen Industriestaaten noch deutlich unter zehn Prozent gelegen. Im Jahre 1930 hatte er sich auf lediglich ein Prozent belaufen.

Zu Beginn der 1970er Jahre vermochte Westeuropa in der Gesamtbetrachtung aller Energieträger weniger als 40 Prozent seines Primärenergiebedarfs durch die eigene Produktion abzudecken. Im Falle von Erdöl, das sich für zahlreiche zentrale Anwendungsbereiche und Industriezweige wie dem Transport- und Agrarsektor nicht ohne Weiteres durch andere Brennstoffe substituieren ließ, betrug dieser Wert bloß drei Prozent. In der BRD zum Beispiel stammten 1970 nur 5,8 Prozent des Erdölverbrauchs aus eigenen Förderquellen.[380]

Der bemerkenswerte Anstieg des Ölkonsums in den westeuropäischen Industriestaaten war gemäß Hanns Maull nicht nur „die Folge des wachsenden Energiebedarfs expandierender Wirtschaftssysteme." Ein weiterer Grund „für die rasche Expansion des Ölbedarfs liegt in der Verdrängung anderer Energieträger

---

[378] Siehe Tabelle A.3; sowie BP, Statistical Review of World Energy June 2020 (Data Workbook).

[379] Vgl. Ian M. Torrens, „Oil Supply and Demand in Western Europe, the Oil Industry, and the Role of the IEA", in: Wilfrid L. Kohl (Hrsg.), After the Second Oil Crisis: Energy Policies in Europe, America, and Japan, Lexington: Lexington Books 1982, S. 23–37 (hier 24).

[380] Vgl. Kokxhoorn, „Das Fehlen einer konkurrenzfähigen westdeutschen Erdölindustrie", S. 180.

Tab. 4.5 Primärenergieverteilung und Importbedarf in Westeuropa 1950–1973 (in Prozent)

	1950	1960	1970	1973
Anteile Primärenergieträger am Verbrauch				
Kohle	85	64	32	25
Erdöl	12	30	56	59
Erdgas	0	2	8	13
Sonstige	3	4	4	4
Verhältnis Eigenerzeugung zu Verbrauch				
Kohle	99	92	86	87
Erdöl	9	10	4	3
Erdgas	100	102	98	95
Sonstige	99	99	100	100
Gesamt	88	68	41	39
Verhältnis Nettoimporte zu Verbrauch	16	39	73	75

Quelle: UN Yearbook of World Energy Statistics 1980; nach George F. Ray, „European Energy Alternatives and Future Developments", in: Natural Resources Journal, Vol. 24, No. 2, April 1984, S. 325–349 (hier 329).

durch das Öl."[381] Dank der einfacheren Transportfähigkeit, geringeren Umweltschädlichkeit und vor allem des Preisvorteils gegenüber der Kohle stieg das Erdöl innerhalb zweier Jahrzehnte zum meistverbrauchten Energieträger in Westeuropa auf. Billige Energie bedeutete einen Wettbewerbsvorteil für die europäischen Wachstumsökonomien. Es waren einzig soziale Gesichtspunkte, die eine noch weitergehende Einschränkung der westeuropäischen Kohleförderung bis Anfang der 1970er Jahre verhinderten.[382]

Der westeuropäische Erdölkonsum ist zwischen 1950 und 1973 um mehr als das 13-Fache angestiegen. Der Steinkohleverbrauch hingegen verhielt sich zumindest bis in die 1960er Jahre relativ konstant und lag zwischen 1950 und 1964 im Mittel bei circa 500 Millionen Tonnen pro Jahr. Während die eingesetzte Steinkohle überwiegend aus einheimischer Produktion stammte, musste das Öl beinahe zur Gänze importiert werden. Wie aus Abbildung 4.5 hervorgeht, belief sich

---

[381] Maull, Ölmacht, S. 19.
[382] Vgl. ebd., S. 19.

der Anteil der Nettoimporte am gesamten Rohölkonsum in Westeuropa (OECD-Mitglieder) zwischen 1950 und 1964 auf 91 bis 95 Prozent. Bei Steinkohle lag dieser Wert im selben Zeitraum lediglich zwischen 1,5 und 9,5 Prozent.[383]

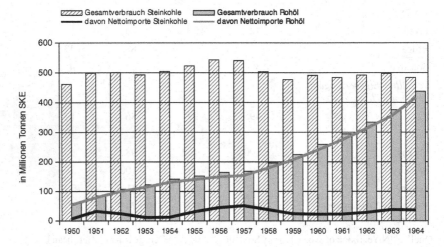

Abb. 4.5 Konsum und Nettoimporte von Steinkohle und Rohöl in OECD-Europa 1950–1964. (Quelle: OECD, Basic Statistics of Energy 1950–1964, Paris: OECD 1966)

In den zwei Jahrzehnten ab 1950 verwandelte sich die westeuropäische Energieversorgung von einem großteils auf dem Konsum von im Inland geförderter Kohle beruhendem Versorgungssystem zu einem, das fast vollständig von Erdölimporten abhängig war.[384] Angesichts der immensen Bedarfszuwächse verzeichneten die westeuropäischen Mineralöleinfuhren einen dramatischen Anstieg.[385] Die Nettoprimärenergieimporte Westeuropas haben sich als Folge dieser Entwicklung von gut 60 MTOE 1950 auf annähernd 760 MTOE 1973 erhöht. Der Anteil der Erdöleinfuhren am gesamten Energieverbrauch hat in fast allen westeuropäischen Staaten bis zu Beginn der 1970er Jahre signifikant zugenommen (Tabelle 4.6).

---

[383] Siehe Organisation for Economic Co-operation and Development (OECD), Basic Statistics of Energy 1950–1964, Paris: OECD 1966.

[384] Vgl. Robert J. Lieber, „Cohesion and Disruption in the Western Alliance", in: Daniel Yergin und Martin Hillenbrand (Hrsg.), Global Insecurity: A Strategy for Energy and Economic Renewal, Boston: Houghton Mifflin 1982, S. 320–348 (hier 321 f.).

[385] Choucri, International Politics of Energy Interdependence, S. 16.

Tab. 4.6 Anteil der Nettoölimporte am Gesamtenergieverbrauch 1960 und 1973 (in Prozent)

	1960	1973
Belgien	28	60
Dänemark	56	91
Deutschland (BRD)	19	54
Finnland	26	61
Frankreich	30	71
Griechenland	76	77
Irland	29	77
Italien	40	73
Luxemburg	7	35
Niederlande	42	44
Norwegen	39	34
Österreich	5	41
Portugal	59	82
Schweden	48	59
Schweiz	36	64
Spanien	25	64
Türkei	10	36
Vereinigtes Königreich	26	49

Quelle: Hans H. Landsberg et al., Energy: The Next Twenty Years, Ford Foundation, Resources for the Future, Cambridge, MA: Ballinger 1979, S. 253.

Der enorm steigende Energiebedarf der europäischen Wachstumsökonomien in den 1950er und 1960er Jahren fiel zeitlich mit der Erschließung immer neuer riesiger Erdölreservoire, größtenteils im Nahen Osten und in Nordafrika, zusammen. Folglich standen für die Deckung des gewaltigen europäischen Energiehungers Unmengen an kostengünstigem Öl zur Verfügung, das nach Absatzmärkten suchte. Im Jahre 1970 stammten nicht mehr als vier Prozent der westeuropäischen Rohöleinfuhren aus der westlichen Welt. Die mit Abstand größten Exportregionen waren mit circa 51 Prozent der Nahe Osten und mit über 40 Prozent Afrika.[386] Die Entwicklung der westeuropäischen Energieversorgung in den Wirtschaftswunderjahren war insofern von zwei wesentlichen Trends geprägt: Einer stetigen

---

[386] Vgl. Elsenhans (Hrsg.), Erdöl für Europa, S. 319. Die restlichen Einfuhren kamen im Wesentlichen aus den kommunistischen Ländern, allen voran der Sowjetunion.

Zunahme des Mineralölverbrauchs und einer steigenden Einfuhrabhängigkeit von den Förderländern des Nahen Ostens und Nordafrikas.[387]

Die Verteilung der Ölimporte nach den Herkunftsquellen sowie deren Veränderung im Zeitverlauf zeigte in den einzelnen europäischen Ländern einige Unterschiede. Während beispielsweise Frankreich 1961 den Großteil seiner Rohöleinfuhren aus Algerien (31,9 Prozent der Gesamtrohölimporte), Kuwait (25 Prozent) und dem Irak (19,7 Prozent) bezog, stammte das nach Westdeutschland eingeführte Rohöl hauptsächlich aus dem Iran (33,7 Prozent), dem Irak (14,8 Prozent), Saudi-Arabien (12,7 Prozent) und Venezuela (9,9 Prozent). Bis Ende des Jahrzehnts stieg Libyen zu einer bedeutenden Exportnation auf. 1968 waren 43,2 Prozent der westdeutschen und immerhin 14 Prozent der französischen Rohölimporte libyscher Herkunft. Nach der Verstaatlichung der Erdölindustrie und der Verhängung von Produktionsbeschränkungen büßte das nordafrikanische Ausfuhrland etwas an Bedeutung für die westeuropäische Ölversorgung ein. Im Jahre 1973 waren Saudi-Arabien mit einem Anteil von 22,4 Prozent, der Irak mit 13,8 Prozent, Kuwait mit 11,5 Prozent und Nigeria mit 9,3 Prozent die größten Rohöllieferländer Frankreichs. In Deutschland hingegen dominierte 1973 nach wie vor Libyen, das für 23,6 Prozent der Gesamtrohöleinfuhren verantwortlich war. Aus Saudi-Arabien stammten 22,8 Prozent, dem Iran 12,8 Prozent und Algerien 12,2 Prozent der westdeutschen Rohölimporte.[388]

Der Verbrauch von Mineralölprodukten in Österreich stieg im Zuge der sich beschleunigenden privaten Motorisierung allein von 1968 bis 1972 um ein Viertel auf mehr als zehn Millionen Tonnen jährlich (knapp 220.000 Fass pro Tag). Dies führte zu einem sprunghaften Anstieg der österreichischen Öleinfuhren von 2,25 Millionen Tonnen im Jahre 1970 auf 8,8 Millionen Tonnen 1973, wobei davon 6,3 Millionen Tonnen (circa 127.000 Barrel pro Tag) auf Rohöl und 2,5 Millionen Tonnen (rund 54.000 Barrel pro Tag) auf Fertigprodukte entfielen. Der Importanteil Österreichs bei Rohöl erreichte damit fast 80 Prozent. Die größten Lieferländer waren die Sowjetunion, Algerien, der Irak, der Iran, Libanon, Libyen, Nigeria, Saudi-Arabien, Syrien und Tunesien. Von den österreichischen Gesamtöleinfuhren stammte die Hälfte aus den arabischen Nahoststaaten, 20 Prozent aus dem Iran und 15 bis 20 Prozent aus der UdSSR.[389]

---

[387] Vgl. Lenczowski, Oil and State in the Middle East, S. 29.

[388] Die Angaben im gesamten Absatz stammen aus Horst Mendershausen, Coping with the Oil Crisis: French and German Experiences, Baltimore: Johns Hopkins University Press 1976, S. 30 f.

[389] Für die Angaben über den österreichischen Ölverbrauch und die Importe siehe Theodor Venus, „Die erste Ölkrise 1973/74 und ihre Folgen – eine Fallstudie zur österreichischen Energiepolitik in der Ära Kreisky", in: Österreichische Wirtschaftspolitik 1970–2000,

Der starke Preisverfall beim Erdöl im Zuge des beachtlichen globalen Förderwachstums beschleunigte den Umstieg der westeuropäischen Wachstumsökonomien von Kohle westlichen Ursprungs auf importiertes Öl aus dem Nahen Osten und Afrika. Verstärkt wurde dieser energiehistorisch bedeutungsvolle Trend durch die gesetzliche Kontingentierung der US-amerikanischen Erdöleinfuhren ab 1959. Mit dieser Maßnahme gelang es den Vereinigten Staaten in den 1960er Jahren, die Mineralölimporte auf 22 bis 25 Prozent des Gesamtverbrauchs zu begrenzen.[390]

Die von Washington erlassene Einfuhrbeschränkung versperrte mit Erreichung der definierten Quote allen Ölimporten mit Ausnahme von jenen aus Kanada und Mexiko den Zugang zum US-amerikanischen Vertriebsmarkt, wodurch sich die zuvor von den USA absorbierten Erdöllieferungen auf die Suche nach neuen Absatzmöglichkeiten begeben mussten. Dies hatte weitreichende Auswirkungen auf den globalen Ölmarkt. Zahlreiche „unabhängige" amerikanische Mineralölgesellschaften haben in den 1950er Jahren massiv in die Rohölsuche außerhalb Nordamerikas investiert, um deren internationale Ölproduktion auf dem wachsenden US-Markt zu verkaufen. Sie suchten nach ausländischen Erdölquellen in Förderstaaten mit niedrigeren Produktionskosten als in Nordamerika und wurden dabei vornehmlich im Nahen Osten fündig. Die Independents verschifften das günstige Nahostöl nach Amerika, um die Profitabilität ihrer dortigen Raffinerien und Vertriebsorganisationen zu steigern. Nachdem die protektionistische Importquote den Ölgesellschaften den Zugang zum amerikanischen Vertriebsmarkt versperrte, waren diese gezwungen, ihre Aktivitäten geografisch zu diversifizieren und neue Märkte für ihr Nahostöl zu finden. Der enorme Kapitalaufwand für die Exploration und Erschließung der ausländischen Ölfelder musste kompensiert werden. Letzten Endes blieb den von der US-amerikanischen Einfuhrbeschränkung betroffenen Erdölfirmen nichts anderes übrig, als ihr im Ausland gewonnenes Öl zu Billigstpreisen auf dem internationalen Markt zu verschleudern.[391]

Das zusätzliche Öl wurde primär nach Europa umgeleitet, wo es auf das ebenfalls auf den Markt drängende sowjetische Importöl stieß und mit diesem in einen heftigen Wettstreit um Abnehmer eintrat. Die Sowjetunion erfuhr zu jener Zeit eine gewaltige Ausweitung ihrer Rohölproduktion und trachtete nach Marktzugewinnen in Europa. Die von Moskau auf dem europäischen

---

Kreisky-Archiv, OeNB Jubiläumsfondsprojekt Nr. 11679, Wien: Juni 2008, abrufbar unter: http://www.kreisky.org/pdfs/endbericht-projnr11679.pdf (20. November 2014), S. 110–200 (hier 113).

[390] Vgl. Keiser, Die Energiekrise und die Strategien der Energiesicherung, S. 9.

[391] Vgl. Park, Oil Money and the World Economy, S. 17 f.

Konsummarkt mitverursachte Preisschlacht führte zu einer Unterminierung des kartellgestützten Preisgefüges der Majors und zwang diese zur Senkung der Ölpreise.[392] Die integrierten westlichen Ölmultis beschuldigten die Sowjets, die deren Downstream-Geschäft in Europa unmittelbar und die Erdölgewinnung im Nahen Osten über den Preisdruck in indirekter Weise erheblich störten, des Preisdumpings. Eine echte Konkurrenz zu den Majors vermochten die neuen Anbieter jedoch nicht entstehen zu lassen. Dafür war ihr Exportvolumen zu gering. In dem Maße, wie die Sieben Schwestern „noch die Förderung im Nahen Osten kontrollieren, beherrschen sie weiterhin den Markt."[393] Dennoch gingen die Marktzugewinne der Independents und des sowjetischen Erdöls in Europa auf Kosten der Majors, deren Marktanteile entsprechend schrumpften.[394]

Westeuropa war für die internationalen Ölproduzenten der mit Abstand wichtigste Absatzmarkt und rückte mit den großen Überschussländern des Nahen Ostens in das Zentrum des globalen Systems der Ölhandelsströme. 1972 gingen bereits 48 Prozent der weltweiten Rohölexporte nach Europa.[395] Innerhalb eines Vierteljahrhunderts wurden die Strukturen geschaffen, die den Transport von täglich mehreren Millionen Fässern Rohöl aus dem Nahen Osten in die europäischen Verbrauchermärkte ermöglichten, wo sie anschließend veredelt und vermarktet wurden. Das neu erschlossene Erdölangebot stammte überwiegend aus dem Nahen Osten, Venezuela, Nordafrika und der Sowjetunion, während die erhöhte Raffineriekapazität primär in den industrialisierten Konsumländern Westeuropas aufgebaut wurde.[396]

Die europäischen Einfuhrstaaten wurden innerhalb von 25 Jahren „in ihrer Erdölversorgung abhängig von einer kleinen Anzahl exportkräftiger Länder im Nahen Osten und Afrika. Das bedeutete kein Problem, solange einige wenige internationale Ölkonzerne sowohl die Produktion in den Überschußländern wie die Verteilung in den Importländern in ihrer Hand hielten. Die Welt wurde eben jetzt nicht mehr vorwiegend mit amerikanischem Öl versorgt wie zu Anfang des Ölzeitalters, sondern mit Öl aus dem Nahen Osten und Afrika, aber von den gleichen Gesellschaften."[397] Solange die bestehenden Eigentumsverhältnisse

---

[392] Vgl. Weyman-Jones, Energy in Europe, S. 56. Wie an früherer Stelle bereits beschrieben, führten die einseitigen Preissenkungen der westlichen Ölkonzerne in weiterer Folge zur Gründung der OPEC.

[393] Chevalier, Energie – die geplante Krise, S. 29.

[394] Vgl. Odell, Oil and World Power, S. 17.

[395] Vgl. Choucri, International Politics of Energy Interdependence, S. 18.

[396] Vgl. Brown, World Energy Resources, S. 56.

[397] Keiser, Die Energiekrise und die Strategien der Energiesicherung, S. 8.

bei der Rohölgewinnung im Nahen Osten und in den anderen wesentlichen Exportregionen, die auf Grundlage des Regimes der Majors und dem traditionellen Konzessionsregime zugunsten der integrierten Konzerne geregelt waren, unangetastet blieben und die westlichen Ölmultis den gesamten Zyklus der Exploration, Produktion, Raffination, Verschiffung und Vermarktung des europäischen Importöls beherrschten, resultierte aus der exorbitanten Nettoimportquote der Verbraucherländer in Europa im Grunde keine Gefährdung für die Ölversorgungssicherheit des Kontinents. Die spätestens in den 1950er Jahren einsetzende verstärkte Infragestellung des vorherrschenden Regimes in der internationalen Erdölwirtschaft und in weiterer Folge die langsame Erosion der Allmachtstellung der Majors konnte mithin nicht ohne Auswirkungen auf die Sicherheit der europäischen Erdölversorgung bleiben.

Der Widerstand gegen das globale System der Majors formierte sich in erster Linie vonseiten der Produzentenländer, die sich angesichts der exorbitanten Profite der mächtigen Ölkonzerne zunehmend über den Tisch gezogen fühlten und die uneingeschränkten und für sie in der Regel unkontrollierbaren Aktivitäten der ausländischen Unternehmen in den Konzessionszonen auf ihrem Staatsgebiet immer öfter mit Argwohn und als unvereinbar mit ihrer staatlichen Souveränität betrachteten. Auch neue auf dem Weltmarkt in Erscheinung tretende Ölfirmen, die eine Beteiligung an der von gigantischen Neufunden getragenen Bonanza in den aufsteigenden Fördergebieten einforderten, leisteten einen Beitrag zur graduellen Unterminierung des bestehenden Erdölregimes. Die Implikationen dieser Entwicklung für die europäische Versorgungssicherheit blieben lange Zeit weitgehend unbemerkt.

Die Versorgungssituation mit Primärenergie in Osteuropa inklusive der Sowjetunion unterschied sich grundlegend von jener im westlichen Europa, wie die Tabellen 4.7 und 4.8 verdeutlichen. Zum einen blieb die Kohle über den gesamten Zeitraum bis 1973 (und danach) der meistverbrauchte Energieträger, auch wenn der Erdöl- und Erdgaskonsum deutliche Zuwächse verzeichnete. Zum anderen waren die europäischen Comecon-Staaten infolge des immensen Energiereichtums der Sowjetunion für die Sicherstellung ihrer Erdöl- und Erdgasversorgung nicht auf die internationalen Energiemärkte angewiesen. Der Rat für gegenseitige Wirtschaftshilfe (RGW) als Gesamtheit war ein Nettoexporteur von Energie. Die Erdölproduktion seiner Mitgliedsstaaten, allen voran der historisch bedeutsamen Erzeugerländer Sowjetunion und Rumänien, überstieg den Gesamtbedarf der „sozialistischen Bruderländer" deutlich.[398]

---

[398] Rumäniens Erdöloutput erreichte nur einen Bruchteil der sowjetischen Erzeugung. Die rumänische Produktionsleistung war Mitte der 1970er Jahre mit durchschnittlich knapp

Tab. 4.7 Eigenerzeugung und Verbrauch von Primärenergie in Osteuropa 1950–1973 (in MTOE)

	1950	1960	1970	1973
Eigenerzeugung				
Gesamt	308,0	661,6	1.116,0	1.262,9
Kohle	253,7	440,0	1.543,8	1.569,5
Erdöl	44,0	162,2	1.371,9	1.449,3
Erdgas	9,0	54,7	1.188,4	1.231,1
Sonstige	1,3	4,8	1.011,9	1.013,0
Verbrauch				
Gesamt	290,3	602,3	992,4	1.132,0
Kohle	243,0	427,9	524,5	1.547,2
Erdöl	37,1	114,8	267,2	1.334,4
Erdgas	9,0	54,7	188,9	1.237,2
Sonstige	1,3	4,9	11,9	1.013,0
Nettoexporte	11,1	39,9	68,2	1.056,9
Lagerung	–	–	–	–

Osteuropa: Bulgarien, DDR, Polen, Rumänien, Sowjetunion, Tschechoslowakei, Ungarn
Quelle: UN Yearbook of World Energy Statistics 1980; nach George F. Ray, „European Energy Alternatives and Future Developments", in: Natural Resources Journal, Vol. 24, No. 2, April 1984, S. 325–349 (hier 345).

Osteuropa ohne die Sowjetunion hingegen wurde 1961 zu einem Nettoimporteur von Primärenergie, wobei sich die Lücke zwischen der Eigenerzeugung und dem Gesamtverbrauch in den darauffolgenden Jahrzehnten deutlich vergrößerte.[399] Trotz steigender Tendenz war der osteuropäische Energieimportbedarf im Vergleich zu Westeuropa sehr gering. Der Anteil der Nettoenergieeinfuhren am Verbrauch (definiert als Eigenproduktion plus Importe minus Exporte) lag 1970 in den sechs Staaten Osteuropas bei lediglich elf Prozent.[400] Im Gegensatz

---

290.000 Barrel pro Tag auf ihrem Höhepunkt. Am Ende des Jahrzehnts, als die Fördermenge deutlich zurückzugehen begann, wurde Rumänien von sowjetischen Ölimporten abhängig.

[399] Vgl. Congress of the United States – Office of Technology Assessment, Technology and Soviet Energy Availability, Washington, DC: US Government Printing Office 1981, S. 285 ff.

[400] Der Importbedarf war in den einzelnen Ländern allerdings höchst unterschiedlich. In Bulgarien erreichten die Nettoeinfuhren 1970 über 61 Prozent des Verbrauchs, in Ungarn 36 Prozent, in der DDR 21 Prozent und in der Tschechoslowakei rund 20 Prozent. In Polen und

Tab. 4.8   Primärenergieverteilung und Exportpotenzial in Osteuropa 1950–1973 (in Prozent)

	1950	1960	1970	1973
Anteile Primärenergieträger am Verbrauch				
Kohle	84	71	53	48
Erdöl	13	19	27	30
Erdgas	3	9	19	21
Sonstige	0	1	1	1
Verhältnis Eigenerzeugung zu Verbrauch				
Kohle	104	103	104	104
Erdöl	119	141	139	134
Erdgas	100	100	100	97
Sonstige	100	98	100	100
Gesamt	106	110	112	112
Verhältnis Nettoexporte zu Verbrauch	3	7	7	5

Osteuropa: Bulgarien, DDR, Polen, Rumänien, Sowjetunion, Tschechoslowakei, Ungarn
Quelle: UN Yearbook of World Energy Statistics 1980; nach George F. Ray, „European Energy Alternatives and Future Developments", in: Natural Resources Journal, Vol. 24, No. 2, April 1984, S. 325–349 (hier 346).

dazu erreichten die Nettoeinfuhren in Westeuropa im selben Jahr circa 73 Prozent des Primärenergieverbrauchs.

Der steigende Einfuhrbedarf betraf fast ausschließlich Erdöl und Erdgas, denn der Osten Deutschlands, die Tschechoslowakei und vor allem Polen verfügten über reiche Kohlevorkommen. Der osteuropäische Rohölverbrauch verzeichnete zwischen 1965 und 1973 durchschnittliche jährliche Wachstumsraten von 4,7 Prozent (Rumänien) bis 19,1 Prozent (Bulgarien). Auch der Erdgasbedarf erfuhr eine deutliche Steigerung von bis zu 18 Prozent (Polen) pro Jahr. Der Kohlekonsum

---

Rumänien hingegen überstieg die Eigenproduktion den Gesamtbedarf, wodurch die beiden Länder einen Nettoexportanteil von circa 15 Prozent bzw. vier Prozent des Verbrauchs aufwiesen. Eine Betrachtung auf Ebene der einzelnen Energieträger liefert ein differenzierteres Bild. Zum Beispiel war Polen ein bedeutender Exporteur von Kohle, bei Erdöl jedoch hochgradig importabhängig. Siehe George W. Hoffman, „Energy Dependence and Policy Options in Eastern Europe", in: Robert G. Jensen, Theodore Shabad und Arthur W. Wright (Hrsg.), Soviet Natural Resources in the World Economy, Chicago: University of Chicago Press 1983, S. 659–667 (hier 662).

hat zur selben Zeit in den meisten Ländern nur mäßig zugelegt. In Ostdeutschland und Ungarn war er sogar rückläufig.[401]

Die sowjetische Regierung versorgte ihre osteuropäischen Satellitenstaaten in den Nachkriegsjahrzehnten mit Energielieferungen zum Vorzugspreis.[402] Die Abhängigkeiten innerhalb des Blocks waren äußerst groß. 1970 bezogen die Staaten Osteuropas 87 Prozent ihrer gesamten Erdöleinfuhren aus der Sowjetunion; ohne Rumänien waren es sogar 92 Prozent.[403] Es bestand im Grunde „a complete energy dependence of the CMEA [RGW, A.S.] countries on the Soviet Union."[404] Polen mit seinen beträchtlichen Kohlevorkommen bildete eine gewisse Ausnahme, auch wenn das Land in hohem Maße auf sowjetische Erdöllieferungen angewiesen war.

Die Abhängigkeit der osteuropäischen Comecon-Staaten von Energierohstoffen aus der Sowjetunion war nicht zuletzt im System des intraregionalen Handels

---

[401] Die Angaben über die Steigerung des jährlichen Verbrauchs der drei fossilen Primärenergieträger in den einzelnen osteuropäischen Staaten stammen aus Judith Thornton, „Estimating Demand for Energy in the Centrally Planned Economies", in: Robert G. Jensen, Theodore Shabad und Arthur W. Wright (Hrsg.), Soviet Natural Resources in the World Economy, Chicago: University of Chicago Press 1983, S. 296–305 (hier 299). Der Rohölkonsum stieg zwischen 1965 und 1973 in der DDR um durchschnittlich 15,3 Prozent pro Jahr, in Polen um 15,8 Prozent, in der Tschechoslowakei um 10,9 Prozent und in Ungarn um 9,4 Prozent. Beim Erdgasverbrauch betrug die durchschnittliche jährliche Wachstumsrate in der DDR 6,2 Prozent, Rumänien 6,5 Prozent, Tschechoslowakei 14,9 Prozent und Ungarn 17 Prozent. Der Kohlebedarf veränderte sich im selben Zeitraum in Bulgarien um durchschnittlich 2,1 Prozent pro Jahr, DDR -0,5 Prozent, Polen 3,7 Prozent, Rumänien 9,3 Prozent, Tschechoslowakei 1,2 Prozent und Ungarn -2,3 Prozent.

[402] Vgl. Beverly Crawford, Economic Vulnerability in International Relations: East-West Trade, Investment, and Finance, New York: Columbia University Press 1993, S. 64. Von Moskaus vergünstigten Öllieferungen profitierten Bulgarien, Ostdeutschland, Polen, die Tschechoslowakei und Ungarn. Als Rumänien zu einem Nettoimporteur von Erdöl wurde, verweigerte Moskau dem Land die Gewährung eines Vorzugspreises für sowjetisches Öl, wie ihn die anderen europäischen RGW-Mitglieder erhielten. Als Grund für die harte Haltung der sowjetischen Führung gegenüber Bukarest gilt Nicolae Ceaușescus eigenmächtige Außenpolitik. Siehe Michael Marrese und Jan Vaňous, „Soviet Trade Relations with Eastern Europe, 1970–1984", in: Josef C. Brada, Ed A. Hewett und Thomas A. Wolf (Hrsg.), Economic Adjustment and Reform in Eastern Europe and the Soviet Union, Durham: Duke University Press 1988, S. 185–222 (hier 200 f.).

[403] Vgl. Hoffman, „Energy Dependence and Policy Options in Eastern Europe", S. 660 ff. Im Jahre 1973 stammten 82 Prozent der Ölimporte Bulgariens und Polens und 89 Prozent jene Ungarns aus der Sowjetunion. Im Falle von Ostdeutschland und der Tschechoslowakei waren es 92 Prozent.

[404] George W. Hoffman, The European Energy Challenge: East and West, Durham: Duke University Press 1985, S. 132.

innerhalb des Blocks bzw. der Verrechnung des Güteraustauschs auf Basis des 1963 eingeführten „Transferrubels" begründet. Moskau beglich seine Verbindlichkeiten aus der Einfuhr von Waren aus seinen osteuropäischen Satellitenstaaten mit der Rechnungswährung des RGW, dem Transferrubel, den diese wiederum für den Bezug von Energie und anderen Rohstoffen aus der Sowjetunion verwendeten.

Die UdSSR war für die realsozialistischen Staaten Osteuropas sowohl der wichtigste Exportmarkt als auch die wichtigste Bezugsquelle von Energierohstoffen, vor allem von Erdöl und Erdgas. Die Sowjetunion „provided an assured market for Eastern European manufactures and an assured supply of energy to Eastern Europe. Because imports and exports were so tightly linked, making a switch in energy suppliers difficult, Eastern European dependence on Soviet energy supplies was high."[405]

---

[405] Crawford, Economic Vulnerability in International Relations, S. 64.

Öl als politisches Instrument: Von der Emanzipation zur Konfrontation der Exportländer

5

5.1 Die arabische „Ölwaffe"

5.1.1 Die Politisierung des Erdöls im ersten arabisch-israelischen Krieg

Über Jahrhunderte hatten die Ökonomien und Gesellschaften im vorindustriellen und modernen Europa zur Deckung des Energiebedarfs mit den auf dem europäischen Kontinent vorhandenen Kraftquellen und Brennstoffen das Auslangen gefunden. Die Energieimporte beschränkten sich im Wesentlichen auf ausgewählte Rohstoffe und Erzeugnisse, die andere Weltgegenden kostengünstiger und in größeren Mengen herzustellen vermochten. Als Beispiel sei Kerosin für Beleuchtungszwecke aus amerikanischer und russischer Produktion genannt, das bereits seit den 1860er bzw. 1880er Jahren Abnehmer in Europa fand. Trotz dieser und anderer Einfuhren erreichten die europäischen Energieimporte gemessen am Gesamtverbrauch bis Mitte des 20. Jahrhunderts keine große Bedeutung. Wie im vorigen Abschnitt dargelegt, betrug 1950 der Anteil der Nettoimporte am gesamten westeuropäischen Primärenergiekonsum weniger als ein Sechstel. Europa war in seiner Energieversorgung weitgehend autark.

In den von einem rapide steigenden Ressourcenverbrauch geprägten Hochkonjunkturjahren der Nachkriegszeit begaben sich die Industrienationen Westeuropas auf einen Abhängigkeitspfad von Erdöleinfuhren aus dem Nahen Osten. Innerhalb eines Vierteljahrhunderts vollzog sich ein tiefgreifender Wandel der westeuropäischen Energieversorgungssituation. Die wirtschaftliche Prosperität Europas war in einem immer größeren Ausmaß an die Verfügbarkeit von Mineralölimporten aus den ölreichen Ländern der Golfregion und Nordafrikas gebunden. Parallel zu dieser schier unaufhaltsamen Entwicklung der zunehmenden Abhängigkeit der westeuropäischen Wachstumsökonomien von einer kleinen Gruppe erdölreicher Exportnationen durchliefen letztere einen gegen die westliche Hegemonie gerichteten Prozess der Emanzipation, welche die Bereitschaft zur Konfrontation und den Einsatz von Erdöl als politisches Machtinstrument umfasste. Aus der Parallelität beider Verläufe resultierte ein gehöriges Gefahrenpotenzial für die europäische Versorgungssicherheit.

Die arabischen Förderländer bekundeten bereits zu einem sehr frühen Zeitpunkt ihre Entschlossenheit, ihren neu entdeckten Ölreichtum erforderlichenfalls für politische Zwecke einzusetzen. Das Konzept des Einsatzes von Erdöl als diplomatisches Druckmittel und politische Waffe vonseiten arabischer Exportstaaten gegen westliche Verbraucherländer ist gleich alt wie der arabisch-israelische Konflikt.[1] Hanns Maull definiert den Begriff „Ölwaffe" als „jede Manipulation des *Preises* und/oder der *Menge* des Erdöls durch die Produzentenländer (in der Form von Rohöl oder von Ölprodukten) mit der erklärten Absicht, das politische Verhalten der Verbraucherländer zu verändern."[2] Die Arabische Liga trat schon sehr bald für eine Politisierung des Erdöls ein. Noch vor der Staatsgründung Israels sprach sich die arabische Organisation für einen Stopp von Öllieferungen für Staaten aus, die den arabischen Standpunkt in der Palästina-Frage nicht unterstützen wollten.

Nachdem der Plan zu Teilung Palästinas in einen jüdischen und einen arabischen Staat am 29. November 1947 durch die Generalversammlung der Vereinten Nationen angenommen wurde und am 14. Mai 1948 mit der Erklärung der Unabhängigkeit durch David Ben-Gurion die Proklamation des Staates Israel erfolgte, brach der erste arabisch-israelische Krieg auf dem vormaligen britischen Mandatsgebiet aus. Der junge jüdische Staat wurde nur wenige Stunden nach seiner Gründung von Armeeeinheiten aus Ägypten, Syrien, Transjordanien, Libanon und dem Irak sowie Zusatztruppen aus anderen arabischen Ländern angegriffen. Die Kampfhandlungen, aus denen die jüdische Nationalbewegung siegreich hervorging, endeten erst 1949 durch die vier Waffenstillstandsabkommen von Rhodos. Trotz zahlreicher Aufrufe innerhalb der arabischen Welt, die „Ölwaffe" gegen die

---

[1] Vgl. Sheikh R. Ali, Oil and Power: Political Dynamics in the Middle East, London: Pinter 1987, S. 48.

[2] Maull, Ölmacht, S. 17 (Hervorhebung im Original).

westlichen Unterstützer Israels einzusetzen, kam während des ersten arabisch-israelischen Krieges in erster Linie aufgrund des Widerstands von Saudi-Arabien kein arabisches Erdölembargo gegen die europäischen Einfuhrländer zustande.[3] Durch den irakischen Lieferstopp nach Haifa versiegten allerdings die Exporte von Erdölprodukten von den Raffinerieanlagen der nunmehr israelischen Mittelmeerstadt nach Westeuropa. Auch der Bau einer Parallelleitung von den Ölfeldern von Kirkuk nach Haifa wurde von Bagdad eingestellt. Israel wurde effektiv von arabischen Erdöllieferungen abgeschnitten. Der jüdische Staat „wurde somit das erste Opfer eines politisch motivierten Erdölembargos der arabischen Staaten – allerdings kaum als Konsequenz einer politischen Strategie, vielmehr als Resultat der Kampfhandlungen vor und nach der Ausrufung des Staates Israel."[4] Auch Syrien versuchte erdölpolitische Maßnahmen gegen die mit Israel kollaborierenden westlichen Länder zu ergreifen. Nicht zuletzt der öffentliche Druck innerhalb des Landes bewog die syrische Regierung dazu, die Ratifizierung des Abkommens zur Errichtung der TAPLINE vorsätzlich zu verzögern. Dessen ungeachtet begann der Bau der Pipeline letztlich ohne große Verspätung und den europäischen Einfuhrländern sollte kein Schaden entstehen.

5.1.2 Nassers panarabisches Machtstreben und die Suez-Krise 1956

In der Nachkriegszeit erfuhren nationalistische Tendenzen im arabischen Raum Auftrieb. Als Zentrum des arabischen Nationalismus erwies sich Ägypten, das in den 1950er Jahren eine tiefgreifende politische Veränderung durchlebte. Ein Militärputsch unter Muhammad Nagib und Gamal Abdel Nasser beendete im Juli 1952 die zunehmend korrupte Herrschaft von König Faruq I. und damit die Monarchie in Ägypten. Im Juni 1953 riefen die neuen Machthaber die Republik Ägypten aus und Nagib wurde zum ersten Präsidenten ernannt. Nach internen Querelen zwang Nasser General Nagib zum Rückzug und übernahm die Macht in Kairo. Nasser unterstellte seinem einstigen Mitstreiter, die verbotenen Muslimbrüder zu unterstützen und diktatorische Ambitionen zu hegen. Nasser wurde 1954

---

[3] Vgl. Lenczowski, Oil and State in the Middle East, S. 155. Riad vertrat dazumal den Standpunkt, dass geschäftliche Erdölaktivitäten von politischen Erwägungen getrennt werden sollten. Siehe Ali, Oil and Power, S. 48.

[4] Maull, Ölmacht, S. 11.

Premierminister und im Juni 1956 ägyptischer Staatspräsident. Nassers zentrale Vision war die Führungsrolle Ägyptens in der gesamten arabischen Welt.[5] Nasser inszenierte sich als ein sozialer und nationaler Revolutionär, der in bewusster Abgrenzung zu dem als Kolonialismus gegeißelten westlichen Einfluss auf sein Land und die gesamte Region für einen arabischen Sonderweg warb. Der ägyptische Staatschef war ein glühender Anhänger der panarabischen Idee und propagierte das Konzept eines einheitlichen arabischen Nationalstaates vom Atlantik bis zum Persischen Golf. Die Ideologie Nassers gründete auf nationalistischen, großarabischen, islamischen und sozialistischen Ideen.[6] Der sogenannte „Nasserismus" verband einen revolutionären panarabischen Nationalismus mit einer sozialistischen Reformpolitik und einem Personenkult um dessen Namensgeber, der nicht zuletzt aufgrund seines selbstbewussten Auftretens gegenüber dem Westen im gesamten arabischen Raum Popularität erlangte.[7]

In seinem 1954 erschienenen Manifest *Die Philosophie der Revolution* bezeichnet Nasser das Erdöl als einen zentralen Machtfaktor in Händen der arabischen Staaten. Die Bedeutung des flüssigen Energierohstoffes erfährt eine umfassende Würdigung. Öl sei der

> Lebensnerv der Zivilisation, ohne das keines ihrer Mittel bestehen kann, weder große Werke für die Produktion noch Verbindungsmittel zu Land, See und Luft, oder Kriegswaffen – ob Schlachtflieger über den Wolken oder U-Boote unter den Wasserwogen. Ohne Petroleum würden diese alle nichts als rostige, unbewegliche, leblose Eisenstücke sein. Seine Existenz als materielle Sache, in Statistiken und Zahlen festgelegt, macht es zu einem würdigen Gegenstand für die Erörterung über die Bedeutung der Kraftquellen in unseren Ländern. Es ist eine Tatsache, daß die halbe Welt-Petroleum-Reserve noch unter dem Boden der arabischen Länder liegt, und die andere Hälfte aufgeteilt ist zwischen USA, Rußland, den karibischen Ländern und anderen Teilen der Welt.[8]

Mit seiner gegen die westlichen Interessen im Nahen Osten gerichteten Erdölpolitik sorgte Nasser für zunehmenden Unmut in den Verbraucherländern. In

---

[5] Vgl. Uwe Klussmann, „Karawane der Menschheit", in: Spiegel Geschichte, Nr. 3, 2011, S. 92–96 (hier 93).

[6] Vgl. Fouad Ajami, „On Nasser and His Legacy", in: Journal of Peace Research, Vol. 11, No. 1, March 1974, S. 41–49 (hier 41).

[7] Vgl. Martin Kramer, Arab Awakening and Islamic Revival: The Politics of Ideas in the Middle East, New Brunswick: Transaction 1996, S. 32.

[8] Gamal Abdel Nasser, Die Philosophie der Revolution (1954), zitiert nach Jens Hohensee, Der erste Ölpreisschock 1973/74: Die politischen und gesellschaftlichen Auswirkungen der arabischen Erdölpolitik auf die Bundesrepublik Deutschland und Westeuropa, HMRG-Beihefte: Band 17, Stuttgart: Franz Steiner Verlag 1996, S. 57.

populistischen, anti-westlichen Reden stellte er die Kontrolle der arabischen Erdölressourcen durch die ausländischen Mineralölgesellschaften an den Pranger und
proklamierte das Souveränitätsrecht der Araber über ihr Erdöl. Nasser forderte
nichts weniger als den Abzug der westlichen Ölkonzerne aus den arabischen
Ländern.

Mit der Besetzung Ägyptens 1882 und der Bildung eines Protektorats im
Dezember 1914 übernahm London die Kontrolle über den 1869 eröffneten Suez-
Kanal. Auch nach der Unabhängigkeit Ägyptens im Jahre 1922 behielten die
Briten ihre Machtstellung entlang des Wasserwegs. In einem 1936 abgeschlossenen Vertrag gestattete Kairo Großbritannien die Stationierung von Streitkräften
zur Verteidigung des Kanals. Erst im Oktober 1954 wurde der Abzug der britischen Truppen vertraglich eingeleitet und innerhalb von 20 Monaten vollzogen.[9]
Mit Nassers Machtergreifung haben sich die ägyptisch-britischen Beziehungen
zunehmend abgekühlt. Ein Grund dafür war die unentwegte anti-britische Propaganda, in die sich der ägyptische Potentat erging. Zur selben Zeit begann sich auch
Frankreich von Nasser abzuwenden. 1954 brach der Aufstand über die Unabhängigkeit Algeriens von Frankreich aus, der sich bald zu einem langjährigen und
erbitterten Bürgerkrieg auswuchs. Paris beschuldigte den ägyptischen Staatschef,
die Front de Libération Nationale (FLN) politisch und militärisch zu unterstützen.
Mit seiner anti-kolonialistischen und panarabischen Ideologie stand Nasser der
algerischen Unabhängigkeitsbewegung nahe. Französische Bemühungen, Nasser
auf diplomatischem Weg zum Einlenken zu bewegen, blieben erfolglos. Ägyptische Waffen gelangten weiterhin nach Algerien und das ägyptische Radio setzte
seine unermüdliche anti-französische Propaganda munter fort. Gemäß dem Motto
„Der Feind meines Feindes ist mein Freund" begann Frankreich daraufhin im
Frühjahr und Sommer 1956 seine Unterstützung für Israel zu vertiefen.[10]

Während sich das Verhältnis Kairos zu Großbritannien und Frankreich Mitte
der 1950er Jahre deutlich verschlechterte, näherte sich Nasser der kommunistischen Welt an. Nachdem sich Ägypten vergeblich um Waffenkäufe von
Großbritannien und den Vereinigten Staaten bemühte, wandte sich Nasser der
Sowjetunion zu. Im September 1955 einigten sich Moskau und Kairo auf umfangreiche Rüstungslieferungen. Syrien erhielt bereits diplomatische und militärische
Unterstützung von den Sowjets. Nun drohte gleichfalls Ägypten in die sowjetische

---

[9] Siehe dazu Charles B. Selak, Jr., „The Suez Canal Base Agreement of 1954: Its Background
and Implications", in: American Journal of International Law, Vol. 49, No. 4, October 1955,
S. 487–505.

[10] Vgl. Robert O. Matthews, „The Suez Canal Dispute: A Case Study in Peaceful Settlement",
in: International Organization, Vol. 21, No. 1, Winter 1967, S. 79–101 (hier 82).

Einflusssphäre abzudriften. Washington zeigte sich angesichts dieser Entwicklungen alarmiert. Dem abrupten Eindringen Moskaus in den Nahen Osten musste entgegengewirkt werden. US-Außenminister John Foster Dulles versuchte die sowjetische Annäherungspolitik gegenüber Kairo zu durchkreuzen, indem er der ägyptischen Regierung im Dezember 1955 den von ihr lang ersehnten finanziellen Beitrag für die Errichtung des Assuan-Staudamms – ein Prestigeprojekt Nassers – in Aussicht stellte. Als Ägypten jedoch auf günstigere Finanzierungskonditionen pochte und damit drohte, notfalls ein Hilfsangebot der Sowjets anzunehmen, und Nasser die Amerikaner durch seine diplomatische Anerkennung des kommunistischen Chinas im Mai 1956 zusätzlich provozierte, zog Dulles am 19. Juli in einer Besprechung mit dem ägyptischen Botschafter in Washington, Ahmed Hussein, sein Angebot zurück.[11]

Es handelte sich dabei um eine folgenschwere Entscheidung des US-Außenministers. Auch Großbritannien gab kurze Zeit später bekannt, den Bau des oberägyptischen Staudamms nicht zu unterstützen. Die Reaktion Nassers, der den genauen Wortlaut der Erklärung von Dulles als herabwürdigend empfand und als direkten Angriff auf seine Regierung interpretierte, ließ nicht lange auf sich warten.[12] Am 26. Juli verkündete Nasser die Verstaatlichung der unter britisch-französischer Kontrolle stehenden Suez Canal Company sowie die Einführung von Gebühren für die Benützung des Wasserwegs, mit welchen Ägypten die Errichtung des Assuan-Staudamms zu finanzieren gedachte. Der radikale Schritt des ägyptischen Präsidenten ist im Kontext der sich ab 1955 massiv verschlechternden Beziehungen zwischen Ägypten und dem Westen zu verstehen. Im März 1956 war die US-Regierung mit britischer Unterstützung daran gegangen, einen Geheimplan mit dem Codenamen „Omega" zur Isolierung Ägyptens umzusetzen. Im Rahmen dieser Politik intensivierte Washington seine Unterstützung der Mitgliedsstaaten des Bagdad-Pakts und Saudi-Arabiens, wobei das erdölreiche Königreich als Rivale Ägyptens in der Region positioniert werden sollte. Darüber hinaus planten US-Geheimdienstvertreter einen pro-westlichen Putsch der mit Nasser verbündeten syrischen Regierung in Damaskus (*„Operation Straggle"*).

---

[11] Vgl. Stephen M. Walt, The Origins of Alliances, Ithaca: Cornell University Press 1987, S. 62 f.

[12] Laura James argumentiert, „the immediate trigger [der Nasser zur Verstaatlichung der Suez Canal Company veranlasste, A.S.] was the precise wording of the US statement withdrawing the promise of funds, which […] was seen as a direct attack on the Cairo regime." Siehe Laura M. James, „When Did Nasser Expect War? The Suez Nationalization and its Aftermath in Egypt", in: Simon C. Smith (Hrsg.), Reassessing Suez 1956: New Perspectives on the Crisis and its Aftermath, Aldershot: Ashgate 2008, S. 149–164 (hier 149).

Unter dem Eindruck der gegen ihn gerichteten amerikanischen Operationen deutete Nasser die Rücknahme des US-Finanzierungsangebots „as the culmination of a series of attempts to undermine his rule."[13]

Die europäischen Mächte Großbritannien und Frankreich beurteilten Nassers Vorgehen als Affront, der nicht unwidersprochen bleiben konnte. Beide Staaten verstanden die Verstaatlichung der für die westeuropäische Ölversorgung zentralen Wasserstraße als Angriff auf ihre nationalen Interessen. Aus der Perspektive von London und Paris galt es zu befürchten, Nasser könnte seine Kontrolle des strategisch bedeutsamen Kanals für machtpolitische Zwecke missbrauchen und die freie Schifffahrt einschränken. Den gegenteiligen Beteuerungen Ägyptens mochten sie keinen Glauben schenken. Die französische Regierung war ob der äußerst umstrittenen Algerienpolitik des ägyptischen Machthabers über diesen ohnehin bereits zutiefst erzürnt. Ohne Nasser, so die Überzeugung Frankreichs, wäre der algerische Widerstand schon längst gebrochen.[14] Die Verstaatlichung des Suez-Kanals brachte das Fass zum Überlaufen.

Auch wenn die Streitparteien in den Verhandlungen über die Zukunft des Kanals anfänglich eine gewisse Konzessionsbereitschaft erkennen ließen, schien eine Lösung des Konflikts auf dem Verhandlungsweg aufgrund der maßgeblichen machtpolitischen Bruchlinien, die dem Disput zugrunde lagen, praktisch ausgeschlossen. „To both British and French Governments", schrieb John C. Campbell, „the Suez issue seemed to present the crucial point at which the two nations had to assert themselves. Their aims, therefore, went beyond freedom of transit through Suez. They had to turn the tide that was running against them. They had to defeat, or somehow get rid of, Abdel Nasser."[15]

Die vormaligen Großmächte Großbritannien und Frankreich fanden sich nach Kriegsende in einem bipolaren Weltsystem wieder, das von den neuen Supermächten USA und UdSSR dominiert wurde. Ihre Kolonialreiche und geopolitischen Einflusssphären waren endgültig im Niedergang begriffen. In den frühen Nachkriegsjahren ging die britische Kolonialherrschaft in Indien, Pakistan, Ceylon, Birma und Malaya zu Ende. Auch in anderen Teilen der Welt zeigte das britische Weltreich deutliche Auflösungserscheinungen. Die Entwicklungen in den afrikanischen Kolonien und Protektoraten konnten als Menetekel für eine bevorstehende Welle der Dekolonisation, wie sie in den 1960er Jahren eintreten sollte, verstanden werden. Auch Frankreich erlebte in der Nachkriegszeit einen Zerfall

---

[13] Ebd., S. 154.

[14] Vgl. Matthews, „The Suez Canal Dispute", S. 82 und 86.

[15] John C. Campbell, Defence of the Middle East: Problems of American Policy, 2. Auflage, New York: Praeger 1960, S. 102.

seines Kolonialreiches. Im Frühjahr 1954 hatte die französische Kolonialarmee in Indochina eine vernichtende Niederlage gegen die vietnamesische Unabhängigkeitsbewegung in der entscheidenden Schlacht um Dien Bien Phu erlitten und damit die Besitzungen in Südostasien verloren. Nur Monate später begann sich in Algerien ein bewaffneter Widerstand gegen die französische Fremdherrschaft zu bilden, der 1962 mit der Niederlage Frankreichs enden sollte.

Die Politik Großbritanniens und Frankreichs in der Suez-Krise war maßgeblich von dem drohenden Einflussverlust im Nahen Osten geprägt und kann in einem größeren Kontext betrachtet gewissermaßen als Auflehnung gegen den unvermeidlichen Niedergang ihrer Weltreiche begriffen werden. Gemäß dieser Lesart handelte es sich bei der konfrontativen Haltung von London und Paris gegenüber Ägypten um ein letztes Aufbäumen von zwei erstarrten Großmächten gegen ihren machtpolitischen Abstieg auf der Weltbühne im Allgemeinen und in der erdölreichen Nahostregion im Besonderen. Nassers panarabische Ambitionen, die er mit seiner anti-kolonialistischen Kampfrhetorik unter das Volk trug und nicht zuletzt dank seines populistischen Talents und ausgeprägten Charismas die breiten Massen im arabischen Raum dafür zu begeistern verstand, wurden vonseiten Großbritanniens und Frankreichs als ernsthafte Bedrohung ihrer Position im Nahen Osten eingestuft.

Die Verstaatlichung des Suez-Kanals, die auf euphorische Reaktionen der Volksmassen in Ägypten und anderen arabischen Staaten stieß, galt als Symbol der Unabhängigkeit und Eigenständigkeit der „arabischen Welt" und deren Emanzipation von kolonialer Fremdherrschaft. Großbritanniens Premierminister, Anthony Eden, gewährt in seinen vier Jahre nach der Krise veröffentlichten Memoiren Einblicke in die damaligen Überlegungen Londons: „We had to deal with the canal not only for its own importance, but because Nasser's seizure of it affected the whole position in the Middle East and Africa. The canal was not a problem that could be isolated from the many other manifestations of Arab nationalism and Egyptian ambitions."[16]

Auch Frankreich beurteilte Nassers nationalistische, panarabische Bestrebungen als reale Bedrohung seiner politischen und wirtschaftlichen Interessen in der Nahostregion. Der französische Ministerpräsident, Guy Mollet, verurteilte in einer Rede vor den Delegierten seiner sozialistischen Partei Anfang Juli 1956 den „Größenwahn des Oberst Nasser", dessen „Panislamismus", mit welchem der ägyptische Machthaber nicht nur eine Hegemonie über die arabische, sondern die gesamte muslimische Welt zu errichten beabsichtige, eine „Bedrohung

---

[16] Zitiert in Matthews, „The Suez Canal Dispute", S. 85.

für den Frieden" darstelle.[17] Zwei hochrangige Vertreter der Regierung Mollets, der Minister für ehemalige Soldaten und Kriegsopfer, François Tanguy-Prigent, und Max Lejeune, Staatssekretär im Verteidigungsministerium, bezeichneten Nasser als den „neuen Hitler", dessen aggressivem panarabischen Expansionismus entschlossen entgegengetreten werden müsse.[18] Stimmen, die sich für eine besonnene Vorgehensweise in der Suez-Causa aussprachen, verloren in der öffentlichen Debatte zunehmend an Boden. Die Hardliner begannen sich durchzusetzen und die Deutungshoheit über die Geschehnisse zu gewinnen. Eine kompromissorientierte, konzessionsbereite Politik galt in französischen Regierungskreisen bald als Appeasement gegenüber einem gefährlichen Diktator, wobei, wie die Geschichte leidvoll lehren würde, den hegemonialen Bestrebungen eines nationalistischen, megalomanischen Despoten schon in den Anfängen ein Ende bereitet werden müsse.[19]

Nasser wurde von der britischen und französischen Regierung als zentrale Quelle der Instabilität im Nahen Osten und Bedrohung für ihren politischen Einfluss in der Region ausgemacht, weshalb die Entmachtung des ägyptischen Staatschefs im Zielsystem beider Länder noch vor dem unmittelbaren Schicksal des Suez-Kanals an die oberste Stelle gereiht wurde.[20] Mittelfristig erachteten die europäischen Mächte eine internationale Kontrolle der Wasserstraße als unabdingbar, da ansonsten eine uneingeschränkte Beschaffung der für die europäischen Verbrauchermärkte kritischen Energierohstoffe aus dem Persischen Golf nicht sichergestellt wäre. Beide Ziele waren letztlich nur auf militärischem Weg erreichbar. In Israel fanden Frankreich und Großbritannien einen Verbündeten. Nassers panarabischer Nationalismus stellte eine direkte Bedrohung für die Existenz Israels dar. In den arabischen Großmachtfantasien des ägyptischen Machthabers war für den jüdischen Staat kein Platz. Seit der Staatsgründung 1948 sah sich Israel permanenter Feindseligkeit Ägyptens ausgesetzt. Das Land wurde nicht nur unmittelbar nach Proklamation seiner Unabhängigkeit militärisch angegriffen, Kairo zeigte sich auch in anderer Form feindschaftlich: Zwischen 1950 und 1956 wurden 103 Schiffe, die israelische Häfen anlaufen wollten, im Suez-Kanal von der ägyptischen Kriegsmarine abgefangen. Auch in der Meerenge von Tiran wurden Schiffe von und nach Israel mehrfach von den ägyptischen Seestreitkräften ins Visier genommen. Zudem verweigerte Kairo Flügen nach Israel die Benützung

---

[17] Zitiert nach Jean-Yves Bernard, La genèse de l'expédition franco-britannique de 1956 en Egypte, Paris: Publications de la Sorbonne 2003, S. 281.

[18] Ebd., S. 281.

[19] Vgl. Matthews, „The Suez Canal Dispute", S. 86.

[20] Vgl. ebd., S. 87; und Walt, The Origins of Alliances, S. 64.

des ägyptischen Luftraums. Obendrein verwandelte Nasser den Gazastreifen in ein militärisches Trainingsgelände für die Fedajin und unterstützte deren Eindringen auf israelisches Territorium.[21]

Die Fedajin dienten der von Großbritannien, Frankreich und Israel gebildeten „Anti-Nasser-Allianz" als Vorwand, um gegen Ägypten militärisch vorzugehen und die Suez-Krise durch den Einsatz von Waffengewalt zu lösen. In einem Geheimtreffen Ende Oktober 1956 im französischen Sèvres vereinbarten die drei Staaten den geplanten Ablauf ihrer Militäraktion. Die gemeinsame militärische Operation begann am 29. Oktober mit der Landung von knapp 400 israelischen Fallschirmjägern auf dem Mitla-Pass am Sinai. Israels Angriff auf Ägypten diente offiziell der Zerstörung der Basen der Fedajin. Die israelischen Streitkräfte besetzten innerhalb kurzer Zeit den Gazastreifen und weite Teile der Sinai-Halbinsel. Wie in Sèvres abgesprochen, riefen Großbritannien und Frankreich am 30. Oktober beide Streitparteien dazu auf, innerhalb von zwölf Stunden die Kampfhandlungen einzustellen. Sie drohten andernfalls mit einem militärischen Einschreiten ihrerseits, um durch Trennung der beiden Kriegsparteien eine ungehinderte Befahrbarkeit des Suez-Kanals zu gewährleisten. Nachdem die Kampfhandlungen fortgesetzt wurden und das Ultimatum erwartungsgemäß verstrich, griffen London und Paris am 31. Oktober in den Krieg ein. Der Schutz des Kanals galt als Vorwand für ihre militärische Intervention. Auf eine Bombardierung von Port Said und ägyptischer Stellungen am Sinai folgte am 5. November eine Invasion der Kanalzone durch anglo-französische Bodentruppen.[22]

Ägypten, das militärisch deutlich unterlegen war, reagierte auf die Aggression von Frankreich und Großbritannien am 31. Oktober mit der Sperre des Suez-Kanals. Der Großteil der Erdölexporte aus dem Nahen Osten nach Europa und Amerika wurde dadurch unterbrochen. Kairo versuchte zudem den arabischen Nationalismus zu schüren und appellierte an die Länder in der Region, durch Sabotageakte an Erdölinstallationen und Pipelines den Ölfluss in den Westen zu unterbinden. Durch die Störung der Energiezufuhr sollte der Lebensnerv der europäischen Angreifer getroffen und diese dadurch empfindlich geschwächt werden.[23] Es fiel Nasser nicht schwer, militante arabische Gruppierungen, die sich über den britisch-französischen Angriff auf Ägypten zutiefst empörten, dazu zu

---

[21] Für die Aufzählung der ägyptischen Feindseligkeiten gegenüber Israel siehe Saul S. Friedman, A History of the Middle East, Jefferson: McFarland 2006, S. 258.

[22] Vgl. Lenczowski, Oil and State in the Middle East, S. 319.

[23] Vgl. Maull, Ölmacht, S. 11.

ermutigen, ihren Hass auf die „westlichen Imperialisten" in Form von Anschlägen gegen die Erdöleinrichtungen der ausländischen Ölkonzerne zum Ausdruck zu bringen. Am 2. November setzte Syrien seine diplomatischen Beziehungen zu Großbritannien und Frankreich aus und syrische Kommandos sprengten alle drei Pumpstationen der IPC-Pipeline, wodurch der Erdölstrom vom nordirakischen Kirkuk an die Mittelmeer-Terminals in Baniyas in Syrien und Tripoli im Libanon unterbrochen wurde. Zwei Tage später legte ein Generalstreik die Ölfelder und Verladeeinrichtungen in Bahrain lahm, das zu jener Zeit noch ein britisches Protektorat gewesen war. In der Hauptstadt Manama brachen zudem Krawalle aus. Nach neun Tagen Aufstand vermochten die Sicherheitskräfte die Ordnung wiederherzustellen und die Ölarbeiter der BAPCO nahmen ihre Tätigkeit in den Ölfeldern und Raffinerieanlagen wieder auf. Am 6. November brach auch Saudi-Arabien seine diplomatischen Beziehungen zu Frankreich und Großbritannien ab und verkündete zugleich ein Erdölembargo gegen beide Länder. Tankschiffe mit einem Bestimmungsort in einem der beiden europäischen Staaten wurden nicht mehr mit Öl beladen. Mitte Dezember kam es auch in Kuwait zu Sabotageakten. In der Nacht vom 10. auf den 11. Dezember verursachten rund ein Dutzend Explosionen schwere Beschädigungen der Ölanlagen der KOC, darunter vier Bohrlöcher und einige Pipelines.[24]

Sowohl Moskau als auch Washington waren über die inszenierte Militäraktion von Großbritannien, Frankreich und Israel erbost. Während die Sowjetunion mit einem etwaigen Sturz Nassers den Verlust eines Verbündeten in der Region befürchtete und mit einem Angriff auf Frankreich und Großbritannien drohte, verurteilte Präsident Eisenhower den Waffengang als kolonialistische Politik des 19. Jahrhunderts, die in einer heißen Phase des Kalten Krieges das Risiko eines Flächenbrandes erhöhen und die arabischen Staaten in die Arme Moskaus treiben würde.[25] In einer umstrittenen Entscheidung stellte sich die US-Regierung somit auf die Seite von Moskau und Nasser und forderte den militärischen Abzug ihrer westlichen Verbündeten aus Ägypten. Die Vereinten Nationen pochten nach einer Sondersitzung der Generalversammlung auf eine sofortige Waffenruhe und einen umgehenden Rückzug aller ausländischen Truppen von ägyptischem Territorium. Um die Briten unter Druck zu setzen und zu einem Einlenken zu

---

[24] Für die Angaben im gesamten Absatz siehe ebd., S. 12; Bamberg, British Petroleum and Global Oil, S. 83; und Lenczowski, Oil and State in the Middle East, S. 336 f.

[25] Vgl. Paul Thomas Chamberlin, „The Cold War in the Middle East", in: Artemy M. Kalinovsky und Craig Daigle (Hrsg.), The Routledge Handbook of the Cold War, Abingdon: Routledge 2014, S. 163–177 (hier 167).

bewegen, verhängte Washington wirtschaftliche Strafmaßnahmen gegen London. Die Vereinigten Staaten verweigerten die Gewährung von Finanzhilfen an Großbritannien und lehnten es ab, ihren westlichen Bündnispartner nach dem saudischen Embargo mit dringend benötigten Öl-Ersatzlieferungen zu versorgen. Der enorme politische und wirtschaftliche Druck veranlasste Premierminister Anthony Eden dazu, am 6. November einen Waffenstillstand zu verkünden und einem raschen Truppenabzug zuzustimmen. Die Vereinten Nationen bildeten eine bewaffnete Einsatztruppe, die United Nations Emergency Force (UNEF), welche einen friedlichen Abzug der französischen und britischen Soldaten sichern und den ägyptisch-israelischen Grenzraum überwachen sollte.[26] Am 22. Dezember zogen Großbritannien und Frankreich ihre Truppen aus Ägypten endgültig ab. Auch Israel verließ den Sinai. Den Gazastreifen räumte das Land erst am 7. März 1957 auf Druck der Vereinigten Staaten, die während der israelischen Aggression gegen Ägypten ihre Entwicklungshilfsgelder an den jüdischen Staat aussetzten.

Der Suez-Kanal war ein bedeutendes Nadelöhr des globalen Ölhandels. Seine Sperre, die bis Ende März 1957 dauerte, blieb nicht ohne Konsequenzen für die europäische Energieversorgung. 19 Prozent der weltweiten per Tankschiff beförderten Erdöltransporte passierten im Jahr vor der Krise den ägyptischen Wasserweg. Von den 1,4 Millionen Barrel, die täglich durch den Kanal transportiert wurden, waren 1,3 Millionen in nördliche Richtung unterwegs.[27] Der westeuropäische Erdölbedarf belief sich im Jahr der Suez-Krise auf rund drei Millionen Barrel pro Tag, wobei 70 Prozent davon (2,1 Millionen Fass pro Tag) aus dem Nahen Osten importiert wurden. Der Seeweg über den Suez-Kanal und der Pipelinetransport durch die Rohrleitungen nach Baniyas an die syrische sowie nach Tripoli an die libanesische Mittelmeerküste und die TAPLINE nach Sidon im Libanon stellten die zentralen Transportrouten dar. Die tägliche Eigenproduktion von Rohöl in Westeuropa erreichte damals bloß 200.000 Barrel. Das restliche Bedarfsvolumen wurde großteils aus Ländern der westlichen Hemisphäre, allen voran aus Lateinamerika, bezogen.

Mit der Sperre des Suez-Kanals wurden die westeuropäischen Konsumländer von einer täglichen Importmenge von 1,35 Millionen Barrel Erdöl nahöstlicher Herkunft abgeschnitten. Nachdem Syrien die Pumpstationen der von Kirkuk nach Baniyas und Tripoli verlaufenden IPC-Pipeline in die Luft jagte, gingen zwischen November 1956 und März 1957 zusätzlich irakische Erdöllieferungen in einem Umfang von 550.000 Fass pro Tag verloren. Die westeuropäischen Absatzmärkte

---

[26] Die UNEF blieb bis Mai 1967 in Ägypten stationiert, als Kairo ein Ende der Mission forderte.

[27] Vgl. Lubell, Middle East Oil Crises and Western Europe's Energy Supplies, S. 11.

mussten dadurch auf insgesamt 1,9 von der vor der Krise üblichen täglichen Lie-
fermenge von 2,1 Millionen Fass verzichten. Aus dem Nahen Osten strömten nur
noch rund 200.000 Barrel saudisches Erdöl pro Tag von Dhahran über die amerikanische TAPLINE nach Westeuropa.[28] Der Suez-Konflikt verursachte mit einem
krisenbedingten Ausfall von 90 Prozent der üblichen Lieferungen die seinerzeit
größte Ölverknappung für die europäischen Importländer.

Auch die Vereinigten Staaten waren von der Schließung des Kanals und der
Unterbrechung der Pipelines betroffen, wenn auch in weitaus geringerem Maße
als Europa. Washington erlitt einen Importausfall von 272.000 Fass pro Tag.
Insgesamt kamen 70 Prozent des Ölexports des Persischen Golfes von 2,84 Millionen Barrel pro Tag durch die Suez-Krise zum Erliegen.[29] Die Sperre der
für die europäische Mineralölversorgung vitalen ägyptischen Wasserstraße und
die Unterbrechung des pipelinegebundenen Erdöltransits durch Syrien stellten
die die westlichen Verbrauchermärkte beliefernden internationalen Ölkonzerne
vor gewaltige logistische Herausforderungen, wollten sie einer gefährlichen Verknappung der Erdölliefermengen entgegenwirken. Das gegen Großbritannien und
Frankreich verhängte Ölembargo machte die Aufgabe ungleich schwieriger.

Die Erdölexporte aus dem Nahen Osten nach Europa mussten angesichts der
Unpassierbarkeit des Suez-Kanals und der beschädigten Rohrleitungen an das
Mittelmeer auf die weite und teure Seeroute um das Kap der Guten Hoffnung
umgeleitet werden. Der Seeweg vom Persischen Golf um das Kap nach Europa
ist fast doppelt so lang wie durch den Suez-Kanal, weshalb sich die Transportzeit
der Öllieferungen in die europäischen Zielhäfen um mindestens zwei Wochen ver-
längerte. Knapp zwei Millionen Fass Erdöl pro Tag hätten per Öltanker um den
afrikanischen Kontinent verschifft werden müssen, um die Schließung des ägyptischen Kanals und der über syrisches Territorium verlaufenden Erdölleitungen
zur Gänze zu kompensieren. Eine solche Menge ließ sich aufgrund begrenzter Tankerkapazitäten – sowohl was die Ladefähigkeit als auch die Anzahl der
verfügbaren Schiffe anbelangte – auf der langen Meerroute nicht transportieren.
Im Höchstfall vermochten die internationalen Ölgesellschaften auf der Seestrecke
um das Kap rund 60 Prozent der durch den Suez-Kanal beförderten Erdölmenge
zu den europäischen Absatzmärkten zu liefern.[30] Angesichts der unzureichenden
Transportkapazitäten kletterten die Frachtraten in astronomische Höhen, wodurch

---

[28] Die Angaben über die Ölliefermengen nach Westeuropa während der Suez-Krise beruhen
auf Walter J. Levy, „Issues in International Oil Policy", in: Foreign Affairs, Vol. 35, No. 3,
April 1957, S. 454–469 (hier 454 f.). Siehe auch Lenczowski, Oil and State in the Middle
East, S. 31.

[29] Vgl. Maull, Ölmacht, S. 12.

[30] Vgl. ebd., S. 12.

sich der Ölpreis für die Endverbraucher deutlich verteuerte. Infolge der Blockade der ägyptischen Wasserstraße erreichten die Frachtkosten für das Erdöl aus dem Persischen Golf nach Westeuropa mehr als das Zwölffache des Warenwerts.[31]

Selbst wenn alle Öltanker, die zuvor den Suez-Kanal benutzten, exklusiv für den Mineralöltransport nach Europa eingesetzt worden wären, anstatt wie bis dahin auch andere Zielmärkte in der westlichen Hemisphäre anzusteuern, hätten die europäischen Verbraucher als Folge der Krise auf circa 45 Prozent ihrer gewöhnlichen Erdölversorgung verzichten müssen.[32] Zur Vermeidung eines eklatanten Ölmangels auf dem Kontinent waren die westeuropäischen Erdölimporteure gezwungen, zusätzliche Bezugsquellen zu finden. Die Erdölkonzerne standen dabei vor der Herausforderung, einerseits kurzfristig Öllieferungen in beträchtlicher Menge zu organisieren und andererseits ausreichend Tankerkapazitäten zu sichern, um das alternative Öl nach Europa befördern zu können.

Die Erdölindustrie wurde bei diesem Unterfangen von der US-amerikanischen Regierung unterstützt, die sich um die Ölversorgung ihrer NATO-Verbündeten und deren Streitkräfte sorgte. Bereits kurz nach der Verstaatlichung des Suez-Kanals durch Nasser im Juli 1956 rief Washington eine Expertengruppe ins Leben, die Pläne für eine ungestörte Belieferung Westeuropas mit Erdöl im Falle einer Blockade des ägyptischen Kanals erarbeiten sollte. Dem geheimen Gremium, das als Middle East Emergency Committee (MEEC) bezeichnet wurde, gehörten hochrangige Regierungsbeamte und Vertreter von den 15 führenden amerikanischen Mineralölgesellschaften an.[33] Die US-Behörden, die eine Zusammenarbeit der Erdölkonzerne im Rahmen der Expertengruppe initiierten, setzten für diesen Zweck die ansonsten geltenden strengen kartellrechtlichen Bestimmungen außer Kraft.

Als im Zuge der Suez-Krise eine gefährliche Verknappung der westeuropäischen Erdölversorgung drohte, ging das MEEC umgehend daran, das Bedarfsdefizit durch Lieferungen aus anderen Quellen zu kompensieren. Das amerikanische Gremium erstellte einen Plan, der eine Steigerung des US-Outputs um 725.000 Barrel pro Tag vorsah und eine zusätzliche Produktionsmenge von 50.000 Barrel pro Tag aus Venezuela und 25.000 Barrel pro Tag aus Kanada anstrebte.[34]

---

[31] Während eine Tonne iranisches Rohöl ab dem Persischen Golf 17,80 Deutsche Mark kostete, wurden für den Transport inklusive der Umwegkosten wegen der Route um das Kap der Guten Hoffnung 217 Mark pro Tonne verrechnet. Siehe o. A., „Der Suez-Boom", in: Der Spiegel, 14. November 1956, S. 22–24 (hier 22 f.).

[32] Vgl. Lenczowski, Oil and State in the Middle East, S. 327.

[33] Vgl. Diane B. Kunz, The Economic Diplomacy of the Suez Crisis, Chapel Hill: University of North Carolina Press 1991, S. 87.

[34] Vgl. Lenczowski, Oil and State in the Middle East, S. 328.

Von den insgesamt rund 1,2 Millionen Fass pro Tag, die auf dem westeuropäischen Absatzmarkt aufgrund der Krise fehlten, konnten somit nach erfolgreicher Umsetzung des MEEC-Plans ungefähr 800.000 Fass aus amerikanischen Quellen beschafft werden. Infolge der Ersatzlieferungen betrug das westeuropäische Öldefizit letztlich lediglich zwölf Prozent des Gesamtverbrauchs, was eine weitgehend problemlos zu bewältigende Fehlmenge darstellte.[35] Der Lieferrückgang von Rohöl und Erdölprodukten nach Europa über die gesamte Krisenperiode von November 1956 bis März 1957 wurde auf bloß acht Prozent beziffert.[36] Der Ölkonsum Westeuropas konnte trotz der Kanalsperre und den beschädigten Exportpipelines auf ungefähr 80 Prozent des Normalverbrauchs gehalten werden. In Bezug auf den Gesamtenergieverbrauch der westeuropäischen Länder betrug die Ölverknappung lediglich vier Prozent.[37]

Das Embargo Saudi-Arabiens gegen die Kriegsparteien Frankreich und Großbritannien dauerte bis zur Räumung des Gazastreifens durch die israelische Armee Anfang März 1957. Durch partielle Kraftstoffrationierungen und den Verzicht auf nicht unbedingt erforderlichen sowie zeitlich aufschiebbaren Erdölkonsum ließ sich der Engpass relativ mühelos überdauern und eine Wirtschaftskrise auf dem europäischen Kontinent vermeiden. Die Länder Westeuropas haben alle Anstrengungen unternommen, um den dringlichsten Erdölbedarf der wachstumsrelevanten Industrien zu befriedigen und den kraftstoffbasierten Verkehrs- und Transportsektor mit den als erforderlich erachteten Mindestmengen zu versorgen.

Die Auswirkungen der Suez-Blockade auf die westeuropäischen Verbrauchermärkte stellten sich als weitaus geringer heraus, als ursprünglich befürchtet. Dank seines raschen und effizienten Handelns vermochte das MEEC Europa von einer Katastrophe größeren Ausmaßes zu verschonen.[38] Die US-amerikanische Reservekapazität von rund zwei Millionen Barrel pro Tag erwies sich dabei für die europäische Erdölversorgungssicherheit als höchst bedeutsam. Lediglich die begrenzten Transportkapazitäten im rohrleitungsgebundenen inneramerikanischen Öltransport und in der transatlantischen Tankschifffahrt verhinderten eine vollumfängliche Kompensation der fehlenden Ölmengen aus dem Nahen Osten durch amerikanische Quellen.

---

[35] Vgl. ebd., S. 328; und Maull, Ölmacht, S. 12.

[36] Vgl. Lubell, Middle East Oil Crises and Western Europe's Energy Supplies, S. 15. Im November 1956 belief sich das Öldefizit auf 20 Prozent im Vergleich zum Vorkrisenniveau. Im März 1957 betrug die Fehlmenge nur noch vier Prozent.

[37] Vgl. Levy, „Issues in International Oil Policy", S. 455.

[38] Lenczowski, Oil and State in the Middle East, S. 328.

Auch wenn die westeuropäischen Erdölimportnationen den erstmalig gegen sie gerichteten Einsatz der „Ölwaffe" durch arabische Export- und Transitstaaten relativ unbeschadet überstanden haben, musste der Vorfall für Westeuropa eine deutliche Warnung sein „that her well-being and prosperity depend in part on the security of her lifeline with the oil fields in the Middle East. For, if it did nothing else, the Suez crisis served to dramatize Europe's dangerous dependence on imported energy."[39]

Die Beschränkung des Erdölhandels während der Suez-Krise hatte nicht nur für die westeuropäischen Importländer nachteilige Effekte. Circa 73 Prozent der irakischen Erdölausfuhren waren vom Pipelinetransport über syrisches Hoheitsgebiet abhängig, weshalb die Beschädigung der IPC-Rohrleitung einen schweren wirtschaftlichen Schaden für Bagdad bedeutete. 74 Prozent der kuwaitischen, 41 Prozent der iranischen und 20 Prozent der saudischen Ölexporte passierten zu jener Zeit den Suez-Kanal.[40] Aufgrund dessen Blockade litten die in hohem Maße von den Einnahmen aus dem Erdölexport abhängigen Produzentenstaaten im Nahen Osten unter teils beträchtlichen Umsatzeinbußen. Am härtesten hat es den Irak getroffen. Der irakische Mineralöloutput brach im November 1956 im Vergleich zum Vormonat um 75 Prozent ein.[41] 1957 war die Produktion im Irak um circa 37 Prozent niedriger als im Jahr davor und Syriens Einnahmeverlust wurde auf rund 50.000 Dollar pro Tag geschätzt.[42] Da das sechsmonatige Ölembargo keine nachhaltigen Auswirkungen auf die westlichen Volkswirtschaften hatte, für die stark von den Deviseneinnahmen aus dem Erdölhandel angewiesenen arabischen Staatshaushalte jedoch eine schwere Belastung darstellte, muss der Einsatz der „Ölwaffe" während der Suez-Krise als gescheitert betrachtet werden.[43]

Für Großbritannien und Frankreich endete die Suez-Krise in einem Debakel. Alle wesentlichen Kriegsziele wurden verfehlt. Weder vermochten London und Paris mit ihrem Waffengang Nassers panarabischen, anti-kolonialistischen Triumphzug zu stoppen, noch konnten sie die Kontrolle über den Suez-Kanal zurückerlangen. Der Krieg von 1956 gegen Ägypten steht wie kein anderes Ereignis als Symbol für das Ende des britischen Empire. Premierminister Eden sah sich für seine Suez-Politik heftiger öffentlicher, medialer und innenpolitischer Kritik ausgesetzt. Selbst innerhalb seiner konservativen Partei galt seine Vorgehensweise

---

[39] Egon Kaskeline, „Europe's Energy Gap", in: Challenge, Vol. 5, No. 7, April 1957, S. 63–67 (hier 63).

[40] Vgl. Lenczowski, Oil and State in the Middle East, S. 26.

[41] Vgl. Lubell, Middle East Oil Crises and Western Europe's Energy Supplies, S. 9.

[42] Vgl. Lenczowski, Oil and State in the Middle East, S. 328.

[43] Vgl. Ali, Oil and Power, S. 49.

als äußerst umstritten. Die Durchführung des Militärschlags ohne Mandat der Vereinten Nationen beeinträchtigte nicht nur die *special relationship* des Landes mit den Vereinigten Staaten, sondern fügte nach verbreiteter Auffassung auch der Führungsrolle Großbritanniens innerhalb des Commonwealth erheblichen Schaden zu.[44] Der spätere Verteidigungsminister und Schatzkanzler Denis Healey, der zur Zeit der Krise Abgeordneter der Labour-Partei im britischen Unterhaus gewesen war, bezeichnete im Rückblick die britische Politik von damals als „a demonstration of moral and intellectual bankruptcy". Laut Healey war Suez für Großbritannien nichts weniger als „a turning point in postwar history", der das Ende „of Britain's imperial role outside Europe" markiert.[45] Großbritanniens militärisches Abenteuer gegen Nasser kann in Anlehnung an den Buchtitel von Scott Lucas letztlich als „the lion's last roar" interpretiert werden.[46]

Die Suez-Krise hat sowohl Frankreich als auch Großbritannien die neuen machtpolitischen Realitäten im internationalen System eindringlich vor Augen geführt. Mit ihr wurde eine neue Phase in der US-amerikanischen Nahostpolitik eingeläutet. Das britisch-französische Fiasko hinterließ ein Vakuum in der Region, das gemäß der Überzeugung von US-Präsident Eisenhower ohne geeignete Maßnahmen vonseiten Washingtons die Sowjetunion füllen würde. Am 5. Jänner 1957 warnte Eisenhower in einer Rede vor beiden Häusern des Kongresses vor einer schweren Krise im Nahen Osten, der laut seinen Ausführungen unter sowjetische Kontrolle zu fallen drohte. Die Vereinigten Staaten müssten alles unternehmen, um die Unabhängigkeit der Staaten in der Region zu erhalten. Der US-amerikanische Kongress ermächtigte daraufhin Eisenhower, durch eine Ausweitung der wirtschaftlichen und militärischen Unterstützungsmaßnahmen zugunsten der westlich gesinnten Staaten der Ausbreitung des Kommunismus im Nahen Osten entgegenzuwirken.

Der Suez-Krieg gilt als unmittelbarer Auslöser des vom US-Präsidenten skizzierten Programms, das als „Eisenhower-Doktrin" seinen Weg in die Geschichtsbücher fand. Die Eisenhower-Doktrin war auch gegen den radikalen arabischen Nationalismus von Nasser gerichtet. In diesem Ansinnen trachtete die US-Regierung nach einer Stärkung der westlich orientierten, konservativen Regime im Irak, Saudi-Arabien, Libanon und Libyen. Durch wirtschaftliche und militärische Hilfen sowie direkte Sicherheitsgarantien durch die Vereinigten Staaten

---

[44] Siehe A. J. Stockwell, „Suez 1956 and the Moral Disarmament of the British Empire", in: Simon C. Smith (Hrsg.), Reassessing Suez 1956: New Perspectives on the Crisis and its Aftermath, Aldershot: Ashgate 2008, S. 227–238 (hier 227).

[45] Zitiert in ebd., S. 231.

[46] Siehe Scott Lucas, Britain and Suez: The Lion's Last Roar, Manchester: Manchester University Press 1996.

sollte die pro-westliche Gesinnung dieser Regierungen gestärkt werden, um damit Nasser zu isolieren und den sowjetischen Einfluss in der Region einzudämmen. Die Politik der Eisenhower-Doktrin „marked America's emergence as the dominant Western power in the Middle East."[47] Washington hat seine dominierende Stellung im Nahen Osten bis zum heutigen Tag behalten.

5.1.3 Sechs-Tage-Krieg 1967: Der zweite Einsatz der „Ölwaffe"

Dem weitgehenden Scheitern des im Zuge der Suez-Krise gegen ausgewählte westliche Staaten verhängten Erdölembargos zum Trotz setzten die arabischen Exportländer gut zehn Jahre später erneut auf einen politisch motivierten Einsatz der „Ölwaffe". Der Junikrieg 1967[48] war nach dem israelischen Unabhängigkeitskrieg 1948 und dem Suez-Krieg 1956 die dritte arabisch-israelische militärische Auseinandersetzung und führte abermals zu einer gehörigen Verunsicherung auf dem globalen Ölmarkt.

Die europäische Erdölversorgung schien zur Zeit des Sechs-Tage-Krieges im Vergleich zu den vorangegangenen Nahostkrisen noch stärker gefährdet, denn sowohl der Anteil der Mineralölimporte am europäischen Gesamtenergieverbrauch als auch die von arabischen Exporteuren stammende absolute wie relative Einfuhrmenge haben sich bis 1967 deutlich ausgeweitet. Die westeuropäischen Öleinfuhren verzeichneten zwischen 1956 und 1967 eine Erhöhung von 121,5 auf 443,6 Millionen Tonnen (bzw. von circa 2,4 auf knapp 8,9 Millionen Fass pro Tag). Der Anteil der Gesamtimporte am Energieverbrauch ist als Folge davon von 20,7 auf 52,7 Prozent gestiegen. Gleichzeitig stieg der Anteil der Erdöleinfuhren aus arabischen Staaten am westeuropäischen Gesamtenergiekonsum zwischen 1956 und 1967 von 13,4 auf 36 Prozent.[49] Das Öl verdrängte in

---

[47] Salim Yaqub, Containing Arab Nationalism: The Eisenhower Doctrine and the Middle East, Chapel Hill: University of North Carolina Press 2004, S. 1 f.

[48] Die dritte kriegerische Auseinandersetzung zwischen Israel und seinen arabischen Nachbarstaaten von 5. bis 10. Juni 1967 ist in der westlichen Literatur und in Israel vornehmlich als „Sechs-Tage-Krieg" bekannt. Die Bezeichnung bringt die kurze Dauer der Kämpfe und damit die deutliche militärische Überlegenheit der siegreichen Israelis zum Ausdruck, weshalb ihr eine propagandistische Note zugesprochen wird. In der arabischen Welt dominiert der neutralere Begriff „Junikrieg 1967". Auch die Bezeichnung „dritter arabisch-israelischer Krieg" ist verbreitet. In der vorliegenden Arbeit finden alle drei Begriffe Verwendung.

[49] Die Angaben über die westeuropäischen Öleinfuhren 1956 und 1967 stammen aus Maull, Ölmacht, S. 18.

diesen Jahren die Kohle als meistkonsumierter Primärenergieträger in Westeuropa. Die nackten Zahlen gaben Anlass zur Sorge, Europa würde im Gegensatz zur Suez-Krise eine kriegsbedingte oder politisch intendierte Störung der Versorgungsströme von Erdöl aus dem Nahen Osten nicht mehr unbeschadet überstehen. Eine Unterbrechung der arabischen Öllieferungen drohte die westeuropäische Wirtschaftsentwicklung diesmal empfindlich zu beeinträchtigen.

Die Spannungen zwischen Israel und seinen arabischen Nachbarstaaten erfuhren ab 1964 eine deutliche Intensivierung. Der langjährige Streit über die Wassernutzung des Flusses Jordan flammte mit der geplanten Wasserentnahme durch Israel und Plänen zur Umleitung der Quellflüsse des Jordan durch Syrien neu auf und mündete in zahlreiche gewaltsame Grenzkonflikte. Angriffe palästinensischer Kämpfer von den arabisch kontrollierten Grenzzonen ausgehend auf Israel führten bis 1967 zu mehreren tödlichen Auseinandersetzungen zwischen der israelischen Armee und den Streitkräften Jordaniens und Syriens. Im Mai 1967 veranlasste Nasser den Abzug der seit der Suez-Krise auf dem Sinai stationierten Friedenstruppen der Vereinten Nationen (UNEF), die einen Puffer zwischen Israel und Ägypten bildeten und während ihrer Anwesenheit für relative Ruhe im Grenzgebiet sorgten. Die ägyptische Regierung ließ anschließend eigene Truppen an die Grenze zu Israel verlegen und schloss in einem weiteren feindlichen Akt am 22. Mai die Meerenge von Tiran für die israelische Schifffahrt, wodurch Israel von seinem Zugang zum Roten Meer auf dem Seeweg über den Golf von Akaba abgeschnitten wurde. Ägyptens anti-israelische Maßnahmen und die sich verstärkende Israel-feindliche Propaganda und Kriegsrhetorik vonseiten höchstrangiger arabischer Regierungsvertreter veranlassten das israelische Kabinett Ende Mai 1967 zu einer Mobilmachung der Streitkräfte. Nasser forderte in einem weiteren Eskalationsschritt die arabischen „Bruderstaaten" dazu auf, Armeeeinheiten an die Grenze zu Israel zu verlegen und schloss am 30. Mai sowie 4. Juni nach dem Vorbild Syriens militärische „Verteidigungspakte" mit Jordanien und dem Irak. Am 31. Mai verließen irakische Truppen ihre Kasernen in Richtung Jordanien.

Nasser und seine arabischen Bündnispartner haben bis Anfang Juni eine wirksame Drohkulisse aufgebaut und Israel mit arabischen Militärverbänden eingekreist.[50] Der aggressiven Rhetorik und dem massiven Aufmarsch arabischer Streitkräfte an Israels Grenzen zum Trotz war nach Einschätzung der Vereinigten

---

[50] Die Gesamtstärke der arabischen Truppen an den Grenzen zu Israel belief sich laut Einschätzung der CIA auf ungefähr 117.000 Soldaten, wobei rund 50.000 davon auf dem Sinai stationiert waren. Dennoch werden in den meisten Publikationen über den Sechs-Tage-Krieg die von der israelischen Armee veröffentlichten Zahlen unkritisch übernommen und allein die Stärke der ägyptischen Streitkräfte auf dem Sinai mit 100.000 bis 130.000 Mann angegeben. Mit einer Bodentruppe von bis zu 280.000 Soldaten war Israel seinen arabischen Gegnern

Staaten, Großbritanniens und Frankreichs kein Angriff auf Israel zu erwarten.[51] In einem Versuch, das israelische Kabinett von einem militärischen Präventivschlag abzuhalten, ließ Präsident Charles de Gaulle am 2. Juni alle französischen Waffenlieferungen nach Israel stoppen. Die israelischen Angriffsplanungen waren jedoch nicht mehr aufzuhalten.

In den frühen Morgenstunden des 5. Juni startete Israel seine als antizipatorische Selbstverteidigung apostrophierte Militäroffensive mit einem präzisen Überraschungsangriff aus der Luft auf Ägypten. Der israelische Militärschlag gegen die arabischen Allianzstaaten wird in der Politikwissenschaft und gemäß der verbreiteten völkerrechtlichen Lehrmeinung weithin als eine durch das Selbstverteidigungsrecht nach Artikel 51 der Charta der Vereinten Nationen gedeckte und damit völkerrechtskonforme präemptive militärische Selbstverteidigungsmaßnahme eingestuft,[52] wobei dies von neueren Forschungsergebnissen in Zweifel gezogen wird.[53] Mit dem überfallartigen Erstschlag vermochte Israel die auf dem Boden befindlichen ägyptischen Luftstreitkräfte zu zerstören. Weitere Angriffswellen in östliche Richtung setzten auch die syrische und jordanische Luftwaffe großteils außer Gefecht. Die Israelischen Verteidigungsstreitkräfte, so der offizielle Name des Militärs, verstanden ihre Lufthoheit kampftechnisch zu ihrem Vorteil zu nutzen. Die arabischen Armeeeinheiten auf dem Boden waren den israelischen Luftangriffen weitgehend schutzlos ausgeliefert. Zusätzlich waren die israelischen Bodenverbände ihren arabischen Kriegsgegnern in Bezug auf die Gefechtserfahrung, Kampfmoral, technische Ausrüstung und nicht zuletzt auch zahlenmäßig deutlich überlegen, was in einen überwältigenden militärischen Erfolg Israels mündete.

---

deutlich überlegen. Siehe Roland Popp, „Stumbling Decidedly into the Six-Day War", in: Middle East Journal, Vol. 60, No. 2, Spring 2006, S. 281–309 (hier 299 ff.).

[51] Laut Roland Popp schenkte Washington den israelischen Behauptungen eines bevorstehenden Überraschungsangriffs durch seine arabischen Nachbarstaaten zu keinem Zeitpunkt Glauben. Siehe ebd., S. 305.

[52] Siehe unter anderem Stephan Hobe und Otto Kimminich, Einführung in das Völkerrecht, 8. Auflage, Tübingen und Basel: A. Francke Verlag 2004, S. 317.

[53] Die verbreitete These, wonach ein Angriff arabischer Kampfverbände auf Israel unmittelbar bevorstand, wird von John Quigley verneint. Laut ihm beabsichtigten die arabischen Allianzstaaten keineswegs, in Israel einzumarschieren, was den westlichen Verbündeten Israels auch bekannt gewesen sein soll. Ein antizipatorisches Selbstverteidigungsrecht Israels wird dadurch bestritten. Siehe John Quigley, The Six-Day War and Israeli Self-Defense: Questioning the Legal Basis for Preventive War, Cambridge: Cambridge University Press 2013. Diese Auffassung wird auch von Popp vertreten: „The Israeli attack [...] was [...] no preemption in the military sense." Siehe Popp, „Stumbling Decidedly into the Six-Day War", S. 305.

Die Kampfhandlungen endeten am 10. Juni. Am Folgetag trat ein von den Vereinten Nationen ausgehandelter Waffenstillstand in Kraft. Innerhalb von sechs Tagen hatten die israelischen Streitkräfte den Gazastreifen, die Sinai-Halbinsel, das Westjordanland, Ost-Jerusalem und die strategisch bedeutsamen Golanhöhen eingenommen. Die Kämpfe trieben Hunderttausende Menschen in die Flucht. Mit den beträchtlichen Gebietsgewinnen, die flächenmäßig mehr als drei Mal so groß wie das Staatsgebiet Israels waren, kamen rund eine Million arabische Bürger unter israelische Kontrolle. Der UN-Sicherheitsrat forderte in seiner einstimmig verabschiedeten Resolution 242 vom 22. November 1967 von der israelischen Regierung auf Basis der „land for peace"-Formel einen Rückzug von den besetzten Gebieten, was diese allerdings verweigerte. Der Ausgang des Junikrieges 1967 wirkt bis zum heutigen Tag nach. Das Westjordanland und die Golanhöhen werden nach wie vor von Israel kontrolliert. Ost-Jerusalem, dessen Altstadt heilige Stätten der drei abrahamitischen Weltreligionen beherbergt, wurde durch seine später erfolgte Annexion sogar vollständig in das israelische Staatsgebiet integriert. Der dritte arabisch-israelische Krieg beeinflusst die Nahostpolitik bis heute.[54]

Als Israel mit seinen Luftschlägen gegen Ägypten den Sechs-Tage-Krieg eröffnete, behauptete Nasser, die Vereinigten Staaten und Großbritannien hätten sich an dem Angriff beteiligt. Auch wenn dies nicht den Tatsachen entsprach, wurden seine Aussagen von den arabischen Staaten ernst genommen und geglaubt.[55] Der ägyptische Präsident streute diese Falschmeldung, um einerseits von seiner drohenden militärischen Niederlage abzulenken und andererseits eine geeinte Front der arabischen Welt gegen alle Länder zu erreichen, die sich vermeintlich direkt oder indirekt an der Aggression Israels beteiligten. Ganz im Sinne Nassers antworteten die arabischen erdölexportierenden Nationen bereits am 6. Juni mit dem Einsatz der „Ölwaffe" gegen die als Israel-freundlich eingestuften Staaten. Saudi-Arabien, Kuwait, Irak und Libyen stellten sofort nach Ausbruch der Kampfhandlungen ihren Erdölexport vollständig ein. Das Zudrehen des Ölhahns erfolgte einerseits auf Grundlage von Regierungsbeschlüssen (Kuwait und Irak) und andererseits zum Teil als Folge von Ölarbeiterstreiks (Saudi-Arabien und Libyen).[56] Auch Algerien, Bahrain, Katar und Abu Dhabi erklärten sich mit den

---

[54] Vgl. Popp, „Stumbling Decidedly into the Six-Day War", S. 281.

[55] Vgl. Mosley, Power Play, S. 272.

[56] Vgl. Hanns Maull, „Oil and Influence: The Oil Weapon Examined" (Adelphi Paper 117, 1975), in: The International Institute for Strategic Studies (Hrsg.), The Evolution of Strategic Thought, Abingdon: Routledge 2008, S. 328–382 (hier 329).

gegen Israel kämpfenden arabischen „Bruderstaaten" Ägypten, Syrien und Jordanien solidarisch und setzten ihre Öllieferungen aus. Syrien verkündete am 6. Juni
die Schließung aller Pipelines, die aus dem Irak und Saudi-Arabien kommend
über sein Territorium verliefen.

Nasser verstand es wie schon 1956 den panarabischen Nationalismus zu
befeuern und die erdölreichen Länder der arabischen Welt unter dem Druck
der Straße sowie streikender Werft- und Hafenmitarbeiter zu einer Solidarisie-
rung mit Ägypten zu zwingen. Die militärischen Erfolge Israels riefen in der
arabischen Öffentlichkeit Empörung und wütende Proteste hervor. Israels Kampf-
stärke wurde auf den Einsatz moderner westlicher Waffensysteme zurückgeführt,
mit welchen der jüdische Staat über die Jahre hochgerüstet wurde. Die anti-
westlichen Ressentiments weiter Teile der arabischen Bevölkerung zwangen die
ölreichen Golfstaaten geradezu zur Verhängung einer Erdölexportsperre gegen die
als pro-israelisch geltenden westlichen Länder. Die explosive Stimmung „posed
an intense political problem for the oil-producing governments, mainly Kuwait,
Libya, and Saudi Arabia, none of which had a secure grip on power."[57] In Saudi-
Arabien und Kuwait versuchten Saboteure die ausländischen Ölanlagen in die
Luft zu sprengen. Zum Schutz der Ölinfrastruktur wurden Militäreinheiten in die
Fördergebiete verlegt. Neben der Verhinderung von Sabotageakten kontrollierten
die Soldaten auch die Stilllegung der Erdölerzeugung.

Der saudische Erdöllieferstopp erfolgte mehr oder weniger unfreiwillig unter
dem Druck von Nasser und den nationalistisch gesinnten Massen, weshalb
die Maßnahme von Riad nur halbherzig vollzogen und zum frühestmöglichen
Zeitpunkt wieder rückgängig gemacht wurde.[58] Der totale Ölboykott durch Saudi-
Arabien wurde nach Kriegsende am 13. Juni aufgehoben und durch ein selektives
Embargo gegen die Vereinigten Staaten, Großbritannien und die BRD ersetzt.[59]
Kuwait nahm am 14. Juni seine Ölausfuhren wieder auf, wobei die boykottierten
Staaten davon ausgenommen waren. Am 15. Juni folgte der Irak und am 5. Juli
Libyen.[60] Am 18. Juni bestätigten die Außenminister der Mitgliedsstaaten der
Arabischen Liga bei ihren Beratungen in Kuwait diese Linie. Der bereits vor dem
Krieg über Rhodesien und Südafrika verhängte Lieferboykott blieb weiterhin auf-
recht. Die irakische Exportsperre umfasste zusätzlich noch Italien, das nach dem

---

[57] M. S. Daoudi und M. S. Dajani, „The 1967 Oil Embargo Revisited", in: Journal of Palestine
Studies, Vol. 13, No. 2, Winter 1984, S. 65–90 (hier 70).

[58] Vgl. Ali, Oil and Power, S. 51.

[59] Deutschland wurde für seine Lieferung von Gasmasken nach Israel boykottiert. Siehe ebd.,
S. 49 f.

[60] Vgl. Shwadran, Middle East Oil Crises Since 1973, S. 44.

Geschmack Bagdads vor den Vereinten Nationen zu Israel-freundlich aufgetreten war.[61]

Das selektive arabische Ölembargo war eine Kompromissvariante. Während Ägypten, Syrien, Algerien und der Irak auch nach Ende der Kampfhandlungen eine Fortführung des vollständigen Ausfuhrstopps von Erdöl verlangten, wurde dies von Saudi-Arabien, Kuwait und Libyen abgelehnt. Im Gegensatz zu den politisch motivierten Hardlinern waren die pragmatischeren Förderländer über die negativen ökonomischen Konsequenzen der „Ölwaffe" besorgt. Die Liefersperre hatte für die arabischen Produzentenländer nicht nur einen schmerzlichen Rückgang ihrer Exporterträge zur Folge. Mit dem potenziellen Verlust von Marktanteilen riskierten sie längerfristige Einbußen bei ihrer wichtigsten Einnahmequelle zur Finanzierung ihrer Staatshaushalte.

Gemäß dem Kommuniqué des arabischen Erdölministertreffens von 9. bis 18. Juni in Bagdad verfolgte das Ölembargo gegen die ausgewählten westlichen Staaten zwei zentrale Absichten: Einerseits sollte der Westen davon abgehalten werden, Israel in seiner kriegerischen Auseinandersetzung mit den arabischen Staaten militärische Unterstützung zukommen zu lassen. Andererseits sollten jene westlichen Länder bestraft werden, die sich den arabischen Warnungen widersetzten und Israel vorgeblich mit Waffen und Munition belieferten.[62] Neben dem selektiven Öllieferstopp führten die arabisch-israelischen Kampfhandlungen wie schon 1956 zu einer abermaligen Sperre des Suez-Kanals. Die ägyptische Wasserstraße sollte diesmal für einige Jahre unpassierbar bleiben, was das System der globalen Erdöllieferungen erneut zu beeinträchtigen drohte. Immerhin wurden 1966 rund 36 Prozent des in den Anrainerstaaten des Persischen Golfs beladenen Öls durch den Suez-Kanal transportiert. Von den circa 3,5 Millionen Barrel Rohöl, die im Jahr vor dem dritten arabisch-israelischen Krieg nordwärts durch

---

[61] Vgl. Daoudi und Dajani, „The 1967 Oil Embargo Revisited", S. 71.

[62] Vgl. ebd., S. 67 f. Neben der offiziellen Erklärung von Bagdad verweisen Daoudi und Dajani auf die folgenden weiteren impliziten Zwecke des arabischen Ölboykotts durch die Ausfuhrländer: 1) Das Embargo sollte eine Vergeltungsmaßnahme gegen jene Staaten darstellen, die vermeintlich auf Seiten Israels in den Konflikt eingegriffen haben (wie bereits erwähnt erwies sich diese Behauptung Nassers als unrichtig). 2) Eine Solidaritätsbekundung der arabischen Erdölexportnationen, mit der sie ihre Unterstützung der arabischen Anliegen auszudrücken versuchten. 3) Eine Präventivmaßnahme, um Sabotageakten arabischer Nationalisten gegen die Erdölanlagen der westlichen Ölkonzerne auf ihrem Staatsgebiet sowie 4) etwaigen künftigen zivilen Unruhen und politischen Oppositionsbewegungen vorzubeugen. 5) Zuletzt sollte durch das Embargo und das resolute Auftreten gegenüber dem Westen dem wachsenden Druck innerhalb der arabischen Welt entgegengewirkt werden, die ausländischen Ölgesellschaften auf arabischem Boden zu verstaatlichen.

den Kanal verschifft wurden, waren über 90 Prozent für den europäischen Absatzmarkt bestimmt. Folglich passierte im Jahre 1966 knapp ein Drittel der gesamten europäischen Erdölimporte den Suez-Kanal.[63]

Die Auswirkungen der aus der künstlich herbeigeführten Ölverknappung resultierenden Unterversorgung aus dem Nahen Osten sollten sich für die Volkswirtschaften Westeuropas 1967 als noch geringer erweisen als 1956.[64] Die westeuropäischen Importländer und die multinationalen Mineralölkonzerne haben aus Suez ihre Lehren gezogen und eine Reihe von Maßnahmen ergriffen, die sich beim zweiten Einsatz der „Ölwaffe" als äußerst nützlich herausstellten. Nach Suez waren die westeuropäischen Importstaaten daran gegangen, ihre Bezugsmärkte für Erdöl zu erweitern.[65] Durch die Erschließung neuer Produktionsgebiete wie Libyen und Nigeria und verstärkte Einfuhren aus der Sowjetunion konnte eine gewisse Diversifizierung erreicht werden.[66] Hierbei gilt es allerdings festzuhalten, dass trotz der Erhöhung der Bezugsmengen aus alternativen Quellen die westeuropäischen Ölimporte aus den arabischen Golfstaaten bis 1967 deutlich gestiegen waren.

Eine bedeutende Erkenntnis aus der Suez-Krise betraf den Erdöltransport mit Tankschiffen. Der Mangel an Öltankern bzw. die zu geringen Transportkapazitäten waren 1956 für die Ölverknappung hauptverantwortlich. Dies sollte sich nicht mehr wiederholen. Nach Suez haben sich die Öltankerflotten „dramatisch verändert".[67] Das Umdenken im Tankertransport setzte inmitten der Suez-Krise ein. Wie kein anderes Ereignis lancierte die Kanalsperre den Supertankerbau; sie gilt als deren unmittelbarer Auslöser.[68] Die Mineralölkonzerne und Reedereien fackelten nicht lange und änderten umgehend ihre Bestellungen bei den Werften

---

[63] Für die Angaben über den Öltransport durch den Suez-Kanal im Jahre 1966 siehe SIPRI, Oil and Security, S. 52.

[64] Vgl. Ali, Oil and Power, S. 50.

[65] Vgl. Vessela Chakarova, Oil Supply Crises: Cooperation and Discord in the West, Lanham: Lexington Books 2013, S. 102.

[66] Vgl. Peter R. Odell, „The Significance of Oil", in: Journal of Contemporary History, Vol. 3, No. 3, July 1968, S. 93–110 (hier 107); und Maull, Ölmacht, S. 13. Siehe dazu auch den Abschnitt über die „Rückkehr des sowjetischen Erdöls nach Europa" in Kapitel 4 der vorliegenden Arbeit. Die sowjetischen Ölexporte nach Westeuropa verzeichneten zwischen 1955 und 1969 einen Anstieg von circa 60.000 auf ungefähr 800.000 Fass pro Tag. Der Ausbruch des Bürgerkrieges in Nigeria im Juli 1967 führte zu einer Beeinträchtigung der nigerianischen Erdölausfuhren.

[67] Chakarova, Oil Supply Crises, S. 102.

[68] Vgl. SIPRI, Oil and Security, S. 51.

zugunsten immer größerer Tankschiffe, wie in einem Beitrag des *Spiegel* vom November 1956 ausführlich beschrieben:

Bis vor wenigen Jahren waren im Tankerbau etwa 37.000 Tonnen die oberste Grenze. Diese Größenordnung wurde diktiert von den beiden wichtigsten künstlichen Schifffahrtsstraßen, dem Suez- und dem Panama-Kanal, deren Wassertiefe für vollausgelastete Tanker größerer Dimensionen nicht ausreicht. Erst die Suezkrise hat die Überlegenheit der Supertanker eindeutig demonstriert. Ein ‚Super' befördert eine Gallone (4,55 Liter) Rohöl für nur drei Cents vom Persischen Golf zur nordamerikanischen Ostküste. Dagegen betragen die Transportkosten bei Normaltankern auf derselben Route etwa sieben Cents je Gallone.

Die Betriebskosten der Supertanker sind relativ weit geringer als die kleinerer Tanker. Das zeigt sich deutlich am Beispiel eines 45.000-Tonnen-Tankers, der fast soviel Öl befördern kann wie drei Normaltanker mit je 16.000 Tonnen. Der Großtanker benötigt aber nur 90 Tonnen Heizöl je Tag, während die drei kleineren Tanker insgesamt 135 Tonnen Heizöl verbrauchen. Ein weiterer Vorteil: Der Supertanker kommt mit einer Besatzung von 64 Mann aus, die drei Normaltanker aber brauchen zusammen mindestens 126 Mann Besatzung. Auch beim ‚Umdrehen' – das heißt während der Zeit, die ein Schiff benötigt, um in einen Hafen einzulaufen, gelöscht oder beladen zu werden und dann wieder auszulaufen – spart der Supertanker viel Geld.

Trotz dieser Kostenvorteile blieb der Supertankerbau sehr umstritten, solange die ungehinderte Benutzung des Suez-Kanals es den ‚Kleinen' erlaubte, den ‚Großen' gegenüber erheblich Seemeilen und dadurch allgemeine Kosten zu sparen. Nur zögernd gingen die Mineralölkonzerne, die eigene Tankerflotten unterhalten, zum Großtankerbau über. Als am Suez-Kanal Bomben fielen, änderten jedoch mehrere Öl-Gesellschaften schnell ihre Bestellungen bei den Werften. So revidierte die Shell Tankers Ltd. in London, die zunächst 15 Tanker mit 32.500 Tonnen Tragfähigkeit bestellt hatte, ihre Aufträge. Die Gesellschaft läßt jetzt außer sechs Tankern mittlerer Größe vier 38.000 bis 40.000-Tonner, zwei 46.000-Tonner und drei 60.000-Tonner bauen. Zur Zeit werden in Japan, Westdeutschland, Frankreich, USA, England, Schweden und Italien 60 Großtanker vorwiegend für die ‚Griechen', den amerikanischen Großreeder Ludwig und die Tankerflotten der Mineralölgesellschaften gebaut.

Den größten Tankergiganten mit 100.000 Tonnen Tragfähigkeit gab Onassis in den USA in Auftrag. Sein Konkurrent Ludwig bestellte zwei annähernd so große Tankschiffe (von je 94.000 Tonnen Tragfähigkeit) und vier weitere Supertanker von 84.730 Tonnen in Japan, wo Ludwig schon 1951 die ehemalige Kaiserliche Werft in Kure pachtete. Niarchos hat zwei 65.000-Tonnen-Tankschiffe bei den Howaldtswerken in Kiel und zwei weitere in Japan bestellt.[69]

Die Öltanker von 1967 waren also weitaus größer als jene, die sich 1956 aufgrund ihrer begrenzten Tragfähigkeit als untauglich erwiesen hatten, um das fehlende

---

[69] o. A., „Der Suez-Boom", S. 23 f.

Erdöl auf den europäischen Absatzmärkten zur Gänze zu kompensieren. Mitte der 1950er Jahren setzte eine Revolution im Tankschiffstransport ein. Die Tragfähigkeit von Öltankern konnte in den Jahren und Jahrzehnten nach der Suez-Krise gewaltig gesteigert werden. Eine Tragfähigkeit von 50.000 Tonnen (DWT) wurde erstmals während des Korea-Krieges erreicht. Der erste Tanker mit 100.000 DWT verließ 1959 die Werft, 1966 konnte ein Tanker bereits 200.000 Tonnen transportieren, 1968 300.000 Tonnen und der erste Öltanker mit einer Tragfähigkeit von 500.000 DWT wurde 1976 gebaut.[70] Mit dem Trend zu immer größeren Schiffen, sprich zu sogenannten *Very Large Crude Carriers* (VLCC) und *Ultra Large Crude Carriers* (ULCC),[71] und dem außerordentlichen Anstieg des globalen Ölhandels ist die Kapazität der weltweiten Tankerflotte von 16 Millionen DWT im Jahre 1939 auf 23 Millionen DWT 1950, 63 Millionen DWT 1960 und 131 Millionen DWT 1970 gestiegen.[72] Zwischen 1950 und 1980 hat sich die aggregierte Tragfähigkeit der weltweit im Einsatz stehenden Öltanker in jedem Jahrzehnt mehr als verdoppelt. Den neuen, für die Kap-Route ausgelegten Riesentankern war die Suez-Passage aufgrund ihrer Größe ohnedies verwehrt, weshalb die Blockade des Kanals 1967 weitaus weniger schwer wog als noch elf Jahre zuvor.[73]

Die Marktstellung der arabischen Förderländer, die nach Israels militärischem Präventivschlag gegen Ägypten, Syrien und Jordanien für einige Tage eine totale Erdölexportsperre verhängten, war 1967 zu gering, um die Versorgung Europas

---

[70] Vgl. Yrjö Kaukiainen, „The Advantages of Water Carriage: Scale Economies and Shipping Technology, c. 1870–2000", in: Gelina Harlaftis, Stig Tenold und Jesús M. Valdaliso (Hrsg.), The World's Key Industry: History and Economics of International Shipping, Basingstoke: Palgrave Macmillan 2012, S. 64–87 (hier 67).

[71] Ein VLCC besitzt laut EIA eine Tragfähigkeit von 160.000 bis 320.000 DWT und kann zwischen 1,9 und 2,2 Millionen Barrel Rohöl transportieren. Mit einer Kapazität von 320.000 bis 550.000 DWT fassen ULCC zwischen zwei und 3,7 Millionen Barrel Rohöl. Die meisten Häfen sind für vollbeladene ULCC aufgrund des enormen Tiefgangs dieser Schiffe nicht geeignet, weshalb aktuell nur eine kleine Anzahl der gigantischen Öltanker im Einsatz ist. Siehe US Energy Information Administration (EIA), „Oil tanker sizes range from general purpose to ultra-large crude carriers on AFRA scale", 16 September 2014, abrufbar unter: http://www.eia.gov/todayinenergy/detail.cfm?id=17991# (18. Februar 2015). Zu Beginn der 1970er Jahre belief sich der Anteil der VLCC an der gesamten bestellten Öltanker-Kapazität auf mehr als zwei Drittel. Siehe SIPRI, Oil and Security, S. 51.

[72] Vgl. Clô, Oil Economics and Policy, S. 21. 1980 betrug die Gesamttransportkapazität der globalen Öltankerflotte bereits 328 Millionen Tonnen DWT.

[73] Der Suez-Kanal war zu jener Zeit beschränkt auf Öltanker mit einer Tragfähigkeit von maximal 60.000 DWT. Siehe SIPRI, Oil and Security, S. 52. Heutige Schiffe der Suezmax-Klasse, die für den Kanal zugelassen sind, weisen eine Kapazität von bis zu 240.000 DWT auf.

ernsthaft zu gefährden. Der Lieferausfall konnte dank ausreichender Reservekapazitäten durch Produktionserhöhungen andernorts und der überaus raschen
Umstrukturierung der Ölhandelsströme kompensiert werden. Während beispielsweise der irakische Output um 11,5 Prozent zurückging, steigerte der Iran seine
Produktion um 23 Prozent und die Vereinigten Staaten pumpten circa eine Million Fass pro Tag zusätzlich aus dem Boden.[74] Auch Venezuela trug mit seiner
deutlichen Ausweitung der Produktionsmenge zur Entspannung bei der Umverteilung der globalen Erdölhandelsströme bei. Der zusätzliche Output Venezuelas,
als dessen Hauptvertriebsmarkt eigentlich die Vereinigten Staaten galten, war für
Europa bestimmt.

Die iranischen Öllieferungen nach Großbritannien und in die BRD, die beide
dem arabischen Ölembargo unterlagen, verzeichneten eine „gewaltige Steigerung".[75] Mit dutzenden Supertankern im Einsatz vermochte die Blockade des
Suez-Kanals infolge des Sechs-Tage-Krieges eine ausreichende Erdölversorgung
der westeuropäischen Verbrauchermärkte nicht mehr maßgeblich zu beeinträchtigen. Die Schiffsroute um das Kap der Guten Hoffnung ließ sich mit Öltankern mit
einer Kapazität von bis zu 200.000 Tonnen, die für die Suez-Passage ohnehin zu
groß waren, mühelos und kostengünstig befahren. Darüber hinaus weigerte sich
König Idris von Libyen, welcher der „nasseristischen Ideologie" überaus kritisch
gegenüberstand, neben Großbritannien den Erdölexport auch nach Deutschland
einzustellen. „[T]he increased loads thereupon sent to the Federal Republic"
waren laut Mosley „more than enough to divert surplus shipments on to the United
Kingdom."[76]

Mit der enormen Erhöhung ihres Outputs stellten die Vereinigten Staaten den
westeuropäischen Verbraucherländern über eine Million Barrel Erdöl pro Tag
in Form von Direktexporten sowie der Umleitung von Lieferungen aus anderen Quellen, die ursprünglich für die USA vorgesehen waren, zur Verfügung.[77]
Die Fähigkeit der US-amerikanischen Erdölindustrie, den Ausfall der arabischen
Ölexporte durch ein kurzfristiges Produktionswachstum weitgehend auszugleichen, war für die Energieversorgungssicherheit Westeuropas erneut von zentraler
Bedeutung. Dank der ausreichenden Ersatzlieferungen und den verbesserten Tan-
kertransportkapazitäten stellte sich die „Ölwaffe" 1967 für die westeuropäischen
Konsummärkte letztlich als weniger gefährlich dar als während der Suez-Krise

---

[74] Vgl. Maull, Ölmacht, S. 15.

[75] Mosley, Power Play, S. 274.

[76] Ebd., S. 274.

[77] Vgl. Blair, The Control of Oil, S. 3.

1956. Der Einsatz der „Ölwaffe" während des dritten arabisch-israelischen Krieges „von Seiten der konservativen Staaten [war] lediglich ein Lippenbekenntnis zur arabischen Solidarität, eine Last, von der man bald befreit zu werden hoffte. Dieser Tatsache ist es wohl auch zuzuschreiben, daß die Durchführung des Ölembargos ohne allzugroße negative Auswirkungen blieb: Da keine allgemeine Produktionskürzung mit dem Embargo einherging, blieb es praktisch wirkungslos."[78] Die einzige Beeinträchtigung, welche die Konsumenten in Westeuropa erdulden mussten, waren vorübergehend höhere Ölpreise, die sich in erster Linie aus den gestiegenen Transportkosten infolge der Schließung des Suez-Kanals und dem kurzfristigen Ungleichgewicht zwischen Angebot und Nachfrage ergaben.[79]

Für die arabischen Ölexportländer waren die Auswirkungen des Lieferstopps hingegen beträchtlich. Sie waren dringend auf die Öleinnahmen zur Finanzierung ihrer Staatshaushalte angewiesen. Der Anteil der Mineralölausfuhren an den Gesamtexporten betrug 1968 in Abu Dhabi und Katar hundert Prozent, in Libyen 99,7 Prozent, in Kuwait 97,2 Prozent, in Saudi-Arabien 93,1 Prozent und im Irak 92 Prozent.[80] Die Einnahmen aus dem Erdölexport beliefen sich in Saudi-Arabien auf 87 Prozent des gesamten Regierungseinkommens, in Kuwait auf 85 Prozent, in Libyen auf 82 Prozent und im Irak auf 56 Prozent.[81] Die aus dem Ölverkauf bezogenen Devisen in harter Währung sorgten nicht nur für einen ausgeglichenen oder positiven Etat, sie waren auch für den Import von dringend benötigten Industriegütern und hochspezialisierten Dienstleistungen unverzichtbar. Ein Ausbleiben der Fremdwährungszuflüsse stellte eine unmittelbare Gefährdung für die ökonomische Entwicklung der Produzentenländer dar.

Die durch den Exportstopp verursachten finanziellen Einbußen waren jedenfalls enorm. Schon wenige Tage nach Verhängung der totalen Ausfuhrsperre von Erdöl war den Förderländern das Geld ausgegangen. Saudi-Arabien verspürte als erstes Land den budgetären Notstand. Nur eine Woche nach Implementierung des Embargos wurde König Faisal am 12. Juni von seinem Finanzminister darüber in Kenntnis gesetzt, dass die Staatskassen leer sind.[82] Es mangelte allen arabischen

---

[78] Maull, Ölmacht, S. 16.

[79] Vgl. Odell, Oil and World Power, S. 193.

[80] Die Werte stammen von der OPEC. Siehe Rouhani, A History of O.P.E.C., S. 119.

[81] Siehe Salua Nour, „Das Erdöl im Prozeß der Industrialisierung der Förderländer", in: Hartmut Elsenhans (Hrsg.), Erdöl für Europa, Hamburg: Hoffmann und Campe 1974, S. 48–83 (hier 50).

[82] Vgl. Mosley, Power Play, S. 272 f. Laut den Berechnungen von Yamani musste Saudi-Arabien als Folge des Ölembargos von 1967 einen Einnahmeverlust von ungefähr 30,3 Millionen Dollar hinnehmen.

Staaten an Finanzreserven, um einen längeren Boykott durchzustehen.[83] Der einflussreiche saudische Ölminister, Ahmed Zaki Yamani, musste eingestehen, dass das Embargo die arabischen Ölnationen selbst weitaus mehr schmerzte als die westlichen Länder, gegen die der Boykott gerichtet war.[84] „Injudiciously used, the oil weapon loses much if not all of its importance and effectiveness", erklärte Yamani. „If we do not use it properly, we are behaving like someone who fires a bullet into the air, missing the enemy and allowing it to rebound on himself."[85]

Die arabischen Exportländer mussten ihren Einsatz der „Ölwaffe" im Zuge des Sechs-Tage-Krieges als gescheitert betrachten. Als Gründe für die Ineffizienz des Embargos identifizierten sie 1) die zu geringe Abhängigkeit der Vereinigten Staaten von arabischen Erdölimporten, die lediglich 300.000 Fass pro Tag erreichten, 2) das effiziente Krisenmanagement der internationalen Ölkonzerne, die innerhalb kurzer Zeit und trotz der Blockade des Suez-Kanals die ausgefallenen arabischen Erdöllieferungen durch alternative Quellen zu ersetzen vermochten, 3) das Versagen der arabischen Staaten, Ölförderquoten festzulegen, woraufhin einige Erzeugerländer ihren Output steigerten und in weiterer Folge die überschüssige Produktionsmenge über Umwege zu den boykottierten Ländern gelangte, 4) die Weigerung der nordafrikanischen Exportstaaten, ihre Lieferungen nach Deutschland einzustellen, 5) die bestehenden Erdölvorräte von Großbritannien und Deutschland, mit welchen beide Länder in Kombination mit Rationierungsmaßnahmen selbst ohne Notlieferungen einen Ausfuhrstopp von bis zu einem halben Jahr zu überstehen in der Lage waren.[86]

Obwohl das Ölembargo politisch ohne Erfolg geblieben war und ökonomisch den arabischen Staaten selbst mehr Schaden zufügte als irgendjemanden sonst, forderte so manche radikale Regierung sogar eine Ausweitung des Boykotts. In dem wichtigen arabischen Ministertreffen am 15. August in Bagdad sprach sich der Irak für die Einstellung aller arabischen Öllieferungen in den Westen beginnend mit 1. September für einen Zeitraum von drei Monaten bzw. bis zur Erschöpfung der westeuropäischen Erdölvorräte sowie für eine Verstaatlichung der ausländischen Mineralölgesellschaften in den arabischen Ländern aus.[87] Während Ägypten, Syrien und Algerien die irakischen Vorschläge befürworteten, wurden diese von den moderater auftretenden Staaten Saudi-Arabien, Libyen, Tunesien, Marokko und den Scheichtümern am Golf abgelehnt. Aufgrund der

---

[83] Vgl. Ali, Oil and Power, S. 50.

[84] Vgl. Maull, „Oil and Influence", S. 329.

[85] Zitiert nach Mosley, Power Play, S. 275.

[86] Vgl. ebd., S. 274 f.

[87] Vgl. Daoudi und Dajani, „The 1967 Oil Embargo Revisited", S. 74 f.

Uneinigkeit der beiden Blöcke konnte sich die arabische Ministerrunde in Bezug auf die weitere Vorgehensweise gegenüber den westlichen Einfuhrländern auf keine gemeinsame Strategie einigen. Sie stimmten in Bagdad allerdings darüber überein, das selektive Ölembargo fortzusetzen.[88]

Es dauerte bis zur vierten arabischen Gipfelkonferenz am 29. August in Khartum, ehe die Entscheidung getroffen wurde, die Exportsperre zu beenden. Bei dem Treffen erklärten sich Saudi-Arabien, Kuwait und Libyen dazu bereit, die Wirtschaft und das Militär der beiden Opfer der „zionistischen Aggression", Ägypten und Jordanien, mit 378 Millionen Dollar pro Jahr zu unterstützen. Im Gegenzug erhielten die Ölexportländer die stillschweigende Zustimmung der anderen arabischen Staaten, ihre Erdöllieferungen nach Großbritannien, Westdeutschland und in die Vereinigten Staaten wieder aufzunehmen, ohne dafür als „Verräter" angeprangert zu werden.[89] Am 2. September hob Saudi-Arabien alle Lieferbeschränkungen auf. Die anderen arabischen Produzentenländer folgten alsbald. Saudi-Arabien, Kuwait und Libyen waren in zweifacher Hinsicht die Hauptleidtragenden des Ölembargos. Sie erlitten nicht nur erhebliche Einbußen bei den Exporterlösen, sondern mussten darüber hinaus den arabischen Kriegsverlierern jedes Jahr Millionensummen überweisen.[90]

Sowohl die arabische Ministerrunde in Bagdad als auch die Teilnehmer der Konferenz von Khartum zwei Wochen später „recognized that the Arab countries had an interest in utilizing their petroleum as an effective instrument of their common policy."[91] Öl sollte auch in Zukunft als eine „politische Waffe" zum Nutzen der arabischen Staaten eingesetzt werden. Das unzulänglich koordinierte und implementierte Erdölembargo von 1967 verdeutlichte die Notwendigkeit eines eigenen Forums der arabischen Förderländer, welches eine effizientere Abstimmung der gemeinsamen Ölpolitik erlaubt. Die OPEC bot keine geeignete Plattform für die Erörterung der rein politischen Angelegenheiten der Araber. Immerhin trugen die zwei nicht-arabischen Gründungsmitglieder der Organisation, Venezuela und Iran, mit ihren Exportsteigerungen wesentlich zur Unterminierung des arabischen Ölembargos bei.

Die Ölminister von Saudi-Arabien, Kuwait und Libyen trafen sich am 9. Jänner 1968 in Beirut, um die Organisation der arabischen erdölexportierenden Länder (OAPEC) mit Sitz in Kuwait zu gründen. Die drei Gründungsmitglieder der neuen Organisation waren dem moderaten Lager arabischer Staaten zuzuordnen. Um

---

[88] Vgl. ebd., S. 76.

[89] Vgl. ebd., S. 78.

[90] Vgl. Shwadran, Middle East Oil Crises Since 1973, S. 45.

[91] Rouhani, A History of O.P.E.C., S. 161.

einem Beitritt der radikalen Länder vorzubeugen, definierten Riad, Kuwait und Tripolis die folgenden Aufnahmekriterien: Neumitglieder der OAPEC hatten arabisch zu sein, deren Hauptexportzweig musste Erdöl sein und eine Mitgliedschaft erforderte die Zustimmung aller drei Gründungsmitglieder. Das zweitgenannte Kriterium schloss Algerien, Ägypten und den Großteil der anderen Mitgliedsstaaten der Arabischen Liga aus. Der Irak bemühte sich nicht um einen Beitritt, wäre aufgrund seiner radikalen Orientierung aber ohnehin nicht aufgenommen worden. Mit der Machtergreifung Gaddafis 1969 in Libyen hat sich die Ausrichtung der OAPEC verändert. Libyen, das unter der neuen Regierung in das radikale Lager wechselte, erwirkte eine Änderung der Statuten und öffnete dadurch die Organisation für jene „Falken" unter den arabischen Staaten, die ursprünglich von den drei Gründungsmitgliedern bewusst ausgegrenzt wurden.

Die arabische Organisation der Erdölexporteure „was transformed into the antithesis of that for which it had originally been established; OAPEC became the Arab political instrument using the oil resources as its main weapon."[92] Durch ihre politische Motivation zugunsten der „arabischen Sache" unterschied sich die OAPEC grundlegend von der beinahe namensgleichen OPEC. Günter Keiser charakterisiert die OAPEC „als ein *politisches* Schutz- und Trutzbündnis der arabischen Staaten mit dem besonderen Zweck, notfalls auch den Erdölboykott als politische Waffe einzusetzen."[93] Mit den Beitritten von Algerien, Bahrain, Katar sowie Abu Dhabi und Dubai (Vereinigte Arabische Emirate) 1970 und Ägypten, Irak und Syrien 1972 vergrößerte sich die Mitgliederzahl der arabischen Erdölorganisation auf zehn Nationen.[94]

Die Organisation der arabischen Ölländer sollte zu einer größeren Wirksamkeit der „Ölwaffe" bei ihrem nächsten Gebrauch beitragen. Zusammenfassend können folgende Gründe für das Scheitern des arabischen Ölembargos von Juni bis September 1967 angeführt werden:

1. Der Erdölmarkt war ein Käufermarkt. Infolge eines gigantischen Förderwachstums in den 1950er und 1960er Jahren herrschte ein Überangebot auf dem Markt.

---

[92] Shwadran, Middle East Oil Crises Since 1973, S. 46.

[93] Keiser, Die Energiekrise und die Strategien der Energiesicherung, S. 22 (Hervorhebung im Original).

[94] Tunesien trat 1982 als elftes Mitglied der OAPEC bei, hat 1986 jedoch seine Mitgliedschaft suspendiert. Ägypten wurde nach Abschluss des Friedensvertrages mit Israel 1979 aus der Organisation ausgeschlossen und erst zehn Jahre später wieder aufgenommen.

2. Es ließen sich kurzfristig alternative Bezugsquellen finden. Vor allem die ausreichende Reservekapazität der Vereinigten Staaten erwies sich für die westeuropäischen Importländer als äußerst bedeutsam.

3. Die globale Öltankerflotte verfügte über genügend Tragfähigkeit und freie Transportkapazitäten. Die Schließung des Suez-Kanals verursachte sohin keine kritische Beeinträchtigung der globalen Ölhandelsströme.

4. Im Rahmen des Regimes der multinationalen Mineralölkonzerne hatten die Produzentenländer keine Kontrolle über die Aktivitäten der internationalen Ölgesellschaften. Die westlichen Majors beherrschten weiterhin die globalen Upstream- und Downstream-Prozesse.[95]

5. Die enge Verflechtung der Vertriebssysteme der Majors ermöglichte eine große Flexibilität der internationalen Ölhandelsströme. Durch die Umleitung oder den Tausch von Frachten gelangten auch ohne arabische Direktlieferungen ausreichende Volumina in die boykottierten Importstaaten.

6. Der Erdölkonsum im Verhältnis zum Gesamtenergiebedarf war trotz der rasanten Steigerung des Ölverbrauchs in weiten Teilen Europas noch verhältnismäßig gering, sodass der Boykott keine ernsthafte Gefährdung für die westeuropäische Energieversorgung darstellen konnte. In Deutschland, Großbritannien, Belgien und anderen Ländern wurde 1967 noch immer mehr Kohle als Erdöl verbraucht.

7. Die Ölvorräte in den Konsumländern waren bei Krisenbeginn mit ungefähr vier Monaten des Verbrauchs relativ hoch. Die Zeit, bis die ergriffenen Notmaßnahmen zu wirken begannen, ließ sich damit locker überbrücken.

8. Die arabischen Exportstaaten setzten keine Förderobergrenzen und Verringerung des Gesamtoutputs fest, wodurch die Gesamterdölmenge auf dem Markt trotz Embargos unverändert blieb.

9. Die interne Zerstrittenheit der arabischen Förderländer, die sich in zwei Lager einteilen ließen, nämlich eines der „Falken" und eines der „Moderaten", ging zulasten einer effizienten Durchsetzung des Embargos.

10. Auch der saisonale Faktor spielte eine Rolle. Der Einsatz der „Ölwaffe" 1967 erfolgte im Frühsommer und erstreckte sich über die wärmsten Monate des Jahres, wenn der Energiebedarf und die Ölnachfrage vergleichsweise niedrig sind.

---

[95] Im Jahre 1968 kontrollierten die Majors noch immer über 82 Prozent der Gesamtölproduktion der OPEC-Staaten. Siehe Rouhani, A History of O.P.E.C., S. 106.

5.2 Zeitenwende in der Erdölindustrie: Rebellion der Förderländer 1970 bis 1973

5.2.1 Gaddafi und die libysche Machtprobe mit den Ölkonzernen

Das Erdöl Libyens hat sich während des dritten arabisch-israelischen Krieges als höchst kostbar erwiesen. Rohöl aus libyschen Quellen gilt aufgrund seines geringen Schwefelgehalts nicht nur als hochwertiges und einfach zu raffinierendes *sweet crude*. Die geografische Nähe der libyschen Lagerstätten zu den europäischen Absatzmärkten und deren Lage westlich des Suez-Kanals bedeuteten auch einen wesentlichen geopolitischen Vorteil gegenüber dem Öl aus der Golfregion. Unter dem Eindruck der zweimaligen Kanalsperre, einerseits im Zuge der Suez-Krise und andererseits als Folge des Sechs-Tage-Krieges, wurden die libyschen Erdölvorräte als wertvolle Bezugsquelle zur Diversifizierung der europäischen Öllieferungen erachtet.

Die Niederlage Ägyptens gegen Israel und dessen vermeintliche Unterstützung durch den Westen im Junikrieg 1967 befeuerte den arabischen Nationalismus in der Region. In Libyen sah sich die als Israel-freundlich und pro-westlich charakterisierte Regierung unter König Idris wütenden Protesten gegenüber. Anti-westliche Ausschreitungen brachten die libysche Herrschaftselite stark in Bedrängnis. Die Tage des alten Monarchen schienen bald gezählt. Am 1. September 1969 stürzte Muammar al-Gaddafi in einem unblutigen Militärputsch König Idris, der zu diesem Zeitpunkt in der Türkei weilte. Die Monarchie wurde durch eine Militärdiktatur unter der Führung des 27-jährigen Oberst Gaddafi als Vorsitzender des sogenannten Revolutionären Kommandorates ersetzt. Die neuen Machthaber, die den Umsturz durch den „Bund freier Offiziere" nicht einfach als Putsch, sondern als Revolution verstanden wissen wollten, proklamierten die Arabische Republik Libyen. Mit der Militärjunta unter Gaddafi sollte sich die Beziehung der libyschen Regierung zu den ausländischen Erdölkonzernen und den westlichen Mächten insgesamt grundlegend ändern. Gaddafi galt als ein Bewunderer Nassers und dessen anti-imperialistischer, anti-zionistischer und arabisch-nationalistischer Rhetorik und Politik. Im Geiste des ägyptischen Präsidenten setzte er auf einen Konfrontationskurs gegenüber dem Westen und dessen Erdölaktivitäten im Land.

Gaddafi vollzog nach seiner Machtübernahme einen radikalen Politikschwenk, der für die westlichen Interessen in Libyen zunehmend eine Bedrohung darstellte. Gemäß seiner panarabischen, islamischen Agenda sollte die neu geschaffene revolutionäre Republik von den Einflüssen der „westlichen Imperialisten" befreit werden. Der libysche Machthaber drängte 1970 die im Nordosten des Landes am Mittelmeer gelegenen britischen Militäreinrichtungen in Tobruk und den amerikanischen Luftwaffenstützpunkt *Wheelus Air Base* in der Nähe von Tripolis aus dem Land. Die Militärbasen waren nur der Anfang einer offensiven Kampagne gegen den Westen. Als nächstes knüpfte sich das militante Regime unter Gaddafi den Erdölsektor vor. Das revolutionäre Libyen bildete die Speerspitze der erdölexportierenden Länder in ihrer Auseinandersetzung mit den ausländischen Ölgesellschaften.[96] Mit seiner radikalen, konfrontativen Haltung stellte Tripolis die bestehenden Machtverhältnisse in der internationalen Mineralölindustrie infrage.

In den späten 1960er Jahren begann sich die politische Landschaft in der globalen Erdölwirtschaft grundlegend zu ändern, woran Gaddafi wesentlich beteiligt war. „Before then", erläutert James Bamberg, „the dominant voices among the oil-exporting nations were those of the pro-Western, conservative governments of Saudi Arabia, Iran, Kuwait and Libya, whose interest in increasing their oil revenues was balanced by their dependence on Western powers for protection against external, and perhaps internal, threats."[97] Gaddafi war weit davon entfernt, dieser Gruppe anzugehören. Unter seinem Kommando zählte Libyen vielmehr zu den revolutionären, islamisch, sozialistisch und nationalistisch orientierten arabischen Petrostaaten à la Irak unter Führung von Ahmad Hassan al-Bakr und der arabisch-sozialistischen Baath-Partei sowie Algerien unter Houari Boumédiène, dem Vorsitzenden des mächtigen Revolutionsrates. Mit Gaddafi wechselte Libyen vom konservativen in das radikale Lager.

1970 erwies sich als Schicksalsjahr für die internationalen Ölkonzerne und deren Verhältnis zu den Produzentenländern, wobei Libyen in der sich zuspitzenden Auseinandersetzung eine zentrale Rolle spielte.[98] Aus der Perspektive der europäischen Erdölimportnationen war das nordafrikanische Land ein gefährlicher Austragungsort für ein Kräftemessen zwischen den Ölgesellschaften und den Förderstaaten. Immerhin betrug der Anteil des libyschen Erdöls am europäischen Bedarf im Jahre 1970 stolze 30 Prozent.[99] Die BRD bezog 1968 über 43 Prozent ihrer gesamten Erdöleinfuhren aus Libyen.[100] Nach der Entdeckung der ersten großen Ölvorkommen 1961 war das Land innerhalb von weniger

---

[96] Vgl. Bamberg, British Petroleum and Global Oil, S. 450.

[97] Ebd., S. 450.

[98] Vgl. Shwadran, Middle East Oil, S. 12.

[99] Vgl. Walter J. Levy, „Oil Power", in: Foreign Affairs, Vol. 49, No. 4, July 1971, S. 652–668 (hier 654).

[100] Vgl. Mendershausen, Coping with the Oil Crisis, S. 30.

als einem Jahrzehnt zu einem der weltweit bedeutendsten Ölproduzenten und -
exporteure aufgestiegen. Mit einem Output von rund drei Millionen Barrel pro
Tag förderte Libyen Ende der 1960er Jahre bereits annähernd so viel Rohöl wie
Saudi-Arabien.[101]
    Wie sich im Zuge der Konfrontation zwischen Tripolis und den internatio-
nalen Mineralölfirmen herausstellen sollte, lag für die Bewahrer des Status quo
ein zusätzliches Risiko in der Struktur des libyschen Konzessionsregimes begründet, deren Grundstein bereits unter König Idris gelegt wurde. Im Gegensatz
zu Produzentenländern, in welchen die Öllagerstätten von einer Monopolgesell-
schaft erschlossen und kontrolliert wurden, trachtete Idris nach einer Strategie der
Diversifikation von Förderlizenzen bzw. der im Land tätigen ausländischen Erdölkonzerne. Libyen hat aus den Erfahrungen der anderen Exportnationen gelernt,
deren effektive Handlungsfähigkeit aufgrund der vollständigen Kontrolle ihrer
Ölindustrien durch die mächtigen Majors empfindlich eingeschränkt war.
    Bei der Konzessionsvergabe Mitte der 1950er Jahre achteten die libyschen
Behörden darauf, dass neben den integrierten Konzernen auch Independents
zum Zug kommen und kein Unternehmen eine beherrschende Stellung ein-
nimmt. Infolge der Zuteilung zahlreicher Förderblöcke an die „unabhängigen"
Ölgesellschaften Occidental Petroleum, Bunker Hunt Oil Company und das Oasis-
Konsortium (Amerada Hess, Continental Oil und Marathon Oil) „the ‚seven
sisters' could not control the pace at which Libyan oil was brought onto world
markets".[102] Mit seiner Strategie der bevorzugten Lizenzvergabe an mehrere
„unabhängige" Ölkonzerne begann Tripolis aktiv die privilegierte Stellung der
Majors auszuhöhlen. Diese von der libyschen Regierung verfolgte Politik „leitet
den Übergang der Initiative und der Dominanz von den Ölgesellschaften zu den
Exportstaaten ein und damit einen Umbruch des gesamten Systems."[103]
    Die diversifizierte Struktur der libyschen Erdölindustrie mit der starken Beteili-
gung der Independents kam Gaddafi entgegen, als er nach seiner Machtübernahme
auf Konfrontation zu den im Land tätigen ausländischen Ölgesellschaften ging. Im
Gegensatz zu den Majors verfügten die Independents nur über einen begrenzten
Zugang zu Erdölressourcen und wiesen für gewöhnlich eine weitaus geringere
Kapitalkraft als die großen integrierten Konzerne auf. Folglich standen sie in
einem größeren Abhängigkeitsverhältnis zu den Produzentenländern. Im Gegensatz zu den Sieben Schwestern, deren Ölfelder sich auf mehrere Länder und

---

[101] Vgl. The Shift Project (Data Portal), abgerufen: 13. Februar 2015.
[102] Frank Church, „The Impotence of Oil Companies", in: Foreign Policy, No. 27, Summer
1977, S. 27–51 (hier 36).
[103] Zündorf, Das Weltsystem des Erdöls, S. 154.

zumeist Kontinente aufteilten, war für kleinere Ölkonzerne der Zugang zu einer einzigen Quelle mitunter von existenzieller Bedeutung. Eine solche Asymmetrie in der Beziehung ließ sich für die Regierung eines erdölreichen Gastgeberlandes vorzüglich zum eigenen Vorteil ausnutzen. Dies konnte beispielsweise in Form einer erzwungenen, das Produzentenland deutlich bevorteilende Neuverhandlung von Konzessionsvereinbarungen geschehen.

Die strukturellen Voraussetzungen für die libysche Revolutionsregierung aufgrund der Fragmentierung der nationalen Erdölwirtschaft waren überaus günstig, als diese im Jänner 1970 von den ausländischen Lizenznehmern eine Erhöhung der Royalty um 40 bis 50 Cent pro Barrel und damit ein Ende der 50/50-Formel forderte. Tripolis begründete sein Begehren mit der hohen Qualität des libyschen Öls und dem kurzen Transportweg nach Europa. Diese Faktoren würden den Wert des libyschen Erdöls für die Ölgesellschaften im Vergleich zu den Golfsorten, die wegen der Suez-Sperre einer Verschiffung um den afrikanischen Kontinent bedurften, erhöhen und müssten daher eingepreist werden.[104] Das Gegenangebot von Esso Libya, einer Tochter von Standard Oil of New Jersey, bestand aus einer eher symbolischen Erhöhung von lediglich fünf Cent pro Fass.[105] Für Gaddafi war dieses Angebot freilich nicht akzeptabel. Er drohte den Geschäftsführern der 21 im Land tätigen Ölgesellschaften mit einer zwangsweisen Stilllegung ihrer Produktion, sollten sie seiner Forderung nicht nachkommen. In einer an die Ölkonzerne gerichteten Warnung erklärte Gaddafi, das libysche Volk habe 5.000 Jahre ohne Erdöl gelebt und könne erforderlichenfalls erneut einige Jahre ohne damit auskommen.[106] Dem ungeachtet waren die ausländischen Ölfirmen nicht bereit, mehr als zehn Cent pro Barrel zusätzlich zu zahlen.

Nachdem die Mineralölgesellschaften einer Anhebung der Royalty in der von Libyen geforderten Höhe erwartungsgemäß nicht zustimmten, änderte Gaddafi seine Taktik. Anstatt mit den Ölkonzernen im Kollektiv zu verhandeln, versuchte der libysche Revolutionäre Kommandorat mit gezielten Maßnahmen das schwächste Glied unter den im Land tätigen Gesellschaften in die Knie zu zwingen und auf diesem Wege einen allgemeinen Durchbruch zu erzielen. Occidental Petroleum (Oxy), einer der in Libyen tätigen US-amerikanischen Independents, war hochgradig von seinen libyschen Lagerstätten abhängig. Unter der Führung von Armand Hammer erstand die Ölgesellschaft 1965 zwei Konzessionen, die

---

[104] Vgl. Shwadran, Middle East Oil, S. 12. Für den kurzen Transportweg erhielt Libyen bereits einen Zuschlag von acht Cent pro Barrel, womit sich Tripolis allerdings nicht zufriedengab.

[105] Vgl. Blair, The Control of Oil, S. 221.

[106] Siehe Zitat in Yergin, The Prize, S. 578.

sich für das Unternehmen schon bald als unersetzlich erwiesen. Nach mehreren gigantischen Ölfunden ab 1967 stieg Occidental mit einer Fördermenge von 800.000 Barrel pro Tag im Jahre 1969 praktisch über Nacht zu einem Großproduzenten auf dem globalen Erdölmarkt auf.[107] Die libysche Lizenz war die einzige relevante Produktionsquelle von Oxy, was das Unternehmen gegenüber Gaddafi und seinen Forderungen verwundbar machte. Mit sprichwörtlich „allen Eiern in einem Korb" war der amerikanische Ölkonzern der libyschen Regierung ausgeliefert.

Im Juni 1970 verordnete Tripolis für die Ölförderung von Occidental eine Produktionskürzung auf eine halbe Million Barrel pro Tag. Nach einer weiteren verpflichtenden Reduktion auf 440.000 Fass pro Tag im August erreichte der Output der amerikanischen Ölgesellschaft nur noch 55 Prozent des ursprünglichen Niveaus vor den Fördersenkungen.[108] Ende Juni wurden zwei weitere ausländische Mineralölunternehmen angewiesen, ihre jeweilige Produktionsleistung um zwei Drittel zu drosseln.[109] Als offizielle Begründung für die Beschränkung der Erdölgewinnung wurde eine Schonung der libyschen Lagerstätten angegeben. In Wahrheit handelte es sich dabei jedoch vielmehr um eine kalkulierte Zwangsmaßnahme mit dem Ziel, eine Kapitulation der Ölkonzerne herbeizuführen und die eigenen Forderungen durchzusetzen.

Libyen schien auf dem längeren Ast zu sitzen. Mit einer Bevölkerungsgröße von lediglich 1,9 Millionen Einwohnern war das Land nicht auf die Maximierung kurzfristiger Deviseneinnahmen angewiesen. Die bestehenden Währungsreserven reichten aus, um damit drei Jahre die Importe zu finanzieren.[110] Zudem war Libyen im Gegensatz zu anderen Exportländern keine umfangreichen Ausgabenverpflichtungen im Rahmen einer nationalen Entwicklungsplanung eingegangen. Tripolis konnte einen Entfall von Einkünften durch eine Reduzierung oder gar Einstellung des Ölverkaufs weitaus länger durchstehen als Occidental. Gleichzeitig war dem libyschen Regime die Abhängigkeit des europäischen Verbrauchermarktes von seinem Erdöl bestens bekannt. Libyen deckte zu jener Zeit 41 Prozent des Erdöleinfuhrbedarfs der BRD sowie 32 Prozent der italienischen, 30 Prozent der spanischen, 25 Prozent der britischen und 17 Prozent der französischen Ölimporte.[111]

---

[107] Vgl. Maugeri, The Age of Oil, S. 102.

[108] Vgl. Blair, The Control of Oil, S. 222.

[109] Vgl. Shwadran, Middle East Oil, S. 13.

[110] Vgl. Aperjis, The Oil Market in the 1980s, S. 3.

[111] Vgl. Rouhani, A History of O.P.E.C., S. 19.

Die libysche Regierung wählte ein aus ihrer Perspektive perfektes Timing, um die westlichen Konzerne unter Druck zu setzen. Das Marktgeschehen, das sich zum Nachteil der Verbraucher zu entwickeln begann, spielte Gaddafi in die Hände. Die fortdauernde Sperre des Suez-Kanals als Folge des Sechs-Tage-Krieges und eine unfallbedingte Unterbrechung der TAPLINE führten zu einer deutlichen Erhöhung der Frachtraten für den Öltransport aus dem Persischen Golf. Im Mai 1970 hatte ein Bulldozer die transarabische Rohrleitung an einer Stelle in Syrien gerammt, wodurch der Export von einer halben Million Fass saudischen Erdöls pro Tag an das Mittelmeer zum Erliegen kam.[112] Syrien verzögerte die Reparaturarbeiten an der Pipeline, weshalb die Leitung insgesamt für ein halbes Jahr außer Betrieb blieb.

Für die Ausfuhr des saudischen Erdöls bedurfte es zusätzlicher Öltanker. Die sprunghaft gestiegene Nachfrage nach Tankerkapazitäten ließ die Transportkosten in die Höhe schnellen. Die Frachtraten haben sich innerhalb kürzester Zeit verdreifacht.[113] Dies machte das nur durch das Mittelmeer getrennte, in unmittelbarer Nähe zum europäischen Vertriebsmarkt lagernde libysche Erdöl noch gefragter. Der fossile Energieträger libyscher Herkunft war von den europäischen Abnehmern aus einem weiteren Grund begehrt: Mit der in den 1960er Jahren erwachenden Umweltschutzbewegung und dem Beschluss erster gesetzlicher Umweltprogramme 1970 erfreute sich das schwefelarme libysche Erdöl im zunehmend umweltbewussten Europa großer Nachfrage.[114]

Die vorübergehende Stilllegung der TAPLINE in Kombination mit den von Tripolis verordneten Förderkürzungen führte zu einer außerordentlich angespannten Marktsituation. Dem Markt wurde schlagartig ein Volumen von 1,3 Millionen Barrel pro Tag entzogen.[115] Die marktseitigen Rahmenbedingungen erhöhten den Druck auf die westlichen Ölgesellschaften, in ihrem Streit mit der libyschen Regierung eine gütliche Einigung zu suchen. Mit dem Rücken zur Wand war Occidental letztlich zu einem Einlenken gezwungen. Im August wurde Vizepremier Abd as-Salam Jalloud, der im Revolutionären Kommandorat nach Gaddafi als die „Nummer zwei" galt, von der libyschen Regierung zum Verhandlungsführer mit den Mineralölfirmen bestimmt.[116]

---

[112] Vgl. Choucri, International Politics of Energy Interdependence, S. 33.

[113] Vgl. Yergin, The Prize, S. 578.

[114] Vgl. David J. Teece, „OPEC Behavior: An Alternative View", in: James M. Griffin und David J. Teece (Hrsg.), OPEC Behavior and World Oil Prices, London: George Allen & Unwin 1982, S. 64–93 (hier 76).

[115] Vgl. Yergin, The Prize, S. 578.

[116] Vgl. Shwadran, Middle East Oil, S. 13.

Am 4. September 1970 gelang Jalloud der Durchbruch, der im Grunde einer Kapitulation von Oxy gleichkam.[117] Mit der Gefahr der Verstaatlichung im Nacken stimmte der amerikanische Independent einer sofortigen Anhebung des Richtpreises um 30 Cent sowie einer zusätzlichen jährlichen Erhöhung um zwei Cent zu, bis im Jahre 1975 ein Preisanstieg um 40 Cent erreicht war. Tripolis sollte zudem anstatt 50 nunmehr 55 Prozent der Gewinne erhalten. Oxy wurde außerdem zu einer pauschalen Nachzahlung für die Preisdifferenz in der Zeit nach 1965 verpflichtet. Die Einigung mit Occidental galt der libyschen Regierung freilich als Modell für die anderen Ölkonzerne. Deren Verhandlungsposition war praktisch aussichtslos, nachdem Hammer gänzlich umgefallen war. Bis Mitte Oktober haben alle in Libyen tätigen ausländischen Gesellschaften die neuen Bedingungen akzeptiert, die mit Wirkung zum 1. September in Kraft traten.[118]

Gaddafi bewies die Macht und Fähigkeit eines einzelnen Exportstaates, den ausländischen Ölfirmen seine Bedingungen zu diktieren.[119] Zum ersten Mal gelang es einem Produzentenland, die Zuständigkeit für die Festsetzung des Richtpreises den mächtigen internationalen Erdölgesellschaften zu entziehen. Die anderen Ölexportländer unter dem Dach der OPEC empfanden den libyschen Durchbruch als große Ermutigung, es Gaddafi gleich zu tun und den ausländischen Konzernen in selbstbewusst geführten Nachverhandlungen ihrer Lizenzen höhere Abgaben abzupressen. Die Einigung zwischen Tripolis und Occidental Petroleum eröffnete den Ölexportnationen allerdings nicht nur die Aussicht auf finanzielle Mehreinnahmen, sondern die im Grunde noch viel bedeutendere Perspektive der Erlangung der Souveränität und Kontrolle über die eigenen Erdölressourcen. In diesem Sinne galt Libyens Verhandlungserfolg als „the decisive spark that set off an unprecedented chain reaction in the postwar oil order."[120] Der Erfolg der libyschen Regierung löste einen regelrechten „Erdrutsch" aus und gilt daher als Beginn einer „neuen Ära" in der globalen Erdölindustrie.[121] Mit der Verhandlungsniederlage in Libyen traten die internationalen Ölgesellschaften ihren Rückzug an. Die Industrie erkannte die Zeichen der Zeit. Der für das libysche Geschäft verantwortliche Direktor von Jersey Standard traf eine prophetische Einschätzung: „The oil industry as we had known it would not exist much longer."[122]

---

[117] Vgl. Blair, The Control of Oil, S. 222 f.

[118] Vgl. Shwadran, Middle East Oil, S. 13.

[119] Vgl. Eckbo, The Future of World Oil, S. 16.

[120] Maugeri, The Age of Oil, S. 102.

[121] Keiser, Die Energiekrise und die Strategien der Energiesicherung, S. 24.

[122] Zitiert nach Yergin, The Prize, S. 580.

5.2.2 Die Abkommen von Teheran und Tripolis 1971

Die deutliche Erhöhung des *posted price* und die Ablösung der 50/50-Gewinnteilung durch eine profitablere Formel in Libyen rief wenig überraschend die anderen Förderländer auf den Plan. Wenn die internationalen Ölmultis Gaddafi mehr zu zahlen bereit waren, dann konnten sie sich nicht mit den bedeutend niedrigeren Preisen und Zuwendungen, die sie erhielten, zufriedengeben. Den ersten Schritt machte Schah Reza Pahlavi. Er forderte von dem im Iran operierenden internationalen Konsortium (IOP) eine Erhöhung des Richtpreises und des Gewinnanteils nach libyschem Muster. Die Mineralölgesellschaften konnten die iranische Forderung und ähnliche Begehren anderer Exportländer kaum zurückweisen. Sie gelangten zur Einsicht, eine Gewinnteilung im Verhältnis von 55 zu 45 zugunsten der Produzentenländer als neue allgemeine Norm wohl oder übel akzeptieren zu müssen.

Die OPEC erkannte die Gunst der Stunde und rief ihre Mitglieder zur 21. Ministerkonferenz im Dezember 1970 nach Caracas. Im Rahmen einer gemeinsamen Preisstrategie forderten die der Organisation angehörenden Ölexportnationen eine allgemeine Erhöhung der Richtpreise und eine Beseitigung aller Rabatte auf den Exportpreis des Rohöls. Zudem definierten sie 55 Prozent als Untergrenze für die den Gastländern zufließende Einkommensteuer in allen Mitgliedsstaaten. Einigen Regierungen – darunter jene des Gastgeberlandes der Konferenz – war dies nicht genug. Sie beharrten auf einen Gewinnanteil von 60 Prozent.[123] Auch Libyen, Algerien und der Irak „wollten die einmalige Situation, die sich den Förderländern bot, maximal ausnutzen."[124] Die Konferenzteilnehmer nominierten fernerhin einen Sonderausschuss, der sich aus den Vertretern des Iran, Irak und Saudi-Arabiens zusammensetzte und welcher im Namen aller Golfstaaten über die in Caracas erhobenen Forderungen mit den Erdölfirmen in offizielle Verhandlungen treten sollte.[125] Eine weitere regionale Verhandlungsgruppe, welcher Repräsentanten aus Algerien, Libyen, dem Irak und Saudi-Arabien angehörten, sollte eine zweite Gesprächsfront am Mittelmeer eröffnen.[126]

---

[123] Vgl. Falola und Genova, The Politics of the Global Oil Industry, S. 73.

[124] Chevalier, Energie – die geplante Krise, S. 57.

[125] Vgl. Parra, Oil Politics, S. 126.

[126] Die Mittelmeer-Runde umfasste auch den Irak und Saudi-Arabien, weil beide Länder den durch die IPC-Pipeline und die TAPLINE geleiteten Teil ihrer Ölausfuhren über die Mittelmeer-Häfen Baniyas, Sidon und Tripoli absetzten.

Die Exportländer besiegelten in Caracas eine Verschärfung ihrer Verhandlungstaktik. Sie beabsichtigten, den Ölgesellschaften nunmehr als geschlossene Gruppe gegenüberzutreten und ihre Forderungen im Kollektiv zu erheben. Die Ölexportstaaten verständigten sich auf nichts weniger, als die Übernahme der Kontrolle des Erdölangebots und des Preises von den internationalen Mineralölfirmen anzustreben. Das gestiegene Selbstbewusstsein der OPEC war auf der Konferenz deutlich spürbar.[127] In diesem Sinne dokumentierte das Treffen in Caracas „that the balance of power in the oil world was moving away from the oil companies, and in favour of the nations with significant oil resources."[128] Fuad Rouhani, der von 1961 bis 1964 als erster Generalsekretär der OPEC diente, bezeichnete die Konferenz mit gutem Grund als ein „historisches Treffen" für die globale Erdölwirtschaft. Exakt zehn Jahre nach ihrer Gründung war die OPEC dabei, schließlich jene grundlegenden Zielsetzungen zu erreichen, die ihre fünf Gründungsmitglieder seiner Zeit zur Schaffung der gemeinsamen Organisation animierten.[129]

Der Übereinkunft von Caracas und den bevorstehenden kollektiven Verhandlungen mit den Ölkonzernen ungeachtet stellte Libyen im Jänner 1971 neue Forderungen. Neben geplanten weiteren Erhöhungen des *posted price* und der Einkommensteuer unterrichtete Vizepremier Jalloud die herbeizitierten Unternehmensvertreter über die Absicht der libyschen Regierung, die ausländischen Firmen für jedes produzierte Barrel Rohöl zur Reinvestition von 25 Cent im Land zu verpflichten.[130] Bei den Majors läuteten ob der ständig neuen und immer höheren Forderungen die Alarmglocken. Sie sahen sich gezwungen, trotz aller Rivalitäten und Auseinandersetzungen um Marktanteile analog zu ihrem Vorgehen gegen das bolschewistische Russland im Jahre 1920 eine geeinte Front zu bilden. Ein geschlossenes Auftreten der Ölunternehmen erforderte allerdings eine Beteiligung der Independents, was sich angesichts teils grundlegender Interessenunterschiede zu den Majors als schwieriges Unterfangen herausstellte. Weiters galt es als Folge der engen Zusammenarbeit der Firmen einen Verstoß kartellrechtlicher Bestimmungen zu vermeiden. Das US-Justizministerium erteilte den beteiligten Gesellschaften eine Freigabe, wodurch sie keine juristischen Konsequenzen zu befürchten hatten.

---

[127] Vgl. Hohensee, Der erste Ölpreisschock 1973/74, S. 38.
[128] Odell, Oil and World Power, S. 111.
[129] Vgl. Rouhani, A History of O.P.E.C., S. 3.
[130] Vgl. Parra, Oil Politics, S. 127.

Die multinationalen Erdölkonzerne gelangten zur Überzeugung, dass sie längerfristig in ihrem eigenen Interesse einen *modus vivendi* mit den Produzentenländern finden mussten.[131] Im Sinne der Erreichung eines solchen strebten die internationalen Mineralölfirmen eine große Verhandlungslösung mit den OPEC-Staaten an, welche über einen Zeitraum von zumindest fünf Jahren halten, die Kaskade ständig neuer Forderungen unterbrechen und damit den Konzernen Sicherheit geben sollte. Die Ölgesellschaften schufen die sogenannte London Policy Group, bestehend aus den Sieben Schwestern, der CFP und den acht Independents Amerada Hess, Atlantic Richfield, Bunker Hunt, Continental, Gelsenberg, Grace Petroleum, Marathon und Occidental, die sich in der britischen Hauptstadt zusammenfand, um eine gemeinsame Strategie im Vorfeld der in Teheran stattfindenden Verhandlungen mit der OPEC zu erarbeiten. Mitte Jänner 1971 versandten die der London Policy Group angehörenden Unternehmen sowie die japanische AOC, die deutsche Elwerath, Hispanoil und Petrofina ein gemeinsames Schreiben an die OPEC und alle ihre Mitgliedsstaaten, in welchem sie sich für eine umfassende Lösung aussprachen.[132] Ihr Rahmenkonzept sah zentrale Verhandlungen zwischen den vereint auftretenden Konzernen und der OPEC als Gesamtheit vor, anstatt Gespräche auf individueller Ebene oder in Untergruppen zu führen.[133] Die Ölkonzerne wollten Regionalverhandlungen, wie sie in Caracas festgelegt und von der OPEC angestrebt wurden, unter allen Umständen vermeiden.

Der Vorstoß der westlichen Erdölgesellschaften war ein verzweifelter Versuch einer unter massivem externen Druck zusammengeschweißten inhomogenen Gruppe unterschiedlicher Firmen, das schier Unabwendbare in letzter Minute doch noch abzuwenden. In der Substanz handelte es sich bei dem Vorschlag der Ölkonzerne um „a plan without a strategy [...] and without the recognition of new realities."[134] Die Unternehmen hatten zu diesem Zeitpunkt, nicht zuletzt aufgrund der fehlenden politischen Unterstützung durch die westlichen Regierungen, nichts mehr zu sagen und mussten sich dem von den OPEC-Mitgliedern vorgegebenen Format, das Regionalverhandlungen im Persischen Golf und für das Mittelmeer vorsah, fügen.

---

[131] Vgl. Louis Turner, „Multinational Companies and the Third World", in: The World Today, Vol. 30, No. 9, September 1974, S. 394–402 (hier 398).

[132] Vgl. Parra, Oil Politics, S. 128 f. Die französische ERAP und die italienische ENI verweigerten eine Teilnahme an dem Schriftstück an die OPEC.

[133] Vgl. Yergin, The Prize, S. 581.

[134] Parra, Oil Politics, S. 130.

Im Jänner 1971 begannen die Verhandlungen in Teheran, in welchen zum Leidwesen der Mineralölkonzerne ausschließlich die Ölpreisgestaltung im Persischen Golf und die Abgaben an die dortigen Anrainerstaaten und nicht die gesamte OPEC besprochen wurden. Die vereinte Front der Ölgesellschaften wurde durch George Piercy, der als Direktor bei Standard Oil of New Jersey für den Nahen Osten zuständig war, und Lord Strathalmond, dem Vorsitzenden von BP, vertreten. Als die tonangebenden Teilnehmer auf der anderen Seite des Verhandlungstisches traten die Ölminister Saudi-Arabiens und des Irak, Ahmed Zaki Yamani und Saadun Hammadi, sowie der iranische Finanzminister Jamshid Amouzegar in Erscheinung. Die anfänglichen Gesprächsrunden brachten kaum Annäherungen in den entscheidenden Fragen. Auf die Forderung der Golfstaaten nach einer Erhöhung des Richtpreises um 54 Cent pro Fass reagierten die Konzernmanager mit einem Gegenangebot von 15 Cent.[135] Die Zeit drängte. Sollten die Verhandlungen nicht bis 15. Februar erfolgreich abgeschlossen sein, warnte die OPEC anlässlich ihrer am 11. Februar parallel in Teheran stattfindenden 22. Konferenz unverhohlen, würde den Konzernen der Ölhahn zugedreht.[136]

Das Ultimatum zeigte schließlich Wirkung. „Noch vor Ablauf der Frist", wusste der *Spiegel* zu berichten, „krochen die Repräsentanten der mächtigsten Erdölkonzerne der Welt zu Kreuze: Sie akzeptierten die Forderungen der Minister."[137] Mit der Vereinbarung von Teheran vom 14. Februar 1971 wurden die Forderungen der OPEC von Caracas vollinhaltlich durchgesetzt. Die Ölkonzerne willigten ein, ab nun mindestens 55 Prozent ihrer Gewinne an die erdölproduzierenden Staaten der Golfregion abzuführen, wodurch die 50/50-Formel endgültig zu Grabe getragen wurde.[138] Weiters verzichteten die Konzerne auf die bestehenden Aufwandsentschädigungen (*expense allowances*) durch die Förderländer. Zudem wurde in Teheran eine Anhebung des *posted price* um 35 Cent pro Fass mit jährlichen Erhöhungsschritten von fünf Cent sowie weiteren 2,5 Prozent pro Jahr als Inflationsausgleich vereinbart. Im Grunde sind die westlichen Ölfirmen vollkommen eingeknickt. Letzten Endes hatten sie nur noch um die Aufrechterhaltung des Anscheins gekämpft, die Ölexportländer würden mit ihnen echte Verhandlungen führen und nicht einfach ihre Bedingungen diktieren und einseitig die Zukunft der Erdölindustrie bestimmen.[139] Zumindest wurde die Laufzeit des

---

[135] Vgl. Falola und Genova, The Politics of the Global Oil Industry, S. 74.

[136] Vgl. Parra, Oil Politics, S. 131.

[137] o. A., „Weltmacht Öl", 4. Fortsetzung, in: Der Spiegel, 7. Januar 1974, S. 72–79 (hier 73).

[138] Die 55/45-Regelung der Gewinnaufteilung war bereits vor Abschluss der Übereinkunft von Teheran im Iran und den anderen Golfstaaten in Kraft.

[139] Vgl. Yergin, The Prize, S. 582.

Abkommens mit fünf Jahren festgelegt, was den Mineralölkonzernen kurzfristig Sicherheit versprach. Zudem sicherten die an den Verhandlungen teilnehmenden OPEC-Staaten zu, sich an die getroffenen Vereinbarungen zu halten.

Die brutale Verhandlungssteuerung der ministeriellen Verhandlungsrunde in Teheran erwies sich als durchaus effektiv und machte sich für die Golfstaaten bezahlt. Die signifikante Erhöhung der Listenpreise und Steuern garantierte den OPEC-Mitgliedern beträchtliche Mehreinnahmen. Das Ergebnis von Teheran verhieß für die internationalen Ölfirmen nichts Gutes für die bevorstehenden Mittelmeer-Verhandlungen in Tripolis, da Libyen bereits im Vorfeld klarmachte, ein noch besseres Ergebnis als die Golfstaaten anzustreben. Wie von Francisco Parra, der im Jahre 1968 als Generalsekretär der OPEC fungierte, geschildert, begannen die Gespräche nur wenige Tage nach Abschluss der wegweisenden Vereinbarung von Teheran in einem Klima der Einschüchterung und von Verstaatlichungsdrohungen.[140]

Diesmal nahm Jalloud, der kompromisslose Verhandlungsführer Libyens, das Heft in die Hand. Am 2. April 1971 wurde auch in Tripolis eine Einigung getroffen, die sich im Wesentlichen an den Inhalten des Teheraner Übereinkommens orientierte, wobei die Anhebung des Listenpreises um 90 Cent auf 3,45 Dollar (für Rohöl f.o.b. mit einer Dichte von 40° API) deutlich höher ausfiel als in der Vereinbarung mit den Golfstaaten.[141] Auch der Vertrag von Tripolis hatte eine Gültigkeitsdauer von fünf Jahren, weshalb die Streitigkeiten zwischen den Förderstaaten der OPEC und den westlichen Ölgesellschaften über die Preisfestlegung fürs Erste beigelegt schienen,[142] obschon allen voran der Schah mit der erheblich größeren Erhöhung des Richtpreises auf die Besserstellung Libyens und der anderen an der Mittelmeer-Runde beteiligten Länder äußerst erzürnt reagierte.[143]

Mit den Abkommen von Teheran und Tripolis ging eine bedeutende Ära der globalen Erdölgeschichte zu Ende. Die Verhandlungen zwischen den westlichen Konzernen und den OPEC-Mitgliedsstaaten „marked a watershed in international oil negotiations".[144] Der Verlauf der Gespräche in Teheran und Tripolis und deren einseitiges Ergebnis offenbarten die Ohnmacht der Majors. Die über ein Jahrhundert im Grunde alles beherrschenden integrierten Ölmultis mussten sich den weitreichenden Forderungen der Exportländer bedingungslos fügen. Die einst

---

[140] Vgl. Parra, Oil Politics, S. 132.

[141] Von den 90 Cent Erhöhung galten 25 Cent als temporärer Zuschlag für die Sperre des Suez-Kanals und die geringeren Frachtkosten des Mittelmeer-Öls. Siehe ebd., S. 132.

[142] Vgl. Hohensee, Der erste Ölpreisschock 1973/74, S. 38.

[143] Vgl. Yergin, The Prize, S. 583.

[144] Choucri, International Politics of Energy Interdependence, S. 37 f.

so mächtigen Sieben Schwestern „were in effect simply doing as they were told, agreeing to just about anything for the sake of peace and not questioning the validity of new legislation."[145] Innerhalb weniger Jahre vollzog sich eine elementare Machtverschiebung in der internationalen Mineralölindustrie zugunsten der Überschussländer. „In diesem Sinne bezeichnet das Jahr 1971" laut Jean-Marie Chevalier „einen Wendepunkt in der Geschichte des Erdöls, denn im Gegensatz zu allen bisherigen Ereignissen sind es jetzt eine Zeit lang die exportierenden Länder, die über die Macht verfügen, ihre Bedingungen durchzusetzen."[146]

Unter diesem Gesichtspunkt schien es fraglich, ob sich die OPEC-Länder an ihre Zusagen halten und die Ölpreisstruktur während der Laufzeit der Abkommen von Teheran und Tripolis unangetastet lassen würden. Immerhin könnte der zunehmende Machtgewinn – in Anlehnung an die Machtdefinition von Keohane und Nye – die erdölexportierenden Staaten dazu verleiten, von ihrer Fähigkeit, zu vertretbaren eigenen Kosten gewünschte Ergebnisse erzwingen zu können, weiter Gebrauch zu machen. Die weltwirtschaftlichen und währungspolitischen Rahmenbedingungen erhöhten den Druck auf die Überschussländer, weitere Maßnahmen im Sinne des Werterhalts ihrer Exporteinkünfte zu setzen. Die expansiven US-amerikanischen Regierungsausgaben für den Vietnamkrieg erzeugten Ende der 1960er Jahre hohe Inflationsraten.[147] Mit dem Wertverlust des Dollar erlitten die erdölausführenden Staaten einen realen Einkommensrückgang aus ihrem Ölexport, da der globale Erdölhandel schon damals in der US-Währung abgewickelt wurde.

Am 15. August 1971 verkündete Präsident Nixon das Ende der nominalen Bindung des Dollar an Gold, was den Zusammenbruch des seit 1944 bestehenden Weltwährungssystems von Bretton Woods mit seinen festen Wechselkursen

---

[145] Parra, Oil Politics, S. 133.
[146] Chevalier, Energie – die geplante Krise, S. 8.
[147] Vgl. Morse, „A New Political Economy of Oil?", S. 11.

zur Folge hatte.[148] Die folgenschwere geldpolitische Entscheidung des US-Präsidenten, die als „Nixon-Schock" bekannt ist, führte zu einer deutlichen Abwertung des Dollar gegenüber anderen Währungen. Der reale Wert der in Dollar denominierten Öleinkünfte der OPEC-Staaten schmolz als Folge davon noch weiter. Die Kosten der Dollarkrise 1972/73 wurden für Kuwait mit 261 Millionen und für Saudi-Arabien sogar mit 400 bis 525 Millionen Dollar beziffert.[149] Die signifikante Entwertung der US-Währung bedeutete eine reale Senkung des Ölpreises und Verminderung der Staatseinkünfte der Ausfuhrländer, was aus Sicht der OPEC die Legitimität der Preisvereinbarungen von Teheran und Tripolis in Zweifel zog.[150]

5.2.3 Die Entmachtung der Majors: Partizipation und Verstaatlichung

Die historischen Vereinbarungen von Teheran und Tripolis vom 14. Februar bzw. 2. April 1971, die eigentlich für fünf Jahre abgeschlossen wurden, hielten nur ein paar Monate. Vertragstreue kümmerte die Mitglieder der OPEC kein bisschen, wenn ihnen die realen politischen und wirtschaftlichen Machtgegebenheiten die Durchsetzung noch besserer Konditionen und weitreichenderer Veränderungen in ihrem Sinne in der Erdölindustrie erlaubten. Es war gerade einmal ein halbes Jahr seit der Unterzeichnung des Abkommens von Tripolis vergangen, als das libysche Ölministerium Verhandlungen mit den Mineralölgesellschaften über eine Partizipation an den Förderlizenzen ankündigte.[151] Bereits auf der 24. OPEC-Konferenz im Juli 1971 in Wien wurde ganz konkret die Forderung nach Beteiligung erhoben: „The Conference resolves that Member Countries shall

---

[148] Das globale Währungssystem von Bretton Woods basierte auf der Dollar-Konvertierbarkeit in Gold. Das Tauschverhältnis wurde vom US-Kongress mit 35 Dollar je Feinunze Gold festgelegt. Die Währungen der anderen am Bretton-Woods-System teilnehmenden Staaten wurden wiederum an den US-Dollar gebunden. Die Goldbindung geriet in den 1960er Jahren aufgrund eines Überschusses an Dollar zunehmend ins Wanken. Die Vereinigten Staaten verfügten nicht über ausreichend Gold, um die weltweit zirkulierenden Dollar decken bzw. einer jederzeitigen Eintauschbarkeit nachkommen zu können. Die US-Währung war im Vergleich zu anderen Währungen, vor allem der Deutschen Mark, stark überbewertet. Der steigende Druck auf den Dollar bewog Nixon letztlich zur Aufhebung des Gold-Dollar-Standards. Die Welt kehrte damit zu einem System flexibler Wechselkurse (*floating*) zurück, wie es bis heute fortbesteht.

[149] Vgl. Maull, Ölmacht, S. 24.

[150] Vgl. Teece, „OPEC Behavior", S. 76.

[151] Vgl. Blair, The Control of Oil, S. 227.

take immediate steps towards the effective implementation of the principle of Participation in the existing oil concessions."[152] Partizipation hieß konkret ein Miteigentum an den Erdölressourcen auf dem eigenen Staatsgebiet. Bei der folgenden außerordentlichen Konferenz im September in Beirut beschloss die OPEC, jedes Produzentenland solle mit den Ölfirmen in Verhandlungen treten und sich um eine Beteiligung an den Konzessionen bemühen.[153]

Die bloße Gewinnbeteiligung wurde für die Ausfuhrländer immer untragbarer. Sie forderten Mitbesitz an den Erdölvorräten und Mitbestimmung bei den Entscheidungen der Gesellschaften.[154] Für die OPEC-Staaten begann die Frage nach der Souveränität über ihre Bodenschätze an oberste Stelle zu rücken. Im neuen Zeitalter der Dekolonisierung, der Selbstbestimmung und des Nationalismus galten die Ölkonzessionen für die zunehmend selbstbewussten Exportnationen als Relikte der Vergangenheit, aus den Tagen des mit dem modernen Zeitgeist nicht mehr vereinbaren westlichen Imperialismus.[155] Das auf Kooperation beruhende Konzept der Beteiligung wurde daraufhin schon bald verworfen und die Produzentenländer steuerten auf eine vollständige Kontrolle der Ölressourcen zu. In der Überzeugung, die Ölpreisfestsetzung und Steuerung des Outputs auch selbst in die Hand nehmen zu können, hielten die OPEC-Mitglieder eine einvernehmliche Zusammenarbeit mit den ausländischen Erdölkonzernen nicht länger für erforderlich.[156]

Verstaatlichung lautete die neue Devise. Den Anfang hatte Algerien unter Staatschef Houari Boumédiène bereits im Februar 1971 unmittelbar nach Abschluss der Teheraner Vereinbarung gemacht, als das Land in einer unilateralen Maßnahme 51 Prozent der algerischen Besitzungen der französischen Ölfirmen CFP und ERAP (Elf) übernahm. Es handelte sich dabei um die erste umfangreiche Verstaatlichung westlicher Erdölinteressen nach Russland im Folgejahr der bolschewistischen Revolution von 1917, Mexiko 1938 und im Iran unter Mossadegh 1951.[157] Die schweren wirtschaftlichen Turbulenzen, in die Mexiko und der Iran

---

[152] Zitiert nach Hohensee, Der erste Ölpreisschock 1973/74, S. 185.

[153] Der Großteil der Erdölförderung außerhalb der Vereinigten Staaten basierte zu jener Zeit noch immer auf dem Konzessionsregime, dessen Ursprünge bis William Knox D'Arcy und seine 1901 in Persien erworbenen Bohr- und Förderrechte zurückreichten. Mit der Konzession erwarb der Konzessionär ein Eigentumsrecht an den Erdölvorkommen in dem definierten Konzessionsgebiet.

[154] Vgl. Zündorf, Das Weltsystem des Erdöls, S. 209.

[155] Vgl. Yergin, The Prize, S. 583.

[156] Vgl. Odell, Oil and World Power, S. 229.

[157] Die angeführten Verstaatlichungen waren vor Algerien nicht die einzigen, finden aufgrund ihrer historischen Bedeutsamkeit in den Geschichtsbüchern jedoch am häufigsten Erwähnung.

nach der Enteignung der ausländischen Mineralölfirmen aufgrund des von den Majors verhängten Boykotts ihres Erdöls gestürzt waren, vermochte den Exportländern keinen Schrecken mehr einzujagen. Algerien war nur der Beginn einer großen Enteignungswelle in der Ölindustrie, die bis zum Ende des Jahrzehnts anhalten sollte.

Am 7. Dezember 1971 verstaatlichte die libysche Regierung die Vermögenswerte von BP und deren amerikanischen Partner Bunker Hunt zu 51 Prozent. Tripolis versuchte die Enteignung der Briten mit dem Vorwand zu legitimieren, Großbritannien habe nach seinem Rückzug aus der Golfregion Ende 1971 die Inbesitznahme von arabischem Territorium, genauer gesagt von drei kleinen Inseln (Abu Musa, Klein-Tunb und Groß-Tunb) in der Nähe der Straße von Hormuz, durch den Iran befördert.[158] Gaddafi und sein radikaler Revolutionärer Kommandorat gaben sich mit BP freilich nicht zufrieden. Bis Ende 1973 hat die libysche Regierung das Eigentum bzw. die örtlichen Tochtergesellschaften von ENI, Exxon, Mobil, Occidental und des Oasis-Konsortiums mehrheitlich sowie von Amoseas, ARCO, Bunker Hunt und Shell zur Gänze übernommen.[159]

Der Irak folgte am 1. Juni 1972 mit der Verstaatlichung des internationalen IPC-Konsortiums, das noch im Norden des Landes Öl förderte. Der Enteignung ging eine Auseinandersetzung der IPC-Partner mit der irakischen Regierung über die Fördermenge des nordirakischen Kirkuk-Ölfeldes voraus. Das internationale Konsortium hatte den Output auf 60 Prozent der Gesamtkapazität heruntergeschraubt, da die gefallenen Frachtraten in der Tankschifffahrt nach Angaben der IPC den Pipeline-Transport über Syrien unrentabel werden ließen. Die baathistische Regierung, für welche die Produktionskürzung schwere finanzielle Einbußen

---

In der Nachkriegszeit kam es in Kuba 1959 zur Enteignung der Öleinrichtungen von Standard Oil of New Jersey, Shell und TEXACO, in Ceylon 1962 der Vertriebseinrichtungen von Shell, CALTEX und Jersey Standard, in Ägypten in den Jahren 1961 und 1964 von Anlagen und Ölfeldern von BP und Shell, in Syrien 1965 der Absatzorganisationen von Jersey Standard, SOCONY, Shell, CFP und anderen Firmen, in Peru 1968/69 der Förder- und Raffinerieanlagen der örtlichen Tochtergesellschaft von Standard of New Jersey, in Bolivien 1969 der Produktions- und Vertriebseinrichtungen von Gulf, in Südjemen 1969 der Absatzorganisationen von CALTEX, Jersey Standard, Mobil und Shell sowie in Somalia 1970 jener von AGIP, CALTEX und Shell. Die Auflistung beruht auf den Angaben von Geoffrey Chandler, „The Myth of Oil Power: International Groups and National Sovereignty", in: International Affairs, Vol. 46, No. 4, October 1970, S. 710–718 (hier 713 f.).

[158] Vgl. Shwadran, Middle East Oil Crises Since 1973, S. 34.

[159] Vgl. Vassiliou, Historical Dictionary of the Petroleum Industry, S. 298. Die Standard Oil Company of New Jersey nannte sich ab 1973 Exxon. Amoseas war eine gemeinsame Gesellschaft von SOCAL und TEXACO.

verursachte, hielt die Maßnahme für politisch motiviert und stellte den IPC-
Teilhabern am 18. Mai ein letztes Ultimatum. Ölminister Saadun Hammadi gab
unter Androhung einer sofortigen Verstaatlichung dem ausländisch kontrollierten
Konsortium zwei Wochen Zeit, die Produktion in Kirkuk wieder bis zur Kapazitätsgrenze auszuweiten.[160] Nachdem die westlichen Konzerne der Aufforderung
nicht Folge leisteten, übertrug Bagdad mit dem Gesetz Nr. 69 von 1972 das
Eigentumsrecht an der IPC an die nationale irakische Ölgesellschaft (INOC). Das
Gesetz erstreckte sich allerdings nicht auf die beiden IPC-Tochterfirmen BPC
und MPC, deren Verstaatlichung in zwei Schritten in den Jahren 1973 und 1975
erfolgte.

Im Iran gestaltete sich die Situation anders, da der Staat nach der Enteignung
von Anglo-Iranian durch die Regierung Mossadegh 1951 und dem iranischen
Konsortialvertrag von 1954 bereits Eigentümer der Ölvorräte und Industrieanlagen
im Land war. Mit dem Abkommen von 1954 wurde das iranische Erdölbusiness von dem multinationalen Konsortium IOP gesteuert. Die Mineralölindustrie
sollte auf Verlangen des Schahs nunmehr nicht mehr von den westlichen Konsortiumsmitgliedern, sondern von der staatlichen iranischen Ölgesellschaft (NIOC)
betrieben werden. Teheran forderte 1973 von den IOP-Partnern, den operativen
Betrieb der Industrie und die Kontrolle über die Erdölressourcen an die NIOC zu
übergeben, andernfalls würden sie ihren bevorrechtigten Zugang zum iranischen
Öl verlieren. Die erweiterten Rechte für die nationale Ölgesellschaft wurden im
Erdölgesetz von 1974 festgeschrieben. Der Gesetzestext hielt fest, die Ausübung
des Souveränitätsrechts der iranischen Nation „over the Petroleum resources of
Iran with respect to the exploration, development, production, exploitation and
distribution of Petroleum throughout the country and its continental shelf is ent-
rusted exclusively to the National Iranian Oil Company who shall act thereupon
directly, or through its agents and contractors."[161]

Die einstmals alles dominierenden internationalen Ölkonzerne wurden in die
Rolle einfacher Auftragnehmer der NIOC gezwungen. Die Übertragung des operativen Erdölgeschäfts an die staatliche Mineralölgesellschaft im Iran zeugte von
den neuen Verhältnissen in der globalen Erdölindustrie. Nach der Enteignung
der ausländischen Ölinteressen in den OPEC-Ländern wurde sukzessive auch
die Verwaltung und Steuerung der Industrie den staatlichen Monopolbetrieben

---

[160] Vgl. Wolfe-Hunnicutt, The End of the Concessionary Regime, S. 255 f.

[161] Zitiert nach William Yong, „NIOC and the State: Commercialization, Contestation and
Consolidation in the Islamic Republic of Iran", Oxford Institute for Energy Studies, University
of Oxford, MEP 5, May 2013, abrufbar unter: http://www.oxfordenergy.org/wpcms/wp-con
tent/uploads/2013/05/MEP-5.pdf (25. März 2015), S. 7.

überantwortet. Es handelte sich dabei um den letzten Schritt der quasi vollumfänglichen Entmachtung der integrierten Konzerne. Der Prozess der kompletten Machtübernahme durch die erdölexportierenden Staaten, dessen entscheidende Phase mit der algerischen Verstaatlichung 1971 eingeläutet wurde, machte auch vor Venezuela, Kuwait, den Vereinigten Arabischen Emiraten, Katar, Nigeria, Indonesien, Ecuador, Gabun und anderen Überschussländern nicht halt, die im Laufe der 1970er Jahre die staatliche Inbesitznahme der Erdölressourcen abschlossen.

Der Ressourcennationalismus und die Verstaatlichungswelle erfassten auch die moderateren OPEC-Staaten. Saudi-Arabien, dessen Ölminister Yamani stets vor negativen wirtschaftlichen Konsequenzen von überstürzten Enteignungen warnte und stattdessen für eine etappenweise Übernahme der Industrie durch die Förderländer warb, nahm 1972 zunächst einen 25-prozentigen Anteil an ARAMCO in Besitz, der sich Mitte 1974 auf 60 Prozent erhöhte. Erst ab 1980 übte Riad die alleinige Kontrolle über das Unternehmen aus, das 1988 in Saudi Aramco umbenannt wurde. Die amerikanischen ARAMCO-Eigentümergesellschaften hatten keine andere Wahl, als der saudischen Beteiligung zähneknirschend zuzustimmen, denn die Alternative wäre noch viel unattraktiver gewesen: Eine sofortige vollständige Überführung des arabisch-amerikanischen Konsortiums in staatliches Eigentum.[162]

Die unilateralen Enteignungen der internationalen Mineralölkonzerne durch die Mitglieder der OPEC hatten Edward L. Morse zufolge enorme Auswirkungen „on the structure of the global energy economy, as the nationalization of the upstream sector of the industry served to break, once and for all, the tightly integrated structure of the international energy industry."[163] Die Grundpfeiler, auf welche sich die alte Ordnung im globalen Erdölsystem über viele Jahrzehnte gestützt hatte, sind bis Anfang der 1970er Jahre brüchig geworden. Laut Horst Mendershausen beruhte das Regime der Majors auf 1) dem übermächtigen Einfluss und der militärischen Stärke der westlichen Mächte in den zentralen Erzeugerländern des Nahen Ostens, 2) der effektiven Marktkontrolle durch die Majors, im Rahmen welcher den Independents und kleineren staatlichen Ölgesellschaften nur ein Randdasein zukam, 3) der jederzeitigen Verfügbarkeit alternativer Lieferquellen, was einer erdrückenden Abhängigkeit der Industriestaaten von einzelnen Exportländern entgegenwirkte, sowie 4) dem langjährigen Fehlen einer systematischen Kooperation der Produzentenländer zur Erlangung der Kontrolle

---

[162] Vgl. Yergin, The Prize, S. 584.
[163] Morse, „A New Political Economy of Oil?", S. 4.

über ihre Erdölressourcen.[164] Der Zusammenbruch des alten Regimes folgte einer einigermaßen graduellen und zeitgleichen Erosion aller vier Stützen. Die mehr als ein Jahrhundert lang aufrechten Strukturen und Gesetzmäßigkeiten in der internationalen Erdölwirtschaft wurden endgültig durch ein neues Ordnungssystem abgelöst. Die in der Industrie geltenden Normen und Entscheidungsverfahren sollten nunmehr für einige Zeit von den erdölreichen Ausfuhrländern, welche die Eigentums- und Verfügungsrechte an den weltgrößten Ölvorkommen den westlichen Mineralölgesellschaften entrissen, bestimmt werden. In der historischen Perspektive erscheint die in den Krisenjahren 1970 bis 1973 vollzogene Neuordnung der Erdölindustrie nicht einfach als Machtwechsel von den Ölkonzernen zu den Förderstaaten, sondern vielmehr als wahrhafte Revolution.[165] Die westliche Staatenwelt mochte die epochale machtpolitische Umwälzung in der Erdölindustrie nicht wahrhaben. Peter R. Odell spricht in diesem Zusammenhang von „an unwillingness to accept [...] the fact that, for the first time in some 400 years, there has been a loss of control by the Western world over an essential element in its system to a set of countries which have hitherto not been considered to be decision-taking entities within that system."[166]

5.2.4 Die strukturellen Voraussetzungen für den Regimewechsel

Bis 1970 hatten die wirtschaftlich unterentwickelten Ölförderländer im Grunde genommen nur geringfügige Fortschritte in der Gestaltung der rechtlichen und finanziellen Bedingungen, unter welchen die westlichen Majors ihre Erdölressourcen ausbeuteten, erzielt. Laut Chevalier beschränkten „sich die von den Exportländern erreichten Resultate auf eine Harmonisierung der Steuersysteme." Ihre eigentlichen Forderungen blieben bis dahin hingegen vollständig unerfüllt: „Sie besitzen keine Kontrolle über ihre eigene Förderung, ihr Erdöl gehört mehr den ausländischen Gesellschaften und den Verbraucherländern als ihnen selbst, sie verkaufen ein Produkt, dessen Preis fällt, und sie werden mit Geld bezahlt, das abgewertet wird."[167] Noch 1972 entfielen den Angaben von John M. Blair zufolge 91 Prozent der Rohölproduktion des Nahen Ostens und 77 Prozent der Ölversorgung in der nicht-kommunistischen Welt und außerhalb der Vereinigten Staaten

---

[164] Vgl. Mendershausen, Coping with the Oil Crisis, S. 15 f.

[165] Vgl. ebd., S. 16.

[166] Odell, Oil and Gas, Volume 2, S. 92.

[167] Chevalier, Energie – die geplante Krise, S. 38.

auf die Sieben Schwestern[168] (Tabelle 5.1). Dies sollte sich bald ändern. Innerhalb weniger Jahre erwirkten die OPEC-Staaten einen fundamentalen Umbruch
des globalen Erdölsystems und übernahmen die vollständige Kontrolle der Erdölförderung und Preisfestsetzung. Zwischen 1970 und 1973 vollbrachten sie, wozu
sie über Jahrzehnte nicht imstande waren.

Vor der Rebellion der Produzentenländer in den frühen 1970er Jahren hatte
die Mehrheit der erdölexportierenden Staaten im Wesentlichen deshalb keine
konfrontativen unilateralen Maßnahmen gegen die mächtigen integrierten Ölgesellschaften ergriffen, weil sie sich in einer Position der Schwäche wähnten und
strafweise Produktions- und Investitionskürzungen durch die Konzerne in ihren
Ländern fürchteten.[169] Die Verstaatlichungen in Mexiko 1938 und im Iran 1951
mit ihren desaströsen wirtschaftlichen Folgewirkungen für beide Länder schweb-
ten über Jahre oder Jahrzehnte wie eine unausgesprochene Drohung über den
Exportstaaten. Während sowohl in Mexiko als auch im Iran nach der Enteignung der westlichen Ölinteressen durch die Regierung Cárdenas bzw. Mossadegh
der Erdöloutput völlig eingebrochen war, vermochten die Majors das mexikanische respektive iranische Öl durch eine Erhöhung der Förderleistung in anderen
Ländern sowie die Erschließung neuer Produktionsgebiete einfach zu ersetzen.
Den Überschussländern drohte der langfristige Verlust von Marktanteilen und in
weiterer Folge dringend benötigter Regierungseinnahmen.

Auch wenn die Verschiebung der Machtstrukturen in der internationalen Erdölwirtschaft zugunsten der OPEC, deren lautstarke radikale Mitglieder Öl als
politisches Machtinstrument zu betrachten pflegten, die europäische Energieversorgungssicherheit unmittelbar betraf, schienen die meisten importabhängigen
Verbraucherstaaten des Westens von den sich vollziehenden Veränderungen kaum
Notiz zu nehmen.[170] Dies war insofern bemerkenswert, als die Produzentenländer nicht nur die Entscheidungsmacht über die Höhe des Richtpreises und
der Produktionsmenge von Erdöl an sich rissen, sondern auch – wie der Einsatz der „Ölwaffe" während der arabisch-israelischen Konflikte zeigte – ruchlos
bestimmten, welche Einfuhrländer sie überhaupt zu beliefern bereit waren. Die
Regierungen in Westeuropa (mit Ausnahme der Niederlande) wollten von den entscheidenden Verhandlungen der westlichen Mineralölkonzerne mit der OPEC, in
welchen über nichts weniger als die Zukunft des globalen Erdölsystems befunden
wurde, nichts wissen.[171] Die an die Wand gedrängten Ölkonzerne litten unter der

---

[168] Vgl. Blair, The Control of Oil, S. 52.
[169] Vgl. Odell, Oil and World Power, S. 222.
[170] Vgl. ebd., S. 112 und 230 f.
[171] Vgl. Parra, Oil Politics, S. 128.

Tab. 5.1 Der Anteil der Sieben Schwestern an der weltweiten Rohölförderung 1972

Gesellschaft	US-Förderung (in 1.000 Barrel/Tag)	in Prozent der gesamten US-Förderung	Förderung im Nahen Osten* und Libyen (in 1.000 Barrel/Tag)	in Prozent der gesamten Förderung im Nahen Osten* und Libyen	Förderung in OPEC-Ländern (in 1.000 Barrel/Tag)	in Prozent der gesamten OPEC-Förderung	Weltweite Förderung exkl. Osteuropa und China (in 1.000 Barrel/Tag)	in Prozent der weltweiten Förderung exkl. Osteuropa und China
Exxon	1.114	9,9	2.527	12,9	4.050	15,2	6.145	14,7
TEXACO	916	8,1	2.155	11,0	2.674	10,0	4.021	9,6
SOCAL	528	4,7	2.155	11,0	2.614	9,8	3.323	7,9
Gulf	651	5,8	1.837	9,7	2.409	9,0	3.404	8,1
Mobil	457	4,1	1.178	6,0	1.477	5,5	2.399	5,7
BP	-	-	3.903	20,0	4.506	16,9	4.659	11,1
Shell	726	6,5	1.372	7,0	2.877	10,8	5.416	12,9
Gesamt	4.392	39,1	15.177	77,6	20.607	77,2	29.367	70,0

*ohne Bahrain

Quelle: Anthony Sampson, The Seven Sisters: The Great Oil Companies and the World They Shaped, New York: Viking Press 1975, S. 202.

mangelnden Unterstützung vonseiten der Politik, die in Europa keinen Gedanken an die strategische Dimension der Auseinandersetzung zu verschwenden und sich nur für halbwegs erschwingliche Ölpreise auch in Zukunft zu interessieren schien und in den Vereinigten Staaten schlicht einem Konflikt mit den Ausfuhrländern, allen voran dem Schah, aus dem Weg gehen wollte.[172]

Die Passivität der westlichen Regierungen angesichts der sich ereignenden Transformation der ölpolitischen Ordnung lag zum Teil in der Anatomie und Funktionsweise des über ein Jahrhundert bestehenden und zu Beginn der 1970er Jahre in Ablöse befindlichen Erdölregimes der integrierten Konzerne begründet. Die Majors beherrschten den gesamten Prozess der Ölsuche, -gewinnung, -veredelung, -verschiffung und -vermarktung und sorgten für eine stabile Versorgung der westlichen Verbrauchermärkte mit kostengünstigem Importöl. Das Erdölangebot und die Preisgestaltung basierten auf autonomen unternehmerischen Entscheidungsverfahren. Die Regierungen der westlichen Industriestaaten setzten sich zuweilen auf diplomatischem Weg für einen uneingeschränkten Zugang der internationalen Ölmultis zu den Erdölquellen ein, ansonsten war ihre Ölpolitik größtenteils von *laissez faire* geprägt und sie ließen die Konzerne frei gewähren. Die weitgehende Indifferenz der politischen Entscheidungsträger gegenüber der internationalen Erdölwirtschaft und deren elementare energiepolitischen Aspekte blieb nicht ohne Folgen für die westeuropäische Versorgungssicherheit, wie die folgende Ausführung von Joseph S. Nye nahelegt:

> As a result of this regime [der integrierten Ölkonzerne, A.S.], oil prices and production levels tended to reflect supply and demand conditions in major consumer countries rather than oil's expected long-term scarcity value or the political interests of producing countries. [...] Under these favorable conditions, the United States and other major consuming nations devoted little time or attention to developing a coherent energy security policy. Even Europeans and Japanese, with a longer tradition of thinking about oil as a security problem, were lulled into increasing their dependence on Middle East oil.[173]

In der Nachkriegszeit herrschte in dem von den integrierten Ölgesellschaften kontrollierten Markt ein Überangebot von Erdöl, was in einem deutlichen realen Preisverfall bis 1970 Ausdruck fand. In der Periode des billigen Öls von 1945

---

[172] Vgl. ebd., S. 128.

[173] Joseph S. Nye, „Energy and Security", in: David A. Deese und Joseph S. Nye (Hrsg.), Energy and Security, Cambridge, MA: Ballinger 1981, S. 3–22 (hier 7).

bis 1973 bestand das Hauptproblem in der Vermeidung einer Ölschwemme.[174] Das globale Ölversorgungssystem der Majors, das den rapide steigenden Einfuhrbedarf der westeuropäischen Wachstumsökonomien bei fallenden Preisen stets zu decken imstande war, vermittelte den Importnationen ein falsches Gefühl von Sicherheit. Vor diesem Hintergrund wollten die über Jahrzehnte von einem Käufermarkt profitierenden Verbraucherländer des Westens keine Notwendigkeit einer Änderung ihrer lethargisch anmutenden Energiesicherheitspolitik erkennen, auch wenn die sich zu Beginn der 1970er Jahre wandelnden Marktbedingungen dringenden Handlungsbedarf zu erfordern schienen.

Die Einfuhrländer Westeuropas verabsäumten es, ihre Energiepolitik dem sich verändernden Marktumfeld anzupassen. Peter R. Odell konstatierte ein Fehlen „of any general acceptance – either in Europe and Japan, or in the United States – that the world of oil had undergone a near-instant revolution rather than merely a radical change".[175] Trotz der sukzessiven Entmachtung der multinationalen Mineralölgesellschaften durch die OPEC und den bereits durchlebten politisch induzierten Versorgungskrisen 1956 und 1967 erfuhr die Abhängigkeit der westeuropäischen Konsumstaaten von Erdöl aus dem Nahen Osten und Nordafrika ein ungebremstes Wachstum. Im Jahre 1970 entfielen fast 90 Prozent des gesamten Ölhandels in der nicht-kommunistischen Welt auf die Erdölausfuhren der OPEC-Mitglieder.[176] Die Importe aus den Überschussländern des Nahen Ostens und Nordafrikas deckten 1972 beinahe 80 Prozent des westeuropäischen und japanischen Erdölverbrauchs.[177] Dies stellte solange keine intolerable Gefahr für die europäische Energieversorgungssicherheit dar, wie die gewinnorientierten westlichen Ölgesellschaften die vollständige Kontrolle über die Erzeugung und den Vertrieb des Erdöls ausübten.

Vor 1973 haben die internationalen Ölkonzerne mehr als 90 Prozent des Erdöls der OPEC gefördert und vermarktet und weniger als zehn Prozent des Gesamtoutputs des Produktionskartells fand außerhalb der Vertriebsstrukturen der

---

[174] Vgl. Willrich, Energy and World Politics, S. 29 f. In den Vereinigten Staaten spielte die Texas Railroad Commission eine führende Rolle in der Kontrolle des Erdöloutputs mittels Förderquoten. Außerhalb des US-amerikanischen Marktes sorgten die Majors für die Vermeidung einer chronischen Überproduktion.

[175] Odell, Oil and World Power, S. 230.

[176] Vgl. Levy, „Oil Power", S. 653.

[177] Vgl. Stephen D. Krasner, „The Great Oil Sheikdown", in: Foreign Policy, No. 13, Winter 1973–1974, S. 123–138 (hier 136). Im Falle der Vereinigten Staaten waren es lediglich fünf Prozent.

integrierten Mineralölgesellschaften seinen Weg auf die Absatzmärkte.[178] Die Majors erfüllten eine Pufferfunktion zwischen den Produzentenländern und den Konsumenten und gewährleisteten stabile und sichere Öllieferungen in die westlichen Industriestaaten. Mit dem Strukturwandel in der globalen Erdölwirtschaft, der zwischen 1970 und 1973 eine grundlegende Änderung der Machtverhältnisse zugunsten der OPEC-Staaten bewirkte, ging diese Sicherheit verloren.

Der historische Regimewechsel gründete nach Chevalier auf drei wesentlichen Ursachen: 1) Einer Angebotsverknappung, 2) einer unerwarteten Nachfragesteigerung und 3) der veränderten Energiesituation der Vereinigten Staaten als vormals zentraler Reserveproduzent auf dem Weltmarkt.[179] Die Verringerung des Erdölangebots ergab sich unmittelbar aus den eigenmächtigen Förderkürzungen durch Libyen, der Schließung der TAPLINE im Sommer 1970 und der anschließenden Frachtkrise.

Indirekt trug die Erosion der Gewinnspannen in der Erdölförderung in den beiden Jahrzehnten vor der Krise zur gespannten Angebotssituation bei. Der hohe Wettbewerbsdruck und die Überproduktion haben die westlichen Ölkonzerne zu einer Kürzung ihrer Explorations- und Produktionsausgaben bewogen. Als Folge davon flossen in den 1960er Jahren nur noch 2,5 Prozent der Gesamtinvestitionen der Erdölindustrie in den Upstream-Bereich.[180] Die Mineralölgesellschaften zogen es vor, statt in die Suche und Erschließung von neuen Ölfeldern in den Ausbau und Betrieb von Raffinerien und petrochemischen Anlagen zu investieren. Dies hatte einen signifikanten Rückgang der Bohraktivitäten zur Folge. Zwischen 1955 und 1971 ist die Anzahl der Bohranlagen in den Vereinigten Staaten auf fast ein Drittel geschrumpft.[181] In den USA war die Entwicklung besonders dramatisch, da gleichzeitig mit der allgemeinen Drosselung der Ausgaben für die Erdölsuche und -gewinnung eine Verlagerung der Upstream-Investitionen der internationalen Ölgesellschaften von den politisch stabilen Förderländern Amerikas in den kostengünstigeren Nahen Osten und nach Nordafrika stattfand.[182]

Parallel zur Angebotsverknappung erlebte die Nachfrage nach Erdöl in den relevanten Konsummärkten ein ungebremstes Wachstum. Der globale Ölverbrauch stieg zwischen 1967 und 1973 im Durchschnitt um fast acht Prozent pro

---

[178] Vgl. Thomas L. Neff, „The Changing World Oil Market", in: David A. Deese und Joseph S. Nye (Hrsg.), Energy and Security, Cambridge, MA: Ballinger 1981, S. 23–46 (hier 24).

[179] Vgl. Chevalier, Energie – die geplante Krise, S. 43 ff.

[180] Vgl. Maugeri, The Age of Oil, S. 104.

[181] Vgl. ebd., S. 103.

[182] Vgl. ebd., S. 103.

Jahr, in Westeuropa waren es sogar durchschnittlich beinahe 8,5 Prozent.[183] Die westeuropäischen Erdölimporte haben sich im selben Zeitraum um zwei Drittel erhöht, womit der Anteil der Öleinfuhren am Gesamtenergieverbrauch rund 60 Prozent erreichte. Bis in die frühen 1970er Jahre hat das Erdöl die Kohle in allen Ländern Westeuropas als wichtigster Primärenergieträger abgelöst – auch in Großbritannien, Deutschland und Belgien, die traditionell einen hohen Kohlekonsum aufwiesen.

Ungeachtet der Machtverschiebung in der Ölindustrie zugunsten einer Gruppe erdölexportierender Staaten, die ihre Ölausfuhren erwiesenermaßen als machtpolitisches Instrument einzusetzen bereit waren, und der zunehmend angespannten Situation auf dem Welterdölmarkt stieg der westeuropäische Importbedarf immer weiter. Die bedeutenden westlichen Einfuhrländer „chose to ignore the need to constrain the demand for oil in order to take the pressure off the constrained supply."[184] Eine Betrachtung der Entwicklung des westeuropäischen Primärenergiemixes zwischen 1950 und 1973 verdeutlicht das ungebrochene Nachfragewachstum nach Erdöl (Abbildung 5.1).

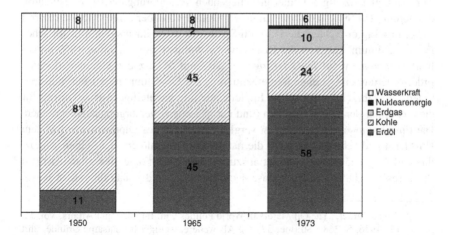

Abb. 5.1 Westeuropas Primärenergiemix 1950, 1965 und 1973 (Anteile in Prozent). (Quelle: UN Statistics (für 1950); und BP Statistical Review of World Energy June 2020 (Data Workbook))

---

[183] Siehe BP, Statistical Review of World Energy June 2020 (Data Workbook).
[184] Odell, Oil and World Power, S. 112.

Die lange Phase der Überproduktion und der real sinkenden Ölpreise ging bis 1973 jäh zu Ende. Das Überangebot an Erdöl in den 1950er und 1960er Jahren gilt als der bedeutendste Faktor für das jahrzehntelange Unvermögen der Förderländer, die Kontrolle über die Ölindustrie in ihren Ländern zu übernehmen. Die mächtigen Mineralölgesellschaften waren unter diesen Bedingungen nicht auf den Output eines widerspenstigen Überschusslandes zur Versorgung des Weltmarktes angewiesen und konnten dieses im Falle eines Disputs mit einer Förderkürzung oder einem Produktionsstopp abstrafen. Es war also in erster Linie der sich allmählich schließende Spalt zwischen dem Rohölangebot und der -nachfrage auf dem Weltmarkt in den späten 1960er Jahren, der den Produzentenländern den Durchbruch in ihren langjährigen Emanzipationsbemühungen ermöglichte.[185] Als die Überkapazitäten plötzlich zu verschwinden begannen, verwandelte sich die Erdölindustrie zu Beginn der 1970er Jahre in einen Verkäufermarkt. In der Einschätzung von Fuad Rouhani war die Transformation der weltweiten Erdölwirtschaft von einem Käufer- in einen Verkäufermarkt „the vital factor operating in O.P.E.C.'s favor".[186]

Der fundamentale Wandel auf dem Welterdölmarkt zum Nachteil der Importeure ging gleichzeitig mit einer grundlegenden Veränderung der Energiesituation der Vereinigten Staaten einher. Mit einem Output von über zehn Millionen Barrel Rohöl pro Tag erreichten die USA im Spätherbst 1970 ihr bis dahin historisches Fördermaximum. Das von der Eisenhower-Administration im Jahre 1959 eingeführte *Mandatory Oil Import Program*, das zum Schutz der teuren nationalen Erdölförderung eine strenge Reglementierung der US-Ölimporte vorsah, ließ spätestens ein Jahrzehnt nach seiner Implementierung nachteilige Auswirkungen für die Sicherheit der amerikanischen (und europäischen) Versorgungslage erkennen. Die Einfuhrquoten sorgten für ein vergleichsweise hohes Ölpreisniveau auf dem US-Markt und schufen damit für die nationalen Mineralölerzeuger einen Anreiz, ihre Erdöllagerstätten ungehemmt auszubeuten.[187] Als Folge dieses langfristigen Prozesses „the U.S. production base declined more rapidly than the rate at which

---

[185] Vgl. Louis Turner, „The Oil Majors in World Politics", in: International Affairs, Vol. 52, No. 3, July 1976, S. 368–380 (hier 371 f.). Als weitere, weniger bedeutsame Gründe führt Turner den fehlenden politischen Willen der Produzentenländer sowie den Mangel an qualifiziertem, mit der Erdölindustrie vertrautem, ortsansässigem Personal an, wodurch die Majors eine weitgehend unersetzliche Stellung begründen konnten.

[186] Rouhani, A History of O.P.E.C., S. 4.

[187] Die Vereinigten Staaten versorgten sich vor der Krise zu 80 Prozent mit Inlandsrohöl zu einem durchschnittlichen Preis von 3,50 Dollar pro Fass und zu 20 Prozent aus dem Ausland zu einem Durchschnittspreis von 2,17 Dollar pro Fass. Siehe Chevalier, Energie – die geplante Krise, S. 55.

new resources could be discovered", woraufhin die Vereinigten Staaten zu einem Netto-Ölimporteur mutierten.[188]

Trotz des beachtlichen inländischen Produktionswachstums war aufgrund des noch stärker zunehmenden Erdölverbrauchs der amerikanische Einfuhrbedarf im Steigen begriffen. Angesichts der hohen Ölnachfrage hob die Texas Railroad Commission im März 1971 das erste Mal in einem Vierteljahrhundert alle Produktionsbeschränkungen auf. Die im August 1971 von den US-Behörden erlassenen Preiskontrollen für Rohöl und Mineralölprodukte, mit welchen die Regierung der hohen Inflation entgegenzuwirken versuchte, stimulierten die Ölnachfrage zusätzlich. Die staatliche Regulierung des Ölpreises, der zu einem kritischen Zeitpunkt, als gleichermaßen die Inlandsnachfrage ein hohes Wachstum verzeichnete und das nationale Förderpotenzial ausgeschöpft war, künstlich niedrig gehalten wurde, setzte völlig verkehrte Impulse. Unter diesen Rahmenbedingungen steuerten die Vereinigten Staaten noch vor der Ölkrise von 1973 auf unvermeidliche Versorgungsengpässe zu.[189]

Als weitere gravierende Konsequenz der beschriebenen Entwicklungen ging die langjährige Kapazitätsreserve der US-Ölproduzenten verloren. Der amerikanische Kapazitätsüberschuss, der zwischen 1957 und 1963 noch rund vier Millionen Fass pro Tag betragen hatte, hat sich bis 1970 auf höchstens eine Million Barrel verringert.[190] Die Vereinigten Staaten büßten damit ihre Stellung als *swing producer* ein, welcher dank ausreichender Förderreserven durch bedarfsorientierte Produktionserhöhungen jederzeit ein Marktgleichgewicht herzustellen imstande ist. Die ungenutzte Produktionskapazität der USA hatte sich in vergangenen Krisenzeiten für die westeuropäischen Importstaaten als ungemein bedeutsam erwiesen. Mit ihrem Verschwinden nach 1968 wurden die einfuhrabhängigen Konsumländer Europas gegenüber Lieferstörungen verwundbar,[191] wie sich schon bald zeigen sollte.

---

[188] Morse, „A New Political Economy of Oil?", S. 12.

[189] Vgl. ebd., S. 12.

[190] Vgl. Yergin, The Prize, S. 567.

[191] Vgl. Charles K. Ebinger et al., The Critical Link: Energy and National Security in the 1980s, Überarbeitete Auflage, Cambridge, MA: Ballinger 1982, S. 2.

5.3   „*This Time the Wolf is Here*": Der Erfolg der „Ölwaffe" und das Regime der OPEC[192]

5.3.1   Der erste Ölpreisschock 1973/74

Der grundlegende Strukturwandel in der internationalen Mineralölindustrie zu Beginn der 1970er Jahre ging mit wachsenden Ansprüchen der OPEC-Staaten und einer zunehmenden Politisierung ihrer Erdölexporte einher. Der starke reale Verfall der Listenpreise für Öl und damit der Regierungseinnahmen aufgrund der Dollarkrise sorgte in den Überschussländern für fortwährende Frustration. Der Unmut der Förderstaaten wurde dadurch verstärkt, dass die Profite der ausländischen Ölkonzerne davon völlig unberührt schienen. Deren Gewinnmargen waren nämlich nicht von den verlautbarten Richtpreisen, sondern von den Verkaufspreisen auf dem Markt abhängig. Angesichts beträchtlicher Erhöhungen der Marktpreise ließ sich die Entwertung des Dollar für die Mineralölfirmen leichter verschmerzen. Allein zwischen 1972 und 1973 stieg die Gewinnspanne der Ölgesellschaften beim Rohölverkauf um hundert Prozent.[193] Mit der zunehmend angespannten Versorgungslage und dem Übergang der Erdölwirtschaft von einem Käufer- zu einem Verkäufermarkt trat die über viele Jahre kaum denkbare Situation ein, dass die auf dem Markt erzielten Preise den *posted price* überstiegen. Die geltende Preisgestaltung des Erdöls konnte unter diesen Voraussetzungen nicht lange Bestand haben, standen die Entwicklungen doch „in scharfem Widerspruch zu den Zielen und der Ideologie der OPEC".[194]

Im April 1973 warnte der saudische Ölminister Yamani anlässlich einer Visite in Washington US-Regierungsmitglieder unmissverständlich vor der Entschlossenheit seines Landes, Erdöl als politisches Machtinstrument einzusetzen.[195] Darüber hinaus drohte König Faisal der US-Regierung in mehreren Zeitungsinterviews mit Lieferkürzungen, sollte sie ihre pro-israelische Politik nicht beenden.[196] Der größte Ölproduzent der Nahostregion, Saudi-Arabien, der dem Einsatz von Erdöl als „politische Waffe" gegen den Westen in der Vergangenheit stets kritisch

---

[192] Die Kapitelüberschrift bezieht sich auf den gleichlautenden Titel eines einflussreichen Artikels von James Akins, der als anerkannter Energieexperte im US-Außenamt tätig war und von 1973 bis 1976 als Botschafter in Saudi-Arabien diente, in welchem er vor der bevorstehenden Ölkrise warnte. Siehe James E. Akins, „The Oil Crisis: This Time the Wolf Is Here", in: Foreign Affairs, Vol. 51, No. 3, April 1973, S. 462–490.

[193] Vgl. Parra, Oil Politics, S. 178.

[194] Zündorf, Das Weltsystem des Erdöls, S. 214 f.

[195] Vgl. Shwadran, Middle East Oil Crises Since 1973, S. 46.

[196] Vgl. Bamberg, British Petroleum and Global Oil, S. 475.

gegenüber gestanden war und sich dem Embargo von 1967 nur widerwillig angeschlossen hatte, begann allmählich eine Führungsrolle im Lager der militanten arabisch-nationalistischen Staaten zu übernehmen. Die aufgeladene Stimmung in der arabischen Welt und der Druck vonseiten radikaler politischer Strömungen innerhalb des Landes zwang das saudische Königshaus zum Schutz des eigenen Fortbestandes zu diesem Kurswechsel. Aus Protest gegen das 25-jährige Jubiläum der Staatsgründung Israels am 14. Mai 1973 stoppten Algerien, der Irak, Kuwait und Libyen kurzzeitig ihre Erdölproduktion, womit sie erneut ihre jederzeitige Bereitschaft zu politisch motivierten Ausfuhrsperren demonstrierten.[197] Trotz der deutlichen Warnsignale verschlossen die vom Erdölimport abhängigen Länder des Westens vor diesen Entwicklungen weitgehend die Augen.

Im September 1973 forderten die OPEC-Mitglieder eine Änderung der bestehenden Preisvereinbarungen und neue Verhandlungen mit den westlichen Mineralölkonzernen, die am 8. Oktober in Wien stattfinden sollten. Während die Ölpreise über ein Jahrhundert von den Majors einseitig festgesetzt wurden, haben die Ausfuhrländer mit den Abkommen von Teheran und Tripolis das in einer historischen Betrachtung revolutionäre Prinzip etabliert, wonach die Listenpreise für Erdöl in gemeinsamen Verhandlungen zwischen den Ölgesellschaften und den Produzentenländern fixiert werden. Die angespannten Marktbedingungen in den frühen 1970er Jahren verliehen den OPEC-Staaten genügend Verhandlungsmacht, um eine sukzessive Erhöhung des Preises in mehreren Schritten zu erzielen. Bis 1970 war der *posted price* der Rohölsorte Arabian Light beinahe ein Jahrzehnt nominell unverändert bei 1,80 Dollar pro Fass geblieben. Im September 1973 kostete ein Barrel immerhin 2,86 Dollar,[198] wobei die Inflation die Preissteigerungen real teilweise zunichte machte.

Die anberaumten Verhandlungen in Wien über eine Neuregelung der Teheraner Vereinbarung sollten unter grundlegend veränderten Rahmenbedingungen stattfinden. Am 6. Oktober, als in Israel der höchste jüdische Feiertag, Jom Kippur, begangen wurde und das Leben im Land weitgehend stillstand, starteten Ägypten, Syrien und weitere arabische Staaten einen Überraschungsangriff auf die seit dem Sechs-Tage-Krieg von 1967 von den israelischen Streitkräften besetzte Sinai-Halbinsel und Golanhöhen. Trotz Ausbruch des Jom-Kippur-Krieges, der auch Oktoberkrieg und im arabischen Raum Ramadan-Krieg genannt wird, trafen sich die Vertreter der internationalen Ölkonzerne, angeführt von George Piercy von Exxon (vormals Jersey Standard), und des OPEC-Ministerausschusses der Golfstaaten wie vereinbart am 8. Oktober in Wien. Die Produzentenländer, vertreten

---

[197] Vgl. Ali, Oil and Power, S. 52.
[198] Vgl. Shwadran, Middle East Oil Crises Since 1973, S. 179.

durch Yamani sowie die Finanzminister Kuwaits und des Iran, Abdel Rahman al-Atiqi und Jamshid Amouzegar, drängten auf eine Erhöhung der Listenpreise um hundert Prozent. Als die westlichen Ölgesellschaften dies ablehnten und maximal 15 Prozent mehr zu zahlen bereit waren, brachen die Verhandler der OPEC-Staaten die Gespräche ab, um am 16. Oktober in Kuwait über die weitere Vorgehensweise zu beraten.

Neben den drei Vertretern des OPEC-Ministerkomitees, die in Wien keine Einigung mit den Mineralölgesellschaften erzielen konnten, kamen auch die Ölminister des Irak, Katars und Abu Dhabis nach Kuwait. In einer revolutionären Entscheidung vereinbarte die arabisch-iranische Ministerrunde, die Listenpreise für Rohöl hinkünftig nicht mehr mit den ausländischen Ölkonzernen in gemeinsamen Verhandlungen festzulegen, sondern unilateral zu bestimmen. Die in Kuwait versammelten OPEC-Minister setzten ihren Beschluss sofort in die Realität um und verkündeten eine einseitige Erhöhung des *posted price* um 70 Prozent von 3,01 auf 5,12 Dollar pro Fass Rohöl der Sorte Arabian Light f.o.b. in Ras Tanura.[199] Drei Tage später erließ die Regierung Libyens ein Gesetzesdekret, das eine 94-prozentige Erhöhung des Listenpreises für das libysche Referenzöl von 4,60 auf 8,93 Dollar pro Fass vorsah.[200] Die Entschließung von Kuwait galt als weiterer Beleg für den Beginn des neuen, von den Förderländern dominierten Zeitalters in der globalen Erdölindustrie, dessen Kennzeichen es war, „daß die 13 Staaten, die über rund 95 % der Weltexporte an Erdöl verfügen, sich das Recht nehmen, nicht nur über die Preise, sondern, wie sich bald zeigen sollte, auch über die Versorgungsmengen und die Absatzwege für das Erdöl, das der Westen braucht, nach eigenem Gutdünken zu entscheiden."[201]

Als Ägypten und Syrien an Jom Kippur an zwei Fronten gleichzeitig angriffen, schien zunächst keine Notwendigkeit für den Einsatz der „Ölwaffe" zu bestehen. Israel war von dem arabischen Einfall völlig überrascht. „Weder der Mossad noch der Aman, der wichtigere militärische Geheimdienst, hatten etwas geahnt. Sämtliche Warnungen waren ignoriert worden. Bis Mitternacht des 5. auf den 6. Oktober, als ein Mossad-Agent – ein Ägypter – die Information weitergab, der Angriff beginne am 6. Oktober um 18 Uhr. Tatsächlich begann er dann schon

---

[199] Die Listenpreise anderer Rohölsorten wurden im Einklang mit dem als Referenzsorte geltenden *marker crude* Arabian Light erhöht. Der jeweilige Preis war abhängig von der Qualität und geographischen Lage der Sorte. Der neue *posted price* wurde von den beteiligten OPEC-Mitgliedern auf Basis der vorherrschenden Marktpreise inklusive einem Aufschlag von 40 Prozent festgelegt. Dies entsprach dem Verhältnis zwischen Listen- und Marktpreis, wie es vor dem Abkommen von Teheran 1971 bestanden hatte. Siehe Parra, Oil Politics, S. 179.

[200] Vgl. ebd., S. 179.

[201] Keiser, Die Energiekrise und die Strategien der Energiesicherung, S. 30.

vier Stunden früher."[202] Die militärischen Anfangserfolge der von den Sowjets hochgerüsteten ägyptischen und syrischen Kampfverbände lösten in der gesamten arabischen Welt einen Siegestaumel aus. An der Suez-Front rückte die ägyptische Armee unter dem Schutz modernster sowjetischer Flugabwehrraketen in Richtung Sinai vor. Am 7. Oktober befanden sich bereits 100.000 ägyptische Soldaten, 1.020 Panzer und 13.500 Militärfahrzeuge auf der Ostseite des Kanals.[203] Eine israelische Gegenoffensive am 8. Oktober scheiterte kläglich. Angesichts Hunderter gefallener Soldaten, 400 zerstörten Panzern und 49 verlorenen Flugzeugen sprach General Ariel Scharon später von einem „Albtraum" für Israel.[204]

Die prekäre Lage der israelischen Streitkräfte und die sowjetischen Nachschublieferungen an die arabischen Kriegsparteien bewogen die US-Regierung dazu, Israel durch die Lieferung von modernstem Militärgerät zu Hilfe zu eilen. Präsident Nixon hatte seit seinem Amtsantritt an der sicherheits- und verteidigungspolitischen Unterstützung des Staates Israel durch die Vereinigten Staaten keine Zweifel gelassen.[205] Washington war entschlossen, eine Niederlage Israels im Oktoberkrieg zu verhindern und seinem Verbündeten mit allen Mitteln, mit der Ausnahme einer direkten militärischen Intervention, beizustehen.[206] Bereits zwischen 1971 und 1973 beliefen sich die US-amerikanischen Rüstungsexporte nach Israel auf rund 300 Millionen Dollar pro Jahr.[207] Ägypten und andere arabische Staaten kritisierten insbesondere die Aufrüstung der israelischen Luftstreitkräfte mit Phantom-Jagdflugzeugen, welche Washington ab 1969 nach Israel lieferte.[208]

Am 12. Oktober errichteten die Vereinigten Staaten eine Luftbrücke nach Israel, über welche sie das Land mit dringend benötigten Militärgütern versorgten. 25 Großraumflugzeuge flogen täglich rund tausend Tonnen Kriegsgerät über

---

[202] Rolf Steininger, „Bittere Lektion", in: Die Zeit, Nr. 37, 5. September 2013, S. 19.

[203] Vgl. ebd., S. 19.

[204] Vgl. ebd., S. 19.

[205] Vgl. Boaz Vanetik und Zaki Shalom, The Nixon Administration and the Middle East Peace Process, 1969–1973: From the Rogers Plan to the Outbreak of the Yom Kippur War, Eastbourne: Sussex Academic Press 2013, S. 101 f. Nixon versicherte der israelischen Premierministerin Golda Meir im Juli 1970 sowohl in einer Erklärung als auch in einem späteren Kommuniqué „the US's strong and unyielding support for the existence and security of the State of Israel and his determination that the balance of military power in the Middle East should not turn against it; meaning, a commitment to continue arms supplies to Israel."

[206] Vgl. Barry Rubin, „US Policy, January-October 1973", in: Journal of Palestine Studies, Vol. 3, No. 2, Winter 1974, S. 98–113 (hier 108).

[207] Vgl. Michael Brzoska und Frederic S. Pearson, Arms and Warfare: Escalation, De-Escalation, and Negotiation, Columbia: University of South Carolina Press 1994, S. 94 f.

[208] Von 1970 bis 1973 bezog Israel knapp 160 Kampfflugzeuge dieses Typs. Siehe ebd., S. 95.

die portugiesischen Azoren nach Israel, was letztlich wesentlich zum israelischen Sieg beitrug.[209] Der Kriegsverlauf wendete sich rasch zugunsten Israels, dessen Vormarsch gegen Syrien und Ägypten erst auf Druck der USA und durch einen vom UN-Sicherheitsrat verordneten sofortigen Waffenstillstand (Resolution 340) am 25. Oktober gestoppt wurde.

Auf militärischem Wege ließ sich der Krieg für die arabischen Staaten nicht gewinnen, woraufhin sie wie bereits in den vorangegangenen arabisch-israelischen Konflikten die Kriegshandlungen auf die wirtschaftliche Ebene ausdehnten und ein weiteres Mal ein gegen ausgewählte westliche Länder gerichtetes Ölembargo ins Spiel brachten. Diesmal allerdings unter völlig veränderten Voraussetzungen als in den Jahren 1956 und 1967. Bereits im August 1973 hatte sich Anwar al-Sadat, der im Oktober 1970 Nasser als Präsident Ägyptens nachgefolgt war, die Zusicherung des saudischen Königs geholt, im Falle eines Krieges gegen Israel sein Land zu unterstützen. Die ägyptisch-saudischen Beziehungen haben sich nach dem Ableben von Nasser merklich verbessert. Faisal versprach damals den Einsatz der saudischen „Ölwaffe".[210] Der Erdölminister Libyens hatte bereits einige Jahre zuvor freimütig verkündet: „[O]il must be used against our enemies; it does not make sense to sell oil to America which supplies Phantom planes to Israel, which are aimed to kill Arabs".[211] Für das militante Gaddafi-Regime war Erdöl eine politische Waffe der arabischen Welt, die es bei Bedarf gegen den Westen einzusetzen galt. Für die Araber war die Zeit gekommen, von ihrem mächtigsten Instrument Gebrauch zu machen.

Am 17. Oktober fand in Kuwait ein weiteres bedeutendes Treffen statt, in welchem die folgenschweren Maßnahmen getroffen werden sollten. Es handelte sich dabei um die Zusammenkunft der Ölminister der OAPEC-Staaten, die über die Rolle von Erdöl im vierten arabisch-israelischen Krieg berieten. Die zehn arabischen Länder beschlossen eine sofortige Fördersenkung um fünf Prozent ausgehend von der Produktionshöhe im September. Die Ölerzeugung sollte jeden Monat um weitere fünf Prozent gedrosselt werden, bis sich Israel vollständig von den besetzten arabischen Gebieten, sprich auf die Grenzen von vor 1967, zurückgezogen hat. Saudi-Arabien und Katar gingen noch weiter und verkündeten am Folgetag eine zehnprozentige Kürzung ihres jeweiligen Rohöloutputs. Lediglich „befreundete Staaten" würden ihre ursprünglichen Liefermengen erhalten.

---

[209] Vgl. Steininger, „Bittere Lektion", S. 19.
[210] Vgl. Bamberg, British Petroleum and Global Oil, S. 475.
[211] Zitiert in ebd., S. 450.

Libyen und Abu Dhabi verhängten zusätzlich ein Ölembargo gegen die Vereinigten Staaten und die Niederlande,[212] dem sich Saudi-Arabien ein paar Tage später anschloss, nachdem Präsident Nixon am 19. Oktober den US-Kongress um Billigung eines 2,2 Milliarden Dollar schweren Militärhilfepakets für Israel ersucht hatte. König Faisal zeigte sich über die amerikanische Vorgehensweise erbost, hatte Nixon nur zwei Tage zuvor dem saudischen Außenminister Umar al-Saqqaf versichert, sich für einen gerechten und dauerhaften Frieden zwischen Israel und den Arabern sowie eine Umsetzung der Resolution 242 des UN-Sicherheitsrates und damit einen Rückzug Israels von den besetzten arabischen Gebieten einzusetzen.[213] Die Embargostrategie wurde schließlich von allen arabischen Ölproduzenten mit Ausnahme des unbedeutenden Tunesiens verfolgt und auf Südafrika, Rhodesien und Portugal ausgedehnt.[214] Auch Dänemark wurde aufgrund seiner Israel-freundlichen Haltung auf die Embargo-Liste gesetzt. Um den Druck auf die internationale Gemeinschaft zu erhöhen, beschlossen die arabischen Ölexportländer bei einem zweiten Treffen am 4. November in Kuwait die Gesamtkürzung ihres Outputs auf 25 Prozent (gemessen am Produktionsniveau von September 1973) auszuweiten.[215]

---

[212] Die Niederlande wurden boykottiert, da sie als enge Verbündete Israels galten und sich deren Regierung nach dem Kriegsausbruch rhetorisch auf die Seite Israels geschlagen hatte, indem sie den ägyptisch-syrischen Angriff verurteilte und einen Rückzug der Truppen hinter die Grenzen vor dem Einmarsch forderte. Zudem hatten der niederländische Ministerpräsident Joop den Uyl und andere Regierungsmitglieder an öffentlichen Kundgebungen zur Unterstützung Israels teilgenommen. Siehe Roy Licklider, „The Power of Oil: The Arab Oil Weapon and the Netherlands, the United Kingdom, Canada, Japan, and the United States", in: International Studies Quarterly, Vol. 32, No. 2, June 1988, S. 205–226 (hier 209 f.). Laut Günter Keiser waren die niederländischen Sympathien für Israel nur ein vorgeschobener Grund für das arabische Embargo. In Wirklichkeit wurden die Niederlande boykottiert, weil „die Hafenanlagen und die Raffinerien von Rotterdam den Hauptumschlagplatz für Erdöl und Erdölprodukte, auch für den amerikanischen Markt, darstellen." Siehe Keiser, Die Energiekrise und die Strategien der Energiesicherung, S. 30.

[213] Vgl. William B. Quandt, Peace Process: American Diplomacy and the Arab-Israeli Conflict Since 1967, Washington, DC und Berkeley: Brookings Institution Press und University of California Press 2001, S. 116 f.

[214] Vgl. Maull, Ölmacht, S. 61. Der Irak sprach sich als einziger bedeutender arabischer Ölproduzent gegen die Strategie der generellen Produktionskürzungen aus, da diese in erster Linie die pro-arabischen Länder Westeuropas und Japan treffen würden. Bagdad schloss sich zwar dem Embargo gegen die USA und die Niederlande an, strebte ansonsten aber nach einer schnellstmöglichen Erhöhung seiner vom Krieg betroffenen Erdölproduktion. Mit Ausnahme des Irak, der seinen Output und damit die Einnahmen aus dem Ölexport während er Krise erhöhte, hielten sich die OAPEC-Mitglieder an die getroffenen Beschlüsse.

[215] Für den Text des Kommuniqués der OAPEC siehe SIPRI, Oil and Security, S. 119.

Die Entscheidungen der OAPEC lösten „in der ganzen Welt eine wahre Energie-Panik aus."[216] Diesmal wurden die westlichen Einfuhrländer auf dem falschen Fuß erwischt. Bis zum Oktoberkrieg 1973 war nicht nur die Reservekapazität der US-amerikanischen Erdölindustrie verschwunden, die mineralölreichen Vereinigten Staaten selbst wurden vom Import ausländischer Ölressourcen abhängig. Die US-Erdöleinfuhren haben sich zwischen 1956 und 1973 auf über sechs Millionen Fass pro Tag mehr als verfünffacht. Der Importanteil am amerikanischen Gesamtenergieverbrauch stieg daraufhin bis 1973 auf über 17 Prozent. Die Einfuhren aus dem arabischen Raum machten bis zu einem Drittel der Gesamtölimporte aus. Die Vereinigten Staaten haben im September 1973 circa zwei Millionen Fass Rohöl und Erdölprodukte pro Tag aus arabischen Quellen entweder durch Direktimporte oder indirekt über europäische Raffinerien bezogen.[217]

Die veränderte Energiesituation der USA stellte für die westeuropäischen Konsumländer und deren Energieversorgungssicherheit ein gravierendes Problem dar. Wie Daniel Yergin zu Recht festhält, hat sich die freie Produktionskapazität Amerikas in den Krisen der Vergangenheit als „the single most important element in the energy security margin of the Western world" erwiesen.[218] In diesem Sinne kann die Energiekrise von 1973 mit den Worten von John M. Blair als „the logical consequence of the limited and declining size of U.S. reserves and the resultant vulnerability of oil consumers everywhere to those controlling foreign oil" bezeichnet werden.[219]

Der westeuropäische Rohölverbrauch belief sich 1973 auf circa 15 Millionen Barrel pro Tag, wobei nahezu der gesamte Bedarf importiert werden musste.[220] Die Nettoimportabhängigkeit Westeuropas nach Berücksichtigung der Wiederausfuhren von Mineralölerzeugnissen belief sich auf 98 Prozent des Gesamtkonsums.[221] Die BRD war mit einem Rohöloutput von circa 130.000 Barrel pro Tag die größte westeuropäische Fördernation. Damit konnte das Land allerdings nur rund vier Prozent seines Ölbedarfs decken.[222] Der Anteil des arabischen Erdöls an den gesamten Ölimporten lag zum Zeitpunkt des Oktoberkrieges in Westeuropa

---

[216] Chevalier, Energie – die geplante Krise, S. 66.

[217] Vgl. Fuad Itayim, „Arab Oil – The Political Dimension", in: Journal of Palestine Studies, Vol. 3, No. 2, Winter 1974, S. 84–97 (hier 89 f.).

[218] Yergin, The Prize, S. 614.

[219] Blair, The Control of Oil, S. 4.

[220] Vgl. BP, Statistical Review of World Energy June 2020 (Data Workbook).

[221] Vgl. SIPRI, Oil and Security, S. 75.

[222] Vgl. ebd., S. 75.

bei knapp 69 Prozent, in den Vereinigten Staaten bei beinahe 18 Prozent und in Japan bei circa 45 Prozent.[223] Die Erdöleinfuhren aus arabischen Förderländern erreichten damit 45 Prozent des westeuropäischen Gesamtenergieverbrauchs (Tabelle 5.2).

Nicht nur die Produktionskapazitäten der Vereinigten Staaten waren ausgeschöpft, der Weltmarkt insgesamt erreichte ein prekäres Gleichgewicht zwischen dem verfügbaren Erdölangebot und der globalen Nachfrage. Der weltweite Kapazitätsüberschuss schrumpfte 1973 auf eine halbe Million Barrel pro Tag, was lediglich einem Prozent des täglichen Ölverbrauchs der nicht-kommunistischen Welt entsprach.[224] Unter diesen angespannten Marktbedingungen genügte selbst eine geringe Einschränkung der Erdölversorgung, „um ein verheerendes Durcheinander an den Erdölweltmärkten und in der Versorgung des Westens mit Ölprodukten hervorzurufen."[225]

Am 8. Oktober kündigte ARAMCO an, die Durchflussmenge der TAPLINE um die Hälfte zu reduzieren, um die Verluste im Falle einer Beschädigung gering zu halten. Drei Tage später wurde nach einem israelischen Angriff der Hafen von Baniyas in Syrien zerstört, von welchem irakisches Erdöl nach Europa verschifft wurde. Auch der Exportterminal im syrischen Tartus musste infolge eines Bombardements geschlossen werden. In Summe wurde dem Markt dadurch rund eine Million Fass Rohöl aus dem östlichen Mittelmeer entzogen.[226] Das üblicherweise auf der kurzen Mittelmeerstrecke beförderte Öl musste nun auf dem langen Transportweg vom Persischen Golf nach Europa und Amerika verschifft werden. Die Seefrachtraten, die ohnehin schon immens hoch waren, stiegen infolgedessen noch weiter.[227]

Die Rohölförderung wurde zwischen dem dritten und vierten Quartal 1973 in beinahe allen arabischen Exportländern gedrosselt.[228] Der Produktionsrückgang reichte von elf und 13 Prozent in Libyen und Algerien bis 16 und 20 Prozent in

---

[223] Vgl. Maull, Ölmacht, S. 20.

[224] Vgl. Yergin, The Prize, S. 586.

[225] Keiser, Die Energiekrise und die Strategien der Energiesicherung, S. 67.

[226] Vgl. Parra, Oil Politics, S. 180. In Baniyas wurden vor dem Krieg rund 700.000 Barrel pro Tag und in Tartus circa 100.000 Barrel pro Tag umgeschlagen. Die TAPLINE transportierte krisenbedingt ungefähr 250.000 Barrel pro Tag weniger als sonst.

[227] Die Frachtkosten für ein Fass Erdöl vom Persischen Golf an die US-Ostküste erreichten Spitzenwerte von 4,50 Dollar, verglichen mit circa 1,10 Dollar ein Jahr zuvor. Mit dem rückläufigen Transportvolumen infolge des Ölembargos der OAPEC gingen die Frachtraten im November 1973 allerdings wieder um zwei Drittel zurück. Siehe ebd., S. 180.

[228] Der Irak und Oman verzeichneten keine Fördersenkung.

Tab. 5.2 Ölimportabhängigkeit von Westeuropa, Japan und den USA 1956–1973

	Westeuropa			Japan			Vereinigte Staaten		
	1956	1967	1973	1956	1967	1973	1956	1967	1973
Ölimporte (Millionen Tonnen)	121,5	443,6	736,2	12,4	116,8	282,5	57,3	116,5	300,7
Importe in Prozent des Gesamtenergieverbrauchs	20,7	52,7	62,9	22,9	67,2	85,4	5,6	7,7	17,4
arabische Ölimporte in Prozent des Gesamtenergieverbrauchs	13,4	36,0	45,0	12,8	33,4	33,0	1,3	0,6	5,0

Quelle: BP und UN Statistical Papers; nach Hanns Maull, Ölmacht: Ursachen, Perspektiven, Grenzen, Frankfurt am Main: Europäische Verlagsanstalt 1975, S. 18.

Kuwait und Saudi-Arabien.[229] Der gesamtarabische Output verringerte sich als Folge des politisch motivierten Embargos und der allgemeinen Förderkürzungen von einem Vorkrisenniveau von rund 20 Millionen Barrel pro Tag auf einen Tiefststand von 15,3 Millionen Barrel pro Tag im November und 15,5 Millionen Barrel pro Tag im Dezember 1973.[230] Die krisenbedingte Fehlmenge bis zum Jahresende belief sich insgesamt auf ungefähr 340 Millionen Barrel. Der Verlust dieses in Wahrheit vergleichsweise geringen Volumens hätte sich als vorhersehbares, einmaliges Ereignis mühelos durch den Rückgriff auf die bestehenden Ölvorräte in den Industriestaaten ausgleichen lassen.[231] Das Problem lag in der Unsicherheit über die Dauer und das letzliche Gesamtausmaß der Förderkürzungen begründet.

Anders als 1956 und 1967 konnte der Ausfall des arabischen Öls nicht durch Produktionserhöhungen in anderen Ländern kompensiert werden, obwohl die nicht-arabischen Förderstaaten „nicht zögerten, die ihnen gebotenen Marktchancen auszunutzen".[232] Die sowjetische Regierung ging dabei besonders perfide vor. Einerseits forderte sie die Araber zur Verhängung und Beibehaltung des Ölembargos auf, andererseits unterließ Moskau keine Anstrengungen, um von den daraus entstehenden Gewinnchancen maximal zu profitieren. Während die Sowjets die OAPEC-Staaten für ihren Lieferstopp in die USA und die Niederlande lobten, steigerten sie ihre Erdölausfuhren in genau diese Länder.[233] Dennoch vermochten die nicht-arabischen Produzentenländer mangels freier Reservekapazitäten dem

---

[229] Vgl. Blair, The Control of Oil, S. 261.

[230] Vgl. Hanns W. Maull, Energy, Minerals, and Western Security, Baltimore: Johns Hopkins University Press 1984, S. 31. In einem anderen Werk beziffert Maull die Verluste an arabischem Erdöl, gemessen an der durchschnittlichen Septemberproduktion der arabischen Ölförderländer in Höhe von 20,1 Millionen Barrel pro Tag, mit 4,2 Millionen Barrel pro Tag im November und 3,9 Millionen Barrel pro Tag im Dezember 1973. Im Jänner 1974 betrug die tägliche Fehlmenge 2,4 Millionen Fass, im Februar noch zwei Millionen, im März 1,5 Millionen, im April 0,75 Millionen und im Mai eine halbe Million. Siehe Maull, Ölmacht, S. 67.

[231] Vgl. M. A. Adelman, The First Oil Price Explosion 1971–1974, MIT-CEPR 90-013WP, Massachusetts Institute of Technology, Cambridge, MA, May 1990, abrufbar unter: http://dspace.mit.edu/bitstream/handle/1721.1/50146/28596081.pdf?sequence=1 (10. Oktober 2014), S. 41.

[232] Keiser, Die Energiekrise und die Strategien der Energiesicherung, S. 30.

[233] Vgl. Goldman, „The Soviet Union as a World Oil Power", S. 101. Moskau lieferte rund eine Million Tonnen Erdöl zusätzlich nach Holland und kassierte über 130 Millionen Dollar mehr als 1972. Die Erträge aus den Exporten in die USA erhöhten sich zwischen 1972 und 1973 infolge des Lieferanstiegs während der Ölkrise von sieben auf 76 Millionen Dollar.

Weltölmarkt nicht mehr als 300.000 bis 600.000 Fass pro Tag zusätzlich zuzuführen.[234] Infolge dieses Förderanstiegs ergab sich auf dem Erdölmarkt im Dezember 1973 ein Nettoausfall von ungefähr 4,4 Millionen Barrel pro Tag oder neun Prozent der vor der Krise verfügbaren Ölmenge in der nicht-kommunistischen Welt von 50,8 Millionen Barrel pro Tag. Gemessen am international gehandelten Erdölvolumen belief sich die Fehlmenge auf 14 Prozent, wobei die exorbitante Wachstumsrate des globalen Ölverbrauchs von 7,5 Prozent pro Jahr den Effekt der Bedarfslücke noch vergrößerte.[235]

Die Versuche der Verbraucherländer, ihre Bezugsquellen für Erdöl zu diversifizieren, blieben angesichts der vollen Auslastung beinahe aller Ölfelder weitgehend erfolglos. Den einfuhrabhängigen Industrieländern blieb nichts anderes übrig, als in den Krisenmonaten auf ihre strategischen Erdölvorräte zurückzugreifen. Anfang 1974 erhöhten sie allerdings wieder ihre Lagerbestände, sodass am Ende der Krise die Ölvorräte in allen großen Konsumländern höher waren als davor.[236] Die westlichen Importstaaten verabsäumten es, mittels einer graduellen und systematischen Verringerung ihrer strategischen Ölreserven Druck aus dem Markt zu nehmen. Im Gegenteil, durch ihre pro-zyklische Lageraufstockung verschärften sie vielmehr die angespannte Versorgungssituation. Dieses irrationale Verhalten resultierte einerseits aus der Ungewissheit über die zukünftigen Erdöllieferungen und andererseits aus spekulativen Kaufabsichten, ausgehend von der Annahme, die Preise würden immer weiter steigen.[237] Immerhin standen die kalten Wintermonate erst bevor, in denen von einer deutlichen Nachfragesteigerung auszugehen war. Die OPEC-Staaten kontrollierten zum Zeitpunkt der Krise ungefähr 90 Prozent des internationalen Marktes und über 73 Prozent der förderbaren Weltölreserven.[238] Darüber hinaus verfügten nur sie über zusätzliche Produktionskapazitäten. Die Marktmacht der Ölexportländer beförderte die Unsicherheit über die zukünftige Erdölversorgung. Die Importstaaten befürchteten, dem Verkäuferkartell über Jahre ausgeliefert zu sein.

Die von der OAPEC verhängte Förderkürzung führte in der gesamten westlichen Welt „zu einem totalen Preis-Chaos. Alle am Ölgeschäft beteiligten Kreise

---

[234] Maull spricht von Produktionserhöhungen von 300.000 Fass pro Tag, wohingegen Yergin die Steigerung des Outputs mit 600.000 Fass pro Tag beziffert. Siehe Maull, Energy, Minerals, and Western Security, S. 32; und Yergin, The Prize, S. 614.

[235] Die Angaben stammen von Yergin, The Prize, S. 614.

[236] Vgl. Maull, Energy, Minerals, and Western Security, S. 32.

[237] Vgl. ebd., S. 32.

[238] Vgl. Eckbo, The Future of World Oil, S. 2. Auf Saudi-Arabien allein entfielen 23 Prozent der weltweiten Erdölexporte und 25 Prozent der gesicherten Reserven.

– Importeure, Raffinerien, Händler, Tankstellen – horteten soviel sie konnten."[239] Der Ölmarkt befand sich in einem Zustand großer Verunsicherung. Mineralölgesellschaften und Verbraucher gleichermaßen versuchten so viel Erdöl wie nur möglich aufzukaufen, um gegen die Eventualität einer noch dramatischeren Ölverknappung in der Zukunft vorzusorgen. Der Rotterdamer Ölhafen, Hauptumschlagplatz für Europa, wurde von ängstlichen Händlern „zu horrenden Preisen leergekauft. Selbst in Hamburg fragten US-Händler an, um sich aus dem knappen deutschen Angebot einzudecken."[240] Die Erdölnachfrage ging also über das tatsächliche Konsumerfordernis weit hinaus und war maßgeblich von einer massiven Vorratsbildung beeinflusst. Die durch die Panikkäufe verursachte zusätzliche Nachfrage setzte den bereits ohnehin schwer angespannten Ölmarkt – und die Preise – noch weiter unter Druck. Das spekulative Verhalten der Marktteilnehmer galt als eine zentrale Ursache für die anschließende Ölpreisexplosion.[241]

Die Listenpreise wurden von den Exportländern in Kuwait im Einklang mit der Produktionsdrosselung bereits erhöht. Die Handelspreise auf den Spotmärkten erreichten jedoch schon bald noch viel höhere Werte, woraufhin die OPEC-Staaten, allen voran der Iran, eine Angleichung der offiziellen Preisstruktur an die hohen Spotpreise forderten. Die Preise für das frei gehandelte Erdöl stiegen in Höhen, die kaum jemand für möglich gehalten hatte. Am 16. November staunte die Welt über eine Spotmarkt-Transaktion von tunesischem Rohöl zu einem f.o.b.-Preis von 12,64 Dollar je Barrel.[242] Damit war die Preisdecke allerdings noch lange nicht erreicht. Zur Maximierung der Verkaufspreise begannen die Förderländer Auktionen zu veranstalteten. Mitte Dezember wurden bei einer Versteigerung im Iran mehr als 17 Dollar je Fass erzielt. In Nigeria bot ein japanischer Händler sogar bis dahin unvorstellbare 22,60 Dollar, für welchen Preis er anschließend jedoch keinen Abnehmer fand.[243] Auf den Spotmärkten wurde Erdöl schon bald zu Preisen gehandelt, welche die von den OPEC-Ministern in Kuwait radikal erhöhten Listenpreise um das Vierfache überstiegen.

Die sich dramatisch ausweitende Divergenz zwischen den Markt- und Listenpreisen für Rohöl zwang die OPEC-Mitglieder zu einer Neufestsetzung ihrer

---

[239] Keiser, Die Energiekrise und die Strategien der Energiesicherung, S. 31.

[240] o. A., „Ölkrise:,Die würden uns auslutschen'", in: Der Spiegel, 15. Oktober 1973, S. 25–27 (hier 25).

[241] Vgl. Paul W. MacAvoy, Crude Oil Prices: As Determined by OPEC and Market Fundamentals, Cambridge, MA: Ballinger 1982, S. 46.

[242] Vgl. Parra, Oil Politics, S. 182.

[243] Vgl. Yergin, The Prize, S. 615.

offiziellen Angebotspreise. Die Saudis traten für eine im Vergleich zu den Auktionspreisen moderate Anhebung des *posted price* ein, da die astronomischen Spotpreise aus dem Embargo resultieren und nicht die eigentliche Marktlage widerspiegeln würden.[244] Allen voran der Iran, dem mit einer Bevölkerungsgröße von 32 Millionen und seinen kostspieligen Entwicklungsprogrammen und Aufrüstungsplänen an höchstmöglichen Ölpreisen gelegen war, stellte sich gegen die von Riad geforderte Preiszurückhaltung. Als Kompromiss einigten sich die Teilnehmer der OPEC-Konferenz am 23. Dezember 1973 in Teheran auf einen Listenpreis von 11,65 Dollar für ein Barrel der Sorte Arabian Light.[245] Die Richtpreise haben sich dadurch seit Beginn der Krise vervierfacht. Aufgrund des immensen Preisanstiegs innerhalb einer kurzen Zeitspanne blieb die Krise von 1973/74 als „Ölpreisschock" im kollektiven Gedächtnis der westlichen Verbraucher.

Die OAPEC-Staaten verfolgten mit ihren Produktionskürzungen und dem selektiven Embargo eine zentrale politische Zielsetzung. Wie aus dem Resolutionstext vom 17. Oktober 1973 hervorgeht, betrachteten sie Erdöl als politisches Instrument, mit welchem sie in die arabisch-israelische Auseinandersetzung einzugreifen gedachten. Mit der „Ölwaffe" sollte die internationale Gemeinschaft dazu genötigt werden, Israel zur Aufgabe der seit Juni 1967 besetzten arabischen Gebiete zu zwingen.[246] Das Öl wurde als Druckmittel eingesetzt, mit welchem die importabhängigen Staaten des Westens zur Übernahme einer Israel-kritischen bzw. pro-arabischen politischen Haltung gedrängt werden sollten. Gaddafi verlangte in einem Brief an den deutschen Bundeskanzler Willy Brandt von diesem eine offizielle Verurteilung von Israels „aggressiver Politik" und eine Loyalitätserklärung für die arabische Sache.[247] Die arabischen Ölexportländer waren sich darüber im Klaren, dass von den Vereinigten Staaten, die aus innenpolitischen Gründen eine dezidiert pro-israelische Politik verfolgten, keine bedeutende Änderung ihrer Politik zu erwarten war.[248] Das arabische Embargo stellte für die USA aufgrund ihres begrenzten Importvolumens keine direkte Gefahr dar. Die „Ölwaffe" richtete sich folglich in erster Linie an die in hohem Maße von den arabischen Öllagerstätten abhängigen Europäer und Japaner, die

---

[244] Vgl. Teece, „OPEC Behavior", S. 77.

[245] Der Listenpreis von 11,65 Dollar für arabisches Leichtöl blieb von 1. Jänner bis 31. Oktober 1974 bestehen. Mit 1. November 1974 wurde der verlautbarte Ölpreis auf 11,25 Dollar pro Fass gesenkt.

[246] Für den Text der Resolution siehe SIPRI, Oil and Security, S. 118 f.

[247] Vgl. o. A., „Ölkrise: Kein Verlaß auf Großmütter", in: Der Spiegel, 5. November 1973, S. 23–27 (hier 23).

[248] Vgl. Ali, Oil and Power, S. 55.

großem diplomatischen Druck, Drohungen und Erpressungsversuchen durch die OAPEC-Mitglieder ausgesetzt waren.[249] Die arabischen Erdölexportstaaten übten einen beispiellosen Einfluss auf zwei führende Industrieregionen der Welt, Westeuropa und Japan, aus. Die praktisch vollständige Negierung der dramatischen Entwicklungen in der globalen Erdölindustrie spätestens seit 1970, die eine elementare Machtverschiebung zugunsten der Förderstaaten bewirkten, rächte sich nun in der Ölkrise für die westlichen Einfuhrländer. Indem es Westeuropa und Japan zugelassen hatten, nahezu vollständig vom OPEC-Öl abhängig zu werden und sie zudem keinerlei Maßnahmen ergriffen, um ihren Erdölverbrauch zu bremsen oder ihre Erdölimporte zu diversifizieren, boten sie den arabischen Ölexportnationen eine Gelegenheit zur Einflussnahme.[250]

Die arabischen Ausfuhrländer nahmen dabei eine Differenzierung der Konsumstaaten in vier Kategorien vor: 1) Für die als pro-arabisch eingestuften Staaten („most favored") gab es vonseiten der OAPEC keine Einschränkung der Ölversorgung. 2) Bevorzugte Länder der zweiten Kategorie („preferred") würden zumindest entweder ihr durchschnittliches Importvolumen der ersten neun Monate des Jahres 1973 oder die Septembermenge 1973, je nachdem, welcher der beiden Werte höher ausfiel, an arabischem Öl beziehen können. 3) Die sich neutral verhaltenden Staaten („neutral") waren den allgemeinen Produktionskürzungen unterworfen und 4) die als pro-israelisch geltenden Länder („hostile"), über die ein Embargo verhängt wurde, würden keinerlei Erdöllieferungen erhalten.[251]

Es gelang den arabischen Überschussländern, einige Ölimporteure zur Übernahme einer tendenziell pro-arabischen politischen Haltung zu bewegen und damit die westlichen Industriestaaten auseinanderzudividieren. Zahlreiche Verbraucherländer versuchten sich von den Vereinigten Staaten und Israel zu distanzieren und bemühten sich gleichzeitig um den eiligen Abschluss bilateraler Liefervereinbarungen mit einzelnen oder mehreren arabischen Exportstaaten. Es handelte sich dabei um hektische und verzweifelte Versuche, eine ausreichende nationale Ölversorgung sicherzustellen. Das geschlossene Auftreten der OAPEC-Mitglieder begünstigte dieses Verhalten.[252] Die vonseiten der politischen Entscheidungsträger der Importländer unternommenen Anstrengungen, den Erdölbezug vermehrt auf Grundlage von Direktverkäufen und Regierungsvereinbarungen zu regeln,

---

[249] Vgl. ebd., S. 55.

[250] Vgl. Odell, Oil and World Power, S. 230.

[251] Vgl. Robert Mabro, „The Oil Weapon: Can It Be Used Today?", in: Harvard International Review, Fall 2007, S. 56–60 (hier 57).

[252] Vgl. SIPRI, Oil and Security, S. 24.

bedingte eine Schwächung der Rolle der multinationalen Ölkonzerne und in weiterer Folge eine grundlegende Änderung der Absatzstrukturen auf dem Weltölmarkt.[253] Die Ölkrise beendete die Pufferrolle der Mineralölgesellschaften und forcierte eine direkte Kooperation zwischen den Förder- und Verbraucherländern.[254]

Während die Niederlande und Dänemark trotz des über sie verhängten Ölembargos ihre politische Linie bezüglich des israelisch-arabischen Konflikts nicht zu ändern gedachten, verfolgten insbesondere Frankreich, Großbritannien und Spanien eine Annäherungspolitik gegenüber den arabischen Ölexportstaaten, im Rahmen welcher sie sich um den Aufbau von Sonderbeziehungen bemühten. Um von der saudischen Regierung das Prädikat „*most favored*" verliehen zu bekommen, bedurfte es eines Abbruchs der diplomatischen Beziehungen zu Israel, der Verhängung von Wirtschaftssanktionen gegen Israel sowie der Gewährung von Militärhilfe für die arabischen Staaten.[255] Frankreich, Großbritannien und Spanien haben auf die eine oder andere Weise zumindest eine der drei Bedingungen erfüllt. Spanien, indem es dem Staat Israel von Anbeginn die Anerkennung verweigert hat und Frankreich und Großbritannien entweder durch Waffenlieferungen an die Araber oder die Einstellung des Rüstungsgüterexports nach Israel.[256] Unter dem Druck der arabischen Drohungen stellte auch Westdeutschland, das wie Großbritannien traditionell eine Israel-freundliche politische Haltung pflegte, seine Waffenlieferungen nach Israel ein.[257]

Innerhalb der westlichen Allianz traten Meinungsverschiedenheiten und Spannungen offen zutage. Die Gefahr eines arabischen Ölembargos reichte aus, um westeuropäische NATO-Mitgliedsstaaten nicht nur zur Veröffentlichung von pro-arabischen Erklärungen zu veranlassen, sondern auch den Vereinigten Staaten die Nutzung von Militäreinrichtungen auf ihrem Staatsgebiet für den Waffenexport nach Israel zu verweigern.[258] Mit der Ausnahme von Portugal versagten die europäischen NATO-Staaten bzw. alle EG-Mitglieder Washington ihre Unterstützung bei der Bewaffnung Israels und riskierten damit eine Spaltung des Bündnisses. Die

---

[253] Vgl. William W. Hogan, „Policies for Oil Importers", in: James M. Griffin und David J. Teece (Hrsg.), OPEC Behavior and World Oil Prices, London: George Allen & Unwin 1982, S. 186–206 (hier 187).

[254] Vgl. Maull, Ölmacht, S. 80.

[255] Vgl. Itayim, „Arab Oil", S. 92.

[256] Vgl. ebd., S. 92.

[257] Vgl. Ali, Oil and Power, S. 55.

[258] Vgl. William P. Bundy, „Elements of Power", in: Foreign Affairs, Vol. 56, No. 1, October 1977, S. 1–26 (hier 2). Portugal bildete eine Ausnahme, weshalb die USA ihre Rüstungslieferungen nach Israel über die Azoren abwickelten.

EG-Außenminister veröffentlichten am 6. November 1973 eine weithin als pro-arabisch eingestufte gemeinsame Erklärung, in welcher sie Israel zur Beendigung seiner seit 1967 bestehenden Gebietsbesetzungen aufforderten.[259] Die „Ölwaffe" trug wesentlich zu einer Modifikation der westeuropäischen Position im arabisch-israelischen Konflikt zugunsten der arabischen Länder bei.[260] Auch Japan, das sich traditionell neutral verhielt und um gute Wirtschaftsbeziehungen sowohl zu Israel als auch zur arabischen Welt bemüht war, nahm spätestens Ende 1973 eine eindeutig pro-arabische Haltung ein, ohne jedoch die diplomatischen Beziehungen zu Israel abzubrechen.[261]

Frankreich verfolgte während der Ölkrise von 1973/74 am konsequentesten eine nationale Strategie und den Abschluss bilateraler Lieferabkommen. Paris strebte nach einer *special relationship* mit den Arabern, welche eine uneingeschränkte Erdölversorgung aus dem arabischen Raum sicherstellen sollte. Bald nach Verhängung des arabischen Ölembargos trat die französische Regierung mit den Saudis in Verhandlungen über Direktlieferungen unter Umgehung der amerikanischen ARAMCO ein.[262] Im Rahmen zwischenstaatlicher Vereinbarungen mit einzelnen Exportländern gedachte Frankreich im Austausch für Industrie-, Rüstungs- und Technologiegüter ausreichend Öllieferungen zugesprochen zu bekommen.[263] Der von den Franzosen angestrebte *big deal* mit Saudi-Arabien kam schlussendlich nicht zustande. Auch in den anderen Nahoststaaten blieben die französischen Bemühungen um bilaterale Öllieferabkommen weitgehend erfolglos.[264]

Frankreich hatte sich laut Horst Mendershausen während der Ölkrise einer pro-arabischen und anti-amerikanischen Politik verschrieben und drängte auf direkte Gespräche der Europäischen Gemeinschaften mit den arabischen Staaten.[265] Aus dieser Initiative ging der Europäisch-Arabische Dialog (EAD) zwischen den Mitgliedsstaaten der EG und der Arabischen Liga hervor, dessen primäres Ziel der Ausbau der wirtschaftlichen Beziehungen zwischen beiden Seiten war. Die

---

[259] Für den Text der Resolution siehe SIPRI, Oil and Security, S. 119 f.

[260] Vgl. Maull, Ölmacht, S. 72.

[261] Vgl. ebd., S. 75.

[262] Vgl. Mendershausen, Coping with the Oil Crisis, S. 73.

[263] Vgl. Lieber, „Cohesion and Disruption in the Western Alliance", S. 322. Auch Großbritannien zählte zu jenen westeuropäischen Ländern, die bei der Krisenbewältigung eine explizit nationale Strategie verfolgten.

[264] Vgl. Mendershausen, Coping with the Oil Crisis, S. 74. Zumindest brachten die politischen Anstrengungen umfangreiche Aufträge für die französische Exportwirtschaft.

[265] Ebd., S. 72.

französische Regierung versuchte die anderen westeuropäischen Länder zur Einführung einer pro-arabischen Außenpolitik zu bewegen, da sie dies als den besten
Schutz vor der „Ölwaffe" erachtete.[266] Die von Paris angestrebte enge Kooperation der Europäer mit den arabischen Exportstaaten stieß innerhalb der EG nicht
nur auf Zustimmung, denn die damit verbundene politische Annäherung an die
arabische Position hätte den Spalt in der westlichen Allianz weiter vertieft und die
Beziehungen zu den Vereinigten Staaten schwer belastet. Frankreich trachtete mit
seiner aktiven Annäherungspolitik gegenüber den Förderstaaten auch nach einer
Schwächung der ungeliebten, mächtigen anglo-amerikanischen Ölkonzerne. Die
von Frankreich und auch Großbritannien verfolgte politische Strategie entsprach
im Wesentlichen einem Appeasement gegenüber der arabischen Welt.[267]

Die westdeutsche Krisenpolitik setzte neben wohlwollenden außenpolitischen
Gesten gegenüber den arabischen Exportländern einerseits auf die von den
multinationalen Ölgesellschaften organisierte Umverteilung der internationalen
Erdöllieferungen und andererseits auf koordinierte Maßnahmen auf europäischer
Ebene im Rahmen der EWG.[268] Darüber hinaus bemühte sich, so wie alle großen
westeuropäischen Staaten, auch die deutsche Regierung um direkte Öllieferungen aus dem arabischen Raum und anderen Ländern.[269] Außenminister Walter
Scheel reiste Anfang November 1973 nach Moskau, um eine Erhöhung der
sowjetischen Ausfuhren in die BRD zu erreichen. Zusätzliches Erdöl aus der
Sowjetunion konnte den Nahostverlust allerdings bei weitem nicht ausgleichen.
Bonn versuchte mit einer strikten Neutralitätspolitik weder die Araber zu vergrä-
men noch seinem amerikanischen Verbündeten in den Rücken zu fallen. Zudem
warb Kanzler Brandt in Israel um Verständnis für die deutsche Position. Er
erklärte gegenüber der israelischen Ministerpräsidentin, Golda Meir, dass „die

---

[266] Vgl. Adelman, The First Oil Price Explosion, S. 45.

[267] Vgl. Maull, Ölmacht, S. 74. Auch die Krisenpolitik der österreichischen Regierung unter
Bundeskanzler Bruno Kreisky wies klare pro-arabische Tendenzen auf. Das Eingehen Kreis-
kys auf die Forderung palästinensischer Terroristen nach Schließung des von sowjetischen
Juden für ihre Emigration nach Israel benutzten Transitlagers im niederösterreichischen Schö-
nau im Zuge einer Geiselnahme dreier jüdischer Emigranten am Grenzbahnhof Marchegg
Ende September 1973 brachte Österreich Sympathien in den arabischen Staaten ein. „Die
unabhängige Position und Distanz zur USA", schreibt Theodor Venus, „trug Österreich großen
Respekt in der arabischen Welt ein und später dazu bei, dass Österreich von den Embargo-
beschlüssen weitgehend verschont blieb." Siehe Venus, „Die erste Ölkrise 1973/74 und ihre
Folgen", S. 144.

[268] Vgl. Mendershausen, Coping with the Oil Crisis, S. 69 und 75; sowie Lieber, „Cohesion
and Disruption in the Western Alliance", S. 322.

[269] Vgl. Shwadran, Middle East Oil Crises Since 1973, S. 63.

deutsche Energie-Situation eine anti-arabische Haltung der Bundesregierung ausschließe."[270] Immerhin stammten rund 70 Prozent der westdeutschen Öleinfuhren aus arabischen Quellen.

Deutschlands neutrale Positionierung zwischen den Streitparteien vermochte die Drohungen der arabischen Ölexportländer nicht zu beenden. Unter dem Druck der „Ölwaffe" sah sich Bonn gezwungen, einen Konflikt mit seinem Bündnispartner USA zu riskieren und Washington den über die Bundesrepublik durchgeführten Waffennachschub für Israel öffentlich zu untersagen. Der seinerzeitige US-Botschafter in Bonn, Martin J. Hillenbrand, wurde von Walter Scheel ins Auswärtige Amt bestellt. Der deutsche Außenminister unterrichtete den amerikanischen Geschäftsträger darüber, dass Waffenlieferungen von deutschem Territorium aus nicht gestattet werden können. „In der Klemme zwischen Bündnis-Loyalität und Ölinteressen", kommentierte damals *Der Spiegel*, „schien der Bundesregierung die Brüskierung der Schutzmacht das kleinere Übel."[271] Wiewohl die deutsche Politik dem Erdölnachschub vor ungestörten Beziehungen zu Washington den Vorrang gab, sich ebenfalls um bilaterale Tauschgeschäfte mit den Arabern bemühte und – wie übrigens auch die Niederlande – die Israelkritische europäische Außenministererklärung mittrug, betrieb sie darüber hinaus keine Annäherungspolitik *à la française* gegenüber den arabischen Ölstaaten.

Neben der BRD zählten auch die Niederlande zu den Unterstützern einer gemeinsamen europäischen Krisenstrategie. Die niederländische Regierung hatte nicht nur unter dem arabischen Ölembargo zu leiden, sondern auch unter der mangelnden Solidarität ihrer europäischen Nachbarn. Um ihre bevorzugte Behandlung durch die arabischen Ausfuhrländer nicht zu gefährden, verweigerten Paris und London die Weiterleitung von Erdöl an die Holländer. Auch die anderen EG-Staaten lehnten eine Belieferung der Niederlande im Rahmen der EWG oder OECD ab.[272] Washington hingegen sagte der niederländischen Regierung seine Unterstützung zu. Nach wochenlangen Auseinandersetzungen sollten die acht EWG-Mitglieder schließlich ihre unsolidarische Haltung gegenüber Den Haag aufgeben. Allerdings erst nachdem die niederländische Regierung damit drohte, ihre Erdgaslieferungen nach Deutschland, Frankreich und Belgien einzustellen.[273]

Die Drohung eines totalen Ölentzugs durch die arabischen Ausfuhrländer im Falle von Ersatzlieferungen an die boykottierten Staaten zeigte Wirkung. Zudem

---

[270] o. A., „Ölkrise: Kein Verlaß auf Großmütter", S. 25.

[271] Ebd., S. 24.

[272] Vgl. Licklider, „The Power of Oil", S. 210.

[273] Vgl. ebd., S. 210; und Lieber, „Cohesion and Disruption in the Western Alliance", S. 323.

unterbanden einige Länder in Zeiten größter Unsicherheit über die künftige Erdöl-versorgungssituation aus rein einzelstaatlichen ökonomischen Motiven den Export von Mineralölprodukten. „Die Türkei und Spanien stoppten die Ausfuhr von Benzin und Heizöl, und Italien verbot seinen Lieferanten, außerhalb der EG Geschäfte zu machen. Italienische Grenzer schickten für die Schweiz bestimmte Tankwagen und Kesselzüge zurück. [...] Die italienische Ölgesellschaft Agip, die in der Bundesrepublik ein Händler- und Tankstellennetz unterhält, [stellte] ihre Lieferungen nach Deutschland ein."[274] Die Beschränkung der Erdölaus-fuhr innerhalb der EWG bedeutete einen Bruch des in Artikel 3 im Vertrag zur Gründung der Europäischen Wirtschaftsgemeinschaft von 1957 festgeschriebenen freien Warenverkehrs.

Die Reaktion Westeuropas auf das Ölembargo war in erster Linie von der egoistischen Verfolgung nationaler Interessen und der fehlenden Bereitschaft, Erdöl mit den anderen EG-Mitgliedern zu teilen, geprägt.[275] Günter Keiser bezeichnete das unsolidarische Krisenverhalten der westeuropäischen Staaten, die nach dem Prinzip „sauve qui peut" agierten,[276] als „peinlich-demütigendes Schau-spiel".[277] Angesichts des von einzelnen Ländern verfolgten energiepolitischen Alleingangs versagten die westeuropäischen Regierungen sowohl im Rahmen der OECD als auch der EWG darin, der Versorgungskrise wirksam zu begegnen. Auch wenn eine entschlossene und geeinte europäische Haltung die Grundlage einer effektiven Krisenstrategie gewesen wäre, verkündeten Frankreich und Groß-britannien unter Missachtung der Warenverkehrsfreiheit ihre Absicht, sich an das arabische Embargo zu halten.[278] „Die internen Spannungen und Gegensätze" in Europa „machten die Hoffnung auf eine einheitliche und starke europäische Position illusorisch."[279]

Der Mangel einer gesamteuropäischen Energiesicherheitspolitik sowie die fehlende Bereitschaft der EWG-Staaten, die bestehenden Regelungen zur Lasten-verteilung im Krisenfall einzuhalten, traten während des Ölpreisschocks 1973/74 unübersehbar zutage. Es rächte sich nun, dass das vereinte Europa seit den Römi-schen Verträgen keine gemeinsame Erdölpolitik zu entwickeln vermochte. Die

---

[274] o. A., „Ölkrise: ‚Die würden uns auslutschen'", S. 25.

[275] Vgl. David A. Deese und Linda B. Miller, „Western Europe", in: David A. Deese und Joseph S. Nye (Hrsg.), Energy and Security, Cambridge, MA: Ballinger 1981, S. 181–209 (hier 201).

[276] Klaus Knorr, „The Limits of Economic and Military Power", in: Daedalus, Vol. 104, No. 4, Fall 1975, S. 229–243 (hier 239).

[277] Keiser, Die Energiekrise und die Strategien der Energiesicherung, S. 32.

[278] Vgl. Lieber, „Cohesion and Disruption in the Western Alliance", S. 323.

[279] Maull, Ölmacht, S. 76.

teils beträchtlichen Unterschiede der westeuropäischen Staaten hinsichtlich des Erdölbedarfs, der inländischen Angebots- und Nachfragesituation sowie ihrer strategischen und sicherheitspolitischen Interessen erschwerten die Verwirklichung organisierter Formen der Kooperation im Bereich der Energiesicherheit.

Washington lehnte die individuellen Anstrengungen der westeuropäischen Konsumländer und die bilateralen Liefervereinbarungen mit arabischen Produzenten unter Umgehung der internationalen Ölkonzerne ab. Die US-amerikanische Regierung strebte nach einer Kooperation und kollektiven Strategie der wichtigsten Einfuhrländer. Zu diesem Zweck forcierte sie die Gründung einer defensiv ausgerichteten Organisation der Verbraucherstaaten, welche der OPEC und deren politisch motivierten arabischen Mitgliedern die Stirn bieten sollte. Die französische Regierung sprach sich gegen die Schaffung einer solchen Einrichtung aus, da sie sich einerseits dem amerikanischen Leadership nicht unterzuordnen gedachte und andererseits jegliche Konfrontation mit den neuen arabischen Machthabern im Ölgeschäft verweigerte.[280]

Infolge des Unvermögens der westlichen Verbraucherstaaten, auf die Erdölkrise gemeinsame Antworten zu finden, wobei allen voran Frankreich und Großbritannien auf bilaterale Vereinbarungen mit einzelnen arabischen Exportländern setzten, während sich insbesondere Westdeutschland und die Niederlande um eine gemeinsame europäische Lösung bemühten, verblieb das operative Krisenmanagement und die Verteilung der verfügbaren Ölmengen den integrierten Mineralölkonzernen. Das informale Ölverteilungssystem der Majors während der Krise zielte darauf ab, den durch die arabische Produktionskürzung und das Embargo verursachten Mengenverlust auf dem Markt gleichmäßig auf alle Einfuhrländer zu verteilen. Das nicht-arabische Erdöl wurde zu diesem Zweck primär in die boykottierten Länder und Bestimmungshäfen umgeleitet, während das arabische Öl in „neutrale" und „befreundete" Staaten verschifft wurde. Auch die von der OAPEC als „most favored" oder „preferred" eingestuften Verbraucherstaaten blieben im Rahmen dieses Systems von eingeschränkten Liefermengen nicht verschont. Die Lieferkürzungen brachten die französische und britische Regierung, die sich in einer privilegierten Lage wähnten, da ihnen vonseiten der arabischen Exportländer aufgrund ihrer pro-arabischen Haltung eine ausreichende Ölversorgung zugesichert worden war, in Verlegenheit.

Das selektive Embargo der OAPEC ließ sich angesichts der Flexibilität des von den integrierten Konzernen gesteuerten globalen Ölverteilungssystems nicht konsequent durchsetzen. Die weitgehende Kontrolle der multinationalen Erdölgesellschaften über die weltweite Tankerflotte und Raffineriekapazität „schlug

---

[280] Vgl. Mendershausen, Coping with the Oil Crisis, S. 60.

den arabischen Ölexporteuren ihr wichtigstes Instrument zur Anwendung politischen Drucks aus der Hand" und „stellte eine wichtige Begrenzung der arabischen Ölmacht dar".[281] Die internationalen Mineralölkonzerne leisteten mit ihrer komplexen Krisenlogistik ganze Arbeit. Sie wirkten als Puffer zwischen der OAPEC und den westlichen Importnationen „and evidently evened out the differences in supply and demand fairly successfully by a complicated pattern of redistribution."[282] Morris Adelman vertritt die Einschätzung „that everyone suffered about equally from the production cutback."[283] Allein den Ölgesellschaften war es „zu verdanken, daß es in der Praxis zu einem ungefähren ‚sharing of misery' kam."[284] Den Angaben von Horst Mendershausen zufolge verringerten sich die westdeutschen Erdölimporte jeglicher Herkunft krisenbedingt um elf Prozent und der Verbrauch um 14 Prozent. Frankreich erlitt einen dreiprozentigen Rückgang seiner Öleinfuhren und konsumierte um fünf Prozent weniger Erdöl als im Jahr davor.[285]

Die EG-Staaten wurden aufgrund der von arabischer Seite positiv aufgenommenen Außenministererklärung von November 1973 von der fünfprozentigen Produktionskürzung im Dezember ausgenommen. Im Dezember zeichnete sich allmählich eine Entspannung auf dem Ölmarkt ab. Die Erdölentladetätigkeit in den Häfen von Rotterdam, Hamburg, Wilhelmshaven, Le Havre, Milford Haven und Genua verzeichnete wieder ein Wachstum.[286] Trotz des nach wie vor bestehenden Embargos gegen die Niederlande erreichten die Liefermengen nach Rotterdam Ende Jänner 1974 im Falle von Rohöl bereits 80 Prozent und bei raffinierten Erdölprodukten 96 Prozent des Vorkrisenniveaus, was einer ausreichenden Versorgung zur inländischen Bedarfsdeckung entsprach.[287] Die arabischen Ölminister hatten auf ihrem Treffen am 24. und 25. Dezember 1973 in Kuwait eine zehnprozentige Erhöhung des Outputs zum 1. Jänner 1974 beschlossen, sodass der Förderrückgang im Vergleich zum September 15 Prozent betrug.[288] Darüber hinaus verkündeten die Repräsentanten der OAPEC eine uneingeschränkte

---

[281] Maull, Ölmacht, S. 104.

[282] SIPRI, Oil and Security, S. 29.

[283] Adelman, The First Oil Price Explosion, S. 44.

[284] Keiser, Die Energiekrise und die Strategien der Energiesicherung, S. 32.

[285] Vgl. Mendershausen, Coping with the Oil Crisis, S. 69.

[286] Vgl. Adelman, The First Oil Price Explosion, S. 50.

[287] Vgl. Blair, The Control of Oil, S. 266.

[288] Für den Text des Beschlusses siehe SIPRI, Oil and Security, S. 121 f.

Belieferung befreundeter Staaten, was aufgrund möglicher Umleitungen der Erdölströme in andere Zielländer eine faktische Beendigung der Förderkürzungen bedeutete.

Am 18. März 1974 gaben Abu Dhabi, Ägypten, Algerien, Bahrain, Katar, Kuwait und Saudi-Arabien bei einem Treffen in Wien die Aufhebung ihres Ölembargos gegen die USA bekannt. Als Begründung führten sie die positive Änderung der amerikanischen Nahostpolitik an. Die Bemühungen Washingtons hatten am 18. Jänner 1974 zu einer Einigung zwischen Israel und Ägypten über einen Truppenrückzug geführt. Dem Truppenentflechtungsabkommen (Sinai I) ging eine intensive Shuttle-Diplomatie von US-Außenminister Kissinger voraus. Israel verpflichtete sich, seine Kampfverbände vom Westufer des Suez-Kanals abzuziehen und der Einrichtung von Sicherheitszonen zuzustimmen. Saudi-Arabien und Ägypten setzten sich daraufhin für eine Aufhebung des Embargos ein. Libyen und Syrien lehnten die Entscheidung der sieben OAPEC-Staaten ab und der Irak hatte an der Sitzung in Wien erst gar nicht teilgenommen. Die BRD und Italien wurden im März als „befreundete Nationen" eingestuft. Belgien hatte diesen privilegierten Status bereits Ende Dezember erhalten. Das Ölembargo gegen die Niederlande sowie Portugal, Rhodesien und Südafrika blieb allerdings weiter bestehen, wobei es zu diesem Zeitpunkt ohnehin praktisch wirkungslos war. Auch gegenüber Dänemark wurden nicht alle Restriktionen aufgehoben. Erst am 10. Juli 1974 rangen sich die Ölminister der OAPEC zu einer Beendigung des Embargos gegen die Niederlande durch. Die arabischen Erdölproduzenten haben damit die „Ölwaffe" eingemottet, ohne dass die von ihnen ursprünglich definierten Ziele erreicht waren.

Die tatsächliche Versorgungslage Europas stellte sich in Wahrheit zu keinem Zeitpunkt als gefährlich dar.[289] Der westeuropäische Erdölverbrauch war von Jänner bis April 1974 im Vergleich zum selben Zeitraum im Jahr davor um circa elf Prozent geschrumpft. Die Vereinigten Staaten verloren rund sieben Prozent, während Japan, das anfänglich als „neutral" und ab Ende Dezember 1973 nach einer pro-arabischen politischen Stellungnahme als „friendly" galt, sogar um ein Prozent mehr Mineralöl konsumierte.[290] Der Engpass auf dem Weltölmarkt verschwand im Laufe des ersten Quartals 1974. Das nunmehr viel höhere Preisniveau blieb freilich bestehen. Die Unterversorgung mit Erdöl war gemäß John M. Blair von „bemerkenswert kurzer Dauer". Die Konsumländer meldeten schlimmstenfalls geringe, vorübergehende Unterbrechungen ihrer Öllieferungen. Immerhin förderten die OPEC-Staaten 1973 auf Jahressicht beinahe so viel Erdöl, wie es auf

---

[289] Vgl. Maull, Ölmacht, S. 74.
[290] Vgl. Adelman, The First Oil Price Explosion, S. 43 f.

Basis der Wachstumsraten der Vorjahre zu erwarten gewesen wäre. Als wesentlichen Grund für den vergleichsweise geringen Ölengpass trotz des Einsatzes der „Ölwaffe" durch die OAPEC nennt Blair die deutlich gestiegene Förderleistung der arabischen Überschussländer in den ersten drei Quartalen 1973.[291] Auch der starke Ölpreisanstieg, der milde Winter und die freiwilligen wie behördlich angeordneten Energieeinsparungsmaßnahmen in den westlichen Industrieländern dämpften den Effekt der arabischen „Ölwaffe".[292]

Das Erdölembargo war nach Einschätzung des saudischen Ölministers Yamani in erster Linie symbolischer Natur. Ein ehemaliger Botschafter der Vereinigten Arabischen Emirate in Großbritannien sagte: „There was no embargo. [...] It was a lie we wanted you to believe."[293] Die überwiegende Mehrheit der westlichen Verbraucher und deren politische Vertreter glaubten es jedenfalls. Wie die *Neue Zürcher Zeitung* treffend kommentierte, erzeugt die „Ölwaffe" ihre „Wirkung schon durch die bloße Vorstellung der Wirkung, die sie erzeugen könnte".[294] Auch wenn das zentrale Ziel des Embargos und der Angebotsverknappung, nämlich der vollständige Abzug Israels von den besetzten Gebieten und die Wiederherstellung der Rechte der Palästinenser, klar verfehlt wurde, gelang es den arabischen Produzentenländern durch den Einsatz von Erdöl als machtpolitisches Instrument während der ersten Ölkrise auf politischer Ebene erstaunlichen Einfluss auszuüben.[295]

„Die Ölwaffe", resümiert Hanns Maull, „erzielte zumindest eindrucksvolle politische Erfolge, wenngleich die ursprünglich angestrebten Zielsetzungen nicht

---

[291] Vgl. Blair, The Control of Oil, S. 266 f. Die Produktionssteigerung in den ersten neun Monaten 1973 betrug im Vergleich zum Vorjahreszeitraum in Saudi-Arabien 36,4 Prozent, Katar 31,1 Prozent, Abu Dhabi 30,4 Prozent, Algerien 5,8 Prozent und Libyen 1,3 Prozent. Lediglich in Kuwait ging der Output um 5,9 Prozent zurück.

[292] Vgl. SIPRI, Oil and Security, S. 29 f. Die negativen Auswirkungen der immensen Ölpreissteigerung auf die westlichen Volkswirtschaften und Gesellschaften sollen an dieser Stelle nicht verschwiegen werden. Die Erdölkrise stürzte die Industriestaaten in eine schwere Rezession und die importierte Inflation durch die Öleinfuhr führte zu einem erheblichen Kaufkraftverlust der Verbraucher.

[293] Zitiert nach Adelman, The First Oil Price Explosion, S. 44.

[294] Zitiert nach Simone Wermelskirchen, „Ölkrise: Die fetten Jahre sind vorbei", in: Handelsblatt, 1. Dezember 2006, abrufbar unter: http://www.handelsblatt.com/archiv/60-jahre-deutsche-wirtschaftsgeschichte-oelkrise-die-fetten-jahre-sind-vorbei/2739988.html (19. April 2015).

[295] Vgl. SIPRI, Oil and Security, S. 30.

erreicht wurden. [...] Die Ölwaffe hinderte die Industriestaaten daran, eine prois-raelische Position zu beziehen, sich gegenüber den Opfern des arabischen Embargos solidarisch zu zeigen und gemeinsam der Herausforderung zu begegnen."[296] Die öffentlichen Erklärungen der EG-Staaten einschließlich der Niederlande dokumentieren einen eindeutigen Politikwechsel Westeuropas zugunsten einer pro-arabischen Position.[297] Die arabischen Ölförderländer vermochten auch die Vereinigten Staaten zu einer Modifikation ihrer Haltung im arabisch-israelischen Konflikt zu bewegen. Der Abschluss des von Washington eingefädelten Truppenentflechtungsabkommens war nicht zuletzt durch den amerikanischen Druck auf Israel zustande gekommen.[298]

5.3.2 Die Interdependenzstrukturen zwischen den Förderstaaten und dem Westen zur Zeit der Ölkrise

Die arabische „Ölwaffe" verursachte in den Konsumländern des Westens eine fatale Symbiose von Energienotstand und Konjunktureinbruch. Der erste Ölpreisschock beendete ein für alle Mal die lange ökonomische Wachstumsphase während der Wirtschaftswunderjahre in den westlichen Industriestaaten. Die Erdölkrise erfasste fast alle Wirtschaftsbereiche, auf denen die herausragende westeuropäische Konjunkturentwicklung der Nachkriegszeit beruhte. Am schwersten traf es die Automobilindustrie und die Großchemie. Der Auftragseingang der westdeutschen Autobranche sackte „um fast 50 Prozent gegenüber dem Vorjahr ab. Über 350.000 Autos, mehr als eine Monatsproduktion, stehen auf Werkswiesen. Gebrauchte Fahrzeuge, in früheren Krisenzeiten gern gekauft, lagern im Rost."[299] Während den Fahrzeugherstellern die Käufer wegblieben, litt die Chemieindustrie allmählich unter einer Rohstoffknappheit. Auch das Verkehrsgewerbe, allen voran

---

[296] Maull, Ölmacht, S. 75.

[297] Vgl. Licklider, „The Power of Oil", S. 211. Die Annäherung der EG an die arabische Position fand in den Folgejahren eine Fortsetzung. 1974 wurde das Recht der Palästinenser auf eine nationale Identität bestätigt. 1976 erfolgte die Zustimmung, dass die Palästinenser eine territoriale Basis auf palästinensischem Boden haben sollten. Im Juni 1977 wurde das Recht der Palästinenser auf ein Heimatland anerkannt. 1979 traten die EG-Außenminister für eine Einbindung der Palästinenser in die Friedensverhandlungen ein. Im Juni 1980 sprachen sich die neun EWG-Mitglieder in der Venediger Deklaration für eine Anerkennung des palästinensischen Selbstbestimmungsrechts und eine Teilnahme der PLO an den Verhandlungen aus.

[298] Vgl. Maull, Ölmacht, S. 68.

[299] o. A., „Arbeitslose: ‚So knüppeldick war's noch nie'", in: Der Spiegel, 17. Dezember 1973, S. 20–30 (hier 25).

der Güterverkehr und die Luftfahrt, kam durch den Treibstoffengpass und die gewaltige Verteuerung von Erdölderivaten schwer unter Druck. Zudem folgte ein weltweiter Börsencrash, der die Verunsicherung in den europäischen Industriegesellschaften weiter erhöhte. Der westdeutsche Kanzler, Willy Brandt, prophezeite im November 1973 am Rande einer EG-Gipfelkonferenz, der Westen stünde „vor der größten Belastungsprobe seit der Weltwirtschaftskrise".[300]

Für die Bevölkerung in den westeuropäischen Ländern wurde die neue wirtschaftliche Phase in der Nachkriegsgeschichte in Form von verordneten Energieeinsparungsmaßnahmen unmittelbar spürbar. Lange Schlangen an den Tankstellen, Abgaberestriktionen bei Treibstoffen, Geschwindigkeitsbeschränkungen für Kraftfahrzeuge wie ein Tempolimit von hundert Stundenkilometern auf Autobahnen und Schnellstraßen, Sonntagsfahrverbote, Begrenzungen bei der Heizölzuteilung, Verbot von Reklamebeleuchtungen und Aufforderungen von den Behörden, die Temperatur in Wohnräumen und öffentlichen Gebäuden um ein paar Grad zu senken, waren einige Konsequenzen der Erdölkrise, an die sich die europäischen Bürger neben der Ölpreisexplosion und dem wirtschaftlichen Abschwung mit all seinen negativen Folgen für den Einzelnen gewöhnen mussten.[301] Die Regierung in Österreich entschloss sich zudem zur Einführung der bis heute existierenden „Energieferien". Die Schulen sollten „Anfang Februar, also in der kältesten Jahreszeit, [...] für eine Woche lang nicht beheizt werden, um Öl zu sparen."[302] In Belgien, der BRD, Dänemark, Italien, Luxemburg, den Niederlanden und Portugal wurden bereits im November 1973 Sonntags- oder Wochenendfahrverbote eingeführt, wodurch am ersten autolosen Sonntag in Westeuropa rund 30 Millionen Fahrzeuge stillstanden.[303]

Die leeren Straßen wurden „zur Symbolik eines Epochenwandels. Die Zeit des Wirtschaftswunders war vorbei. Was folgte, waren Ölkrise, Inflation, Arbeitslosigkeit."[304] Nach Jahren hoher Wirtschaftswachstumsraten stürzten die westlichen Industrieländer in die Rezession. Der rasant steigende Preis des in Dollar gehandelten Erdöls trieb die Güterpreise in die Höhe und sorgte in Kombination mit den nunmehr freien Wechselkursen für große Unsicherheit. Gleichzeitig verzeichnete die Arbeitslosigkeit ab 1973 einen signifikanten Anstieg, nachdem

---

[300] Zitiert nach ebd., S. 30.

[301] Zu den Energieeinsparungsmaßnahmen siehe Hohensee, Der erste Ölpreisschock 1973/74, S. 175 ff.

[302] Hans Werner Scheidl, „Damals, im Jänner 1974", in: Die Presse, 1. Februar 2014, S. III (Spectrum).

[303] Vgl. Venus, „Die erste Ölkrise 1973/74 und ihre Folgen", S. 167.

[304] Wermelskirchen, „Ölkrise".

im Großteil Westeuropas über zwei Jahrzehnte Vollbeschäftigung geherrscht hatte.[305] Die jährliche Preissteigerung in den nicht-kommunistischen Ländern Europas erhöhte sich von durchschnittlich 3,1 Prozent zwischen 1961 und 1969 auf knapp zwölf Prozent ab 1973. Die Werte unterschieden sich von Land zu Land freilich beträchtlich. Während die Preise in Westdeutschland von 1973 bis 1979 im Durchschnitt um 4,7 Prozent stiegen, betrug die jährliche Teuerung in Schweden 9,4 Prozent, in Frankreich 10,7 Prozent, in Großbritannien 15,6 Prozent, in Italien 16,1 Prozent und in Spanien mehr als 18 Prozent.[306] Mit dem Zusammentreffen von Preisinflation und wirtschaftlicher Stagnation waren die Industriestaaten mit einem neuen makroökonomischen Phänomen konfrontiert, für dessen Bezeichnung das wenig elegante Wort „Stagflation" geschaffen wurde.

Der Ölpreisschock brachte die westlichen Wirtschaftssysteme aus dem Gleichgewicht. Die plötzliche massive Verteuerung des Erdöls verstärkte die bereits bestehende Inflationswelle in der industrialisierten Welt. Die sprunghafte Preiserhöhung für das Mineralöl und seine Derivate verursachte in den westlichen Ländern in weiterer Folge eine eklatante Nachfragelücke mit schwerwiegenden ökonomischen Konsequenzen. Günter Keiser beschreibt diesen Zusammenhang folgendermaßen:

> Das Geld, das Industrie und Verbraucher zusätzlich für Benzin, Heizöl usw. zahlten, verschwand zunächst aus dem Kreislauf der inländischen Nachfrage. Es wanderte auf die Konten der Ölländer in New York, London oder der Schweiz, von wo es sich nur allmählich neu verteilte. Dieser *deflatorische* Effekt der Ölpreiserhöhung ist eine, wenn nicht die wichtigste Erklärung für das Zusammenfallen einer verschärften Inflation mit steigender Arbeitslosigkeit in allen westlichen Industrieländern in 1974.[307]

Zwischen 15. Oktober 1973 und 1. November 1974 verzeichnete der Durchschnittspreis für Rohöl aus dem Persischen Golf eine Erhöhung um 505 Prozent.[308] Die Ölpreisexplosion lastete schwer auf den Leistungsbilanzen der

---

[305] Vgl. Barry Eichengreen, The European Economy Since 1945: Coordinated Capitalism and Beyond, Princeton: Princeton University Press 2007, S. 263 f. Im Europadurchschnitt stieg die Arbeitslosenrate von unter zwei Prozent vor 1973 auf über fünf Prozent 1979 und mehr als zehn Prozent Mitte der 1980er Jahre.

[306] Die Inflationsangaben basieren auf OECD-Daten und stammen aus Judt, Die Geschichte Europas seit dem Zweiten Weltkrieg, S. 512.

[307] Keiser, Die Energiekrise und die Strategien der Energiesicherung, S. 37 (Hervorhebung im Original).

[308] Vgl. Eckbo, The Future of World Oil, S. 25.

Importländer, die sich mit der massiven Verteuerung der Erdöleinfuhren dramatisch verschlechterten.[309] Dies hatte eine tiefgreifende Transformation des internationalen Handelsgefüges zur Folge. Während sich der zusammengefasste positive Handelsbilanzsaldo der Erdölexportländer der OPEC von 23 Milliarden Dollar 1973 auf knapp über hundert Milliarden Dollar 1974 erhöhte, mussten die wichtigsten Industriestaaten eine Ausweitung ihres Defizits von neun auf mehr als 46 Milliarden Dollar 1974 hinnehmen.[310] Die teils gewaltigen Zahlungsbilanzdefizite zwangen „die Verbraucherländer überall zu einer verschärften Kreditrestriktion […], mit dem letzten Ergebnis einer tiefen weltweiten Rezession, wie sie die westliche Welt seit dem letzten Weltkrieg nicht mehr erlebt hatte."[311]

Die Wirtschaftskrise verdeutlichte die zweischneidige Natur der „Ölwaffe" für die Ausfuhrländer. Das Instrument der „Ölwaffe" lässt sich nicht präzise gegen bestimmte Zielmärkte einsetzen, sondern zieht unweigerlich alle Verbraucherländer und in weiterer Folge die Weltwirtschaft in Mitleidenschaft. Die globalen ökonomischen Konsequenzen einer Ölverknappung treffen alle am Weltwirtschaftssystem teilnehmenden Akteure, einschließlich der Urheber der Krise und der sie unterstützenden oder ihnen wohlgesinnten Länder. Demgemäß traf Gary Samore die Einschätzung, „if the Arabs […] damage the Western economic system, they will ultimately damage themselves."[312] Hanns Maull teilte diesen Befund, indem er festhielt, eine Ölexportsperre „could be enormously destructive for the West and therefore ultimately suicidal for OPEC. An important leverage of the consumers, thus, paradoxically lies in their vulnerability."[313] Diese sensitive Interdependenzbeziehung war auch den Produzentenländern nicht gänzlich unbekannt. Ein arabischer Erdölminister gestand zur Zeit der ersten Ölkrise: „Our

---

[309] Die US-amerikanische Zahlungsbilanz wies 1974 ein Defizit von 10,6 Milliarden Dollar auf, wobei die Zahlungen für die Erdölimporte 24,6 Milliarden betrugen. Die französische Zahlungsbilanzlücke belief sich auf 5,5 Milliarden und die britische auf neun Milliarden Dollar bei Öleinfuhren in Höhe von 8,3 Milliarden Dollar. Die Ölimporte im Ausmaß von 15,9 Milliarden Dollar verursachten in Japan ein Defizit von 6,8 Milliarden. Trotz Erdöleinfuhren in Höhe von 8,5 Milliarden Dollar verzeichnete die exportstarke BRD einen Zahlungsbilanzüberschuss von 10,4 Milliarden. Siehe Choucri, International Politics of Energy Interdependence, S. 56.

[310] Vgl. Park, Oil Money and the World Economy, S. 122. Die Gruppe der Industrieländer umfasst Australien, Belgien, die BRD, Dänemark, Frankreich, Großbritannien, Italien, Japan, Kanada, Neuseeland, die Niederlande, Norwegen, Österreich, Schweden, Schweiz, Südafrika und die USA.

[311] Keiser, Die Energiekrise und die Strategien der Energiesicherung, S. 37.

[312] Gary Samore, „The Persian Gulf", in: David A. Deese und Joseph S. Nye (Hrsg.), Energy and Security, Cambridge, MA: Ballinger 1981, S. 49–110 (hier 89 f.).

[313] Maull, Europe and World Energy, S. 307.

economies, our regimes, our very survival depend on a healthy U.S. economy."[314]
Der Einsatz der „Ölwaffe" kann mithin nach hinten losgehen.

Mit dem außerordentlichen Ölpreisanstieg sind die Einnahmen der OPEC-Länder aus ihrem Mineralölexport von knapp acht Milliarden Dollar 1970 auf beinahe 130 Milliarden Dollar 1977 hochgeschnellt. Allein die Ölrechnungen Saudi-Arabiens an seine Abnehmerländer verzeichneten in diesem Zeitraum eine Erhöhung von 1,2 auf 37,8 Milliarden Dollar. Die Erlöse aus dem Erdölverkauf stiegen zwischen 1970 und 1977 in Libyen um das Siebenfache, in Kuwait um das Zehnfache, im Irak um das 18-Fache, im Iran um das 20-Fache und in Saudi-Arabien um mehr als das 30-Fache.[315] Die jährlichen Öleinkünfte je Einwohner haben damit in Saudi-Arabien von 209 auf 4.680 Dollar zugenommen. In den kleinen Golf-Scheichtümern Kuwait und Katar erreichten die Öleinnahmen 1977 sogar über 7.400 bzw. beinahe 10.000 Dollar pro Person (Tabelle 5.3). Der mit dem ersten Ölpreisschock einsetzende Milliardentransfer von den Importländern zu den OPEC-Staaten stellte laut einem Historiker „the greatest nonviolent transfer of wealth in human history" dar.[316] Gemäß der Schätzung von Thomas G. Weyman-Jones belief sich der Vermögenstransfer von den Einfuhrländern zu den OPEC-Staaten auf rund zwei Prozent der Wirtschaftsleistung der OECD-Mitglieder.[317]

Die Deviseneinnahmen aus den Rohölausfuhren verzeichneten in den arabischen OPEC-Ländern und im Iran ein kräftiges Wachstum von 24,4 Milliarden Dollar 1973 auf 95 Milliarden Dollar 1976.[318] Alle Befürchtungen in der westlichen Welt, die massive Währungsreservenakkumulation durch die erdölexportierenden Staaten könnte die internationale Finanzstabilität gefährden und zu nachhaltigen Ungleichgewichten im Weltwirtschaftssystem führen, erwiesen sich als unbegründet. Denn die Ölexportländer gingen mit den gigantischen Zahlungsbilanzüberschüssen sofort auf Shopping-Tour.[319] Kaum hatten sich die Kassen der Förderländer gefüllt, ergoss sich eine wahre Auftragsflut über die Industriestaaten.[320] Laut den „Bekenntnissen" von John Perkins handelte es sich bei der

---

[314] Zitiert nach Ali, Oil and Power, S. 62.

[315] Für die Ölexporteinnahmen der OPEC siehe Keiser, Die Energiekrise und die Strategien der Energiesicherung, S. 35 f.; und Maull, Europe and World Energy, S. 116.

[316] Steven A. Schneider, zitiert nach Zündorf, Das Weltsystem des Erdöls, S. 213.

[317] Vgl. Weyman-Jones, Energy in Europe, S. 26 und 31.

[318] Vgl. Wolfgang Ochel, Die Industrialisierung der arabischen OPEC-Länder und des Iran: Erdöl und Erdgas im Industrialisierungsprozeß, München: Weltforum Verlag 1978, S. 36.

[319] Vgl. Thomas Seifert und Klaus Werner, Schwarzbuch Öl: Eine Geschichte von Gier, Krieg, Macht und Geld, Wien: Deuticke 2005, S. 58.

[320] Vgl. Keiser, Die Energiekrise und die Strategien der Energiesicherung, S. 52.

Tab. 5.3 Die Öleinnahmen ausgewählter OAPEC-Staaten 1970–1977 (in Dollar)

	Algerien		Irak		Iran		Katar		Kuwait		Libyen		Saudi-Arabien	
	Erlös in Mio.	pro Person	Erlös in Mio.	pro Person	Erlös in Mio.	pro Person	Erlös in Mio.	pro Person	Erlös in Mio.	pro Person	Erlös in Mio.	pro Person	Erlös in Mio.	pro Person
1970	325	24	521	52	1.136	39	122	1.096	895	1.203	1.295	649	1.200	209
1971	350	25	840	80	1.944	66	198	1.617	1.400	1.760	1.766	849	2.149	359
1972	700	48	575	53	2.380	78	255	1.893	1.657	1.962	1.598	736	3.107	496
1973	900	60	1.500	134	4.100	130	400	2.714	1.900	2.125	2.300	1.016	5.100	777
1974	3.700	238	5.700	492	17.500	541	1.600	10.017	7.000	7.391	6.000	2.539	22.574	3.277
1975	3.375	211	7.500	626	18.500	555	1.700	9.932	7.500	7.451	5.100	2.068	25.676	3.541
1976	4.500	272	8.500	687	22.000	640	2.000	11.037	8.500	7.917	7.500	2.916	33.500	4.381
1977	5.600	328	9.600	750	23.000	649	1.900	9.984	8.500	7.410	9.400	3.505	37.800	4.680

Quelle: Comité Professionnel du Pétrole und Petroleum Economist, July 1978; nach Hanns W. Maull, Europe and World Energy, London: Butterworth 1980, S. 116.; und UN Population Division, World Population Prospects, 2006.

Rückleitung der Petrodollars in den Westen durch den milliardenschweren Transfer von Technologie-, Investitions- und Konsumgütern in die arabische Welt sowie der Erteilung von Bauaufträgen und langfristigen Serviceverträgen an amerikanische Firmen um eine gezielte Strategie Washingtons, um auf diesem Weg eine Verflechtung der neureichen Erdölexportländer mit der US-Wirtschaft herzustellen und dieserart ein Abhängigkeitsverhältnis zu begründen.[321]

Infolge des Devisenregens aus dem Erdölverkauf dehnten die Überschussländer ihre Gütereinfuhren ordentlich aus. Die Warenimporte der arabischen Mitgliedsstaaten der OPEC und des Iran wuchsen von 12,4 Milliarden Dollar 1973 auf 46,8 Milliarden Dollar 1976, wobei Maschinen mit einem Anteil von knapp 30 Prozent an den Gesamtimporten, Fahrzeuge mit 26 Prozent und Metallwaren mit 20 Prozent die Haupteinfuhrgüter darstellten.[322]

Auch die erdölreichen und schwach besiedelten Ausfuhrländer auf der arabischen Seite des Persischen Golfs, die aufgrund ihrer kleinen Bevölkerung vermeintlich über einen geringeren Investitionsbedarf verfügten, pumpten Milliarden in gigantische Bauvorhaben, Infrastrukturprojekte, Entwicklungsprogramme und Waffenkäufe. Die meisten Exportländer des Nahen Ostens hatten bereits vor dem Ölpreisschock von 1973/74 ambitionierte nationale Entwicklungspläne initiiert. Mit dem unverhofften Geldregen wurde deren Umsetzung rasch vorangetrieben. Saudi-Arabien beispielsweise „stockte seinen Fünfjahresplan für die Periode 1975 bis 1979 auf 144 Mrd. Dollar auf, was bei Öleinnahmen von etwa 33 Mrd. Dollar in 1976 darauf schließen läßt, daß das Land bemüht ist, so ziemlich das gesamte in diesen fünf Jahren zu erwartende Aufkommen an Ölgeldern so schnell als möglich zu verausgaben."[323] Nicht zuletzt die hohen Inflationsraten und die teils massiven Militärausgaben verhalfen den ölreichen Golfländern zu einer kaum für möglich gehaltenen Absorptionskraft hinsichtlich der Petromilliarden.

Die Ölländer suchten auf raschestem Wege Anschluss an den Standard der wohlhabenden Industrienationen zu finden.[324] Zahlreiche Vorhaben zielten auf eine Diversifizierung der einseitigen, von der Erdölindustrie dominierten Wirtschaftsstruktur ab. Neue Industriezweige sollten der rasch wachsenden Bevölkerung in der Zeit nach dem Öl ausreichend Arbeitsplätze bieten. Zuerst musste allerdings eine adäquate Infrastruktur geschaffen werden, wobei praktisch alles

---

[321] Vgl. John Perkins, Confessions of an Economic Hit Man, San Francisco: Berrett-Koehler 2004, S. 83 ff.

[322] Vgl. Ochel, Die Industrialisierung der arabischen OPEC-Länder und des Iran, S. 36.

[323] Keiser, Die Energiekrise und die Strategien der Energiesicherung, S. 52.

[324] Vgl. ebd., S. 52.

– allen voran Straßen, Häfen und Flughäfen – neu aus dem Boden gestampft werden musste. Ein beträchtlicher Teil der Exporterlöse wurde allerdings für die Einfuhr von Gütern und Dienstleistungen für den unmittelbaren Konsum aufgewendet.[325] Weitere Milliarden wurden durch die allgegenwärtige Verschwendung und grassierende Korruption verbraten.[326]

Die westlichen Importnationen versuchten ihre ölpreisbedingten riesigen Handelsbilanzdefizite durch Warenlieferungen in die reichen Förderländer etwas zu verkleinern. Die Milliardenaufträge aus den Ölländern führten zu einem unerwartet schnellen Rückfluss der Petrodollars in die Industriestaaten. Die Rückleitung der Ölgelder vermochte die aus den Fugen geratenen Leistungsbilanzen einiger westeuropäischer Länder mit den Erdölexportstaaten tatsächlich zu einem Ausgleich zu bringen. Die BRD konnte ihre Ausfuhren in die Förderländer zwischen 1972 und 1977 verfünffachen und auf diese Weise ein Leistungsbilanzdefizit von mehr als zehn Milliarden Deutsche Mark mit den OPEC-Ländern im Jahre 1974 in einen Überschuss von fast fünf Milliarden Deutsche Mark 1977 drehen.[327]

Die enorme Expansion der Importe absorbierte einen Gutteil der Ölexporteinnahmen. Gleichzeitig dämpfte die Rezession in den westlichen Industrieländern die Erdölnachfrage und damit die Exporterlöse der OPEC. Das Zusammenwirken der signifikant steigenden Güter- und Dienstleistungsimporte der Überschussländer und der verhaltenen Mineralölnachfrage in den Verbrauchermärkten ließ das Leistungsbilanzplus der OPEC-Staaten Mitte der 1970er Jahre deutlich schrumpfen.[328] Der aggregierte Leistungsbilanzüberschuss der OPEC-Länder, der von fünf bis sechs Milliarden Dollar 1973 auf rund 67 Milliarden Dollar 1974 angestiegen war, ging bis 1978 auf weniger als eine Milliarde Dollar zurück.[329] Einzig Saudi-Arabien und die Scheichtümer am Golf wiesen einen anhaltenden Überschuss in beträchtlicher Höhe aus. Allein auf Saudi-Arabien und Kuwait entfielen in den Jahren 1975 und 1976 circa 82 Prozent des gesamten Positivsaldos der OPEC, während acht von 13 Mitgliedsstaaten trotz der Ölpreisexplosion infolge der ungebremsten Ausgabendynamik Auslandsschulden anhäuften.[330]

---

[325] Vgl. R. K. Pachauri, The Political Economy of Global Energy, Baltimore: Johns Hopkins University Press 1985, S. 77.

[326] Vgl. Seifert und Werner, Schwarzbuch Öl, S. 58.

[327] Vgl. Keiser, Die Energiekrise und die Strategien der Energiesicherung, S. 54.

[328] Vgl. Bruce K. MacLaury, „OPEC Surpluses and World Financial Stability", in: Journal of Financial and Quantitative Analysis, Vol. 13, No. 4, November 1978, S. 737–743 (hier 738 f.).

[329] Vgl. Ebinger et al., The Critical Link, S. 10; und Aperjis, The Oil Market in the 1980 s, S. 94.

[330] Vgl. Pierre Terzian, „OPEC Surpluses: Myth and Reality", in: MERIP Reports, No. 57, May 1977, S. 21–24 (hier 22 f.).

Auf Basis der Bevölkerungsgröße und der Absorptionsfähigkeit der Devisen-einkünfte aus dem Erdölexport ließen sich die OPEC-Mitglieder in zwei Gruppen einteilen. Einerseits in die Gruppe der sogenannten „high absorbers", welcher im Wesentlichen Algerien, Ecuador, Indonesien, der Irak, der Iran, Nigeria und Vene-zuela angehörten und die zusammengenommen eine Bevölkerung von beinahe 275 Millionen (1975) zu ernähren hatten, und andererseits in die „low absor-bers", bestehend aus Libyen, Katar, Kuwait, Saudi-Arabien und die Vereinigten Arabischen Emirate, die gemeinsam nicht viel mehr als elf Millionen Einwoh-ner zählten, jedoch annähernd gleich viel Erdöl produzierten wie die Gruppe der bevölkerungsreichen Mitgliedsstaaten.[331] Während die bevölkerungsstarken För-derländer allen voran zur Finanzierung ihrer umfangreichen Entwicklungs- und Sozialprogramme stets über immensen Kapitalbedarf verfügten, waren die bevöl-kerungsleeren aber erdölreichen arabischen Golf-Monarchien bald von finanzieller Saturiertheit und damit geringerer Absorptionskraft der ins Land strömenden Petrodollars geprägt.

Der schier unbegrenzte Erdölbedarf der Industriestaaten trieb die Förderraten einiger OPEC-Staaten derart in die Höhe, dass vor allem die Produzentenländer mit kleiner Bevölkerung bald keine Möglichkeit mehr fanden, die explodieren-den Einkünfte aus dem Mineralölexport im Inland zu investieren. Die Über-schusseinnahmen mussten als Bankeinlage, in Form von Wertpapierkäufen oder Direktinvestitionen im Ausland angelegt werden.[332] Die gigantischen Erlöse aus dem Erdölverkauf schienen den Ausfuhrländern dieserart neben der „Ölwaffe" ein weiteres Machtinstrument in die Hand zu geben. Schon während des vierten arabisch-israelischen Krieges im Oktober 1973 drohten arabische Regierungsmit-glieder damit, auch ihre Devisenreserven als Waffe gegen die als Israel-freundlich eingestuften Staaten einzusetzen. Dies rief in den westlichen Industrieländern Befürchtungen hervor, die arabischen Ölnationen könnten „mit ihren Dollar-milliarden die internationalen Geld- und Kapitalmärkte überschwemmen und damit den internationalen Zahlungsverkehr und über diesen auch den Welthandel drastisch beeinträchtigen."[333]

---

[331] Siehe United Nations, Demographic Yearbook; The Shift Project (Data Portal), abgerufen: 12. April 2015; und Keiser, Die Energiekrise und die Strategien der Energiesicherung, S. 64. Im Jahresdurchschnitt 1975 förderten die angeführten „low absorbers" 12,5 Millionen Fass Rohöl pro Tag und die „high absorbers" insgesamt 14 Millionen Fass täglich.

[332] Vgl. Maull, Ölmacht, S. 24.

[333] Gerd Junne, „Währungsspekulationen der Ölscheiche und Ölkonzerne", in: Hartmut Elsen-hans (Hrsg.), Erdöl für Europa, Hamburg: Hoffmann und Campe 1974, S. 277–302 (hier 277).

Mit dem Milliardentransfer von den Ölimportstaaten des Westens zu den Förderländern der arabischen Welt sowie der Rückleitung eines Großteils der Petrodollars, die über die Einfuhr von Industrieerzeugnissen und Dienstleistungen aus den westlichen Industriestaaten in diese zurückflossen, entstand eine enge wirtschaftliche Verflechtung und letztlich wechselseitige Abhängigkeit zwischen den Ölerzeuger- und Verbraucherländern.[334] Laut den Angaben der Bank of England wanderten 60 Prozent der zwischen 1974 und dem dritten Quartal 1976 akkumulierten Leistungsbilanzüberschüsse der OPEC-Mitglieder entweder auf westliche Bankkonten oder wurden in kurzfristige Staatsanleihen oder andere Finanzinstrumente in den Industrieländern veranlagt, wobei das Kapital in den meisten Fällen längerfristig im Westen blieb. Auch von den verbleibenden 40 Prozent wurde ein Teil in den Westen transferiert und in Grundvermögen oder Aktienbeteiligungen an Unternehmen investiert.[335] Bereits Ende 1972, noch vor der plötzlichen Vervierfachung der Listenpreise für Rohöl im Zuge der Ölkrise, hielten die OPEC-Staaten zwei Drittel bis drei Viertel ihrer Fremdwährungsreserven im Eurocurrency-Markt.[336]

Die Interdependenz zwischen den erdölexportierenden und -konsumierenden Ländern ging über die Veranlagung der Petrodollars auf den über unbegrenztes Absorptionsvermögen verfügenden westlichen Finanzmärkten hinaus. Nicht zuletzt für die Umsetzung der ambitionierten Entwicklungsprogramme waren die Ölnationen auf die Einfuhr vor allem von Investitionsgütern, Maschinen, Technik und Fachwissen aus den Industriestaaten angewiesen. Da Erdöl als einzig relevantes Exportgut der Überschussländer eine endliche Ressource darstellt, trachteten die Ausfuhrstaaten danach, ihren Ölreichtum im Sinne des Aufbaus einer breiten und zukunftsfähigen industriellen Basis, die ausreichend Arbeitsplätze für ihre wachsenden Bevölkerungen zu schaffen imstande ist, einzusetzen. Für die Umsetzung dieses Vorhabens waren die Förderländer allerdings von dem dafür notwendigen technischen und organisatorischen Know-how aus Europa und Amerika abhängig.[337]

Ein weiteres, existenzielleres Abhängigkeitsverhältnis der großen Exportländer gegenüber den Verbraucherstaaten bestand im Bereich ihrer Lebensmittel- und Agrargütereinfuhren aus dem Westen. Gemäß dem vormaligen katarischen

---

[334] Vgl. Choucri, International Politics of Energy Interdependence, S. 53; und Zündorf, Das Weltsystem des Erdöls, S. 125.

[335] Vgl. Terzian, „OPEC Surpluses", S. 24.

[336] Vgl. Park, Oil Money and the World Economy, S. 90. Venezuela, das den Großteil seiner Fremdwährungsreserven in den Vereinigten Staaten anlegte, bildete eine Ausnahme.

[337] Vgl. Ali, Oil and Power, S. 62; und Maull, Ölmacht, S. 53.

OPEC-Generalsekretär Ali M. Jaidah waren die OPEC-Mitglieder „overwhelmingly dependent on the industrialized nations for their vital subsistence needs (food and consumer goods)".[338] Während die Ölnationen über keine ausreichende Nahrungsmittelproduktion verfügten, erwirtschafteten die vom Erdölimport abhängigen Industriestaaten des Westens teilweise riesige Ernteüberschüsse. Neben den Vereinigten Staaten, Kanada und Australien zählte zu jener Zeit vor allem Frankreich zu den weltgrößten Lebensmittelexporteuren. Die subventionsgestützten westeuropäischen Agrarausfuhren verzeichneten in den 1970er Jahren eine ungeheure Expansion.[339] Die Gemeinsame Agrarpolitik (GAP) der EG sorgte für beträchtliche Produktionsüberschüsse, die in aufnahmefähige Auslandsmärkte, darunter den Nahen Osten und Nordafrika, exportiert wurden.

Indem die westliche Nahrungsmittelerzeugung und der Agrarhandel ohne Erdöl nicht auskamen und aufgrund unzureichender eigener Ölquellen auf eine ausreichende Mineralölversorgung aus den vom Lebensmittelimport abhängigen Überschussländern angewiesen waren, ergab sich eine delikate Interdependenzkonstellation zwischen dem Westen und den Ölexportstaaten. Eine Erdölverknappung, wie sie von der OAPEC 1973/74 bewusst herbeigeführt wurde, beeinträchtigt unweigerlich die Agrarproduktion. Aufgrund der Importabhängigkeit der Ölförderländer von Nahrungsmitteln aus den Industriestaaten bezeichnete es Sheikh R. Ali als „in the vital interest of the oil producers to maintain the supply of fuel to the food producers so that food production is not curtailed by a shortage of oil."[340] In der Einschätzung von Ali war die wechselseitige Abhängigkeit zwischen den erdölreichen Nahoststaaten und den westlichen Verbraucherländern eigentlich von einer den Westen begünstigenden Asymmetrie gekennzeichnet. Die Welt war seiner Auffassung nach in größerem Maße von den Getreideausfuhren des Westens als von den Öllieferungen aus dem Nahen Osten abhängig. Aus diesem Grund beurteilte Ali einen gezielten Lieferboykott von Agrargütern und Nahrungsmitteln an die „hungrigen" Nahoststaaten als geeignete wirtschaftliche Zwangsmaßnahme des Westens im Falle eines politisch motivierten Ölembargos der OAPEC.[341]

---

[338] Jaidah, An Appraisal of OPEC Oil Policies, S. 11. Jaidah stand von 1977 bis 1978 an der Spitze der OPEC.

[339] Vgl. Brian Gardner, European Agriculture: Policies, Production, and Trade, London: Routledge 1996, S. 71 ff.

[340] Ali, Oil and Power, S. 80.

[341] Vgl. ebd., S. 81.

US-Außenminister Kissinger hatte während der Ölkrise tatsächlich damit gedroht, die erdölexportierenden Staaten durch ein amerikanisches Nahrungsmittelembargo auszuhungern. Getreidelieferungen, Düngemittel und moderne Agrartechnik sollten zu einem *quid pro quo* für Erdöl werden.[342] Im Kongress wurde der Einsatz einer „*food weapon*" als mögliche Vergeltungsmaßnahme gegen die arabischen Erdölländer debattiert. „Wir frieren, sie hungern" wurde zu einer geflügelten Parole in Washington.[343] Auch wenn die arabische Welt zur Zeit der ersten Ölkrise in großem Stil Grundnahrungsmittel aus den westlichen Ländern einführte, musste die Idee eines Gegenembargos durch die erdölimportierenden Industriestaaten als wirtschaftlich wenig erfolgversprechend und zudem als politisch kaum durchsetzbar eingestuft werden, weshalb sie von der US-Regierung als zwecklos verworfen wurde.[344]

In den Jahren nach der Ölkrise verfügte Nordamerika über eine Monopolstellung bei den weltweiten Getreidelieferungen. Die Getreideexporte der USA und Kanadas haben sich von 1970 bis 1975 von 48 auf fast hundert Millionen Tonnen verdoppelt, wodurch „die Welt in eine beängstigende Versorgungsabhängigkeit vom nordamerikanischen Kontinent" geriet und dessen Regierungen die Entscheidungsgewalt darüber zukam, „wer wieviel bekommt und zu welchen Bedingungen."[345] Unter dem Schlagwort „Weizen als Waffe" wurde in Washington die Möglichkeit diskutiert, die amerikanischen Getreidelieferungen als politisches Druckmittel gegenüber anderen Ländern einzusetzen.[346]

Trotz der hochgradigen sensitiven Abhängigkeit vom Nahrungsmittelimport aus dem Westen schien die Vulnerabilität der erdölexportierenden Staaten gegenüber einem Ausfuhrboykott von Agrargütern angesichts (begrenzt) vorhandener Ersatzliefermöglichkeiten aus anderen Ländern zur Zeit der Ölkrise als eher gering. Es bedurfte keiner großen Importmengen, um die kleine Bevölkerung der arabischen Golfstaaten zu sättigen. Darüber hinaus waren die von der arabischen „Ölwaffe" betroffenen westlichen Länder über eine geeignete Gegenstrategie tief

---

[342] Vgl. David Howard Davis, Energy Politics, 2. Auflage, New York: St. Martin's Press 1978, S. 98.

[343] Vgl. Eckart Woertz, Oil for Food: The Global Food Crisis and the Middle East, Oxford: Oxford University Press 2013, S. 115 f.

[344] Vgl. Maull, Ölmacht, S. 26.

[345] Lester Brown, „Weizen als Waffe", in: Die Zeit, 23. Januar 1976, abrufbar unter: http://www.zeit.de/1976/05/weizen-als-waffe (19. August 2015).

[346] Siehe dazu die Studie des North American Congress on Latin America (NACLA), Weizen als Waffe: Die neue Getreidestrategie der amerikanischen Außenpolitik, Reinbek bei Hamburg: Rowohlt 1976.

gespalten. Die nach privilegierten Partnerschaften mit den arabischen Ausfuhrländern und bilateralen Öllieferabkommen strebenden europäischen Staaten zeigten keinerlei Kooperationswillen für ein westliches Nahrungsmittelembargo oder sonstige konfrontative wirtschaftliche Maßnahmen gegen die OAPEC-Länder. Wie im folgenden, das asymmetrische Interdependenzmuster zusammenfassende Zitat von Nazli Choucri beschrieben, waren die Handelsbeziehungen zwischen den westlichen Industriestaaten und den Erdölexportländern in den Krisenmonaten 1973/74 und den Jahren danach von einer manifesten Unausgewogenheit geprägt:

> In sum, while the oil-exporting countries are indeed highly reliant upon the oil-importing states for the imports of capital-intensive goods and agricultural goods, there are options available with respect to trading partners. This fact markedly reduces the ability of the consumer countries to employ trade as a leverage for changing the behavior of the oil-exporting countries – *unless they act in unison*. There are no leverages in the area of commodity trade for any single oil-importing nation.[347]

Die Verbraucherländer des Westens, allen voran die hochgradig von der Erdöleinfuhr abhängigen Westeuropäer, hatten keine realistische Möglichkeit der Substitution des OAPEC-Öls, wohingegen die Produzentenländer sowohl genügend exportwillige Staaten vorfanden als auch über die finanziellen Mittel verfügten, um sich Zugang zu praktisch jedem gewünschten Importgut zu verschaffen. Bis Herbst 1973 haben die arabischen Ölexportnationen zudem eine ökonomische Stärke erreicht, die es ihnen erlaubte, Erdöl als politisches Instrument einzusetzen, ohne ihrer eigenen Wirtschaft großen Schaden zuzufügen.[348] „Während die Produzenten die Industriestaaten mit einem für das Funktionieren deren Wirtschafts- und Gesellschaftsordnungen lebenswichtigem Gut versorgten und die Industriestaaten keine Alternative zu arabischem Öl hatten, war für die Förderländer selbst eine Drosselung der Produktion ohne weiteres möglich, ja aus rein wirtschaftlichen Gründen sogar angebracht."[349]

Die wirtschaftlichen Kosten eines Öllieferstopps schien für die Exportländer weitaus geringer als für die Verbraucher. Die Erlöse aus der Erdölausfuhr überstiegen bereits den unmittelbaren Einkommensbedarf der OAPEC-Staaten.

---

[347] Choucri, International Politics of Energy Interdependence, S. 156 (Hervorhebung im Original).

[348] Vgl. Itayim, „Arab Oil", S. 89.

[349] Maull, Ölmacht, S. 26.

Zudem war davon auszugehen, dass die erwartbare, krisenbedingte Ölpreissteigerung die durch das verringerte Exportvolumen erlittenen Einbußen kompensieren würde.[350]

Die gewaltigen Devisenreserven, welche die zentralen Förderländer in den Jahren vor der Krise anhäufen konnten, reduzierten deren ökonomische Verwundbarkeit zusätzlich. Einige Produzenten konnten es sich dank der vorhandenen finanziellen Rücklagen erlauben, ihre Ölerzeugung für einige Zeit vollständig einzustellen und allein von den Währungspolstern zu leben.[351] Saudi-Arabien wäre 1973 theoretisch in der Lage gewesen, über einen Zeitraum von 22 Monaten seine Importrechnungen nur durch Rückgriff auf die Devisenreserven zu begleichen. Der Irak konnte in diesem Sinne rechnerisch 21 Monate ohne laufende Exporterlöse auskommen, Libyen 18 Monate, Kuwait ungefähr ein halbes Jahr und Algerien fünf Monate.[352]

Eine nähere Betrachtung der Außenhandelsstruktur zwischen Westeuropa und den Förderländern zur Zeit der Ölkrise zeigt ein differenziertes Bild. Die Gesamthandelsbilanz zwischen den neun EG-Staaten und den OPEC-Mitgliedern war von einer signifikanten Asymmetrie zugunsten der Verbraucherländer geprägt, die in relativer Hinsicht in einem weitaus geringeren Ausmaß vom Warenaustausch mit den erdölexportierenden Staaten abhängig waren als umgekehrt. Bei den EG-Staaten nahm das Handelsvolumen mit der OPEC nur einen Bruchteil des gesamten Außenhandels ein, während für die OPEC-Mitglieder die westeuropäischen Länder gemessen am gesamten Güteraustausch äußerst wichtige Handelspartner darstellten.[353] Die Handelspartnerkonzentration (geografische Konzentration) war demnach bei den OPEC-Staaten deutlich ausgeprägter als bei der EG, wie aus den Tabellen 5.4 und 5.5 hervorgeht.

Die Importe der EG aus einer Gruppe von sieben OPEC-Staaten erreichten im Durchschnitt der Jahre 1973 bis 1975 nicht mehr als elf Prozent der Gesamteinfuhren. Bei den Exporten belief sich dieser Wert auf lediglich 4,4 Prozent. Im Gegensatz dazu betrugen die Importe der sieben ausgewählten OPEC-Länder aus der EG bzw. deren Exporte in die EG zwischen 1974 und 1975 rund 44 Prozent der Gesamteinfuhren bzw. 47 Prozent der Gesamtausfuhren, wobei Algerien, Libyen und Nigeria die höchste Außenhandelskonzentration aufwiesen. Dabei gilt gemäß Michael Michaely, „the smaller the shares of a country in its export

---

[350] Vgl. Maull, Energy, Minerals, and Western Security, S. 17.
[351] Vgl. Maull, Ölmacht, S. 25.
[352] Vgl. ebd., S. 25.
[353] Vgl. Maull, Europe and World Energy, S. 102.

Tab. 5.4 Der Anteil ausgewählter OPEC-Staaten am Gesamthandel der EG 1973–1975 (Anteil in Prozent der Gesamtimporte bzw. -exporte)

	Importe der EG aus...			Exporte der EG nach...		
	1973	1974	1975	1973	1974	1975
Algerien	0,6	0,9	0,8	0,7	0,9	1,2
Irak	0,8	1,0	1,2	0,1	0,3	0,8
Iran	1,3	2,7	2,6	0,8	0,9	1,7
Kuwait	0,9	1,3	1,0	0,1	0,2	0,2
Libyen	1,1	1,9	1,1	0,5	0,7	0,8
Nigeria	0,8	1,5	1,2	0,4	0,5	1,0
Saudi-Arabien	2,1	4,3	3,8	0,2	0,4	0,6
Gesamt	7,7	13,6	11,6	2,9	3,9	6,3

Quelle: OECD Trade Statistics; nach Hanns W. Maull, Europe and World Energy, London: Butterworth 1980, S. 104.

Tab. 5.5 Der Anteil der EG am Gesamthandel ausgewählter OPEC-Staaten 1974–1975 (Anteil in Prozent der Gesamtimporte bzw. -exporte)

	Importe aus der EG		Exporte in die EG	
	1974	1975	1974	1975
Algerien	61,4	60,2	50,6	51,8
Irak	28,8	36,1	46,0	43,8
Iran	39,4	39,2	38,0	39,1
Kuwait	33,3	33,3	38,0	32,8
Libyen	56,7	57,6	77,0	51,3
Nigeria	57,8	59,9	50,4	46,5
Saudi-Arabien	22,6	27,8	42,9	42,4

Quelle: IMF Directions of Trade; nach Hanns W. Maull, Europe and World Energy, London: Butterworth 1980, S. 105 f.

and import markets the less is its trade vulnerable and the less is this country dependent, on this score, on its foreign trade."[354]

---

[354] Michaely, Trade, Income, and Dependence, S. 59.

Die Überschussländer waren für die EG-Staaten sowohl als Absatz- als auch Bezugsmärkte im Verhältnis zu ihrem gesamten Handelsvolumen von untergeordneter Bedeutung, mit der Ausnahme von Erdöl. Für die erdölexportierenden Staaten hingegen war der Güteraustausch mit den Ländern Westeuropas sowohl in quantitativer als auch qualitativer Hinsicht von vitalem Stellenwert. Während die EG-Staaten hauptsächlich wertschöpfungsintensive Industrieerzeugnisse in die erdölreichen Länder exportierten, bestanden deren Ausfuhren fast zur Gänze aus Öl. Die Überschussländer importierten aus den EG-Staaten überwiegend Maschinenbauerzeugnisse und Fahrzeuge, bearbeitete Waren sowie chemische Erzeugnisse.

Die Warenströme zwischen den EG- und OPEC-Ländern waren von einer beträchtlichen Handelsgüterkonzentration gekennzeichnet. 1975 entfielen beinahe 82 Prozent der Gesamteinfuhren der erfassten Ölnationen aus den Ländern der EG auf hochwertige Industrieerzeugnisse (SITC-Klassen 5, 6 und 7), deren Import für die wirtschaftliche Entwicklung der Erdölstaaten unerlässlich war und damit für diese zentrale Bedeutung einnahm.[355] Für die EG-Staaten war der Güterexport in die erdölexportierenden Länder in relativen Handelsgrößen gemessen von weitaus geringerer Relevanz. Die den genannten SITC-Güterkategorien zuzuordnenden Ausfuhren der EG-Staaten in die Überschussländer machten nur circa drei bis vier Prozent der in diesen Handelsgüterklassen getätigten Gesamtexporte der EWG aus.[356] Die Angaben in den Tabellen 5.6 und 5.7 verweisen auf die große Bedeutung der westeuropäischen Exporte für die Produzentenländer und zeugen von einer stark ausgeprägten sensitiven Abhängigkeit letzterer von den Ölimportstaaten Westeuropas, wobei der Grad dieser Dependenz von den europäischen Güterexporten je nach Land unterschiedlich war.

Die Handelsgüterkonzentration der Exporte der Ölländer war freilich noch deutlich höher als jene der Importe.[357] Entwicklungsländer neigen im Allgemeinen zu einem hoch konzentrierten Exporthandel, der oftmals aus nur einem relevanten Gut besteht, während die Industriestaaten tendenziell eine stark diversifizierte Außenhandelsstruktur aufweisen.[358] Der Konzentrationskoeffizient im Güterexport erreichte im Falle der OPEC-Länder durchwegs Höchstwerte. Er

---

[355] Vgl. Maull, Europe and World Energy, S. 107.

[356] Vgl. ebd., S. 107.

[357] Der Grad der Güterkonzentration im Außenhandel ist gemeinhin bei den Exporten höher als bei den Importen. Siehe dazu Michael Michaely, Concentration in International Trade, Amsterdam: North-Holland 1962, S. 12.

[358] Vgl. Michaely, Trade, Income, and Dependence, S. 58.

Tab. 5.6 Importe der EG aus ausgewählten OPEC-Staaten nach Gütergruppen 1975 (in Millionen Dollar)

SITC-Klassifikation		Algerien	Irak	Iran	Kuwait	Libyen	Nigeria	Saudi-Arabien
0	Nahrungsmittel und lebende Tiere	36,0	5,4	0,1	0,7	0,1	128,5	0,2
1	Getränke und Tabak	10,7	0,0	0,0	0,0	0,0	0,0	0,1
2	Rohstoffe (außer Nahrungsmittel und mineralische Brennstoffe)	21,8	2,1	96,1	0,5	1,9	90,5	1,7
3	Mineralische Brennstoffe	2.425,5	3.476,6	7.529,7	2.990,8	3.240,2	3.198,5	11.215,9
4	Tierische und pflanzliche Öle und Fette	1,1	0,0	0,0	0,0	0,0	18,4	0,0
5	Chemische Erzeugnisse	2,8	0,2	3,9	12,6	0,0	2,2	0,4
6	Bearbeitete Waren	29,4	0,4	209,4	1,0	0,2	39,7	2,9
7	Maschinenbauerzeugnisse und Fahrzeuge	4,7	3,1	23,9	12,3	2,4	6,3	25,2
8	Verschiedene Fertigwaren	1,5	0,7	9,5	1,6	0,4	1,1	2,0
9	Waren nicht erfasst	4,1	0,2	4,4	1,0	2,7	2,2	0,5
	Gesamt	2.537,6	3.488,7	7.877,0	3.020,5	3.247,9	3.487,4	11.248,9

Quelle: OECD Trade Statistics; nach Hanns W. Maull, Europe and World Energy, London: Butterworth 1980, S. 108.

Tab. 5.7 Exporte der EG in ausgewählte OPEC-Staaten nach Gütergruppen 1975 (in Millionen Dollar)

SITC-Klassifikation		Algerien	Irak	Iran	Kuwait	Libyen	Nigeria	Saudi-Arabien
0	Nahrungsmittel und lebende Tiere	340,0	41,6	161,7	54,8	204,0	206,9	141,1
1	Getränke und Tabak	2,1	3,9	6,2	9,4	3,8	68,3	35,6
2	Rohstoffe (außer Nahrungsmittel und mineralische Brennstoffe)	37,8	10,4	103,2	2,9	18,9	23,8	5,5
3	Mineralische Brennstoffe	99,6	7,3	19,1	4,3	122,4	72,3	8,1
4	Tierische und pflanzliche Öle und Fette	33,0	2,2	21,5	2,7	1,8	2,4	10,5
5	Chemische Erzeugnisse	248,6	118,2	375,5	47,8	102,8	350,1	111,9
6	Bearbeitete Waren	759,2	436,4	1.009,6	111,3	575,2	660,4	316,9
7	Maschinenbauerzeugnisse und Fahrzeuge	1.811,1	1.583,4	2.983,3	374,2	1.148,7	1.371,6	950,3
8	Verschiedene Fertigwaren	139,5	58,6	186,1	117,8	195,7	197,3	174,3
9	Waren nicht erfasst	32,1	42,2	156,7	5,2	67,6	22,0	61,7
	Gesamt	3.503,0	2.304,2	5.022,9	730,4	2.440,9	2.975,1	1.815,9

Quelle: OECD Trade Statistics; nach Hanns W. Maull, Europe and World Energy, London: Butterworth 1980, S. 109.

lag 1973 zum Teil bei einem Wert von annähernd 1, welcher nur angenommen werden kann, wenn der gesamte Exporthandel aus einem einzigen Gut besteht. Der Konzentrationskoeffizient der Güterausfuhren betrug in Algerien 0,71, im Iran 0,80, in Kuwait 0,86, in Libyen 0,99, in Nigeria 0,84, in Saudi-Arabien 0,91 und in Venezuela 0,68. Im Gegensatz dazu wiesen die EG-Staaten eine relativ hohe Güterdiversifikation in ihrem Exporthandel auf. Der entsprechende Konzentrationsindex lag zwischen 0,16 (Niederlande) und 0,22 (BRD und Irland).[359]

Die hohe Handelspartner- und Handelsgüterkonzentration (Westeuropa und Erdöl) der wirtschaftlich hochgradig auf den Mineralölexport angewiesenen Produzentenländer verwies auf einen erheblichen Abhängigkeitsgrad der erdölexportierenden Staaten vom schier unersättlichen westeuropäischen Konsummarkt. Nur die Erlöse aus dem Erdölverkauf erlaubten die Finanzierung der Staatshaushalte und der Güterimporte aus dem Westen. In diesem Sinne bestand eine zweifache, konzentrierte Abhängigkeit der Produzentenländer von den westeuropäischen Staaten: Einerseits als Bezugsmarkt für Technologiegüter und andererseits als Absatzmarkt für Erdöl. Die sich daraus ergebende Asymmetrie im wechselseitigen Interdependenzverhältnis zugunsten der Europäer galt allerdings als „somewhat diffuse, long-term in character and difficult to transform into political leverage on specific issues. As a background factor, however, its importance seems to be considerable."[360]

Das Gesamtbild der Handelsstruktur negiert allerdings den strategischen Charakter von Erdöl. Wie im ersten Kapitel der vorliegenden Arbeit dargelegt, ist „[t]he ,strategic' quality of a good" gemäß Baldwin „a function of the situation".[361] Demgemäß ist die Dependenz der Einfuhr- und Ausfuhrländer vom gegenseitigen Güteraustausch schlussendlich unabhängig vom jeweiligen Konzentrationsindex als situationsabhängig einzuordnen. Im Falle der Handelsbeziehungen zwischen den arabischen OPEC-Ländern und den westeuropäischen Industriestaaten zur Zeit der Ölkrise von 1973/74 war der Grad der Asymmetrie wesentlich von der Fähigkeit der handelnden Akteure bestimmt, die Handelsbeziehung zu vertretbaren eigenen Kosten (kurzfristig) stören oder abbrechen zu können. Die

---

[359] Vgl. ebd., S. 55 ff. Der Großteil der westeuropäischen Länder bewegte sich innerhalb der angegebenen Bandbreite. Frankreich wies bei seinen Güterausfuhren einen Konzentrationsindex von 0,17 auf, Belgien, Dänemark, Großbritannien und Österreich hatten einen Wert von circa 0,18 und Italien von 0,19. Alle Werte beziehen sich auf das Jahr 1973. Es ist zudem davon auszugehen, dass ein beträchtlicher Teil des Handels der einzelnen westeuropäischen Staaten innereuropäisch oder mit anderen westlichen Industriestaaten stattfand.

[360] Maull, Europe and World Energy, S. 110.

[361] Baldwin, Economic Statecraft, S. 215 (Hervorhebung im Original).

Verbraucherländer waren sowohl in ökonomischer als auch politischer Hinsicht in einem weitaus höheren Ausmaß auf eine ungestörte Fortsetzung des Güteraustauschs angewiesen, woraus sich eine Asymmetrie im wechselseitigen Interdependenzverhältnis zugunsten der Ölnationen ergab.

Die in den frühen 1970er Jahren vorherrschende Konstellation erlaubte es den Überschussländern, im Hirschman'schen Sinne einen *„influence effect"* in ihrem Außenhandel mit Westeuropa geltend zu machen. Während Erdöl als unverzichtbarer Schmierstoff der kapitalistischen Industriegesellschaften für die westlichen Konsumländer existenziellen Charakter besaß und deshalb ein permanenter, ungestörter Handelsstrom gewährleistet sein musste, konnten die Produzentenländer durchaus einige Monate ohne die Einfuhr westlicher Industriegüter, die sich in vielen Fällen ohnedies anderweitig beziehen ließen, auskommen. Das arabische Erdöl hingegen war angesichts der angespannten weltweiten Versorgungslage zur damaligen Zeit nur sehr eingeschränkt substituierbar.

Wie die bisherigen Ausführungen darlegen, war die Interdependenzbeziehung zwischen den Erdölexport- und Verbraucherländern Ende 1973 von einer Asymmetrie zugunsten den arabischen Ölnationen geprägt. Die Förderstaaten besaßen in einer kurzfristigen Perspektive die Fähigkeit, den westlichen Konsumländern erheblichen ökonomischen Schaden zufügen zu können, ohne dabei größere Beeinträchtigungen durch wirtschaftliche Gegenmaßnahmen befürchten zu müssen. Auf politischer Ebene waren der arabischen Ölmacht allerdings klare Grenzen gesetzt. Eine Strangulierung der westlichen Verbraucherstaaten hätte einerseits die Fortführung der regionalen Sicherheitsgarantien durch die Vereinigten Staaten bedroht und andererseits womöglich zu einem militärischen Eingriff westlicher Streitkräfte zur Verteidigung ihrer vitalen wirtschaftlichen Interessen geführt.[362] US-Außenminister Kissinger und Verteidigungsminister James Schlesinger hatten zu unterschiedlichen Zeitpunkten offen mit der Möglichkeit einer Militäroperation als Reaktion auf den Ölboykott gedroht.[363]

Unter Berücksichtigung der sicherheitspolitischen Abhängigkeiten und der längerfristigen wirtschaftlichen Interdependenzstrukturen zwischen den Industriestaaten und den erdölexportierenden Ländern zeigte sich hingegen ein anderes Bild. Saudi-Arabien war zu Beginn der 1970er Jahre zum weltgrößten Ölexporteur aufgestiegen und übernahm nach der erneuten militärischen Niederlage des revolutionären Ägyptens und Syriens im Oktoberkrieg 1973 gegen Israel die Führungsrolle in der arabischen Welt. Trotz seiner neuen Stellung galt das Land

---

[362] Vgl. Samore, „The Persian Gulf", S. 90.

[363] Die Förderländer drohten im Gegenzug damit, im Falle einer militärischen Intervention die Ölquellen und -einrichtungen in Brand zu stecken.

als fragil. Die Herrschaft des saudischen Königshauses war sowohl von innen wie von außen bedroht, wobei einzig die Vereinigten Staaten die Sicherheit und den Machterhalt des Regimes gewährleisteten.[364] Riad trat nicht umsonst schon bald nach Verhängung des arabischen Ölembargos für eine Mäßigung im Konflikt mit dem Westen ein. Es war der saudische Erdölminister Yamani, der auf seine arabischen Ministerkollegen einwirkte und dadurch ein Ende des Embargos am 18. März 1974 herbeiführte.[365] Mit einer Verlängerung oder Verschärfung des arabischen Ölboykotts hätte ein völliger Bruch mit Washington gedroht. Riad konnte unter keinen Umständen den Verlust der US-amerikanischen Sicherheitsgarantien riskieren.[366]

In der mittel- bis langzeitigen Perspektive muss der Erfolg der „Ölwaffe" bezweifelt werden. Joseph S. Nye zieht aus der Analyse der zwischen den Vereinigten Staaten und Saudi-Arabien bestehenden Interdependenzen während der ersten Ölkrise die Schlussfolgerung, dass die vielschichtigen wechselseitigen Abhängigkeitsstrukturen zwischen den Förderländern und den Industriestaaten die auf Erdölreichtum basierende Macht der Exporteure im Allgemeinen und die Effektivität der „Ölwaffe" im Besonderen deutlich einschränken. Nye ging dabei von einer weitgehenden Symmetrie der gesamthaften Interdependenzbeziehungen zwischen beiden Ländern aus, wobei er diese insbesondere auf den milliardenschweren Veranlagungen der Saudis auf den westlichen Finanzmärkten und der für Riad existenziellen amerikanischen Sicherheitsgarantie gegründet sah.[367] Die Fähigkeit der westlichen Industriestaaten, die in ihren Ländern gebunkerten Vermögenswerte der erdölexportierenden Nationen im Krisenfall einzufrieren, wird auch von anderen Analysten als wesentliche Beschränkung arabischer Ölmacht gedeutet.[368]

Aufgrund der vielfältigen ökonomischen Verflechtungen zwischen den Produzenten- und Konsumländern und des hohen Abhängigkeitsgrades der

---

[364] Vgl. Shwadran, Middle East Oil Crises Since 1973, S. 56.

[365] Vgl. Ali, Oil and Power, S. 59.

[366] Die militärische Unterstützung des Landes und ein von der US-Regierung garantierter Fortbestand der Herrschaft des Hauses Saud waren gemäß John Perkins Teil eines diskreten, von amerikanischer Seite ausgearbeiteten Deals. Im Gegenzug für die Sicherheits- und Herrschaftsgarantie Washingtons würde die saudische Regierung für ungestörte Erdöllieferungen in der Zukunft sorgen sowie ihre Petrodollars in US-Staatsanleihen investieren und mit den daraus erzielten Zinseinkünften die von US-Unternehmen durchzuführende Modernisierung Saudi-Arabiens finanzieren. Siehe Perkins, Confessions of an Economic Hit Man, S. 89 ff.

[367] Vgl. Joseph S. Nye, The Future of Power, New York: Public Affairs 2011, S. 67 f.

[368] Vgl. S. Fred Singer, „Limits to Arab Oil Power", in: Foreign Policy, No. 30, Spring 1978, S. 53–67 (hier 61).

Exportstaaten von den westlichen Absatzmärkten ist die wirtschaftliche Prosperität der Verbraucher als im grundlegenden Interesse der erdölexportierenden Staaten liegend zu bewerten. Die Macht der Überschussländer, über ihren Ölexport Druck auf die westlichen Importstaaten ausüben zu können, ruht letztlich auf der Nachfrage nach ihrem einzig relevanten Exportgut und damit einer gesunden Wirtschaftsentwicklung in den Einfuhrländern. „Exploiting their oil power without restraint", bemerkt dazu Ian Smart, „might initially increase both their income and influence, but at the eventual expense not only of a depressed demand for oil but also of wider economic damage that would inevitably rebound on their own development, savings, and welfare."[369]

Die enge wirtschaftliche Vernetzung beruhte keineswegs ausschließlich auf dem milliardenschweren Erdölexport und der Veranlagung der Petrodollars im Westen, sondern auch auf den umfangreichen Einfuhren der erdölproduzierenden Länder von dringend benötigten Konsum- und Investitionsgütern aus den Industriestaaten. Die OPEC-Mitglieder importierten 1978 rund drei Viertel ihrer Gesamteinfuhren aus dem OECD-Raum.[370] Die wechselseitige Abhängigkeit wurde vonseiten des ehemaligen Generalsekretärs der Organisation der erdölausführenden Länder, Ali M. Jaidah, anerkannt: „On our part, as an organisation and as individual nations, we realise the inevitability of cooperation and interdependence with the industrialized world."[371]

Die Ölpreisexplosion füllte nicht nur die Kassen der Ausfuhrländer, sondern auch jene der internationalen Mineralölkonzerne. Die angespannte Marktsituation in den frühen 1970er Jahren und die durch den Einsatz der „Ölwaffe" verursachte Unsicherheit über die künftige Versorgung mit arabischem Erdöl veranlasste die westlichen Ölfirmen dazu, ihre im Zuge der Ölkrise erwirtschafteten Milliardengewinne in umfangreiche Diversifizierungsprogramme zu stecken.[372] Die Erschließung neuer Fördergebiete in der westlichen Hemisphäre – allen voran in Alaska, Mexiko und der Nordsee –, deren Entwicklung erst durch den hohen Ölpreis wirtschaftlich rentabel wurde, sollte in einem längerfristigen Zeithorizont die Macht der arabischen Ölnationen untergraben und in weiterer Folge zu einer

---

[369] Ian Smart, „Energy and the Power of Nations", in: Daniel Yergin und Martin Hillenbrand (Hrsg.), Global Insecurity: A Strategy for Energy and Economic Renewal, Boston: Houghton Mifflin 1982, S. 349–374 (hier 371 f.).

[370] Vgl. Jaidah, An Appraisal of OPEC Oil Policies, S. 88.

[371] Ebd., S. 89.

[372] Vgl. Ali, Oil and Power, S. 63.

Verschiebung der noch 1973/74 bestehenden Asymmetrie der Interdependenzbeziehung zwischen den Erdölexportstaaten und den Einfuhrländern in Richtung letzterer führen.

Der Ölpreisschock und die arabische „Ölwaffe" gaben ferner der Diversifikation des Primärenergieverbrauchs der westlichen Verbraucherländer, um damit die hohe Einfuhrabhängigkeit zu verringern, einen kräftigen Schub. Es gab ausreichend Potenzial, um den hohen Anteil des Erdöls am westeuropäischen Energiemix zu reduzieren. Auf Erdgas entfielen 1973 lediglich zehn Prozent des Gesamtenergieaufkommens und auf Nuklearenergie nur ein Prozent. Frankreich forcierte die Umsetzung des sogenannten Messmer-Plans, der durch einen rapiden Ausbau der Stromerzeugung durch Kernenergie die Energieimporte zu senken suchte. Die französische Regierung verfolgte damit das ambitionierteste Nuklearenergieprogramm aller westlichen Staaten. Zugleich sollte der Erdöleinfuhrbedarf durch ehrgeizige Energieeinsparungsanstrengungen gesenkt werden. Als Teil dieser Politik wurden die Treibstoffpreise, die bald zur Hälfte aus Steuern bestanden, deutlich angehoben. Der Anteil der französischen Erdöleinfuhren am Primärenergiekonsum sank infolge dieser Maßnahmen von 67 Prozent 1973 auf 49 Prozent 1981.[373]

Als Reaktion auf die weitere Förderkürzung durch die OAPEC am 4. November 1973 verkündete Präsident Nixon eine Reihe von Maßnahmen, welche den amerikanischen Erdölverbrauch und damit die Importabhängigkeit innerhalb weniger Jahre dramatisch verringern sollten. Ziel des Programms, das als *Project Independence* bezeichnet wurde, war nichts weniger als eine vollständige Unabhängigkeit der USA von externen Energiequellen bis 1980. Die Selbstversorgung sollte durch eine Begrenzung des jährlichen Verbrauchswachstums von 3,6 auf zwei Prozent bei gleichzeitiger Steigerung der Eigenproduktion um jährlich 4,7 Prozent erreicht werden.[374]

Neben der mittelfristig angelegten Initiative einer autarken Energieversorgung bemühte sich die Nixon-Administration um eine organisierte Kooperation der westlichen Ölimportstaaten als Gegengewicht zum Förderkartell der OPEC. Die Außenminister der neun EWG-Staaten sowie von Norwegen, Kanada, Japan und dem Gastgeberland USA versammelten sich zu diesem Zweck von 11. bis 13. Februar 1974 zu einer Energiekonferenz in Washington. Auch Vertreter der EG und der Generalsekretär der OECD nahmen an dem hochkarätigen Treffen

---

[373] Vgl. Lieber, „Cohesion and Disruption in the Western Alliance", S. 337.
[374] Vgl. SIPRI, Oil and Security, S. 33. Wie sich bald herausstellte, war das Ziel einer vollständigen Energieunabhängigkeit bis 1980 völlig illusorisch.

teil, bei welchem die schwierige globale Energiesituation als Folge des arabischen Ölembargos erörtert werden sollte. Außenminister Kissinger sprach sich auf der Washingtoner Konferenz für eine institutionalisierte Form der Kooperation zwischen den Verbraucherländern aus. Mit Ausnahme von Frankreich, das eine koordinierte Zusammenarbeit der Einfuhrstaaten als konfrontative Maßnahme gegenüber den arabischen Ölexportländern ablehnte, unterstützten die Repräsentanten der teilnehmenden Staaten die Initiative.[375]

Am 18. November 1974 folgte die Gründung der Internationalen Energieagentur (IEA) als Teilorganisation der OECD mit Sitz in Paris.[376] Die IEA sollte die Kooperation zwischen den Verbraucherstaaten erleichtern und entsprach in erster Linie einem Gesprächsforum und einer Informationssammelstelle. Da sie im Gegensatz zur OPEC über keinerlei Verhandlungsmandat verfügt, galt sie als weitgehend machtlos.[377] Die neue westliche Energieorganisation setzte jedoch eine Reihe von Maßnahmen um, mit welchen der mangelnden kurzfristigen Substituierbarkeit von Erdöl und Versorgungsengpässen in den Verbraucherländern in Krisensituationen gezielt entgegengewirkt werden sollte. Sie stützte sich dabei auf das zugleich mit ihrer Gründung als völkerrechtlicher Vertrag verabschiedete Internationale Energieprogramm (IEP), welches die Unterzeichnerstaaten unter anderem zur Unterhaltung ausreichender Notstandsreserven an Erdöl verpflichtete, eine obligatorische Drosselung der Mineralölnachfrage und Zuteilung des verfügbaren Erdöls an die Teilnehmerstaaten im Krisenfall im Rahmen eines gemeinsamen Ölverteilungssystems vorsah, den Aufbau eines Informationssystems über den internationalen Erdölmarkt regelte sowie einen konstruktiven Dialog und andere Formen der Zusammenarbeit mit den Produzentenländern anstrebte.[378]

---

[375] Vgl. Shwadran, Middle East Oil Crises Since 1973, S. 95 f. Für den Text der Schlusserklärung der Washingtoner Energiekonferenz siehe SIPRI, Oil and Security, S. 124 ff.

[376] Zu den Gründungsmitgliedern zählen Belgien, Dänemark, Deutschland (BRD), Großbritannien, Irland, Italien, Japan, Kanada, Luxemburg, die Niederlande, Österreich, Schweden, die Schweiz, Spanien, die Türkei und die Vereinigten Staaten. Norwegen ist kein formelles Mitglied, beteiligt sich jedoch mit wenigen Ausnahmen seit 1974 an allen Tätigkeiten der IEA. Frankreich trat erst 1992 der Energieorganisation bei, der heute 29 Staaten angehören. Siehe http://www.iea.org/aboutus/faqs/membership/ (25. April 2015).

[377] Vgl. Zündorf, Das Weltsystem des Erdöls, S. 216; und Shwadran, Middle East Oil Crises Since 1973, S. 111.

[378] Siehe dazu Katrin Forgó, „Die Internationale Energieagentur: Grundlagen und aktuelle Fragen", IEF Working Paper Nr. 36, Forschungsinstitut für Europafragen, Wirtschaftsuniversität Wien, Dezember 2000, abrufbar unter: http://epub.wu.ac.at/1222/1/document.pdf (26. April 2015), S. 7 f.

Das wesentliche Gründungsziel der IEA war demnach der Aufbau effektiver Mechanismen zur Notfallversorgung der Teilnehmerländer im Falle einer Unterbrechung der Erdöllieferungen. Die Vulnerabilität der Verbraucherländer bei den Ölimporten sollte dadurch spürbar verringert werden, damit sich eine Versorgungskrise wie 1973/74 nicht mehr wiederholt. Das Öl-Notprogramm der IEA sowie die von der EG bestimmte Ölbevorratung von 90 Tagen des Gesamtverbrauchs stellten tatsächlich geeignete Maßnahmen dar, um die Verwundbarkeit der westeuropäischen Einfuhrländer gegenüber einer politisch motivierten Ölversorgungskrise wie während der arabisch-israelischen Kriege erheblich zu reduzieren.[379]

Die Vereinigten Staaten begannen im Dezember 1975 unter Präsident Gerald Ford für 14 Milliarden Dollar eine strategische Petroleumreserve (SPR) in Hunderten Salzstöcken entlang der US-Golfküste in Louisiana und Texas mit einer geplanten Kapazität von bis zu einer Milliarde Barrel Erdöl anzulegen. Die Notstandsreserve sollte mit einem Volumen von letztlich 727 Millionen Fass einen Ausfall aller Erdöleinfuhren für mindestens 90 Tage abdecken. Im Frühjahr 1980 betrug der Lagerbestand der amerikanischen Notbevorratung allerdings erst 91 Millionen Fass, womit das Land lediglich elf Tage ohne Ölimporte ausgekommen wäre.[380] Die SPR stellt eine wichtige Absicherung gegen Versorgungsstörungen dar und gilt als Washingtons „erste Verteidigungslinie" im Falle einer erneuten Ölkrise.[381]

5.3.3 Das Erdölregime der OPEC: Die Machtübernahme des Förderkartells

Die Ölkrise von 1973/74 markiert das endgültige Ende der Vorherrschaft der multinationalen Mineralölkonzerne in der globalen Ölindustrie und damit den Beginn einer neuen Ära in der Weltgeschichte des Erdöls, die aufgrund ihrer Dauer und den neuen Machtverhältnissen als „OPEC-Dekade" bezeichnet wird.[382] Für ein

---

[379] Vgl. Maull, Europe and World Energy, S. 160 und 164.

[380] Vgl. Lieber, „Cohesion and Disruption in the Western Alliance", S. 336.

[381] Vgl. Gawdat Bahgat, „United States Oil Diplomacy in the Persian Gulf", in: Markus Kaim (Hrsg.), Great Powers and Regional Orders: The United States and the Persian Gulf, Aldershot: Ashgate 2008, S. 53–70 (hier 57).

[382] Die „OPEC-Dekade" beschreibt die Phase des revolutionären Erdölregimes der OPEC zwischen dem ersten Ölpreisschock 1973 und dem dramatischen Ölpreisverfall Mitte der 1980er Jahre.

knappes Jahrzehnt diktierten die erdölreichen Förderländer der Welt den Erdölpreis und die im internationalen Handel zur Verfügung stehende Ölmenge. Mit ihrer Machtübernahme begründeten die Produzentenländer der OPEC ein neues Erdölregime, das sich in wesentlichen Charakteristika von dem alten Regime der internationalen Ölgesellschaften unterschied. Als zentrale Merkmale des Erdölregimes der OPEC lassen sich 1) die infolge der Verstaatlichungen von den ausländischen Konzernen auf die Produzentenländer übergehenden Eigentumsrechte an den Ölvorkommen, 2) der Wechsel von den alten Konzessionen der internationalen Mineralölgesellschaften zu Kauf- und Lieferverträgen mit den Staatskonzernen der Förderländer und 3) die Ablöse der zuletzt bilateralen Verhandlungen zwischen den westlichen Unternehmen und den Regierungen der Überschussländer über die Fördermenge und den Preis durch einseitige Beschlüsse der OPEC ausmachen.[383]

Bis in die frühen 1970er Jahre agierten die Majors als die weitgehend unangefochtenen Akteure in der Welterdölindustrie. Die globalen Ölhandelsströme in der nicht-kommunistischen Welt wurden bis dahin fast vollständig von einer Gruppe integrierter westlicher Ölfirmen unter privater Eigentümerschaft gesteuert.[384] Dieselben Unternehmen legten im Wesentlichen bis 1971 auch die Listenpreise für Erdöl einseitig fest. Mit den Verträgen von Teheran und Tripolis änderte sich der Mechanismus der Preisbestimmung, als die Produzentenländer auf ein Mitspracherecht pochten. Der Ölpreis wurde daraufhin erstmals in bilateralen Verhandlungen mit den multinationalen Mineralölgesellschaften vereinbart, wobei dieses Prinzip nur rund zweieinhalb Jahre halten sollte. Im Oktober 1973 beschlossen die OPEC-Staaten, die *posted prices* hinkünftig ohne Rücksicht auf die Ölkonzerne eigenmächtig zu fixieren. Sie haben damit die vollständige und alleinige Verantwortung für die Festsetzung der verlautbarten Erdölpreise übernommen.[385]

Innerhalb von wenigen Jahren ereignete sich „a dramatic shift in structural power away from the companies and towards OPEC."[386] Noch 1970 waren die Sieben Schwestern im Besitz der alleinigen Verfügungsrechte über 61 Prozent der weltweiten Erdölproduktion außerhalb der kommunistischen Länder. Nach dem Verstaatlichungsreigen der westlichen Ölinteressen in den OPEC-Staaten

---

[383] Vgl. Zündorf, Das Weltsystem des Erdöls, S. 258.

[384] Vgl. Willrich, Energy and World Politics, S. 124. Mit Ausnahme von BP, das sich zu jener Zeit noch zu 50 Prozent in Staatsbesitz befand, und der CFP, die überwiegend von der französischen Regierung kontrolliert wurde, waren alle Majors vollständig privat geführte Konzerne.

[385] Vgl. Yergin, The Prize, S. 606.

[386] Maull, Energy, Minerals, and Western Security, S. 16.

sank dieser Wert bis Ende des Jahrzehnts auf nicht mehr als 25 Prozent.[387] Am deutlichsten lässt sich die Entmachtung der Majors an der Beherrschung des Ölreichtums im Nahen Osten ablesen. Die internationalen Erdölgesellschaften kontrollierten bis in die frühen 1970er Jahre beinahe die gesamte Ölerzeugung in der Region. Mit den unilateralen Enteignungen der westlichen Mineralölkonzerne durch die OPEC-Staaten haben erstere im Laufe des Jahrzehnts ihren direkten Zugriff auf das Nahostöl fast vollständig verloren (Abbildung 5.2). „Arab oil power is greater than ever", folgert Gary Samore, „given the increased Western [...] dependence on Middle East oil, the growing importance of petrodollars in the international financial and monetary markets, and the steadily eroding power of the multinational oil companies."[388]

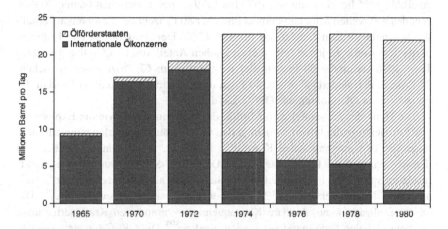

Abb. 5.2 Anteil der Ölkonzerne an der Rohölproduktion im Nahen Osten 1965–1980. (Quelle: OPEC Statistical Yearbooks 1965–1980; siehe James M. Griffin und David J. Teece, „Introduction", in: dies. (Hrsg.), OPEC Behavior and World Oil Prices, London: George Allen & Unwin 1982, S. 1–36)

Die Entmachtung der Majors durch die erdölexportierenden Staaten stellt das Ende eines langjährigen Emanzipationsprozesses der Produzentenländer dar, der spätestens mit den venezolanischen Bemühungen um eine paritätische Aufteilung des Erlöses aus dem Ölverkauf im Jahre 1948 begonnen und mit der Vereinigung

---

[387] Vgl. Ebinger et al., The Critical Link, S. 123 f.

[388] Samore, „The Persian Gulf", S. 89.

der Förderstaaten der Dritten Welt durch Gründung der OPEC 1960 eine institutionalisierte Form angenommen hatte. Die Ausfuhrländer vermochten in einer relativ kurzen Zeitspanne die auf Grundlage der alten Konzessionsverträge an die ausländischen Ölgesellschaften übertragenen Rohölvorräte auf ihrem Staatsgebiet in Besitz zu nehmen und eine beherrschende Stellung in der weltweiten Erdölwirtschaft zu begründen.

Die neuen Herren des Erdöls stützten ihre Macht auf ihre dominante Position in der globalen Ölproduktion und den weltweiten Exporten. Der Anteil der OPEC (jeweilige Mitglieder) an der weltweiten Rohölförderung stieg von circa 37 Prozent im Jahre ihrer Gründung und mehr als 44 Prozent 1967 auf durchschnittlich 54 Prozent von 1973 bis 1979. Ihren Anteil an den globalen Rohölexporten vermochte die Organisation zwischen 1960 und 1971 von 82 Prozent auf 85 Prozent zu erhöhen.[389] Im Zeitraum von 1973 bis 1979 entfielen zwischen 66 und 70 Prozent des weltweiten Mineralöloutputs und über 80 Prozent der Reserven außerhalb der kommunistischen Länder auf die OPEC.[390] Der westeuropäische Erdölimportbedarf wurde zu jener Zeit zu einem hohen Anteil von OPEC-Öl gedeckt. Im Jahre 1978 stammten 58 Prozent der westdeutschen, 67 Prozent der britischen, 72 Prozent der niederländischen, 80 Prozent der italienischen und 84 Prozent der französischen Öleinfuhren aus OPEC-Ländern.[391]

Die Höhe des Listenpreises für Erdöl, die Fördermenge sowie die Exploration und Entwicklung der Ölvorkommen in den OPEC-Ländern wurden nunmehr nicht mehr von den internationalen Konzernen bestimmt, sondern ausschließlich von den Regierungen der Produzentenländer. Die OPEC-Staaten wussten ihre Marktmacht zu nutzen und lösten eine Preisrevolution aus, als Folge welcher der Ölpreis am Ende des Jahrzehnts rund 20 Mal höher sein sollte als zu Beginn.[392] Die Ölpreisexplosion kann als klare Konsequenz der veränderten Kräfteverhältnisse auf dem globalen Erdölmarkt verstanden werden.[393] Die OPEC trachtete danach, ihr Öl zu Monopolpreisen den Verbraucherländern zu liefern.

Die erdölexportierenden Länder hoben nicht nur den Richtpreis für Rohöl in zu jener Zeit kaum vorstellbare Höhen, sie setzten auch einen immer größeren Anteil an den Verkaufserlösen durch (Tabelle 5.8). Ende 1974 entfielen

---

[389] Vgl. Margrit Olschewski, „Die OPEC – Erfolg der Förderländer durch kollektive Aktion", in: Hartmut Elsenhans (Hrsg.), Erdöl für Europa, Hamburg: Hoffmann und Campe 1974, S. 132–155 (hier 132).

[390] Vgl. James M. Griffin und David J. Teece, „Introduction", in: dies. (Hrsg.), OPEC Behavior and World Oil Prices, London: George Allen & Unwin 1982, S. 1–36 (hier 14).

[391] Vgl. Deese und Miller, „Western Europe", S. 187.

[392] Vgl. Griffin und Teece, „Introduction", S. 1.

[393] Vgl. Choucri, International Politics of Energy Interdependence, S. 53.

Tab. 5.8 Listenpreis und Regierungsanteil für Rohöl 1971–1975 (in Dollar je Barrel Arabian Light)

		Listenpreis	Regierungsanteil	
			am Konzessionsöl	insgesamt
1971	1. Jänner	1,800	0,989	
	15. Februar	2,180	1,261	
	1. Juni	2,285	1,325	
1972	20. Jänner	2,479	1,448	
1973	1. Jänner	2,591	1,516	
	1. April	2,742	1,607	
	1. Juni	2,898	1,702	
	1. Juli	2,955	1,736	
	1. August	3,066	1,804	
	1. Oktober	3,011	1,770	
	16. Oktober	5,119	3,048	
	1. November	5,176	3,083	
	1. Dezember	5,036	2,998	
1974	1. Jänner	11,651	7,008	9,31
	1. Juli	11,651	7,113	9,42
	1. Oktober	11,651	8,260	9,75
	1. November	11,251	9,800	10,12
1975	1. Jänner	11,251	9,800	10,12

Quelle: Petroleum Economist; nach Hanns Maull, Ölmacht: Ursachen, Perspektiven, Grenzen, Frankfurt am Main: Europäische Verlagsanstalt 1975, S. 77.

bereits 90 Prozent des Listenpreises auf den den Produzentenländern zuflie-ßenden Regierungsanteil. Die multinationalen Mineralölkonzerne mussten sich bald mit einem verschwindend geringen Anteil am Bruttogewinn zufriedengeben (Abbildung 5.3). „Die OPEC war" in den Worten von Günter Keiser demnach „nun nicht mehr nur eine Organisation zur Koordinierung der Verhandlungen der Ölländer mit den Konzessionsgesellschaften, sie war nun ein echtes und rei-nes Preiskartell von einer Machtvollkommenheit, wie es sie noch niemals in der Wirtschaftsgeschichte für einen Schlüsselrohstoff gegeben hat."[394]

---

[394] Keiser, Die Energiekrise und die Strategien der Energiesicherung, S. 30.

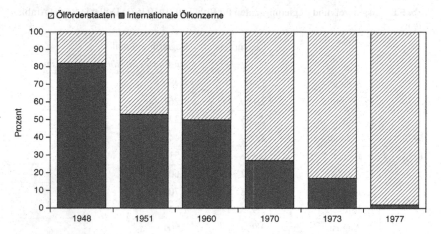

Abb. 5.3 Aufteilung des Bruttogewinns zwischen Konzernen und Förderländern 1948–1977. (Quelle: Günter Keiser, Die Energiekrise und die Strategien der Energiesicherung, München: Vahlen 1979, S. 33)

Die internationalen Ölgesellschaften haben infolge der Revolution der Produzentenländer sowohl die Eigentümerschaft an den Erdölvorräten in den OPEC-Ländern als auch die Macht, die Preise und Fördermengen festzusetzen, endgültig verloren. Auch wenn die Überschussländer die Herrschaft über den Upstream-Bereich an sich rissen, kontrollierten die westlichen Mineralölkonzerne nach wie vor den weltweiten Transport, die Raffination und die Vermarktung des Erdöls. Darüber hinaus behielten sie ihr kaum ersetzbares technisches Know-how und ihre wertvolle Managementerfahrung.[395] Insofern umfasste das von der OPEC installierte Regime nur einen Teil der weltweiten Erdölwirtschaft. Es regelte „unmittelbar nur die Angebotsseite und bindet dort auch nicht alle wichtigen Exportländer ein. Es handelt sich somit" nach Auffassung von Lutz Zündorf „um ein unvollständiges oder partielles Regime, das das alte Regime der Konzerne eher verdrängt als zerstört hat."[396]

Nachdem die erdölexportierenden Länder den ausländischen Ölfirmen in den frühen 1970er Jahren ein Miteigentum an den Erdölressourcen abgenötigt hatten und damit die Verfügung über einen Teil des Outputs erlangten, verkauften sie mangels eigener Vertriebsorganisationen ihr Partizipationsöl in den

---

[395] Vgl. Ali Ezzati, World Energy Markets and OPEC Stability, Lexington: Lexington Books 1978, S. 2.

[396] Zündorf, Das Weltsystem des Erdöls, S. 259.

allermeisten Fällen an die Konzessionsinhaber auf Grundlage von Rückkauf-Preisvereinbarungen (*buyback price*). In den Folgejahren begannen die Förderländer, das den Mineralölkonzernen entzogene Erdöl zunehmend auf direktem Wege an „unabhängige" Ölunternehmen, Raffinerien, staatliche Ölgesellschaften in den Verbraucherländern oder auf dem Spotmarkt zu veräußern, was grundlegende strukturelle Veränderungen des Weltölmarktes nach sich zog.[397] 1980 wurden bereits beinahe 45 Prozent des international gehandelten Rohöls direkt von den Förderländern der OPEC bzw. den von ihnen gebildeten staatlichen Erdölfirmen unter Umgehung der ausländischen Ölkonzerne verkauft, während es 1973 nur acht Prozent gewesen waren.[398] Der zunehmende Absatz von Erdöl außerhalb der Vertriebsstrukturen der multinationalen Gesellschaften führte zur Einführung eines neuen Preiskonzepts, dem *government selling price* (GSP) der Regierungen der Produzentenländer bzw. dem *official selling price* (OSP) der staatlichen Erdölgesellschaften.[399] Aufgrund ihres eingeschränkten Marktzugangs infolge fehlender Absatzorganisationen mussten die Regierungen der Ölexportstaaten den Großteil des geförderten Rohöls in der „OPEC-Dekade" allerdings weiterhin über die internationalen Erdölkonzerne absetzen.

Das OPEC-Kartell funktionierte in den 1970er Jahren erstaunlich gut. Die Förderländer hielten sich weitgehend an die vereinbarten Produktionsmengenkontingente. Aufgrund der massiven Steigerung der Öleinnahmen infolge des Preisanstiegs bestand für den Großteil der Exportstaaten einfach keine Notwendigkeit, den Output über die zugeteilte Quote auszudehnen, was zwangsläufig den Kartellpreis unter Druck gesetzt hätte. Solange die OPEC-Mitgliedsstaaten ihren jeweiligen Finanzbedarf mit den Exporterlösen abzudecken vermochten, verspürten sie keinen Anreiz bei der Fördermenge zu schummeln.[400]

Die Geschlossenheit der OPEC konnte nicht als selbstverständlich angenommen werden, handelte es sich bei ihr doch um einen „Verbund von Staaten, die in Tradition und politischem Temperament wie auch im Reichtum ihrer Bodenschätze sehr unterschiedlich strukturiert sind und zwischen denen erhebliche politische Spannungen bestehen."[401] Angesichts der großen Unterschiede muss konzediert werden, dass die OPEC in den 1970er Jahren „eine beachtlich robuste

---

[397] Vgl. Neff, „The Changing World Oil Market", S. 25; und Ebinger et al., The Critical Link, S. 128.

[398] Vgl. Timothy W. Luke, „Dependent Development and the Arab OPEC States", in: Journal of Politics, Vol. 45, No. 4, November 1983, S. 979–1003 (hier 980).

[399] Vgl. Fattouh, „An Anatomy of the Crude Oil Pricing System", S. 16.

[400] Vgl. Tecce, „OPEC Behavior", S. 66 und 77.

[401] Olschewski, „Die OPEC – Erfolg der Förderländer durch kollektive Aktion", S. 149.

Konstitution" besaß.[402] Während die Regierungen der nicht-arabischen Mitglieder Iran, Venezuela, Indonesien und Nigeria eine tendenziell pro-westliche Orientierung aufwiesen und auch konservative arabische Produzenten wie Saudi-Arabien und Kuwait überwiegend freundschaftliche Beziehungen zu den Vereinigten Staaten pflegten, nahmen allen voran die revolutionären und sozialistisch-orientierten Staaten Irak, Libyen und Algerien[403] auf politischer Ebene eine radikale, ideologisch motivierte Haltung gegenüber den westlichen Verbraucherländern ein.[404] Zudem ließen sich die Mitglieder der OPEC anhand der Dimensionen Förderpotenzial und Absorptionsfähigkeit der Exporterlöse in vier Gruppen einteilen.

Die erdölreichen und bevölkerungsarmen arabischen Golfstaaten Saudi-Arabien, Kuwait, Katar und die Vereinigten Arabischen Emirate sowie Libyen galten als *„low absorbers"*, die für ihre Haushaltsfinanzierung in einem weitaus geringeren Ausmaß auf hohe Förderquoten und einen hohen Ölpreis angewiesen waren als die bevölkerungsreichen OPEC-Mitglieder Algerien, Indonesien, Nigeria und Venezuela, die über eine beträchtliche Absorptionsfähigkeit verfügten. Zugleich wurden der letzteren Staatengruppe in den 1970er Jahren vergleichsweise geringe Kapazitätsreserven und damit ein eingeschränktes Förderpotenzial attestiert. Zur Gruppe der *„high absorbers"* zählten aufgrund ihrer Einwohnerzahl und ihren umfangreichen Entwicklungsprogrammen zudem der Irak und Iran (Abbildung 5.4).

Die teils beträchtlich divergierenden demographischen, ökonomischen, politischen und erdölwirtschaftlichen Voraussetzungen der einzelnen OPEC-Staaten können zu erheblichen Interessenunterschieden über die Preis- und Förderpolitik der gemeinsamen Organisation führen. Die individuellen Produktionsentscheidungen der Mitgliedsländer vermochten, wie in der Vergangenheit vielfach zu beobachten war, die kollektive Marktmacht der OPEC zu unterminieren. Letztlich galt die Förderpolitik der einzelnen Produzentenländer als Teil der nationalen Souveränität, die sich trotz Quotenzuweisung nicht von der OPEC bestimmen ließ.[405]

Saudi-Arabien stieg zum führenden Produzentenland der OPEC und zur weltweit größten Ölexportnation auf. In der zweiten Hälfte der 1970er Jahre entfiel mehr als ein Viertel des Marktanteils der OPEC auf die Saudis, die am Ende des

---

[402] Ebd., S. 149.

[403] Vgl. Jonathan Steele, Soviet Power: The Kremlin's Foreign Policy – Brezhnev to Chernenko, New York: Touchstone 1983, S. 172 f.

[404] Vgl. Shwadran, Middle East Oil Crises Since 1973, S. 54.

[405] Vgl. Teece, „OPEC Behavior", S. 81.

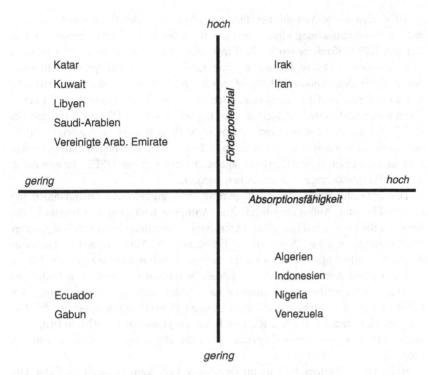

Abb. 5.4 Förderpotenzial und Absorptionsfähigkeit der OPEC in den 1970er Jahren. (Quelle: Ali Ezzati, World Energy Markets and OPEC Stability, Lexington: Lexington Books 1978, S. 36)

Jahrzehnts für über ein Drittel des globalen Erdölhandels verantwortlich waren.[406] Gleichzeitig trat Riad als Land mit geringem Absorptionsvermögen und moderate Kraft innerhalb der OPEC für eine gemäßigte Preispolitik ein. Erdölminister Yamani sprach sich nach der Ölpreiseskalation Ende 1973 entgegen den Forderungen einiger seiner OPEC-Ministerkollegen für ein Einfrieren des Preises aus. Die Saudis vertraten die Auffassung, dass der Ölpreis bereits hoch genug sei. Ein weiterer Anstieg könnte die westlichen Verbraucherländer zur Substitution des Importöls durch andere Energieträger animieren, wodurch die riesigen Ölvorkommen unter dem saudischen Wüstensand im schlimmsten Fall wertlos würden.

---

[406] Vgl. Odell, Oil and World Power, S. 245.

1974 verhinderte Yamani mehrfach eine Anhebung der Richtpreise, indem er mit der Veröffentlichung eines günstigeren saudischen Angebotspreises drohte. Bei den OPEC-Konferenzen im Juni in Quito und im September 1974 in Wien versuchte der saudische Ölminister eine Erhöhung des Erdölpreises mit einer angedrohten Produktionserhöhung abzuwehren.[407] Der Ölpreisschock hatte die Industriestaaten in die Rezession gestürzt, was zu einem rückläufigen Mineralölverbrauch und einer veränderten Marktsituation führte. Die Fördermenge der OPEC fiel als Folge davon von knapp 33 Millionen Fass im September 1973 auf zweitweise weniger als 27 Millionen Fass 1975. Die hohen Inflationsraten verursachten einen realen Ölpreisrückgang, welchen einige OPEC-Staaten durch weitere Preiserhöhungen auszugleichen suchten.

Der iranische Schah, dessen Regierung trotz gigantischer Öleinnahmen mit einem eklatanten Außenhandelsdefizit zu kämpfen hatte, trat wie bereits in der Vergangenheit als Apologet einer exzessiven Preispolitik hervor. Im September 1975 forderte er eine 35-prozentige Erhöhung des Verkaufspreises. Die Saudis wollten allerdings nur einen fünfprozentigen Preisanstieg akzeptieren. Erneut drohte Yamani damit, die saudische Fördermenge um vier Millionen Barrel pro Tag bis zur Kapazitätsgrenze auszuweiten, sollten sich die „Falken" unter den OPEC-Mitgliedern nicht mit einer moderaten Preiserhöhung begnügen.[408] Die Auseinandersetzung zwischen Riad und den progressiven OPEC-Ländern, allen voran Iran, Irak, Katar und Venezuela, über die Höhe des Ölpreises fand in den Folgejahren eine Fortsetzung.

Beim OPEC-Treffen in Doha im Dezember 1976 kam es zu einem Eklat. Die Nachfrage nach dem OPEC-Öl hatte sich mittlerweile wieder auf 30,5 Millionen Fass pro Tag erholt. Nach Vorstellung der militanten Mitgliedsländer Irak, Katar und Venezuela sollte der Ölpreis um ein Viertel angehoben werden. Der Iran wollte sich diesmal mit „überaus bescheidenen" 15 Prozent zufriedengeben und der Ölminister der Vereinigten Arabischen Emirate ging mit zehn Prozent in die Verhandlungen.[409] Saudi-Arabien war diesmal nicht bereit, einer mehr als fünfprozentigen Preiserhöhung zuzustimmen. Nachdem kein Kompromiss möglich schien, verfügte Riad eine Aufhebung seiner Förderobergrenze von 8,5 Millionen Barrel pro Tag und kündigte gleichzeitig eine deutliche Outputsteigerung an. Die saudische Entscheidung ließ die iranischen und irakischen Ölexporte sofort um

---

[407] Vgl. Ali, Oil and Power, S. 59.

[408] Vgl. Theodore Moran, „Modeling OPEC Behavior: Economic and Political Alternatives", in: James M. Griffin und David J. Teece (Hrsg.), OPEC Behavior and World Oil Prices, London: George Allen & Unwin 1982, S. 94–130 (hier 106 f.). Als Kompromiss wurde der Richtpreis letztlich um zehn Prozent erhöht.

[409] Vgl. ebd., S. 107.

jeweils rund 30 Prozent einbrechen, was heftige Verbalattacken aus beiden Ländern gegen Riad zur Folge hatte.[410] Erst im Juni 1977 waren die OPEC-Staaten wieder auf einer Linie als die Saudis einer Ölpreiserhöhung zustimmten und ihre Preise mit jenen der anderen Förderländer zusammenführten. Trotz den kontinuierlichen nominellen Steigerungen sank der Ölpreis in der Periode von 1974 bis 1979 real um mehr als 20 Prozent.[411] Dies obwohl die Mitglieder des Preiskartells der OPEC nach der Entmachtung der Majors zu den bestimmenden Akteuren in der globalen Erdölwirtschaft aufgestiegen waren. Die Frustration der OPEC-Staaten über den schleichenden Wertverlust ihrer Exporterlöse war von begrenzter Dauer. Der bevorstehende zweite Ölpreisschock sollte den realen Preis- und Einnahmerückgang der letzten Jahre mehr als kompensieren.

5.3.4 Von der zweiten Ölkrise 1979/80 bis zum Beginn des Iran-Irak-Krieges

Im Jahre 1977 häuften sich finstere Prognosen über die globale Erdölversorgung in den weiteren Jahren der OPEC-Herrschaft. Die CIA veröffentlichte im April eine einflussreiche Studie, die ein düsteres Zukunftsbild des Weltölmarktes zeichnete. Im Oktober desselben Jahres warnte US-Energieminister Schlesinger in der *New York Times* vor einer „major economic and political crisis in the mid-1980s as the world's oil wells start to run dry and a physical scramble for energy develops" und laut Präsident Jimmy Carter drohten die weltweiten Ölreserven bis Ende der 1980er Jahre zur Neige zu gehen.[412] Zudem verfasste die IEA eine mit pessimistischen Zukunftsprognosen vollgespickte Analyse, laut welcher es für die Verbrauchländer in einem Zeithorizont bis 1985 keinen Ausweg aus ihrer absoluten Abhängigkeit von der OPEC gab.[413] Eine im März 1978 publizierte Studie der Rockefeller Foundation, an welcher zahlreiche führende Energieexperten mitwirkten, stimmte in den Chor der Untergangspropheten ein und sagte „a chronic tightness, or even severe shortage, of oil supply" auf dem Weltmarkt voraus.[414] Die unheilvollen Vorhersagen über die Ölversorgungssituation in den nächsten Jahren nährten defätistische Zukunftserwartungen, welche in den

---

[410] Vgl. ebd., S. 108.

[411] Vgl. Luke, „Dependent Development and the Arab OPEC States", S. 991.

[412] Zitiert nach M. A. Adelman, „Oil Fallacies", in: Foreign Policy, No. 82, Spring 1991, S. 3–16 (hier 10).

[413] Vgl. Maugeri, The Age of Oil, S. 122.

[414] Zitiert nach ebd., S. 124.

Verbraucherländern irrationale Ängste erzeugten und fatale marktpsychologische Verhaltensmuster hervorrufen sollten.

Im Iran begann sich in den späten 1970er Jahren eine schwere Krise zusammenzubrauen. Am 7. Jänner 1978 erschien in der regierungskontrollierten Teheraner Tageszeitung *Ettelā'āt* ein Artikel, in welchem der im irakischen Najaf und später in Paris im Exil lebende, einflussreiche schiitische Geistliche Ajatollah Ruhollah Chomeini grob diffamiert wurde. Die Veröffentlichung des Beitrages, der vermeintlich aus der Feder eines hohen Regierungsbeamten stammte, dessen Identität bis heute unbekannt ist, gilt gemeinhin als Auslöser der revolutionären Ereignisse im Iran.[415] Es folgten Demonstrationen von Theologiestudenten, die von der Polizei blutig niedergeschlagen wurden. Der iranische Klerus verurteilte das brutale Vorgehen der Regierung und ordnete eine Trauerzeit für die Opfer an, in welcher es zu weiteren Massenprotesten und Zusammenstößen mit Polizei und Militär kam.[416]

Die Spirale von Demonstrationen, blutiger Niederschlagung der Proteste durch die Truppen des Schahs und Anschlägen Chomeini-treuer Islamisten hielt über Monate an. Im Herbst 1978 kam es zusätzlich zu Massenstreiks, welche die iranische Wirtschaft lahmlegten. Die iranische Ölfördermenge belief sich im September 1978 noch auf fast sechs Millionen Fass pro Tag. Nach Beginn der ersten Streiks auf den Ölfeldern und der Ausreise ausländischer Fachkräfte Ende Oktober ging der Output auf 5,5 Millionen Barrel pro Tag im Oktober und 3,5 Millionen Barrel pro Tag im November zurück.[417] Im Dezember 1978, als die Produktion mit nur noch 500.000 Fass pro Tag ihren tiefsten Stand seit 27 Jahren erreichte, kamen die iranischen Mineralölexporte für einige Wochen zum Erliegen. Im Frühjahr 1979 verschärfte sich die Lage zusehends, sodass das Land zur Deckung des Eigenbedarfs sogar auf Öleinfuhren angewiesen war.[418]

Im Dezember 1978 fanden weitere Massendemonstrationen im ganzen Land statt, wobei sich allein auf der Schah-Reza-Avenue im Teheraner Zentrum bis zu drei Millionen Menschen versammelten. Die Parolen und Plakate wie „Es lebe Chomeini" und „Tod dem Schah" zeugten von der eindeutigen Stoßrichtung der

---

[415] Vgl. Monika Gronke, „Irans Geschichte: 1941–1979 – Vom Zweiten Weltkrieg bis zur Islamischen Revolution", Dossier Iran, Bundeszentrale für politische Bildung, 10. Juni 2009, abrufbar unter: http://www.bpb.de/internationales/asien/iran/40125/irans-geschichte-1941-bis-1979 (3. Mai 2015).

[416] Vgl. Monika Gronke, Geschichte Irans: Von der Islamisierung bis zur Gegenwart, 4. Auflage, München: C. H. Beck 2014, S. 109.

[417] Vgl. Aperjis, The Oil Market in the 1980s, S. 10 f.

[418] Vgl. Shwadran, Middle East Oil Crises Since 1973, S. 149.

Proteste.[419] Die Masse forderte einen Rücktritt des Schahs und die Rückkehr des Ajatollahs aus dem Exil. Angesichts der eskalierenden Lage verließ Schah Reza Pahlavi am 16. Jänner 1979 das Land. Er sollte nie mehr zurückkehren. Nach der Flucht des Monarchen landete Chomeini am 1. Februar mit einer Maschine der Air France von Paris kommend in Teheran, „wo er die vom Schah eingesetzte zivile Übergangsregierung auflöste und den streng religiösen Ingenieur Mehdî Bâzârgân berief, eine provisorische Revolutionsregierung zu bilden. Damit war die Revolution zu Ende."[420]

Der Sturz des Schahs und die Umwandlung der weltweit zweitgrößten Ölexportnation in eine theokratische, anti-westliche „Islamische Republik" unter der Führung von Ajatollah Chomeini schien die düsteren Prognosen der vorangegangenen Jahre über die Zukunft der Ölversorgung zu bestätigen und löste eine Panik auf dem Weltölmarkt aus. Das neue Regime in Teheran verweigerte den Vereinbarungen, auf Basis welcher die internationalen Mineralölgesellschaften das iranische Erdöl vermarkteten, ihre Anerkennung und verkündete zudem ein Fördermaximum von vier Millionen Fass pro Tag.[421] Die iranischen Lieferausfälle sowie die bereits am 16. Dezember 1978 in Abu Dhabi von der OPEC beschlossene Erhöhung des offiziellen Ölpreises von 12,70 auf 14,54 Dollar je Barrel[422] galten den Untergangspropheten im Westen als Vorboten einer schweren Erdölkrise. Dabei war die Besorgnis auf Basis der Fundamentaldaten des Ölmarktes unbegründet.

Obwohl dem Markt im Zuge der iranischen Krise relativ abrupt rund fünf Millionen Barrel Erdöl pro Tag entzogen wurden, bestand laut dem späteren, aus dem Irak stammenden OPEC-Generalsekretär Fadhil al-Chalabi kein Versorgungsengpass.[423] Die meisten OPEC-Länder verfügten damals über beträchtliche Kapazitätsreserven. Immerhin lag die Produktion der OPEC zur Zeit der iranischen Revolution nicht höher als 1973.[424] Laut Schätzungen war die technische Förderkapazität der OPEC-Mitglieder im Herbst 1978 nur zu etwa 70 Prozent

---

[419] Erich Wiedemann, „„Nehmt den Hund im Niawaran-Palast mit'", in: Der Spiegel, 18. Dezember 1978, S. 115.

[420] Gronke, Geschichte Irans, S. 109.

[421] Vgl. Parra, Oil Politics, S. 227.

[422] Vgl. Shwadran, Middle East Oil Crises Since 1973, S. 126 f.

[423] Vgl. Fadhil Al-Chalabi, „A Second Oil Crisis? A Producer's View of the Oil Developments of 1979", in: Wilfrid L. Kohl (Hrsg.), After the Second Oil Crisis: Energy Policies in Europe, America, and Japan, Lexington: Lexington Books 1982, S. 11–22 (hier 17).

[424] Im Jahresdurchschnitt war der Rohöloutput der OPEC 1978 mit 29,3 Millionen Fass pro Tag sogar unter dem Niveau von 1973, als durchschnittlich 30,8 Millionen Fass pro Tag gefördert wurden.

ausgelastet.[425] Der Verlust des iranischen Outputs ließ sich folglich durch Produktionssteigerungen in anderen OPEC-Staaten ausgleichen. Saudi-Arabien erhöhte seine Fördermenge von acht Millionen Barrel pro Tag im September auf 9,3 Millionen im Oktober und 10,3 Millionen im November 1978.[426] Ab 20. Jänner 1979 betrug der saudische Output 9,5 Millionen Barrel pro Tag, nachdem Riad der staatlichen ARAMCO eine Förderobergrenze verordnet hatte.[427] Auch Kuwait und die Vereinigten Arabischen Emirate wirkten mit ihren Produktionserhöhungen einer drohenden Ölverknappung auf dem Weltmarkt entgegen. In Summe brachten die drei Golfstaaten nach dem krisenbedingten Einbruch der iranischen Erdölexporte ungefähr drei Millionen Fass pro Tag zusätzlich auf den Markt.[428]

Als dramatisch erwies sich nicht der Stillstand der iranischen Erdölausfuhren, aus welchem infolge der erhöhten Förderung in anderen Ländern keine nennenswerte Unterversorgung resultierte,[429] sondern vielmehr die irrationale Reaktion der westlichen Verbraucherländer und internationalen Mineralölkonzerne auf die Ereignisse im Iran. Die Ölkäufer im Westen wurden in jenen Tagen gemäß Daniel Yergin von der „Macht der Emotionen" bestimmt, die jegliches rationales Entscheidungsverhalten verdrängte:

> Uncertainty, anxiety, confusion, fear, pessimism – those were the sentiments that fueled and governed actions during the panic. After the fact, when all the numbers were sorted out, when the supply and demand balance was retrospectively dissected, such emotions seemed irrational; they didn't make sense. Yet at the time they were indubitably real. The whole international oil system seemed to have broken down; it was not out of control. And what gave the emotions additional force was the conviction that a prophecy had been fulfilled. The oil crisis expected for the mid-1980s had arrived in 1979.[430]

---

[425] Vgl. Keiser, Die Energiekrise und die Strategien der Energiesicherung, S. 231 f.

[426] Vgl. Aperjis, The Oil Market in the 1980s, S. 11.

[427] Vgl. Moran, „Modeling OPEC Behavior", S. 109 f.

[428] Vgl. Teece, „OPEC Behavior", S. 82.

[429] Es bestand nur eine marginale Ölverknappung über einen kurzen Zeitraum auf dem Markt. Im Jänner 1979 fiel der iranische Output auf lediglich 40.000 Barrel pro Tag. Am 5. März wurde die Förderung wieder aufgenommen. Zwei Wochen später erreichte die Produktion bereits 2,5 Millionen Barrel pro Tag. Bis April erholte sich der tägliche Output auf ungefähr vier Millionen Barrel. Leonardo Maugeri geht von einem vorübergehenden Verlust von maximal 5,5 Prozent der globalen Nachfrage am Höhepunkt der Krise aus. Siehe Maugeri, The Age of Oil, S. 127; sowie Aperjis, The Oil Market in the 1980s, S. 13. Yergin beziffert die Fehlmenge auf vier bis fünf Prozent. Siehe Yergin, The Prize, S. 685.

[430] Yergin, The Prize, S. 686.

Die Importstaaten haben keine Lehren aus der ersten Ölkrise gezogen. Erneut taten die Verbraucher in einer Phase der Ungewissheit über die Sicherheit der künftigen Erdölversorgung genau das Falsche. In Erwartung eines Angebotsmangels und nachhaltig steigenden Ölpreises kauften sie auf dem Spotmarkt so viel Erdöl, wie sie nur konnten, und verschlimmerten dadurch die angespannte Marktsituation. Zum denkbar ungünstigsten Zeitpunkt versuchten westliche Mineralölfirmen und Endverbraucher in einem noch nie dagewesenen Umfang ihre Ölvorräte aufzufüllen, wodurch sie eine Überhitzung des Marktes verursachten.[431] Das panische Kaufverhalten in den westlichen Konsumländern führte zu einer selbsterfüllenden Prophezeiung und erzeugte erst die Ölkrise und anschließende Preisexplosion.

Die Ölpreise auf dem Spotmarkt zeigten eine heftige Reaktion auf die vorübergehenden iranischen Lieferausfälle. 1978 hatte der Spotmarkt, als dessen Zentrum Rotterdam galt, einen Anteil von lediglich drei bis vier Prozent am gesamten Erdölmarkt.[432] Als die Spotpreise im Zuge der iranischen Krise in die Höhe schossen, versuchten einige OPEC-Staaten zusätzliche Mengen auf dem Spotmarkt zu versteigern, wodurch dieser rasch an Bedeutung gewann.[433] Die betroffenen Exportländer begannen, auf schnellstem Weg so große Volumina wie nur möglich von den langfristigen Liefervereinbarungen auf den viel lukrativeren Spotmarkt umzuschichten. Zu diesem Zweck schreckten sie selbst nicht davor zurück, unter Verweis auf höhere Gewalt bestehende Verträge aufzukündigen.[434] Die Produzentenländer wollten es nicht hinnehmen, dass ihre Vertragspartner, allen voran die großen internationalen Ölkonzerne, das zu den günstigeren offiziellen Preisen bezogene Erdöl auf dem Spotmarkt weiterverkaufen und die Preisdifferenz selbst einstecken.[435] Im Frühjahr 1979 wurde bereits ein Viertel des internationalen Ölhandels über die Spotmärkte abgewickelt.[436]

---

[431] Vgl. Jaidah, An Appraisal of OPEC Oil Policies, S. 135.

[432] Vgl. Maugeri, The Age of Oil, S. 123.

[433] Der Iran drängte am offensivsten auf den Spotmarkt und versuchte eine Zeit lang, sein gesamtes Handelsvolumen dort abzusetzen. Auch der Irak, Libyen und Nigeria bedienten sich zur Steigerung ihrer Öleinnahmen des Spotmarktes. Saudi-Arabien, Algerien und Venezuela hingegen lehnten den Verkauf ihres Erdöls durch Spot-Geschäfte ab. Siehe Parra, Oil Politics, S. 231.

[434] Vgl. Yergin, The Prize, S. 689.

[435] Vgl. Bassam Fattouh, „The Origins and Evolution of the Current International Oil Pricing System: A Critical Assessment", in: Robert Mabro (Hrsg.), Oil in the 21st Century: Issues, Challenges and Opportunities, Oxford: Oxford University Press 2006, S. 41–100 (hier 49).

[436] Vgl. Ebinger et al., The Critical Link, S. 130.

Im Februar 1979 überstiegen die Handelspreise auf dem Spotmarkt die offiziellen Verkaufspreise der Produzenten um das Doppelte. Die Preisausschläge resultierten aus einem künstlichen, nicht-kompetitiven Marktungleichgewicht. Während sich die verunsicherten Käufer auf dem Spotmarkt mit Erdöl einzudecken versuchten und dadurch einen gewaltigen Nachfrageüberschuss erzeugten, wurde der Markt angebotsseitig von jenen OPEC-Produzenten, die nur zögerlich oder gar nicht auf dem Spotmarkt anzubieten bereit waren, ausgehungert. Wenig überraschend führte eine solcherart verzerrte Marktsituation zu einer Preisexplosion, wie sie die moderne Erdölindustrie seit ihren Anfängen in den 1860er Jahren nicht mehr gesehen hatte.

Die Handelspreise auf dem Spotmarkt, die sich auf Grundlage der Fundamentaldaten des Ölmarktes damals in keiner Weise rechtfertigen ließen, sandten völlig falsche Signale an die Marktteilnehmer. Auf dem damals noch vergleichsweise kleinen und unbedeutenden Spotmarkt mag angesichts des künstlichen Ungleichgewichts zwischen Angebot und Nachfrage eine Ölknappheit geherrscht haben, nicht jedoch auf dem alle Transaktionen umfassenden Gesamtmarkt. Dessen ungeachtet sorgten die aufsehenerregenden Spotpreise Tag für Tag für reißerische Schlagzeilen in der Weltpresse. Angebliche Ölmarktexperten erklärten den ohnehin bereits zutiefst verängstigten Käufern, die Preisbildung auf dem Spotmarkt, der auch als „freier" oder „offener" Markt bezeichnet wurde, würde den „realen" oder „wahren" Wert des Erdöls abbilden, wodurch die überhöhten „Ungleichgewichtspreise" auch noch einen (pseudo-)wissenschaftlichen Anstrich verliehen bekamen.[437]

Die OPEC-Staaten waren freilich bestrebt, ihre Angebotspreise den hohen Spot-Notierungen anzugleichen, weshalb sie in mehreren Schritten eine Anhebung des Ölpreises durchsetzten. Ende März verkündeten sie eine Preiserhöhung von 14,5 Prozent und im Juni eine weitere um durchschnittlich 15 Prozent.[438] Viel bedeutsamer als das Drehen an der konventionellen Preisschraube war jedoch die Entscheidung der OPEC, jedes Mitglied könne nach eigenem Ermessen Zuschläge zu den offiziellen Ölpreisen verrechnen. Angesichts der Preisausschläge auf dem Spotmarkt verlangten bis Mitte Juni 1979 fast alle OPEC-Staaten von ihren Kunden Zuschläge von vier bis fünf Dollar pro Fass, wodurch der offizielle Verkaufspreis auf fast 20 Dollar stieg.[439] Am Spotmarkt wurden allerdings schon

---

[437] Vgl. Parra, Oil Politics, S. 231.

[438] Vgl. Joseph A. Yager, „The Energy Battles of 1979", in: Craufurd D. Goodwin (Hrsg.), Energy Policy in Perspective: Today's Problems, Yesterday's Solutions, Washington, DC: The Brookings Institution 1981, S. 601–636 (hier 606 und 621).

[439] Vgl. Aperjis, The Oil Market in the 1980s, S. 12.

bald astronomische 40 Dollar je Barrel erzielt. Saudi-Arabien war der einzige OPEC-Produzent, der an der offiziellen Preisstruktur festhielt und auf jegliche Zuschläge verzichtete. Riad war über die negativen langfristigen Auswirkungen einer exzessiven Preispolitik besorgt. Zu hohe Ölpreise, so die Befürchtung der saudischen Regierung, würden die Verbraucher zur Substitution des überteuerten Erdöls animieren und damit letztlich die Förderländer schwächen.[440]

Die Appelle Riads an seine OPEC-Verbündeten, ihre Ölpreispolitik zu mäßigen, blieben ungehört. Ende März 1979 hatten die Saudis mit einer im Anschluss an ein OPEC-Treffen angekündigten Förderkürzung auf 8,5 Millionen Fass pro Tag ihrerseits einen Schritt gesetzt, der die bestehende Unsicherheit auf dem Erdölmarkt verstärkte und die Spotpreise in die Höhe schnellen ließ.[441] Unabhängig von der Preisgestaltung der OPEC-Staaten war die Ölpreisentwicklung in jenen Tagen von den Panikkäufen auf dem Spotmarkt getrieben. In der Erwartung, morgen würde das Erdöl noch teurer sein, kauften verunsicherte Ölhändler zu nahezu jedem Preis.

Am 4. November 1979 stürmte eine Gruppe militanter, islamistischer iranischer „Studenten" die US-amerikanische Auslandsvertretung in Teheran und nahm die Botschaftsangehörigen als Geiseln. Die Geiselnehmer forderten eine Auslieferung des gestürzten Schahs durch die USA, wo dieser zur Behandlung seiner Krebserkrankung nach monatelanger Flucht über mehrere Länder verweilte. Im Iran sollte Reza Pahlavi vor Gericht gestellt werden. Die Geiselnehmer hielten ihre Forderung an Washington auch nach der Ausreise des Schahs am 15. Dezember nach Panama weiter aufrecht. 52 Geiseln sollten letztlich 444 Tage in der Gewalt der Botschaftsbesetzer bleiben. Ein Kommandounternehmen des US-Militärs im April 1980 zur Befreiung der Geiseln war kläglich gescheitert. Am 20. Jänner 1981, jenem Tag, an dem Ronald Reagan sein Amt als US-Präsident antrat, wurden die Gefangenen nicht zuletzt dank algerischer Vermittlungsbemühungen schließlich freigelassen.

Die Geiselaffäre stellte eine schwere Belastung der iranisch-amerikanischen Beziehungen dar. Bereits am 15. November 1979 hatte Teheran alle Verträge, die mit US-amerikanischen Ölgesellschaften bestanden, aufgehoben, wodurch diese

---

[440] Vgl. Yergin, The Prize, S. 690.

[441] Die OPEC-Länder verständigten sich gegenüber dem neuen iranischen Regime darauf, ihren Output auf das jeweilige Vorkrisenniveau zurückzuführen. Im Juli 1979 erhöhte Saudi-Arabien auf Druck der USA seine Fördergrenze wieder auf 9,5 Millionen Barrel pro Tag. Siehe Moran, „Modeling OPEC Behavior", S. 110.

nicht länger ihre amerikanischen wie nicht-amerikanischen Absatzmärkte mit iranischem Erdöl versorgen konnten.[442] In den Verbraucherländern kursierte die Befürchtung, der Iran würde unter seiner neuen politischen Führung den in die USA exportierten Produktionsanteil in Zukunft dem Markt entziehen und auf diesem Wege eine Ölverknappung provozieren.[443] Das Teheraner Geiseldrama und das angespannte Verhältnis der fundamentalistischen Machthaber im Iran zum Westen im Allgemeinen und den Vereinigten Staaten im Besonderen war nicht dazu angetan, die allgegenwärtige Verunsicherung auf dem globalen Ölmarkt zu beruhigen.

Dasselbe gilt für zwei weitere dramatische Begebenheiten, die sich Ende 1979 ereigneten. Am 20. November überfielen in einer terroristischen Aktion Hunderte bewaffnete islamistische Eiferer während der Hadsch die Große Moschee in Mekka und nahmen Tausende Pilger als Geiseln. Die Extremisten forderten allen voran den Sturz des saudischen Königshauses, den Stopp jeglicher Öllieferungen in die USA, den Abbruch der Beziehungen zum Westen und die Ausweisung aller Ausländer aus Saudi-Arabien.[444] Entgegen ursprünglicher Befürchtungen erwuchs aus der Besetzung von Mekka keine größere Auflehnung gegen das Herrscherhaus in Riad. Der Anschlag verdeutlichte den erdölimportierenden Industriestaaten jedoch die Fragilität des saudischen Regimes und damit der Öllieferungen in den Westen. Nur einen Monat nach dem Terrorangriff auf die Große Moschee marschierte die Sowjetunion in Afghanistan ein. Die militärische Invasion in das östliche Nachbarland des Iran hat sowohl die Golfstaaten als auch den Westen erschüttert.[445] Es drohte eine weitere Destabilisierung der Region.

Die Spotpreise für Erdöl erreichten mittlerweile 45 bis 50 Dollar je Barrel. Auch die offiziellen Verkaufspreise einiger OPEC-Staaten zogen enorm an. Im Dezember 1979 kostete das Fass Rohöl rund das Doppelte als ein Jahr davor.[446] Die Preisentwicklung hat sich mit Beginn der iranischen Krise von den realen Marktgegebenheiten abgekoppelt. Trotz rückläufiger Nachfrage in den Industrieländern sollte der Ölpreis auch in den Folgemonaten konstant hoch bleiben bzw. im Laufe des Jahres 1980 noch weiter steigen. Zwischen 1979 und 1981 ist der

---

[442] Vgl. Yager, „The Energy Battles of 1979", S. 632. Die US-Gesellschaften belieferten damals die Märkte außerhalb der USA mit täglich 700.000 Fass iranischem Erdöl. Dies entsprach ungefähr 3,8 Prozent der Gesamtimporte Westeuropas und Japans im Jahre 1978.

[443] Vgl. ebd., S. 632.

[444] Vgl. Florian Peil, „Es begann in Mekka", in: Die Zeit, Nr. 7, 9. Februar 2006, S. 90.

[445] Vgl. Yergin, The Prize, S. 701.

[446] Vgl. Shwadran, Middle East Oil Crises Since 1973, S. 154; und Clô, Oil Economics and Policy, S. 117.

Erdölbedarf in den OECD-Staaten um circa fünf Millionen Barrel pro Tag gefallen.[447] Der offizielle Preis schnellte dennoch von circa 14 Dollar je Barrel 1978 auf mehr als 31 Dollar 1979 und knapp 37 Dollar 1980 empor.[448] Die Öleinnahmen der OPEC-Länder stiegen analog dazu von circa 132 Milliarden Dollar 1978 und 199 Milliarden Dollar 1979 auf mehr als 278 Milliarden Dollar 1980 und fast 288 Milliarden Dollar 1981.[449]

Trotz der Erfahrungen von 1973/74 traf die zweite Ölkrise die westlichen Importstaaten mehr oder weniger völlig unvorbereitet. Die Verbraucherländer hatten es in den Jahren nach dem ersten Ölpreisschock versäumt, ihre Verwundbarkeit von den Erdöleinfuhren zu reduzieren. Das Erdöl hatte 1979 immer noch einen Anteil von 55 Prozent am Primärenergieverbrauch der EG-Staaten. Westeuropa war zu 84 Prozent seines Mineralölbedarfs von Importen abhängig, wobei der Großteil von den arabischen OPEC-Ländern stammte.[450] Zwischen 1974 und 1978 „little happened other than a torrent of words uttered in debates over energy policy".[451] Die westlichen Ölimportstaaten waren für die Krise nicht gewappnet. Entsprechend schwach war deren kollektive Reaktion.[452]

Die IEA beschloss zwar am 1. März 1979 eine fünfprozentige Verringerung der Erdölnachfrage, um den Markt etwas zu stabilisieren. Die Übereinkunft sollte jedoch scheitern. Westdeutschland, Frankreich, Schweden und andere Einfuhrländer entsandten Vertreter in die arabischen Förderländer und versuchten sich individuell auf dem Spotmarkt mit Erdöl einzudecken.[453] Wie bereits während der Ölkrise 1973/74 bemühten sich zudem zahlreiche westeuropäische Regierungen um bevorzugte Direktlieferungen aus den Ölländern.[454] Der Bilateralismus in Form von zwischenstaatlichen Vereinbarungen war für etliche Staaten in Westeuropa zu einem festen Bestandteil ihrer Energiepolitik geworden.[455] Der

---

[447] Vgl. Maull, Energy, Minerals, and Western Security, S. 148.

[448] Siehe BP, Statistical Review of World Energy June 2020 (Data Workbook).

[449] Vgl. Pachauri, The Political Economy of Global Energy, S. 77.

[450] Von den gesamten westeuropäischen Öleinfuhren stammten 1979 ungefähr 63 Prozent aus dem Persischen Golf. Siehe Deese und Miller, „Western Europe", S. 184.

[451] James L. Plummer, „Energy Vulnerability Policy: Making It through the Next Few Years without Enormous Losses", in: ders. (Hrsg.), Energy Vulnerability, Cambridge, MA: Ballinger 1982, S. 1–9 (hier 1).

[452] Vgl. Wilfrid L. Kohl, „Introduction: The Second Oil Crisis and the Western Energy Problem", in: ders. (Hrsg.), After the Second Oil Crisis: Energy Policies in Europe, America, and Japan, Lexington: Lexington Books 1982, S. 1–7 (hier 2).

[453] Vgl. ebd., S. 2.

[454] Vgl. Jaidah, An Appraisal of OPEC Oil Policies, S. 131.

[455] Vgl. Deese und Miller, „Western Europe", S. 204.

zerstörerische Bieterwettstreit auf dem Rotterdamer Spotmarkt um Erdöllieferungen war bezeichnend für die Unfähigkeit der Importeure, durch eine koordinierte Zusammenarbeit die fatalen Auswirkungen des Ölpreisschocks zu minimieren.[456]

Der in den späten 1970er Jahren krisengeschüttelte Erdölmarkt kam auch am Beginn des neuen Jahrzehnts nicht zur Ruhe. Am 22. September 1980 schickte Saddam Hussein, der erst ein Jahr zuvor den Vorsitz der Baath-Partei und das Amt des irakischen Staatspräsidenten von Ahmad Hassan al-Bakr übernommen hatte, seine Armee in den Krieg gegen den Iran. Den arabisch-nationalistischen, säkular-sunnitischen irakischen Staatschef verband eine intime Feindschaft mit dem schiitischen Ajatollah Chomeini. Hussein fürchtete eine von Teheran angezettelte schiitische Revolte im Süden Iraks, wo die Schiiten die Bevölkerungsmehrheit stellen. Diese Gefahr ließ sich in der Vorstellungswelt des irakischen Diktators nur durch eine Zerstörung des Chomeini-Regimes beseitigen.[457]

Auch der umstrittene Grenzverlauf im Schatt al-Arab würde sich durch einen Krieg ein für alle Mal zugunsten des Irak lösen lassen. Bagdad erhob außerdem Anspruch auf die erdölreiche iranische Provinz Chuzestan, wo eine erhebliche arabische Bevölkerungsgruppe lebte. 90 Prozent der iranischen Ölreserven befanden sich in Chuzestan.[458] Die irakischen Kriegsstrategen rechneten im Falle einer militärischen Auseinandersetzung zwischen dem Irak und Iran mit einer Auflehnung der dortigen ethnischen Araber gegen das iranische Regime. Die Araber Chuzestans würden Husseins Truppen als Befreier willkommen heißen. Mit der Eroberung der Provinz würde der Irak zum weltgrößten Ölproduzenten und -exporteur und zur dominierenden Macht im Nahen Osten aufsteigen. Ein vernichtender Sieg seiner Armee gegen die Perser und eine „Befreiung" der Araber in Chuzestan würde ihm, so die Überlegung Husseins, großes Ansehen in der arabischen Welt verschaffen, als dessen Führer er sich verstand.[459] Der Zeitpunkt für einen Aufstieg des Irak zur unumschränkten arabischen Führungsmacht schien günstig, denn Ägypten, das seit Nasser diese Rolle innehatte, galt nach Abschluss des Friedensvertrages mit Israel im März 1979 als kompromittiert.

Mit neun Divisionen rückten die irakischen Streitkräfte nach Chuzestan vor. Nach der blutigen Schlacht von Chorramschahr besetzte Saddam Husseins Armee

---

[456] Vgl. Lieber, „Cohesion and Disruption in the Western Alliance", S. 327.

[457] Vgl. Rob Johnson, The Iran-Iraq War, Basingstoke: Palgrave Macmillan 2011, S. 43.

[458] Vgl. Yergin, The Prize, S. 710.

[459] Vgl. Williamson Murray und Kevin Woods, „Saddam and the Iran-Iraq War: Rule from the Top", in: Nigel Ashton und Bryan Gibson (Hrsg.), The Iran-Iraq War: New International Perspectives, Abingdon: Routledge 2013, S. 33–55 (hier 34).

Anfang November 1980 Abadan, das Raffineriezentrum des Iran. Der weitere Vormarsch geriet allerdings bald ins Stocken. Die irakische Kriegsstrategie unterlag gravierenden Fehleinschätzungen. Die Widerstandskraft des iranischen Militärs erwies sich als weitaus stärker als angenommen und die Araber in Chuzestan betrachteten Husseins Truppen in Wahrheit als Invasoren und nicht als Befreier. Im Frühjahr 1982 begann sich der Kriegsverlauf zu ändern. Die iranischen Kampfverbände vermochten den Einmarsch abzuwehren und gingen ihrerseits in die Offensive. Sie stießen bald auf irakisches Gebiet in Richtung Basra vor. Eine Einnahme der südirakischen Großstadt sollte den iranischen Truppen allerdings nicht gelingen. Es folgten Jahre verlustreicher Angriffe und Gegenangriffe. Der Krieg kostete rund einer Million Menschen das Leben und endete erst am 20. August 1988, nachdem sich Bagdad und Teheran zu einem Waffenstillstand bereit erklärten.[460]

Der Ausbruch des Iran-Irak-Krieges versetzte der internationalen Erdölwirtschaft einen erneuten Schock. Mit dem Krieg zwischen den beiden großen OPEC-Produzenten wurden dem Ölmarkt bis zu fünf Millionen Barrel pro Tag entzogen.[461] Gleich zu Beginn der Kampfhandlungen gingen vier Millionen Fass Erdöl pro Tag auf dem Weltmarkt verloren. Dies entsprach 15 Prozent des gesamten Outputs der OPEC-Länder und acht Prozent des Erdölbedarfs der westlichen Welt.[462] Trotz eskalierender und gegen die jeweilige Ölinfrastruktur gerichteter Kriegshandlungen im Persischen Golf, die das iranische und irakische Exportvolumen dramatisch einbrechen ließen, sollte der Erste Golfkrieg keine dritte Ölkrise hervorrufen.

Die irakischen Mineralölausfuhren waren infolge der massiven iranischen Gegenangriffe praktisch zum Stillstand gekommen.[463] Die iranische Streitmacht legte in einer frühen Phase des Krieges den irakischen Ölterminal Mina al-Bakr in Basra lahm und beschoss weitere Öleinrichtungen im Schatt al-Arab.[464] Der Irak war daraufhin gezwungen, den größten Teil seiner Erdölexporte über die Pipelines von Kirkuk durch Syrien nach Baniyas und Tripoli abzuwickeln. Als sich die syrische Regierung im Oktober 1980 zum Verbündeten Teherans erklärte und 1982 nach dem Abbruch der diplomatischen Beziehungen zu Bagdad die

---

[460] Vgl. Johnson, The Iran-Iraq War, S. 6.

[461] Vgl. Shwadran, Middle East Oil Crises Since 1973, S. 163.

[462] Vgl. Yergin, The Prize, S. 711.

[463] Vgl. Ali, Oil and Power, S. 120.

[464] Vgl. Seifert und Werner, Schwarzbuch Öl, S. 66.

Rohrleitungen sperrte,[465] sanken die irakischen Ausfuhren von 2,5 auf 0,6 Millionen Fass pro Tag.[466] Der Irak versuchte allen voran durch gezielte Angriffe auf „feindliche" Öltanker die iranischen Erdölausfuhren abzuwürgen. Beinahe das gesamte Exportvolumen des Iran entfiel auf die Tankschifffahrt durch den Persischen Golf. Zwischen 1981 und 1987 verübten die irakischen Streitkräfte insgesamt 283 Angriffe auf Öltanker, was zu einer empfindlichen Beeinträchtigung der iranischen Erdölexporte führte.[467] Teheran drohte im Gegenzug mit einer völligen Eskalation des Krieges und einer Blockade der für die internationale Ölschifffahrt zentralen Straße von Hormuz.[468]

Der Ausfall der iranischen und irakischen Öllieferungen ereignete sich in einer Phase von Produktionsüberschüssen auf dem Welterdölmarkt. Die Preiseffekte der zweiten Ölkrise hatten einen Nachfragerückgang in den westlichen Verbraucherländern bewirkt. Angesichts ausreichender Kapazitätsreserven in den restlichen OPEC-Staaten und prall gefüllter Öllager in den Einfuhrländern stellten die kriegsbedingten Lieferausfälle keine Gefahr für die weltweite Erdölversorgung dar.[469] Saudi-Arabien erhöhte seinen Output um ungefähr 900.000 Barrel pro Tag. Auch Kuwait und andere Produzentenländer steigerten ihre Fördermenge und selbst aus dem Iran und Irak strömte ab November 1980 wieder etwas Erdöl auf den Markt. Dadurch ließ sich der geschätzte aggregierte Angebotsverlust von weniger als zwei Millionen Barrel pro Tag problemlos ausgleichen.[470]

Diesmal wussten die Verbraucherstaaten auf die Verunsicherung in der internationalen Erdölwirtschaft infolge des Ersten Golfkrieges richtig zu reagieren. Westeuropa schien nach den desaströsen Erfahrungen der Ölkrisen von 1973/74 und 1979/80, als die nationalen Alleingänge und das individuelle Krisenmanagement kläglich gescheitert waren, mehr Bereitschaft zur Kooperation zu zeigen. Bei einem Ministertreffen der IEA-Länder im Dezember 1980 wurde eine Reihe von Maßnahmen getroffen, mit welchen die westliche Energieorganisation einen

---

[465] Vgl. Saideh Lotfian, „Taking Sides: Regional Powers and the War", in: Farhang Rajaee (Hrsg.), Iranian Perspectives on the Iran-Iraq War, Gainesville: University Press of Florida 1997, S. 13–28 (hier 21).

[466] Vgl. Seifert und Werner, Schwarzbuch Öl, S. 66 f.

[467] Vgl. Elizabeth Gamlen und Paul Rogers, „U.S. Reflagging of Kuwaiti Tankers", in: Farhang Rajaee (Hrsg.), The Iran-Iraq War: The Politics of Aggression, Gainesville: University Press of Florida 1993, S. 123–151 (hier 124 f.). Demgegenüber sind im selben Zeitraum 173 Angriffe von iranischer Seite dokumentiert.

[468] Vgl. Ali, Oil and Power, S. 120.

[469] Vgl. Dermot Gately, „OPEC and the Buying-Power Wedge", in: James L. Plummer (Hrsg.), Energy Vulnerability, Cambridge, MA: Ballinger 1982, S. 37–57 (hier 39).

[470] Vgl. Kohl, „Introduction", S. 2 f.

verheerenden Bieterwettstreit auf dem Spotmarkt und Versorgungsstörungen wie nach der iranischen Revolution zu verhindern suchte. Die wichtigste Maßnahme war der Rückgriff auf die übervollen Ölreserven, die eigens für solche Krisensituationen angelegt wurden. Dadurch gelangten zu einem kritischen Zeitpunkt 2,2 Millionen Fass Erdöl pro Tag zusätzlich auf den Markt.[471] Die BRD verfügte bei Beginn des Ersten Golfkrieges über Notfallreserven an Erdöl für mehr als hundert Tage des Gesamtverbrauchs.[472] Weiters verständigten sich die IEA-Mitglieder darauf, den Ländern mit zu geringen Ölvorräten mit Notlieferungen auszuhelfen sowie die Gesamtnachfrage nach Erdöl auf dem Weltmarkt im ersten Quartal 1981 um zehn Prozent zu verringern.[473]

Die Maßnahmen der westlichen Konsumländer verfehlten nicht ihre Wirkung. Der Iran-Irak-Krieg provozierte keine Panikkäufe und abenteuerlichen Preisausschläge auf dem Spotmarkt,[474] obwohl die OPEC-Staaten bei ihrem Ministertreffen im Dezember 1980 auf Bali die Ölpreise für ihre Referenzsorten noch einmal auf 36 Dollar angehoben hatten. Lediglich Saudi-Arabien zog bei der Preiserhöhung nicht mit. Es dauerte bis Oktober 1981, dass sich die OPEC-Mitglieder wieder auf eine Harmonisierung ihrer Ölpreise verständigten. Riad erhöhte seinen Preis von 32 auf 34 Dollar je Barrel. Im Gegenzug senkten die anderen OPEC-Länder ihre Erdölpreise um zwei Dollar.

Die progressive Preispolitik der OPEC konnte nicht darüber hinwegtäuschen, dass sich der globale Erdölmarkt mittlerweile in einem elementaren Wandlungsprozess befand. Die OECD-Staaten vermochten nicht zuletzt aufgrund eines verhaltenen Wirtschaftswachstums und intensiver Energieeinsparmaßnahmen im Jahre 1980 ihre Ölnachfrage um sieben bis acht Prozent zu verringern.[475] Der rückläufige Erdölbedarf in den westlichen Industriestaaten setzte sich 1981 weiter fort. Gleichzeitig kam immer mehr Öl aus Nicht-OPEC-Ländern auf den Markt, wodurch der Anteil der OPEC an der globalen Erdölproduktion deutlich zu sinken begann. 1981 förderten die Mitglieder des Ölkartells nur noch durchschnittlich 21,7 Millionen Barrel pro Tag, während es zwei Jahre zuvor noch rund 30 Millionen Fass gewesen waren.[476]

---

[471] Vgl. Lieber, „Cohesion and Disruption in the Western Alliance", S. 334.

[472] Vgl. Deese und Miller, „Western Europe", S. 193

[473] Vgl. Lieber, „Cohesion and Disruption in the Western Alliance", S. 334.

[474] Vgl. Shwadran, Middle East Oil Crises Since 1973, S. 163.

[475] Vgl. Kohl, „Introduction", S. 3.

[476] Vgl. BP, Statistical Review of World Energy June 2020 (Data Workbook).

5.4   Der Gegenschock: Die „dritte Ölkrise" in den 1980er Jahren

5.4.1   Der Abstieg der OPEC

Der zweite Ölpreisschock 1979/80 stürzte die Verbraucherländer nach dem Konjunkturrückgang von 1973 bis 1975 zum zweiten Mal innerhalb weniger Jahre in eine schwere Rezession. Erneut hatten die drastisch gestiegenen Ölpreise und der volkswirtschaftliche Abschwung einen deutlichen Einbruch der Erdölnachfrage in den westlichen Importstaaten zur Folge. Der rückläufige Ölverbrauch musste die OPEC-Produzenten noch nicht über Gebühr beunruhigen. Immerhin hatten sich die Konsummärkte nach der ersten Ölkrise rasch an das neue Preisniveau gewohnt und der weltweite Erdölbedarf relativ bald eine Erholung verzeichnet. Der Nachfragerückgang sollte sich diesmal jedoch als nachhaltiger erweisen als infolge des ersten Preisschocks. „Die Ölelastizitäten in den Verbraucherstaaten zeigten sich" in den frühen 1980er Jahren „als wesentlich größer als erwartet."[477]

Es zeichnete sich eine grundlegende Veränderung des Nachfrageverhaltens nach Erdöl ab. Vor 1973 hatte der Mineralölbedarf in den OECD-Ländern über einen Zeitraum von beinahe einem Vierteljahrhundert einen durchschnittlichen jährlichen Anstieg von 7,5 Prozent verzeichnet. Nach der ersten Ölpreisexplosion sank die Wachstumsrate zwischen 1974 und 1979 auf im Durchschnitt 1,1 Prozent pro Jahr. Mit der zweiten Ölkrise brach der Erdölverbrauch endgültig ein und das Konsumwachstum verwandelte sich in einen Rückgang des Ölbedarfs im OECD-Raum von durchschnittlich 2,6 Prozent pro Jahr zwischen 1980 und 1985.[478] Der Erdölkonsum der OECD-Staaten ging von circa 44 Millionen Barrel pro Tag 1979 auf weniger als 38 Millionen Barrel pro Tag 1985 zurück, wobei sich der deutsche Ölverbrauch im genannten Zeitraum um mehr als 20 Prozent, der französische um über 25 Prozent und der österreichische um knapp 19 Prozent verringert hat.[479] Dieser signifikante Nachfragerückgang in der ersten Hälfte der 1980er Jahre „certainly merits the title of the third oil shock."[480]

---

[477] Bernhard May, Kuwait-Krise und Energiesicherheit: Wirtschaftliche Abhängigkeit der USA und des Westens vom Mittleren Osten, Arbeitspapiere zur Internationalen Politik: Band 63, Bonn: Europa Union Verlag 1991, S. 28.

[478] Siehe BP, Statistical Review of World Energy June 2020 (Data Workbook); und Odell, Oil and World Power, S. 250.

[479] Vgl. BP, Statistical Review of World Energy June 2020 (Data Workbook).

[480] Fereidun Fesharaki und Wendy Schultz, „The Oil Market and Western European Energy Security", in: Curt Gasteyger (Hrsg.), The Future for European Energy Security, London: Frances Pinter 1985, S. 29–64 (hier 29).

Für den rückläufigen Erdölbedarf zu Beginn der 1980er Jahre können mehrere Gründe angeführt werden. Während der Preisschock und der damit einhergehende Wirtschaftsabschwung in den Industrieländern eine unmittelbare Verringerung des Ölverbrauchs bewirkten, sorgten die zunehmende Effizienzsteigerung in der Energienutzung und Substitution von Erdöl durch andere Energieträger für eine nachhaltige Nachfrageschwächung. Die nationalen Gesetzgeber forcierten einen sparsameren Ölkonsum. Beispielsweise wurden die Automobilhersteller 1975 vom US-Kongress im Rahmen einer neuen Rechtsvorschrift, bekannt als Corporate Average Fuel Economy (CAFE), verpflichtet, den Kraftstoffverbrauch von PKW und Klein-LKW bis 1985 um die Hälfte zu reduzieren.[481] Allein durch diese Maßnahme konnte der US-amerikanische Erdölkonsum bis Mitte der 1980er Jahre (im Vergleich zum errechneten Bedarf auf Basis der Kraftfahrzeugverbrauchsgrenzen von 1973) um ungefähr zwei Millionen Fass pro Tag verringert werden.[482]

Die westliche Welt vermochte die konsumierte Primärenergie immer effizienter einzusetzen, was sich in Form eines sinkenden Energieinputs pro BIP-Einheit bemerkbar machte. Die Korrelation zwischen ökonomischem Wachstum und Energieverbrauch im OECD-Raum sank von der Größe 1 im Zeitraum 1960 bis 1973 auf lediglich 0,1 in den Jahren 1973 bis 1981.[483] Erdöl schien allmählich seine für das westliche Wirtschaftswachstum unentbehrliche Bedeutung zu verlieren. Die industrialisierten Staaten konnten ihre Wirtschaftsleistung zwischen 1979 und 1984 um rund ein Viertel steigern und gleichzeitig den Ölverbrauch um 20 Prozent reduzieren.[484] Die führenden Wirtschaftsnationen innerhalb der

---

[481] Vgl. Yergin, The Quest, S. 681. Die Verbrauchsgrenze wurde von 13,5 Meilen pro Gallone (circa 17,4 Liter/100 Kilometer) auf 27,5 Meilen pro Gallone (circa 8,6 Liter/100 Kilometer) bis 1985 angehoben.

[482] Vgl. ebd., S. 683. Mit dem von Präsident George W. Bush im Dezember 2007 unterzeichneten Energy Independence and Security Act wurde der in den USA geltende CAFE-Standard nach 32 Jahren erhöht – auf 35 Meilen pro Gallone (rund 6,7 Liter/100 Kilometer) bis 2020. Unter Präsident Barack Obama kam es 2011 zu einer erneuten Anpassung. Die Verbrauchsgrenze für PKW und Leicht-LKW wurde auf 54,5 Meilen pro Gallone (ungefähr 4,3 Liter/100 Kilometer) bis 2025 gesenkt. Siehe ebd., S. 690 und 714.

[483] Vgl. Hanns W. Maull, „Europe's Energy Situation", in: Curt Gasteyger (Hrsg.), The Future for European Energy Security, London: Frances Pinter 1985, S. 9–28 (hier 11). Das durchschnittliche jährliche Wirtschaftswachstum in den OECD-Ländern betrug von 1973 bis 1981 2,3 Prozent. Der Energiebedarf stieg im selben Zeitraum nur um durchschnittlich 0,2 Prozent pro Jahr.

[484] Vgl. Odell, Oil and World Power, S. 252.

OECD verringerten ihren Erdölkonsum je Einheit realen Bruttoinlandsprodukts von 1973 bis 1981 um durchschnittlich mehr als vier Prozent pro Jahr.[485]

Zusätzlich kam es nach den beiden Ölkrisen zu einer graduellen Verdrängung von Erdöl durch andere Energieträger, allen voran Erdgas, Kohle und Nuklearenergie. Während die globale Primärenergieerzeugung von 1979 bis 1984 um circa 0,4 Prozent pro Jahr anstieg, sank die weltweite Rohölproduktion im selben Zeitraum jährlich um durchschnittlich drei Prozent.[486] Das Verbrauchswachstum der anderen Energieträger ging zulasten des Erdöls. Der Heizölverbrauch in Westeuropa beispielsweise reduzierte sich zwischen 1973 und 1985 um rund die Hälfte.[487] Einen wesentlichen Anreiz zur effizienteren Nutzung oder Substitution von Erdöl lieferte dessen hohe Besteuerung in den westlichen Verbrauchermärkten. In den späten 1970er Jahren haben die europäischen OECD-Mitglieder die Steuern auf Mineralölerzeugnisse deutlich angehoben, was eine Stagnation oder Verringerung des Erdölverbrauchs bewirkte und zudem die Staatskassen füllte.[488]

Die Europäischen Gemeinschaften bemühten sich um eine größere Konvergenz der energiepolitischen Strategien der einzelnen Mitgliedsstaaten, um deren Wirksamkeit insgesamt zu erhöhen. Im Juni 1980 hat der EG-Ministerrat eine Reihe von Leitlinien beschlossen, die eine deutliche Verringerung der Erdölabhängigkeit in einem Zeitraum von zehn Jahren vorsahen. Es ging dabei vordergründig um einen effizienteren Einsatz der verfügbaren Primärenergie, eine Reduktion des Erdölanteils am Primärenergiemix auf 40 Prozent, eine Erhöhung des Anteils der Kohle und der Nuklearenergie an der Elektrizitätserzeugung auf 70 bis 75 Prozent, die Förderung der Nutzung erneuerbarer Energiequellen und die Einführung einer effektiven Energiepreispolitik.[489] Gemäß der offiziellen Politik der EG galten die verstärkte Nutzung der Nuklearenergie zusammen mit einer Ausweitung des Kohleverbrauchs und Energieeinsparungen als zentrale Maßnahmen, um die Abhängigkeit Europas vom Importöl zu verringern.[490] Belgien und Frankreich gewannen 1983 bereits 46 bzw. 48 Prozent ihrer Elektrizität durch nukleare Kernspaltung. Zehn Jahre zuvor lag der Anteil der Atomenergie an der

---

[485] Vgl. Luke, „Dependent Development and the Arab OPEC States", S. 985.

[486] Vgl. Ali, Oil and Power, S. 24; und BP, Statistical Review of World Energy June 2020 (Data Workbook).

[487] Vgl. Odell, Oil and World Power, S. 135.

[488] Vgl. Morse, „A New Political Economy of Oil?", S. 6.

[489] Vgl. Wilfrid L. Kohl, „Energy Policy in the European Communities", in: ders. (Hrsg.), After the Second Oil Crisis: Energy Policies in Europe, America, and Japan, Lexington: Lexington Books 1982, S. 177–193 (hier 179).

[490] Vgl. ebd., S. 181.

Stromproduktion noch bei lediglich 0,2 Prozent in Belgien und acht Prozent in Frankreich.[491]

Die Verstaatlichung der Erdölvorkommen in den Überschussländern der OPEC hat die Diversifizierung in der globalen Ölindustrie deutlich beschleunigt. Nachdem die internationalen Mineralölkonzerne ihren direkten Zugang zu den reichen Lagerstätten des Nahen Ostens verloren hatten, begannen sie verstärkt anderswo nach Erdöl zu suchen sowie in andere Energieträger zu investieren. „The major multinational oil companies", hielt Mason Willrich in einer Mitte der 1970er Jahre veröffentlichten Studie fest, „are recycling their own petrodollar earnings, not only by developing new oil and gas reserves but also by investing large sums in coal mines, oil shale leases, and nuclear power. Thus most of them are evolving from oil companies into energy companies."[492]

Gleichzeitig mit dem Rückgang des weltweiten Ölverbrauchs ab 1980 strömte mehr und mehr Erdöl aus Nicht-OPEC-Ländern auf den Markt. Die außerhalb des Erdölkartells stehenden Produzenten setzten mit ihrer signifikanten Angebotsausweitung und kompetitiven Preispolitik ab Ende der 1970er Jahre die OPEC gehörig unter Druck. Die OPEC-Staaten waren bemüht, die Ölpreise auf einem hohen Niveau zu halten. Angesichts der neuen Konkurrenz mussten sie zunehmend um ihre Marktanteile fürchten. Hauptverantwortlich dafür war die Erschließung neuer Fördergebiete, wodurch sich vormalige Ölimportländer innerhalb weniger Jahre zu Exportnationen mit beachtlichem Produktionspotenzial verwandelten. Zudem gelang es einigen etablierten Förderländern, ihren Output deutlich zu erhöhen.

Mit den steigenden Preisen gewann die Entwicklung des im Jahre 1968 entdeckten Ölfeldes an der Prudhoe Bay im Norden Alaskas für die internationalen Mineralölkonzerne an wirtschaftlicher Attraktivität. Das am Nordpolarmeer gelegene Reservoir wurde innerhalb kurzer Zeit zum größten Ölfeld Nordamerikas und war Ende der 1980er Jahre für rund ein Viertel des gesamten US-amerikanischen Rohöloutputs verantwortlich.[493] Die Fördermenge Alaskas hat sich durch die Erschließung der North Slope von nicht mehr als 200.000 Fass pro Tag vor 1977 auf rund 1,6 Millionen Fass pro Tag Ende 1979 erhöht.[494]

---

[491] Vgl. Weyman-Jones, Energy in Europe, S. 115.

[492] Willrich, Energy and World Politics, S. 125.

[493] Siehe die historischen US-Produktionsdaten der EIA, abrufbar unter: http://www.eia. gov/dnav/pet/PET_CRD_CRPDN_ADC_MBBLPD_M.htm (23. August 2015). Siehe auch Zündorf, Das Weltsystem des Erdöls, S. 217.

[494] Vgl. US Energy Information Administration (EIA), Alaska Field Production of Crude Oil, abrufbar unter: http://www.eia.gov/dnav/pet/hist/LeafHandler.ashx?n=pet&s=mcrfpak2&f= m (23. August 2015).

Nach Fertigstellung der Trans-Alaska-Pipeline im Jahre 1977, die über eine Länge von rund 1.300 Kilometer von der Prudhoe Bay zum eisfreien Hafen von Valdez am Pazifik verläuft, ließen sich große Mengen Rohöl kostengünstig vom neuen Fördergebiet im hohen Norden Alaskas zu den Absatzmärkten transportieren.

Auch Mexiko konnte dank Neufunden und des Einsatzes moderner Fördertechnologien seinen Rohöloutput massiv ausweiten und zwischen 1977 und 1982 auf rund drei Millionen Fass pro Tag mehr als verdreifachen.[495] Trotz des eklatanten Angebotsüberhangs, der sich zu Beginn der 1980er Jahre abzuzeichnen begann und auf die Ölpreise drückte, behielt das mittelamerikanische Land sein hohes Produktionsniveau während der gesamten Dekade bei.

Überdies strömte in den 1970er Jahren erstmals kommerziell gefördertes Rohöl aus einem neuen Produktionsgebiet direkt vor der Haustüre der großen westeuropäischen Verbrauchszentren: die Nordsee. Nach dem Fund des kolossalen Erdgasfeldes bei Groningen in den Niederlanden im Jahre 1959 hatten Großbritannien und Norwegen Mitte der 1960er Jahre in Etappen mehrere Bohrlizenzen vergeben. Ab 1969 häuften sich die Funde und bis 1975 konnten bereits 30 Lagerstätten lokalisiert werden, die sich zumeist in 2.500 bis 3.500 Metern Tiefe befanden.[496] Mit Ekofisk 1969, Forties 1970, Brent 1971 und Stratfjord 1974 wurden riesige Offshore-Ölfelder aufgespürt. Die Erdölproduktion in der Nordsee begann 1973 auf der norwegischen Seite mit Ekofisk. 1974 folgte das englische Feld Argyll, 1975 das Forties-Ölfeld und 1979 Stratfjord.[497]

Noch Mitte der 1970er Jahre war die Rohölgewinnung in der Nordsee vernachlässigbar. Anschließend verzeichnete das neue Fördergebiet allerdings ein rasantes Produktionswachstum von durchschnittlich mehr als einer Million Fass pro Tag 1977 auf über 2,2 Millionen 1980 und circa 3,7 Millionen 1986, wobei allein auf Großbritannien ungefähr 2,7 Millionen und auf Norwegen durchschnittlich 910.000 Fass pro Tag entfielen.[498] Ohne die exzessive Preispolitik der OPEC wäre die Erschließung der Nordsee nicht möglich gewesen. Das Nordseeöl galt damals als das teuerste der Welt. Während Ölfelder im Persischen Golf in den späten 1970er Jahren einen Investitionsaufwand von nur 300 bis 500 Dollar je Barrel Tagesproduktion erforderten, musste in der Nordsee bei einer günstig gelegenen Lagerstätte wie Ekofisk mit rund 4.700 Dollar und bei kleineren Feldern

---

[495] Vgl. The Shift Project (Data Portal), abgerufen: 30. Juli 2015.

[496] Die mittlere Wassertiefe der Nordsee beträgt weniger als hundert Meter.

[497] Für eine kurze Darstellung der Entwicklung der Erdölproduktion in der Nordsee siehe Keiser, Die Energiekrise und die Strategien der Energiesicherung, S. 123 ff.

[498] Vgl. The Shift Project (Data Portal), abgerufen: 30. Juli 2015. Großbritannien verfolgte eine Strategie der raschen Ausbeutung der Erdölvorkommen, während sich Norwegen für einen langsameren Abbau seiner Ölreserven entschieden hatte.

mit bis zu 10.000 Dollar gerechnet werden.[499] Keine Mineralölgesellschaft hätte die gigantischen Investitionsausgaben in der Nordsee je wagen können, wenn die OPEC den Ölpreis nicht derart in die Höhe getrieben hätte.[500] Auch die Rohölgewinnung im Norden Alaskas wäre ohne die exzessiven Preiserhöhungen während der beiden Ölkrisen wirtschaftlich nicht tragfähig gewesen.[501]

Anfang 1981 überstieg das auf dem Weltmarkt vorhandene Erdölangebot die Nachfrage bereits um ungefähr zwei bis drei Millionen Fass pro Tag.[502] Der Ölmarkt verwandelte sich wieder in einen Käufermarkt, was unweigerlich die Ölpreise unter Druck setzte. Die Nachfrage nach dem OPEC-Öl ging drastisch zurück (Abbildung 5.5). Die Rohölproduktion des Erdölkartells hat sich als Folge davon zwischen 1979 und 1985 von 30 Millionen Barrel pro Tag auf durchschnittlich weniger als 16 Millionen Barrel pro Tag um circa 48 Prozent verringert.[503] Den größten Einbruch erlebte Saudi-Arabien. Das Königreich kürzte seinen Jahresrohöloutput zwischen 1980 und 1985 um mehr als 63 Prozent.[504]

Die nicht dem Erdölkartell angehörenden Förderländer (exklusive der Sowjetunion) hingegen erhöhten ihren Output zwischen 1979 und 1985 um rund 22 Prozent bzw. seit 1973 um beinahe die Hälfte.[505] Der Anteil der OPEC-Staaten an der weltweiten Erdölproduktion ging damit von seinem historischen Höhepunkt von über 51 Prozent im Jahre 1973 auf weniger als 28 Prozent 1985 zurück.[506] Erstmals seit 1962 überstieg zu Beginn der 1980er Jahre die Ölförderung der

---

[499] Vgl. Keiser, Die Energiekrise und die Strategien der Energiesicherung, S. 126.

[500] Ebd., S. 126.

[501] Die Liefermengen aus den neuen Fördergebieten in Europa und Nordamerika waren für die Energiesicherheit des Westens von großer Bedeutung. Durch drastische Preissenkungen hätten die OPEC-Staaten das teure Nordseeöl prinzipiell aus dem Markt drängen können. Insofern lagen die hohen Erdölpreise damals im Interesse der IEA. Auf Vorschlag von Henry Kissinger wurde ein von der IEA festzusetzender Mindestpreis von sieben Dollar je Barrel angedacht, um die Produktion in der Nordsee und der Prudhoe Bay vor dem OPEC-Öl zu schützen. Die IEA-Mitglieder haben die Notwendigkeit eines Mindestpreises zwar grundsätzlich anerkannt, sie wollten sich allerdings nicht auf einen konkreten Preis festlegen. Siehe dazu Davis, Energy Politics, S. 98.

[502] Vgl. Aperjis, The Oil Market in the 1980s, S. 24.

[503] Vergleich der Jahresproduktionen 1979 und 1985. Siehe BP, Statistical Review of World Energy June 2020 (Data Workbook).

[504] Siehe The Shift Project (Data Portal), abgerufen: 30. Juli 2015.

[505] Vgl. BP, Statistical Review of World Energy June 2020 (Data Workbook).

[506] Vgl. ebd.

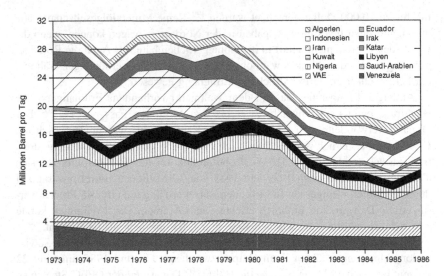

Abb. 5.5 Rohölproduktion der OPEC-Länder 1973–1986. (Quelle: Bouda Etemad und Jean Luciani, World Energy Production 1800-1985, Genf: Droz 1991; und US EIA Historical Statistics; siehe The Shift Project Data Portal)

Nicht-OPEC-Staaten (exklusive der Sowjetunion) wieder die Gesamtproduktionsmenge der OPEC-Mitgliedsländer.[507] Insgesamt exportierte die OPEC 1985 weniger als die Hälfte des Volumens von 1973.[508]

Mitte der 1970er Jahre stieg die Sowjetunion zum weltgrößten Ölproduzenten und drittgrößten Exporteur auf.[509] 1980 erreichte der sowjetische Output mehr als zwölf Millionen Fass pro Tag. Anschließend hielt Moskau dieses Produktionsniveau während der gesamten Dekade bei.[510] Die hohen Angebotspreise der OPEC kurbelten die sowjetischen Ölausfuhren nach Westeuropa an, sodass 1984 bereits beinahe 20 Prozent der westeuropäischen Gesamtimporte aus der UdSSR kamen.[511] Auch durch die immense Steigerung der Offshore-Förderung in der Nordsee verlor die OPEC Marktanteile in Westeuropa. 1973 stammten mehr als

---

[507] Vgl. ebd.; siehe auch Luke, „Dependent Development and the Arab OPEC States", S. 998.

[508] Vgl. Odell, Oil and World Power, S. 250.

[509] Vgl. Goldman, „The Soviet Union as a World Oil Power", S. 92.

[510] Vgl. BP, Statistical Review of World Energy June 2020 (Data Workbook).

[511] Vgl. Odell, Oil and World Power, S. 62. Abgesehen von den Exporten nach Europa galten die Ölmärkte der Sowjetunion und der Comecon-Staaten als weitgehend autarkes System, das mit dem globalen Erdölhandel nur marginal verbunden war. Siehe dazu Antony Scanlan,

95 Prozent der deutschen Erdölimporte aus OPEC-Staaten und nur 0,3 Prozent aus der Nordsee. Zehn Jahre später erreichte das Nordseeöl bereits einen Anteil von rund 30 Prozent an den Mineralöleinfuhren der BRD.[512] In den frühen 1980er Jahren deckte die Produktion in der Nordsee schon 16 Prozent des Erdölbedarfs der EG ab.[513] Der Anteil des importierten Nahostöls am westeuropäischen Gesamtenergieverbrauch fiel unterdessen von 40 Prozent 1973 auf 13 Prozent im Jahre 1983.[514]

Die erhöhte Eigenproduktion durch das Nordseeöl und der rückläufige Energiebedarf waren die Hauptfaktoren für die Verringerung der westeuropäischen Einfuhrabhängigkeit von Erdöl in den 1980er Jahren.[515] Darüber hinaus führte auch die Substitution des Öls allen voran durch Erdgas und Nuklearenergie zu einer Verminderung des Importbedarfs. Die Veränderung der Energieverbrauchsstruktur zu jener Zeit ließ sich am westeuropäischen Primärenergiemix deutlich ablesen. Der Anteil des Erdöls am Primärenergieaufkommen Westeuropas reduzierte sich von circa 58 Prozent 1973 auf knapp 43 Prozent 1985. Gleichzeitig stieg der Anteil des Erdgases im selben Zeitraum von ungefähr zehn auf 15 Prozent und jener der Nuklearenergie von einem auf rund zehn Prozent.[516]

Innerhalb weniger Jahre vollzog sich ein richtungweisender Wandel in der Struktur der westeuropäischen Energienutzung und des Mineralölkonsums, welcher eine signifikante Reduktion der Importabhängigkeit von externen Erdölressourcen mit sich brachte. Mitte der 1980er Jahre belief sich der Anteil des Importöls am westeuropäischen Primärenergieverbrauch auf nur noch ungefähr ein Drittel, während er 1973 rund 58 Prozent erreicht hatte.[517] Wie aus Tabelle 5.9 hervorgeht, betrugen die westeuropäischen Erdöleinfuhren 1970 aufgrund von Vorratsbildung und dem Reexport kleinerer Mengen mehr als hundert Prozent des Eigenverbrauchs. Mit der massiven Steigerung der Nordseeproduktion ging der Importanteil spätestens in den 1980er Jahren deutlich zurück.

„The Soviet Union as Energy Supplier", in: Curt Gasteyger (Hrsg.), The Future for European Energy Security, London: Frances Pinter 1985, S. 65–84 (hier 65).

[512] Vgl. Zündorf, Das Weltsystem des Erdöls, S. 217.

[513] Vgl. Kohl, „Energy Policy in the European Communities", S. 178.

[514] Vgl. Ian Smart, „European Energy Security in Focus", in: Curt Gasteyger (Hrsg.), The Future for European Energy Security, London: Frances Pinter 1985, S. 142–167 (hier 152). Der Anteil der afrikanischen Erdöleinfuhren reduzierte sich im selben Zeitraum von 13 auf zehn Prozent.

[515] Vgl. Maull, „Europe's Energy Situation", S. 9.

[516] Vgl. BP, Statistical Review of World Energy June 2020 (Data Workbook).

[517] Vgl. Maull, „Europe's Energy Situation", S. 12.

Tab. 5.9 Entwicklung der Erdölimportabhängigkeit Westeuropas 1950–1982 (in MTOE)

	1950	1960	1970	1980	1982
Ölproduktion	2,3	14,9	22,8	125,6	148,9
Ölverbrauch	56,9	189,2	627,0	680,1	601,1
Ölimporte	54,6	174,3	636,0	589,0	466,0
Energieverbrauch	602,0	639,0	1.072,0	1.279,0	1.214,0
Anteil Ölkonsum am Energieverbrauch (%)	9,4	29,6	58,5	53,2	49,5
Anteil Ölimporte am Ölkonsum (%)	96,0	92,1	101,4	86,6	77,5
Anteil Ölimporte am Energieverbrauch (%)	9,1	27,3	59,3	46,1	38,4

Quelle: Comité Professionel du Pétrole und BP; nach Hanns W. Maull, Energy, Minerals, and Western Security, Baltimore: Johns Hopkins University Press 1984, S. 106.

Laut Øystein Noreng war das Nordseeöl „by far the most important element in increasing Western Europe's energy independence and consequently its energy security."[518] Es bedurfte offenkundig zweier Erdölversorgungskrisen und eines dramatischen Ölpreisanstiegs sowie mit der Entdeckung des Nordseeöls einer glücklichen Fügung, um in der historischen Entwicklung der Erdölimportabhängigkeit Westeuropas zu Beginn der 1980er Jahre die im Sinne der europäischen Energiesicherheit längst überfällige Trendwende einzuleiten. Die „hohen Preise des OPEC-Öls" waren Günter Keiser zufolge „geradezu erforderlich […], um den Westen auf den richtigen energiepolitischen Kurs zu setzen."[519]

Nach zehn Jahren, in denen die OPEC die weltweite Rohölförderung dominiert und die Preise bestimmt hatte, schlitterte die Erdölorganisation in den 1980er Jahren in eine schwere Krise. „Die Kombination von sinkenden Ölpreisen bei verminderten Förderanteilen führte" gemäß Bernhard May „zu stark verminderten Öleinnahmen, so daß die OPEC-Staaten im Jahre 1982 ein Leistungsbilanzdefizit von zehn Milliarden Dollar aufzuweisen hatten."[520] Im April 1983 verkündete die saudische Regierung ihr erstes Haushaltsdefizit seit 1973. Für ein ausgeglichenes Budget fehlten mehr als zehn Milliarden Dollar.[521] Riad sollte seinen Haushalt bis zur Jahrtausendwende nicht mehr in den Griff bekommen und zwischen 1983

---

[518] Øystein Noreng, „North Sea Oil and Gas and Energy Security for Western Europe", in: Curt Gasteyger (Hrsg.), The Future for European Energy Security, London: Frances Pinter 1985, S. 85–102 (hier 86).

[519] Keiser, Die Energiekrise und die Strategien der Energiesicherung, S. 63.

[520] May, Kuwait-Krise und Energiesicherheit, S. 29.

[521] Vgl. Luke, „Dependent Development and the Arab OPEC States", S. 999.

und 1999 Jahr für Jahr einen milliardenschweren Fehlbetrag ausweisen.[522] Im Durchschnitt lag das jährliche Budgetdefizit Saudi-Arabiens zwischen 1984 und 1999 bei 13 Milliarden Dollar.[523]

Der Einbruch des weltweiten Erdölbedarfs ab 1980 setzte die Überschussländer enorm unter Druck. Da die OPEC auf dem Weltölmarkt die undankbare Rolle einer globalen Reservebezugsquelle (*residual supplier*) einnahm, lastete die Bürde des globalen Nachfragerückgangs zur Gänze auf den Mitgliedsländern des Erdölkartells.[524] In den Jahren 1980, 1981 und 1982 ging der weltweite Erdölverbrauch um insgesamt mehr als sechs Millionen Fass pro Tag zurück. Der Output der OPEC brach in diesen drei Jahren sogar um über elf Millionen Fass pro Tag ein.[525] Die Mitglieder der Erdölexportorganisation mussten nicht nur den globalen Nachfrageschwund in vollem Umfang absorbieren, sondern auch Platz für die Produktionsausweitungen anderer Erzeuger machen, allen voran Mexiko und die neuen Förderländer Großbritannien und Norwegen, aber auch Kanada, Ägypten und andere.[526] Als Folge davon verlor die OPEC massiv Marktanteile.

Die OPEC befand sich in den frühen 1980er Jahren in der schwersten Krise ihrer Geschichte. Infolge der wirtschaftlichen Rezession in den Industriestaaten

---

[522] Vgl. Peter W. Wilson und Douglas F. Graham, Saudi Arabia: The Coming Storm, Armonk: M. E. Sharpe 1994, S. 192; und Anthony H. Cordesman, Saudi Arabia Enters the Twenty-First Century: The Political, Foreign Policy, Economic, and Energy Dimensions, Westport: Praeger 2003, S. 30.

[523] Vgl. Guido Steinberg, „Saudi-Arabien: Öl für Sicherheit", in: Enno Harks und Friedemann Müller (Hrsg.), Petrostaaten: Außenpolitik im Zeichen von Öl, Baden-Baden: Nomos 2007, S. 54–76 (hier 63).

[524] Vgl. Jaidah, An Appraisal of OPEC Oil Policies, S. 3.

[525] Vgl. BP, Statistical Review of World Energy June 2020 (Data Workbook).

[526] Sowohl Kanada als auch Ägypten verzeichneten von Mitte der 1970er Jahre bis Mitte der 1980er Jahre eine Erhöhung der Erdölproduktion von jeweils ungefähr 600.000 Fass pro Tag (Kanada von rund 1,3 auf 1,9 Millionen und Ägypten von circa 300.000 auf 900.000 Fass pro Tag). Siehe The Shift Project (Data Portal), abgerufen: 28. August 2015. Auch wenn beide Länder den Großteil des Outputs im Inland verbrauchten, wurde Ägypten 1976 und Kanada in den frühen 1980ern (wieder) zu einem Nettoölexporteur. Siehe Vassiliou, Historical Dictionary of the Petroleum Industry, S. 177. Die kanadischen Ölexporte sind in der ersten Hälfte der 1980er Jahre deutlich angestiegen, nachdem das Land seine Ausfuhrpolitik gelockert hatte. Siehe André Plourde, „The Changing Nature of National and Continental Energy Markets", in: G. Bruce Doern (Hrsg.), Canadian Energy Policy and the Struggle for Sustainable Development, Toronto: University of Toronto Press 2005, S. 51–82 (hier 61). Die fünf Nicht-OPEC-Produzenten Brasilien, Ägypten, Indien, Malaysia und Oman verdoppelten zwischen 1979 und 1985 ihren Output auf insgesamt drei Millionen Barrel pro Tag. Siehe Dermot Gately, „Lessons from the 1986 Oil Price Collapse", in: Brookings Papers on Economic Activity, Vol. 17, No. 2, 1986, S. 237–284 (hier 239).

und des breitflächigen Abbaus der allseits prall gefüllten Öllagerbestände in den Verbraucherländern reduzierte sich die Nachfrage nach dem OPEC-Öl im Februar 1982 auf nicht mehr als 20,5 Millionen Barrel pro Tag.[527] Der Preis für ein Fass Arabian Light fiel auf den Spotmärkten auf 28,50 Dollar und lag damit um 5,50 Dollar unter dem offiziellen Verkaufspreis.[528] Die OPEC war zum Handeln gezwungen und rief ihre Mitglieder zu einer Krisensitzung zusammen.

Unter dem Druck der unentrinnbaren Kräfte des Erdölmarktes hatte sich die OPEC auf ihrer außerordentlichen Konferenz von 19. bis 20. März 1982 in Wien zum ersten Mal in ihrer Geschichte auf eine kollektive Drosselung der Gesamtproduktionsmenge auf 18 Millionen Fass pro Tag verständigt. Die Einigung wurde im Grunde von Saudi-Arabien erzwungen. Riad drohte damit, den offiziellen Preis für Arabian Light auf 24 Dollar je Barrel zu senken, den saudischen Output auf zehn bis elf Millionen Fass pro Tag auszuweiten und beträchtliche Volumina auf die Spotmärkte zu werfen, sollten die anderen OPEC-Mitglieder eine Festlegung auf die gemeinsame Produktionsquote verweigern.[529]

Das Erdölkartell einigte sich in Wien unter Anleitung der Saudis auf eine kollektive Fördergrenze und Einzelquoten für jedes Mitgliedsland. Die Produktionsbeschränkung sollte allerdings nur auf dem Papier existieren. Der Großteil der zwölf restlichen OPEC-Staaten, darunter der Iran, Nigeria, Algerien, Libyen, Venezuela und Indonesien, setzte sich über das beschlossene Produktionslimit hinweg und erhöhte sogar den Output.[530] Bis zum Juli 1984 missachtete mit Ausnahme von Kuwait jedes Mitgliedsland die Abmachungen innerhalb der OPEC, sei es durch eine Mehrproduktion oder die Gewährung von Preisnachlässen.[531] Das eigennützige Verhalten der einzelnen OPEC-Produzenten wurde von Beobachtern als Ausdruck der „inhärenten Instabilität von Kartellen"[532] gedeutet.

Die OPEC hatte also nicht nur mit der rückläufigen Ölnachfrage und dem stark steigenden Angebot der außerhalb der Erdölorganisation stehenden Produzenten zu kämpfen, sondern auch mit der Disziplinlosigkeit ihrer Mitglieder, die sich weder an die gemeinsame Fördergrenze noch die offiziellen Ölpreise des Kartells

---

[527] Vgl. Simon Chapman, „Oil in the Middle East and North Africa", in: The Middle East and North Africa 2004, 50. Auflage, London: Europa Publications 2004, S. 116–133 (hier 121).

[528] Vgl. ebd., S. 121.

[529] Vgl. ebd., S. 121.

[530] Vgl. Edward Jay Epstein, „The Cartel That Never Was", in: Atlantic Monthly, Vol. 251, No. 3, March 1983, S. 68–77, abrufbar unter: http://www.theatlantic.com/past/issues/83mar/epstein.htm (26. August 2015).

[531] Vgl. Fesharaki und Schultz, „The Oil Market and Western European Energy Security", S. 51.

[532] Zündorf, Das Weltsystem des Erdöls, S. 218.

halten wollten. Die unsolidarischen OPEC-Produzenten manövrierten mit ihrer expansiven Förderstrategie sich selbst und die ganze Riege der Produzentenländer in einen Teufelskreis, denn „[t]he more the price fell the more production had to be increased in order to obtain the minimum revenue; the more production increased the greater the glut in the market became; and the greater the glut in the market became, the lower the price fell."[533]

Der Druck des Marktes auf die OPEC blieb auch im Folgejahr unverändert aufrecht. Die erhoffte Erholung der Erdölnachfrage wollte nicht eintreten. Der Öllagerabbau in den Industriestaaten hat sich vielmehr im Frühjahr 1983 auf mehr als 4,5 Millionen Fass pro Tag erhöht, während der Tagesoutput der OPEC im Durchschnitt nur noch 15,5 Millionen Barrel erreichte.[534] Angesichts der düsteren Marktsituation traf die OPEC am 14. März 1983 auf ihrer außerordentlichen Konferenz in London eine historische Entscheidung. Zum ersten Mal seit ihrem Bestehen beschloss die Organisation eine Reduktion des offiziellen Verkaufspreises von 34 auf 29 Dollar je Barrel für die Referenzsorte Arabian Light. Die Förderquoten der einzelnen Mitglieder wurden zulasten Saudi-Arabiens, das kein Produktionslimit im gewöhnlichen Sinne zugewiesen bekam, angepasst.[535] Das Königreich erklärte sich dazu bereit, seinen Output je nach Marktlage zu variieren und damit als *swing producer* zu fungieren – eine Rolle, welche die Saudis bereits zuvor, allerdings nur informell, innerhalb der OPEC eingenommen hatten. Die kollektive Förderhöchstgrenze wurde in London auf 16 Millionen und im Oktober 1984 auf nur noch 14,7 Millionen Barrel pro Tag gesenkt.[536]

Die Bemühungen der OPEC, eine gewisse Stabilisierung des Marktes zu erreichen, waren vergebens. Die Nachfragesituation verschlechterte sich zusehends, „so that in 1985 not even a total production by O.P.E.C. members as low as 15 million barrels per day [...] could avoid an element of over-supply on the market."[537] Die Ölproduktion Saudi-Arabiens lag 1985 bei bloß 2,3 Millionen Fass pro Tag, womit das Land nur noch rund 50 Prozent seines Haushalts finanzieren

---

[533] Shwadran, Middle East Oil Crises Since 1973, S. 230.

[534] Vgl. Chapman, „Oil in the Middle East and North Africa", S. 121.

[535] Die Einhaltung der zugewiesenen Produktionsquoten durch die einzelnen Mitgliedsländer sollte hinkünftig von einem eigens eingerichteten ministeriellen Überwachungsausschuss kontrolliert werden.

[536] Ohne Indonesien und Gabun. Siehe Organization of the Petroleum Exporting Countries (OPEC), Annual Statistical Bulletin 2014, Wien: OPEC 2014, S. 9. Ein Nachfragerückgang unter die Obergrenze wurde von Saudi-Arabien als *swing producer* durch Drosselung der eigenen Förderung ausgeglichen bzw. absorbiert. Ein etwaiger Mehrbedarf über die definierte Gesamtquote wäre durch eine Produktionserhöhung abgedeckt worden.

[537] Odell, Oil and World Power, S. 260.

konnte.[538] Da die saudische Regierung die Staatsausgaben aus innen- und außenpolitischen Gründen nicht kürzen wollte, musste sie ein riesiges Budgetloch in Kauf nehmen und auf die Finanzreserven des Landes zurückgreifen.

Um den rapiden Ölpreisverfall auf den Spotmärkten zu stoppen, strebte die OPEC nach einer Zusammenarbeit mit den Nicht-OPEC-Förderländern. Saudi-Arabien ließ nichts unversucht, um die größten Exportnationen außerhalb des Kartells zu einer Kooperation zu bewegen und schreckte selbst vor der Drohung eines Preiskrieges nicht zurück.[539] Dennoch sollten alle diesbezüglichen Anstrengungen scheitern, woraufhin sich die OPEC angesichts ihres ständig schwindenden Marktanteils zu einer Änderung ihrer Strategie gezwungen sah. Dies betraf in erster Linie Saudi-Arabien, das als OPEC-interner Ausgleichsproduzent den Großteil des Nachfragerückgangs schulterte.

Im Dezember 1985 verständigten sich die am meisten unter den Absatzverlusten leidenden OPEC-Produzenten darauf, nunmehr der Verteidigung ihrer Marktanteile anstatt des Ölpreises Priorität einzuräumen. Die Mitglieder des Erdölkartells erhoben Anspruch auf einen „angemessenen" Anteil am Weltölmarkt und widerriefen alle bestehenden Produktionsbeschränkungen.[540] Sie taten dies in der Erwartung, die anderen Förderländer, allen voran Großbritannien und Norwegen, würden als Reaktion darauf ihren Output verringern, um eine Stabilisierung des Ölpreises zu erreichen. Die Rechnung ging jedoch nicht auf. Als Saudi-Arabien, Kuwait und die Vereinigten Arabischen Emirate in der ersten Jahreshälfte 1986 ihre Förderleistung beträchtlich erhöhten, nahmen die Nicht-OPEC-Produzenten keine Drosselung ihres Outputs zugunsten des Ölkartells vor.[541] Die von Saudi-Arabien ausgehende Maßnahme richtete sich auch gegen jene OPEC-Partner, die auf Kosten Riads ihre Produktionsquoten permanent überschritten hatten.[542] Die Fördermenge der OPEC erhöhte sich von August 1985 bis Mitte 1986 um mehr als vier Millionen Barrel pro Tag. Dies entsprach einer Steigerung von ungefähr 25 Prozent. Mehr als die Hälfte der Zunahme entfiel auf saudische Quellen, aber auch Kuwait, die Vereinigten Arabischen Emirate,

---

[538] Vgl. Steinberg, „Saudi-Arabien: Öl für Sicherheit", S. 63.

[539] Vgl. Shwadran, Middle East Oil Crises Since 1973, S. 229 f.

[540] Vgl. Odell, Oil and World Power, S. 284.

[541] Die durchschnittliche Tagesproduktion von Großbritannien und Norwegen ist in den Jahren 1986 und 1987 im Vergleich zu 1985 sogar um mehr als 100.000 Barrel pro Tag gestiegen. Siehe The Shift Project (Data Portal), abgerufen: 28. August 2015.

[542] Vgl. Ali, Oil and Power, S. 68. Zu den Quotensündern zählten in erster Linie, aber nicht ausschließlich, Libyen und Iran.

der Irak und Nigeria verzeichneten eine deutliche Erhöhung ihres jeweiligen Outputs.[543]

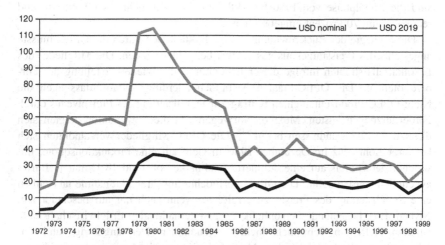

Abb. 5.6 Rohölpreise 1972–1999 (je Barrel Arabian Light bzw. Brent). (Quelle: BP, Statistical Review of World Energy June 2020 (Data Workbook))

Die Ölpreise stürzten als Folge der Schwemme durch das zusätzliche OPEC-Öl ins Bodenlose. Der Durchschnittspreis des international gehandelten Erdöls sackte von 28 Dollar je Barrel im Jänner 1986 auf knapp über 15 Dollar Mitte März ab. Nachdem sich die OPEC bei ihrem Ministertreffen im März auf keine Maßnahmen zur Stabilisierung des Marktes einigen konnte, fiel der Ölpreis weiter auf durchschnittlich 13 Dollar je Barrel. Für einige Rohölsorten, darunter die Referenzmarken der Nordsee und der USA, Brent und West Texas Intermediate (WTI), wurde in der ersten Aprilwoche auf den Spotmärkten nur noch zehn Dollar pro Fass gezahlt.[544] Der Preis für ein Barrel Rohöl aus Dubai sank im Mai sogar zeitweise auf lediglich sieben Dollar.[545] Die realen Erdölpreise fielen damit in der ersten Jahreshälfte 1986 auf ein Niveau zurück, wie es 1973 unmittelbar vor der Ölkrise vorgeherrscht hatte.[546] Wie aus Abbildung 5.6 hervorgeht, wurde der

---

[543] Vgl. Gately, „Lessons from the 1986 Oil Price Collapse", S. 242.

[544] Vgl. Odell, Oil and World Power, S. 285 f.

[545] Vgl. Parra, Oil Politics, S. 287.

[546] Vgl. Gately, „Lessons from the 1986 Oil Price Collapse", S. 237.

signifikante Ölpreisanstieg zwischen 1978 und 1980 im Zuge der zweiten Ölkrise bis zum Frühjahr 1986 mit dem Preiskollaps wieder zunichte gemacht. Gemessen an den Jahresdurchschnittspreisen der Referenzsorten Arabian Light und Brent sind die Rohölpreise von 1980 bis 1986 nominal um mehr als 60 Prozent und real sogar um 70 Prozent eingebrochen.[547]

Die Strategie der Rückgewinnung von Marktanteilen durch die OPEC musste angesichts des Preissturzes als gescheitert betrachtet werden. Die Mitglieder des Erdölkartells strebten infolge dieser Erkenntnis eine Wiederherstellung der Förderquoten an. Die OPEC-Staaten bestanden allerdings darauf, dass auch die Nicht-OPEC-Produzenten einen Beitrag zur Stabilisierung des Preisniveaus durch Förderkürzungen leisten. Mexiko, Norwegen und die Sowjetunion zeigten sich diesmal zu Zugeständnissen bereit.[548] Die OPEC-Mitglieder verständigten sich bei ihrer Konferenz im Dezember 1986 in Genf auf eine Produktionsquote, mit welcher der Ölpreis auf eine definierte Zielmarke von rund 18 Dollar je Barrel angehoben werden sollte. Die OPEC vermochte mit ihrer Maßnahme tatsächlich eine Stabilisierung des Preises zu erreichen, wenn auch nur auf bescheidenem Niveau. Eine bedeutende Persönlichkeit der internationalen Erdölwirtschaft hatte an dem Treffen in Genf nicht mehr teilgenommen. Der langjährige und einflussreiche saudische Ölminister, Ahmed Zaki Yamani, wurde zuvor von König Fahd entlassen. Nach 24 Jahren unter Yamani wurde das saudische Ölministerium nun von Hisham Nazer geleitet. Nazer war erst der dritte Erdölminister in der Geschichte Saudi-Arabiens.

Spätestens mit dem Verfall der Ölpreise trat die große ökonomische Verwundbarkeit der auf den Erdölexport angewiesenen Überschussländer zutage. Die Ölausfuhren waren für die OPEC-Staaten „indeed the only source of foreign-exchange earnings. The price received directly affects the lives of all inhabitants of those countries. Their livelihood, their welfare, the prospects of long-term economic development, all critically depend on it."[549] Der stark gesunkene Gesamtoutput der OPEC in Kombination mit dem erheblichen Rückgang der realen Ölpreise führte zu dramatischen Ertragseinbußen. Beinahe alle OPEC-Mitgliedsländer hatten angesichts der einbrechenden Erlöse aus dem Mineralölexport mit gravierenden finanziellen Schwierigkeiten zu kämpfen.[550]

---

[547] Vgl. BP, Statistical Review of World Energy June 2020 (Data Workbook).

[548] Vgl. Yergin, The Prize, S. 761.

[549] Jaidah, An Appraisal of OPEC Oil Policies, S. 8.

[550] Vgl. A. P. Bell, „Options for European Energy Security", in: Curt Gasteyger (Hrsg.), The Future for European Energy Security, London: Frances Pinter 1985, S. 128–141 (hier 140).

Die Öleinnahmen Libyens reduzierten sich von 22,6 Milliarden Dollar 1980 auf neun Milliarden Dollar 1984. Saudi-Arabien musste einen Rückgang seiner Erlöse aus der Erdölausfuhr von 113 Milliarden Dollar 1981 auf 25 Milliarden Dollar 1985 hinnehmen.[551] Mit dem Preiskollaps 1986 gingen die Erträge der OPEC-Staaten noch weiter zurück. Inflationsbereinigt lagen die Exporterlöse der OPEC danach nur minimal über dem Niveau vor dem ersten Preisschock 1973.[552] In der Zwischenzeit sind die Ausfuhrländer mit der Umsetzung von Entwicklungsprogrammen und der Errichtung bzw. dem Ausbau staatlicher Versorgungssysteme allerdings umfangreiche Verpflichtungen eingegangen, deren Finanzierung sich mit den zur Verfügung stehenden Haushaltseinnahmen nicht mehr darstellen ließ.

Die im Zuge der beiden Ölpreisschocks in den 1970er Jahren über die OPEC-Exporteure hereinbrechende Dollarflut ging mit dem dritten Preisschock, als die Erdölpreise zu Beginn des neuen Jahrzehnts eine sagenhafte Talfahrt hinlegten und im Frühjahr 1986 völlig abstürzten, jäh zu Ende. Der Abstieg des Erdölkartells bis Mitte der 1980er Jahre markiert das letzte Kapitel der sogenannten „OPEC-Dekade", die mit der ersten Preisrevolution und dem Verstaatlichungsreigen im Jahre 1973 begann und innerhalb welcher die Mitglieder des Produzentenkartells den globalen ölpolitischen Ordnungsrahmen bestimmt hatten. Mit dem Aufstieg des Spothandels und der Durchsetzung der Ölpreisbildung auf globalen Güter- und Finanzmärkten erlebte das Regime der OPEC seinen endgültigen Niedergang.

5.4.2 Der Durchbruch des Marktpreisregimes

Der Regimewechsel in der internationalen Erdölindustrie von den Erzeugerländern der OPEC zu den freien Tauschmärkten vollzog sich schleichend über einen Zeitraum von mehreren Jahren und war spätestens mit dem Ölpreisverfall 1986 abgeschlossen. Das Exportkartell hatte über gut zehn Jahre die globale Mineralölwirtschaft dominiert und einseitig die Erdölpreise mittels Angebotskontrolle festgelegt. Die OPEC-Staaten verloren diese Fähigkeit mit der zunehmenden Verlagerung der Ölpreisbildung auf die Spotmärkte. „Die OPEC-Revolution der Peripherie", schreibt Lutz Zündorf, „ist durch die Marktrevolution des Zentrums überlagert worden mit dem Ergebnis, dass die Rohölpreise nun stärker durch die realen und virtuellen Marktkräfte als durch die Kartell-Politik der OPEC bestimmt

---

[551] Vgl. Shwadran, Middle East Oil Crises Since 1973, S. 196 f.
[552] Vgl. Gately, „Lessons from the 1986 Oil Price Collapse", S. 242.

werden."[553] Das gegenwärtige System der Preisfestsetzung entstand keineswegs isoliert von den vorangegangenen Entwicklungen in der weltweiten Erdölindustrie, sondern vielmehr „in response to major shifts in the global political and economic structures, changes in power balances, and economic and political transformations that fundamentally changed the structure of the oil market and the supply chain."[554]

Im Zentrum des zurückliegenden Ölpreisregimes der OPEC stand der Referenzpreis (*reference* oder *marker price*) für die saudische Sorte Arabian Light, an welcher sich die OPEC-Staaten bei der Bestimmung der offiziellen Verkaufspreise (OSP bzw. GSP) für ihre Erdölsorten orientierten. Die einseitige Preisbildung durch die Regierungen der OPEC-Mitglieder wurde während der zweiten Ölkrise zunehmend von den individuellen Kauf- und Verkaufsentscheidungen der Teilnehmer auf dem Spotmarkt und dem daraus im freien Wettbewerb gebildeten Marktpreis ersetzt. Die freien Marktkräfte sollten sich bis Mitte der 1980er Jahre gegenüber den Preisbestimmungsmechanismen der OPEC durchsetzen. Die Mitglieder des Erdölkartells waren an ihrer eigenen Entmachtung bei der Festlegung der Ölpreise maßgeblich beteiligt.

Die Überschussländer hatten in den 1970er Jahren das im Zuge der Verstaatlichungen den internationalen Mineralölkonzernen entwendete Rohöl zum Teil auf direktem Wege an unabhängige Ölunternehmen oder Raffinerien, staatliche Erdölgesellschaften, Ölhändler und auf dem Spotmarkt veräußert. Aus Gründen der Bequemlichkeit, mangelnder Vertriebserfahrung sowie entsprechender Absatzstrukturen in den Konsumländern wurde der Großteil des Regierungsöls auf Basis des sogenannten *buyback price* anfänglich jedoch zurück an die integrierten Konzerne, die das Erdöl gefördert hatten, verkauft.[555] Nach dem von den OPEC-Produzenten herbeigeführten Ende des Konzessionsregimes entwickelte sich allerdings ein Markt für das „offizielle" Erdöl, auf welchem die Gruppe der Förderländer einer großen Zahl unterschiedlicher Käufer (Majors, Independents, staatliche Ölgesellschaften, Raffinerieunternehmen, Handelshäuser, Regierungen und Ölhändler) gegenüberstand. Mit den neuen Akteuren in der Erdölindustrie und ihrem Zugang zu Rohöllieferungen entstand ein Sekundarhandel außerhalb des etablierten Systems, mit welchem ein erster Schritt in Richtung eines Marktes mit freier Preisbildung gesetzt wurde.[556]

---

[553] Zündorf, Das Weltsystem des Erdöls, S. 269.

[554] Fattouh, „An Anatomy of the Crude Oil Pricing System", S. 14.

[555] Vgl. ebd., S. 16.

[556] Vgl. Robert Mabro, „On Oil Price Concepts", Oxford Institute for Energy Studies, University of Oxford, WPM 3, 1984, abrufbar unter: http://www.oxfordenergy.org/wpcms/wp-con tent/uploads/2010/11/WPM3-OnOilPriceConcepts-RMabro-1984.pdf (4. September 2015), S. 55 f.

Die Praxis des Rückkaufs des Partizipationsöls durch die ausländischen Mineralölgesellschaften änderte sich mit dem rapiden Ölpreisanstieg Ende der 1970er Jahre. Als die Preise auf den Spotmärkten während der zweiten Erdölkrise in die Höhe schossen, verhalfen zahlreiche OPEC-Staaten dem neuen Marktplatz durch ihre zunehmenden Transaktionen zu dessen Bedeutungsgewinn. Die Exportländer kündigten sogar reihenweise langfristige Liefervereinbarungen, um zusätzliche Volumina auf dem freien Markt veräußern zu können. Mit der Auflösung der traditionellen Vertriebskanäle haben die OPEC-Förderländer zugleich auch die Majors dazu gezwungen, auf dem Spotmarkt Erdöl aufzukaufen, um ihren vertraglichen Lieferverpflichtungen gegenüber ihren Kunden nachkommen zu können. Die Aktivitäten der neuen Akteure, allen voran der großen internationalen Mineralölgesellschaften, auf dem freien Ölmarkt und die damit einhergehende Desintegration der Strukturen des alten Erdölregimes hatten weitreichende Auswirkungen auf die globale Ölwirtschaft, die nunmehr von den Kräften der neuen Wettbewerbsmärkte dominiert war.[557]

Als Saudi-Arabien während der dritten Erdölkrise dazu überging, der Verteidigung seiner Marktanteile vor der Stabilisierung der Ölpreise Priorität einzuräumen, führte es ein neues Preiskonzept ein: *netback pricing*. Es handelte sich dabei um ein innovatives Preissystem, das den Erdölkonzernen eine garantierte Raffineriemarge zusicherte, unabhängig von der Rohölpreisentwicklung. Im Rahmen der Netback-Preisbestimmung entsprach der Preis für das saudische Rohöl den tatsächlichen Verkaufspreisen für Mineralölprodukte auf dem Markt abzüglich der fixierten Raffinationsspanne, die den Ölgesellschaften als Erlös zukam. Mit der Einführung des Netback-Preissystems, das sogleich von anderen Erzeugerländern übernommen wurde, hat Saudi-Arabien seinen offiziellen Erdölpreis abgeschafft und die Preiskompetenz dem freien Markt übertragen. Das System der administrierten Ölpreise der OPEC mit den offiziellen Angebotspreisen war damit Geschichte. „The market was victorious", resümiert Daniel Yergin.[558]

Die Mitglieder des Produzentenkartells förderten also jene grundlegenden strukturellen Veränderungen auf dem Weltölmarkt, die schließlich das Ende des OPEC-Regimes in der weltweiten Erdölindustrie herbeiführen sollten. Die Spotmärkte verwandelten sich in den Krisenjahren während und nach dem zweiten Ölpreisschock immer mehr zu den wichtigsten Tauschplätzen des globalen Mineralölhandels. Der Anteil der über die Spotmärkte vertriebenen internationalen Öllieferungen betrug bis Ende der 1970er Jahre höchstens zehn Prozent. Anfang

---

[557] Vgl. Fattouh, „An Anatomy of the Crude Oil Pricing System", S. 18.
[558] Yergin, The Prize, S. 751.

1983 wurde bereits rund die Hälfte des weltweit gehandelten Rohöls zu Spotprei-sen verkauft.[559] Mit dem enormen Anstieg der Spot-Transaktionen im globalen Ölhandel traten für einen begrenzten Zeitraum kurzfristige Liefervereinbarungen anstelle von langjährigen Verträgen.[560] Der Wettbewerb auf den Rohölmärkten gewann damit zunehmend an Intensität.

Der Erdölhandel auf den neuen Tauschmärkten wurde zudem durch das Ende der Preiskontrollen in den Vereinigten Staaten vorangetrieben. Die Aufhebung der US-Ölpreiskontrollen im Jänner 1981 war die allererste Verfügung von Ronald Reagan, dem neuen Präsidenten im Weißen Haus.[561] Die Deregulierung der Ölpreise führte gemäß Edward L. Morse erstmals seit der Einführung von freiwilligen Förderquoten Mitte der 1950er Jahre zu einer Reintegration des US-amerikanischen Ölsektors in die weltweite Erdölwirtschaft. „The world's largest consumer market for oil", erläutert Morse,

was transformed into a place not only where imports were no longer subsidized, but where they had to compete for market share. Thus the U.S. market once again began to exert itself forcibly on global oil pricing. One by one, foreign oil exporters discovered they had to change prices with increasing rapidity if they were to maintain market share in the United States. They gave up administered pricing and moved toward market mechanisms, and as they did so, their key competitors in OPEC became vulnerable to the same pressures.[562]

Im Laufe der dritten Erdölkrise wollten angesichts der fallenden Preistendenz immer weniger Käufer die bis dahin branchenüblichen langfristigen Lieferverein-barungen zu festen Preisen akzeptieren.[563] Der Ölkauf auf dem rasant wachsenden

---

[559] Vgl. Maull, Energy, Minerals, and Western Security, S. 129; und Zündorf, Das Weltsystem des Erdöls, S. 262. Zündorf spricht von mehr als 50 Prozent Ende 1982 und Maull von 40 Prozent Anfang 1983.

[560] Dieses Phänomen gilt für die Krisenzeit während der zweiten und dritten Ölkrise. Auf-grund der hohen Preisvolatilität wollte kein Käufer eine langfristige Abnahmeverpflichtung zu einem von der OPEC bestimmten Preisindikator eingehen. Auf dem Spotmarkt konnte Rohöl jederzeit zu aktuellen Marktpreisen bezogen werden, womit dieser unter den Ölhänd-lern große Popularität erlangte. Nachdem die Erdölproduzenten dazu übergegangen waren, in den langjährigen Lieferverträgen marktbezogene Preisformeln festzuschreiben, ging die Han-delsaktivität auf den Spotmärkten und damit der Anteil der kurzfristigen Liefervereinbarungen wieder deutlich zurück.

[561] Vgl. Yergin, The Quest, S. 168.

[562] Morse, „A New Political Economy of Oil?", S. 13.

[563] Vgl. Shwadran, Middle East Oil Crises Since 1973, S. 193. In den langfristigen Liefer-vereinbarungen wurde üblicherweise die zu liefernde Erdölmenge genau festgelegt, während der Preis an den Referenzpreis der OPEC gekoppelt war.

Spotmarkt bot mit seinen tagesaktuellen Notierungen eine Alternative, von welcher in zunehmendem Maße Gebrauch gemacht wurde. Angesichts dieser Entwicklung hat Norwegen im November 1984 eine temporäre Aussetzung seiner offiziellen Angebotspreise angekündigt. Der Preis für das norwegische Erdöl wurde stattdessen auf Basis der Transaktionen auf dem Spotmarkt bestimmt. Auch Großbritannien hat Ende 1984 seine offizielle Preisstruktur aufgegeben und auf eine Preisfestsetzung durch den Markt umgestellt.[564] Die marktbezogene Bepreisung des Erdöls fand breite Akzeptanz und wurde in den Folgejahren von fast allen Exportstaaten, beginnend mit der staatlichen mexikanischen Ölgesellschaft Petróleos Mexicanos (PEMEX) im Jahre 1986, übernommen.[565]

Noch in den 1980er Jahren entwickelte sich eine komplexe Struktur vernetzter Erdölmärkte. Neben dem Spotmarkt entstanden bald auch Termin-, Futures-, Options- und andere Derivatemärkte, die auch als „*paper markets*" bezeichnet werden, für den weltweiten Handel mit Rohöl und Erdölprodukten.[566] Technische Innovationen wie der elektronische Handel, dank welchem von jedem Ort der Welt rund um die Uhr Geschäfte abgeschlossen werden können, revolutionierten diese neuen Märkte und machten sie zugleich einer breiten Palette neuer Teilnehmer zugänglich.[567] Während auf dem Spot- bzw. Cashmarkt oder im Rahmen langfristiger Verträge eine physische Lieferung von Erdöl erfolgt, werden die gehandelten Kontrakte auf den Derivatemärkten, die primär der Absicherung von Risiken oder spekulativen Zwecken dienen, üblicherweise durch Abschluss einer Gegenposition glattgestellt. Mit dem Einsatz unterschiedlichster Finanzinstrumente für den börslichen wie außerbörslichen Handel von Rohöl und Erdölerzeugnissen auf den neuen Terminmärkten hat der Finanzkapitalismus in der Ölindustrie Einzug gehalten.

---

[564] Der offizielle Preis für das britische Erdöl wurde von der 1975 gegründeten, staatlichen British National Oil Corporation (BNOC) festgelegt. Der offizielle Preis bildete auch die Grundlage für die Preisbestimmung jener Ölmengen, welche die als Lizenznehmer in der Nordsee tätigen erdölfördernden Konzerne an die BNOC verkauften. Als sich die Ölpreise Mitte der 1980er Jahre im freien Fall befanden, sträubten sich die Kunden der BNOC, den in langfristigen Lieferverträgen vereinbarten hohen offiziellen Preis zu zahlen. Der britische Staatskonzern war daraufhin gezwungen, das Erdöl zu niedrigeren Preisen auf dem Spotmarkt abzusetzen, als er selbst dafür gezahlt hatte. Dies trug der britischen Regierung hohe Verluste ein (allein im Dezember 1984 waren es 48 Millionen Dollar), weshalb sich diese zur Auflösung der BNOC entschloss. Die Preise für das britische Öl wurden hernach auf dem freien Markt bestimmt. Siehe ebd., S. 194.

[565] Vgl. Fattouh, „The Origins and Evolution of the Current International Oil Pricing System", S. 52.

[566] Vgl. Fattouh, „An Anatomy of the Crude Oil Pricing System", S. 20.

[567] Ebd., S. 20.

1979 konnte erstmals ein Futures-Kontrakt auf Heizöl an der NYMEX (New York Mercantile Exchange), der weltgrößten Warenterminbörse, und ab 1981 an der International Petroleum Exchange (IPE) in London gehandelt werden. Die NYMEX führte 1981 auch Terminkontrakte auf Benzin ein. 1983 folgte die Börsenzulassung der Rohölsorte WTI. Der Börsenhandel der Referenzsorte der Nordsee, Brent, begann 1988 an der IPE.[568] Rohöl der Sorte WTI gilt als der meistgehandelte Rohstoff der Welt. Täglich werden beinahe 1,2 Millionen Futureskontrakte bzw. 1,2 Milliarden Barrel gehandelt, wobei die Summe der offenen Positionen ein Volumen von zwei Milliarden Fass übersteigt.[569] Der Lieferort für WTI ist Cushing in Oklahoma.

Der Großteil des weltweit physisch gehandelten Erdölvolumens wird bis heute auf Grundlage von vertraglichen Lieferabkommen zwischen Produzenten und Händlern verkauft, im Gegensatz zur Zeit des Erdölregimes der OPEC allerdings zu Marktpreisen. Die Preisbestimmung bei langfristigen Lieferverträgen erfolgt in der Regel nach der Methode des sogenannten *„formula pricing"*.[570] Der Preis der jeweiligen Frachtladung leitet sich dabei von dem marktbezogenen Spotpreis ab. 90 bis 95 Prozent der weltweiten physischen Rohöl- und Erdölproduktverkäufe werden heute im Rahmen von Liefervereinbarungen mit einer vertraglich definierten Laufzeit getätigt. Es handelt sich dabei zumeist um Jahresverträge, die jedes Jahr verlängert werden. Der Rest, also nur fünf bis zehn Prozent, wird auf dem Spotmarkt verkauft.[571]

Der Erdölhandel auf den Terminbörsen und dem OTC-Markt übersteigt den physischen Umschlag von Mineralöl um ein Vielfaches. Die Handelsaktivität mit Erdölkontrakten auf den Derivatemärkten hat in den letzten Jahrzehnten rasant zugenommen, wie die Abbildung 5.7 anhand des Futures auf die Rohölsorte Brent zeigt. Das durchschnittliche monatliche Handelsvolumen des Brent Crude Futures, der an der Warenterminbörse ICE Futures Europe in London gehandelt wird,

---

[568] Die Angaben im gesamten Absatz stammen von Energy Charter Secretariat, Putting a Price on Energy, S. 78. Die IPE wurde im Jahre 2001 von dem US-amerikanischen Börsenbetreiber Intercontinental Exchange mit Sitz in Atlanta erworben und 2005 in ICE Futures umbenannt.

[569] Siehe die Daten der CME Group, abrufbar unter: https://www.cmegroup.com/trading/ why-futures/welcome-to-nymex-wti-light-sweet-crude-oil-futures.html (23. Mai 2021).

[570] Siehe dazu Fattouh, „An Anatomy of the Crude Oil Pricing System", S. 20.

[571] Vgl. Platts, „The Structure of Global Oil Markets", June 2010, abrufbar unter: http://www. platts.com/im.platts.content/insightanalysis/industrysolutionpapers/oilmarkets.pdf (3. September 2015). Als Spot-Geschäft (Kassageschäft) wird eine einmalige, umgehende physische Transaktion von Erdöl zwischen einem Verkäufer und Käufer verstanden. Im Gegensatz dazu ist eine Futures-Transaktion ein börsengehandeltes Termingeschäft mit einem fixen Erfüllungszeitpunkt in der Zukunft, wobei es nur in den wenigsten Fällen am Laufzeitende zu einem Realtausch kommt.

bewegt sich seit rund fünf Jahren zwischen 18 und 20 Millionen Kontrakte bzw. 18 und 20 Milliarden Barrel. Dies entspricht einem Tagesdurchschnitt von mehr als 600 Millionen Fass Erdöl. Das ist mehr als die sechsfache Menge der täglichen weltweiten Rohölförderung.

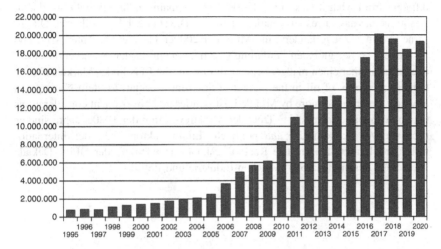

Abb. 5.7 Anzahl der gehandelten Kontrakte des Brent Crude Futures (im Monatsdurchschnitt – Kontraktgröße 1.000 Barrel). (Quelle: ICE, abrufbar unter: https://www.theice.com/ marketdata/reports/7 (7. Mai 2021))

In den vergangenen Jahrzehnten erlebte der globale Ölmarkt eine tiefgreifende Umgestaltung. Als das Erdölregime der OPEC in den 1980er Jahren zu zerfallen begann, wichen die staatlichen Eingriffe in das Marktgeschehen zusehends dem freien Spiel der Marktkräfte. Mit der Marktrevolution in der internationalen Mineralölwirtschaft verloren die OPEC-Staaten ihre vormals nahezu unumschränkte Preismacht. Der weltweite Erdölmarkt, erläutern Amy Myers Jaffe und Ronald Soligo, „has moved away from contracts or government relationships between specific buyers and producers to a global market system based on competitive bidding and price discovery through the commercial dealings of a vast number of players."[572] Die Ölpreise werden nun von den Kauf- und Verkaufsentscheidungen

---

[572] Amy Myers Jaffe und Ronald Soligo, „Energy Security: The Russian Connection", in: Daniel Moran und James A. Russell (Hrsg.), Energy Security and Global Politics: The Militarization of Resource Management, Routledge Global Security Studies: Vol. 6, London: Routledge 2009, S. 112–134 (hier 112).

der unterschiedlichen Marktteilnehmer auf den Güterbörsen und außerbörslichen Handelsplätzen für Erdöl bestimmt.

Der Übergang zum Regime der freien Marktkräfte bedeutet allerdings nicht, dass sich die Politik aus der weltweiten Erdölwirtschaft verabschiedet hätte. „Today's international petroleum industry", schreibt Edward L. Morse, „is radically different from what it was in the 1970s. Yet it remains as highly politicized as it was in the heyday of resource nationalism".[573] Die staatlich kontrollierten Ölkonzerne in den Erzeugerländern, die Mitte der 2000er Jahre einen Anteil von rund 85 Prozent an der globalen Förderung und noch mehr an den Reserven besaßen, üben noch immer einen maßgeblichen Einfluss auf die Regeln des Marktes aus.[574] „The total supply of oil in the market at any time", erklärt Øystein Noreng, „is arbitrary, determined more by Middle East politics and government considerations than by economic factors."[575] Trotz der Marktrevolution der 1980er Jahre sind es nach wie vor ökonomische *und* politische Einflussfaktoren, die den internationalen Erdölmarkt steuern. Die Regierungskontrolle während der OPEC-Dekade wich einer Zusammenarbeit zwischen Industrie und Politik.[576]

---

[573] Morse, „A New Political Economy of Oil?", S. 1.
[574] Vgl. Enno Harks, „Öl, Gas, Rente und politische Verfasstheit – Die Petrostaaten im Überblick", in: ders. und Friedemann Müller (Hrsg.), Petrostaaten: Außenpolitik im Zeichen von Öl, Baden-Baden: Nomos 2007, S. 18–32 (hier 18); siehe auch Yergin, The Quest, S. 90.
[575] Noreng, Crude Power, S. 108.
[576] Vgl. Morse, „A New Political Economy of Oil?", S. 1.

Die Entwicklung des Erdölmarktes und der Interdependenzbeziehungen von 1990 bis heute

6

6.1 Der globale Ölmarkt in den vergangenen drei Jahrzehnten

6.1.1 Zwischen Überangebot und Knappheit: Vom Käufermarkt der 1990er zum Nachfrageschock im neuen Millennium

Die Ölpreise sollten sich nach deren Verfall im Frühjahr 1986 infolge der von Saudi-Arabien und anderen OPEC-Produzenten zur Verteidigung ihrer Marktanteile vorgenommenen Produktionserhöhungen bis zur Jahrtausendwende nicht mehr nachhaltig erholen. Der internationalen Erdölindustrie stand eine lange Periode anhaltender Preisdepression bevor, die Resultat eines strukturellen Überangebots auf dem Markt war. Der nominale Durchschnittspreis der Rohölsorte Brent lag im Jahre 1986 bei 14,43 Dollar je Barrel und 1988 mit 14,92 Dollar je Barrel nur unwesentlich darüber. Anfang Oktober 1988 wurde für ein Fass nur knapp mehr als elf Dollar gezahlt[1] – so wenig, wie am Höhepunkt der dritten Ölkrise im Frühjahr und Sommer 1986. Inflationsbereinigt war der Brent-Preis 1988 mit durchschnittlich gut 32 Dollar pro Fass (auf Basis des Preisniveaus von 2019) sogar niedriger als im Schicksalsjahr 1986, als dieser im Mittel knapp 34

---

[1] Vgl. US Energy Information Administration (EIA), Europe Brent Spot Price FOB, abrufbar unter: https://www.eia.gov/dnav/pet/hist/RBRTED.htm (25. Mai 2021).

© Der/die Autor(en), exklusiv lizenziert durch Springer Fachmedien
Wiesbaden GmbH, ein Teil von Springer Nature 2021
A. Smith, *Treibstoff der Macht*,
https://doi.org/10.1007/978-3-658-34696-6_6

Dollar pro Fass betragen hatte. Auch 1989 kamen die Ölpreise mit durchschnittlich rund 18 Dollar je Barrel für die Referenzsorte Brent aufgrund des großen Angebots auf dem Markt nicht wirklich vom Fleck.[2]

Für die Petrostaaten der OPEC, die in den Jahren der Preisexplosion während der ersten und zweiten Ölkrise ihre Staatsausgaben signifikant ausgeweitet hatten, waren die niedrigen Ölpreise ein Desaster. Die Ausfuhrländer verzeichneten Jahr für Jahr ein gigantisches Loch in ihren Staatshaushalten, das mit den bestehenden Finanzrücklagen oder durch eine Schuldenaufnahme im Ausland gestopft wurde. Einige OPEC-Mitglieder drohten bald von der Schuldenlast erdrückt zu werden. Nigeria konnte 1986 den Staatsbankrott nur durch ein hartes Strukturanpassungsprogramm des IWF und der Weltbank abwenden. Venezuela erging es nicht anders. Das Gründungsmitglied der OPEC sah sich 1989 gezwungen, ein drastisches Sparprogramm nach Maßgabe der Bretton-Woods-Institutionen umzusetzen. In Algerien verschlang der Schuldendienst 1988 bereits 87 Prozent der Exporterlöse, weshalb die Implementierung der ungeliebten strukturellen Sanierungsmaßnahmen unter Aufsicht des IWF und der Weltbank 1991 nicht mehr zu vermeiden war.[3]

Auch der Irak war nach acht Kriegsjahren gegen den Iran finanziell am Ende. Das Land hat vordergründig für die Finanzierung des Krieges einen riesigen Schuldenberg in Höhe von bis zu 150 Milliarden Dollar angehäuft,[4] der angesichts eines jährlichen Haushaltsdefizits in Milliardenhöhe weiter anzuwachsen drohte. Der despotische Staatspräsident des Irak, Saddam Hussein, der den nutzlosen Krieg gegen den persischen Nachbarn ein Jahr nach seiner Machtübernahme angezettelt hatte, beschuldigte Kuwait und die Vereinigten Arabischen Emirate, mit ihrer Überproduktion absichtlich den Ölpreis zu drücken,[5] um auf diese Weise im Rahmen eines abgekarteten Spiels mit den Vereinigten Staaten sein Land zu schwächen.[6] Zudem unterstellte Hussein der kuwaitischen Regierung, sie würde

---

[2] Für die nominalen und realen Jahresdurchschnittspreise siehe BP, Statistical Review of World Energy June 2020 (Data Workbook).

[3] Vgl. Ali Kouaouci, „Population Transitions, Youth Unemployment, Postponement of Marriage and Violence in Algeria", in: Journal of North African Studies, Vol. 9, No. 2, Summer 2004, S. 28–45 (hier 36 f.).

[4] Die Quellen divergieren über die Höhe des irakischen Schuldenstandes Ende der 1980er Jahre. Maugeri beziffert die irakischen Auslandsschulden mit geschätzt 150 Milliarden Dollar, wovon rund 50 Milliarden auf westliche Gläubiger und Russland entfielen und der Rest auf arabische Staaten. Siehe Maugeri, The Age of Oil, S. 146. Parra hingegen spricht von insgesamt fast hundert Milliarden Dollar an Schulden. Siehe Parra, Oil Politics, S. 295.

[5] Allein zwischen Jänner und Juni 1990 sind die Rohölpreise um rund 30 Prozent gefallen.

[6] Vgl. Maugeri, The Age of Oil, S. 146. Die OPEC-Mitglieder produzierten um zwei Millionen Barrel pro Tag mehr, als es die Fördergrenze erlaubte. Kuwait und die Vereinigten Arabischen

durch exzessive Horizontalbohrungen Erdöl aus dem im Grenzgebiet beider Länder auf irakischer Seite gelegenen südlichen Rumaila-Feld stehlen. Der irakische Diktator behauptete weiters, Kuwait wäre historisch ein Teil des Irak gewesen, der dem Land von den britischen „Imperialisten" in maliziöser Absicht entrissen wurde.[7]

Der irakische Diktator war entschlossen, sich das kleine, erdölreiche Scheichtum am Persischen Golf auf militärischem Wege einzuverleiben. Der Irak würde nach einer Annexion Kuwaits zur größten Ölmacht der Welt aufsteigen und wäre zudem auf einen Schlag seine gravierenden Finanzprobleme los.[8] Auch die Vergrößerung des schmalen irakischen Meerzugangs zum Persischen Golf durch eine Eingliederung Kuwaits in den irakischen Staatsverband spielte in Husseins Überlegungen eine nicht unwesentliche Rolle.[9]

Im Morgengrauen des 2. August 1990 war es soweit. Die irakischen Truppen marschierten mit 100.000 Mann in Kuwait ein. Sie stießen auf nur geringen Widerstand. Binnen weniger Stunden befanden sich alle wichtigen Einrichtungen im Scheichtum unter der Kontrolle der irakischen Streitmacht.[10] Der Emir von Kuwait, Scheich Jaber al-Ahmad al-Sabah, brachte sich auf dem Landweg nach Saudi-Arabien in Sicherheit. Am 28. August erklärte Bagdad Kuwait zur 19. Provinz des Irak, der dadurch über Nacht 20 Prozent der globalen Rohölreserven kontrollierte.[11] Saddam Husseins Truppen standen nach deren Einverleibung Kuwaits nur einen Steinwurf von den riesigen saudischen Öllagerstätten, die

---

Emirate galten für ungefähr 80 Prozent der Überproduktion als verantwortlich. Kuwait förderte 1989 im Durchschnitt 1,8 Millionen Fass pro Tag, womit es seine Quote um 700.000 Fass pro Tag überschritt. Siehe Thomas C. Hayes, „Confrontation in the Gulf: The Oilfield Lying Below the Iraq-Kuwait Dispute", in: The New York Times, 3. September 1990, abrufbar unter: http://www.nytimes.com/1990/09/03/world/confrontation-in-the-gulf-the-oilfield-lying-below-the-iraq-kuwait-dispute.html?pagewanted=all&src=pm (26. September 2015).

[7] Der britische Hochkommissar Percy Cox hatte „in den Verträgen von Muhammarah und Uqair nach eigenem Gutdünken die – im Grunde genommen noch heute gültigen – Grenzen zwischen Irak, Saudi-Arabien und Kuwait" festgelegt. Dem Irak wurden einige Gebiete der Sauds zugeschlagen, die im Gegenzug großzügig mit kuwaitischem Territorium entschädigt wurden. Die Abkommen von 1922 gelten als der Ursprung „ständiger gegenseitiger Gebietsforderungen der drei Staaten." Siehe Henner Fürtig, Kleine Geschichte des Irak: Von der Gründung 1921 bis zur Gegenwart, 2. Auflage, München: C. H. Beck 2004, S. 68.

[8] Vgl. Yergin, The Prize, S. 772. Bagdad stand damals bei Kuwait mit 14 Milliarden Dollar in der Kreide.

[9] Vgl. Maugeri, The Age of Oil, S. 147.

[10] Vgl. Alberto Bin, Richard Hill und Archer Jones, Desert Storm: A Forgotten War, Westport: Praeger 1998, S. 24 f.

[11] Vgl. Maugeri, The Age of Oil, S. 147.

ein Viertel der weltweiten Reserven beherbergten, entfernt.[12] Die Ölimportnationen des Westens und die erdölreichen Staaten auf der Arabischen Halbinsel befürchteten, der irakische Diktator könnte sich mit Kuwait nicht begnügen und in seinem imperialen Machtstreben früher oder später auch nach den Ölgebieten Saudi-Arabiens und der Vereinigten Arabischen Emirate greifen.

Die internationale Staatengemeinschaft war über Husseins Überfall auf Kuwait entrüstet und tief besorgt. Der Sicherheitsrat der Vereinten Nationen und ein Großteil der Staaten der Arabischen Liga verurteilten den irakischen Angriff und forderten einen sofortigen Rückzug der irakischen Militärverbände vom kuwaitischen Staatsgebiet.[13] Der Sicherheitsrat verhängte weiters unter Kapitel VII der UN-Charta harte Wirtschaftssanktionen inklusive einem umfangreichen Handelsembargo gegen Bagdad.[14] US-Präsident George H. W. Bush erklärte zudem nachdrücklich: „This will not stand, this aggression against Kuwait."[15] Bush demonstrierte damit seine Entschlossenheit, in den weiteren Verlauf des Zweiten Golfkrieges im Interesse seines Landes und dessen Verbündete einzugreifen.

Bereits am 9. August 1990 wandte sich König Fahd mit einem Ersuchen an Washington, das die Stationierung von US-Truppen in Saudi-Arabien zum Schutz vor einem irakischen Einmarsch umfasste. Mitte August wurden die ersten amerikanischen Kampfverbände in das Königreich verlegt, deren Stärke schrittweise auf rund 200.000 Soldaten anwuchs.[16] Nachdem alle diplomatischen Bemühungen und wirtschaftlichen Strafmaßnahmen die irakischen Invasoren nicht zum Rückzug aus Kuwait zu bewegen vermochten, schien kein Weg an einem Militäreinsatz vorbeizuführen. Washington schmiedete im Rahmen der Operation *„Desert Shield"* eine breite Koalition zur Befreiung Kuwaits.

Am 29. November 1990 wurde die internationale Staatengemeinschaft auf Grundlage der Resolution 678 vom UN-Sicherheitsrat zu einem militärischen Vorgehen gegen Bagdad ermächtigt, sollte die irakische Regierung nicht bis zum 15. Jänner 1991 alle Resolutionsforderungen, darunter ein vollständiger Abzug der Truppen aus Kuwait, erfüllen. Nach Ablauf des Ultimatums griff eine breite internationale Kriegsallianz aus insgesamt 33 Staaten unter Führung der USA in den frühen Morgenstunden des 17. Jänner die irakische Armee in Kuwait und strategische Ziele in Bagdad und anderen Teilen des Irak an. Der Militäreinsatz lief unter

---

[12] Vgl. Parra, Oil Politics, S. 298.

[13] Siehe Resolution 660 des UN-Sicherheitsrates vom 2. August 1990.

[14] Siehe Resolution 661 des UN-Sicherheitsrates vom 6. August 1990.

[15] Zitiert nach Parra, Oil Politics, S. 298.

[16] Vgl. Guido Steinberg, Saudi-Arabien: Politik, Geschichte, Religion, München: C. H. Beck 2004, S. 70.

dem Namen „*Desert Storm*". Auf die Luftangriffe folgte am 24. Februar ein Einmarsch alliierter Bodentruppen in Kuwait, die das Land innerhalb weniger Tage befreiten. Bereits am 28. Februar waren die Kampfhandlungen beendet. Die irakischen Soldaten hatten bei ihrem Rückzug den Großteil der kuwaitischen Ölfelder in Brand gesteckt und damit eine veritable Umweltkatastrophe ausgelöst. Mehr als 600 Ölquellen standen über Monate in Flammen. Tag für Tag verbrannten rund sechs Millionen Fass Rohöl.[17]

Auf dem internationalen Ölmarkt führte die militärische Aggression Saddam Husseins gegen Kuwait zu großer Verunsicherung. Mit Beginn der Kriegshandlungen im August 1990 kamen die irakischen und kuwaitischen Erdölausfuhren zu einem abrupten Ende, womit über Nacht ungefähr vier Millionen Barrel pro Tag vom Weltölmarkt verschwanden.[18] Die Preise an den Handelsbörsen begannen deutlich anzuziehen. Ein Barrel Rohöl der Sorte Brent notierte Ende September 1990, als Hussein mit der Bombardierung Israels und der Zerstörung des saudischen Ölversorgungssystems drohte, bereits bei über 40 Dollar, womit der Preis seit Anfang Juli um rund 170 Prozent gestiegen war.[19] Der Preisanstieg war mehr von der Angst über die künftige Versorgungslage getrieben als der realen Angebotssituation auf den Ölhandelsplätzen geschuldet.[20] Bis Dezember 1990 wurden die dem Markt entzogenen Liefermengen aus Kuwait und dem Irak vollständig durch Produktionserhöhungen in anderen Ländern ausgeglichen. Allein Saudi-Arabien steigerte seinen Rohöloutput um drei Millionen Barrel pro Tag.[21] Der rasche militärische Erfolg der internationalen Koalitionsstreitmacht gegen den Irak führte zu einer zusätzlichen Beruhigung der Handelsteilnehmer auf dem Ölmarkt. Zur selben Zeit rutschten die Vereinigten Staaten und andere Verbraucherländer in eine Rezession, wodurch sich die globale Erdölnachfrage abschwächte und der Preisdruck weiter nachließ. Nach Ende des Zweiten Golfkrieges pendelte sich der Rohölpreis (Brent) bei ungefähr 19,50 Dollar pro Fass im Durchschnitt von März 1991 bis Dezember 1992 ein, um in den Folgejahren seinen langjährigen Abwärtstrend fortzusetzen.[22]

---

[17] Vgl. Yergin, The Prize, S. 778.

[18] Vgl. ebd., S. 774.

[19] Siehe EIA, Europe Brent Spot Price FOB; Maugeri, The Age of Oil, S. 148; und Yergin, The Prize, S. 774.

[20] Vgl. Parra, Oil Politics, S. 305.

[21] Vgl. Yergin, The Prize, S. 774.

[22] Ein Fass Rohöl der Sorte Brent kostete in den Jahren 1993 bis 1995 im Durchschnitt weniger als 17 Dollar. Siehe EIA, Europe Brent Spot Price FOB.

Der vorübergehende, angstgetriebene Ölpreisanstieg im Zuge des Zweiten Golfkrieges war letztlich ein Ausreißer in einem seit der dritten Erdölkrise von einem strukturellen Überangebot gekennzeichneten Käufermarkt. Zum Leidwesen der Exportländer hatte die allgemeine Marktentwicklung, zumindest in realer Betrachtungsweise, in der Periode zwischen 1986 und 1999 nur in eine Richtung gezeigt: abwärts. Die Ölnachfrage konnte mit dem Angebot im gesamten Zeitraum nicht Schritt halten.[23] Als Folge davon gingen die realen Ölpreise zwischen 1986 und 1998 im Durchschnitt um fast einen Dollar pro Jahr zurück.[24] Ein Fass Brent kostete zwischen 1986 und 1999 nominell im Mittel weniger als 18 Dollar.[25]

Das für die Produzentenländer schwierige Marktumfeld stellte die OPEC auf eine harte Probe. Damit die Ölpreise wenigstens nominal nicht weiter abrutschen, erforderte es von den Mitgliedern des Erdölkartells einer Einhaltung der Förderquoten. Dies fiel den von den Ölexporterlösen in hohem Maße abhängigen Ausfuhrländern, die Jahr für Jahr horrende Haushaltsdefizite auswiesen, alles andere als leicht. Das bankrotte Venezuela war Mitte der 1990er Jahre dringend auf zusätzliche Staatseinnahmen angewiesen. Da die Ölpreise nicht steigen wollten, führte aus Sicht der venezolanischen Regierung unter Rafael Caldera, der im Februar 1994 nach 25 Jahren zum zweiten Mal das Präsidentenamt angetreten hatte, kein Weg an einer Ausweitung des Erdöloutputs vorbei. Ohne die Investitionen und dem technischen Know-how der internationalen Mineralölkonzerne war dieses Ziel allerdings nicht zu erreichen, weshalb die über Jahrzehnte kultivierte und in der Bevölkerung populäre nationalistische Erdölpolitik Caracas' einem pragmatischen Ansatz weichen musste. Venezuela vollzog eine Öffnung („*la apertura*") gegenüber den ausländischen Ölgesellschaften, die zu einer Rückkehr ins Land eingeladen wurden, um in Kooperation mit der staatlichen PDVSA für die angestrebte Produktionserhöhung zu sorgen.[26] Die venezolanische Regierung vermochte mit „*la apertura*" innerhalb weniger Jahre internationale Investitionen im zweistelligen Milliardenbereich anzulocken, mit welchen die Förderung bestehender Ölfelder reaktiviert und die Entwicklung der reichen Ölsandvorkommen im Orinoco-Gürtel in Schwung gebracht werden konnten.[27]

---

[23] Vgl. Maugeri, The Age of Oil, S. 145.

[24] Vgl. Robin M. Mills, The Myth of the Oil Crisis: Overcoming the Challenges of Depletion, Geopolitics, and Global Warming, Westport: Praeger 2008, S. 22.

[25] Siehe BP, Statistical Review of World Energy June 2020 (Data Workbook). Der reale Durchschnittspreis (auf Basis 2019) betrug in diesem Zeitraum circa 33 Dollar je Barrel.

[26] Vgl. Yergin, The Quest, S. 119.

[27] Vgl. ebd., S. 121.

Venezuela begann Mitte der 1990er Jahre unter Missachtung seiner OPEC-Produktionsquote die Ölfördermenge bis zur Kapazitätsgrenze auszuweiten. Der venezolanische Output erhöhte sich von durchschnittlich 2,5 Millionen Fass pro Tag in den Jahren 1991 und 1992 auf mehr als 3,5 Millionen Fass pro Tag 1997.[28] Venezuelas eigennützige Ölpolitik stieß innerhalb der OPEC erwartungsgemäß auf erheblichen Widerstand. Wie bereits ein Jahrzehnt zuvor während der dritten Erdölkrise war es erneut Saudi-Arabien, das am vehementesten auf eine Einhaltung der Fördergrenzen drängte. Es dauerte bis zum OPEC-Treffen im November 1997 in Jakarta, bis der Konflikt beigelegt wurde. Die Mitglieder des Ölkartells einigten sich in der indonesischen Hauptstadt auf eine Erhöhung der kollektiven Produktionsgrenze um zwei Millionen Barrel pro Tag, was im Grunde einer Aufhebung jeglicher Förderbeschränkungen in den einzelnen Ländern gleichkam.[29] Die Marktgegebenheiten schienen die Anhebung der Gesamtquote zu rechtfertigen, da der Welterdölbedarf infolge der rasanten Wirtschaftsentwicklung in Asien zwischen 1996 und 1997 um mehr als zwei Millionen Fass pro Tag gestiegen war.[30]

Die optimistische Einschätzung der OPEC-Staaten in Jakarta über den globalen Ölbedarf sollte sich schon bald als grundfalsch erweisen. Just als das Exportkartell ohne Schranken Erdöl in den Markt zu pumpen begann, erlebte die Nachfrage einen starken Einbruch. Im Sommer 1997 waren einige Staaten Ost- und Südostasiens nach einem massiven Währungsverfall in schwere finanzwirtschaftliche Turbulenzen geraten. Zahlreiche Banken und Unternehmen in den betroffenen Krisenländern vermochten ihre exzessiven Fremdwährungsschulden nicht mehr zu bedienen, woraufhin ein Zusammenbruch des Bankensektors drohte. Nicht zuletzt aufgrund der befürchteten wirtschaftlichen Ansteckungsgefahren für die Weltkonjunktur gingen die internationalen Aktienmärkte auf Talfahrt. Mit dem Wirtschaftsabsturz in den Jahren 1997 und 1998 endete die lange Boomphase der asiatischen „Tigerstaaten". Teils als Folge der Asienkrise schlitterten auch Japan und Russland in eine ernste Finanz- und Wirtschaftskrise.[31]

Die ökonomische Flaute in Asien hatte empfindliche Auswirkungen auf den Weltölmarkt, auf dem sich angesichts der Nachfrageschwäche ein eklatantes

---

[28] Siehe The Shift Project (Data Portal), abgerufen: 7. Oktober 2015.

[29] Vgl. Yergin, The Quest, S. 121.

[30] Vgl. ebd., S. 85.

[31] Das BIP der von der Asienkrise am schwersten betroffenen Länder ist 1998 um folgende Werte eingebrochen: Hongkong −5,9 Prozent (seit 1. Juli 1997 Teil der Volksrepublik China), Indonesien −13,1 Prozent, Macao −4,6 Prozent (seit 20. Dezember 1999 Teil der Volksrepublik China), Malaysia −7,4 Prozent, Philippinen −0,6 Prozent, Singapur −2,2 Prozent, Südkorea −5,7 Prozent und Thailand −10,5 Prozent. In Japan ist die Wirtschaft im Jahre 1998

Überangebot abzuzeichnen begann. Durch den milden Winter 1997/98 in Europa, Japan und Nordamerika wurde der weltweite Erdölbedarf zusätzlich gedrückt.[32] Damit nicht genug, kehrte ausgerechnet am Höhepunkt des krisenbedingten Nachfrageschwunds der Irak als bedeutender Erdölexporteur auf den Weltmarkt zurück.[33] Die irakische Fördermenge stieg von durchschnittlich 590.000 Barrel Rohöl pro Tag 1996 auf knapp 2,2 Millionen Barrel pro Tag im Jahresmittel 1998.[34] Allein zwischen Jänner und August 1998 hat der Irak seinen Output mehr als verdoppelt und damit zu einer ungeheuren Ölschwemme beigetragen.[35] Es befand sich viel zu viel Öl auf dem Markt, woraufhin der Erdölpreis gegen Ende des Krisenjahres 1998 auf ein Rekordtief sank. Im Dezember wurde für ein Fass Brent im Monatsdurchschnitt weniger als zehn Dollar gezahlt.[36] In realer Betrachtung kostete Rohöl 1998 so wenig wie vor der Preisrevolution 1973.[37]

Der mit der Asienkrise einhergehende Ölpreisverfall bewirkte eine nachhaltige Transformation der internationalen Mineralölindustrie. Gemäß der Einschätzung von Daniel Yergin handelte es sich dabei um „the biggest reshaping of the structure of the petroleum industry since the breakup of the Standard Oil Trust by the U.S. Supreme Court in 1911.“[38] Die integrierten Erdölkonzerne erlitten infolge des Preissturzes dramatische Umsatzeinbußen. Der erhöhte Kostendruck zwang die Ölgesellschaften zu einschneidenden Sparmaßnahmen und größerer Effizienz. Es folgten Massenentlassungen, drastische Investitionskürzungen und eine Fusionswelle, um mit steigender Unternehmensgröße Skalenvorteile zu erzielen.[39] BP übernahm 1998 seinen US-Rivalen Amoco und 2000 ARCO. Exxon und Mobil

---

um zwei Prozent geschrumpft und in Russland um 5,3 Prozent. Siehe die Daten der Weltbank unter http://data.worldbank.org/indicator/NY.GDP.MKTP.KD.ZG?page=3 (7. Oktober 2015).

[32] Vgl. Noreng, Crude Power, S. 24.

[33] Nach Jahren des internationalen Boykotts als Reaktion auf die Aggression des Irak im Zuge des Zweiten Golfkrieges konnte das Land auf Grundlage von Resolution 986 des UN-Sicherheitsrates vom 14. April 1995 im Rahmen des Programms „Öl für Lebensmittel" seine Erdölexporte im Tausch gegen Hilfsgüter in begrenztem Maße wieder aufnehmen. Es dauerte bis zum Dezember 1996, bis Bagdad die Resolution angenommen hatte und damit den Weg für die Wiederaufnahme der irakischen Erdölausfuhren freimachte. Siehe Maugeri, The Age of Oil, S. 151.

[34] Siehe The Shift Project (Data Portal), abgerufen: 7. Oktober 2015.

[35] Vgl. Noreng, Crude Power, S. 24.

[36] Siehe EIA, Europe Brent Spot Price FOB.

[37] Siehe BP, Statistical Review of World Energy June 2020 (Data Workbook). Der reale Durchschnittspreis (auf Basis 2019) betrug 1998 weniger als 20 Dollar je Barrel.

[38] Yergin, The Quest, S. 87 f.

[39] Vgl. Mills, The Myth of the Oil Crisis, S. 23.

schlossen sich 1999 zum größten Ölkonzern der Welt zusammen. Die französische Total schluckte 1999 Petrofina und ein Jahr später Elf. Chevron, das bereits 1984 Gulf Oil übernommen hatte, verschmolz 2001 mit TEXACO. Aus der Fusion der beiden amerikanischen Independents Conoco (vormals Continental Oil) und Phillips Petroleum ging im Jahre 2002 mit ConocoPhillips ein weiterer Erdölriese hervor. Durch den Zusammenschluss der großen internationalen Mineralölunternehmen entstanden neue Ölgiganten, die heute vielfach als „Supermajors" bezeichnet werden. Zur Gruppe der weltgrößten, global tätigen Erdölgesellschaften zählen BP, Chevron, ConocoPhillips, ENI, ExxonMobil, Royal Dutch Shell und Total.[40] Mit dem Größengewinn und den Effizienzsteigerungen rüsteten sich die Supermajors für die zunehmend komplexen Explorations- und Produktionsprojekte im neuen Millennium und das prognostizierte allmähliche Ende des einfach und kostengünstig zu fördernden „*easy oil*".[41]

Die OPEC sah sich angesichts des dramatischen Preissturzes im Zuge der Asienkrise zum Handeln gezwungen. Im März 1998 und März 1999 verständigte sich das Erdölkartell auf Produktionskürzungen, um ein Ende des Ölpreisverfalls herbeizuführen. Die Gesamtfördergrenze (ohne dem Irak und Indonesien) wurde von ungefähr 25 Millionen Fass pro Tag im ersten Quartal 1998 auf weniger als 22 Millionen Fass pro Tag ab April 1999 gesenkt.[42] Der OPEC gelang es im Frühjahr 1999 dank der disziplinierten Einhaltung der vereinbarten Mengenbegrenzungen durch ihre Mitglieder zur eigenen Überraschung tatsächlich, die Ölpreise anzuheben.[43] Die Rohölpreise haben sich ab Anfang März 1999 binnen eineinhalb Jahren mehr als verdreifacht.[44] Zur Stabilisierung der Ölpreise hat die OPEC im Juni 2000 einen Preiskorridor von 22 bis 28 Dollar pro Fass eingeführt. Der „OPEC Basket Price", der einen gewichteten Durchschnittspreis einiger

---

[40] Vgl. Amy Myers Jaffe und Ronald Soligo, „The International Oil Companies", The James A. Baker III Institute for Public Policy, Rice University, November 2007, abrufbar unter: http://bakerinstitute.org/media/files/Research/3e565918/NOC_IOCs_Jaffe-Soligo.pdf (12. September 2015), S. 17 f.

[41] „The era of easy oil is over", verkündete David J. O'Reilly, der von 2000 bis 2009 Chevron vorgestanden war, im Jahre 2005. Siehe http://www.chevron.com/documents/pdf/realissue sadtrillionbarrels.pdf (31. Oktober 2015).

[42] Vgl. OPEC, Annual Statistical Bulletin 2014, S. 10.

[43] Vgl. Friedemann Müller, „Petrostaaten in der internationalen Politik", in: Enno Harks und Friedemann Müller (Hrsg.), Petrostaaten: Außenpolitik im Zeichen von Öl, Baden-Baden: Nomos 2007, S. 11–17 (hier 11).

[44] Der Brent-Preis je Barrel stieg von rund 10,50 Dollar in den ersten Märztagen 1999 auf durchschnittlich gut 33 Dollar im September 2000. Siehe EIA, Europe Brent Spot Price FOB.

ausgewählter Sorten von Mitgliedsländern darstellt, sollte durch Produktionsbe-schränkungen oder -ausweitungen langfristig innerhalb dieser Spanne gehalten werden. Dies funktionierte einige Jahre ganz passabel, auch über die Terroran-schläge des 11. September 2001 und den im März 2003 beginnenden Irak-Krieg hinaus, doch gegen Ende 2003 begann sich in der weltweiten Erdölwirtschaft ein Wandel von einem Käufer- zu einem Verkäufermarkt und damit einhergehend eine deutliche Aufwärtstendenz bei den Ölpreisen abzuzeichnen, welcher die OPEC nicht mehr entgegenzuwirken gedachte.[45]

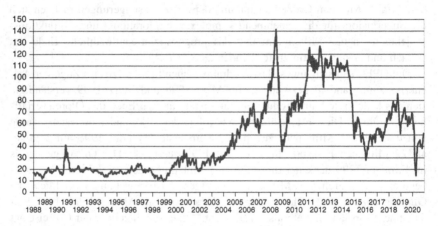

Abb. 6.1 Wöchentlicher Brent-Spotpreis 1988–2020 (in Dollar je Barrel f.o.b.). (Quelle: U. S. Energy Information Administration, abrufbar unter: https://www.eia.gov/dnav/pet/hist/rbr teW.htm (7. Mai 2021))

1998 waren die Erdölpreise inflationsbereinigt auf fast ihren tiefsten Stand im gesamten 20. Jahrhundert gefallen.[46] Nur zehn Jahre später erreichte der Rohölpreis mit mehr als 147 Dollar für ein Fass der wichtigsten Referenzsorten Brent und WTI am 11. Juli 2008 einen historischen Rekordwert. Der ungeheure Ölpreisanstieg im neuen Millennium, der sich (wie aus Abbildung 6.1 hervorgeht) zwischen Anfang 2004 und Mitte 2008 ereignete, war Resultat eines Nachfrage-schocks auf dem Weltölmarkt, wobei die Preisübertreibungen von spekulativen

---

[45] Vgl. Müller, „Petrostaaten in der internationalen Politik", S. 11 f. Die Anschläge des 11. September 2001 hatten keinen großen Einfluss auf die Erdölpreise. Siehe Yergin, The Quest, S. 130.

[46] Vgl. Mills, The Myth of the Oil Crisis, S. 21.

Aktivitäten auf den Terminmärkten noch verstärkt wurden.[47] In den Jahren 2004 bis 2007 verzeichnete die Weltwirtschaft ein kräftiges Wachstum von durchschnittlich annähernd vier Prozent pro Jahr.[48] Die chinesische Wirtschaft legte im selben Zeitraum im Durchschnitt sogar um mehr als zwölf Prozent pro Jahr zu und jene Indiens um rund neun Prozent pro Jahr.[49] Das starke globale Wirtschaftswachstum verlieh der Erdölnachfrage einen enormen Auftrieb. Der weltweite Ölverbrauch erhöhte sich zwischen 2003 und 2007 um circa 6,2 Millionen Barrel pro Tag, wobei davon allein zwei Millionen auf China und eine halbe Million auf Indien entfielen.[50] China hat 2013 die Vereinigten Staaten als weltgrößter Importeur von Rohöl abgelöst. Genau genommen stammte der gesamte Nettozuwachs des globalen Erdölkonsums seit 1999 aus Ländern außerhalb des OECD-Raums.[51]

Während der Nachfragedruck spätestens ab 2004 eine erhebliche Zunahme registrierte, war das Erdölangebot zur selben Zeit durch einen krisen- und katastrophenbedingten Wegfall von Produktionsmengen[52] und als Folge eines mit

---

[47] Vgl. James D. Hamilton, „Causes and Consequences of the Oil Shock of 2007–08", in: Brookings Papers on Economic Activity, Vol. 40, No. 1, Spring 2009, S. 215–283 (hier 240); und Yergin, The Quest, S. 162. Hamilton zufolge waren die geringe Preiselastizität der Nachfrage und der stagnierende globale Rohöloutput die grundlegenden Ursachen des Nachfrageschocks.

[48] Im Vergleich dazu war die Weltwirtschaft zwischen 2001 und 2003 im Durchschnitt um weniger als zwei Prozent pro Jahr gewachsen. Siehe dazu die einzelnen Jahresausgaben des UN-Berichts „World Economic Situation and Prospects", abrufbar unter: http://www.un.org/en/development/desa/policy/wesp/archive.shtml#2009 (14. Oktober 2015).

[49] Siehe die Daten der Weltbank unter http://data.worldbank.org/indicator/NY.GDP.MKTP. KD.ZG?page=1 (14. Oktober 2015).

[50] Vgl. BP, Statistical Review of World Energy June 2020 (Data Workbook).

[51] Vgl. Christof Rühl, „Global Energy After the Crisis: Prospects and Priorities", in: Foreign Affairs, Vol. 89, No. 2, March/April 2010, S. 63–75 (hier 65).

[52] Vgl. Yergin, The Quest, S. 164 f. Ein gegen die Regierung von Hugo Chávez gerichteter Generalstreik in Venezuela, der von Anfang Dezember 2002 bis ins Frühjahr 2003 andauerte, hatte die venezolanische Erdölförderung lahmgelegt. Der Output brach von 3,1 Millionen auf rund 200.000 Barrel pro Tag ein. Auch wenn sich die venezolanische Ölindustrie nach wenigen Monaten wieder erholte, sollte die Produktionsleistung nicht mehr das Niveau von vor dem Generalstreik erreichen. Während Venezuela 2001 im Mittel mehr als 3,3 Millionen Barrel Rohöl pro Tag produzierte, waren es im Durchschnitt der Jahre 2003 bis 2008 nur noch ungefähr 2,7 Millionen Barrel pro Tag. Gewaltausbrüche im Nigerdelta ab 2006, als Mitarbeiter von Mineralölkonzernen gekidnappt und ermordet wurden, führten zu schweren Beeinträchtigungen des nigerianischen Outputs. Die Rohölproduktionsmenge in Nigeria ist zwischen 2005 und 2008 von durchschnittlich über 2,6 auf weniger als 2,2 Millionen Barrel pro Tag zurückgegangen. Ferner brachten die Hurrikans Katrina und Rita im Spätsommer 2005 die riesige amerikanische Offshore-Ölindustrie im Golf von Mexiko für einige Monate zum Erliegen. Die gewaltigen tropischen Wirbelstürme setzten zeitweise 29 Prozent der gesamten

dem traumatischen Preissturz 1998 einhergehenden, langjährigen Investitionsdefizits in der Ölindustrie[53] begrenzt. Das internationale Erdölangebot konnte mit dem rasanten Bedarfszuwachs kaum noch Schritt halten. Die Folge war eine außergewöhnlich angespannte Marktsituation. Zwischen 1996 und 2003 hatte die weltweite Kapazitätsreserve, die einen bedeutenden Sicherheitspuffer bei unvorhergesehenen angebots- oder nachfrageseitigen Marktveränderungen darstellt, noch ungefähr vier Millionen Fass pro Tag betragen. Bis 2005 sind die freien Produktionskapazitäten auf dem Weltmarkt infolge der enormen Nachfrageausweitung und mehrerer Angebotsstörungen auf nicht mehr als eine Million Fass pro Tag gesunken.[54]

Der signifikante Preisauftrieb auf dem Erdölmarkt ab 2004 erschien auf Basis der Fundamentaldaten gerechtfertigt. Das zunehmende Ungleichgewicht zwischen Angebot und Nachfrage und das daraus resultierende Verschwinden des globalen Kapazitätspuffers trieb die Ölpreise wenig überraschend in die Höhe. Gegen Ende 2007 und Anfang 2008 wurde der ungeheure Preisanstieg laut Daniel Yergin allerdings nicht mehr in erster Linie von den realwirtschaftlichen Gegebenheiten getragen, sondern vielmehr von spekulativen Transaktionen von Finanzinvestoren, welche die Rohstoffmärkte als eine neue Anlageklasse für sich entdeckten, angetrieben.[55] Die Marktteilnehmer aus der Finanzbranche sorgten für eine massive Liquiditätszunahme auf den Terminmärkten, die mit fortschreitender Hausse Tendenzen einer Blase erkennen ließen. Die Ölpreise haben sich allein zwischen August 2007 und Anfang Juli 2008 verdoppelt.

Ölförderung der Vereinigten Staaten und beinahe 30 Prozent der US-Raffineriekapazitäten außer Betrieb. Darüber hinaus vermochte der Irak in jenen Jahren aufgrund des Krieges und der instabilen Sicherheitslage im Land seine Förderkapazitäten und sein Exportpotenzial bei weitem nicht auszuschöpfen. Der kombinierte Produktionsausfall lastete damals schwer auf dem globalen Ölmarkt, der nachfrageseitig erheblich unter Druck gestanden war. Zu den Angaben in der gesamten Fußnote siehe ebd., S. 133 ff.; und The Shift Project (Data Portal), abgerufen: 17. Oktober 2015.

[53] Die weltweiten Investitionen in die Erdöl- und Erdgasförderung verzeichneten nach der Asienkrise im Jahre 1999 einen Rückgang um 20 Prozent. Siehe The Economist, „In a bind", 6 December 2014, S. 71–72 (hier 71).

[54] Vgl. Yergin, The Quest, S. 165.

[55] Vgl. ebd., S. 176. Die These, wonach die von den auf den Terminbörsen aktiven Finanzinvestoren erzeugte spekulative Nachfrage für den Preisanstieg auf dem physischen Markt für Rohöl verantwortlich war, gilt als umstritten. Laut einer Studie der beiden Ökonomen Lutz Kilian und Daniel P. Murphy, die ihre Ergebnisse auf ein empirisches Modell des Ölmarktes stützen, war der Einfluss spekulativer Marktaktivitäten auf die Ölpreise kaum wahrnehmbar. Siehe Lutz Kilian und Daniel P. Murphy, „The Role of Inventories and Speculative Trading in the Global Market for Crude Oil", in: Journal of Applied Econometrics, Vol. 29, No. 3, April/May 2014, S. 454–478.

Die Lage auf dem internationalen Erdölmarkt begann sich im ersten Quartal 2008 wesentlich zu ändern, als die globale Nachfrage nach dem „schwarzen Gold" eine Abschwächung und gleichzeitig das Angebot eine Zunahme verzeichnete. Der Nachfrageschock näherte sich in leisen Schritten seinem Ende. Die Erdölkonzerne hatten in der Phase der steigenden Ölpreise intensive Anstrengungen unternommen, neue Förderquellen zu erschließen und zusätzliches Öl auf den Markt zu bringen. Die historisch hohen Preise bewogen derweil viele Konsumenten zu einem sparsameren Verbrauch von Mineralölprodukten. Der US-amerikanische Benzinbedarf verringerte sich im Sommer 2008 im Vergleich zum selben Zeitraum in den Vorjahren um rund 400.000 Barrel pro Tag.[56] Treibstoffeffiziente Fahrzeuge wurden nun den beliebten SUVs vorgezogen, sofern überhaupt ein Auto gekauft wurde.[57] Infolge der schwindenden Nachfrage nach Kraftfahrzeugen brachen die weltweiten Verkäufe zwischen 2007 und 2009 von 72 Millionen auf 66 Millionen Stück ein.[58]

Die ungeheure Ölpreissteigerung animierte die Verbraucher zu einer sparsameren Nutzung von Mineralölerzeugnissen, was einen Nachfragerückgang verursachte. Für die Überschussländer sollte es allerdings noch viel schlimmer kommen. Der Welt stand ein außerordentlicher Wirtschaftsabschwung bevor, an welchem die hohen Ölpreise wesentlichen Anteil hatten.[59] Die globale Finanz- und Wirtschaftskrise, die Ende 2007 mit einer Immobilienkrise auf dem US-amerikanischen Subprime-Markt ihren Ausgang genommen hatte und nach dem Zusammenbruch der Investmentbank Lehman Brothers im September 2008 in einen Kollaps des weltweiten Finanzsystems zu münden drohte, ließ den Erdölbedarf in den Industriestaaten dramatisch einbrechen. Der Ölverbrauch im OECD-Raum sank zwischen 2007 und 2009 um rund vier Millionen Barrel pro Tag.[60] Zur gleichen Zeit, mitten in der schwersten ökonomischen Rezession seit der Weltwirtschaftskrise 1929, strömte als Folge des enormen Investitionsschubs in den Jahren der Preishausse immer mehr Erdöl auf den Markt. Die Ölpreise stürzten daraufhin bis Ende 2008 auf weniger als 40 Dollar je Fass ab, was einem

---

[56] Vgl. US Energy Information Administration (EIA), „U.S. summer gasoline demand expected to be at 11-year low", 26 April 2012, abrufbar unter: http://www.eia.gov/todayinenergy/detail.cfm?id=6010# (18. Oktober 2015).

[57] Vgl. Yergin, The Quest, S. 181.

[58] Siehe dazu die Verkaufsstatistiken der Internationalen Automobilherstellervereinigung (OICA) unter http://www.oica.net/wp-content/uploads/total-sales-2014-2.jpg (18. Oktober 2015).

[59] Vgl. Yergin, The Quest, S. 183 f.

[60] Vgl. BP, Statistical Review of World Energy June 2020 (Data Workbook). Die Angabe bezieht sich auf einen Vergleich des Jahresdurchschnittsverbrauchs 2007 und 2009.

Preisverfall von 75 Prozent innerhalb eines halben Jahres entsprach.[61] In einem Zeitraum von nur zwei Jahren hatten die Rohölpreise einen erstaunlichen Aufstieg und Fall erlebt. Zuerst sind die Preise zwischen Jänner 2007 und Juli 2008 von 50 auf knapp 150 Dollar je Fass in die Höhe geschossen, um anschließend auf nicht mehr als 35 Dollar in den letzten Dezembertagen 2008 abzusacken.

Der spektakuläre Ölpreissturz in der zweiten Jahreshälfte 2008 führte den Petrostaaten nach 1986 und 1998 abermals ihre Abhängigkeit von den Entwicklungen auf dem internationalen Erdölmarkt vor Augen. Zur Finanzierung ihrer Staatshaushalte sind die Erdölexportnationen auf hohe und stabile Ölpreise angewiesen. Mit dem anhaltenden Nachfragewachstum vor allem in Asien schien eine wesentliche Voraussetzung für ein dauerhaft hohes Preisniveau gegeben. „Peak Oil" und die Sorge vor einer unausweichlichen Erdölverknappung dominierten in der ersten Dekade des 21. Jahrhunderts den Diskurs über die künftige Entwicklung der globalen Ölförderung.[62] Ausgehend von der Peak-These und den Verlautbarungen ihrer öffentlichkeitswirksamen Apologeten, die das globale Ölfördermaximum als unmittelbar bevorstehend oder bereits überschritten erachteten,[63] musste den Produzentenländern als Eigentümer des raren und kostbaren Erdöls eine goldene Zukunft beschieden sein.

Trotz der Wirtschaftskrise erholten sich die Ölpreise nach dem Preisverfall von Juli bis Dezember 2008 angesichts der ungebrochenen Nachfrage in Asien und Produktionsausfällen in Libyen, Syrien und dem Iran auch rasch wieder

---

[61] In der letzten Dezemberwoche 2008 notierte das Fass Brent zwischen 34 und 36 Dollar. Siehe EIA, Europe Brent Spot Price FOB.

[62] Colin J. Campbell und seine Association for the Study of Peak Oil (ASPO) verbreiteten am lautstärksten das auf die Arbeiten von M. King Hubbert gestützte Argument, wonach das historische Ölfördermaximum (bald) erreicht sei und nun – analog dem Verlauf einer Glockenkurve – ein unaufhaltsamer Produktionsrückgang bevorstehe. Eine Reihe von Bestsellern propagierte diese Sichtweise, darunter Colin J. Campbell et al., Ölwechsel! Das Ende des Erdölzeitalters und die Weichenstellung für die Zukunft, 2. Auflage, München: Deutscher Taschenbuch Verlag 2008; Matthew R. Simmons, Twilight in the Desert: The Coming Saudi Oil Shock and the World Economy, Hoboken: Wiley 2005; Michael T. Klare, Rising Powers, Shrinking Planet: The New Geopolitics of Energy, New York: Metropolitan Books 2008; und Kenneth S. Deffeyes, Hubbert's Peak: The Impending World Oil Shortage, Neuauflage, Princeton: Princeton University Press 2009. Wie schon mehrfach zuvor in der Geschichte des Erdöls ging erneut die Angst um, der Welt könnte bald das Öl ausgehen.

[63] Campbell erwartete den historischen Produktionshöhepunkt in den 2000er Jahren. Seine Prognosen bedurften mehrfach einer Anpassung. Deffeyes hatte den Förderpeak mit 2005 angegeben. Siehe Deffeyes, Hubbert's Peak, S. ix und 158. In Wahrheit ist der globale Rohöloutput seit 2005 von circa 82 Millionen Fass pro Tag auf eine Rekordmenge von mehr als 95 Millionen Fass pro Tag in den Jahren 2018 und 2019 gestiegen. Siehe BP, Statistical Review of World Energy June 2020 (Data Workbook).

auf über hundert Dollar pro Fass im Durchschnitt der Jahre 2011 bis 2014.[64] Die europäischen Einfuhrländer schienen auf Basis der noch vor wenigen Jahren dominierenden Einschätzungen über die Zukunft des internationalen Erdölmarktes dauerhaft mit einer nachhaltigen Angebotseinschränkung und höchsten Preisen leben zu müssen. Die IEA ging 2008 in ihrem Ausblick über die Weltenergieversorgung von einem sukzessiven Ölpreisanstieg auf über 200 Dollar je Barrel bis 2030 aus.[65] Die düsteren Prognosen sollten der Realität nicht standhalten. In Nordamerika bahnte sich in der Zwischenzeit eine Erdölrevolution an, deren globale Tragweite anfangs kaum jemand abzuschätzen vermochte.

6.1.2 „Drill, baby, drill": Die US-Schieferölrevolution und die neue Ölschwemme

Im US-Präsidentschaftswahlkampf 2008 zählten Amerikas Abhängigkeit von ausländischem Erdöl und die historisch hohen Benzinpreise an den Zapfsäulen zu den dominierenden Themen. Die Republikaner unter ihrem Präsidentschaftskandidaten John McCain und dessen *running mate* Sarah Palin traten für eine sofortige Steigerung der Bohraktivitäten auf dem amerikanischen Festland und in neuen Offshore-Explorationszonen ein und stellten ihre Ölpolitik unter die Parole „*drill, baby, drill*". Der Kandidat der Demokratischen Partei, Barack Obama, der letztlich siegreich aus der Novemberwahl hervorging und am 20. Jänner 2009 zum 44. Präsidenten der Vereinigten Staaten vereidigt wurde, stand einer breitflächigen Öffnung neuer Explorationsgebiete für Erdölbohrungen im Wahlkampf reserviert gegenüber und sprach sich vielmehr für eine Förderung alternativer Energiequellen aus. Dennoch sollten die USA während Obamas Amtszeit eine imposante Ausweitung der nationalen Bohraktivitäten und in weiterer Folge der Ölfördermenge verzeichnen.

Der US-amerikanische Rohöloutput erlebte zwischen 2010 und 2019 ein beeindruckendes Wachstum, für das es nur wenige Parallelen in der Geschichte der

---

[64] Vgl. EIA, Europe Brent Spot Price FOB. Der chinesische Erdölkonsum ist zwischen 2008 und 2014 um durchschnittlich mehr als 3,1 Millionen Barrel pro Tag gestiegen. Im gesamten süd- und ostasiatischen Raum betrug das Verbrauchswachstum im selben Zeitraum beinahe fünf Millionen Barrel pro Tag. Siehe BP, Statistical Review of World Energy June 2020 (Data Workbook). China hat im April 2015 erstmals die USA als größter Nettoimporteur von Rohöl überholt.

[65] Vgl. International Energy Agency (IEA), World Energy Outlook 2008, Paris: OECD/IEA 2008, S. 69.

internationalen Erdölindustrie gibt. Die Produktionsmenge stieg von 5,5 Millionen Barrel pro Tag im Jahresmittel 2010 auf durchschnittlich über 12,2 Millionen Barrel pro Tag 2019, womit das historische Fördermaximum von knapp über zehn Millionen Fass pro Tag im Herbst 1970 deutlich übertroffen werden konnte. Allein Texas hat zwischen 2009 und 2019 vier Millionen Fass Rohöl pro Tag zusätzlich produziert, was dem aktuellen Gesamtoutput der Vereinigten Arabischen Emirate entspricht.[66]

Der immense amerikanische Förderzuwachs stammte nicht von konventionellen Lagerstätten, sondern von schwer zugänglichen, in den Poren unterschiedlicher Gesteinsarten gefangenen Ölvorkommen, die sich noch vor wenigen Jahren nicht ökonomisch ausbeuten ließen. Der rasante technologische Fortschritt und die Zusammenführung zweier voneinander unabhängiger Fördermethoden, nämlich dem Fracking und der Horizontalbohrung, sowie deren stetige Weiterentwicklung machten eine Erschließung von Schieferöl- und Tight-Öl-Reservoiren in den späten 2000er Jahren wirtschaftlich durchführbar.[67]

Es waren entschlossene Ingenieure, wagemutige Unternehmen und risikofreudige Kapitalgeber, welche die Schieferölrevolution in den Vereinigten Staaten ermöglichten[68] und damit einen neuen Erdölboom auslösten, der mancherorts an die Goldgräberstimmung in Pithole und anderen Orten in den frühen Jahren der amerikanischen Ölindustrie erinnerte, deren Bewohner einem kollektiven Ölrausch verfallen waren.[69]

---

[66] Die Daten über die US-Rohölproduktion stammen von der US Energy Information Administration (EIA), abrufbar unter: https://www.eia.gov/petroleum/data.php#crude (22. Mai 2021).

[67] Die Methode des Fracking (*hydraulic fracturing*) erlaubt es, nichtkonventionelle, in Gesteinsformationen gebundene Erdöl- und Erdgasvorkommen durch Bohrung und Zufuhr von Wasser, Sand und Chemikalien unter hohem Druck aus dem Gestein zu lösen und an die Oberfläche zu befördern. Schieferöl und Tight-Öl gelten als hochwertiges Öl mit niedrigem Schwefelgehalt. Es handelt sich dabei um konventionelles Erdöl, das in nichtkonventionellen Reservoiren lagert. Schieferöl ist vorwiegend in Tonstein gefangen. Tight-Öl befindet sich in dichtem Sedimentgestein, allen voran Silt- bzw. Schluffstein.

[68] Vgl. The Economist, „In a bind", S. 71.

[69] Williston war einst ein verschlafenes, landwirtschaftlich geprägtes Nest im Nordwesten von North Dakota, das mit der Bakken-Formation riesige Schieferölvorkommen unter sich beherbergt. Nach Ausbruch des Schieferbooms strömten Tausende Menschen aus allen Teilen der USA in den Ort, um in der Erdöl- bzw. Erdgasindustrie oder dem parallel dazu aufstrebenden Dienstleistungssektor in der Stadt eine gut dotierte Tätigkeit zu finden. Die Einwohnerzahl von Williston hat sich innerhalb weniger Jahre auf fast 40.000 verdreifacht. Die Mieten für Einzelzimmerwohnungen überstiegen mit knapp 2.400 Dollar pro Monat bald die Wohnkosten in New York City und San Francisco. Auf den Äckern ringsum wurden in Windeseile Barackensiedlungen hochgezogen, um der Wohnungsnot Herr zu werden. Siehe

Die Vereinigten Staaten verfügen über riesiges Potenzial in der Schieferölproduktion. Mit der Bakken-Formation in North Dakota und den beiden texanischen Lagerstätten Eagle Ford im Süden und dem Permian Basin im Westen des Gliedstaates bestehen in den USA drei bedeutende Förderregionen für Schieferöl und Tight-Öl. Darüber hinaus beherbergt die Green-River-Formation, die sich über Colorado, Utah und Wyoming erstreckt, laut konservativen Schätzungen 800 Milliarden Barrel Öl, was dem Dreifachen der gesamten gesicherten Reserven Saudi-Arabiens entspricht.[70]

Durch die rapide steigende Ausbeutung von nichtkonventionellem Erdöl und Erdgas verwandelt sich Nordamerika zu einem Energie-Selbstversorger.[71] Die Vereinigten Staaten haben 2013 Russland als größten Erdgasproduzenten überholt und sind in weiterer Folge zum größten Energieproduzenten der Welt aufgestiegen.[72] Auch bei der Rohölgewinnung haben die US-Produzenten mittlerweile alle anderen Länder hinter sich gelassen (Abbildung 6.2).

Die US-amerikanischen Nettoimporte von Erdöl sind innerhalb von zehn Jahren bis 2019 um knapp 89 Prozent zurückgegangen, wobei sich vor allem die Exporte in den vergangenen Jahren massiv erhöht haben. Mittlerweile exportieren die Vereinigten Staaten circa acht Millionen Fass pro Tag.[73] Es ist davon auszugehen, dass die Vereinigten Staaten in naher Zukunft eine Selbstversorgung mit Erdöl erreichen und sich anschließend zu einem Nettoexporteur verwandeln werden.

---

dazu Ed Crooks, „The US Shale Revolution", in: Financial Times, 24 April 2015, abrufbar unter: http://www.ft.com/intl/cms/s/2/2ded7416-e930-11e4-a71a-00144feab7de.html#slide0 (24. September 2015); und Frank Hermann, „Fracking: Ernüchterung löst Goldgräberstimmung ab", in: Der Standard, 2. Februar 2015, abrufbar unter: http://derstandard.at/200001112 9817/Fracking-Ernuechterung-loest-Goldgraeberstimmung-ab?ref=rss (2. Februar 2015).

[70] Vgl. o. A., „USA werden weltgrößter Ölproduzent", in: Die Presse, 13. November 2012, S. 15. Allerdings lassen sich die Schieferölressourcen der Green-River-Formation im Gegensatz zu den gesicherten Reserven Saudi-Arabiens zum gegenwärtigen Zeitpunkt nicht wirtschaftlich fördern.

[71] Vgl. Kirsten Westphal, Marco Overhaus und Guido Steinberg, „Die US-Schieferrevolution und die arabischen Golfstaaten: Wirtschaftliche und politische Auswirkungen des Energiemarkt-Wandels", SWP-Studie, S 15, Stiftung Wissenschaft und Politik Berlin, September 2014, abrufbar unter: http://www.swp-berlin.org/fileadmin/contents/products/studien/ 2014_S15_wep_ovs_sbg.pdf (24. September 2015), S. 7. Während in den USA vor allem Tight-Öl und Schiefergas gefördert wird, dominiert in Kanada die Ölsandgewinnung.

[72] Vgl. ebd., S. 7.

[73] Für die Angaben über die US-Nettoimporte und Erdölexporte siehe BP, Statistical Review of World Energy June 2020 (Data Workbook).

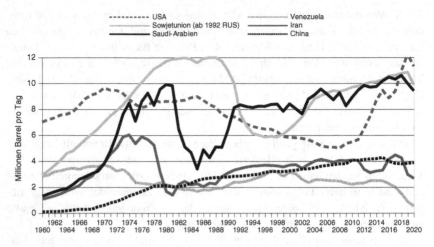

*Rohöl und Kondensate exkl. NGLs, Biokraftstoffe und Derivate

Abb. 6.2 Führende Rohölproduzentenländer 1960–2020. (Quelle: U.S. Energy Information Administration (EIA), abrufbar unter: https://www.eia.gov/international/data/world (7. Mai 2021))

Die amerikanische Schieferölrevolution hat auf dem Weltmarkt einen Angebotsschock verursacht, dessen Ausmaß als phänomenal einzustufen ist.[74] Obwohl die politische Instabilität in Libyen, Syrien, dem Irak und dem Sudan sowie die Wirtschaftssanktionen gegen den Iran einen teils signifikanten Produktionsrückgang in diesen bedeutenden Fördernationen nach sich zogen, begannen paradoxerweise die Erdölpreise in der zweiten Jahreshälfte 2014 drastisch zu fallen.[75] Die Ölwelt hat sich deutlich gewandelt. Noch vor wenigen Jahren, ganz zu schweigen von den 1970er Jahren, hätte ein derartiger Förderausfall zu großer Verunsicherung auf dem Erdölmarkt und mitunter einem Preisschock geführt. Als

---

[74] Vgl. Bassam Fattouh und Amrita Sen, „The US Tight Oil Revolution in a Global Perspective", Oxford Energy Comment, Oxford Institute for Energy Studies, University of Oxford, September 2013, abrufbar unter: http://www.oxfordenergy.org/wpcms/wp-content/uploads/2013/09/Tight-Oil.pdf (24. September 2015), S. 2.

[75] Es waren die Lieferausfälle aus diesen Ländern sowie der schrittweise Produktionsrückgang der alten, großen konventionellen Ölfelder, die langsam ihr Förderplateau überschritten, die in Kombination mit der kontinuierlich steigenden Erdölnachfrage in Asien für ein hohes Preisniveau bis Mitte 2014 gesorgt hatten. Siehe Westphal, Overhaus und Steinberg, „Die US-Schieferrevolution und die arabischen Golfstaaten", S. 12 und 19.

Folge der amerikanischen Schieferölrevolution ist die Welt jedoch „unabhängig von politisch instabilen Erdöllieferanten wie schon lang nicht mehr."[76] Die Gewinnung von Erdöl aus Schiefergestein ermöglicht es den Vereinigten Staaten, auf Marktschwankungen deutlich flexibler zu reagieren als andere Erzeugerländer. Die USA sind auf dem besten Weg, wieder zum weltweiten Ausgleichsproduzenten (*swing producer*), der je nach Bedarf seine Fördermenge ausdehnt oder drosselt und damit den internationalen Ölmarkt im Gleichgewicht hält, aufzusteigen. Amerika hatte diese Stellung nach der Geburt der modernen Erdölindustrie in der zweiten Hälfte des 19. Jahrhunderts bereits rund ein Jahrhundert lang inne.

Der Schieferölboom in Amerika bringt die Großproduzenten der OPEC und Russland gehörig unter Druck. Saudi-Arabien wollte Marktanteilsverluste wie zur Zeit der dritten Ölkrise 1986 nicht hinnehmen, weshalb es eine Kürzung der eigenen Förderung zur Stützung der Ölpreise ablehnte und damit ein Absacken des Preises in der zweiten Jahreshälfte 2014 bewusst in Kauf genommen hatte. Die Haltung der führenden Ölerzeugerländer sorgte im Zusammenspiel mit der schwachen Weltkonjunktur für ein eklatantes Überangebot auf dem Markt. Der „Preiskampf um die Vorherrschaft auf dem Weltrohölmarkt" fiel „mit rezessiven Tendenzen in zwei der vier großen Wirtschaftsregionen (nämlich in Europa und Japan)" zusammen, was die Erdölpreise abstürzen ließ.[77] Der Preis für ein Fass der Referenzsorte Brent brach von mehr als 110 Dollar im Juni 2014 auf weniger als 35 Dollar im ersten Quartal 2016 ein.

Das Vorgehen Saudi-Arabiens wurde von Beobachtern als bewusster Angriff auf die amerikanische Schieferölindustrie gewertet, die in einem niedrigen Preisumfeld nicht mehr kostendeckend zu produzieren vermag und auf diese Weise aus dem Markt gedrängt werden sollte.[78] „Saudi Arabia [...] has made clear", formuliert es der *Economist* treffend, „it will tolerate lower prices in order to

---

[76] Matthias Auer, „Amerika schwimmt im Erdöl", in: Die Presse, 1. Oktober 2014, S. 16.

[77] Josef Urschitz, „Der Kampf der Giganten und seine Kollateralschäden", in: Die Presse, 18. November 2014, S. 2.

[78] Laut Industrieschätzungen liegt die Rentabilitätsgrenze der amerikanischen Schieferölproduzenten zwischen 50 und 70 Dollar je Fass. Wood Mackenzie schätzt den Break-Even-Preis auf 65 bis 70 Dollar je Barrel. Siehe The Economist, „In a bind", S. 71. Die Gewinnung von Schieferöl erfordert eine hohe Bohrintensität. Für die Aufrechterhaltung einer Förderleistung von einer Million Barrel pro Tag in der Bakken-Formation bedarf es rund 2.500 neuer Bohrungen pro Jahr. Bei einem großen konventionellen Ölfeld im südlichen Irak sind es hingegen lediglich 60. Fällt der Ölpreis unter die Rentabilitätsschwelle der Fracking-Förderung, werden die teuren Bohraktivitäten eingestellt, was einen raschen Rückgang des Outputs zur Folge hat. Siehe The Economist, „Saudi America", 15 February 2014, S. 33–34 (hier 34).

do to shale firms' finances what fracking does to rocks."[79] Der Ölpreisabsturz initiierte ein weiteres Mal eine Strukturbereinigung in der Industrie. Zahlreiche Investitionsprojekte mussten gestoppt werden, die Zahl der aktiven Bohrlöcher in Amerika erlebte parallel mit dem Preisverfall einen deutlichen Rückgang, die ersten Fracking-Unternehmen schlitterten in die Insolvenz und Tausende Mitarbeiter von Ölförderfirmen und Erdöldienstleistern verloren ihren Job. Laut Baker Hughes, eine der führenden Servicegesellschaften in der Erdölindustrie, sind zwischen November 2014 und 2015 rund tausend Ölbohrtürme in den Vereinigten Staaten verschwunden.[80] „The Saudi-led OPEC strategy to defend market share regardless of price", schreibt die IEA in einer ihrer monatlichen Markteinschätzungen, „appears to be having the intended effect of driving out costly, ‚inefficient' production."[81]

Mit dem dramatischen Preisverfall ab Mitte 2014 sahen sich die erdölexportierenden Länder jedoch schon bald zur Stabilisierung des Ölpreises zu Förderkürzungen gezwungen. Ende 2016 verständigten sich die OPEC-Staaten erstmals seit 2008 auf eine Drosselung der Produktion. Russland und andere Nicht-OPEC-Länder schlossen sich dem Vorgehen des Erdölkartells an, wodurch mit Jahresbeginn 2017 rund 1,8 Millionen Fass pro Tag vom Markt genommen wurden. Die Produktionsbremse der sogenannten OPEC+ blieb nach mehrfacher Verlängerung bis Ende 2018 in Kraft, als die Gruppe angesichts eines signifikanten Preisrückgangs im vierten Quartal 2018 eine weitere Förderkürzung von 1,2 Millionen Fass pro Tag verkündete. Mit der Drosselung der Förderung war es der OPEC und ihren Verbündeten rund um Russland gelungen, den Ölpreis auf einem erhöhten Niveau zu stabilisieren. Während sich der Durchschnittspreis für Rohöl der Sorte Brent 2016 noch auf weniger als 44 Dollar je Barrel belaufen hatte, kostete das Fass 2018 durchschnittlich 71,31 Dollar und 2019 immerhin 64,21 Dollar.[82]

---

[79] The Economist, „In a bind", S. 71.

[80] Siehe den wöchentlichen *North America Rig Count* von Baker Hughes, abrufbar unter: http://phx.corporate-ir.net/phoenix.zhtml?c=79687&p=irol-reportsother (7. November 2015). Die Anzahl der aktiven Ölbohranlagen in den USA verringerte sich bis Anfang November 2015 innerhalb eines Jahres von 1.568 auf 572.

[81] International Energy Agency (IEA), Oil Market Report: 11 September 2015, Paris: OECD/IEA 2015, abrufbar unter: https://www.iea.org/media/omrreports/fullissues/2015-09-11.pdf (7. November 2015), S. 3.

[82] Siehe BP, Statistical Review of World Energy June 2020 (Data Workbook).

Der Preisaufschwung sollte allerdings nicht lange anhalten. Nach der zwischenzeitlichen Erholung stürzte der Ölpreis angesichts des massiven Nachfrageeinbruchs infolge der weltweiten Corona-Pandemie erneut ein. Im April und Mai 2020 lag der Spotpreis für Rohöl zeitweise unter 20 Dollar je Fass, was in realen Werten dem niedrigsten Preis seit 1998 entspricht.

Die amerikanische Schieferölrevolution hat langjährige Gesetzmäßigkeiten in der globalen Erdölwirtschaft auf den Kopf gestellt und einen grundlegenden Wandel des internationalen Marktgefüges eingeleitet. Noch vor einem guten Jahrzehnt war die Welt von einem unausweichlichen Abstieg der US-Ölproduktion ausgegangen. Die Bedeutung des amerikanischen Schieferbooms gilt mittlerweile als unbestritten. Die Renaissance der US-Erdöl- und Erdgasförderung hat gemäß der IEA „far-reaching consequences for energy markets, trade and, potentially, even for energy security, geopolitics and the global economy."[83]

Manche Analysten vertreten die Auffassung, Nordamerika könnte dank seines gigantischen Angebotswachstums in den nächsten Jahren zum neuen Nahen Osten aufsteigen.[84] Laut anderen Einschätzungen wird die Tight-Öl-Revolution zwar „die nächste Dekade prägen, aber dennoch bleibt die Golfregion das Rückgrat der Weltölversorgung."[85] Knapp ein Drittel der globalen Rohölproduktion aus konventionellen und nichtkonventionellen Quellen und mehr als 40 Prozent der weltweiten Rohölexporte stammen aus dem Nahen Osten. Die Region beherbergt zudem fast die Hälfte der weltweit gesicherten Ölreserven.[86] Darüber hinaus verfügen die Förderländer des Nahen Ostens über die größten freien Produktionskapazitäten, weshalb sie nach wie vor einen bedeutenden Einfluss auf das globale Ölpreisniveau haben.[87]

---

[83] International Energy Agency (IEA), World Energy Outlook 2012, Paris: OECD/IEA 2012, S. 74.

[84] Siehe Edward L. Morse, „Energy 2020: North America, the New Middle East?", Citi GPS: Global Perspectives & Solutions, 20 March 2012, abrufbar unter: http://csis.org/files/attachments/120411_gsf_MORSE_ENERGY_2020_North_America_the_New_Middle_East.pdf (12. Oktober 2015), S. 2.

[85] Westphal, Overhaus und Steinberg, „Die US-Schieferrevolution und die arabischen Golfstaaten", S. 5.

[86] Alle Angaben beziehen sich auf das Jahr 2019 und stammen aus BP, Statistical Review of World Energy June 2020 (Data Workbook).

[87] Vgl. Westphal, Overhaus und Steinberg, „Die US-Schieferrevolution und die arabischen Golfstaaten", S. 11.

6.2   Die Auswirkungen der zunehmenden Energiediversifikation auf den Erdölbedarf

6.2.1   Eine kurze Geschichte des europäischen Erdgasverbrauchs

Die Geschichte der großflächigen Erdgasnutzung auf dem europäischen Kontinent reicht rund ein halbes Jahrhundert zurück. In den Jahren um 1960, als der Anteil des Erdgases am gesamten westeuropäischen Primärenergieverbrauch noch weniger als zwei Prozent betragen hatte,[88] wurden beträchtliche Erdgasvorkommen in einigen Gegenden Europas und darüber hinaus entdeckt: allen voran in den Niederlanden, der Sahara, der östlichen Ukraine, Zentralasien und im nordwestlichen Sibirien.[89] 1959 wurde in der Nähe von Groningen in den Niederlanden von Royal Dutch Shell und Standard Oil of New Jersey das größte Erdgasfeld Europas aufgespürt. Die Lagerstätte sollte sich als überaus ergiebig erweisen. Die Erdgasproduktion der Niederlande erfuhr nach dem Sensationsfund von Groningen einen signifikanten Anstieg von ungefähr drei Milliarden Kubikmeter 1966 auf knapp 28 Milliarden Kubikmeter 1970 und mehr als 82 Milliarden Kubikmeter 1979.[90]

Die Struktur des niederländischen Primärenergieverbrauchs hat sich als Folge davon innerhalb weniger Jahre dramatisch zugunsten des Erdgases verändert. Dessen Anteil am gesamten Primärenergieaufkommen des Landes verzeichnete zwischen 1962 und 1972 eine Erhöhung von zwei auf 58 Prozent. Der steigende Erdgaskonsum ging zulasten der Kohle und des Erdöls, deren Anteile im selben Zeitraum von 47 auf sechs Prozent bzw. von 51 auf 36 Prozent geschrumpft waren.[91] Trotz des beträchtlichen Binnenverbrauchs lag der Erdgasoutput des Groningen-Feldes weit über dem Eigenbedarf, weshalb genügend Mengen für den Export zur Verfügung standen. Die Niederlande wurden in den Folgejahren zu einer gewichtigen Erdgasexportnation.

---

[88] Die Angabe bezieht sich auf das Jahr 1960 gemäß United Nations Statistics, siehe Tabelle A.4 und A.5. Im Jahre 1965 entfielen circa 3,5 Prozent des gesamten Primärenergieaufkommens der Staaten der EU-28 (exkl. den baltischen Ländern und Slowenien) auf Erdgas. Siehe BP, Statistical Review of World Energy June 2020 (Data Workbook).

[89] Vgl. Per Högselius, Anna Åberg und Arne Kaijser, „Natural Gas in Cold War Europe: The Making of a Critical Infrastructure", in: Per Högselius et al. (Hrsg.), The Making of Europe's Critical Infrastructure: Common Connections and Shared Vulnerabilities, Basingstoke: Palgrave Macmillan 2013, S. 27–61 (hier 29).

[90] Siehe Comité Professionnel du Pétrole, nach Maull, Europe and World Energy, S. 29; und BP, Statistical Review of World Energy June 2020 (Data Workbook).

[91] Gemäß United Nations Statistics, siehe Abbildung 4.3.

Die ersten Ausfuhren in die BRD erfolgten 1963. Neben den deutschen Abnehmern hat Den Haag auch mit Energiekonzernen aus Belgien, Luxemburg, Frankreich, Italien und der Schweiz Lieferabkommen geschlossen.[92] 1976 stammten circa 80 Prozent der gesamten Erdgaseinfuhren der EG-Mitgliedsstaaten aus den Niederlanden. Das restliche Importvolumen wurde aus der Sowjetunion, Algerien und Libyen beschafft.[93] 1982 bezog Luxemburg hundert Prozent, Belgien 71 Prozent, die Schweiz 53 Prozent, Westdeutschland 30 Prozent, Frankreich 24 Prozent und Italien knapp 18 Prozent des gesamten jeweiligen Erdgasbedarfs aus den Niederlanden.[94] Mit den länderübergreifenden Lieferungen von der Lagerstätte in Groningen entstand Schritt für Schritt ein transnationales Erdgastransportnetz in Europa.[95]

Die Entdeckung der riesigen Vorkommen an fossilen Brennstoffen im Norden der Niederlande lenkte das Interesse der Energiekonzerne auf die nahegelegene Nordsee.[96] Die in den 1960er Jahren begonnenen Explorationsaktivitäten in den Offshore-Zonen von Großbritannien und Norwegen brachten schon bald Erfolge. Der erste Erdgasfund in britischen Gewässern wurde 1964 verzeichnet.[97] Die britische Erdgasproduktion, die in den späten 1960er Jahren aufgenommen wurde, erlebte in den darauffolgenden Dekaden ein beeindruckendes Wachstum. Der Output stieg von zwei Milliarden Kubikmeter 1969 auf circa 41 Milliarden Kubikmeter 1985. In den 1990er Jahren verdoppelte sich die Jahresproduktion von knapp 48 Milliarden Kubikmeter 1990 auf über hundert Milliarden Kubikmeter 1999. Im neuen Jahrtausend ging die britische Erdgasförderung allerdings deutlich zurück auf weniger als 40 Milliarden Kubikmeter im Jahre 2019.[98]

---

[92] 1966 erfolgten die ersten Exporte an die deutsche Thyssengas und die belgische Distrigaz. Ab 1967 wurden auch Ruhrgas und Gaz de France beliefert und ab 1974 die italienische SNAM und die Schweiz. Siehe Malcolm Peebles, „Dutch Gas: Its Role in the Western European Gas Market", in: Robert Mabro und Ian Wybrew-Bond (Hrsg.), Gas to Europe: The Strategies of Four Major Suppliers, Oxford: Oxford University Press 1999, S. 93–133 (hier 116).

[93] Vgl. Comité Professionnel du Pétrole, nach Maull, Europe and World Energy, S. 63. Frankreich und Großbritannien importierten kleinere Mengen Erdgas aus Algerien, die BRD aus der UdSSR und Italien aus Libyen und der UdSSR.

[94] Vgl. Hoffman, The European Energy Challenge, S. 76.

[95] Vgl. Maull, Energy, Minerals, and Western Security, S. 88; sowie Högselius, Åberg und Kaijser, „Natural Gas in Cold War Europe", S. 30. Auch im Osten Europas war eine Gasinfrastruktur im Entstehen. Ukrainisches Erdgas wurde ab 1944 nach Polen und ab 1967 in die Tschechoslowakei transportiert.

[96] Vgl. Vassiliou, Historical Dictionary of the Petroleum Industry, S. 344.

[97] Vgl. Odell, Oil and World Power, S. 132.

[98] Die Angaben über die britische Erdgasproduktion stammen von Comité Professionnel du Pétrole bzw. UK Department of Energy, nach Maull, Europe and World Energy, S. 29 für den

Die neuen Erdgasförderländer der Nordsee verfolgten mit der Ausbeutung ihrer Lagerstätten unterschiedliche Strategien. Während die niederländische Regierung eine ressourcenschonende Gewinnung des Erdgases anstrebte und dabei auf ein gewisses Gleichgewicht des nationalen Energiemarktes bedacht war, standen für Großbritannien rasche Gewinne und ein maximaler wirtschaftlicher Nutzen im Vordergrund.[99] Die staatliche British Gas Corporation hielt die Gaspreise niedrig und sorgte für eine größtmögliche Expansion der nationalen Erdgasproduktion.[100] Gleichermaßen wie die Niederlande trachtete Norwegen nach einer Schonung seiner Erdgasvorkommen und erließ zu diesem Zweck eine jährliche Förderhöchstgrenze von 40 MTOE (das entspricht circa 44,4 Milliarden Kubikmeter).[101]

Die Erdgasimporte der EU-Staaten aus Norwegen verzeichneten in den vergangenen Jahrzehnten eine rasante Entwicklung. 1977 erfolgten die ersten norwegischen Lieferungen nach Emden in Niedersachsen. Bis 1990 stiegen die europäischen Erdgaseinfuhren aus Norwegen auf gut 25 Milliarden Kubikmeter pro Jahr. Das Importvolumen wuchs nach der Aufweichung der norwegischen Produktionsgrenze auf knapp 48 Milliarden Kubikmeter 2000 und mehr als hundert Milliarden Kubikmeter 2010. Im Jahre 2019 betrugen die EU-Erdgaseinfuhren aus Norwegen circa 93 Milliarden Kubikmeter.[102]

Die Geschichte des europäischen Erdgasverbrauchs ist nicht nur eine Geschichte der Eigenproduktion, sondern auch eine umfangreicher Importe aus nicht-europäischen Förderländern. Nach der Entdeckung des gigantischen Gasfeldes Hassi R'Mel in Algerien im Jahre 1956 stieg das Interesse westeuropäischer Staaten an der Einfuhr von afrikanischem Flüssiggas. Ab den frühen 1960er Jahren wurde eine Reihe von Abkommen zur Lieferung von LNG[103] aus Algerien

---

Wert von 1969; und BP, Statistical Review of World Energy June 2020 (Data Workbook) für alle anderen Werte.

[99] Vgl. Maull, Europe and World Energy, S. 30.

[100] Vgl. ebd., S. 30.

[101] Vgl. ebd., S. 63.

[102] Die Daten stammen von Eurostat, Einfuhren von Erdgas nach Partnerland (nrg_ti_gas), abgerufen: 22. Mai 2021.

[103] Bei LNG (Flüssigerdgas) handelt es sich um Erdgas, das durch Abkühlung auf −162 Grad Celsius in Verflüssigungsanlagen in einen fluiden Zustand versetzt wird. Durch diesen Prozess reduziert sich das Volumen des Brennstoffes von 600 Kubikmeter Erdgas in einen Kubikmeter LNG. Verflüssigtes Erdgas lässt sich in speziellen Tankschiffen mit isolierten Lagertanks bzw. Behältnissen für den Straßen- und Schienenverkehr global transportieren. Die Inflexibilität des regional begrenzten pipelinegebundenen Erdgashandels ist dadurch nicht gegeben. Darüber hinaus weist LNG eine einfachere und effizientere Lagerfähigkeit

und Libyen nach Großbritannien, Frankreich, Italien und Spanien abgeschlossen, wobei einige Verträge später widerrufen wurden und die vereinbarten Liefermengen im Vergleich zu den niederländischen Exporten relativ gering waren.[104]

1964 traf die erste algerische Flüssiggaslieferung im LNG-Terminal von Canvey Island in England ein. Mit der Fertigstellung der Transmed-Pipeline, deren Errichtung 1977 von den beiden staatlichen Energieunternehmen ENI und der algerischen Sonatrach fixiert wurde und die über Tunesien auf dem Meeresgrund nach Sizilien und weiter auf das italienische Festland verläuft, konnte Algerien seine Erdgasausfuhren nach Europa ab 1983 deutlich ausweiten. In den nachfolgenden Jahrzehnten wurde die Erdgastransportinfrastruktur zwischen Nordafrika und Europa mit zusätzlichen Fernleitungen nach Italien und Spanien weiter ausgebaut.[105]

Die europäischen Erdgaseinfuhren aus Algerien erreichten 1990 beinahe 27 Milliarden Kubikmeter und zehn Jahre später bereits 55,5 Milliarden Kubikmeter. Bis 2019 ist die Importmenge der Europäer aus algerischen Quellen auf 31,6 Milliarden Kubikmeter zurückgegangen. Die größten Abnehmer waren Italien, Spanien und Frankreich.[106]

Neben dem Erdgas aus den Niederlanden, der Nordsee und der Sahara etablierte sich um das Jahr 1970 die Sowjetunion als weitere bedeutende Bezugsquelle zur Deckung des europäischen Erdgasbedarfs. Die Anfänge des sowjetischen Erdgasexports nach Europa reichen bis 1946 zurück, als kleine Mengen

---

auf. Nach Ankunft im Bestimmungshafen wird das Flüssiggas in Regasifizierungsanlagen wieder in einen gasförmigen Zustand transformiert. Die Errichtung der Infrastruktur für den LNG-Handel (Verflüssigungs- und Regasifizierungsterminals und entsprechende Tankschiffe) ist mit sehr hohen Kosten verbunden. Die Gasverflüssigung wird seit den 1960er Jahren in kommerziellem Ausmaß betrieben.

[104] Vgl. Högselius, Åberg und Kaijser, „Natural Gas in Cold War Europe", S. 32.

[105] 1996 ging die Maghreb-Europa-Gasleitung von Hassi R'Mel in Algerien über Marokko nach Córdoba in Spanien in Betrieb. Die Greenstream-Pipeline transportiert seit 2004 libysches Erdgas von Wafra durch die Wüste und das Mittelmeer nach Sizilien. Die 2011 eröffnete Medgaz-Fernleitung führt von Algerien nach Almería in Andalusien. 2007 wurde weiters die Errichtung der Galsi-Erdgaspipeline, die von Algerien nach Sardinien und weiter auf das italienische Festland verlaufen soll, vereinbart. Die Fertigstellung der Gasleitung war ursprünglich für 2012 geplant. Derzeit steht das Projekt jedoch still.

[106] Siehe Eurostat, Einfuhren von Erdgas nach Partnerland (nrg_ti_gas), abgerufen: 22. Mai 2021.

nach Polen geliefert wurden.[107] In den nachfolgenden zwei Jahrzehnten verzeichnete das sowjetische Exportvolumen nach Europa nur eine geringe Erhöhung. Die Fertigstellung des ersten Teils der Bratstvo-Pipeline im Jahre 1967, die Erdgas von ukrainischen Lagerstätten nach Bratislava transportierte, brachte eine neue Dynamik in den sowjetisch-europäischen Gashandel. Es bedurfte lediglich einer marginalen Verlängerung der Rohrleitung, die nur fünf Kilometer vor der Grenze zu Österreich endete,[108] um Verbraucher westlich des Eisernen Vorhangs mit sowjetischem Erdgas zu versorgen. Die staatliche österreichische ÖMV (heute OMV) hat als erstes westliches Energieunternehmen im Juni 1968 einen Gasliefervertrag mit Moskau abgeschlossen und noch im selben Jahr floss das erste Erdgas nach Österreich.[109]

Die ÖMV schuf mit ihrem politisch brisanten Abkommen einen Präzedenzfall[110] und öffnete dem sowjetischen Erdgas gleichsam die Tür zum Westen.[111] Andere westeuropäische Länder folgten rasch dem österreichischen Beispiel. In

---

[107] Vgl. Jonathan P. Stern, „Soviet and Russian Gas: The Origins and Evolution of Gazprom's Export Strategy", in: Robert Mabro und Ian Wybrew-Bond (Hrsg.), Gas to Europe: The Strategies of Four Major Suppliers, Oxford: Oxford University Press 1999, S. 135–199 (hier 149).

[108] Vgl. Högselius, Åberg und Kaijser, „Natural Gas in Cold War Europe", S. 33.

[109] Siehe dazu Friedrich Feichtinger und Hermann Spörker (Hrsg.), ÖMV-OMV: Die Geschichte eines österreichischen Unternehmens, Horn: Ferdinand Berger & Söhne 1996.

[110] Vgl. Alexander Smith, „OMV: A Case Study of an Austrian Global Player", in: Günter Bischof et al. (Hrsg.), Global Austria: Austria's Place in Europe and the World, Contemporary Austrian Studies: Vol. 20, New Orleans und Innsbruck: UNO Press und Innsbruck University Press 2011, S. 161–183 (hier 164). Im Blockdenken des Kalten Krieges musste eine derartige Kooperation mit den Sowjets zu jener Zeit in Teilen des Westens Kritik hervorrufen. Die Phase der Détente und die von Willy Brandt im Rahmen seiner Ostpolitik eingeleitete Öffnung Richtung Moskau sollten erst in den Folgejahren eine deutliche Entspannung in den Ost-West-Beziehungen bewirken. Die ersten Erdgaslieferungen nach Österreich erfolgten nur wenige Tage nach der brutalen Niederschlagung des Prager Frühlings durch die Truppen des Warschauer Paktes. Auch die zunehmende Eskalation in Vietnam führte zu erheblichen Spannungen zwischen den Blöcken. Der österreichisch-sowjetische Gasdeal kam gemäß Jakob Zirm just in einer „Phase der stärksten Distanzierung" zwischen Ost und West zustande. Siehe Jakob Zirm, „OMV und Gazprom – seit jeher eine enge Beziehung", in: Die Presse am Sonntag, 20. September 2015, S. 19.

[111] Vgl. Herbert Rambousek, Die „ÖMV Aktiengesellschaft" – Entstehung und Entwicklung eines nationalen Unternehmens der Mineralölindustrie, Dissertationen der Wirtschaftsuniversität Wien: Band 23, Wien: VWGÖ 1977, S. 100.

den 1970er Jahren trafen auch westdeutsche, französische, italienische und finnische Energiekonzerne langfristige Erdgasliefervereinbarungen mit Moskau.[112] Nur zwei Jahre nach Abschluss des wegweisenden österreichisch-sowjetischen Abnahmevertrages fanden sich führende Vertreter der deutschen Ruhrgas in den Büroräumlichkeiten der ÖMV in Wien ein, um einen ähnlichen Erdgasdeal mit dem Kreml zu unterzeichnen.[113] 1973 floss das erste sowjetische Erdgas nach Westdeutschland, 1974 nach Italien und Finnland und 1976 nach Frankreich.

Auch zahlreiche osteuropäische Satellitenstaaten der UdSSR begannen in den 1970er Jahren sowjetisches Erdgas einzuführen. Neben Polen und der Tschechoslowakei bezog die DDR ab 1973, Bulgarien ab 1974, Ungarn ab 1975, Jugoslawien ab 1978 und Rumänien ab 1979 Erdgas aus sowjetischen Quellen.[114] Für die künftige Versorgung der sechs europäischen Comecon-Mitglieder mit sowjetischem Erdgas wurde im Juni 1974 die Errichtung der rund 2.700 Kilometer langen Sojus-Pipeline vom Orenburg-Feld nach Uschhorod im Westen der Ukraine durch die RGW-Staaten vertraglich vereinbart.[115]

Als Folge der umfangreichen Lieferabkommen stieg die Sowjetunion zu einem bedeutenden Erdgasexporteur auf. Die jährliche Ausfuhrmenge nach Westeuropa erhöhte sich von einer Milliarde Kubikmeter 1970 auf acht Milliarden Kubikmeter 1975, mehr als 25 Milliarden Kubikmeter 1980 und rund 31 Milliarden Kubikmeter 1985.[116] Die sowjetischen Erdgasexporte in die Ostblockstaaten stiegen von 2,4 Milliarden Kubikmeter 1970 auf gut 38 Milliarden Kubikmeter 1985 und über 42 Milliarden Kubikmeter 1991.[117]

---

[112] Für nähere Informationen über die abgeschlossenen Erdgaslieferverträge siehe Jonathan P. Stern, Soviet Oil and Gas Exports to the West: Commercial Transaction or Security Threat?, Energy Papers: Vol. 21, Aldershot: Gower 1987, S. 118 f. (Tabelle A.5).

[113] Vgl. Judy Dempsey, „OMV of Austria aims to become a hub for natural gas", in: The New York Times, 8 July 2007, abrufbar unter: http://www.nytimes.com/2007/07/08/business/wor ldbusiness/08iht-omv.4.6553409.html?_r=0 (15. September 2015).

[114] Vgl. Högselius, Åberg und Kaijser, „Natural Gas in Cold War Europe", S. 36.

[115] Vgl. Stern, „Soviet and Russian Gas", S. 150.

[116] Siehe ebd., S. 148 (Tabelle 4.2). Der größte Abnehmer war 1985 die BRD, gefolgt von Frankreich, Italien, Österreich und Finnland. Die Angaben von Stern beziehen sich auf russische Datenquellen. Bei den angeführten Importmengen handelt es sich um russische Kubikmeter Erdgas (für die Messung wird ein Druck von 1 atm bei einer Temperatur von 20 Grad Celsius angenommen). Durch Multiplikation mit 0,91 können die russischen Kubikmeter in Standard-Kubikmeter (Druck von 1 atm bei 0 Grad Celsius) umgewandelt werden.

[117] Siehe ebd., S. 148 (Tabelle 4.2), Angaben in russischen Kubikmetern. Die Tschechoslowakei war der größte Erdgasabnehmer. Ihr Anteil an den sowjetischen Gesamtausfuhren nach Osteuropa schwankte zwischen einem Viertel und einem Drittel.

Der erfolgreiche Einsatz der „Ölwaffe" durch die arabischen OPEC-Staaten 1973/74 und der zweite Ölpreisschock 1979/80 haben den erdölabhängigen westeuropäischen Verbraucherländern die Dringlichkeit einer Diversifikation sowohl der Bezugs- (Naher Osten) als auch Energiequellen (Erdöl) drastisch vor Augen geführt.[118] Nach der ersten Ölkrise wurde das unsichere und teure Importöl zunehmend durch das vielseitig einsetzbare Erdgas substituiert,[119] das in der zweiten Hälfte der 1970er Jahre um ein Drittel bis die Hälfte billiger war als Rohöl. Der gasförmige fossile Brennstoff fand in zahlreichen Industriezweigen wie der Wärme- und Elektrizitätsgewinnung sowie der Herstellung von Metallen, Zement, Glas, Düngemittel und anderen chemischen Erzeugnissen und auch in Haushalten zum Kochen und Heizen Verwendung und eignete sich daher in einem breiten Anwendungsspektrum als Alternative zum Erdöl.[120]

Die neuentdeckten Erdgasreservoire in der Nordsee und das kolossale Groningen-Feld leisteten bereits einen wichtigen Beitrag zur europäischen Versorgungssicherheit. Deren Erschließung ermöglichte eine Verringerung der hohen Energieimportabhängigkeit des Kontinents.[121] Auch die Sowjetunion erfüllte mit seinen riesigen Erdgasvorkommen im westlichen Sibirien beide genannten für die Sicherheit der europäischen Energieversorgung bedeutsamen Diversifikationskriterien. Eine Ausweitung der preisgünstigen und als sicher bewerteten sowjetischen Erdgaseinfuhren

was very welcomed by Western European nations since it helped weaken the firm grip of the ‚militant' Arab oil producers on their energy markets. Soviet gas imports would reduce Europe's dependence on Middle Eastern crude and thus improve overall energy security. Siberian gas was also regarded as an efficient means to fight high OPEC oil prices. For these reasons, European governments decided that it was in their interest to support the development of the Soviet natural gas industry.[122]

---

[118] Vgl. Alexander Smith, „Reagan Shooting Himself in the Foot: The Transatlantic Dispute over the Soviet-West European Gas Pipeline in the 1980s", in: Marija Wakounig (Hrsg.), From Collective Memories to Intercultural Exchanges, Europa Orientalis: Band 13, Wien: Lit 2012, S. 227–247 (hier 229).

[119] Vgl. ebd., S. 229; siehe auch Högselius, Åberg und Kaijser, „Natural Gas in Cold War Europe", S. 36; und Odell, Oil and World Power, S. 132.

[120] Vgl. Högselius, Åberg und Kaijser, „Natural Gas in Cold War Europe", S. 30.

[121] Vgl. Odell, Oil and World Power, S. 134.

[122] Smith, „Reagan Shooting Himself in the Foot", S. 229; siehe dazu auch Angela E. Stent, Soviet Energy and Western Europe, The Washington Papers: Vol. 90, New York: Praeger 1982, S. 4.

In den späten 1970er Jahren nahm eine Reihe westeuropäischer Energiekonzerne Verhandlungen über umfangreiche Erdgaslieferverträge mit der für die sowjetischen Gasexporte zuständigen staatlichen Soyuzgazexport auf. Im November 1981 schloss Ruhrgas mit der sowjetischen Verhandlungsseite ein Lieferabkommen mit einem Volumen von 10,5 Milliarden Kubikmeter Erdgas pro Jahr über einen Zeitraum von 25 Jahren. Im Jänner 1982 unterzeichnete Gaz de France einen ähnlichen Kontrakt über die jährliche Einfuhr von acht Milliarden Kubikmeter sibirischen Erdgases. Mitte 1982 einigten sich die ÖMV und Swissgas mit Moskau über die Abnahme von 1,5 bzw. 0,36 Milliarden Kubikmeter Erdgas pro Jahr. 1984 traf die italienische SNAM, eine Tochtergesellschaft von ENI, eine Vereinbarung mit Moskau über die Lieferung von jährlich fünf Milliarden Kubikmeter Erdgas.[123] Laut Hanns Maull führten die Gasabnahmeverträge mit der Sowjetunion zu einer wirtschaftlichen Stärkung Europas, da sie zusätzliche Energie zu günstigen Preisen auf den europäischen Markt lenkten und dank des Diversifikationseffekts eine Verringerung der Verwundbarkeit bei den Energieimporten bewirkten.[124]

Die europäischen Abkommen mit Moskau über die Einfuhr von Erdgas aus sowjetischen Quellen in der ersten Hälfte der 1980er Jahre standen im Zusammenhang mit der Errichtung einer neuen Pipeline, welche mit ihrer Fertigstellung ab 1984 die äußerst ergiebigen Gaslagerstätten im Nordwesten Sibiriens mit den westeuropäischen Verbrauchermärkten verband. Das im Jahre 1966 entdeckte gigantische Urengoi-Gasfeld im Nordwesten Sibiriens, das nach dem South-Pars-Feld im Persischen Golf als das zweitgrößte Erdgasreservoir der Welt gilt, ging 1978 in Produktion. Der Transport des sibirischen Erdgases zu den europäischen Absatzmärkten erfolgte über die neu errichtete Urengoi-Pomary-Uschhorod-Fernleitung, die über eine Länge von 4.451 Kilometer von Urengoi in Westsibirien bis Uschhorod an der damaligen sowjetisch-tschechoslowakischen Grenze im Westen der Ukraine verläuft.[125]

---

[123] Zu den angeführten sowjetisch-europäischen Erdgaslieferabkommen siehe Smith, „Reagan Shooting Himself in the Foot", S. 232.

[124] Vgl. Maull, Energy, Minerals, and Western Security, S. 158.

[125] Ab Shebelinka in der Ostukraine verläuft die Rohrleitung, die mitunter auch als Transsibirische Pipeline oder Urengoi-Pipeline bezeichnet wird, entlang der nördlichen Bratstvo-Trasse. Als ursprünglicher Ausgangspunkt der Fernleitung war das ebenfalls im Autonomen Kreis der Jamal-Nenzen gelegene Jamburg-Erdgasfeld vorgesehen. Für die anfänglich projektierte Erdgasleitung wurde die Bezeichnung Jamal-Pipeline verwendet. Der ursprüngliche Name, welcher nicht mit der in den 1990er Jahren errichteten und durch Belarus und Polen führenden Jamal-Europa-Pipeline verwechselt werden sollte, ist in der historischen Literatur noch vielfach vorzufinden.

Die Pipeline von Urengoi nach Uschhorod in Transkarpatien und ihre Anschlussleitungen in den Westen „laid the foundation for the Soviet Union's success in establishing itself as a powerful player in the Western European gas market."[126] Die sowjetischen bzw. russischen Erdgasexporte nach Westeuropa stiegen mit den Lieferverträgen der 1980er Jahre deutlich an. Im Jahre 1990 beliefen sich die westeuropäischen Erdgaseinfuhren aus russischen Quellen bereits auf über 58 Milliarden Kubikmeter. Das Importvolumen der EU-28 stieg von durchschnittlich 102 Milliarden Kubikmeter pro Jahr in der ersten Hälfte der 1990er Jahre auf mehr als 120 Milliarden Kubikmeter 2000 und knapp 170 Milliarden Kubikmeter im Jahre 2019.[127] Rund 35 Prozent der gesamten Erdgasimporte der EU-Staaten entfielen gemäß den Daten von Eurostat 2019 auf Russland. 19 Prozent stammten aus Norwegen und jeweils gut 6 Prozent aus Algerien und Katar.

6.2.2   Erdgas und Erneuerbare statt Erdöl: Die Entwicklung des europäischen Energiekonsums

Als Folge der umfangreichen Lieferabkommen europäischer Staaten mit der Sowjetunion, Algerien, Norwegen und anderen Exportländern verzeichneten die europäischen Nettoeinfuhren von Erdgas in den vergangenen Jahrzehnten ein signifikantes Wachstum, während die Nettoölimporte nach den Ölkrisen der 1970er Jahre stark rückläufig waren (Abbildung 6.3). Die europäischen Erdöleinfuhren begannen sich erst nach dem Ölpreiskollaps 1986 allmählich wieder

---

[126] Smith, „Reagan Shooting Himself in the Foot", S. 232. Die umfangreichen Erdgaslieferabkommen zwischen Moskau und den Europäern und die Errichtung der neuen Rohrleitung, die von der sowjetischen Regierung mit westdeutscher, französischer, italienischer und britischer wirtschaftlicher und politischer Unterstützung vorangetrieben wurde, verursachten eine schwere Krise innerhalb des transatlantischen Bündnisses. Die US-Regierung unter Präsident Reagan sprach sich vehement gegen die Pipeline aus und unternahm große Anstrengungen, um ihre westeuropäischen Verbündeten von einer Zusammenarbeit mit Moskau abzuhalten. Für die Einwände und Maßnahmen Washingtons gegen die sibirische Gasleitung siehe ebd., S. 233 ff.

[127] Siehe Eurostat, Einfuhren von Erdgas nach Partnerland (nrg_ti_gas), abgerufen: 22. Mai 2021. Die jährliche Importmenge der EU aus Russland kann größeren Schwankungen unterliegen. Deutschland war 2019 mit einer Einfuhrmenge von über 46 Milliarden Kubikmeter der größte Abnehmer von russischem Erdgas. Es folgten Italien mit gut 33 Milliarden Kubikmeter, Ungarn mit 17,7 Milliarden, die Niederlande mit 16,2 Milliarden und Frankreich mit 10,6 Milliarden.

zu erholen. Allerdings sollten der Erdölverbrauch und die Nettoölimporte Europas nicht zuletzt aufgrund des expandierenden Erdgaskonsums der europäischen Industrien und Haushalte in den vergangenen Jahrzehnten weit unter dem Niveau der 1970er Jahre bleiben.

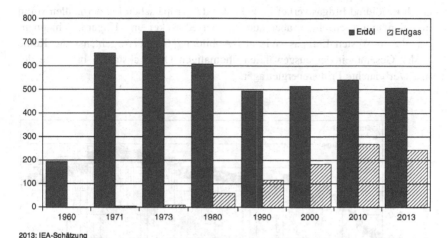

2013: IEA-Schätzung

*Belgien, Dänemark, Deutschland, Estland, Finnland, Frankreich, Griechenland, Großbritannien, Irland, Italien, Luxemburg, Niederlande, Österreich, Polen, Portugal, Schweden, Slowakei, Slowenien, Spanien, Tschechien, Ungarn

Abb. 6.3 Nettoimporte von Erdöl und Erdgas in Europa 1960–2013 (in MTOE). (Quelle: International Energy Agency (IEA), Energy Balances of OECD Countries: 2014 Edition, Paris: IEA 2014, S. II.183 f.)

In den Jahrzehnten nach den großen Funden um das Jahr 1960 verzeichnete Erdgas das stärkste Verbrauchswachstum aller primären Energieträger in Europa.[128] Der expandierende Erdgaskonsum ging nicht nur zulasten der Kohle, deren Anteil am westeuropäischen Primärenergieaufkommen (abgesehen von einer gewissen Stabilisierung nach den Ölkrisen von 1973/74 und 1979/80) seit Jahrzehnten einen kontinuierlichen Rückgang aufweist, sondern auch des Erdöls (Abbildung 6.4). Bereits in den späten 1960er Jahren setzte ein Wechsel von Erdöl zu Erdgas in Westeuropa ein, welcher infolge der beiden Ölkrisen in den 1970er Jahren deutlich an Dynamik gewann.[129] Ohne der zunehmenden Verschiebung des Energiebedarfswachstums zum Erdgas wäre der Erdölverbrauch bis 1973

---

[128] Vgl. Maull, Europe and World Energy, S. 26.

[129] Vgl. Maull, Energy, Minerals, and Western Security, S. 82.

bzw. 1979 noch kräftiger angestiegen und in den 1980er Jahren weniger stark rückläufig gewesen.

Ein anderes Bild zeigt die Entwicklung der Struktur des Primärenergieverbrauchs in den zur Zeit des Ost-West-Konflikts östlich des Eisernen Vorhangs gelegenen europäischen Staaten (Abbildung 6.5). Die Substitution der Kohle durch Erdöl und Erdgas verlief in den ostmitteleuropäischen Ländern, allen voran in Polen und Tschechien, aber auch in der Slowakei und Ungarn, schleppender als im Westen Europas. Wie aus Abbildung 6.5 hervorgeht, ist die Kohle in der Gesamtheit der ausgewählten ehemaligen Ostblockstaaten bis heute der meistverbrauchte Primärenergieträger.

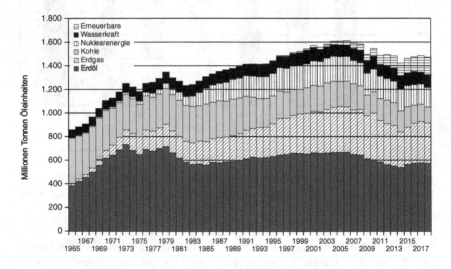

*Belgien, Dänemark, Deutschland, Finnland, Frankreich, Griechenland, Großbritannien, Irland, Italien, Niederlande, Norwegen, Österreich, Portugal, Schweden, Schweiz, Spanien

Abb. 6.4 Primärenergieverbrauch in Westeuropa nach Energieträgern 1965–2019. (Quelle: BP Statistical Review of World Energy June 2020 (Data Workbook))

Es gilt hierbei allerdings zu beachten, dass die Darstellung maßgeblich von Polen beeinflusst ist und der Energiemix in den einzelnen Staaten teils große Unterschiede aufweist. Polen ist im Durchschnitt der Jahre 1965 bis 2019 für knapp 40 Prozent des gesamten Primärenergieverbrauchs der ausgewählten sechs Länder verantwortlich. Die Kohle nimmt in Polen aufgrund seiner reichen Bestände eine zentrale Stellung ein, weshalb die Abbildung einem Bias unterliegt.

Der Anteil der Kohle am polnischen Primärenergieaufkommen betrug bis Mitte der 1990er Jahre mehr als drei Viertel und bewegte sich bis zuletzt bei rund 50 Prozent.[130] Auch in Tschechien konnte die Kohle ihre Stellung als bedeutsamster Energieträger bis zum heutigen Tag verteidigen. In Ungarn hingegen überwiegt seit den frühen 1990er Jahren der Erdgaskonsum, der auch in der Slowakei in den vergangenen Jahrzehnten eine beträchtliche Zunahme verzeichnete.

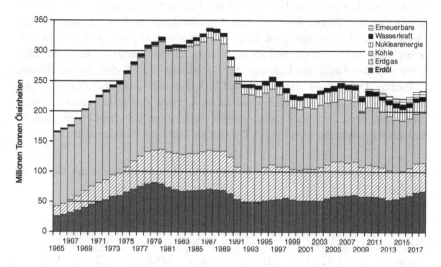

Abb. 6.5 Primärenergieverbrauch in Osteuropa nach Energieträgern 1965–2019. (Quelle: BP Statistical Review of World Energy June 2020 (Data Workbook))

Anders verhält es sich in den beiden südosteuropäischen Ländern. In Rumänien, das über ergiebige Erdöl- und Erdgasvorkommen verfügt, kam der Anteil der Kohle am Energiemix des Landes nie über ein Viertel hinaus. Bis Mitte der 1980er Jahre entfiel rund die Hälfte des gesamten Primärenergieverbrauchs auf Erdgas, das bis heute der meistkonsumierte Energieträger ist. In Bulgarien hat ab 1969 bis zum Ende der kommunistischen Ära das Erdöl dominiert und wurde danach von der Kohle abgelöst.

---

[130] Für die Entwicklung des Primärenergiemixes der ausgewählten ostmitteleuropäischen und südosteuropäischen Länder siehe Tabelle A.6 und A.7.

Der Erdölkonsum der EU hat sich seit 1979 von durchschnittlich 15,8 Millionen Fass pro Tag auf 12,9 Millionen Fass pro Tag im Jahre 2019 deutlich verringert, auch wenn der Verbrauch in den zwei Jahrzehnten des billigen Öls von Mitte der 1980er Jahre bis ungefähr 2006 merklich angestiegen war und erst mit dem Nachfrageschock und der anschließenden weltweiten Finanz- und Wirtschaftskrise ab 2008 ein erneuter deutlicher Nachfrageschwund einzusetzen begann.[131] In relativer Betrachtung verlor das Erdöl angesichts des bis Mitte der 2000er Jahre kontinuierlich gestiegenen Energiebedarfs der EU-Staaten noch mehr an Boden (Tabelle 6.1). Der Anteil des Erdgases am Gesamtprimärenergieverbrauch der EU-28 betrug im Jahre 1970 knapp acht Prozent. 1980 erreichte er bereits über 15 Prozent und ab 2005 mehr als ein Viertel.[132] Im Jahre 2019 belief sich der Anteil des Erdgases am Energiemix der EU-Staaten auf beinahe 26 Prozent. Die EU setzt zunehmend auf Energie aus erneuerbaren Quellen, deren Anteil am gesamten Primärenergieaufkommen gemäß den Daten von Eurostat in den vergangenen 20 Jahren einen Anstieg von weniger als sechs Prozent um die Jahrtausendwende auf mehr als 16 Prozent im Jahre 2019 verzeichnete.

Tab. 6.1 Primärenergiemix der EU-28 1990–2019 (Anteile in Prozent des Gesamtverbrauchs)

	1990	1995	2000	2005	2010	2019
Erdöl	37,2	38,3	37,1	36,0	33,3	33,3
Erdgas	18,2	20,6	23,6	25,0	26,2	25,8
Kohle	27,4	21,9	18,8	17,5	16,2	11,2
Nuklearenergie	12,6	13,9	14,5	14,5	13,7	13,5
Erneuerbare	4,4	5,2	5,9	7,0	10,6	16,1

Quelle: Eurostat, Vereinfachte Energiebilanzen (nrg_bal_s).

Der steigende Verbrauch von Erdgas aus europäischen und externen Quellen und die vermehrte Nutzung erneuerbarer Energiequellen trug dazu bei, die Erdölnachfrage und in weiterer Folge die Abhängigkeit Westeuropas vom Nahostöl zu reduzieren. Eine Fortsetzung dieser Entwicklung wird auch in der Zukunft erwartet. Die IEA prognostiziert für die OECD-Staaten in den kommenden Jahrzehnten

---

[131] Siehe dazu die Daten in BP, Statistical Review of World Energy June 2020 (Data Workbook).

[132] Siehe ebd. Die baltischen Staaten und Slowenien sind in den Angaben für 1970 und 1980 nicht berücksichtigt.

„a pronounced shift away from oil [...] towards natural gas and renewables."[133]
Der Gesamtenergiebedarf und die Ölnachfrage der EU-Staaten weisen eine rück-
läufige Tendenz auf. Der Primärenergieverbrauch der EU-28 hat sich in den
vergangenen 15 Jahren um mehr als zehn Prozent verringert, der Erdölkonsum
sogar um knapp 14 Prozent.[134] Die großen Ölverbrauchszentren der vergangenen
Jahrzehnte, nämlich Nordamerika, Europa und Japan, haben ihren Nachfrage-
Peak bereits überschritten.[135] Die Erdölnachfrage wird in der EU, den Vereinigten
Staaten und Japan laut Einschätzung der IEA bis 2040 um insgesamt rund zehn
Millionen Fass pro Tag zurückgehen.[136]

Nach Abschluss des Pariser Klimaabkommens im Dezember 2015, das von
196 Vertragsparteien als rechtsverbindlicher internationaler Vertrag zur Begrenzung des Klimawandels verabschiedet wurde, ist die Notwendigkeit des Kli-
maschutzes in den vergangenen Jahren verstärkt in das öffentliche Bewusstsein
gedrungen. Wesentlich dazu beigetragen hat die „Fridays for Future"-Bewegung
rund um Greta Thunberg, die im März 2019 erstmals einen überaus öffentlichkeitswirksamen, von Schülerinnen und Schülern organisierten weltweiten
„Klimastreik" initiiert hatte. „Nachhaltigkeit, Umweltschutz und Klimawandel
sind keine Nischenthemen mehr", befinden die Trendforscher des Zukunfts-
instituts, sondern vielmehr der „wichtigste Megatrend unserer Zeit", der die
„2020er prägen wird wie kein anderer".[137] Diese Entwicklung wird den globalen Energiesektor nachhaltig transformieren mit spürbaren Auswirkungen auf die
Erdölnachfrage.

Der Klimaschutz rückt in der Energiewirtschaft zunehmend in den Mittelpunkt.
Die Forderung drastischer Maßnahmen, um dem erklärten Ziel eines klimaneutralen globalen Energiesektors näher zu kommen, stammt nicht mehr ausschließlich
von Klimaaktivistinnen und -aktivisten, sondern ist inzwischen auch von höchsten Vertretern der Politik und Wirtschaftselite sowie von Energiefachleuten zu
vernehmen.

---

[133] IEA, World Energy Outlook 2012, S. 23.

[134] Siehe BP, Statistical Review of World Energy June 2020 (Data Workbook). Vergleich der
Jahre 2004 und 2019.

[135] Vgl. Yergin, The Quest, S. 719.

[136] Vgl. International Energy Agency (IEA), World Energy Outlook 2015 („Executive Summary"), Paris: OECD/IEA 2015, abrufbar unter: http://www.iea.org/Textbase/npsum/WEO
2015SUM.pdf (10. November 2015), S. 3.

[137] Lena Papasabbas, „Der wichtigste Megatrend unserer Zeit", Zukunftsinstitut, abrufbar unter: https://www.zukunftsinstitut.de/artikel/der-wichtigste-megatrend-unserer-zeit/ (20.
Mai 2021).

Die EU hat sich im Rahmen ihres europäischen Grünen Deals das ambitionierte Ziel gesteckt, Europa zum ersten klimaneutralen Kontinent zu machen. Als zentrale Zielvorgaben für die Klima- und Energiepolitik bis 2030 wurden die Senkung der Treibhausgasemissionen um mindestens 55 Prozent (im Vergleich zu 1990) sowie eine Erhöhung des Anteils der erneuerbaren Energie auf zumindest 32 Prozent definiert. Langfristig wird ein klimaneutrales Europa bis 2050 angestrebt.

Die IEA zeigt in einer aktuellen Analyse den Pfad auf, den es zu beschreiten gilt, um im Jahre 2050 die globale Klimaneutralität zu erreichen. In diesem Szenario erreicht der weltweite Erdölbedarf nie wieder den Höchstwert des Jahres 2019 und stürzt von 88 Millionen Barrel pro Tag 2020 auf nicht mehr als 24 Millionen Barrel pro Tag 2050 ab. Mit dem Rückgang der Erdölnachfrage in den kommenden 30 Jahren um fast 75 Prozent bedarf es keiner Neuerschließung von Rohölvorkommen mehr. Investitionen in die bestehenden Ölfelder würden ausreichen, um die Nachfrage der Welt abdecken zu können.[138] Eine konsequente Umsetzung der weltweiten Klimaschutzmaßnahmen, zu denen sich nicht zuletzt angesichts des öffentlichen Drucks immer mehr Regierungen bekennen, bedeutet nichts weniger als das Ende des Erdölzeitalters.

6.3 Die Interdependenz zwischen Europa und den Ölländern in der Gegenwart

6.3.1 Der „Ölfluch": Die desperate ökonomische Konstitution der Petrostaaten[139]

Zur Zeit der ersten beiden Erdölkrisen konnten sich die Überschussländer der OPEC gemäß der einfachen Gleichung Öl gleich Macht als die „neuen Herren der Welt" fühlen.[140] Die panische Reaktion der Importländer auf den Einsatz der arabischen „Ölwaffe" 1973/74 offenbarte eine Machtverschiebung zugunsten der Petrostaaten. Der Ressourcenreichtum verlieh den Ölnationen während der

---

[138] Vgl. International Energy Agency (IEA), Net Zero by 2050: A Roadmap for the Global Energy Sector, Paris: IEA 2021, S. 101.

[139] Der folgende Abschnitt ist angelehnt an Alexander Smith, „Rentier Wealth and Demographic Change in the Middle East and North Africa", Innsbrucker Diskussionspapiere zu Weltordnung, Religion und Gewalt, Nr. 32 (2009), abrufbar unter: https://diglib.uibk.ac.at/ulbtiroloa/content/titleinfo/771894 (22. Mai 2021).

[140] Siehe Frank Umbach, „Die neuen Herren der Welt", in: Internationale Politik, 61. Jahr, Nr. 9, September 2006, S. 52–59.

„OPEC-Dekade" ungeahntes wirtschaftliches und politisches Gewicht in der Welt. Der Erdölbesitz sollte sich für die Produzentenländer allerdings allmählich zu einem Fluch verwandeln. Nicht umsonst bezeichnete der einflussreiche ehemalige Ölminister Venezuelas und Mitbegründer der OPEC, Juan Pablo Pérez Alfonzo, das Erdöl als „Exkrement des Teufels".[141]

Der Großteil der ölreichen Ausfuhrländer lebte vor der Entdeckung des Erdöls vom Handel oder war agrarwirtschaftlich geprägt.[142] Mit der Entstehung der nationalen Mineralölindustrien änderte sich der Fokus der staatlichen Wirtschaftsförderung vom landwirtschaftlichen Sektor auf den neuen, hochprofitablen Industriezweig, wodurch die Agrarwirtschaft massiv an Bedeutung verlor. Viele Landwirte stellten als Folge dieser Politik die Bestellung ihrer Felder ein und wanderten auf der Suche nach ertragreicheren Beschäftigungsmöglichkeiten in die Städte. Als prominentes Beispiel für diese Entwicklung gilt der Irak, „which had acted as the breadbasket of civilization for thousands of years, producing valuable foodstuffs. But by the 1980s, it could barely meet its own demand. Without agriculture as the economic failsafe behind oil, countries could not weather the third oil shock easily."[143]

Im Iran war dasselbe Phänomen zu beobachten. Die vom Schah auf Grundlage ambitionierter Entwicklungspläne vorangetriebene Industrialisierung des Landes verursachte ab Mitte der 1970er Jahre einen Arbeitskräftemangel im Agrarsektor. Die steigenden Haushaltseinkommen führten zudem zu einer erhöhten Nachfrage nach Lebensmitteln, welche die nationale Landwirtschaft bald nicht mehr zu befriedigen vermochte. Der Iran, der zuvor in der Agrargüterversorgung eigenständig gewesen war, wurde in weiterer Folge hochgradig vom Nahrungsmittelimport abhängig. Im Jahre 1979 beliefen sich die iranischen Lebensmitteleinfuhren bereits auf neun Milliarden Dollar, was ungefähr der Hälfte der Einkünfte aus dem Erdölexport entsprach.[144]

In den Überschussländern begann sich eine auf der Erdölindustrie basierende wirtschaftliche Monokultur herauszubilden, während die landwirtschaftliche Produktion in zahlreichen ölexportierenden Staaten einen Zusammenbruch erlebte.[145] Die führenden Mitglieder der OPEC entwickelten sich in den vergangenen

---

[141] Zitiert nach Karl, The Paradox of Plenty, S. 4; Yergin, The Prize, S. 525; und Yergin, The Quest, S. 109 f.

[142] Vgl. Falola und Genova, The Politics of the Global Oil Industry, S. 148.

[143] Ebd., S. 148.

[144] Vgl. Aperjis, The Oil Market in the 1980s, S. 48.

[145] Vgl. Falola und Genova, The Politics of the Global Oil Industry, S. 171.

Jahrzehnten zu sogenannten Rentierstaaten bzw. Rentenökonomien.[146] In den rentenwirtschaftlichen Systemen der Petroländer vereinen die externen Renteneinkünfte aus dem Erdölexport einen weitaus größeren Anteil der Wirtschaftsleistung auf sich, als die Wertschöpfung durch produktive Eigenleistung. Die Renteneinnahmen aus dem Erdölverkauf fließen üblicherweise direkt der herrschenden Elite zu, die nach Gutdünken für deren Verteilung sorgt.[147] Die Ausschüttung der Ölrente gilt als die primäre Zielsetzung der Wirtschaftspolitik.[148] Dieserart sind die großen Ausfuhrländer Allokationsstaaten, die ihre Bürger alimentieren, anstatt deren produktives Potenzial zu fördern und sie durch Steuern und Abgaben finanziell zu belasten.[149]

Die Alimentierung des Volkes erfolgt in erster Linie einerseits über die Bereitstellung von Arbeitsplätzen im Staatsdienst, der mitunter beinahe die gesamte inländische Erwerbsbevölkerung aufnehmen muss, und andererseits durch umfangreiche Sozialleistungen, die den Staatsangehörigen entweder völlig kostenfrei oder stark subventioniert zur Verfügung gestellt werden.[150] Die saudische Ölmonarchie hat ein umfangreiches System sozialer Wohlfahrt geschaffen, das kostenfreie medizinische Versorgung und Bildung, hoch subventionierte Nahrungsmittel, Wasser, Strom und Benzin sowie günstige Darlehen, Landzuweisungen zur Wohnraumschaffung und Stipendien für Schüler und Studenten

---

[146] Das Konzept des Rentierstaates geht auf Hossein Mahdavy zurück, der darunter ein Land versteht, dem ein regelmäßiger Zustrom von externen Renteneinkünften, die einen großen Teil der Staatseinnahmen ausmachen, zuteil wird. Siehe Hossein Mahdavy, „The Patterns and Problems of Economic Development in Rentier States: The Case of Iran", in: M. A. Cook (Hrsg.), Studies in the Economic History of the Middle East: From the Rise of Islam to the Present Day, Oxford: Oxford University Press 1970, S. 428–467. Als Rente wird im Allgemeinen ein Einkommen bezeichnet, dessen Bezug nicht mit der Erbringung einer Gegenleistung verbunden ist. Giacomo Luciani legt den Anteil der Renteneinnahmen aus fremden Quellen mit mindestens 40 Prozent der Staatseinnahmen eines Rentierstaates fest. Siehe Giacomo Luciani, „Allocation vs. Production States: A Theoretical Framework", in: Hazem Beblawi und Giacomo Luciani (Hrsg.), The Rentier State, London: Routledge 1987, S. 63–82 (hier 70).

[147] Siehe dazu die zentralen konzeptuellen Charakteristika des Rentierstaates nach Hazem Beblawi, „The Rentier State in the Arab World", in: ders. und Giacomo Luciani (Hrsg.), The Rentier State, London: Routledge 1987, S. 49–62 (hier 51 f.).

[148] Vgl. Douglas A. Yates, The Rentier State in Africa: Oil Rent Dependency and Neocolonialism in the Republic of Gabon, Trenton: Africa World Press 1996, S. 15.

[149] Vgl. Volker Perthes, Geheime Gärten: Die neue arabische Welt, Bonn: Bundeszentrale für politische Bildung 2005, S. 351.

[150] Vgl. Onn Winckler, „The Demographic Dilemma of the Arab World: The Employment Aspect", in: Journal of Contemporary History, Vol. 37, No. 4, October 2002, S. 617–636 (hier 629).

umfasst.[151] Auch die kuwaitische Regierung stellt ihren Bürgern kostenlose Gesundheits- und Bildungseinrichtungen sowie in den allermeisten Fällen ein Beschäftigungsverhältnis im Staatsapparat zur Verfügung. Zusätzlich werden Güter und Dienstleistungen wie Strom, Wasser, Lebensmittel und Wohnraum bezuschusst[152] sowie Sozialleistungen wie ein Ruhestandseinkommen, eine Heiratsprämie und Wohnbaudarlehen gewährt. In Libyen kam die Ölrente der Bevölkerung, zumindest in der Zeit vor den revolutionären Umbrüchen, „in Form von Gehältern, Lebensmittelsubventionen, kostenloser Bildung, nahezu kostenloser Gesundheitsversorgung und sozialer Absicherung zugute."[153] Laut Angaben der Weltbank erreichten die staatlichen Subventionen Kuwaits im Jahre 2003 circa 20 Prozent der Wirtschaftsleistung.[154] Im Iran, der ebenfalls Grundgüter wie Brot und Benzin finanziell unterstützt, beliefen sich die direkten Subventionen 2005 auf ein Viertel der Staatsausgaben bzw. zehn Prozent des BIP.[155]

Während die autochthone Bevölkerung überwiegend von den Regierungstransfers lebt, wird die produktive Arbeit in den Rentierstaaten von Millionen importierten Arbeitskräften verrichtet.[156] Die Bürger der Petronationen haben sich an die Alimentierung durch die öffentliche Hand gewöhnt. Damit ist die Erwartung verbunden, dass der Staat auch in Zukunft Wohltaten austeilt, anstatt Steuern

---

[151] Vgl. Steinberg, „Saudi-Arabien: Öl für Sicherheit", S. 57; und Gwenn Okruhlik, „Rentier Wealth, Unruly Law, and the Rise of Opposition: The Political Economy of Oil States", in: Comparative Politics, Vol. 31, No. 3, April 1999, S. 295–315 (hier 301).

[152] Vgl. Laura El-Katiri, Bassam Fattouh und Paul Segal, „Anatomy of an Oil-Based Welfare State: Rent Distribution in Kuwait", Kuwait Programme on Development, Governance and Globalisation in the Gulf States, Research Paper No. 13, January 2011, abrufbar unter: http://www.lse.ac.uk/middleEastCentre/kuwait/documents/Fattouh.pdf (17. November 2015), S. 13.

[153] Isabelle Werenfels, „Algerien und Libyen: Vom Tiersmondismus zur interessengeleiteten Außenpolitik", in: Enno Harks und Friedemann Müller (Hrsg.), Petrostaaten: Außenpolitik im Zeichen von Öl, Baden-Baden: Nomos 2007, S. 79–107 (hier 90).

[154] Vgl. El-Katiri, Fattouh und Segal, „Anatomy of an Oil-Based Welfare State", S. 14.

[155] Vgl. IEA, World Energy Outlook 2005, S. 339 und 341.

[156] Zur Jahrtausendwende zählte der zivile Arbeitsmarkt Saudi-Arabiens circa 7,2 Millionen Beschäftigte. Lediglich 880.000 davon waren saudische Staatsbürger, von welchen rund zwei Drittel im Staatsdienst standen. In den Vereinigten Arabischen Emiraten waren Ende der 1990er Jahre rund drei Viertel aller Beschäftigten Gastarbeiter, die – gleich wie in Katar und Kuwait – die Mehrheit der Gesamtbevölkerung stellten. Siehe Perthes, Geheime Gärten, S. 353 und 370. In Kuwait waren mehr als 90 Prozent der Staatsangehörigen direkt oder indirekt für die Regierung tätig. Siehe IEA, World Energy Outlook 2005, S. 412.

einzuheben.[157] Dergestalt bedingte das patrimoniale Staatswesen die Herausbildung einer spezifischen Rentiermentalität, „für die der Zusammenhang zwischen produktiver Leistung und Erfolg nicht besteht, da der Zugang zur politisch-bürokratischen Macht weit mehr einbringt als jede produktive Anstrengung."[158] Für die privilegierten Stammbewohner der Rentierstaaten ist es zur Selbstverständlichkeit geworden, dass die schlecht bezahlten oder wenig prestigeträchtigen Stellen in der Privatwirtschaft von Arbeitsmigranten besetzt werden, während sie bei Bedarf eine gut dotierte Position im Staatsdienst erhalten.

Die Verteilung der Renteneinnahmen in den Allokationsstaaten erfolgt auf Grundlage eines inoffiziösen sozialen Kontraktes, gemäß welchem „der Staat die Sicherheit des Gemeinwesens und seiner Bürger, auch deren soziale Sicherheit gewährleistet, Wohlfahrt gewährt und den Bürgern erlaubt, in angemessener Form an den Ölrenten teilzuhaben, die dem Staat zufließen. Dafür akzeptieren die Untertanen die Legitimität der herrschenden Familie und halten sich, solange diese nicht offen versagt oder ihren Teil des Vertrags bricht, mit politischen Forderungen zurück."[159] Den Machthabern in den Petrostaaten fällt es zunehmend schwer, das teure System der Bürgeralimentation aufrechtzuerhalten. Ein wesentlicher Grund dafür ist das enorme Bevölkerungswachstum in den ölexportierenden Ländern.

Wie Tabelle 6.2 darlegt, hat sich die Einwohnerzahl der OPEC-Staaten in den vergangenen Jahrzehnten vervielfacht. Die Bevölkerungsgrößen Algeriens und des Irak sind seit 1950 von weniger als neun bzw. sechs Millionen auf jeweils über 40 Millionen angewachsen. Die Einwohnerschaft Saudi-Arabiens hat sich zwischen 1950 und 2020 von 3,1 auf 34,8 Millionen Menschen mehr als verzehnfacht und die Vereinigten Arabischen Emirate wuchsen im selben Zeitraum von 70.000 auf beinahe zehn Millionen Bewohner. Laut Prognosen der Vereinten Nationen ist bis 2050 von einem weiteren kräftigen Bevölkerungsanstieg in den Petrostaaten auszugehen.

Die rasante Bevölkerungsentwicklung stellt die Regierungen der ölreichen Rentierstaaten vor eine schier unlösbare Herausforderung. Immer mehr Menschen wollen alimentiert werden, auch wenn die Öleinnahmen aufgrund von fundamentalen Marktveränderungen wie 1986, 1998, 2008, 2014 und 2020 in regelmäßigen

---

[157] Vgl. Perthes, Geheime Gärten, S. 354.

[158] Martin Beck, Andreas Boeckh und Peter Pawelka, „Staat, Markt und Rente in der sozialwissenschaftlichen Diskussion", in: Andreas Boeckh und Peter Pawelka (Hrsg.), Staat, Markt und Rente in der internationalen Politik, Wiesbaden: Springer 1997, S. 8–27 (hier 13); siehe auch Yates, The Rentier State in Africa, S. 22.

[159] Perthes, Geheime Gärten, S. 351.

Tab. 6.2 Bevölkerungsgrößen ausgewählter OPEC-Staaten 1950–2050 (in Tausend)

	1950	1980	2020*	2050*
Algerien	8.872	19.338	43.851	60.923
Angola	4.355	8.212	32.866	77.420
Irak	5.719	13.653	40.223	70.940
Iran	17.119	38.668	83.993	103.098
Katar	25	224	2.881	3.851
Kuwait	152	1.384	4.271	5.393
Libyen	1.113	3.191	6.871	8.525
Nigeria	37.860	73.698	206.140	401.315
Saudi-Arabien	3.121	9.913	34.814	44.562
Venezuela	5.482	15.344	28.436	37.023
Vereinigte Arab. Emirate	70	1.017	9.890	10.425

*UN-Prognose auf Basis eines mittleren Bevölkerungszuwachses (medium variant)
Quelle: United Nations – Department of Economic and Social Affairs, Population Division, World Population Prospects 2019.

Abständen einen Einbruch erleiden. Der Wandel des internationalen Erdölmarktes zu einem Käufermarkt in den 1980er und 1990er Jahren in Zusammenhang mit dem immensen Bevölkerungswachstum hatte die Petrostaaten bereits in die unangenehme Lage versetzt, ein kleineres Kuchenstück auf eine viel größere Familie aufteilen zu müssen.[160] Dabei ist die Möglichkeit einer Einschränkung der staatlichen Zuschussfähigkeit aufgrund von wirtschaftlichen Problemen noch kaum in das öffentliche Bewusstsein eingedrungen.[161] Die notleidenden Staatshaushalte wurden deswegen nicht durch ambitionierte Reformmaßnahmen saniert, sondern vielmehr durch die Aufnahme massiver Auslandsschulden ausgeglichen, woraufhin eine Reihe von Ölexportstaaten in den späten 1980er Jahren in die Insolvenz geschlittert war. Noch zu Beginn 2004 beliefen sich beispielsweise die Staatsschulden Saudi-Arabiens auf ungefähr hundert Prozent des BIP.[162]

Die lange Phase des billigen Öls in der Zeit nach der dritten Ölkrise führte in den hochgradig von den Erdölausfuhren abhängigen Petrostaaten zu beträchtlichen Wohlstandsverlusten. Die realen Ölexporterlöse pro Person sind in den nahöstlichen und nordafrikanischen Ausfuhrländern von durchschnittlich mehr

---

[160] Vgl. Maugeri, The Age of Oil, S. 262.
[161] Vgl. Perthes, Geheime Gärten, S. 354.
[162] Vgl. Steinberg, „Saudi-Arabien: Öl für Sicherheit", S. 63.

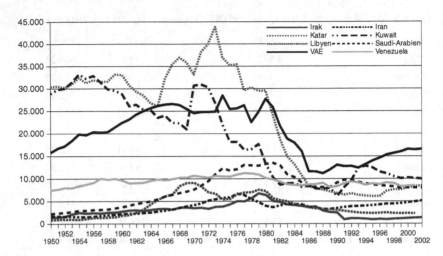

Abb. 6.6 BIP pro Kopf ausgewählter OPEC-Staaten 1950–2002 (in Internationale Geary-Khamis Dollar auf Basis 1990). (Quelle: Angus Maddison, The World Economy: Historical Statistics, Paris: OECD 2006, abrufbar unter: http://dx.doi.org/10.1787/45 6125276116 (18. November 2015))

als 2.800 Dollar 1980 auf circa 900 Dollar 2004 gefallen.[163] Das Pro-Kopf-Einkommen in Saudi-Arabien verringerte sich als Folge der Einnahmeverluste aus dem Erdölverkauf und dem enormen Bevölkerungszuwachs zwischen 1981 und 2002 von rund 28.000 Dollar auf nicht mehr als 7.000 Dollar.[164] Den meisten anderen Rentierstaaten erging es nicht besser, wie Abbildung 6.6 verdeutlichen soll. Im Gegensatz zur schwachen Wohlstandsentwicklung in den OPEC-Ländern ist in den westeuropäischen Staaten das BIP pro Kopf in der zweiten Hälfte des 20. Jahrhunderts kontinuierlich von 5.000 auf 20.000 Dollar gestiegen.[165]

An der Entwicklung der Wirtschaftsleistung der Ölnationen in den vergangenen Jahrzehnten ist deren fast vollständige Abhängigkeit von den Erdölausfuhren und damit den Gegebenheiten auf dem Ölmarkt ablesbar. Das ökonomische Wohlergehen der OPEC-Staaten ist in hohem Maße von den Schwankungen auf den Märkten und den Geschehnissen in der Ölindustrie beeinflusst. Der Ölpreisanstieg ab 2004 hat „erstmals seit Beginn der 1980er Jahre wieder zu einer deutlichen

---

[163] Auf Basis des Preisniveaus von 2004. Siehe IEA, World Energy Outlook 2005, S. 115 f.

[164] Vgl. Steinberg, „Saudi-Arabien: Öl für Sicherheit", S. 54.

[165] Vgl. Maddison, The World Economy, S. 277. Es handelt sich hierbei nicht um US-Dollar, sondern um Internationale Geary-Khamis Dollar (1990).

wirtschaftlichen Belebung geführt."[166] Das BIP der Petrostaaten verzeichnete während des Nachfrageschocks zwischen 2004 und 2008 einen signifikanten Zuwachs, um im Jahre 2009, analog zur Entwicklung auf dem Ölmarkt, in den meisten Fällen einen erheblichen Einbruch zu erleiden.[167]

Die Überschussländer haben es nicht geschafft, mit ihrem Ölreichtum diversifizierte Volkswirtschaften aufzubauen, um auf diese Weise eine gewisse Unabhängigkeit von den Entwicklungen auf dem Erdölmarkt zu erreichen. Bis heute sind die Wirtschaftssysteme der Petrostaaten von einer Monokultur geprägt. Der saudische Erdölsektor ist für rund die Hälfte der Wirtschaftsleistung des Landes und circa 85 Prozent der Exporterlöse verantwortlich. In Venezuela entfällt ein Viertel des BIP auf die Ölindustrie und 96 Prozent der Exporteinnahmen auf den Verkauf fossiler Brennstoffe. In Nigeria sind es 35 Prozent des BIP und 94 Prozent der Ausfuhrerlöse, in Kuwait 60 bzw. 94 Prozent, in Libyen 60 bzw. 99 Prozent, in Angola 45 bzw. 99 Prozent und in Algerien 35 bzw. 68 Prozent. Im Iran machen die Ölexporte rund 63 Prozent der Gesamtausfuhren aus und im Irak beinahe hundert Prozent. In Katar vereint die Öl- und Gasindustrie ungefähr 55 Prozent der nationalen Wirtschaftsleistung auf sich. In den Vereinigten Arabischen Emiraten sind es 40 Prozent.[168]

Die Verteilung der Ölrenten durch die Herrscherhäuser nach politischen Erwägungen führt unweigerlich zu ökonomischen Fehlallokationen. Anstatt die Petrodollars in den Aufbau einer breiten, zukunftsfähigen Wirtschaftsbasis zu investieren, wurden sie dem System der staatlichen Bürgeralimentation zugeführt sowie in vielen Fällen für Luxusgüter und unwirtschaftliche Projekte verpulvert.[169] Ein Gutteil der Ölmilliarden ging durch die gigantische Verschwendung öffentlicher Gelder und Korruption verloren oder wurde in die Rüstung gesteckt. Durch die gewaltigen Investitionen in Infrastrukturprojekte und die zumeist noch höheren Ausgaben für Militärgüter begaben sich die Ausfuhrländer in eine

---

[166] Steinberg, „Saudi-Arabien: Öl für Sicherheit", S. 54.

[167] Das BIP von Katar schrumpfte laut UN-Angaben von 2008 bis 2009 um 15 Prozent. Die Wirtschaftskraft Saudi-Arabiens ging um 17 Prozent zurück. Nigeria erlitt einen BIP-Rückgang von 19 Prozent, Algerien und die Vereinigten Arabischen Emirate von jeweils 20 Prozent sowie Kuwait und Libyen von 28 Prozent, während der Irak, Iran und Venezuela von einem Minus verschont geblieben waren. Siehe die Statistiken der Vereinten Nationen, abrufbar unter: http://unstats.un.org/unsd/snaama/dnltransfer.asp?fID=2 (18. November 2015).

[168] Die Angaben stammen von der OPEC, abrufbar unter: http://www.opec.org/opec_web/en/about_us/25.htm (18. November 2015); sowie OPEC, Annual Statistical Bulletin 2014, S. 16 f.

[169] Vgl. Falola und Genova, The Politics of the Global Oil Industry, S. 148.

neue „Abhängigkeit von entsprechenden Importen, von ausländischer Expertise und ausländischen Dienstleistungen: Kein Kampfjet, der ohne den Service ausländischer Experten vom Boden gekommen, keine oder fast keine Dienst- oder Handwerksleistung, die von einheimischen Fachkräften ausgeübt worden wäre."[170]

Die negative Wirtschaftsentwicklung der Rentierstaaten trotz reicher Erdölvorkommen zeugt vom Phänomen des „Ressourcenfluchs".[171] Der Reichtum an Energierohstoffen brachte in den Ölländern spezifische wirtschaftliche Probleme mit sich, die als „Holländische Krankheit" bezeichnet werden.[172] Die umfangreiche Ausfuhr von Erdöl führt zu Handelsbilanzüberschüssen und massiven Devisenzuflüssen, was eine Überbewertung der nationalen Währung des Förderlandes bewirkt. Als Folge davon verbilligen sich die Waren- und Dienstleistungseinfuhren bei gleichzeitiger Verteuerung der Exporte. Die nationale Wirtschaft, allen voran der Agrarsektor und die verarbeitende Industrie, verliert dadurch an Wettbewerbsfähigkeit und kommt durch die Verdrängung der lokalen Produktion durch Importe unter Druck. Parallel dazu findet eine Umschichtung der im Land verfügbaren Ressourcen statt, wobei das nicht gebundene Kapital und die Arbeitskräfte von den wettbewerbsschwachen Wirtschaftszweigen in die boomende Erdölindustrie wandern, in welcher weitaus höhere Renditen erzielt bzw. Gehälter gezahlt werden, wodurch sich die Tendenz zur wirtschaftlichen Monokultur weiter verstärkt. Im Gegensatz zur Landwirtschaft und dem Dienstleistungssektor ist die Erdölindustrie wenig beschäftigungsintensiv, weshalb ein derartiger volkswirtschaftlicher Ressourcentransfer in der Regel mit Jobverlusten verbunden ist. Die beschriebenen ökonomischen Vorgänge stellen die Regierungen der Rentierstaaten vor enorme wirtschaftspolitische und gesellschaftliche Herausforderungen.

---

[170] Perthes, Geheime Gärten, S. 352.

[171] Der von Richard Auty geprägte Begriff beschreibt die negativen Folgen für ein Land, die aus einem Reichtum an natürlichen Ressourcen resultieren können. Jeffrey Sachs und Andrew Warner haben in einer einflussreichen Studie einen Zusammenhang zwischen Rohstoffreichtum und geringem Wirtschaftswachstum empirisch nachgewiesen. Siehe Jeffrey D. Sachs und Andrew M. Warner, „Natural Resource Abundance and Economic Growth", Center for International Development and Harvard Institute for International Development, Harvard University, Cambridge, MA: November 1997, abrufbar unter: http://www.cid.harvard.edu/cid data/warner_files/natresf5.pdf (18. November 2015).

[172] Wirtschaftliche Probleme, die mit dem Export von Rohstoffen in großem Umfang einhergehen, wurden erstmals in den Niederlanden nach der Entdeckung der Erdgasvorkommen in Groningen 1959 beobachtet. Die Bezeichnung geht auf die negativen wirtschaftlichen Erfahrungen zurück, die Holland mit seinen Erdgasausfuhren in den 1960er Jahren gemacht hatte.

In zahlreichen Ölexportländern ist seit einigen Jahren ein weiterer gefährlicher Trend zu beobachten: Aufgrund des sprunghaften Anstiegs des eigenen
Energiekonsums entwickeln sich die Golfstaaten und andere Ausfuhrländer von
großen Produzenten zu wesentlichen Verbrauchern.[173] In den vergangenen Jahren verzeichnete der Eigenbedarf an Erdöl in den OPEC-Staaten ein beachtliches
Wachstum.[174] Glaubt man den Prognosen der IEA, wird sich diese Entwicklung
auch in Zukunft fortsetzen. Für die Zunahme des globalen Energie- und Erdölverbrauchs werden neben China und Indien vornehmlich die Länder des Nahen
Ostens verantwortlich sein.[175] Der erhöhte Inlandskonsum führt bei gleichblei-
bender Produktionsmenge zwangsläufig zu einem verminderten Exportvolumen
und damit zu Einnahmeeinbußen. Ein solches Szenario erscheint für die ausga-
benseitig unter enormen Druck stehenden Rentenökonomien längerfristig kaum
verkraftbar.

Die Machthaber in den Petronationen sehen ihren Handlungsspielraum zunehmend eingegrenzt. Ohne den Erdölexport sind die sündteuren Allokationssysteme
nicht finanzierbar. Die politischen Eliten sind auf die Erlöse aus dem Erdölverkauf
angewiesen, wenn sie sich an der Macht halten wollen. Das saudische Königreich bestünde laut der Einschätzung von Guido Steinberg „ohne die Einnahmen
aus dem Ölexport heute vermutlich nicht mehr."[176] Auch andere Ausfuhrländer wären ohne die Ölrente in ihren politischen Ausprägungen kaum denkbar.[177]
Dabei sind die Petroregime angesichts einer rapide wachsenden Bevölkerung auf
beständig steigende Erdöleinnahmen angewiesen, um ihren Verpflichtungen aus
dem sozialen Kontrakt mit den Bürgern nachkommen und diese bei Laune halten

---

[173] Vgl. Westphal, Overhaus und Steinberg, „Die US-Schieferrevolution und die arabischen
Golfstaaten", S. 12 und 19.

[174] Der inländische Erdölverbrauch stieg zwischen 2004 und 2019 in Algerien um mehr als
90 Prozent, in Indonesien um 32 Prozent, im Iran um 35 Prozent, in Katar um 276 Prozent,
in Kuwait um 14 Prozent, in Saudi-Arabien um 84 Prozent und in den Vereinigten Arabischen Emiraten um 115 Prozent. Im Vergleich dazu ging der Bedarf in den OECD-Ländern
im selben Zeitraum um circa sieben Prozent zurück. Siehe BP, Statistical Review of World
Energy June 2020 (Data Workbook). Mehr als die Hälfte des gesamten Stroms in den Golfstaaten wird durch Ölverbrennung produziert. Die niedrigen, schwer subventionierten Preise
für Benzin und Elektrizität animieren zu einem verschwenderischen Verbrauch. Siehe Westphal, Overhaus und Steinberg, „Die US-Schieferrevolution und die arabischen Golfstaaten",
S. 27.

[175] Siehe IEA, World Energy Outlook 2012, S. 26; und IEA, World Energy Outlook 2015
(„Executive Summary"), S. 1.

[176] Steinberg, „Saudi-Arabien: Öl für Sicherheit", S. 54.

[177] Vgl. Werenfels, „Algerien und Libyen", S. 87.

zu können. Auf diese Weise kann die Höhe des Rohölpreises zur Existenzfrage für die Herrscherriege in den Überschussländern werden.

Die venezolanische Regierung braucht für einen ausgeglichenen Staatshaushalt einen Fasspreis von 160 Dollar. Der Iran schreibt rote Zahlen, sobald der Ölpreis unter 130 Dollar fällt. Russland weist laut Berichten bei einem Preis von weniger als 110 Dollar ein Budgetdefizit auf. Saudi-Arabien benötigt gegenwärtig einen Ölpreis von 90 bis 105 Dollar je Barrel, der Irak von 98 Dollar, die Vereinigten Arabischen Emirate von 76 Dollar, Katar von 65 Dollar und Kuwait von 63 Dollar, um den öffentlichen Haushalt im Gleichgewicht zu halten.[178] Die den jeweiligen Staatsbudgets zugrunde gelegten Erdölpreise sind historisch betrachtet als überaus hoch einzustufen.

Während des „Arabischen Frühlings" versuchten die autoritären Regime des Nahen Ostens und Nordafrikas durch eine Ausweitung umfangreicher Subventionen und staatlicher Transferleistungen ein Überschwappen der Aufstände und Proteste, die in Tunesien im Dezember 2010 ihren Ausgang genommen hatten, in weiterer Folge etliche Staaten im arabischen Raum erfassten und schließlich zum Sturz der Regime in Tunesien, Ägypten, Libyen und im Jemen führten, zu verhindern. Die breite Masse sollte durch Sach- und Geldleistungen ruhiggestellt werden, wie der *Economist* zu berichten weiß:

> Saudi-Arabia is boosting public-sector pay by 15% as part of a $36 billion spending splurge. Egypt, Jordan, Libya, Oman and Syria are all raising wages or benefits for public employees, though whether the 150% pay rise for Libyan civil servants will actually be paid is another matter. [...] Some governments have added shiny new subsidies. Kuwait, for example, is offering free food to everyone for 14 months. Bahrain says it will dish out up to $100m to help families hit by food inflation. Many more are boosting social-welfare schemes. Jordan, Syria, Tunisia and Yemen have each increased the budgets of national programmes that give cash and benefits to the poor by just under 0.5% of GDP.[179]

Mit den Massenunruhen in der arabischen Welt wurde die Fragilität der Ölstaaten in der Region augenscheinlich. Die meisten ihrer Regierungen kämpfen ums Überleben.[180] Durch ihre auf den Erdöleinnahmen beruhende exzessive Ausgaben- bzw. Alimentationspolitik versuchen sie sich an der Macht zu halten.

---

[178] Die Angaben im gesamten Absatz stammen von Oliver Grimm und Eduard Steiner, „Billiges Öl untergräbt Macht der Autokraten", in: Die Presse, 18. November 2014, S. 1; und Crooks, „The US Shale Revolution".

[179] The Economist, „Throwing money at the street", 12 March 2011, S. 32.

[180] Vgl. ebd., S. 32.

6.3.2   Überlegungen zur Macht des Öls und der Exportländer in der heutigen Zeit

Leonardo Maugeri schließt aus dem Rentier-Charakter der bedeutenden Ölexport-staaten in Zusammenhang mit deren gewaltigem Bevölkerungswachstum, dass die Produzentenländer in weitaus größerem Maße von den Einfuhrländern abhängig sind als umgekehrt. Dies gelte zumindest in einem längerfristigen Zeithorizont. Für deren wirtschaftliche und soziale Entwicklung sei es für die Petrostaaten von entscheidender Bedeutung, als zuverlässige Bezugsquellen von Erdöl wahr-genommen zu werden. Die Nachfragesicherheit liege im nationalen Interesse der rentenökonomisch strukturierten Ausfuhrländer, denn ein Rückgang des Erdölbe-darfs könne fatale Auswirkungen auf deren Alimentationssysteme haben und in weiterer Folge die Stabilität der ölreichen Länder gefährden.[181]

Die energiepolitische Antwort der Verbraucherländer auf die beiden Ölkrisen in den 1970er Jahren hat den Erdölnationen in den darauffolgenden Jahrzehn-ten ihre Verwundbarkeit deutlich vor Augen geführt. Die Instrumentalisierung des Erdöls für politische Zwecke durch eine Reihe erdölexportierender Staaten hat die Einfuhrländer zu verstärkten Anstrengungen beim Energiesparen und der Erschließung neuer Fördergebiete bewegt sowie zur Substitution von Öl durch andere Energieträger animiert. Ein Ölschock, erklärt Maugeri, „can be a terri-ble experience for the industrial countries, but it is not a fatal blow. As soon as they perceive the long-term nature of such a shock they react, and their reaction can turn into a permanent nightmare for any producer. Any reaction implies not only a reduction in demand, but also much more money devoted to research and development of alternative sources of energy or investments in new oil producing areas."[182] In einer mittel- bis längerfristigen Perspektive muss daher von einer asymmetrischen Abhängigkeit der Förderländer von den Industriestaaten ausgegangen werden.

Das Reaktionsmuster der Verbraucherländer auf die Erdölschocks der 1970er Jahre lässt sich bei einem weiteren Einsatz der „Ölwaffe" jederzeit wieder anwen-den. Abgesehen vom nach wie vor hochgradig erdölabhängigen Transportsektor wäre eine Substitution von Öl in den meisten anderen Anwendungsbereichen des flüssigen Brennstoffes grundsätzlich vorstellbar. Lediglich die niedrigen Ölpreise in den 1980er und 1990er Jahren haben in der Vergangenheit eine wei-tere Verdrängung des Erdöls durch andere Energieträger verhindert.[183] Statt der

---

[181] Vgl. Maugeri, The Age of Oil, S. 262.

[182] Ebd., S. 262 f.

[183] Vgl. ebd., S. 263.

Entdeckung einer zweiten Nordsee könnte die Gewinnung unkonventioneller Erdölressourcen forciert werden. Zudem besteht beim Ölverbrauch noch immer ein
gehöriges Einsparungspotenzial. Eine Veränderung des Konsumverhaltens und
eine effizientere Nutzung von Mineralöl und dessen Derivate würde eine weitere
Bedarfsreduktion in den Importstaaten bewirken.

Mit den zeitweilig hohen Ölpreisen der jüngsten Vergangenheit war mancherorts eine Rückkehr des Ressourcennationalismus festzustellen. Da ein außenpoli-
tisch motivierter Lieferstopp für die Ausfuhrländer in einer über den kurzfristigen
Zeithorizont hinausgehenden Perspektive nachteilige oder gar existenzbedrohende
Effekte nach sich ziehen kann, ist der Einsatz von Erdöl als politisches Druckmittel jedoch von geringer Wahrscheinlichkeit.[184] Die Drohungen mit der „Ölwaffe",
wie sie bisweilen von populistischen Agitatoren wie Hugo Chávez und Mahmoud Ahmadinejad oder den irakischen Vertretern bei der Arabischen Liga zu
vernehmen waren, sind daher wenig glaubwürdig.[185]

Die „Ölwaffe" ist zudem ein stumpfes Instrument, das sich in einem globa-
lisierten Erdölmarkt nicht zielgerichtet gegen bestimmte Länder einsetzen lässt.
„Whether a supplier loves or hates a customer (or vice versa) does not matter",
argumentiert Morris Adelman, „because, in the world oil market, a seller cannot isolate any customer and a buyer cannot isolate any supplier."[186] Im Falle
eines Lieferstopps gegen ein bestimmtes Einfuhrland können andere Käufer, die
nicht dem Embargo unterliegen, jederzeit auf dem Weltmarkt Erdöl beziehen und
Lieferungen zum boykottierten Land umleiten. Die Märkte und deren Mechanismen leisten einen positiven Beitrag zur weltweiten Versorgungssicherheit, indem
sie eine unmittelbare Reaktion der Angebots- und Nachfrageseite auf Verwer-
fungen erlauben und dadurch Schocks abfedern sowie Lieferunterbrechungen
ausgleichen.[187]

Die Auswirkungen einer Versorgungsstörung, schreibt die IEA, gleichgültig
gegen welche Käufer sie gerichtet ist, „mainly depend on the extent of the global

---

[184] Vgl. Oliver Geden und Severin Fischer, Die Energie- und Klimapolitik der Europäischen
Union: Bestandsaufnahme und Perspektiven, Denkart Europa – Schriften zur europäischen
Politik, Wirtschaft und Kultur: Band 8, Baden-Baden: Nomos 2008, S. 18 und 83.

[185] Qais al-Azzawi, der irakische Botschafter bei der Arabischen Liga, hat im November 2012
die arabischen Staaten dazu aufgerufen, zur Unterstützung des palästinensischen Volkes ein
Ölembargo gegen Israel und die USA zu verhängen. Siehe o. A., „Irak droht, ‚Ölwaffe' gegen
Israel und USA einzusetzen", in: Die Presse, 17. November 2012, S. 7.

[186] M. A. Adelman, „The Real Oil Problem", in: Regulation, Vol. 27, No. 1, Spring 2004, S.
16–21 (hier 19).

[187] Vgl. Yergin, The Quest, S. 278.

price response – not on whether the consuming country obtains its oil physi-
cally from the country from which supply is disrupted. [...] Thus, a shortfall in
oil supply to one country, by driving up the price [...] of oil, affects *all* consuming countries, regardless of whether their supplies are directly affected or
not."[188] Der Boykott eines definierten Zielmarktes trifft also Freund und Feind
in gleicher Weise und vermag im mittel- bis langfristigen Szenario die Produzen-
tenseite weitaus mehr zu schaden als die Embargoländer, weshalb die „Ölwaffe"
nicht (mehr) als effektives machtpolitisches Instrument eingestuft werden kann.
Darüber hinaus gilt es zu bedenken, dass beim Erdöl die Abnehmer nicht die
Verbraucherländer selbst sind, sondern der Weltmarkt bzw. transnational tätige
Energiekonzerne und Händler, welche die globalen Lieferströme beliebig steuern können, „was einer außenpolitischen Instrumentalisierung praktisch keinen
Spielraum gibt."[189]

Die große Abhängigkeit der OPEC-Staaten von der Erdölausfuhr lässt sich
anhand deren Handelsgüterkonzentration im Export erkennen. Der entsprechende
Konzentrationsindex nach Hirschman, der einen Wert zwischen >0 und 1 anneh-
men kann, wobei 1 ein extremes Maß an Konzentration bzw. eine übermäßige
Abhängigkeit darstellt, weist für die erdölexportierenden Länder äußerst hohe
Kennziffern auf. Die Güterkonzentration im Export ergab 1980 für den Irak einen
Wert von 0,99, für Libyen 0,96, Nigeria 0,95, Saudi-Arabien 0,94, die Vereinigten
Arabischen Emirate 0,87, Algerien 0,82, Iran 0,81, Venezuela 0,67 und Ecua-
dor 0,55. Mit der Verbilligung des Erdöls und den Marktanteilsverlusten in den
1980er Jahren verringerten sich auch die Konzentrationskoeffizienten der Warenausfuhren der OPEC-Länder ein wenig. 1989 belief sich der Hirschman'sche
Konzentrationsindex beim Güterexport im Falle von Nigeria auf 0,92, Irak und
Iran jeweils 0,88, Libyen 0,81, Vereinigte Arabische Emirate 0,72, Saudi-Arabien
0,68, Algerien 0,55, Venezuela 0,52 und Ecuador 0,46. Im Vergleich dazu betrug
der durchschnittliche Hirschman-Index der Handelsgüterkonzentration im Export
für die Industriestaaten (mit Ausnahme von Island und Färöer) lediglich 0,09.[190]

Gleichzeitig weisen die erdölausführenden Länder auch relativ hohe Konzentrationswerte bei der geografischen Verteilung ihrer Exporte auf. Der Index der
Handelspartnerkonzentration nach Hirschman berechnet sich gleich wie im Falle

---

[188] IEA, World Energy Outlook 2007, S. 163 f. (Hervorhebung im Original).

[189] Roland Götz, „Russland: Vom Imperium zur Energiegroßmacht?", in: Enno Harks und
Friedemann Müller (Hrsg.), Petrostaaten: Außenpolitik im Zeichen von Öl, Baden-Baden:
Nomos 2007, S. 131–151 (hier 145).

[190] Für die Konzentrationswerte siehe Jones, Globalisation and Interdependence in the
International Political Economy, S. 141 f.

der Güterkonzentration. Ein Koeffizient von knapp über 0 bedeutet eine maximale geografische Diversifikation im Außenhandel und ist dann gegeben, wenn sich der Wert der Exporte bzw. Importe eines Landes gleichmäßig auf eine größere Anzahl von Handelspartnern verteilt. Ein Wert von 1 besagt hingegen, dass der gesamte Güteraustausch mit nur einem Handelspartner erfolgt. Für den Großteil der OPEC-Mitglieder zeigen sich vergleichsweise hohe Koeffizienten bei der Exportpartnerkonzentration, wie Abbildung 6.7 veranschaulicht.[191]

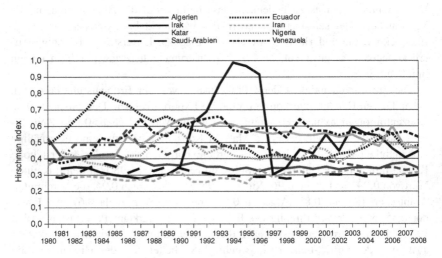

Abb. 6.7 Die Exportpartnerkonzentration ausgewählter OPEC-Staaten 1980–2008. (Quelle: Salvatore J. Babones und Robin M. Farabee-Siers, „Replication Data for: Indices of Trade Partner Concentration for 183 Countries, 1980-2008" (Journal of World-Systems Research), Harvard Dataverse, abrufbar unter: https://dataverse.harvard.edu/dataset.xhtml?persistentId= hdl:1902.1/18566 (25. Juni 2015))

Im Vergleich zu den Konzentrationswerten der OPEC-Länder, die im langjährigen Mittel einen Durchschnittskoeffizienten von 0,44 ergeben, beläuft sich

---

[191] Die Extremwerte des Irak Mitte der 1990er Jahre sind auf die Handelssanktionen der Vereinten Nationen als Antwort auf den irakischen Überfall auf Kuwait 1990 zurückzuführen. Dem Land war daraufhin nur eine äußerst begrenzte Ausfuhr von Erdöl durch Schmuggel in diverse Nachbarländer wie Jordanien und die Türkei möglich. Erst Resolution 986 des UN-Sicherheitsrates aus dem Jahre 1995 erlaubte dem Irak die Wiederaufnahme seiner Erdölexporte im Rahmen des Programms „Öl für Lebensmittel". Ab Dezember 1996, als Saddam Hussein schließlich die Resolution annahm, strömte nach mehrjähriger Pause wieder irakisches Erdöl auf ausländische Märkte. Siehe dazu Maugeri, The Age of Oil, S. 151.

der Hirschman-Index der Exportpartnerkonzentration der EU-Staaten auf Basis der von Salvatore J. Babones und Robin M. Farabee-Siers errechneten Werte im Schnitt auf 0,28 im Jahre 2008.[192] Es gilt hierbei zu bedenken, dass bei den EU-Mitgliedern der intraeuropäische Güteraustausch dominiert. Der Großteil des Handelsvolumens wird untereinander abgewickelt. 2002 beliefen sich die Intra-EU-Warenexporte der EU-28 auf mehr als 68 Prozent der Gesamtausfuhren. 2019 waren es circa 64 Prozent.[193] In Summe verlässt also grob nur rund ein Drittel der Güterexporte der EU-Staaten den europäischen Binnenmarkt. Mit der wachsenden Erdölnachfrage in Süd- und Ostasien und dem rückläufigen Bedarf in Europa verschiebt sich die geografische Konzentration der OPEC-Ausfuhren zunehmend in Richtung der neuen großen Nachfrageländer China, Indien, Südkorea, Singapur, Thailand und andere Absatzmärkte in der Region. 2013 gingen bereits 59 Prozent der gesamten Erdölexporte des Produzentenkartells in den asiatisch-pazifischen Raum und nur 17 Prozent nach Europa.[194]

Bei der geografischen Verteilung der Importe weisen die OPEC-Staaten im Allgemeinen geringere Konzentrationen als bei den Exporten auf (Abbildung 6.8). Der Hirschman-Index der Importpartnerkonzentration der OPEC unterscheidet sich kaum von jenem der EU-Staaten. Im Mittel der Jahre 1994 bis 2008 liegen die Durchschnittskoeffizienten der jeweiligen Mitgliedsländer sogar gleichauf bei 0,31.[195] Allerdings gilt auch hier wieder, dass ein Großteil der Gütereinfuhren der EU-Staaten innerhalb des europäischen Binnenmarktes stattfindet. Im Ganzen lässt sich festhalten, dass kein OPEC-Mitglied einen Anteil von mehr als 2,5 Prozent an den gesamten Warenexporten sowie mehr als 1,7 Prozent an den gesamten Warenimporten der EU-28 erreicht. Insgesamt beläuft sich der Anteil

---

[192] Siehe Salvatore J. Babones und Robin M. Farabee-Siers, „Replication Data for: Indices of Trade Partner Concentration for 183 Countries, 1980–2008" (Journal of World-Systems Research), Harvard Dataverse, abrufbar unter: https://dataverse.harvard.edu/dataset.xhtml?persistentId=hdl:1902.1/18566 (25. Juni 2015).

[193] Die Daten stammen von Eurostat, EU-Intrahandel und internationaler Handel nach Mitgliedsstaat und nach SITC Produktgruppen (ext_lt_intratrd), abgerufen: 22. Mai 2021.

[194] Vgl. OPEC, Annual Statistical Bulletin 2014, S. 47. Die größten Exportanteile hatte Europa 2013 beim libyschen Erdöl mit mehr als 90 Prozent sowie bei den algerischen Ölausfuhren mit circa 70 Prozent. Von den nigerianischen Gesamtexporten wurden 44 Prozent nach Europa geliefert, von den irakischen gut 22 Prozent und von jenen Angolas fast 19 Prozent. Saudi-Arabien verkaufte knapp 13 Prozent seines Exportöls nach Europa, der Iran beinahe elf Prozent, Venezuela weniger als fünf Prozent und Kuwait nur rund vier Prozent. Ecuador, die Vereinigten Arabischen Emirate und Katar exportierten nur unwesentliche Mengen oder gar kein Erdöl nach Europa.

[195] Siehe Babones und Farabee-Siers, „Replication Data for: Indices of Trade Partner Concentration for 183 Countries, 1980–2008".

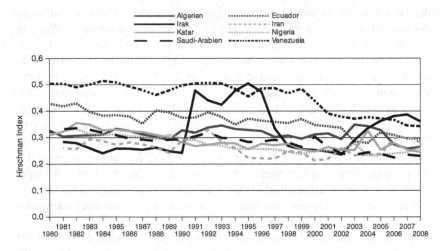

Abb. 6.8 Die Importpartnerkonzentration ausgewählter OPEC-Staaten 1980–2008. (Quelle: Salvatore J. Babones und Robin M. Farabee-Siers, „Replication Data for: Indices of Trade Partner Concentration for 183 Countries, 1980-2008" (Journal of World-Systems Research), Harvard Dataverse, abrufbar unter: https://dataverse.harvard.edu/dataset.xhtml?persistentId= hdl:1902.1/18566 (25. Juni 2015))

der OPEC auf circa acht Prozent der Gütereinfuhren und ungefähr 9,5 Prozent der Güterausfuhren der EU-28.[196]

Der Großteil der OPEC-Staaten ist nicht nur auf den Erdölexport, sondern auch auf den Lebensmittelimport in hohem Maße angewiesen. Die Nahrungsmitteleinfuhren beliefen sich 2013 in Katar auf neun Prozent der gesamten Warenimporte, in Kuwait und Saudi-Arabien auf 15 Prozent, in Nigeria und Venezuela auf 18 Prozent und in Algerien auf 19 Prozent.[197] Die Nahrungsmittelsicherheit der Länder des Golf-Kooperationsrates ist fast zur Gänze von Einfuhren abhängig, die für

---

[196] Die Daten stammen von Eurostat. Siehe European Commission – Directorate General for Trade, Client and Supplier Countries of the EU28 in Merchandise Trade, Trade-G-2, 10/11/2015, abrufbar unter: http://trade.ec.europa.eu/doclib/docs/2006/september/tradoc_122530.pdf (22. November 2015). Alle Angaben beziehen sich auf das Jahr 2014 und verstehen sich exklusive dem Intra-EU-Handel.

[197] Angaben gemäß der Weltbank, abrufbar unter: http://data.worldbank.org/indicator/TM. VAL.FOOD.ZS.UN (26. November 2015).

gewöhnlich einen Anteil von circa 80 bis 90 Prozent am Gesamtlebensmittelverbrauch einnehmen.[198] Die Arabische Halbinsel besteht zu mehr als 95 Prozent aus agrarisch (wirtschaftlich) nicht nutzbaren Wüstengebieten. „Nur ein Prozent der Landfläche in den Vereinigten Arabischen Emiraten", um ein konkretes Beispiel zu nennen, „eignet sich für den Ackerbau. Und die saudische Regierung musste ihr seit den 70ern laufendes Programm, Wüste in Weizenanbaugebiet zu verwandeln, 2008 aufgeben. Zu hoher Wasserbedarf, zu teuer."[199] Die Abhängigkeit der Golfstaaten vom Lebensmittelimport wird in einem zunehmend volatilen Marktumfeld in Zukunft noch ansteigen.[200] Der hohe Dependenzgrad dieser Länder beim Agrargüter- und Nahrungsmittelimport verweist auf eine erhebliche Vulnerabilität, die sich in erster Linie aus der Möglichkeit einer Störung der Versorgungsrouten ergibt. Durch eine Sperre der Straße von Hormuz, des Suez-Kanals und der Meerenge von Bab al-Mandab wären die arabischen Golfstaaten von beinahe ihren gesamten Nahrungsmitteleinfuhren abgeschnitten.[201]

Die EU-Staaten importierten 2019 durchschnittlich rund elf Millionen Fass Rohöl pro Tag. Davon stammten knapp 36 Prozent aus den OPEC-Mitgliedsländern, circa 25 Prozent aus Russland, fast zehn Prozent aus Norwegen, 6,7 Prozent aus Kasachstan und 4,2 Prozent aus Aserbaidschan.[202] Die Importabhängigkeiten von russischem Erdöl gestalten sich in der EU höchst unterschiedlich. Während Estland, Irland, Lettland, Luxemburg, Malta, Slowenien und Zypern gar kein Rohöl aus Russland beziehen, nimmt der Anteil der russischen Öillieferungen an den Gesamteinfuhren anderer Länder Höchstwerte an. Die Slowakei ist bei ihren Rohölimporten zu hundert Prozent von Russland abhängig, Finnland zu 98 Prozent, Litauen zu 79 Prozent, Ungarn zu 75 Prozent, Polen zu 68 Prozent und Bulgarien zu 63 Prozent.[203] Darüber hinaus besteht eine gewisse Abhängigkeit

---

[198] Vgl. Rob Bailey und Robin Willoughby, „Edible Oil: Food Security in the Gulf", Chatham House Briefing Paper, EER BP 2013/03, November 2013, abrufbar unter: https://www.chatha mhouse.org/sites/files/chathamhouse/public/Research/Energy,%20Environment%20and% 20Development/bp1113edibleoil.pdf (26. November 2015), S. 2.

[199] Matthias Auer und Helmar Dumbs, „Afrikas neue Lehensherren", in: Die Presse am Sonntag, 22. März 2009, S. 28.

[200] Vgl. Woertz, Oil for Food, S. 19.

[201] Vgl. Bailey und Willoughby, „Edible Oil", S. 4.

[202] Die Daten stammen von Eurostat, Einfuhren von Rohöl und Mineralölprodukten nach Partnerland (nrg_ti_oil), abgerufen: 22. Mai 2021.

[203] Siehe ebd. Die Angaben beziehen sich auf Rohöl und geben den Anteil der Importe aus Russland an den Gesamteinfuhren im Jahre 2019 wieder.

der europäischen Raffineriebranche von russischem Rohöl, da einige Raffinerien für die russischen Sorten optimiert sind.[204]

Russland verfügt zwar über einen beträchtlichen Ressourcenreichtum und ist stark vom Erdöl- und Erdgasexport abhängig,[205] dennoch gilt das Land nicht als klassischer Rentierstaat, in welchem die Öl- und Gasrente die sozialen Strukturen und das politische System in höchstem Maße bestimmen.[206] Russland hat zur Ausfuhr fossiler Energieressourcen keine reale Alternative, da sein Staatshaushalt auf diese Deviseneinnahmen hochgradig angewiesen ist. Auch bei der Wahl seiner Handelspartner ist Moskau eingeschränkt.[207]

Die EU ist der Hauptabsatzmarkt für das russische Erdöl und Erdgas. 85 Prozent der russischen Erdgasausfuhren von circa 257 Milliarden Kubikmeter im Jahre 2019 wurden per Pipeline zu den Abnehmern transportiert. Von den pipelinegebundenen Erdgasexporten Russlands gingen 2019 rund 75 Prozent in die EU; der Rest wurde in die Türkei, Staaten der ehemaligen Sowjetunion und andere europäische Länder geliefert.[208] Der europäische Exportmarkt ist nicht nur wegen seiner Größe für Russland von zentraler Bedeutung, sondern auch aufgrund des Umstandes, dass Moskau seine Exportkunden beim Erdgas kaum diversifizieren kann, da „alle derzeitigen Erdgasexportleitungen Russlands ausschließlich nach Westen verlaufen."[209] Im pipelinegebundenen Erdgashandel ist mittelfristig eine Diversifizierung der Vertriebsmärkte kaum erreichbar, wodurch sich eine erhöhte Vulnerabilität bei der Ausfuhr von Erdgas ergeben kann.

Solange Moskau sein Erdgas zum überwiegenden Teil über Pipelines nach Europa exportiert und keine ausreichende Rohrleitungs- oder LNG-Infrastruktur

---

[204] Europäische Kommission, Strategie für eine sichere europäische Energieversorgung, Mitteilung der Kommission an das Europäische Parlament und den Rat, COM(2014) 330 final, Brüssel, 28.05.2014, abrufbar unter: http://eur-lex.europa.eu/legal-content/DE/TXT/PDF/?uri=CELEX:52014DC0330&from=EN (27. November 2015), S. 12.

[205] Die Erlöse aus der Erdöl- und Erdgasausfuhr beliefen sich 2013 auf 68 Prozent der gesamten Exporteinnahmen Russlands. Siehe US Energy Information Administration (EIA), „Oil and natural gas sales accounted for 68 % of Russia's total export revenues in 2013", 23 July 2014, abrufbar unter: https://www.eia.gov/todayinenergy/detail.cfm?id=17231# (21. November 2015).

[206] Vgl. Götz, „Russland: Vom Imperium zur Energiegroßmacht?", S. 137.

[207] Vgl. ebd., S. 144.

[208] Die Daten über die russischen Erdgasausfuhren 2019 stammen aus BP, Statistical Review of World Energy June 2020 (Data Workbook). Die restlichen 15 Prozent wurden als LNG exportiert.

[209] Gerhard Mangott, Der russische Phönix: Das Erbe aus der Asche, Wien: Kremayr & Scheriau 2009, S. 174.

für den Vertrieb größerer Energiemengen nach Asien besteht, die eine nennenswerte Diversifizierung der Absatzmärkte erlaubt, ist Russland von der Energienachfrage der europäischen Verbraucherländer abhängig. Die Abhängigkeit Moskaus vom Erdgasexport nach Europa vermindert gleichsam dessen Potenzial, seine Erdölausfuhren in die EU als politisches Druckmittel einzusetzen. Gemäß der Einschätzung von Erich Reiter braucht Russland „Europa als Abnehmer für sein Gas und Öl dringender zum Überleben seiner Wirtschaft als umgekehrt."[210]

Moskau hat sich in den vergangenen Jahrzehnten gegenüber den westeuropäischen Einfuhrländern als überaus verlässliche Bezugsquelle von Erdöl erwiesen.[211] Der Rohöl- und Erdgasexport in den Westen waren für die Sowjetunion die einzigen bedeutsamen Devisenbringer. Moskau war auf die Exporterlöse angewiesen, um dringend benötigte Wirtschaftsgüter aus dem Ausland beziehen zu können. „At the top of the list of these needs", konkretisiert Daniel Yergin, „were the food imports required, because of its endemic agricultural crisis, in order to avert acute shortages, even famine, and social instability."[212] Darüber hinaus erlaubten die Hartwährungseinkünfte aus dem Erdölverkauf die Anschaffung ausländischer Hightech-Güter und Technologie, von denen die sowjetische Wirtschaft abhängig war.[213] Die Sowjetunion war angesichts der großen Bedeutung, welche die Deviseneinnahmen für das Land hatten, stets darum bemüht, als zuverlässiger Öllieferant zu erscheinen.[214]

Trotz der allgemeinen Stabilität der sowjetischen bzw. späteren russischen Erdöllieferungen dokumentieren einige Präzedenzfälle die Bereitschaft Moskaus, seinen Ressourcenreichtum für politische Zwecke einzusetzen. Zwischen 1949 und 1956 hatte die sowjetische Regierung ihre Erdölexporte nach Jugoslawien zur Gänze eingestellt, um Josip Broz Tito für dessen Bruch mit der Sowjetunion zu bestrafen. Trotz bestehender Lieferverträge hatte Moskau als Reaktion auf die israelische Invasion des Sinai im Oktober 1956 zudem die Belieferung Israels mit Erdöl gestoppt. Mitte 1964 reduzierten die Sowjets ferner ihre Ölausfuhren nach China, nachdem die Spannungen zwischen beiden Ländern, die schließlich in einen offenen Bruch mündeten, gestiegen waren.[215]

---

[210] Erich Reiter, „Das geopolitische Spiel des Wladimir Putin", in: Die Presse, 26. März 2014, S. 26.

[211] Vgl. Mangott, Der russische Phönix, S. 189; und Smart, „Energy and the Power of Nations", S. 367.

[212] Yergin, The Quest, S. 23.

[213] Vgl. Smart, „Energy and the Power of Nations", S. 367.

[214] Vgl. Goldman, „The Soviet Union as a World Oil Power", S. 100.

[215] Für die politisch motivierten Lieferunterbrechungen Moskaus siehe ebd., S. 100; und Maull, Energy, Minerals, and Western Security, S. 159.

Gerade in der jüngeren Zeit hat Russland in einigen Fällen den Ressourcenexport als Druckmittel eingesetzt, wobei Moskau mit seinen Energielieferungen bzw. deren Störung laut Gerhard Mangott primär ökonomische Vorteile zu erzwingen versucht anstatt politisch-ideologische Zielsetzungen zu verfolgen.[216] Neben den baltischen Staaten sahen sich unter anderem Georgien und die Ukraine von Russlands Energiemacht unter Druck gesetzt. Laut Sascha Müller-Kraenner hat Russland heute „kaum einen Nachbarn, dem es bei politischer Unbotmäßigkeit noch nicht mit der Waffe Energie gedroht hat."[217] Moskaus zuweilen rücksichtslose Rohstoffpolitik in Europas Nachbarschaft und die Bereitschaft der russischen Regierung zur Instrumentalisierung ihrer Energiemacht hat der EU die Dringlichkeit einer verstärkten Kooperation in der Energiepolitik in Erinnerung gerufen. Dies nicht zuletzt aufgrund der hohen Einfuhrabhängigkeit der EU-Mitgliedsländer von fossilen Brennstoffen, insbesondere von Erdöl (Abbildung 6.9).

Die Nettoeinfuhrabhängigkeit der EU-28 von Rohöl und Erdölerzeugnissen ist seit einigen Jahren von einer steigenden Tendenz gekennzeichnet. Der Abhängigkeitsgrad der Mitgliedsländer als Gesamtheit, der 1990 rund 80 Prozent und 2000 circa 75 Prozent betragen hatte, ist seither auf beinahe 89 Prozent im Jahre 2019 angewachsen.[218] Angesichts des rückläufigen Ölbedarfs der EU – der Gesamtverbrauch hat sich gemäß den Daten von Eurostat zwischen 2000 und 2019 um beinahe 17 Prozent verringert – ist die zunehmende Einfuhrabhängigkeit in erster Linie auf die sinkende Eigenproduktion in der Nordsee zurückzuführen. Das Vereinigte Königreich verwandelte sich seit der Jahrtausendwende von einem Nettoexporteur von Erdöl zu einem bedeutenden Importeur. Auch Dänemark hat sich in den vergangenen Jahren zu einem Nettoimporteur entwickelt.

Der Großteil der EU-Mitgliedsstaaten weist eine äußerst hohe Importabhängigkeit von Erdöl auf. Für die Energiesicherheit eines Landes, das mangels eigener Lagerstätten keine Alternative zur Rohstoffeinfuhr hat, ist jedoch nicht das relative Importvolumen als zentral anzusehen, sondern der Diversifikationsgrad der Bezugsquellen. Dieser ist in den einzelnen europäischen Staaten sehr unterschiedlich ausgeprägt. Einige hochgradig importabhängigen EU-Mitglieder

---

[216] Vgl. Mangott, Der russische Phönix, S. 189.

[217] Sascha Müller-Kraenner, Energiesicherheit: Die neue Vermessung der Welt, München: Kunstmann 2007, S. 87.

[218] Siehe Eurostat, Abhängigkeit von Energieimporten (nrg_ind_id), abgerufen: 22. Mai 2021. Die Nettoimportabhängigkeit ergibt sich aus den gesamten Nettoeinfuhren (Importe abzüglich Exporte) von Rohöl und raffinierten Produkten dividiert durch den Gesamtverbrauch. Bei Lagerbildung kann der Abhängigkeitsgrad mehr als hundert Prozent betragen.

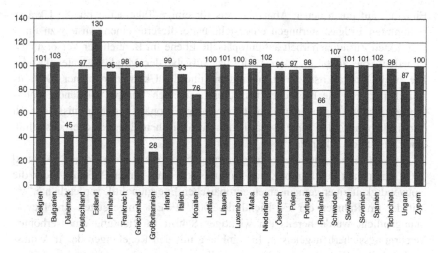

Abb. 6.9 Nettoimportabhängigkeit der EU-Staaten von Rohöl und Derivaten 2019 (in Prozent). (Quelle: Eurostat, Abhängigkeit von Energieimporten (nrg_ind_id))

verfügen bei ihren Rohöleinfuhren über eine relativ geringe geografische Konzentration, was ihre Vulnerabilität gegenüber politisch oder wirtschaftlich motivierten Versorgungsstörungen erheblich zu reduzieren vermag. Dazu zählen allen voran Deutschland, Frankreich, Italien, die Niederlande, Österreich, Portugal und Spanien (Tabelle 6.3). Im Gegensatz dazu ist der Rohölbezug zahlreicher osteuropäischer Staaten und von Finnland von einer hohen Handelspartnerkonzentration gekennzeichnet.

Durch eine gemeinsame europäische Politik im Energiebereich ließen sich die Kräfte besser bündeln, Marktmacht effektiver einsetzen, die Risiken breiter streuen und dadurch im Vergleich zu einem rein einzelstaatlichen Vorgehen die Versorgungssicherheit insgesamt bedeutend erhöhen.[219] Die Ölkrisen der 1970er Jahre hatten Europa ohne eine gemeinschaftliche Energieaußenpolitik getroffen. Entsprechend schwach und unkoordiniert verlief die Krisenbewältigung der westeuropäischen Länder. Über lange Zeit „nahm die Energiepolitik im Gesamtkonzept der EG nur einen geringen Stellenwert ein."[220] Vor allem der russisch-ukrainische Gasstreit 2005/06, als Moskau Anfang Jänner 2006 bis zur

---

[219] Vgl. Geden und Fischer, Die Energie- und Klimapolitik der Europäischen Union, S. 68.

[220] Kristina Kurze, Europas fragile Energiesicherheit: Versorgungskrisen und ihre Bedeutung für die europäische Energiepolitik, Forschungsberichte internationale Politik: Band 37, Münster: Lit 2009, S. 17.

Einigung auf einen neuen Abnahmepreis für einige Tage seine für die Ukraine bestimmten Erdgaslieferungen eingestellt hatte, lieferte einen Anstoß zu einer verstärkten Zusammenarbeit auf europäische Ebene im Bereich der Versorgungssicherheit, die zuvor in erster Linie als Aufgabe der Mitgliedsstaaten galt.[221] Die zweite Erdgaskrise zwischen Russland und der Ukraine im Jänner 2009, als zwischenzeitlich die russischen Gaslieferungen nach Europa vollständig unterbrochen waren, verlieh den Bemühungen der Europäischen Kommission nach Verwirklichung einer gemeinschaftlichen europäischen Energiesicherheitspolitik einen zusätzlichen Impuls.[222]

Die vorübergehenden Versorgungsstörungen mit russischem Erdgas 2006 und 2009 waren laut der Europäischen Kommission „ein herber ‚Weckruf', der die Notwendigkeit einer gemeinsamen europäischen Energiepolitik verdeutlichte."[223] Mit der im Rahmen der EU-Richtlinie 2009/119/EG umgesetzten Erdölbevorratungspflicht wurde bereits ein wichtiger Schritt in Richtung einer erhöhten Versorgungssicherheit geleistet. Im Einklang mit den Regelungen der IEA müssen die Mitgliedsstaaten der EU sicherstellen, dass „zu ihren Gunsten im Gebiet der Gemeinschaft ständig Erdölvorräte gehalten werden, die insgesamt mindestens den täglichen Durchschnittsnettoeinfuhren für 90 Tage oder dem täglichen

Tab. 6.3 Handelspartnerkonzentration von EU-Staaten beim Rohölimport 2000–2012 (Index basierend auf Herfindahl-Hirschman)[*]

	2000	2005	2009	2010	2011	2012
Belgien	7,3	22,3	16,1	21,8	24,8	21,0
Bulgarien	93,4	77,1	55,8	94,2	87,9	99,7
Dänemark	0,0	0,0	0,0	0,1	0,2	0,0
Deutschland	10,1	13,2	13,4	14,4	15,6	15,2
Finnland	19,4	64,4	75,9	90,8	76,1	80,5
Frankreich	5,3	5,5	7,1	8,3	7,2	8,4
Griechenland	25,2	28,8	22,3	22,0	24,0	21,1

(Fortsetzung)

---

[221] Vgl. ebd., S. 9 und 11.

[222] Vgl. Tomas Maltby, „European Union energy policy integration: A case of European Commission policy entrepreneurship and increasing supranationalism", in: Energy Policy, Vol. 55, April 2013, S. 435–444 (hier 438).

[223] Europäische Kommission, Strategie für eine sichere europäische Energieversorgung, S. 2.

Tab. 6.3   (Fortsetzung)

	2000	2005	2009	2010	2011	2012
Großbritannien	0,6	0,5	0,6	0,6	1,0	2,5
Irland	0,0	0,0	3,5	6,2	2,8	21,6
Italien	12,4	13,6	13,6	11,6	9,2	10,7
Kroatien	16,0	50,7	58,3	39,2	43,7	32,6
Lettland	86,8	93,1	98,9	98,3	95,1	99,4
Niederlande	7,6	16,1	13,3	12,6	12,4	12,3
Österreich	10,8	13,8	16,0	13,1	13,2	12,7
Polen	86,9	92,2	87,2	85,5	81,8	87,4
Portugal	14,3	10,9	9,4	9,8	12,8	12,5
Rumänien	11,1	17,3	18,9	16,0	18,6	18,1
Schweden	1,4	13,1	14,4	19,5	27,0	18,3
Slowakei	93,8	96,8	100,1	100,4	101,0	99,1
Spanien	10,0	9,4	9,0	9,7	10,6	10,0
Tschechien	66,1	54,4	52,6	46,2	42,4	46,5
Ungarn	71,6	84,2	73,6	80,5	79,7	77,5
Zypern	41,4	0,0	0,0	0,0	0,0	0,0

*der verwendete Index der Handelspartnerkonzentration reicht von 0 (es wird kein Rohöl importiert) bis >100 (der gesamte Rohölverbrauch inkl. Bevorratung stammt von einem einzigen Lieferland) und berechnet sich als die Summe der Quadrate des Quotienten zwischen den Nettoimporten von Rohöl von einem Lieferland im Zähler und dem Bruttoinlandsverbrauch von Rohöl im Nenner, wobei ausschließlich die Rohölimporte von außerhalb des EWR berücksichtigt werden

Quelle: European Commission: Commission Staff Working Document: In-depth study of European Energy Security, accompanying the document Communication from the Commission to the Council and the European Parliament: European energy security strategy, COM(2014) 330 final, Brussels, 02.07.2014, S. 182.

durchschnittlichen Inlandsverbrauch für 61 Tage entsprechen, je nachdem, welche Menge größer ist."[224]

Trotz aller Fortschritte und Bemühungen leidet die europäische Energieaußenpolitik nach wie vor an strukturellen Schwächen. Ein grundsätzliches Problem

---

[224] Siehe Artikel 3 (1) der Richtlinie 2009/119/EG des Rates vom 14. September 2009 zur Verpflichtung der Mitgliedstaaten, Mindestvorräte an Erdöl und/oder Erdölerzeugnissen zu halten.

besteht darin, dass die Mitgliedsstaaten in zentralen Fragen der Energieaußenpolitik nicht mit einer Stimme sprechen.[225] „Die unterschiedlichen wirtschaftlichen Verbindungen und die daraus resultierenden nationalen Energiestrategien führen dazu", moniert Müller-Kraenner, „dass Europa gegenüber Exportnationen wie Russland und dem Nahen Osten, gegenüber Kartellen wie der OPEC sowie Konkurrenten um knappe Ressourcen wie China und den USA uneinheitlich auftritt. Die Europäer werden deswegen letztlich gegeneinander ausgespielt. Ihre Gesamtinteressen bleiben auf der Strecke."[226] Die Europäische Kommission kritisiert, dass „Fragen der Energieversorgungssicherheit [allzu häufig] nur auf nationaler Ebene behandelt [werden], ohne die gegenseitige Abhängigkeit der Mitgliedstaaten in vollem Umfang zu berücksichtigen."[227]

Ein zentrales Element einer effektiven europäischen Versorgungssicherheitspolitik stellen verpflichtende solidarische Ausgleichsmechanismen im Rahmen eines transeuropäischen Energienetzes dar, die sicherstellen, dass in Krisensituationen das im Unionsgebiet verfügbare Erdöl länderübergreifend dorthin geliefert wird, wo es am dringlichsten benötigt wird. Selbst bei einer hohen geografischen Erdölimportkonzentration ließe sich durch einen solchen Mechanismus die Vulnerabilität des von der Versorgungsstörung betroffenen Mitgliedslandes signifikant verringern, da die Lieferausfälle durch Ersatzlieferungen aus dem EU-Raum umgehend ausgeglichen würden. Die EU strebt nach der Schaffung einer transeuropäischen Erdölinfrastruktur, wobei Mitteleuropa als vorrangiger Erdölkorridor identifiziert wurde. Durch die Interoperabilität des Ölfernleitungsnetzes soll eine Verringerung der Abhängigkeit von einzelnen Bezugsquellen und Lieferrouten und damit eine größere Versorgungssicherheit erzielt werden.[228]

Die europäischen Verbraucherländer sehen in Zukunft erhöhten Importerfordernissen beim Öl entgegen. Trotz des hohen Erdölimportbedarfs erscheinen die Abhängigkeiten der europäischen Einfuhrländer von den primären Ölexportnationen beherrschbar. Letztere haben nicht zuletzt aufgrund ihrer desperaten ökonomischen Konstitution und hohen Dependenz von der Erdölausfuhr in den vergangenen Jahrzehnten deutlich an Ölmacht eingebüßt. Die Bedeutung des Erdöls am europäischen Primärenergieaufkommen hat im Vergleich zu den 1970er Jahren merklich abgenommen, wobei sich dieser Trend im Rahmen der europäischen Klimapolitik zugunsten erneuerbarer Energiequellen in Zukunft noch

---

[225] Vgl. Geden und Fischer, Die Energie- und Klimapolitik der Europäischen Union, S. 80.

[226] Müller-Kraenner, Energiesicherheit, S. 125.

[227] Europäische Kommission, Strategie für eine sichere europäische Energieversorgung, S. 3.

[228] Siehe die Verordnung (EU) Nr. 347/2013 des Europäischen Parlaments und des Rates vom 17. April 2013 zu Leitlinien für die transeuropäische Energieinfrastruktur.

deutlich verstärken wird. Das vorherrschende Marktregime gewährleistet darüber hinaus in einem hohen Ausmaß ungestörte Versorgungsströme. Die zunehmende Integration der EU-Staaten in der Energiesicherheitspolitik, aus welcher eine robuste transeuropäische Erdölinfrastruktur hervorgehen soll, vermag die Vulnerabilität der europäischen Importnationen gegenüber Störungen der Erdölzufuhr zusätzlich zu verringern. Die Bildung einer echten Energieunion, die für eine Bündelung der kollektiven Marktmacht und ein einheitliches europäisches Vorgehen in der Energieaußenpolitik sorgt, würde es den EU-Mitgliedern erlauben, ihre Stellung gegenüber den Lieferländern bedeutend zu stärken. Europa hat es selbst in der Hand, welchen energiepolitischen Zukunftspfad es beschreiten möchte.

Resümee

Auch wenn das Erdöl in seinen unterschiedlichen bituminösen Formen in vielen Weltgegenden seit der Antike für medizinische Zwecke, als Schmierstoff und einfaches Leuchtmittel Verwendung gefunden hatte, machten das menschliche Wissen über die chemischen Eigenschaften und reichen Nutzungsmöglichkeiten des fossilen Brennstoffes bis in die Neuzeit keine bedeutsamen Fortschritte. In der vorindustriellen Zeit war Petroleum höchstens von lokaler Bedeutung und wurde weitgehend nur dort in beschränktem Maße genutzt, wo es an die Erdoberfläche trat und sich in Pfützen ansammelte. Die Anfänge des modernen Erdölzeitalters gehen in die erste Hälfte des 19. Jahrhunderts zurück, als in verschiedenen Gegenden Europas die systematische Gewinnung und Nutzung flüssiger Kohlenwasserstoffe begann und es in Galizien erfinderischen Wegbereitern erstmals gelang, aus dem in Lachen und Schächten gesammelten Rohöl mittels Destillation ein taugliches Leuchtöl herzustellen, das zur Illumination von Straßen und Innenbeleuchtung von Gebäuden in der Region weite Verbreitung fand. Auch in den ölreichen Provinzen Rumäniens und in Baku sind in diesen frühen Jahren Raffinationsanlagen zur Erzeugung des neuen Lampenöls entstanden.

Die erste kommerziell erfolgreiche Bohrung nach Öl durch Edwin L. Drake im Jahre 1859 in Pennsylvania gilt als Geburtsstunde der globalen Erdölwirtschaft. Sie löste einen veritablen Ölboom in den pennsylvanischen Oil Regions aus, der bald auf andere Staaten übergriff. Die historische Bedeutung der Drake-Ölquelle ist aufgrund ihrer enormen Nachwirkungen kaum zu überschätzen. In den ersten hundert Jahren der modernen Erdölindustrie von der Gründung der Standard Oil Company 1870 bis zur OPEC-Revolution zu Beginn der 1970er Jahre stand die Weltwirtschaft des Erdöls unter Herrschaft der integrierten Konzerne, die das Ausmaß der Produktion und die Preise kontrollierten und eine sichere Versorgung der westlichen Absatzmärkte mit günstigem Mineralöl sicherstellten. Die internationale Erdölwirtschaft ist seit ihren Anfängen von Regelsystemen geprägt, die maßgeblichen Einfluss auf die Interdependenzbeziehungen zwischen den Förder- und Konsumländern ausüben.

Bis zur Jahrhundertwende war der Anteil des Öls am gesamten Primärenergieaufkommen in Europa verschwindend gering. Der fossile Brennstoff wurde damals überwiegend in Form von Kerosin für Beleuchtungszwecke verwendet. Die eingeschränkte Nutzung hielt den Erdölbedarf in engen Grenzen. Mit der Durchsetzung des Verbrennungsmotors im anbrechenden Zeitalter der Mobilität zu Beginn des 20. Jahrhunderts erfuhr der Erdölabsatz einen enormen Aufschwung. Um die Versorgung der großen Verbrauchszentren mit ausreichend Mineralölerzeugnissen zu gewährleisten, schufen die Majors auf globaler wie regionaler Ebene eine entsprechende Produktions-, Transport- und Vertriebsinfrastruktur. Die Investitionen in die pipelinegebundene Ölbeförderung und die Entwicklung immer größerer Öltanker führten zu sinkenden Frachtraten und erlaubten einen effizienten Transport des „schwarzen Goldes" von den Fördergebieten zu den bedeutenden Absatzmärkten in Europa, Nordamerika und Ostasien. Mit dem Ausbau des weltweiten Erdölsystems auf allen Ebenen der Wertschöpfung von der Erkundung und Gewinnung bis zur Verschiffung, Veredelung und Vermarktung strömten immer größere Mengen an preisgünstigen Ölkraftstoffen auf die europäischen Konsummärkte.

Der Ölverbrauch in den Industriestaaten folgte einem sich selbst verstärkenden, pfadabhängigen Prozess. Sobald die Entscheidung zugunsten des Erdöls als Grundstoff der modernen motorisierten Fortbewegung gefallen war, wurde unter hohem Investitionsaufwand eine korrespondierende Infrastruktur aufgebaut, welche den Verbrauchern einen bequemen und preisgünstigen Bezug von Mineralölprodukten ermöglichte. Durch die vorhandenen Strukturen wurden neue Konsumenten zur Nutzung von Erdöl angeregt, wodurch der Bedarf einen Anstieg erfuhr. Dies führte zu einer Ausweitung der Ölförderung und einen weiteren Ausbau der bestehenden Absatzinfrastruktur, was wiederum die Attraktivität des Erdöls für die Verbraucher und damit die Nachfrage erhöhte. Infolge dieses Mechanismus zunehmender Erträge wurde der eingeschlagene Pfad beständig weiterverfolgt, wodurch sich eine Verlaufsabhängigkeit herausbildete.

Mit der Erschließung des Erdölreichtums im Nahen Osten zapften die multinationalen Mineralölgesellschaften eine schier unendliche Energiequelle an, die sich für den europäischen Wirtschaftsboom in den 1950er und 1960er Jahren als unerlässlich erwies. Das importierte Erdöl begann in der Nachkriegszeit seine Anwendungsbereiche auszudehnen und auf diese Weise sukzessive andere

Energieträger zu verdrängen. Der flüssige Brennstoff betrieb nicht nur die Millionen Motorfahrzeuge auf den Straßen, die Tausenden Fluggeräte in der Luft sowie die Schiffe auf Wasser, er sorgte auch für wohlige Temperaturen in den Innenräumen von Gebäuden und hielt zunehmend die Produktionsmaschinen der Industriebetriebe am Laufen. Das Mineralöl erweckte darüber hinaus die chemische Industrie zu neuem Leben, wodurch es in Gestalt von Plastik in allen erdenklichen Formen und Anwendungsbereichen als Werkstoff bald nicht mehr wegzudenken war und zudem als Basis synthetisch hergestellter Düngemittel die enorme Steigerung der weltweiten Nahrungsmittelerzeugung ermöglichte. Der hohe kalorische Brennwert des Erdöls, seine geringen Bezugskosten, bequeme Lagerfähigkeit, jederzeitige Verfügbarkeit und sein niedriger Preis überzeugten viele private, öffentliche und gewerbliche Verbraucher, dem fossilen Rohstoff gegenüber anderen Energieträgern den Vorzug zu geben.

Für die europäischen Konsumenten begannen die stets fallenden Energiepreise in der Phase des billigen Erdöls von 1945 bis Anfang der 1970er Jahre zur Gewohnheit zu werden, was einen verschwenderischen Verbrauch begünstigte. Im Zuge des Prozesses der Suburbanisierung und Automobilisierung wurden die öffentlichen Transportsysteme nach und nach durch den Massenindividualverkehr ersetzt. Die rapide wachsende Bevölkerungsgruppe der Vorstadtbewohner hatte nicht nur größere Wegstrecken in ihrem Alltag zu bewältigen, diese wurden unter Eliminierung der Skalenvorteile in der Kraftstoffnutzung zumeist auch noch mit dem privaten Personenkraftwagen zurückgelegt. Das Erdöl wurde innerhalb einer relativ kurzen Zeitspanne nach dem Zweiten Weltkrieg zur Lebensgrundlage der industrialisierten Gesellschaft; der Mensch mutierte gemäß Daniel Yergin zum „Hydrocarbon Man".

Europa hatte bei seiner Energienutzung bis Mitte des 20. Jahrhunderts einen hohen Selbstversorgungsgrad aufgewiesen. Noch in der Zwischenkriegszeit waren die westeuropäischen Staaten in ihrer Primärenergieversorgung fast vollständig autark. Nachdem die heimische Kohle den rasant steigenden Energiebedarf in den Nachkriegsjahren bald nicht mehr zu decken vermochte sowie in der aufstrebenden Mobilitätsindustrie nicht zu gebrauchen war, bestand keine Alternative zum Importöl. Die wachsende Abhängigkeit vom Nahostöl wurde in den Hauptstädten Europas bedenkenlos hingenommen. Die politischen Entscheidungsträger und die Verbraucher hatten die Erwartung gehegt, wonach die internationalen Mineralölkonzerne auch in Zukunft uneingeschränkten Zugriff auf die Ölreserven des Nahen Ostens haben würden und damit die steigende Nachfrage bedienen könnten.[1]

---

[1] Vgl. Odell, Oil and Gas, Volume 2, S. 87.

Seit den 1940er Jahren ist die Unzufriedenheit der Produzentenländer mit dem traditionellen Konzessionsregime, auf welchem die Majors ihre unumschränkte Kontrollmacht gründeten, stetig gewachsen. Eine Gruppe von erdölexportierenden Staaten, die sich 1960 zur OPEC zusammengeschlossen hatte, drängte auf eine Neuverhandlung der einseitigen Abkommen, woraus zunächst die paritätische Gewinnaufteilung zwischen den ausländischen Ölfirmen und Förderländern entstand. Letztere gaben sich schon bald mit einer höheren Beteiligung an den Erlösen nicht länger zufrieden. Sie strebten nach der Kontrolle über das Erdöl. Der Prozess der zunehmenden Emanzipation der Exportstaaten führte von der 50/50- und späteren 75/25-Gewinnteilung über die Partizipation der Produzentenländer an der Ölförderung und einem Miteigentum an den Erdölressourcen auf ihrem Staatsgebiet zur Verstaatlichung und der eigenständigen Exploration und Förderung durch nationale Mineralölkonzerne.

Mit dem Auftreten der außerhalb des Klubs der integrierten Ölmultis stehenden Independents und dem Bewusstseinswandel der Förderländer begann der Einfluss der Sieben Schwestern zu schwinden. Die wachsenden Aktivitäten der „unabhängigen" Ölgesellschaften trugen zum Machtverlust der Majors und zur Entstehung einer neuen institutionellen Ordnung bei. Solange die etablierten westlichen Erdölkonzerne die Verfügungsrechte über die riesigen Ölressourcen im Nahen Osten besaßen und die Vereinigten Staaten als Reserveproduzent auf dem Weltmarkt fungierten, bestand in der hohen Einfuhrabhängigkeit der westeuropäischen Staaten keine große Gefahr für ihre Versorgungssicherheit. Unter diesen Bedingungen hatte die Politisierung des Erdöls während der Suez-Krise 1956 und des Sechs-Tage-Krieges 1967 durch eine Gruppe arabischer Förderländer, die ihren Ölreichtum gezielt als Machtinstrument gegen ausgewählte Staaten einzusetzen versuchten, keine Erfolgschancen.

Mit dem Regimewechsel von den Majors zu den OPEC-Staaten und dem gleichzeitigen Verschwinden der US-amerikanischen Kapazitätsreserve fanden sich die Verbraucherländer Westeuropas in einer gefährlichen asymmetrischen Interdependenzsituation wieder, mit folgenschweren Konsequenzen für die Sicherheit ihrer Erdölversorgung. Während des vierten arabisch-israelischen Krieges bedienten sich die arabischen OPEC-Staaten im Oktober 1973 zum dritten Mal der „Ölwaffe", womit sie die Politik der hochgradig importabhängigen westlichen Einfuhrländer zu beeinflussen trachteten. Die allgemeine Produktionskürzung und das gegen einzelne Staaten verhängte Lieferembargo lösten diesmal eine Ölpreisexplosion aus, welche die westlichen Industrieländer in die Rezession stürzte. Wie die Geschichte des Erdöls und dessen politische Instrumentalisierung darlegt, ist die Auswirkung einer Versorgungsstörung zu einem hohen Grad vom Ausmaß der Diversifizierung der Erdöllieferungen und den vorhandenen Reservekapazitäten abhängig.[2]

Im Anschluss an den erstmaligen erfolgreichen Einsatz der „Ölwaffe" bestimmte das Regelsystem der Überschussländer für rund ein Jahrzehnt während der sogenannten „OPEC-Dekade" den Ordnungsrahmen, innerhalb welchem die Interaktionen der Marktteilnehmer stattfanden. Mit der Ölkrise 1973/74 und dem durch die iranische Revolution ausgelösten zweiten Preisschock 1979/80 brach eine Dollarflut auf die erdölexportierenden Staaten ein, die ihre Absorptionsfähigkeit auf die Probe stellte. Die Produzentenländer pumpten die Petromilliarden in gigantische Bauvorhaben, Infrastrukturprojekte, Entwicklungs- und Sozialprogramme, Waffenkäufe und die westlichen Finanzmärkte. Für die Umsetzung der ambitionierten Entwicklungspläne waren die Ölnationen auf die Einfuhr von Investitionsgütern, Maschinen, Technik und Fachwissen aus den Industriestaaten angewiesen. Mit dem Milliardentransfer von den Ölimportstaaten des Westens zu den Förderländern sowie der Rückleitung eines Großteils der Petrodollars, die über die Einfuhr von Industrieerzeugnissen und Dienstleistungen aus den westlichen Industriestaaten in diese zurückflossen, entstand eine enge wirtschaftliche Verflechtung und letztlich wechselseitige Abhängigkeit zwischen den Ölerzeuger- und Verbraucherländern.

Die politische Instrumentalisierung des Erdöls durch die arabischen Exportstaaten und die Preisschocks der 1970er Jahre bewogen die westlichen Einfuhrländer zu einer effizienteren Energienutzung und einer verstärkten Substitution des Erdöls vor allem durch Erdgas. Zudem verlegten die internationalen Ölkonzerne den Fokus ihrer Explorationsbemühungen in politisch stabilere Weltgegenden, darunter Alaska und die Nordsee. Die rückläufige Erdölnachfrage in den Industrieländern bei gleichzeitiger Erschließung neuer Fördergebiete in unmittelbarer Nachbarschaft der großen Verbrauchszentren stürzte die OPEC, die in den 1980er Jahren gewaltige Marktanteilsverluste hinnehmen musste, in eine schwere Krise.

Das Exportkartell hatte über gut zehn Jahre die globale Erdölwirtschaft dominiert und einseitig die Ölpreise mittels Angebotskontrolle festgelegt. Die OPEC-Staaten verloren diese Fähigkeit mit der zunehmenden Verlagerung der Ölpreisbildung auf die globalen Güter- und Finanzmärkte. Der Regimewechsel in der internationalen Erdölindustrie von den Ausfuhrländern zu den freien Tauschmärkten vollzog sich schleichend über einen Zeitraum von mehreren Jahren und war spätestens mit dem Ölpreisverfall 1986 abgeschlossen. Das Preisregime der globalen Marktkräfte besteht bis heute fort.

---

[2] Vgl. Maull, Energy, Minerals, and Western Security, S. 112.

Das Erdöl erwies sich in seiner Geschichte als ein hochgradig politischer Rohstoff, dem in zahlreichen militärischen Auseinandersetzungen eine zentrale Rolle zukam und der während der beiden Weltkriege kriegsentscheidende Bedeutung erlangte. Die Produzenten- und Verbraucherländer sowie die internationalen Konzerne als die wichtigsten Akteure in der globalen Mineralölwirtschaft hatten stets versucht, auf das institutionelle Gefüge zu ihren Gunsten einzuwirken und die Ölmärkte in ihrem Sinne zu steuern. Während die mächtige Standard Oil Company von den amerikanischen Behörden zerschlagen wurde, haben europäische Regierungen nationale Erdölgesellschaften geschaffen und als wichtige Instrumente ihrer Energiepolitik eingesetzt. Die Majors nutzten ihre Marktmacht, um die Begehrlichkeiten der Förderländer über Jahrzehnte in engen Grenzen zu halten. Die Produzentenländer wiederum beschlagnahmten im Zuge der Verstaatlichungswelle die Einrichtungen der multinationalen Ölfirmen auf ihrem Staatsgebiet und entzogen ihnen ihre Eigentumsrechte.

Regierungen haben die Handlungsspielräume der Erdölkonzerne genauso eingegrenzt wie die Mineralölgesellschaften jene der Förderländer. „Während die klassische Ökonomie den Primat des Marktes gegenüber Unternehmen und Staaten postuliert, zeigt die Wirtschaftsgeschichte" laut Lutz Zündorf, „dass Unternehmen wie Regierungen Marktmechanismen für höchst verschiedene Interessen und Zwecke instrumentalisieren können."[3] Staaten und Unternehmen hatten kaum Versuche ausgelassen, die Marktkräfte für ihre Ziele einzuspannen.

Aufgrund der zunehmenden Abhängigkeit der europäischen Wirtschaftssysteme und Gesellschaften von importierten Erdölressourcen hatte sich die Politik zuweilen gezwungen gesehen, auf die Energiebeziehungen Einfluss zu nehmen und Maßnahmen zur Sicherung der Versorgungsströme zu ergreifen. Immerhin ist das Erdöl nicht als gewöhnliches Handelsgut, sondern als strategische Ressource einzustufen. „Throughout the twentieth century", erklärt Øystein Noreng, „government policies manifested a disbelief in the ability of market forces and private initiative alone to secure energy supplies. [...] The risks involved for the consumers make oil a matter of state interest, even in times of apparent oil market stability. For this reason, there is a close interaction between energy use, the oil market and international politics."[4] Da der uneingeschränkte Erdölbezug die nationale Sicherheit und ökonomische Prosperität berührt, gilt der Staat unweigerlich als ein zentraler Akteur in der Mineralölindustrie.

Die Macht des Erdöls hat seit den beiden Ölkrisen der 1970er Jahre deutlich abgenommen. Die Ölmärkte leisten einen positiven Beitrag zur weltweiten

---

[3] Zündorf, Das Weltsystem des Erdöls, S. 234.
[4] Noreng, Crude Power, S. 43.

Versorgungssicherheit, indem ihre Funktionsmechanismen einer außenpolitischen Instrumentalisierung des Erdöls im Grunde keinen Spielraum lassen. Zudem birgt die hohe wechselseitige Abhängigkeit zwischen den Ölproduzenten und Verbrauchern ein Element der Stabilität in sich. Die Exportstaaten haben Milliarden an Dollar in den Konsumländern investiert. Für die Rentabilität ihrer Investments und stabile Erlöse aus dem Erdölverkauf haben sie größtes Interesse an einer gesunden weltwirtschaftlichen Entwicklung. Während die Einfuhrländer um die Angebotssicherheit bekümmert sind, sorgen sich die erdölexportierenden Staaten in hohem Maße um die Nachfragesicherheit.[5]

Trotz der steigenden Nettoimportabhängigkeit beim Erdöl aufgrund der sinkenden Eigenproduktion in der Nordsee scheint Europa von einer potenziellen politischen Instrumentalisierung der Öllieferungen heute deutlich weniger bedroht als in den 1970er Jahren. Als Gründe für diese Einschätzung lassen sich der in den vergangenen Jahrzehnten deutlich verringerte Mineralölverbrauch, die erfolgreiche Substitution des Erdöls vor allem durch Erdgas und erneuerbare Energieträger, die seit den Ölkrisen zur Begegnung von Liefernotfällen getroffenen Maßnahmen im Rahmen der IEA und EU, die beschränkte Marktmacht der OPEC, die wirtschaftliche und teilweise sicherheitspolitische Abhängigkeit der Petrostaaten von den Industrieländern – nicht zuletzt aufgrund der zunehmend desperaten Konstitution ihrer Rentenwirtschaftssysteme – und, als jüngstes Phänomen, die Wiederkehr der USA als Energiegroßmacht und möglicherweise neuer Reserveproduzent auf dem Weltölmarkt anführen.

Die „Ölwaffe" hat als effektives politisches Instrument ausgedient. In dem aktuell vorherrschenden, von den Marktkräften dominierten Machtgefüge in der internationalen Erdölwirtschaft hat die Sicherheit der europäischen Ölversorgung in den vergangenen Jahrzehnten beträchtlich zugenommen. Es ist zu erwarten, dass sich diese Entwicklung mit der Umsetzung des europäischen Grünen Deals auf dem Weg zur Klimaneutralität noch deutlich verstärken wird. Das Ende des Erdölzeitalters hat bereits begonnen.

---

[5] Vgl. Jan H. Kalicki, „Rx for ‚Oil Addiction': The Middle East and Energy Security", in: Middle East Policy, Vol. 14, No. 1, Spring 2007, S. 76–83 (hier 79).

Anhang

Tab. A.1 Europas Kohleverbrauch 1950 und 1955–1965 (in 1.000 Tonnen SKE)

	1950	1955	1956	1957	1958	1959	1960	1961	1962	1963	1964	1965
Westeuropa												
Belgien	25.469	27.953	28.542	27.624	23.339	24.274	24.363	24.370	25.909	27.106	24.980	23.941
Dänemark	6.581	6.952	6.197	4.906	4.650	4.540	5.688	5.400	5.867	6.042	5.767	5.143
Deutschland (BRD)	123.062	160.443	172.256	174.332	163.218	150.837	159.187	154.882	160.131	163.713	157.709	148.035
Finnland	1.927	2.425	2.739	2.792	2.595	2.822	3.146	3.012	2.946	2.508	3.109	3.266
Frankreich	62.850	69.386	77.464	80.039	73.234	69.104	68.582	69.586	71.390	72.316	73.341	76.301
Griechenland	440	603	673	726	710	834	1.260	1.394	1.463	1.801	1.981	2.458
Irland	2.275	2.169	1.608	1.529	1.594	1.801	1.886	1.977	1.681	1.654	1.530	1.465
Italien	10.199	11.748	12.523	13.210	10.796	10.481	11.537	12.054	12.596	13.145	11.595	11.978
Jugoslawien	7.025	9.211	10.549	11.257	11.202	12.006	13.545	14.238	14.439	15.880	17.009	17.960
Luxemburg	2.988	3.934	3.997	4.175	3.582	3.695	4.069	4.046	3.869	3.641	3.824	3.623
Niederlande	16.384	17.406	18.650	18.229	16.437	15.389	16.053	15.698	16.526	17.549	16.099	13.936
Norwegen	1.839	1.498	1.678	1.261	1.140	1.079	1.122	1.052	1.012	1.241	1.103	1.207
Österreich	7.634	8.418	8.783	9.181	8.154	7.486	7.987	7.482	7.863	8.571	8.143	7.711
Portugal	1.147	859	965	1.134	1.025	920	902	1.099	1.010	1.154	1.115	1.084
Schweden	7.442	6.003	5.368	5.156	3.458	3.385	3.974	3.542	3.386	3.545	3.564	3.010
Schweiz	2.468	2.756	3.162	3.325	2.342	2.280	2.595	2.256	2.319	2.823	1.979	1.671
Spanien	12.654	14.057	14.190	15.990	16.860	14.783	15.222	15.701	15.978	15.902	14.786	15.945
Türkei	3.048	4.319	4.512	5.002	4.947	4.688	4.723	4.351	4.873	5.289	5.794	5.703
Vereinigtes Königreich	203.058	217.083	218.421	212.876	201.749	187.488	196.746	194.486	190.375	195.117	189.016	185.063
Gesamt	498.490	567.223	592.277	592.744	551.032	517.892	542.587	536.626	543.633	558.997	542.444	529.500
Osteuropa												
Bulgarien	2.895	4.916	5.141	6.096	6.529	7.871	9.104	9.675	10.994	11.550	12.699	13.000
Deutschland (DDR)	49.164	69.499	70.485	72.366	73.591	73.281	77.840	81.271	84.864	88.279	88.090	86.530
Polen	50.945	69.061	75.250	79.645	78.529	83.560	87.553	90.159	93.481	98.956	102.252	102.154
Rumänien	2.098	4.290	3.006	3.598	3.700	3.822	4.570	4.800	8.849	9.479	10.020	10.716
Tschechoslowakei	31.568	42.199	48.554	49.286	53.264	52.188	54.223	58.473	61.367	64.191	65.484	65.000
Ungarn	8.258	12.625	11.691	13.487	13.797	14.450	15.404	16.524	16.765	18.695	20.285	19.347
Gesamt	144.928	202.590	214.127	224.478	229.410	235.172	248.694	260.902	276.320	291.150	298.830	296.747

Quelle: United Nations Statistics; siehe W. G. Jensen, Energy in Europe 1945–1980, London: G. T. Foulis 1967, S. 117.

Tab. A.2 Europas Erdölverbrauch 1950 und 1955–1965 (in 1.000 Tonnen SKE)

	1950	1955	1956	1957	1958	1959	1960	1961	1962	1963	1964	1965
Westeuropa												
Belgien	2.823	5.183	6.810	6.700	7.715	8.373	9.329	10.074	12.003	13.380	16.226	19.863
Dänemark	2.301	4.244	5.130	4.695	5.405	6.188	7.002	7.946	9.270	10.794	12.046	14.799
Deutschland (BRD)	5.243	14.908	17.430	19.950	25.575	31.108	38.907	48.600	69.492	82.860	96.328	104.328
Finnland	761	1.695	2.018	2.747	2.700	2.625	3.465	3.810	4.500	5.250	5.800	6.250
Frankreich	13.811	21.923	25.980	25.290	28.530	28.520	31.755	34.700	41.312	49.050	57.792	70.350
Griechenland	1.356	1.743	2.010	1.975	2.135	2.406	2.877	3.150	3.455	3.519	4.344	4.704
Irland	777	1.193	1.860	1.350	1.400	1.488	1.456	1.710	2.135	2.381	2.757	3.243
Italien	6.065	13.670	16.470	17.360	19.320	21.155	25.780	30.551	38.529	44.670	53.600	61.911
Jugoslawien	653	963	1.083	1.248	1.437	1.515	1.770	1.950	2.325	2.570	3.000	3.200
Luxemburg	81	174	210	210	255	276	315	378	588	848	1.023	1.245
Niederlande	3.504	5.891	8.475	9.025	10.345	10.463	12.298	13.656	16.173	19.000	21.606	27.161
Norwegen	1.926	3.432	4.062	3.464	3.987	4.308	4.926	5.025	5.091	5.727	5.878	6.357
Österreich	818	2.229	2.595	2.745	3.055	3.312	3.900	4.346	5.271	6.068	6.939	7.917
Portugal	810	1.278	1.545	1.615	1.740	1.605	1.787	1.905	2.205	2.516	2.420	3.069
Schweden	5.079	11.028	13.155	12.410	13.825	15.134	17.086	17.027	18.584	20.943	22.326	26.589
Schweiz	1.494	2.801	3.720	3.860	4.500	4.650	5.435	6.176	7.343	9.312	9.942	12.651
Spanien	1.538	3.285	3.956	4.860	5.654	7.590	7.770	7.800	9.999	10.592	14.360	16.910
Türkei	785	1.671	1.770	1.935	2.380	1.905	2.175	2.400	3.069	3.606	4.153	4.500
Vereinigtes Königreich	20.012	28.234	33.765	32.520	40.765	45.207	53.228	57.711	65.525	71.232	78.750	96.299
Gesamt	69.837	125.545	152.044	153.959	180.723	197.828	231.251	258.915	316.869	364.318	419.290	491.346
Osteuropa												
Bulgarien	207	510	746	951	921	1.050	1.150	1.250	2.600	3.200	3.600	3.800
Deutschland (DDR)	203	840	587	755	1.017	1.280	1.500	1.750	3.500	4.000	4.500	4.800
Polen	696	1.517	2.093	2.439	2.685	3.210	3.710	4.400	4.880	5.493	6.180	7.112
Rumänien	3.630	4.059	5.991	6.278	6.506	5.948	6.200	5.600	7.000	7.200	7.500	7.800
Tschechoslowakei	549	1.500	1.764	2.414	2.724	3.150	3.500	3.850	5.200	6.200	7.000	7.400
Ungarn	543	1.760	1.530	1.924	1.890	2.216	2.446	2.801	2.962	3.386	3.930	4.268
Gesamt	5.828	10.186	12.711	14.761	15.743	16.854	18.506	19.651	26.142	29.479	32.710	35.180

Quelle: United Nations Statistics; siehe W. G. Jensen, Energy in Europe 1945–1980, London: G. T. Foulis 1967, S. 118.

Tab. A.3 Europas Wasserkraftverbrauch 1950 und 1955–1965 (in 1.000 Tonnen SKE)

	1950	1955	1956	1957	1958	1959	1960	1961	1962*	1963*	1964*	1965*
Westeuropa												
Belgien	25	52	75	69	79	40	69	75	66	56	64	109
Dänemark	14	12	10	12	12	10	10	10	10	10	10	10
Deutschland (BRD)	3.463	4.809	5.120	4.860	5.206	4.373	5.127	5.112	5.827	5.507	4.858	6.103
Finnland	1.460	2.476	2.081	2.648	2.736	2.224	2.112	3.096	3.812	3.246	3.400	3.795
Frankreich	6.475	10.228	10.392	9.942	12.930	13.000	16.220	15.380	14.544	17.445	13.832	18.533
Griechenland	9	133	212	140	180	172	186	221	245	322	300	304
Irland	187	192	273	278	382	296	370	291	260	259	278	342
Italien	9.153	13.064	13.239	13.464	15.153	16.180	19.284	17.620	16.641	18.400	16.381	19.628
Jugoslawien	470	1.044	1.141	1.400	1.708	1.874	2.383	2.252	2.740	3.218	3.030	3.578
Luxemburg	1	1	1	1	1	1	8	22	19	195	322	367
Niederlande	0	0	0	0	0	0	0	0	0	0	0	0
Norwegen	7.082	8.982	9.411	10.272	10.912	11.358	12.444	13.432	15.014	15.991	17.554	19.472
Österreich	1.784	2.853	3.588	3.713	3.701	3.617	3.988	3.886	4.011	4.782	5.270	6.418
Portugal	175	690	813	729	994	1.139	1.235	1.363	1.398	1.595	1.750	1.593
Schweden	6.935	8.660	9.590	10.845	11.430	11.450	12.436	14.650	15.632	15.131	17.209	18.572
Schweiz	3.894	5.599	5.707	6.023	6.234	6.464	7.004	7.480	7.802	8.671	8.842	9.919
Spanien	2.032	3.612	4.473	3.810	4.474	5.620	6.181	6.300	6.384	8.370	8.189	8.400
Türkei	12	36	65	124	261	274	395	505	441	833	661	868
Vereinigtes Königreich	592	678	907	1.098	1.080	1.079	1.249	1.537	2.957	3.838	4.647	7.463
Gesamt	43.763	63.121	67.098	69.428	77.473	79.251	90.701	93.232	97.803	107.869	106.597	125.474
Osteuropa												
Bulgarien	122	258	302	330	382	442	754	720	676	836	1.000	1.200
Deutschland (DDR)	92	158	185	191	200	214	247	270	244	219	240	260
Polen	148	284	254	228	303	219	261	246	307	265	288	362
Rumänien	68	129	115	120	112	119	159	186	261	215	237	404
Tschechoslowakei	350	770	761	834	1.040	810	992	916	1.196	910	1.090	1.782
Ungarn	16	18	14	16	19	31	36	32	32	32	40	30
Gesamt	796	1.617	1.631	1.719	2.056	1.835	2.449	2.370	2.716	2.477	2.895	4.038

Quelle: United Nations Statistics; siehe W. G. Jensen, Energy in Europe 1945–1980, London: G. T. Foulis 1967, S. 119.

*inklusive Nuklearenergie

Tab. A.4 Europas Erdgasverbrauch 1950 und 1955–1965 (in 1.000 Tonnen SKE)

	1950	1955	1956	1957	1958	1959	1960	1961	1962	1963	1964	1965
Westeuropa												
Belgien	20	88	117	122	125	103	85	85	87	84	80	93
Dänemark	0	0	0	0	0	0	0	0	0	0	0	0
Deutschland (BRD)	78	501	776	714	768	947	1.050	1.182	1.238	1.693	2.519	3.667
Finnland	0	0	0	0	0	0	0	0	0	0	0	0
Frankreich	322	380	356	584	842	1.815	3.792	5.302	6.338	6.516	6.806	6.793
Griechenland	0	0	0	0	0	0	0	0	0	0	0	0
Irland	0	0	0	0	0	0	0	0	0	0	0	0
Italien	667	4.703	5.801	6.450	6.735	7.920	8.362	8.894	9.267	9.335	9.800	10.391
Jugoslawien	18	85	77	100	50	123	116	129	153	200	376	441
Luxemburg	0	0	0	0	0	0	0	0	0	0	0	0
Niederlande	0	170	144	190	167	297	423	597	657	748	1.006	1.724
Norwegen	0	0	0	0	0	0	0	0	0	0	0	0
Österreich	649	710	1.027	867	1.130	1.543	1.985	2.100	2.219	2.294	2.442	2.298
Portugal	0	0	0	0	0	0	0	0	0	0	0	0
Schweden	0	0	0	0	0	0	0	0	0	690	0	0
Schweiz	0	0	0	0	0	0	0	0	0	1.425	0	0
Spanien	0	0	0	0	0	0	0	0	0	0	0	0
Türkei	0	0	0	0	0	0	0	0	0	0	0	0
Vereinigtes Königreich	0	1	0	7	0	45	47	47	61	202	356	450
Gesamt	1.754	6.638	8.298	9.034	9.817	12.793	15.865	18.336	20.020	23.187	23.385	25.857
Osteuropa												
Bulgarien	0	0	0	0	0	0	0	0	0	0	0	0
Deutschland (DDR)	0	0	0	0	0	0	0	0	25	30	40	50
Polen	242	673	500	710	425	790	880	1.271	1.420	1.569	1.800	1.837
Rumänien	4.023	6.870	8.402	10.010	9.319	12.604	14.138	15.000	17.626	18.776	20.500	23.016
Tschechoslowakei	21	210	356	995	1.079	1.903	1.848	1.860	1.526	1.425	1.265	987
Ungarn	260	374	360	315	298	494	497	486	514	884	1.107	810
Gesamt	4.546	8.127	9.618	12.030	11.121	15.791	17.363	18.617	21.111	22.684	24.712	26.700

Quelle: United Nations Statistics; siehe W. G. Jensen, Energy in Europe 1945–1980, London: G. T. Foulis 1967, S. 120.

Tab. A.5 Europas Primärenergieverbrauch 1950 und 1955–1965 (in 1.000 Tonnen SKE)

	1950	1955	1956	1957	1958	1959	1960	1961	1962	1963	1964	1965
Westeuropa												
Belgien	28.337	33.276	35.544	34.909	31.258	32.790	33.846	34.604	38.065	40.626	41.390	44.006
Dänemark	8.896	11.208	11.337	9.940	10.067	10.970	12.700	13.356	15.147	16.846	17.823	19.952
Deutschland (BRD)	131.846	180.661	195.582	199.215	194.707	187.311	204.271	209.776	236.688	253.773	262.985	262.133
Finnland	4.148	6.596	6.838	7.930	8.031	7.671	8.723	9.918	11.258	11.004	12.309	13.311
Frankreich	83.458	101.917	114.192	114.684	115.536	112.519	120.349	124.968	133.584	145.327	151.771	162.977
Griechenland	1.805	2.497	2.895	2.971	3.025	3.412	4.323	4.765	5.163	5.642	6.625	7.466
Irland	3.239	3.554	3.741	3.111	3.376	3.614	3.712	3.978	4.076	4.294	4.565	5.050
Italien	26.084	43.185	48.033	49.689	52.004	55.751	64.963	69.119	77.033	85.550	91.376	103.908
Jugoslawien	8.166	11.303	12.850	13.957	14.397	16.101	17.814	18.569	19.657	21.868	23.415	25.179
Luxemburg	3.070	4.109	4.208	4.128	3.838	3.972	4.392	4.446	4.478	4.684	5.169	5.235
Niederlande	19.888	23.467	27.269	26.255	26.949	26.149	28.769	29.951	33.356	37.297	38.711	42.821
Norwegen	10.847	13.912	15.151	14.834	16.039	16.670	18.492	19.509	21.119	22.959	24.535	27.036
Österreich	10.885	14.210	15.993	16.362	16.040	15.958	17.860	17.814	19.366	21.715	22.794	24.344
Portugal	2.132	2.827	3.323	3.305	3.759	3.664	3.924	4.367	4.613	5.955	5.285	5.746
Schweden	19.456	25.691	28.113	28.604	28.713	30.031	33.496	35.219	37.602	39.619	43.099	48.171
Schweiz	7.856	11.156	12.589	13.241	13.076	13.394	15.034	15.912	17.462	22.231	20.763	24.241
Spanien	16.224	20.954	22.619	25.520	26.988	27.993	29.173	29.801	32.262	34.864	37.335	41.255
Türkei	3.845	6.026	6.347	7.040	7.588	6.849	7.293	7.256	8.382	9.728	10.608	11.071
Vereinigtes Königreich	223.662	245.996	253.093	244.203	243.594	233.768	251.270	253.781	258.918	270.389	272.269	289.275
Gesamt	613.844	762.545	819.717	819.898	818.985	808.587	880.404	907.109	978.229	1.054.371	1.092.827	1.163.177
Osteuropa												
Bulgarien	3.314	5.684	6.189	7.377	7.832	9.502	11.008	11.645	14.270	15.586	17.299	18.000
Deutschland (DDR)	49.459	70.504	71.257	73.312	74.808	76.534	79.587	83.291	88.633	92.528	92.870	91.640
Polen	51.581	71.535	78.097	83.022	81.942	87.754	92.404	96.076	100.088	106.283	110.520	111.465
Rumänien	9.819	15.348	17.514	21.417	19.637	23.140	25.067	26.486	33.736	35.670	38.257	41.936
Tschechoslowakei	32.488	44.679	51.435	51.893	58.467	56.964	60.563	65.099	69.289	72.726	74.839	75.169
Ungarn	9.077	14.777	13.595	15.742	16.004	17.191	18.383	19.843	20.273	22.997	25.362	24.455
Gesamt	155.738	222.527	238.087	252.763	258.690	271.085	287.012	302.440	326.289	345.790	359.147	362.665

Quelle: United Nations Statistics; siehe W. G. Jensen, Energy in Europe 1945-1980, London: G. T. Foulis 1967, S. 121.

Tab. A.6 Primärenergiemix osteuropäischer Länder 1965–1989 (Anteile in Prozent des Gesamtverbrauchs)

Bulgarien

	1965	1966	1967	1968	1969	1970	1971	1972	1973	1974	1975	1976	1977	1978	1979	1980	1981	1982	1983	1984	1985	1986	1987	1988	1989
Erdöl	36,3	38,6	41,7	44,1	48,7	50,3	53,9	54,7	53,9	56,3	53,1	52,2	51,5	50,8	49,1	44,5	42,0	40,3	38,9	38,9	36,3	37,5	35,8	37,2	35,8
Erdgas	0,5	0,7	2,0	2,7	2,5	2,0	1,3	0,9	0,8	1,8	4,3	7,1	8,6	8,9	9,2	11,2	12,4	13,3	13,9	14,8	16,2	15,7	17,4	16,6	18,8
Kohle	58,7	56,5	52,7	51,1	46,2	44,9	42,7	42,8	41,5	39,6	37,6	33,2	31,4	32,0	32,0	32,2	31,9	33,7	33,4	33,7	35,3	35,6	35,3	35,3	32,5
Nuklearenergie	0,0	0,0	0,0	0,0	0,0	0,0	0,0	2,5	2,9	1,0	2,6	4,7	5,3	5,1	5,2	4,9	7,4	8,5	9,7	10,1	10,4	9,4	9,6	12,1	10,9
Wasserkraft	4,4	4,2	3,6	2,1	2,6	2,7	2,7	2,5	2,9	2,3	2,5	2,8	3,2	2,5	2,8	2,9	2,9	2,6	2,3	2,6	1,8	1,8	1,8	2,0	2,0
Erneuerbare	0,0	0,0	0,0	0,0	0,0	0,0	0,0	0,0	0,0	0,0	0,0	0,0	0,0	0,0	0,0	0,0	0,0	0,0	0,0	0,0	0,0	0,0	0,0	0,0	0,0
Gesamtkonsum (in MTOE)	10,2	10,9	12,7	14,3	15,9	17,9	18,5	19,1	19,8	20,4	22,5	23,8	25,1	26,0	27,0	28,5	28,0	28,7	28,8	28,7	28,5	29,1	29,3	30,0	30,3

Polen

	1965	1966	1967	1968	1969	1970	1971	1972	1973	1974	1975	1976	1977	1978	1979	1980	1981	1982	1983	1984	1985	1986	1987	1988	1989
Erdöl	8,1	8,3	8,7	10,1	10,4	10,5	10,8	11,5	12,5	12,8	12,9	13,5	13,9	14,1	14,2	13,3	13,9	12,9	13,2	13,0	13,0	13,0	12,8	13,3	13,7
Erdgas	2,2	2,6	3,1	3,9	5,1	6,1	6,5	6,5	6,7	6,6	6,6	6,8	6,8	6,8	7,0	6,8	7,1	7,0	7,1	7,1	7,1	7,3	7,3	7,4	7,5
Kohle	89,3	88,8	87,9	85,6	84,2	82,9	81,5	81,5	80,3	80,0	80,0	79,3	78,8	78,6	78,3	78,6	78,3	79,6	78,9	79,1	79,2	78,9	79,2	78,5	78,0
Nuklearenergie	0,0	0,0	0,0	0,0	0,0	0,0	0,0	0,0	0,0	0,0	0,0	0,0	0,0	0,0	0,0	0,0	0,0	0,0	0,0	0,0	0,0	0,0	0,0	0,0	0,0
Wasserkraft	0,3	0,3	0,3	0,3	0,3	0,3	0,3	0,5	0,3	0,6	0,6	0,4	0,5	0,4	0,5	0,6	0,6	0,6	0,6	0,6	0,7	0,7	0,7	0,7	0,7
Erneuerbare	0,0	0,0	0,0	0,0	0,0	0,0	0,1	0,1	0,1	0,1	0,1	0,1	0,1	0,1	0,1	0,1	0,1	0,1	0,1	0,1	0,1	0,1	0,1	0,1	0,1
Gesamtkonsum (in MTOE)	66,6	67,9	69,8	75,1	80,3	84,7	87,4	92,2	93,9	97,0	104,7	110,3	115,0	120,7	122,6	128,4	115,7	117,9	118,6	123,3	126,1	129,7	133,9	131,4	126,4

Rumänien

	1965	1966	1967	1968	1969	1970	1971	1972	1973	1974	1975	1976	1977	1978	1979	1980	1981	1982	1983	1984	1985	1986	1987	1988	1989
Erdöl	28,1	27,4	27,8	27,5	26,7	27,2	26,1	26,5	27,5	25,1	26,2	27,0	27,5	28,6	30,0	28,1	25,0	24,8	22,3	21,5	23,3	24,4	26,0	24,0	24,8
Erdgas	53,9	54,5	53,9	53,6	54,1	53,4	54,3	50,2	50,2	51,4	51,4	52,3	52,2	52,3	49,9	48,9	51,1	52,4	52,4	52,6	49,4	49,1	46,7	46,2	45,9
Kohle	17,1	17,3	17,2	17,7	17,8	18,2	18,1	18,1	18,7	19,5	18,6	17,5	16,7	17,4	18,5	18,7	19,5	18,8	21,8	22,0	23,1	22,8	23,7	25,3	25,2
Nuklearenergie	0,0	0,0	0,0	0,0	0,0	0,0	0,0	0,0	0,0	0,0	0,0	0,0	0,0	0,0	0,0	0,0	0,0	0,0	0,0	0,0	0,0	0,0	0,0	0,0	0,0
Wasserkraft	0,9	0,9	1,1	1,1	1,4	1,6	2,4	3,8	3,6	4,0	3,8	3,2	3,5	3,7	3,9	4,3	4,1	4,1	3,5	3,9	4,2	3,7	3,7	4,4	4,1
Erneuerbare	0,0	0,0	0,0	0,0	0,0	0,0	0,0	0,0	0,0	0,0	0,0	0,0	0,0	0,0	0,0	0,0	0,0	0,0	0,0	0,0	0,0	0,0	0,0	0,0	0,0
Gesamtkonsum (in MTOE)	25,5	27,2	30,3	32,2	37,0	39,3	41,7	43,3	47,6	43,0	52,2	56,5	59,9	64,4	65,4	66,2	66,6	66,1	65,7	65,2	64,6	66,2	68,4	69,3	69,4

Slowakei

	1965	1966	1967	1968	1969	1970	1971	1972	1973	1974	1975	1976	1977	1978	1979	1980	1981	1982	1983	1984	1985	1986	1987	1988	1989
Erdöl	25,2	26,8	29,7	30,7	21,1	34,0	35,3	36,4	39,9	39,2	41,6	42,4	41,8	40,3	40,3	34,1	34,3	31,6	30,9	30,4	28,8	28,3	27,4	26,4	26,1
Erdgas	3,2	3,4	4,0	4,6	5,5	6,4	6,9	7,2	7,5	8,8	9,2	10,4	12,4	13,3	14,5	16,8	16,2	17,0	17,4	18,1	19,7	20,2	20,1	20,2	21,3
Kohle	66,2	64,7	61,9	61,0	60,0	55,8	55,2	53,0	50,0	47,7	45,8	43,7	42,3	42,4	40,0	41,3	41,1	41,0	42,3	43,4	39,4	38,3	38,1	39,5	38,0
Nuklearenergie	0,0	0,0	0,0	0,0	0,0	0,0	0,0	0,0	0,0	0,0	0,0	0,0	0,0	0,0	2,7	5,2	6,1	7,0	7,3	8,0	9,9	12,6	12,1	12,0	12,6
Wasserkraft	5,5	5,1	4,3	3,7	3,0	3,8	2,7	2,7	2,2	3,5	3,1	3,3	3,3	3,7	2,7	2,6	2,3	2,1	2,1	1,7	1,8	1,8	1,8	1,8	2,0
Erneuerbare	0,0	0,0	0,0	0,0	0,0	0,0	0,0	0,0	0,0	0,0	0,0	0,0	0,0	0,0	0,0	0,0	0,0	0,0	0,0	0,0	0,0	0,0	0,0	0,0	0,0
Gesamtkonsum (in MTOE)	9,1	9,5	10,2	10,2	11,8	11,8	12,5	13,2	13,7	14,3	14,8	15,4	16,3	17,1	17,6	19,6	19,2	19,0	19,0	20,5	21,5	21,1	21,5	21,7	21,8

Tschechische Republik

	1965	1966	1967	1968	1969	1970	1971	1972	1973	1974	1975	1976	1977	1978	1979	1980	1981	1982	1983	1984	1985	1986	1987	1988	1989
Erdöl	10,0	10,9	12,4	13,1	13,4	15,4	16,2	17,6	19,7	20,0	21,3	21,8	22,0	22,4	22,6	21,5	21,4	19,8	19,5	20,1	19,9	18,8	18,6	17,8	17,5
Erdgas	0,7	0,8	1,0	1,1	1,4	1,7	1,8	1,8	2,2	2,6	2,7	3,1	3,8	4,2	4,7	6,1	5,9	6,2	6,4	6,9	6,9	7,5	7,9	8,0	8,5
Kohle	88,1	87,1	85,6	85,0	84,6	82,0	81,4	79,8	77,6	76,6	75,2	73,4	73,4	71,8	71,8	71,8	73,4	73,3	73,4	72,5	71,5	70,4	71,5	68,6	68,1
Nuklearenergie	0,0	0,0	0,0	0,0	0,0	0,0	0,0	0,0	0,0	0,0	0,0	0,2	0,2	0,8	0,9	1,0	0,9	0,7	0,7	0,5	1,0	2,6	4,4	4,8	5,2
Wasserkraft	1,3	1,2	1,1	0,8	0,6	0,3	0,3	0,6	0,5	0,8	0,8	0,8	0,6	0,8	0,9	1,0	0,9	0,7	0,7	0,5	0,5	0,8	0,8	0,9	0,7
Erneuerbare	0,0	0,0	0,0	0,0	0,0	0,0	0,0	0,0	0,0	0,0	0,0	0,0	0,0	0,0	0,0	0,0	0,0	0,0	0,0	0,0	0,0	0,0	0,0	0,0	0,0
Gesamtkonsum (in MTOE)	40,1	40,4	39,8	41,5	42,3	45,2	47,5	47,8	48,0	48,5	50,5	51,9	53,8	54,6	55,3	53,9	53,3	52,6	52,3	53,9	53,5	54,1	55,3	55,5	53,7

Ungarn

	1965	1966	1967	1968	1969	1970	1971	1972	1973	1974	1975	1976	1977	1978	1979	1980	1981	1982	1983	1984	1985	1986	1987	1988	1989
Erdöl	24,1	24,4	28,9	29,2	30,5	33,1	36,0	38,1	39,7	42,3	44,9	43,9	44,6	46,3	44,7	42,7	41,3	38,9	37,6	38,5	36,8	34,2	34,4	32,7	32,3
Erdgas	6,1	8,1	11,0	13,7	15,2	15,3	15,7	16,1	17,7	18,1	19,5	22,6	22,6	24,7	24,7	26,5	27,5	28,6	30,9	28,7	30,7	32,6	29,2	31,3	33,2
Kohle	69,7	65,7	60,0	57,0	54,2	51,5	48,2	45,6	42,5	39,5	35,5	33,6	32,7	31,2	31,2	30,6	31,1	32,3	30,9	29,4	27,1	27,0	27,0	25,1	23,0
Nuklearenergie	0,0	0,0	0,0	0,0	0,0	0,0	0,0	0,0	0,0	0,0	0,0	0,0	0,0	0,0	0,0	0,0	0,0	0,0	0,2	3,2	5,2	6,0	5,2	10,8	11,4
Wasserkraft	0,1	0,2	0,1	0,1	0,1	0,1	0,1	0,1	0,1	0,1	0,2	0,2	0,2	0,2	0,1	0,1	0,1	0,1	0,1	0,2	0,1	0,1	0,1	0,1	0,1
Erneuerbare	0,0	0,0	0,0	0,0	0,0	0,0	0,0	0,0	0,0	0,0	0,0	0,0	0,0	0,0	0,0	0,0	0,0	0,0	0,0	0,0	0,0	0,0	0,0	0,0	0,0
Gesamtkonsum (in MTOE)	15,9	15,1	15,7	15,7	16,8	18,6	18,6	19,2	20,6	21,1	23,9	23,9	25,1	26,7	26,4	26,4	26,1	26,2	25,7	26,3	28,0	27,9	29,1	28,3	27,6

Quelle: BP Statistical Review of World Energy June 2015 (Data Workbook), abrufbar unter: http://www.bp.com/en/global/corporate/about-bp/energy-economics/statistical-review-of-world-energy.html (6. September 2015).

Tab. A.7 Primärenergiemix osteuropäischer Länder 1990–2014 (Anteile in Prozent des Gesamtverbrauchs)

Bulgarien

	1990	1991	1992	1993	1994	1995	1996	1997	1998	1999	2000	2001	2002	2003	2004	2005	2006	2007	2008	2009	2010	2011	2012	2013	2014
Erdöl	27,6	21,6	21,3	22,7	22,9	22,7	20,0	20,8	22,6	23,5	22,7	22,3	23,0	22,8	22,5	24,6	24,7	24,7	24,5	25,2	21,8	19,8	21,6	21,7	21,2
Erdgas	21,7	22,5	21,1	18,6	18,8	20,9	21,7	18,1	16,0	15,3	16,2	14,5	13,1	12,9	13,0	14,3	14,4	14,9	14,9	12,2	13,8	13,8	13,6	14,2	13,2
Kohle	35,5	38,2	40,9	40,7	38,8	35,6	36,1	38,4	38,3	37,1	35,5	38,3	36,3	37,7	37,8	35,0	34,6	40,1	38,7	37,5	38,6	42,4	38,4	35,5	36,3
Nukleärenergie	13,5	14,8	14,2	15,8	17,8	18,3	19,1	19,7	19,5	20,5	22,7	23,4	24,2	23,2	23,0	21,2	21,9	16,9	18,3	20,2	19,3	19,3	19,8	19,2	20,1
Wasserkraft	1,7	2,7	2,5	2,2	1,7	2,5	3,1	3,0	3,6	3,6	3,0	1,6	2,7	3,4	3,7	4,9	4,5	3,3	3,3	4,6	6,4	3,5	4,0	5,5	5,6
Erneuerbare	0,0	0,0	0,0	0,0	0,0	0,0	0,0	0,0	0,0	0,0	0,0	0,0	0,0	0,0	0,0	0,0	0,0	0,1	0,3	0,2	0,3	1,2	2,6	3,9	3,7
Gesamtkonsum (in MTOE)	24,6	20,1	18,5	20,0	19,5	21,4	21,4	20,4	19,6	17,5	18,1	18,9	18,3	19,4	19,1	19,7	20,1	19,6	19,5	17,1	17,8	19,1	18,1	16,7	17,9

Polen

	1990	1991	1992	1993	1994	1995	1996	1997	1998	1999	2000	2001	2002	2003	2004	2005	2006	2007	2008	2009	2010	2011	2012	2013	2014
Erdöl	15,0	14,7	14,3	14,5	15,4	17,3	18,4	19,1	21,9	23,4	22,5	21,9	22,6	23,9	23,6	24,6	24,6	25,3	26,3	27,4	24,9	26,7	26,0	24,2	24,9
Erdgas	8,4	8,2	8,2	8,4	8,5	9,3	9,4	9,5	10,0	10,0	11,2	11,7	11,5	12,5	13,0	13,4	13,1	12,9	14,0	14,1	14,0	14,2	15,2	15,2	15,3
Kohle	76,8	76,3	76,7	76,3	75,1	74,3	72,4	71,1	67,0	65,5	65,1	64,7	64,7	64,1	61,1	61,3	60,5	58,2	56,5	56,4	56,7	56,2	55,0	56,7	55,3
Nukleärenergie	0,0	0,0	0,0	0,0	0,0	0,0	0,0	0,0	0,0	0,0	0,0	0,0	0,0	0,0	0,0	0,0	0,0	0,0	0,0	0,0	0,0	0,0	0,0	0,0	0,0
Wasserkraft	0,0	0,8	0,8	0,8	0,9	0,9	0,9	0,9	1,0	1,0	1,1	1,1	1,0	0,8	0,5	0,5	0,5	0,6	0,5	0,6	0,7	0,5	0,5	0,6	0,5
Erneuerbare	0,7	0,8	0,1	0,0	0,0	0,0	0,0	0,1	0,1	0,1	0,1	0,1	0,1	0,2	0,2	0,4	0,7	0,7	1,0	1,5	1,8	2,5	3,4	3,4	4,1
Gesamtkonsum (in MTOE)	105,8	101,7	95,2	97,1	96,2	96,5	101,0	98,7	95,1	93,1	88,5	88,9	87,7	90,1	91,4	91,2	94,7	95,7	96,2	92,1	99,5	98,8	98,9	98,4	95,7

Rumänien

	1990	1991	1992	1993	1994	1995	1996	1997	1998	1999	2000	2001	2002	2003	2004	2005	2006	2007	2008	2009	2010	2011	2012	2013	2014
Erdöl	30,4	30,4	21,9	25,3	24,3	27,2	26,3	29,4	28,3	25,5	26,6	28,1	26,7	23,9	26,5	25,7	24,8	25,6	25,5	26,4	24,9	25,2	26,3	25,8	26,8
Erdgas	44,9	43,4	46,7	47,5	46,9	43,5	44,1	38,6	39,7	41,7	41,1	39,5	38,9	41,8	38,5	38,7	39,2	35,9	35,1	34,2	34,7	34,7	34,8	34,7	31,4
Kohle	20,7	20,0	20,0	21,2	21,5	21,7	21,8	20,9	19,0	18,5	20,0	23,5	22,1	23,9	22,8	23,6	23,6	25,2	23,6	21,7	19,9	22,6	21,7	17,6	17,2
Nukleärenergie	0,0	0,0	0,0	0,0	0,0	0,0	0,6	2,6	2,8	3,3	3,3	3,1	3,1	2,8	3,1	3,1	3,1	4,3	6,2	7,6	7,5	7,4	7,4	8,1	7,8
Wasserkraft	4,0	6,3	5,4	6,0	6,4	7,6	7,2	8,5	10,1	11,2	8,9	9,1	9,1	9,1	9,1	9,0	10,0	9,0	9,6	10,1	12,8	9,2	7,8	10,3	12,8
Erneuerbare	0,0	0,0	0,0	0,0	0,0	0,0	0,0	0,1	0,1	0,1	0,0	0,1	0,1	0,2	0,2	0,4	0,3	0,0	0,0	0,3	0,0	1,0	1,9	3,6	4,3
Gesamtkonsum (in MTOE)	61,6	51,3	48,9	47,9	46,4	49,7	49,4	46,5	42,3	37,1	37,5	37,8	39,8	39,5	40,9	41,0	41,6	40,3	40,7	34,9	34,9	36,2	35,0	32,6	33,7

Slowakei

	1990	1991	1992	1993	1994	1995	1996	1997	1998	1999	2000	2001	2002	2003	2004	2005	2006	2007	2008	2009	2010	2011	2012	2013	2014
Erdöl	23,4	22,7	21,9	18,6	19,6	18,6	19,1	19,4	21,3	19,3	18,6	16,9	18,7	18,1	17,7	20,1	18,6	21,0	22,0	22,8	22,4	23,1	22,2	21,4	23,3
Erdgas	25,0	25,5	27,4	26,5	26,4	29,4	31,2	32,3	32,3	32,6	33,0	30,8	30,9	30,0	30,5	31,0	29,2	29,4	28,8	27,1	28,7	27,6	26,9	28,5	28,3
Kohle	36,8	36,3	34,3	32,0	32,0	30,9	30,0	29,1	26,4	25,6	23,4	23,5	22,6	24,9	22,8	22,2	23,1	23,1	22,4	23,7	22,3	22,0	21,4	20,5	22,6
Nukleärenergie	12,8	13,8	14,0	15,5	16,1	14,8	14,5	14,5	14,5	16,7	21,5	21,5	21,4	21,1	22,2	22,1	22,0	22,4	19,5	23,3	20,7	20,7	21,6	21,6	21,0
Wasserkraft	2,0	1,7	2,4	4,5	5,8	6,3	5,4	5,3	5,4	5,7	5,7	5,9	6,3	4,3	5,2	5,5	5,4	5,8	5,1	6,1	6,8	5,1	5,7	6,5	6,4
Erneuerbare	0,0	0,0	0,0	0,0	0,0	0,0	0,0	0,0	0,0	0,0	0,0	0,2	0,2	0,0	0,5	0,6	0,8	0,6	0,7	0,8	0,9	1,5	1,6	2,0	2,1
Gesamtkonsum (in MTOE)	21,3	19,2	17,9	17,5	17,0	17,5	17,8	17,5	17,7	17,8	18,3	16,9	18,9	18,4	18,0	19,0	18,4	17,3	17,9	16,3	17,5	16,8	16,2	16,9	15,0

Tschechische Republik

	1990	1991	1992	1993	1994	1995	1996	1997	1998	1999	2000	2001	2002	2003	2004	2005	2006	2007	2008	2009	2010	2011	2012	2013	2014
Erdöl	16,9	16,5	16,8	17,6	19,6	19,4	19,1	19,1	20,7	20,1	19,8	19,6	20,0	20,0	21,1	20,1	21,4	21,0	22,0	23,1	22,4	21,1	22,2	20,5	22,4
Erdgas	9,8	11,6	12,9	13,6	14,5	15,8	17,6	18,4	20,7	20,1	18,8	18,9	18,9	18,0	18,1	19,0	18,2	17,1	17,6	17,6	19,2	17,7	17,8	18,3	16,5
Kohle	67,1	66,4	62,7	60,5	59,0	56,8	55,0	54,6	51,4	50,1	52,4	49,6	49,6	47,6	46,3	45,0	45,8	46,9	44,6	42,1	42,1	42,4	40,7	39,4	39,2
Nukleärenergie	5,7	6,0	6,9	7,3	5,8	6,7	7,5	6,8	6,8	7,8	7,7	8,0	10,2	13,4	13,1	12,4	12,8	13,0	13,5	14,7	14,5	15,0	16,2	16,7	16,8
Wasserkraft	0,5	0,5	0,8	0,8	0,8	1,1	1,0	0,9	0,8	0,9	1,0	1,4	1,1	1,0	1,0	1,2	1,0	0,7	0,9	1,2	1,3	1,0	1,5	1,6	1,1
Erneuerbare	0,0	0,0	0,0	0,1	0,2	0,2	0,2	0,2	0,3	0,3	0,3	0,4	0,3	0,6	0,4	0,5	0,7	0,9	1,2	1,6	2,4	2,7	3,1	3,5	4,1
Gesamtkonsum (in MTOE)	49,9	45,8	40,5	39,1	39,3	41,3	43,0	41,7	39,9	38,5	40,0	41,5	41,5	43,6	45,0	45,0	45,9	45,6	44,3	41,9	43,6	42,7	42,4	41,6	40,9

Ungarn

	1990	1991	1992	1993	1994	1995	1996	1997	1998	1999	2000	2001	2002	2003	2004	2005	2006	2007	2008	2009	2010	2011	2012	2013	2014
Erdöl	34,0	31,0	33,8	32,3	33,2	31,0	29,0	28,9	30,1	29,2	29,0	27,6	26,8	25,2	25,3	27,1	28,4	28,9	28,3	29,1	26,9	27,5	27,1	28,3	30,2
Erdgas	31,7	33,4	31,0	33,9	34,4	37,2	40,4	39,4	39,6	40,5	40,9	44,1	44,6	48,8	49,7	48,8	47,9	45,5	45,6	43,3	45,1	42,8	41,5	40,3	37,7
Kohle	22,8	23,4	21,9	20,5	19,3	18,8	18,8	17,3	17,3	13,1	16,3	15,2	13,2	10,2	10,8	11,5	11,2	12,4	12,7	14,4	14,3	11,8	12,3	11,4	11,4
Nukleärenergie	11,4	12,0	13,2	13,1	13,0	12,9	12,7	12,8	12,8	13,1	13,6	13,2	13,2	14,3	14,3	15,2	16,4	16,9	16,2	17,1	16,2	16,2	16,4	16,9	17,7
Wasserkraft	0,1	0,2	0,2	0,2	0,2	0,2	0,2	0,2	0,2	0,3	0,2	0,3	0,4	0,4	0,6	1,3	1,0	1,3	0,9	1,2	2,4	2,6	2,5	2,8	2,8
Erneuerbare	0,0	0,0	0,0	0,0	0,0	0,0	0,0	0,0	0,0	0,0	0,0	0,0	0,2	0,6	1,3	1,7	2,4	2,4	2,4	2,4	2,6	2,4	2,5	2,8	2,8
Gesamtkonsum (in MTOE)	27,3	25,9	23,9	23,8	24,5	24,6	25,3	24,6	24,7	24,4	23,6	24,3	23,9	25,1	27,2	27,3	27,3	26,7	26,5	24,2	24,9	23,3	21,8	20,6	20,0

Quelle: BP Statistical Review of World Energy June 2015 (Data Workbook), abrufbar unter: http://www.bp.com/en/global/corporate/about-bp/energy-economics/statistical-review-of-world-energy.html (6. September 2015).

Literaturverzeichnis

Aaseng, Nathan: *Business Builders in Oil*, Minneapolis: The Oliver Press 2000.

Abrahamian, Ervand: „The 1953 Coup in Iran", in: *Science & Society*, Vol. 65, No. 2, Summer 2001, S. 182–215.

Ackermann, Rolf: *Pfadabhängigkeit, Institutionen und Regelreform*, Die Einheit der Gesellschaftswissenschaften: Band 120, Tübingen: Mohr Siebeck 2001.

Adelman, M. A.: *The World Petroleum Market*, Baltimore: Johns Hopkins University Press 1972.

Adelman, M. A.: *The First Oil Price Explosion 1971–1974*, MIT-CEPR 90–013WP, Massachusetts Institute of Technology, Cambridge, MA: May 1990, abrufbar unter: http://dspace. mit.edu/bitstream/handle/1721.1/50146/28596081.pdf?sequence=1 (10. Oktober 2014).

Adelman, M. A.: „Oil Fallacies", in: *Foreign Policy*, No. 82, Spring 1991, S. 3–16.

Adelman, M. A.: „The Real Oil Problem", in: *Regulation*, Vol. 27, No. 1, Spring 2004, S. 16–21.

Adli, Abolfazl: *Außenhandel und Außenwirtschaftspolitik des Iran*, Volkswirtschaftliche Schriften: Heft 51, Berlin: Duncker & Humblot 1960.

Ajami, Fouad: „On Nasser and His Legacy", in: *Journal of Peace Research*, Vol. 11, No. 1, March 1974, S. 41–49.

Akins, James E.: „The Oil Crisis: This Time the Wolf Is Here", in: *Foreign Affairs*, Vol. 51, No. 3, April 1973, S. 462–490.

Al-Chalabi, Fadhil: „A Second Oil Crisis? A Producer's View of the Oil Developments of 1979", in: Kohl, Wilfrid L. (Hrsg.): *After the Second Oil Crisis: Energy Policies in Europe, America, and Japan*, Lexington: Lexington Books 1982, S. 11–22.

Al-Sabah, Y. S. F.: *The Oil Economy of Kuwait*, London: Kegan Paul 1980.

Al-Sowayegh, Abdulaziz: *Arab Petropolitics*, New York: St. Martin's Press 1984.

Al-Tajir, Mahdi A.: *Bahrain 1920–1945: Britain, the Shaikh, and the Administration*, London: Croom Helm 1987.

Alexander, Robert Jackson: *Rómulo Betancourt and the Transformation of Venezuela*, New Brunswick: Transaction 1982.

Ali, Sheikh R.: *Oil and Power: Political Dynamics in the Middle East*, London: Pinter 1987.

Ambrose, Stephen E.: *Ike's Spies: Eisenhower and the Espionage Establishment*, Jackson: University Press of Mississippi 1999.

© Der/die Herausgeber bzw. der/die Autor(en), exklusiv lizenziert durch Springer Fachmedien Wiesbaden GmbH, ein Teil von Springer Nature 2021
A. Smith, *Treibstoff der Macht*,
https://doi.org/10.1007/978-3-658-34696-6

Ambrosius, Gerold und Hubbard, William H.: *A Social and Economic History of Twentieth-Century Europe*, Cambridge, MA: Harvard University Press 1989.

Amerie, Sultan M.: „Addenda: The Three Major Commodities of Persia", in: *Annals of the American Academy of Political and Social Science*, Vol. 122, November 1925, S. 247–264.

Amineh, Mehdi Parvizi: *Die globale kapitalistische Expansion und Iran: Eine Studie der iranischen politischen Ökonomie (1500–1980)*, Hamburg: Lit 1999.

Anderson, Jr., Irvine H.: „The 1941 *De Facto* Embargo on Oil to Japan: A Bureaucratic Reflex", in: *Pacific Historical Review*, Vol. 44, No. 2, May 1975, S. 201–231.

Ansari, Ali M.: *The Politics of Nationalism in Modern Iran*, Cambridge: Cambridge University Press 2012.

Antill, Nick und Arnott, Robert: *Valuing Oil and Gas Companies: A Guide to the Assessment and Evaluation of Assets, Performance and Prospects*, Cambridge: Woodhead 2000.

Aperjis, Dimitri: *The Oil Market in the 1980s: OPEC Oil Policy and Economic Development*, Cambridge, MA: Ballinger 1982.

Arnold, Ralph und Kemnitzer, William J.: *Petroleum in the United States and Possessions*, New York: Harper & Brothers 1931.

Arrow, Kenneth J.: „Path Dependence and Competitive Equilibrium", in: Guinnane, Timothy W./Sundstrom, William A. und Whatley, Warren (Hrsg.): *History Matters: Essays on Economic Growth, Technology, and Demographic Change*, Stanford: Stanford University Press 2004, S. 23–35.

Arthur, W. Brian: „Competing Technologies, Increasing Returns, and Lock-In by Historical Events", in: *The Economic Journal*, Vol. 99, No. 394, March 1989, S. 116–131.

Arthur, W. Brian: *Increasing Returns and Path Dependence in the Economy*, Ann Arbor: University of Michigan Press 1994.

Auer, Matthias und Dumbs, Helmar: „Afrikas neue Lehensherren", in: *Die Presse am Sonntag*, 22. März 2009, S. 28.

Auer, Matthias: „Amerika schwimmt im Erdöl", in: *Die Presse*, 1. Oktober 2014, S. 16.

Azimi, Fakhreddin: *The Quest for Democracy in Iran: A Century of Struggle against Authoritarian Rule*, Cambridge, MA: Harvard University Press 2008.

Babones, Salvatore J. und Farabee-Siers, Robin M.: „Replication Data for: Indices of Trade Partner Concentration for 183 Countries, 1980–2008" (*Journal of World-Systems Research*), Harvard Dataverse, abrufbar unter: https://dataverse.harvard.edu/dataset.xhtml?persistentId=hdl:1902.1/18566 (25. Juni 2015).

Bacon, Raymond F. und Hamor, William A.: *The American Petroleum Industry*, Volume 1, New York: McGraw-Hill 1916.

Badinger, Harald: *Wachstumseffekte der Europäischen Integration*, Schriftenreihe des Forschungsinstituts für Europafragen der Wirtschaftsuniversität Wien: Band 21, Wien: Springer 2003.

Bahgat, Gawdat: „United States Oil Diplomacy in the Persian Gulf", in: Kaim, Markus (Hrsg.): *Great Powers and Regional Orders: The United States and the Persian Gulf*, Aldershot: Ashgate 2008, S. 53–70.

Bailey, Rob und Willoughby, Robin: „Edible Oil: Food Security in the Gulf", Chatham House Briefing Paper, EER BP 2013/03, November 2013, abrufbar unter: https://www.chathamhouse.org/sites/files/chathamhouse/public/Research/Energy,%20Environment%20and%20Development/bp1113edibleoil.pdf (26. November 2015).

Baldwin, David A.: „Interdependence and Power: A Conceptual Analysis", in: *International Organization*, Vol. 34, No. 4, Autumn 1980, S. 471–506.

Baldwin, David A.: *Economic Statecraft*, Princeton: Princeton University Press 1985.

Baloyra, Enrique A.: „Oil Policies and Budgets in Venezuela, 1938–1968", in: *Latin American Research Review*, Vol. 9, No. 2, Summer 1974, S. 28–72.

Bamberg, Günter und Coenenberg, Adolf G.: *Betriebswirtschaftliche Entscheidungslehre*, 13. Auflage, München: Vahlen 2006.

Bamberg, James: *The History of the British Petroleum Company, Volume 2: The Anglo-Iranian Years, 1928–1954*, Cambridge: Cambridge University Press 1994.

Bamberg, James: *British Petroleum and Global Oil, 1950–1975: The Challenge of Nationalism*, Cambridge: Cambridge University Press 2000.

Barbier, Edward B.: *Scarcity and Frontiers: How Economies Have Developed Through Natural Resource Exploitation*, Cambridge: Cambridge University Press 2011.

Barbieri, Katherine: „Economic Interdependence: A Path to Peace or a Source of Interstate Conflict?", in: *Journal of Peace Research*, Vol. 33, No. 1, February 1996, S. 29–49.

Barbour, George B.: „Texas Oil", in: *Geographical Journal*, Vol. 100, No. 4, October 1942, S. 145–155.

Barkenbus, Jack N.: „Energy Interdependence: Today and Tomorrow", in: Lawrence, Robert M. und Heisler, Martin O. (Hrsg.): *International Energy Policy*, Lexington: Lexington Books 1980, S. 3–21.

Barker, T. C.: „The International History of Motor Transport", in: *Journal of Contemporary History*, Vol. 20, No. 1, January 1985, S. 3–19.

Bayne, Edward Ashley: „Crisis of Confidence in Iran", in: *Foreign Affairs*, Vol. 29, No. 4, July 1951, S. 578–590.

Beblawi, Hazem: „The Rentier State in the Arab World", in: ders. und Luciani, Giacomo (Hrsg.): *The Rentier State*, London: Routledge 1987, S. 49–62.

Beck, Martin/Boeckh, Andreas und Pawelka, Peter: „Staat, Markt und Rente in der sozialwissenschaftlichen Diskussion", in: Boeckh, Andreas und Pawelka, Peter (Hrsg.): *Staat, Markt und Rente in der internationalen Politik*, Wiesbaden: Springer 1997, S. 8–27.

Behrens, Henning und Noack, Paul: *Theorien der Internationalen Politik*, München: Deutscher Taschenbuch Verlag 1984.

Bell, A. P.: „Options for European Energy Security", in: Gasteyger, Curt (Hrsg.): *The Future for European Energy Security*, London: Frances Pinter 1985, S. 128–141.

Benz, Wolfgang: *Geschichte des Dritten Reiches*, München: C. H. Beck 2000.

Bernard, Jean-Yves: *La genèse de l'expédition franco-britannique de 1956 en Egypte*, Paris: Publications de la Sorbonne 2003.

Berstein, Serge und Milza, Pierre: *Histoire de l'Europe contemporaine: De l'héritage du XIXᵉ siècle à l'Europe d'aujourd'hui*, Paris: Hatier 2002.

Bieling, Hans-Jürgen: „Internationale Politische Ökonomie", in: Schieder, Siegfried und Spindler, Manuela (Hrsg.): *Theorien der Internationalen Beziehungen*, Opladen: Leske + Budrich 2003, S. 363–389.

Bieling, Hans-Jürgen: *Internationale Politische Ökonomie: Eine Einführung*, Wiesbaden: VS Verlag für Sozialwissenschaften 2007.

Bin, Alberto/Hill, Richard und Jones, Archer: *Desert Storm: A Forgotten War*, Westport: Praeger 1998.

Birke, Peter: *Wilde Streiks im Wirtschaftswunder: Arbeitskämpfe, Gewerkschaften und soziale Bewegungen in der Bundesrepublik und Dänemark*, Frankfurt am Main: Campus 2007.

Bischof, Günter: „Introduction", in: ders./Pelinka, Anton und Stiefel, Dieter (Hrsg.): *The Marshall Plan in Austria*, Contemporary Austrian Studies: Vol. 8, New Brunswick: Transaction 2000, S. 1–10.

Black, Brian: *Petrolia: The Landscape of America's First Oil Boom*, Baltimore: Johns Hopkins University Press 2000.

Black, Brian: *Crude Reality: Petroleum in World History*, Lanham: Rowman & Littlefield 2012.

Blaich, Fritz: „Merkantilismus", in: Fischer, Gustav (Hrsg.): *Handwörterbuch der Wirtschaftswissenschaften (HdWW)*, Band 5, Tübingen und Göttingen: J. C. B. Mohr und Vandenhoeck & Ruprecht 1980, S. 240–250.

Blair, John M.: *The Control of Oil*, New York: Pantheon Books 1976.

Blake, Kristen: *The U.S.-Soviet Confrontation in Iran, 1945–1962: A Case in the Annals of the Cold War*, Lanham: University Press of America 2009.

Blaug, Mark: „Ugly Currents in Modern Economics", in: *Policy Options*, September 1997, S. 3–8.

Boesch, Hans H.: „El-'Iraq", in: *Economic Geography*, Vol. 15, No. 4, October 1939, S. 325-361.

Boesch, H.: „Erdöl im Mittleren Osten", in: *Erdkunde*, Band 3, Heft 2/3, August 1949, S. 68–82.

Bonné, Alfred: „The Concessions for the Mosul-Haifa Pipe Line", in: *Annals of the American Academy of Political and Social Science*, Vol. 164, November 1932, S. 116–126.

Boyd, Dan T.: „Oklahoma Oil: Past, Present, and Future", in: *Oklahoma Geology Notes*, Vol. 62, No. 3, Fall 2002, S. 97–106.

BP: *Statistical Review of the World Oil Industry 1973*, London 1974.

BP: *Statistical Review of World Energy June 2020* (Data Workbook), London 2020, abrufbar unter: http://www.bp.com/statisticalreview (21. Mai 2021).

Brökelmann, Bertram: *Die Spur des Öls: Sein Aufstieg zur Weltmacht*, Berlin: Osburg Verlag 2010.

Brown, Charles E.: *World Energy Resources*, Berlin: Springer 2002.

Brown, Jonathan C.: „Why Foreign Oil Companies Shifted Their Production from Mexico to Venezuela during the 1920s", in: *American Historical Review*, Vol. 90, No. 2, April 1985, S. 362–385.

Brown, Jonathan C.: „Acting for Themselves: Workers and the Mexican Oil Nationalization", in: ders. (Hrsg.): *Workers' Control in Latin America, 1930–1979*, Chapel Hill: University of North Carolina Press 1997, S. 45–71.

Brown, Lester: „Weizen als Waffe", in: *Die Zeit*, 23. Januar 1976, abrufbar unter: http://www.zeit.de/1976/05/weizen-als-waffe (19. August 2015).

Bryant, Lynwood: „The Development of the Diesel Engine", in: *Technology and Culture*, Vol. 17, No. 3, July 1976, S. 432–446.

Brydson, John: *Plastics Materials*, 7. Auflage, Oxford: Butterworth-Heinemann 1999.

Brzoska, Michael und Pearson, Frederic S.: *Arms and Warfare: Escalation, De-Escalation, and Negotiation*, Columbia: University of South Carolina Press 1994.

Bucknell III, Howard: *Energy and the National Defense*, Lexington: University Press of Kentucky 1981.

Bullard, Reader: „Behind the Oil Dispute in Iran: A British View", in: *Foreign Affairs*, Vol. 31, No. 3, April 1953, S. 461–471.

Bundy, William P.: „Elements of Power", in: *Foreign Affairs*, Vol. 56, No. 1, October 1977, S. 1–26.

Buzzoni, Marco: „Poppers methodologischer Individualismus und die Sozialwissenschaften", in: *Journal for General Philosophy of Science / Zeitschrift für allgemeine Wissenschaftstheorie*, Vol. 35, No. 1, 2004, S. 157–173.

Campbell, Colin J. et al.: *Ölwechsel! Das Ende des Erdölzeitalters und die Weichenstellung für die Zukunft*, 2. Auflage, München: Deutscher Taschenbuch Verlag 2008.

Campbell, John C.: *Defence of the Middle East: Problems of American Policy*, 2. Auflage, New York: Praeger 1960.

Caporaso, James A.: „Dependence, Dependency, and Power in the Global System: A Structural and Behavioral Analysis", in: *International Organization*, Vol. 32, No. 1, Winter 1978, S. 13–43.

Carey, Jane Perry Clark: „Iran and Control of Its Oil Resources", in: *Political Science Quarterly*, Vol. 89, No. 1, March 1974, S. 147–174.

Carey, Jane Perry Clark und Carey, Andrew Galbraith: „Oil for the Lamps of Italy", in: *Political Science Quarterly*, Vol. 73, No. 2, June 1958, S. 234–253.

Carey, Jane Perry Clark und Carey, Andrew Galbraith: „Oil and Economic Development in Iran", in: *Political Science Quarterly*, Vol. 75, No. 1, March 1960, S. 66–86.

Carr, Edward Hallett: *Nationalism and After*, London: Macmillan 1967.

Cashman, Sean Dennis: *America in the Gilded Age: From the Death of Lincoln to the Rise of Theodore Roosevelt*, 3. Auflage, New York: New York University Press 1993.

Castaneda, Christopher James: *Regulated Enterprise: Natural Gas Pipelines and Northeastern Markets, 1938–1954*, Columbus: Ohio State University Press 1993.

Chakarova, Vessela: *Oil Supply Crises: Cooperation and Discord in the West*, Lanham: Lexington Books 2013.

Chamberlin, Paul Thomas: „The Cold War in the Middle East", in: Kalinovsky, Artemy M. und Daigle, Craig (Hrsg.): *The Routledge Handbook of the Cold War*, Abingdon: Routledge 2014, S. 163–177.

Champion, Tony: „Urbanization, Suburbanization, Counterurbanization and Reurbanization", in: Paddison, Ronan (Hrsg.): *Handbook of Urban Studies*, London: Sage 2001, S. 143–161.

Chandler, Jr., Alfred D.: *The Visible Hand: The Managerial Revolution in American Business*, Cambridge, MA: The Belknap Press 1977.

Chandler, Jr., Alfred D.: *Scale and Scope: The Dynamics of Industrial Capitalism*, Cambridge, MA: Harvard University Press 1994.

Chandler, Geoffrey: „The Myth of Oil Power: International Groups and National Sovereignty", in: *International Affairs*, Vol. 46, No. 4, October 1970, S. 710–718.

Chapman, Simon: „Oil in the Middle East and North Africa", in: *The Middle East and North Africa 2004*, 50. Auflage, London: Europa Publications 2004, S. 116–133.

Chernow, Ron: *Titan: The Life of John D. Rockefeller, Sr.*, 2. Auflage, New York: Vintage Books 2004.

Chevalier, Jean-Marie: *Energie – die geplante Krise: Ursachen und Konsequenzen der Ölknappheit in Europa*, Frankfurt am Main: Fischer 1976.

Childs, William R.: *The Texas Railroad Commission: Understanding Regulation in America to the Mid-Twentieth Century*, College Station: Texas A&M University Press 2005.

Chisholm, Archibald H. T.: *The First Kuwait Oil Concession Agreement: A Record of the Negotiations 1911–1934*, London: Frank Cass 1975.

Choucri, Nazli: *International Politics of Energy Interdependence: The Case of Petroleum*, Lexington: Lexington Books 1976.

Church, Frank: „The Impotence of Oil Companies", in: *Foreign Policy*, No. 27, Summer 1977, S. 27–51.

Clark, J. Stanley: *The Oil Century: From the Drake Well to the Conservation Era*, Norman: University of Oklahoma Press 1958.

Clephane, Douglas W.: „Oil to Rival Gasoline in Engines", in: *The Science News-Letter*, 2 March 1929, S. 129–132.

Clô, Alberto: *Oil Economics and Policy*, Norwell: Kluwer 2000.

Cohen, Benjamin J.: *International Political Economy: An Intellectual History*, Princeton: Princeton University Press 2008.

Cohen, Stephen P.: *Beyond America's Grasp: A Century of Failed Diplomacy in the Middle East*, New York: Farrar, Straus & Giroux 2009.

Cohn, Theodore H.: *Global Political Economy: Theory and Practice*, 4. Auflage, New York: Pearson 2008.

Commins, David: *The Gulf States: A Modern History*, New York: I.B. Tauris 2014.

Congress of the United States – Office of Technology Assessment: *Technology and Soviet Energy Availability*, Washington, DC: US Government Printing Office 1981.

Conlin, Joseph R.: *The American Past: A Survey of American History*, 10. Auflage, Boston: Wadsworth 2013.

Cooper, Richard N.: *The Economics of Interdependence: Economic Policy in the Atlantic Community*, New York: McGraw-Hill 1968.

Cooper, Richard N.: „Economic Interdependence and Foreign Policy in the Seventies", in: *World Politics*, Vol. 24, No. 2, January 1972, S. 159–181.

Cooper, Richard N.: „Trade Policy Is Foreign Policy", in: *Foreign Policy*, No. 9, Winter 1972–1973, S. 18–36.

Cordesman, Anthony H.: *Saudi Arabia Enters the Twenty-First Century: The Political, Foreign Policy, Economic, and Energy Dimensions*, Westport: Praeger 2003.

Cottam, Richard W.: *Nationalism in Iran*, Pittsburgh: University of Pittsburgh Press 1964.

Cowan, Robin und Hultén, Staffan: „Escaping Lock-In: The Case of the Electric Vehicle", in: *Technological Forecasting and Social Change*, Vol. 53, No. 1, September 1996, S. 61–79.

Crafts, Nicholas und Toniolo, Gianni: „Postwar Growth: An Overview", in: dies. (Hrsg.): *Economic Growth in Europe since 1945*, Cambridge: Cambridge University Press 1996, S. 1–37.

Crawford, Beverly: *Economic Vulnerability in International Relations: East-West Trade, Investment, and Finance*, New York: Columbia University Press 1993.

Crooks, Ed: „The US Shale Revolution", in: *Financial Times*, 24 April 2015, abrufbar unter: http://www.ft.com/intl/cms/s/2/2ded7416-e930-11e4-a71a-00144feab 7de.html#slide0 (24. September 2015).

Crouzet, François: „France", in: Teich, Mikuláš und Porter, Roy (Hrsg.): *The Industrial Revolution in National Context: Europe and the USA*, Cambridge: Cambridge University Press 1996, S. 36–63.

Dadkhah, Kamran M.: „Iran's Economic Policy During the Mosaddeq Era", in: *Journal of Iranian Research and Analysis*, Vol. 16, No. 2, November 2000, S. 39–54.

Daoudi, M. S. und Dajani, M. S.: „The 1967 Oil Embargo Revisited", in: *Journal of Palestine Studies*, Vol. 13, No. 2, Winter 1984, S. 65–90.

David, Paul A.: „Clio and the Economics of QWERTY", in: *American Economic Review*, Vol. 75, No. 2, May 1985, S. 332–337.

Davis, David Howard: *Energy Politics*, 2. Auflage, New York: St. Martin's Press 1978.

Davis, Eric: *Memories of State: Politics, History, and Collective Identity in Modern Iraq*, Berkeley: University of California Press 2005.

De Bellaigue, Christopher: *Patriot of Persia: Muhammad Mossadegh and a Tragic Anglo-American Coup*, New York: Harper Perennial 2012.

De Franciscis, Azio: „Enrico Mattei: Italiens Super-Manager", in: *Die Zeit*, Nr. 30, 26. Juli 1956, S. 2.

Deane, Phyllis: *The First Industrial Revolution*, 2. Auflage, Cambridge: Cambridge University Press 1979.

Debo, Richard K.: *Survival and Consolidation: The Foreign Policy of Soviet Russia, 1918–1921*, Montreal: McGill-Queen's University Press 1992.

Dechert, Charles R.: „Ente Nazionale Idrocarburi: A State Corporation in a Mixed Economy", in: *Administrative Science Quarterly*, Vol. 7, No. 3, December 1962, S. 322–348.

Deese, David A. und Miller, Linda B.: „Western Europe", in: Deese, David A. und Nye, Joseph S. (Hrsg.): *Energy and Security*, Cambridge, MA: Ballinger 1981, S. 181–209.

Deffeyes, Kenneth S.: *Hubbert's Peak: The Impending World Oil Shortage*, Neuauflage, Princeton: Princeton University Press 2009.

Dempsey, Judy: „OMV of Austria aims to become a hub for natural gas", in: *The New York Times*, 8 July 2007, abrufbar unter: http://www.nytimes.com/2007/07/08/business/worldb usiness/08iht-omv.4.6553409.html?_r=0 (15. September 2015).

Deutinger, Stephan: „Eine ‚Lebensfrage für die bayerische Industrie': Energiepolitik und regionale Energieversorgung 1945 bis 1980", in: Schlemmer, Thomas und Woller, Hans (Hrsg.): *Bayern im Bund, Band 1: Die Erschließung des Landes 1949–1973*, Quellen und Darstellungen zur Zeitgeschichte: Band 52, München: Oldenbourg 2001, S. 33–118.

Dulles, Foster Rhea und Ridinger, Gerald E.: „The Anti-Colonial Policies of Franklin D. Roosevelt", in: *Political Science Quarterly*, Vol. 70, No. 1, March 1955, S. 1–18.

Durand, E. Dana: „The Trust Problem", in: *Quarterly Journal of Economics*, Vol. 28, No. 3, May 1914, S. 381–416.

Ebinger, Charles K. et al.: *The Critical Link: Energy and National Security in the 1980s*, Überarbeitete Auflage, Cambridge, MA: Ballinger 1982.

Eckbo, Paul Leo: *The Future of World Oil*, Cambridge, MA: Ballinger 1976.

Eckermann, Erik: *World History of the Automobile*, Warrendale: Society of Automotive Engineers 2001.

Eden, Richard et al.: *Energy Economics: Growth, Resources, and Policies*, Cambridge: Cambridge University Press 1981.

Edgerton, David: *Britain's War Machine: Weapons, Resources, and Experts in the Second World War*, Oxford: Oxford University Press 2011.

Eichengreen, Barry: *The European Economy Since 1945: Coordinated Capitalism and Beyond*, Princeton: Princeton University Press 2007.

Eichholtz, Dietrich: *Geschichte der deutschen Kriegswirtschaft 1939–1945, Band 2: 1941–1943*, Berlin: Akademie-Verlag 1985.

Eichholtz, Dietrich: *Krieg um Öl: Ein Erdölimperium als deutsches Kriegsziel (1938–1943)*, Leipzig: Leipziger Universitätsverlag 2006.

El-Katiri, Laura/Fattouh, Bassam und Segal, Paul: „Anatomy of an Oil-Based Welfare State: Rent Distribution in Kuwait", Kuwait Programme on Development, Governance and Globalisation in the Gulf States, Research Paper No. 13, January 2011, abrufbar unter: http://www.lse.ac.uk/middleEastCentre/kuwait/documents/Fattouh.pdf (17. November 2015).

Elm, Mostafa: *Oil, Power, and Principle: Iran's Oil Nationalization and Its Aftermath*, Syracuse: Syracuse University Press 1992.

Elsenhans, Hartmut: „Entwicklungstendenzen der Welterdölindustrie", in: ders. (Hrsg.): *Erdöl für Europa*, Hamburg: Hoffmann und Campe 1974, S. 7–47.

Emerson, Richard M.: „Power-Dependence Relations", in: *American Sociological Review*, Vol. 27, No. 1, February 1962, S. 31–41.

Energy Charter Secretariat: *Putting a Price on Energy: International Pricing Mechanisms for Oil and Gas*, Brüssel: Energy Charter Secretariat 2007.

Epstein, Edward Jay: „The Cartel That Never Was", in: *Atlantic Monthly*, Vol. 251, No. 3, March 1983, S. 68–77, abrufbar unter: http://www.theatlantic.com/past/issues/83mar/epstein.htm (26. August 2015).

Etemad, Bouda und Luciani, Jean: *World Energy Production 1800–1985*, Genf: Droz 1991.

Europäische Kommission: *Strategie für eine sichere europäische Energieversorgung*, Mitteilung der Kommission an das Europäische Parlament und den Rat, COM(2014) 330 final, Brüssel, 28.05.2014, abrufbar unter: http://eur-lex.europa.eu/legal-content/DE/TXT/PDF/?uri=CELEX:52014DC0330&from=EN (27. November 2015).

European Commission: *Commission Staff Working Document: In-depth study of European Energy Security*, accompanying the document Communication from the Commission to the Council and the European Parliament: European energy security strategy, COM(2014) 330 final, Brussels, 02.07.2014, abrufbar unter: https://ec.europa.eu/energy/sites/ener/files/documents/20140528_energy_security_study.pdf (27. November 2015).

European Commission – Directorate General for Trade: *Client and Supplier Countries of the EU28 in Merchandise Trade*, Trade-G-2, 10/11/2015, abrufbar unter: http://trade.ec.europa.eu/doclib/docs/2006/september/tradoc_122530.pdf (22. November 2015).

Eurostat (Datenbank): abrufbar unter: https://ec.europa.eu/eurostat/de/web/main/data/database (23. Mai 2021).

Ezzati, Ali: *World Energy Markets and OPEC Stability*, Lexington: Lexington Books 1978.

Falola, Toyin und Genova, Ann: *The Politics of the Global Oil Industry: An Introduction*, Westport: Praeger 2005.

Fant, Kenne: *Alfred Nobel: A Biography*, New York: Arcade 2006.

Fattouh, Bassam: „The Origins and Evolution of the Current International Oil Pricing System: A Critical Assessment", in: Mabro, Robert (Hrsg.): *Oil in the 21st Century: Issues, Challenges and Opportunities*, Oxford: Oxford University Press 2006, S. 41–100.

Fattouh, Bassam: „An Anatomy of the Crude Oil Pricing System", Oxford Institute for Energy Studies, University of Oxford, WPM 40, January 2011, abrufbar unter: http://www.oxfordenergy.org/wpcms/wp-content/uploads/2011/03/WPM40-AnAnatomyoftheCrudeOilPricingSystem-BassamFattouh-2011.pdf (3. September 2015).

Fattouh, Bassam und Sen, Amrita: „The US Tight Oil Revolution in a Global Perspective", Oxford Energy Comment, Oxford Institute for Energy Studies, University of Oxford, September 2013, abrufbar unter: http://www.oxfordenergy.org/wpcms/wp-content/uploads/2013/09/Tight-Oil.pdf (24. September 2015).

Feichtinger, Friedrich und Spörker, Hermann (Hrsg.): *ÖMV-OMV: Die Geschichte eines österreichischen Unternehmens*, Horn: Ferdinand Berger & Söhne 1996.

Ferrier, Ronald: „The Iranian Oil Industry", in: *The Cambridge History of Iran, Volume 7: From Nadir Shah to the Islamic Republic*, Cambridge: Cambridge University Press 1991, S. 639–700.

Fesharaki, Fereidun und Schultz, Wendy: „The Oil Market and Western European Energy Security", in: Gasteyger, Curt (Hrsg.): *The Future for European Energy Security*, London: Frances Pinter 1985, S. 29–64.

Fitzgerald, Edward Peter: „The Iraq Petroleum Company, Standard Oil of California, and the Contest for Eastern Arabia, 1930–1933", in: *International History Review*, Vol. 13, No. 3, August 1991, S. 441–465.

Fitzgerald, Edward Peter: „Business Diplomacy: Walter Teagle, Jersey Standard, and the Anglo-French Pipeline Conflict in the Middle East, 1930–1931", in: *Business History Review*, Vol. 67, No. 2, Summer 1993, S. 207–245.

Fletcher, William: *English and American Steam Carriages and Traction Engines*, London: Longmans, Green 1904.

Flink, James J.: *The Automobile Age*, Cambridge, MA: The MIT Press 1988.

Forbes, R. J. und O'Beirne, D. R.: *The Technical Development of the Royal Dutch/Shell 1890–1940*, Leiden: E. J. Brill 1957.

Forbes, R. J.: *Studies in Early Petroleum History*, Leiden: E. J. Brill 1958.

Forbes, R. J.: *More Studies in Early Petroleum History, 1860–1880*, Leiden: E. J. Brill 1959.

Forbes, R. J.: „Oil in Eastern Europe 1840–1859", in: Harvard Graduate School of Business Administration (Hrsg.): *Oil's First Century*, Papers Given at the Centennial Seminar on the History of the Petroleum Industry, Harvard Business School, 13–14 November 1959, Cambridge, MA: Harvard College 1960, S. 1–6.

Ford, Alan W.: *The Anglo-Iranian Oil Dispute of 1951–1952: A Study of the Role of Law in the Relations of States*, Berkeley: University of California Press 1954.

Foreman-Peck, James: „The American Challenge of the Twenties: Multinationals and the European Motor Industry", in: *Journal of Economic History*, Vol. 42, No. 4, December 1982, S. 865–881.

Forgó, Katrin: „Die Internationale Energieagentur: Grundlagen und aktuelle Fragen", IEF Working Paper Nr. 36, Forschungsinstitut für Europafragen, Wirtschaftsuniversität Wien, Dezember 2000, abrufbar unter: http://epub.wu.ac.at/1222/1/document.pdf (26. April 2015).

Førland, Tor Egil: „‚Economic Warfare' and ‚Strategic Goods': A Conceptual Framework for Analyzing COCOM", in: *Journal of Peace Research*, Vol. 28, No. 2, May 1991, S. 191–204.

Frank, Alison Fleig: *Oil Empire: Visions of Prosperity in Austrian Galicia*, Cambridge, MA: Harvard University Press 2005.

Frantz, Joe B.: *Texas: A History*, New York: W. W. Norton 1984.

Frerich, Johannes und Müller, Gernot: *Europäische Verkehrspolitik: Von den Anfängen bis zur Osterweiterung der Europäischen Union*, Band 1, München: Oldenbourg 2004.

Friedman, Saul S.: *A History of the Middle East*, Jefferson: McFarland 2006.

Frolich, Per K.: „Petroleum, Past, Present and Future", in: *Science*, Vol. 98, No. 2552, 26 November 1943, S. 457–463.

Fürtig, Henner: *Kleine Geschichte des Irak: Von der Gründung 1921 bis zur Gegenwart*, 2. Auflage, München: C. H. Beck 2004.

Galambos, Louis/Hikino, Takashi und Zamagni, Vera (Hrsg.): *The Global Chemical Industry in the Age of the Petrochemical Revolution*, Cambridge: Cambridge University Press 2007.

Gales, Ben et al.: „North versus South: Energy Transition and Energy Intensity in Europe over 200 Years", in: *European Review of Economic History*, Vol. 11, No. 2, August 2007, S. 219–253.

Gamlen, Elizabeth und Rogers, Paul: „U.S. Reflagging of Kuwaiti Tankers", in: Rajaee, Farhang (Hrsg.): *The Iran-Iraq War: The Politics of Aggression*, Gainesville: University Press of Florida 1993, S. 123–151.

Garavini, Giuliano: *After Empires: European Integration, Decolonization, and the Challenge from the Global South 1957–1986*, Oxford: Oxford University Press 2012.

Gardner, Brian: *European Agriculture: Policies, Production, and Trade*, London: Routledge 1996.

Gasiorowski, Mark J.: „The Structure of Third World Economic Interdependence", in: *International Organization*, Vol. 39, No. 2, Spring 1985, S. 331–342.

Gasiorowski, Mark J.: „Economic Interdependence and International Conflict: Some Cross-National Evidence", in: *International Studies Quarterly*, Vol. 30, No. 1, March 1986, S. 23–38.

Gasiorowski, Mark J.: „The 1953 Coup D'Etat in Iran", in: *International Journal of Middle East Studies*, Vol. 19, No. 3, August 1987, S. 261–286.

Gasteyger, Curt: „Introduction", in: ders. (Hrsg.): *The Future for European Energy Security*, London: Frances Pinter 1985, S. 1–8.

Gately, Dermot: „OPEC and the Buying-Power Wedge", in: Plummer, James L. (Hrsg.): *Energy Vulnerability*, Cambridge, MA: Ballinger 1982, S. 37–57.

Gately, Dermot: „Lessons from the 1986 Oil Price Collapse", in: *Brookings Papers on Economic Activity*, Vol. 17, No. 2, 1986, S. 237–284.

Geden, Oliver und Fischer, Severin: *Die Energie- und Klimapolitik der Europäischen Union: Bestandsaufnahme und Perspektiven*, Denkart Europa – Schriften zur europäischen Politik, Wirtschaft und Kultur: Band 8, Baden-Baden: Nomos 2008.

Giddens, Paul H.: *The Birth of the Oil Industry*, New York: Macmillan 1938.

Giddens, Paul H.: „The Significance of the Drake Well", in: Harvard Graduate School of Business Administration (Hrsg.): *Oil's First Century*, Papers Given at the Centennial Seminar on the History of the Petroleum Industry, Harvard Business School, 13–14 November 1959, Cambridge, MA: Harvard College 1960, S. 23–30.

Giddens, Paul H.: „One Hundred Years of Petroleum History", in: *Arizona and the West*, Vol. 4, No. 2, Summer 1962, S. 127–144.

Gille, Bertrand: „Finance internationale et Trusts", in: *Revue Historique*, Vol. 227, No. 2, 1962, S. 291–326.

Gillingham, John: *Coal, Steel, and the Rebirth of Europe, 1945–1955: The Germans and French from Ruhr Conflict to Economic Community*, Cambridge: Cambridge University Press 1991.

Gilpin, Robert: *U.S. Power and the Multinational Corporation: The Political Economy of Foreign Direct Investment*, New York: Basic Books 1975.

Gilpin, Robert: *The Political Economy of International Relations*, Princeton: Princeton University Press 1987.

Gilpin, Robert: *Global Political Economy: Understanding the International Economic Order*, Princeton: Princeton University Press 2001.

Giraud, André und Boy de la Tour, Xavier: *Géopolitique du pétrole et du gaz*, Paris: Editions Technip 1987.

Goldman, Marshall I.: „Red Black Gold", in: *Foreign Policy*, No. 8, Autumn 1972, S. 138–148.

Goldman, Marshall I.: „The Soviet Union", in: *Daedalus*, Vol. 104, No. 4, Fall 1975, S. 129–143.

Goldman, Marshall I.: „The Soviet Union as a World Oil Power", in: Adelman, M. A. et al. (Hrsg.): *Oil, Divestiture and National Security*, New York: Crane, Russak 1977, S. 92–105.

Goldman, Marshall I.: *Petrostate: Putin, Power, and the New Russia*, Oxford: Oxford University Press 2008.

Goldstone, Jack A.: „Initial Conditions, General Laws, Path Dependence, and Explanation in Historical Sociology", in: *American Journal of Sociology*, Vol. 104, No. 3, November 1998, S. 829–845.

Goode, James F.: *The United States and Iran: In the Shadow of Musaddiq*, New York: St. Martin's Press 1997.

Gordon, Richard L.: *World Coal: Economics, Policies and Prospects*, Cambridge: Cambridge University Press 1987.

Götz, Roland: „Russland: Vom Imperium zur Energiegroßmacht?", in: Harks, Enno und Müller, Friedemann (Hrsg.): *Petrostaaten: Außenpolitik im Zeichen von Öl*, Baden-Baden: Nomos 2007, S. 131–151.

Grady, Henry F.: *The Memoirs of Ambassador Henry F. Grady: From the Great War to the Cold War*, hrsg. von John T. McNay, Columbia: University of Missouri Press 2009.

Granitz, Elizabeth und Klein, Benjamin: „Monopolization by ‚Raising Rivals' Costs': The Standard Oil Case", in: *Journal of Law and Economics*, Vol. 39, No. 1, April 1996, S. 1–47.

Grayson, George W.: *The Politics of Mexican Oil*, Pittsburgh: University of Pittsburgh Press 1980.

Gref, Lynn G.: *The Rise and Fall of American Technology*, New York: Algora 2010.

Griffin, James M. und Teece, David J.: „Introduction", in: dies. (Hrsg.): *OPEC Behavior and World Oil Prices*, London: George Allen & Unwin 1982, S. 1–36.

Grimm, Curtis M./Lee, Hun und Smith, Ken G.: *Strategy as Action: Competitive Dynamics and Competitive Advantage*, New York: Oxford University Press 2006.

Grimm, Oliver und Steiner, Eduard: „Billiges Öl untergräbt Macht der Autokraten", in: *Die Presse*, 18. November 2014, S. 1.

Gronke, Monika: „Irans Geschichte: 1941–1979 – Vom Zweiten Weltkrieg bis zur Islamischen Revolution", Dossier Iran, Bundeszentrale für politische Bildung, 10. Juni 2009, abrufbar unter: http://www.bpb.de/internationales/asien/iran/40125/irans-geschichte-1941-bis-1979 (3. Mai 2015).

Gronke, Monika: *Geschichte Irans: Von der Islamisierung bis zur Gegenwart*, 4. Auflage, München: C. H. Beck 2014.

Häfele, Wolf: „A Global and Long-Range Picture of Energy Developments", in: *Science*, Vol. 209, No. 4452, 4 July 1980, S. 174–182.

Hahn, Peter L.: *Crisis and Crossfire: The United States and the Middle East Since 1945*, Washington, DC: Potomac Books 2005.

Hall, Charles A. S. und Klitgaard, Kent A.: *Energy and the Wealth of Nations: Understanding the Biophysical Economy*, New York: Springer 2012.

Haller, Günther: „Als die Straßenbahn die Kohlensäcke brachte", in: *Die Presse*, 1. Februar 2014, S. 28.

Hamilton, James D.: „Causes and Consequences of the Oil Shock of 2007–08", in: *Brookings Papers on Economic Activity*, Vol. 40, No. 1, Spring 2009, S. 215–283.

Haney, Marshall: „Petroleum", in: *The Scientific Monthly*, Vol. 17, No. 6, December 1923, S. 548–561.

Harks, Enno: „Öl, Gas, Rente und politische Verfasstheit – Die Petrostaaten im Überblick", in: ders. und Müller, Friedemann (Hrsg.): *Petrostaaten: Außenpolitik im Zeichen von Öl*, Baden-Baden: Nomos 2007, S. 18–32.

Harrison, Mark: *Accounting for War: Soviet Production, Employment, and the Defence Burden, 1940–1945*, Cambridge Russian, Soviet, and Post-Soviet Studies: Vol. 99, Cambridge: Cambridge University Press 1996.

Hartshorn, J. E.: *Oil Trade: Politics and Prospects*, Cambridge: Cambridge University Press 1993.

Hawtrey, R. G.: *The Economic Aspects of Sovereignty*, London: Longmans, Green 1930.

Hayes, Thomas C.: „Confrontation in the Gulf: The Oilfield Lying Below the Iraq-Kuwait Dispute", in: *The New York Times*, 3. September 1990, abrufbar unter: http://www.nytimes.com/1990/09/03/world/confrontation-in-the-gulf-the-oil field-lying-below-the-iraq-kuwait-dispute.html?pagewanted=all&src=pm (26. September 2015).

Heine, Michael und Herr, Hansjörg: *Volkswirtschaftslehre: Paradigmenorientierte Einführung in die Mikro- und Makroökonomie*, 4. Auflage, München: Oldenbourg 2013.

Heineberg, Heinz: *Stadtgeographie*, 3. Auflage, Paderborn: Ferdinand Schöningh 2006.

Heiss, Mary Ann: „National Interests and International Concerns: Anglo-American Relations and the Iranian Oil Crisis", in: *Journal of Iranian Research and Analysis*, Vol. 16, No. 2, November 2000, S. 30–38

Heiss, Mary Ann: „Real Men Don't Wear Pajamas: Anglo-American Cultural Perceptions of Mohammed Mossadeq and the Iranian Oil Nationalization Dispute", in: Hahn, Peter L. und Heiss, Mary Ann (Hrsg.): *Empire and Revolution: The United States and the Third World since 1945*, Columbus: Ohio State University Press 2001, S. 178–194.

Hellweg, Martin: „Kenneth Joseph Arrow", in: Kurz, Heinz D. (Hrsg.): *Klassiker des ökonomischen Denkens, Band 2: Von Vilfredo Pareto bis Amartya Sen*, München: C. H. Beck 2009, S. 320–353.

Henke, Volker: „Die Bedeutung des sowjetischen Erdöls auf den Weltmärkten", in: Elsenhans, Hartmut (Hrsg.): *Erdöl für Europa*, Hamburg: Hoffmann und Campe 1974, S. 260–276.

Henry, J. T.: *The Early and Later History of Petroleum, with Authentic Facts in Regard to Its Development in Western Pennsylvania*, Philadelphia: Jas. B. Rodgers Co. 1873.

Hermann, Frank: „Fracking: Ernüchterung löst Goldgräberstimmung ab", in: *Der Standard*, 2. Februar 2015, abrufbar unter: http://derstandard.at/2000011129817/Fracking-Ernuec hterung-loest-Goldgraeberstimmung-ab?ref=rss (2. Februar 2015).

Heymann, Hans, Jr.: „Oil in Soviet-Western Relations in the Interwar Years", in: *American Slavic and East European Review*, Vol. 7, No. 4, December 1948, S. 303–316.

Hirschman, Albert O.: *National Power and the Structure of Foreign Trade*, Berkeley: University of California Press 1945.

Hobe, Stephan und Kimminich, Otto: *Einführung in das Völkerrecht*, 8. Auflage, Tübingen und Basel: A. Francke Verlag 2004.

Höfer, Hans: *Das Erdöl (Petroleum) und seine Verwandten: Geschichte, physikalische und chemische Beschaffenheit, Vorkommen, Ursprung, Auffindung und Gewinnung des Erdöles*, Braunschweig: Friedrich Bieweg und Sohn 1888.

Hoffman, George W.: „Energy Dependence and Policy Options in Eastern Europe", in: Jensen, Robert G./Shabad, Theodore und Wright, Arthur W. (Hrsg.): *Soviet Natural Resources in the World Economy*, Chicago: University of Chicago Press 1983, S. 659–667.

Hoffman, George W.: *The European Energy Challenge: East and West*, Durham: Duke University Press 1985.

Hogan, William W.: „Policies for Oil Importers", in: Griffin, James M. und Teece, David J. (Hrsg.): *OPEC Behavior and World Oil Prices*, London: George Allen & Unwin 1982, S. 186–206.

Högselius, Per/Åberg, Anna und Kaijser, Arne: „Natural Gas in Cold War Europe: The Making of a Critical Infrastructure", in: Högselius, Per et al. (Hrsg.): *The Making of Europe's Critical Infrastructure: Common Connections and Shared Vulnerabilities*, Basingstoke: Palgrave Macmillan 2013, S. 27–61.

Hohensee, Jens: *Der erste Ölpreisschock 1973/74: Die politischen und gesellschaftlichen Auswirkungen der arabischen Erdölpolitik auf die Bundesrepublik Deutschland und Westeuropa*, HMRG-Beihefte: Band 17, Stuttgart: Franz Steiner Verlag 1996.

Höök, Mikael et al.: „The Evolution of Giant Oil Field Production Behaviour", in: *Natural Resources Research*, Vol. 18, No. 1, March 2009, S. 39–56.

House, Boyce: „Spindletop", in: *Southwestern Historical Quarterly*, Vol. 50, No. 1, July 1946, S. 36–43.

Hughes, Barry B.: „Energy as a Global Issue", in: ders. et al. (Hrsg.): *Energy in the Global Arena: Actors, Values, Policies, and Futures*, Durham: Duke University Press 1985, S. 1–30.

Hughes, Dudley J.: *Oil in the Deep South: A History of the Oil Business in Mississippi, Alabama, and Florida*, Jackson: University Press of Mississippi 1993.

Husain, Tahir: *Kuwaiti Oil Fires: Regional Environmental Perspectives*, Oxford: Pergamon 1995.

Ickes, Harold L.: *Fightin' Oil*, New York: Alfred A. Knopf 1943.

Inkpen, Andrew und Moffett, Michael H.: *The Global Oil and Gas Industry: Management, Strategy and Finance*, Tulsa: PennWell 2011.

International Energy Agency (IEA): *World Energy Outlook 2005: Middle East and North Africa Insights*, Paris: OECD/IEA 2005.

International Energy Agency (IEA): *World Energy Outlook 2007: China and India Insights*, Paris: OECD/IEA 2007.

International Energy Agency (IEA): *World Energy Outlook 2008*, Paris: OECD/IEA 2008.

International Energy Agency (IEA): *World Energy Outlook 2012*, Paris: OECD/IEA 2012.

International Energy Agency (IEA): *Energy Balances of OECD Countries: 2014 Edition*, Paris: IEA 2014.

International Energy Agency (IEA): *Oil Market Report: 11 September 2015*, Paris: OECD/IEA 2015, abrufbar unter: https://www.iea.org/media/omrreports/fullissues/2015-09-11.pdf (7. November 2015).

International Energy Agency (IEA): *World Energy Outlook 2015* („Executive Summary"), Paris: OECD/IEA 2015, abrufbar unter: http://www.iea.org/Textbase/npsum/WEO201 5SUM.pdf (10. November 2015).

International Energy Agency (IEA): *Net Zero by 2050: A Roadmap for the Global Energy Sector*, Paris: IEA 2021.

Islam, Nurul: „Economic Interdependence between Rich and Poor Nations", in: *Third World Quarterly*, Vol. 3, No. 2, April 1981, S. 230–250.

Itayim, Fuad: „Arab Oil – The Political Dimension", in: *Journal of Palestine Studies*, Vol. 3, No. 2, Winter 1974, S. 84–97.

Jaffe, Amy Myers und Soligo, Ronald: „The International Oil Companies", The James A. Baker III Institute for Public Policy, Rice University, November 2007, abrufbar unter: http://bakerinstitute.org/media/files/Research/3e565918/NOC_IOCs_Jaffe-Soligo. pdf (12. September 2015).

Jaffe, Amy Myers und Soligo, Ronald: „Energy Security: The Russian Connection", in: Moran, Daniel und Russell, James A. (Hrsg.): *Energy Security and Global Politics: The Militarization of Resource Management*, Routledge Global Security Studies: Vol. 6, London: Routledge 2009, S. 112–134.

Jaidah, Ali M.: *An Appraisal of OPEC Oil Policies: Energy Resources and Policies of the Middle East and North Africa*, London: Longman 1983.

James, Laura M.: „When Did Nasser Expect War? The Suez Nationalization and its Aftermath in Egypt", in: Smith, Simon C. (Hrsg.): *Reassessing Suez 1956: New Perspectives on the Crisis and its Aftermath*, Aldershot: Ashgate 2008, S. 149–164.

Jamison, Andrew: *The Steam-Powered Automobile: An Answer to Air Pollution*, Bloomington: Indiana University Press 1970.

Jensen, W. G.: *Energy in Europe 1945-1980*, London: G. T. Foulis 1967.

Jensen, W. G.: „The Importance of Energy in the First and Second World Wars", in: *Historical Journal*, Vol. 11, No. 3, 1968, S. 538–554.

Joesten, Joachim: „Auf Biegen oder Brechen im Irak", in: *Die Zeit*, Nr. 37, 8. September 1961, abrufbar unter: http://www.zeit.de/1961/37/auf-biegen-und-brechen-im-irak (2. Februar 2015).

Joesten, Joachim: „ENI: Italy's Economic Colossus", in: *Challenge*, Vol. 10, No. 7, April 1962, S. 24–27.

Johnson, Rob: *The Iran-Iraq War*, Basingstoke: Palgrave Macmillan 2011.

Johnston, David und Johnston, Daniel: *Introduction to Oil Company Financial Analysis*, Tulsa: PennWell 2006.

Jones, R.J. Barry: *Globalisation and Interdependence in the International Political Economy: Rhetoric and Reality*, London: Pinter 1995.

Jonker, Joost und van Zanden, Jan Luiten: *A History of Royal Dutch Shell, Volume 1: From Challenger to Joint Industry Leader, 1890–1939*, Oxford: Oxford University Press 2007.

Judt, Tony: *Die Geschichte Europas seit dem Zweiten Weltkrieg*, Bonn: Bundeszentrale für politische Bildung 2006.

Junne, Gerd: „Währungsspekulationen der Ölscheiche und Ölkonzerne", in: Elsenhans, Hartmut (Hrsg.): *Erdöl für Europa*, Hamburg: Hoffmann und Campe 1974, S. 277–302.

Kalicki, Jan H. und Elkind, Jonathan: „Eurasian Transportation Futures", in: Kalicki, Jan H. und Goldwyn, David L. (Hrsg.): *Energy and Security: Toward a New Foreign Policy Strategy*, Washington, DC und Baltimore: Woodrow Wilson Center Press und Johns Hopkins University Press 2005, S. 149–174.

Kalicki, Jan H.: „Rx for ‚Oil Addiction': The Middle East and Energy Security", in: *Middle East Policy*, Vol. 14, No. 1, Spring 2007, S. 76–83.

Karl, Terry Lynn: *The Paradox of Plenty: Oil Booms and Petro-States*, Berkeley: University of California Press 1997.

Kaskeline, Egon: „Europe's Energy Gap", in: *Challenge*, Vol. 5, No. 7, April 1957, S. 63–67.

Katouzian, Homa: „Mosaddeq's Government in Iranian History: Arbitrary Rule, Democracy, and the 1953 Coup", in: Gasiorowski, Mark J. und Byrne, Malcolm (Hrsg.): *Mohammad Mosaddeq and the 1953 Coup in Iran*, Syracuse: Syracuse University Press 2004, S. 1–26.

Kaukiainen, Yrjö: „The Advantages of Water Carriage: Scale Economies and Shipping Technology, c. 1870–2000", in: Harlaftis, Gelina/Tenold, Stig und Valdaliso, Jesús M. (Hrsg.): *The World's Key Industry: History and Economics of International Shipping*, Basingstoke: Palgrave Macmillan 2012, S. 64–87.

Keating, Aileen: *Power, Politics and the Hidden History of Arabian Oil*, London: Saqi 2006.

Keiser, Günter: *Die Energiekrise und die Strategien der Energiesicherung*, München: Vahlen 1979.

Keohane, Robert O. und Nye, Joseph S.: „World Politics and the International Economic System", in: Bergsten, C. Fred (Hrsg.): *The Future of the International Economic Order: An Agenda for Research*, Lexington: D.C. Heath 1973, S. 115–179.

Keohane, Robert O. und Nye, Joseph S.: *Power and Interdependence: World Politics in Transition*, Boston: Little, Brown 1977.

Keohane, Robert O.: „The International Energy Agency: State Influence and Transgovernmental Politics", in: *International Organization*, Vol. 32, No. 4, Autumn 1978, S. 929–951.

Keohane, Robert O.: *After Hegemony: Cooperation and Discord in the World Political Economy*, Princeton: Princeton University Press 1984.

Keohane, Robert O.: „International Institutions: Can Interdependence Work?", in: *Foreign Policy*, No. 110, Spring 1998, S. 82–96.

Kilian, Lutz und Murphy, Daniel P.: „The Role of Inventories and Speculative Trading in the Global Market for Crude Oil", in: *Journal of Applied Econometrics*, Vol. 29, No. 3, April/May 2014, S. 454–478.

Klare, Michael T.: *Rising Powers, Shrinking Planet: The New Geopolitics of Energy*, New York: Metropolitan Books 2008.

Klausinger, Hansjoerg: „The Austrian School of Economics and its Global Impact", in: Bischof, Günter et al. (Hrsg.): *Global Austria: Austria's Place in Europe and the World*, Contemporary Austrian Studies: Vol. 20, New Orleans und Innsbruck: UNO Press und Innsbruck University Press 2011, S. 99–116.

Klieman, Kairn A.: „Oil, Politics, and Development in the Formation of a State: The Congolese Petroleum Wars, 1963-1968", in: *International Journal of African Historical Studies*, Vol. 41, No. 2, 2008, S. 169–202.

Klussmann, Uwe: „Karawane der Menschheit", in: *Spiegel Geschichte*, Nr. 3, 2011, S. 92–96.

Knape, John: „British Foreign Policy in the Caribbean Basin 1938–1945: Oil, Nationalism and Relations with the United States", in: *Journal of Latin American Studies*, Vol. 19, No. 2, November 1987, S. 279–294.

Knapp, Manfred: „Deutschland und der Marshallplan: Zum Verhältnis zwischen politischer und ökonomischer Stabilisierung in der amerikanischen Deutschlandpolitik nach 1945", in: Schröder, Hans-Jürgen (Hrsg.): *Marshallplan und westdeutscher Wiederaufstieg: Positionen – Kontroversen*, Stuttgart: Franz Steiner Verlag 1990, S. 35–59.

Kneissl, Karin: *Der Energiepoker: Wie Erdöl und Erdgas die Weltwirtschaft beeinflussen*, 2. Auflage, München: FinanzBuch Verlag 2008.

Knorr, Klaus: *The Power of Nations: The Political Economy of International Relations*, New York: Basic Books 1975.

Knorr, Klaus: „The Limits of Economic and Military Power", in: *Daedalus*, Vol. 104, No. 4, Fall 1975, S. 229–243.

Knowles, Ruth Sheldon: *The Greatest Gamblers: The Epic of American Oil Exploration*, 2. Auflage, Norman: University of Oklahoma Press 1978.

Kobrin, Stephen J.: „Diffusion as an Explanation of Oil Nationalization: Or the Domino Effect Rides Again", in: *Journal of Conflict Resolution*, Vol. 29, No. 1, March 1985, S. 3–32.

Kohl, Wilfrid L.: „Introduction: The Second Oil Crisis and the Western Energy Problem", in: ders. (Hrsg.): *After the Second Oil Crisis: Energy Policies in Europe, America, and Japan*, Lexington: Lexington Books 1982, S. 1–7.

Kohl, Wilfrid L.: „Energy Policy in the European Communities", in: ders. (Hrsg.): *After the Second Oil Crisis: Energy Policies in Europe, America, and Japan*, Lexington: Lexington Books 1982, S. 177–193.

Kokxhoorn, Nicoline: „Das Fehlen einer konkurrenzfähigen westdeutschen Erdölindustrie", in: Elsenhans, Hartmut (Hrsg.): *Erdöl für Europa*, Hamburg: Hoffmann und Campe 1974, S. 180–201.

Koppes, Clayton R.: „The Good Neighbor Policy and the Nationalization of Mexican Oil: A Reinterpretation", in: *Journal of American History*, Vol. 69, No. 1, June 1982, S. 62–81.

Kouaouci, Ali: „Population Transitions, Youth Unemployment, Postponement of Marriage and Violence in Algeria", in: *Journal of North African Studies*, Vol. 9, No. 2, Summer 2004, S. 28–45.

Kramer, Martin: *Arab Awakening and Islamic Revival: The Politics of Ideas in the Middle East*, New Brunswick: Transaction 1996.

Krammer, Arnold: „Fueling the Third Reich", in: *Technology and Culture*, Vol. 19, No. 3, July 1978, S. 394–422.

Krasner, Stephen D.: „The Great Oil Sheikdown", in: *Foreign Policy*, No. 13, Winter 1973–1974, S. 123–138.

Krasner, Stephen D.: „Structural Causes and Regime Consequences: Regimes as Intervening Variables", in: ders. (Hrsg.): *International Regimes*, Ithaca: Cornell University Press 1983, S. 1–22.

Krugman, Paul: *Geography and Trade*, Cambridge, MA: The MIT Press 1991.

Kugler, Martin: „Schon die Physik sagt uns: Ohne Energie-Input kein Leben", in: *Die Presse*, 1. Februar 2014, S. 2.

Kuhn, Gerd: „Suburbanisierung in historischer Perspektive", in: Zimmermann, Clemens (Hrsg.): *Zentralität und Raumgefüge der Großstädte im 20. Jahrhundert*, Beiträge zur

Stadtgeschichte und Urbanisierungsforschung: Band 4, Stuttgart: Franz Steiner Verlag 2006, S. 61–82.

Kumar, Ram Narayan: *Martyred But Not Tamed: The Politics of Resistance in the Middle East*, New Delhi: Sage 2012.

Kunz, Diane B.: *The Economic Diplomacy of the Suez Crisis*, Chapel Hill: University of North Carolina Press 1991.

Kurze, Kristina: *Europas fragile Energiesicherheit: Versorgungskrisen und ihre Bedeutung für die europäische Energiepolitik*, Forschungsberichte internationale Politik: Band 37, Münster: Lit 2009.

Lal, Deepak: „The Development and Spread of Economic Norms and Incentives", in: Rosecrance, Richard (Hrsg.): *The New Great Power Coalition: Toward a World Concert of Nations*, Lanham: Rowman & Littlefield 2001, S. 237–259.

Landsberg, Hans H. et al.: *Energy: The Next Twenty Years*, Ford Foundation, Resources for the Future, Cambridge, MA: Ballinger 1979.

Lehmkuhl, Ursula: *Theorien Internationaler Politik: Einführung und Texte*, München: Oldenbourg 1996.

Lenczowski, George: *Oil and State in the Middle East*, Ithaca: Cornell University Press 1960.

Lenczowski, George: „United States' Support for Iran's Independence and Integrity, 1945–1959", in: *Annals of the American Academy of Political and Social Science*, Vol. 401, May 1972, S. 45–55.

Levi, Margaret: „A Model, a Method, and a Map: Rational Choice in Comparative and Historical Analysis", in: Lichbach, Mark I. und Zuckerman, Alan S. (Hrsg.): *Comparative Politics: Rationality, Culture, and Structure*, Cambridge: Cambridge University Press 1997, S. 19–41.

Levy, Walter J.: „Economic Problems Facing a Settlement of the Iranian Oil Controversy", in: *Middle East Journal*, Vol. 8, No. 1, Winter 1954, S. 91–95.

Levy, Walter J.: „Issues in International Oil Policy", in: *Foreign Affairs*, Vol. 35, No. 3, April 1957, S. 454–469.

Levy, Walter J.: „Oil Power", in: *Foreign Affairs*, Vol. 49, No. 4, July 1971, S. 652–668.

Li, Quan und Reuveny, Rafael: *Democracy and Economic Openness in an Interconnected System: Complex Transformations*, Cambridge: Cambridge University Press 2009.

Licklider, Roy: „The Power of Oil: The Arab Oil Weapon and the Netherlands, the United Kingdom, Canada, Japan, and the United States", in: *International Studies Quarterly*, Vol. 32, No. 2, June 1988, S. 205–226.

Lieber, Robert J.: „Cohesion and Disruption in the Western Alliance", in: Yergin, Daniel und Hillenbrand, Martin (Hrsg.): *Global Insecurity: A Strategy for Energy and Economic Renewal*, Boston: Houghton Mifflin 1982, S. 320–348.

Lieuwen, Edwin: *Petroleum in Venezuela: A History*, Berkeley: University of California Press 1954.

Limbert, John W.: *Negotiating with Iran: Wrestling the Ghosts of History*, Washington, DC: United States Institute of Peace 2009.

Little, Douglas: „Pipeline Politics: America, TAPLINE, and the Arabs", in: *Business History Review*, Vol. 64, No. 2, Summer 1990, S. 255–285.

Loftus, John A.: „Middle East Oil: The Pattern of Control", in: *Middle East Journal*, Vol. 2, No. 1, January 1948, S. 17–32.

Longrigg, Stephen Hemsley: *Oil in the Middle East: Its Discovery and Development*, 3. Auflage, London: Oxford University Press 1968.

Lotfian, Saideh: „Taking Sides: Regional Powers and the War", in: Rajaee, Farhang (Hrsg.): *Iranian Perspectives on the Iran-Iraq War*, Gainesville: University Press of Florida 1997, S. 13–28.

Louis, William Roger: *The British Empire in the Middle East, 1945–1951: Arab Nationalism, The United States, and Postwar Imperialism*, Oxford: Oxford University Press 1984.

Louis, William Roger: „Britain and the Overthrow of the Mosaddeq Government", in: Gasiorowski, Mark J. und Byrne, Malcolm (Hrsg.): *Mohammad Mosaddeq and the 1953 Coup in Iran*, Syracuse: Syracuse University Press 2004, S. 126–177.

Love, James: „Trade Concentration and Export Instability", in: Smith, Sheila und Toye, John (Hrsg.): *Trade and Poor Economies*, London: Frank Cass 1979, S. 57–66.

Lubell, Harold: *Middle East Oil Crises and Western Europe's Energy Supplies*, Baltimore: Johns Hopkins University Press 1963.

Lucas, Scott: *Britain and Suez: The Lion's Last Roar*, Manchester: Manchester University Press 1996.

Luciani, Giacomo: „Allocation vs. Production States: A Theoretical Framework", in: Beblawi, Hazem und Luciani, Giacomo (Hrsg.): *The Rentier State*, London: Routledge 1987, S. 63–82.

Luke, Timothy W.: „Dependent Development and the Arab OPEC States", in: *Journal of Politics*, Vol. 45, No. 4, November 1983, S. 979–1003.

Lundestad, Geir: „Empire by Invitation? The United States and Western Europe, 1945-1952", in: *Journal of Peace Research*, Vol. 23, No. 3, September 1986, S. 263–277.

Ma, Shu-Yun: „Political Science at the Edge of Chaos? The Paradigmatic Implications of Historical Institutionalism", in: *International Political Science Review*, Vol. 28, No. 1, 2007, S. 57–78.

Maass, Peter: *Crude World: The Violent Twilight of Oil*, New York: Alfred A. Knopf 2009.

Mabro, Robert: „On Oil Price Concepts", Oxford Institute for Energy Studies, University of Oxford, WPM 3, 1984, abrufbar unter: http://www.oxfordenergy.org/wpcms/wp-content/uploads/2010/11/WPM3-OnOilPriceConcepts-RMabro-1984.pdf (4. September 2015).

Mabro, Robert: „The Oil Weapon: Can It Be Used Today?", in: *Harvard International Review*, Fall 2007, S. 56–60.

MacAvoy, Paul W.: *Crude Oil Prices: As Determined by OPEC and Market Fundamentals*, Cambridge, MA: Ballinger 1982.

Macdonald, Scot: *Rolling the Iron Dice: Historical Analogies and Decisions to Use Military Force in Regional Contingencies*, Westport: Greenwood Press 2000.

Mackensen, Rainer: „Urban Decentralization Processes in Western Europe", in: Summers, Anita A./Cheshire, Paul C. und Senn, Lanfranco (Hrsg.): *Urban Change in the United States and Western Europe: Comparative Analysis and Policy*, 2. Auflage, Washington, DC: The Urban Institute Press 1999, S. 297–323.

MacLaury, Bruce K.: „OPEC Surpluses and World Financial Stability", in: *Journal of Financial and Quantitative Analysis*, Vol. 13, No. 4, November 1978, S. 737–743.

Maddison, Angus: *The World Economy*, Volumes 1 and 2, Paris: OECD 2006.

Maddison, Angus: *The World Economy: Historical Statistics*, Paris: OECD 2006, abrufbar unter: http://dx.doi.org/10.1787/456125276116 (18. November 2015).

Mahdavy, Hossein: „The Patterns and Problems of Economic Development in Rentier States: The Case of Iran", in: Cook, M. A. (Hrsg.): *Studies in the Economic History of the Middle East: From the Rise of Islam to the Present Day*, Oxford: Oxford University Press 1970, S. 428–467.

Mahoney, James: „Path Dependence in Historical Sociology", in: *Theory and Society*, Vol. 29, No. 4, August 2000, S. 507–548.

Mai, Gunther: *Der Alliierte Kontrollrat in Deutschland 1945–1948: Alliierte Einheit – deutsche Teilung?*, Quellen und Darstellungen zur Zeitgeschichte: Band 37, München: R. Oldenbourg 1995.

Majd, M. G.: „The 1951–53 Oil Nationalization Dispute and the Iranian Economy: A Rejoinder", in: *Middle Eastern Studies*, Vol. 31, No. 3, July 1995, S. 449–459.

Maltby, Tomas: „European Union energy policy integration: A case of European Commission policy entrepreneurship and increasing supranationalism", in: *Energy Policy*, Vol. 55, April 2013, S. 435–444.

Mangott, Gerhard: *Der russische Phönix: Das Erbe aus der Asche*, Wien: Kremayr & Scheriau 2009.

Mansfield, Edward D. und Pollins, Brian M.: „The Study of Interdependence and Conflict: Recent Advances, Open Questions, and Directions for Future Research", in: *Journal of Conflict Resolution*, Vol. 45, No. 6, December 2001, S. 834–859.

Marcel, Valérie: *Oil Titans: National Oil Companies in the Middle East*, London und Baltimore: Chatham House und Brookings Institution Press 2006.

Marrese, Michael und Vaňous, Jan: „Soviet Trade Relations with Eastern Europe, 1970–1984", in: Brada, Josef C./Hewett, Ed A. und Wolf, Thomas A. (Hrsg.): *Economic Adjustment and Reform in Eastern Europe and the Soviet Union*, Durham: Duke University Press 1988, S. 185–222.

Martschukat, Jürgen: *Antiimperialismus, Öl und die Special Relationship: Die Nationalisierung der Anglo-Iranian Oil Company im Iran 1951–1954*, Nordamerika-Studien: Band 6, Münster: Lit 1995.

Martschukat, Jürgen: „,So werden wir den Irren los'", in: *Die Zeit*, Nr. 34, 14. August 2003, abrufbar unter: http://www.zeit.de/2003/34/A-Mossaedgh (22. November 2014).

Massell, Benton F.: „Export Instability and Economic Structure", in: *American Economic Review*, Vol. 60, No. 4, September 1970, S. 618–630.

Matthews, Robert O.: „The Suez Canal Dispute: A Case Study in Peaceful Settlement", in: *International Organization*, Vol. 21, No. 1, Winter 1967, S. 79–101.

Maugeri, Leonardo: *The Age of Oil: The Mythology, History, and Future of the World's Most Controversial Resource*, Westport: Praeger 2006.

Maull, Hanns: *Ölmacht: Ursachen, Perspektiven, Grenzen*, Frankfurt am Main: Europäische Verlagsanstalt 1975.

Maull, Hanns W.: *Europe and World Energy*, London: Butterworth 1980.

Maull, Hanns W.: *Energy, Minerals, and Western Security*, Baltimore: Johns Hopkins University Press 1984.

Maull, Hanns W.: „Europe's Energy Situation", in: Gasteyger, Curt (Hrsg.): *The Future for European Energy Security*, London: Frances Pinter 1985, S. 9–28.

Maull, Hanns W.: *Strategische Rohstoffe: Risiken für die wirtschaftliche Sicherheit des Westens*, München: Oldenbourg 1987.

Maull, Hanns: „Oil and Influence: The Oil Weapon Examined" (Adelphi Paper 117, 1975), in: The International Institute for Strategic Studies (Hrsg.): *The Evolution of Strategic Thought*, Abingdon: Routledge 2008, S. 328–382.

May, Bernhard: *Kuwait-Krise und Energiesicherheit: Wirtschaftliche Abhängigkeit der USA und des Westens vom Mittleren Osten*, Arbeitspapiere zur Internationalen Politik: Band 63, Bonn: Europa Union Verlag 1991.

McBeth, B. S.: *Juan Vicente Gómez and the Oil Companies in Venezuela, 1908–1935*, Cambridge: Cambridge University Press 1983.

McCarthy, Tom: „The Coming Wonder? Foresight and Early Concerns about the Automobile", in: *Environmental History*, Vol. 6, No. 1, January 2001, S. 46–74.

McGee, John S.: „Predatory Price Cutting: The Standard Oil (N.J.) Case", in: *Journal of Law and Economics*, Vol. 1, October 1958, S. 137–169.

McGhee, George C.: *On the Frontline in the Cold War: An Ambassador Reports*, Westport: Praeger 1997.

Meissner, Boris: *Partei, Staat und Nation in der Sowjetunion: Ausgewählte Beiträge*, Berlin: Duncker & Humblot 1985.

Mejcher, Helmut: „Saudi Arabia's ‚Vital Link to the West': Some Political, Strategic and Tribal Aspects of the Transarabian Pipeline (TAP) in the Stage of Planning 1942–1950", in: *Middle Eastern Studies*, Vol. 18, No. 4, October 1982, S. 359–377.

Melamid, Alexander: „The Geographical Pattern of Iranian Oil Development", in: *Economic Geography*, Vol. 35, No. 3, July 1959, S. 199–218.

Mélandri, Pierre: „L'œil de la tempête: Les Etats-Unis et le Golfe Persique de 1945 à 1990", in: *Vingtième Siècle*, No. 33, Janvier-Mars 1992, S. 3–25.

Mendershausen, Horst: *Coping with the Oil Crisis: French and German Experiences*, Baltimore: Johns Hopkins University Press 1976.

Meyerhoff, Arthur A.: „Soviet Petroleum: History, Technology, Geology, Reserves, Potential and Policy", in: Jensen, Robert G./Shabad, Theodore und Wright, Arthur W. (Hrsg.): *Soviet Natural Resources in the World Economy*, Chicago: University of Chicago Press 1983, S. 306–362.

Michaely, Michael: *Concentration in International Trade*, Amsterdam: North-Holland 1962.

Michaely, Michael: *Trade, Income, and Dependence*, Amsterdam: North-Holland 1984.

Miller, Bruce G.: *Coal Energy Systems*, Burlington: Elsevier 2005.

Miller, E. Willard: „The Role of Petroleum in the Middle East", in: *Scientific Monthly*, Vol. 57, No. 3, September 1943, S. 240–248.

Miller, Ernest C.: „Pennsylvania's Petroleum Industry", in: *Pennsylvania History*, Vol. 49, No. 3, July 1982, S. 201–217.

Miller, Keith L.: „Petroleum and Profits in the Prairie State, 1889–1980: Straws in the Cider Barrel", in: *Illinois Historical Journal*, Vol. 77, No. 3, Autumn 1984, S. 162–176.

Mills, Robin M.: *The Myth of the Oil Crisis: Overcoming the Challenges of Depletion, Geopolitics, and Global Warming*, Westport: Praeger 2008.

Molle, Willem: *The Economics of European Integration: Theory, Practice, Policy*, 5. Auflage, Aldershot: Ashgate 2006.

Monroe, Elizabeth: „The Shaikhdom of Kuwait", in: *International Affairs*, Vol. 30, No. 3, July 1954, S. 271–284.

Montague, Gilbert Holland: „The Later History of the Standard Oil Company", in: *Quarterly Journal of Economics*, Vol. 17, No. 2, February 1903, S. 293–325.

Moran, Theodore: „Modeling OPEC Behavior: Economic and Political Alternatives", in: Griffin, James M. und Teece, David J. (Hrsg.): *OPEC Behavior and World Oil Prices*, London: George Allen & Unwin 1982, S. 94–130.

Moran, Theodore H.: „Managing an Oligopoly of Would-Be Sovereigns: The Dynamics of Joint Control and Self-Control in the International Oil Industry Past, Present, and Future", in: *International Organization*, Vol. 41, No. 4, Autumn 1987, S. 575–607.

Morse, Edward L.: „The Transformation of Foreign Policies: Modernization, Interdependence, and Externalization", in: *World Politics*, Vol. 22, No. 3, April 1970, S. 371–392.

Morse, Edward L.: „Crisis Diplomacy, Interdependence, and the Politics of International Economic Relations", in: *World Politics*, Vol. 24, Supplement S1, Spring 1972, S. 123–150.

Morse, Edward L.: „A New Political Economy of Oil?", in: *Journal of International Affairs*, Vol. 53, No. 1, Fall 1999, S. 1–29.

Morse, Edward L.: „Energy 2020: North America, the New Middle East?", Citi GPS: Global Perspectives & Solutions, 20 March 2012, abrufbar unter: http://csis.org/files/attachments/120411_gsf_MORSE_ENERGY_2020_North_America_the_New_Middle_East.pdf (12. Oktober 2015).

Mosley, Leonard: *Power Play: The Tumultuous World of Middle East Oil 1890–1973*, London: Weidenfeld & Nicolson 1973.

Müller, Friedemann: „Petrostaaten in der internationalen Politik", in: Harks, Enno und Müller, Friedemann (Hrsg.): *Petrostaaten: Außenpolitik im Zeichen von Öl*, Baden-Baden: Nomos 2007, S. 11–17.

Müller-Kraenner, Sascha: *Energiesicherheit: Die neue Vermessung der Welt*, München: Kunstmann 2007.

Murphy, Craig N. und Nelson, Douglas R.: „International Political Economy: A Tale of Two Heterodoxies", in: *British Journal of Politics and International Relations*, Vol. 3, No. 3, October 2001, S. 393–412.

Murray, Williamson und Woods, Kevin: „Saddam and the Iran-Iraq War: Rule from the Top", in: Ashton, Nigel und Gibson, Bryan (Hrsg.): *The Iran-Iraq War: New International Perspectives*, Abingdon: Routledge 2013, S. 33–55.

Nafziger, E. Wayne: *Economic Development*, 5. Auflage, Cambridge: Cambridge University Press 2012.

Nahavandi, Firouzeh: „L'évolution des partis politiques iraniens – 1941–1978", in: *Civilisations*, Vol. 34, No. 1/2, 1984, S. 323–366.

Nash, Gerald D.: *United States Oil Policy, 1890-1964: Business and Government in Twentieth Century America*, Pittsburgh: University of Pittsburgh Press 1968.

National Petroleum Council: *Impact of Oil Exports from the Soviet Bloc*, Volume 1, Washington, DC 1962.

National Petroleum Council: *Impact of Oil Exports from the Soviet Bloc*, Volume 2, Washington, DC 1962.

Neff, Thomas L.: „The Changing World Oil Market", in: Deese, David A. und Nye, Joseph S. (Hrsg.): *Energy and Security*, Cambridge, MA: Ballinger 1981, S. 23–46.

Nelson, Paul H.: „Wafra Field Kuwait-Saudi Arabia Neutral Zone", Conference Paper, Society of Petroleum Engineers, Regional Technical Symposium, 27–29 March 1968, Dhahran, Saudi Arabia, S. 101–120.

Nersesian, Roy L.: *Energy for the 21st Century: A Comprehensive Guide to Conventional and Alternative Sources*, 2. Auflage, Abingdon: Routledge 2015.

Nevins, Allan: *Study in Power: John D. Rockefeller, Industrialist and Philanthropist*, Volume 1, New York: Charles Scribner's Sons 1953.

Nicosia, Francis R. und Huener, Jonathan: „Introduction: Business and Industry in Nazi Germany in Historiographical Context", in: dies. (Hrsg.): *Business and Industry in Nazi Germany*, New York: Berghahn 2004, S. 1–14.

Nonn, Christoph: *Die Ruhrbergbaukrise: Entindustrialisierung und Politik 1958–1969*, Kritische Studien zur Geschichtswissenschaft: Band 149, Göttingen: Vandenhoeck & Ruprecht 2001.

Nonneman, Gerd: „Saudi-European Relations 1902–2001: A Pragmatic Quest for Relative Autonomy", in: *International Affairs*, Vol. 77, No. 3, July 2001, S. 631–661.

Noreng, Øystein: „North Sea Oil and Gas and Energy Security for Western Europe", in: Gasteyger, Curt (Hrsg.): *The Future for European Energy Security*, London: Frances Pinter 1985, S. 85–102.

Noreng, Øystein: *Crude Power: Politics and the Oil Market*, London und New York: I.B. Tauris 2002.

North, Douglass C.: *Institutions, Institutional Change and Economic Performance*, Cambridge: Cambridge University Press 1990.

North American Congress on Latin America (NACLA): *Weizen als Waffe: Die neue Getreidestrategie der amerikanischen Außenpolitik*, Reinbek bei Hamburg: Rowohlt 1976.

Nour, Salua: „Das Erdöl im Prozeß der Industrialisierung der Förderländer", in: Elsenhans, Hartmut (Hrsg.): *Erdöl für Europa*, Hamburg: Hoffmann und Campe 1974, S. 48–83.

Nuhn, Helmut und Hesse, Markus: *Verkehrsgeographie*, Paderborn: Ferdinand Schöningh 2006.

Nuti, Leopoldo: „Commitment to NATO and Domestic Politics: The Italian Case and Some Comparative Remarks", in: *Contemporary European History*, Vol. 7, No. 3, November 1998, S. 361–377.

Nye, Joseph S.: „Energy and Security", in: Deese, David A. und Nye, Joseph S. (Hrsg.): *Energy and Security*, Cambridge, MA: Ballinger 1981, S. 3–22.

Nye, Joseph S.: *The Future of Power*, New York: Public Affairs 2011.

o. A.: „Schneidet sich die Nase ab", in: *Der Spiegel*, 27. März 1951, S. 12–13.

o. A.: „Der Suez-Boom", in: *Der Spiegel*, 14. November 1956, S. 22–24.

o. A.: „Schlacht um Sprit", in: *Der Spiegel*, 1. April 1964, S. 60–62.

o. A.: „Ölkrise: ‚Die würden uns auslutschen'", in: *Der Spiegel*, 15. Oktober 1973, S. 25–27.

o. A.: „Ölkrise: Kein Verlaß auf Großmütter", in: *Der Spiegel*, 5. November 1973, S. 23–27.

o. A.: „Arbeitslose: ‚So knüppeldick war's noch nie'", in: *Der Spiegel*, 17. Dezember 1973, S. 20–30.

o. A.: „Weltmacht Öl", 4. Fortsetzung, in: *Der Spiegel*, 7. Januar 1974, S. 72–79.

o. A.: „Auf Kosten der Konsumenten", in: *Der Spiegel*, 28. Oktober 1974, S. 116.

o. A.: „The Automobile Age", in: *The Wilson Quarterly*, Vol. 10, No. 5, Winter 1986, S. 64–79.

o. A.: „USA werden weltgrößter Ölproduzent", in: *Die Presse*, 13. November 2012, S. 15.

o. A.: „Irak droht, ‚Ölwaffe' gegen Israel und USA einzusetzen", in: *Die Presse*, 17. November 2012, S. 7.

Ochel, Wolfgang: *Die Industrialisierung der arabischen OPEC-Länder und des Iran: Erdöl und Erdgas im Industrialisierungsprozeß*, München: Weltforum Verlag 1978.

Odell, Peter R.: *An Economic Geography of Oil*, London: G. Bell & Sons 1963.

Odell, Peter R.: „The Significance of Oil", in: *Journal of Contemporary History*, Vol. 3, No. 3, July 1968, S. 93–110.

Odell, Peter R.: *Oil and World Power*, 8. Auflage, Harmondsworth: Penguin 1986.

Odell, Peter R.: *Oil and Gas: Crises and Controversies 1961–2000, Volume 1: Global Issues*, Brentwood: Multi-Science 2001.

Odell, Peter R.: *Oil and Gas: Crises and Controversies 1961–2000, Volume 2: Europe's Entanglement*, Brentwood: Multi-Science 2002.

Okruhlik, Gwenn: „Rentier Wealth, Unruly Law, and the Rise of Opposition: The Political Economy of Oil States", in: *Comparative Politics*, Vol. 31, No. 3, April 1999, S. 295–315.

Olien, Diana Davids und Olien, Roger M.: *Oil in Texas: The Gusher Age, 1895–1945*, Austin: University of Texas Press 2002.

Olschewski, Margrit: „Die OPEC – Erfolg der Förderländer durch kollektive Aktion", in: Elsenhans, Hartmut (Hrsg.): *Erdöl für Europa*, Hamburg: Hoffmann und Campe 1974, S. 132–155.

Oltmanns, Torsten: „Die Weisheit des Auktionators", in: *Die Zeit*, Nr. 2, 8. Januar 1993, abrufbar unter: http://www.zeit.de/1993/02/die-weisheit-des-auktionators (22. März 2014).

Organisation for Economic Co-operation and Development (OECD): *Basic Statistics of Energy 1950–1964*, Paris: OECD 1966.

Organization of the Petroleum Exporting Countries (OPEC): *Annual Statistical Bulletin 2014*, Wien: OPEC 2014.

Osterhammel, Jürgen: *Die Verwandlung der Welt: Eine Geschichte des 19. Jahrhunderts*, München: C. H. Beck 2009.

Overy, Richard: *Why the Allies Won*, 2. Auflage, London: Pimlico 2006.

P., W. D.: „New Oil Agreements in the Middle East", in: *The World Today*, Vol. 14, No. 4, April 1958, S. 135–143.

Pachauri, R. K.: *The Political Economy of Global Energy*, Baltimore: Johns Hopkins University Press 1985.

Paine, Chris und Schoenberger, Erica: „Iranian Nationalism and The Great Powers: 1872–1954", in: *MERIP Reports*, No. 37, May 1975, S. 3–28.

Painter, David S.: „Oil and the Marshall Plan", in: *Business History Review*, Vol. 58, No. 3, Autumn 1984, S. 359–383.

Painter, David S.: *Oil and the American Century: The Political Economy of U.S. Foreign Oil Policy, 1941–1954*, Baltimore: Johns Hopkins University Press 1986.

Painter, David S.: „International Oil and National Security", in: *Daedalus*, Vol. 120, No. 4, Fall 1991, S. 183–206.

Palmer, Michael A.: *Guardians of the Gulf: A History of America's Expanding Role in the Persian Gulf, 1833–1992*, New York: Simon & Schuster 1999.

Papasabbas, Lena: „Der wichtigste Megatrend unserer Zeit", Zukunftsinstitut, abrufbar unter: https://www.zukunftsinstitut.de/artikel/der-wichtigste-megatrend-unserer-zeit/ (20. Mai 2021).

Park, Yoon S.: *Oil Money and the World Economy*, Boulder: Westview Press 1976.

Parker, David: *The Official History of Privatisation, Volume II: Popular Capitalism, 1987–1997*, Abingdon: Routledge 2012.

Parra, Francisco: *Oil Politics: A Modern History of Petroleum*, New York: I.B. Tauris 2004.

Patzelt, Werner J.: *Einführung in die Politikwissenschaft: Grundriß des Faches und studiumbegleitende Orientierung*, 5. Auflage, Passau: Wissenschaftsverlag Richard Rothe 2003.

Peebles, Malcolm: „Dutch Gas: Its Role in the Western European Gas Market", in: Mabro, Robert und Wybrew-Bond, Ian (Hrsg.): *Gas to Europe: The Strategies of Four Major Suppliers*, Oxford: Oxford University Press 1999, S. 93–133.

Peil, Florian: „Es begann in Mekka", in: *Die Zeit*, Nr. 7, 9. Februar 2006, S. 90.

Penrose, Edith T.: *The Large International Firm in Developing Countries: The International Petroleum Industry*, Cambridge, MA: The MIT Press 1968.

Perkins, John: *Confessions of an Economic Hit Man*, San Francisco: Berrett-Koehler 2004.

Persson, Karl Gunnar: *An Economic History of Europe: Knowledge, Institutions and Growth, 600 to the Present*, Cambridge: Cambridge University Press 2010.

Perthes, Volker: *Geheime Gärten: Die neue arabische Welt*, Bonn: Bundeszentrale für politische Bildung 2005.

Petzet, Alan: „Russia's Samotlor to produce 90 more years", in: *Oil & Gas Journal*, 4 March 2009, abrufbar unter: http://www.ogj.com/articles/2009/04/russias-samotlor-to-produce-90-more-years.html (9. November 2014).

Philipp, Hans-Jürgen: „Arnold Heims erfolglose Erdölsuche und erfolgreiche Wassersuche im nordöstlichen Arabien", in: *Vierteljahrsschrift der Naturforschenden Gesellschaft in Zürich*, Jahrgang 128, Heft 1, 1983, S. 43–73.

Pierson, Paul: „Increasing Returns, Path Dependence, and the Study of Politics", in: *American Political Science Review*, Vol. 94, No. 2, June 2000, S. 251–267.

Pipes, Richard: *The Formation of the Soviet Union: Communism and Nationalism, 1917–1923*, Neuauflage, Russian Research Center Studies: Vol. 13, Cambridge, MA: Harvard University Press 1997.

Platts: „The Structure of Global Oil Markets", June 2010, abrufbar unter: http://www.platts.com/im.platts.content/insightanalysis/industrysolutionpapers/oilmarkets.pdf (3. September 2015).

Plickert, Philip: „Der Volkswirt: Gefangen in der Formelwelt", in: *Frankfurter Allgemeine Zeitung*, 20. Januar 2009, abrufbar unter: http://www.faz.net/aktuell/wirtschaft/wirtschaftswissen/der-volkswirt-gefangen-in-der-formelwelt-1760069.html (29. März 2014).

Plourde, André: „The Changing Nature of National and Continental Energy Markets", in: Doern, G. Bruce (Hrsg.): *Canadian Energy Policy and the Struggle for Sustainable Development*, Toronto: University of Toronto Press 2005, S. 51–82.

Plummer, James L.: „Energy Vulnerability Policy: Making It through the Next Few Years without Enormous Losses", in: ders. (Hrsg.): *Energy Vulnerability*, Cambridge, MA: Ballinger 1982, S. 1–9.

Pompl, Wilhelm: *Luftverkehr: Eine ökonomische und politische Einführung*, 5. Auflage, Berlin: Springer 2007.

Pool, Robert: „How Society Shapes Technology", in: Gibert, Montserrat Ginés (Hrsg.): *The Meaning of Technology*, Barcelona: Edicions UPC 2003, S. 209–214.

Popp, Roland: „Stumbling Decidedly into the Six-Day War", in: *Middle East Journal*, Vol. 60, No. 2, Spring 2006, S. 281–309.

Pötzl, Norbert F.: „Treibstoff der Feindschaft", in: *Spiegel Geschichte*, Nr. 2, 2010, S. 102–109.

Pratt, Joseph A.: „The Petroleum Industry in Transition: Antitrust and the Decline of Monopoly Control in Oil", in: *Journal of Economic History*, Vol. 40, No. 4, December 1980, S. 815–837.

Puchala, Donald J. und Hopkins, Raymond F.: „International Regimes: Lessons from Inductive Analysis", in: Krasner, Stephen D. (Hrsg.): *International Regimes*, Ithaca: Cornell University Press 1983, S. 61–91.

Puffert, Douglas J.: „Path Dependence, Network Form, and Technological Change", in: Guinnane, Timothy W./Sundstrom, William A. und Whatley, Warren (Hrsg.): *History Matters: Essays on Economic Growth, Technology, and Demographic Change*, Stanford: Stanford University Press 2004, S. 63–95.

Quandt, William B.: *Peace Process: American Diplomacy and the Arab-Israeli Conflict Since 1967*, Washington, DC und Berkeley: Brookings Institution Press und University of California Press 2001.

Quigley, John: *The Six-Day War and Israeli Self-Defense: Questioning the Legal Basis for Preventive War*, Cambridge: Cambridge University Press 2013.

Rahnema, Ali: *Behind the 1953 Coup in Iran: Thugs, Turncoats, Soldiers, and Spooks*, Cambridge: Cambridge University Press 2015.

Rambousek, Herbert: *Die „ÖMV Aktiengesellschaft" – Entstehung und Entwicklung eines nationalen Unternehmens der Mineralölindustrie*, Dissertationen der Wirtschaftsuniversität Wien: Band 23, Wien: VWGÖ 1977.

Randall, Stephen J.: „Harold Ickes and United States Foreign Petroleum Policy Planning, 1939–1945", in: *Business History Review*, Vol. 57, No. 3, Autumn 1983, S. 367–387.

Raphael, Bruce: *King Energy: The Rise and Fall of an Industrial Empire Gone Awry*, Lincoln: Writers Club Press 2000.

Raup, Philip M.: „Constraints and Potentials in Agriculture", in: Beck, Robert H. et al. (Hrsg.): *The Changing Structure of Europe: Economic, Social, and Political Trends*, Minneapolis: University of Minnesota Press 1970, S. 126–170.

Ray, G. F.: „Europe's Farewell to Full Employment?", in: Yergin, Daniel und Hillenbrand, Martin (Hrsg.): *Global Insecurity: A Strategy for Energy and Economic Renewal*, Boston: Houghton Mifflin 1982, S. 200–229.

Ray, George F.: „European Energy Alternatives and Future Developments", in: *Natural Resources Journal*, Vol. 24, No. 2, April 1984, S. 325–349.

Reiter, Erich: „Das geopolitische Spiel des Wladimir Putin", in: *Die Presse*, 26. März 2014, S. 26.

Resch, Andreas: *Industriekartelle in Österreich vor dem Ersten Weltkrieg: Marktstrukturen, Organisationstendenzen und Wirtschaftsentwicklung von 1900 bis 1913*, Schriften zur Wirtschafts- und Sozialgeschichte: Band 74, Berlin: Duncker & Humblot 2002.

Reuveny, Rafael und Kang, Heejoon: „Bilateral Trade and Political Conflict/Cooperation: Do Goods Matter?", in: *Journal of Peace Research*, Vol. 35, No. 5, September 1998, S. 581–602.

Rieder, Maximiliane: *Deutsch-italienische Wirtschaftsbeziehungen: Kontinuitäten und Brüche 1936–1957*, Frankfurt am Main: Campus 2003.

Robertson, Krystina: *Ereignisse in der Pfadabhängigkeit: Theorie und Empirie*, Marburg: Metropolis 2007.

Rosecrance, Richard und Stein, Arthur: „Interdependence: Myth or Reality?", in: *World Politics*, Vol. 26, No. 1, October 1973, S. 1–27.

Rosecrance, Richard: „Reward, Punishment, and Interdependence", in: *Journal of Conflict Resolution*, Vol. 25, No. 1, March 1981, S. 31–46.

Rosneft: *Annual Report 2013*, abrufbar unter: http://www.rosneft.com/attach/0/58/80/a_r eport_2013_eng.pdf (9. November 2014).

Ross, John F. L.: *Linking Europe: Transport Policies and Politics in the European Union*, Westport: Praeger 1998.

Rouhani, Fuad: *A History of O.P.E.C.*, New York: Praeger 1971.

Rousselot, Gilles: *Le pétrole*, Paris: Le Cavalier Bleu 2003.

Rübel, Gerhard: *Grundlagen der Realen Außenwirtschaft*, München: Oldenbourg 2004.

Rubin, Barry: „US Policy, January-October 1973", in: *Journal of Palestine Studies*, Vol. 3, No. 2, Winter 1974, S. 98–113.

Rubin, Barry: „Anglo-American Relations in Saudi Arabia, 1941–45", in: *Journal of Contemporary History*, Vol. 14, No. 2, April 1979, S. 253–267.

Ruehsen, Moyara de Moraes: „Operation ‚Ajax' Revisited: Iran, 1953", in: *Middle Eastern Studies*, Vol. 29, No. 3, July 1993, S. 467–486.

Rühl, Christof: „Global Energy After the Crisis: Prospects and Priorities", in: *Foreign Affairs*, Vol. 89, No. 2, March/April 2010, S. 63–75.

Rürup, Reinhard: *Deutschland im 19. Jahrhundert: 1815–1871*, 2. Auflage, Deutsche Geschichte: Band 8, Göttingen: Vandenhoeck & Ruprecht 1992.

Rycroft, Robert W.: „Energy Actors", in: Hughes, Barry B. et al. (Hrsg.): *Energy in the Global Arena: Actors, Values, Policies, and Futures*, Durham: Duke University Press 1985, S. 31–55.

Sachs, Jeffrey D. und Warner, Andrew M.: „Natural Resource Abundance and Economic Growth", Center for International Development and Harvard Institute for International Development, Harvard University, Cambridge, MA: November 1997, abrufbar unter: http://www.cid.harvard.edu/ciddata/warner_files/natresf5.pdf (18. November 2015).

Salazar-Carrillo, Jorge und West, Bernadette: *Oil and Development in Venezuela during the 20th Century*, Westport: Praeger 2004.

Samore, Gary: „The Persian Gulf", in: Deese, David A. und Nye, Joseph S. (Hrsg.): *Energy and Security*, Cambridge, MA: Ballinger 1981, S. 49–110.

Sampson, Anthony: *The Seven Sisters: The Great Oil Companies and the World They Shaped*, New York: Viking Press 1975.

Samuels, Nathaniel: „The European Coal Organization", in: *Foreign Affairs*, Vol. 26, No. 4, July 1948, S. 728–736.

Saul, Samir: „Masterly Inactivity as Brinkmanship: The Iraq Petroleum Company's Route to Nationalization, 1958-1972", in: *International History Review*, Vol. 29, No. 4, December 2007, S. 746–792.

Saul, Samir: „SN REPAL, CFP and ‚Oil-Paid-in-Francs'", in: Beltran, Alain (Hrsg.): *A Comparative History of National Oil Companies*, Brüssel: P.I.E. Peter Lang 2010, S. 93–124.

Scanlan, Antony: „The Soviet Union as Energy Supplier", in: Gasteyger, Curt (Hrsg.): *The Future for European Energy Security*, London: Frances Pinter 1985, S. 65–84.

Scheidl, Hans Werner: „Damals, im Jänner 1974", in: *Die Presse*, 1. Februar 2014, S. III (Spectrum).

Schivelbusch, Wolfgang: *Disenchanted Night: The Industrialization of Light in the Nineteenth Century*, Berkeley: University of California Press 1995.

Schlemmer, Thomas: *Industriemoderne in der Provinz: Die Region Ingolstadt zwischen Neubeginn, Boom und Krise 1945–1975*, Quellen und Darstellungen zur Zeitgeschichte: Band 57, München: Oldenbourg 2009.

Schobert, Harold H.: *Chemistry of Fossil Fuels and Biofuels*, Cambridge: Cambridge University Press 2013.

Schörnig, Niklas: „Neorealismus", in: Schieder, Siegfried und Spindler, Manuela (Hrsg.): *Theorien der Internationalen Beziehungen*, Opladen: Leske + Budrich 2003, S. 61–87.

Schreyögg, Georg/Sydow, Jörg und Koch, Jochen: „Organisatorische Pfade – Von der Pfadabhängigkeit zur Pfadkreation?", in: Schreyögg, Georg und Sydow, Jörg (Hrsg.): *Strategische Prozesse und Pfade*, Managementforschung: Band 13, Wiesbaden: Gabler 2003, S. 257–294.

Schumpeter, Joseph A.: *History of Economic Analysis*, Neuauflage, Abingdon: Routledge 1997.

Seavoy, Ronald E.: *An Economic History of the United States: From 1607 to the Present*, New York: Routledge 2006.

Seifert, Thomas und Werner, Klaus: *Schwarzbuch Öl: Eine Geschichte von Gier, Krieg, Macht und Geld*, Wien: Deuticke 2005.

Selak, Jr., Charles B.: „The Suez Canal Base Agreement of 1954: Its Background and Implications", in: *American Journal of International Law*, Vol. 49, No. 4, October 1955, S. 487–505.

Sewell, Jr., William H.: „Three Temporalities: Toward an Eventful Sociology", in: McDonald, Terrence J. (Hrsg.): *The Historic Turn in the Human Sciences*, Ann Arbor: University of Michigan Press 1996, S. 245–280.

Shaffer, Ed: *The United States and the Control of World Oil*, New York: St. Martin's Press 1983.

Shubert, Adrian: „Oil Companies and Governments: International Reaction to the Nationalization of the Petroleum Industry in Spain: 1927–1930", in: *Journal of Contemporary History*, Vol. 15, No. 4, October 1980, S. 701–720.

Shwadran, Benjamin: *Middle East Oil: Issues and Problems*, Cambridge, MA: Schenkman 1977.

Shwadran, Benjamin: *Middle East Oil Crises Since 1973*, Boulder: Westview Press 1986.

Simmons, Matthew R.: *Twilight in the Desert: The Coming Saudi Oil Shock and the World Economy*, Hoboken: Wiley 2005.

Singer, Jonathan W.: *Broken Trusts: The Texas Attorney General Versus the Oil Industry, 1889–1909*, College Station: Texas A&M University Press 2002.

Singer, S. Fred: „Limits to Arab Oil Power", in: *Foreign Policy*, No. 30, Spring 1978, S. 53–67.

Skeet, Ian: *OPEC: Twenty-Five Years of Prices and Politics*, Cambridge: Cambridge University Press 1988.

Smart, Ian: „Energy and the Power of Nations", in: Yergin, Daniel und Hillenbrand, Martin (Hrsg.): *Global Insecurity: A Strategy for Energy and Economic Renewal*, Boston: Houghton Mifflin 1982, S. 349–374.

Smart, Ian: „European Energy Security in Focus", in: Gasteyger, Curt (Hrsg.): *The Future for European Energy Security*, London: Frances Pinter 1985, S. 142–167.

Smith, Adam: *An Inquiry Into the Nature and Causes of the Wealth of Nations*, Edinburgh: Thomas Nelson and Peter Brown 1827.

Smith, Alexander: „Rentier Wealth and Demographic Change in the Middle East and North Africa", Innsbrucker Diskussionspapiere zu Weltordnung, Religion und Gewalt, Nr. 32 (2009), abrufbar unter: https://diglib.uibk.ac.at/ulbtiroloa/content/titleinfo/771894 (22. Mai 2021).

Smith, Alexander: „OMV: A Case Study of an Austrian Global Player", in: Bischof, Günter et al. (Hrsg.): *Global Austria: Austria's Place in Europe and the World*, Contemporary Austrian Studies: Vol. 20, New Orleans und Innsbruck: UNO Press und Innsbruck University Press 2011, S. 161–183.

Smith, Alexander: „Setting History Right: The Early European Petroleum Industries and the Rise of American Oil", in: Wakounig, Marija und Ruzicic-Kessler, Karlo (Hrsg.): *From the Industrial Revolution to World War II in East Central Europe*, Europa Orientalis: Band 12, Wien: Lit 2011, S. 55–78.

Smith, Alexander: „Reagan Shooting Himself in the Foot: The Transatlantic Dispute over the Soviet-West European Gas Pipeline in the 1980s", in: Wakounig, Marija (Hrsg.): *From Collective Memories to Intercultural Exchanges*, Europa Orientalis: Band 13, Wien: Lit 2012, S. 227–247.

Smolansky, Oles M. und Smolansky, Bettie M.: *The USSR and Iraq: The Soviet Quest for Influence*, Durham: Duke University Press 1991.

Söllner, Fritz: *Die Geschichte des ökonomischen Denkens*, 3. Auflage, Berlin: Springer Gabler 2012.

Sorkhabi, Rasoul: „George Bernard Reynolds: A Forgotten Pioneer of Oil Discoveries in Persia and Venezuela", in: *Oil-Industry History*, Vol. 11, No. 1, December 2010, S. 157–172.

Spencer, D. L.: „The Role of Oil in Soviet Foreign Economic Policy", in: *American Journal of Economics and Sociology*, Vol. 25, No. 1, January 1966, S. 91–107.

Spencer, Jeff A. und Camp, Mark J.: *Ohio Oil and Gas*, Charleston, SC: Arcadia 2008.

Spindler, Manuela: „Interdependenz", in: Schieder, Siegfried und Spindler, Manuela (Hrsg.): *Theorien der Internationalen Beziehungen*, Opladen: Leske + Budrich 2003, S. 89–116.

Steele, Jonathan: *Soviet Power: The Kremlin's Foreign Policy – Brezhnev to Chernenko*, New York: Touchstone 1983.

Steinberg, Guido: *Saudi-Arabien: Politik, Geschichte, Religion*, München: C. H. Beck 2004.

Steinberg, Guido: „Saudi-Arabien: Öl für Sicherheit", in: Harks, Enno und Müller, Friedemann (Hrsg.): *Petrostaaten: Außenpolitik im Zeichen von Öl*, Baden-Baden: Nomos 2007, S. 54–76.

Steininger, Rolf: „Bittere Lektion", in: *Die Zeit*, Nr. 37, 5. September 2013, S. 19.

Steinmo, Sven: „Historical Institutionalism", in: Della Porta, Donatella und Keating, Michael (Hrsg.): *Approaches and Methodologies in the Social Sciences: A Pluralist Perspective*, Cambridge: Cambridge University Press 2008, S. 118–138.

Stent, Angela: *From Embargo to Ostpolitik: The Political Economy of West German-Soviet Relations 1955–1980*, Cambridge: Cambridge University Press 1981.

Stent, Angela E.: *Soviet Energy and Western Europe*, The Washington Papers: Vol. 90, New York: Praeger 1982.

Stern, Jonathan P.: *Soviet Oil and Gas Exports to the West: Commercial Transaction or Security Threat?*, Energy Papers: Vol. 21, Aldershot: Gower 1987.

Stern, Jonathan P.: „Soviet and Russian Gas: The Origins and Evolution of Gazprom's Export Strategy", in: Mabro, Robert und Wybrew-Bond, Ian (Hrsg.): *Gas to Europe: The Strategies of Four Major Suppliers*, Oxford: Oxford University Press 1999, S. 135–199.

Stevens, Paul: „History of the International Oil Industry", in: Dannreuther, Roland und Ostrowski, Wojciech (Hrsg.): *Global Resources: Conflict and Cooperation*, Basingstoke: Palgrave Macmillan 2013, S. 13–32.

Stevens, Jr., George P.: „Saudi Arabia's Petroleum Resources", in: *Economic Geography*, Vol. 25, No. 3, July 1949, S. 216–225.

Stinchcombe, Arthur L.: *Constructing Social Theories*, New York: Harcourt, Brace & World 1968.

Stockholm International Peace Research Institute (SIPRI): *Oil and Security: A SIPRI Monograph*, New York und Stockholm: Humanities Press und Almqvist & Wiksell International 1974.

Stockwell, A. J.: „Suez 1956 and the Moral Disarmament of the British Empire", in: Smith, Simon C. (Hrsg.): *Reassessing Suez 1956: New Perspectives on the Crisis and its Aftermath*, Aldershot: Ashgate 2008, S. 227–238.

Strange, Susan: *States and Markets*, 2. Auflage, London: Pinter 1994.

Strange, Susan: *The Retreat of the State: The Diffusion of Power in the World Economy*, Cambridge Studies in International Relations: Vol. 49, Cambridge: Cambridge University Press 1996.

Swoboda, Julius: *Die Entwicklung der Petroleum-Industrie in volkswirtschaftlicher Beleuchtung*, Tübingen: Verlag der H. Laupp'schen Buchhandlung 1895.

Tanzer, Michael: *The Political Economy of International Oil and the Underdeveloped Countries*, Boston: Beacon Press 1969.

Tarbell, Ida M.: *The History of the Standard Oil Company*, Volume 1, New York: McClure, Phillips 1904.

Teece, David J.: „OPEC Behavior: An Alternative View", in: Griffin, James M. und Teece, David J. (Hrsg.): *OPEC Behavior and World Oil Prices*, London: George Allen & Unwin 1982, S. 64–93.

Terzian, Pierre: „OPEC Surpluses: Myth and Reality", in: *MERIP Reports*, No. 57, May 1977, S. 21–24.

Tétreault, Mary Ann: *The Kuwait Petroleum Corporation and the Economics of the New World Order*, Westport: Greenwood 1995.

The Economist: „Throwing money at the street", 12 March 2011, S. 32.

The Economist: „Saudi America", 15 February 2014, S. 33–34.

The Economist: „In a bind", 6 December 2014, S. 71–72.

The Shift Project (Data Portal): abrufbar unter: https://www.theshiftdataportal.orgtspQvChart (23. Mai 2021).

Thelen, Kathleen: „Historical Institutionalism in Comparative Politics", in: *Annual Review of Political Science*, Vol. 2, 1999, S. 369–404.

Thompson, A. Beeby: *Oil-Field Development and Petroleum Mining: A Practical Guide to the Exploration of Petroleum Lands, and a Study of the Engineering Problems connected with the Winning of Petroleum*, New York: D. Van Nostrand Co. 1916.

Thornton, Judith: „Estimating Demand for Energy in the Centrally Planned Economies", in: Jensen, Robert G./Shabad, Theodore und Wright, Arthur W. (Hrsg.): *Soviet Natural Resources in the World Economy*, Chicago: University of Chicago Press 1983, S. 296–305.

Tinker Salas, Miguel: „Staying the Course: United States Oil Companies in Venezuela, 1945–1958", in: *Latin American Perspectives*, Vol. 32, No. 2, March 2005, S. 147–170.

Tolf, Robert W.: *The Russian Rockefellers: The Saga of the Nobel Family and the Russian Oil Industry*, Stanford: Hoover Institution Press 1976.

Tollison, Robert D. und Willett, Thomas D.: „International Integration and the Interdependence of Economic Variables", in: *International Organization*, Vol. 27, No. 2, Spring 1973, S. 255–271.

Toninelli, Pier Angelo: „Energy Supply and Economic Development in Italy: The Role of the State-owned Companies", in: Beltran, Alain (Hrsg.): *A Comparative History of National Oil Companies*, Brüssel: P.I.E. Peter Lang 2010, S. 125–142.

Torrens, Ian M.: „Oil Supply and Demand in Western Europe, the Oil Industry, and the Role of the IEA", in: Kohl, Wilfrid L. (Hrsg.): *After the Second Oil Crisis: Energy Policies in Europe, America, and Japan*, Lexington: Lexington Books 1982, S. 23–37.

Tugwell, Franklin: *The Politics of Oil in Venezuela*, Stanford: Stanford University Press 1975.

Turner, Louis: „Multinational Companies and the Third World", in: *The World Today*, Vol. 30, No. 9, September 1974, S. 394–402.

Turner, Louis: „The Oil Majors in World Politics", in: *International Affairs*, Vol. 52, No. 3, July 1976, S. 368–380.

Ulrich, Leo: „Die Anglo Persian Oil Company, Limited", in: *Weltwirtschaftliches Archiv*, 15. Band, 1919/1920, S. 73–85.

Umbach, Frank: „Die neuen Herren der Welt", in: *Internationale Politik*, 61. Jahr, Nr. 9, September 2006, S. 52–59.

United Nations – Department of International Economic and Social Affairs: *Demographic Yearbook: Historical Supplement*, Special Issue, New York 1979.

United Nations – Department of Economic and Social Affairs, Population Division: *World Population Prospects 2019*, abrufbar unter: https://population.un.org/wpp/download/standard/population (6. Mai 2021).

United States Strategic Bombing Survey (USSBS): *Over-all Report (European War)*, [Washington, DC]: US Government Printing Office, 30 September 1945.

United States Strategic Bombing Survey (USSBS): *The Effects of Strategic Bombing on the German War Economy*, [Washington, DC]: Overall Economic Effects Division, 31 October 1945.

Urschitz, Josef: „Der Kampf der Giganten und seine Kollateralschäden", in: *Die Presse*, 18. November 2014, S. 2.

US Energy Information Administration (EIA): „U.S. summer gasoline demand expected to be at 11-year low", 26 April 2012, abrufbar unter: http://www.eia.gov/todayinenergy/detail.cfm?id=6010# (18. Oktober 2015).

US Energy Information Administration (EIA): „Oil and natural gas sales accounted for 68% of Russia's total export revenues in 2013", 23 July 2014, abrufbar unter: https://www.eia.gov/todayinenergy/detail.cfm?id=17231 (21. November 2015).

US Energy Information Administration (EIA): „Country Analysis Brief: Saudi Arabia", 10 September 2014, abrufbar unter: http://www.eia.gov/countries/analysisbriefs/Saudi_Arabia/saudi_arabia.pdf (9. November 2014).

US Energy Information Administration (EIA): „Oil tanker sizes range from general purpose to ultra-large crude carriers on AFRA scale", 16 September 2014, abrufbar unter: http://www.eia.gov/todayinenergy/detail.cfm?id=17991 (18. Februar 2015).

US Energy Information Administration (EIA): *U.S. Field Production of Crude Oil*, abrufbar unter: http://www.eia.gov/dnav/pet/hist/LeafHandler.ashx?n=PET&s=MCR FPUS2&f=A (29. Dezember 2013).

US Energy Information Administration (EIA): *Alaska Field Production of Crude Oil*, abrufbar unter: http://www.eia.gov/dnav/pet/hist/LeafHandler.ashx?n=pet&s=mcrfpak2&f=m (23. August 2015).

US Energy Information Administration (EIA): *Europe Brent Spot Price FOB*, abrufbar unter: https://www.eia.gov/dnav/pet/hist/RBRTED.htm (25. Mai 2021).

Vanetik, Boaz und Shalom, Zaki: *The Nixon Administration and the Middle East Peace Process, 1969–1973: From the Rogers Plan to the Outbreak of the Yom Kippur War*, Eastbourne: Sussex Academic Press 2013.

Vassiliou, M. S.: *Historical Dictionary of the Petroleum Industry*, Lanham: Scarecrow Press 2009.

Venus, Theodor: „Die erste Ölkrise 1973/74 und ihre Folgen – eine Fallstudie zur österreichischen Energiepolitik in der Ära Kreisky", in: *Österreichische Wirtschaftspolitik 1970–2000*, Kreisky-Archiv, OeNB Jubiläumsfondsprojekt Nr. 11679, Wien: Juni 2008, abrufbar unter: http://www.kreisky.org/pdfs/endbericht-projnr11679.pdf (20. November 2014), S. 110–200.

Verba, Sidney: „Sequences and Development", in: Binder, Leonard et al. (Hrsg.): *Crises and Sequences in Political Development*, Studies in Political Development: Vol. 7, Princeton: Princeton University Press 1971, S. 283–316.

Vietor, Richard H. K.: *Energy Policy in America Since 1945: A Study of Business-Government Relations*, Cambridge: Cambridge University Press 1984.

Volti, Rudi: *Cars and Culture: The Life Story of a Technology*, Baltimore: Johns Hopkins University Press 2006.

Votaw, Dow: *The Six-Legged Dog: Mattei and ENI – A Study in Power*, Berkeley: University of California Press 1964.

Wagner, Bernd C.: *IG Auschwitz: Zwangsarbeit und Vernichtung von Häftlingen des Lagers Monowitz 1941-1945*, Darstellungen und Quellen zur Geschichte von Auschwitz: Band 3, München: Saur 2000.

Walt, Stephen M.: *The Origins of Alliances*, Ithaca: Cornell University Press 1987.

Waltz, Kenneth N.: „The Myth of National Interdependence", in: Kindleberger, Charles P. (Hrsg.): *The International Corporation: A Symposium*, Cambridge, MA: The MIT Press 1970, S. 205–223.

Warner, C. A.: „Texas and the Oil Industry", in: *Southwestern Historical Quarterly*, Vol. 50, No. 1, July 1946, S. 1–24.

Warner, C. A.: *Texas Oil and Gas Since 1543*, Neuauflage, Houston: Copano Bay Press 2007.

Weber, Max: *Wirtschaft und Gesellschaft: Grundriss der verstehenden Soziologie*, 5. Auflage, Tübingen: Mohr Siebeck 1980.

Weissenbacher, Manfred: *Sources of Power: How Energy Forges Human History*, Volumes 1 and 2, Santa Barbara: Praeger 2009.

Werenfels, Isabelle: „Algerien und Libyen: Vom Tiersmondismus zur interessengeleiteten Außenpolitik", in: Harks, Enno und Müller, Friedemann (Hrsg.): *Petrostaaten: Außenpolitik im Zeichen von Öl*, Baden-Baden: Nomos 2007, S. 79–107.

Wermelskirchen, Simone: „Ölkrise: Die fetten Jahre sind vorbei", in: *Handelsblatt*, 1. Dezember 2006, abrufbar unter: http://www.handelsblatt.com/archiv/60-jahre-deutsche-wirtsc haftsgeschichte-oelkrise-die-fetten-jahre-sind-vorbei/2739988.html (19. April 2015).

Westphal, Kirsten/Overhaus, Marco und Steinberg, Guido: „Die US-Schieferrevolution und die arabischen Golfstaaten: Wirtschaftliche und politische Auswirkungen des Energiemarkt-Wandels", SWP-Studie, S 15, Stiftung Wissenschaft und Politik Berlin, September 2014, abrufbar unter: http://www.swp-berlin.org/fileadmin/contents/products/ studien/2014_S15_wep_ovs_sbg.pdf (24. September 2015).

Weyman-Jones, Thomas G.: *Energy in Europe: Issues and Policies*, London: Methuen 1986.

White, Gerald T.: „California's Other Mineral", in: *Pacific Historical Review*, Vol. 39, No. 2, May 1970, S. 135–154.

Wiedemann, Erich: „„Nehmt den Hund im Niawaran-Palast mit"", in: *Der Spiegel*, 18. Dezember 1978, S. 115–116.

Wilkins, Mira: „The Oil Companies in Perspective", in: *Daedalus*, Vol. 104, No. 4, Fall 1975, S. 159–178.

Williamson, Harold F. und Daum, Arnold R.: *The American Petroleum Industry: The Age of Illumination 1859–1899*, Evanston: Northwestern University Press 1959.

Williamson, Harold F. und Andreano, Ralph L.: „„Competitive Structure of the American Petroleum Industry 1880–1911: A Reappraisal", in: Harvard Graduate School of Business Administration (Hrsg.): *Oil's First Century*, Papers Given at the Centennial Seminar on the History of the Petroleum Industry, Harvard Business School, 13–14 November 1959, Cambridge, MA: Harvard College 1960, S. 71–84.

Willrich, Mason: *Energy and World Politics*, New York: Free Press 1975.

Wilson, Peter W. und Graham, Douglas F.: *Saudi Arabia: The Coming Storm*, Armonk: M. E. Sharpe 1994.

Winckler, Onn: „The Demographic Dilemma of the Arab World: The Employment Aspect", in: *Journal of Contemporary History*, Vol. 37, No. 4, October 2002, S. 617–636.

Woertz, Eckart: *Oil for Food: The Global Food Crisis and the Middle East*, Oxford: Oxford University Press 2013.

Wolfe-Hunnicutt, Brandon: *The End of the Concessionary Regime: Oil and American Power in Iraq, 1958–1972*, PhD-Dissertation, Stanford University, March 2011.

Woodhouse, Christopher Montague: *Something Ventured*, London: Granada 1982.

Wullweber, Joscha/Graf, Antonia und Behrens, Maria: „Theorien der Internationalen Politischen Ökonomie", in: dies. (Hrsg.): *Theorien der Internationalen Politischen Ökonomie*, Wiesbaden: Springer 2014, S. 7–30.

Yager, Joseph A.: „The Energy Battles of 1979", in: Goodwin, Craufurd D. (Hrsg.): *Energy Policy in Perspective: Today's Problems, Yesterday's Solutions*, Washington, DC: The Brookings Institution 1981, S. 601–636.

Yaqub, Salim: *Containing Arab Nationalism: The Eisenhower Doctrine and the Middle East*, Chapel Hill: University of North Carolina Press 2004.

Yates, Douglas A.: *The Rentier State in Africa: Oil Rent Dependency and Neocolonialism in the Republic of Gabon*, Trenton: Africa World Press 1996.

Yergin, Daniel: *The Prize: The Epic Quest for Oil, Money, and Power*, New York: Free Press 1991.

Yergin, Daniel: „Energy Security and Markets", in: Kalicki, Jan H. und Goldwyn, David L. (Hrsg.): *Energy and Security: Toward a New Foreign Policy Strategy*, Washington, DC und Baltimore: Woodrow Wilson Center Press und Johns Hopkins University Press 2005, S. 51–64.

Yergin, Daniel: *The Quest: Energy, Security, and the Remaking of the Modern World*, New York: Penguin 2011.

Yong, William: „NIOC and the State: Commercialization, Contestation and Consolidation in the Islamic Republic of Iran", Oxford Institute for Energy Studies, University of Oxford, MEP 5, May 2013, abrufbar unter: http://www.oxfordenergy.org/wpcms/wp-content/upl oads/2013/05/MEP-5.pdf (25. März 2015).

Zirm, Jakob: „OMV und Gazprom – seit jeher eine enge Beziehung", in: *Die Presse am Sonntag*, 20. September 2015, S. 19.

Zündorf, Lutz: *Das Weltsystem des Erdöls: Entstehungszusammenhang, Funktionsweise, Wandlungstendenzen*, Wiesbaden: VS Verlag für Sozialwissenschaften 2008.

Printed in the United States
by Baker & Taylor Publisher Services